U0263385

水工程水资源认识研究

王光纶　主编

张建民　金　峰　副主编

科学出版社

北京

内 容 简 介

本书重点梳理和总结刘宁在水工程设计、水资源管理等方面独到的认识、经验与研究成果，重点包括：万安水电站枢纽工程、三峡水利枢纽工程、清江流域梯级开发以及南水北调等水工程设计，水资源保护与开发、水资源综合调度、水土生态治理及水文认识研究，易贡堰塞湖排险、唐家山堰塞湖应急处置、舟曲白龙江堰塞排险、红石岩堰塞湖排险处置等水灾害处置与管理，水基系统、泛流域、水文化、符点目标等水理论方面的认识研究。

本书可供从事水工程和水资源设计、规划、研究与管理方面的人员参考，也可供大学师生学习参考。

图书在版编目(CIP)数据

水工程水资源认识研究／王光纶主编．—北京：科学出版社，2019.10
ISBN 978-7-03-062280-8

Ⅰ.①水… Ⅱ.①王… Ⅲ.①水利工程–研究②水资源–研究 Ⅳ.①TV

中国版本图书馆 CIP 数据核字（2019）第 193276 号

责任编辑：李轶冰／责任校对：樊雅琼
责任印制：肖 兴／封面设计：王 浩

科学出版社 出版
北京东黄城根北街 16 号
邮政编码：100717
http://www.sciencep.com

中国科学院印刷厂 印刷
科学出版社发行 各地新华书店经销

*

2019 年 10 月第 一 版 开本：787×1092 1/16
2019 年 10 月第一次印刷 印张：56 插页：2
字数：1 300 000
定价：588.00 元
（如有印装质量问题，我社负责调换）

序

前不久，金峰老师向我转达了他们课题组几位老师准备成立一个编委会，将刘宁在水利战线工作多年所写的一些科技文章进行整理、归纳并出版的意愿，想请我写些文字。很快，我即收到编委会寄来的厚厚的一本书稿。读后感到：这不仅是刘宁个人科学与工程技术生涯的缩影，也是水利战线技术创新和管理经验的积累，还是中国改革开放以来水利发展历程中一些重大事件的宝贵见证。这部书稿对水利从业者学习借鉴有关技术管理的经验、了解研究水利重大事件的决策过程，一定有所裨益。为此，我欣然为之作序。

刘宁是我国著名的水利工程设计大师，自清华大学毕业起在水利战线奋战了35载，长期从事水利电力规划、设计、管理等领域工作，主持和参与诸多重大工程的规划、设计与建设，投身于如长江三峡枢纽设计、汶川地震唐家山堰塞湖处置等许多重大水利工程设计研究和应急抢险战斗，把自己的心血、汗水和智慧贡献给祖国的山川河流。目前，虽然已不再从事水利行业工作，但仍然对我国水利事业的改革与发展继续倾其所能贡献力量，令人由衷感佩。

刘宁对水利感情深厚，缘起清华学堂。也许是水木清华的一泓碧水滋润了理想的种子，他在清华大学水利工程系水利水电工程专业5年学习期间，孜孜不倦，勤奋刻苦，打下深厚的专业基础。1983年毕业后，为了能缘续长江，追逐梦想，他投身于长江流域多个水电站的设计建设中，特别是三峡这一世界级宏伟工程。他先后在万安、隔河岩、水布垭等大型水电工程规划设计和建设中摸爬滚打，多次获得国家优秀设计金奖，历练和提升了他的专业技术和管理能力。随后，他作为重要技术骨干投身于三峡工程的规划、设计、建设中，在工地度过无数个日日夜夜，挥洒着真情、智慧和汗水。攻克了一个个技术难关。就是这种与水之缘和奉献水利的"初心"，伴随着他走过三峡、走过长江、走过……足迹踏遍祖国的山山水水。

刘宁爱思考，爱钻研。他眼界开阔、笔耕不辍、著述颇丰。该书中既有他对工程技术的研究，如《三峡工程泄洪深孔体型设计研究》《南水北调中线一期工程穿黄方案的论证与选择》等；也涵盖他对工程管理的独到见解，如《从都江堰持续利用看水利工程科学管理》《21世纪中国水坝安全管理、退役与建设的若干问题》等；还有他对水利规划的宏观思考，如《谈谈科学发展观与水利"十一五"规划工作》《对长江流域防洪规划的认识》等；更有他对水利发展趋势的孜孜探索，如《泛流域的出现及认识》《中国水文水资源常态与应急统合管理探析》等，可以看出他严谨细致、勇于创新的科研精神，也体现了他对人与自然和谐相处理念的执着追求。

秉持一心为民的真挚情怀，刘宁参加了我国许多重大应急抢险工程，尽最大努力援救生命、减轻损失。如在 1998 年长江洪水调度葛洲坝、隔河岩水库拦挡滞洪现场，在 2000 年西藏易贡滑坡堵江的雅鲁藏布江边，在 2011 年甘肃舟曲山洪泥石流肆虐的废墟上，在雪域高原遭受地震重创的青海玉树，在中俄边界洪水咆哮的黑龙江畔，在炎炎夏日的云南省牛栏江堰塞湖边……都有他日夜战斗的身影。我在 2008 年汶川特大地震抢险中奔赴唐家山堰塞湖现场时，他正在堰塞湖上指挥抢险，连续坚守 7 天 6 夜与抢险战士们一起奋战，皮肤晒得黝黑、脱皮。听说他下山后在成都市区坐出租车，被司机认出是电视上在唐家山指挥抢险的刘宁，把他载到目的地后坚决不收费，并反复感激他为保护下游群众所做的付出。这个故事令我十分感动。这种担当也同样体现在 2014 年云南鲁甸红石岩堰塞湖除险排险中，当时，堰塞湖水位快速上涨，很快就将漫顶溃坝，情况危急万分。刘宁临危受命，奔赴现场，将个人安危置之度外，在 9 天之内排除了险情，并提出了变废为宝、兴利除害的后期整治目标，开创了我国有效利用堰塞湖的先河。刘宁的这种奉献、负责、求实精神是他对党忠诚、心怀人民的赤子真情流露，作为老师，我深深为这位清华学子感到自豪。

现在，编委会将刘宁在工程技术方面的研究文章和管理经验整理成集，愿同仁们通过该书了解他的学术历程，亦可从中窥见这个时代水利发展的缩影。

最后，预祝《水工程水资源认识研究》顺利出版，祝愿刘宁在未来不忘初心，牢记使命，以赤子之情、公仆之心，为国家建设做出更大贡献。

张楚汉

2019 年 7 月于清华园

前　言

　　《水工程水资源认识研究》选入的是刘宁在水利部以及水利部长江水利委员会等单位工作期间，从事水工程设计、水资源管理等方面实践探索和理论研究所撰写的一百多篇重要学术文章。

　　本书分为四章。其中，第一章水工程认识研究，主要包括万安水电站枢纽工程、三峡水利枢纽工程、清江流域梯级开发以及南水北调等水工程设计方面的内容。第二章水资源认识研究，主要包括水资源保护与开发、水资源综合调度、水土生态治理及水文认识研究方面的内容。第三章水灾害认识研究，主要包括易贡堰塞湖排险、唐家山堰塞湖应急处置、舟曲白龙江堰塞排险、红石岩堰塞湖排险处置等水灾害处置与管理方面的内容。第四章水理论认识研究，主要包括水基系统、泛流域、水文化、符点目标等水理论方面的内容。

　　选入本书的内容，均是根据刘宁曾公开发表的文章梳理编辑而成，每节中文章顺序均按发表的时间先后编排。为突出重点或便于阅读，编者对部分文稿做了适当修订。鉴于编辑本书的初衷是便于后来者学习借鉴有关水工程设计、水资源管理等方面的经验，了解研究水利重大事件决策过程，启迪有关理论思想和方法，因此有些曾公开发表的讲话类、访谈类、新闻类等不属于学术类的文章，未纳入本书。编者对文中涉及的部分重大工程、事件以及刘宁在其中主要从事的工作和所做的贡献等，进行了简要介绍。

　　编辑过程中，水利部及水利部长江水利委员会等刘宁原工作单位的有关同志给予了大力支持，提供了部分资料，在此一并谨致谢忱。

编　者

2019 年 6 月 29 日

目　　录

第一章 水工程认识研究

第一节　万安水电站枢纽工程

万安船闸于 1983 年开工兴建，1989 年 11 月 11 日竣工移交试通航。它是高水头单级船闸，最大水头为 32.5m，上游最高通航水位是 100m，最低通航水位是 85m，下游通航水位最高是 75.6m，最低是 67.5m；闸室有效尺寸为 175.0m×14.0m，通航等级为 2×500t 级。船闸工作闸门采用人字门和反弧门，人字门门顶高程 101.25m，上人字门单扇门叶尺寸为高 18.75m、宽 8.93m、厚 1.5m、重 115t；下人字门单扇门叶尺寸为高 36.25m、宽 8.93m、厚 1.5m、重 230t。充泄水反弧门采用 R4.5m 弧形全包门，反弧门孔口尺寸 3m×3m。门的操作机构采用 75T 液压启闭机操纵，电机经改造现采用无级变速操纵。万安水利枢纽的建成，对改善赣江中上游的航运具有极其重要的作用，库区原碍航的"十八滩"被淹没，在洪水期的 4~8 月，可通航 300~500t 级船队，在枯水期可通航 100t 级船队，调峰时可通航 500t 级船队。

这是编者能搜寻到的刘宁最早的技术文章。1983 年毕业被分配到水利部长江水利委员会工作时，刘宁还是个刚入职的年轻人，经过三四年的历练，他已成长为能够独立主持工程项目的负责人。在赣江上游万安水利枢纽建设期间，刘宁已担任长江流域规划办公室枢纽处航建科设计组副组长，主持参加了万安水利枢纽船闸设计。设计中，刘宁和同事一道，突破既有思路，采用了简单分散式船闸输水系统，成功地解决了高水头船闸的水力问题，满足了船舶停泊条件要求，简化了结构布置，节约了工程投资。同时在国内首创利用永久船闸解决施工期临时通航问题，使主河床截流后就可利用永久船闸临时通航。

浮式导航、防浪墙的设计

刘 宁

1　引航道上的导航建筑物

通航建筑物引航道上导航建筑物的结构形式主要取决于建筑物的高度、水位变化的幅度和地基土壤的性质等。

导航建筑物一般采用透空式结构。

对于大中型船闸、升船机，导航建筑物一般多采用连续式结构。

实际设计、运用中，若通航水位变幅很大，采用浮式导航建筑物比较合理，如图 1 所示。即在各个墩柱间设混凝土或钢质的趸船，将趸船限制在墩柱间随水位一起升降；或者将趸船相互绑结，一端用铰链与闸首或边墩连接，另一端用锚链锚定在河底；锚链可以收放，趸船也可以随水位一起升降。

由于趸船需随水位变化而升降，所以趸船锚链在使用过程中均是活动的。这是浮式与固定式导航墙的显著区别。因此，在设计浮式导航墙时，不仅要使每一部分的结构合理，而且应注意各个部分之间的相互联结，即某一部分的构造必须能与其他部分的位移相适应。

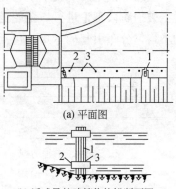

(a) 平面图

(b) 浮式导航建筑物的横断面图

图 1　浮式导航和靠船建筑物

1—支墩；2—浮式趸船；3—系船柱

2　钢筋混凝土趸船

钢筋混凝土趸船与钢趸船比较，钢筋混凝土趸船具有造价低（低 20% ~ 30%）、节约钢材（40% 左右）、维修量少、耐腐蚀等许多优点。

由于施工方法不同，我国常用的钢筋混凝土趸船有两种结构型式，如图 2 所示。

第一种为整体浇筑式。纵向及横向均有隔舱板，以横向框架为主体结构，甲板、舷板及底板均为平板结构；并设有纵梁。

第二种为装配集成式。除底板（包括龙骨）及舷边梁为现浇外，其余均为预制梁。板结构，除两端部外，船身只有横向隔舱板。各预制构件的接头采用预埋钢板焊接、钢筋焊接以及加大接缝混凝土断面等型式。

原载于：水运工程，1987，(6)：34-38.

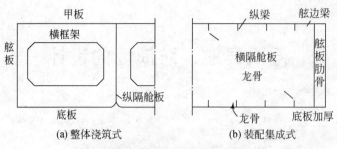

图 2 钢筋混凝土趸船的两种结构型式

这两种型式的趸船单位体积的钢筋混凝土用量很接近。装配集成式的施工方便，节省模板，但外壳较薄，耐久性不如前一种。

设计中，趸船的长宽比一般为 3 ~ 6，其宽度不宜小于 5m。趸船的干舷高度空载时不宜小于 1.0m，满载或偏载时最小干舷高度不小于 0.5m。

趸船应按钢筋混凝土空腹梁进行强度计算及裂缝宽度的验算。强度计算按钢筋混凝土破损阶段理论进行。趸船的整体及局部强度计算主要考虑波浪作用下沿纵向浮力的不均匀分布引起的弯矩，包括中垂、中拱两种情况，如图 3、图 4 所示。

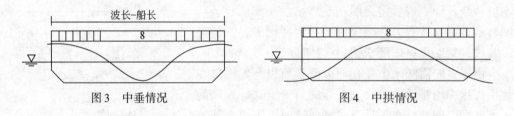

图 3 中垂情况　　　　　　　图 4 中拱情况

此外，还应对趸船进行浮游稳定性及横倾计算。

因为深水风成波能量的 80% ~ 90% 集中于 2 ~ 3 倍波高的水深中，根据模型实验资料分析，当浮堤吃水深等于 2 倍波高、宽大于 0.6 倍波长时，消波效果可达 80%。

趸船应有纵、横隔舱板，将船体分成若干个水密舱，并应进行破舱抗沉计算。

趸船应设有导航标、值班室、舱口、通风口、链筒、绞盘、系船柱、护舷、栏杆以及水电设施等。

趸船的混凝土标号不宜低于 300 号，底板可增至 400 号。裂缝容许宽度一般为：甲板构件 0.3mm；其余水下构件 0.05 ~ 0.1mm。

为减少拖带阻力，船首尾两端水线以下可做成斜面。这种型式施工较困难，实际常使用平头。

3 趸船的锚系及连接设施

趸船的锚系及连接设施的主要作用是用来使趸船与趸船之间、趸船与锚墩之间、趸船与闸首（墩柱）之间相互连接或锚固而成为相对整体，保证趸船受水流、风浪作用时以及系、靠船舶时不致产生过大的位移和摆动。

3.1　船首部锚链及锚墩

如果船首部设置锚链用以锚固趸船，锚链的选择应参照《船舶设计舾装手册》中的计算方法以及通过模型实验测出链力来综合考虑确定。并且应根据河床地形、锚墩施工时的水位，考虑锚链受力的因素，确定锚墩位置。

锚链链径一般较粗。锚固方式宜采用交叉锚。

美国一些河流上使用的浮式导航墙，墙首多用较粗的双股钢丝绳交叉锚固，如图5所示。

图5为美国斯内克河流上、下格兰特船闸上使用的浮式导航墙首部锚固图。每根钢丝绳的直径为54mm。

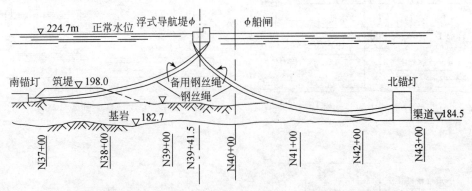

图5　美国斯内克河流上、下格兰特船闸浮式导航墙首部锚固图

3.2　趸船之间的连接

两节趸船间的连接应保证趸船受风浪作用仍能使两趸船成为整体且不会碰撞损坏，并能适应两节趸船的相对沉浮和相对纵倾、横倾。

趸船间的接头可分为刚性接头和软性接头。

一般宜用软性接头，就如驳船队常采用的"∞"字形钢丝绳连接，如图6所示。

美国斯内克河流上、下格兰特船闸采用的是刚性接头。使用这种接头的一个原因是下格兰特船闸浮式导航墙的每节趸船的吨位较小，如图7所示。

3.3　趸船尾部与上闸首或支墩的连接

趸船尾部与支墩（上闸首）的连接结构应能满足趸船随水库水位涨落而升降，还能适应受风浪作用时的纵、横向摇摆和转动。

图8为丹江口升船机一号支墩与趸船尾部联结结构的示意图。经多年运用的结果表明适应性是良好的。

美国斯内克河上、下格兰特船闸采用的趸船尾部与船闸间的联结结构亦有其独到之处。图9是该联结结构的示意图。

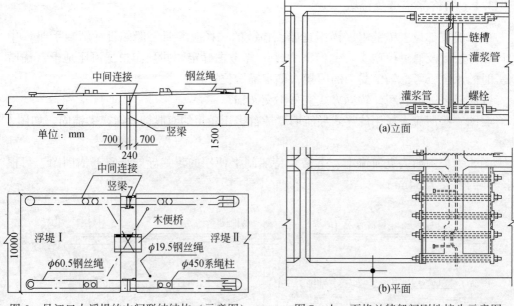

图6　丹江口大浮堤的中间联结结构（示意图）

图7　上、下格兰特船闸刚性接头示意图

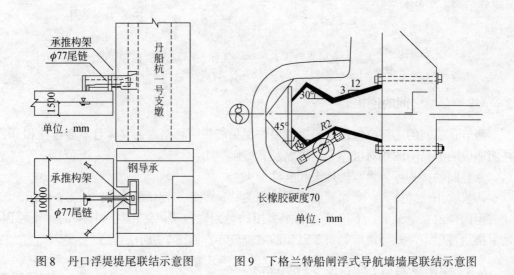

图8　丹口浮堤堤尾联结示意图

图9　下格兰特船闸浮式导航墙墙尾联结示意图

4　钢筋混凝土浮式导航堤在江西万安船闸的应用

江西万安电站的船闸尺寸为175m（长）×14m（宽）×2.5m（槛上水深）。上游最高通航水位初期96.0m，水位变幅28.5m；后期分别为100.0m和32.5m。

浮堤布置如图10所示。

浮堤布置在上游引航道左侧。其轴线与船闸平行，与大坝垂直。

根据迎向运行时停靠船与错船的要求确定浮堤长度，同时考虑制造厂家的定型产

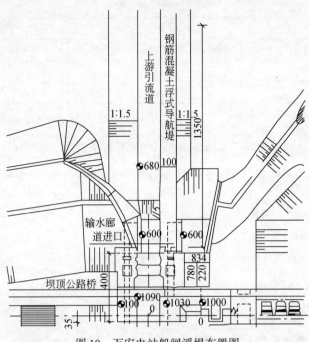

图 10　万安电站船闸浮堤布置图

品的长度，这样浮堤尺寸为 131.6m（长）×10m（宽）×2.8m（舷高），吃水深 1.5m。全长由两节 65m 钢筋混凝土趸船组成。堤首抛两根锚链。两节趸船间用钢丝绳连接。墙尾与上闸首铰接，如图 11 所示。

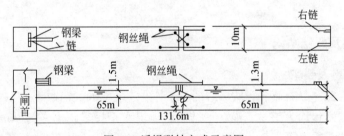

图 11　浮堤联结方式示意图

4.1　设计条件

1）过坝最大船队

初期：3×300t 驳船队，尺度为 129.2m×9.2m×1.3m；单船尺寸 35m×9.2m×1.3m。

后期（2000 年以后）：2×1000t 驳船队，尺度为 169.5m×12m×1.8m；单船尺寸 70m×12m×1.8m。

2）坝前水位

坝前水位情况见表 1。

表 1　坝前水位表　　　　　　　　　　（单位：m）

水位条件	水深	后期规模
最高挡水位	29	103.6
最高通航水位	25.4	100.0
最低通航水位	10	85

3）风荷及波浪

船只过坝运行风级为 6 级。实测最大瞬时风速为 28m/s。风向 NE。与浮堤轴线成 72°28′25.1″水平夹角。吹程 0.5km，波高及波长为 1.06m 和 6.02m。

4）浮堤为Ⅲ级建筑物。

5）垂直浮堤的最大表面流速按 1m/s 考虑。

6）甲板荷载用 600kg/m²，每堆物重不超过 10t。

7）承受静水压力的局部构件，计算水头分别根据正常使用与破舱事故时的吃水深来确定。

4.2　趸船结构

趸船为长方形钢筋混凝土空腹梁结构，长 65m。

趸船按破一舱（即两个舱，每舱 4m）进行浮态稳性和船体强度计算。

沿趸船纵向 65m 长布置有横仓壁 15 块，形成 16 舱。除两端舱长 4.5m 外，其余均为 4.0m。每两舱成一水密舱。

为减少趸船自九江至万安运送的拖带阻力，两节趸船的连接端在水线以下做成斜面。

4.3　锚系及联结结构

1）堤首锚链及锚墩

浮堤上游首部左、右侧各设置 ϕ57mm 铸钢锚链系于水下锚墩上。左、右链底端在锚墩上的系结点高程均为 75m。锚链系结点距浮堤水平投影距离左链 90m、右链 80m。链与浮堤前横端线的水平夹角为 15°。当水位变化需调节锚链长度时，锚链通过锚链筒由甲板上的电动绞盘收放。在各种水位时悬链部分需保证通航水深 2.5m。不设中间纵向锚链，如图 12 所示。

2）两节趸船间的纵向联结

万安浮堤采用与丹江口浮堤相同的中间连接设施。不同之处是顶紧梁缩短 0.5m。接头处左右侧设有 ϕ60.5mm 纵向连接钢丝绳；一组 ϕ19.5mm 交叉钢丝绳。左右侧还各有一组 ϕ31.5mm 的纵向钢丝绳作为保险绳。

3）浮堤堤尾与上闸首的联结

浮堤堤尾与上闸首之间设置了丹江口浮堤采用的堤尾连接型式。左右侧各设一根 ϕ77mm 铸钢尾链，尾链与浮堤轴线交角为 45°，链一端系结在钢导承上，另一端系结在尾舱甲板的钢柱上。支撑杆与拉链系统和埋设在上闸首导槽内的导轨联合，起水平铰式支座作用。浮堤承受的各种水平向荷载可通过联结结构传递到上闸首。

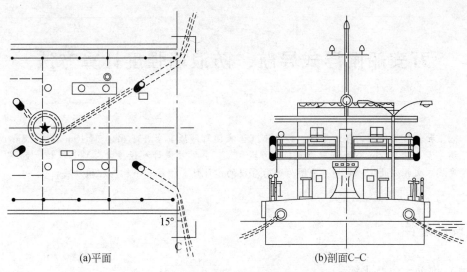

(a)平面   (b)剖面C–C

图 12   万安船闸浮堤堤首锚链示意图

5   结语

钢筋混凝土浮式导航墙在美国应用较多，但在国内，目前已建造成并投入运用的较大的是丹江口升船机浮式导航堤；正在施工的较大的是万安船闸的浮式导航堤。

有关钢筋混凝土趸船在导航建筑物中的设计、施工和使用尚需进一步研究和探讨。趸船设计亦有待于制定合理的规范。

在未来高水头通航建筑物中，钢筋混凝土浮堤会得到较广泛的应用。

浮式导航堤的主要优缺点归结如下：

1）优点

（1）能适应较大的水位差，特别适合停靠干舷较小的船舶。

（2）不受地质、地形条件的限制。

（3）工程量较小，建造较易、造价较低。

（4）易于拆装、易于维修。

（5）可不占用制造场地。

（6）钢筋混凝土船的稳性极好，在水中强度逐年增长，据有关专家分析，增长年限高达 80 年以上。

2）缺点

（1）趸船甲板面积较小。与闸首联系必须通过活动楼梯，因而交通较困难。

（2）随水库的波浪有不同程度的摇摆。

（3）制造厂家与使用地相距较远时，拖带和建造工期需仔细考虑。

万安船闸浮式导航、防浪墙强度计算方法

刘　宁

摘　要：万安船闸的浮式导航、防浪墙（下文简称浮堤）长 131.6m，宽 10m，深 2.8m。该浮堤由两节 65m 钢筋混凝土夏船型浮堤构成。其结构设计及强度计算均具有较大的难度。本文拟以此工程实例，力图为今后浮堤的设计计算推荐一个较合理的方法。

1　设计条件

1）坝前水位及水深

坝前水位及水深如表 1 所示。

表 1　坝前水位及水深

水位条件	高程（m）	水深（m）
最高挡水位	103.6	29.0
最高通航水位	100.0	25.4
最低通航水位	85.0	10.0

2）风荷及波浪

船只过闸运转风级为 6 级。实测最大瞬时风速 28m/s。风向 NE。与浮堤轴线成 72°28′25.1″的水平夹角；吹程 0.5km；波高及波长分别为 1.06m 和 6.02m。

3）设计级别

浮堤按Ⅲ级建筑物设计。

4）横向流速

垂直浮堤舷边的最大表面流速按 1m/s 考虑。

5）外荷载

甲板荷载用 600kg/m^2；每堆物重未超过 10t。

6）特殊要求

承受静水压力的局部构件，计算水头分别根据正常使用与破舱事故时的吃水值确定。

2　浮堤设计及其强度计算方法

2.1　浮堤的型式及结构布置

万安船闸的浮堤每节长 65m、宽 10m、型深 2.8m（图 1）。浮堤为长方形钢筋混凝

原载于：水运工程，1988，（9）：13–18。

土空箱形结构。沿纵向设有 15 块横舱壁，形成 16 个隔舱。除两端舱长为 4.5m 外，其余均为 4.0m。合两舱成一个水密舱，如图 2、图 3 所示。

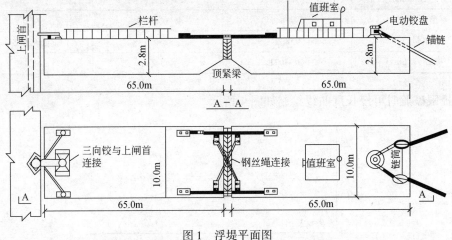

图 1　浮堤平面图

为减小拖带时水流对浮体的阻力，两节浮堤的连接端在水线以下做成坡面。

舷板、底板每隔 1m 设一道竖肋或纵向龙骨。甲板四周设舷边圈梁，底板的两边设舭部梁。

两节浮堤，一节首部设三向铰链与船闸上闸首联结；另一节尾部设电动绞盘以调节锚链。两节浮堤间采用柔性联结方式。甲板上设有系缆桩、灯柱及导航设施等。

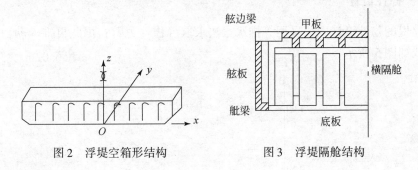

图 2　浮堤空箱形结构　　　　图 3　浮堤隔舱结构

2.2　抗沉计算

浮堤需按规范要求进行抗沉计算。

鉴于浮堤停靠船只、导航的要求，设计保证浮堤破损后处于正浮状态的强度。

假设有一个水密舱漏水；此时可求得吃水 $T = 1.71m$。因此，浮堤的破损正浮状态的结构强度可按吃水 $T = 1.8m$ 设计校核。抗沉计算基本数据见表 2 和表 3。

表 2　非工作状态时基本数据（不加压载）

总长（m）	65.0	型宽（m）	10.0
型深（m）	2.8	吃水（m）	1.239
排水量（t）	788.327	浮心（m）	0.649
重心 x_g（m）	−0.3971		

表3　工作状态时基本数据（加压载）

总长（m）	65.0	型宽（m）	10.0
型深（m）	2.8	吃水（m）	1.5
排水量（t）	958.2	压载重（t）	169.873
重心 x_g（m）	−0.3971	浮心（m）	−0.369

极限破舱时可浸长度曲线绘制如图4所示。

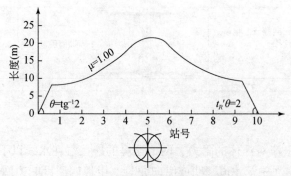

图4　极限破舱时浮堤可浸长度曲线

由图4可知，此时浮堤仍能保证必要的干舷高度。

2.3　稳性设计

在浮堤的稳性设计中，采用等排水量法求取静稳性力臂；据此再推求动稳性力臂。绘制曲线如图5所示。

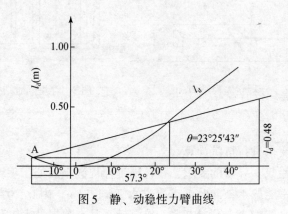

图5　静、动稳性力臂曲线

每节浮堤进水角

$$\theta_j = 23°25'43''$$

横摇角

$$\theta = 10°$$

由苏联《钢筋混凝土船舶建造规范》（1958年版）中建议公式：

$$l_\mathrm{f} = 1.2 p A_\mathrm{f} (Z_\mathrm{f} - a_0 T) \frac{1}{\Delta} \times 10^{-3}$$

式中，p 为风压；A_f 为受风压的面积；Z_f 为受风压面积的型心；Δ 为排水量；T 为吃水深；a_0 为 $(1.4 - 0.1 \times B/T)$；B 为浮堤型宽。

求取风压侧倾力臂 $l_\mathrm{f} = 0.0285 \mathrm{m}$。

由图 5 可看出：浮堤的设计最小倾覆力臂 $l_\mathrm{d} = 0.485 \mathrm{m}$；因此稳性准数 $K = l_\mathrm{d} / l_\mathrm{f} = 16.99 > 1$，满足规范要求。

2.4　干舷高度的设计计算

浮堤的干舷高度应不小于一定值。这个值由规范给出的计算公式决定。即

$$F' = 55 (L \times D)^{0.6}$$

式中，F' 为设计浮堤的最小干舷高度；L 为浮堤长度；D 为浮堤型深。

万安船闸的浮堤吃水深设计情况下为 1.5m；所以干舷高度 $F = 2800 - 1500 = 1300\mathrm{mm} > F'$。满足规范要求。

2.5　浮堤局部强度的计算方法

1）浮堤底板的局部强度计算

万安浮堤底板设置有纵向龙骨，横向为连续板。因为横隔舱板、龙骨是等距离布置的，并且通过拼装浇筑手段使隔舱板与底板固结在一起，所以纵骨龙及底板又可沿纵向作为两端固定的梁、板计算。

2）浮堤舷板的强度计算

万安浮堤舷板设有肋骨。故舷板为水平向的连续板结构。水压力最大点在距底板 1/2 肋距处。计算时取单宽作为两端固定在肋骨上的固端梁计算。

支承舷板的肋骨，按下部固定上部简支的梁计算。舷板肋梁承受一个肋距内的侧向水压力，见图 6。

3）水密隔舱板的强度计算

（1）水密隔舱板的侧向承受破舱进水后的水压力。万安浮堤是按有加强材的水密横隔舱板设计的。竖向肋骨钢筋插入底板和甲板，故而作为下部固端、上部简支的梁计算。隔舱板计算同舷板。

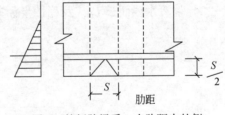

图 6　舷板肋梁受一个肋距内的侧
向水压力示意图

（2）万安浮堤因为甲板、舷板、隔舱板采用预制构件，因此底板在浇捣混凝土前，横舱壁便已支承在舷板上，故应该算所有作用在壁板上已有的垂向力。

（3）万安浮堤不设纵隔舱壁，故浮堤受波浪作用时，横舱壁承受的最大作用力按波浪沿船纵向作用时的情况来考虑。此时，波浪的水压力沿横隔舱均布，如图 7 所示。

4）甲板的强度计算

甲板一般做成预制件简支于横隔舱板顶上。如甲板设置纵梁时，计算中可简化为横向连续板。板面荷载为自重，抹面层重及上部承重荷载等。

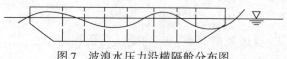

图 7　波浪水压力沿横隔舱分布图

2.6　浮堤总纵强度计算

浮堤在静水上如同在弹性基础上的一根空箱梁，这里水的浮力不妨视为弹性反力。虽然浮堤的自重及载重沿堤长不均匀，堤身的形状及浮态沿堤长亦不相同，但其内力计算可仿照普通单梁进行。下面列出内力计算公式，其中内力正负号与《材料力学》所载公式相反。

$$Q = \int q(x)\,\mathrm{d}x + C_0$$

$$M = \int Q\,\mathrm{d}x + D_0 = \iint q(x)\,\mathrm{d}x^2 + C_0 x + D_0$$

式中，Q 为剪力；M 为弯矩；$q(x)$ 为均布外力；C_0 为浮堤端部集中力；D_0 为浮堤端部力矩。

实际设计过程中，可将浮堤等分成 $10 \sim 20$ 个计算剖面，然后用表格法计算。

应该注意的是：每个计算剖面内重力按每等分格内实有重量计算并均布在剖面内。浮力计算则需要求得浮力 D 与重力 G 达到平衡时的浮态。即铅直方向合力为零，合力矩为零。

浮堤的重心不正位于中部，浮态的主要标志是浮堤首尾的吃水 T_H、T_K。

万安船闸浮堤计算 T_H、T_K 采用的方法如下。

一节浮堤自重 $G = 730.42\text{t}$，重心 $x_g = -0.3971\text{m}$。

1）先假定浮堤是平浮状态，计算平均吃水 T_{cp}，得

$$T_{cp} = 1.1496\text{m}；$$

2）计算水线面长 $L_{W \cdot L}$ 及稳性半径 R_1，如图 8 所示。

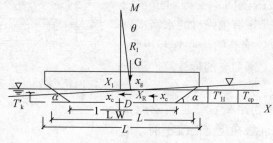

图 8　$L_{W \cdot L}$ 及 R_1 计算示意图

得 $L_{W \cdot L} = l + 2T_{cp}\,\mathrm{ctg}\alpha$

$$R_1 = BL_{W \cdot L}^3/12D$$

式中，B 为浮堤型宽。

由上式可求得：$R_1 = 313.32\text{m}$。

3）计算 T_H 及 T_K

因为浮堤重心 x_g 与浮心 x_c 一般不在同一垂线上，故在平浮状态时，浮堤受有力矩 $D(x_g - x_c)$；浮堤将以稳心 M 绕漂心 x_f（水线面面积中心）转动 θ 角，故浮堤首尾吃水不难求得为

$$T'_H = T_{cp} + \left(\frac{L}{2} - x_f\right)\theta = T_{cp} + \left(\frac{L}{2} - x_f\right)\frac{x_g - x_c}{R_1}$$

$$T'_K = T_{cp} - \left(\frac{L}{2} + x_f\right)\theta = T_{cp} - \left(\frac{L}{2} + x_f\right)\frac{x_g - x_c}{R_1}$$

得 $T'_H = 1.1084\mathrm{m}$，$T'_K = 1.1908\mathrm{m}$，如图 9 所示。

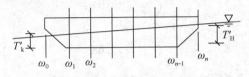

图 9　T'_H 和 T'_K 计算示意图

4）核算 T'_H 及 T'_K 状态时的浮力 D 及浮心 x'_c

浮堤首、尾吃水为 T'_H 及 T'_K 时，各计算剖面吃水 T_i 可由插值法得出。故此水下面积

$$\omega_i = T_i B_i$$

式中，ω_i 为各剖面水下面积；T_i 为各剖面吃水；B_i 为各剖面型宽。

浮堤平底部分各剖面间排水量可用梯形法算得

$$D_A = \left(\sum_{i=1}^{n-1}\omega_i - \frac{\omega_1 + \omega_{n+1}}{2}\right)\Delta L$$

浮堤首尾特殊形状结构部分的水下浮力为 $D_B = d_0 + d_n$

总浮力 $D = D_A + D_B$

新的浮心位置 $X'_c = \left(\sum d_i x_i + d_0 x_0 + d_n x_n\right)/D$

式中，$d_i x_i$ 为剖面间分布浮力对浮堤中部的浮力矩。平底部分各剖面间对中部的浮力矩之和亦用梯形法推导计算。推出的公式如下

$$\sum_{i=1}^{n-1} d_i x_i = \Delta L^2\left(\sum_{i=1}^{n-1}\omega_{ix}N_i - \frac{N_1\omega_1 + N_{n-1}\omega_{n-1}}{2}\right)$$

式中，N_i 为力臂因数；$d_0 x_0$ 为浮堤首部形状不规则部分对中部的浮力矩；$d_n x_n$ 为浮堤尾部形状不规则部分对中部的浮力矩；ΔL 为两个计算剖面间的距离。

这样，不难求得

$$T''_H = T'_H + \frac{G - D}{B \times L_{W \cdot L}} + \left(\frac{L}{2} - X_{f1}\right)\frac{x_g - x'_c}{R_1}$$

$$T''_K = T'_K + \frac{G - D}{B \times L_{W \cdot L}} - \left(\frac{L}{2} + X_{f1}\right)\frac{x_g - x'_c}{R_1}$$

万安船闸的浮堤每节分为 20 个计算剖面；按上述计算得出

$$X_c = -0.369\mathrm{m}; \qquad T''_H = 1.2289\mathrm{m}; \qquad T''_K = 1.0703\mathrm{m}$$

计算误差 $G - D < 0.004G$ 　　　　　$x_g - x'_c < 0.001L$

当按上式求得浮力 D 后，即可由表格法求剪力 Q 和弯矩 M。

对于首、尾及作用荷载对称或较对称的浮堤，设计中主要计算中拱及中垂状态的最大总纵弯矩及剪力。

静水最大中拱弯矩一般发生在无荷载及舾装重力，而端部具有全链及锚固的状态。最大中垂弯矩一般发生在两端无锚链垂，而中部堆置货物、装有较重的固定设备或破中舱时的状态。

对于万安船闸的浮堤，由计算可得

静水中拱最大内力 $M_{max} = 629.3t - m$

$$Q_{max} = 38.73\ t$$

静水中垂最大内力 $M_{max} = -396.7t - m$

$$Q_{max} = 49.68\ t$$

2.7 浮堤在波浪上的附加内力（ΔM、ΔQ、ΔM_t）

浮堤处于波浪中时，除静水中的受力外，还承受波浪引起的附加内力 ΔM、ΔQ 及 ΔM_t。

1）由波浪产生的最大附加总纵弯矩 ΔM

$$\Delta M' = \left[K'K'' + 0.02(1 - \alpha) \right] L^2 Bh \quad \text{（与波浪斜交）}$$

$$\Delta M'' = \left[0.0055 - 0.0127(1 - \alpha) \right] L^2 Bh \quad \text{（与波浪正交）}$$

式中，$K' = 0.0255 - 0.0585(1 - \alpha)$；$K'' = \sin\left(\dfrac{\pi B\cos\varphi}{\lambda}\right) \Big/ \left(\dfrac{\pi B\cos\varphi}{\lambda}\right)$；$\varphi = \sin^{-1}\left(\dfrac{\lambda}{L}\right)$；$L$ 为一节浮堤长；h 为波高；λ 为波长；α 为水线面系数，趸船型浮堤取 $\alpha = 1$。

万安船闸的浮堤 $L = 65\text{m} > 40\text{m}$，所以波高 h 取 $L/30 + 2\text{m}$（若 $L < 40\text{m}$，波高 h 则取 $L/12$）；由上述二式可得

$$\Delta M' = -105\ t - m；\quad \Delta M'' = 363\ t - m$$

2）由波浪产生的附加剪力之最大值

$$\Delta Q_{max} = 4\Delta M / L$$

3）浮堤与波浪斜交时的扭转力矩

$$M_t = \frac{\gamma \cdot \lambda^2 \Delta L \cdot h/2}{4\pi^2 m^2} \sum_{i=0} (\sin\eta_i - \eta_i \cos\eta_i) \sin\xi_i$$

式中，$\eta_i = \dfrac{2Y}{B} \cdot \dfrac{B\pi}{\lambda} \sin\varphi = \dfrac{B\pi}{\lambda} \sin\varphi$（趸船型浮堤 $2Y = B$）；$\xi_i = \dfrac{2\pi\cos\varphi}{\lambda} \Delta L\left(\dfrac{n}{2} - i\right)$（$n$ 为计算剖面个数）；γ 为水的比重；ΔL 为计算剖面间距；φ 为 $\cos^{-1}(\lambda/L)$；m^2 为 $\sin^2\varphi$；其余字符同前。

由此式可算得浮堤的扭矩 $M_{t_{max}} = 300t - m$。

附加扭矩引起浮堤受剪；剪应力按薄壁空心断面作自由扭转计算。

单孔断面时

$$\tau_i = M_t / 2BH\delta_i$$

式中，H 为型高；δ_i 为薄壁厚度。

2.8　靠船力

内河航行的船只吨位不大。当浮堤采用抛锚定位时，锚链对靠船力有消能作用，这种情况下靠船力很小。

一般，靠船撞击力按下面的经验公式计算

$$P = 2\omega Vk/gt$$

式中，ω 为浮堤吨位；V 为靠船速度；k 为撞击系数；t 为靠船时间；g 为重力加速度。

2.9　浮堤的刚度要求

趸船型钢筋混凝土浮堤的总纵内力是按单梁进行计算的。从趸船承受垂向冲击的分析可知：浮堤按单梁计算时，浮堤弹性基础梁的折算长度 I 要能符合堤长。即

$$L \leqslant \frac{2}{\alpha} = \frac{2}{\sqrt[4]{\rho/4EI}}$$

刚度

$$EI \geqslant PL^4/64 = BL^4/64000 \quad (\text{kg/cm}^2)$$

$$P = 0.001B \quad (\text{kg/cm}^2)$$

式中，L 为浮堤一节型长；E 为混凝土受弯弹性模量。

3　结语

在国外，浮式导航、防浪墙已广泛用于过坝建筑物中。国内在未来高水头通航建筑物中，将会更多地采用钢筋混凝土浮堤。因此，有关浮堤的强度计算方法有必要进行深入的研讨，这一整套的设计步骤亦有待于在计算机上实现。

The Design of Floating Guide and Wave Breaking Wall

Liu Ning

Abstract: This paper mainly describes the design method and procedure of floating guide and wave breaking wall. Wanan Lock project in Jiangxi Province is singled out to illustrate the author's viewpoint in using reinforced concrete pontoons as guide wall.

　　The floating guide and wave breaking wall is a part of navigation facility reflecting a multi-disciplinary effort of design construction and operation sectors. Therefore, it is of great significance to explore a rational design method, which is also the purpose of this paper. The introduction of reinforced concrete pontoons as floating guide wall will certainly bring about great benefits to high lift navigation facilities in the future. It is thus envisaged that application of floating guide wall will further be promoted. The author wishes that the discussion on designing and constructing reinforced concrete pontoons aiming at its application as floating guide wall in this paper will give rise to more attention and further study in all related circles.

1　Guide Work on Approach Channel

　　The type of guide work on the approach channel of a navigation facility depends mainly on the height of the facility, range of stage and the characteristics of foundation soil, etc.

　　In general, a continuous open structure is adopted as guide works for all large and medium sized locks, as well as ship lifts.

　　In actual design and application, it is more justified to use floating guide work if the range of stage is great. As shown in Fig. 1, concrete or steel pontoons are each tied between piers or binding together end to end with the innermost end hinge-connected to the lock head or abutment and the outermost end chain-anchored to the river bed. The chains can be wound up and down as required. Therefore the pontoons arc capable of rising and falling in response to stage variation.

　　Since the pontoons need to respond to the variation, of stage, the pontoon anchor chains are bound to wind in and out accordingly. This is a prominent difference between the floating guide wall and fixed guide wall. Therefore, in designing a floating guide wall, it is necessary not only to rationalise the configuration of each part but also to harmonise the inter-connection of all parts, for sake of easy motion for the global structure.

原载于: China port & Waterway Engineering, 1988, 2 (2): 34–38.

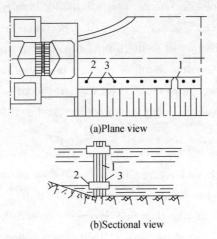

(a)Plane view

(b)Sectional view

Fig. 1　Floating guide and berthing structure

1—Pier；2—Floating pontoon；3—Mooring past

2　Reinforced Concrete Pontoons

Comparing with steel pontoons, the reinforced concrete pontoons have many advantages including lower cost (20% to 30% lower), less steel used (about 40%), less maintaince required and better corrosion resistance, etc.

Depending on different construction methods, there arc two types of reinforced concrete pontoon structures used in China, as shown in Fig. 2.

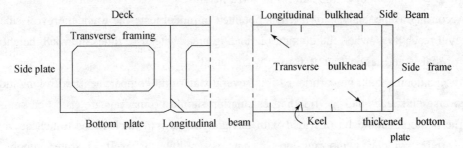

Fig. 2　Two types of reinforced concrete pontoons

The first one is monolithic type featuring a transverse framing system with both longitudinal and transverse bulkheads are all placed and the decks, bottom plates and side plates are of plate structure and stiffened with longitudinal beams.

The second one is assembled type. With only bottom plates (including keel) and side beams cast in place, the remainders are all precast members. There are only transverse bulkheads provided for the hull except the side and fore part of the pontoon.

All prefabricated parts are connected by welding of pre-buried steel plates or steel bars resulting in enlarging the concrete cross section of the seams.

The amount of reinforced concrete per unit volume for both types of pontoons is more or less the same. The construction of the assembled type pontoon is easy with fewer forms required, but its durability is inferior to the former type due to thinner shell.

In design, the ratio of length to width of pontoon is usually taken 3–6, and the width of which should not be less than 5 meters. The no load freeboard of the pontoon should not be less than 1. 0m and the minimum freeboard should not be less than 0. 5m when it is fully loaded or side loaded.

The strength calculation and crack opening check of the pontoon should be treated as a reinforced concrete open web girder according to the theory of reinforced concrete fractural stage. The main factor to be taken into consideration during global and local strength calculation of the pontoon is the bending moment caused by uneven distribution of longitudinal buoyancy under the wave action, including sagging and hogging as shown in Figs. 3 and 4.

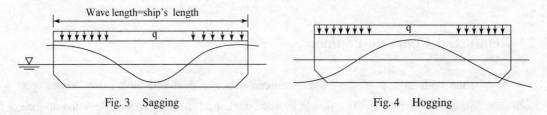

Fig. 3   Sagging   Fig. 4   Hogging

In addition, floating stability and list of the pontoon should also be checked.

It is known that 80% of wind induced wave energy is contained in a portion of deep water with a depth about 2 to 3 times the wave height.

According to the analysis of the data obtained in model test, the wave energy dissipation effect will reach 80% when the draught of floating breakwater is 2 times the wave height and width of that is and larger than 0. 6 time wave length.

The pontoon should be partitioned into several watertight compartments with longitudinal and traverse bulkheads and the flooding calculation should be made.

The pontoon should be provided with navigation marks, watch room, hatches, vents, chain barrels, windlass, mooring posts, fenders, railings as well as water supply and electrical facilities, etc.

The cement used for pontoon construction should not be less than Grade 300, and for the bottom plates Grade 400. The allowable crack opening for deck members is 0. 3mm and for underwater member 0. 05 to 0. 1mm.

In order to reduce towing resistance, a swim bow and a slipper stern below the waterline are preferred. However, transom bow and stern are usually adopted in practice because of their easiness in construction.

3 Anchoring System and Connecting Device

The main function of anchoring system and connecting device provided at pontoons is to form a relative integrity by connecting neibouring pontoons, pontoon and mooring pier, pontoon and lock head (abutment), in order that no excessive movement and swing will be effected under the actions of current, wind and wave, as well as mooring and berthing of ships.

3.1 Anchor chain and anchoring pier

If anchor chain is provided at bow to anchor the pontoon, the chain should be selected by calculation in combination with model test on chain force. The location of the anchoring pier should be determined according to the topography of river bed, stage during the construction of pier, as well as the stress of chain.

The diameter of chain link is generally large and it is recommended to be cross fixed just as what people do abroad with their double strands cable.

3.2 Connection of neibouring pontoons

The connection of neibouring pontoons should be capable of ①affording integrity of the pontoon wall so as not to be damaged by collision under the actions of wind and wave, and ②accomodating random heaving, pitching and rolling of respective pontoons.

The connection between, pontoons can be divided into flexible type and rigid type. But in general, the former is in preference to the latter. Usually a "tail" form rope connection is used just as those used in barge tow.

However, rigid type connection has been adopted at lower Grand Lock on Snake River in the United States. The reason for that is the pontoon used for floating guide wall being comparatively small.

3.3 Connection between pontoon stern and lock head or pier

The connection, between pontoon stern and pier (lock head) should be able to fluctuate up and down with the stage variation of reservoir and accommodate the pitching, rolling and rotation of pontoon under the action of wind and wave. Fig. 5 is the sketch showing the connection between No. 1 pier Danjiangkou Ship Lift and pontoon stern, the adaptability of which has proven to be excellent since putting into operation.

The feature of rigid connection between the pontoon, stern and lock used at Lower Grand Lock on the Snake River in the United States is shown in Fig. 6.

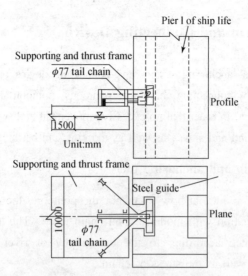

Fig. 5   Sketch of tail connection of Danjiangkou floating guide wall

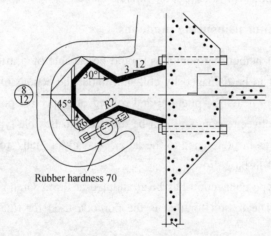

Fig. 6   Sketch of tail connection of floating guide wall of Lower Grande Lock

4   The Application of Reinforced Concrete Floating Guide Wall in Wanan Lock in Jiangxi Province

The lock of Wanan Hydraulic Power Station in Jiangxi Province has a dimension of 175m in length and 14m in width with 25m depth of water above nill. The initial maximum navigable stage upstream is 96.0m with a lift of 28.5m. Later on, they were raised maximum naviable stage to 100.0m with 30.5m lift.

The arrangement of the floating guide wall is shown in Fig. 7. The floating guide wall is laid out on the left side of upstream approach channel, the axis of which is in parallel with the lock and perpendicular to the dam.

Taking into account the length of finalized pontoons supplied by manufacture, the length of the floating guide wall is determined according to the requirements of mooring and meeting of the ships. Therefore, the floating guide wall has been designed to be 131. 6m in length, 10m in width, 2. 8m in hull height and 1. 5m in. draft. The floating guide wall is composed of two reinforced concrete pontoons each 65 meter long. These two pontoons are connected by wire rope with the bow doubly chains anchored and the stern hinged to upstream lock head as shown in Fig. 8.

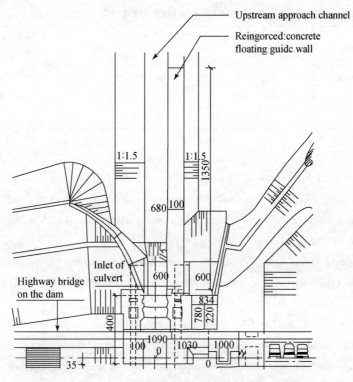

Fig. 7　Layout of floating guide of Wanan Dam and Lock

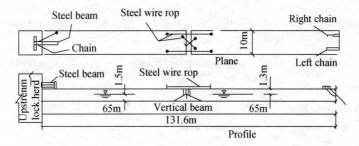

Fig. 8　The connecting approach of the pontoons of the floating guide wall

4. 1　Design condition

1）Maximum barge tow or ship through the dam

Initial stage：

3×300ton barge tow, 129. 2m in length, 9. 2m in width and 1. 3m in draft；single, ship, 35m in length, 9. 2m in width and 1. 3m in draft.

Later stage (after 2000 year):

2×1000ton barge tow, 169. 5m in length, 12m in width and 1. 8m in draft; single ship, 70m in length, 12m in width and 1. 8m in draft.

2) The stages at dam

The stages at dam are shown in Table 1.

Table 1　The stages at dam (unit: m)

Stage condition	Initial stage	Later stage	Navigable stage during construction
Max retaining stage	103. 6	103. 6	87. 0
Max navigable stage	96. 0	100. 0	85. 0
Max navigable stage	85. 0	85. 0	69. 2

3) Wind load and wave

The max allowed wind force in lockage will be of 6 on Beaufort wind scale. The maximum instant wind velocity actually measured amounts to 28m/s with the direction of NE, 72°28′ 25. 1″ from the axis of the floating guide wail. The fetch is 0. 5 kilometer, and wave height and wave length arc 1. 06m and 6. 02m respectively.

4) The floating guide wall is designed to be Class Ⅲ structure.

5) 1m/s is taken as the maximum surface current velocity perpendicular to the floating guide wall.

6) The design deck load is 600kg/m^2 and the stacking load should not exceed 10 tons.

7) The waterheads for computing the hydro-static force acting on local members arc determined by the drafts under normal condition and during flooding accidents.

4. 2　Pontoon structure

The rectangular pontoon, 65m in length takes a reinforced concrete open web girder in structure.

The floating stability and hull strength should be calculated with one watertight compartment flooded.

There are 15 trasverse bulkheads dividing the 65m hull into 16 compartments, each 4m in length with the exception that the fore-and after-peak compartments are 4. 5m in length. Every two compartments form one watertight compartment.

In order to reduce towing resistance from Jiujiang to Wanan, the two peaks of the pontoon are slanted inwards under waterline.

4. 3　Anchoring system and connection

1) Anchoring chain and anchoring pier

The cast steel anchor chains, with 57mm links, are provided on both sides of upstream and of the floating guide wall, attaching (fixing) to an underwater pier. The elevations of fixing points of both chains to the anchoring pier are 75m alike. The horizontal projection of the distance from chain fixing point to floating guide wall is 90m for the left chain and 80m for right chain, intersecting angle being 15°. The anchoring chains can be wound up and down by electric capstan on deck when the length of the chain needs to be adjusted due to the changes of stage. The suspended part of the chains at different stages should always guarantee 2.5m navigable water depth. There is no longitudinal chain in the middle。

2) Longitudinal connection between two pontoons

The two pontoons of Wanan floating guide wall are each other longitudinally connected by three sets of steel wire ropes, i. e. ①lines of 60.5mm in diameter on both left and right sides, ②cross lines, 19.5mm in diameter, and ③a pair of longitudinal standby lines, 31.5mm in diameter. The length of fastening beam is 1.3m.

3) Connection between the stern of floating guide wall and upstream lock head

The connection between the stern of floating guide wall and upstream lock head is the same as that used in Danjiangkou floating guide wall. A 77mm diameter cast steel chain has been provided on both sides with one end fixed on steel guides of the lock-head and the other end fixed on steel pillar on the stern compartment deck of pontoon. The intersection angle of the chain is 45° with the axis of the floating guide wall. The support rod and chain system together with the guide rail buried in the guide trough of upstream lock head, act jointly as a horizontal hinged support. All horizontal loads imposed on the floating guide wall are transferred to the upstream lock head through connection structures.

5 Conclusions

The reinforced concrete floating guide wall has been widely used in the United States. However in China, a comparatively large floating guide wall has been put into operation to date is the one at Danjiangkou Ship Lift. Another larger one is under constructed-dedicated for Wanan Lock.

The design, construction and application of reinforced concrete pontoons in. guide work remain to be further studied and discussed. The design code of pontoons need to be worked out as well.

The reinforced concrete floating guide wall will be widely used in future navigation facilities with high lifts.

The main advantages and disadvantages can be summarized as follows:

Advantages:

(1) It is adaptable to large stage variation, especially suitable for mooring ships with small freeboard.

(2) There is no limit imposed by geographic and topographic condition.

(3) It is easy to construct with less engineering work and lower cost.

(4) It is easy to dismount, assemble, maintain and repair.

(5) There is no need for construction site.

(6) The stability of the reinforced concrete pontoons is excellent and the strength will be increased in water year by year.

Disadvantages:

(1) The deck area of pontoons is comparatively small. Movable ladder has to be used for the connection with lock head.

(2) It will roll to some extent with the reservoir wave.

(3) Both construction and towing time have to be carefully taken into consideration if the pontoons construction site is far away from application site.

第二节　三峡水利枢纽工程

三峡工程是中国最大的水利工程项目，三峡水电站是世界上规模最大的水电站。早在 1919 年，孙中山先生在《建国方略之二——实业计划》中就提出了建设三峡工程的设想。1992 年三峡工程获得全国人民代表大会批准建设，1994 年正式动工兴建，1997 年大江截流，2003 年 6 月 1 日蓄水发电，2009 年全部完工。从动工兴建到全部完工历时 15 年，三峡工程汇集了无数中国水利人的智慧，是中国水利建设达到世界前沿水平的生动证明。

三峡大坝工程包括主体建筑物及导流工程两部分，坝高 185m，正常蓄水位175m，大坝长 2335m，工程总投资为 954.6 亿元人民币，静态投资 1352.66 亿元人民币，安装 32 台单机容量为 70 万 kW 的水电机组。三峡电站最后一台水电机组，2012 年 7 月 4 日投产，这意味着，装机容量达到 2240 万 kW 的三峡水电站于2012 年 7 月 4 日已成为全世界最大的水力发电站和清洁能源生产基地。

刘宁当初毕业去长江水利委员会工作就是为了能够亲身参与设计建造。高峡出平湖，也是刘宁为之奋斗的目标。为了这个梦想，他蓄力了 10 年。1994 年，经过重新论证后，三峡工程终于开工了！此时的刘宁，已不再是那个初出茅庐的大学毕业生，经过万安、隔河岩等水电工程的锤炼，刘宁显示出超群的专业水平和技术管理能力，已经担任了长江水利委员会设计局枢纽设计处副处长兼三峡设计室主任，是三峡大坝名副其实的"坝长"，这一年，刘宁 32 岁。这"坝长"一当就是 8 年，到 2001 年底，刘宁先后参与了三峡一期、二期工程建设的全过程。期间，他从长江水利委员会设计局枢纽设计处副处长兼三峡设计室主任开始先后担任了长江水利委员会总工程师助理、副总工程师、三峡工程设计副总工程师，协助总工程师郑守仁院士全面主持三峡枢纽的设计，解决施工中出现的重大技术问题。他与同事们一起携手并肩完成了许多具有国际、国内领先水平的课题研究、专题设计。比如大坝水力学设计、深层抗滑稳定研究、电站压力管道及伸缩节设置的优化研究等；完成了三峡二期工程大坝及电站厂房的招标设计；参加并制定了大江截流方案设计，获国家优秀设计金奖，被授予"三峡工程优秀建设者"称号。这些都体现在本书收录的一系列文章中。

三峡水利枢纽大坝设计

陈际唐　刘　宁

摘　要： 三峡大坝为混凝土重力坝，包括泄洪坝段、厂房坝段、左右导墙坝段、临时船闸坝段、左右非溢流坝段等，全长2309m，坝基利用弱风化下部岩体作为大坝建基岩体，坝基面采取抽排措施降低扬压力。大坝部分采用碾压混凝土。厂房坝段压力管道采用预留浅槽背管布置形式，背管为钢衬钢筋混凝土联合受力结构型式。坝体深孔部位横缝采取结构措施以降低孔口拉应力和配筋量。对厂1~5号坝段基岩缓倾角结构面采取综合工程措施，以保证抗滑稳定安全。

三峡水库正常蓄水位175m，坝顶高程185m，拦河大坝为混凝土重力坝。大坝轴线长2309m，最大坝高175m。泄洪坝段居河床中部，两侧为厂房坝段和非溢流坝段。大坝混凝土总量1480万 m^3。

1　大坝结构总布置

长江洪水量大，设计洪峰流量（千年一遇）为9.88万 m^3/s，校核洪峰流量（万年一遇加大10%）12.4万 m^3/s，这就决定了三峡大坝在布置上的两个显著特点：第一，要求泄洪设备和施工导流设备多。永久泄洪设备包括：23个深孔，22个表孔，3个泄洪排漂孔和7个排沙孔，再加上电站机组过流量，设计水位泄流能力为9.87万 m^3/s，经调洪后要求的下泄量为：初期7.3万 m^3/s，后期为6.98万 m^3/s 校核水位过流能力为12.06万 m^3/s，要求泄洪能力为10.25万 m^3/s。因此泄洪前缘长483m，再加上泄洪排漂设备等长583m。第二，三峡电站总装机容量大，机组多达26台，左右厂房坝系总长1106m。这两种主要坝段总长为1690m，已超过原河道宽度（约1300m）。

三峡大坝由4部分组成：①河床中部布置泄水建筑物——泄洪坝段，紧临头两侧为设置有泄洪排漂孔的左导墙坝段和纵向围堰坝段；②左、右厂房坝段；③左岸布置有通航建筑物的升船机坝段和临时船闸坝段；④左、右岸非溢流坝段。对上述各部分简述如下。

1.1　泄洪坝段、左导墙坝段和纵向围堰坝段

泄洪坝段长483m，分23个坝段，每个坝段长21m。在每个坝段中部设7m×9m的泄洪深孔，进水口底高程90m，为有压短管型式。在两个坝段之间布置净宽8m的泄洪表孔，堰顶高程158m。在表孔的正下方跨缝布置三期施工截流、导流底孔，进口底高

原载于：水力发电，1996，（5）：50-54。

程56m，为长有压管型式，出口孔口尺寸为6m×8.5m，弧形工作门设在底孔出口端。上游进口部分事故门，在进口紧贴坝面处设有反钩检修门，用于底孔封孔。作为永久泄洪设备布置有23个深孔、22个表孔；施工期导流底孔22个，均采用挑流消能形式。泄洪坝段剖面见图1。

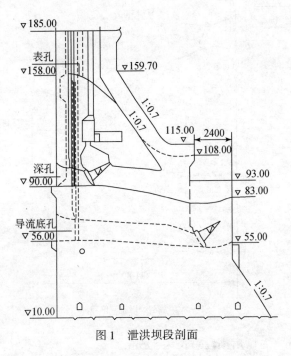

图1　泄洪坝段剖面

　　泄洪坝段左侧为导墙坝段，长32m。布置一个泄洪排漂孔，孔口尺寸为10m×12m，进水口底高程133m，为短有压管形式，见图2。下游接左导墙，用于分隔泄洪区与左厂房尾水区；同时其顶部设置泄洪排漂孔的泄水槽，将水泄至下游。左导墙长262m，顶部泄水槽净宽10m，高12m。

　　泄洪坝段右侧为纵向围堰坝段，长68m，上下游分别接上游混凝土纵向围堰和下游混凝土纵向围堰，用于实现二、三期分期施工。下游混凝土纵向围堰在运行期用作右导墙，分隔泄洪区与右厂房尾水区，系永久建筑物。纵向围堰坝段分为两个坝段：左为泄洪排漂孔坝段，长32m，泄洪排漂孔的布置形式与左导墙坝段相同，不同之处在于坝体下游直接采取挑流消能；右为实体非溢流坝段，长36m。

1.2　左、右厂房坝段

　　三峡坝后引水式电站分设于泄洪坝段两侧：左电厂装机14台，右电厂装机12台，单机容量均为70万kW。左厂房坝段14个，每个坝段长38.3m；每个机组坝段又分为两个坝段；钢管坝段，长25m；实体坝段，长13.3m。在左厂6号与7号坝段之间，布置有左安Ⅰ安装场坝段，长38.3m，平分为两个坝段，均布置一个排沙孔。在左厂1号坝段的实体坝段布置一个排沙孔，进口底方程90m。左厂房坝段总长581.5m。

　　右厂房坝段12个，在右厂20号与21号机组坝段之间布置有右安Ⅰ安装场坝段。结构布置同左厂房坝段。厂26号坝段的实体坝段下布置有排沙孔，坝段长由一般长

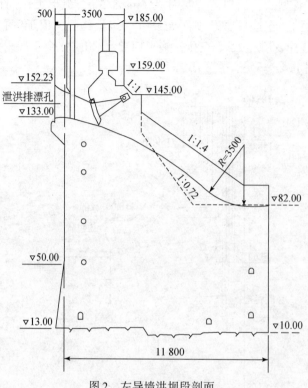

图 2　左导墙洪坝段剖面

13. 3m 增长为 24. 4m。右厂房坝段总长为 525m。

电站引水压力管道直径为 12. 4m。进水口底高程 110m，压力管道以 11°穿过坝体后采取浅预留槽背管形式布置，上弯段以后的管道采用钢衬钢筋混凝土联合受力结构形式。厂房坝段剖面图见图 3。

1. 3　临时船闸坝段和升船机坝段

在左岸非溢流坝段左非 7 号和 9 号坝段之间，布置了升船机上闸首与临时船闸坝段。

为满足上下游引航道口门区通航水流条件，临时船闸坝段的轴线由河床主坝轴线向上游转移 14°；升船机坝段和轴线又由临时船闸坝段轴线向下游转移 4°。

临时船闸坝段长 56m，分为 3 个坝段：两侧两个实体坝段，各长 16m，与临时船闸同时施工；中间为通航孔坝段，长 24m，在临时船闸运行期间作为通航孔，暂不浇筑坝体；待临时船闸停止使用后再浇筑此坝段。该坝段设有 2 个 6m×10m 冲沙孔，孔底高程 105m，亦为短有压孔型式。此冲沙孔预计几十年后才会使用，所以设于坝后临时船闸闸室内的消能设施待需要时再兴建，见图 4。

升船机坝段长 62m，布置升船机上闸首。升船机与临时船闸坝段之间为左非 8 号坝段。

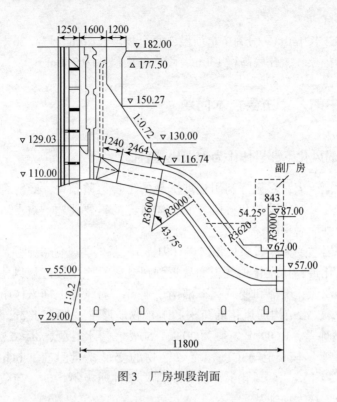

图 3　厂房坝段剖面

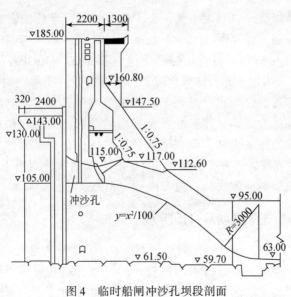

图 4　临时船闸冲沙孔坝段剖面

1.4　两岸非溢流坝段

左岸非溢流坝段可分为三部分：左岸山体至升船机坝段，长 140m，分为 7 个坝段；状船机与临时船闸之间的非溢流坝段，长 24m；临时船闸与左厂 1 号坝段之间的非溢流坝段，长 195.91m，分为 10 个坝段，与临时船闸相邻的坝段长 15.91m，其余 9

个坝段长均为20m。

右岸非溢坝段长140m，分为7个项段，每个坝段长20m。与厂26号坝段相邻的右非1号坝段设置排漂孔，孔底高程130m，坝内断面尺寸为7m×4m。

2　大坝设计中的几个主要技术问题

2.1　利用弱风化下部岩体作为大坝建基岩体

三峡大坝规模巨大，对充分利用坝址优越的工程地质条件，经济合理地选定大坝建基岩体，一直是勘测、设计和科研方面关注研究的重要课题，重点研究坝基弱风化岩体的使用和建基面高程的优化。

三峡坝址基岩主要为闪云斜长花岗岩（91%）。基岩弱风化带是强风化至微风化中间的一个过渡风化带，其风化程度顶部接近强风化带，底部接近微风化。因而将弱风化带岩体划分为弱风化上部和弱风化下部两个亚带。弱风化上部岩体中疏松半疏松的岩石占9%～18%，沿结构面风化的疏松和疏松物质厚度一般大于5cm，厚者达30～50cm。岩体完整性差，RQD值一般为20%～50%，透水性强，$\omega \geq 0.01$ 的试验段占65%。完整岩石变形模量达43GPa，而疏松物的变形模量只有2.6GPa纵波速度为2.6～5.1km/s。以上表明弱风化上部岩体物理力学性质极不均一，与微风化岩体相差较大，不宜作为三峡大坝坝基。

弱风化下部岩体以坚硬岩石为主体，夹少量半坚硬、半疏松岩石，约有20%裂隙含疏松半疏松风化碎屑，但厚度一般小于1cm，RQD值一般为70%～90%，透水性微弱，极微透水试验段占38%～52%。变形模量一般为20～30GPa，纵波速度为4.3～5.5km/s。以上表明弱风化下部岩体风化较弱，岩体完整，变形较均一，每项物理力学指标与微风化岩体相近，仅透水性略强。岩体质量与微风化次块状结构岩体相当，其力学强度、变形特性等均能满足建造混凝土高坝的要求。因此在初设阶段确定利用弱风化下部岩体作为大坝建基岩体。与利用微风化岩体作为建基岩体相比，大坝建基面平均提高2m多，可节省岩石开挖方量约50万 m^3，节省大坝混凝土约43万 m^3。建基面混凝土与基岩的抗剪断参数取 $f'=1.1$，$c'=1.3MPa$。

2.2　采取抽排措施降低坝基面扬压力

三峡大坝下游水位高，设计水位时下游水深达60余米，经比较，不管大坝采用常规混凝土还是碾压混凝土，在下游水深比较大的区域，坝基面采用封闭式抽排措施是经济的。由于碾压混凝土层面的抗剪断强度要低于常规混凝土，所以常规混凝土工程只需在建基面采取抽排措施，而在碾压混凝土中尚需扩大至下部坝体一定范围，以满足坝体碾压混凝土内的抗滑稳定要求。在碾压混凝土内采取封闭抽排的范围及高程，由各坝段的稳定计算确定。此外，厂房坝段1～5号坝段的建基岩体为缓倾角裂隙相对发育区。由于厂房开挖需要下游面为一高临空面，对深层抗滑稳定极为不利。虽建基面较高，在基岩内也采取抽排措施。所以，大坝从左非17号坝段至右厂房坝段21号坝段作为一个封闭抽排区。在大坝上、下游部分除设基础灌浆排水廊道外，在坝基中部还设置了 2 条纵向排水廊道。此外另设置了 18 条横向排水廊道，间距为 50～80m。

2.3　大坝部分采用碾压混凝土

在初步设计阶段，三峡大坝采用常规混凝土，只在纵向围堰坝段高程 81m 以下与上下游混凝土纵向围堰一起采用碾压混凝土。初步设计审查意见提出，应在适当部位尽可能多地采用碾压混凝土，以加快施工速度，减少水泥用量。

在技术设计阶段，三峡大坝采用碾压混凝土遵循以下原则：

（1）鉴于三峡枢纽工程的特点：泄水量大，泄洪设备多，泄洪坝段布置有 3 层孔口；电站装机多达 26 台，引水管道穿过坝体。因此，大坝应用碾压混凝土后枢纽布置和大坝结构布置不作改变。

（2）大坝上下游面的防渗层采用"金包银"的形式，常规混凝土的厚度：上游面 3～5m，下游面 3～3.5m。也提出了其他措施，如在上游面设置钢筋混凝土板，厚 1m，施工稍迟后于碾压混凝土。有人认为这种形式有利于施工，防渗效果可能比常规混凝土更有保证。

（3）根据坝体断面抗滑稳定及应力需要，采用两种碾压混凝土，即 RCC1 和 RCC2，其标号和力学参数分别为

RCC1：R150，$f' = 1.0$，$c' = 1.0$MPa；

RCC2：R200，$f' = 1.0$，$c' = 1.2$MPa；$y = 2.40$t/m^3，标号龄期均为 90d。

（4）上游坝面采用斜坡，以提高坝体抗滑稳定性。泄洪坝段起坡点高程为 50m，坡度为 1：0.5；厂房坝段起坡点高程为 55m，坡度为 1：0.2。

（5）由于泄洪坝段、厂房坝段内均布置有孔洞，所以仍设置横缝，尺寸与常规混凝土相同坝段内不设纵缝。

（6）大坝碾压混凝土的应用部位按以下原则确定，厂房坝段在压力引水管道以下，泄洪坝段在导流底孔高程以下，纵向围堰坝段在一期围堰高程 90m 以下，其他有孔布置的坝段在孔口以下，非溢流坝段和厂坝导墙可为全断面。同时还需考虑施工机械的布置条件；考虑碾压混凝土的施工季节等因素（夏季高温季节暂不浇筑碾压混凝土）。三峡大坝部分采用碾压混凝土可提前工期约三个月。

三峡大坝设计应用碾压混凝土的总方量约 440 万 m^3，约占大坝混凝土总方量的 30%。目前已在纵向围堰坝段及其上下游围堰开始实施。大坝其他部分应用碾压混凝土，尚有一些不同看法，主要对能否保证施工质量存在疑虑。最后由三峡总公司决策。

2.4　电站引水压力管道的布置与结构型式

三峡电站引水压力管道有两个显著特点：一是管道条数多，共 26 条；二是管道直径大，为 12.4m。DH 值达 1730m^2。电站引水压力管道的布置，为避免管道安装与大坝混凝土施工的干扰，以及为使管道施工随机组安装进度逐步进行以避免过早投资积压，采取在下游坝面预留浅槽的背管形式，管道埋入坝面的深度约为 1/3 直径。这种浅留槽布置形式，有利于管道安装施工，有利于提高管道抗衡河向地震的能力，有利于缩短厂坝之间的距离和管道的长度，减少工程量，对坝体的稳定应力无大的削弱。

压力管道背管部分的结构型式采用钢衬钢筋混凝土联合受力的型式。这种结构型

式的优点主要有：

（1）钢衬和钢筋联合受力，两者在同一部位同时出现缺陷并导致破坏的概率很小；万一发生事故，也不会发生撕裂性爆破。所以管道的安全度要比明钢管高。

（2）钢衬可采用 16Mn 钢板，板厚在 36mm 以内，有利于保证钢材材质和焊接质量，并可免除焊接加温和消应工序。

（3）管道钢材可立足于采用国内钢材，工期将不受国外条件的制约。

（4）与明钢管道方案相比，经济上可省一些，施工工期也稍短。

为保证钢衬钢筋混凝土管道有较大的安全度，设计中要求钢衬和钢筋混凝土在各自单独承受全部内水压力时的安全系数大于 1；设计工况下的总安全系数取 2.2；校核工况下的总安全系数取 2.0。

预留浅槽的断面形式，亦即钢衬钢筋混凝土管道的下部形状（上部为圆形），经研究比较，为使钢筋混凝土管道在设计荷载下不致开裂，从而保证槽底坝体不致开裂，采用方形加小贴角的形式。

为减少浅留槽两侧墙的受力，使之不致开裂，在两侧直墙段加设软垫层，可用 PS 泡沫板，厚 3cm，E 为 1MPa。也可考虑涂刷沥青的办法，这比设置软垫层更为简单。

关于钢衬外包钢筋混凝土的厚度，从抗裂、限裂条件计算分析，采用厚度 2m 是合适的。

2.5　关于大坝孔口应力与配筋

三峡大坝主要坝段均设置有大孔口：泄洪坝段深孔，有压段孔口尺寸为 7m×9m（弧门），设计水头 85m 厂房坝段电站进水口 9.2m×13.3m（快速门），设计水头 65m；泄洪排漂孔 10m×12m（弧门），设计水头 42m；临时船闸冲沙孔 6m×10m（两个平行布置双孔），设计水头 70m。这些孔口均为短有压管型式（除电站进水口）。应力分析表明：孔口的顶板、底板、角缘和检修闸门井部位均有很大的拉应力集中，一般为 2～3MPa，拉应力深度达 4～8m。因此需配置的钢筋量很大，达 3～4 排；每排 5 根 $\phi 40$～$\phi 45$；深孔弧门前胸墙顶部和双进水口（作为单进水口的比较方案）顶部多达 6 排。配筋量大，施工困难，不易保证混凝土的施工质量。为降低孔口拉应力，减少配筋量，研究采取以下措施：

（1）将坝段间横缝灌浆的高程提高至孔口高程以上（110～130m），灌浆浆液凝结后还会出现小的缝隙，因此在孔口应力分析中需考虑横缝小缝隙的约束条件。

（2）研究在深孔有压段范围内将横缝止水后移，用部分横缝充水平压，以减少孔口拉应力。同时需复核在检修闸门关闭，孔口内无内水压力情况下的孔口应力。并对止水、排水等布置进行相应调整。并应对边坝段在侧向水压力作用下的稳定应力进行复核。

以上应力分析以三维有限元分析为基础，补充部分加密网格的剖面进行三维有限元复核；补充非线性钢筋混凝土有限元复核。

2.6　1～5 号坝段基岩缓倾角裂隙抗滑稳定问题

三峡左岸厂房坝段 1～5 号坝段基岩为缓倾角裂隙相对发育区。大坝建基面高程为

90m，而坝后厂房的建基面高程为 22m，因此坝基下游开挖基岩面形成一个高达 68m 的高边坡临空面，对大坝及其基础的稳定极其不利。在技术设计阶段以前，对本区域曾进行了大量地质勘测工作，包括平洞、钻孔和大口径钻孔等。对大坝稳定问题，进行了从临时船闸坝段至厂 14 号坝段大范围的地质力学模型试验，厂 5 号坝段地质力学模型试验，并进行了与之相对应的三维有限元分析。设计上以刚体极限平衡分析为主，对各坝段进行稳定分析，并考虑了多种可能的滑移模式组合。多种分析表明，各坝段的抗滑稳定安全系数能满足设计工况大于 3.0，校核工况大于 2.5 的要求。最后还假设一种极端情况，即从坝踵至厂房建基面上游端点作为一个滑移面，并假定缓倾角结构面连通率为 100%，不计两侧岩体的任何作用，考虑厂坝联合作用，沿厂房建基面向下游滑出，要求 $K_c > 2.3$。计算得 $K_c = 2.7$，能满足稳定要求。

1995 年 7 月，长江水利委员会勘测部门对厂 3 号、4 号坝段采用特殊勘测手段、密集钻孔方式，进一步查清了该两坝段基岩缓倾角裂隙的分布情况和连通率，并已判定厂 1～5 号坝段缓倾角的发育程度依次为厂 3 号、厂 2 号、厂 4 号、厂 1 号、厂 5 号坝段。从偏于安全估计，厂 3 号坝段连通率（线连通率）为 67%，考虑厂坝联合受力，稳定安全系数大于 3.0。

为确保厂 1～5 号坝段稳定安全，采取如下主要结构工程措施：

（1）将坝基面加宽约 16m。

（2）建基面高程由 98m 降至 90m，坝踵部位设置齿墙，底高程由 93m 降至 85m。

（3）在高程 51m 以下，使厂房下部混凝土与上游基岩紧密结合，使厂坝（基）联合受力；并将坝踵至高程 51m 的连线小于 15°，因小于 15°的长大缓倾角出现的概率很小，保证高程 51m 以上坝基的抗滑稳定安全。

（4）基岩内加强排水措施，在高程 74m、25m 坝基上下游部位设置两条排水廊道，厂房基础采取抽排措施。

（5）坝段间横缝设置键槽，以增加各坝段间的整体性。

（6）加强下游基岩开挖边坡的支护。

（7）加强坝基变形、渗流安全监测。

右岸厂 25 号、厂 26 号坝段也存在缓倾角结构面，但发育程度较厂 1～5 号坝段为轻，且于三期施工，以后按实际情况比照处理。

三峡大坝单项技术设计及其审查已完成。在招标设计阶段将对大坝专家组的审查意见进一步研究落实，优化技术方案和措施，务必使三峡大坝设计做到确保安全，技术先进，方便运行，方便施工，降低造价，缩短工期。

三峡工程碾压混凝土纵向围堰设计

汪安华　刘　宁

摘　要：三峡碾压混凝土（RCC）纵向围堰轴线长 1191.5m，分上纵段、坝身段和下纵段。其中坝身段为永久 I 级建筑物，长 115m，堰顶▽185m，高 146m（一期工程高51m）。在二期导流期间，纵向围堰与二期上下游土石横向围堰保护二期基坑。不设纵缝，仅设横缝，横缝上下游面均设两道紫铜片和一道排水槽，同时在上下游面常态混凝土防渗层内设诱导缝。RCC 标号为 $R_{90}200$ 号和 $R_{90}150$ 号。永久建筑物 RCC 选用 525 号中热水泥为主，I 级粉煤灰掺量为水泥用量的 45% ~ 58%。三级配 RCC 胶凝材料用量为 160 ~ 180kg/m³。坝身段埋设冷却水管通水降温。

1　结构布置

混凝土纵向围堰位于导流明渠左侧，轴线长 1191.5m，分为上纵段、坝身段和下纵段。上、下纵布置考虑施工期改善明渠水力学条件和满足二、三期围堰布置要求，并考虑运用期泄洪对建筑物下游流态的影响，头部均略向主河槽弯曲。上纵段长490.98m，堰顶高程 87.5 ~ 140m，高 38 ~ 95m；其中上纵堰外段长 368.98m，堰内段长 122m；坝身段长 115m，坝顶高程 185m，高 146m（一期工程高度 51m；下纵段长585.5m，堰顶高程 81.5m，高 31.5 ~ 46.6m，在二期导流期间，纵向围堰与二期上、下游土石横向围堰保护二期基坑，为泄洪坝段、左岸厂房坝段及电站创造干地施工条件。在三期导流期间，纵向围堰与三期上、下游横向围堰保护三期基坑，为右岸厂房坝段及电站创造干地施工条件。上纵堰内段同时还担负着与三期上游碾压混凝土围堰和右岸坝段共同拦蓄库水，抬高上游水位，确保左岸电站发电和永久船闸通航的重任。因此上纵堰内段按临时 I 级建筑物设计。坝身段还将作为水库挡水大坝的一部分，按永久 I 级建筑物设计；下纵段作为右岸电站与泄洪坝段间的导墙，按永久 II 级建筑物设计（图 1、图 2）。

混凝土设计工程量如表 1 所示。

表 1　混凝土设计工程量　　　　　　（单位：万 m³）

部位	RCC	常态混凝土	小计
上纵段	71.95	4.7	76.65
坝身段	28.13	5.1	33.23
下纵段	30.17	13.28	43.45

原载于：中国三峡建设，1997，（3）：11-15。

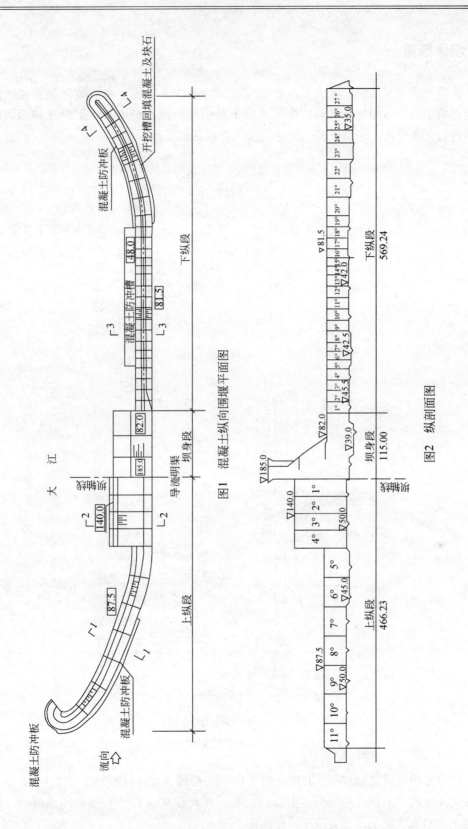

图1　混凝土纵向围堰平面图

图2　纵剖面图

2　坝体断面

混凝土纵向围堰断面除满足一般稳定及防冲要求外，还应考虑施工期明渠水流流态及通航影响，运用期泄洪对厂房尾水和下游引航道流态影响，所以设计对围堰断面形状进行了大量水工模型试验。所选定的围堰横剖面见图 3。

(a)围堰堰顶详图

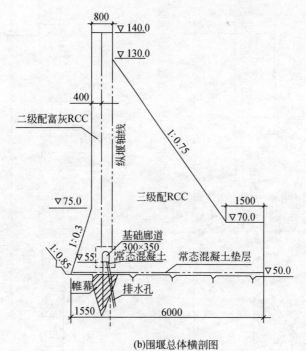

(b)围堰总体横剖图

图 3　围堰横剖面

坝身段沿轴线总长 68m，其中左侧为长 32m 排漂孔坝段（右纵 1 号坝），右侧为长 36m 实体坝段（右纵 2 号坝），坝顶高程 185m（高程 90m 以下）为碾压混凝土，该高程以上为常态混凝土。坝身段排漂孔剖面见图 4。

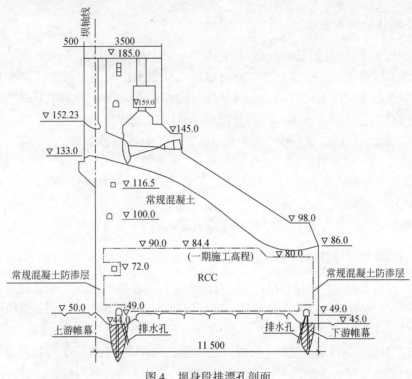

图 4　坝身段排漂孔剖面

3　坝体稳定及应力

围堰坝身段基岩是闪云斜长花岗岩。基岩和混凝土力学指标为：基岩变模 15GPa，抗剪断指标 $f' = 1.3$，$c' = 1.4$MPa；碾压混凝土层面抗剪断参数 $f' = 1.0$，$c' = 1.0 \sim 1.2$MPa，容重 $\gamma = 2.4$t/m³；常态混凝土容重 $\gamma = 2.45$t/m³。基础只设常规帷幕排水，扬压力折减系数 $\alpha = 0.25$。设计地震烈度为 7 度。

设计还对泄流时下纵段水流脉动压力作用进行了动力分析，当泄洪流量为 30 000 ~ 70 000m³/s 时，脉动频率为 0.5 ~ 1.4Hz；各种情况下的自振频率均大于水流脉动压力振动频率 10 倍以上，因此不会发生共振。

4　结构设计

4.1　坝内廊道及交通

纵向围堰坝身段考虑到大坝帷幕灌浆、抽排、安排监测和交通要求，在上游离坝轴线 10m 处分设高程 49m、72m 和 80.5m 纵向廊道，下游离坝面 5m、高程 49.0m 布置一条纵向廊道，廊道采用 2.5m×3.0m 断面。

上纵段仅堰内段高程 55.0m 设基础帷幕灌浆廊道（兼起交通和排水作用），断面为 3.0m×3.5m。

4.2　坝体分缝及止水

纵向围堰均不设纵缝，仅设横缝及止水，横缝在施工期需灌浆联成整体，故设置了水平键槽和灌浆系统。横缝上、下游面均设二道紫铜片及一道排水槽；在上、下游面常态混凝土防渗层内各设置了一条诱导缝，缝深 2.8 ~ 3.8m，缝端设 φ30cm 应力释放孔，缝内设二道紫铜片止水。在坝身段两侧暴露面也设置了类似诱导缝，其间距为 20m 左右，缝深 1.35m，缝端设应力释放孔，缝内设一道塑料止水。

下纵段 1 ~ 18 块采用永久缝和诱导缝划分。永久缝间距 60 ~ 80m，诱导缝间距15 ~ 20m，缝间均设塑料止水。诱导缝缝端设应力释放孔。19 ~ 28 块采用永久缝划分，间距为 20 ~ 33m，缝间设一道塑料止水。

上纵堰外段 5 ~ 11 块横缝间距为 50m 左右，内设 1 ~ 2 道塑料止水片。

4.3　混凝土标号分区及主要技术指标

设计按结构不同部位运用条件、重要性分析比较了全断面 RCC、钢筋混凝土面板和常规混凝土防渗层的防渗型式，最后从三峡大坝的重要性和耐久性考虑，纵向围堰坝身段和下纵段采用"金包银"的防渗型式。坝身段上游面 4m、下游面 3m，左、右侧面 1.5m 为常态混凝土防渗层，基础垫层亦设厚度为 1 ~ 2m 常态混凝土。碾压混凝土分为两区，自基础至高程 65m 为强约束区，采用 $R_{90}200$ 号（RCC_2），自高程 65m 至 90m 为强约束区，采用 $R_{90}150$ 号（RCC_1）。下纵段顶面、基础垫层及两侧迎水面为厚度 1 ~ 2m 常态混凝土，基础强约束区碾压混凝土为 RCC_2，基础弱约束区及内部碾压混凝土为 RCC_1。

上纵段为临时建筑物，采用全断面碾压混凝土，除堰内段左侧面设厚约 4m 二级配富胶 $R_{90}200$ 号外，一般为三级配 $R_{90}150$ 号。基础垫层和明渠侧局部流速较高部位采用厚 1 ~ 2m 常态混凝土。

混凝土设计标号及主要技术指标见表 2。

表 2　混凝土设计标号及主要技术指标

建筑物类别	混凝土类别	部位		设计标号 (90d)	限制最大水灰比	级配	容重 (t/m³)	极限拉伸 (1×10⁻⁴) 28 天	极限拉伸 (1×10⁻⁴) 90 天	抗冻	抗渗	f'	c' (MPa)	Vc (s)
永久	常态混凝土	坝身段 防渗层混凝土	垫层混凝土	200	0.6	三		≮0.7	≮0.82	D_{100}	S_8			
			结构	250						D_{50}	S_6			
			结构	200						D_{50}	S_4			
			水上	200	0.55	三				D_{100}	S_6			
			水下	200	0.55	三				D_{100}	S_8			
			水位变化区	250	0.5	三				D_{150}	S_8			
		下纵段	垫层混凝土	200	0.6	三		≮0.7	≮0.82	D_{100}	S_8			
			外部混凝土	200	0.5	三				D_{150}	S_8			
	RCC	坝身段	RCC_1	150		三	2.4	≮0.6	≮0.65	D_{50}	S_4	1.0	1.0	12±5
		下纵段	RCC_2	200		三	2.4	≮0.65	≮0.7	D_{100}	S_6	1.0	1.2	12±5

续表

建筑物类别	混凝土类别	部位		设计标号(90d)	限制最大水灰比	级配	容重(t/m³)	极限拉伸(1×10⁻⁴)		抗冻	抗渗	f'	c'(MPa)	Vc(s)
								28天	90天					
临时	常态混凝土	上纵段	防冲层	300		三					S_8			
			垫层	200	0.6	三		≮0.7	≮0.82		S_8			
	RCC	上纵段	RCC_1	150		三	2.4	≮0.6	≮0.65		S_4	0.9	0.9	12±5
			RCC_2	200		二	2.4	≮0.65	0.7		S_8	0.9	0.9	12±5

5　温度控制

5.1　水泥、粉煤灰及胶凝材料水化热

永久建筑物碾压混凝土优先选用 525 号中热硅酸盐水泥（以下简称中热水泥），也可选用 425 号低热矿渣硅酸盐水泥（以下简称低热水泥）。临时建筑物可使用 425 号低热水泥。常态混凝土除水位变化区、抗冲磨等部位使用 525 号中热水泥外，一般宜采用 425 号低热水泥。考虑到三峡工程的重要性和改善混凝土性能的要求，永久建筑物原则上要求采用Ⅰ级粉煤灰，临时建筑物可采用Ⅱ级灰。粉煤灰掺量：对永久建筑物碾压混凝土，采用 525 号中热水泥拌制 R_{90}150 号混凝土时为 55%～58%，R_{90}200 号为 45%～48%；采用 425 号低热水泥拌制 R_{90}150 号混凝土时为 40%，R_{90}200 号为 30%～33%。临时建筑物粉煤灰掺量较上述数值有所放宽。

三级配碾压混凝土胶凝材料用量：525 号中热水泥拌制 R_{90}200 号混凝土为 170～178kg/m³，R_{90}150 号为 160～162kg/m³；425 号低热水泥拌制 R_{90}200 号混凝土为 175～180kg/m³，R_{90}150 号为 160～170kg/m³。

5.2　坝体稳定温度及准稳定温度

坝身段为永久建筑物，坝体尺寸大，运用时间长，在运用期存在稳定温度：基础约束区平均稳定温度为 15～16℃，基础弱约束区为 16～17℃。

下纵段为永久建筑物，但块体尺寸较小，运用期堰体不存在稳定温度场，而存在准稳定温度场，计算平均准稳定温度场为 16℃。

上纵段为临时建筑物，使用期仅 10 年左右，在该期间内堰体平均温度可能降至 17～19℃。

5.3　温控标准

据堰体分缝尺寸，混凝土抗裂能力及基岩弹性模量与混凝土弹性模量比值等，经计算分析及参照《碾压混凝土坝设计导则》，选用基础允许温差见表 3。

一旦迎水面碾压混凝土或防渗层常态混凝土产生裂缝，就可能沿碾压混凝土结合不良层面形成渗水通道。因此在混凝土初期遇气温骤降必须加强表面保护，控制堰体

最高温度，防止表面裂缝或深层裂缝的产生。表面保护的气温骤降标准宜采用混凝土龄期 3～5 天遇 2～3 天内日平均气温下降 4～8℃。此外中、后期混凝土遇气温骤降和年变化影响，也应视不同部位和浇筑季节采取必要的表面保护。

表 3　碾压混凝土基础允许温差　　　　　　　　　（单位：℃）

控制范围	上纵堰外段 （$L=50～52m$）	上纵堰内段 （$L=75.5m$）	坝身段 （$L=115m$）	下纵段 （$L=29～36m$）
强约束区 （$0～0.2L$）	12	10	10	14
弱约束区 （$0.2～0.4L$）	15	13	13	17

注：L 为块体长边尺寸，基岩弹性模量与混凝土弹性模量之比为 1.5。

坝身段及下纵段堰体采用"金包银"型式，由年变化气温引起的坝体内外温差产生的拉应力主要由常态混凝土承担，参照国内工程实践，坝体最高温度控制标准见表 4。

表 4　坝体最高温度控制标准　　　　　　　　　（单位：℃）

月份	12～2	3，11	4，10	5（上旬）
坝体最高温度控制标准	23	26	30	33

为有效控制坝体混凝土最高温度和保证层面的结合要求，并考虑到三峡大坝的重要性，在高温、强日照和多雨的 5 月中旬至 9 月不安排碾压混凝土施工。

确定坝体设计最高温度的原则为：对基础约束区混凝土，系按基础允许温差加上坝体运行期平均稳定温度（或准稳定温度），与坝体最高温度控制标准值比较后取其低值；对均匀上升脱离约束区的混凝土，按坝体最高温度控制标准确定。据此碾压混凝土坝体设计允许最高温度见表 5。

表 5　坝体碾压混凝土设计允许最高温度　　　　　　　　　（单位：℃）

部位	约束范围	月份			
		12～2	3，10	4，10	5
坝身段	强约束区（$0～0.2L$）	23	26	26	26
	弱约束区（$0.2～0.4L$）	23	26	29	29
上下纵段	下纵段强约束区、上纵堰内段强约束区	23	26	30	30
	下纵段弱约束区、上纵堰内段弱约束区、上纵堰外段强约束区	23	26	30	33
	脱离约束区	23	26	30	33

5.4　主要温控防裂措施

（1）混凝土配合比设计和施工应保证达到设计必需的极限拉伸值或抗拉强度；施

工均质性指标和强度保证率，对碾压混凝土施工中的薄弱环节——层面和"金包银"界面的施工质量更应严格控制。

（2）根据结构特点、使用要求、混凝土浇筑能力、温控要求和施工进度等因素，经综合分析后合理选定分缝分块。

（3）碾压混凝土浇筑季节一般安排在 10 月至次年 5 月，对温控严格的基础强约束区宜安排在 11 月至次年 3 月。碾压混凝土连续上升一个升程 2~3m（临时建筑物 RCC 冬季可达 4~5m），停歇 5 天左右再浇下一个升程，严禁在基础约束区或老混凝土约束区长期停歇，间歇期不得大于 15 天。

（4）合理地选择水泥品种、粉煤灰掺量，降低混凝土出机口温度，加快入仓速度及仓面作业速度。

碾压混凝土粉煤灰掺量较高，早期抗拉强度较低，所以亦应重视表面保护。一般要求保温后混凝土表面等效放热系数不大于 $2.5W/(m^2 \cdot ℃)$。

坝身段一期工程施工高程 84.4m 以下部位，全部为基础约束区，且表面长期暴露，为减少内外温差，尽可能减少温度裂缝的产生，并结合横缝灌浆的后期冷却要求，对此高程以下全部埋设冷却水管进行中期通水降温。水管水平间距 2.5m，垂直间距 2.1m，单根长不大于 250m。

三峡大坝厂 1 ~ 5 号坝段深层抗滑稳定问题研究

刘　宁　　乐东义　　蒋为群

摘　要：三峡大坝厂 1 ~ 5 号坝段坝基存在深层滑动稳定问题。根据地质资料确定了这些坝段的确定性的深层滑动概化滑移模式，结合坝体结构特征设想了极端滑移模式。以刚体极限平衡"等 K（安全系数）法"计算成果作为设计判据进行抗滑稳定设计。数值分析和模型试验结果表明，采取适当降低建基面高程、加大坝底宽度、厂坝联合作用、横缝设置键槽并灌浆、坝基封闭抽排等综合工程措施后，现设计是安全的，且具有较大的安全裕度。

1　前言

三峡大坝厂 1 ~ 5 号坝段位于左岸山体及临江斜坡部位，建基岩体为微新闪云斜长花岗岩，岩体坚硬、完整，岩性均一，力学强度高，完全满足大坝建基岩体的质量要求。但坝址区历经多次地质构造运动，坝基岩体被许多断层及裂隙切割。其中构造裂隙以陡倾角（大于 60°）为主，局部地段也有缓倾角裂隙及断层发育。左厂 1 ~ 5 号坝段为缓倾角裂隙相对发育区，该坝段坝后建基岩体内发育有走向 10° ~ 30°倾向 SE 倾角 20° ~ 30°（倾向下游偏左岸）的缓倾角裂隙，还有少量的倾向下游的中倾角裂隙发育。该坝段坝后布置坝后式厂房，大坝建基高程 85 ~ 90m，厂房最低建基高程为 22.2m，致使坝后形成坡度约 54°，临时坡高 67.8m、永久坡高 39.0m 的高陡边坡。上述因素构成了厂 1 ~ 5 号坝段深层滑动的边界条件。厂 1 ~ 5 号坝段存在沿缓（中）倾角裂隙（结构面）滑动的稳定性问题。

2　工程地质条件

为查清厂 1 ~ 5 号坝段缓倾角结构面的性状及空间展布特征进行的勘探工作包括大量的地表地质调查；在左岸坝段进行了不同高程的两层平硐勘探；大量的大、小口径钻孔勘探；29 个钻孔的特殊补充勘探等。补充勘探线间距约为一个坝段宽度（约 40m），同一勘探线内钻孔间距约 20m；采用了先进的钻孔技术，岩芯获得率为 100%；对钻孔进行彩电录像，获取孔内岩体结构面构造及其性状资料；在此基础上结合结构面性状及其长度的统计规律、已开挖面揭露的地质条件、资深地质师的判断、钻孔的布置等综合分析确定结构面的性状及其展布。经过这些勘探工作，已基本确定了厂 1 ~ 5 号坝段坝基岩体内结构面的性状、展布及深层滑动的边界条件。

原载于：人民长江，1997，（7）：1-3。

2.1　缓倾角结构面性状及展布规律

控制坝基滑动的长大缓倾角结构面（长度大于 10m 者）均为硬性结构面，其充填物多为绿帘石及长英质等坚硬物质，无泥质或较软物质充填。长大缓倾角结构面大多数为平直稍粗面和粗糙面，平直光滑面仅占 3.8%。结构面在走向和倾向方向大多被陡倾角面切错，切错距一般 3～10cm，其优势产状为走向 28°（与坝轴线交角 15.5°，坝轴线为 43.5°），倾向 118°，倾角 25°～27°。缓倾角结构面倾角小于 15°的极少。

缓倾角结构面（裂隙）的分布具有明显的不均一性。厂 3 号坝段缓倾角结构面最为发育。根据 23 个特殊勘探钻孔的统计资料分析，厂 3 号坝段长大缓倾角结构面平均垂直线密度达 0.121 条/m，相邻的厂 2 号及厂 4 号坝段坝基则仅为 0.071～0.078 条/m。即使是厂 3 号坝段，不同的钻孔及相同钻孔的不同孔段亦有显著差别。如图 1 所示，在给定的 ABCFI 滑移面上，将不同倾向、倾角的长大缓倾角结构面投影到该面上，计算出最高线连通率达 83%。

用剖面投影法和二维结构面网络法确定短小缓倾角面（长度小于 10m 者）的连通率，优势面组短小缓倾角面裂隙连通率可按 11.5% 计算。

2.2　结构面及岩体的物理力学参数

结构面抗剪强度试验包括大剪 5 组，室内中剪 28 组。根据试验成果按照结构面的性状提出其抗剪强度参数建议值。厂 1～5 号坝段坝基基本为微新岩体，其中长大缓倾角面均为无软弱物质充填的硬性结构面，计算中将结构面抗剪参数统一取用平直稍粗面的参数，即 $f' = 1.7$、$c' = 0.2\text{MPa}$。

岩体抗剪强度试验包括 12 组大型原位直剪试验以及 8 组中型直剪试验，按岩体风化分带和岩体结构面类型给出其抗剪指标。厂 1～5 号坝段坝基为微风化块状及新鲜岩体，其抗剪强度指标为 $f' = 1.7$、$c' = 2.0\text{MPa}$。

3　滑移模式概化分析

3.1　坝基滑移面概化分析

鉴于缓倾角裂隙分布的复杂性，需对其进行概化处理，获得便于计算分析的概化滑移面。概化原则如下：

（1）以勘探确定的缓倾角结构面及坝段结构为依据进行坝基滑移面概化；

（2）滑移路径以长大缓倾角结构面作为控制因素，其路径由长大缓倾角结构面、概化缓倾角结构面和岩桥等组成。滑移路径可为直线、折线或阶梯状；

（3）每条路径均由首尾相连或可能相连的长大缓倾角结构面连接而成，滑移路径上长大缓倾角结构面的走向和倾向变化范围在 30°以内；

（4）每一滑移路径上勘探确定的缓倾角面称为实际长大缓倾角结构面，将此滑移路径上下各 2.5m 范围内、倾向走向变化范围在 30°以内的缓倾角结构面投影到此路径上形成概化缓倾角结构面，概化缓倾角结构面的力学参数取用结构面的力学参数。

按以上原则确定的滑移路径称为确定性滑移模式。考虑到缓倾角结构面难以确切查清，还根据坝体结构特点结合缓倾角结构面分布规律设想了一些滑移模式（图1）。

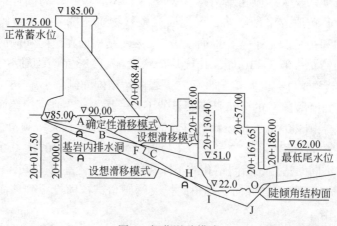

图1 概化滑移模式

3.2 确定性滑移模式

根据上述原则，可分别确定各个坝段的确定性滑移模式，厂3号坝段坝基结构面连通率最高的滑移模式如图1中ABCFHI所示。该滑移模式为3段直线阶梯形，其滑移面的平均视倾角为41°、26°。厂3号坝段坝基缓倾角结构面最为发育，计算分析表明，以该坝段连通率最高的滑移模式为代表研究厂1~5号坝段的深层稳定问题是偏安全的。

以上模式未考虑厂房建基及以下的长大缓倾角结构面。考虑厂房后的滑动模式有两种，第1种为沿厂房建基面滑动，第2种为仍然按3.1所述的原则将厂坝作为一个整体进行概化，如图1所示，经概化后的厂3号坝段及3号机基岩内连通率最高、形状也最危险的滑移面为ABCFHJ。该滑移面的下游剪出路径为反倾向的断层及岩桥中安全系数最小者。

3.3 设想滑移模式

设想的滑移模式分为两类：

模式Ⅰ：如图1所示，O点为坝踵，D点以下的厂房结构为大体积混凝土，D点以上的厂房为框架结构。OD线以上的坝基岩体下游坡可视为临空面。设想OD为一滑移面。鉴于该滑移面的倾角小于15°，设想该滑移面裂隙连通率为65%。特殊勘探取得的资料表明，按3.1所述的原则进行概化，厂1~5号坝OD段滑移面的最大线连通率为30.1%（厂3号坝段）。

模式Ⅱ：如图1所示，I点为坝后岩坡的最低点，假设OI为一滑移面，设想该滑移面的裂隙连通率为100%。这是一种偏安全的极端假定，特殊勘探取得的资料表明，按3.1所述的原则进行概化，厂1~5号坝段OI滑移面的最大线连通率为35.9%（厂3号坝段）。考虑到100%连通率假定的偏安全性，本模式规定沿厂房建基面滑动，不对厂房基岩的结构面连通率进行假定。事实上，根据厂房基岩下的特殊勘探成果结合计算分析，沿厂房建基面滑动的安全系数最小。

4　设计原则

4.1　安全系数

比照现行重力坝设计规范关于沿建基面滑动稳定安全系数的规定，结合本问题的特点，对安全系数规定如下：

（1）沿确定性滑移模式滑动：安全系数与重力坝设计规范关于沿建基面滑动的安全系数规定相同。即基本荷载组合下安全系数 $K'_c \geq 3.0$；特殊荷载组合下安全系数 $K'_c \geq 2.3 \sim 2.5$。

（2）沿设想模式 I 滑动：安全系数的规定同上。

（3）沿设想模式 II 滑动：考虑到本模式是一种极端情况，对安全系数的规定适当放宽，规定在基本荷载组合下 $K'_c \geq 2.3 \sim 2.5$。对特殊荷载组合下的安全系数无要求。

为与上述规定的安全系数相配套，相应的计算方法为刚体极限平衡方法。

4.2　安全措施

除采取措施满足上述安全系数的规定外，考虑到三峡工程的重要性及本问题的复杂性，结合施工的可能性还应采取如下措施：

（1）建基面高程和坝段底宽的确定应确保设想模式 I 的滑移面倾角小于 15°，为此需适当降低建基面高程、加大坝底宽度；

（2）采取措施确保厂房大体积混凝土对岩坡的顶托作用；

（3）坝基及厂房基础设封闭抽排系统，一方面降低扬压力，另一方面确保结构面性状不被破坏；

（4）坝段横缝设键槽并灌浆，加强大坝的整体作用；

（5）采取严格的施工措施，减少爆破对岩体的影响；加强对下游永久及临时边坡的保护。

5　刚体极限平衡法稳定分析

5.1　计算假定

（1）滑动方向：假定滑动方向为顺水流向，即沿缓倾角结构面视倾角方向滑动。

（2）侧向作用：滑动块体两侧基岩阻力忽略不计，按平面（等效单宽）刚体极限平衡法计算安全系数。

（3）滑移面参数计算：滑移面由长大缓倾角结构面、概化缓倾角结构面及岩桥组成，经分析研究，采用面积加权法求得滑移面的综合抗剪断参数。

5.2 计算方法

根据地质资料概化的坝基滑移模式具有两大特点：①滑移面上游端在建基面的出露点均在坝体内部，必须剪切坝体或齿槽方能发生滑动失稳；②滑移面的底滑面由不同的滑面组成，底滑面为折线阶梯形。采用刚体极限平衡法，其主要特点是：根据滑移面的分布情况，考虑大坝的整体作用将坝体作为弹性体看待，以建基面上弹性应力的合力作为坝基抗滑稳定计算的主动力系，用"等 K 法"求得安全系数。计算中对滑移块体间的相互作用力作了两种不同的假定，即：①假定各滑块间仅传递水平向作用力；②假定各滑块间的作用力由滑块分界面达到极限平衡确定，此时不计 c' 值，分界面安全系数取 1.0。滑移块体的划分根据底滑面的不同采用铅直划分的方式。

5.3 计算成果

计算分析表明，控制工况为基本荷载组合工况，以下介绍该工况下的稳定安全系数。

（1）确定性滑移模式控制性的滑移模式（安全系数最小的滑移模式）为 OABCHI+厂房建基面，该模式下稳定安全系数为 $K'_c = 4.26$。此时大坝建基面抗剪断强度为 $f' = 1.1$，$c' = 1.3\text{MPa}$。厂房建基面抗剪断强度指标为 $f' = 1.25$，$c' = 1.5\text{MPa}$。若不计厂房大体积混凝土的顶托作用，沿 OABCHI 滑动的安全系数为 2.78。

（2）设想模式 I 设想模式 I 即图 1 中 OD 滑移面，其稳定安全系数为 3.14。

（3）设想模式 II 设想模式 II 即图 1 中 OI 滑移面，其稳定安全系数为 2.75。

上述计算结果表明，各滑移模式的稳定安全系数均满足相应的规定，采用上述工程措施是合适且必需的。

6 数值分析成果

主要进行了线弹性和非线性有限元数值分析，线弹性分析的主要目的是了解正常情况下（均质线弹性体）坝体及坝基内的应力及变形状况、厂坝间的相互作用力等，为判断缓倾角结构面的存在对大坝及坝基的影响以及为厂房大体积混凝土设计提供依据。非线性分析（主要模拟结构面的材料非线性特征）的主要目的是了解坝基的实际应力和变形状况、缓倾角结构面对大坝及坝基的影响以及沿几个滑移面的抗滑稳定强度储备系数。数值分析包括多种计算程序的平面及三维分析，其主要结论如下：

（1）正常情况下，大坝及其坝基传给厂房的作用力较小，不需对厂房大体积混凝土采取特殊的加固措施；

（2）勘探确定的长大（中）缓倾角结构面的分布对正常工作状态下坝基岩体及坝体的位移大小及其分布形态、应力大小及其分布形态没有明显的影响。对出露于坝趾附近的（中）缓倾角结构面，采取预应力加固措施对减小裂隙变形及裂隙塑性单元数有一定的作用；

（3）坝基内各深层滑移面的强度储备系数一般在 4.5 以上。局部浅层滑移面进入塑性状态的强度储备系数为 1.5 以上，浅层滑移模式形成贯通的滑移通道时的强度储备系数也在 4.5 以上。

考虑到问题的复杂性，数值分析的成果不作为设计判据。但数值分析成果从一个方面说明了根据刚体极限平衡法做出的设计是偏安全的。

7　地质力学模型试验成果

进行了 2 个单独的地质力学模型试验，即厂 3 号单个坝段的平面地质力学模型试验和厂 2~4 号坝段的三维地质力学模型试验。

（1）厂 3 号坝段平面地质力学模型试验　模型几何比尺为 1∶150，基本上模拟了勘探确定的厂 3 号坝段的所有中缓倾角结构面，模型两侧自由，模拟了厂坝联合作用。试验中，自重荷载保持不变，超载坝前水压力和泥沙压力。试验结果表明：结构整体破坏时超载系数为 3.5；在超载系数为 1.8 之前，结构处于弹性状态；在超载系数为 1.8~3.5 时，结构进入弹塑性变形阶段。

（2）厂 2~4 号坝段三维地质力学模型试验　模型几何比尺为 1∶120，基本模拟了勘探确定的厂 2~4 号坝段坝基内的所有缓倾角结构面，坝体设横缝但紧密接触，模型两侧自由，模拟了厂坝联合作用。超载方式为：自重荷载保持不变，仅超载坝前水压力和泥沙压力。试验结果表明：结构整体破坏超载系数为 4.2 以上；在超载系数为 2.4 之前，结构处于弹性工作阶段。故 3 个坝段的整体作用不容忽视。

8　结论

（1）经过普通和超常规的特殊勘探，已基本查清了厂 1~5 号坝段坝基内的缓倾角结构面的性状和展布规律，查明了该坝段的深层滑动的边界条件。

（2）根据地质资料结合坝段结构特点对滑移模式进行了偏安全的概化，计算分析和模型试验成果表明，在采取必要的工程措施后，各滑移模式的抗滑稳定安全系数满足要求，现设计是安全的。

三峡工程导流底孔设计研究

刘　宁　胡进华

摘　要： 三峡工程导流底孔跨缝布置于泄洪坝段，共 22 个，主要承担三期施工导流任务，并在三期围堰挡水发电期间，与泄洪深孔联合泄洪。导流底孔运用 3 年后封堵，并回填。导流底孔布置上受控因素多，运用条件变化大，孔口作用水头高结构受力复杂。因此对导流底孔的水力设计，结构设计，防泥沙磨损措施和封堵与回填等问题进行了研究。

1　概述

三峡工程施工导流分三期进行。第一期围中堡岛右侧后河，修建混凝土纵向围堰及开挖导流明渠，江水由左侧主河床通过。第二期围中堡岛以左主河床，进行主河床泄洪坝段、左厂房坝段及左厂房的施工，利用右岸明渠导流。第三期再围右岸明渠，修建三期碾压混凝土围堰，水库蓄水至初期防洪限制水位 135m，由围堰临时挡水发电，同时修建右厂房坝段及右厂房，由左侧主河床内泄洪坝段的导流底孔结合永久泄洪设施（深孔）进行截流、导流及汛期泄洪。

导流底孔的主要任务及运用条件：

（1）承担三期截流任务。第 10 年 11 月以前二期围堰在静水条件下拆除完毕，11 月右岸明渠内土石围堰进占，导流底孔全开投入运用，于 11 月 20 日至 12 月 5 日择时合龙截流。截流流量 9010m³/s，要求截流水头不超过 3.5m。

（2）承担三期导流任务。三期截流后，在土石围堰保护下，再进行三期碾压混凝土围堰的施工。第 11 年 5 月，碾压混凝土围堰开始挡水，土石围堰按 12 月~4 月实测最大洪水流量 17 600m³/s 设计。由于工期紧，为了减少土石围堰工程量，要求导流底孔下泄 17 600m³/s 时，相应库水位不超过 85m 高程。5 月二十年一遇洪水流量为 30 100m³/s，此时，23 个深孔全部开启，与 22 个底孔共同泄流，上游库水位不超过 98m 高程，以适应碾压混凝土围堰的施工进度。6 月 1 日至 6 月 15 日，导流底孔关闭蓄水至发电水位 135m 高程。在蓄水过程中，为保证下游通航，要求导流底孔可调节泄流，枢纽下泄流量不小于 3410m³/s。

（3）导流底孔与深孔联合运用，承担围堰挡水发电期间的度汛任务。三期碾压混凝土围堰堰顶高程 140m，按 20 年一遇洪水设计（最大日平均流量为 72 300m³/s），100 年一遇洪水最大日平均流量为 83 700m³/s，要求导流底孔与深孔联合操作调度泄流，库水位不漫围堰顶。

原载于：中国三峡建设，1997，(8)：5–7.

　　根据施工进度安排，第 14 年汛后，右厂房坝段的上升高度已具备按初期正常蓄水位 156m 运用的条件。因此，第 13 年汛后，即可开始封堵导流底孔，利用一个枯水期于第 14 年汛前基本封堵完毕，第 14 年汛期主要由深孔泄洪，并考虑左厂房机组汛后库水位蓄至 156m。

2　结构布置

　　为减小库水位 135m 度汛泄洪时下游两侧的回流与掏刷，及防止反弧段内水流漩滚冲击门铰，在布置导流底孔时，将两侧各 3 个边孔有压段进、出口底高程抬高到 57m 和 56m，其中两端边孔鼻坎高程为 58.55m，挑角 25°，两侧两边孔鼻坎高程为 56.98m，挑角 17°。

　　在有压段出口段设弧形工作闸门，孔口尺寸 6m×8.5m（宽×高）。用液压启闭机操作，一门一机。有压段中部设事故闸门，孔口尺寸 6m×12m，采用平板定轮门。由坝顶门机带自动抓梁进行操作。22 个导流底孔共用 3 扇事故闸门。

　　由于导流底孔在汛期运用较频繁，且流速较高，泥沙对底孔的磨蚀问题难于避免。为便于事故门槽及底孔的检修，在上、下游坝面设反钩式检修闸门，兼作导流底孔封堵回填闸门。上游检修闸门由坝顶门机借助自动抓梁静水操作，下游检修闸门用施工塔机静水操作。为了在一个枯水期完成底孔封堵回填，上、下游封堵闸门各有 22 扇。

3　水力设计与试验成果

3.1　导流底孔体形设计

　　导流底孔进口顶板与侧墙均采用部分椭圆曲线，顶曲线长半轴 12m，短半轴 12m，侧曲线长半轴 4.8m，短半轴 1.2m。顶曲线后设事故门槽，门槽处孔高 12m，门槽宽 1.85m，深 1m。进口底高程 56m，有压段出口底高程 55m，孔口尺寸 6m×8.5m。长管孔顶末端采用 1∶5 的压坡直线段，门槽后孔顶与压坡起点以直线相连。门槽前孔底为水平段，后有 $Y=x^2/300$ 的抛物线与 1∶56 的斜坡段相接，明流段为半径 30m 的反弧与斜坡段连接，下游鼻坎高程 55.07m，挑角 10°。

3.2　截流落差

　　水工模型试验表明，二期围堰拆除高程及葛洲坝库水位对截流落差有一定影响。二期围堰拆除愈低对截流愈有利，为了降低导流底孔上游过堰流速，减小底孔过沙粒径及数量，结合考虑水下拆除的难度与效率，上游围堰拆除至高程 57m，下游围堰拆除至高程 53m 较合适。葛洲坝正常蓄水位为 66m，根据运行操作规程的规定，允许有正负 0.5m 的变动范围，在截流流量 9010m³/s 条件下，截流落差小于 3.2m。

3.3　泄洪能力

　　试验表明，库水位在 70m 以下时，底孔孔身大部分水流未封顶，仅在压坡段附近形成淹没孔流，呈明、满流过渡流态，对导流底孔无显著影响。库水位 70 ~ 95m 时，为淹没孔流，流量系数 μ = 0.83 ~ 0.86（按孔顶水头计算）。库水位超过 95m 后，基本上为自由出流，流量系数 μ = 0.86。按此计算，土石围堰的设计洪水位（按 4 月设计流量 17 600m³/s）为 81.0m，5 月 20 年一遇洪水位（流量 30 100m³/s）为 97.5m，围堰挡水发电期间，20 年一遇设计洪水位（流量 72 300m³/s）为 135m，百年一遇洪水位不超过 140m。

3.4　孔内及反弧段流态

蓄水发电前，库水位低于 70m 时，压坡段为淹没孔流，进口段为堰流，有压段孔顶大部未充满，出现明、满流流态，明渠反弧段产生波状水跃。库水位 70 ~ 80m 时，底孔为淹没孔流，明渠反弧段内发生漩滚，库水位超过 80m 后，除两侧边孔外，中间其他各底孔为自由出流，漩滚不再进入明流反弧段。

为了解决两侧边孔由于下游回流的影响，漩滚进入鼻坎过深而冲击闸门支铰的问题，两端边孔鼻坎高程尚需进一步研究抬高至 58m 以上的可能性。此外，在底孔两侧增设临时导墙，使回流不能进入鼻坎附近，亦可改善边孔明流反弧段内流态。

3.5　压力分布与空化特性

导流底孔事故门槽处孔高 12m，库水位 135m 时平均流速为 22.8m/s，门井水位 105.1m，门槽附近水流空化数 σ = 1.77，远大于该门槽体型的初生空化数。出口下游明流段最小压力水头为 10.7m，水流空化数 σ 达 0.35。

减压试验表明，库水位 128 ~ 140m 时，侧曲线起点附近压力分布特性欠佳，但因流速较低，压力较高，并未导致空化水流发生。事故门槽区，声级差 2 ~ 3dB，尚未达空化初生。挑流鼻坎，库水位 128 ~ 135m 时，声级差为 1 ~ 2dB，未及空化初生；库水位 140m 时，声级差 3 ~ 5dB，刚达空化初生，但空化强度未向高频发展。

3.6　鼻坎下游水流衔接流态及消能防冲

由于导流底孔鼻坎高程较低，受下游水位淹没的影响，坝后水流呈挑流和面流的混合流态，水舌下有逆向漩滚，漩滚底部最大逆向流速为 4 ~ 5m/s。此外，因右侧边孔距右导墙约 50m，底孔鼻坎出流后突然扩散，在下游右侧形成较大回流区，最大流速 10m/s 左右。冲刷试验结果表明，面流水舌下的逆向漩滚不至掏刷坝址基岩，不会危及大坝的安全。但下游右侧强烈的回流，对右侧坝址和右导墙左侧产生不同程度的掏刷，危及建筑物的安全。为此，采取抬高边孔鼻坎高程（58.55m），加大鼻坎挑角（25°），右导墙左侧设置 4 个隔流墙，17 号泄洪坝段以右坝址下游 46m 范围及右导墙防冲墙左侧宽 15m 范围设置护坦保护等措施，即可保证大坝基脚及右导墙基脚的安全。

3.7　泥沙磨损

三峡坝址处，天然来水的多年平均含沙量为 1.2kg/m³，其中悬移质占 98.7%，中值粒径为 0.047mm，推移质仅占 1.3%，中值粒径为 0.24mm。从三峡坝址多年泥沙含量分析，推移质数量很小，而导流底孔运用时间仅 3 年，且库水位为 135m，上游来的推移质还达不到坝址。即使有少量推移质也被上游围堰拦截，围堰拆除高程为 57m，相当于一道拦砂坎。

因此，导流底孔泥沙（粗粒）磨损的来源，主要来自施工期围堰拆除后的石渣，底孔过流时可能挟带围堰粗粒泥沙进入孔内造成磨损破坏。

水工模型试验表明，围堰底部流速为 1.2~2.6m/s，根据经验公式初步估算，此流速可启动粒径为 5~15cm 的砾石，因此，围堰处的泥沙有可能进入导流底孔内，需采取措施防止泥沙磨损。

4 结构设计

4.1 导流底孔跨缝处理结构措施

导流底孔为跨缝布置，运用时间 3 年，水头高达 80m，有压段出口平均流速达 32.2m/s，孔口横缝在施工时可能产生不平直和错台，在高速水流情况下，会使水流分离而形成局部低压区，可能发生空蚀破坏。

横缝受施工期温度变化和运用期表面温度变化的影响，引起横缝缝面张合变化，使横缝与闸门止水连接困难，易产生高压射流破坏闸门止水和冲蚀混凝土，由局部导致空蚀破坏。

此外，缝面经常性的张合变化对闸门操作运用亦有影响。因此，为确保导流底孔的安全运用，须对横缝采取处理结构措施，并力求结构简单，以方便施工。

对导流底孔底板的跨缝处理，结合二期浇筑抗冲耐磨混凝土，在 6m 宽的孔底板上预留 1m 厚的抗冲耐磨层，待二期浇筑钢筋混凝土跨缝板。考虑到底孔顶部跨缝板施工难度较大，且泥沙磨损不及底板严重，只在工作弧门 5m 范围和事故门前、后各 3m 范围内进行跨缝处理，其结构型式采用预留宽 2m、深 1.5m 的浅槽，回填二期钢筋混凝土的缝板。

跨缝处理程序，在底孔运用前，将坝体混凝土温度降到稳定温度进行横缝灌浆，以消除混凝土体积收缩对横缝的影响；横缝灌浆后，在低温季节浇筑钢筋混凝土跨缝板，减少表面气温变化对缝宽的影响。

在导流底孔运用期间，二期钢筋混凝土跨缝板主要受温度荷载和孔内水压力的作用。温度荷载考虑孔口附近区域坝体受年温度变化引起的温差。至于大体积坝体温度变化的影响，考虑回填二期钢筋混凝土跨缝板时，坝体温度已冷却到底孔运用期稳定温度，故忽略不计。

根据施工进度安排，跨缝板选择在 3 月下旬浇筑，此时月平均气温为 13℃，而最高月平均气温发生在 7 月，为 28.7℃，其最大温升为 15.7℃。计算表明，跨缝板能够承受由气温变化产生的挤压应力。

温降时跨缝板受拉，经计算孔顶跨缝板配三排 $\phi40@20$ 的钢筋，孔底跨缝扳配两排 $\phi40@20$ 的钢筋。

4.2 导流底孔弧门支承结构设计

导流底孔弧门支承采用牛腿结构形式。牛腿布置在 15m 宽的实体闸墩上，截面尺寸 3.5m×6m，悬臂长 2.7m，单铰弧门水推力 30 000kN。

一般闸墩宽 3 ~ 4m，受门推力作用时，特别是在不对称的单边受力情况下，闸墩不仅承受推力产生的应力，另外还受到推力产生的弯曲应力，两者叠加后其应力远大于原作用荷载，且应力分布呈全断面受拉状态。

然而，三峡导流底孔弧门作用力虽较大，但作为闸墩的坝体部位厚达 15m，三维有限元计算分析表明，在单边门推力荷载作用下，闸墩深度方向断面拉应力分布几乎呈指数形式递减，只在表面产生拉应力集中，应力值达 4MPa 以上，但范围很小。且衰减很快。在深入闸墩 0.5m 处降为 2.4MPa。

闸墩上，以混凝土许可拉应力 [R1] 为标准，门推力方向拉应力超过 [R1] 的区域为：牛腿上游沿弧门推力方向约 4m，垂直弧门推力方向约 6m，闸墩深度方向约 1.5m。按应力图形配筋。闸墩扇形钢筋配三层 ϕ45，每层 22 根，牛腿纵向钢筋配三层 ϕ40，每层 14 根。

4.3 导流底孔其他结构设计

有压长管孔身段较长，在施工过程中和低水位运用期，因表面温度的骤降或寒潮的冲击，孔周沿水流方向可能产生垂直裂缝，库水位 135m 时，底孔下游工作弧门关闭，孔内有约 80m 水头作用，受高压水的劈裂作用，可能使已经发生的温度裂缝继续扩张延伸，从而破坏结构的整体性。为此，在有压段孔周顺水流方向配两排 ϕ32@ 20 温度钢筋。

跨缝布置的导流底孔在检修工况下将产生不平衡侧向水压力，计算结果表明，在侧向水压力作用下，单个坝段坝基面垂直正应力不能满足规范要求。为此，必须对横缝灌浆，将各坝段连成整体。满足侧向应力的要求。结合二期钢筋混凝土跨缝板的施工，要求大坝高程 80m 以下横缝进行灌浆。

4.4 抗泥沙磨损措施

根据对泥沙磨损的分析，减小泥沙磨损拟采取以下措施。

（1）上游围堰拆除的保护

为了避免拆除高程以下围堰石渣被大量冲走，拟在围堰下游侧用块石做一保护层，保护层的块石粒径大于 40cm，保护层厚度不小于 1m。

（2）设置拦沙槽

泄洪坝段右侧地形较高。为使右侧底孔进口前有一定的拦沙容积。拟在坝基高程高于 40m 的底孔前，结合坝基开挖，预挖与坝基同高程，宽 40m 的拦沙槽。

（3）采用抗冲耐磨材料

导流底孔底面采用 1m 厚的抗冲耐磨混凝土，侧墙过流面及顶面采用 40cm 厚的抗冲耐磨混凝土，标号为 R_{28}400号，闸门附近区域采用钢衬。

（4）设置检修门

为保证整个导流底孔有检修条件，在底孔进、出口坝面各设一道反钩叠梁检修门。

5　导流底孔的封堵与回填

根据施工进度安排，第 14 年汛前，右厂房坝段浇筑至高程 160m 以上，具备了坝体挡水条件，汛后水库可蓄水至初期正常蓄水位 156m 运用。为此，导流底孔于第 13 年汛后 11 月 1 日开始下闸封堵，至第 14 年汛前 4 月底回填完毕。一个枯水期共 6 个月时间。22 个底孔共回填混凝土约 17 万 m^3。

由于导流底孔采用弧门控制，这样底孔封堵时，上、下游封堵闸门可在静水条件下操作，使封堵难度减小。但因底孔回填工序多，工作量大，加之时间紧，施工场面狭窄，混凝土供料不便等困难。所以要求 22 个底孔须平行作业，同时进行封堵与回填混凝土，以满足导流底孔封堵与回填的工期要求。

6　结论

（1）导流底孔采用有压长管结构型式，有压段出口尺寸 6m×8.5m，进口底高程 56m，可满足三期施工期间的导、截流和泄洪要求；孔内压力分布和空化特性表明，无空化破坏的可能；将边孔进、出口底高程抬高和坝下设置护坦保护措施后，可解决明流反弧段内漩滚冲击闸门支铰及基础掏刷的问题。

（2）对导流底孔采取加大孔身断面尺寸，减小孔内平均流速；对上游围堰拆除后进行保护；增设拦沙槽；在过流面采用 R400 抗冲耐磨混凝土；同时设立底孔检修条件等综合措施后，泥沙磨损问题基本可以得到解决。

（3）导流底孔的封堵与回填施工，要求 22 个底孔须同时作业，6 个月内完成。以满足工期的要求。

（4）高流速的跨缝导流底孔，采用二期钢筋混凝土跨缝板后。可以防止施工可能产生的不平直和错台引起的空蚀破坏，以及解决因温度变化引起横缝缝面的张合变化，造成闸门止水破坏和闸门操作困难的问题。

（5）导流底孔弧门支承采用牛腿结构形式，可按常规钢筋混凝土结构进行设计。

（6）为解决有压长管孔身受高压水的劈裂作用，宜加强有压段孔周顺流向的温度钢筋。

（7）对导流底孔检修工况产生的侧向不平衡水压力，必须对大坝高程 80m 以下横缝进行灌浆，以满足坝基侧向应力的要求。同时可满足二期钢筋混凝土跨缝板结构措施的需要。

三峡工程大坝及电站厂房设计中的主要技术问题

郑守仁　刘　宁

摘　要：泄洪与消能设计、厂 1～5 号坝段深层抗滑稳定研究、电站压力引水管道和混凝土配合比设计等是三峡大坝及电站厂房设计中的主要技术问题。这些技术问题历数年、数十年之研究，几经众多科研、设计单位刻苦攻关，于今已基本解决确定下来。在大江截流、三峡二期工程即将开始之际，对这些主要技术问题进行概要论述，冀望在今后施工设计中能结合工程实际更进一步完善优化，以创一流设计水平。

三峡水利枢纽工程是开发和治理长江的关键性骨干工程，具有防洪、发电、航运等综合效益。三峡工程坝址位于湖北省宜昌市三斗坪，下距葛洲坝水利枢纽约 38km，控制流域面积 100 万 km^2，多年平均径流量 4510 亿 m^3。设计正常蓄水位 175m，总库容 393 亿 m^3，防洪库容 221.5 亿 m^3。电站装机总容量 18 200MW，年平均发电量 846.8 亿 kW·h。枢纽主要建筑物由大坝、电站厂房、船闸及升船机组成。大坝为混凝土重力坝，轴线全长 2309.5m，坝顶高程 185m，最大坝高 183m。泄洪坝段位于河床中部，两侧为电站厂房坝段及非溢流坝段。电站采用坝后式，分设左岸及右岸厂房，分别安装 14 台及 12 台水轮发电机组。水轮机为混流式，单机容量均为 700MW。右岸预留后期扩机的 6 台机组（单机容量为 700MW）地下厂房位置。通航建筑物包括永久船闸和垂直升船机，均布置在左岸。永久船闸为双线五级连续船闸，位于左岸临江最离峰坛子岭的左侧，单级闸室有效尺寸为 280m×34m×5m（长×宽×坎上水深），可通过万吨级船队，年单向通过能力 5000 万 t。升船机为单线一级垂直提升式，承船厢有效尺寸为 120m×18m×3.5m，一次可通过一艘 3000t 级客货轮或 1500t 级船队。工程施工期间，在升船机右侧另设单线一级临时船闸，闸室有效尺寸 240m×24m×24m（图 1）。

三峡工程主体建筑物（含导流工程）的主要工程量为：土石方开挖 10400 万 m^3，土石方填筑 3262 万 m^3，混凝土浇筑 2941 万 m^3，钢筋 54.89 万 t，金属结构安装 25.7 万 t。工程采用三期导流、明渠通航、碾压混凝土围堰挡水发电施工方案。第一期围右岸，在一期土石围堰保护下开挖导流明渠，修建混凝土纵向围堰，同时在左岸修建临时船闸，并开始施工永久船闸及升船机挡水部位的土建工程；长江水流仍从主河床宣泄，照常通航。第二期围左岸，截断主河床，修建二期上下游土石围堰与混凝土纵向围堰形成二期基坑，施工大坝泄洪坝段、左岸厂房坝段及电站厂房；继续施工升船机挡水部位（上闸首），并完建永久船闸；江水从明渠宣泄，船舶从明渠及左岸临时船闸通行。第三期封堵明渠，修筑土石围堰及碾压混凝土围堰，在三期基坑内施工右岸厂房坝段及电站厂房，碾压混凝土围堰和混凝土纵向围堰及其以左大坝挡水，左岸

原载于：人民长江，1997，28（10）：4-6。

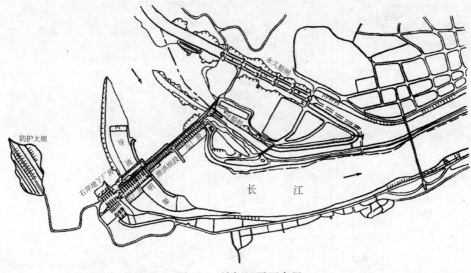

图1　三峡枢纽平面布置

电站发电；江水从泄洪坝段导流底孔及深孔宣泄，船舶从永久船闸通行。设计总工期17年，其中施工准备及一期工程施工5年，二期工程施工6年，三期工程施工6年。三峡工程于1993年1月开始施工准备，1994年12月14日正式开工，1997年11月6~8日截流，2003年第一批机组发电，2009年建成。

本文重点论述三峡大坝及电站厂房设计中的主要技术问题。

1　大坝泄洪及消能

大坝采用千年一遇洪水设计，洪峰流量98 800m³/s，设计洪水位175m；万年一遇洪水加大10%校核，洪峰流量124 300m³/s，校核洪水位180.4m。根据泄流能力要求，结合考虑水库排沙、工程防护、厂前排漂和导流，在泄洪坝段布置了23个深孔，22个表孔和22个导流底孔。泄洪坝段布置在河床中，总长483m，分23个坝段。深孔布置在坝段中间，进口底高程90m，孔口尺寸7m×9m。表孔跨缝布置，堰顶高程158m，孔宽8m。导流底孔跨缝布置，进口底高程为56~57m，孔口尺寸6m×8.5m（图2）。

另外在泄洪坝段两侧的左导墙坝段和右纵1号坝段，各布置了一个泄洪排漂孔，进口底高程133m，孔口尺寸10m×12m。

1.1　导流底孔跨缝结构设计

导流底孔跨缝布置，运用时间3年。承担三期工程施工导截流及围堰挡水发电期间泄流任务。运用时，水头高达80m，有压段出口平均流速达32.2m/s。底孔横缝将会使高速水流分离形成局部低压区，造成空蚀破坏。温度变化会使横缝与闸门止水连接困难，易产生高压射流破坏闸门止水和冲蚀混凝土。因此需对导流底孔进行跨缝处理。

结合二期抗冲耐磨混凝土浇筑，在6m宽的底板上预留1m厚的抗冲耐磨层。待二期浇筑钢筋混凝土跨缝板。考虑到顶部跨缝板施工难度大，且泥沙磨损较底板轻，只

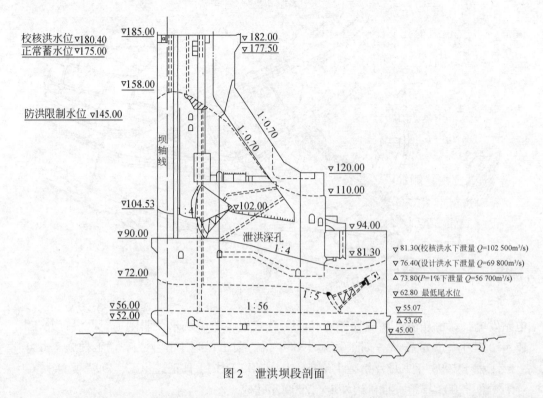

图 2　泄洪坝段剖面

在工作弧门 5m 范围和事故门前、后各 3m 范围内进行跨缝处理，其结构型式采用预留宽 2m、深 1.5m 的浅槽，回填二期钢筋混凝土跨缝板。

跨缝布置的导流底孔在检修工况下将产生不平稳侧向水压力，为此，要求导流底孔运用前，大坝高程 80m 以下进行横缝灌浆；在低温季节浇筑钢筋混凝土跨缝板，以减少表面气温变化对缝宽的影响。施工进度要求，第 13 年汛后，开始封堵导流底孔，于第 14 年汛前封堵完毕。

1.2　泄洪深孔结构设计

千年一遇以下洪水主要由深孔宣泄。要求在防洪限制水位 145m 时，枢纽具有 56 700m³/s 的泄流能力。同时深孔还担负着三期导流和施工围堰挡水发电的度汛任务，要求在 135m 水位时，底孔和深孔联合泄洪能力达到 70 000m³/s。还要求在校核洪水时深孔与表孔联合运用并考虑排漂、排沙孔和厂房机组泄量后具有 100 000m³/s 以上的泄流能力。

深孔设计水头 85m，常规闸门止水设计有相当难度。深孔中流速约 35m/s，宜采用掺气减蚀措施。因此深孔设计中存在着掺气与否及门座突扩与否的选择，还应考虑施工机械设备和施工安装进度的难度等因素，因此设计中就深孔有压长管和短管方案的体型均进行了深入细致的试验研究论证。

由于深孔具有数量多、尺寸大、过水历时长、运用操作频繁、水头高变幅大的特点，且孔口周边拉应力大，需配置的钢筋排数多，直径大，施工困难，为此，设计采取了下述结构措施：

（1）在有压段局部设置构造钢衬，减少空蚀，提高抗冲耐磨性能。钢衬厚度 26mm。虽然仅减少孔口拉应力值 0.1～0.2MPa，效果不明显，但对减小配筋拉应力区深度有相当作用。

（2）提高横缝灌浆高程至 110m，增大孔口侧壁刚度，限制孔口内水压力产生的侧向变位。计算成果表明，灌浆对减少孔口拉应力的作用与初始横缝缝隙宽度、相邻坝段刚度、相邻孔是否充水等因素关系很大。因此，灌浆后孔口应力减少的数值难以确切估计，宜作为安全度考虑。

（3）深孔局部止水后移至坝轴线下 8m 处，水平顶止水高程 104m，底止水高程 89m。因局部横缝侧水压力作用，孔口拉应力降低很多。整个有压段孔口应力改由自重工况控制。孔顶最大拉应力 1.5MPa，配筋拉应力区深度 1.85m，孔底最大拉应力 1.2MPa，配筋拉应力区深度 1.73m。若选择直径为 40mm 的钢筋，不超过两排。

2　厂 1～5 号坝段深层抗滑稳定

厂 1～5 号坝段基础岩体中发育有走向 10°～30° 倾向 SE 倾角 20°～30°（倾向下游偏左岸）的缓倾角裂隙，还有少量的倾向下游的中倾角裂隙发育。该坝段后布置坝后式厂房，大坝建基高程 85～90m，厂房最低建基高程为 22.2m，致使坝后形成坡度约 54°，临时坡高 67.8m，永久坡高 39.0m 的高陡边坡。这构成了厂 1～5 号坝段深层滑动的边界条件，存在着沿缓（中）倾角裂隙（结构面）滑动的稳定性问题。

设计对此进行了大量地质勘探、科研和计算分析论证。用先进的勘探手段（钻孔取芯、岩心定位、钻孔彩色录像）查清了缓倾角结构面的产状、分布范围及连通率。通过现场原型抗剪断试验并辅以大量室内试验确定缓倾角结构面抗剪断指标为 $f' = 1.7$MPa、$c' = 0.2$MPa，而岩体抗剪断指标为 $f' = 1.7$MPa、$c' = 2.0$MPa，设计就不同滑移模型进行了大量计算分析。《三峡大坝厂 1～5 号坝段深层抗滑稳定问理研究》一文（本书 44 页）已介绍，本文从略。

3　电站进水口型式

三峡电站水轮发电机组采用单机单管引水，设计流量 966m³/s，运用水位变幅高达 45m。在距进水口前 12.5m 处布置直线形平面拦污栅以减少过栅流速，并设两道栅槽，便于清污、检修置换栅片。为满足电站运行要求，进水口尺寸大、高程低，因此，闸门尺寸大、水头高，需用大容量启闭设备。

设计研究比较了单孔进水口和双孔进水口方案。按常规的大喇叭口体型设计单孔进水口，喇叭口面积为引水管道面积的 3.5 倍以上，则闸门尺寸和启闭机容量较大，金属结构工程量多，且制造安装难度大。针对三峡电站进水口的特点，借鉴国外大型水电站进水口设计和实践经验，采用单孔小喇叭进口体型，进口曲线为变半径双圆弧曲线，喇叭口宽 12.11m，高 17.62m，孔口高宽比为 1.45，孔口面积为钢管面积的 1.93 倍，工作闸门（宽 9.2m，高 13.24m）与钢管面积比为 1.03。该方案与双孔进水口（两孔工作闸门均为宽 6.5m，高 13.0m；喇叭口宽 8.5m，高 19.96m）方案通过大比尺（1∶30）水工模型对比试验的成果表明，两方案管道的总水头损失，单孔方案小10cm，可以认为两方案的水力特性基本相当，单孔方案稍优。设计还比较两方案对坝体削弱的影响，闸门启闭机安装维修及运行条件、金属结构工程量、施工条件等。分析资料表明，单孔进水口的孔口应力较小，对坝体结构有利，双孔将增加钢筋用量，双孔进水口的门体，门槽和启闭机数量比单孔进水口增加一倍。维修工作量相应增多；双孔进水口要求工作闸门同步操作，运用要求严格，事故概率比单机方案多。故从电站运行操作条件讲，双孔方案较差。双孔进水口由于金属结构增多一倍，增加了安装工作量及工期，孔口墩墙结构单薄，钢筋较多，增加混凝土施工难度。因此，从大坝施工条件和安全可靠性讲，单孔进水口方案为优（图3）。

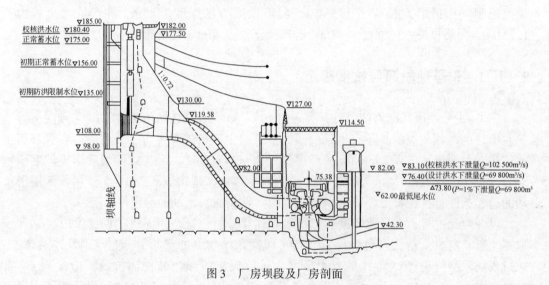

图 3　厂房坝段及厂房剖面

根据设计分析、试验研究，最终确定的进水口布置有下述调整，这可确保进口不出现立轴漩涡，减少水头损失。

（1）电站进水口底高程由 110m 改为 108m，闸门尺寸为 9.2m×13.2m；

（2）渐变段加长到 15m，上斜直段减少到 9.63m，与水平面夹角改为 3.5°；

（3）工作闸门门槽宽 2m，门井沿坝轴向宽 9.2m，门井前胸墙厚度 6m。

在自重和水荷载共同作用下，孔口拉应力最大断面为渐变段末段。整个电站进水口拉应力值由设计工况和围堰挡水发电控制。为减少拉应力，设计研究了预应力、横缝灌浆、局部横缝止水后移等不同结构措施。

4　电站引水管道结构型式

电站引水管道结构型式见图3。

三峡电站引水压力管道条数多（26 条）、直径大（12.4m）、HD 值高（计入水机压力 HD＝1730m²）。坝内管段选用钢衬钢筋混凝土联合受力结构。坝后背管段采用浅预留槽布置型式。从结构形式上比较了钢管单独受力（即明管）方案和钢衬钢筋混凝土联合受力方案。

若按明钢管设计，应选用60kgf①/mm²钢材，板厚32~54mm。为避免钢管直接日晒，在钢管外包一层1m厚混凝土。钢管与外包混凝土之间设软垫层PV泡沫板，厚30mm。

若按钢衬钢筋混凝土管道设计，尽可能减少外包混凝土钢筋用量，控制钢筋配置排数不少于3层。总安全系数取2.0。钢衬厚度为30~36mm，安全系数为1.2，钢衬钢材有16MnR和15MnNbR可资选择，钢筋制作安装有圆形筋或螺旋形筋可供比较。考虑日照变化及钢筋混凝土浇筑，钢管外包混凝土厚度为2m。此外设计还研究过预应力钢衬钢筋混凝土引水管道结构型式。

钢衬钢筋混凝土管道设计遵循如下原则：①管道环向应力主要由内水压力引起。按极限承载状态，由钢衬、钢筋联合受力计算确定钢材用量；②在设计内水压力作用下，允许外包钢筋混凝土开裂，控制外包混凝土的裂缝宽度小于0.3mm；③钢衬应力需满足二向应力状态强度要求，管、坝共同工作对管道形成的纵向应力由钢衬钢筋混凝土共同承担；④设计时不考虑钢衬与外包混凝土之间有裂隙存在，也不进行接触灌浆。

钢衬钢筋混凝土管道断面采用下部设小贴角的城门洞形断面。管道底部与坝体刚性连接，两侧与坝体设垫层隔开，管坝接触面采用设键槽、凿毛，局部（上、下弯数）设插筋等结构措施以保证接缝面抗剪强度。

引水管道在厂坝间设有伸缩节（直径16m），其施工安装极其困难。鉴于此，设计还在深入研究分析厂坝间及其基岩的变位，并考虑温度荷载和蜗壳打压的影响，从而求得压力钢管变位适应幅度，更进一步论证伸缩节设置优化可能性。厂坝间施工栈桥、施工设备繁多、项目复杂，况且，工期要求紧张，因此压力钢管的安装方式特别是与蜗壳打压工序间的衔接是施工组织设计和实际施工中需重点研究的问题。

5　电站排沙、排漂设施

坝址多年平均含沙量1.2kg/m³，多年平均输沙量达5.3亿t，泥沙主要是悬移质，其粒径小于或等于0.25mm的累计占97.2%。三峡水库采用"蓄清排浑"的运用方式，水库的大部分有效库容，包括防洪库容和调节库容，可以长期保留。大坝泄洪深孔较两岸厂房的进水口高程低20m，每年汛期的多沙洪水通过深孔泄洪时，进入坝区的较粗泥沙，一般沿河床深泓自深孔排至下游，厂前形成漏斗，有效地保护电站进水口，使之不致大量淤积。葛洲坝电站运行经验表明，汛期有大量漂浮物至坝前。因三峡库区范围大，流速小，漂浮物来势将有所减轻，但汛期漂浮物汇集坝前仍难避免，必须采取排漂措施。通过水工模型试验，根据漂浮物在坝前的运移规律，确定设置3个排漂孔。分别位于泄洪坝段两侧和右岸厂房的安Ⅱ段。

6　大坝混凝土设计

由长江水利委员会编制、三峡工程开发总公司负责审查核定的三峡大坝及电站厂

---

① 1kgf=9.80665N。

房二期工程招标文件提出了大坝混凝土标号及主要设计指标，并以混凝土耐久性作为主要指标进行大坝混凝土设计。

该设计指标及后来更深入的混凝土设计研究中，对下述问题进行了试验论证。

（1）碱骨料反应问题。经过试验确定三峡人工骨料为非活性骨料，但由于地质情况复杂，使用人工骨料时仍应限制水泥熟料中碱含量，按中热和低热水泥的国家标准控制，并要求混凝土中总含碱量≤2.5kg/m³和掺用优质粉煤灰。检验成果还表明三峡工程拟用天然料场中骨料部分系活性骨料和可凝性骨料，如在工程中使用，还应限制水泥边料中碱含量，按中热、低热水泥的国家标准控制，并要求混凝土中总碱量控制在≤2.0kg/m³和掺用优质粉煤灰。

（2）混凝土配合比设计。大坝混凝土中应掺用优质Ⅰ级粉煤灰，外部使用中热水泥宜控制在20%～25%，内部混凝土使用中热水泥宜控制在35%左右，使用低热水泥宜控制在20%左右，三峡二期工程花岗岩骨料用水量高，直接影响混凝土一系列性能，特别是耐久性，所以采用缓凝高效减水剂与引气剂复合是正确和必要的。此外为提高混凝土质量和耐久性，在选择配合比时采用低水胶比，并简化组数（0.45，0.50，0.55三种水胶比）；采用低坍落度减少混凝土用水量，降低混凝土孔隙率，尽可能采用4级配混凝土，降低混凝土发热量和干缩变形；大坝外部4级配混凝土用水量一般宜控制在95kg/m³左右，内部4级配混凝土一般宜控制在100kg/m³左右。降低用水量的同时，宜控制最小水泥用量以确保混凝土耐久性，此外混凝土标号分区设计应考虑机械化施工、便于管理等因素。

三峡电站下游坝面钢衬钢筋混凝土管道结构设计

刘　宁　乐东义　刘劲松

摘　要： 三峡电站压力管道设计采取下游坝面布置的钢衬钢筋混凝土联合受力结构，大量的计算分析和仿真模型试验成果表明：这种结构具有较好的工作状态和较高的安全度。招标设计成果表明：在现有材料供应条件下，钢衬采用 16MnR，厚度 28～36mm；钢筋选用 Ⅱ 级钢筋，分 4～5 层布置，这一方案是完全可行的。但为了减小施工难度，设计上将进一步研究采用提高钢筋材质及钢衬承载比例等措施，减少外包钢筋混凝土钢筋层数，提高结构的潜在安全度。

1　前言

三峡电站为坝后式厂房布置，装机 26 台，采用单机单管引水方式。压力管道直径 12.4m，HD 值约 17.3MPa·m。管道布置在相应的挡水坝段或基岩岩槽内（图 1），压力管道从布置上可划分为上斜直段、上弯段、斜直段、下弯段、下平段和厂内明管段共 6 段。其中上斜直段为坝内埋管，上弯段至下弯段为下游坝面背管。压力管道从结构型式上可划分为 4 段，即坝内埋管段、下游坝面背管段、过渡段、厂内明管段。其中坝内埋管段为钢管与坝体混凝土联合受力结构，下游坝面背管段为钢衬钢筋混凝土联合受力结构，厂内明管段为钢管单独受力结构，过渡段指下平段，该段目前暂考虑设有伸缩节。坝内埋管段钢管安装与坝体浇筑同步完成，下游坝面背管段在坝后预留槽或岩槽内后期浇筑安装形成。三峡电站压力管道直径和 HD 值等特征值在国内外名列前茅，管道布置形式新颖，下游坝面背管段结构设计无规范可循，为此进行了大量的设计研究工作。本文主要介绍背管段部分设计研究工作的主要结论。

2　计算分析和试验研究的结论

对三峡电站压力管道设计进行了大量的研究工作，研究内容包括背管段钢衬钢筋混凝土管道布置、强度和变形、设计原则等。研究方法采用了整体二维、三维线弹性及非线性有限元计算分析；二维及三维仿真材料模型试验等。其中仿真模型试验包括斜直段 1：2 比尺平面模型、上、下弯段 1：9 整体三维模型、埋管段 1：5 平面模型等大比尺模型试验以及大量的 1：30 左右的小比尺模型试验。这里将有关管道设计原则及管道工作性态的有关结论加以介绍。

（1）坝后背管段结构受力状态为环向受拉、轴向受压（拉）、径向受压，处于三向

原载于：人民长江，1997，28（10）：21-23.

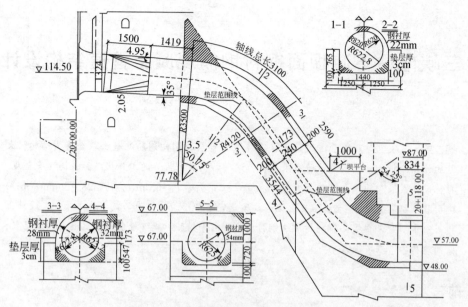

图 1　下游坝面钢衬钢筋混凝土管道布置

除详图已标注单位及高程单位为 m 外，其他尺寸单位均为 cm

受力状态。计算分析表明：对于斜直段而言，管道的环向拉力主要由内水压力引起，可以近似按平面应变简化假设以及仅考虑内水压力作用来确定环向应力。上下弯段坝体应力对环向应力尤其是管顶部位的环向应力的影响是不容忽视的。

（2）无论外包混凝土是否开裂，背管段钢衬钢筋混凝土结构、钢衬与外包混凝土都能可靠地联合工作。混凝土出现径向裂缝后，钢衬、钢筋承受环向拉力，混凝土传递径向压力。在设计内水压力作用下，外包混凝土出现贯穿性径向裂缝，内层钢材承担较多的环向拉力。结构破坏时钢衬和外包混凝土内各层钢筋应力大致相当。

（3）背管段钢衬钢筋混凝土管道的温度应力的确定是一个较为复杂的问题，施工期的温度应力尽量采取严格的温度控制措施加以解决。设计上应考虑运用期温度变化的荷载作用，合理配置钢筋。

（4）在设计内水压力作用下，外包混凝土一般带若干条裂缝工作。大比尺仿真模型试验成果表明，内水压力作用下的裂缝宽度满足规范要求，但考虑温度荷载作用后缝宽可能超过 0.3mm。结构设计时可考虑采取合理选择外包混凝土厚度、合理配置钢筋等措施限裂。

3　结构设计原则及计算公式

3.1　设计原则

根据工程实践和前述计算分析以及试验结论，采用如下设计原则。

（1）管道钢材配置需按满足强度极限状态和正常使用极限状态设计。强度极限状态以各层钢材均达到屈服状态为标志；正常使用极限状态钢材应力需满足各自允许应力要求，外包混凝土裂缝宽度需满足相应的规范要求。

（2）在设计内水压力作用下，允许外包钢筋混凝土内出现贯穿性裂缝，全部内水压力由钢衬钢筋共同承担。钢衬、钢筋承载比例根据钢衬、钢筋施工便利程度，以及有利于提高潜在安全度决定。

（3）坝、管共同工作时，对管道形成的纵向应力由钢衬及外包钢筋混凝土共同承担；坝体应力作用形成的环向拉应力由外包钢筋混凝土承担。

（4）对正常工作状态下的钢衬、钢筋应力进行复核，钢衬应力需满足三向应力状态允许应力要求；钢筋需满足相应的允许应力要求。

（5）对正常使用状态下的外包混凝土裂缝进行宽度计算或大比尺模型试验研究，控制裂缝宽度小于 0.3mm，或对裂缝采取可靠的封闭措施。

3.2　设计标准及计算方法

1）强度安全系数

强度安全系数的取值除与工程等级、材料特性、荷载特性、施工方式等有关外，还与结构计算方法密切相关。

下游坝面背管钢衬钢筋混凝土结构管底一般与大坝刚性固接，大坝对管道有较强的约束作用。除内水压力外，管道还承担坝体应力作用。目前，一般将结构简化为平面轴对称问题，应用多层环法、正交各向异性多层环拟解析法、等代厚度法等计算。其中等代厚度法应用较多。三峡电站背管段钢衬钢筋混凝土结构采用等代厚度法计算公式描述强度极限状态。计算公式如下：

$$K = \frac{\dfrac{F_g \times R_g}{100} + T \times \varphi \times \sigma_s}{P \times R} \tag{1}$$

式中，K 为强度安全系数；F_g 为钢筋面积（cm^2）；σ_s 为钢板屈服强度（MPa）；R_g 为钢筋设计强度（MPa）；T 为钢衬计算厚度（cm）；P 为设计内水压力（MPa）；R 为管道半径（cm）；φ 为钢板焊接系数。

上述计算公式实际上是明钢管膜应力区应力计算公式的推广，未考虑除内水压力之外的其他荷载作用。根据现行规范，明钢管按允许应力法设计，其应力取值相当于安全系数 1.8 左右。考虑到苏联萨扬舒申斯克电站压力管道安全系数取值 1.8～2.0，国内李家峡、五强溪电站压力管道安全系数取值 2.2 以上（上述电站压力管道或者在管径上或者在 HD 值上与三峡电站相当但小于三峡电站），现阶段（招标设计阶段），三峡电站压力管道按等代厚度法计算的安全系数取值 2.2（正常荷载组合）。

2）钢衬、钢筋应力复核原则

计算和试验表明：虽然结构破坏时钢衬、钢筋应力大致相等，但在正常工作状态下，各层钢筋、钢衬应力有一定的差别，由于缝隙的存在，钢衬应力具有超前现象。加之现行钢管设计规范采用允许应力状态设计法，因此有必要对钢衬、钢筋正常工作状态应力进行复核计算。复核计算采用如下原则（假定）：①按钢衬与钢筋联合承载，假定混凝土已径向开裂，计算钢筋钢衬应力；内水压力作用下钢衬、钢筋的环向应力计算采用《下游坝面压力管道混凝土正交异性状态应力计算》（董哲仁发表于《水利学报》1986 年第 1 期）一文中所推导的公式。②计算钢筋应力时，假定钢衬与外包混凝土贴紧，计算钢衬应力时则假定钢衬与混凝土之间存在缝隙。对于坝后背管情形，初始计算缝隙的取值目前无统一的规定或建议值，现阶段暂按埋管计算缝隙公式计算，其中不考虑混凝土徐变缝隙。算式如下：

$$\Delta = 1.56 \times 10^{-5} \Delta T \times R + \Delta_1 \tag{2}$$

式中，Δ_1 取 0.2mm（施工缝隙）；ΔT 取 12℃（月平均水温与气温差值的最大值）。③假定钢衬环向应力仅由内水压力引起，钢衬承受坝体应力产生轴向应力；钢筋除承受内水压力外还承受坝体应力产生的环向应力（主要在上、下弯段）。对钢衬进行三向应力状态下的应力计算，核算其 Mises 应力。

3）钢衬钢筋应力的复核标准

钢筋的允许应力取为 $[\sigma] = R_g/1.65$。

钢衬钢筋混凝土管道的钢衬工作条件优于明管但比坝内埋管差，国内五强溪电站取钢衬允许应力为明管膜应力区允许应力，该工程考虑在明管膜应力区允许应力的基础上提高 5% 作为钢衬允许应力标准，即取钢衬允许应力为 1.05×0.55 倍的钢材屈服强度。

4 管道各段钢材配置

1）钢材材质

现阶段（招标设计阶段）暂按钢衬材质为 16MnR，钢筋为 Ⅱ 级钢进行钢材配置设计。钢衬、钢筋暂按约 1∶1 的比例配置。

2）钢衬衬厚

钢衬衬厚除满足上述条件外还需大于施工吊装要求的最小厚度，据此结合其他要求确定的钢衬衬厚依次为：上弯段 28mm、斜直 Ⅰ 段 28mm、斜直 Ⅱ 段 32mm、下弯段 36mm。

3）钢筋布置

环向钢筋的布置根据上述条件及计算公式确定，钢筋直径为 40mm（国产最大直径圆钢），钢筋分 4～5 层布置。上弯段环向钢筋布置在弯段径向平面内。封闭圆形钢筋分 4 层布置，各层钢筋半径依次为 650cm、670cm、780cm、800cm。相应各层钢筋顺流向间距（管顶）分别为：35.4cm、35.5cm、36.5cm、36.6cm。另在管道上半圆周的外部两层和最内层每层两根钢筋之间分别插入一根城门洞形钢筋，此钢筋深入坝内 2.0m，作为弯段承受不均匀内水压力的锚固钢筋。

斜直段环向钢筋垂直于管道轴线布置，钢筋为封闭圆形，分 4 层布置，各层半径同上弯段。斜直 Ⅰ 段环向钢筋的顺流向间距为 20cm，斜直 Ⅱ 段环向钢筋的顺流向间距为 19cm。

下弯段环向钢筋亦布置在弯段径向平面内。封闭圆形钢筋布置在管周 2.0m 范围混凝土内，分 5 层布置，各层钢筋半径分别为 650cm、670cm、690cm、780cm、800cm。管顶钢筋间距 15cm，相应管底钢筋间距为 23.3～25.9cm。

管道顺流向钢筋为直径 28mm 的 Ⅱ 级钢筋，兼作各层环向钢筋的架立钢筋；外层间距为20cm,其余各层为每米布置3根。

5 几个问题的讨论

1)外包混凝土厚度的确定

三峡电站管道管径及HD值巨大,若按抗裂要求设计管道外包混凝土断面,要求外包混凝土厚度在5.0m以上。钢衬钢筋混凝土管道的设计原则之一就是允许混凝土产生贯穿性裂缝,使钢材充分发挥作用,因此按抗裂要求选定外包混凝土厚度是不必要的。

计算和试验成果表明:采用较厚的外包混凝土,虽然能提高管道的初裂荷载,但对破坏荷载的影响不大;采用过厚的外包混凝土还可能加大各层钢筋应力分布的不均匀性,从而对结构的潜在安全度有所影响。

根据钢筋布置、施工条件以及限制混凝土裂缝宽度要求,并结合外包混凝土隔热保温等因素综合考虑,确定混凝土厚度为2.0m。

2)管道断面形式

管道断面形式的确定包括确定管道断面形状及管道与坝体的连接方式两个方面的内容。如图1所示,管道的典型断面为斜直段管道。该段管道断面形状为方圆形加小贴角形。两侧与坝体混凝土以弹性软垫层连接,底部与坝体混凝土刚性固接。这种断面形式能有效地阻止管道混凝土裂缝向两侧坝体内扩展。模型试验表明,在设计内水压力作用下管道底部不出现裂缝;由于底部与坝体固接,提高了管道的抗震能力;下弯段管道位于厂坝平台下部,管道已在大坝的基本剖面以外,管周混凝土的开裂与否不影响大坝的安全,因此管道两侧不设垫层,和管底一样与两侧混凝土固接。考虑到上弯段在坝内的一部分内水压力较小,坝体荷载在管道两侧产生有利的压应力,管体两侧亦不设置软垫层而与坝体固接。这种连接方式同时还有利于加强上弯段管道抵抗不均匀内水压力作用的能力。

背管段的大部分管道两侧用软垫层与坝体隔开,仅底部与坝体连接。根据三维线弹性有限元计算成果,管坝结合面在设计荷载作用下,正应力为 $0.3 \sim 0.9$ MPa(压)(上弯段局部范围内存在较小的拉应力),剪应力在 0.7 MPa 以内。各点正应力与剪应力之比为 $1 \sim 18$。为了保证管坝接缝面抗剪强度,设置了键槽并布设插筋。

3)上弯段结构受力性态与锚固措施

上弯段为受力最为复杂的管段,承受大坝坝体荷载、内水压力(包括不均匀内水压力)、水流运动产生的离心力等荷载作用。此段管道的钢材配置除按单独承担内水压力计算外,还对各种荷载共同作用下的环向应力进行了线弹性计算,并根据有关规范校核配筋。钢衬厚度的确定也考虑了一定的安全裕度。不均匀内水压力由配置的锚固钢筋承担。锚固钢筋的面积根据单位长度管段上承受的不均匀内水压力及坝体应力、温度变化等产生的径向推力的合力确定,该合力值约为沿管道中心线每单位宽度350t。

三峡工程泄洪深孔体型设计研究

刘　宁　廖仁强

摘　要：泄洪深孔是三峡工程最重要的泄水建筑物，具有孔口数量多、尺寸大、过水历时长、运用操作频繁，水头高且变幅大等特点，为此对不掺气方案、跌坎掺气方案和突扩掺气方案进行了研究。经过对这三个方案的分析比较，建议采用跌坎掺气方案。

1　概述

三峡水利枢纽是举世瞩目的特大型水利工程，具有防洪、发电和航运等综合效益。大坝为混凝土重力坝，正常蓄水位 175m，坝顶高程 185m，最大坝高 183m。采用千年一遇洪水设计，洪峰流量 98 800m³/s，设计洪水位 175m。采用万年一遇洪水加大 10% 校核，洪峰流量 124 300m³/s，校核洪水位 180.4m。

根据泄流能力的要求，结合考虑水库排沙、工程防护和厂前排漂，在泄洪坝段布置了 23 个深孔，22 个表孔和 22 个导流底孔。泄洪坝段布置在河床中部，总长 483m，分 23 个坝段。深孔布置在坝段中间，进口底高程 90m，孔口尺寸 7m×9m。表孔跨缝布置，堰顶高程为 158m，孔宽 8m。导流底孔跨缝布置，进口底高程为 56～57m，孔口尺寸 6m×8.5m。另外在泄洪坝段两侧的左导墙坝段和右纵 1 号坝段，各布置了一个泄洪排漂孔，进口底高程 133m，孔口 10m×12m。

三峡坝址为前震旦纪闪云斜长花岗岩，岩体坚硬完整，断层裂隙大多为陡倾角且胶结良好。同时，葛洲坝水利枢纽已建成蓄水，坝下水垫较厚。因此泄洪建筑物采用挑流消能型式。

2　泄洪深孔有压段设计

深孔是三峡水利枢纽最重要的泄水建筑物，千年一遇以下洪水主要由深孔宣泄，要求在防洪限制水位 145m 时，枢纽具有 56 700m³/s 的泄流能力。同时还担负着三峡导流和施工期围堰挡水发电时的度汛任务，要求在 135m 水位时，底孔和深孔具有 70 000m³/s 的泄流能力。此外还兼有水库排沙和放空作用。根据深孔的任务，结合考虑闸门的设计水平，确定深孔的进口底高程为 90m，孔口尺寸为 7m×9m。

深孔采用重力坝泄水孔最常用的有压短管接明流泄槽布置型式。考虑到深孔的特殊重要性，有压段布置了三道闸门，即进口反钩叠梁检修门，中部平板事故检修门，出口弧形工作门。

原载于：中国三峡建设，1997，(12)：18-19.

有压进口顶曲线采用椭圆曲线，方程为 $x^2/11^2+y^2/3.67^2=1$，为了使深孔和表孔的门槽位置在平面上尽量错开，取曲线长度为 7.99m，比常规布置略长些。侧曲线采用四分之一的椭圆曲线，方程为 $x^2/4.5^2+y^2/1.3^2=1$，受表孔和底孔布置的制约，椭圆曲线的长、短轴均比常规布置小些。有压出口压坡长度为 8m，坡度 1:4。

3　泄洪深孔明流段设计

三峡泄洪深孔具有孔口数量多、尺寸大、过水历时长、运用操作频繁、水头高且变幅大等特点，明流段是其设计的关键和难点所在。水力学方面，深孔设计水头 85m，明流段流速约 35m/s，按《溢洪道设计规范》宜采用掺气减蚀措施。闸门设计方面，由于设计水头达 85m，常规止水设计有相当的难度，三峡金属结构专家组在 1985 年的审查意见中，建议结合水工掺气试验进行浅式突扩门槽体型的试验研究。因此三峡深孔明流段设计中存在着掺气与不掺气和门座突扩与不突扩的选择问题。

3.1　方案比较选择

针对三峡泄洪深孔具体情况，对不掺气方案、跌坎掺气方案和突扩掺气方案进行了深入研究，通过体型优化，三个方案在水力学方面均能满足设计要求，但在工程实践经验、闸门止水设计和施工难度等方面，存在较大的差异。

不掺气方案，通过优化研究，将传统的抛物线型泄槽改为斜直泄槽，泄槽底板最小空化数达到 0.3，满足工程上惯用的 $\sigma_{min} > 0.2$ 的判断标准，但因泄槽流速达 35m/s，不设掺气设施时，平整度控制标准很高，施工难度大。从满足规范要求和简化施工考虑，宜采用掺气减蚀措施。

突扩掺气方案将高压闸门止水布置与反气减蚀措施有机结合起来，同时解决了两个问题。该方案通过优化研究，在设计水位范围内均能形成稳定的侧空腔和底空腔，达到掺气减蚀目的。但该方案空腔段流态复杂，工程实践经验不足，国内外均有采用此型掺气设施后，仍发生空蚀破坏的工程实例，对其安全性和可靠性需进一步深入研究。

跌坎掺气方案是国内外普遍采用的比较成熟的掺气设计，尚未发现采用此型掺气设施后发生严重空蚀破坏的实例。该方案经过体型优化，在设计水位范围内均能形成稳定的底空腔，达到了掺气减蚀的目的。该方案的缺点是高压闸门止水设计难度较大。

鉴于三峡泄洪深孔的特殊重要地位，首先要确保结构安全可靠，闸门止水问题则可通过优选止水布置型式和止水材料来解决，因此现阶段推荐采用跌坎掺气方案。

3.2　跌坎掺气方案体型设计

3.2.1　设计条件

对于特定的掺气设施存在一个临界通气水头，当工作水头大于临界通气水头时，形成稳定的通气空腔，工程设计中应保证获得这种流态。

根据三峡工程进度安排，2002 年底右岸导流明渠截流，2003 年 6 月导流底孔下闸蓄水至135m水位，由深孔和导流底孔泄水，维持施工期围堰挡水发电。下闸蓄水前，上游最高水位98m，围堰挡水发电期间，上游水位135m至140m。2006年水库按初期条件运行，防洪限制水位135m，正常蓄水位156m。2009年工程建成，水库按最终条件运行，防洪限制水位145m，正常蓄水位175m，校核洪水位180.4m。从上可知，下闸蓄水前，上游最高水位98m，即使掺气设计通气不畅，也不会有多大问题。蓄水过程中，下游所需流量由底孔供给，深孔可以不过水，此后深孔运行水位均高于135m。为减小深孔掺气设计的设计难度，尽量缩小设计水头变幅，深孔掺气设施的设计水位定为135m至180.4m，也就是说，当水位高于135m时，要保证掺气设施正常通气。

3.2.2　体型研究

跌坎掺气方案的研究重点是跌坎位置、跌坎高度、挑坎高度，泄槽底坡和通气孔尺寸反弧段曲率半径取40m，挑角27°。鼻坎末端桩号20+105m。

跌坎位置：跌坎位置主要考虑纵缝位置、底板压力分布和弧门底座钢衬范围。根据一些研究成果，在有压段出口下游约一倍孔高的范围内，受出口压坡的影响，其底板的压力大于按静水压力分布的压力值，跌坎位置宜避开该超压力段。金结专业要求在弧门底座下游3~5m范围内采用钢衬，以保证闸门安全。泄洪坝段根据温控要求，第一条纵缝设在桩号20+025m处，距弧门底座约5m，正好可以满足钢衬需要，又可避开超压力段，因此将跌坎位置定在第一条纵缝处。

跌坎高度：跌坎高度要便于布设通气孔，同时获得较好的流态和空腔特性。跌坎高度太大，射流与底板的冲击角就大，回溯水流增强，影响有效空腔长度，同时冲击压力增大，泄槽流态变差。通过研究比较，选取跌坎高度为1.2m。

挑坎高度：在跌坎顶部设置小挑坎，使水流向上挑射，对增大射流挑距有好处，但挑坎同时会导致水翅增强，流态变差，泄流能力变小，还会使射流与底板的冲击角增大，回溯水流增强，影响有效空腔长度。试验中比较了0m、0.1m和0.2m三种挑坎高度，结果表明，随跌坎高度的增大，射流挑距明显增大，但有效空腔长度反而有减小的趋势。因此选取挑坎高度为0m，即不设挑坎。

泄槽底坡：泄槽底坡对底腔特性的影响最为显著。一般来说，运用水头变幅大的泄水孔要求较大的泄槽底坡，坡度越大，底空腔也越大，底部漩滚回溯的范围越小，因而对降低临界通气水头特别有效。但底坡太大时，陡槽段可能形成较强的冲击波，流态变差。另外，三峡工程下游最高水位达83m，底坡太大时，鼻坎高程将比下游水位低得太多，影响挑射水舌下部补气。通过研究比较，选取泄槽底坡为1：4。

通气孔尺寸：根据工程经验，在跌坎后布置两个直径为1.1m的通气孔。在单宽流量变化较大的情况下，单宽需气量变化不大，为7~10m^2/s。三峡深孔单宽需气量按10m^2/s考虑，则通气孔风速约为37m/s，满足规范要求。

4　模型试验成果

4.1　泄流能力

推荐体型的泄流能力和流量系数如表1，从表1可以看出，在135m至180.4m水位范围内，流量系数均大于设计采用值0.87，泄流量能够满足水库防洪规划和三期导流的要求。

表1 推荐体型的泄流能力

库水位（m）	135	146	155.5	166	174.8
泄流量（m³/s）	34 680	38 990	42 500	46 230	49 340
流量系数	0.9	0.885	0.88	0.88	0.88

4.2 空腔特性和掺气浓度

推荐体型在设计水位范围内均能形成稳定的底空腔，空腔特征长度如表2。从表2可以看出，空腔特征长度随库水位的升高而增大，对应于库水位135m和175m，有效空腔长度分别为14.4m和32.8m。按常用的水流挟气能力计算公式 $qa = KVL$，取 $K = 0.025$，则相应的单宽挟气量分别为8.4m²/s和28.7m²/s，满足需气量要求。试验表明，在斜直段水流掺气浓度较大，在反弧段气泡上逸较快，掺气浓度较小。在175m水位时，反弧最低点掺气浓度为1.3%，鼻坎末端为0.4%，略为偏小。

表2 推荐体型空腔特征长度

库水位（m）	135	145.5	156.5	165	175
射流底缘挑距（m）	21	30.1	33.6	37.8	44.1
有效空腔长度（m）	14.4	18.0	28.5	32.6	32.8

4.3 压力分布和空化特性

推荐体型的有压段和明流段压力分布正常。空腔段底板上的最大负压值随库水位的升高而增大，对应于135m和175m水位，分别为0m和1.6m，说明低水位时，空腔漩滚已接近跌坎，泄槽底坡不宜再缓。减压试验表明，在各级水位条件下，深孔各部位均无空蚀危险。

5 结语

研究表明，跌坎掺气方案在水力学和结构布置方面均能满足设计要求，闸门止水设计问题则可通过优选止水型式和止水材料来解决。

1996年9月，三峡大坝专家组审查意见指出，跌坎掺气方案应用经验最多，存在问题较少。在目前条件下，建议按此方案进行设计。同时继续开展突扩掺气和不突扩条件下的闸门止水型式及止水材料科研攻关，目前这两个科研攻关项目正在抓紧进行。另外，根据三峡工程开发总公司的要求，正在抓紧深孔长管方案的研究。

三峡大坝及电站厂房关键技术问题设计研究

郑守仁　　刘　宁

摘　要：泄洪与消能设计，厂1~5号深层抗滑稳定研究，电站压力引水管道和混凝土配合比等是三峡二期工程设计中的主要技术问题。这些技术问题历数十年之研究，几经众多科究、设计单位的刻苦攻关、于今已基本确定下来。在大江截流、三峡二期工程即将开始之际，本文对此进行概要论述，冀望在施工设计中能结合工程实际进一步优化完善，以创一流设计水平。

1　前言

三峡工程是开发和治理长江的关键性骨干工程，具有防洪、发电、航运等综合效益。三峡工程坝址位于湖北省宜昌市三斗坪，下距葛洲坝水利枢纽约38km，控制流域面积100万km²，多年平均径流量4510亿m³。设计正常蓄水位175m，总库容393亿m³，防洪库容221.5亿m³。电站装机总容量18 200MW，年平均发电量846.8亿kW·h。

枢纽主要建筑物由大坝、电站厂房、船闸及升船机组成。大坝为混凝土重力坝，轴线全长2309.5m，坝顶高程185m，最大坝高183m。泄洪坝段位于河床中部，两侧为电站厂房坝段及非溢流坝段。电站采用坝后式，分设左岸及右岸厂房，分别安装14台及12台水轮发电机。水轮机为混流式，单机容量均为700MW。右岸预留后期扩机的6台机组（单机容量为700MW）地下厂房位置，其进水口水下部分与工程同步实施。通航建筑物包括永久船闸和垂直升船机，均布置在左侧。永久船闸为双线五级连续船闸，位于左岸临江最高峰坛子岭的左岸，单级闸室有效尺寸为280m×34m×5m（长×宽×坎上水深），可通过万吨级船队，年通过能力5000万t。升船机为单线一级垂直提升式，承船厢有效尺寸为120m×18m×3.5m，一次可通过一艘3000t级客货轮或1500t级船队。施工期间，在升船机右侧另设单线一级临时船闸，闸室有效尺寸为240m×24m×24m。

三峡工程主体建筑物（含导流工程）的主要工程量为：土石方开挖10 400万m³，土石方填筑3262万m³，混凝土浇筑2941万m³，钢筋54.89万t，金属结构安装25.7万t。工程采用三期导流、明渠通航、碾压混凝土围堰挡水发电施工方案。第一期围右岸，在一期土石围堰保护下开挖明渠，修建混凝土纵向围堰，同时在左岸修建临时船闸，并开始施工永久船闸及升船机挡水部位的土建工程；长江水流仍从主河床宣泄，照常通航。第二期围左岸，截断主河床，修建二期上下游土石围堰与混凝土纵向围堰形成二期基坑，施工大坝泄洪坝段、左岸厂房坝段及电站厂房；继续施工升船机挡水部位（上闸首），并完建永久船闸；江水从明渠宣泄，船舶从明渠及左岸临时船闸通

原载于：中国三峡建设，1998（增）：51-54.

行。第三期封堵明渠，修筑土石围堰及碾压混凝土围堰，在三期基坑内施工右岸厂房坝段及电站厂房碾压混凝土围堰和混凝土纵向围堰及其从左大坝挡水，左岸电站发电；江水从泄洪坝段导流底孔及深孔宣泄，船舶从永久船闸通行。设计总工期 17 年，其中施工准备及一期工程施工 5 年，二期 6 年，三期 6 年。三峡工程于 1993 年 1 月开始施工准备，1994 年 12 月 14 日正式开工，1997 年 11 月截流，2003 年第一批机组发电，2009 年建成。

本文重点就三峡主体建筑物设计中的主要技术问题进行论述。

2　大坝泄洪及消能

大坝采用千年一遇洪水设计，洪峰流量 98 800m³/s，设计洪水位 175m；采用万年一遇洪水加大 10% 校核，洪峰流量 124 300m³/s，校核洪水位 180.4m。根据泄流能力要求，考虑水库排沙、工程防护、厂前排漂和导流，在泄洪坝段布置了 23 个深孔，22 个导流底孔。泄洪坝段布置在河床中部，总长 483m，分 23 个坝段，深孔布置在坝段中间进口底高程 90m，孔口尺寸 7m×9m。表孔跨缝布置，堰顶高程 158m，孔宽 8m。导流底孔跨缝布置，进口底高程为 56~57m，孔口尺寸 6m×8.5m。另外在泄洪坝段两侧的左导墙坝段和右纵 1 号坝段，各布置了一个泄洪排漂孔，进口底高程 133m，孔口尺寸 10m×12m。

2.1　导流底孔跨缝结构设计

导流底孔跨缝布置，运用时间 3 年。承担三期工程施工导截流及围堰挡水发电期间泄流任务。

运用时，水头高达 80m，有压段出口平均流速达 32.2m/s。底孔横缝将会使高速水流分离形成局部低压区，造成空蚀破坏。温度变化会使横缝与闸门止水连接困难，易产生高压射流破坏闸门止水和冲蚀混凝土。因此需对导流底孔进行跨缝处理。

结合二期抗冲耐混凝土浇筑，在 6m 宽的底板上预留 1m 厚的抗冲耐磨层。等二期浇筑钢筋混凝土跨缝板。考虑到顶部跨缝板施工难度大，且泥沙磨损较底板次之，只在工作弧门 5m 范围和事故门前、后各 3m 范围内进行跨缝处理，其结构型式采用宽 2m、深 1.5m 的浅槽，回填二期钢筋混凝土跨缝板。

跨缝布置的导流底孔在检修工况下将产生不平稳侧向水压力，为此，要求导流底孔运用前，大坝高程 80m 以下进行横缝灌浆；在低温季节浇筑钢筋混凝土跨缝板以减少表面气温变化对缝宽的影响。施工进度要求，第 13 年汛后，开始封堵导流底孔，于第 14 年汛前封堵充毕。

2.2　泄洪深孔结构设计

千年一遇以下洪水主要由深孔宣泄。要求在防洪限制水位 145m 时，枢纽具有 56 700m³/s 的泄流能力；同时深孔还担负着三期导流和施工围堰挡水发电的度汛任务，要求在 135m 水位时，底孔和深孔联合泄洪能力达到 70 000m³/s，还要求在校核洪水时深孔与表孔联合运用并考虑排漂、排沙孔和厂房机组泄量具有 100 000m³/s 以上的泄流能力。

深孔设计水头 85m，常规闸门止水设计有相当难度；深孔流速约 35m/s，宜采用掺气减蚀措施。因此深孔设计中存在着接气与否及门座突扩与否的选择，并考虑到施工机械设备、施工安装进度和难度的因素，使得设计就深孔有压长短管的体型均做了深入细致的试验研究论证。经过三峡工程开发总公司技委会审查，从设计、施工、水力学和运行条件诸方面比较，最终确定为有压短管方案。并要求除了底形工作门外，每孔各设一扇事故门，在非汛期用之挡水，保证深孔闸门基本不漏水，并减轻孤门长期高水头工作的负担，也便于维修。同时提出跌坎掺气为基本方案，进一步研究突扩方案水力学试验和进行止水攻关。

由于深孔具有数置多、尺寸大、过水历时长、运用操作频繁、水头高变幅大的特点，设计复杂，且孔口周边拉应力大，需配置的钢筋排数多，直径大，给施工带来困难，为此，设计采取了下述结构措施：

（1）在有压段局部设置构造钢衬；此举并可减少空蚀，提高抗冲耐磨性能；钢衬厚度 26mm。减少孔口拉应力值 0.1 ~ 0.2MPa 效果不明显，但对减少配筋拉应力区深度有相当作用。

（2）提高横缝灌浆高程至 110m，以增大孔口侧壁刚度，限制孔内水压力产生的侧向变位。计算成果表明，灌浆对减少孔口拉应力的作用与初始横缝宽度、相邻坝段刚度、相邻孔是否充水等因素关系很大，因此灌浆后孔应力究竟减少多大很难把握，宜作为安全考虑。

（3）深孔局部止水后移至坝轴线 1 ~ 3m 处，水平顶止水高程 104m。因局部横缝侧水压力作用，孔口拉应力降低很多。整个有压段孔应力改由自重工况控制，孔顶最大拉应力 1.5MPa，配筋拉应力区深度 1.85m，孔底最大拉应力 1.2MPa，配筋拉应力区深度 1.73m；配筋若选择直径为 40mm 的钢筋，不超过两排。

3 厂 1~5 号坝段深层抗滑稳定

厂 1~5 号坝段基础岩体中发育有走向 10° ~ 30°（倾向下游偏左岸）的缓倾角裂隙，还有少量的倾向下游的中倾角裂隙发育。该坝段布置坝后式厂房，大坝建基高程 85 ~ 90m，厂房最低建基高程为 22.2m，致使坝后形成坡度约 54°，临时坡高 67.8m，永久坡高 39.0m 的高陡边坡。这构成了厂 1 ~ 5 号坝段深层滑动的边界条件，存在着沿缓（中）倾角裂隙（结构面）滑动的稳定性问题。

设计对此进行了大量地质勘探、科研和计算分析论证。用先进的勘探手段（钻孔取芯、岩心定位、钻孔彩色录像）查清了缓倾角结构面的产状、分布范围及连通率。通过现场原型抗剪断试验并辅以大量室内试验确定缓倾角结构面抗剪断指标为 $f' = 0.7$、$c' = 0.2MPa$，而岩体抗剪断指标为 $f' = 0.7$、$c' = 0.2MPa$，设计就下述滑移模式进行了大量计算分析。

1）确定性滑移模式

由勘探资料和设计概化可行各坝段确定性滑移模式，以连通率最高的厂 3 号坝段为例，如图 1 中 ABCFHI 所示。

这个模式未考虑厂房建基及以下的长大缓倾角结构面。若考虑则有两种，第一种为沿厂房建基滑动；第二种如图 1 所示，经概化后厂 3 号坝段及 3 号基岩内连通率最高，形状也最危险，滑移面为 ABCFHJ。

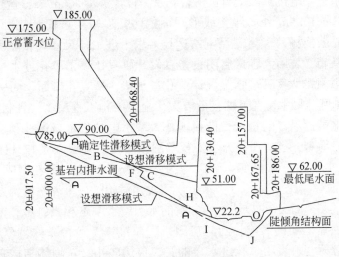

图 1 概化滑移模式

沿确定性滑移模式滑动，要求基本荷载组合下安全系数沿 $K'_c \geqslant 3.0$；特殊荷载组合下安全系数 $K'_c \geqslant 2.3 \sim 2.5$。

2）设想滑移模式

模式 I：如图 1 所示，O 点是坝踵，D 点以下的厂房结构为大体积混凝土，D 点以上的厂房为框架结构。OD 线以上的坝基岩体下游坡可视为临空面。设想 OD 为一滑移面。鉴于该滑移面的倾角小于 15°，设想该滑移面裂隙连通率为 65%。该模式安全系数规定取值同确定性滑移模式。

模式 II：如图 1 所示，I 点为坝后岩坡的最低点，假设 OI 为一滑移面，设想其裂隙连通率为 100%。本模式规定沿厂房建基面滑动，不对厂房基岩的结构面连通率进行假定。该模式安全系数规定在基本荷载组合下，$K'_c \geqslant 2.3 \sim 2.5$，对特殊荷载组合安全系数不做要求。

除计算分析要满足上述安全系数外，考虑到三峡工程的重要性，结合施工的可能性采取下述安全措施：

（1）建基面高程和坝段底宽的确定应确保模式 I 的滑移倾角小于 15°，为此需降低建基面高程，加大坝底宽度。

（2）厂房与大坝基岩壁面高程 51m 以下进行接触灌浆，以确保厂房大体积混凝土对岩坡的顶托。

（3）坝基及厂房基础设封闭抽排系统，一方面降低扬压力，另一方面确保结构面性状不破坏。

（4）坝段横缝设键槽并灌浆，加强整体作用。

（5）减少爆破对裂隙结构面的影响，加强对下游永久及临时边坡的保护。

（6）在钢管坝段预留高程 93m 的纵横向廊道，必要时可进行预应力锚索加固处理。

4　电站进水口型式

三峡电站水轮发电机组采用单机单管引水，设计流量966m³/s，运用水位变幅高达45m。在距进口前12.5m处布置直线形平面拦污栅以减少过栅流速，并设两道栅槽，便于清污、检修置换栅片。为满足电站运行要求，进水口尺寸大、高程低，因此，闸门尺寸大、水头高，需用大容量启闭设备。设计研究比较了单孔进水口和双孔进水口方案。按传统常规的大喇叭口体型设计单孔进水口，喇叭孔口面积为引水管道面积的3.5倍以上，则闸门尺寸和启闭机容量较大，金属结构工程量多，且制造安装难度大。设计针对三峡电站进水口的特点，借鉴国外大型水电站进水口设计和实践经验，采用单孔小喇叭进口体型，进口曲线为变半径双圆弧曲线，喇叭口宽12.11m，高17.62m。该方案与双孔进水口（两孔工作闸门均为宽6.5m，高13.0m；喇叭口宽8.5m，高19.96m）方案通过大比尺（1∶3）水工模型对比试验的成果表明，两方案管道的总水头损失单孔方案小10cm，可以认为两方案的水力特性基本相当，单孔方案稍优。设计还比较方案对坝体削弱的影响，闸门启闭机安装维修及运行条件、金属结构工程量、施工条件等。分析资料表明单孔进水口的孔口应力较小，对坝体结构有利，双孔将增加钢筋用量；双孔进水口的门体、门槽和启闭机数量比事故概率比单机方案多，故从电站运行操作条件讲，双孔方案较差；双孔进水口由于金属结构设计增多一倍，增加了安装工作量及工期，孔口墩墙结构单薄，钢筋较多，增加混凝土施工难度，因此，从大坝施工条件和安全可靠性讲，单孔进水口方案为优。

根据设计分析、试验研究，最终确定的进水口布置有下述调整，这可确保进口不出现立轴漩涡，减少水头损失。

（1）电站进水口底高程由110m改为108m，闸门尺寸为9.2m×13.2m。

（2）渐变段加长到15m，上斜直段减少到9.63m，与水平面夹角改为3.5°。

（3）工作闸门门槽宽2m，门井沿坝轴向宽9.2m，门井前胸墙厚度6m。

在自重和水荷载共同作用下，孔口配筋拉应力最大断面为渐变段末段。整个电站进水口拉应力值由设计工况和围堰挡水发电控制。为减少拉应力，设计研究了预应力、横缝灌浆、局部模缝止水后移等不同结构措施，简单比较如表1所示。

表1　不同结构措施配筋比较

工况	钢筋φ	钢筋排数
未采取措施	40m	4排
止水后移	40m	2排
预应力	36m	2排
灌浆		难以确定

5　电站引水管道结构型式

三峡电站引水压力管道条数多（26条）、直径大（12.4m）、HD值高（计入水机压力 HD = 1730m²）。坝内管段选用钢衬钢筋混凝土联合受力结构。坝后背管段采用浅预留槽布置型式，从结构形式上比较了钢管单独受力（即明管）方案和钢衬钢筋混凝土联合受力方案。若按明钢管设计，应选用 60kgf/mm² 钢材，板厚 32～54mm，为避免钢管直接日晒在钢管外包一层 1m 厚混凝土，钢管与外包混凝土之间设软垫层 PV 泡沫板，厚 30mm。

若按钢衬钢筋混凝土管道设计，总安全系数取 2.0。钢衬厚度为 30～36mm，安全系数为 1.2；钢筋配置 3 层，安全系数取 0.8。钢衬钢材有 16 锰和 15 钒可资选择，钢筋制作安装有圆形筋或螺旋形筋可供比较。考虑日照变化及钢筋混凝土浇筑，钢管外包混凝土厚度为 2m。此外设计研究过预应力钢衬钢筋混凝土引水管道结构型式。

钢衬钢筋混凝土管道设计遵循如下原则：

（1）管道环向应力主要由内水压力引起。按极限承载状态，由钢衬、钢筋联合受力计算确定钢材用量。

（2）在设计内水压力作用下，允许外包钢筋混凝土开裂并出现贯穿性裂缝，控制外包混凝土的裂缝宽度小于 0.3mm。

（3）钢衬应力需满足二向应力状态强度要求；管、坝共同工作对管道形成的纵向应力由钢衬钢筋混凝土共同承担。

（4）设计时不考虑钢衬与外包混凝土之间有裂隙存在，也不进行接触灌浆。

（5）钢衬厚度和每米长度管道内钢筋面积按下列公式确定：

$$K = \frac{\frac{1}{100}F_g R_g + t\varphi\sigma_s}{P \cdot r} \geq 2.0$$

$$K_2 = \frac{\frac{1}{100}F_g R_g}{P \cdot r} \geq 1.2$$

$$K_2 = \frac{t\varphi\sigma_s}{P \cdot r} > 0.8$$

式中：F_g 为钢筋面积（cm²）；R_g 为钢筋设计强度（MPa）；t 为钢衬计算厚度（cm）；φ 为钢板焊接系数；σ_s 为钢板屈服强度（MPa）；P 为设计内水压力（MPa）；r 为管道内半径（cm）。

钢衬钢筋混凝土管道断面采用下部设小贴角的城门洞形断面。管道底部与坝体刚性连接，两侧与坝体设扩建层隔开，管坝接缝面采用设键槽、凿毛、局部（上、下弯数）设插筋等结构措施以保证接缝面抗剪强度。

引水管道在厂坝间设有伸缩节（直径 16m），其施工安装极其困难，鉴于此，设计正在深入研究分析厂坝间及其基岩的变位，并考虑温度荷载和壳打压的影响，从而求得压力钢管变位适应幅度，更进一步论证伸缩节设置优化的可能性。厂坝间施工栈桥、施工设备繁多、项目复杂，工期紧，因此压力钢管的安装方式特别是与蜗壳打压工序间的衔接是施工组织设计中需重点关注研究的问题。

6 电站排沙、排漂设施

坝址多年平均含沙量 1.2kg/m³，多年平均输沙量达 5.3 亿 t。泥沙主要是悬移质，其粒径小于或等于 0.25mm 的累计占 97.2%。三峡水库采用"蓄清排浑"的方式运用，水库的大部分有效库容，包括防洪库容和调节库容，可以长期保留。大坝泄洪深孔较两岸厂房进水口高程低 20m，每年汛期多沙洪水通过深孔泄洪时，进入坝区的较粗泥沙，一般沿河床深泓自深孔排至下游，厂前形成漏斗，有效地保护电站进水口，使之不致大量淤积。但考虑两岸电站进水前缘较长，为防止进水口淤堵和减少粗砂过机，仍需考虑必要的排沙措施。设计研究比较了分散排沙（每台组设 1 个排沙孔）和集中排沙（在厂房中部及端部安装场下部设排沙孔）方案，经综合分析比较，参照葛洲坝水电站排沙经验，选用集中排沙方案。在两岸厂房共设置 7 个排沙孔，其断面为圆形，直径 4.5m，进口底高程为 75m 和 90m。排沙孔单孔流量 415m^3/s，进口流量 4.5m^3/s。

坝址下游葛洲坝电站运行经验表明，汛期有大量漂浮物入库于坝前。漂浮物主要是树枝、玉米秆、原木、塑料制品等。三峡库区范围大，流速小，漂浮物来势有所减轻，但汛期漂浮物汇集坝前仍难避免，必须采取排漂措施。设计曾研究先拦后清和坝前导漂方案，因过于复杂，实施困难而被否定，推荐设排漂孔方案，通过水工模型试验，根据漂浮物在坝前的运移规律，确定设置 3 个排漂孔。在泄洪坝段两侧各设 1 个排漂孔，进口底高程 133m，孔口尺寸 7m×10m。

7 大坝混凝土设计

由长江水利委员会编制、三峡工程开发总公司负责审查核定的三峡二期工程招标文件提出了二期大坝混凝土标号及主要设计指标（表 2）。该设计指标及其后来更深入的混凝土设计研究中，对以下问题进行了试验论证。

1）碱骨料反应问题

经试验确定三峡人工骨料为非活性骨料。但由于地质情况复杂，使用人工料时仍应限制水泥熟料中碱含量，按中热和低热水泥的国家标准控制，并要求混凝土中总含碱量 2.5kg/m^3 和掺用优质粉煤灰。检验成果还表明三峡工程拟用天然料场中骨料有部分系活性骨料和可疑性骨料，如在工程中使有，还应限制水泥边料中碱含量，按中热、低热水泥的国家标准控制，并要求混凝土中总碱量控制在 2.0kg/m^3 和掺用优质料煤灰。

表 2 三峡二期大坝混凝土标号及主要设计指标

序号	混凝土标号	级配	抗冻标号	抗渗标号	抗侵蚀	抗冲磨	极限拉伸值（×10^{-4}）		限制最大水胶比	水泥品种	最大粉煤灰掺量（%）	使用部位
1	R_{90}200 号	三	D_{150}	S_{10}	√		0.80	0.85	0.55	中热 525 号	30	基岩面 2m 范围内
2	R_{90}200 号	四	D_{150}	S_{10}	√		0.80	0.85	0.55	低热 425 号	10	基础约束区[①]
										中热 525 号	25～30	

续表

序号	混凝土标号	级配	抗冻标号	抗渗标号	抗侵蚀	抗冲磨	极限拉伸值（×10⁻⁴）		限制最大水胶比	水泥品种	最大粉煤灰掺量（%）	使用部位
3	$R_{90}150$ 号	四	D_{100}	S_8			0, 70	0.75	0.60	低热 425 号	15	内部①
										中热 525 号	30 ~ 35	
4	$R_{90}200$ 号	三 四	D_{250}	S_{10}			0.80	0.85	0.50	中热 525 号	25	水上、水下外部
5	$R_{90}250$ 号	三 四	D_{250}	S_{10}			0.80	0.85	0.45	中热 525 号	20	水位变化区外部、公路桥墩
6	$R_{90}300$	二 三	D_{250}	S_{10}			0.80	0.85	0.50	中热 525 号		孔口周边、胸墙、表孔、排漂孔隔墩、牛腿
7	$R_{28}350$ 号	二	D_{250}	S_{10}					0.45	中热 525 号		弧门支承牛腿混凝土
8	$R_{28}300$	二 三	D_{250}	S_{10}			0.85		0.48	中热 525 号		底孔、深孔等部位二期及钢管外包混凝土
9	$R_{28}250$ 号	二 三	D_{250}	S_{10}			0.85		0.50	中热 525 分	20	导流底孔回填迎水面外部
10	$R_{28}200$ 号	二 三	D_{150}	S_{10}			0.80		0.60	低热 425 号	10	导流底孔回填内部①
										中热 525 号	30 ~ 35	
11	$R_{28}350$ 号	二 三	D_{250}	S_{10}		√			0.42	中热 525 号		尾水管过流面
12	$R_{28}400$ 号	二	D_{250}	S_{10}		√			0.38	中热 525 号		大坝抗冲磨部位

注：①如用 525 号中热水泥，暂定基础约束区和内部混凝土最大粉煤灰掺量分别为 25% ~ 30% 和 30% ~ 35%，待有关试验成果出后再予确定。

2）混凝土配合比设计

大坝混凝土中应用掺用优质 I 级粉煤灰，外部混凝土使用中热水泥宜控制在 20% ~ 25%，内部混凝土使用中热水泥宜控制在 35% 左右，使用低热水泥宜控制在 20% 左右。三峡二期工程混凝土花岗岩骨料用水量高，直接影响混凝土一系列性能，特别是耐久性，所以采用缓凝高效减水剂与引气剂复合是正确和必要的。此外为提高混凝土质量和耐久性，在选择配合比时采用低水胶比，并简化组数（0.45、0.50、0.55 三种水胶比）；采用低坍落度减少混凝土用水量，降低混凝土孔隙率，尽可能采用四级配混凝土，降低混凝土发热量和干缩变形；大坝外部四级配混凝土用水量一般宜控制在 $95kg/m^3$ 左右，内部四级配混凝土一般宜控制在 $100kg/m^3$ 左右。降低用水量的同时，宜控制最小水泥用量以确保混凝土耐久性，此外混凝土标号分区设计应考虑机械化施工，以便于管理。

8　结语

（1）三峡枢纽大江截流，二期工程开工在即，为此，将二期工程中主要设计技术问题通过本文加以梗概汇要即可有助读者窥视三峡工程设计之一斑；又可引申读者对三峡工程之关心；本文中所提及的泄洪建筑物设计、厂 1～5 号坝段深层抗滑稳定及压力引水管道设计等技术问题，是三峡工程设计中的代表性技术问题。此外尚有大量的具体技术问题要在施工设计中加以解决。应该说，一流的设计是优质工程的基础工作，施工质量和完善的管理制度则是优质工程的保证。

（2）三峡工程技术设计中的重大技术问题，通过大量的科学试验研究和计算分析，并认真学习和吸收改进国内外水利水电工程设计施工运行经验，都已基本解决。

三峡临时船闸及其改建冲沙闸设计

郑守仁 刘 宁

摘 要：三峡临时船闸于 1998 年 5 月 1 日正式通航。2003 年 6 月以后，通航任务将由永久船闸承担，临时船闸将改建成冲沙闸以利航道冲沙。冲沙闸设 2 个 5.5m×9.6m 的冲沙孔，孔底高程 102m；下设三级消力池，总长 290.5m。在库水位 145m 时，冲沙流量为 2500m³/s。

1 概述

三峡工程于 1997 年 11 月 8 日实现大江截流，进入二期工程施工。其间，要求右岸导流明渠和左岸临时船闸通航，即当长江三峡河段流量 $Q \leqslant 20\,000\text{m}^3/\text{s}$ 时，船队（舶）过坝以明渠为主，临时船闸为辅；当流 $Q > 20\,000$ 时 m^3/s。船队（舶）全部经由临时船闸。临时船闸设计最大通航流量为 45 000m³/s。相应上游通航水位 75.5m；下游最高通航水位 71.8m，最低通航水位 65.6m。临时船闸通过能力见表 1。在导流明渠加设滩绞和拖船，使之在 $Q \leqslant 30\,000\text{m}^3/\text{s}$ 时亦可通航，以缓解临时船闸的航运强度。

临时船闸于 1998 年 2 月 28 日充水进行有水调试，5 月 1 日正式通航。2003 年 6 月以后通航任务将改由永久船闸承担，将临时船闸改建成为冲沙闸，以利航道冲沙。冲沙闸设 2 个 5.5m×9.6m 的冲沙孔，孔底高程 102m，位于临时船闸 2 号坝段（简称临 2 坝段，下同）。在库水位 145m 时，冲沙流量为 2500m³/s。下设三级消力池，总长 290.5m。

表 1 临时船闸设计年通过能力

货运比例	通过能力（每年按 335d，每天 22h）（万 t）
长航 3/4，地航 1/4	1100
长航 1/2，地航 1/2	900

2 临时船闸结构布置

为单线 1 级船闸，中心线与坝轴线交角 76°，由山体切槽形成。建筑物由临船坝段、上下闸首、闸室、输水系统及上下游引航道组成，主体结构总长 300.5m。

临时船闸坝段挡水前缘长 62m，分为 3 个坝段。临 2 坝段宽 24m，船闸通航期间作为航槽暂不修建（航槽底高程 61.5m）。临 1、临 3 坝段，各宽 19m，船闸通航期间，

原载于：中国三峡建设，1998，(7)：4-6。

根据初期发电水位及通航净空要求确定顶高程 143m，并在其上设置排架及桥机。当临时船闸检修及改建时，关闭封堵门。

上闸首长 30.5m，墩顶高程 79.5m。闸首为衬砌式结构，通过锚杆与支撑岩体连成整体。门前段采用透水式结构，门后段与岩体锚固。两侧边墩与直立岩体接触缝面上布置有井字形排水系统，76m 高程处布置排水廊道。边墩内布置有短廊道输水系统及输水廊道工作门，底板下游侧布置有输水廊道消能室。

闸室总长度 244m，其中闸室有效长度 240m（镇静段总长 12m）。

下闸首长 26.0m 墩顶高程 79.5m，采用分离式结构。

输水系统采用集中输水方式，即上、下闸首均采用环绕闸首布置的矩形短廊道输水。其中上闸首输水系统采用明沟格栅式消能室，下闸首采用消力池与消力槛联合消能。

充水系统两支廊道对称布设于上闸首两侧墙内，廊道进水口布置于闸首人字门门龛段内，尺寸 5m×3.5m（宽×高），底高程 60.7m，孔口高栏污栅消能室 4.5m×4.5m，底高程 56.1m，出水孔总面积 31.875m²，为廊道出口面积的 1.57 倍。为满足闸室充水时船舶停泊条件，在消能室与上闸首间设一条宽 4.5m 的消能明沟，沟底高程 56.1m，沟内设有消力梁。

泄水系统对称布置于下闸首两侧边墩内，为平底矩形廊道。进口位于人字门门龛段内，尺寸与充水系统一致。泄水廊道出口段分别布置于下游导墙及下游副导墙内，并在出口段扩大为 2 个出水口，出水口尺寸为 3.5m×3.5m。紧接下闸首布置 11m 宽的消力池，池底高程 58.0m；池内设 4 道消力槛，槛后以 1∶6.64 的斜坡与下游引航道连接（图 1、图 2）。

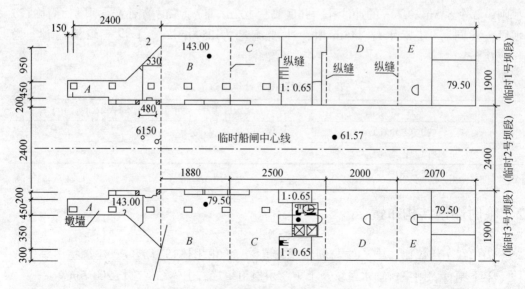

图 1　临时船闸 1~3 号坝段平面布置

输水系统工作阀门启、闭时间均为 6min。最大工作水头下的充、泄水时间为 10min，相应闸室水面升、降速度平均为 1cm/s。

上、下闸首共 4 扇人字工作闸门。关闭时，人字门轴线与船闸横轴线夹角呈

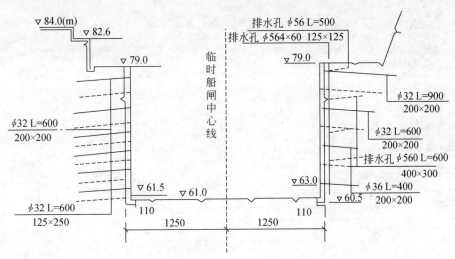

图2　临时船闸闸室衬砌墙典型结构断面

22.5°，闸门顶高程77m。液压启闭机推拉力1500kN。工作行程4800mm，开、关门时间3min。

临时船闸充泄水工作门各2套，为平面定轮门，通过吊杆与启闭机连接。启闭机最大启闭力200kN，工作行程3800mm，启、闭时间6min。检修门对称布置在泄水工作门下游侧。共2扇，为滑动支承平面闸门，采用临时设备启闭。

船闸下闸首检修门由2节门叶组成。单节启闭容量630kN，由临时设备吊运。

3　改建冲沙闸设计

临1、3坝段轴线上游沿通航槽两侧分别伸出长24m、宽4.5m的封堵叠梁门墩墙。顶高程143m（与坝段初期高程相同）。墩墙与坝段整体连接。在坝轴线上游1.5m处，两侧墙设有4.8m宽的叠梁门槽。在墩墙及坝体高143m以上设有高为12.5m的排架，上设2×125t桥机。

通航任务完成后，24节封堵叠梁门挡水，并浇筑临2坝段。改造临时船闸为冲沙闸，如图3所示，并浇筑混凝土至高程185m。封堵期，临1、临3坝段采用如下措施，以增加稳定性：

（1）斜坡面布设锚筋及接触灌浆系统；

（2）纵缝在高程121m、128m分设并缝廊道；

（3）设横缝受力键槽及跨横缝钢筋；

（4）布设侧向排水系统；

（5）采取辅助加固措施，在不增加断航时间的前提下，尽可能加快临2坝段上游块混凝土上升；

（6）叠梁门门槽局部剪切应力大，浇筑C_{60}一级配钢纤维硅粉混凝土，并配置钢筋。

整体泥沙模型试验表明：水库运行30年，下游航道内和口门区碍航淤积不大，可

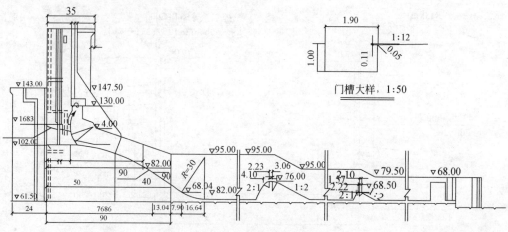

图 3　改建冲沙闸纵剖面

采用机械清淤；水库运行 50 年，特别是遇类似 1954 年大水多沙年时，必须采取排淤、减淤和松动清淤措施。

临 2 坝段在坝轴线下游 50m 处设一条纵逢（临 1、临 3 各有两条纵缝）；在高程 102m 处设 2 个 5.5m×9.6m 的冲沙孔。孔口采用有压短管后接明流段布置形式，工作门为弧形门，工作门前设平板事故检修门。冲沙孔进口喇叭上缘及墩头侧面为椭圆曲线，至检修门槽后接压坡段，坡度为 1：4。中墩厚 4m，边墩厚 4.5m。孔底进口为小圆弧，后接 15m 水平段。中墩墩尾亦为椭圆曲线。工作门后设明渠段，为抛物线曲面，下接 1：1.5 的斜坡段，后部用半径 30m 的圆弧与消力池（临时船闸闸室改建）连接。

为充分利用已建闸室，将临时船闸闸室改建为泄水槽，槽底高程 63m。冲沙时槽内流速超过 25m/s，与下游水位急流衔接。经试验，宜在槽内设置三级消力池：一级池长 100m，坎顶高程为 76m；二级池长 70m，坎顶高程 68.5m；三级池长 35m，池尾设宽尾墩，墩顶高程 76m。三级消力池均设置在原临时船闸闸室内，可利用下闸首检修门挡水施工。水流经过三级尾坎后，进入与升船机共用的引航道，由 24m 拓宽为 80m，但由于仍有 20% 左右总落差的能量进入航道，该水流成临界流，沿右边堤脚下行，不能扩散，回流大，造成右岸线波浪较大。为防止左侧升船机航道口门淤积，在临时船闸航道口门设整流塘，塘底高程 50m，池长 25m，效果显著，但必须在升船机通航前完建。

根据三峡水库运行条件，为避免或减少冲沙泄流与发电用水矛盾，冲沙水位拟定为 145～150m，对应冲沙流量 2500～2680m³/s。

三峡大坝左导墙长度优化设计

刘　宁　陈鸿丽

摘　要：左导墙位于泄洪坝段与左厂房坝段之间的导墙坝段下游。其作用是将河床中部的泄洪消能水流与左电厂尾水渠隔开，避免泄洪时高速紊动水流与左电厂尾水出流的相互干扰和不利影响。经对泄洪建筑物体型优化后，减轻了坝下冲刷，有利于消能防冲；消能后水流对左电厂尾水渠的影响也相应减轻，使左电厂尾水渠流态有明显改善。这说明存在可适当缩短左导墙长度的可能性，经试验研究，缩短左导墙长度52m。

1　概述

三峡工程泄洪坝段长485m，位于河床中部，加上紧邻泄洪坝段右侧的右排漂孔，泄洪时挑射水舌入水宽度不及下游河床水面宽的1/2。挑射水舌在跌落入水时的流速高达35m/s以上，高速水流引起的涌浪、漩滚及回流，将使左、右电站厂房的尾水产生较大波动，影响机组运行的稳定性。坝轴线下游500m以下，河道向左弯曲，转角约80°，如不采取适当措施，泄洪主流将直冲右岸，形成折冲水流，对下游引航道口门流态不利。

为了在较短的距离内将下泄水流与下游河道的原有水流顺利衔接，避免泄洪坝段泄洪时高速水流与左、右电站厂房尾水出流的相互干扰及对下游引航道口门区的不利影响，经过大量的试验研究论证，选定在泄洪坝段与右电站厂房之间布置混凝土纵向围堰兼作右导墙，以隔断右侧回流；在泄洪坝段与左电站厂房坝段之间，设置长32m的左导墙坝段，下接长度为262m的左导墙，以隔断挑流水舌左侧的回流，避免泄洪消能对左电站厂房尾水渠的不利影响。左导墙与其他建筑物相关位置见图1。

2　左导墙设计长度确定

2.1　左导墙原长度的确定和试验验证

在大坝单项技术设计中，导流底孔采用有压短管型式；深孔鼻坎高程80m，挑角27°，位于桩号20+115m（上游坝面的桩号为20+0.00m）；表孔鼻坎高程90m，挑角20°，位于桩号20+105m。左导墙长度的设计要求满足在各种运用工况下均能将挑射水流在水下淹没紊动扩散消能的范围包含在左导墙内。为此，对水舌挑射距离进行了计算。水舌挑距的计算公式为

原载于：人民长江，1999，30（9）：1-2。

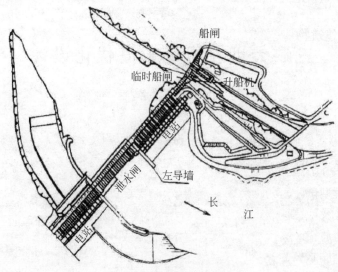

图 1　左导墙布置示意图

$$L = \frac{1}{g} \left[v_1^2 \sin\theta\cos\theta + v_1\cos\theta\sqrt{v_1^2 \sin^2\theta + 2g(h_1 + h_2)} \right] \tag{1}$$

式中，v_1 为坎顶水面流速（m/s），其中 $v_1 = 1.1v = 1.1\varphi\sqrt{2gH_0}$（$v$ 为平均流速，H_0 为库水位至坎顶落差，$\varphi = \left[\dfrac{q^{\frac{2}{3}}}{H_0} \right]^{0.2}$）；$\theta$ 为鼻坎挑角（°）；h_1 为坎顶垂直方向水深（m）；h_2 为坎顶至河床面高差（m），可算至坑底。最大冲坑水垫厚度为

$$t_k = aQ^{0.5}h^{0.25} \tag{2}$$

式中，a 为冲坑系数（一般采用 1.4）；Q 为单宽流量 [m³/（s·m）]；h 为上下游水位差（m）。

正常运用期间，深孔与表孔联合泄洪，挑射水舌外缘入水处的挑距均在 150m 以远，冲坑最深点距鼻坎达 200～225m，其位置相应桩号为 20+315m～20+340m，为了将挑射水流入水后的消能区限制在导墙以内，拟定左导墙末端桩号为 20+380m，经 1/150 整体模型和 1/81 局部整体模型试验验证，挑距与冲坑距比计算结果均略有减小。但在围堰发电期间，当深孔与导流底孔同时开启泄洪时经试验发现，左导墙右侧冲坑最深点距离可达桩号 20+355m，接近左导墙末端，且在其下游也有一定量的冲刷，说明导流底孔淹没出流在左导墙右侧产生局部回流淘刷的影响范围很远，水流出左导墙后还有一定剩余能量。试验成果表明，在 100 年一遇洪水和千年一遇洪水的运用工况下，导墙末端断面处的垂直平均流速分别为 3.05m/s 和 4.44m/s，这说明高速水流的巨大动能，在左导墙范围内已大部分被消除；靠左电厂尾水渠外左岸覃家陀凸咀下游距岸边约 200m 范围内形成反时针向回流区，岸边回流流速分别为 0.5m/s 和 1m/s。

试验成果还表明，在各种运用工况下，左电厂尾水渠出流平稳，尾水渠内包括左导墙下游相当范围都没有回流，且无冲刷物堆积在尾水渠内。在库水位为 145m（$Q = 56\ 700\text{m}^3/\text{s}$）、166.9m（$Q = 56\ 700\text{m}^3/\text{s}$）、175m（$Q = 69\ 800\text{m}^3/\text{s}$）时，电厂尾水 1/3 大波波高分别为 0.47m、0.78m、0.93m，小于电站运行水头的 1%。

综上所述，在初步设计及单项技术设计阶段确定的左导墙长度是合理的。

2.2　泄洪建筑物体型修改与优化

在技术设计审查过程中，导流底孔由压力短管改为压力长管，深孔与表孔的体型也作了相应的优化，深孔体型进行了压力短管与压力长管方案比较研究，并对弧形闸门后采用突扩掺气，跌坎掺气和不掺气等不同减蚀措施进行了比较研究，最后确定选用压力短管和跌坎掺气方案，挑流鼻坎的位置由桩号 20+115m 缩至桩号 20+105m。为便于布置导流底孔弧形工作门的操作系统和节省工程量起见，表孔鼻坎位置由桩号 20+105m 缩至桩号 20+075m，鼻坎高程由 90m 抬高至 110m，鼻坎挑角由 20°减小为 10°。

水工整体模型试验表明：由于深孔与表孔的鼻坎位置向上游分别移了 10m 和 30m，水舌外缘入水处及冲坑最深点的位置也相应上移，而且在深孔与表孔同时泄洪时，由于其挑射水舌前后错开，从而减轻了坝下冲刷，泄洪坝段泄洪时对左电厂尾水渠影响也相应减轻，当库水位为 145m（$Q=56\,700\text{m}^3/\text{s}$）、166.9m（$Q=56\,700\text{m}^3/\text{s}$）和 175m（$Q=69\,800\text{m}^3/\text{s}$）时，尾水管出口下游的 1/3 大波波高分别为 0.16～0.19m、0.18～0.26m 和 0.24～0.29m，比体型修改优化前的明显减小。

左导墙末端设计建基面高程为 -8m（根据现场实际开挖所揭露的地质情况，导墙末端的建基面高程可能抬高 2～3m），最大墙高 97m，底宽 44.56m。由于设计考虑利用顶部兼作泄洪排漂孔的泄水槽，故顶宽取为 18m，依设计尺寸计算，则每米长导墙的混凝土工程量约 2500m³，开挖工程量约 2000m³。如能缩短左导墙，其经济效益是可观的。但左导墙长度缩短多少比较合适，则应通过试验研究确定。

3　缩短左导墙长度研究

为在安全可靠的前提下尽可能多地缩短左导墙长度，在 1/150 枢纽整体模型上进行了左导墙长度缩短 20m、70m、80m、92m 等方案的水工试验，并针对缩短 50m 方案，再在桩号 20+264m～200+328m 导墙段，对降低导墙顶高程至 55m 或 65m 两方案进行了水力学研究。对各种运用工况下的下游水流流态、电站尾水渠及下游附近的回流，尾水管出口附近的波浪高度、下游冲刷等水力学特性进行了观测，并与原长度方案进行了对比分析。

3.1　左电厂尾水渠及其口门附近回流

在常遇洪水工况下（库水位 150m、总流量 56 700m³/s），导墙长度即使缩短 70m、左电厂尾水渠口门下游覃家沱附近也没有回流。在 100 年一遇洪水工况下（库水位 166.9m，总流量 56 700m³/s），导墙缩短 50m 时，除桩号 20+478m 处流速偏小流向偏右外，左电厂尾水渠口门下游覃家沱附近仍无回流；导墙缩短 70m 时，左电厂尾水渠口门的下游横向围堰折余部位及其下游（桩号 20+734m），出现明显的回流。在千年一遇洪水工况下（库水位 175m、总流量 69 800m³/s），导墙长度缩短 50m，覃家沱凸阻下游桩号 20+546m～20+743m 范围即有回流发生；导墙缩短 70m，回流范围向上游扩大至桩号 20+478m。

在三期围堰挡水发电期间的第 1~2 个汛期，左电厂机组不过流或仅有 5 台机组过流，即使导墙长度不缩短，深孔与底孔同时泄洪时，覃家沱附近下游桩号 20+478m~20+734m 范围内也出现回流；导墙缩短 50m 和 70m，回流范围向上游扩展至导墙末端尾水渠口门附近。此类工况仅出现在 2003 年和 2004 年两个汛期内，当左电厂大部分机组投入运行后，尾水渠口门下游的回流即可消除。即使尾水渠口门发生淤积，但由于时间短暂，投运机组较少，损失不大，且在施工期间处理起来比较容易。

3.2 尾水管出口附近涌浪

各种运用工况下，左导墙缩短 50~92m，泄洪消能引起的涌浪对电厂尾水管出口附近的波浪影响甚微，其 1/3 大波波高均在水轮机安全运行允许范围。但对于缩短 50m 后，当 20+264m~20+328m 段墙顶再降低至高程 55m 或 65m 时，其波浪增加幅值达 0.44~0.78m，约为仅缩短 50m 时波浪幅值的 2 倍。

3.3 下游流态

在各种运用工况下，挑流水舌形成的水跃漩滚范围大体上均在桩号 20+330m 以内，左导墙缩短 50m 左右，基本上可以使挑流消能引起的强烈水流紊动限制在导墙内。水流出导墙后，高速水流的巨大动能大部分被消除。此外，由于坝址下游河道向左弯曲，下泄水流在覃家沱凸咀的下游形成较大范围的回流，使左岸水流偏高。三期围堰挡水发电期间，当深孔与底孔同时泄洪时，如导墙长度缩短 70m 和 92m，由于左电厂尾水渠下游回流对泄洪坝下泄水流的挤压作用加剧，使下泄水流偏向右岸。桩号 20+1699m 断面处右岸边垂线平均流速由原方案的 4.58m/s 增至 5.22m/s，该断面右岸 150m 范围的流量占总流量的百分比由原方案的 21.5% 增至 23.2%。这说明左导墙缩得太短，将削弱下游纵向围堰（兼作右导墙，适应下游河势并使泄洪水流尽快归槽）的导流作用。

而左导墙缩短 50~92m 各方案对下游引航道口门外 600m 处的表面流速分布影响不大，均不影响安全通航。

3.4 下游冲刷

在正常运用工况下，左导墙长度缩短 52~92m，其下游冲刷地形无大的差异，在三期围堰挡水发电期间度汛泄洪时，深孔与底孔联合运用，当 135m 库水位下深、底孔全开时，左、右导墙附近产生不同程度的回流淘刷。左导墙长度分别缩短 70m、80m、92m 以后，由于下游左岸回流对下泄洪水水流的挤压作用，使下泄水流偏右，从而使左导墙右侧的回流淘刷加剧，冲刷最低高程由原方案的 11.8m 分别降低至 8.8m、7.15m、4.30m；导墙缩短 50m 时，左导墙右侧冲刷最低高程为 12.2m，而与原方案基本相同。

4 结论

综上模型试验和比较分析成果，可以总结得出以下结论。

（1）左导墙长度缩短 50m，对下游水流流态影响不大，只是在千年一遇特大洪水且深孔与表孔联合泄洪时，才在覃家沱凸咀和下游横向围堰下游附近产生局部范围的回流。

（2）左导墙长度缩短 70m，在 100 年一遇洪水泄洪时覃家沱凸咀和下游横向围堰下游附近即开始出现局部回流。在三期围堰挡水发电期间深孔与底孔同时泄洪时，左导墙右侧回流淘刷最低高程较原方案降低较多。

（3）随着导墙长度进一步缩短，泄洪时回流范围进一步向左岸电厂尾水渠内扩展，导墙右侧的回流淘刷冲坑最低高程也随之降低。

（4）导墙缩短 50m 后，再降低末段导墙高度，对水流作用区的波浪幅值有较大影响，且回流区亦有所改变。

（5）当左电厂尾水渠出口附近有回流时，挑流产生的冲刷堆积物并不推移至尾水渠口门附近；但应重视下游围堰的水下拆除，以免为左电厂尾水渠口门的淤积提供条件。

经综合比较和研究论证，并考虑到结构的布置与要求，优化设计中决定缩短左导墙长度 52m，由此可节省混凝土约 16 万 m^3 和约 10 万 m^3 的岩石开挖工程量。

三峡二期工程施工及关键性技术

刘　宁　翁永红

摘　要： 本文重点介绍了混凝土生产与温度控制、金属结构及机电设备等施工情况和关键性技术。三峡二期工程需浇筑混凝土 1846 万 m^3，安装金属结构及机电设备埋件 19.2 万 t，施工工期 6 年。

1　三峡二期工程施工主要控制性进度

三峡枢纽工程主要由混凝土重力坝、坝后式厂房和通航建筑物组成。1993 年开始施工准备，1997 年 11 月 8 日实现大江截流，工程顺利进入二期工程。二期工程是三峡工程施工最为紧张、困难，技术最为复杂的 6 年。其主要控制性进度如下。

1997 年 11 月上旬实现大江截流。

1998 年 7 月底基坑抽水至高程 40m，同年 9 月中旬基坑抽干。

1999 年 1 月河床深槽部位开始浇筑混凝土。

2002 年 5 月上游基坑进水，同年 9 月下游基坑进水。

2002 年 10 月泄洪坝段及左岸厂房坝段浇至坝顶 185m 高程。

2003 年 6 月上旬水库下闸蓄水，同月永久船闸投入运行。

2003 年 10 月第一批机组发电。

2000 年是三峡工程施工强度最大的一年，年计划浇筑混凝土 540 万 m^3，金属结构及机电设备埋件安装 3.8 万 t。

2　施工布置与施工设备

2.1　大坝和左岸电站厂房

二期工程大坝和厂房施工分为泄洪坝段标段、厂房坝段标段和电站厂房标段。葛洲坝股份有限公司承担泄洪坝段标段和左岸 11～14 号厂房坝段施工，青云水利水电联营公司承担左岸 12～18 号坝段和左岸 1～10 号厂房坝段施工，三七八联营体承担左岸电站厂房施工。

大坝和厂房施工采用塔带机、缆机和门塔机组合方案。泄洪坝段布置 4 台美国洛泰克（ROTEC）公司 TC2400 型固定式塔带机，分别布置在 21 号、14 号、7 号和 1 号泄洪坝段中部，5 号、6 号塔带机为法国波坦（POTAIN）公司 MD2200 型固定式塔带

原载于：中国水利，2000，(4)：41-43。

机，分别布置于 12 号、8 号厂房坝段的非钢管实体混凝土坝段中部；缆机为摆塔式，两岸塔架高 125m，跨度 1416m，缆机摆幅为 ±20m，起重量为 20t，两台缆机可抬吊 46t；大坝下游坝坡上高程 120m 及泄洪坝段坝外下游高程 45m 分设施工栈桥，其上均布置有门机、塔机浇筑混凝土及金属结构安装等；电站厂房采用门塔机浇筑；大坝和电站厂房施工共有 7 台专为三峡工程研制的 MQ2000 型高架门机，最大工作幅度 71m可吊 6m³ 混凝土罐，最大起重量 60t。

作为临时应急施工设备的胎吊皮带机，布料幅度达 61m，浇筑范围可达 50～56m。此外，为满足三峡工程金属结构及机电设备安装的需要，还配备了安装专用机械设备。

2.2　永久船闸

长江航运是三峡工程施工必须考虑的重要问题之一，永久船闸为双线五级连续船闸，位于左岸坛子岭左侧深切的岩槽中，两侧边坡高 150m，船闸主体段长 1621m，上游引航道长 2113m，下游引航道长 2722m，线路总长 6442m。

永久船闸一期工程主要施工项目为土石方工程，由武警水电总队三峡工程指挥部承担施工，开挖已于 1999 年完成。永久船闸开挖边坡最高达 170m，闸室侧墙（两侧墙及中隔墩）最深为约 60m 直立坡，其高陡边坡的稳定和变形量（特别是开挖完成后的残余变形），是工程设计和施工中需要特别重视的问题。

二期土建工程分为地面和地下工程四个标段：地面第一标段（第三闸首上游段）由武警水电总队三峡工程指挥部承担施工，地面第二标段（第三闸首及下游段）由三七八联营总公司承担施工，地下第三、四标段由三联总公司承担施工。金属结构及机电设备安装与调试正在进行招标。施工主要采用施工单位自带的设备。

3　混凝土生产与温度控制

3.1　混凝土骨料及混凝土生产与供应

二期工程混凝土采用人工骨料，粗骨料为永久船闸及二期大坝和电站开挖的微、新花岗岩，在古树岭进行碎石加工，用胶带机输送到各混凝土系统，生产能力为 76 万 t/月；砂料采用下岸溪料场斑状花岗岩加工制作，用汽车运至各混凝土系统，生产能力为 39.1 万 t/月。

混凝土拌和系统有 5 个，共配置 9 座拌和楼。合计可生产 7℃ 低温混凝土能力为 1720m³/h，生产常温混凝土能力为 2530m³/h。混凝土拌和系统配置见表 1。

3.2　混凝土设计与温度控制

水泥主要采用 525 号中热硅酸盐水泥和 425 号低热矿渣硅酸盐水泥，粉煤灰为 I级。人工骨料经试验表明无活性反应，但鉴于三峡大坝的重要性，混凝土设计上采用严格控制水泥含碱量、混凝土总碱量和掺入适量粉煤灰这 3 项措施抑制或消除碱骨料反应。工程开工后在大量试验的基础上，优化了混凝土的设计指标和配合比。

三峡工程混凝土温度控制难度大，为加强混凝土温控防裂的协调与管理，由业主、设计、监理共同组成温控小组，定期组织例会，组织现场检查，对三峡工程混凝土浇筑温度控制进行指导和监督，修订和完善温度控制标准，对施工中迫切需要解决的有关混凝土温控和相关质量问题组织研究，而这一切都是在 7℃ 工程标准要求下进行的。

为满足混凝土温度控制及接缝灌浆要求，在大体积混凝土内部埋设冷却水管，按通水作用和冷却特性分为初期冷却、中期冷却和后期冷却三类。初期冷却主要是削减水泥水化热温升，控制混凝土最高温度；中期通水是为避免混凝土坝体内外温差过大，后期冷却是将坝体温度降至接缝灌浆温度（或稳定温度）。

表 1　三峡二期工程混凝土生产系统配置一览表

系统名称	拌和楼		常温混凝土生产能力（m³/h）	低温混凝土设计温度	低温混凝土生产能力（m³/h）	制冷容量（10⁴kcal/h）
	型号	数量				
▽79m 系统	4×4.5	2	320×2	7℃	250×2	2150
▽90m 系统	4×6	1	360	7℃	250	1600
	4×3	1	240	7℃	180	
▽ 120m 系统	4×3	2	240×2	7℃	180×2	1375
▽ 82m 系统	4×3	1	240	7℃	180	750
▽ 98.7m 系统	2×4.5	1	330	7℃	250	1250
	4×3	1	240	可由 2×4.5 楼转换生产 7℃低 温混凝土		
合计		9	2530	7℃	1720	7125

3.3　二次风冷技术及 7℃ 工程

夏季控制拌和楼出机口温度 7℃ 的预冷混凝土配置的一整套预冷设施，简称 7℃ 工程。20 世纪 80 年代我国在葛洲坝用过 7℃ 工程，采用的是水冷——风冷——加冰的制冷工艺（简称"三冷法"工艺）。

"三冷法"工艺的基本流程为骨料通过皮带时喷淋 2~4℃ 的制冷水，再经过脱水后进入拌和楼的储料仓进行风冷，在拌和混凝土时再加冰拌和。"三冷法"工艺虽在葛洲坝取得了成功，但存在许多难以克服的问题。首先，水冷骨料在运行中脱水效果较差，经脱水筛分后骨料表面含水（含水率为 2%~4%），进入拌和楼风冷时极易被冻结，小石不冷，其他粗骨料需提高风冷温度，风冷主要是起保冷作用，进一步深冷的能力受到限制；其次，水冷骨料时需修建一条 200~300m 长的洒水廊道，制冷设施占地面积大，系统布置困难；再次，水冷设备多，管理复杂，回收的制冷水含有大量泥沙，需建废水处理厂。最后，水冷料骨含水率大，拌和加冰量受限制。

二次风冷与"三冷法"工艺的主要区别在于它将水冷骨料的第一道工序改为一次风冷。它是将冲洗筛分后的骨料在 0~5℃ 的冷风通过冷风机吹送至地面调节料仓中进行初步冷却，吸热后的冷风由鼓风机抽回冷却构成循环。4 种骨料可分别冷却到 5~8℃。经过一次风冷的骨料通过保温皮带机进入拌和楼料仓进行第二次风冷，其后的制冷工艺与"三冷法"工艺的后两道工序相同，不同的是一次风冷骨料表面含水率明显降低，除小石尚有较低的含水率外，其余大骨料表面含水率几乎为零，因此，二次风冷的蒸发温度可更低。粗骨料在-15～-10℃的冷风中温度可冷至-2℃左右（仅小石需维持正常温度3℃，防冻仓）。另外，骨料经过第二次风冷，其表面干燥无水分，为拌和时充分加冰提供了条件。

通过1999年夏季二期工程混凝土高强度预冷混凝土的生产考验，出机口温度可稳定控制在7℃以内，说明7℃工程采用二次风冷技术是完全可行和成功的，二次风冷技术具有许多"三冷法"工艺所不具备的优点，其占地面积小，管理环节少，投资及运行成本低。三峡工程已大规模采用二次风冷技术生产7℃预冷混凝土。

4　金属结构及机电设备施工

4.1　大坝厂房金属结构及机电设备安装

二期工程大坝和电站厂房金属结构及机电设备埋件总量为14.8万t。共有22个导流底孔、23个泄洪深孔、22个溢流表孔、2个排漂孔、2个排沙孔和14个厂房进水口。闸门运用水头高，启闭机启闭力大。在下闸蓄水前需对挡水前沿的工作门、检修门及事故门进行试槽，以保证如期蓄水。

压力钢管长122.175m，直径13.2m，板厚28～60mm，钢管总重21 126t。上斜直段6节钢管按坝段埋管设计，上弯段、斜直段、下弯段等按钢衬钢筋混凝土联合受力管道设计，下水平段按明管设计。

引水压力钢管的制造技术要求高，工艺复杂，在坝区设置有压力钢管制造厂，直接在坝区将钢板加工成瓦片，卷、焊成型为单节钢管，分节由特制低重心台车运输，主要由厂坝间高程82m栈桥上布置的MQ6000型专用门机吊装。

机组为单机容量700MW的水轮发电机组，运行水位为高程135～175m，不仅单机容量特大，而且水头变幅范围远远超过世界类似容量的特大型机组。通过国际招标，法国GEC ALSTOM和瑞士ABB将联合供应8台套机组，加拿大GE、德国VOITH、SIEMENS组成的集团供应6台套机组。哈尔滨电机有限责任公司和东方电机股份公司分别为上述两大集团的分包商，分包额度为总额的31%。机组的制造、运输、安装、调试难度极大，需精心组织才能按期发电。

4.2　永久船闸金属结构及机电设备安装与调试

永久船闸金属结构安装总量为4.32万t。以24扇人字门、24扇反弧门和第一闸首桥机轨道梁安装最为困难，安装用起重机布置及安装程序需与船闸闸室双线台阶的结构相适应。永久船闸金属结构量大而安装精度高，安装时间相对集中，至少需4个工作面同时工作，需多台大吨位移动式起重机。

水库下闸蓄水后永久船闸能否按期投入运行，制约着长江航运。通航前需进行调试。调试分为无水调试和有水调试两个阶段。无水调试阶段的主要项目有各闸首人字门系统、闸阀门系统、启闭机、闸室系船柱等项目。检查各闸阀门止水、试槽、单机单门和主要机电设备控制系统的运行状况，在此基础上进行联合调试，将整体联动控制设备调整到能基本运行。有水调试除继续检查、调整以上各项目以外，主要调试船闸各闸首人字门在不同设计水头下，各种不同水位组合的单动、联动运行，检查在不同运行情况下，输水阀门单边输水、双边输水的控制时间、水力以及相应机电设备单调和联合调试，为永久船闸通航进行实战准备。

5　结语

三峡工程施工规模巨大，工程量大，施工强度高、技术复杂，施工项目多。金属结构及机电设备和埋件与混凝土施工交叉平行作业。由于工期长，必须考虑施工期通航，工程采用明渠结合临时船闸通航，在汛期大流量时辅以码头转运翻坝等。混凝土施工三峡首创二次风冷生产出机口 7℃混凝土，并为提高混凝土质量和耐久性进行了大量的试验和分析研究。施工队伍人员素质和劳动生产率比以前大大提高。1999 年在一些性能先进的设备尚未完全投入运用的情况下，创造了年浇筑混凝土 458.5 万 m^3 的世界新纪录，并经受了夏季浇筑大量大坝约束区混凝土的严峻考验。2000 年各主体建筑物的施工部位孔洞多、钢筋多、门槽多和混凝土标号多，对高性能的设备使用和发挥是制约因素，加之高强度的施工计划，必将使三峡优质高效施工难度更大，这有赖于强化管理和施工各方的积极协作。

三峡工程主体建筑物设计主要技术问题

郑守仁　刘　宁

摘　要： 三峡工程主体建筑物有大坝、电站和通航建筑物，大坝的泄洪与消能、厂房1～5号坝段深层抗滑稳定、大坝混凝土设计、电站进水口型式及引水压力管道、蜗壳结构型式及抗振、永久船闸高边坡、永久船闸输水系统及金属结构、升船机承重结构及提升平衡系统等设计中主要技术问题，由设计单位和国内一些高等院校、科研单位多年研究，已基本解决，经主管部门审定后，正陆续实施。

三峡水利枢纽是治理和开发长江的关键性骨干工程。工程位于西陵峡中段，湖北省宜昌市三斗坪镇，坝区地震烈度为Ⅵ度，坝址基岩为坚硬完整的闪云斜长花岗岩，岩体渗透性弱。坝址河谷开阔，右侧有江心岛中堡岛，岛左侧为主河床，有利于工程的分期导流及施工场地布置。

大坝为混凝土重力坝，轴线全长2309.49m，最大坝高181m。泄洪坝布置在河床中部，其两侧为左右厂房坝段和坝后式厂房，分别设置14台和12台单机容量为70万kW的水轮发电机组及6个安装场，2003年首批机组发电。泄洪坝与厂房间用左右导墙隔开，厂房坝段以外两岸为非溢流坝段。双线五级连续船闸位于左岸山体内，主体段长1607m，上游引航道长2113m，下游引航道长2722m，可通行万吨级船队，年单向通过能力为5100万t。临时船闸和升船机紧靠左岸非溢流坝第8坝段两侧。右岸山体预留有地下厂房，可安装6台机组（图1）。

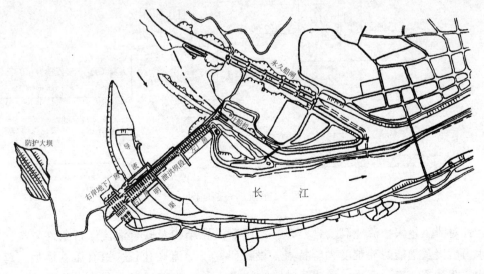

图1　三峡水利枢纽平面布置示意图

原载于：中国水利，2000，(5)：21-23.

为排泄库内漂污物及泥沙，在两侧导墙与非溢流坝内设置三个排漂孔，在安装场底部共设置 7 个排沙底孔。

水库正常蓄水位 175m 时总库容为 393 亿 m³，其中防洪库容 221.5 亿 m³，兴利库容 165 亿 m³，死水位 145m 以下库容为 171.5 亿 m³。

1　大坝泄洪及消能

大坝泄洪设计标准为千年一遇洪水流量 99 800m³/s，万年一遇加大 10% 洪水流量 124 000m³/s 校核。在汛期防洪限制水位 145m 运行时，大坝具备下泄洪量 56 700m³/s 能力；如遇设计洪水和校核洪水时，总泄水能力最大可达 110 000m³/s。泄洪坝段长 483m，布设 22 个表孔和 23 个深孔。每个坝段中部设 7m×9m（宽×高）深孔，进口底高程 90m，最大流速 34.67m³/s，单宽最大流量每米为 312m³/s；两个坝段之间跨缝布置净宽 8m 的表孔，堰顶高程 158m，最大流速 29.05m/s，单宽最大流量每米 199m³/s；为满足三期施工要求，在高程 56～57m 跨缝布设 22 个导流底孔，孔口控制尺寸 6m×8.5m（图 2）。

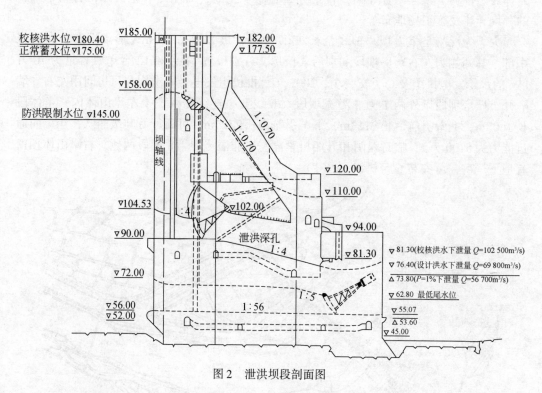

图 2　泄洪坝段剖面图

针对泄洪量大、流速高、含沙多，三层泄洪孔结构及联合泄流运行条件复杂，下游水力衔接及消能防冲难度大等特点，设计研究了导流底孔长、短有压管体型、跨缝结构、明满流流态、反弧门震动及封堵等技术问题；研究了深孔高速水流空蚀、实扩止水、跌坎掺气、结构配筋等技术问题；论证选用了挑流消能工型式；三峡工程泄洪调度是设计非常关注的技术问题，尚在深入研究论证中。

2 厂房1~5号坝段深层抗滑稳定

厂房1~5号坝段基岩中发育有走向10°~30°、倾向SE倾角20°~30°（倾向下游偏左岸）的缓倾角裂隙，还有少量的倾向下游的中倾角裂隙。大坝建基高程85~90m，坝后式厂房最低建基高程22.2m，形成坝后坡度约54°，临时坡高67.8m，永久坡高39.0m的高陡边坡。这构成了深层滑动的边界条件，存在着沿缓（中）倾角裂隙（结构面）滑动的稳定问题。

对此进行了大量地质勘探、科研设计分析论证。用先进的勘探手段（钻孔取芯、岩芯定位、孔内录像）查清了缓倾角结构面的产状、分布范围及连通率。通过现场原型抗剪试验并辅以大量室内试验确定了缓倾角结构面抗剪断指标为 $f' = 0.7\text{MPa}$，$c' = 0.2\text{MPa}$。就不同滑移模式进行了大量计算分析，相应采取了降低建基高程、封闭抽排、厂坝联合受力等工程措施。

3 电站进水口型式及引水压力管道

电站单机引水流量966m³/s，初期发电水位135m。为满足运行要求，研究论证了进水口高程、单、双孔进水型式。进水口高程受初期发电水位控制以108m为优；水头损失以单孔口进水稍小，且单孔口应力小，门体、门槽和启闭机数量比双孔少1倍，单机无同步操作要求，因此选用单孔口进水。

三峡电站引水压力管道条数多（26条），直径大（12.4m）、HD值高（计入水击压力 HD=1730m²）。坝内管段选用钢衬钢筋混凝土联合受力结构。坝后背管段采用浅预留槽布置型式（图3），从结构形式上比较了钢管单独受力（即明管）和钢衬钢筋混凝土联合受力方案，也研究过预应力钢衬钢筋混凝土引水管道型式。

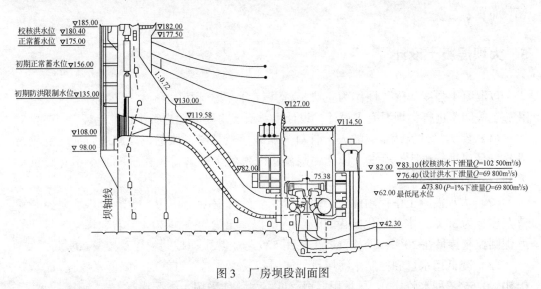

图3 厂房坝段剖面图

比选后按钢衬钢筋混凝土联合受力设计引水压力管道，总安全系数取2.0。钢衬钢材为 16MnR，厚度为 30～36mm，安全系数为 1.2。考虑日照温荷及钢筋混凝土浇筑，外包混凝土厚度 2m，配圆形钢筋不超过 3 排，限裂设计开度小于 0.3mm。

厂坝间引水钢管的明管段是否设置伸缩节（直径 16m）是设计研究的又一重要技术问题。设置伸缩节使钢管受力明确，但造价高，制造、安装及运行期止水等技术问题突出。选取一个厂房坝段，厂房水下结构和钢管作为整体进行非线性仿真计算，模拟了水库蓄水过程、蜗壳充水保压浇筑混凝土过程以及蜗壳钢板与外包混凝土间的接触条件对垫层管应力与变形的影响，最终确定取消设置厂房 1～6 号坝段间钢管伸缩节。

4   蜗壳结构型式及抗振

三峡工程水轮机蜗壳平面尺寸约为 33.84m×29.17m，进口端直径 12.4m，蜗壳静水头 78～118m，最大水头变幅 40～45m。对蜗壳设垫层结构和充水保压浇混凝土两种方案重点进行了设计研究。经多方面考虑确定，选用结合蜗壳水压试验进行充水保压浇混凝土方案，蜗壳充水加压（70m 水柱）浇筑外围混凝土，目的是在运行期水头达到一定数值后，使钢蜗壳与外包钢筋混凝土结构联合承担剩余水头，可增加蜗壳刚度，减小运行期机组振动。

受水力，机械、电磁等因索影响，水轮发电机组在运行中会产生振动，并诱发电站厂房和压力钢管产生相应振动。若自振振频相近，产生共振，将直接危及电站安全。三峡电站水头变幅大，运行件复杂，且水轮发电机尺寸大，自身刚度相对小，因各种因素产生的振源，能量巨大。厂房建筑物虽按承载设计可保证安全，但相对三峡巨型机组可能产生的振动，其安全裕度较小。因此需对水轮机、水力脉动频谱、振幅和机械力、电磁力典型振动频率、幅值及动荷过程线进行研究，并应对其主要部件和整体结构避免发生自激振动的措施进行研究；结构设计需对电站厂房进行动力分析，优化结构布置。

5   大坝混凝土设计

以混凝土强度和耐久性作为主要指标并综合考虑温控、环境，抗冲耐磨以及机械化施工等因素进行大坝混凝土设计。设计中对下述主要问题进行了研究论证。

（1）经大量试验认定三峡人工骨料为非碱活性骨料，但仍视料源地质情况变化对花岗岩骨料进行碱活性检查。设计中限制水泥熟料中碱含量，要求混凝土中总碱量 ≤ 2.5kg/m³。

（2）大坝混凝土中掺用优质 I 级粉煤灰。外部混凝土使用 525 号中热水泥控制粉煤灰掺量为 30%，水位变化区为 20%，内部混凝土为 35%～40%，若使用 425 号低热水泥则控制掺量在 20%；结构混凝土使用 525 号中热水泥控制粉煤灰掺量 20%。

（3）降低用水量和控制水泥用量。使用高效减水剂与引气剂；降低水胶比（0.45、0.50、0.55 三种水胶比），尽量用低坍落度；尽可能采用 4 级配混凝土。

（4）预冷混凝土工程。夏季控制拌和楼出机口温度 7℃，相应配置一整套预冷设施，简称7℃工程。20世纪80年代，葛洲坝工程用过7℃工程，采用的是水冷——风冷——加冰的制冷工艺；三峡工程将水冷改为风冷，称两次风冷技术。由于一次风冷使骨料表面含水率明显降低，因此两次风冷的温度可更低，并为拌和时加冰提供了更好条件。

6 永久船闸高边坡

永久船闸主体段长1607m，均在山体中深切开挖成路堑式修建。最大边坡高度120~160m，一般50~120m。闸室边墙下部则为50~70m高的直立坡。两线船闸间保留宽54~56m，高50~70m岩体作为中隔墩。闸室墙采用钢筋混凝土衬砌锚着于岩石边坡上并与岩体共同受力。设计重点研究了高边坡开挖轮廓和岩体变形控制，对开挖卸荷及地应力释放后的二次应力场计算和塑性稳定以及长期荷载作用下构造面流变及渗水压力对裂隙的劈裂作用进行了深入分析并提出相应开挖程序和加固措施。

船闸高边坡加固措施包括防渗和排水系统及岩锚支护系统。地下水是影响边坡稳定的主要因素，在船闸两侧边坡岩体内各布置7层共14条排水洞，在排水洞内钻设1~2排山体排水孔幕，采取以地下排水为主，地表截、导排水为辅的综合排水设计方案。岩锚支护包括预应力锚索、系统锚杆、随机锚杆及坡面喷混凝土等支护，其中锚索分1000kN和3000kN两种，约4000束，系统锚杆为全粘接砂浆锚杆约10万根。

边坡两侧山体及中隔墩内共有3条输水隧洞，36个竖井、14条排水洞及4个通风井。设计要求边挖边锚，先洞挖后明挖，直立坡采用预留保护层和光面爆破。

7 永久舱闸输水系统及金属结构

永久船闸最大工作水头113m，单级最大工作水头45.2m。设计对输水系统充泄水阀门型式及阀门段水力学条件、防空化措施、闸室充泄水指标和船只停泊条件等进行了充分论证试验，旨在保证在任何通航水位条件下输水时，过闸船只的纵向系缆力小于5t，横向系缆力小于3t，满足停泊要求，并尽可能缩短充、泄水时间。

输水隧洞充、泄水阀门设计水头82.0m，总水压力$1.76×10^4$kN，采用横梁全包式反向弧形门以保证门体在动水启闭和承受高水头作用时的刚度和强度。选用竖缸液压启闭机，启门容量1500kN。

船闸人字门最大门高38.25m，最大工作水头36.25m。主要研究解决闸门的抗扭刚度，以及顶部和底部结构型式与受力状态和支枕垫的传力效率等技术问题。相应地对门体动水阻力矩变化规律和所受动态水力特性等进行认真研究。人字门启闭机为液压直推式，启闭力3500kN，开门时间3min。

8 升船机承重结构及提升平衡系统

三峡升船机为单线一级垂直提升式，一次可通过一艘3000t客货轮。升船机承重塔柱高149m，由4个封闭式薄壁钢筋混凝土空腹立柱组成。塔柱上部建有高32m，平面尺寸 120m×57.8m 的机房。

　　升船机最大提升高度 113m，承船厢自重 2800t，带水重 11 800t，有效尺寸 120m×18m×3.5m（长×宽×水深），由 192 根直径 85mm 的钢丝绳悬吊。其中 48 根用于提升，最大提升力 5900kN；144 根用于平衡，重力平衡锤总重 9200t，扭矩平衡锤总重 2600t。升船机正常提升速度为 0.2m/s，提升或下降一次需 9min。

　　设计对升船机论证的主要技术问题是：

　　（1）承船厢整体动态特性。当船舶进出承船厢时，水体将产生波动，致使钢丝绳受力变化而不均匀伸长，可能造成承船厢纵倾影响密封效果和行船安全。研究采用 8 套夹紧装置对承船厢刚性约束并沿程锁定。

　　（2）钢丝绳断绳处理。在平衡系统中研究了断绳重锤不坠落、升船机全平衡状态不受破坏措施。

　　（3）升船机的事故条件及安全保障。升船机最严重的事故条件是承船厢在运行时发生漏水而影响平衡。假定承船厢漏水量为厢内水体总量的 1/3，据此设置安全保障措施，并在承船厢两端设置防撞梁，防止船舶撞坏闸门漏水。另外在塔柱内布置了补水管，可在不同高度上随时为承船厢补水。

　　三峡工程主体建筑物设计中主要技术问题，通过大量科学试验和设计研究，并认真学习、吸收国内外水利水电工程设计、施工、运行经验，都已基本解决。鉴于三峡工程规模巨大，技术复杂，建设过程中还会遇到一些新问题，长江水利委员会仍将虚心听取业主、监理、施工单位和全国各有关设计、科研部门以及大专院校对三峡工程设计的意见及建议，并根据实际情况对工程设计进一步补充、完善、优化，以期达到一流设计。

三峡工程与长江水资源利用

郑守仁　刘　宁

摘　要：三峡工程控制长江流域面积 100 万 km^2，是开发利用长江水资源的关键工程。三峡工程的建设和运用，将有利于长江水资源的综合利用，在防洪、发电、航运、发展水产及旅游、改善环境、发展灌溉等方面发挥着积极的作用。

1　概述

长江发源于青藏高原唐古拉山各拉丹冬雪山西南侧，全长 6300km，落差 5400m，年入海水量约 9600 亿 m^3。流域面积 180 万 km^2，有支流 3600 余条，流经 19 个省、自治区、直辖市，流域内人口占全国 1/3 以上，沿江构成了高密度的河流城市走廊和最大的内河水运网。

三峡水利枢纽是治理和开发长江的关键性骨干工程。坝址位于西陵峡中段的湖北省宜昌市三斗坪镇，该处河谷开阔，右侧有江心岛中堡岛，岛左侧为主河床，有利于工程的分期导流及施工场地布置。坝区地震烈度为Ⅵ度，坝址基岩为坚硬完整的闪云斜长花岗岩，岩体渗透性弱。

大坝为混凝土重力坝，轴线全长 2309.49m，最大坝高 181m。泄洪坝段布置在河床中部，其两侧为左右厂房坝段和坝后式厂房，分别设置 14 台和 12 台单机容量为 700MW 的水轮发电机组及 6 个安装场，总装机容量 18 200MW，年发电量 847 亿 kW·h，2003 年首批机组发电。泄洪坝段与厂房间用左右导墙隔开，厂房坝段以外两岸为非溢流坝段。双线五级连续船闸位于左岸山体内，主体段长 1607m，上游引航道长 2113m，下游引航道长 2722m，可通行万吨级船队，年单向通过能力为 5100 万 t。升船机紧靠左岸非溢流坝第 8 坝段左侧。右岸山体预留有地下厂房，可安装 6 台机组（图 1）。

为排泄库内漂浮物及泥沙，在两侧导墙与非溢流坝段内设置三个排漂孔，在安装场底部共设置 7 个排沙底孔。

水库正常蓄水位 175m 时总库容 393 亿 m^3，其中防洪库容 221.5 亿 m^3，兴利库容 165 亿 m^3，死水位 145m 以下库容为 171.5 亿 m^3。

2　三峡工程综合利用水资源任务

自 20 世纪 50 年代开始研究论证三峡工程以来，对其规模进行过大范围考虑，正常蓄水位曾在 128～260m 间进行反复比选。通过全面深入论证，最后选定 175m（初期运

原载于：中国水利，2000，（8）：49-50。

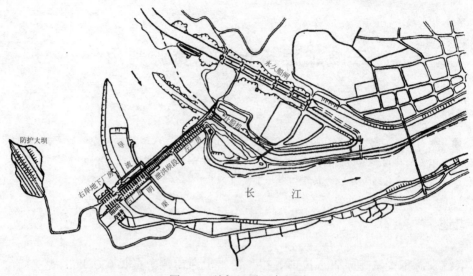

图 1　三峡枢纽平面布置图

用 156m)一级开发、一次建成、分期蓄水、连续移民的方案。三峡工程将在防洪、发电、航运方面发挥独特的作用，此外，还可在提供供水水源，有利于南水北调、发展水产及旅游、改善环境、灌溉等方面发挥作用。建设三峡工程是变水害为水利，合理配置水资源，实现可持续发展的重要措施。

2.1　防洪

长江中下游洪水灾害十分严重，其中又以荆江河段防洪形势更为严峻。只有兴建三峡工程，才能较好地解决长江中下游的防洪问题。三峡水库的作用如下。

(1)对发生在上游的特大洪水(如 1870 年洪水)进行控制和调节，配合运用荆江分洪区，避免荆江河段(江汉平原和洞庭湖区)发生毁灭性灾害。

(2)对上游型大洪水进行调节，减轻荆江河段和洞庭湖区的防洪负担，减少使用荆江分洪区的机会，提高荆江河段的防洪标准。

(3)对全流域和中下游型大洪水进行补偿调节，减少中游平原湖区的分蓄洪量。

三峡水库的防洪库容拟分为三部分：第一部分 100 亿 m^3，用于按控制城陵矶水位 34.4m(相应流量 56 700m^3/s)进行补偿调度；第二部分 85.5m^3，用于按控制沙市水位 44.5m(相应流量 60 600m^3/s)进行补偿调度；第三部分 36 亿 m^3，专门用以防御 1870 年洪水按宜都流量不超过 80 000m^3/s 控制下泄，并采取分洪措施使沙市水位不超过 44.5m。这样划分的防洪库容，只是初步研究的方案。三峡水库进一步的调度补偿运用研究还在论证中。

2.2　发电

三峡工程电力主要供应华中、华东及重庆地区。三峡水电站的任务如下。

(1)防洪与发电兼顾，竞价上网，促进全国联合电网实现。

(2)使重庆以下川江河段水能资源基本上得到合理利用，装机规模和发电量适宜。

（3）水库有季调节能力，枯水期平均调节流量尽可能大，以便在满足葛洲坝下游航运要求前提下，充分发挥水电站在系统中的调峰作用。

长江水能蕴藏量近2.68亿kW，可开发量约1.97亿kW。三峡工程的建设，意味着开发了长江约1/10的可开发容量，因而它将在长江乃至我国的水能开发上占有极其重要的地位。

2.3　航运

根据重庆以下川江航道的自然条件、经济发展对航运的需要，三峡工程对航运的贡献如下。

（1）渠化重庆以下川江航道，辅以必要的整治措施，根本改善航运条件，扩大通过能力。

（2）实现万吨级船队渝汉直达的基本目标，通航保证率在50%以上。

（3）三峡水库运用水位可与上下游干支流相邻枢纽的通航水位基本衔接，为上下游干支流航道逐步实现渠化创造了条件。

兴建三峡工程，可在重庆至宜昌间形成570~650km的深水航道，改善众多港口的作业条件，并使其与中下游航道相适应。由于水库的调节作用，1~4月下泄流量可比天然情况增加1000~3000m³/s，有利于长江枯水期航道改善；汛期因防洪需要，三峡水库将对大洪水削峰滞量，也有利于航行。

3　三峡工程与长江水资源综合利用相关的问题

三峡工程兴建后，对长江水资源的综合利用具有不可替代的作用，但亦需很好地研究解决一些相关问题：

（1）由于三峡水库面积大（移民迁移线下总面积约1084km²），移民人口数量多（规划迁移安置人口约113万人），库区移民工作非常重要，相应移民安置和库区开发利用，对生态环境保护工作要求也非常高。要做到移民人口能"搬得出，稳得住，逐步能致富"和把昔日经济脆弱、环境落后的库区建设成经济繁荣、山青水绿、环境优美的库区，各级政府必须给以极大支持和帮助。因为这直接关系到长江上游水环境、水土保持、水源保护、生态持续等问题。目前库区移民工作正按计划逐步实施。

（2）长江水流的含沙量并不大，但由于水量大，故年输沙总量是巨大的，如宜昌站年输沙量为5.3亿t。如果处理不当，对三峡水库的淤积、河道淤塞等会造成灾难性后果。这涉及泥沙与防洪、泥沙与发电、泥沙与航运的多方面关系和矛盾，三峡工程设计中已充分考虑研究了这方面的问题，并采取了有效的工程措施。同时，随着长江上游干支流水能资源的开发利用，尤其是上游向家坝和溪洛渡枢纽的兴建和搞好长江上游地区水土保持，必将大大减少入库泥沙，确保三峡工程长期运用。

（3）三峡工程运用后对下游河道产生的长距离冲淤变化需认真研究解决。长江下游各河段的河道特性不同，河床组成各异，冲刷量及冲刷特点也不同，但总的说，冲刷的距离长，冲刷自上游向下游逐步发展，城陵矶以上冲刷量较大，武汉以下河段冲刷量较小，反映出"冲刷——平衡——回淤"的变化过程。随着河床冲刷，过水断面增大，同流量下水位将降低，沿江岸堤应考虑防护措施，并审慎研究河势变化。

4　结语

　　自古以来，长江流域就是人类聚居和活动的重要地区。长江流域丰沛的水资源为流域内亿万人民带来了生存与发展的物质保障，同时，长江的洪水历来也是中华民族的心腹之患。

　　三峡工程的兴建是长江开发治理的关键，而长江水资源的可持续利用则是一个永恒的主题。确切地说，它不仅仅是理论意义上的主题，更应成为战略。这一战略付诸实践，必将真实地影响长江流域的水环境现实。杜绝、减少、削弱长江流域影响水环境可持续发展的因素，是一项十分艰巨而长久的任务。三峡工程的建设和运用，长江的治理和开发对保障和促进社会、经济、环境和资源可持续发展将起到十分重要的作用。

三峡工程大坝建基岩面开挖轮廓设计及实践

郑守仁 刘 宁

摘 要：三峡坝址工程地质条件优越。如何根据这种优越的条件来设计大坝建基岩面的开挖轮廓，达到既安全又经济的目的，一直是勘测、设计和科研等方面的重要研究课题。这一问题已经得到满意的解决。本文就坝址岩体风化特征及可利用岩面选定、坝基岩面开挖轮廓设计及基础处理进行介绍。后者包括一般规定、开挖控制及岩面修整、基础固结灌浆、基础高差及台阶规定、河床风化深槽处的开挖深度、缓倾角结构面与深层抗滑稳定和地质缺陷的处理等。

1 概述

三峡工程大坝轴线长 2309.49m，轴线方向为 NE43.5°，泄洪坝布置在河床中部，其两侧为左、右厂房坝段和坝后式厂房，左厂房坝段以左和右厂房坝段以右均为非溢流坝段。大坝最大坝高 181m，最大底宽 126.73m。泄洪坝与厂房用导墙隔开。大坝受荷后施加基面的最大压应力达 5MPa。大坝下游水深达 60~70m。

大坝基岩为震旦纪闪云斜长花岗岩。如何根据坝址优越的工程地质条件设计大坝建基岩面的轮廓，达到既安全又经济的目的，一直是勘测、设计、科研等方面研究的重要课题。岩体按风化程度由地表向下分为全、强、弱、微风化 4 个风化带。若将大坝全部坐落在微风化和新鲜岩体上，地基条件是：基岩完整，力学强度高，透水性微弱，完全满足修建混凝土高坝的要求。但坝基开挖工程量和坝体混凝土工程量都大，故须研究利用弱风化带的问题；此外考虑到两岸滩地和山坡部位的坝段，对基岩的要求与河床坝段有所不同，也应对弱风化带的利用加以研究。下面详细谈谈弱风化带的利用、坝基开挖轮廓的设计和地质缺陷的处理等问题。

2 坝址岩体风化特征及可利用岩面选定

坝址前震旦纪闪云斜长花岗岩属古老结晶岩体，主要矿物为斜长石、石英，次要矿物为黑云母、角闪石、钾长石。历经多次构造运动，在风化力长期作用下，形成不同性状的风化带。覆于微风化和新鲜岩体之上的为全、强、弱风化带，统称之为风化壳。风化壳以山脊部位最厚，山坡次之，沟谷、漫滩较薄，原枯水河床最薄，河槽中一般无风化层或厚度很小。全风化带以疏松的碎屑状岩石为主，多呈沙砾状。强风化带由疏松、半疏松状岩石夹坚硬、半坚硬岩石组成，岩芯获得率一般小于30%。弱风

原载于：人民长江，2000，31（6）：1-3。

化带以坚硬、半坚硬岩石为主，夹半疏松、疏松岩石。微风化带基本上为坚硬的新鲜岩石，风化形式主要为裂隙面表皮状风化，占裂隙总数 10%～20%，裂隙加剧风化率仅 1%～3%，岩体抗压强度一般为 80～100MPa，变形模量 30～40GPa，透水微弱，局部缺陷用一般工程措施即可加以处理，是修建高坝的良好基岩。

经勘探试验和分析，认为弱风化带是强风化带和微风化带之间的一个过渡风化带，其顶部风化程度接近强风化，底部接近微风化，因而可将其划分为弱风化带上部和弱风化带下部两个亚带。弱风化带上部，疏松和半疏松岩石占 3%～20%，沿结构面（尤其是沿缓倾角结构面）疏松碎屑层的厚度一般为 5～20cm，最厚达 50cm，岩体完整性差，RQD 值仅为 20%～50%，岩体透水率 $q \geqslant 1Lu$ 的试段占 65%，力学特性极不均一，坚硬岩石变形模量高达 43GPa，疏松岩石则仅为 2.65GPa，岩体质量属中等-差级岩体，固结灌浆试验表明，借固结灌浆难以提高岩体的整体强度，使之满足混凝土高坝的要求。弱风化带下部，以坚硬岩石为主，夹少量半坚硬、半疏松岩石，沿结构面疏松岩石层的厚度一般小于 5cm（多数小于 1cm），岩体完整性较好，RQD 值一般为 70%～90%，透水性微弱，极微透水试段占 38%～52%，岩体变形特性较均一，变形模量一般为 20～30GPa，岩体质量属良质岩体，各项指标与微风化次块状结构岩体相当，仅透水性较微风化岩体略强，其力学强度、变形特性、稳定可靠性均可满足建造混凝土高坝要求。为慎重起见，利用弱风化带下部岩体作为坝基的坝段，主要是位于两岸滩地和岸坡部位的坝段。进一步论证认为，对弱风化带下部岩体的利用还应满足以下要求：①岩体的 RQD 值应达 70% 以上；②岩体纵波波速的平均值应达 5km/s；③建基面以下 5m 内不存在厚度大于 5cm 的平缓风化碎屑夹层或风化囊槽及碎屑岩体。据统计，由于部分利用了弱风化带下部岩体，大坝建基面平均提高约 2m 多，节省岩石挖方和混凝土分别约 50 万 m^3 和 43 万 m^3。

3　坝基岩面开挖轮廓设计及基础处理

三峡工程大坝最大底宽 126.73m，分两条纵缝，横河向有 113 个坝段（含升船机上闸首），共 112 条横缝。最高建基岩面，左岸约为 169m 高程，右岸约为 172m 高程。最低建基岩面，位于河槽泄 1 号坝段，为 4m 高程。开挖轮廓面积约 28.5 万 m^2，土石挖方近 850 万 m^3（不含升船机上闸首部位挖方）。坝基开挖受地质地形条件的制约和相邻坝块开挖台阶高差的控制。如此大面积的坝基，坝基岩体渗控，固结强化坝基，缓倾角结构面深层抗滑稳定，以及地质缺陷的处理等均为坝基工程的主要技术问题。根据坝基的地质情况和大坝的结构要求，设计上采取了一系列工程措施。

3.1　一般规定

根据三峡大坝坝基利用岩体的工程地质特性和局部缺陷的处理方案以及各坝段的坝基轮廓要求，相应确定各坝段基岩面的开挖高程、水平尺寸和开口线，并据此进行建基面的开挖设计。从有利于大坝抗滑稳定考虑，建基面开挖成略倾向上游的斜面、台阶面或平面，不能开挖成倾向下游的斜面，不得有反坡。当坝基利用岩面向下游倾斜时，则开挖成大的水平台阶，台阶的高差一般不大于 5m，以不陡于 1：0.6 的缓坡连接。左、右岸非溢流坝段，在坝轴线方向采用爬坡台阶的开挖形式，台阶高差一般为15m，水平段宽度按不小于坝段长段的50%控制。

3.2　开挖控制及岩面修整

设计要求开挖前必须做爆破试验，以确定控制的质点振动速度和相应起爆药量。开挖须自上而下、分层梯段爆破施工，梯段高度不大于10m。设计边坡的施工，须按控制爆破开挖——修坡清理——支护加固——坡面排水的程序进行，并应随开挖高程下降及时支护。基面保护层（厚度不小于1.5m），以手风钻钻孔，浅孔小炮爆破，逐层开挖至设计高程，当距设计开挖线或边线0.2~0.3m时，应用人工撬挖或风镐清除，或通过试验采用光面爆破技术开挖。基础最终开挖轮廓，不得欠挖，超挖不得超过表1中的规定值。

表1　开挖轮廓限差　　　　　　　（单位：cm）

尺寸类别	平面	高程
坝基	50	20
边坡	25	20

对于建基面松动岩块，孤立岩块和爆破炸裂的岩块应予清除，尖锐棱角突出的岩石，应削成钝角或平滑形状，凡缓倾平直光滑的构造面或附有方解石、钙膜、水锈、黏土及其他软弱物的岩面，均应清除凿毛，并不得有反坡。

3.3　基础固结灌浆

受开挖爆破及卸荷影响，坝基一定范围内的岩体完整性将降低，基面岩体的不平整度也较大，有些起伏差达1.0m以上。为此，经固结灌浆试验并考虑到大坝的受力特征和坝基岩体状况，采取了下述措施：建基面浇筑一定厚度（0.5~1.0m）的找平混凝土层，以降低不平整起伏度，使坝与坝基良好结合；在浇筑找平混凝土层封闭基岩面后实施无盖重固结灌浆，这样可缩短工期，也可避免部分固灌外溢浆液落在建基岩面上（否则，难以去除）；根据大坝基础应力分析，固结灌浆范围在坝踵和坝址处各约为1/4坝宽，对断裂构造及其交汇区和裂隙密集带等区域亦实施固灌处理，以充填表层岩体中的裂隙，降低渗透性，尽量减少基岩不可恢复变形，改善岩体的整体性。

3.4　基面高差及台阶规定

根据从地质考虑可加以利用的岩体实施建基开挖，不可避免地会形成上、下游高差和岸坡高差。按规范，若高差过大，应开挖成台阶以满足坝体应力方面的要求。一般规定台阶位置和高差应不致恶化坝块在施工期和运用期的稳定和应力条件。实际上，由于可利用岩面陡、缓不一，台阶位置和高差往往与坝段的分缝分块不能一一对应，否则，必须挖除数量可观的优良岩体，这一矛盾在三峡工程坝基开挖中颇为突出。为此，采取了下述措施。

（1）尽可能调整大坝分缝分块，使其与实际开挖地形一致，减少应力集中。

（2）难能调整坝块分缝的部位，根据实际情况除少部分扩大开挖外，大多对高台阶一侧先期进行填塘混凝土浇筑，并通水冷却使混凝土温度接近基岩温度（一般为18~20℃），然后布设陡坡钢筋网以强化混凝土与岩体的接触，改善坝基应力状态。岩面与坝基混凝土间预埋测缝计的测量结果表明，这一措施是有效的。

（3）若岩石凸体或台阶边缘造成坝体应力集中无法避免，则尽可能削平尖锐部位的岩体，并在对应坝体部位一定范围内配置受力限裂钢筋，强化结构。

3.5　河床风化深槽处的开挖深度

大量勘探资料表明，在主河床左侧泄4号坝段~左导墙坝段间存在风化深槽，最低可利用岩面的高程为-2m。二期工程基坑抽水后开挖揭示该风化深槽有较大面积风化区。由于槽深坡陡，深槽部位坝段和左导墙的开挖轮廓的确定成为设计研究重点。根据实际开挖情况，并注意到水工模型的试验结果，决定将深层最低可利用岩面抬高至高程4m，局部软弱岩体缺陷采用回填混凝土处理，不再大面积降低基面。鉴于该部位下游水垫深，不会受泄洪水流的掏刷，因此不设护坦，减少了深部开挖。泄1号、2号坝段，坝体后部坝基内存在局部缓倾角裂隙结构面，对受其影响的岩体，通过设锚桩和强化固灌予以保留。

3.6　缓倾角结构面与深层滑体稳定

岩体缓倾角结构面较发育的区域为左厂房1~5号坝段及升船机上闸首的基岩区，和右厂房24~26号坝段的基岩区。由于大坝与下游电站厂房和升船机闸室开挖基面的高差分别约为70m和50m，形成高陡边坡，且边坡内存在缓倾角裂隙，故构成深层稳定问题。对此作了大量的补充勘探、分析研究和科学试验，经专门论证后，采取了以下综合工程措施。

（1）对于左厂房1~5号坝段，在坝跟设齿槽，加大坝底宽度；降低建基面高程；主帷幕排水前移，设置封闭抽排，降低扬压力；厂、坝联合受力，坝体横缝灌浆联结成整体；加强对中、缓倾角裂隙岩体的固灌；开挖边坡进行挂网喷锚支护；对可能滑动面采用预应力锚索，以增大其抗滑能力；加强安全监测，必要时实施化灌和锚索再加固。

（2）对于升船机上闸首，将其长度由95m加大至125m，纵、横缝灌浆形成整体，以适应基岩的不均匀变形；帷幕后设基岩排水洞，边坡设排水管网，排水减压；加强基岩固灌，局部实施高压化灌，以提高整体性；边坡采用系统锚杆加固及预应力整体性加固。

3.7　地质缺陷的处理

三峡工程坝址有两组主要断裂构造，一组走向北北西，主要断层有 F_{23}、F_9、F_{540}、F_{18}、F_{20} 等；另一组走向北北东，主要断层有 F_7、F_4、F_6、F_{29}、$F_{410} \sim F_{413}$ 等。其中 F_7、F_4、F_9、F_{23} 斜穿坝基，规模相对较大，构造岩的强度及变形模量相对较低，且不均一。但这些断层倾角都很陡，除去影响带，其构造岩的宽度也不大（一般2~5m），且胶结良好。性质较差的软弱构造岩，主要见于走向北东—北东东组断裂，但数量少、规模小、缓倾角结构面不发育且连续性差。在大坝建基面以下，一般为无充填或为胶结良好的坚硬构造岩。

通过分析研究，并参考其他类似工程的实践经验，对在建基面出露的断层，采取了下列处理措施。

（1）倾角大于45°的镶嵌结构岩体和碎裂结构岩体：①镶嵌结构岩体（包括断层影响带和裂隙密集带），胶结较紧密的构造岩，质量属中等，可适当加深开挖，回填混凝土；②碎裂结构岩体（包括软弱构造岩的碎裂结构岩体），含松散碎屑物达20%以上的弱风化带的上部岩体，质量属差至极差岩类，掏挖并回填混凝土塞，开挖宽度应大于破碎带的宽度，且不得小于50cm，开挖深度视断层宽度而定，一般不得小于1~1.5倍的宽度，同样也不得小于50cm；③当上述两类岩体结构贯穿坝基上、下游时，必须超出上、下游基础轮廓线进行扩大开挖，扩挖宽度不得小于2倍的塞深，扩挖深度与坝底范围内的扩挖深度相同，并回填与该部分坝体同标号的混凝土，同时在该处加强固结灌浆。

（2）倾角小于45°的镶嵌结构、碎裂结构岩体和风化夹层：①镶嵌、碎裂结构岩体的上覆完整岩层厚度分别小于1.5m和3.0m时，须连同上覆完整岩层一起全部挖除；②碎裂结构岩体和风化夹层，除按上述要求挖除后，还应进一步掏挖，一般掏挖深度不得小于破碎岩体的宽度，且不得小于20cm。这种掏挖结束后应及时进行清理和冲洗，用细骨料混凝土或预缩水泥砂浆回填保护。

（3）断层交汇区：断层交汇区应在（1）、（2）两项处理要求的基础上，视区域范围、断层产状、基岩性状决定进一步扩大坑、槽开挖的深度和范围，进行置换处理。

4 结语

三峡工程大坝坝基范围广、工程量大，其开挖轮廓设计及相应的工程结构措施，须依据坝基的工程地质条件和大坝自身结构特点及受力状态来确定。规范是原则，不离原则根据实际情况进行岩面轮廓论证、选择，以求获得最大的效益，是工程设计的要求和方法。最近进行了接触灌浆前的检查，尚未发现大坝因开挖基面高差而引起基础约束区混凝土发生贯穿性裂缝。如今，三峡二期工程坝基开挖已全部完成并覆盖混凝土，实践证明设计所采用的原则和结构处理措施是合理可行的。

三峡水利枢纽二期工程施工

刘　宁　翁永红

摘　要：三峡工程混凝土总量约 2800 万 m³，金属结构及钢筋总量约 72 万 t。工程分三期施工，准备工程及一期工程约 5 年，二期工程 6 年，三期工程 6 年。1998 ~ 2003 年二期工程 6 年内需浇筑混凝土 1846 万 m³，安装金属结构及机电设备埋件 19.2 万 t。1999 年创造了年浇筑混凝土 458.5 万 m³ 的世界纪录，2000 年计划浇筑混凝土 540 万 m³，安装金属结构 3.8 万 t。介绍了二期工程的施工安排、施工布置与设备、混凝土生产及其温控技术、金属结构及机电设备情况。

1　二期工程高强度施工

三峡枢纽工程主要由混凝土重力坝、坝后式厂房和通航建筑物组成。1993 年开始施工准备，1997 年 11 月 8 日大江截流，顺利进入二期工程施工。二期工程是三峡工程施工最为紧张、困难且技术最为复杂的阶段。其主要控制性进度为：①1997 年 11 月 8 日大江截流；②1999 年 1 月河床深槽部位开始浇筑混凝土；③2002 年 5 月上游基坑进水，同年 9 月下游基坑进水；④2003 年 6 月上旬水库下闸蓄水，同月永久船闸投入运用；⑤2003 年 10 月第 1 批机组发电。

二期工程开始后的第 2 年，即 1999 年，创造了年浇筑混凝土 458.5 万 m³ 和月浇筑 55.35 万 m³ 新的世界纪录。2000 年是三峡工程施工强度最大的一年，年计划浇筑混凝土 540 万 m³，安装金属结构及机电设备埋件 3.8 万 t。三峡工程混凝土浇筑强度与国内外混凝土高峰强度对比见表 1。

表 1　国内外高峰混凝土浇筑强度　　　　　　　　（单位：万 m³）

工程名称	国别	混凝土总量	高峰月强度	高峰年强度
三峡 1999 年	中国	2800	55.4	458.5
2000 年			58.0	540.0
古比雪夫	俄罗斯	734	38.9	313.4
伊泰普	巴西、巴拉圭	1228	33.9	302.8
大古里	美国	809	37.8	270.0
德沃夏克	美国	512.5	18.3	221.0
惠特斯	墨西哥	280	24.8	206.4
葛洲坝	中国	1048	23.9	202.9
胡佛坝	美国	339	15.0	120.0

原载于：人民长江，2000，31（7）：1-3.

2 施工布置与施工设备

大坝和厂房施工采用塔带机、缆机和门塔机组合方案。泄洪坝段布置 4 台美国洛泰克（ROTEC）公司 TC2400 型固定式塔带机，分别布置在 21 号、14 号、7 号和 1 号泄洪坝段中部，5 号、6 号塔带机为法国波坦（POTAIN）公司 MD2200 型固定式塔带机，分别布置于 12 号、8 号厂房坝段的非钢管实体坝段中部；2 台摆塔式缆机，两侧塔架高 125m，跨度 1416m，摆幅为 ±20m，起重量为 20t，两台缆机可抬吊 46t；大坝下游坝坡高程 120m 及泄洪坝段下游坝外高程 45m 分设施工栈桥，其上均布置有门机、塔机浇筑混凝土及安装金属结构等；电站厂房采用门塔机施工：大坝和电站厂房施工共有 7 台我国专为三峡工程研制的 MQ2000 型高架门机，其最大工作幅度 71m 时可吊 6m³ 混凝土罐。

长江航运是三峡工程施工必须考虑的重要问题之一，永久船闸为双线五级连续船闸，位于左岸坛子岭左侧深切的岩槽中，船闸主体段长 1621m，上游引航道长 2113m，下游引航道长 2722m，线路总长 6442m。

永久船闸开挖边坡的最大高差 170m，混凝土结构以薄壁衬砌结构为主。闸室侧墙最深约 60m，高陡边坡的稳定和变形量（特别是开挖完成后的残余变形），是工程设计和施工中需要特别重视的问题。施工主要采用起重力矩在 $1.26 \times 10^4 kN \cdot m$ 以下的国产门塔机。三峡工程主要大型施工机械设备见表 2。

表 2 三峡二期工程主要大型施工机械设备

设备类型	设备名称	规格型号	原产国	数量（台）	用途
浇筑	塔带机	TC2400	美国	4	用于泄洪坝段
	塔带机	MD2200	法国	2	用于左岸厂房坝段
	缆机	摆塔式	德国	2	共用设备
	高架门机	MQ2000	中国	7	
	塔机	K-1800	丹麦	1	用于泄洪坝段
	胎带机	CC200	美国	4	共用设备
	门塔机	$1.26 \times 10^4 kN \cdot m$	中国	39	
安装	专用门机	MQ6000	中国	1	安装专用门机
	大型汽车吊	KMK6200	德国	1	最大起重量 200t
	大型履带吊	OC1800	德国	2	最大起重量 300t

3 混凝土生产与温度控制

二期工程混凝土采用人工骨料。粗骨料为永久船闸及二期工程大坝和电站开挖的微、新花岗岩，在古树岭经碎石加工后，用胶带机输送到各混凝土系统，生产能力为 76 万 t/月。砂料采用下岸溪料场斑状花岗岩加工制作，用汽车运至各混凝土系统，生产能力为 39.1 万 t/月。

混凝土拌和系统有 5 个，共配置 9 座拌和楼，合计生产 7℃ 低温混凝土能力为 1720m³/h，生产常温混凝土能力为 2530m³/h。混凝土拌和系统配置见表 3。

表 3　三峡二期工程混凝土生产系统配置

系统名称	拌和楼		常温混凝土生产能力（m³/h）	低温混凝土设计温度（℃）	低温混凝土生产能力（m³/h）	制冷容量（10⁴kcal/h）
	型号	数量（座）				
EL79m 系统	4×4.5m³	2	320×2	7	250×2	2150
EL90m 系统	4×6m³	1	360	7	250	1600
	4×3m³	1	240	7	180	1600
EL120m 系统	4×3m³	2	240×2	7	180×2	1375
EL82m 系统	4×3m³	1	240	7	180	750
EL98.7m 系统	2×4.5m³	1	330		250	1250
	4×3m³	1	240	可由 2×4.5m³ 楼转换生产 7℃ 低温混凝土		1250
合计		9	2530	7	1720	7125

注：制冷容量中已包括了通冷却水需要另增加的 500×10⁴kcal/h。

水泥采用 525 号中热硅酸盐水泥和 425 号低热矿渣硅酸盐水泥，粉煤灰为 I 级。人工骨料经试验表明无活性反应。鉴于三峡大坝的重要性，混凝土设计上严格控制水泥含碱量、混凝土总碱量和掺入适量粉煤灰这 3 项措施抑制或消除碱骨料反应。工程开工后在大量试验的基础上，优化了混凝土的设计指标和配合比。

三峡工程混凝土温度控制难度大。为加强混凝土温控防裂的协调与管理，由业主、设计、监理共同组成温控小组，定期组织例会，组织现场检查，对三峡工程混凝土浇筑温度控制进行指导和监督，对施工中迫切需要解决的有关混凝土温控和相关质量问题组织研究。

为满足混凝土温度控制及接缝灌浆要求，在大体积混凝土内部埋设冷却水管，按通水作用和冷却特性分为初期冷却、中期冷却和后期冷却 3 类。初期冷却主要是削减水泥水化热温升，控制混凝土最高温度；中期通水是为避免混凝土坝体内外温差过大；后期冷却是将坝体温度降至接缝灌浆温度（或稳定温度）。

4　二次风冷技术及 7℃ 工程

夏季为控制拌和楼出机口温度 7℃ 的预冷混凝土，配置了一整套预冷设施，简称 7℃ 工程。20 世纪 80 年代在葛洲坝施工中用过 7℃ 工程，采用的是水冷——风冷——加冰的制冷工艺（简称"三冷法"工艺）。

"三冷法"工艺的基本流程为骨料通过皮带时喷淋 2~4℃ 的制冷水，再经过脱水后进入拌和楼的储料仓进行风冷，在拌和混凝土时再加冰拌和。"三冷法"工艺虽在葛洲坝取得了成功，但存在许多难以克服的问题。首先，水冷骨料在运行中存在着脱水效果较差，经脱水筛分后骨料表面含水（含水率为2%～4%），进入拌和楼风冷时极易被冻结，小石不冷，其他粗骨料需提高冷风温度，风冷主要是起保冷作用，进一步深冷的能力受到限制；其次，水冷骨料时需修建一条200～300m长的洒水廊道，制冷设施占地面积大，系统布置困难；再次，水冷设备多，管理复杂，回收的制冷水含有大量泥沙，需建废水处理厂；最后，水冷骨料含水率大，拌和加冰量受限制。

二次风冷与"三冷法"工艺的主要区别是将水冷骨料的第一道工序改为一次风冷。它是在地面调节料仓中通过吹送-5～0℃的冷风将冲洗筛分后的骨料进行初步冷却，吸热后的冷风由鼓风机抽回再冷却构成循环。4种骨料可分别冷却到5～8℃。经过一次风冷的骨料通过保温皮带机进入拌和楼料仓进行第二次风冷，其后的制冷工艺与"三冷法"工艺的后两道工序相同。一次风冷骨料表面含水率明显降低，除小石尚有较低的含水率外，其余大骨料表面含水率几乎为零，因此，二次风冷的蒸发温度可更低。粗骨料在-15～-10℃的冷风中温度可冷至-2℃左右（仅小石需维持正温3℃，防冻仓）。另外，骨料经过第二次风冷，其表面干燥无水分，为拌和时充分加冰提供了条件。

通过1999年夏季二期工程高强度预冷混凝土的生产考验，出机口温度可稳定控制在7℃以内，证明7℃工程采用二次风冷技术是完全可行和成功的。二次风冷技术具有许多"三冷法"工艺所不具备的优点，其占地面积小，管理环节少，投资及运行成本低。三峡工程已大规模采用二次风冷技术生产7℃预冷混凝土。

5　金属结构及机电设备施工

二期工程大坝和电站厂房金属结构及机电设备埋件总量为14.8万t。共有22个导流底孔、23个泄洪深孔、22个溢流表孔、2个排漂孔、2个排沙孔和14个厂房进水口。闸门运用水头高，启闭机启闭力大。在下闸蓄水前需对挡水前沿的工作门、检修门及事故门进行试槽，以保证如期蓄水。

压力钢管长122.175m，直径12.4m，板厚28～60mm，14条钢管总重21 126t。上斜直段6节钢管按坝段埋管设计，上弯段、斜直段、下弯段等按钢衬钢筋混凝土联合受力管道设计，下水平段按明管设计。在坝区设置有压力钢管制造厂，将钢板加工成瓦片，卷、焊成单节钢管。分节由特制低重心台车运输，主要由厂坝间高程82m栈桥上布置的MQ6000型专用门机吊装。

机组为单机容量700MW的水轮发电机组，运行水位为135～175m，不仅单机容量特大，而且水头变幅范围远远超过世界类似容量的特大型机组。通过国际招标，法国GEC—ALSTOM和瑞士ABB将联合供应81套机组，加拿大GE、德国VOITH、SIEMENS组成的集团供应6台套机组。哈尔滨电机有限责任公司和东方电机股份公司分别为上述两大集团的分包商，分包额度为总额的31%。

永久船闸金属结构安装总量为4.32万t。以24扇人字门，24扇反弧门和第一闸首桥机轨道梁安装最为困难，安装用起重机布置及安装程序需与船闸闸室双线台阶的结构相适应。

水库下闸蓄水后永久船闸能否按期投入运行，制约着长江航运。通航前需进行调试。调试分为无水调试和有水调试两个阶段。无水调试阶段的主要项目有各闸首人字门系统、闸阀门系统、启闭机、闸室系船柱等项目。检查各闸阀门止水、试槽、单机单门和主要机电设备控制系统的运行状况,在此基础上进行联合调试,将整体联动控制设备调整到能基本运行。有水调试是设置抽水系统人为充水进行。有水调试除继续检查、调整以上各项目以外,主要调试船闸各闸首人字门不同设计水头下,各种不同水位组合的单动、联动运行,检查在不同运行情况下,输水阀门单边输水、双边输水的控制时间、水力及相应机电设备单调和联合调试。为永久船闸正式运行作准备。

6 结语

三峡工程施工不仅规模巨大,而且工程量大、施工强度高、技术复杂、施工项目多。金属结构及机电设备和埋件与混凝土施工交叉平行作业。由于工期长,必须考虑施工期通航,工程采用明渠结合临时船闸通航,在汛期大流量时辅以码头转运翻坝等。三峡混凝土施工首创二次风冷生产出机口 7℃混凝土,并为提高混凝土质量和耐久性进行了大量的试验和分析研究。施工队伍人员素质和劳动生产率比以前大大提高。1999年在一些性能先进的设备尚未完全投入运用的情况下,创造了年浇筑混凝土 458.5 万 m^3 的世界新纪录。2000 年计划浇筑混凝土 540 万 m^3 ,安装金属结构及机电设备埋件3.8 万 t。三峡大规模使用塔带机系统浇筑大坝混凝土,需从混凝土拌和、供料线运行到仓面平仓振捣全面配套,才能保证大坝混凝土高效保质完成。

Construction of TGP Stage II Works

Liu Ning　Weng Yong-hong

Abstract: In the construction of Three Gorges Project, the total amount of concrete is about 28Mm^3, and the total amount of metal works and reinforcement is approximately 0.72 Mt. The TGP is constructed in 3 stages. The preparation period together with the first stage is 5 years, the second stage and third stage are both 6 years. In the second stage construction of 6 years (1998–2003), there are 18.46 Mm^3 of concrete to be placed and 0.192 Mt of metal works and embedded parts for mechanical and electric equipment to be installed. In 1999, a world record of annual concrete placement of 4.585 Mm^3 was set. In 2000, it is planned to place 5.4Mm^3 of concrete and to install 38 000 t of metal works. Construction equipments and layout of construction site, concrete production and its temperature control metal works, mechanical and electric equipments in the second stage construction are presented.

1　High Construction Intensity

The TGP is mainly composed of concrete gravity dam, power houses, and navigation structures. The construction preparation began in 1993. The grand channel closure was realized on Nov. 8, 1997, smoothly leading to the second stage construction. The second construction stage is the most intensified, difficult and technically complicated period for TGP construction. The critical schedule is as follows: ① grand channel closure on Nov. 8, 1997; ② beginning of concrete placement at deep channel in Jan. 1997; ③ inflow of foundation pit: upstream pit in May, 2002; downstream pit in Sept. 2002; ④ reservoir filling begins on June 1–10, 2003, shiplocks begin operation also in June, 2003; ⑤ commissioning of the first generating units in Oct. 2003。In 1999, the world record was created that 4.585Mm^3 of concrete was placed in the year with peak intensity of 0.5535 Mm^3 per month. In 2000 the highest construction intensity will be reached for TGP. It is planned to place 5.4Mm^3 of concrete and to install 38 000t of metal works and embedded parts of electric and mechanical e-quipments. Comparison of concreting intensity at home and abroad is shown in Table 1.

2　Construction Layout and Facilities

The construction of dam and powerhouse is carried out by combined facilities of tower-belts, cable cranes, gantry and tower cranes. At spillway dam section, 4 sets of TC2400

原载于：Yangtze River, 2001, (supplement): 2-4.

（ROTEC）fixed tower-belts are deployed; at intake dam section, 2 sets of MD2200 （POTAIN）fixed tower-belts are deployed.

2 cable cranes with swing legs are located parallel to dam axis, with tower piers at both ends being 125m in height, cable span of 1416m, swinging range of ±20m, hoisting capacity of 20t, 2 cable cranes being able to lift 46t.

Table 1 Comparison of concreting intensity at home and abroad （unit:Mm^3）

Project	Country	Total concrete volume	Peal Monthly intensity	Peal annual intensity
TCP 1999	China	28.00	0.554	4.585
TCP 2000	China		0.580	5.400
Kuibyshef	Russia	7.34	0.389	3.134
Itaipu	Brazil Pantguax	12.28	0.339	3.028
Grand Coulee	U.S.A	8.09	0.378	2.700
Dworshak	U.S.A	5.125	0.183	2.210
Huites	Mexico	2.80	0.248	2.064
Gezhouba	China	10.48	0.239	2.029
Hoover	U.S.A	3.39	0.150	1.200

On both el. 120m construction trestle at downstream dam slope and el. 45m in trestle outside the dam toe of the spillway dam section, there are deployed gantry and tower cranes for placing concrete and installing metal works.

Powerhouse is constructed with gantry and tower cranes. There are 7 specially developed MQ2000 tower gantry cranes of domestic products, being able to lift $6m^3$ concrete bucket at max. operating range of 71m.

The permanent twin 5-stage flight shiplocks are located at left hank in deep cut granite rock trench. The total length of constructed navigable route is 6442m, including the major shiplock structure length of 1621m, upper approach channel of 2113m and lower approach channel of 2722m. The max. height of excavated slope is 170m. The major concrete structure is thin lining wall. The max. height of chamber wall is about 60m. The major construction facilities are domestic made gantry and tower cranes, with hoisting moment below 12 600kN·m.

The major construction facilities during second stage are shown in Table 2.

Table 2　Major equipments for TGP second stage construction

Category	Title	Model	Produced from	Quantity	Employed for
	Tower-belt	TC2400	U.S.A.	4	Spillway dam
	Tower-belt	MD2200	France	2	Left intake dam
Concreting	Cable crane	With swing leg	Germany	2	Common use
	tower gantry crane	MQ2000	China	7	
	Tower crane	K-1800	Denmark	1	Spillway dam

continued

Category	Title	Model	Prihueed from	Quantity	Emploved for
Concreting	Belt feeder	CC200	U. S. A.	4	Common use
	Gantry, Tower crane	12600kN-m	China	39	
Installation	Special gantry crane	MQ6000	China	1	Installation
	Heavy mobile crane	KMK6200	Germany	1	Max. capacity 200t
	Heavy crawler crane	CC1800	Germany	2	Max. capacity 300t

3 Concrete Production and Temperature Control

During second stage construction, artificial concrete aggregates are used. The slightly weathered and fresh granite rocks excavated from permanent shiplocks, dam and powerhouse sites are crushed and processed in the near dam area for coarse aggregates. Then the coarse aggregates are directly delivered by belt conveyer to the concrete systems, the productivity of coarse aggregates is 760 000t per month. The sand is processed from porphyritic granite in a stone pit out-side the construction site, delivered to the concrete systems by trucks, its productivity is 390 000t per month.

There are 5 concrete batching systems, with 9 batching plants in total. The total production capacity is $1720m^3/h$ for 7℃ concrete, and $2530m^3/h$ for normal temperature concrete. The deployment of concrete production systems during second stage construction is shown in Table 3.

The grade 525 moderate heat Portland cement, grade 425 low heat slag Portland cement and grade I flyash are adopted. The tests demonstrate that there is no active reaction of artificial aggregate. In order to control or eliminate alkaline aggregate reaction, it is designed to strictly control the alkali content of cement and the total alkalinity of concrete and to add the proper amount of flyash.

To meet the requirement of temperature control and joint grouting, cooling pipes are embedded in dam, circulating cooling in 3 steps: initial cooling, to reduce the cement hydration heat and control the max. concrete temperature; mid-term cooling, to avoid great temperature difference between the interior and surface of mass concrete; final cooling, to bring down the concrete to the joint grouting temperature or steady temperature.

Table 3 The deployment of concrete production systems in TGP second stage construction

System title	Batching plant		Normal temp. concrete productivity (m^3/h)	Low temp. concrete		Cooling plant capacity (G cal/h)
	Model	Amount		Design Temp. (℃)	Productivity (m^3/h)	
el. 79 m sys.	$4\times4.5m^3$	2	320×2	7	250×2	21.50
el. 90 m sys.	$4\times6m^3$	1	360	7	250	16.00

continued

System title	Batching plant		Normal temp. concrete productivity（m³/h）	Low temp. concrete		Cooling plant capacity （G cal/h）
	Model	Amount		Design temp. （℃）	Productivity （m³/h）	
	4×3m³	1	240	7	180	16.00
el. 120 m sys.	4×3m³	2	240×2	7	180×2	13.75
el. 82 m sys.	4×3m³	1	240	7	180	7.50
el. 98.7m sys.	2×4.5m³	1	330	7	250	12.50
	4×3m³	1	240			12.50
Total		9	2 530	7	1 720	71.25

Note：The cooling plant capacity includes the need of circulating water for cooling dam.

4　Dual Air Cooling Technology and 7℃ Concrete

It is equipped with a complete set of precooling facilities to produce 7℃ concrete at batching plant outlet in summer. During 1980 s, the cooling technology for the Gezhouba project was the "three step cooling method"（water cooling → air cooling → ice adding）. Although the technology for Gezhouba was successful, it is yet difficult to overcome the following problems：①The dewatering effect of water cooled aggregate is relatively poor, the surface water can easily be freezed, so the further capability of cooling aggregate is limited. ②The water cooling technology needs a 200–300m long sprinkling culvert, the site for water cooling system is quite large, it is difficult to locate them. ③More equipments are needed for water cooling system, their management is difficult.

Moreover, the water cooled aggregate is high in water content, the ice adding amount is restricted.

The main difference of "dual air cooling" technology from that of "three step method" is that the "air cooling" is adopted for the first working procedure instead of "water cooling". Through initial air cooling, 4 kinds of aggregates can be cooled to 5–8℃ with flowing air of −5–0℃, their surface water content is bring down to about 0 except small aggregate with some low water content. During the second cooling, under the −15–10℃ cooling air, the coarse aggregates can be cooled to −2℃（the small aggregate should be kept at 3℃ to get rid of freezing）. After second air cooling, the aggregate surface is desiccated, it creates the favourable condition to add sufficient ice for mixing.

In the summer of 1999, the practice of high intensity production of precooled concrete proved that the concrete temperature at plant outlet can be stably kept under 7℃ and the "dual air cooling" is feasible and successful.

5 Metal Structures and Mechanical Equipments

In second stage construction, the metal structures and embedded parts of electric and mechanical equipments amount to 148 000t, including 22 diversion bottom outlets, 23 flood releasing deep outlets and 22 top overflow bays, 2 trash outlets, 2 sand flushing outlets and 14 intakes of power generating units. Their gates are characterized of high operating water head and large hoisting capacity. Before reservoir filling, all the water retaining gates, including operating, repairing and emergency gates, should be tested to match up with their gate slots. The steel penstock is 122.75m in length, 12.4m in diameter, with plate thickness of 28-80mm. The total weight of 14 penstocks is 21 126t. In the penstock plant in the dam site through bending and welding, the steel plates are processed into penstock sections. The penstock sections are hauled to assemble location by special low gravity center carriage, and hoisted by special MQ6000 gantry cranes on el. 82m trestle between clam and powerhouse.

The unit capacity of turbine generator is 700 MW, with operating water level of 135-175m. Through international bidding, 8 units are jointly provided by France GEC-ALS-TOM and Swiss ABB and other 6 units are jointly supplied by Canadian GE, Germany VOITH, SIEMENS. The Harbin Electrical Engineering Company with limited liability and Dongfang Electrical Engineering Stock Company are corresponding subcontractors of the above two groups, with subcontracted quota amounting to 31% of the total quantities.

The metal structures of permanent shiplocks amount to 43 200t, among them 12 pairs of mitre gates, 24 reversed tainter gates, the railbound girder for bridge crane on uppermost gate bay are the most difficult in installation. The arrangement of hoisting equipments for installing metal works and the installation schedule should be fitted with the twin flight chamber structures.

It will influence the shipping business of Yangtze River whether the permanent shiplocks could be put into operation on schedule after reservoir filling. It needs to debug the shiplocks before putting into service. The debugging will be carried out by two steps, that is, "without water" step and "under water" step. For the second step, it needs to establish a pumping system to fill the shiplock chambers, so as to examine the operation of hydraulic and mechanical facilities under different design conditions and water heads.

6 Conclusions

The features of TGP construction are the gigantic scale, huge quantities, complicated technology, high intensity and various construction items. The installation of metal works, electric and mechanical equipments and their embedded parts should be carried out with concrete placement in parallel operation. During second stage construction, navigation are realized through the open channel in combination with temporary shiplock, in high flow period the transfer wharfs are supplemented for traffic by- passing the dam. The production of 7℃ concrete at batching plant outlet with "dual air cooling" is originated in TGP. A great amount of tests and researches have been carried out in regard to the concrete quality and durability. The level of competence and labor productivity of construction personnel have been highly raised. When the advanced facilities were not wholly put into operation in 1999, the world record of platting concrete of 4. 585Mm^3/year was created. In 2000, it is planned to place 5. 40Mm^3 of concrete, to install metal structures, electric and mechanical equipments, and their embedded parts of 38 000t. In TGP dam concrete placement, the tower belt systems are used on a large scale, it should he comprehensively matched up in concrete mixing, delivering, spreading, vibrating, so that it could be guaranteed that the target of dam concrete placement be effectively reached with high quality.

三峡工程水电站压力管道伸缩节设置论证

刘 宁

摘　要： 为适应厂坝间相对变位，坝后式厂房引水压力钢管通常设置伸缩节。三峡工程压力钢管直径12.4m，设置伸缩节造价高，制造、安装困难，运行期止水等技术问题突出。为此设计对伸缩节设置与否做了深入的论证研究，对坝体、厂房混凝土浇筑，温度应力，钢管垫层，以及蜗壳保压浇混凝土等进行了仿真计算后，进一步论证水电站压力管道可取消伸缩节。

三峡工程左岸电站厂房为坝后式，共有14台机组，单机容量700MW，水轮机蜗壳规模大，引水压力钢管直径为12.4m，HD值高（约1700m²）。伸缩节设置与否的论证在工程施工期需进一步论证。

对三峡工程左岸岸坡坝段和河床坝段分别选取6号坝段、12号坝段为研究对象，采用三维有限元法将厂房坝段、厂房水下结构和钢管作为整体进行非线性仿真计算，并模拟厂房蜗壳保压浇筑施工过程，水库分期蓄水过程以及蜗壳钢板与外包混凝土间的接触问题，考虑了温度、混凝土徐变和水压荷载，重点研究在春、夏、秋不同合拢时间设不设预留环缝、垫层管下游端设与不设止推环、厂坝间是否传力情况下用以代替伸缩节的垫层钢管的应力与变形及长度影响。

1　计算模型及条件

1.1　计算范围

坝体计算包括钢管坝块及实体坝块，两坝块间为永久横缝。岸坡坝段建基面取▽90m，河床坝段建基面取▽25m。

主厂房模拟至▽67m，上下游副厂房只模拟下部实体部分。考虑岸坡坝段▽51m以下厂坝间岩坡接缝灌浆；河床坝段设定①大坝与厂房混凝土分缝设软垫层，按不传力考虑，但厂房下部混凝土与上游基础接触面传力；设定②厂坝间▽51m以上不传力，▽51m以下只传压力，不传剪力和拉力。

1.2　垫层管

取消伸缩节后，用垫层管来适应厂坝间的相对变形。垫层管段长按10m计算，其中坝内长5.8m（位于上游副厂房下），厂内长4.2m（穿厂房上游墙），垫层360°（全

原载于：中国水利，2001，（6）：54-55.

包在钢管外围）。厂内段垫层管可分为 2 段，即一期混凝土 2.2m 段和三期混凝土 2.0m 段。

垫层管段钢板为 60kgf 级，厚度 60mm，考虑锈蚀厚度 2mm，计算厚度按 58mm 考虑。

垫层管的垫层厚度 50mm，$E = 2.4$MPa，计算中不计泊松的影响。

基本计算：①10m 长的垫层管上下游两端钢管与周围混凝土连在一起。此计算模型相当于上下游两端均设止推环。②10m 长垫层管的上游端钢管与周围混凝土连在一起；下游端模拟厂房上游墙体下游侧至蜗壳进水口的 1.1m 钢管段，其上半圆设 180°半包垫层（厚度 300mm，弹模 2.4MPa），下半圆考虑摩擦接触。

1.3　蜗壳及凑合节

蜗壳外围混凝土按保压方式浇筑，保压水头 70 ~ 78m。闷头位于厂内蜗壳进水口段的上游。蜗壳管壁与混凝土间的摩擦系数取 0.5，不计凝聚力。

凑合节位于闷头段。研究计算：①设预留环缝，位置距垫层管段上游端 3.0m（副厂房下）。②不设预留环缝，凑合节最后一道环缝位置在浇筑该部位三期混凝土时即合拢。

1.4　计算条件

计算过程中，对施工过程进行了仿真模拟计算，比如对混凝土浇筑（错缝浇筑，分区跳仓浇筑等），钢管春、夏、秋、冬四个季节合拢在不设预留环缝和设预留环缝情况下的应力、位移状态分析（管道合拢前，认为坝体混凝土已强迫冷却到稳定温度场 17℃，并进行了纵缝灌浆）。

在获得大坝与厂房温度场后，将大坝和厂房水下结构作为整体进行仿真计算，从厂房混凝土浇筑开始至运行期，模拟厂房混凝土保压浇筑过程和卸压、运行期加压过程，以及由此引起的蜗壳钢板与外围混凝土之间的接触问题和水库蓄水过程泥沙压力和扬压力等，并考虑徐变影响。

通过仿真计算获得相对管道合拢时的管端位移和钢板的温差后，取出 10m 长的垫层管段钢管作为隔离体，加密网络后以板单元计算在内水压力、温差和已知两端各点位移（包括线位移和转角位移）作用下明钢管的压力。

影响垫层管段钢管应力的因素包括内水压力，相对于管道合拢时的该段钢管温差及两端相对位移，以及垫层传力和焊接应力。焊接应力本文不做讨论。计算研究中，最难确定的是两端相对位移，它不仅与合拢时间有关，而且与大坝、厂房所受荷载和温度变化及蜗壳保压浇混凝土施工等有关。

2　计算与分析

2.1　单元网络及边界约束

水轮机固定导叶用杆单元离散，其他用 8 结点实体单元离散。为提高精度，应力与变形仿真计算时，钢板单元按非协调元计算。岸坡坝段结点数 50 927 个，单元数 45 632 个，应力分析时总自由度 144 147 个；河床坝段结点数 50 613 个，单元数 44 448 个，应力分析时总自由度 144 305 个。

坐标方向为：以水轮机转轴为 Z 轴，上方为正，并以高程为 Z 坐标值；X 轴以指向下游为正，Y 轴以指向左岸为正。

应力与变形仿真计算时，上游基础边界自由，下游基础边界为法向约束，坝段两侧基础边界为法向约束，基础底部边界为全固定。

认定钢管坝块和实体坝块间横缝两侧相应点的温度相等，但位移相互独立。

2.2　基本模型计算

1）垫层管段钢管两端相对位移（相对合拢时）

端部各点的位移各不相同，这里谈及的是钢管两端的平均相对位移，管顶相对位移和管底相对位移。运行期相对于合拢时的垫层管端部位移不仅与运行期的水沙压力荷载有关，而且与运行期相对于合拢时的结构温度变化有关。从计算结果可得：

（1）相对位移随年时间的变化有周期性，并且虽然钢管合拢时间不同，但一年中位移最大值与最小值的差即变幅相同。

（2）合拢时间不同，运行期相对于合拢时的温差不同，因此所得运行期相对合拢时的两端相对位移也不同。

（3）对于设预留环缝方案，合拢时厂房混凝土已经较长时间散热，其温度接近准稳定温度，因此只要合拢时间（季节）相同，施工过程 A（即凑合节钢管安装时间在夏天）和施工过程 B（即凑合节钢管安装时间在冬天）的位移结果接近。

（4）对于不设预留环缝方案，合拢时的气温以施工过程 A 为高，所以其相对位移小于施工过程 B。

（5）管顶相对位移大于管底相对位移，表明两端有相对转动；平均相对位移约为管顶、管底相对位移的平均值。

（6）管轴向相对位移较其他两个方向相对位移大，仅当夏季合拢时，在冬季运行存在拉伸变形。

（7）河床坝段两端管轴向和竖向相对位移都大于岸坡坝段。

2）垫层管段钢管应力

计算得钢板应力有如下规律：

（1）管轴向应力最大拉压应力均出现在 9 月，位于端部的内表面和外表面。

（2）环向应力出现在外表面，一般位于距端部 1.4m 反向弯曲断面处。

（3）子段 1 位于中部，属膜应力区，内外表面的应力基本一致；子段 3 属强约束区，弯曲变形大，内外表面应力相差大，由于径向变形受到约束而环向应力小；子段 2 属过渡区，内外表面稍有差别，端部等效应力最大；子段 1、2、3 的最大等效应力分别出现在外表面、内表面和外表面。

（4）高温季节，管道温升和管轴向压缩变形大，管轴向压应力也大，根据第四强度理论，等效应力也大。

（5）如果合拢季节相同，设预留环缝比不设预留环缝更不利。但设预留环缝可以等待有利合拢时间（如夏季），缺点是施工不方便。

（6）夏季合拢管道温升的管轴向压缩变形最小，因此等效应力最小。

（7）环向应力，岸坡及河床坝段接近，但河床坝段管轴向压缩变形大，其轴向应力和等效应力都大于岸坡坝段的管轴应力。

2.3　敏感性分析模型计算

（1）垫层管段长度取 12m 后，河床坝段垫层管段钢管最大等效应力比基本计算模型小 7%～8%。

（2）与基本计算模型比较，河床坝段厂坝间分缝▽51m 以下只传压力模型的管轴向平均相对位移减小 1.5～2.1mm，最大等效应力减小 50MPa。

（3）与基本计算模型比较，垫层管下游端不设止推环模型的夏季合拢和冬季合拢，在运行期 9 月轴向相对压缩位移分别减小 0.5mm 和 1.6mm；其他两方向平均相对位移增大，坝轴向相对位移分别增大为 0.8mm 和 0.5mm；竖向相对位移增大约 1.0mm。不设预留环缝方案等效应力比基本计算模型相应季节合拢的应力减小 14%。

3　结论

（1）无论是否设预留环缝，无论何时合拢，也无论下游端是否设止推环，岸坡坝段可取消伸缩节。

（2）河床坝段若取消伸缩节，是有条件的。下游端须设止推环，且在冬季合拢时，要人工制造环境气候方可；若设置伸缩节，需慎重选型，建议对附加止水套筒伸缩节进行深入研究，以适应复杂变位错动要求。

（3）设预留环缝须等待有利时机（如夏季）合拢，或延长垫层管段长度和研究厂坝间缝面处理等均能有效减小钢管应力，但应综合考虑施工难度及止推环布置等。

总之，三峡工程水电站压力管道伸缩节取消后可节约投资 2000 万元，并可优化施工工序，为 2003 年首批机组发电创造了有利条件。

三峡工程提前三期截流水文及施工风险率

刘 宁

摘 要：按照初步设计要求，三峡工程将于 2002 年 12 月上旬实施三期截流。鉴于三期施工基坑上游 RCC 围堰施工强度高，有关方面对提前实施三期截流开展了大量工作，包括截流设计方案、截流模型试验、施工进度安排等研究，为决策提供了科学依据。从水文、施工的角度，对三峡提前三期截流进行了风险率分析研究。在选取截流设计流量为 10 300m³/s 和 12 200m³/s 时，无论是用历时曲线法和泊松分布推算水文风险，还是以截流落差为风险指标，用一次二阶矩方法求算施工风险，均表明三期截流时段适当提前是可行的。此研究可作为决策过程中的依据和支持。

1 概述

三峡工程三期截流截断现有的导流明渠通航航道，无论是水文条件，还是施工条件，都较二期截流更为复杂和困难。其特点如下。

(1) 截流落差高、流量大，龙口单宽水流能量居世界之最。

(2) 左岸为孤岛，必须以右岸端进抛投为主，龙口段适当铺以左岸进占，但堤头抛投强度高。

(3) 明渠属人工河道，基面平整光滑，不利抛投料稳定。

(4) 截流需要兼顾通航。

(5) 截流时段的选择至关重要，直接关系着三期 RCC 围堰的施工工期和强度乃至三期基坑的形成时间和安全。

若三期截流由 12 月上旬提前到 11 月中、下旬，RCC 围堰的施工强度将得到大大缓解，但截流难度将增加，设计截流流量将由最高 9010m³/s 可能提高到 10 300m³/s 或 12 200m³/s；试验表明，截流落差最高可达 7m，流速可达 7.5m/s 左右。长江 11 月虽没有大洪水发生，但来流量仍较大，近 100 多年来，曾实测 11 月中旬发生最大流量 30 600m³/s，超过 12 200m³/s 的达 48 年之多。为此，本文对三峡工程提前实施三期截流进行水文和施工风险率进行了研究，以为决策提供支持和信息服务。

2 风险分析方法及风险辨识

不确定性是风险存在的原因，但也并非所有不确定性都被视为风险。风险是系统失败的概率，即工程不能达到预定目标的概率。风险分析就是剖析可能导致系统失败的各种风险因素 Z_i（$i=1, 2, \cdots, m$），并通过其概率分布函数 $f(Z_i)$，说明各风险因

原载于：中国三峡建设，2002，(10)：15–17.

素在未来可能的变动情况；根据分析各风险因素相互组合遭遇的可能性，估算出现失败事件的概率。

2.1　水文风险分析

2.1.1　水文基本情况

宜昌站现有 124 年实测流量系列，且系列中包括了大水年份、平水年份和枯水年份，具有较好的代表性。依据现有系列，用矩法估算均值和 Cv 并以 P-Ⅲ型曲线适线，进一步调整参数。适线原则既考虑高水点据，同时全面兼顾中低水点据。11 月上半月、下半月及 12 月下半月最大日平均流量设计成果见表 1。表中单位为 m^3/s。

表 1　11 月上、下半月和 12 月上半月最大日均流置设计成果表

时段	均值	Cv	Cs/Cv	2%	5%	10%	20%	50%	80%	90%
11 月上半月	15 000	0.28	5	26 400	23 100	20 600	18 000	14 100	11 500	10 600
11 月下半月	10 700	0.36	6	22 100	18 400	15 700	12 900	9 400	7 800	7 400
12 月上半月	7 640	0.19	4	11 200	10 300	9 600	8 800	7 500	6 400	5 900

根据长序列分析，n 月中旬出现连续 5d 小于 10 300m^3/s 的经验频率 64.5%，但连续 4d 小于该流量的经验频率上升到 74.2%；11 月下旬出现连续 5d 小于 10 300m^3/s 的经验频率达 94.4%。说明 11 月中旬按设计截流量 10 300m^3/s 截流，其流量经验保障率可达 65% ~74%，而在下旬按此设计流量截流经验保障率可达 94% 以上，11 月下半月按 10 300m^3/s 设计流量截流水文风险率较低。

2.1.2　水文风险分析方法及风险率

（1）泊松分布过程分析。按照截流方案，如果 11 月下半月无法截流，则在该年份的 11 月下半月中，所有连续 3d 的流量都不能满足小于设计截流流量的要求。用 A 表示事件"11 月下半月无法截流"，以 $X(t)$ 表示在 $[0, t]$ 内 A 事件发生的次数，则 $\{X(t), t>0\}$ 是泊松过程，且

$$P\{X(s+t) - X(s) = k\} = e^{-\mu} \frac{(\lambda t)^k}{k!} \tag{1}$$

发生的概率，计算公式如下

$$P\{X(s+t) - X(s) = 0\} = e^{-\lambda} \tag{2}$$

上式是表示在 2002 年 11 月下半月可以截流的概率。因此，11 月下半月实现提前截流的水文风险可以表达为事件 A 发生的概率，计算公式如下

$$R = 1 - P\{X(s+1) - X(s) = 0\} = 1 - e^{-\lambda} \tag{3}$$

（2）历时曲线分析。将 1d、3d、5d 作为连续计算时段，分别统计得到 1877 ~2000 年各个时段的最大日平均流量，形成长度为 124 的 16、14、12 个序列，并依次绘制历时曲线，由该曲线，可以查出流量为 ≥10 300m^3/s 和 ≥12 200m^3/s 时出现的概率，此即该时段内截流的水文风险率。

（3）以 3d 为计算时段时，两种方法计算出的风险率比较。图 1 和 2 给出了计算时

段为3d时（实际研究中做了1d、3d、5d风险率计算）两种计算方法不同设计流量（10 300m³/s和12 200m³/s）下的结果比较。表2则给出了不同流量下，计算时段为3d、5d的水文风险率。

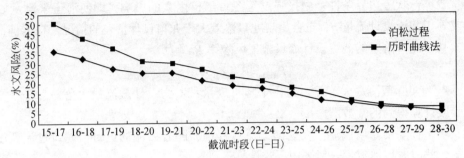

图1 按3d计算的两种结果比较（Q = 10 300m³/s）

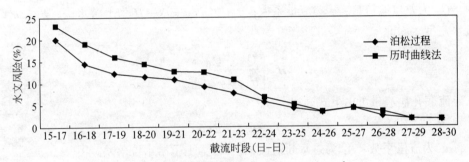

图2 按3d计算的两种结果比较（Q = 12 200m³/s）

表2 不同流量下水文风险比较表

项目	10 300m³/s		12 200m³/s	
	截流时段	对应风险（%）	截流时段	对应风险（%）
3d	23 日~25 日	15. 78	16 日~18 日	16. 63
5d	23 日~27 日	16. 92	16 日~20 日	17. 87

2.2 施工风险分析

反映截流施工风险指标通常有最大龙口流量、最大龙口流速、最大龙口落差和最大龙口单宽流量等。本文选用最大龙口落差作为风险指标来分析研究截流施工风险。

2.2.1 截流设计流量施工风险率分析方法

三期截流进行时，坝址来流量可分流成几部分

$$Q_{坝址} = Q_明 + Q_孔 + Q_s + Q_a \qquad (4)$$

式中，$Q_{坝址}$为上游河道来流量；$Q_明$为明渠截流戗堤龙口泄流量；$Q_孔$为分流建筑物（导流底孔）泄流量；Q_s为截流戗堤渗流量；Q_a为截流过程中上游河槽调蓄流量。Q_s、Q_a较小可忽略，则

$$Q_{坝址} = Q_{明} + Q_{孔} \tag{5}$$

由于受众多随机因素的影响，式（5）中的 $Q_{坝址}$、$Q_{明}$、$Q_{孔}$ 都是随机变量。一般 $Q_{明}$、$Q_{孔}$ 都是随河道来流量 $Q_{坝址}$ 变化的随机变量。同时由于导流建筑物的泄流量的随机性、戗堤形状等边界条件、抛投强度等各种随机因素的影响，即使河道来流量 $Q_{坝址}$ 小于或等于截流设计流量 q，也会出现龙口落差大于龙口设计落差的情况。根据前面的讨论，基于龙口落差的截流设计流量施工风险率 $P_{落差}$ 为

$$P_{落差} = P\{Z_m > Z_d\} \tag{6}$$

式中，Z_m 为实际截流最大落差，是一个随机变量；Z_d 为设计截流最大落差，是一个经过试验或计算得到的常数。

三峡工程采用立堵截流。在立堵截流过程中，随着截流的进行，龙口过流宽度逐渐缩窄。此时龙口泄流量一般采用下式计算。

$$Q_{明} = \sigma_n \varphi B \sqrt{2g} H^{\frac{3}{2}} \tag{7}$$

式中，$Q_{明}$ 为龙口泄流量；φ 为流量系数；σ_n 为淹没系数；H 为上游水头；B 为龙口平均过水宽度。因此

$$H = \left[\frac{Q_{坝址} - Q_{孔}}{\sigma_n \varphi B \sqrt{2g}}\right]^{\frac{2}{3}} \tag{8}$$

导流底孔泄流量可由下式表述。

$$Q_{孔} = \mu_c A_c \sqrt{2g \Delta Z} \tag{9}$$

式中，μ_c 为流量系数；A_c 为过水断面面积；ΔZ 为上下游水位落差。

根据式（8）求 H 的精确分布是很困难的。将 H 用正态分布来近似，即可假定，$H \sim N(\mu, \sigma^2)$ 这里，μ、σ^2 是未知的，可以根据一次二阶矩原理，求出坝前水位 h 的均值 μ_h 和方差 σ_h^2 的估计值为

$$\mu = \left[\frac{Q_{坝址}(\bar{h}) - \overline{Q_{孔}}}{\sigma_n \varphi B \sqrt{2g}}\right]^{\frac{2}{3}} \tag{10}$$

$$\sigma^2 = \left(\frac{\partial H}{\partial h}\right)^2 \text{Var}(h) + \left(\frac{\partial H}{\partial \varphi}\right)^2 \text{Var}(\varphi) + \left(\frac{\partial H}{\partial n}\right)^2 \text{Var}(\sigma_n) + \sigma^2 \left(\frac{\partial H}{\partial \mu_c}\right)^2 \text{Var}(\mu_c) \tag{11}$$

而

$$H \sim Z_d \sim N(\mu - Z_d, \sigma^2) \tag{12}$$

则有

$$P_{落差} = P\{H > Z_d\} = P\{H - Z_d > 0\}$$

$$= 1 - \Phi\left(-\frac{\mu - Z_d}{\sigma}\right) = \Phi\left(\frac{\mu - Z_d}{\sigma}\right) \tag{13}$$

上式中的 μ 和 σ 是未知的，要通过河道来流量 $Q_{坝址}$ 的样本和参数的随机性质估计，因此只能得到 $P_{落差}$ 的估计，难以得到 $P_{落差}$ 的精确值。$P_{落差}$ 的点估计为

$$\hat{P}_{落差} = \Phi\left(\frac{\hat{\mu} - Z_d}{\sqrt{\sigma^2}}\right) \tag{14}$$

置信度为 $1 \sim a$ 的区间估计为

$$(\Phi(W - \sigma W_1 \mu_{1-a/2} - \delta E W_1), \ \Phi(W + \sigma W_1 \mu_{1-a/2} - \delta E W_1)) \tag{15}$$

式中
$$W = W\ (\hat{\mu},\ \hat{\sigma})\ = \frac{\hat{\mu} - Z_d}{\sqrt{\sigma^2}} \tag{16}$$

一般我们只想知道施工截流风险率 $P_{落差}$ 的置信度为 $1 \sim a$ 的单侧置信上限，可以推出

$$P_{落差}^{(u_1)} = \Phi\ (W + \sigma W_1 u_{1-\sigma}) \tag{17}$$

在实际应用中，需将 EW_1、$\sigma^2 W_1$ 的表达式中的 μ 和 σ 用点估计 $\hat{\mu}$ 和 $\sqrt{\sigma^2}$ 代入。

2.2.2　提前截流施工风险率

由计算，可得到在截流设计流量 10 300m³/s 和 12 200m³/s 时，不同龙口宽度的施工风险率，同时也可给出施工风险率的置信水平为 0.95 的区间估计。图 3 是龙口宽度为 20m 时的风险率（实际研究中做了 70m、50m、20m 的风险率计算）；表 3 是以 11月 15 日为计算日计算得出的截流施工风险率成果（实际研究中做了 15 ~ 30d 的计算）。

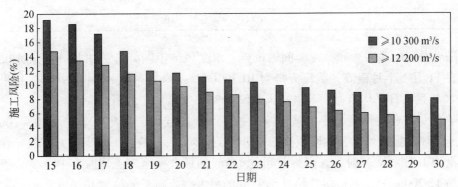

图 3　不同截流设计流量时施工风险率（龙口宽度为 20m）

3　结论

按照规范要求，截流流量标准可按相应截流时段 5 ~ 10 年一遇洪水标准确定，即可认为能承受的水文风险宜在 10% ~ 20%。由风险率分析知道，三峡三期截流设计流量如采用 12 200m³/s 或 10 300m³/s，提前到 11 月下半月截流水文风险较小。若选择截流设计流量为 12 200m³/s 时，建议在 16 日以后合龙，其对应的最大水文风险为 14.31%；若选择截流设计流量为 10 300m³/s 时，建议在 23 日以后合龙，其对应的最大水文风险为 15.47%。

表 3　截流施工风险率计算成果表（11 月 15 日）

截流设计流量	龙口宽度（m）	风险率点估计	置信水平为 0.95 的区间估计	置信水平为 0.95 的单侧置信上限
10 300 m³/s	120	0.060	(0.049, 0.099)	0.078
	100	0.071	(0.053, 0.110)	0.089

续表

截流设计流量	龙口宽度（m）	风险率点估计	置信水平为 0.95 的区间估计	置信水平为 0.95 的单侧置信上限
10 300 m³/s	70	0.102	(0.086, 0.160)	0.143
	50	0.138	(0.101, 0.179)	0.159
	30	0.154	(0.120, 0.198)	0.196
	20	0.192	(0.142, 0.221)	0.216
12 200 m³/s	150	0.027	(0.014, 0.053)	0.047
	120	0.034	(0.017, 0.063)	0.057
	100	0.045	(0.024, 0.078)	0.072
	70	0.079	(0.048, 0.123)	0.115
	50	0.102	(0.067, 0.152)	0.142
	30	0.115	(0.076, 0.166)	0.156
	20	0.147	(0.102, 0.203)	0.195

随着截流时段减少和截流时间的推延，水文风险不断降低；如龙口合龙时间按 3d 计，在 11 月下半月截流，截流流量为 10 300m³/s，约相当于 11 月下旬 10% 旬平均流量或 20% 最大日平均流量，其水文风险仅为 3.95%，可靠性高。

随着龙口宽度逐渐减小，截流施工风险率逐渐增加，当龙口宽度为 30 ~ 20m 时，截流施工风险显著增大，此时截流施工进入关键阶段；如在 11 月下半月截流，截流设计流量为 10 300m³/s 时，龙门落差超过 4.0m 的最大截流施工风险为 18.6%，若设计流量为 12 200m³/s，龙口落差超过 5.77m 的最大截流施工风险为 13.6%。

葛洲坝坝前水位变化对截流的影响不大；当截流设计流量为 10 300m³/s 时，有 95% 的可信度认为，截流施工风险不会超过 20.5%；若截流设计流量为 12 200m³/s 时，有 95% 的可信度认为，截流施工风险不会超过 17.9%。

* 本文是在"三峡工程三期提前截流水文及施工风险分析"专题研究的基础上撰写的，数据的引用与工程实际施工有出入。作者是该专题研究的项目负责人。负责并参加该项目研究的还有郭生练、王俊、郭海晋、张明波、朱勇华、王才君、边玮等同志，在此一并表示感谢。

三峡工程水电站厂坝间压力钢管取消伸缩节研究

林绍忠　刘　宁　苏海东

摘　要： 为论证三峡水电站厂坝间压力钢管取消伸缩节的可行性，本文在左岸岸坡和河床部位各选取一台机组为研究对象，将大坝、厂房和压力钢管作为整体进行模拟厂房混凝土施工过程的三维有限元仿真计算，重点分析了不同季节合拢情况下用以代替厂坝间压力钢管伸缩节的10m长度垫层管的变形和应力，并对若干影响因素进行了敏感性分析。结果表明，岸坡坝段可以取消伸缩节，而河床坝段取消伸缩节是有条件的；夏季合拢比冬季合拢对垫层管应力有利。

三峡水电站共有26台机组，左岸14台，右岸12台。厂房蜗壳采用保压浇混凝土的结构形式，保压水头70m。压力钢管直径 D 为12.4m，设计内水压力 H 为1.40MPa，参数属世界前列。挡水坝为重力坝，厂房为坝后式，大坝与厂房之间设有温度沉陷缝。如按常规设计，厂—坝联结处压力钢管设置伸缩节以适应厂坝间的相对变形。对于三峡水电站这样的巨型管道，伸缩节的制造、安装以及运行期的止水等技术问题都较突出。为克服伸缩节的缺点、节省工程投资，国内外很多工程都在设法取消伸缩节。三峡工程由于工期紧，工程量大，也提出了是否取消伸缩节问题。工程实践表明，在适当条件下，取消伸缩节技术是可行的。但是，每个水电站的条件各异，这些经验只能参考，不能照搬。特别是三峡压力钢管 HD 值超过1700m²，因此需要专门论证研究。取消伸缩节后，常用一段外设软垫层的钢管以适应厂坝间的相对位移，其上、下游两端分别置于大坝和厂房的混凝土中并随之变形。影响垫层管应力的因素包括内水压力、相对合拢时的钢管温差及两端相对位移，以及垫层传力等。其中，两端位移与大坝、厂房所受荷载和温度徐变变形、钢管合拢时间、端部的固定形式以及厂房蜗壳结构形式等有关，在论证研究阶段，需通过三维仿真计算确定。

本文在左岸岸坡和河床部位各选取一台机组为研究对象，将大坝、厂房蜗壳和钢管及部分基础作为整体进行三维有限元仿真计算，模拟厂房蜗壳混凝土保压浇筑过程、水库蓄水过程等，考虑了自重、温度和徐变的影响，对设与不设预留环缝、钢管合拢时间、垫层管下游端是否设止推环等进行系统的分析比较，为取消伸缩节的决策提供科学依据。

原载于：水利学报，2003，(2)：1-5。

1 计算模型及计算条件

1.1 结构计算模型

坝顶高程 185m，建基面高程岸坡坝段 90m、河床坝段 25m，厂房建基面高程 22.2m。坝体包括钢管坝块及实体坝块，两坝块间为永久横缝。主厂房模拟至▽67m，上、下游副厂房模拟下部实体部分。厂坝间分缝的计算模型为：岸坡坝段▽51m 以下岩坡进行接缝灌浆，接传力考虑；河床坝段下部岩坡（▽22.2m ~ ▽42m）也按传力考虑，上部分缝设软垫层，按不传力考虑。

1.2 垫层管两端计算模型

垫层管长度 10m，其中坝内长 5.8m，厂内长 4.2m。钢管厚度 60mm，考虑锈蚀厚度 2mm，计算厚度按 58mm 考虑。垫层厚度 50mm，360° 全包。两端固定形式分两种：①上、下游两端均设止推环；②上游端设止推环，下游端不设止推环，即下游端的下游侧 1.1m 长钢管段上半圆设垫层（厚度 30mm）、下半圆摩擦接触。

1.3 压力钢管合拢时间

为研究选择有利的合拢时段，对钢管合拢时间和设与不设预留环缝进行了敏感性计算。对于不设预留环缝方案，凑合节（位于垫层管下游端附近）的最后一道环缝在浇筑该部位混凝土之前合拢，合拢时间分别按夏、冬 2 个季节进行计算；对于设预留环缝方案（预留环缝位置距垫层铜管段上游端 3.0m），合拢时间在厂房混凝土浇筑完毕后（两个季节以上）分别按春、夏、秋、冬 4 个季节进行计算。

1.4 上、下游水沙压力荷载

正常设计库水位 175m，泥沙高程 106m，泥沙浮容重 5kN/m³；下游设计洪水位 76.4m。初期运行库水位 135m，相应下游水位 62m。钢管合拢前后的上、下游水沙压力荷载按施工进度和水库蓄水过程确定。河床坝段的钢管合拢前，库水位已到初期运行水位 135m。

1.5 材料参数

（1）钢材。钢管、座环和固定导叶等钢材 $E = 210GPa$，$\mu = 0.30$，$\alpha = 1.2 \times 10^{-5}/℃$，$\gamma = 78kN/m^3$。

（2）垫层。$E = 2.4MPa$，分块铺设，只法向传力。

（3）蜗壳管壁与混凝土间的摩擦系数 $f = 0.5$，不计凝聚力。

（4）基岩。厂房基岩 $E = 26GPa$；大坝基岩：河床坝段 $E = 26GPa$；岸坡坝段建基面以下 5m 和钢管槽周围 10m 范围 $E = 10GPa$，▽22mm 以下 $E = 26GPa$，其余 $E = 15MPa$。$\mu = 0.23$，$\alpha = 0.85 \times 10^{-5}/℃$，导温系数 $a = 83m^2/d$。

（5）大坝混凝土。$E = 26GPa$。$\mu = 0.167$，$\alpha = 0.85 \times 10^{-5}/℃$，$a = 0.083m^2/d$。

（6）厂房混凝土。$\mu = 0.167$，$\alpha = 0.85 \times 10^{-5}/℃$，$a = 0.083\,\mathrm{m^2/d}$，$r = 24.5\,\mathrm{kN/m^3}$；弹模、绝热温升和徐变度分别见式（1）~式（3）。

$$E（\tau）= 33.0t/（5.12+t） \tag{1}$$

$$Q（\tau）= 24.2（1-\mathrm{e}^{0.831t^{-0.849}}） \tag{2}$$

$$C(t,\tau)= C_1(\tau)（1-\mathrm{e}^{-0.3(t-\tau)}）+C_2(\tau)（1-\mathrm{e}^{-0.005(t-\tau)}） \tag{3}$$

式中，t 为混凝土龄期（d）；τ 为加荷龄期（d）；$C_1(\tau)= 7.58+183.1/\tau$；$C_2(\tau)= 12.4+35.3/\tau$。

1.6 厂房混凝土浇筑温度

混凝土浇筑层厚 1.5m ~ 3.0m，分 4 区跳仓浇筑，间歇期平均 10d。部位（约束区和非约束区）和浇筑月份不同，入仓温度也不同：11 月 ~ 3 月自然温度；4 月和 9 月为 20℃；5 月和 9 月非约束区 20℃，约束区 16 ~ 18℃。

2 计算方法

考虑到压力钢管合拢前坝体混凝土已强迫冷却到稳定温度场进行纵缝灌浆，因此先计算在边界气温作用下的坝体准稳定温度场，在此基础上，进行模拟厂房蜗壳保压浇混凝土施工过程的温度场仿真计算，直至运行期。边界水温、气温条件分水下、水上，室内、室外等不同边界而选用不同温度曲线。在获得大坝和厂房的温度场后进行应力和变形分析，将大坝和厂房作为整体进行仿真计算，从厂房混凝土浇筑开始至运行期，模拟厂房混凝土保压浇筑过程和卸压、运行期加压过程以及由此引起的钢蜗壳与外围混凝土之间的接触问题和水库蓄水过程等，考虑了自重、温度和徐变的影响。计算采用自行开发的仿真分析程序。整个计算模型结点数达 5 万多个，计算工作量相当庞大，为加快计算速度，采用经笔者改进的对称逐步超松弛预处理共轭梯度迭代法（SSOR-PCG）作为方程组的求解器。SSOR-PCG 法是公认的极为有效的大型对称正定稀疏线性方程组的少数解法之一，笔者提出的改进迭代格式比原迭代格式可快近一倍。为提高垫层管的应力计算精度，通过仿真计算获得运行期垫层传压和相对合拢时的两端变形和钢板的温差等数据后，取出垫层管段的钢管作为隔离体，沿环向和管轴向加密网格后用板壳有限元法计算在内水压力、垫层传力、温差和已知管端各点位移（包括线位移和转角）作用下的钢管应力。根据有关规范，钢管应力按第四强度理论计算的等效应力控制，其计算公式为

$$\sigma_e = \sqrt{\sigma_x^2 + \sigma_\theta^2 - \sigma_x \sigma_\theta + 3\tau^2} \tag{4}$$

式中，σ_e 为等效应力；σ_x 为管轴向应力；σ_θ 为环向应力；τ 为剪应力。

3 计算成果

仿真计算是从厂房、混凝土浇筑开始至 2020 年止。本文主要介绍 2019 年正常水位运行期垫层管的计算成果，见表 1 和表 2。

3.1　垫层管两端相对位移（相对合拢时）

（1）两端相对位移随时间的变化具有周期性，9月的相对位移大，3月的相对位移小。故表1中列出了9月的相对位移。垫层管两端各点的位移各不相同，管顶两端相对位移大于管底两端相对位移，表明两端有相对转动，表1中所列两端平均相对位移约为管顶和管底的两端相对位移的平均值。

（2）合拢时间不同，运行期相对合拢时的温差就不同，因此所得运行期相对合拢时的相对位移也不同。下游端设止推环时，合拢时气温越低，运行期两端相对位移就越大，即两端相对位移以夏季合拢情况最小，冬季合拢情况最大，春季合拢情况稍大于秋季合拢情况；但相对位移的年变幅相同，管轴向平均相对位移的年变幅岸坡坝段为1.16mm，河床坝段为1.60mm，此值反映了年温度变化对铜管两端相对位移的影响程度。

（3）与下游端设止推环情况相比较，不设止推环情况的管轴向相对位移减小，而其他两个方向的相对位移却增大，原因是其下游端的约束减弱，其各向位移都增大。下游端不设止推环情况的下游端位移，还受合拢时蜗壳铜板与外围混凝土间的间隙的影响，夏季合拢时的间隙量小于冬季合拢时的间隙量，从而夏季合拢情况所得运行期下游端向下游方向的位移小于冬季合浇情况，其管轴向相对压缩位移反而大于冬季合拢情况（但因温升不同，夏季合拢情况的应力未必大于冬季合拢情况的应力，见下文）。

（4）与不设预留环缝方案相比较，设预留环缝方案冬季合拢情况的相对位移增大较多，其中管轴向相对位移，两坝段都增大约0.5mm。这是因为至合拢时间，设预留环缝方案的厂房混凝土已经过较长时间的散热，运行期相对合拢时的温升大些。

（5）河床坝段坝体高，坝体上游面所受水荷载大，厂坝间分缝没有进行接缝灌浆，其两端管轴向和竖向相对位移都大于岸坡坝段。

表1　正常水位运行期9月垫层管两端平均相对位移　　　　　　（单位：mm）

坝段	下游端止推环	夏季合拢情况			冬季合拢情况		
		管轴向 U	坝轴向 V	竖向 W	管轴向 U	坝轴向 V	竖向 W
岸坡坝段	设	−1.21	0.29	−0.30	−1.79	1.15	0.77
	不设	（−1.07）	（0.49）	（0.28）	（−2.29）	（1.24）	（0.86）
		−0.85	1.13	0.85	−0.18	1.76	1.79
河床坝段	设	−3.82	0.38	0.97	−4.76	1.05	1.88
	不设	（−3.78）	（0.62）	（1.64）	（−5.26）	（1.29）	（2.29）
		−3.17	1.10	1.89	−2.95	1.46	2.85

注：①两端相对位移=下游端位移−上游端位移，其中 U 以拉伸为正；②括号内的数值为设预留环缝情况，其他为不设预留环缝情况。

（6）下游端不设止推环时，机组制造厂家对两端相对位移提出了如下要求 $D' = \dfrac{|U|}{4.02} + \dfrac{\sqrt{V^2 + W^2}}{10.97} \leqslant 1.0$。根据河床坝段的运行期9月管顶相对位移计算得，冬季合拢情况 $D' = 1.49$，夏季合拢情况 $D' = 1.20$，均大于1，而岸坡坝段 D' 均小于1。

3.2 垫层管应力

为安全计，垫层管可按明管设计，不计外包垫层传递内水压力。表 2 所列即是按明管计算所得等效应力。剪应力小，由于内水压力的作用，σ_θ 主要为拉应力，因此从式 (4) 可见，σ_x 为压应力或小拉应力时，等效应力大。

表 2 正常水位运行期 9 月垫层管最大等效应力　　　　(单位：MPa)

坝段	下游端止推环	夏季合拢情况		冬季合拢情况	
		膜应力区	弯曲应力区	膜应力区	弯曲应力区
岸坡坝段	设	158	232	200	304
	不设	(156)	(232)	(216)	(331)
		158	234	177	266
河床坝段	设	195	276	251	372
	不设	(201)	(281)	(267)	(398)
		191	282	221	345

注：( ) 内的数值为设预留环缝情况，其他为不设预留环缝情况。

(1) σ_x 最大拉应力和最大压应力都出现在 9 月，分别出现在端部的内、外表面。根据理论解，两端受约束的明管，无论是在内水压力，还是钢管温升或管轴向相对压缩位移作用下，其端部的弯曲变形方向都是一致的 (图 1)。9 月温升大，管轴向压缩变形大，因此端部的弯曲变形和弯曲应力大。

(2) 中部 9m 范围基本上属于膜应力区，内外表面的应力接近；端部 0.5m 范围属强约束区，弯曲变形大，内外表面应力相差大，由于径向变形受到约束而环向应力小。端部外表面 σ_x 压应力大，等效应力最大。

(3) 高温季节运行期，管道温升和管轴向压缩变形大，管轴向压应力也大，根据第 4 强度理论，所得等效应力大。

(4) 夏季合拢情况的管道温升和管轴向压缩变形最小，因此等效应力最小；相反，冬季合拢情况的等效应力最大。春季合拢情况和秋季合拢情况的等效应力较接近，总体上说分别位居第 3 和第 4。

(5) 如果合拢季节相同，设预留环缝比不设预留环缝不利。但设预留环缝可以等待有利时机 (如夏季) 合拢，缺点是施工不方便。

(6) σ_θ 主要由内水压力产生，因此两坝段的 σ_θ 接近，不同季节合拢情况的 σ_θ 也接近。但河床坝段的管轴向压缩变形大，其 σ_x 压应力和等效应力都大于岸坡坝段的应力。

(7) 冬季合拢情况，下游端不设止推环情况的等效应力小于下游端设止推环情况。

(8) 如果考虑垫层传力，中部最大等效应力减小 14 ~ 20MPa，端部最大等效应力约减小 5MPa。不同坝段、不同季节合拢情况的垫层传力较接近，按垫层单元面积加权平均所得垫层平均法向压应力为 0.16 ~ 0.21MPa，占内水压力的 11% ~ 15%。管内水温夏暖冬凉，铜管热胀冷缩，垫层传力呈夏天大、冬天小周期变化。两端铜管由于受到止推环和混凝土的约束作用，端部附近垫层传力小，因此对垫层管端部应力的影响不如对中部应力的影响明显。

（9）比较两端单位相对位移产生的应力可知，在三个方向的相对位移中，管轴向相对位移对垫层管应力的影响最大。

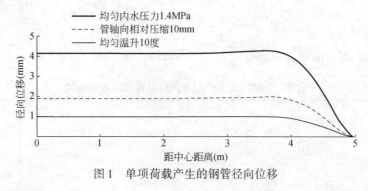

图1　单项荷载产生的钢管径向位移

3.3　主要结论

设计上根据我国有关规范规定拟定的明钢管膜应力区和弯曲应力区的允许应力分别为235MPa和363MPa。对照上述计算成果，得到如下主要结论：

（1）无论是否设预留环缝，无论何时合拢，也无论下游端是否设止推环，岸坡坝段都可以取消伸缩节。

（2）河床坝段能否取消伸缩节是有条件的。下游端设止推环时，冬季合拢情况的钢管应力超过允许应力，需人工创造小气候适当提高合拢时垫层管的温度，以降低运行期的管轴向压应力和等效应力。初步计算结果表明，人工提高合拢时垫层钢管段钢管温度10℃，可减少运行期的管轴向压应力约13MPa。下游端不设止推环时，虽然钢管应力小于允许应力，但管顶两端相对位移不能满足机组制造厂家提出的要求。为此，在下游端设止推环情况下，对河床坝段还进行了敏感性分析。

（3）敏感性分析成果表明：河床坝段垫层管长度取12m后，最大等效应力可减小7%~8%，不设预留环缝方案的等效应力小于允许应力，但设预留环缝方案冬季合拢情况等效应力超过允许值；考虑河床坝段厂坝间分缝▽51m以下传压后，管轴向平均相对位移减小1.5~2.1mm，最大等效应力减小50MPa左右，可满足要求，但大坝对厂房的推力达6.4万t，约为合拢后作用于大坝上游面上水沙荷载的25%，加大了机墩位移。

（4）虽然设预留环缝等待有利时机（如夏季）合拢、人工创造小气候、延长垫层钢管段长度或厂坝间分缝传力等措施都可以减小河床坝段垫层管的应力，但要综合考虑施工难度、止推环布置空间和厂房的稳定等情况。

4　结语

本文研究成果为三峡工程取消伸缩节的决策提供了重要依据。决定取消了左岸岸坡1~6号机组的伸缩节（不设预留环缝，下游端未设止推环），保留了河床坝段7~14号机组的伸缩节。对于河床坝段，按厂坝钢管不传力（不相连），重新计算了伸缩节室两端的相对位移，作为伸缩节的设计依据。本文研究对右岸机组也有重要的参考价值。同时，夏季合拢对垫层管受力有利等规律性成果，对其他类似工程也有很好的参考价值。

三峡右岸电站 24~26 号机组段厂房型式
及提前施工方案研究

刘　宁　　谢红兵　　周述达

1　前言

为保留抗力岩体，有利于厂房坝段深层抗滑稳定，长江水利委员会曾对三峡右岸电站 24~26 号机组段厂房型式进行专题研究。研究了半地下厂房分布式布置，计算分析了半地下厂房型式对厂房坝段深层抗滑稳定所起的作用，并且对提前施工的条件及提前发电的可能性进行了分析研究。研究结论表明，虽然三峡工程不采用半地下厂房型式也能保证大坝稳定，但半地下厂房型式对大坝深层抗滑稳定是非常有利的。本文对该研究成果进行简要介绍，以供类似工程参考。

2　三峡枢纽及右岸电站布置

在批准的《三峡水利枢纽初步设计报告（枢纽工程）》中，枢纽建筑物总体布置方案为：河床中部布置泄洪建筑物；两侧布置电站坝段和坝后厂房，左、右厂房分别设置 14 台和 12 台单机容量 700MW 的水轮发电机组，右岸预留 6 台机组的地下厂房；通航建筑物布置在左岸。

从纵向围堰坝段向右，右岸依次布置辅助安装场、15~20 号机组段、安Ⅲ段、21~26 号机组段、安Ⅱ段、安Ⅰ段及其相应的厂房坝段。辅助安装场长 20m，对应坝段长 15.9m，布置有 4 号排沙孔。

15~26 号机组段，每段长 38.3m，基础开挖高程约 22m；对应每个机组段的厂房坝段，分 25m 长的钢管坝段和 13.3m 长的实体坝段。

安Ⅲ段长 38.3m，最低开挖高程 17m；对应坝段分 2 个长 19.15m 的安Ⅲ坝段，布置有 5 号、6 号排沙孔。

安Ⅱ段长 38.3m，布置有 7 号排沙孔和 3 号排漂孔；7 号排沙孔坝段长 24.5m，3 号排漂孔的右非 1 号坝段长 20m。

安Ⅰ段长 28m，为厂房的入口，最低开挖高程 66m。

厂房水轮机层高程 67m，发电机层高程 75.3m，尾水平台、厂坝平台、厂前区、安Ⅰ段及进厂公路高程 82m，厂房顶高程 114.5m。

二期工程导流明渠为一复式断面，总宽 350m。左侧为低渠，渠底高程 45m，宽

原载于：中国水利，2004，（10）：16~18。

250m；右侧为高渠，渠底高程 58m，宽 100m。右岸电站按Ⅲ段以左机组段处于低渠范围，安Ⅲ段以及 21 号、22 号机组段处于高渠范围，23 号机组段以右处于导流明渠右侧岸坡。

3　地形地质条件

3.1　右岸厂房坝段

右岸 23～26 号厂房坝段，位于山体前坡，地表坡角 15°～20°，地面高程 85～140m。岩体风化壳较厚，为松软状态；岩性为闪长岩包裹体，含花岗岩脉，可利用基岩面高程为 65～120m。地表断层发育，盲断层多见，铅直厚一般小于 3m，最厚达 24.5m（25 号厂房坝段）。平洞中揭示的长大缓倾角结构面为潜在深层滑移面，该缓倾角结构面走向 355°，倾 SEE，倾角 28°，构造岩宽 10cm，胶结较差，将影响右厂 25 号、26 号坝段的深层抗滑稳定。

3.2　右岸厂房及尾渠

右岸 23 号机组以右厂房，位于山体前坡，为沟梁相间地貌，地面高程为 80～125m，弱风化下层基岩面高程为 60～100m；基岩为闪云斜长花岗岩，并有少量花岗岩脉和伟晶岩脉。断层规模较小，多数胶结亦较好，不会有大的不利影响。

尾渠地段风化壳较厚，弱风化下层基岩面高程为 60～100m，下部以微新岩体为主，未见断层形成的不利块体，整体稳定性较好。

4　24～26 号机组段厂房型式

4.1　设计原则

尽量利用半地下厂房基础保留的抗力岩体，作为解决大坝基础长大缓倾角结构面抗滑稳定问题的措施之一。

研究右岸电站岸边机组段提前施工及提前发电的可能性，尽量为提前兴建的岸边机组段提供机组安装条件。

4.2　右岸大坝及电站布置调整

4.2.1　半地下厂房

25 号、26 号厂房坝段基础存在长大缓倾角结构面抗滑稳定问题，其滑移模式是在厂房建基面高程 22m 出露时最危险。为简化处理措施，并保证大坝稳定，在相应的坝后厂房基坑一定高程以下应尽量保留抗力岩体，减少结构面临空出露的概率，以利于大坝的稳定。为此，25 号、26 号机组尾水管采取洞挖成型，保留尾水管之间的岩体。

要使机组尾水管洞挖成型，必须保证尾水管侧面具有一定岩体厚度，因此，半地下厂房机组段不能紧临开挖高程较低的明厂房机组段，必须将安Ⅱ段布置在 25 号机组段左侧，即原 24 号机组段的位置上，相应 24～26 号机组段向右移一个安Ⅱ段的长度 38.3m，安Ⅱ段将半地下厂房机组段与明厂房机组段分隔开，由于安Ⅱ段及其尾水渠明挖建基面高程均较高，提供了半地下厂房机组尾水管洞挖成型的可能性。这样，存在缓倾角结构面的厂房坝段下游是布置调整后的 24 号、25 号机组段，而 24～26 号机组段为半地下厂房，因此对大坝稳定是有利的。

为了防止对三峡枢纽排沙、排漂方案带来大的不利影响，7 号排沙孔和 3 号排漂孔仍布置在安Ⅱ段下部。

4.2.2　提前施工条件

所谓提前施工，这里指在二期工程施工期内施工，分土建工程和机电安装。要具备土建工程提前施工的条件，必须在导流明渠右侧预留一个挡水石埂，将需提前施工部位围在挡水石埂内，以形成干地施工条件。根据布置，位置调整后的安Ⅱ段被挡水石埂压占，不能提前施工，因而可将 24 号机组以右部分土建工程提前施工。

要具备机电提前安装条件，必须具备安装场地。因位置调整后的安Ⅱ段不能提前施工，也无法为提前施工的 24～26 号机组提供机组安装场地。因此，如果要提前安装机组，必须在 26 号机组右侧增设一段安装场，称为新安Ⅱ段，长 38.3m，安Ⅰ段相应右移。

增设新安Ⅱ段后，除自身的工程量外，还使得厂前区边坡整体后退，投资增加较多。

4.2.3　关于提前发电

提前发电的概念有两个，一是提前到与二期工程同期发电，二是使三期工程提前若干时间发电。

（1）提前到与二期工程同期发电。鉴于目前导流明渠及右岸电站的布置，导流明渠以右的岸边机组，在形成挡水石埂后，大坝及厂房提前施工是可行的；在增设新安Ⅱ段后，提前装机和提前发电在安装条件及副厂房布置上也是可行的。若要提前到与二期工程同期发电，也就是说，在三期围堰未拆除之前发电，尾水出流条件是存在的，但上游进水条件存在极大问题。

三期基坑右侧与进水渠之间需布置纵向围堰，围堰顶高程 140m，由于地形所限，预留石埂顶高程只到 82m，土石围堰断面太大，无法布置，只有做碾压混凝土围堰，上游与碾压混凝土横向围堰相接，下游与大坝相接，形成三期基坑。三期工程土石方施工时，将严重危及该纵向围堰稳定，安全无法保障。

碾压混凝土纵向围堰底高程约 75m，顶高程 140m，布置在 24 号钢管坝段左侧，初期运行时影响 24 号机组进水口的过流。碾压混凝土纵向围堰在 2 期工程发电前需全部拆除，并且该段拦污栅需进行水下施工，影响到已发电机组的运行。

（2）三期工程提前若干时间发电。根据初步设计方案，三期工程于 2007 年拆除围堰，机组开始发电。由于增设纵向围堰方案不可行，需拆除围堰后才能发电；但由于提前施工、提前装机，2007 年机组投入台数可由 1 台增加为 4 台，缓解了三期工程施工工期的紧张程度，从某种意义上也可以说是提前发电。或许各项工程均进展顺利，有可能提前拆除围堰，真正实现提前发电，进而实现三峡工程提前完工。

4.3　尾水系统布置型式

根据电站厂房地质资料．尾水成洞长度有限，加之半地下厂房为三台机组，尾水洞考虑按一机一洞布置，有压出流。下游最低尾水位为62m，尾水洞出口顶定在高程60m以下。采用三峡地下电站窄高型尾水管，高32m，宽18m，长94.56m，尾水洞断面高20.4m，宽18m。

从25号机组顺流向地质剖面图上看，机组中心线下游约150m处，微新岩体高程约77m，弱风化下层岩体高程约80m尾水洞开挖宽度约20m，上覆岩体厚度约20m，相当于1倍开挖洞宽，具备成洞条件，因此，半地下厂房尾水有压洞出口按机组中心线下游150m位置布置。

24号机组左侧是安Ⅱ段，其下布置有排沙孔及排漂孔各一个，出口高程60m，尾水渠边坡形成高程58m的马道，再由排漂孔右边起坡。这样，24号机组尾水洞左侧最小岩体厚度为13～20m，相当于0.65～1倍尾水洞开挖洞宽。24号机组尾水洞施工时，其左侧预留的挡水石埂未开挖，岩体较厚，成洞有保证。但尾水洞开挖完成后，需在洞内对左侧岩体进行加固，并加强衬砌结构，以确保左侧边坡开挖时洞室稳定。左侧边坡开挖时，需采取控制爆破、加强支护等措施，以防危及已建工程的安全。

4.4　主副厂房布置调整

4.4.1　主厂房

根据现有的地质资料，按左岸1～5号厂房坝段缓倾角结构面的滑动模式，稳定控制出现在滑动面出露较低的情况。主厂房断面在高程46m处布置有贯穿全厂的交通廊道，并布置有蜗壳、压力钢管、水轮机井以及下游副厂房，因此考虑高程46m以下提供抗力，高程46m，以上厂坝之间设置变形缝。对半地下厂房结构来说，高程46m以下尾水管之间保留有近20m的岩体，抗力效果较好，且对尾水管结构影响较小。

4.4.2　下游副厂房

尾水管以下采用洞挖布置方案，为保证成洞条件，取消了高程63.5m以下的两层下游副厂房，考虑设备布置需要，在25号机组段原下游副厂房的下游侧、高程82m以下，增设了一层副厂房。

4.4.3　尾水检修闸门

尾水洞采用一机一洞，洞出口布置有检修闸门，由于尾水洞长度较短，取消了原布置在下游副厂房下游侧的检修闸门，对保证围岩稳定、简化厂房结构等都是有利的。

5　24号、25号厂房坝段稳定分析

根据左厂1～5号坝段研究成果，抗滑稳定由基本组合控制，计算荷载包括坝体

（岩体）自重、水压力、扬压力等。上游水位175m，下游水位62m，上游帷幕处扬压力折减系数取0.25。

取单个坝段为计算对象，沿底部滑面滑动，不计两侧面的阻滑力；滑动面抗剪断参数按面积加权法计算。对于单滑面情况，直接计算滑面上的抗滑稳定安全系数；对于多滑面情况，采用刚体极限平衡等K法求得安全系数。计算结果见表1。

右厂24～26号坝段地质勘探的深度与左厂1～5号坝段基本相当，计算结果表明，右厂缓倾角结构面性状比左厂好，连通率为43%～50%，比左厂的83.1%低。抗滑稳定计算结果表明，半地下厂房型式对大坝抗滑稳定十分有利，但按连通率50%计算，在大坝单独作用条件下，深层抗滑稳定安全系数已大于3.0，满足设计要求，因而大坝深层抗滑稳定并不一定要求采用半地下厂房方案。

表1　24号、25号厂房坝段稳定分析计算结果

工况	滑动面	K	
		连通率50%	连通率80%
大规单独作用	坝踵——厂房22m高程滑出	3.17	1.96
明厂房与大坝联合作用	坝踵——厂房22m高程——厂房平底滑出	3.69	2.49
半地下厂房与大坝联合作用	坝踵——厂房22m高程——厂房薄弱部位切出	4.92	4.15
半地下厂房与大坝联合作用	坝踵——厂房48.8m高程——厂房薄弱部位切出	4.55	3.42

6　结语

半地下厂房型式在技术上是可行的，对大坝抗滑稳定十分有利。右岸缓倾角结构面性状比左岸好，深层抗滑稳定安全系数满足设计要求，说明不必要采用半地下厂房方案。

半地下厂房方案土建工程可以提前施工，机组安装如果要求提前，需增设一段安装场，增加投资较多。提前到三期围堰拆除之前发电，综合考虑是不可行的。当然明厂房也可以提前施工，并可以提前安装机组，还不必增加投资。

因此，既然三峡大坝稳定不需要半地下厂房方案，那么其他方面便没有理由在三峡选择半地下厂房方案。但鉴于半地下厂房型式对大坝深层抗滑稳定十分有利，其研究成果可供类似工程借鉴。

人们常把困难形容为"拦路虎""绊脚石",因为它会阻挡前进的脚步。但它又是"试金石",能锻造出类拔萃的人才。因而,那些不怕困难、奋勇攻坚的人,会受到大家的敬佩,被赞誉为"勇者""智者"。三峡工程的巨大效益和建设难度是成正比的,就像光荣和艰巨常常并存一样。在这场大规模的水电建设战役的重重困难中,拼搏出一批善打硬仗的青年俊才。

工程师的诺言

——记长江水利委员会原副总工程师刘宁

让我们把日历翻回到 1983 年。那一年,葛洲坝工程建设已经进入尾声,全国兴起了水电建设的新高潮;三峡工程"150m 蓄水方案"上马的呼声很高。

时任长江流域规划办公室主任魏廷琤亲自到清华大学,为三峡工程招聘毕业生。刘宁——这位来自东北,不到 22 岁的小伙儿,刚刚毕业于水利水电建筑专业,为魏主任描绘的世界顶级大坝动心,向往能亲手参与建设三峡大坝。于是,刘宁毅然来到了远离家乡的江城,加入长江水利委员会设计队伍。

满怀豪情的刘宁怎么也没想到,因为种种缘由,三峡工程——这枚水电皇冠上的明珠竟然又让自己等了 10 年。

1994 年,经过重新论证后,三峡工程终于开工了!此时的刘宁,已不再是那个初出茅庐的大学毕业生,经过万安、隔河岩等水电工程的锤炼,刘宁显示出超群的专业水平和技术管理能力,已经担任了长江水利委员会设计局枢纽处副处长兼三峡设计室主任。

年轻的三峡大坝"坝长"

三峡大坝堪称水利枢纽的"巨无霸",工程复杂程度远超当时在建的其他水电工程。

1994 年,三峡工程从论证阶段转为施工阶段,设计由临时工程转为主体工程,承担主体工程设计任务的枢纽处紧急调兵遣将,新组成水工设计二室即三峡设计室,刘宁走马上任,当仁不让主持挡泄水建筑物设计工作,即三峡大坝名副其实的"坝长",这一年,刘宁 32 岁。

摆在这位年轻的"坝长"面前的是重重叠叠的难题:

(1) 三峡大坝属于大体积混凝土的重力坝型,由于要承担繁重的防洪任务,过水量大,因而其特点是孔多且密集。按此要求,就得在泄洪坝段布置 23 个深孔,22 个表孔和 22 个导流底孔,镂空率高达 36%;同时,在达到防洪限制水位 145m 时,还要求大坝具备 56 700m³/s 的泄流能力。

三峡大坝既是大体积混凝土设计,实际又属于结构混凝土设计。因此需要大量的配筋,要做应力计算分析。水利泰斗张光斗也再三强调:"不能在三峡做试验。"

意思就是必须借鉴成功的经验，运用成熟的技术。刘宁牢记前辈的叮咛，三峡工程设计技术问题，首先要安全可靠，然后才能考虑优化。

虽然水工设计正是刘宁所学的专业，但他依然战战兢兢，谨慎从事，刻苦钻研，完成并提交了具有国内领先水平的大坝结构、水力设计方案。针对泄洪量大、流速高、含沙多、三层泄洪孔结构及联合泄流运行条件复杂，下游水力衔接及消能防冲难度大等特点，设计研究了导流底孔长、短有压管体型，跨缝结构、明满流流态、反弧门震动及封堵等关键技术问题，还研究了深孔高速水流空蚀、突扩止水、跌坎掺气、结构配筋等一系列技术问题。

其中，导流底孔跨缝布置于泄洪坝段，主要承担三期施工导流任务，在三期围堰挡水发电期间与泄洪深孔联合泄洪，运用3年后，要封堵并回填。由于导流底孔运用条件变化大，孔口作用水头高，结构受力复杂。因此，这项设计是一道坎，两院院士张光斗先生曾反复叮嘱"此项设计关系到大坝的成败"，曾几次专程"钦点"负责设计的刘宁等人到北京面议，并亲自到工地爬到底孔的施工现场查看其浇筑质量。

刘宁组织技术人员对导流底孔的水力设计、结构设计、防蚀抗冲磨措施和并缝板结构封堵与回填等问题进行了反复研究，提出可靠方案。如今，已经封堵回填的底孔，通过实际运行检测，完全符合标准。

（2）三峡大坝所处的地质条件也给建设带来了难题。在厂房1~5号坝段就存在一处地质夹层，直接关系到大坝深层抗滑稳定问题。大坝建基高程85~90m，坝后式厂房最低建基高程为22.2m，形成坝后的高陡边坡，构成了深层滑动的边界条件。这是坝基最忌讳的"硬伤"。刘宁在负责主持此项设计时，首先找准要害部位，补充开展了大量地质勘探，用先进的勘探手段（钻孔取芯、岩芯定位、孔内录像）查清了缓倾角结构面的产状、分布范围及连通率；同时进行了科研设计分析论证，通过现场原型抗剪试验并辅以大量室内试验，确定了缓倾角结构面抗剪断指标，并就不同滑移模式进行了大量计算分析，相应采取了降低建基高程、封闭抽排、厂坝联合受力等10项工程措施。三峡工程右岸厂房24~26号坝段同样存在类似地质现象，此项研究成果和设计方案为其以后的三期右岸顺利施工打下了基础。

（3）大坝浇筑仓面分缝问题也有大学问。大坝最大底宽126.73m，分两条纵缝，横河向有113个坝段（含升船机上闸首），共112条横缝。论证期间原施工方案是通仓浇筑，后改为分缝浇筑。这就需要研究水平分层、纵向（水流方向）分缝，这些与防止大坝混凝土坝体裂缝，与施工组织安排、结构设计息息相关。

但凡去过三峡建设工地的人，都被规模宏大的坝基开挖场面所惊叹。其实，我们看到的现场岩石爆破和巨型机械开挖，干的都是"精细活"。

（4）三峡坝址工程地质条件虽然优越，如何根据这种优越的条件来设计大坝建基岩面的开挖轮廓，达到既安全又经济的目的，一直是勘测、设计和科研等方面的重要研究课题，也是刘宁主持攻克的又一难关。

坝址岩体风化特征和可利用岩面选定，坝基岩面开挖轮廓设计及基础处理，都是设计者精心研究分析计算的结果。具体到开挖控制及岩面修整、基础固结灌浆、基础高差及台阶规定、河床风化深槽处的开挖深度、缓倾角结构面与深层抗滑稳定和地质缺陷的处理等，无不周全精细。

岩体按风化程度由地表向下分为全、强、弱、微风化4个风化带。若将大坝全部坐落在微风化和新鲜岩体上，地基条件必须达到基岩完整、力学强度高、透水性微弱这几项，才能完全满足修建混凝土高坝的要求。依此方案，坝基开挖工程量和坝体混凝土工程量都大，因此必须要研究如何利用弱风化带的问题。

此外，考虑到两岸滩地和山坡部位的坝段，对基岩的要求与河床坝段有所不同，也应对弱风化带的利用加以研究。根据三峡大坝坝基利用岩体的工程地质特性和局部缺陷的处理方案以及各坝段的坝基轮廓要求，相应确定各坝段基岩面的开挖高程、水平尺寸和开口线，并据此进行建基面的开挖设计。

三峡工程大坝坝基范围广、工程量大，其开挖轮廓设计及相应的工程结构措施，须依据坝基的工程地质条件和大坝自身结构特点及受力状态来确定。规范是原则，不离原则根据实际情况进行岩面轮廓论证、选择，以求获得最大的效益，是工程设计的要求和方法。当时进行了接触灌浆前的检查，尚未发现大坝因开挖基面高差而引起基础约束区混凝土发生贯穿性裂缝。等到三峡二期工程坝基开挖已全部完成并覆盖混凝土后，实践证明，设计所采用的原则和结构处理措施是合理可行的。由于部分利用了弱风化带下部岩体，大坝建基面平均提高约2m，节省岩石挖方和混凝土分别为50万 m^3 和43万 m^3。

用"步步惊心"来形容三峡工程的技术设计一点不为过。

（5）电站引水压力管道伸缩节研究。管道条数多达26条，直径更是达到惊人的12.4m，属于超大直径，所以内水压力超强。大坝一旦变形，可能会引起钢管的变形甚至爆裂。为避免这一潜在的风险，厂坝间引水钢管的明管段是否设置伸缩节？这成为设计研究的又一项重要技术问题。设置伸缩节，钢管受力明确，但造价高，制造、安装及运行期止水等技术问题突出。

两院院士潘家铮曾亲自过问这个难点。为此，刘宁组织设计、科研人员专门进行了攻关，他们选取一个厂房坝段，厂房水下结构和钢管作为整体进行非线性仿真计算。在研究中，通过模拟水库蓄水过程、蜗壳充水保压浇筑混凝土过程以及蜗壳钢板与外包混凝土间的接触条件对垫层管应力与变形的影响，运用基本模型计算、敏感性分析模型计算，从结构形式上比较了钢管单独受力（即明管）和钢衬钢筋混凝土联合受力方案，也研究过预应力钢衬钢筋混凝土引水管道型式。比选后按钢衬钢筋混凝土联合受力设计引水压力管道，得出总安全系数可达2.0的可靠结论。据此，他们确定坝内管段选用钢衬钢筋混凝土联合受力结构，并反复计算研究了左岸1~6号机组段厂坝间变位和基础沉降的性态，取消了制造、运输、安装均十分困难的压力钢管伸缩节设置（此项研究结果在右岸24~26号机组段也得到采用）。仅此就节约了投资2000万元，并大为优化了施工工序，为2003年首批机组发电创造了有利条件。而其余机组段则研究采用了内波纹套筒式伸缩节，单重约118t，制造安装简单、方便施工，多年运行证明其安全可靠。

三峡水利枢纽属特大型工程，为确保技术设计质量，1993年将技术复杂设计难度大的部分共列出八个单项技术设计，1998年完成七项，刘宁全部"榜上有名"，其中负责主持的大坝、厂房等都是单项技术设计的"重头戏"。

天高任鸟飞，海阔任鱼跃。在三峡工程的熔炉里，刘宁，这位年轻的"坝长"经受住了前所未有的严峻考验，专业水平得到大幅度提升，形成了"严谨认真、攻关创新"的工作信条与风格。

"如果现场施工控制得不好，再好的设计也是白费！"

长江水利委员会历来强调"对工程负责到底"的设计理念，实行项目专业负责制。三峡工程正式开工后，长江水利委员会由技术论证部门转为工程设计总成单位。长江水利委员会总工程师郑守仁"坐镇工地"，不但是技术设计的总负责人，同时还兼任三峡设代局局长，急需有人协助分担这副重担。

1996年，长江水利委员会任命刘宁担任总工助理。郑总用行动表示自己的信任，立即在他前后方的办公室里都增设了一张刘宁的办公桌，紧挨自己的办公桌，放手给刘宁压担子。最初的一段时间，这老少两代工程师，无论是在工地，还是在会场上，几乎形影不离，这位年轻的助手很快成了郑总的"左膀右臂"。

1997年11月8日，大江截流，工程顺利进入二期工程。这是三峡工程建设任务最繁重的关键时期。1998年，刘宁被任命为长江水利委员会副总工，时年36岁，成为长江水利委员会历史上最年轻的副总工，主要任务还是配合郑总负责三峡工程设计工作。郑总在前方工作时，刘宁就在后方协调各专业配合前方的设计工作；当有要事需要郑总回后方处理时，刘宁就驻守前方负责现场设代工作，增加了历练，有了担当负责一方面的机会。

众所周知，三峡工程施工规模巨大，施工强度高，项目多。金属结构及机电设备和埋件，多与混凝土施工交叉平行作业，显得现场设计工作尤为紧张。二期工程更是三峡工程建设期间施工最紧、困难最大、技术最为复杂的6年，工程需浇筑混凝土1846万 m^3，安装金属结构及机电设备埋件重量达到惊人的19.2万 t。

随着工程建设的全面展开，刘宁负责的专业面更宽了，压在他身上的担子也更重了，受命负责二期工程大坝厂房等重大项目的技术设计工作。作为副总工，他不仅要做好技术协调和统领工作，还要熟悉其他相关专业。"理论计算、设计图纸，必须在实际中得到落实和验证，如果现场施工控制得不好，再好的设计也是白费！"——他铭记着张光斗先生的这句教诲。

1999年，在一些性能先进的设备如罗泰克塔带机尚未全部投入运用的情况下，工地就创造了年浇筑混凝土458.5万 m^3 的世界新纪录，并经受了夏季浇筑大量大坝约束区混凝土的严峻考验。

2000年，各主体建筑物的施工部位孔洞多、钢筋多、门槽多和混凝土标号多，制约了高性能的设备使用和发挥。但就是在2000年，却是三峡工程施工强度最大的一年，年浇筑混凝土高达540万 m^3，金属结构及机电设备埋件安装多达3.8万 t，刷新了世界水电建设史的纪录。那时，国内的各大媒体都聚焦三峡工地，三峡新闻成为社会关注的热点。

2001年攻坚阶段，刘宁把更多的精力投入三峡工程，先后组织并参加长江水利委员会技术委员会对三峡工程的五次技术咨询活动；参与接受国务院枢纽工程质量检查专家组在三峡工地的检查和调研活动；多次参加在北京召开的有关三峡工程的技术讨论、审查等专题会……

随后的工程缺陷处理工作中，刘宁担任工程质量缺陷处理设计方组长一职，顶住多方压力，积极协调各方矛盾，采取多种技术措施解决了浇筑混凝土裂缝等问题。处理矛盾时，刘宁始终态度坚决，在保证工程质量上毫不含糊、毫不让步。郑守仁院士对此曾评价道："施工质量缺陷的处理，刘宁要和各方面打交道，这项工作不好做。能做到各方满意，不容易。没有严于律己、精益求精、无私奉献的精神是做不到的。"

掌控现场设计的压力就在于它是技术"交底"的最后关口。三峡工程的永久船闸，为双线五级连续船闸，其边坡开挖支护、现场实验、动态设计，这是刘宁参加的又一场从设计到现场攻关的硬仗。

永久船闸主体段长1607m，均在山体中深切开挖成路堑式修建。最大边坡高度达到了160m。闸室边墙下部则为50～70m高的直立坡。两线船闸间要保留宽54～56m、高50～70m岩体作为中隔墩。闸室墙采用钢筋混凝土衬砌锚着于岩石边坡上并与岩体共同受力。船闸高边坡加固措施包括防渗和排水系统及岩锚支护系统，为防止地下水影响边坡稳定，需要在船闸两侧边坡岩体内各布置7层共14条排水洞，船闸高边坡则采用岩锚支护系统这个加固措施。要达到加固效果，岩锚支护包括预应力锚索约4000束、系统锚杆、随机锚杆及坡面喷混凝土等，系统锚杆为全粘接砂浆锚杆约10万根。边坡两侧山体及中隔墩内共有3条输水隧洞、36个竖井、14条排水洞及4个通风井。这里面又包括了很多创新技术，为得到业主的支持，刘宁在前方主抓现场科研项目，重点结合现场施工开挖实际，研究边坡、中隔墩的岩体稳定控制、开挖和加固措施，服务于设计需要，及时做好现场随时遇到的施工技术问题处置和动态设计工作。

在参加并主持三峡二期左岸高程45m和120m施工栈桥的方案优化以及施工图的设计时，刘宁坚持临时工程避让主体工程、主体工程合理辅助临时工程的设计原则，协调各方认识，与设计组的同志一道，结合大坝施工实际，制定优化设计方案，节省投资达数千万元。刘宁认为，有创新就有风险，如何发挥出长江水利委员会的技术优势，保证质量，节约成本，是主导。"各方有共同的目标，就要多理解，多沟通，少误会。既然没有任何私念，技术协调工作不能一味妥协，该坚持的原则不能让步，确保贯彻落实设计方案不走样。"刘宁常常这样告诫他人。

据不完全统计，在1994～2001年参加三峡设计工作的8年间，刘宁先后绘制校审了千余张图纸，主持或负责完成的三峡工程技术项目近70项之多，最多的一年曾达10余项。

"少壮"副总工常深夜赶往三峡工地

其实，在参与三峡工程建设前，刘宁已积累了大量的水电工程建设经验。

早年间，刘宁在万安水利枢纽工程建设中承担当时单级最高水头船闸设计时，大胆采用浮式导航墙技术以适应大幅度水位变化，获得成功；参加并主持的清江隔河岩上重下拱重力拱坝设计，荣获国家优秀设计金奖；主持并负责的清江高坝洲水利枢纽工程设计，提出碾压混凝土筑坝代替二期围堰方案，节省了投资，提前了工期；参加并主持的电站厂房预应力混凝土蜗壳的研究、计算和试验，首次在工程中成功使用，高坝洲工程设计获2002年度国家优秀设计金奖。此外，他还直接参与主持过水布垭面板堆石坝、龚家坪砌石坝的设计研究工作。

跟刘宁共事过的工程技术人员都知道，他善于应对挑战性难题。

他曾紧急承命，在极为复杂的条件下主持完成了江口水电站的初步设计方案和报告，获得了各方高度肯定。他积极协调负责，在设计经费极度紧张的情况下，完成了"胡子"项目——皂市水利枢纽初步设计方案和报告，为工程的开工建设奠定了坚实的基础。现今，这两项工程已建成并运行良好，达到了设计功能，发挥了既定效益。2000年4月，刘宁作为国家防汛抗旱总指挥部专家组组长，临危受命赴西藏易贡处置滑坡堵江，成功完成抢险救灾任务，专家组荣立西藏自治区政府授予的集体一等功。刘宁还参与并负责完成了国家"863"计划课题"高分辨率表层穿透雷达探测技术——相控阵探地雷达研究"项目，获得了国家发明专利。

在三峡建设时期，刘宁的工作以配合总工程师郑守仁院士为主，这位"少壮"副总工，有时还需要协助其他副总工的工作，包括彭水、亭子口等工程的前期论证等。最忙时，他的几处办公点都设了办公桌，穿梭其间工作。

比如，1998年长江大洪水第六次洪峰危急之时，需要调度葛洲坝水利枢纽临时拦挡滞洪，鉴于葛洲坝工程设计时没有设定其承担拦洪任务，刘宁与几位专家连夜研究后，认为采取妥善措施，可以发挥其一定的滞洪错峰作用。他担当职责，在调度令技术负责人一栏认真而负责地签下了名字。1998年长江大洪水之后的长江堤防隐蔽工程建设，时间紧，工作量大，建设情况复杂，长江水利委员会重任在肩，刘宁受命公正科学地主持完成了一系列工程招投标工作，得到了各方面的充分认可。2001年南水北调工程决策之际，他不辜负长江水利委员会领导重托，组织人员加班加点，在短时间内主持完成了中线穿黄工程初设、专题研究、分期实施方案设计等论证工作，为方案的选择做出了努力和贡献。

那个时期，长江水利委员会直接负责一些重大工程的技术论证和设计工作。从武汉到宜昌，到工地也远没有现在这么方便、快捷。工作千头万绪，要求深入而实际，刘宁经常来回奔波，忙碌并快乐着，浑身有使不完的劲。查阅当年的工地考勤纪录，他常常夜半三更赶往三峡工地。他适应了快节奏工作，也扛得住满负荷的超强压力。

三峡工程开工以来，郑守仁总工程师和刘宁经常加班主持设代局现场设计技术讨论会和长江水利委员会三峡工程专题技术讨论会，办公室几乎天天晚上灯火通明。刘宁至今还保留有十多本厚厚的笔记本，上面详细记载了每一次讨论过程的发言。

因为工作繁忙，刘宁多次与"再次深造"的机会擦肩而过。

1991年，刘宁正忙于清江隔河岩初步设计和施工设计时，母校清华大学的陈新华教授出于关心，专门来信邀刘宁报考他的硕士研究生，可那时刘宁正忙于隔河岩的大坝设计，根本抽不出时间脱产学习。1993年，河海大学的研究生硕士班录取刘宁，同样因为三峡开工在即，也只好放弃。1995年，清华大学破格录取两名研究生，刘宁是其中之一，按要求需至少脱产学习半年，还是因为三峡设计任务太重，无法就学。

令人敬佩的是，刘宁平时就勤奋好学，一次又一次的放弃深造的机会，并没有打消他继续攻读的念头。为适应越来越重的技术工作责任，他放宽视野，选择深造专业。

从1996年开始坚持在工地见缝插针完成后续学业，考入武汉水利水电学院管理科学与工程专业研究生，1998年顺利完成全部课程毕业，获硕士学位后，又顺利考取了武汉水利水电学院水文及水资源专业博士研究生，并于2000年获工学博士学位。继而，他又在中南大学管理科学与工程博士后流动站完成了研究工作，于2003年顺利出站。

"现代水利需要跨学科学习。水利工程不只是水工专业，不单纯是工程技术问题，而是与社会、人类活动、自然环境密切相关。"刘宁认为，在现场进行技术协调工作，除了时间上和进度上的协调，还要理解工程建设和运行管理知识，这样才有利于搞好设计工作，因为设计是为了实现工程建设目标的，为工程服务的。所以要加强自己的继续学习，这是实际工作的需要。比如，三峡工程首要任务就是防洪，不懂水文水资源知识，怎能做好防洪调度？又怎能优化防洪方面的工程技术设计？

学以致用，永无止境。无论工作有多繁忙，刘宁始终坚持及时进行技术总结，与人合著或独著的书稿不断面世：1998年，出版了专著《大中型水电站主体建安工程施工招标文件（技术条款）实例》《实用多目标决策分析与优选》；2000年，出版了《水利枢纽工程质量标准及监控》；2002年3月，主编出版了《岩土预应力锚固技术应用与研究》；2002年5月，主编出版了《国内外大坝失事分析研究》；2006年，出版了专著《工程目标决策研究》。

高效率写作是他多年养成的习惯。查阅论文目录发现：1998年5月1日，三峡临时船闸通航，5月4日，相关内容的论文就发送到《中国三峡工程建设》期刊。他把业余时间几乎都留给了"面壁著述"，甚至利用候机的间隙为某部专著写下前言。其间，他陆续发表了《三峡工程主要技术问题》《三峡工程与长江水资源利用》《三峡二期工程施工及关键技术》《三峡工程水电站压力管道伸缩节设置论证》等与三峡工程有关的技术论文50余篇。

"对三峡工程怀有至深的感情"

熟识刘宁的人也都知道，他是性情中人。

他"善解人意，谦虚谨慎，严于律己，宽以待人"——这是同事们共同的看法。"要成事，离不开前辈的指导，离不开同事的支持"——他的话很实在。

1994年，经济体制改革还在实行双轨制。三峡工程设计属于"纵向任务"，没有奖金发放，为给大家增加经济上的收入，刘宁这个室主任还要操另外一份心，要从市场找短平快的"横向任务"。

"横向任务"的目标很明确：一是苦干加巧干练兵，增强团队凝聚力、战斗力；二是积极创收，为三峡工程设计人员发加班费，奖勤励能，辅助主体设计顺利进行，确保三峡工程施工设计供图任务。

翻开三峡工程开工后，当时手绘的第一张三峡水利枢纽总体布置图，正是出自二室，上面清晰可见刘宁的审核签名。主体工程建筑物第一仓混凝土浇筑的施工图也是出自二室，由刘宁签发。谈起这段"开篇之战"，至今他记忆犹新，一连串的姓名如数家珍。如今，当年同一个战壕的战友，都已经成为设计院的技术骨干。

作为晚辈，刘宁一贯尊重老专家。无论对方是长江水利委员会的，还是三峡论证、质量检查专家组的，只要是到工地，他都会陪同查看工程建设，搀扶攀爬，他还专门登门汇报情况，请教、解答技术问题。

采访时，刘宁念念不忘工作之初，参加万安船闸设计时的直接领导、时任坝建筑物科的谢礼义副科长和宋维邦科长；关心培养他的长江水利委员会领导黎安田、蔡其华主任和兼任过设计院院长的傅秀堂副主任，以及当时主持设计院工作的袁达夫副院长；还有为三峡论证、建设做出卓越贡献的文伏波院士，陈德基、徐麟祥设计大师；与他同案并肩工作的钮新强、杨启贵设计大师等。时隔数年，他仍十分怀念在三峡工地度过的难忘经历，怀念与郑守仁院士和长江水利委员会工作人员朝夕相处的日子。

国事家事古难全。刘宁全身心投入三峡工程设计建设时，年少的儿子却对他一肚子抱怨。没有时间和精力照顾家庭，儿子只能自娱自乐。放学了，这个"淘气包"钻进办公楼电梯里上下疯拍按钮，直到被人"请"出；甚至跑进筒子楼宿舍的公用厨房，把酱油盐糖等佐料一股脑搅和在灶具上的锅里，让人哭笑不得；顽皮的儿子还突发奇想，竟把自己的脖子吊在大院门口悬挂标语气球的绳子上，勒掉了一层皮，差点就出了人命。

繁忙的工作使刘宁难以尽到当父亲和丈夫的责任。了解他的同事都知道，为弥补对家人的歉意，每次在家短暂的几天，刘宁总是特别勤快，抢着干家务活。

采访时，刘宁动情地说："三峡大坝的基石上不必留下我的痕迹。但我对三峡工程怀有至深的感情！"

至今，与三峡有关的两段经历，刘宁依然记忆深刻。一是1997年大江截流前，三峡工程开发总公司和中央电视台联合拍摄《大三峡》专题片时，外景地安排到"美国大坝之父"萨凡奇故地，在这位带有传奇色彩老人生前居住的美国丹佛养老院里，刘宁了解到了许多不为他人所知的老人的晚年生活，在至今仍孑然站立的墓碑旁，刘宁恭敬地向这位坝工史上的大家献上花篮，他默默告慰曾经为三峡编制了第一份可研报告的美国老人：三峡大坝就要变为现实了！

第二段经历是在1998年的"五一"劳动节，三峡临时船闸通航。中央电视台现场直播，刘宁担任现场主持的嘉宾，与青春帅气的播音员康辉成了搭档。直播时，刘宁特意将长江水利委员会的委徽小样粘在左胸前，神情自若地进行解说。一位是央视名嘴，一位是三峡技术骨干，两人搭唱了央视非常重视的首场现场直播大戏。

天道酬勤，刘宁以他出色的业绩获得了多项殊荣：1996年，他被授予全国水利系统科技英才称号；1997年评为长江水利委员会劳动模范，同年被授予湖北省有突出贡献的中青年专家称号；2000年享受国务院政府津贴；2001年评为三峡优秀建设者；2002年初调往水利部任职，同年被清华大学聘为兼职教授；2004年入选首批国家级"新世纪百千万人才工程"；2006年获全国工程设计大师荣誉称号。

两院院士潘家铮曾评价："刘宁同志具有良好的职业道德和敬业精神，勇于创新，善于将最新的科学技术知识运用到工程设计中，在解决工程关键技术问题上做出了重要贡献。"此外，水利水电行业内专家曹楚生、周君亮院士，以及王柏乐大师等，也都给予刘宁极高的评价。

采访郑守仁院士时，他曾如此评价："刘宁在工作中能虚心听取别人的意见，特别是能把技术专家组成员的意见贯彻落实到工作过程中。他谦虚谨慎，处理问题稳妥，发现问题找难点找得准，研究方法得当，有刻苦钻研的精神，所以都成功了，自己的技术水平也得到了提高。他还能及时进行技术总结，写了大量的论文专著，体现出他的勤奋进取的精神。"

回望过去，刘宁平朴地说："我有幸成为建设者中的一员，并承担了其中的一些设计任务，现在想起那一段工作，心中深感责任与荣幸，建设三峡工程实非易事，它凝结了几代人的辛勤努力、艰苦论证。这犹如大坝建设需要将一定级配的骨料、胶凝材料以及外加剂，通过有效拌和，才能形成品质优良的混凝土；然后，还要有很多后续的施工工序才能将其真正浇筑成为大坝结构。看如今工程良好运行，工程目标得以实现，工程效益充分发挥。我想，那些曾为之魂牵梦萦、翘首以盼的先辈们终可安然释怀、夙愿成真！那些工程往事，那些应有付出，证明我们曾努力用优秀的设计，去实现工程师建设一流工程的诺言。"

如今，在刘宁办公室的书柜台面上，还摆放着从三峡等工地上带回来的石块：浅灰色，拳头大，有棱角，各具特色，坚硬却也不失可爱。

这些石块，我说不上名字，但料得每一块都有着他对工程的情结、眷恋，和对当年建设工地的怀念——看去，这恰如他的本色。

选自长江出版社 2013 年出版的《奉献者之歌——三峡工程优秀建设者》，此文作者孙军胜

（注：考虑到我曾在三峡工地与刘宁共事过，组织委派我采编他有关三峡工程设计的事迹。由于刘宁工作繁忙，仅当面采访了一次，其余均是采访他人或来自文件资料的采编，不尽完善之处在所难免。为慎重起见，此稿完成后曾请郑守仁院士审阅——作者）。

第三节　清江流域梯级开发

清江是三峡以下长江中游第二大支流，其干流全长 433km，流经湖北省西南山区七县三市，流域面积 1.7 万 km²，水力资源丰富，占湖北省中小河流的 1/3，可开发装机 329 万 kW，开发电能 105 亿 kW·h。由于干流落差大，河床覆盖层厚，两岸居民少，地理位置适中，经济指标优越，适宜兴建库容大、调峰调频作用显著的大型水利枢纽。

20 世纪 80 年代开始，作为三峡工程试验田，清江公司首创"业主负责、建管结合、流域开发、滚动发展"的流域开发建设管理模式，被国务院确定为全国首家"流域、梯级、滚动、综合"开发试点，为我国水电建设管理体制改革开展了积极探索，实现了"筹资—投资—建设—经营—收益—再投资"的流域梯级滚动开发。

在清江高坝洲工程建设期间，刘宁负责并主持清江高坝洲水电站工程初步设计、招标设计、施工详图设计等，提出了 RCC 筑坝取消二期混凝土围堰，采用高水头预应力混凝土蜗壳替代钢衬钢筋混凝土蜗壳，宽尾墩和戽式池效能方案和小口径钻孔孔口封闭高压灌浆法等新技术、新方法，取得了很好的效果。"清江高坝洲水利枢纽工程设计"获国家、水利部优秀设计金奖。

在世界第一高度混凝土面板堆石坝——清江水布垭大坝论证阶段，作为长江水利委员会副总工程师的刘宁参加并主持了清江水布垭水电站预可研及可研设计。从 1993 年开始预可行性研究论证开始，围绕水布垭水电站一系列关键技术问题，刘宁和国内外许多专家、同行们一起开展了大量的技术攻关。收录的这篇文章便是刘宁和同行们对水布垭枢纽防洪功能的研究成果。研究表明：水布垭水库是长江中下游防洪体系的重要组成部分，水布垭水库预留的 5 亿 m³ 防洪库容与隔河岩水库已预留的 5 亿 m³ 防洪库容联合调度运行，可有效减轻荆江河段的防洪压力，提高长江中下游地区的防洪标准。这一成果也运用于长江中下游防洪调度。

碾压混凝土在高坝洲水利枢纽中的应用

刘　宁　　陈勇伦

摘　要：在高坝洲水利枢纽纵向围堰和二期工程中采用 RCC 施工，不仅能够简化施工导流措施、缩短工期，而且可以达到节省工程投资、提前发电的目的。为了便于 RCC 施工，在结构设计上对纵向围堰及二期工程坝体进行了相应的调整；在施工方案和施工工艺上也进行了优化，这些都为 RCC 施工创造了条件。从已完成的纵向围堰 RCC 施工的效果来看，施工质量和进度是良好的，在二期工程中，通过隔河岩水库调蓄施工期导流流量，并采取全断面薄层连续铺筑的施工方式，可以省去上游 RCC 围堰，在后期直接利用坝体挡水发电，实现提前发电的目标。

高坝洲水利枢纽的大坝自左至右为左岸非溢流坝段、厂房坝段、泄流深孔坝段、纵堰坝身段、泄流表孔坝段、升船机坝段及右岸非溢流坝段。大坝为混凝土重力坝。一期施工的厂房坝段和深孔坝段，由于孔口底板高层较低、薄壁曲面、多孔多筋等结构原因，未采用碾压混凝土（RCC）。为了缩短工期、降低造价，二期施工的纵堰及纵堰以右的大坝都采用了 RCC。为此，从结构和施工方面研究采取了一些措施。

1　采用 RCC 施工的坝工结构条件

1.1　纵向围堰的 RCC 施工特点

纵向围堰由上纵段（长 179.5m，堰顶高程 62m）、坝身段（即 12 号坝段，宽 20m，顺流向长 43.5m）、下纵导墙段（长 137m，堰顶高程 57m）、下纵段（长 100m，堰顶高程 57m）等组成，全长 460m。除 12 号坝段在高程 38m 和 34m 分设上游基础廊道（3m×3.5m）和下游辅助排水廊道、左右两侧为直立面外，其余堰段均是左右两侧为 1∶0.35 边坡的实体。因此，整个纵向围堰均适于采用 RCC 填筑。

上游纵向围堰分为 5 段，下纵导墙分为 7 段，下游纵向围堰分为 2 段。除上纵下段与 12 号坝段间、12 号坝段与下导 1 号段间、下导 7 号段与下纵上段间为永久缝外，其余各段间均设诱导缝。各堰段除 1.0m 厚的垫层混凝土、12 号坝段廊道周边混凝土及下纵导墙段的外包常态混凝土外（由于后期有消能抗冲磨要求而采用"金包银"的结构型式），其余部位均为全断面 RCC。12 号坝段与下纵导墙段的剖面型式见图 1。

1.2　13~23 号坝段 RCC 施工特点

曾就"金包银"及"全断面 RCC"两种方案进行过结构及施工等方面的比较，最

原载于：人民长江，1997，（9）：17-19.

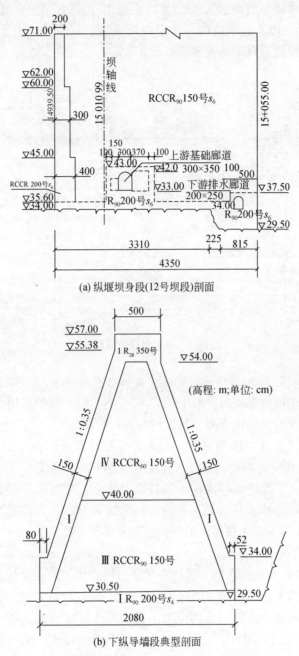

(a) 纵堰坝身段(12号坝段)剖面

(b) 下纵导墙段典型剖面

图1　纵向围堰坝身段及下纵寻墙段剖面

后选择采用全断面 RCC 施工的方案。

1）13～23 号坝段结构特征

表孔坝段（13～19 号）前缘总长 116.5m，分 6 孔，堰体为开敞式 WES 实用堰，堰顶高程 61m。为了满足堰顶抗冲耐磨要求，需设 3m 厚的常态混凝土帽盖，故只在 58m 高程以下采用 RCC。距上游面 4m 处设 1 条底板高程 37m 的基础廊道，下游在高程 34m 处设 1 条辅助排水廊道。两个廊道底板以下垫层浇常态混凝土，溢流面面层为抗冲耐磨混凝土，面层与内部 RCC 间设常态混凝土过渡层，其余部位均为 RCC，其中上游防渗层为二级配 RCC，坝体内部为三级配 RCC。12 号与 13 号坝段间设永久缝，其余各坝段间设诱导缝。典型剖面型式如图 2 所示。

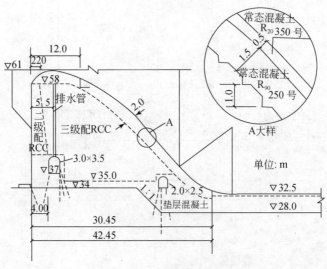

图 2　表孔坝段横剖面

通航建筑物为坝后式 300t 垂直升船机，其挡水坝段（20 号坝段）宽 25m。建基面高程在 31 ~ 38m，垫层常态混凝土厚 1.0m，62m 高程以下部位采用 RCC，除无下游排水廊道且下游坝面改为预制模板外，其余均与表孔坝段相同。

右岸非溢流坝段（21 ~ 23 号坝段）62m 高程处的前缘长度为 33.5m，该高程以下部位采用 RCC，各坝段间均设诱导缝，其他结构均同 20 号项段。

需要指出的是，二期工程坝体 62m 高程以上部位仓面狭窄，尤其是 13 ~ 19 号坝段堰顶以上部位为闸墩结构，难以铺筑振捣，加之浇筑时间已到高温期和汛期，均不宜采用 RCC，故二期工程 62m 高程以上坝体仍浇筑常态混凝土。

2）断面型式的优化

为了有利于 RCC 施工，在施工设计中对断面型式作了简化及优化。原常态混凝土坝体方案中，在坝体上游至少设 2 层廊道系统；而 RCC 坝体方案中，只在上、下游坝体内各设 1 条廊道系统。由于上游廊道的上游面和下游廊道的下游面仓狭窄，不便于 RCC 施工，故该部位仍采用常态混凝土。但为加快施工进度，采取了以下措施，在廊道顶部加预制拱；除右岸非溢流坝段（21 ~ 23 号坝段）外，其余部位的廊道均水平布置。另外，从单纯的防渗观点出发，采用"金包银"的结构型式较为有利，但综合考虑工期要求、不同混凝土的结合等问题，最终采用"全断面 RCC"施工的结构型式。

在施工工艺上，为了满足坝体稳定，将坝体上游面设计成垂直面，便于采用 doka模板；坝面排水孔幕采取坝顶钻孔方式；并且在非溢流坝段下游面采用混凝土预制模板，可以提高施工速度。

3）固结灌浆工序的优化

按常规方法对每个坝段进行固结灌浆要占据较长的直线工期，而 RCC 坝施工的特点是全线同步上升，这就要求全线的固结灌浆同时实施，因此，有必要对固结灌浆工序进行优化。优化后的固结灌浆范围分为坝踵和坝趾两个区。坝基上游三分之一宽度范围为坝踵区，防渗帷幕前两排固结灌浆孔兼作辅助防渗帷幕；下游三分之一宽度范围为坝趾区；坝基中部三分之一宽度范围不进行固结灌浆。这样，固结灌浆开孔位置可尽量布置在上、下游廊道内，避免钻灌与混凝土浇筑相互干扰，为固结灌浆不占直线工期创造条件。

2 采用 RCC 施工的方案优化及进度控制

无论是纵向围堰施工，还是二期工程坝体 RCC 施工，都只有一个枯水期供截流、开挖、浇筑作业，尤其是混凝土施工（包括垫层填塘混凝土）时间不足 3.5 个月，工期相当紧张。为了满足工期要求，必须优化 RCC 施工方案，严格控制进度。

2.1 RCC 施工方案及进度

1）纵向围堰

设计要求纵向围堰分为上纵段、12 号坝段及导墙段、下纵段等 3 个仓次施工，最大仓面约 3600m²。在具体施工过程中，施工单位根据建基面开挖进度及混凝土入仓强度，分为 6 个仓次，即：试验段和上纵上段、上纵中段和上纵下段、12 号坝段、导 1~3 号段、导 4~7 号段、下纵段，仓面最长 100m，面积最大 2000m²。

浇筑过程中，由于未能及时安装丰满门机等起吊设备，故采用混凝土泵将基岩找平，然后由自卸汽车直接入仓并辅以装载机转料浇筑常态垫层混凝土，待达到规定的高程后，开始进行 RCC 施工。除 12 号坝段采用整体组合钢模板、下纵段采用台阶式组合钢模板外（每升程 0.9m），施工中主要采用 doka 模，每升程 2.1m。并且利用间歇期立模，不影响施工。

参考现场试验的中间成果，确定 RCC 施工的工艺如下：采用 4×3m³ 郑州产拌和楼供应生产，拌和时间为 150s；投料顺序为大石+小石→水泥+粉煤灰→外加剂→中石+砂；由红岩牌或 T₂₀ 自卸汽车直接入仓卸料，D80 型推土机平仓，按压实厚度 30cm 控制摊铺厚度；然后以 BW202AD 型振动碾为主无振撵压 2 遍，有振碾压 6~8 遍；全断面 RCC 的模板及止水附近，则尽量采用 BW75S 型小型振动碾碾压，碾压不到的位置洒水泥素浆并用插入式振捣器振捣；诱导缝采用人工打钢纤灌干砂的方式造缝；仓面的结合针对不同层面的暴露时间采取不同的处理措施。

纵向围堰自 1997 年 1 月 24 日开始浇筑试验段找平混凝土，2 月 4 日进行试验段的 RCC 施工，于 5 月上旬完成了整个纵向围堰的混凝土施工。

2）坝体

坝体较之纵向围堰，基础开挖更深（齿墙挖至 28m 高程）、施工质量要求更严、工期更紧，因而施工难度更大。

表孔坝段是控制进度的关键部位。对 28~35.5m 高程的常态混凝土，如采用薄层短间歇均匀上升的浇筑方式，需占直线工期 1.5 个月。在此期间进行上游基础廊道侧墙的立模、扎筋和浇筑，同时随基岩高程的上升浇筑 20~23 号坝段垫层混凝土，可以不占直线工期。整个二期工程坝体的 RCC 施工采取一个仓次碾压、薄层连续上升的方式。这样 58m 高程以下的坝体施工需 1.5 个月；13~19 号坝段 58~60.5m 高程的堰顶过渡层约需 0.5 个月，同期完成 20~23 号坝段 58~62m 高程的 RCC 施工。故自垫层混凝土开始浇筑到 60.5m 高程的堰顶过渡层，共需 3.5 个月。

为了满足工期及进度控制要求，施工设计对混凝土施工布置方案及工艺作了相应的调整。浇筑垫层及其他部位的常态混凝土时，在二期坝体下游平行坝轴线方向安装 1 台塔机和 1 台履带吊作为入仓机械，水平运输以自卸汽车转卧罐为主。在塔机未投入使用之前，应临时增加 1 台履带吊，以加快入仓速度。坝体 RCC 施工仍由左岸拌和楼供料，由自卸汽车经高坝洲大桥运至右岸沿江公路直接入仓。

2.2　以 RCC 施工控制工期为主导的其他安排

由于二期工程在施工期仅靠 3 个永久深孔导流，所以截流时间不能提前，只能在 1998 年 11 月下旬合龙，12 月上旬戗堤闭气。要在一个枯水期完成截流、基坑开挖乃至 62m 高程以下部位的混凝土浇筑，从而省去原常规混凝土坝体施工所必需的上游碾压混凝土过水围堰，还需各施工环节有机配合。

1）通过隔河岩水库调蓄施工期导流流量

由于二期工程主体施工期仅由 3 个深孔导流，而 5 月 10% 频率的流量为 5840m³/s，依此推算大坝上游水位将超过 80m 高程，按此高程加高围堰是不可取的，因此利用上一个梯级—隔河岩水利枢纽调蓄，在 5 月底前控制坝址流量小于 2800m³/s，从而确定上游土石围堰堰顶高程 62m，与下游碾压混凝土围堰一起保护坝体的 RCC 施工，汛后则直接利用坝体挡水发电。这样，通过减少导流建筑物及相应的施工环节及工期，为二期工程坝体 RCC 施工争取工期。

2）加快基坑开挖速度

二期工程基坑开挖层厚 2~9m，覆盖层开挖量 32.9 万 m³，岩石开挖量 21.6 万 m³，要在 1999 年 1 月底前完成主河床基坑开挖，任务十分艰巨。右非坝段及升船机室高程 44m 以上的岸坡开挖应在截流前基本完成。坝基全线开挖在 12 月开始进行，1 月中旬逐步提供保护层开挖部位。保护层开挖采用一次爆除的施工技术，以保证 1 月底前，表孔坝段建基面修整完毕，提供全线浇筑的仓位。

3　结语

（1）纵向围堰混凝土工程量 16.02 万 m³，其中 RCC 工程量 12.41 万 m³，占 77.5%；二期坝体高程 62m 以下部位混凝土工程量 21.95 万 m³，其中 RCC 工程量 16.75 万 m³，占 76.3%。可见，与国内外工程相比，其 RCC 用量偏高，结构设计也是先进的。

（2）二期工程坝体施工工期很紧，要求达到月平均上升约 15m 的浇筑高度。国内已建全断面 RCC 坝中，坑口坝最大月上升高度 13m，月平均上升 10m；普定坝最大月上升高度 17m，但实际月平均上升高度仅 8m，可见二期工程坝体的 RCC 施工速度指标是较高的，由于有纵向围堰的施工经验（12 号坝段最大月上升高度已达到 18m），因此二期工程坝体的设计施工速度是能够达到的。

（3）二期工程中不仅采取 RCC 中加大粉煤灰用量、简化施工工艺等措施，以获得直接经济效益，而且更注重其间接经济效益。如：用 8.77 万 m^3 的 RCC 取代原 8.12 万 m^3 的常态混凝土；取消上游碾压混凝土围堰，加高上游土石围堰（增加 8.0 万 m^3 填筑量），从而节省了 9.7 万 m^3 RCC。与原方案比较，可节约静态投资 2270 万元，节约总投资 3374 万元。另外，可使高坝洲电站提前 1 年下闸蓄水正常发电，在施工期间可增发电量 67 400 万 kW·h，除去隔河岩枢纽因调蓄损失的约 4000 万 kW·h 电量外，尚可获得 63 400 万 kW·h 的发电量。

（4）施工质量和进度的保证，有赖于建设、设计、监理及施工各方的有机配合，尤其取决于科学的施工管理和施工队伍的素质。RCC 坝的设计、施工有不同于其他材料坝的特点，通过 RCC 在高坝洲水利枢纽施工中的应用实践，可以进一步提高我国 RCC 筑坝的科研、设计、施工及管理技术水平。

三维仿真数值模拟预应力混凝土蜗壳

王曾璇　刘　宁　余　雄　刘晓刚

摘　要： 通过对设计水头为 39.5m 的预应力混凝土蜗壳进行三维仿真数值模拟. 计算了不同工况不同锚索初始张拉力的应力分布状况。结果表明，锚索初始张拉力的大小对混凝土蜗壳及座环的应力状况有重要影响。

1　引言

清江高坝洲水电站，设计水头 39.5m。采用了预应力混凝土蜗壳方案。这是目前使用混凝土蜗壳水头最高的实例（一般使用水头都小于 35m）。为了评估方案的可靠性，进行了三维仿真物理模型试验和三维数值模拟分析。本文简要介绍数值模拟分析，并着重说明不同初始张拉力对预应力混凝土蜗壳及座环应力的影响。

预应力技术有几十年的历史，但用在大中型水电站结构上的并不算多。

预应力蜗壳结构比较复杂，受力分析有一定难度。尽管我国 20 世纪 50 年代就开始进行研究，但发表的论文非常罕见，应用实例也未见到。卓家寿在 1983 年发表了大型水电站混凝土蜗壳结构等参单元法计算成果分析。杨菊生 1988 年研究了混凝土蜗壳空间有限元分析及其结构特性。

2　锚索预应力工作原理

混凝土蜗壳的断面是个多边形、内孔由座环连接的结构。在内水压力作用下，混凝土蜗壳内侧及上下锥体出现拉应力，进而会引起裂缝与漏水，这是限制混凝土蜗壳应用范围的根本原因，为了减少它的拉应力，最好的办法是将混凝土进行预压，即施加预应力。混凝土蜗壳是个空间结构，结构比较复杂。预应力锚索的布置大致分为两类：一类是沿水流方向水平（环向）布置，参见图 1。它像个开口的马蹄形状，进口是直线段，下游部分为蜗形；另一类是垂直水流方向（竖向）布置，都呈直线状。预应力钢筋通常从预装好的孔洞中穿过。当直线端头进行张拉时，直线段的钢筋发生拉伸变形，同时通过垫板使周围混凝土受到挤压，并向内部传递压力。在圆弧段也要发生拉伸变形，且产生径向压力分量，使圆弧段也产生预压效果。但是穿越孔洞的预应力钢筋的预拉力在弯曲路径时要克服摩擦力，张拉力有所损失，直线状布置的张拉力一般不受损失，所产生的预应力都可传递给混凝土。由于混凝土进行了预压，当蜗壳承受内水压力作用时，使混凝土拉应力减小，则结构受力状态得到改善。

原载于：工业建筑，1998，28（6）：34-37.

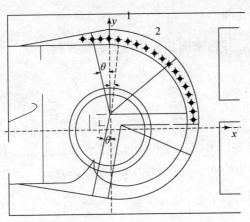

图1 预应力钢筋布置平面示意

1—环向预应力锚索；2—竖向预应力锚索

3 数值模拟模型

进行数值模拟时，首先选取隔离体。厂房机组段间有伸缩缝，相互间无结构上的联系，所以取一个机组段作为分析对象。对它构造三维空间数值模拟模型。根据设计图纸确定计算范围与约束条件。

选机组中心线与导叶高度中心线的交点为坐标原点。Z 坐标轴向上为正，Y 坐标正方向指向上游，X、Y、Z 坐标满足右手定则。混凝土蜗壳结构采用三维八节点实体元，固定导叶采用板单元，预应力锚索采用杆单元。有限元计算参数见表1。

表1 有限元计算参数

结构部位	单元类型	单元数	节点总数	半带宽	方程数
混凝土蜗壳	8节点块单元	2829			
座环	4节点板单元	60	3545	1410	10 539
预应力锚索	杆单元	环向96 竖向76			

3.1 主要计算条件

清江高坝洲水电站，单机容量8.4万kW，最大流量 $Q_{max} = 288.7 \text{m}^3/\text{s}$，设计水头 $H_d = 39.5\text{m}$，厂房高65m，宽61.2m，机组段沿坝轴线长度24m。原型混凝土的强度等级为C25，重度24.5kN/m³，弹性模量 $20 \times 10^4 \text{MPa}$，泊松比0.1667，热膨胀系数 $1.0 \times 10^{-5}/℃$。

预应力锚索有水平向及竖向两种：在蜗壳内壁外部钢筋混凝土中沿垂直方向设置8索水平的水平向预应力锚索；在蜗壳进口+15°～-90°设置17索竖向预应力锚索。每索由12根 $\phi75$ 钢绞线组成，锚索的布置参见图1。水平向和竖向锚索每索张拉力设定为量0kN、1500kN、2000kN、2500kN四种工况。

3.2 锚索预应力处理

在构造结构模型时，按锚索面积和张拉力等效进行简化。水平向预应力钢筋折算成节点力，其计算公式为

截面正压力：$P_i = \dfrac{1}{R}(T_0 \times e^{-\mu_0 \theta_i})$

截面摩擦力：$f_i = \mu_0 \times P_i$

式中，T_0 为张拉端初始张拉力；μ_0 为锚索摩擦系数；R 为锚索半径。

设某一弯段的起始角为 θ_1，终止角为 θ_2，则摩擦力为

$$F = \int_{\theta_1}^{\theta_2} f_i \cdot R \mathrm{d}\theta = \int_{\theta_1}^{\theta_2} \mu_0 T_0 e^{-\mu_0 \theta_1} \mathrm{d}\theta = T_0(e^{-\mu_0 \theta_1} - e^{-\mu_0 \theta_2})$$

正压力（径向力）为

$$P = \int_{\theta_1}^{\theta_2} P_i \cdot R \mathrm{d}\theta = \frac{T_0}{\mu_0}(e^{-\mu_0 \theta_1} - e^{-\mu_0 \theta_2})$$

4　锚索加不同初始张拉力的影响

以座环上锥体 X-Y 平面为例，将正常运行预应力锚索加不同初始张拉力计算结果汇总如表 2 所示。表 2 预应力锚索加不同初始张拉力计算结果汇总如表 2 所示。

表 2　预应力锚索加不同初始张拉力在座环上锥体 X-Y 平面各节点的轴向应力汇总

节点号（$\theta°$）	σ_z（MPa）				相对值 δ（%）
	预应力 0kN	预应力 1500kN	预应力 2000kN	预应力 2500kN	
1（75.6）	3.09	2.95	2.93	2.91	5.90
2（60）	−0.92	−0.94	−0.93	−0.94	
3（45）	2.37	2.00	1.93	1.84	22.30
4（30）	−0.71	−0.80	−0.81	−0.82	
5（15）	1.33	0.85	0.77	0.65	51.00
6（0）	−0.83	−0.95	−0.97	−1.00	
7（−15）	1.04	0.48	0.39	0.25	75.20
8（−30）	−1.10	−1.22	−1.24	−1.27	
9（−45）	1.17	0.65	0.55	0.42	63.60
10（−60）	−1.38	−1.44	−1.44	−1.46	
11（−75）	1.29	0.90	0.80	0.72	44.10
12（−90）	−1.52	−1.52	−1.51	−1.51	
13（−105）	1.01	0.80	0.75	0.72	28.60
14（−120）	−1.33	−1.30	−1.28	−1.27	
15（135）	0.47	0.43	0.47	0.48	−4.10
16（−150）	−0.73	−0.70	−0.69	−0.68	
17（−165）	−0.03	0.05	0.16	0.21	
18（180）	−0.17	−0.16	−0.15	−0.15	

节点号（$\theta°$）	σ_z（MPa）				相对值 δ（%）
	预应力 0kN	预应力 1500kN	预应力 2000kN	预应力 2500kN	
19（165）	-0.28	-0.22	-0.15	-0.11	
20（150）	-0.28	-0.29	-0.29	-0.30	
21（135）	0.91	0.99	1.06	1.10	21.00
22（120）	-0.59	-0.55	-0.53	-0.51	
23（105）	2.52	2.55	2.57	2.60	-3.10
24（90）	-0.57	-0.56	-0.54	-0.53	

注：①表中相对值 δ 的计算公式为 δ =（预应力 0kN 时的 σ_z - 预应力 2500kN 时的 σ_z）/预应力 0kN 时的 σ_z×100%；②竖向预应力锚索的位置是在 θ = -90° ~ +15°。

为了便于比较形象地说明，将正常运行无预应力工况和正常运行工况预应力 2500kN 的平面轴向应力 σ_z 画在一起，如图 2 所示。

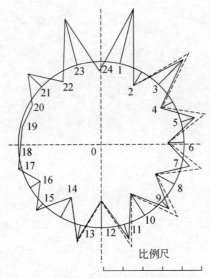

图 2　正常运行工况不同张拉力时的轴向应力 σ_z 比较

——无预应力；---预应力 2000kN

5　主要结论

由表 2 中计算结果和图 2 可以得出如下结论：

（1）座环上锥体的轴向应力的 σ_z 分布沿圆周方向是周期性变化，这是固定导叶的影响，在 X-Y 平面中，有固定导叶处（即奇数点）σ_z 是拉应力，固定导叶之间（即偶数点）σ_z 是压应力。

（2）在进口段 X-Y 平面中，节点位置 23 和 1 拉应力较大，沿两侧逐渐减小，这是因为进口段水压力的作用面积最大。

（3）随着竖向预应力锚索预应力的增大节点 1（θ = 75.5°）~ 节点 13（θ = 105°）

的拉应力减小，离竖向预应力锚索的位置越远减小量的相对值越小，在竖向预应力锚索对应的位置上减小量的相对值为 $\delta=44.1\% \sim 75.2\%$。

（4）随着竖向预应力锚索预应力的增大，节点 15（$\theta=-120°$）~ 节点 23（$\theta=105°$）的拉应力增大，增大量的相对值为 $\delta=3.1\% \sim 21\%$。

水布垭枢纽预留防洪库容的防洪作用研究

游中琼　刘　宁　陈森林　高似春

摘　要：根据长江中游防洪系统的特点，从流域实测和历史洪水中选取有一定代表性的洪水作为典型，在遵循三峡防洪库容分配方案的前提下，建立典型洪水优化调度数学模型，并用模拟算法求解，以确定清江水布垭枢纽预留防洪库容对长江中游地区的防洪作用。结果表明：清江水布垭枢纽预留 5 亿 m³ 的防洪库容对城陵矶地区的防洪作用比较适宜。

1　长江防洪系统概述

1.1　长江荆江地区防洪形势

长江中下游平原地区，尤其是荆江河段，河道泄洪能力不足，两岸地势低矮洼，是长江流域洪水灾害最严重且最频繁的地区。该河段目前的安全泄量为 60 000 ~ 68 000m³/s，尽管在 1954 年发生特大洪水后，对荆江河段进行了大规模防洪建设，提高了该地区的防洪能力。根据实施可持续发展战略对防洪的要求，研究干支流水库防洪库容的作用是必要的。

三峡工程是长江中游特别是荆江防洪的关键工程，是缓解长江中游洪水威胁、减轻荆江河段的防洪负担、防止特大洪水造成荆江河段毁灭性灾害的最有效措施。

清江是三峡坝址至荆江防洪控制点沙市间的主要支流，位于三峡区间暴雨区，清江洪水往往与长江洪水遭遇，从而加重荆江和城陵矶河段的洪水威胁。

1.2　长江中游防洪系统的组成

以三峡为中心的长江中游上段的防洪系统由干支流水库、堤防、分蓄洪区、河道整治工程、湖泊、天然河道等要素组成，其系统概化如图 1 所示。

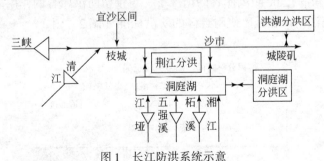

图 1　长江防洪系统示意

原载于：人民长江，1999，30（12）：27-29.

1.3 长江防洪系统的防洪目标

以三峡为中心的长江防洪系统的重要目标如下。

（1）保证荆江地区防洪标准达到 100 年一遇；

（2）当上游出现 1000 年一遇或类似 1870 年洪水时，控制枝城最大流量不超过 80 000m³/s，使荆江河段能在已有分洪工程的配合运用下安全行洪；

（3）在以上两条件下尽量减少城陵矶附近地区分洪量。

1.4 三峡防洪库容的运用方式

三峡水库的防洪库容分为 3 部分，分别用于对城陵矶河段补偿调度、一般洪水对荆江河段补偿调度和特大洪水时对荆江河段补偿调度，此处不作具体介绍。

2 清江预留防洪库容的防洪作用分析

2.1 清江洪水与长江洪水遭遇分析

清江位于三峡至荆江河段的区间地带。其来水大小对三峡水库控制沙市水位及流量有敏感而直接的影响。

根据 40 年实测资料统计，长江宜昌站 7~8 月出现洪峰的概率占全年的 77%，而清江 6~7 月出现洪峰的概率占全年的 55%，因此，两江洪水常有遭遇，并且，15d、30d 的清江洪量占三峡—沙市区间来水的 85% 以上。在历史上，1788 年、1860 年、1883 年长江、清江同时发生大洪水；在近代，1935 年、1954 年长江发生大洪水，清江也发生了大洪水。以 1935 年洪水为例，当年 7 月 7 日宜昌最大洪峰流量为 56 900m³/s，但与清江洪水遭遇后，城陵矶合成洪峰流量超过 100 000m³/s，荆江大堤得胜台溃决，这说明清江洪水对长江防洪威胁较大。

2.2 水布垭预留防洪库容的防洪作用分析

清江干流的控制性工程——水布垭水利枢纽，在三峡水利枢纽建成后和隔河岩枢纽为长江防洪预留 5 亿 m³ 防洪库容的情况下，再预留防洪库容的作用表现如下。

（1）提高荆江河段和城陵矶附近区的防洪标准（图 2、图 3）。

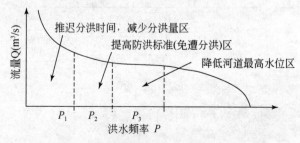

图 2　水布垭预留防洪库容作用示意

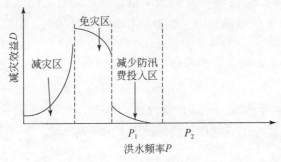

图3 水布垭预留防洪库容减灾效益示意

（2）推迟荆江地区和城陵矶附近地区分洪时间、减小分洪量。清江和长江洪水遭遇时，在三峡水库补偿调度后，如两地区仍需分洪，水布垭预留防洪库容可推迟分洪时间和减少分洪量。

（3）降低河道最高水位、减少长江中游广大地区的防汛费用。

根据本防洪系统的特点，在长江实测及历史洪水中，选取1931年（宜枝区间来水较小、上游来水较大）、1935年（宜枝区间来水较大、上游来水较小）、1954年和1998年（宜枝区间和上游来水均较大）等4次有一定代表性的洪水作为本项研究的洪水原型，应用"典型洪水优化调度数学模型计算法"，在三峡枢纽用完防洪补偿库容后，定量分析水布垭枢纽预留防洪库容的作用。

3 长江中游防洪系统典型洪水优化调度模型

3.1 系统分解分析

针对长江中游防洪系统要素特性及空间分布特点，按大系统递阶控制原理，将该防洪系统分解为如下两个子系统：子系统1由三峡水库及下游4座支流水库组成。4座支流水库在满足自身防洪要求的前提下，配合三峡水库联合调控洪水；子系统2是由宜昌以下的长江河道及洞庭湖共同组成的江湖天然调蓄系统。自宜昌至城陵矶的江湖洪水演进计算结果将显示出荆江地区及城陵矶附近区是否成灾及洪灾损失大小。基于上述防洪系统的分解，分别对各子系统建立数学模型。

3.2 数学模型

3.2.1 目标函数

本防洪系统存在两个防洪保护区：荆江地区及城陵矶附近区。设以 Q_{A1}、Q_{A2} 分别代表荆江和城陵矶地区的安全流量。在正常行洪条件下，应有

$$Q_1(t)+F_1(t') \leqslant Q_{A1} \tag{1}$$

$$Q_1(t)+F_2(t'') \leqslant Q_{A2} \tag{2}$$

式中，$Q_1(t)$ 代表三峡水库 t 时刻的泄流量；$F_1(t')$ 代表宜昌到沙市区间入流量

（含隔河岩水库的下泄流量）；$F_2(t'')$ 表示宜昌到城陵矶区间入流量（含隔河岩及洞庭湖水系 3 座水库的下泄流量）；t'、t'' 表示考虑流达时间与 t 相应（即同时到达）的时刻。

鉴于三峡水库对洪水的主导调控作用，可将式（1）、（2）综合表示为

$$QY(t) = \min\{[Q_{A1}-F_1(t')],[Q_{A2}-F_2(t'')]\} \tag{3}$$

式中，$QY(t)$ 为三峡水库允许的泄流量（m^3/s）。

对于一次洪水过程处于安全行洪或分洪成灾的不同阶段，采用不同的目标函数。

（1）非成灾阶段：

$$Z_1 = \min\left\{\left[\sum_t (Q_1(t) - QY(t))\right]^2\right\} \tag{4}$$

（2）超载水量阶段：

$$Z_1 = \min\left\{\sum_{t=t_1}^{T1}[Y_1(t) + Y_1(t+1)]/2 \cdot \Delta t + \sum_{t=t_2}^{T_2}[Y_2(t) + Y_2(t+1)]/2 \cdot \Delta t\right\} \tag{5}$$

式中，$Y_1(t)$，$Y_1(t+1)$，$Y_2(t)$，$Y_2(t+1)$ 分别表示荆江地区和城陵矶附近区 t 时段初、末的分洪流量；t_1、T_1、t_2、T_2 分别表示荆江地区和城陵矶附近区分洪的起、止时刻。

3.2.2　约束条件

（1）水量平衡方程

$$V_i(t+1) = V_i(t) + [\bar{I}_i(t) - \bar{Q}_i(t)] \cdot \Delta t \tag{6}$$

式中，i 为水库序号（$i = 1, 2, \cdots, 5$）；$I_i(t)$、$Q_i(t)$、$V_i(t)$ 分别表示 i 水库 t 时段初的入库流量及出库流量、水库蓄水量；$\bar{I}_i(t) = [I_i(t) + I_i(t+1)]/2$；$\bar{Q}_i(t) = [Q_i(t) + Q_i(t+1)]/2$。

（2）下泄能力约束

$$Q_i(t) \leqslant f_i[V_i(t)] \tag{7}$$

式中，$f_i(\cdot)$ 表示 i 水库的泄流能力曲线。

（3）库容约束

$$0 \leqslant \sum_{i=1}^{t}(Q_{in,i}^{SX} - Q_{out,i}^{SX})\Delta t \leqslant V_{SX} \tag{8}$$

$$0 \leqslant \sum_{i=1}^{t}(Q_{in,i}^{QJ} - Q_{out,i}^{QJ})\Delta t \leqslant V_{QJ} \tag{9}$$

$$0 \leqslant \sum_{i=1}^{t}(Q_{in,i}^{DTH} - Q_{out,i}^{DTH})\Delta t \leqslant V_{DTH} \tag{10}$$

式中，$Q_{in,i}^{SX}$、$Q_{out,i}^{SX}$、$Q_{in,i}^{QJ}$、$Q_{out,i}^{QJ}$、$Q_{in,i}^{DTH}$、$Q_{out,i}^{DTH}$ 分别为第 i 时段三峡、清江、洞庭湖水系 4 库入库、出库流量；V_{SX}、V_{QJ}、V_{DTH} 分别为该次洪水中，三峡、清江梯级以及洞庭湖水系 4 库预备动用的防洪库容；Δt 为时段长。

（4）水库综合利用约束

$$Q'_i(t) \leqslant Q_i(t) \leqslant Q''_i(t) \tag{11}$$

式中，$Q'_i(t)$、$Q_i(t)$、$Q''_i(t)$ 分别表示 i 水库 t 时刻最小、最大下泄流量。

3.3　系统的模拟算法

采用模拟算法求解上述防洪调度数学模型式(3)~式(11)。基本做法是：在满足各种约束条件下，按合理拟定的各水库调洪规则进行一场洪水的模拟运行操作，得出联合运行的目标函数指标值——分洪水量。

根据系统的组成特点，在拟定各水库联合调度的调洪规则时，应重点突出三峡水库的主导作用。各支流水库的调洪规则首先应满足自身的防洪要求，然后根据与干流洪峰遭遇的情况采取近似于错峰运行的调洪方式。

3.4　防洪系统的总体演算

清江梯级水库的补偿调度方式为：三峡水库按其对城陵矶的补偿调度方式对上游洪水控制后，如荆江和城陵矶地区仍须分洪，则清江梯级水库按隔河岩发电装机过流量（1000m³/s）对清江洪水进行控制。

根据以上原则，对防洪系统按下列程序进行总体演算：

第 1 步：不考虑清江梯级预留防洪库容。用模拟算法初步界定荆江地区和城陵矶附近区成灾水量的大小及成灾阶段。

第 2 步：考虑清江隔河岩防洪库容。按自身要求进行调洪计算，若防洪库容用完，说明清江要承担自身防洪任务，转到第 3 步；否则，考虑荆江地区和陵矶附近区的成灾期，提前 4~5d 对清江洪水进行拦洪，充分利用清江的防洪库容拦蓄洪水，减少宜沙区间入流。

第 3 步：利用第 1、2 步计算所得到的三峡、洞庭湖四水以及清江出流进行洪水演进计算，得到不考虑水布垭预留防洪库容时，荆江地区和城陵矶附近区超载水量的大小及成灾阶段。

第 4 步：考虑水布垭预留防洪库容，重复第 2、3 步计算。得到加上水布垭预留防洪库容之后荆江地区和城陵矶的超载水量的大小及成灾阶段，验证防洪效果。

在完成第 4 步计算之后，分析防洪系统总体演算成果的合理性，提出改善的意见并进行尝试。

4　计算成果及分析

通过对 1931 年、1935 年、1954 年（1998 年）3 种实际典型洪水进行系统演算，在三峡水利枢纽建成后和隔河岩枢纽为长江防洪预留 5 亿 m³ 防洪库容的情况下，水布垭水利枢纽预留防洪库容的防洪作用如下。

4.1　提高荆江地区的防洪标准

三峡工程建成后，荆江地区的防洪标准为 100 年一遇。清江梯级（水布垭和隔河岩枢纽）预留防洪库容控制宜沙区间大部分来水，可使荆江地区的防洪标准得到进一步提高。以三峡初设中所采用的 100 年一遇洪水（1954 年型），按 30d 洪量放大成 110 年、120 年、130 年一遇洪水，然后再按清江配合三峡对荆江进行补偿调节，经调洪计算，清江梯级 5 亿 m^3、10 亿 m^3、15 亿 m^3 防洪库容方案，分别可使荆江地区的防洪标准提高到 112 年、117 年、119 年一遇，计算成果见表 1。

表 1　清江不同防洪库容方案提高荆江河段防洪标准

清江防洪库容（亿 m^3）	提高荆江防洪标准到（a）
5（水布垭：0）	112
10（水布垭：5）	117
15（水布垭：10）	119

由表 1 可见，预留防洪库容越大，防洪标准越高。但随着预留防洪库容的增大，提高荆江防洪标准的幅度越来越小。

4.2　荆江地区遇 100 年一遇以上洪水，可推迟荆江分洪时间

在三峡工程建成后，若荆江地区发生 100 年一遇以上洪水，还需动用分蓄洪工程，才能确保荆江大堤安全，但由于分蓄洪区经济的快速发展，分洪损失很大。清江预留防洪库容后，当荆江地区发生大洪水需要分洪时，可动用清江梯级水库防洪库容，拦蓄清江来水，推迟荆江分洪时间，为抗洪抢险及生命财产转移赢得时间。如荆江发生 1000 年一遇洪水（1954 年型），清江梯级不同防洪库容方案推迟荆江分洪时间见表 2。

表 2　清江不同防洪库容方案推迟荆江地区分洪时间

清江防洪库容（亿 m^3）	推迟分洪时间（日）
5（水布垭：0）	0.4
10（水布垭：5）	0.7
15（水布垭：10）	0.8

4.3　减少荆江地区和城陵矶附近区的分洪量

通过对 1931 年、1935 年、1954 年（1998 年）3 种实际典型洪水进行系统演算，荆江地区和城陵矶附近区的分洪量如表 3 所示。

表 3　荆江地区和城陵矶附近区分洪量计算成果　　　　　　　（单位：亿 m^3）

年份	无清江梯级		5 亿 m^3（水布垭：0）		10 亿 m^3（水布垭：5）		15 亿 m^3（水布垭：10）	
	荆江分洪量	城陵矶分洪量	荆江分洪量	城陵矶分洪量	荆江分洪量	城陵矶分洪量	荆江分洪量	城陵矶分洪量
1931	0	29.0	0	26.5（2.5）	0	26.4（2.6）	0	26.4（2.6）
1935	0	35.2	0	30.8（4.4）	0	28.3（6.9）	0	26.7（8.5）
1954	29.4	173.3	26.2（3.2）	168.7（4.6）	23.1（6.3）	165.4（7.9）	22.5（6.9）	164.1（9.2）
1998	3.8	27.2	0.5（3.3）	23.1（4.1）	0（3.8）	19.7（7.5）	0（3.8）	18.2（9.0）

注：表中（　）内的数据为荆江地区和城陵矶附近地区减少的分洪量。

从表中可看出，清江不同防洪库容方案对各典型洪水的作用是不同的。对 1935

年、1954 年或 1998 年型洪水，荆江地区和城陵矶附近地区所减少的分洪量较大；而对 1931 年型洪水，水布垭预留防洪库容作用不大。这说明：对于长江发生全流域型洪水和下游型洪水时，清江预留防洪库容对减少荆江地区和城陵矶附近地区分洪量具有显著的作用。但随着预留防洪库容的增大，减少的分洪量越来越小。

　　从表中还可以看出，在隔河岩已预留 5 亿 m^3 防洪库容的情况下，水布垭再预留 5 亿m^3 的防洪库容仍能起较大的防洪作用，但水布垭再预留 10 亿 m^3 的防洪库容所起的防洪边际作用则相对不大明显。因此，清江水布垭枢纽对长江中游地区防洪以预留 5 亿 m^3 防洪库容比较适宜。

清江隔河岩大坝重（推）力墩设计

刘 宁

摘　要：隔河岩大坝为上重下拱坝型，因受坝址左岸地形与地质构造缺陷的限制，为不使拱推力影响垂直升船机与闸首，设计中采用了设置重力墩（23～26 号坝段）承力的方案。重力墩顺轴线长 80～87m，沿轴线深 74.36～85.81m，每坝段场设纵缝，灌浆至 150m 高程时与拱坝连成整体，以承受拱推力并作挡水坝段。相应的设计研究分析了抗滑稳定性、重力墩在整体结构中的受力状态，并利用加固后的地质力学模型模拟了重力墩的承载情况。重力墩结构分析表明，设计研究成果是安全可靠的，并经过 1998 年大洪水的考验，说明包括重力墩在内的大坝整体结构设计是合理的。

1　概述

隔河岩水利枢纽位于长阳县城上游 9km 处，是清江干流梯级开发的一期工程，也是清江干流三大梯级中的第二个梯级，其主要任务是发电、防洪和航运。该枢纽泄洪建筑物布置在河床，隧洞引水式电站位于右岸；两级垂直升船机和施工导流隧洞布置在左岸。电站装机 4×30 万 kW，二回 200kV，二回 500kV 出线；年发电量 30.4 亿 kW·h，保证出力 18.7 万 kW；高升程二级垂直升船机通航规模为 300t 级，年通过能力为 340 万 t。

大坝坝顶全长 665.45m，最大坝高 151m，$P = 0.1\%$ 设计洪水入库洪峰流量为 22 800m³/s，$P = 0.01\%$ 校核洪水入库洪峰流量为 27 800m³/s，总库容 34 亿 m³，防洪库容 8.7 亿 m³，正常蓄水位 200m。防渗帷幕线路总长 1.5km，总进尺超过 20 万 m。除左岸的帷幕边线置于远河地段的相对不透水岩层中外，其余各段均深入隔水层石牌组页岩中。

2　大坝结构分析与重力墩结构布置

2.1　坝体布置

隔河岩大坝设计采用了三圆心斜封拱上重下拱的新型重力拱坝，坝面弧线全长 665.45m，坝顶高程 206m，建基面最低高程 55m，最大坝高 151m。大坝共分 31 个坝段，自右至左 1～6 号坝段为重力坝；7～22 号坝段上部为重力坝、下部为重力拱坝（右岸封拱高程 160m，左岸高程 150m，中部封拱高程 180m）；11～18 号坝段为溢流坝段，设有 7 个 12m×18.2m 的表孔，4 个 4.5m×6.5m（出口控制段）的深孔，2 个

原载于：人民长江，2000，31（3）：12-14。

4.5m×6.5m 的检修放空底孔，表孔和深孔用来宣泄千年一遇设计洪水，下泄流量 20 900m³/s，万年校核洪水下泄流量 23 900m³/s；2 个底孔在施工期用于二期导流，完建后可用于检修放空水库（排沙运用水位为 140m）；1997 年经过论证，实施封堵。由于左岸坝肩 130m 高程到上岸坡变缓，需设置重力墩为该坝一部分，因此 23 ~ 26 号坝段为重力墩，27 号坝段为过坝建筑物，28 ~ 31 号坝段为重力坝。

2.2　大坝结构分析

坝体弹模 200×10⁴t/m²，线胀系数 10⁻⁵/℃，混凝土容重 2.45t/m³。

封拱高程以阶梯形简化，坝体均按 13 拱 29 梁计算，其中河床布置 3 根梁。

计算网络中将重力墩简化成坝肩岩坡地基予以模拟，计算成果如图 1 ~ 图 3 所示。

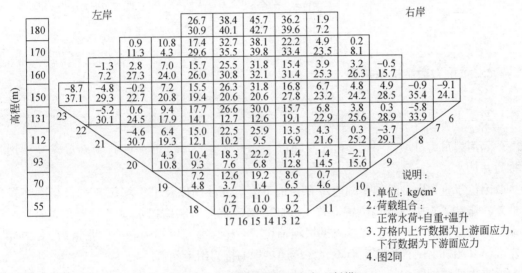

图 1　上、下游面拱向正应力（斜拱）

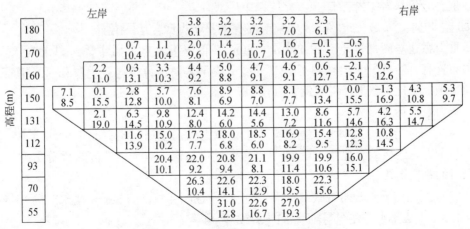

图 2　上、下游面梁向正应力（斜拱）

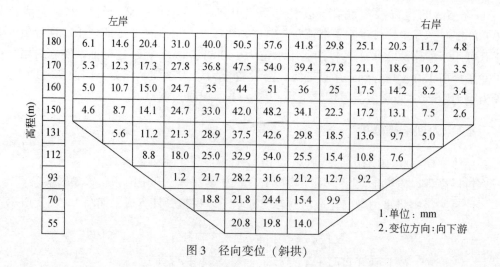

图 3　径向变位（斜拱）

2.3　重力墩结构及承载

2.3.1　重力墩结构设计

隔河岩重力拱坝因左岸 130m 高程以上地形平缓，需设重（推）力墩以承受拱坝推力并挡水。

因位于重力墩轴线的基础前缘存在地下岩溶漏斗，以及平善坝区灰页岩互层（岩性差）限制了重力墩轴线位置上移。因此，确定重力墩结构挡水前缘面为直立面，右端与重力拱坝轴线相切，切点与拱坝坝轴线圆心连线离开拱坝中心线的张角为 31.77°；左端与升船机上闸首相联，但不允许传递拱坝的推力给上闸首。

重力墩顺轴线向长 80~87m，沿轴线的垂向高 74.36~85.81m，分 4 个坝段，每个坝段均设有纵缝，后灌浆至 150m 高程与拱坝连成整体。

重力墩建基岩体内有 f_8、f_{302} 夹层，中后部有 F_{10}、F_{10-1} 断层切割；其中 f_8、f_{302} 走向 NE80°，倾向上游 27°，在第 23 坝块前部有平善坝灰页岩互层出露。

重力墩建基面最低点高程 113m。150m 高程以下为重力墩本体，以上为重力坝。坝顶布置有升船机门库；第 23 坝段还布置有隔河岩防汛自备电厂进口和引水钢管，进口位于坝前悬挑牛腿上，引水钢管直径 2m（图 4）。

重力墩设计要点如下：

（1）右端与重力拱坝平顺连接。为保证重力拱坝坝型完整，改善坝体应力，保持拱坝与重力墩连接的合理性，在 23 号坝段，使拱端嵌入重力墩，嵌入部分留宽槽以改善两者的刚度衔接。

（2）左岸与垂直升船机联结。重力墩与升船机上闸首间设 3cm 宽永久缝，布置有 3 道止水、1 道排水，连线与轴线垂向成 22°夹角。

（3）确保承载拱坝推力效果。为改善重力墩的承推能力，将 24 号坝段两条纵缝，25 及 26 号坝段下游一条纵缝改成斜向缝，斜度平均为 15.24°，离开轴线方向斜向上游。

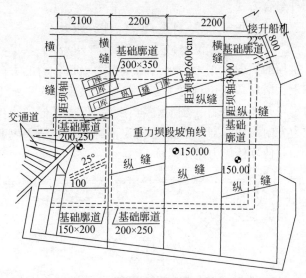

图4　隔河岩重力墩结构平面布置

（4）基础处理。结合坝基不稳定块体的处理，针对重力墩的抗滑稳定状态，沿 f_{302} 夹层、f_8 夹层和 F_{10}、F_{10-1} 断层设阻滑键和传力洞塞，以强化基础的稳定性。

2.3.2　抗滑稳定分析

（1）沿建基面的抗滑稳定及应力分析。按抗剪断条件计算 K_c，考虑拱坝在受荷控制工况下 $K_c>3.5$，其中 $\tan\varphi=1.2$，$c=12.0\text{kg/cm}^2$；考虑重力墩及其上重力坝自重、水推力及拱坝梁、拱轴径向力，算得 $K_c=4.8$。

四角点垂直应力为

$$\sigma_{z_1}=40.3\text{t/m}^2（右上），\quad \sigma_{z_2}=111.0\text{t/m}^2（右下）$$
$$\sigma_{z_3}=56.5\text{t/m}^2（左上），\quad \sigma_{z_4}=140.2\text{t/m}^2（左下）$$

（2）依深层抗滑计算条件求 K_c。对 F_{10-1} 上盘，有纯摩：$K_c=1.61>1.2$；抗剪断：$K_c=1.70<3.5$（没考虑混凝土置换处理）；滑动方向约：NE64.6°。

设计混凝土置换面积约 1700m^2，若取混凝土阻滑键 $f=1.0$，$c=300\text{t/m}^2$ 计算，$K_c=3.92>3.5$。

2.3.3　三维有限元分析重力墩受力状态

计算程序采用中国科学院武汉岩土力学研究所编制的 JRNA3 三维非线性有限元程序，坝体采用 20 结点等参元离散，坝基采用 8 结点等参元离散，与坝体邻接的部位以变结点等参元过渡。

计算模型东西长 1400m，南北宽 900m（坝轴线上游 300m，下游 600m），高 600m。包括 20 结点等参元 117 个，8 结点和变结点等参元 1311 个，描述夹层和断层等不连续结构面的节理等参元 417 个，结点总数 3280 个（其中坝体结点 954 个）。计算模型底面固定约束，坝基四周设滑动支座。计算坝体封拱高程，两拱端由高程 150m 起始；中部封拱高程 180m。

荷载有以下两种组合方式：

正常水位+自重+温降+泥沙压力

正常水位+自重+温升+泥沙压力

计算中发现，拱坝的拱向水平力经坝肩传至重力墩后，力的方向沿重力方向转换为作用在地基岩体上，墩左端变位近乎为零，避免了拱坝肩水平推力直接作用在坝肩基岩上或直接传力影响升船机闸首。坝肩基岩存在顺河向并倾向山里的断层裂隙，滑移方向大体与拱推力方向一致，对坝肩稳定极为不利。计算结果表明重力墩有效地承担和分解了坝肩推力并使坝体应力趋于对称（图5）。

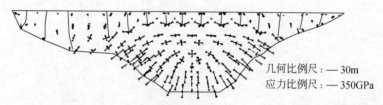

几何比例尺：—— 30m
应力比例尺：—— 350GPa

图5　不同灌浆高程拱坝下游主应力分布

2.3.4　用结构模型分析重力墩的承载状况

1989年1月和7月，长江科学院对隔河岩重力拱坝作了三维静力模型试验研究。模型比尺为1∶200，采用石膏模型，进行了水压状态下以及水压加自重状态下的模拟试验。

结构模拟范围为：深度为2倍坝底宽度至80m高程；向上游模拟至坝轴线上游83m处，向下游至坝轴线下460m处。上下游方向相当于原型540m，左右岸方向相当于原型840m处。上游基础为自由边界，其余均为固定边界。模拟地质构造有断层F_{10}、F_{12}、F_4、F_{16}、F_{173}，夹层有301、302，采用千斤顶分块加荷。在正常水压状态下（因石膏模型模拟自重困难，难以达到均匀自重应力场），从整个坝体应力来看，它的分布规律表明：由于重力拱坝左岸重力墩的设置，改善了地形不对称的对应力的影响。

2.3.5　利用加固后地质力学模型，分析重力墩的承载

1991年11月，长江水利委员会长江科学院所做的地质力学模型试验，模拟了水压+自重+泥沙压力+帷幕前水压及F_{10}、F_{25}、F_{173}、F_{12}、F_{13}、F_{16}、F_4、F_{186}8条断层和201、301、302、401 4条夹层承载状态。基础模拟取1.2倍坝底宽度，上下游方向相当于原型540m，左右岸方向相当于原型840m，模型边界上游为自由边界，左、右及下游用固定支承。模拟的加固处理设计方案为：①在左岸302夹层，深层处埋设6个阻滑键；②在右坝肩301夹层，设3个阻滑建，F_4断层设2个传力洞；③对右岸F_{16}断层和320夹层、302夹层设4个阻滑键，F_{16}断层设3个传力洞。

测点19和测点18系布设于重力墩基础部位的应变测点，具有非常关键的代表性，从测得的资料分析，测点19的应变始终比测点18稍大，说明重力墩的变形方面基本沿45°方向向山体内变形。在超载6.5倍载荷后变形没有明显拐点，说明变形加快。试验结果表明，基础经加固处理后，整个坝体变形基本对称，但由于两岸地形上的差异，

坝体最终变形左岸比右岸稍大。这主要是左岸山体平缓、岩体变模较低的原因。地基加固处理后，坝体及地基超载能力较大。

3　重力墩结构分析

重力墩结构分析采用 8 结点六面体单元，部分采用四面体和五面体单元，单元总数 1366 个，结点总数 1876 个。取重力墩高 80m，沿坝轴线方向长 87m，沿水流方向宽 82.5m，取建基面以下深 160m，沿坝轴线方向 240m，沿水流方向 240m。边界约束条件为：有限元模型的底面各结点为全约束，基岩四周界面的法向位移取零，三维非线性有限元分析采用相关联弹塑性增量理论，即

$$\{d\sigma\} = [Dep]\{dz\} = ([De] - [Dp])\{dz\}$$

式中，$[Dep]$ 为弹塑性矩阵，$[De]$ 为弹性矩阵，$[Dp]$ 为塑性矩阵。

通过分析，需要弄清的问题为：①重力墩分缝在拱坝和库水作用下是否会脱开；②灌缝质量对重力墩稳定的影响；③什么样的分缝形状和位置对重力墩的安全更有利。

分析中共建立了 8 个模型，计算得出重力墩最大水平位移 4.943mm，最大全位移为 6.145mm，重力墩坝踵的最大主拉应力分布在踵部的右侧与重力拱坝邻接处，最大主拉应力为 12.165kg/cm^2。比较 8 个模型的计算结果，得出下述结论：

（1）上游分缝的位置越靠近重力墩上游面，其墩顶位移越大；上游分缝的形状为折线形时，墩顶具有较小位移；

（2）重力墩下游分缝的位置距上游面近者，其墩顶位移较大，若两模型上游分缝形状位置相同，且下游分缝位置的范围相同，而形状不同，则两模型的位移接近；

（3）上游纵向分缝的位置靠近重力墩上游面有较大拉应力；下游纵向分缝位置距上游面较近的模型有较大的拉应力；

（4）若下游分缝的形状和位置相同，则上游分缝为折线缝的模型，其坝踵最大主拉应力随上游分缝到墩上游面距离增大而减小的幅度较大；若两模型的上游分缝全同，且下游分缝布置的范围相同，而形状不同，则两模型的坝踵最大主拉应力接近；

（5）重力墩最大主拉应力较小的模型有较大的拉应力区，而最大主拉应力较大的模型有较小的拉应力区；

（6）引进安全度的概念，则现行设计实施方案整体安全度的极小值在 4.4 以上，结构缝的整体安全度极小值在 2.3 以上；

（7）设置折（斜）缝，几乎可避免剪切破坏区发生；合理调整分缝的形状和位置，能够减小缝面的拉裂破坏区和塑性区范围，使重力墩的整体安全度得以提高（重力墩灌缝拉裂破坏的模型效果见图 6）。

4　结语

（1）根据隔河岩大坝设计中遇到的特定地形和地质条件，设置左岸重（推）力墩，

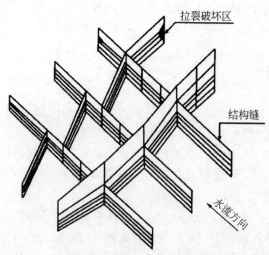

图 6　重力墩灌缝拉裂破坏区示意

改善了整个大坝的受力状态，作用效果是显著的。

（2）在重（推）力墩的结构设计中进行了大量的分析计算，采用了较合理的结构型式。经过多年的运行考验，特别是经受了 1998 年汛期大洪水的考验，充分表明隔河岩大坝是安全可靠的，也证明了重力墩的结构设计研究是合理的。

预应力混凝土蜗壳三维仿真材料结构模型试验研究

何文娟　刘　宁　宋一乐　符志远　熊德炎　刘晓刚

摘　要：采用三维仿真材料结构模型试验，研究了高坝洲水电站预应力混凝土蜗壳在预应力、竖向荷载、内水压力及温度荷载作用下的应力分布情况，论证了在混凝土蜗壳这一结构复杂、限裂要求高的建筑结构中采用预应力先进技术的必要性、可行性和优越性。

1　概述

高坝洲水电站装机 3 台，单机容量 84MW，最大引用流量 288.7m³/s。主厂房高 65m，宽 61.2m，标准机组段沿坝轴线方向的长度为 24m。正常运行工况下水头为 39.5m。由于在国内首次将预应力技术用于水电站混凝土蜗壳的设计，且蜗壳结构复杂，预应力的实施技术难度大，有必要进行模型试验研究验证预应力计算分析成果。为此，采用与原型一致的钢材和混凝土制作了一个 1∶15 的三维仿真材料结构模型，对在预应力、竖向荷载、内水压力、温度荷载单独作用及各荷载组合作用下蜗壳的受力情况进行了仿真模拟，对这些荷载作用下的蜗壳结构的应力分布、蜗壳混凝土的抗裂能力进行了研究，论证了采用预应力混凝土蜗壳技术的必要性、可行性和优越性。

2　模型设计、制作及加载量测系统

2.1　模拟范围及边界条件

取一个机组段（长 24m）为模拟对象，模型两侧为自由表面，模型上、下游界面为沿机组中心线往上游方向取 15.4m、往下游方向取 12.5m。上、下游方向去掉的部位对模型的约束，用混凝土墩模拟。模型顶部高程取在水轮机层即▽44.48m 处，为自由表面。模型底部高程在蜗壳进口断面以下 4m，即▽24.93m 处，包括了尾水管的直锥段。为防止模型刚体位移，在模型底部设计界面以下再浇 0.3m 厚的混凝土基础，并设锚筋，以保证模型底部位移为零。模型蜗壳座环的上下环和固定导叶，分别采用钢板加工成上下圆环和钢筋来模拟，并锚固在模型混凝土的相应部位。模型设计图如图 1 所示。

2.2　模型比例、材料及制作

模型设计原理是使模型满足相似定理所要求的必要与充分条件，即模型与原型必

原载于：人民珠江，2000，(5)：9-14。

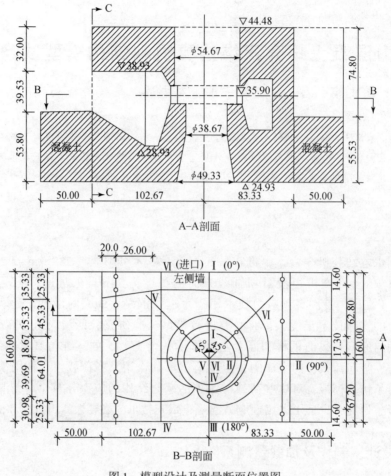

图 1　模型设计及测量断面位置图

单位：cm；○——加载点

须满足相同的平衡方程、几何方程、物理方程和边界条件。模型比例尺 $C_L = 15$。

　　模型选用和原型相同的钢筋和混凝土。混凝土的 28d 技术指标为 C_{25}、S_6，采用 I 级配混凝土，425 号普通硅酸盐水泥，石子粒径 $0.5 \sim 2 \mathrm{cm}$。材料试验测得混凝土抗压强度为 33.10MPa，弹模为 3.60×10^4 MPa，抗拉强度为 1.82MPa。材料弹簧相似常数 $C_E = 1$，并取荷载相似常数 $C_{\bar{X}} = 1$，可以推得 $C_p = 225$，$C_R = 1$，$C_p = 15$。机墩荷载、蜗壳顶板及边墙自重采用在顶板上增设附加重量来模拟。

　　模型蜗壳内外层受力钢筋采用 $A_3 \phi 6$ 光面圆钢筋，按原型含筋率配筋。预应力锚索采用 II 级 $\phi 12$ 光面圆钢筋，满足施加预应力的要求。

　　在模型混凝土浇筑前，制作了精加工的木质蜗壳内模，上下座环及固定导叶用厚度为 1cm 的钢板加工成型，受力钢筋网被绑扎固定在蜗壳相应位置。

　　预应力钢筋加工比较复杂，原型蜗壳中在流道外侧沿高程布置有水平方向呈开口马蹄形的环向预应力锚索，共 8 根。根据荷载等效原理，模型采用 4 根 II 级 $\phi 12$ 的光面圆钢筋模拟锚索。原型蜗壳中 0°断面到 90°断面的 1/4 圆弧范围内，布置有 19 根竖向预应力锚索。按等效原理，模型采用 9 根 II 级 $\phi 12$ 的光面圆钢筋模拟。环向预应力钢筋用地模加个成型，在其上布置测点后，外套 φ20 的波纹管；在竖向预应力钢筋上布置测点后外套 φ20 的铝合金管。预应力钢筋加工好后，固定在模型的相应部位。模型预应力钢筋布置见图2。

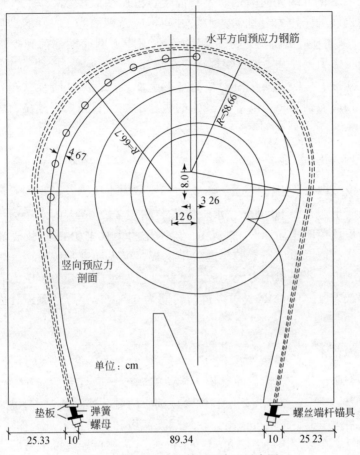

图2　模型预应力钢筋平面布置示意图

模型混凝土按设计要求分两期浇筑：将一期混凝土浇筑到蜗壳流道的侧墙，常温下养护 7d 后拆除内模，风干表面后布置内表面测点，蜗壳顶板和模拟上、下游墙体对蜗壳约束作用的混凝土墩为二期混凝土；第一次预应力试验完成后浇筑二期混凝土，养护 28d 后拆模，再布置表面应力测点。

2.3　加载系统

2.3.1　竖向荷载

考虑到支承在蜗壳顶板上的上、下游墙体重量和机墩传来的竖向荷载，为便于加载，均按竖向分散集中荷载模拟，由安装在模型顶部和加工架之间的油压千斤顶实现。共有 22 个加载点，每点按 0.5t 逐级施加，每级持荷时间 0.5 ~ 1h，以达到各点的额定荷载值为准。

2.3.2 锚索预应力

原型中蜗壳水平方向和竖向锚索的单根张拉力均设计为2000kN，采用后张法施工。模型采用φ12的Ⅱ级光面圆钢筋代替锚索。根据相似常数 $C_p = 225$ 可计算出模型上单根预应力钢筋的张拉力分别为：水平方向预应力钢筋为17.80kN，竖向预应力钢筋为18.8kN。施加预应力的方法是采用固定在预应力钢筋端部的螺丝端杆锚具来实现。水平方向预应力钢筋共4根，每根钢筋在端部有2个加载点，共8个加载点。竖向预应力钢筋共9根，每根钢筋在模型顶部有1个加载点，共9个加载点。施加预应力时，分别对各预应力钢筋交替以每次3kN的级差增加，直到单根预拉力均达到模型设计吨位为止。

2.3.3 内水压力

采用气压模拟内水压力。根据 $C_{\bar{X}} = 1$ 知，模型内水压力与原型内水压力相等。正常运行甩负荷时上游水位80.00m，水轮机安装高程35.90m，内水压力为0.441MPa；校核洪水运行甩负荷时上游水位82.90m，内水压力为0.470MPa。蜗壳流道内表面经多次严格防漏气处理后为加压空腔，进口用钢板、橡皮和密封胶封堵。内水压力加载系统由空气压缩机、管路和压力表构成。试验过程通过气压开关、压力表控制逐级加载和卸载。加载级差为0.1MPa，每级持荷时间为0.5～1h，以达到设计内水压力额定值为准。

2.3.4 温度荷载及温度场

蜗壳为一个典型的不对称空间结构，无法对温度场进行大的简化，因此，要求按设计温度荷载模拟一个三维温度场。在蜗壳顶部、两侧墙外侧和上、下游端部均用3～5cm的泡沫板制作了上、下层外风道，在绕蜗壳流道和上游进口处制作了一个内风道，以此形成温度场。在风道内设置了40个250W的电炉，自动温度调节器可以控制电炉开、关，使内外风道的热风密封循环，形成蜗壳夏季运行温度场和冬季运行温度场。试验时，XMT数字显示仪可以在整个试验过程中显示温度场的温度。

夏季温度荷载为：顶板平均温升16℃，外高内低，内外温差5℃；侧墙平均温升13.5℃，外高内低；下游墙温差5℃，两侧墙温差0℃。冬季温度荷载为：顶板、侧墙、下游墙一律平均温降12.5℃，内外温差为0℃。

2.4 量测系统

模型结构应变采用电测法测量，其框图如图3所示。

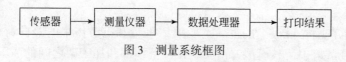

图3 测量系统框图

竖向荷载、内水压力及预应力测量中的传感器采用电阻应变片。混凝土表面应变片栅长一般为最粗骨料粒径的3倍，粘贴成"应变花"。预应力钢筋上的电阻片沿预应力钢筋长度方向布置，处于单向受力状态。

温度荷载试验时的传感器采用自补偿温度应变计，粘贴在短钢筋上，以便固定在混凝土内的测点处。先将温度补偿应变计粘贴在短钢筋上，然后封蜡，与工作应变计布置于同一处，以满足其在温度试验时不受力的要求，同时又满足与温度应变计处于同一温度环境的要求。最终模型混凝土温度应力可以根据混凝土弹模、钢筋弹模及短钢筋的实测温度应变值求得。

测量仪器采用武汉水利电力大学制造的 256P 微机扫描静态电阻应变测量系统。测点布置为：沿流道共布置有 4 个测量断面：Ⅰ-Ⅰ断面位于 0°处，Ⅱ-Ⅱ断面位于 90°处，Ⅲ-Ⅲ断面位于 180°处，Ⅳ-Ⅳ断面位于蜗壳进口处（图 1）。

各断面测点沿流道横断面内、外表面的周边布置为：应变片的粘贴均沿竖向、环向和径向；预应力钢筋上电阻片的粘贴均沿钢筋长度方向；同时，各断面侧墙（下游墙）及顶板的中部还布置了温度应变片和电阻式温度计。

3　试验结果及分析

3.1　预应力锚索的传力机理

对蜗壳模型水平向开口马蹄形预应力钢筋施加预应力的方法是用固定在预应力钢筋直线段部分端部的螺丝端杆锚具对钢筋施加预拉力，并引起直线段钢筋的拉伸变形。同时，螺丝端杆锚具通过垫板挤压侧墙端部混凝土，借以向内传送压力。另外，由于直线段钢筋拉伸变形引起圆弧段的拉伸变形，使蜗壳流道外左、右侧墙和下游墙中的孔道壁受到环向拖曳力和径向挤压力的作用。蜗壳竖向应力钢筋为直线型，也是采用固定于竖向钢筋上端的螺丝端杆锚具对竖向钢筋施加预拉力，从而使蜗壳 0°~90°断面圆弧范围内的左侧墙和下游墙受到竖向预压力的作用。

3.2　施工期预应力蜗壳受力情况

施工期预应力于蜗壳顶板浇筑前施加，通过对混凝土蜗壳水平向和竖向预应力钢筋施加预拉力，使蜗壳各断面部分混凝土受到预应力的作用。由预应力引起的蜗壳环向应力在进口断面、0°断面和180°断面内、外侧均为压应力，压应力大小为 0.2~1.0MPa。90°断面外侧出现了 0.2~0.4MPa 的拉应力，这主要是因为该断面受到马蹄形钢筋的双向拉曳作用和下游墙之下模拟大体积混凝土的混凝土墩的较强的约束作用，从而使该断面产生拉应力。

由预应力引起的竖向应力在以上 4 个断面中均为内侧受压，外侧受拉。拉应力也以 90°断面为最大，其值为 0.67MPa。

由于预应力的作用，蜗壳各断面的内表面均受到预压力的作用，这对蜗壳承受水压力的作用十分有利。

3.3　正常运行期蜗壳受力情况

为了便于比较、说明问题，对无应力蜗壳和有预应力蜗壳在正常运行工况下的受力情况分别进行研究, 得出了以下结果。

3.3.1 无预应力混凝土蜗壳正常运行工况

正常运行工况下, 蜗壳承受了上部结构和机墩传来的竖向荷载及内水压力作用。此时, 各断面环向应力分布规律均为内侧受压, 外侧受拉, 符合蜗壳在内水压力作用下的受力规律。90°断面 (下游墙) 外侧最大拉应力为 0.9MPa 左右。各断面竖向应力分布规律为: 在两侧墙及下游墙的中部均为内侧受压, 外侧受拉; 各断面上、下角点处一般为内、外侧均受拉。特别是进口断面和0°断面左侧墙内侧上角点处拉应力较大, 分别为 0.93MPa 和 0.81MPa。正常运行工况下, 侧墙和下游墙的这种竖向应力分布情况和按材料力学方法将侧墙、下游墙在断面处简化为两端固定梁、承受内水压力作用计算所得的结果规律相同, 与将0°断面、进口断面简化为刚架承受内水压力并按结构力学方法计算所得的结果规律也相同。由于模型试验考虑了蜗壳的整体作用, 试验结果均比计算结果小一些。控制点的竖向应力试验及计算结果见表 1。

表 1　无预应力混凝土壳控制点应力

位置		试验值	计算值				
			两端固定梁	Ⅰ型刚架		Ⅱ型刚架	
				不计入结点刚性	计入结点刚性	不计入结点刚性	计入结点刚性
0°断面	左侧墙 上角 (内)	0.81	1.53	1.54	1.76	—	—
	中点 (外)	0.78	0.76	1.43	0.80	—	—
	下角 (内)	0.34	1.53	3.07	2.72	—	—
	顶板 左角 (内)	0.40	—	0.72	0.86	—	—
	中点 (外)	0.27	—	0.36	0.43	—	—
进口断面	左侧墙 上角 (内)	0.93	—	—	—	4.16	2.61
	中点 (外)	0.72	—	—	—	0.72	0.23
	下角 (内)	0.28	—	—	—	1.86	0.99
	顶板 左角 (内)	0.43	—	—	—	1.95	1.39
	中点 (外)	0.45	—	—	—	4.24	1.48

注: 表中侧墙为竖向应力, 顶板为径向应力; 试验在正常运行工况下。$P_{内}=0.44$MPa。

3.3.2 预应力混凝土蜗壳正常运行工况

在正常运行工况下, 预应力混凝土蜗壳承受上部和机墩传来的竖向荷载、内水压力和预应力的共同作用。此时, 由于环向预应力的作用抵消了大部分内水压力引起的环向拉应力, 使环向基本受压。但在90°断面处下游墙的外侧, 由于拉应力叠加, 出现了1MPa 左右的环向拉应力。竖向预应力引起各断面内侧受压、外侧受压, 它抵消了绝大部分水压力引起的内侧上、下角点处的拉应力。此时, 0°断面上角点拉应力由0.81MPa 降为0.05MPa, 下角点拉应力由0.34MPa 降低为0.11MPa, 进口断面上角点竖向拉应力由0.93MPa 降低为0.39MPa。由于各断面外侧拉应力叠加, 使0°断面处左侧墙外侧中部最大竖向拉应力为1.19MPa。

综上所述，由于水平向马蹄形预应力钢筋和竖向直线型预应力钢筋的共同作用，蜗壳两侧墙和下游墙内侧受压，有效地减少了由于内水压力引起的蜗壳流道内角点处的竖向拉应力，达到了使流道内表面混凝土抗裂的目的。由上述结果可知，进口断面上角点竖向应力减少了58.8%，0°断面上角点竖向拉应力降低了94.4%。由此可见，采用施加预应力的方法减少运行期流道内表面的拉应力是行之有效的方法。由于施加预应力使蜗壳各断面内侧在环向、竖向均受压，90°断面外侧环向受拉，0°断面、90°断面、180°断面外侧竖向均受拉，因此，在正常运行工况下，出现了90°断面外侧环向拉应力叠加和0°断面、90°断面、180°断面外侧竖向拉应力叠加的现象。最大拉应力发生在0°断面左侧墙外侧中部附近，其值为1.19MPa，仍小于混凝土允许拉应力。如以试验混凝土材料抗拉强度$\sigma = 1.82$MPa为指标，可以估算混凝土蜗壳各控制点抗裂安全系数K，如表2所示。

表2 蜗壳控制点应急及安全系数

位置			无预应力		有预应力	
			σ（MPa）	K	σ（MPa）	K
0°断面	左侧墙	上角（内）	0.81	2.25	0.05	36.4
		中点（外）	0.78	2.33	1.19	1.53
		下角（内）	0.34	5.35	−0.11	—
	顶板	左角（内）	0.40	4.55	0.04	45.5
		中点（外）	0.27	6.74	0.05	36.4
进口断面	左侧墙	上角（内）	0.93	1.95	0.39	4.67
		中点（外）	0.72	2.53	0.87	2.09
		下角（内）	0.28	6.50	−4.0	—
	顶板	左角（内）	0.43	4.23	−0.05	—
		中点（外）	0.45	4.04	0.23	7.90

注：抗裂安全系数$K = \dfrac{\sigma_0}{\sigma}$，$\sigma_0 = 1.82$MPa；正常运行工况下，$P_内 = 0.44$MPa。

3.4 蜗壳温度应力分布

试验结果表明：

（1）夏季、冬季温度应力分布情况相反。夏季温度升高，同时流道外温度高，流道内温度低，因此，蜗壳各断面内侧受拉，外侧受压；冬季温度基本为均匀温降，应力分布规律与夏季相反，即各断面内侧受压，外侧受拉。一般而言，夏季温度应力大于冬季温度应力。因此，夏季温度应力是运行期考虑温度影响时的控制应力。

（2）各断面混凝土温度应力的比较。无论是夏季还是冬季，0°断面、进口断面的温度应力均在0.5MPa以下，90°断面、180°断面温度应力则稍大一些。其中，夏季正常运行时，90°断面顶板内侧的径向应力最大值为0.68MPa。90°断面温度应力比其他断面温度应力大，这与该断面处下游墙外侧模拟大体积混凝土的混凝土墩的约束作用有关。

在正常运行工况下考虑温度应力的影响时，预应力混凝土蜗壳所受荷载属特殊荷载组合。在这种组合下，夏季蜗壳各断面环向应力在 ±0.75MPa 以下，90°断面下游墙外侧环向拉应力减少为 0.11MPa。冬季环向压应力一般在 -10.00MPa 以下，环向拉应力最大值为 1.28MPa，发生在 90°断面下游墙外侧。另外，夏季和冬季均使 0°断面左侧墙外侧的竖向拉应力达到 1.4MPa 左右。总之，正常运行工况下考虑温度荷载的影响，会出现 0°断面左侧墙外侧竖向拉应力加大和 90°断面下游墙外侧环向拉应力加大的现象，这是不利的，但拉应力数值仍小于混凝土材料的允许应力。在这些工况下，蜗壳各断面内侧应力大多为压应力，这是十分有利的。特殊荷载组合工况下的控制点应力见表 3。

表 3　预应力蜗壳控制点应力比较　　　　　　　　　（单位：MPa）

工况	0°断面侧墙竖向应力				90°断面下游墙环向应力			
	夏季		冬季		夏季		冬季	
	外侧（中）	内侧（中）	外侧（中）	内侧（中）	外侧（中）	内侧（中）	外侧（中）	内侧（中）
正常运行	1.19	-1.17	1.19	-1.17	1.15	-0.91	1.15	-0.91
正常运行+温度荷载	1.39	-0.65	1.41	-1.01	0.11	-0.40	1.28	-1.04

4　结论

（1）在正常运行工况下，如不在高坝洲水电站蜗壳中施加预应力，其进口断面和 0°断面左侧墙内侧上角点附近最大竖向拉应力分别为 0.93MPa 和 0.81MPa。由于试验测点离角点有距离，如考虑角点应力集中的影响，运行期角点处很可能会出现混凝土开裂现象。

（2）正常运行工况下，水平向马蹄形预应力钢筋和竖向预应力钢筋共同作用的结果是使 0°断面左侧墙内侧上角点竖向拉应力由 0.81MPa 减少为 0.05MPa，降低94.4%，效果十分显著。进口断面内侧上角点的竖向拉应力由 0.93MPa 减少为0.39MPa，应力值降低 58.82%，效果也很好。通过对蜗壳施加预应力，达到了使蜗壳流道内表面混凝土限裂的目的。而且，由于施加预应力，使蜗壳流道内侧混凝土抗裂安全系数大大提高。由于预应力作用，0°断面左侧外侧墙竖向拉应力增加为 1.19MPa，90°断面下游墙外侧环向拉应力增加为 1.17MPa。这些拉应力的大小均小于混凝土材料的允许拉应力，有一定的安全度。

（3）温度荷载作用下蜗壳正常运行时，无论是夏季还是冬季，沿蜗壳流道内侧断面的应力分布有拉也有压，以受压为主，受拉处拉应力不大。沿蜗壳流道外侧各断面应力分布也是既有拉又有压，以受拉为主，最大拉应力为 1.4MPa，发生在左侧墙外侧，仍小于混凝土材料的抗拉允许应力。另外，在 180°断面到流道末端也有较大的拉应力出现，这与该处流道断面狭小、出现应力集中现象有关。

（4）试验结果表明，高坝洲水电站预应力混凝土蜗壳的设计在技术上是先进的，设计是合理的。它可以解决 40m 左右水头水电站混凝土蜗壳的限裂问题，并大大提高了混凝土蜗壳的安全性和耐久性，属首次将预应力先进技术用于水电站蜗壳设计，具有创新的重要意义。

（5）仿真模型进口端密封头上轴向力模拟对试验结果带来的影响，根据三维有限元分析结果，仅局限在模型进口段一定的距离之内，对蜗壳部分控制截面应力影响很小，可略去不计。采用预应力混凝土蜗壳使外侧某些部位拉应力增加，建议将水平环向预应力锚索在平面上的位置由原设计偏侧墙内侧移至偏侧墙外侧，将会有效地减少外表面竖向拉应力。

隔河岩上重下斜封拱式重力拱坝设计研究

刘　宁　万学军

摘　要：为适应隔河岩坝址特殊的自然条件，采用拱梁分载法进行平、斜封拱坝的比较计算，并对各种斜封拱坝方案进行分析研究，结合三维有限元计算及结构模型试验验证，选用三心单曲、上重下斜封拱式重力拱坝体型。安全监测资料表明：大坝受力条件优越，运动正常。

隔河岩重力拱坝，正常蓄水位200m，坝顶高程206m，坝高150m，最大底宽80m。大坝全长665.45m，共分31个坝段，右岸1～5及左岸28～31为重力坝段，23～26为左岸重力墩，27为通过300t级船舶的垂直升船机坝段，河床部位6～22为上重下拱式重力拱坝段。溢洪道设在11～18坝段。右岸设置总装机容量为1200MW的引水式电站。大坝上游立视见图1。

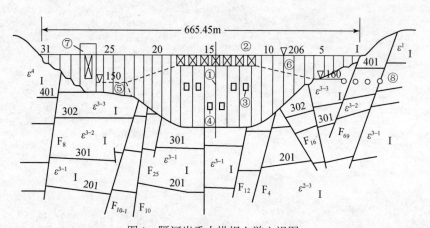

图1　隔河岩重力拱坝上游立视图

①—拱坝中心线；②—排泄表孔；③—泄水深孔；④—放空底孔；⑤—重力墩；
⑥—斜拱封拱线；⑦—升船南坝段；⑧—引水隧洞

1　地形地质条件

坝址处在近南北向河谷的末端，两岸高山连绵无天然垭口，山顶高程在500m左右，高程200m处，河谷宽约630m。两岸高程120m以下为陡坡，以上右岸陡左岸缓，为不对称河谷。右岸地形完整雄厚，左岸沟谷切割，地形相对平坦。岩层倾向上游，倾角25°～30°。坝基为石灰岩，湿抗压强度一般为60～80MPa。坝址处石灰岩岩层厚

原载于：河海大学学报，2003，(2)：166-170.

度 150~185m，顺水流向可供利用的水平出露宽度仅 200~280m。右岸陡峻，基岩新鲜完整，左岸在高程 120m 以上为岩性相对较弱的灰页岩互层，岩面也较平缓。岩体内有强度较低的层间剪切带和陡倾角断层。

2　拱坝体型及优化

根据坝址地形地质条件，两岸宜建重力坝。河床及近河床部位曾比较过重力坝和拱坝两种坝型，从设计简单考虑，选择重力坝较为有利；但因坝址处石灰岩顺流向水平出露宽度较窄，而重力坝底宽较大，使坝趾距下部岩性软弱的页岩较近，其应力条件较差；同时由于坝上设置泄洪建筑物，下游大部分消能建筑物只能置于软弱的页岩上，对其稳定不利；工程量也较大，因此经济技术比较后，确定采用重力拱坝，左岸地形平坦处设置重力墩补足。

根据坝址具体条件，拱坝体型经分析比较，选择上游面为定圆心、定半径的单曲率圆弧直立面，其半径为 312m；下游面为变厚度、变曲率的三圆心变截面，拱圈在平面上呈三心单曲形式。这种体型的主要优点是，中间采用大半径等截面，两侧采用小半径变截面，使平面拱圈中间曲率较小，呈扁平状，有利于泄洪消能及减少水流的向心集中。

由于左岸地形地质条件的限制，选择左岸高程 150m 以下设置重力墩，并以高程 150m 为界，上部为重力坝、下部为拱坝（以下简称为 150 平拱坝）的坝型。拱梁分载法比较计算表明，150 平拱坝，由于上部重力坝坝高占整个坝高的 1/3，拱顶荷载较大，使得较大主拉应力发生在上重下拱接触面的两岸拱端部位，并且超过了规范要求。为解决这一难题，从增加拱坝承担外荷，使整个坝体的拱作用增强考虑，研究提高横缝灌浆高程。由于大坝中心部位高程 181.8m 处布置了 7 个泄洪表孔，前缘长 188.0m，因此，其上部无法形成拱圈；而左岸重力墩的稳定及变形不应过大，以免影响其左侧升船机闸室的正常运行，其设置的高程不宜超过 150m。因此，横缝灌浆高程只能在 150~181.8m 选择，即河床中间部位灌浆高程 181.3m，两侧灌浆高程逐渐下降，左岸至重力墩顶部高程 150m，右岸至所选定的高程，形成不同灌浆高程的拱坝（以下简称斜封拱拱坝）。

上重下拱坝的设计在国内外尚属首例，因体型比较复杂，除着重采用拱梁分载法对平、斜封拱坝的各种方案进行了大量的分析比较外，还结合三维有限元法计算及三维静力结构模型试验进行了验证。

3　拱梁分载法应力计算与分析

3.1　上重下斜拱坝应力计算的理论基础

拱梁分载法的基本原理是将拱坝视为拱、梁两套独立的系统，采用杆件结构计算两者变位，按变位协调条件来确定荷载分配，进而求得拱坝应力。对于隔河岩上重下斜拱坝，应力分析不同于一般的拱坝，由于上部重力坝的高度较大（为 26~56m），为坝高的 0.17~0.37 倍，因此拱顶以上的荷载所产生的内力在拱坝的内力中占了相当大的比重，不能采用近似由悬臂梁来承受的方法计算，应作为拱坝的主要荷载之一，参与拱梁的荷载分配。将拱坝上部每一个重力坝段均作为静定梁结构，重力坝自重及其上游水压力可化为三个已知内力作用在拱顶上。取封拱高程以下的拱坝作为计算对象，对上部重力坝只需求基础内力作用在拱坝顶部的外荷载即可。按试荷载法原理，自上而下求得梁上各截面的内力后，即可求得梁上任一截面 k 相对于它邻近的下一截面的变位增值 U_k，进而由下式求得梁上截面 j 的变位。

$$U_j = \sum_{k=j}^{n} [LCC]_{k,j}^{\mathrm{T}} U_k$$

式中，$\sum [LCC]_{k,j}^{\mathrm{T}}$ 为梁的 j 截面中心内力传递到 k 截面中心的内力的传递矩阵 $\sum [LCC]_{k,j}$ 的转置矩阵；U_k 为 k 截面的变位增量；n 为该梁的基础截面。

对于基础无水平拱的梁，由基础截面的内力求得基础变位后，即可利用上式自下而上地求得梁的变位。对于基础有水平拱的梁来说，则需考虑基础水平拱对梁基础变位的约束作用。将求出的这组变位作为初始变位计入变位协调方程，求得荷载分配后，进而求得拱梁内力、应力及变位。

斜封拱坝与平拱坝在计算方法上的区别在于，180m 高程水平线与两侧斜封拱线之间的坝体是重力坝而不是拱坝，即这两个部位的混凝土只有梁的作用，而没有水平拱的作用。为模拟这种物理模型，在拱变位计算所用的物理矩阵中，用降低拱弧段的弹性模量的办法来达到削弱拱的作用，这两个部位主要内力分量为梁向内力，而拱向内力分量已降得很小，但不为零。计算实践表明，这两个部位的拱弧段的弹性模量只需降低到原来值的百分之一即可。

以上对平、斜封拱坝应力计算的模型，虽不甚严格，但计算误差仅限于局部范围，对整体影响不大。因此，以拱梁分载法计算成果作为衡量强度安全的主要标准是适宜的。

3.2　平拱坝与斜封拱坝的比较

3.2.1　径向变位

拱坝切向变位和扭转变位均较小，以向下游方向的径向变位较大。无论是平拱坝还是斜封拱坝，拱、梁径向变位的规律性都是一致的，均为上部大于下部，拱冠大于拱端，最大径向变位发生在拱冠梁顶部。拱冠梁的径向变位见表1。由表1可知，斜封拱坝比平拱坝的变位要小，高程 150m 以上减少 11% ~ 14%，以下逐渐接近。

表 1　拱冠梁径向变位　　　　　　　　　　（单位：mm）

高程（m）	180	170	160	150	131	112	93	70	55
平拱坝	75.0	71.2	67.4	63.6	55.5	47.8	40.3	31.2	25.1
斜封拱坝	64.5	62.1	59.5	56.7	50.9	44.8	38.2	29.7	24.0

注：向下游变位为正。

3.2.2 拱座内力及合力方向

本文仅列出高程112m以上受力较大部位的计算结果，见表2。

表2 拱座内力及合力方向角比较

高程（m）	封拱形式	左岸拱座			右岸拱座		
		轴向力 N（kN）	径向力 F（kN）	方向角 α（°）	轴向力 N（kN）	径向力 F（kN）	方向角 α（°）
150	平拱	15976	34299	25.0	22073	31990	34.6
	斜封拱	34388	33647	45.6	42243	32450	52.5
131	平拱	35120	47984	43.2	66331	61728	47.1
	斜封拱	68802	47101	5536	86411	58357	56.0
112	平拱	118909	83010	55.1	62698	73216	40.6
	斜封拱	138622	78177	60.6	76654	67642	48.6

由表2可知：①与平拱坝相比，斜封拱坝拱座轴向力普遍增加，高程150m处增加1倍以上，高程131m处增加40%～50%，高程112m处增加20%～30%，高程120m以下增加5%～20%。由此可见，斜封拱坝能将坝体上部荷载以轴向力的方式作用于两岸基岩上。②与平拱坝相比，斜封拱坝拱座径向力，除高程150m处右岸拱座外，一般减少3%～10%。③与平拱坝相比，斜封拱坝的拱座合力方向偏向山里，高程150m处偏23°。以上，高程131m处偏约14°，一般偏4°～10°。

总之，与平拱坝相比，斜封拱坝的拱座轴向力较大，径向力较小，而合力方向偏向山里。

3.2.3 主应力

拱坝应力主要由主压应力来控制，但它较易达到安全要求，而作为控制坝体开裂的主拉应力，往往难以满足限定值。本文列出平拱坝与斜封拱坝控制部位（高程150～112m）上游面拱端的主拉应力进行比较，如表3所示。

表3 上游面主拉应力比较 （单位：MPa）

封拱形式	高程150m拱端		高程131m拱端		高程112m拱端	
	左岸	右岸	左岸	右岸	左岸	右岸
平拱	1.34	1.18	0.86	0.94	0.54	0.65
斜封拱	0.79	0.80	0.42	0.49	0.29	0.41

注：拉为正。

计算结果表明：控制部位的主拉应力，斜封拱坝比平拱坝减少30%～40%。最大主压应力发生在左岸高程112m拱端下游面，平拱坝为4.33MPa，斜封拱坝为3.22MPa，后者比前者减少约25%。

综上所述，由于高程 150m 平拱坝上面有高度较大的重力坝，各坝段之间没有灌浆，未能形成整体，上部荷载只能自上而下地单向传递到拱坝顶部；而斜封拱坝在高程 150m 处与斜封拱线之间的坝体灌浆形成整体。由于水平曲梁的作用，其荷载是双向传递，即除了自上而下由梁传递以外，还通过水平曲梁向左右方向传递，这样，就有相当一部分荷载向斜方向传递到两岸，从而改善了拱坝应力和拱座安全度。

3.3　各种斜封拱坝比较

右岸基岩出露高程较高，而且上部厚层灰岩强度高，从筑坝条件来看，右岸应多承担一部分荷载，因此灌浆高程除 150m 以外，增加了 160m、170m 及 180m。左岸及中间灌浆高程分别为 150m、181.3m。对 150—180—150（左岸—中间—右岸封拱高程，下同），150—180—160，150—180—170 及 150—180—180 共 4 种斜封拱坝方案的比较表明，各种斜封拱坝的变位及拱座受力条件差别不大，影响仅限于局部范围，它们之间的比较，仅在坝体应力方面进行。计算结果表明：①右岸灌浆高程适当抬高有利。150—180—160 及 150—180—170 两种斜封拱坝的拱端主拉应力减小，且上、下部位应力趋于均匀。②150—180—180 斜封拱坝的应力状态最差，高程 170m 右拱端处出现 0.82MPa 的主拉应力。主要是因为右岸灌浆高程抬高过大，引起拱坝形态不对称所致。

综上所述，斜封拱坝比平拱坝优越，各种斜封拱坝以右岸灌浆高程适当抬高（高程 150～170m 范围）较好。综合地质条件，确定以 150—180—160 斜封拱坝作为选定坝型。

4　三维有限元法应力计算与分析

因各种斜封拱坝的计算结果差别不大，因此仅对 150 平拱坝与 150—180—150 斜封拱坝进行比较分析，分析结果表明：①径向变位的规律与拱梁分载法的计算结果相同。斜封拱坝比平拱坝坝顶变位减少约 20%，高程 150m 处减少约 17%，以下逐渐接近。②斜封拱坝比平拱坝的主拉应力普遍减少，控制部位（高程 112～150m 拱端）减少20%～30%，其他部位也减少 10%～15%。最大主压应力发生在右岸高程 112m 坝趾处，平拱坝为 6.71MPa，斜封拱坝为 6.16MPa，后者比前者减少约 8%。斜封拱坝的主应力分布见图 2。由图 2 可见，斜封拱使坝体拱的效应增强，主应力沿斜拱作用的趋势明显。

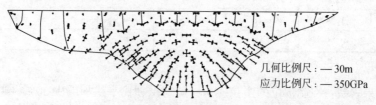

几何比例尺：—30m
应力比例尺：—350GPa

图 2　斜封拱坝下游面主应力分布

5 三维静力结构模型试验应力分析

三维静力结构模型试验着重研究右岸不同封拱高程对坝体应力的影响。150—180—180, 150—180—160 及 150—180—150 三种斜封拱坝方案, 在自重+正常蓄水位水压力条件下的试验结果表明: ①右岸灌浆高程抬高, 对右岸拱端上游面的拉应力有较大改善, 对拱坝压应力影响不大; ②拱坝主应力安全系数均满足应力控制指标的要求, 并有较大的抗压安全储备。

三维有限元法和三维静力结构模型试验验证表明, 150—180—150 斜封拱坝比 150 平拱坝优越, 前者适当抬高则右岸灌浆高程更优越。因此, 选定 150—180—160 斜封拱坝是合理的。

6 拱坝安全监测结果分析

为了解上重下斜封式重力拱坝应力情况, 在弧形拱顶面附近设置 4 个观测点。1996 年 7 月 4 日上游水位达到 199.24m, 其实测结果表明: ①坝体基本处于拱向受压的状态, 拱向压应力一般是拱端下游面大于上游面, 中部大于两侧, 左岸大于右岸。最大拱向应力在上游面高程 143m 拱冠附近, 其值为 4.31MPa。②拱向拉应力的范围较小, 在右岸高程 112m 上游面拱端附近的观测值为 0.78MPa。③弧形拱顶面附近 4 个观测点的拱向应力均为压应力, 在左岸拱端下游面拱向压应力为 3.47MPa, 并且梁向均为压应力。监测成果既符合拱坝受力的一般规律, 又体现了隔河岩上重下斜封式特殊坝型的受力特点: 斜封拱坝增加了拱坝的受力范围, 并利用斜拱将上部荷载传至两岸基岩。

1998 年特大洪水期间, 为与长江洪水错峰, 水库处于控泄状态, 8 月 8 日库水位达到高程 203.94m, 超过正常蓄水位 (200m) 近 4m。坝顶径向位移监测资料: 以 1998 年 2 月 17 日测值为基准, 从坝顶 PL15801 (15 坝段)、PL10801 (10 坝段) 及 PL21801 (21 坝段) 3 个测点来看, 8 月 15～17 日, 当库水位在 202.73～203.68m 之间时, 上述三测点向下游方向相对变位 11.86mm、7.11mm 和 6.59mm。拱冠变位大于两岸拱座变位, 且基本呈对称状态, 符合拱坝变形规律, 工作状态正常, 经受了特大洪水的考验。

7 结语

(1) 上重下斜封拱式拱坝无论是结构形式还是受力状态方面, 与一般的拱坝有较大的不同, 若应用于高坝大库, 应采用各种计算、试验方法进行较全面的论证。

(2) 在地形地质条件允许的情况下, 采用封拱至坝顶的平拱坝, 当然比两侧封拱线向下倾斜的斜封拱坝好; 但当两岸上部地质条件不理想需要降低拱坝高度时, 采用提高坝体中部的封拱高程的斜封拱坝, 增加拱坝受力范围, 并利用水平曲梁的作用将上部荷载传入两岸坝肩的上重下斜封拱坝, 其坝体应力、拱座稳定及安全性等方面,比上重下平拱坝优越。

（3）隔河岩大坝采用三心单曲、上重下斜封拱式重力拱坝坝型，是在特殊自然条件下的选择。安全监测结果均在安全范围之内，大坝运行正常，说明设计是成功的。这一新颖坝型填补了我国坝工设计的空白，对在不对称河谷上修建高拱坝的设计具有较大的参考价值。

水布垭面板坝土体参数反馈分析中清华非线性 K-G 模型参数敏感性分析

刘 宁 杜丽惠 廖柏华

摘 要：本文介绍了水布垭面板堆石坝实测变形的反馈分析研究项目的进展情况，并根据水布垭工程资料，应用正交试验设计方法对清华非线性 K-G 模型中的 8 个主要参数进行了敏感性分析，初步确定了敏感度较高的主要参数和敏感度较低的次要参数，为 K-G 模型的参数的选取提供依据，同时也能为减少反分析的参数个数提供帮助。

1 概述

水布垭水利枢纽位于清江中游河段巴东县境内，是清江梯级开发的龙头枢纽，总库容 45.8 亿 m^3，是多年调节水库。水布垭工程采用混凝土面板堆石坝、左岸溢洪道和右岸引水式地下式电站、放空洞的布置方案。大坝高 234m，是目前世界上最高的面板堆石坝。水布垭工程正常蓄水位 400m，死水位 350m，最高洪水位 404m，坝顶高程 409m。电站装机 4 台，单机容量 400MW，总装机容量 1600MW，保证出力 310MV，多年平均发电量 39.2 亿 kW·h。

在高土石坝变形和稳定的计算中，作为前提条件的物理、力学参数选取准确与否，对数值计算的结果有着十分重要的影响。但在具体的工程实际中，一方面由于所要分析的坝料性态十分复杂，并带有其固有的不确定性；另一方面也由于坝料参数的确定还受到材料的物理性质、荷载大小、加载方式及应力历史等各种因素的综合影响，所以，其参数的重要性及其难以确定性成为一对共存的矛盾体，成为工程计算分析中亟待解决的一个问题。

土石坝土体参数反演分析方法正是在这种背景下应运而生的，其目的主要是将已取得的现场观测成果应用到原结构的计算分析之中，以便对运行中的坝体的工作性状进行预测、控制和决策。土石坝土体参数的反演分析以土石坝的现场观测信息为基础，来反算土石坝的土体参数，是现代规划理论、数值分析和观测技术的综合运用。它为较精确地确定土石坝的土体参数提供了有效的手段，因而得到了越来越多的设计和研究人员的重视并开始了这个领域的研究工作。特别是随着科学技术水平的提高，土石坝的观测设备与观测技术得到了长足的发展，水布垭在坝体填筑施工中设置了大量的原型观测仪器，以监测大坝性状，至今已获得了较为丰富的大坝施工期原型观测资料，为反分析的研究提供了条件。

原载于：朱志诚主编的《混凝土面板堆石坝筑坝技术与研究》. 北京：中国水利水电出版社，2005：96-99.

本次研究项目是在以往研究的基础上，根据水布垭面板堆石坝施工期大坝现场实测资料应用清华 K-G 模型及邓肯 E-B 模型进行反馈分析，并利用清华新近研制的大型三轴仪对填筑堆石料进行大型三轴试验研究，最终为水布垭 200m 级高面板堆石坝工程技术总结和国内外交流提供比较全面的技术成果和经验。本次研究项目将在湖北清江水布垭工程建设公司、长江水利委员会长江勘测设计院的共同参与下进行。

2　研究任务和目标

本次研究反分析部分将根据坝体填筑初期（二期临时断面）河床段监测剖面（0+220m 剖面）中的两层（高程 235m 及 265m）监测点所得到的实测变形结果，进行反馈分析，并将反馈得出的坝体堆石料实际的力学参数与设计所采用的试验参数进行比较，做出相应评估，为后继坝体碾压施工提供参考。后期将根据三个监测断面（0+220 断面、0+124 断面、0+364 断面）在施工期的实测变形结果，进行三维整体反馈分析，从而对坝体的填筑状况做出评价，并最后得出坝体堆石料实际的模型参数，以及施工期坝体典型纵、横剖面的应力及变形性状。

堆石料是一种粗粒土，它的本构模型的基本理论与一般土体相同，但由碎石组成的坝体堆石料也有一些变形特点。此外，由于粒径较大，对堆石料进行应力-应变关系的试验技术也存在一定难度。清华大学多功能静动三轴试验机最大试件尺寸为 D30cm× 75cm，其最大粒径一般为 60mm，能模拟多种复杂应力路径下的土体变形情况。竖向压力传感器置于压力室内，能测量真实试件应力；环向位移采用大量程位移传感器，特别适用于土石料的大变形；计算机全过程控制与数据采集；可视化数据处理等。这些特点为堆石料的室内试验提供了便利。本次试验内容包括主次三种堆石材料的常规三轴剪切试验、主次两种堆石料的比例加卸载试验以及对主堆石料进行典型的复杂应力路径试验。

3　分析模型

清华大学高莲士教授等人提出的非线性解耦 K-G 模型建立的应力-应变刚度矩阵与通常的非线性 K-G 模型在形式上相似，只是采用了不同的建模途径和方法，使这种模型能够反映应力路径的影响。这一模型已先后在近 10 座堆石坝的结构分析中得到应用。近年来应用于天生桥面板坝（178m）的反馈分析及水布垭面板坝（234m）的三维预测分析。

反分析是正分析的逆过程，通过监测数据用来求得想要的难以直接测得的参数，见图 1。

用于模拟真实系统的模型应具有能反映物理本质、拟合度好、可被识别、简单和综合精确度高等特征，然而岩土体是一种非常复杂的工程介质系统，在当前水平下，通常假定它符合固体力学中对连续介质的假设，故模型辨识问题可归结为岩土介质本构关系模型的选择。模型识别是指从具有某种属性的模型类属结合中识别出相对最佳的，最能准确地描述系统相应性态的模型；参数估计则是在模型给定后，找出确定模

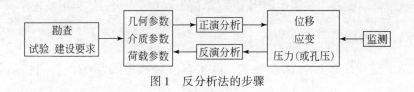

图 1　反分析法的步骤

型表达式中的参数的方法，岩土力学逆问题研究的另一个重要方面和方法见图 2。

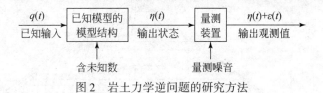

图 2　岩土力学逆问题的研究方法

由图 2 可见，参数识别是在模型已知的情况下，根据能够测出来的输入和输出，来决定模型中的某些和全部参数。

第一类准则函数，一般表示为系统的实际输出量测值 $y(t)$ 和模型的输出的偏差的某个函数 J，可取为 $J = \sum_{i=1}^{n} [y(t_i) - \eta(t_i)]^2$ 误差函数作为准则函数，$y(t_i)$ 是已知量测值；当输入为已知时，显然准则函数 J 的大小随着所选的模型参数不同而不同，当 J 达最小值时的参数即为最优参数。

4　阶段性成果小结——清华 K-G 模型参数的敏感性分析

4.1　正交试验原理

正交试验设计是利用规格化的正交表来设计试验方案的科学的多因素优选方法。在科学试验、模型参数选择过程中，都存在着多因素配合试验的问题。为了确切而客观的总结出优秀的试验方案，需要对各因素的各种试验条件进行完全的组合，逐个地进行试验。但由于受人力、物力和时间的限制，这一点很难做到，甚至根本做不到。如果只通过少数次没有代表性的试验，就确定结果，则盲目性很大，没有科学依据，效果很不理想。随着现代科学技术的发展和对试验设计方法的研究，在实际经验和理论认识的基础上，总结出了一种只需做少数次试验而又能反映出试验条件完全组合的内在规律的方法，这就是多因素优选的正交试验设计方法。

正交试验设计中的基本概念主要有指标、因素和位级。一般把试验需要考核的项目称为试验指标，如果指标是通过一定的数值来说明，说明指标的数值就是指标值，在本试验中重点取样本点的垂直和水平位移值作为指标值。因素是指直接影响试验结果的需要进行考察的不同原因、成分。考察的因素在试验中取不同级别和水平，都可能引起考核指标的变化，因素不同的级别和水平就称为因素的位级。

敏感性因素是指它的变动会对试验结果有较大影响的因素。划分因素的根据是级差。级差的大小说明相应因素作用的大小。级差大，说明该因素是活泼的，它的变化对结果影响很大。级差小，说明该因素是保守的，它的变化对结果影响较小。

4.2　K-G 参数的敏感性分析

根据正交试验原理设计试验方案，以水布垭面板堆石坝为例，网格划分如图 3 所示。

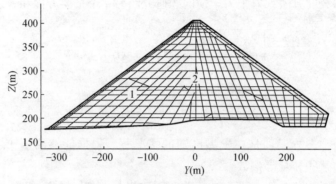

图 3　水布垭基本断面网格剖分图

图 3 中样本点 1 和样本点 2 是位移结果的取值点。选取清华非线性 K-G 模型参数中的 8 个主要参数（堆石体密度 ρ_d、体积模量 K_v、剪缩指数 m、体应变指数 H、剪切模量 G_s、压硬指数 d、强度发挥因子指数 s、剪应变指数 B）作为影响因素进行敏感性分析，选择的正交试验方案为 $L_{18}(2^1 \times 3^7)$，其中堆石体密度取两个位级，其余 7 个参数取 3 个位级。表 1 为因素位级表，表 2 为试验计划表，敏感性试验结果如表 3 所示，敏感试验结果的分析如表 4 ~ 表 7 所示。

表 1　因素位级表

位级	因素							
	密度 ρ_d	体积模量 K_v	剪缩指数 m	体应变指数 H	剪切模量 G_s	压硬指数 d	强度发挥因子指数 s	剪应变指数 B
1	2.0	400	0.4	0.7	1800	0.4	0.4	1.0
2	2.2	500	0.5	0.8	2000	0.5	0.5	1.2
3		600	0.6	0.9	2200	0.6	0.6	1.4

表 2　敏感性试验计划

试验号	因素							
	密度 ρ_d	体积模量 K_v	剪缩指数 m	体应变指数 H	剪切模量 G_s	压硬指数 d	强度发挥因子指数 s	剪应变指数 B
1	2.0	400	0.4	0.9	2000	0.5	0.4	1.2
2	2.0	500	0.4	0.7	1800	0.4	0.5	1.0
3	2.0	600	0.4	0.8	2200	0.6	0.6	1.4
4	2.0	400	0.5	0.8	1800	0.5	0.6	1.0

续表

试验号					因素			
	密度 ρ_d	体积模量 K_v	剪缩指数 m	体应变指数 H	剪切模量 G_s	压硬指数 d	强度发挥因子指数 s	剪应变指数 B
5	2-0	500	0.5	0.9	2200	0.4	0.4	1.4
6	2.0	600	0.5	0.7	2000	0.6	0.5	1.2
7	2.0	400	0.6	0.7	2200	0.4	0.6	1.2
8	2.0	500	0.6	0.8	2000	0.6	0.4	1.0
9	2.0	600	0.6	0.9	1800	0.5	0.5	1.4
10	2.2	400	0.4	0.7	1800	0.6	0.4	1.4
11	2.2	500	0.4	0.8	2200	0.5	0.5	1.2
12	2.2	600	0.4	0.9	2000	0.4	0.6	1.0
13	2.2	400	0.5	0.9	2200	0.6	0.5	1.0
14	2.2	500	0.5	0.7	2000	0.5	0.6	1.4
15	2.2	600	0.5	0.8	1800	0.4	0.4	1.2
16	2.2	400	0.6	0.9	2000	0.4	0.5	1.4
17	2.2	500	0.6	0.9	1800	0.6	0.6	1.2
18	2.2	600	0.6	0.7	2200	0.5	0.4	1.0

表3 敏感性试验结果 （单位：m）

试验号	样本	点1	样本	点2
	水平位移	垂直位移	水平位移	垂直位移
1	-0.1991	-1.1407	-0.0087	-3.5208
2	0.0188	-0.3746	0.1615	-1.0908
3	-0.4006	-0.6288	-0.1088	-1.4776
4	-0.2517	-1.0766	-0.1119	-3.3306
5	-0.1773	-1.1062	-0.0665	-2.6403
6	-0.2060	-0.5129	-0.0594	-1.1657
7	-0.2063	-0.6542	-0.0164	-2.1509
8	-0.1394	-1.2918	0.0085	-2.8273
9	-0.5143	-1.0481	-0.0953	-2.4176
10	-0.4117	-0.7139	-0.0799	-1.6817
11	-0.2531	-0.6671	-0.0633	-1.8255
12	-0.2167	-0.9430	-0.1768	-2.3543
13	-0.0882	-1.5812	0.0562	-3.3301
14	-0.5501	-0.5985	-0.0204	-1.2773
15	-0.3470	-0.7316	-0.7030	-1.7008
16	-0.1609	-0,6570	0.0949	-2.7699

续表

试验号	样本	点 1	样本	点 2
	水平位移	垂直位移	水平位移	垂直位移
17	−0.2354	−1.0117	−0.2000	−3.4730
18	−0.1823	−0.9586	−0.0378	−2.2370

表 4　样本点 1 水平位移的结果分析

因素	结果			级差 R	排序
	1 位级导致结果之和平均值	2 位级导致结果之和平均值	3 位级导致结果之和平均值		
ρ_d	−0.2307	−0.2717		0.0411	6
K_v	−0.2197	−0.2228	−0.3112	0.0915	4
m	−0.2437	−0.2701	−0.2398	0.0303	7
H	−0.2563	−0.2588	−0.2385	0.0203	8
G_s	−0.2902	−0.2454	−0.2180	0.0723	5
d	−0.1851	−0.3215	−0.2469	0.1364	2
s	−0.2428	−0.2006	−0.3101	0.1095	3
B	−0.1433	−0.2412	−0.3692	0.2259	1

表 5　样本点 2 水平位移的结果分析

因素	结果			级差 K	排序
	1 位级导致结果之和平均值	2 位级导致结果之和平均值	3 位级导致结果之和平均值		
ρ_d	−0.0330	−0.1256		0.0926	8
K_v	−0.0110	−0.0300	−0.1969	0.1859	1
m	−0.0460	−0.1508	−0.0410	0.1098	6
H	−0.0087	−0.1473	−0.0819	0.1385	5
G_s	−0.1714	−0.0270	−0.0394	0.1445	4
d	−0.1398	−0.0341	−0.0639	0.1057	7
s	−0.1479	0.0158	−0.1057	0.1637	2
B	−0.0167	−0.1751	−0.0460	0.1584	3

表 6　样本点 1 垂直位移的结果分析

因素	结果			级差 E	排序
	1 位级导致结果之和平均值	2 位级导致结果之和平均值	3 位级导致结果之和平均值		
ρ_d	−0.8704	−0.8736		0.0032	8
K_v	−0.9706	−0.8417	−0.8038	0.1668	5
m	−0.7447	−0.9345	−0.9369	0.1922	3
H	−0.6355	−0.8422	−1.1385	0.5030	1
G_s	−0.8261	−0.8573	−0.9327	0.1066	7

续表

因素	结果			级差 E	排序
	1 位级导致结果之和平均值	2 位级导致结果之和平均值	3 位级导致结果之和平均值		
d	−0.7947	−0.8647	−0.9567	0.1620	6
s	−0.9905	−0.8068	−0.8188	0.1837	4
B	−1.0376	−0.7864	−0.7921	0.2513	2

表 7　样本点 2 垂直位移的结果分析

因素	结果			级差 K	排序
	1 位级导致结果之和平均值	2 位级导致结果之和平均值	3 位级导致结果之和平均值		
	−2.2913	−2.2944		0.0031	8
K_v	−0.1618	−0.1403	−0.1340	0.0278	5
m	−0.1241	−0.1558	−0.1562	0.0320	3
H	−0.1059	−0.1404	−0.1897	0.0838	1
G_s	−0.1377	−0.1429	−0.1554	0.0178	7
d	−0.1325	−0.1441	−0.1595	0.0270	6
s	−0.1651	−0.1345	−0.1365	0.0306	4
B	−0.1729	−0.1311	−0.1320	0.0419	2

5　结语

　　根据正交试验设计判断方法，从表 4 计算样本点 1 水平位移所得的级差 R 可以判断出，参数敏感性按 B、d、s、K_v、G_s、m、H 顺序依次减小；从表 5 的水平位移级差可看出，参数敏感性按的 K_v、s、B、G_s、H、m、ρ_d 顺序依次减小。表 6 和表 7 分别是两样本点垂直位移的分析结果，它们所反映的参数敏感性的排序是按 H、B、m、s、K_v、d、G_s、ρ_d 依次减弱。综合以上分析结果，可以看到在清华非线性 K-G 模型的 8 个主要参数中，参数 H、B、K_v、s 敏感性较强，而参数 G_s、m、d、ρ_d 敏感性相对较弱。

　　以上成果对于水布垭面板坝施工期大坝实测变形的反馈分析具有重要参考价值，可以提高反馈分析的效率。

The Design of Geheyan Gravity Arch Dam Featuring an Upper Gravity Dam and Lower Arch Dam with Crowned Top

Liu Ning

Abstract: To adapt to the special physical conditions of the Geheyan dam site, dam designers conducted a number of comparative studies on the schemes of arch dams with flat top or crowned top, especially in cases of the latter using method of multiple arches and cantilevers in conjunction with 3-D FEM analysis and structural model tests. The shape of an upper gravity dam resting upon a lower arch dam with crowned top was finally adopted. Since it's impoundment in April 1994 the dam has been in operation with excellent performance, as demonstrated by safety monitoring data.

1　General

With normal pool level of el. 200m and crest level of el. 206m, the Geheyan gravity arch dam is 151m high, 80m wide at bottom and 665.45m long. The dam consists of 31 dam blocks, of which block Nos. 1–5 on the right bank and block Nos. 28–31 on the left are of gravity type; block Nos. 23–26 on the left are gravity piers; block No. 27 is for accommodation of vertical shiplift designed for 300ton vessels; block Nos. 6–22 in the middle are gravity type in the upper part and arch type in the lower part The overflow spillway is on the top of block Nos. 11–18. A diversion type power station with an installed capacity of 1200MW is arranged on the right bank. Fig. 1 shows the upstream elevation of the dam.

2　Topographic and Geologic Conditions

The dam site is located at the extremity of the river valley extending nearly south-north. On both banks are continuously stretching high mountains, about 500m in elevation at the top and without presence of natural low saddles. At the level of 200m the width of the valley is about 630m. Below the elevation of 110–120m on both banks the slopes are steep, while above that elevation the valley appears unsymmetrical with a step right bank slope as opposed to gentle-angled left bank slope. The right bank is thick and monolithic and the left bank is

原载于：Dam Engineering,2006,(16):271–280.

relatively flat and heavily cut by gullies. The dam foundation consists of limestone with wetted compression strength of 60–80MPa. At the dam site the limestone formation is 150–185m thick with utilisable outcropping width of 200–280m along the direction of stream flow. The bedrock on the steep right bank is both fresh and intact and the left slope above el. 120m consists of comparatively weak interbedded strata of limestone which are of small dip and cut by shearing zones of low strength and faults of great dip.

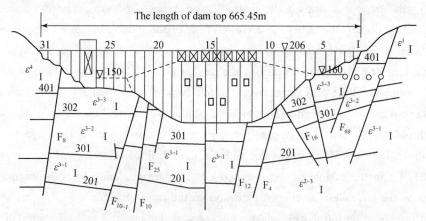

Fig. 1   The upstream elevation of Geheyan gravity arch dam

3   The Arch Dam Shape and Its Optimisation

Considering the topographic and geological conditions at the dam site, a gravity dam type is suitable for both banks while two alternative dam types, gravity dam and arch dam-were compared for the middle riverbed and its immediate vicinity. As far as simplicity in design is concerned, a gravity dam is more favourable. However, the limited outcropping width of limestone along the stream flow direction is not adequate to accommodate the relatively wide bottom of a gravity dam, for which a large part of the downstream energy dissipator would have to rest on the weaker shales, thus giving rise to stability problems. After economic and technical comparisons it was decided to select a gravity arch dam with a compensatory gravity pier arranged on the left bank where the terrain is rather flat.

Specific to the details of the site condition, the arch shape is selected, on the basis of comparative analysis: the upstream face is a vertical single curvature circular surface with fixed center and constant radius (312m); while the downstream dam surface is of three-centred variable thickness. The main advantage of this kind of shape is by adopting large radius and constant cross section in the middle and small radius variable cross section on both abutments, the centripetal concentration of flow can be reduced to the advantage of energy dissipation during flood release.

Limited by the geological conditions, gravity piers have to be arranged below 150m in elevation on the left bank. In the very beginning the dam shape was so designed that the upper part is of gravity type and the lower is an arch dam with el. 150m as the dividing line (hereafter referred as SFT150, short for scheme of arch dam with flat top at el. 150). However, analysis by method of multiple arches and cantilevers indicated that the principal tensile stress in excess of the allowed value, as specified in relevant norms, would occur on the dividing line at both abutments due to the great weight of the upper gravity part which is nearly one third of the entire height of the dam of SFT150. To find solutions to this difficulty, the designers studied the possibility of raising the top limit of horizontal joint grouting in the hope of bettering the arching effect of the monolithic dam body. Considering the fact that seven flood release surface outlets, extending a length of 188m at the front edge, are arranged in the central part of the dam at el. 181. 8m, above which no arch action could be formed and the gravity piers on the left bank can not bear too much lateral load in order to avoid excessive deformation which may hinder the normal operation of the ship lock, the top limit in elevation of horizontal joint grouting can only be in the range between el. 150m and el. 181. 8m. Thus it was decided that the top limit of horizontal joint grouting was set at 181. 3m in the middle of the riverbed, descending gradually to both abutments up to el. 150m on the left and to a selected elevation on the right. By this way, one arch dam with crowned top could be formed in the lower part (hereafter referred as SCT, short for scheme of arch dam with crowned top).

　　Owing to the height(26–56m) of the upper gravity dam, being 0. 17–0. 37 times the total dam height, the internal stress component of the arch caused by the overlying gravity blocks would be considerable. The loads are therefore to be taken by the cantilevers and arches. The horizontal joints in the upper gravity part are not grouted and the blocks of the 1 : 0. 7 slope are designed to withstand loads independently. Smooth transition between the upper and lower parts is designed to avoid concentration of stress.

　　Until now this type of arch dam shape is seldom seen in the world. Due to the complexity of its shape, in addition to using the method of multiple arches and cantilevers as the main means, 3- D FEM and 3- D Static Structural Model Tests were also employed for verification as described below.

4　Calculations and Analysis Using the Method of Multiple Arches and Cantilevers

4. 1　Theoretical basis

Each gravity block upon the lower arch dam can be treated as a statically determinate cantilever and the self- weight and the upstream water pressure can thus be transformed into three known internal forces acting on the lower arch part. The equation of compatibility in displacement at cross- section j can be expressed as following:

$$(U)_j = \sum_{k=j}^{n} (LCC)_{kj}^{\mathrm{T}} (U)_k \tag{1}$$

where $\sum (LCC)_{kj}^{\mathrm{T}}$ denotes the transpose of the matrix $\sum (LCC)_{kj}$ —the internal load transferred from the central point of cross-section j to that of cross-section k, and $[U]_k$ is the increment of displacement at cross-section k.

In the computation of SCT and SFT150, the constraint of the horizontal arch units for the displacement at the bottom of the cantilevers needs to be taken into consideration. This set of displacements can be worked out and then be input into the equation (1) as initial values to derive the load distribution, and further to calculate the internal force, stress and displacement of arches and cantilevers.

Compared with arch with flat top, the special feature in calculation of arch with crowned top is that the dam blocks near both abutments above the top limit of grouting are not subject to arching effect To simulate this physically, the elastic modulus of the arch units in the physical matrix used for displacement calculation is reduced to weaken the arching effect At the abutments the major components of internal force are from the cantilever units and the internal force of arching nature is minimal but not nil. Our practices showed that it is adequate to reduce the elastic modulus to 1% of its original value.

The above mentioned simulation of SFT150 and SCT, though not rigorous, has errors only limited to local parts. So it is applicable to employ the results of this method as the criteria of safety and strength.

4.2　Comparison of computational results

4.2.1　Radial displacements

As a rule, the tangential displacements and torsions of arch dams are usually small and radial displacements toward the downstream direction are remarkable. The computational results indicated that the radial displacements at the upper part is larger than those at the lower part, at arch crown is larger than at arch ends for SFT150 and SCT. The maximum radical displacements occur at the top of the crown cantilever. See Table 1 for results in detail.

Table 1　The radial displacements of the crown cantilever　　　(unit: mm)

Elevation(m)	180	170	160	150	131	112	93	70	55
SFT150	75.0	71.2	67.4	63.6	55.5	47.8	40.3	31.2	25.1
SCT	64.5	62.1	59.5	56.7	50.9	44.8	38.2	29.7	24.0

Note: positive displacement points downstream.

Computational results also indicated that the displacements of SCT are smaller than those of SFT150-about 11%–14% less above el. 150m and the displacements of the two tend to come close below el. 150m.

Table 2   The internal forces and the azimuths of resultant forces at arch abutments （unit：m）

Elevation(m)	Type of arch	Left bank arch abutment			Right bank arch abutment		
		Normal force (kN)	Radial force (kN)	Azimuth (degree)	Normal force (kN)	Radial force (kN)	Azimuth (degree)
150	SFT150	15,976	34,299	25	22,073	31,990	34.6
	SCT	34,388	33.647	45.6	42,243	32,450	52.5
ISO	SFT150	35,120	47,984	43.2	66,331	61,728	47.1
	SCT	68,802	47,101	55.6	86,411	58,357	56.0
150	SFT150	118,909	83,010	55.1	62,698	73,216	40.6
	SCT	138,622	78,177	60.6	76,654	67,642	48.6

Note：Positive normal force points to the bank；and positive radial force points downstream.

Azimuth is the angle between the radial force and the resultant force.

4.2.2   The internal forces and the azimuths of resultant forces at arch abutments

The calculated results at points under substantial stressing above el. 112m are listed in Table 2.

The calculation results showed that：

（1）Compared with SFT150, SCT has greater normal forces at arch abutment by over 100% at el. 150m, 40%–50% at el. 131m, 20%–30% at el. 112m and 5%–20% below el. 112m. So it can be seen that for SCT more loads from upper part can be transferred to the bedrocks on both banks in the form of normal forces.

（2）SCT has 3%–10% less radial forces than SFT150 in general except for the right abutment at el. 150m.

（3）The direction of the resultant forces at abutment of SCT turns more into the bank than that of SFT150. At el. 150m, the difference is over 23° and at el. 131m, 14° overall, 4°–10°.

In conclusion, as compared to SFT150, SCT has greater normal forces and less radial force at both abutments. And the direction of the resultant forces will turn more into the banks.

4.2.3   Principal stresses

The stress in an arch dam is mostly compressive. Safety requirements in respect of compressive strength can be met with no difficulty. But the principal tensile stress in the dam body, as a controlling factor for cracking, is often in excess of the allowed value. Some results of the principal tensile stress on the upstream surface at the ends of the arch units （elevation 112–150m）are listed as follows（Table 3）.

Table 3　Principal tensile stress on upstream surface at the ends of the arch units

(unit: MPa)

Cases	el. 150m		el. 131m		el. 112m	
	left end	right end	left end	right end	left end	right end
SFT150	1.34	1.18	0.86	0.94	0.54	0.65
SCT	0.79	0.80	0.42	0.49	0.29	0.41

Note: tensile stress is positive.

Computational results indicated that the principal tensile stress of SCT is 30% –40% less than that of SFT150 in controlling tension areas. The maximum principal compression stress occurs at the downstream face of the arch end on the left bank at el. 112m, which is calculated to be 4.33MPa for SFT150 and 3.22MPa for SCT. The latter is 25% less than the former.

To sum up, in SFT150 the gravity blocks of great height are not grouted and loads from the upper part can only be transferred to the top of the lower arching part. In comparison, in SCT the blocks between el. 150m and the upper grouting limit are grouted. Owing to the effect of curved beams, the loads arc transferred in two directions: a large part of the load is passed to both banks, consequently improving the stressing status of the arch dam as well as the safety of the abutments.

4.3　Comparison among alternatives of SCT

As the competent limestone outcrops higher on the right bank, it is appropriate for the right bank to take a greater share of the total load. For this purpose, on the right bank, besides grouting up to el. 150m, upper limits of grouting of el. 160m, el. 170m and el. 180m could also be chosen, while keeping the grouting limits in the mid-riverbed and on the left bank at el. 150m and el. 181.3m respectively. Accordingly four alternatives resulting from different combinations of grouting limits at different locations of right bank are referred to as subcase 150–180–150, subcase 150–180–160, subcase 150–180– 170 and subcase 150– 180–180 for short. Comparative studies on the four schemes showed the displacement of the dam and stressing condition at abutments have no big difference, except for some local parts. Thus attention was focused on the stress of the dam body. Calculations indicated that:

(1) It is favourable to properly raise the grouting limit on the right bank. The principal tensile stress at arch abutments tends to decrease for both subcase 150–180–160 and subcase 150–180–170, and the stress at lower part tends to be in agreement.

(2) The stress of subcase 150–180–180 is the worst. The principal tensile stress as large as 0.82Mpa occurs at el. 170m. This can be attributed to the fact that the upper limit of grouting on the right bank is raised excessively, making the arch shape asymmetric.

To sum up, SCT is more advantageous than SFT150 and slightly rising of upper limit of grouting(in the range of 150–170m) on the right bank is a good choice. Considering the geologic conditions, subcase 150–180–160 was finally adopted in design.

5　Calculations and Analysis Using 3-D FEM

Considering that there is minor disparity in the calculated results among alternatives of SCT, only the results of comparative analysis of the SFT150(top elevation 150m)and the above mentioned subcase 150-180-150 are described as follows:

(1)The radial displacements obtained by FEM is distributed similarly to that revealed by the method of multiple arches and cantilevers. SCT has about 20% less displacement than SFT150 at dam crest; about 17% less at el. 120m; and from el. 120m to foundation, the displacements in the two cases tend to come close gradually.

(2)Principal tensile stress of SCT is generally less than that of SFT150, about 20%-30% less at controlling points(arch abutments at el. 150-112m)and about 10%-15% less at other locations. The maximum compression stress occurs at dam toe at el. 112m on the right bank, 6. 71MPa for SFT150 and 6. 16MPa for SCT. The principal stress distribution of SCT is shown in Fig. 2, from which it can be seen that the arch action of the crowned top is obvious.

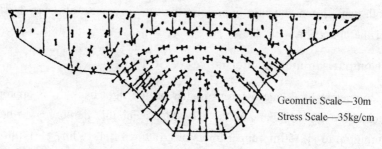

Geomtric Scale—30m
Stress Scale—35kg/cm

Fig. 2　Principal stress distribution on the downstream dam face of SCT

6　Stress Analysis by 3-D Static Structural Model Test

Three dimensional static structural model test was carried out to study the effect of different top limit of grouting elevations on dam stress. For the three above mentioned subcases of 150-180-180, 150-180-160 and 150-180-150, the test results under the loading conditions of self-weight plus hydrostatic pressure with normal pool level are as follows:

(1)The rising of the top limit of grouting on the right bank substantially reduces the tensile stress on the upstream face at arch abutments, while having little impact on the compression stress in the dam.

(2)The safety factor of the arch dam in terms of principal stress can without exception satisfy the set criterion with relatively large safety margin.

To sum up, as verified by both 3-D FEM and 3-D static structural model tests, the subcase 150-180-150 is superior to SFT150, furthermore, to raise the top limit of grouting of SCT on its right bank is more advantageous. So it is justified to adopt the subcase 150-180-160 of SCT in design.

7 Prototype observation and its analysis

In order to know the stress distribution in the dam body, four monitoring points of extensometers and non-stress meters were embedded in the lower arch dam near the top limit of grouting. On 4 July 1996, the upstream water level reached el. 199. 24m, the observational results are:

(1) The dam is basically in compression along the tangential direction of the arch. The stress level is higher on the downstream face than on the upstream face at the abutments, higher in the middle than on both sides, and higher on the left bank than on the right bank. The maximum tangential compression stress along the arch is 4. 31MPa, occurring near the arch crown at el. 143 on the upstream face.

(2) Tensile stress along the tangential direction of the arch exists only in limited areas, being 0. 78 MPa near the right abutment at el. 112m on the upstream face.

(3) Along the tangential direction of the arch, compressive stresses were measured for all four monitoring points embedded near the crowned top of the arching part, for example, 3. 47MPa at the left abutment on its downstream face. Moreover, cantilever-wise vertical stresses are all compressive stresses.

So prototype observation did reflect the general rule of arch dam stressing, but also the stressing characteristics of this special type of upper gravity upon lower arch dam with crowned top. In this case more arching action was obtained and more loads were transferred to the bedrock on both banks.

During the large flood in 1998, in order to avoid the concurrence of peak flow with that of the Yangtze River, the reservoir had to be put in unusual operation. On 8 August, the reservoir level reached up to el. 203. 94, nearly 4m higher than normal pool level (el. 200m). The monitoring data of radial displacement at dam crest showed that: with the measured values on 17 February 1998 as the reference, three plumb line measuring points at dam crest, namely PL15801, PL10801 and PL21801, indicated their relative displacements pointing downstream were 11. 86mm, 7. 11mm and 6. 59mm respectively during 15 – 17 August when the pool level was in the range from 202. 73m to 203. 68m. The displacements at arch crown were larger than those at abutments and the distribution was basically symmetric in agreement with the normal status of arch dams. Finally the dam passed through the large flood smoothly.

8　Conclusions

The special dam type featured by upper gravity dam resting on lower arch dam with crowned top was in light of the special physical conditions at the dam site. Compared to the case of the lower arch dam with flat top, more arching action and more advantages in terms of displacement, abutment stability and dam body stress can be obtained. The success in design was well demonstrated in its usual and unusual operation. This novel type of dam is unprecedented in China and is of great practicable value to construction of high arch dams in asymmetric river valleys.

第四节　南水北调工程

南水北调工程是我国的战略性工程，主要解决我国北方地区，尤其是黄淮海流域的水资源短缺问题，分东、中、西三条线路，通过三条调水线路与长江、黄河、淮河和海河四大江河的联系，构成以"四横三纵"为主体的总体布局，以利于实现中国水资源南北调配、东西互济的合理配置格局。其中中线工程起点位于汉江中上游丹江口水库，供水区域为河南、河北、北京、天津四个省（直辖市）。工程方案构想始于 1952 年毛泽东视察黄河时提出。南水北调工程规划区涉及人口 4.38 亿人，调水规模 448 亿 m^3。工程规划的东、中、西线干线总长度达 4350km。东、中线一期工程干线总长为 2899km。

穿黄工程、丹江口大坝加高均是南水北调中线工程的关键性控制工程。为保障中线工程顺利实施，刘宁带领同事们对穿黄工程方案以及丹江口大坝加高方案的主要关键技术进行了充分论证，运用多目标决策分析方法对比选方案进行了分析，分别提出了穿黄工程线路以及丹江口大坝加高方案的建议意见，为工程顺利实施奠定了基础。

为深入了解南水北调西线工程，掌握第一手资料，刘宁还克服高原缺氧的困难，带领专家组，深入长江源头、黄河源区，沿着多条规划调水路线，一一踏勘，与群众座谈，同专家论证。在这片神奇的高原上，刘宁感受了藏族群众的淳朴与热情，感受到了祖国大地的辽阔，也是在这片雪域高原，他和同事们对西线调水工程的几个重大问题进行了深入细致的思考与探讨。

南水北调中线一期工程穿黄方案的论证与选择

刘　宁

摘　要： 穿黄工程是南水北调中线一期工程的关键性控制工程。本文阐述了穿黄工程方案有关河势与路线、结构与施工、水头与水量、地质地震与地基、安全与维护及环境景观等主要关键技术的论证，在充分论证分析的基础上，阐述了穿黄线路、过河建筑物型式选择的决策方法。在此基础上选取主要影响因素，采用多目标优序值决策法的赋权优序值计算方法，对多目标的穿黄方案进行决策支持分析，依据各方案比选设计排序在先的遴选原则，提出了穿黄工程线路采用李村线、过河建筑物型式采用隧洞方案的建设性意见。

南水北调中线一期工程为特大型一等工程，分为水源工程、输水工程和汉江中下游治理工程，其中水源工程包括丹江口大坝加高和陶岔渠首枢纽工程；输水工程包括 9 段总干渠，1753 座各类建筑物；汉江中下游治理工程包括兴隆水利枢纽、引江济汉工程、部分闸站改、扩建工程和局部航道整治工程。建设总目标为 2010 年全线建成通水。中线穿黄工程是总干渠上的一项关键性控制工程，工程涉及面广、条件复杂、技术难度高，其技术经济可靠性和复杂性一直备受关注。早在 20 世纪 50 年代，南水北调中线工程规划设计之初，便开始了穿黄工程的研究，随着南水北调工程正式开工建设，2003 年长江水利委员会设计院和黄河水利委员会设计院组成穿黄工程联合项目组，集中力量对一些重大技术问题进行了专题研究，并多次组织全国相关行业的专家讨论、咨询和审查，从而为穿黄工程方案的决策和顺利开工建设提供了科学依据。穿黄工程已于 2005 年 9 月正式开工建设，成为南水北调中线一期工程建设的重要标志。

1　穿黄方案论证

中线穿黄方案论证的重点在于河势与线路、结构与施工、水头与水量、地质地震与地基、安全与维护、工程与景观环境以及进出口布置的适宜性上，关键是穿黄线路与过河建筑物型式的选择。

1.1　河势与线路

研究穿黄工程与黄河河势的相互影响，并据此确定穿黄工程线路是穿黄工程设计论证的重大技术问题之一。根据总干渠总体布置和渠道水位控制要求，结合黄河南北两岸地形地质条件和河道特性，确定总干渠过黄河线路选择在自邙山头至汜水河一带 20 ~ 30km 的范围内较为适宜。该河段呈 "S" 形，弯曲率 1.16，河宽 4 ~ 11km，呈藕

原载于：水利学报，2006，(1)：1-9。

节状，纵比降约0.24‰，河流总体流向北东，河中沙洲棋布，河床变化不定，属游荡性河道。该河段可供选择的穿黄工程线路有邙山头线、桃花峪线、牛口峪1线、牛口峪2线、孤柏嘴线、李村线、李寨线等，遵循工程与河道两利的原则，经大量试验研究、计算分析和经验判定，最后穿黄线路比选集中在孤柏嘴矶头附近的河段内进行。其上线为李村线，下线为孤柏嘴线，二线相距2.6km。河道试验研究表明，上、下线河床宽度均可固化束窄到3.5km，就工程、河势、行洪而言两线无明显不同。李村线和孤柏嘴线两种线路布置在技术上各有优势，地质条件、工程投资相差不大，单就河势影响分析而言差别在于：李村线因主流更为集中，线下仍有约2km的山湾导流，对保证下游河势不发生大的变化更为有利；孤柏嘴是该河段的天然控制性节点，多年来主流一直紧贴南岸孤柏嘴山湾，河势稳定，因此孤柏嘴线对河势影响较小。李村线和孤柏嘴线的取舍，就同等深度的研究成果来说，难以立判。

1.2　结构与施工

穿黄工程过河建筑物的结构型式研究是穿黄工程研究设计之基础，其主要方案集中在隧洞和渡槽两种结构型式上。两方案投资相当，技术上均可行，施工工期对通水目标不构成制约，仅在某些具体方面略有差异，利弊相间，难以抉择。

1.2.1　隧洞结构

隧洞方案包括两岸连接明渠、南岸退水建筑物、跨渠建筑物、进口建筑物、过河隧洞段、出口建筑物、北岸新老蟒河倒虹吸等交叉建筑物以及北岸防护堤、孤柏嘴控导工程等。过河隧洞段和邙山隧洞段全长4250m，内径7m。在充分考虑输水规模、技术经济、建设施工、安全和维护等条件后，认为双洞或单洞方案技术均可靠，都能满足一期工程总干渠输水要求，考虑双洞方案便于停水检修，输水保证率高，运行调度灵活，为较优方案。过河隧洞设计考虑内、外水压力和土压力，采用双层衬砌结构，层间由弹性防水垫相隔；外层为盾构机开凿岩洞后连续装配式普通钢筋混凝土管片结构，厚40cm，管片宽1.6m；内层为现浇预应力钢筋混凝土整体结构，厚45cm，标准分段长度9.6m（图1）。

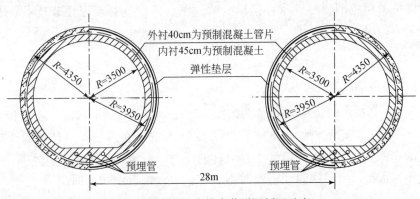

图1　南水北调中线穿黄隧洞剖面示意

总体来看，隧洞方案不影响黄河下游规划的桃花峪水库特征水位，主洞基础不存在高含砂水流冲刷可能引起的砂层位移影响隧洞安全，洞身双层衬砌承压、分缝、防水结构可保证隧洞安全运用，盾构技术可以满足工程施工、质量与工期的要求，耐久性好，具备良好的维护和检修条件，对河道生态与环境影响小。

1.2.2　渡槽结构

渡槽方案采用双线平行、一线一槽的双槽形式，槽长 3500m，单跨 50m。渡槽方案对 U 形渡槽、箱形渡槽和矩形薄腹梁渡槽进行了技术可行性和经济合理性论证。U 形渡槽为预应力混凝土结构，水流条件好，结构轻巧，技术成熟，地震时下部结构响应较小；箱形渡槽整体性好，刚度大，工程量较其他方案大；矩形薄腹梁渡槽布置简单，整体刚度较大，工程量较 U 形渡槽方案大。三种方案各具特点，技术上均可行。考虑 U 形渡槽槽体自重相对较轻，生产跨度 50m、重 1600t 的渡槽槽身混凝土浇筑施工设备的难度相对较低，而箱形渡槽与矩形薄腹梁渡槽自重为 2100～2250t，与目前国内外施工技术水平有一定差距，因此 U 形渡槽方案为较优方案。设计渡槽净宽 8m，槽内设计水深 5.13m，加大水深 5.28m。槽体为三向预应力混凝土结构，采用弹性减震球型钢支座；下部结构采用圆柱式槽墩，基础加固采用混凝土灌注桩。总体而言，渡槽方案可减少水头损失，槽身结构简单，受力条件较明确，安全和耐久性好，维护、检修方便。但上部结构常性荷载大，结构重心偏高，下部结构桥墩多、跨度大，架桥机（或造桥机）从研制到生产需要一个过程，并需与规划的桃花峪水库特征水位相协调。

1.2.3　建设施工

隧洞方案采用泥水平衡式盾构机施工，河床地质条件虽复杂，但双洞方案的隧洞外径为 8.7m、内径为 7m，此类规模的盾构隧洞国内外施工实践多、技术难度较低，目前盾构机偏斜误差已可做到不大于 5cm。穿黄隧洞按一线一台泥水平衡式盾构机连续进行洞长 4.25km 的施工，可做到不换刀具；管片宽度还可适当加宽，以减少管片间接缝、加快施工进度。隧洞方案施工总工期 51 个月，可保证通水目标如期实现。渡槽方案在地面上施工，不确定和不可预见因素少，受河床复杂地质条件的影响小，无论是槽体施工，还是下部结构基础加固，施工技术均较成熟，目前的施工机械制造水平可满足大吨位架桥机的研制要求；但槽身的预制、运输、安装等环节技术要求较高，采用的施工主要设备尚需研制。渡槽方案施工总工期 44 个月，工期短，利于失通水目标早日实现。

1.3　水头与水量

南水北调中线工程总干渠陶岔渠首至北京全长约 1276.2km，渠首设计水位 147.38m，末端北京团城湖约 48.57m，总水头 98.81m。在总干渠设计水面线规划下，确定适宜的穿黄工程水头和流量是工程设计的关键。对隧洞方案而言，水量一定的条件下，过小的水头将使得隧洞经济断面不合理，工程代价增大；而渡槽方案则因其采用明流输水，同等情况下较有压输水可节省 4m 以上水头，能为优化总干渠布置提供有利条件。

根据南水北调工程总体规划，一期工程多年平均调水量 95 亿 m^3，穿黄工程设计流量 265m³/s，加大流量 320m³/s，相应渠首引水规模为 350~420m³/s。后期工程多年平均调水量 120 亿~140 亿 m³，穿黄最终规模设计流量 440m³/s，加大流量 500m³/s，相应渠首引水规模为 630~800m³/s。

从总干渠总体布置、输水规模和水位控制要求、南北两岸地形地质条件、工程总投资及设计和施工技术条件等方面考虑，须以陶岔渠首、北拒马河总干渠和穿黄工程进出口水位为控制，将总水头在南北两岸的明渠和建筑物上进行分配，以求投资最省。增加黄河以南总干渠水头，降低黄河南岸总干渠水位，由于黄河南岸总干渠沿线地面高程较高，深挖方渠道长，不利节省投资；增加黄河以北总干渠水头可节省工程量，但黄河北岸总干渠水位不宜过高，以免增加高填方渠段的长度，给工程安全运行和干渠沿线的行洪排涝带来不利影响。在穿黄工程设计流量下，确定黄河南岸 A 点水位为 118m，黄河北岸 S 点水位为 108m，设计可用水头 10m；加大流量下，S 点水位按 108.71m 控制，A 点水位按水面线反推得到 118.754m。A~S 点间线路全长 19.299km。

1.4　地质、地震与地基

穿黄工程南岸为邙山黄土低丘，丘顶高程 200~220m；北岸为冲积平原，地面高程 107~110m；河床物质主要为第四系粉质壤土、粉细沙、细沙和中沙，下覆基岩主要为上第三系黏土岩和砂岩。穿黄隧洞约 1/3 的洞段穿过 Q_2 粉质黏土层、粉质壤土层，另约 1/3 穿过 Q_4 的中、细砂层，其余约 1/3 穿过砂与黏土互层，总体而言围土条件较好。从地质上看，李村线和孤柏嘴线的地质条件基本相当，无制约工程建设的特殊因素，但李村线南有高约百余米的临河高边坡，需专门研究边坡稳定及加固措施，技术上相对较复杂。

研究表明，穿黄隧洞埋置较深，可避免砂层震动液化问题；采用双层衬砌、独立工作的结构型式，沿横向和纵向均有良好的抗震性能，隧洞衬砌各阶段的应力与变形均满足设计要求，但应重视管身纵向不均匀沉陷问题，研究竖井、斜井与水平段连接部位的处理措施。渡槽结构总体满足抗震设计要求，由于重心偏高，结构设计中需考虑减震措施，与隧洞方案相比，整体抗震性能稍逊。

渡槽方案的桩基形式和基础加固，在钻孔灌注桩和沉井两措施间进行了比较。钻孔灌注桩基础结构简单，受力明确，承载力较大，抗震性能好，沉降量小且均匀，适用于各种穿黄河段软基土层；沉井基础整体性好，横向抗力大，能承受较大荷载，适用于较强持力层的深埋基础，但要求地质条件比较均匀，特殊地质条件下的处理比较复杂。穿黄渡槽工程，若采用沉井基础，沉井断面尺寸大，且入土深度超过 70m，基底难以保证均匀的持力层。研究表明，穿黄渡槽采用混凝土钻孔灌注桩基础为宜，渡槽单墩桩基需 8 根 2m 桩。根据郑州黄河公路大桥试桩资料，黄河上混凝土灌注桩超载能力很强，试桩承载力是按规范计算承载力的 4 倍左右。渡槽桩基础沉降仅 1.5~3.5cm，扣除施工期沉降，建成后沉降量更小。号外，穿黄工程北岸河滩明渠为填方渠道，根据穿黄工程北岸渠道的地质条件，曾考虑振冲法、强夯法、挤密砂桩法和压盖法等工程措施，由于挤密砂桩法在增加地基的密实程度、改善地基排水条件、减轻液化程度、减少地基震陷变形等方面较优，有利于渠道堤坡稳定，满足规范要求，故予以推荐。而北岸连接明渠地基为 Q_3 黄土状粉质壤土，无砂土液化问题，但存在非自重湿陷性，推荐采用强夯法进行处理。

1.5　安全与维护

穿黄隧洞在河床下方 25m 处穿越，据资料分析，穿黄断面河床受剧烈冲刷后最大冲深为 20m，砂层震动液化深度最大为河床下方 16m，因此，穿黄隧洞方案不受黄河河势和洪水影响，主洞基础不存在高含砂水流冲刷可能引起的砂层位移影响隧洞安全，满足安全输水要求。穿黄工程设置有节制闸、事故闸和退水闸等设施，节制闸通过对闸门开度的调节，控制"A"点水位为常水位；进口设置事故闸门，靠下游侧布置退水闸，当事故闸门关闭时，可通过退水闸退水入黄河，以避免南岸渠道水位抬升过高。穿黄隧洞结合黄河主河槽偏靠南岸的特点，采用南岸斜洞进、北岸竖井出的方案；出口竖井与隧洞连接处为隧洞的最低位置，有利于检修排水，同时在竖井内还可布置充水设备室、检修水泵室、集水井、风机室、楼梯间、隧洞密封门等设施。南岸进口斜井段与检修通道相通；隧洞底部设通行道，宽 3.1m，便于乘车辆巡视或检修。鉴于穿黄隧洞的隐蔽性，安全监测系统的监测重点是可能的渗、漏水发生与发展情况，通过对两条隧洞共计 205 个监测断面的自动监测，可实现工程安全状态的有效监控，以防患于未然。

渡槽方案大部分为地面建筑物，检查维护条件优越。槽顶设有三条交通通道，用于工程的运行管理和检修；可安排停水检查维护，每 3～5 年，还可安排一次规模较大的停水检修维护。检修维护前，关闭进出口闸门，槽内水体可自流排空，无须通风、照明，正常巡查无须排水，检查维护一次时间短，运行维护费用低。与隧洞方案一样，渡槽方案也布设有运行管理控制系统和自动化安全监测系统。此外，考虑到三门峡—花园口下大洪水可能会给渡槽方案防洪安全带来一定影响，设计中还研究了三门峡、小浪底水库以及伊河、洛河上的陆浑、故县水库的调蓄控制作用。

另外，从尽量减少对新老蟒河的影响、保证输水安全的角度出发，论证确定选用倒虹吸结构穿越蟒河的建筑物型式；还论证了穿黄河段的整治原则和控导工程布置，最终确定该河段的整治工程布设以防洪为主，满足河道排洪能力，适应小浪底水库投入运用后的水沙条件，稳定驾部工程及以下河段的河势，并考虑穿黄工程对河势的要求，保证穿黄工程安全。

1.6　工程与景观环境

从景观上讲，渡槽工程规模宏大，能够展现我国现代水利工程建设水平，是南水北调中线工程最为壮观的人文景观，可以成为具有较高开发价值的旅游资源，具有长期的旅游效益。郑州作为中原商贸中心、交通枢纽要道，增添如此重大景观，与小浪底工程、西霞院工程及邙山风景区形成黄金旅游带，具有巨大社会经济效益。但工程占地及槽墩对河道的影响亦不能小视。

隧洞方案从黄河河床中穿过，工程占地与工程补偿投资小，进出口布置研究了南斜北竖、南岸退水，南斜北竖、北岸退水，南竖北斜、退水闸在南岸等方案，因李村线邙山临河，主流顶冲，形成高陡岸坡，推荐采用南斜北竖、南岸退水的方案，通过设置邙山斜洞，使隧洞进口等建筑物远离河岸，避免了大规模的临河边坡工程和护岸工程，同时也降低了渠道边坡的高度，对长期安全运行有利，也不致对两岸原生景观带来更大的影响；过河隧洞对河道、河滩自然景观几无影响。除北边滩固化束窄和蟒河局部调改外，仍可基本保持黄河自然河流景观环境；后期结合主体工程布置"二区二带"人工景观，与两岸自然景观辉映衬托，将有效减少人工建筑物对自然景观的影响，因此穿黄隧洞方案可很好地保护当地景观环境，有利于人与河流的和谐发展。

1.7　基本认识

从前述论证可见：①穿黄线路的选择可集中在李村线和孤柏嘴线的取舍论证上，就工程对河势、防洪影响而言两线无明显不同，过河建筑物长度不宜小于3.5km。②穿黄工程过河采用隧洞或渡槽结构方案，技术上均可行。隧洞宜选双洞、双层衬砌结构，进出口采用南斜北竖、南岸退水的布置方式，施工采用泥水平衡式盾构机，可满足工程质量和工期要求；渡槽宜用双线U形渡槽、下部结构采用圆柱形墩槽和钻孔灌注桩基础，施工采用架桥机，研制技术成熟，工期省。③穿黄工程按照南水北调一期工程多年平均调水量95亿 m^3，相应设计流量265m^3/s，加大流量为320m^3/s，设计水头为10m是合理的。④穿黄隧洞最小埋深置于河床下25m，总体而言围土条件较好，不受河床冲刷及砂土震动液化影响，施工安全，运行可靠。⑤隧洞结构和渡槽结构均满足抗震设计要求，但渡槽结构整体抗震性能稍逊。⑥穿黄工程北岸河滩明渠地基处理宜采用挤密砂桩方案；北岸连接明渠地基宜采用强夯法处理；穿越新老蟒河宜采用倒虹吸结构；穿黄河段的整治工程布设以防洪为主，并考虑穿黄工程对黄河河势的要求。⑦穿黄隧洞不受黄河河势和洪水影响，为满足总干渠安全输水要求，设置穿黄节制闸和退水闸，在出现紧急情况时，可关闭节制闸，开启退水闸紧急退水，以保护渠道和建筑物的安全；典型洪水对渡槽可能有影响，需要采取一定的防洪措施。⑧穿黄工程自动安全监测系统，可有效监测工程的安全运行；由于渡槽为地面建筑物，对其监测更为直观、便捷，易于验证。⑨穿黄隧洞采用双洞、南斜北竖、南岸退水方案，有利于检修；渡槽工程的检查维护条件优越，易于问题的发现和处理。⑩隧洞方案能基本保持黄河原有自然河流景观环境，有利于人与河流的和谐发展；渡槽方案工程规模宏大，为具有较高开发价值的旅游资源。

虽有上述共识，但在穿黄路线和过河建筑物结构型式的选取上，由于涉及因素多，方案各有利弊，仍是问题的关键所在。

2　穿黄方案选择

2.1　决策方法分析

穿黄工程线路和过河建筑物方案的选择，既是技术经济研究分析的过程，也是以排序选优为标志的复杂决策过程；具有目标冲突性，目标量纲的非一致性；比选方案间不存在绝对最优。为此，基于已取得的成果，采用多目标决策法进行分析评价，为决策提供科学依据和基础就成为必然。

多目标优序值决策法是在多个目标已明确、多种方案已拟定的情况下，对可能的方案进行综合评价、排序和选优。其特点是在各目标下对方案比选项目进行两两捉对比较并给方案打分，以差异程度和分值多少反映参与对比各方案的优劣；进而得出方案的"优序值"，并按其大小进行排序选优。

优序值决策方法有很多，赋权优序值方法是其中之一。该方法的原理是设某一多目标决策问题有 n 个目标（指标、因素等）G_1，G_2，$\cdots$，G_n，其相应的权重分别为 λ_1，λ_2，$\cdots$，λ_n，并设已拟定了 m 个决策方案 S_1，S_2，$\cdots$，S_m 在各目标下对所有方案进行两两对比，通过对比，给方案打分，以分值的高低反映方案的优劣。设在目标 G_k（$k=1$，2，$\cdots$，n）下对方案 S_i，S_j，（i，$j=1$，2，$\cdots$，m）进行比较打分，分值的高低按下述标准给出

$$a_{ij}^{(k)} = \begin{cases} 1 & \text{若方案 } S_i \text{ 优于 } S_j \\ 0 & \text{若方案 } S_i \text{ 劣于 } S_j \\ 0.5 & \text{若方案 } S_i \text{、} S_j \text{ 同样优劣} \end{cases} \tag{1}$$

式中，$a_{ij}^{(k)}$ 为在目标 G_k 下将方案 S_i，S_j，进行对比后的得分值。

从打分的标准可以看出，$a_{ij}^{(k)} + a_{ji}^{(k)} = 1$（$i$，$j$，$= 1$，$2$，$\cdots$，$m$），且 $a_{ii}^{(k)} = 0.5$（$i = 1$，2，$\cdots$，m）。在每个固定的目标 G_k（$k=l$，2，$\cdots$，n）下，对所有的方案进行两两比较并打分，从而得到关于目标 G_k 的方案分值矩阵：

$$\boldsymbol{A}^{(K)} = \begin{Bmatrix} a_{11}^{(k)} & a_{12}^{(k)} & \cdots & a_{1m}^{(k)} \\ a_{21}^{(k)} & a_{22}^{(k)} & \cdots & a_{2m}^{(k)} \\ \vdots & \vdots & \vdots & \vdots \\ a_{m1}^{(k)} & a_{m2}^{(k)} & \cdots & a_{mm}^{(k)} \end{Bmatrix} = (a_{ij}^{(k)})_{m \times m} \tag{2}$$

其中，$k=1$，2，$\cdots$，n。

将矩阵 $\boldsymbol{A}^{(K)} = (a_{ij}^{(k)})_{m \times m}$ 第 i 行的所有元素相加，得到方案 S_i 关于目标 G_k 的优序值，$d_i^{(k)} = \sum_{j=1}^{m} a_{ij}^{(k)}(1, 2, L, m)$。$d_i^{(k)}$ 的大小反映了方案 S_i 在目标 G_k 下的优劣，$d_i^{(k)}$ 之值越大，则方案 S_i 越优；反之，$d_i^{(k)}$ 越小，则方案 S_i 越劣。因此，可按 $d_i^{(k)}$ 的大小，对方案在目标 G_n 下进行单目标排序。

综合考虑方案的单目标排序结果以及目标权重，求出各方案的赋权优序值

$$d_i = \sum_{k=1}^{n} \sum_{j=1}^{m} \lambda_k a_{ij}^{(k)}(1, 2, \cdots, m) \tag{3}$$

它从总体上反映了方案的优劣，d_i 之值越大，则方案 S_i 越优；反之，d_i 之值越小，则方案 S_i 越劣。因此，可按赋权优序值的大小对方案排序和选优。

综上所述，多目标决策方案排序和选优的赋权优序值法数学模型如下

$$d_i = \sum_{k=1}^{n} \sum_{j=1}^{m} \lambda_k a_{ij}^{(k)}(1, 2, \cdots, m) \tag{4}$$

式中，d_i 为方案 S_i（1，2，$\cdots$，m）的赋权优序值；λ_d 为目标（指标、因素）G_k（$k = 1$，2，$\cdots$，n）的权重，且

$$\begin{cases} 0 \leqslant \lambda_k \leqslant 1(k=1, 2, \cdots, n) \\ \sum_{k=1}^{n} \lambda_k = 1 \end{cases}$$

2.2 比选计算

2.2.1 穿黄线路选择赋权优序值法分析计算

在满足总干渠及黄河河势控制要求的前提下，穿黄工程线路选择的主要原则是：①河与工程两利，工程与黄河交互影响小；②技术条件相对简明，工程投资最省。在此原则下，线路选择的主要影响因素可由黄河河势、桃花峪水库、黄河河道缩窄、南岸邙山地形地质条件和北岸地形及穿越条件5个方面表述，这是一个典型的优序值决策问题。

经对5个主要影响因素之间的分析比较，确定各因素权重，如表1所示。

表1 各主要影响因素权重

项目	黄河河势	桃花峪水库	黄河河道缩窄	南岸邙山地形地质条件	北岸地形条件及穿越条件
权重	0.25	0.15	0.2	0.2	0.2

通过专家深入讨论，针对各路线这5个方面优缺点的比较归纳，结果如表2所示。

表2 穿黄线路各线主要影响因素优缺点比较

线路	黄河河势	桃花峪水库	黄河河道缩窄	南岸邙山地形地质条件	北岸地形条件及穿越条件
牛口峪	河床较宽，河势不够稳定	距离较近，相互干扰和矛盾大	穿黄河段河道规划治导线不够协调	天然垭口，节省工程量，无边坡问题	1线穿越沁南滞洪区；2线存在沙土液化区，环境问题和技术问题较复杂
孤柏嘴	河势比较稳定	和桃花峪水库无影响	河床宽度均可缩窄到3.5km，需补充完善整治规划，增加控导工程投资	施工条件及布置均十分方便	地形不复杂
李村线	河势比较稳定，主流较孤柏嘴更集中	和桃花峪水库无影响	河床宽度均可缩窄到3.5km，治理方案结合较好，便于协调管理	施工道路，交通及布置均较困难	地形不复杂

对3个方案各主要影响因素两两进行比较，得表3所示比选方案的比较分值指标。再根据赋权优序值计算公式，分别计算各方案优序值，得 $d_1=0.9$，$d_2=1.775$，$d_3=1.825$，可见 S_3 方案即李村线方案为排序在先的方案。

2.2.2 过河建筑物型式选择赋权优序值法分析计算

针对过河建筑物型式，从工程布置、结构设计、工程施工、工程投资、河道治理与景观环境、运行管理以及不确定性影响 7 个方面对隧洞方案和渡槽方案进行主要影响因素分析，并确定 7 个主要影响因素之间的权重，如表 4 所示。

表 3 各方案比较分值指标

项目	黄河河势	桃花峪水库	黄河河道缩窄	南岸邙山地形地质条件	北岸地形条件及穿越条件
S_1/S_2	0	0	0	1	0
	1	1	1	0	1
S_1/S_3	0	0	0	1	0
	1	1	1	0	1
S_2/S_3	0	0.5	0	1	0
	1	0.5	1	0	0

表 4 各主要影响因素权重

项目	工程布置	结构设计	工程施工	工程投资	河道治理与景观环境	运行管理	不确定性影响
权重	0.2	0.2	0.15	0.1	0.15	0.1	0.1

通过专家们深入讨论，针对各方案这 7 个方面优缺点进行比较归纳，结果如表 5 所示。

表 5 过河建筑物型式比选隧洞方案与渡槽方案评价

项目	隧洞方案	渡槽方案
工程布置	总体布置合理，与河势、防洪无实质性相互影响	总体布置合理，需与规划中的桃花峪水库协调
结构设计	稳定性好、结构可靠、纵向沉降小、防渗性能好，耐久性好	结构设计留有余地，工程安全系数较大
工程施工	盾构机偏斜误差已可以做到不大于 5cm，一次性推进长度 4km 是可行的	上部采用架桥机或造桥机法施工，技术成熟，但造桥机设备从研制到生产需要一定的时间
工程投资	工程静态总投资 29.3455 亿元	工程静态总投资 29.7999 亿元
河道治理与景观环境	基本保持原有黄河自然河流景观，对河道治理和景观环境影响小	对河势影响的不确定因素较多；具有较高开发价值的旅游资源
运行管理	具备正常检修条件，两条隧洞可避免检修对正常输水的影响，外部环境对主体建筑物影响较小	渡槽正常检修、维护较隧洞方便。外部环境对主体建筑物影响较大
不确定性影响	免受温度、冰冻、大风等不利因素影响，抗震性能好	渡槽设计满足规范抗震要求；整体抗震性能稍逊

从主要影响因素比较看，两个方案在工程布置上合理，在工程投资上相当，在结构设计及工程施工上均可行；但是对于河道治理与景观环境、运行管理与不确定性影响来说有所区别，因此决策需要进行方案的优序值计算。对两个方案各主要影响因素

两两比较，得比选方案的比较分值指标，参见表6。

表6　各方案比较分值指标

项目	工程布置	结构设计	工程施工	工程投资	河道治理与景观环境	运行管理	不确定性影响
S_1/S_2	0.5	0.5	1	0.5	1	0	1
	0.5	0.5	0	0.5	0	1	0

再根据赋权优序值计算公式，分别计算各方案优序值，得 $d_1=1.2$，$d_2=0.8$，可见 S_1 方案即隧洞结构型式为排序在先的方案。

2.3　专家选择

针对穿黄线路、过河建筑物型式的选择，经多次组织专家咨询讨论，形成了比较清晰的选择方案。

多数专家认为，李村线（上线）和孤柏嘴线（下线）两种线路布置在技术上各有优势，地质条件、工程投资相差不大，但对该段河势影响有所差别。下线在现有控导工程条件下，需进一步补充完善整治规划，增加控导工程投资。上线与黄河流域规划中的治理方案结合较好，便于协调管理。均同意以李村线（上线）作为推荐线路。

专家一致认为，穿黄工程的隧洞方案和渡槽方案在技术上均是可行的。从穿黄工程两个方案对该河段治理和开发的影响、工程布置、结构设计、地震影响、工程施工、运行管理、工程投资等方面综合比选，大多数专家倾向于隧洞方案作为穿黄工程的设计方案。

3　结语

（1）本文基于对穿黄方案论证的基本认识，寻求主要影响因素，采用多目标分析方法为穿黄线路和过河建筑物结构型式的选择决策提供了建设性的意见。

（2）笔者认为穿黄工程线路采用李村线、过河建筑物型式采用隧洞方案是各方案比选排序在先的选择。

（3）穿黄工程论证代表了当今的工程设计研究水平，其论证成果具有科学性、客观性和实用性，为穿黄工程建设方案的决策提供了坚实而有力的基础。

（4）鉴于穿黄工程的复杂性、重要性和敏感性，可知与未知的问题还需要在工程建设过程中，不断完善、深化、细化，甚至再修正。相信通过广大工程建设者的不懈努力，穿黄工程乃至南水北调中线一期工程一定会建设成举世瞩目的一流工程。

对南水北调西线工程几个重大问题的探讨

刘 宁

摘 要：本文根据南水北调西线工程近年来取得的研究成果和认识，针对受水区的供水范围及供水对象、工程建设方案及深埋长大输水隧洞、调水区生态与环境影响和工程建管资金筹措方案等技术经济问题进行了探讨。笔者认为，西线一、二期工程建设方案统筹考虑，有利于供水目标的实现；一期、二期工程区地质条件复杂，环境恶劣，深埋长大隧洞的勘察、设计和施工有其特殊性，有关技术经济问题是可以解决的；制约工程建设更为关键的问题是受水区供水范围和对象、调水对调水区生态与环境影响和工程建管筹资的研究确定。

1 引言

南水北调西线工程规划分三期实施，一期工程从雅砻江、大渡河上游5条支流调水入黄河，多年平均调水量40亿 m^3；二期工程从雅砻江上游干流调水，多年平均调水量50亿 m^3；三期工程从金沙江上游干流调水，多年平均调水量80亿 m^3，具体规划指标见表1。

表1 南水北调西线工程规划指标表

序号	项目	单位	第一期工程	第二期工程	第三期工程
1	调水河流		雅砻江支流、大渡河支流	雅砻江干流	金沙江干流
2	多年平均径流量	亿 m^3	60.6	70.7	124
3	可调水量	亿 m^3	40	50	80
4	坝址高程	m	3410~3604	3450	3542
5	最大坝高	m	63~123	193	273
6	输水线路全长	km	260.3	304	508.1
7	隧洞长度	km	244.1	287.8	489.9
8	最长段洞长	km	73	73	73

南水北调西线工程受水区、工程区和调水区有其特殊性。受水区属干旱半干旱区，水土资源匹配不良，仅凭黄河水资源难以维系经济社会和生态环境的需求。工程区属高原寒温带湿润区，气压低、缺氧、寒冷、日照长是其气候基本特点；广泛分布三叠纪浅变质砂岩和板岩，组合较为单一；坝址处覆盖层厚度一般为10~20m；主要发育有NW向断裂。调水区受西部季风的影响，年降水量分布具有西北少、东南多、全年

原载于：曹楚生和谢世楞主编的《新世纪水利工程科技前沿（院士）论坛》. 天津：天津大学出版社，2005.

降水集中的特点，年降水量在 649 ~ 727mm，6 ~ 9 月为主降雨期，降雨强度小，持续时间长；全年平均降雪量超过 100mm，积雪日数为 43 ~ 54 天；河流径流主要来源于降水，并有季节性融雪与融冰补给，水文资料相对短缺。

由于南水北调西线工程规模大，深埋长大输水隧洞、高坝大库和大型输水渡槽等建筑物世所罕见，再加上交通不便，人烟稀少，工程施工和建设条件困难，因此极具挑战性，因地制宜的制订工程建设方案非常重要。此外，调水对调水河流地区的生态与环境影响，受水区的供水范围及供水对象，工程建管资金筹措方案等更是需要深入研究的重大问题，涉及的社会、经济、环境、技术等问题十分复杂。它们共同构成了南水北调西线工程建设论证的关键。

2 对受水区的供水范围及供水对象的认识

我国大西北土地资源十分丰富，开发潜力很大，但绝大部分地带都属于干旱或半干旱区，水土资源极不匹配，水资源严重短缺。"域旱流长"的黄河是西北地区的重要水源，多年平均河川天然年径流总量仅为 580 亿 m^3，仅约占全国河川径流量的 2%，但却承担着黄河流域和下游引黄灌区占全国 15% 的耕地面积、12% 的人口和 50 多座大中城市的供水任务，同时还要向流域外部分地区远距离调水，水资源供需矛盾异常尖锐。

黄河流域属资源性缺水地区，随着西部大开发战略的实施，经济社会的需水量不断增加，未来缺水的形势将更为严峻，水资源短缺已成为西部发展的最大制约条件。据预测，在保持一定的输沙水量、考虑充分节水情况下，黄河上中游地区不同水平年缺水情况见表 2。

表 2 黄河上中游地区不同水平年缺水量表 （单位：亿 m^3）

项目	现状	2010 年	2020 年	2030 年	2050 年
正常来水年份	10	40	80	110	160
中等枯水年份	50	100	140	170	220

按照《南水北调工程总体规划》制定的目标："南水北调西线工程调水主要解决西北地区缺水问题，基本满足黄河上中游青海、甘肃、宁夏、内蒙古、山西、陕西 6 省（区）和邻近地区未来 50 年的用水需求，同时促进黄河的治理开发，必要时相机向黄河下游供水，缓解黄河下游断流等生态和环境问题"，南水北调西线工程的主要开发任务，是补充黄河水资源不足，缓解我国西北地区干旱缺水形势，以水资源的可持续利用支撑西北地区经济社会可持续发展；通过向河道内配置部分水量，自上而下进入黄河干流水沙调控体系，为黄河干流河道的减淤冲刷、遏制河道不断淤高的趋势创造条件，实现黄河干流河道的功能性不断流。同时，这也是为黄河流域和邻近的河西走廊等地区生态与环境改善提供水源保障的重要途径。

调入水量在受水区的分配应遵循公平、高效和可持续利用的原则。通过合理抑制需求、有效增加供水、积极保护生态与环境等手段和措施，在黄河水资源总体配置的基础上，进行调入水量的配置。调入黄河的水量应与黄河水资源统一配置，突出重点、相对集中用于重点缺水地区，尽可能解决或较大程度地缓解重点受水区水资源的紧缺形势。应坚持"三先三后"、高效利用、高水高用、水量置换的原则，统筹考虑河道外和河道内用水需求的关系，统筹考虑受水区的供水形式和配套工程建设，使调水量发挥最大的效益。

南水北调西线调入水量进入黄河干流后，水权如何分配？水费如何收取？目前主要有两种意见：一是以国务院给黄河上中游各省区分配的用水额度为水权基础，超过该额度就按西线水计量并收取水费；二是认为调入黄河的西线水，融入了黄河水资源，亦可称作黄河的增供水量，与黄河水一起统一配置、统一调度，按省（区）、区域、行业或河段统一水价。

第一种意见，在水价上实行双轨制，可能的问题是，会引导大家把"黄河水"用足用尽，而"西线水"全留在河道内。这需要合理的配水方案和强有力的水资源调控和管理机制，筹资及管理不易。第二种意见，是把西线对黄河的增水量与黄河水一起统一配置、统一管理、统筹水价，实质是认为，西线工程调水入黄河后，通过上中游大型水库的调蓄，改善的是整个黄河流域的水资源供需形势，全河都受益。给谁配置的水权越多、谁用水越多，谁受益就越大，谁就应当分担相应较多的费用。这需要相应的体制、机制和政策支持，制定可操作的实施方案不易。

3　对工程建设方案及深埋长大输水隧洞等问题的探讨

3.1　一、二期工程建设方案统筹考虑，有利于供水目标的实现

西线一期工程地处青藏高原东南部边缘地带，位于四川省的甘孜、色达、壤塘、阿坝县，青海省的班玛县和甘肃省的玛曲县境内，输水线路涉及长江流域的雅砻江、大渡河和黄河流域上游干支流。一期工程建设规划的现状水平年是 2000 年，2020 年为近期水平年。根据一期工程的规模及建设条件分析，按现在抓紧前期工作、尽早开工建设考虑，一期工程最早的通水时间也在 2020 年前后，届时正常来水年份黄河流域的水资源缺口将在 80 亿 m^3 以上，枯水年份缺水更多，远远超出一期工程 40 亿 m^3 的调水量。故为较好地满足黄河流域上中游有关省区的工农业用水需求，补充黄河流域生态用水，在抓紧推进一期工程前期工作的同时，统筹考虑一、二期工程建设方案，积极开展一、二期工程水源沟通方案的研究，争取尽早提高向黄河流域的补水规模，无疑是十分必要的。

一期工程从雅砻江支流达曲、泥曲、色曲及大渡河支流杜柯河、玛柯河、阿柯河建坝蓄水，通过长距离输水隧洞将水直接引入黄河上游干流。工程区海拔 3500～4700m，水源水库坝址海拔 3400～3600m。一期工程控制流域面积 2.0 万 km^2，由 5 座引水枢纽、7 段输水隧洞和 1 座大型渡槽（若果朗渡槽）再加 1 段输水明渠（隧洞）通过串、并联方式连接而成，具有由近及远、分步实施、独立发挥效益的条件。二期工程雅砻江干流水源地距第一期工程的阿安水库直线距离仅约 44km，两期工程的输水线路在阿安水库至黄河区间基本平行。考虑水源水库分布在输水隧洞沿线的特点，可

研究总体规划中的一期和二期工程水源沟通、分步实施、早日通水、逐步加大调水量的可行性。将两期工程作为一个整体统筹研究工程方案，把二期的水源地工程纳入一期工程早日建设，以适当增大一期工程的调水量，这样不仅可从前期工作的角度总体上推进南水北调西线工程建设进程，从工程优化、节约高效的角度也较为有利。

在雅砻江至黄河区间，各期工程输水线路基本平行，故一期工程的布置将对后期工程布置产生较大影响。一期工程由多座水库和总长 244.1km 的输水隧洞通过串、并联的形式组合而成，二期工程水源水库和一期工程很近，按统筹考虑、分期实施、连续建设的思路，将一、二期工程作为一个整体进行工程总布置方案的研究，为工程分期实施提供便利具有实际意义。

统筹考虑一、二期工程建设，并非简单地把一、二期工程规模累加，而要以系统的观点、总体最优的目标来制定调水方案。可以下式表达建立在一、二期工程水源沟通基础上的调水规模研究。

$$S = A \times 40 \text{ 亿 m}^3 + B \times 50 \text{ 亿 m}^3$$

式中，S 为一、二期工程水源沟通后调水规模优选值；40 亿 m^3、50 亿 m^3 分别为规划确定的一、二期工程调水规模；系数 A 和 B 的确定要充分考虑一、二期工程的水文地质条件、调水河流地区水资源开发利用需求（比如引大入岷工程）和对生态与环境的影响、受水区的供水范围和供水对象以及工程建设的技术经济合理性等。

3.2　权衡坝高、明渠、隧洞线路和长度的关系，关注深埋长大输水隧洞的研究和施工

工程总体布置方案涉及可调水量、调水河流的相对高程、坝址及输水线路地形地质条件、工程施工条件以及与后期工程结合等多种因素，比选十分复杂。目前在达曲—玛柯河之间重点开展上、中、下三条线，玛柯河—贾曲入黄口之间重点进行全隧洞、隧洞与明渠组合方案的比选，共有十四个坝址参与比较。

玛柯河扎洛坝址河床高程为 3390m、雅砻江干流阿达坝址河床高程为 3450m，而输水隧洞入黄出口处高程为 3442m，为获得自流调水必需的水头，两处坝址分别需建设 160m 和近 200m 的高坝，且死水位很高；由于工程输水隧洞长度大，其投资在西线主体工程中占有近 80% 的份额，采取可行的工程措施增大隧洞底坡、减小洞径，对节省投资意义重大，但这意味着这两座大坝的坝高进一步增加，从而加大水库的风险和淹没损失。因此，利用下泄的生态基流发电，将该部分电能（必要时用外来电能补充）用于自流水头不足时，一部分水量的抽取，这对减小输水隧洞洞径、降低坝高具有重要意义。

南水北调西线工程所在区域海拔高，生态环境比较脆弱，地表植被一旦破坏，恢复不易。故工程建设应尽量减少对地面植被的损坏。在进行工程总布置、施工总布置设计时，应尽量减少明挖，特别应减少大面积的开挖。如规划阶段在贾曲布置了 16.1km 的明渠，开挖范围较大，将带来施工、运行管理、生态与环境等不少问题，故应特别慎重对待。对隧洞直接入黄和明渠入黄方案进行深入比较是十分必要的。

一期工程输水线路全长 260.3km，其中隧洞总长 244.1km。输水隧洞自然分为 7 段，单段洞长超过 30km 有 4 段，最长段达 73km，平均埋深约 500m，最大埋深达

1150m，并大角度穿越多条断裂构造带。隧洞各段洞径随沿程汇入水量的增加而增大，开挖洞径为5~10m。输水隧洞埋深大、洞段长、地质条件复杂。国内外可供借鉴的工程实例少，设计、施工有相当难度。

受地形限制，施工支洞的布置条件较差，没有长洞短打条件，钻爆法难以满足工程总工期的要求。加上西线工程高寒缺氧的气候条件，对人工及设备效率影响较大，从以人为本角度出发，改善洞内施工环境，优先选择机械化程度高、人工劳动强度低、以电力为动力的TBM掘进施工为主的施工方法，并大规模采用预制混凝土管片衬砌为主的永久支护方式，将成为南水北调西线工程深埋长大输水隧洞工程的必然选择。

勘察工作中采取了多种手段，对坝址、库区和输水线路通过的断裂带、不同岩性单元、赋水带等进行了专项研究。从初步研究成果分析，工程区的活动断裂不发育，地震活动水平低，工程处于地壳基本稳定区；坝址处天然岸坡基本稳定，建坝地形条件较好，坝址区基岩均为砂、板岩，属中等坚硬至坚硬岩类，强度指标可满足建坝的一般要求。输水隧洞围岩以Ⅲ类围岩为主，Ⅱ、Ⅲ类围岩段约占隧洞总长度的90%；虽然预计隧洞施工中局部可能会出现不同程度的围岩变形失稳、高地应力岩爆、高地温和有害气体、构造带涌水等问题，但总体分析而言，地质条件可为设计接受，适合TBM施工。库区一般封闭条件较好，不存在向邻谷或洼地永久渗漏问题。

一期工程建设方案中，拟用TBM施工的输水隧洞洞段总长约204km，布置有13台掘进机，其中单机设计最大掘进洞长23km。二期工程隧洞总长近300km，开挖洞径均为10m左右，将至少布置15台大直径掘进机进行施工。在一个水利工程上需要投入如此之多的掘进机，规模空前。TBM成套设备完全靠国际采购的做法无论是对西线工程本身，还是对我国在该领域的技术进步，都是十分不利的。因此说研制具有我国自主产权的TBM成套设备，培养一批技术和管理水平过硬的施工及建设管理队伍已是当务之急。

4　对调水区生态与环境影响和工程建管资金筹措方案研究的思考

4.1　对调水区生态与环境影响研究的理解

南水北调西线工程，经历了五十多年的研究历程，在艰苦的条件下，一代又一代工程技术人员克服了种种难以想象的困难，取得了丰硕的研究成果，明确了由近及远、从小到大、先易后难、分期建设的规划思路。经过多方案的比选论证，充分考虑工程所在区域的地理环境特点，推荐西线工程引水线路集中布置于海拔3500m左右的总体布局方案。在这样的方案下，一期工程调水区主要集中在四川省的阿坝、甘孜藏族自治州和青海省的果洛藏族自治州。调水区水系发育，水量较为丰沛，地表植被覆盖率高，当地人口稀少，每平方公里仅有4~6人，居民以藏族为主，宗教设施较多。区内以牧业为主，工业不发达，经济落后，基础设施薄弱；多数县属国家贫困县，区内严重缺电。

西线一期工程的建设对受水区无疑是有益的，但同时也不能忽视因为工程建设而产生的不利影响。要按照少取、补偿、高效的原则，对可调水量、工农业和生活用水、河流生态以及发电、航运、漂木、库区淹没、地质灾害等进行深入分析论证。进行西线工程调水影响专题论证研究工作，要本着充分考虑调出区的利益、经济社会发展与生态环境相协调、人与自然和谐共处的原则，通过广泛搜集经济社会、水文气象、生态环境、民族宗教等方面的资料，全面规划，统筹兼顾，加强分析，认真研究，确保南水北调西线工程的建设达到南北互利，环境保护、经济发展双赢的目标，成为青藏高原绿色生态工程的范例。

4.2　对工程建管资金筹措方案研究的思考

南水北调西线工程是国家西部大开发的重大基础设施，是解决西北地区沿黄省区水资源严重短缺、实施社会经济可持续发展战略的重大水利建设项目和环境保护工程。调水入黄河，与黄河水混在一起使用，必然牵扯到受水区乃至全黄河流域的生态和工农业用水的资源配置、水权、水价，涉及黄河治理与开发等重大问题。西线工程开发任务和目标与东、中线有较大差别，相应的筹资方案和管理体制研究涉及的范围广、行业多、层次高。

西线工程调水入黄河后，将改善整个黄河流域的水资源供需形势，促进黄河治理开发，所产生的社会效益和生态环境效益巨大；重点受水区位于我国西部的黄河上中游有关省区，这些省区经济社会发展相对滞后，难以承受高额工程建管资金，也不会承诺接受较高供水水价，这与内地相比有较大差距。因此，应从西部大开发的战略高度出发研究各种筹资方案，按照黄河水资源的总体配置和西线水量配置情况，根据省（区）、区域、河段或行业特点，合理确定能为西线工程建设和运行管理提供适度基金的水价、水费。

西线工程调来的水在海拔高程 3400m 处注入黄河，黄河上中游河段已建成的 10 多座水电站必然增加发电量。可根据西线工程这一特点，研究将增发电量的部分利润作为工程建设资金，或为工程运行管理费提供支持和帮助的可能性。随着调水量不断增多，增加发电的盈利愈多，融资能力愈大，这种以水电互动方式推进西线工程建设和管理，是一种值得研究的对策。

综合以上分析，可以设想这样一种南水北调西线建管资金筹措方案：工程建设投资以国家为主，不足部分以及运行管理费通过受水区的受益、干流水电站的增益筹措解决，还可以研究利用世界银行、亚洲银行、国内外各种基金会以及民间资本投资。

总之，西线建管资金筹措方案研究应具有广泛性、代表性。所提出的方案应具有前瞻性，对国际经济环境和国内经济运行进行科学预测，以适应形势的变化和发展。推荐方案要统筹兼顾，统领全局，保障措施和政策建议要具有宏观指导性，并能取得多方面的认同，实际可操作性强。

5　结语

（1）南水北调西线工程在我国水资源配置战略格局中，地位十分重要。加快前期工作步伐，及早立项并开工建设，早日为水资源严重短缺的黄河流域特别是西北地区补充水量十分必要；调水工程建设将对调水区和受水区产生不同程度的影响，总体上要遵循统筹兼顾、南北互济、合理配置、高效利用的原则，既要考虑受水区的用水需求，更要充分考虑调水区经济社会可持续发展对水资源的需求，尽可能减少调水对调水区的影响。

（2）西线一、二期工程建设方案统筹考虑，有利于供水目标的实现；一期、二期工程区地质条件复杂，环境恶劣，深埋长大隧洞的勘察、设计和施工有其特殊性，但有关技术难题是可以解决的；制约工程建设更为关键的问题是受水区供水范围和供水对象、调水对调水区生态与环境影响和工程建管筹资的研究和确定。

（3）西线一期工程调水影响论证工作涉及面广、问题比较复杂、专业和学科比较多，是汇集水文、工程、环境、生态、经济、政治、文化等多个学科，牵涉地方政府的水利、环保、规划计划、建设等多个主管部门的一项综合课题。搭建研究和论证的工作平台，广泛吸纳各有关部门、专家和代表参加，倾听社会各界意见和建议，在广泛交流和深入讨论的基础上，高效、扎实地推进南水北调西线工程的前期工作是非常重要而有意义的。

南水北调中线一期工程丹江口大坝加高方案的论证与决策

刘 宁

摘 要：丹江口水库是南水北调中线工程的水源地，大坝加高是关键性控制工程。本文从工程效益、移民、投资、经济、环保等方面对丹江口水库大坝加高方案进行了综合分析，选取主要影响因素，用多目标决策分析方法对加高方案进行了论证。通过对正常蓄水位170m方案和165m（加泵站）方案进行的模糊评价隶属度计算，得出170m方案较优的结论。

1 研究背景

丹江口水库初期工程于1973年建成，初期建设规模为正常蓄水位157m，死水位140m，水下工程按正常蓄水位170m方案修建。作为南水北调中线一期工程的水源地，大坝加高方案是中线工程论证的关键。几十年来，围绕丹江口水库正常蓄水位的选择，长江水利委员会及相关单位、专家进行了大量的论证比选工作，先后对大坝不加高（按现状规模运行）改变水库任务或降低水库极限消落水位方案，大坝加高水库正常蓄水位160m、161m、165m（不加泵站）、165m（加泵站）、170m方案进行了比选，最后论证的焦点集中在165m（加泵站）及170m方案上。针对这两个方案，2003年10月，国家发展改革委员会、水利部、南水北调办公室再次联合组织有关单位及专家，从工程投资、调水需要、防洪减灾、生态环境、投资效益以及为解决库区移民的历史遗留问题与脱贫解困提供机遇等方面进行了综合论证。本文力图真实记述论证的思路、过程和结论，采用的资料均是当时工作条件下的成果与数据。随着工程项目研究的推进，有些条件和数据发生了改变，但其变化预计是有限的，论证是充分的。丹江口水库大坝加高工程已于2005年9月26日正式开工建设，为2010年实现通水目标奠定了基础。

2 丹江口大坝加高方案论证

2.1 工程规模与效益

2.1.1 正常蓄水位170m方案

坝顶高程为176.6m。水库的综合利用任务为防洪、供水、发电、航运。大坝加高

原载于：水利学报，2006，37（8）：899-905.

工程主要包括加高初期挡水建筑物、通航建筑物改建、机组设备改造、金属结构改造及安全监测等。陶岔渠首枢纽工程主要包括堆石坝及引水闸改扩建等。

（1）死水位的选取。通过对受水区的自然条件、输水建筑物布置、电能指标、工程量及投资等多方面的比较分析，按全线基本自流，及在设计流量下，丹江口水库最低水位需要达到 150m（包括引渠、过闸水头损失）要求，综合考虑确定死水位为 150m，遇特枯年份水库水位可降低至 145m（极限消落水位）。则 150~145m 间有 27 亿 m^3 的蓄水可供特枯年使用。

（2）防洪限制水位的选取。防洪限制水位既要保证水库在汛期有足够的兴利库容蓄水以备枯季使用，又要留有充分的防洪库容，保证汉江中下游地区的防洪安全。丹江口水库年均来水量 388 亿 m^3，中线一期工程年均有效调水量 95 亿 m^3，汉江中下游地区工农业供水和环境用水年均需要丹江口水库下泄 162 亿 m^3，经过长系列演算，要满足上述两项任务，主汛期的防洪限制水位应为 160m，即主汛期的调节库容需达到 98.2 亿 m^3。由于秋汛相对夏汛要小，为充分利用径流，增加调水的稳定性，秋汛的汛限水位可抬高到 163.5m。

（3）防洪高水位的选取。汉江中下游地区以防御 1935 年洪水为标准，则按丹江口水库初期规模、堤防、东荆河分流 $5000 m^3/s$、杜家台分洪 $5300 m^3/s$、配合 14 个民垸分蓄洪 25 亿 m^3，方可防御 1935 年洪水。丹江口水库大坝按最终方案加高后，依 1935 年洪水标准，当碾盘山夏季预报洪水大于 $5000 m^3/s$、秋季预报洪水大于 $10\ 000 m^3/s$ 时，丹江口水库开始预泄，按此调度可使最大下泄流量减至 $5960 m^3/s$，中游仅需个别民垸分蓄洪即可保障遥堤安全。杜家台分蓄洪区使用机会由现状的 5~10 年/次提高到 15 年/次。另外，丹江口水库防洪能力的提高也有利于减轻长江干流（汉口段）和武汉市的防洪压力。按此调度方式和前述的汛限水位计算，20 年一遇防洪高水位为 169.4m，1935 年型洪水防洪高水位为 171.7m，预留防洪库容为 81.2 亿~110 亿 m^3。

经长系列调度计算分析，在 2010 水平年，该方案多年平均可调水量为 97.13 亿 m^3，枯水年（95%）为 61.73 亿 m^3。丹江口水电站多年平均发电量为 33.78 亿 $kW \cdot h$，电站保证出力为 258MW。在华中电网中可充分发挥其调峰、调频及事故备用作用。

2.1.2 正常蓄水位 165m（加泵站）方案

坝顶高程为 172.3m。大坝加高工程主要包括加高初期挡水建筑物、通航建筑物改建、机组设备改造、金属结构改造及安全监测。陶岔渠首枢纽工程主要包括引渠、引水闸、深孔泄流坝段及连接坝段、提水泵站及左、右岸非溢流坝；另外，还有清泉沟泵站改造工程。

按照与 170m 方案防洪效益、供水效益相同的要求，为使汉江中下游地区能够防御 1935 年洪水，确定 165m（加泵站）方案夏季防洪限制水位为 153.4m，秋季防洪限制水位为 157.6m，防洪高水位为 166.9m，设计洪水位为 167.46m，校核洪水位为 170.03m。水库正常蓄水位为 165m，极限消落水位需降低至 130.8m，陶岔渠首需建泵站以满足供水要求。陶岔渠首泵站装机容量为 60MW，耗电量为 0.27 亿 $kW \cdot h$；抽水的时段数为 220 旬。由于该方案水库极限消落水位需降低至 130.8m，现有泵站扬程不能满足设计要求，需要全部更换，初步估算原泵站需改建或扩建总装机容量为 24MW。

经长系列调度计算分析，2010 水平年，该方案多年平均可调水量为 96.99 亿 m^3，枯水年（95%）为 60.64 亿 m^3。多年平均发电量为 30.37 亿 $kW \cdot h$，较 170m 方案年均电量 33.78 亿 $kW \cdot h$ 减少了 3.41 亿 $kW \cdot h$，减少替代系统火电容量 190MW。

2.1.3　其他论证方案

有关单位和专家还研究了大坝加高正常蓄水位 160m、汛限水位抬高到 152.5～156m、防洪仍然维持现状的方案及正常蓄水位 161m、相应汛限水位 154～157m 的方案。结果表明，这两个方案不能解决汉江中下游地区的防洪问题，也不能满足华北地区国民经济和社会发展对水资源的需求。随后，又研究了下列方案：大坝不加高、水库兴利任务中供水提前到发电以前；大坝不加高、降低水库极限消落水位、增加泵站；大坝按正常蓄水位 161m 加高、防洪限制水位维持不变（汉江中下游遇 1935 年洪水民垸可基本不分洪）、调水量不足由建造堵河梯级水库群和从长江三峡抽水解决。这几个方案由于水库调节能力不足，使汉江水资源不能得到有效的开发利用，难以协调调水与水源区用水的矛盾。此外，从三峡水库抽水需要建 200m 以上扬程的大流量泵站和深埋长隧洞，工程十分艰巨，由于前期工作基础差，工程实施难度大，近期建设的可能性非常小。况且从三峡引水仍需丹江口水库具有相当大的库容进行调节。在 2003 年 6 月编制的《南水北调中线一期工程项目建议书》中，还比较了正常蓄水位 165m（不建泵站）方案，该方案多年平均调水量为 86.1 亿 m^3，枯水年（95%）调水量为 49.7 亿 m^3，不能满足受水区城市供水的要求，且稳定性差，长系列调度过程中，有 21 旬引不到水，故未采用。

2.2　水库淹没处理及移民安置

2.2.1　丹江口水库库区现状

丹江口水库初期工程移民 21.1 万人，一些移民就近安置在库周。由于耕地资源缺乏和当时政策的导向，库周，特别是临水库周环境容量不足。如 170m 高程以下人口密度 739 人/km^2，耕园地率 57%，高于库区 5 县的平均水平。根据 2003 年实物指标调查，水库淹没涉及组人均耕园地仅 0.94 亩[①]，且各组之间很不平衡，人均耕园地在 1 亩以下的组数和人数占总数的 60%，其中 0.5 亩/人以下的接近 20%。库区农民耕种的消落区土地面积达 17.68 万亩，占消落区土地面积 320km^2 的 37%。淹没及影响区农民人均房屋不足 24m^2，农村土木结构正房面积达 133 万 m^2。

几十年来，受水库建设方案多次变更影响，在 170m 高程以下的投资相对较少，国家没有在 170m 高程以下开工大的基本建设项目，当地政府也较少在 170m 高程以下进行基础设施和农田水利设施建设。群众不想建房或无能力建房，人均房屋面积小、质量差。由于多次搬迁，城镇、居民点建设缺乏统一规划，居民居住环境差，生活质量低。同时，丹江口水库作为南水北调中线工程的水源地，库区有些地方出台了一些保

---

① 1 亩≈666.7m^2。

护法规，对水源地的生产与建设进行严格限制，这些规定对保证城乡人民的供水安全、提高生活质量是必要的，但是，也会制约库区经济发展，尤其是二、三产业的发展，减少了库区人民增收的出路。多年来库区群众心理不能稳定，库区干部、群众盼望工程尽早开工，实施一次性搬迁，尽量多地解决多年积存的问题，为改变贫困面貌创造条件。因此，丹江口水库移民必须将"移民"与"解困"和环境改善结合起来考虑。

2.2.2　两种加高方案淹没及移民指标比较

长江设计院会同河南、湖北两省及涉及的地方政府和有关部门组成联合调查组，于 2003 年完成丹江口水库淹没及影响区实物指标外业调查工作。

（1）正常蓄水位 170m 方案。具体指标为：水库淹没影响人口 22.36 万人，其中农村 20.22 万人；房屋 621.16 万 m^2；土地面积 307.7km^2，其中耕地 22.19 万亩；规划生产安置人口 26.8 万人；规划动迁人口 32.8 万人；规划补偿各类房屋面积 991.6 万 m^2，其中农村 822.82 万 m^2。经估算，移民补偿总投资 152.37 亿元。

（2）正常蓄水位 165m（加泵站）方案。主要淹没实物指标：土地征用线以下面积 201.78km^2；移民迁移线以下人口为 11.61 万人，其中农村 10.34 万人；房屋 314.35 万 m^2。水库淹没处理及移民安置规划，根据初步规划，搬迁建房人口规模为 23.91 万人，其中农村 22.44 万人，规划迁建房屋 704.19 万 m^2。依 2002 年第四季度价格水平，匡算补偿投资为 115.03 亿元。

丹江口水库大坝两种加高方案移民人口如表 1 所示。

表 1　丹江口水库加高工程不同方案规划生产安置人口统计　　　（单位：人）

方案	人均耕地 0.5 亩以下	人均耕地 0.5～0.94 亩	人均耕地 0.95 亩以上	合计
165m（加泵站）	31 844	92 201	88 174	212 219
170m	54 821	105 573	112 837	273 231

2.2.3　分期蓄水与一次性移民方案安置效果

（1）方案比较。分期蓄水方案规划搬迁建房人口为 33.29 万人，较一次性实施移民安置增加 0.69 万人，其中农村增加 0.63 万人（含外迁安置增加 0.62 万人），规划生产安置人口增加 0.36 万人；规划建房面积增加 16.55 万 m^2；水库淹没处理估算投资增加 7.4 亿元。水库蓄水至 165m，库周交通、取水设施以及供电、电信网络受淹，需要恢复重建。除等级公路、重要码头、泵站及供电、电信干线可以在 172m 以上复建以避免损失外，其余众多复建项目（包括局部受淹的工矿企业）均将因水位上升至 170m 而需要再次重建。

丹江口水库不同于新建水库，一次性移民有利于库区的稳定。若选择分期蓄水方案使库周的基础设施重复建设，则易造成浪费；库区一次建设到位有利于基础设施效益的发挥，有利于外迁安置区的建设和经济发展，分期实施，库区建设将受到很大制约，不易安排重点和基础项目建设，库区群众也不敢建房、发展生产，需要各级政府做好宣传解释工作。

　　分期蓄水方案规划生产安置人口和搬迁人口大于一次性移民方案，两方案规划搬迁人口相差 0.69 万人，其中增加外迁安置移民 0.62 万人；一期安置移民 23.91 万人后又进行二期移民 9.38 万人的安置工作，对土地调整、安置区基础设施建设带来很大困难，并且增加了移民安置资金的投入。

　　（2）效果分析。丹江口水库 2010 年蓄水至 165m，2018 年蓄水至 170m，165～170m 剩余耕园地 6.08 万亩，分期移民可增加土地的利用时间。分期移民与一次性移民相比，增加了移民数量和投资，按 2002 年的价格和标准，一期移民补偿投资为 145.13 亿元。分阶段蓄水方案合计移民补偿投资 204.92 亿元，170m 方案移民补偿投资 196.52 亿元，两方案相差 7.4 亿元。若考虑移民随着经济发展的建房、其他投入费用及动态投资因素，分期蓄水方案将增加更多的投资。

　　加高工程建立在初期工程之上，加高工程移民与初期移民有着千丝万缕的联系，由于历史的原因，初期移民没有得到妥善安置，虽然可以通过后期扶持逐步解决，但利用大坝加高的机遇，为解决好初期移民遗留问题创造必要条件，解决他们的部分困难，也将减少国家的总投入，将收到事半功倍的效果，一次移民也易为当地政府和群众所接受，对工程实施有利。

　　多年来库区以 170m 为界开展各项建设活动，170m 以下已成为一个不宜分割的整体，分期移民容易诱发社会问题，且为满足 165～170m 的生产生活需求，需进行临时性基础设施配套建设，不仅造成基础设施重复建设加大了国家投资，延缓了库区经济建设的发展。同时 165～170m 之间每平方公里淹没损失较 157～165m 以下损失小，一次达到正常蓄水位 170m 相对有利。

　　分期蓄水增加了库周临时性建设，增加了水源受污染的概率，增加了移民和投资，且不利于库区建设及社会稳定，不利于库区的可持续发展。因此，一次移民方案比较有利。

2.3　投资估算与经济评价

　　（1）正常蓄水位 170m 方案。投资估算：水源工程静态总投资为 182.295 亿元。国民经济评价：主要评价指标经济内部收益率为 16.21%，经济净现值 124 亿元，经济效益费用比 1.84。各项指标均大于国家规定的相应标准，在经济上是合理的，同时敏感性分析结果表明工程具有较强的抗风险能力。财务评价：按筹资方案"贷款 45%，资本金 55%"测算，经营期平均供水成本为 0.118 元/m^3，供水价格为 0.193 元/m^3。工程具有一定的盈利能力和偿债能力。

　　（2）正常蓄水位 165m（加泵站）方案。投资估算：水源工程投资由大坝加高工程、陶岔渠首改建及增建泵站工程、清泉沟渠首泵站更新改扩建工程、环保等投资组成。估算水源工程总投资为 158.766 亿元。国民经济评价：多年平均经济效益为 44.06 亿元。经济内部收益率 16.43%，大于社会折现率 10%；经济净现值 111 亿元，大于零；经济效益费用比 1.8，大于 1。因此，165m（加泵站）方案在经济上是合理的。财务评价：按一期工程项目建议书筹资方案测算，经营期（30 年）平均供水成本为 0.137 元/m^3，供水价格为 0.204 元/m^3。工程具有一定的盈利能力和偿债能力。

2.4 环境影响

大坝加高工程不同于新建工程，新建水库的现状经长期演化已达到了自然平衡状态，而大坝加高工程的库区现状则是经过人为干预后的非自然状态，这种状态与初期工程未建前相比，人均资源拥有量大为减少。由于库区人多地少的矛盾难于从根本上解决，要实现库区生态环境良性循环，增加农民收入，需要增加库区人均资源拥有量，需要外迁部分人口。与165m（加泵站）方案相比，170m 方案可移出 165～170m 间密集的人口及厂矿企业，将明显减少库周排污量，有利于保护水库水源。

3 基本认识与关键问题决策

3.1 论证的基本认识

从上述研究成果分析，有以下认识趋同：①相对于 170m、165m（加泵站）方案，160m、161m、165m（不加泵站）等其他方案由于不能解决汉江中下游地区的防洪问题，不能满足向华北地区调水的要求，因而不予采用。②从工程布置和技术方面比较，170m、165m（加泵站）两方案无大差异。采用 165m 方案需在引水渠首增加泵站，而170m 方案全线基本自流，运行成本低。③170m 方案与 165m（加泵站）方案比较，多年平均发电量多 3.41 亿 kW·h、保证出力多 10.6 万 kW，容量效益增加约 190MW，对电力系统运行调度有利。④两方案虽然多年平均供水效益基本相同，但 170m 方案保留的死库容较 165m（加泵站）方案多 49 亿 m^3，如遇南北同枯或连续枯水年，则有条件动用储备水量应急供水，保障供水安全。⑤从水库的特定条件、库区经济发展、社会稳定等综合影响因素分析，170m 方案虽直接淹没指标相对较多，移民数量多于165m（加泵站）方案，但可较多较好地解决初期工程移民遗留问题，并改善库区现有生存环境，从而实现库区经济社会的可持续发展。⑥两方案静态总投资略有差异，从差额投资内部收益率法进行方案经济比较的结果看，170m 方案较优。⑦170m 方案可移出 165～170m 间密集的人口及厂矿企业，将明显减少库区排污，有利水源保护。

3.2 关键问题的决策

针对170m 与 165m（加泵站）方案的择优问题，综合考虑前述 7 个方面的单向比较，通过分析论证的条件和目标，采用多目标决策方法的模糊评价方法进行研究。多目标决策分析，通常存在目标的冲突性，目标的量纲不统一以及没有绝对最优解等特点。丹江口水库大坝加高方案的比选论证，除同样存在这些问题外，还有自身特点：①工程的投资并不能简单地反映方案的优劣，而用工程的费效比更趋合理；②工程移民不能简单地用数量来衡量，而采用移民的安置与开发比更合理一些；③环境的影响主要受人群的影响，这是因为丹江口水库加高方案的环境生态系统是近几十年库区建设所至；④经济衡量指标需用内部收益率和经济效率费用比来衡量；⑤有些指标的满意解不是有限数，需要引人模糊数学的方法进行评价分析。

多因素单层模糊评价方法涉及以下 3 个要求：①因素（指标）集 $U = \{u_1, u_2, \cdots, u_n\}$；②评语集 $V = \{v_1, v_2, \cdots, v_m\}$；③因素权重集 $A = \{a_1, a_2, \cdots, a_n\}$。

设待评价的方案为 $S_1, S_2, \cdots, S_L$。对每个方案 S_k（$k = 1, 2, \cdots, L$）进行单因素评价，用因素对方案评价，确定属于各个等级 v_j（$j = 1, 2, \cdots, m$）的隶属度，即建立 V 的模糊子集 $R_i^{(k)} = \{r_{i1}^{(k)}, r_{i2}^{(k)}, \cdots, r_{im}^{(k)}\}$。当 i 取遍 $1 \sim n$ 时，得到单因素评价矩阵

$$\boldsymbol{R}^{(k)} = \begin{pmatrix} r_{11}^{(k)} & \cdots & r_{1m}^{(k)} \\ \vdots & \cdots & \vdots \\ r_{n1}^{(k)} & \cdots & r_{nm}^{(k)} \end{pmatrix} (k = 1, 2, \cdots, L)$$

考虑到因素的权重，则对方案 S_k 的综合评价 $B^{(k)}$ 是 V 的模糊子集

$$B^{(k)} = A \cdot \boldsymbol{R}^{(k)} = (a_1, \cdots, a_n) \cdot \begin{pmatrix} r_{11}^{(k)} & \cdots & r_{1m}^{(k)} \\ \vdots & \cdots & \vdots \\ r_{n1}^{(k)} & \cdots & r_{nm}^{(k)} \end{pmatrix} = (b_1^{(k)}, \cdots, b_m^{(k)})(k = 1, 2, \cdots, L) \quad (1)$$

式中，$b_j^{(k)} = \sum\limits_{i=1}^{n} (a_i \times r_{ij}^{(k)}), j = 1, 2, \cdots, m$。

选取不同的模糊算子，得到不同的模型。

（1）模型 I：M（$\wedge$、$\vee$）。用 $\wedge$、$\vee$ 分别代替 $\times$、$+$，式（1）化为

$$b_j^{(k)} = (a_1 \wedge r_{1j}^{(k)}) \vee (a_2 \wedge r_{2j}^{(k)}) \vee \cdots \vee (a_n \wedge r_{nj}^{(k)})(j = 1, 2, \cdots, m) \quad (2)$$

式中，$\wedge$、$\vee$ 分别表示"取小"、"取大"，即 $a \wedge b = \min(a, b)$，$a \vee b = \max(a, b)$。

（2）模型 II：M（$\cdot$，$\vee$）。用"$\cdot$"、$\vee$ 分别代替 $\times$、$+$，式（1）化为

$$b_j^{(k)} = \bigvee\limits_{i=1}^{n} (a_i r_{ij}^{(k)})(j = 1, 2, \cdots, m) \quad (3)$$

（3）模型 III：M（$\wedge$、$\circledcirc$）。用 $\wedge$、$\circledcirc$ 分别代替 $\times$、$+$，式（1）化为

$$b_j^{(k)} = \sum\limits_{i=1}^{n} (a_i \wedge r_{ij}^{(k)})(j = 1, 2, \cdots, m) \quad (4)$$

式中，$\circledcirc$ 表示有界和算子，及 $a \circledcirc b = \min(1, a+b)$；$\sum\limits_{i=1}^{n}$ 表示对几个数在 $\circledcirc$ 运算下求和。

（4）模型 IV：M（$\cdot$、$\circledcirc$）。用"$\cdot$"、$\circledcirc$ 分别代替 $\times$、$+$，式（1）化为

$$b_j^{(k)} = \sum\limits_{i=1}^{n} (a_i r_{ij}^{(k)})(j = 1, 2, \cdots, m) \quad (5)$$

在模型 I 中，b_j 的值决定于 $a_i \wedge r_{ij}^{(k)}$（$i = 1, 2, \cdots, n$）中的一个，虽能通过大小进行比较，但毕竟失掉的信息过多，因而评价的结果比较粗糙，但运算简单，使用方便。在模型 II 中，b_j 一般由相乘的两个数所决定。在模型 III 中，b_j 一般由参与运算的 $2n$ 个数中的 n 个数所决定。因此，模型 II 和 III 的评价结果比模型 I 精细。在模型 IV 中，b_j 同参与运算的所有数都有关，任何一个 a_j 或 $r_{ij}^{(k)}$ 的改变都会影响 b_j。因此，模型 IV 是最充分地考虑各种因素的评价模型。

由于 $0 \leqslant a_i \leqslant 1$ 或 $0 \leqslant r_{ij}^{(k)} \leqslant 1$（$i = 1, 2, \cdots, n$），且 $\sum\limits_{i=1}^{n} a_i = 1$，从而 $\sum\limits_{i=1}^{n} (a_i r_{ij}^{(k)}) \leqslant \sum\limits_{i=1}^{n} a_i = 1$，所以，$\sum$ 可化为普通的实数加法运算。模型 IV 中式（5）化为

$$b_j^{(k)} = \sum_{i=1}^{n} (a_i r_{ij}) \quad (j = 1, 2, \cdots, m) \tag{6}$$

3.3　大坝加高方案的决策分析

在丹江口水库大坝加高方案评价分析中，采用多目标决策分析法进行模糊评价分析，各指标的参数如表 2 所示。其中开发移民的人数中，特别考虑了特贫困以下人口的影响（以人均占有耕地 0.5 亩以下为标准）。

表 2　各指标参数

| 方案 | 工程投资费效比 | | | 移民 | | | 环境改善(万人) | | 经济 | |
	工程效益 (亿 m²)	投资 (亿元)	投资单价 (元/m³)	开发 (万人)	安置 (万人)	安置比	农业人口	工业人口	内部 收益率	效益 费用比
165m （加泵站）	96.99	158.766	1.637	9.22	8.82	0.96	21.22	1.47	16.43%	1.8
170m	97.13	182.295	1.877	10.56	11.28	1.07	27.32	3.04	16.21%	1.84

下面分别给出各指标的隶属函数。

（1）工程投资费效比

$$u_1 = 100, \ x_1 < 1.1; \ u_1 = 40 \times e^{\frac{1-x_1}{1.1}} + 60, \ x_1 \geqslant 1.1 \tag{7}$$

式中，x_1 为投资单价，满意投资单价定为 1.1 元/m³。

（2）移民安置比

$$u_2 = 100, \ x_2 = 0; \ u_2 = 40 \times e^{1-x_2} + 60, \ x_2 > 0 \tag{8}$$

式中，x_2 为安置移民人口与开发移民人口之比。

（3）环境改善函数

$$u_3 = 100, \ x_3 > 5; \ u_3 = 40 \times e^{-\left(1 - \frac{x_3}{5}\right)} + 60, \ x_3 < 5 \tag{9}$$

式中，x_3 为工业移民人口数（万人），假定环境改善需要移民的指数为 5 万人。

（4）内部收益率函数

$$u_4 = 0, \ x_4 < 10\%; \ u_4 = \frac{x_4 - 10\%}{20\% - 10\%} \times 40 + 60, \ 10\% \leqslant x_4 < 20\%; \ u_4 = 100, \ x_4 \geqslant 20\% \tag{10}$$

式中，x_4 为内部收益率。

（5）效益费用比函数

$$u_5 = 0, \ x_5 < 1; \ u_5 = \frac{x_5 - 1}{2 - 1} \times 40 + 60, \ 1 \leqslant x_5 < 2; \ u_5 = 100, \ x_5 \geqslant 2 \tag{11}$$

式中，x_5 为效益费用比。

通过隶属函数，算出各方案下各指标的隶属度 $\gamma_{ij} \{ i = 1, 2; j = 1, 2, \cdots, 5 \}$ 如表 3 所示。

表3　各指标隶属度

方案	费效比	安置比	环境改善	内部收益率	效益费用比
165m（加泵站）	84.6	75.4	79.7	85.7	92.0
170m	79.7	73.7	87.0	84.8	93.6

通过比较各指标的重要性，对其分别赋值权重如表4所示。

表4　各指标赋值权重

指标	费效比	安置比	环境改善	内部收益率	效益费用比
权重 ω_j	0.2	0.2	0.3	0.15	0.15

对每个方案考虑各指标的权重系数 $\omega_j(j=1,2,\cdots,5)$，根据下式计算各方案的隶属度

$$b_j = \sum_{j=1}^{n}(\omega_j\gamma_{ij})(i=1,2) \tag{12}$$

得165m（加泵站）方案的隶属度为82.6，170m方案的隶属度为83.6。170m方案为较优方案。

4　结语

丹江口水库大坝加高方案论证，成果周密、科学、客观，特别是在移民问题上给予了高度的关注，进行了较充分的调查、分析、论证，为最终方案的决策提供了科学依据。本文基于对丹江口大坝加高方案论证的基本认识，采用多目标决策分析方法模糊评价法为丹江口大坝加高方案的择优提供了建设性的意见，正常蓄水位170m方案是隶属度较大的较优选择。鉴于丹江口水库大坝加高工程复杂性、重要性，特别是移民问题非常敏感、影响较大，在工程建设过程中，还需要对具体实施方案进行修正。

南水北调东线穿黄河工程方案的论证与确定

刘　宁

摘　要：穿黄河工程是南水北调东线工程的关键性控制工程。通过简述穿黄河工程的论证过程和穿黄探洞的有关情况，着重介绍了有关输水规模、穿黄河工程进出口设计水位、过河线路、过河方式、隧洞洞径及工程布置型式等主要关键技术问题的研究选定，并针对性地提出了一些看法和建议。

1　研究背景

　　南水北调工程是解决我国北方水资源严重短缺问题的重大战略举措，也是关系到我国经济社会可持续发展的特大型基础设施。从 20 世纪 50 年代初提出"南水北调"的设想，经过近半个世纪的前期工作，对东线、中线、西线的调水水源、调水线路和供水范围等进行了广泛深入的研究论证，形成了南水北调东线、中线、西线与长江、黄河、淮河和海河四大江河相互连接的"四横三纵"的工程总体布局。2002 年 10 月国家发展计划委员会和水利部联合向国务院上报了《南水北调工程总体规划》，2002 年 12 月 23 日国务院批复了《南水北调工程总体规划》，原则同意《南水北调工程总体规划》，要求根据前期工作的深度，先期实施东线和中线第一期工程。2004 年 6 月 16 ~ 22 日《南水北调东线第一期工程项目建议书》在北京顺利通过水利部水利水电规划设计总院（以下简称水规总院）审查，并于 2004 年 10 月 17 ~ 23 日通过中国国际工程咨询公司评估。2005 年 11 月 15 ~ 20 日，《南水北调东线第一期工程可行性研究总报告》通过水规总院主持的审查。2002 年 12 月 27 日东线第一期工程江苏三阳河、潼河、宝应站工程及山东济平干渠工程开工建设，标志着南水北调工程已历史性地由规划研究阶段转为实施阶段。

　　1998 年以来，华北地区持续干旱，严重缺水，对经济社会发展和生态环境都造成重大影响。山东半岛和黄河以北的鲁北地区、河北省、天津市是我国北方严重缺水的地区，也是南水北调东线工程规划的主要供水区。南水北调东线工程规划从江苏省扬州附近的长江干流引水，利用京杭大运河以及与其平行的河道输水，连通洪泽湖、骆马湖、南四湖、东平湖作为调蓄水库，经泵站逐级提水进入东平湖后，分水两路，一路向北穿过黄河后自流到天津；另一路向东自流经胶东半岛输水干线向山东半岛供水。东线工程规划分三期实施。第一期工程利用江苏省江水北调工程，扩大规模，向北延伸，向山东省鲁北和胶东地区供水，抽江 500m³/s、过黄河 50m³/s、送胶东 50m³/s；第二期工程在第一期工程基础上扩大北调规模，供水范围扩展到河北省和天津市，抽

原载于：南水北调与水利科技，2008，6（2）：1-7。

江 600m³/s、过黄河 100m³/s、到天津 50m³/s、送胶东 50m³/s；第三期工程在第二期工程基础上继续扩大规模，实现抽江 800m³/s、过黄河 200m³/s、到天津 100m³/s、送胶东 90m³/s 的最终规模。

穿黄河工程位于山东省东平、东阿两县境内，黄河下游中段，地处鲁中南山区与华北平原接壤带中部的剥蚀堆积孤山和残丘区。穿黄河工程是南水北调东线第一期工程的重要组成部分，是南水北调东线的关键控制性项目，也是东线工程中技术难度高、施工条件复杂、施工工期较长的工程。项目建设的主要任务是打通东线穿黄河隧洞，连接东平湖和鲁北输水干线，调引长江水至鲁北地区，并达到向冀东、天津应急供水的条件。随着东线工程进入实施阶段，穿黄河工程作为东线工程的控制性项目，真正成为制约东线第一期工程能否实现调水过黄河目标的关键。对此，有关单位进行了大量的方案比较、地形测量、地质勘探、规划设计以及科学试验等前期工作，在科学、严谨论证的基础上，不断调整完善东线穿黄河工程的设计方案。尤其是穿黄探洞的开挖成功，为东线工程的方案论证与决策提供了科学依据，并为穿黄隧洞工程的建设提供了翔实的地质勘查资料，打下了良好的基础。2007 年 12 月 28 日，南水北调东线穿黄河工程正式开工建设。

2　东线穿黄河工程论证过程及穿黄探洞

从 1973 年研究东线调水工程时就开始了对过黄河的方式、位置的研究。1977 年 11 月水电部规划设计管理局组织黄河中下游查勘并召开查勘讨论会，同意 1976 年《南水北调近期规划报告》中关于穿黄的方式和位置的意见，并提出应采用多种手段进行地质勘探，以查明穿黄枢纽处河床的工程地质及水文地质条件。1978 年 3 月，水利电力部下发穿黄河工程的设计任务书，对穿黄方式和线路进行重点比较。1978～1980 年，原水利部第十三工程局设计院对比选线路进行了大量勘测和设计比较工作。经比选后，重点研究在解山和位山之间黄河河底开挖隧洞的立交方案，但因当时对河底岩溶发育及水文地质情况了解还不够清楚，故提出在河床底部开挖一条穿黄探洞。

开挖穿黄探洞成了当时选定穿黄线路的关键。1979 年 10 月，水利部规划设计管理局正式给水利部天津水利水电勘测设计研究院（以下简称天津院）下达了穿黄探洞的设计任务。1980 年 5 月天津院完成了《南水北调（东线）穿黄隧洞工程勘探试验洞初步设计报告》。后因国家经济处于调整时期，暂时无力进行南水北调工程建设，探洞施工也暂缓进行。1984 年 6 月天津院完成了《勘探试验洞初步设计补充修改报告》，并得到批复，同意勘探试验洞的任务，探洞建设由天津院负责，由水电五局承包施工，勘探试验洞自 1985 年 6 月开工，1988 年 1 月底完工。通过开挖探洞进一步查明了河底地质构造和岩溶发育等地质情况，落实了在岩溶地区采用超前灌浆堵水开挖水下隧洞的施工方法。在探洞施工过程中同时还进行了多项科学试验工作，取得了大量第一手资料，为南水北调东线的关键工程——穿黄隧洞工程的设计与施工提供了可靠的科学依据。

穿黄探洞工程顺利完工后，水利电力部于 1988 年 3 月给国家计划委员会发了"关于请求批准建设南水北调东线二期工程穿黄试验洞的报告"，并指示天津院要在穿黄探洞工程已取得成功的基础上，结合南水北调二期工程，作为一个试验洞将穿黄探洞扩建成能过 200m³/s 流量的永久工程。后根据原国家计划委员会意见，为避免投资积压未进行兴建。

1989 年 6 月天津院编制完成了《南水北调东线穿黄工程（过黄河 50m³/s 流量）设计报告》，并于当年 9 月通过水规总院的审查和批复，提出为使输水留有余地将正式洞径增大。1990 年 10 月水利部下达《关于南水北调东线穿黄勘探洞加固工程设计的批复》，同意穿黄隧洞南岸竖井、北岸斜井按水久断面一次建成，平洞段按临时断面扩挖。由于种种原因，工程中途停工探洞，从此转入维护时期。

1990 年组建穿黄探洞管理局，负责探洞维护。天津院于 1994 年 8 月和 11 月分别完成了《南水北调东线穿黄探洞防汛加固工程设计报告》和《南水北调东线穿黄探洞度汛应急工程维护、管理设计专题报告》，作为此后管理、维护的依据。由于探洞施工时形成的灌浆阻水帷幕和喷锚支护均属临时措施，经多年的高压地下水的溶蚀作用，原阻水帷幕的阻水效果逐渐变差，1999 年 8 月 30 日探洞水仓水泵房发生了突然涌水。对此国家防汛抗旱总指挥部办公室和水利部领导极为重视并立即做出："穿黄探洞一直是黄河防洪的心腹之患，这次一定要拿出一劳永逸的治理方案……"的重要指示。1999 年 9 月底天津院提出了《南水北调东线穿黄探洞加固工程方案设计报告》，并通过了水规总院的审查。1999 年 12 月完成了穿黄探洞加固工程即按永久工程断面进行全面灌浆的设计，提出了《位山穿黄探洞应急加固工程初步设计报告》。1999 年 12 月 8 ~ 9 日，经水规总院组织审查通过。后经水利部批准，该工程于 2000 年 1 月开工，并于 2000 年 6 月底全部完工。2000 年 7 月通过了水利部组织的工程投入使用验收。该工程对穿黄探洞按扩建为大洞断面的要求进行全面灌浆补强，在确保黄河大堤安全的同时也为穿黄隧洞在无水状态下进行常规开挖与衬砌创造了有利条件。

2002 年 12 月国务院批准《南水北调工程总体规划》。2003 年 3 月水利部办公厅分别下发了关于印发《水利部 2003 年南水北调工程前期工作会议纪要》的通知和《关于进一步加强南水北调工程前期工作的通知》，明确指出在《南水北调东线第一期工程项目建议书》和《南水北调东线第一期工程可行性研究报告》未正式批复以前，东线穿黄河工程等若干项 2003 年拟开工的单项工程，必须完成项目建议书、可研、初步设计等前期工作，以满足工程立项与建设的需要。2003 年 5 月底天津院完成了《南水北调东线第一期穿黄河工程可行性研究报告》。2003 年 7 月经过规划总院审查在对报告中有关工程规模、进出口设计水位、东平湖泥沙分析、湖内清淤段过流能力以及工程占地范围与实物指标等进行了重点补充和完善后，提出了《南水北调东线第一期穿黄河工程可行性研究报告（修订稿）》。2005 年 1 月经过中国国际工程咨询公司（简称中咨公司）评估，2006 年 2 月 17 日得到国家发展和改革委员会批复。2003 年 10 月完成了《南水北调东线第一期穿黄河工程初步设计报告》。2006 年 6 月通过了水规总院的审查，随后在审查意见的基础上，完成了《南水北调东线第一期穿黄河工程初步设计报告》（修订）。2007 年 4 月 6 日，水利部批复了《南水北调东线一期工程穿黄河工程初步设计报告》。

3　东线穿黄河工程关键问题的研究选定

3.1　输水规模

南水北调东线规划拟分三期实施一期过黄河流量 50m³/s，二期过黄河流量 100m³/s，三期过黄河流量 200m³/s。一、二期工程设计水平年为 2010 年，三期工程设计水平年为 2030 年，考虑到穿黄河工程较复杂，施工期长，一、二期设计水平年相同，结合工程建设条件，对穿黄河工程的建设分期进行了重点研究。穿黄河工程作为东线的一项枢纽工程，由于特定的工程建设条件，使得该工程必须与已建的东平湖玉斑堤、黄河南大堤（子路堤）、黄河北大堤、位山引黄渠，220 国道等多次立体交叉，并穿越黄河主槽。因此，如果工程建设分期不当，将造成工程总体布置与结构的不合理，以及增加施工的难度和投资的浪费，也不利于黄河的防洪安全。

出湖闸和滩地埋管进口段作为东平湖玉斑堤和黄河南大堤（子路堤）的穿堤建筑物，必须满足堤防防洪的要求，防洪主管部门强调不宜过多分期建设；穿黄隧洞将穿越黄河主槽及北大堤，更是黄河防洪的关键，尽量一次建成；位山东、西引黄渠担负着向沿渠地方灌溉和向河北省供水及向天津市应急供水的任务，对穿引黄渠埋涵工程的建设期施工、导流等提出了很高的要求与建设难度，有关地方主管单位希望工程建设不要影响引黄工程的运用。

在可行性研究报告中，经比较一、二期分期建设（穿黄隧洞不分期）在黄河滩地段需设两条 5.2m 的埋管和两套穿堤建筑物，建筑工程部分投资需增加 12 390 万元；即使穿堤（渠）建筑物不分期，建筑工程部分也需增加投资 8132 万元。考虑工程本身的复杂性和工期的连续性以及东线第二期工程与第一期工程大体连续实施，确定穿黄河工程第一期按 100m³/s 流量规模进行建设。这样，既能体现"先通后畅、分期实施"的特点，同时也考虑了穿黄河工程本身的复杂性和工期的连续性，从东线第二期工程与第一期工程大体连续实施的角度来说更是合理的。

3.2　穿黄河工程进出口设计水位

3.2.1　进口水位

南水北调东线工程拟利用东平湖老湖区蓄水。1984 年 1 月水利部黄河水利委员会同意南水北调东线工程利用东平湖调蓄江水，但前提条件是不影响黄河的防洪运用。蓄水位必须满足黄河度汛运用要求，非汛期蓄水位为 40.3m，6 月底湖水位必须严格控制在 39.3m 以下（当时汛限水位为 39.3m）。考虑到黄河河道的淤积抬高，陈山口和清河门泄洪闸泄流不畅等因素，黄河水利委员会提出，老湖区汛限水位 7～9 月为 40.8m，10 月可以抬高至 41.3m。按照上述原则确定，东平湖蓄水水位 7～9 月按 40.8m 控制，10 月至翌年 6 月按 41.3m 控制，当湖水位低于 39.3m 时调江水补充水库蓄水，江水充库上限水位为 39.3m。大汶河来水只参与东平湖的水位调节，不参与水量调节。

在可研阶段基本确定了穿黄河工程进口设计水位为 39.3m（东平湖深湖区水位）。经过可研报告的审查、评估及东线第一期工程总体可研的审查，审查意见对穿黄河工程进口水位给以确认，同意穿黄河工程进口设计输水水位采用 39.3m。根据东平湖特征水位及穿黄河工程的设计水位等综合分析，穿黄河工程出湖闸设计应适应东平湖的防洪运用要求。因此，确定穿黄河工程出湖闸设计水位按东平湖深湖区水位 39.3m 推算，输水期东平湖水位为 39.3～41.3m，设计挡水位为 41.3m，最高挡水位为 44.8m。由于深湖区至出湖闸段有 9km 的距离，经过清淤方案的比较，深湖区设计水位 39.3m 时，至出湖闸闸前水位为 39.15m。

3.2.2 出口水位

出口水位穿黄河工程穿过位山东、西引黄渠之后接出口闸，出口闸后通过长度为 140m 的连接明渠与黄河北岸输水干渠相接穿黄河工程的出口水位不仅影响穿黄河工程的布置和投资，而且影响鲁北干渠工程的布置和投资在可研阶段，将穿黄河工程、小运河段工程作为一个整体，以东平湖水位 39.3m 和临清邱屯闸上水位 31.39m 为基础，对穿黄出口设计水位 35.21m、35.61m 和 36.01m 3 个方案进行了综合比较。

经 3 个方案的技术、经济综合分析，穿黄河工程的出口水位从 35.21m 抬高到 35.61m，即穿黄段的可利用水头从 4.09m 降到 3.69m，减少可利用水头 0.4m，穿黄河工程的投资（主体工程投资）仅仅是从 39 103 万元增加到 39 368 万元，增加投资 265 万元，对穿黄河工程的投资影响不大。穿黄河工程的出口水位从 35.21m 抬高到 35.61m，即小运河段的可利用水头从 3.82m 增加到 4.22m，增加可利用水头 0.4m，小运河工程的投资从 24 690 万元降到 22 200 万元，减少工程投资 2490 万元。抬高穿黄出口水位从投资上分析是有利的。但由于徒骇河—马颊河河段长 31.5km 范围内，输水水位高出地而 1.5～2.3m，若穿黄出口水位抬高到 36.01m，在减少工程投资的同时，会带来浸没、环境恶化等不利影响，工程运行的潜在安全风险也加大了。经综合考虑穿黄河工程和小运河工程的整体工程布置、工程投资、运行条件、生态环境影响等综合因素，穿黄河工程与鲁北输水线路的衔接水位确定采用 35.61m 的方案。在水规总院对穿黄河工程可研报告的审查意见和中咨公司的评估意见中，基本同意穿黄河工程出口水位为 35.61m。根据目前初步确定的鲁北段工程的设计方案，小运河的起始水位仍采用 35.61m。就目前鲁北段方案的论证情况，并结合东线一期工程向天津市、河北省应急供水的要求，以及各单项工程及东线总体可研的审查意见，确定穿黄河工程出口设计水位为 35.61m。

3.2.3 过河线路

南水北调（东线）干线过黄河的位置曾提出过位山、柏木山、黄庄、角山、石洼 5 条线路。角山线线路长，河床基岩而低，施工难度大；石洼线黄河河面宽，又是软基，过黄河后尚需穿越金堤河滞洪区，处理困难，经研究首先被否定。由于位山线黄河两岸已有基岩出露，以后则以位山线为主要方案，黄庄线、柏木山线为比较方案进行了进一步比较。

（1）黄庄线。穿黄河工程在黄庄和牛屯附近穿过黄河主槽，穿过主槽长度约为

1.2km。该方案穿黄枢纽处黄河河床宽，穿黄倒虹所经地层为黄河近代冲积细砂层及冲湖积沙壤土、粉细砂层，基岩埋藏深。该线比较了明挖埋管和盾构方案，明挖埋管基坑开挖量大，施工导流困难，工期长；盾构方案由于防冲刷要求管埋得较深，用气压式盾构气压已超过2km，施工大员不能承受，采用泥水加压盾构在当时我国还没有经验，技术不过关，加上该线地质条件很差，因而也放弃了。

（2）柏木山线。柏木山线穿黄方案是将黄河局部改道至黄命山、柏木山之间原位山枢纽拦河闸处，穿黄河工程在原位山拦河闸附近穿过黄河。此线需拆除原位山拦河闸，并将山口宽度门200m扩宽到400m，将黄河局部改道，恢复原位山枢纽，在河底以下基岩中挖一道跨河深槽，建造长900m的钢筋混凝土涵管。本方案优点是各建筑物均坐落在坚硬完整的灰岩上，基础坚实，施工简单，不需要导流。主要问题是黄河局部改道后，对下游河势变化及险工位置的改变难以预计，而其后果影响较大，因此也放弃了。

（3）位山线。位山线穿黄河工程在解山村与位山村之间穿过黄河主槽，主槽宽约280m。根据探洞查明的黄河位山段河床基岩地质条件，认为位山线洞挖方案是可行的。位山线采用隧洞方案河床窄、河底基岩面较高、围岩成洞条件好，且不改变黄河河势现状，不影响黄河行洪、排凌，运行管理方便，与黄河有关的总体规划布局矛盾少。

对于位山线穿黄河的位置比较了两条线路：解山—位山线、解山—牛屯线。

解山—位山线。穿黄隧洞位于黄河位山险工段解山与位山之间，解山、位山呈孤丘出露。隧洞于两山之间隐伏山脊穿过。位山、解山间黄河宽约280m，河底高程约34.00m，两山头相距约450m，位山有基岩出露，解山大部分为第四纪覆盖层掩盖，两山间为一近南北向鞍形基岩山梁横过黄河，鞍部顶而高程约14.00m，宽约百余米，其上面为近代冲积粉砂层所覆盖。解山—位山洞线黄河河床窄，基岩面较高。该线从山梁中间穿过，上覆基岩厚围岩成洞条件好。1985年6月在此线上导洞的位置上开挖了一条过河勘探试验洞，探洞开挖探明了该线的工程地质情况，并掌握了在岩溶地区开挖隧洞的技术，为隧洞开挖创造了条件，还可以充分利用已按隧洞永久断面加固的探洞进行扩挖；隧洞及埋涵总长1065.38m。该方案存在引黄渠导流的问题。

解山—牛屯线（引黄渠闸上线）。该线黄河河底和黄河北大堤下缺少寒武系崮山组页岩相对隔水层分布，隧洞垂向涌水量大，涌水预见性差，黄河河床宽，增加了施工和灌浆难度；位山引黄渠引渠渠底为Q_3、Q_4黄土状壤土，隧洞穿越引渠时，有较长的隧洞位于壤土或风化较严重的岩层中。若采取洞挖，引渠地下水位很高，成洞难度大，如果采用明挖埋管，开挖深度在50m左右，深开挖影响到黄河北大堤对大堤造成威胁，施工难度大，引黄渠输水引渠不能停水，采用明挖埋管也存在导流问题；隧洞3次穿过黄河大堤，对大堤稳定产生影响，施工对大堤防护更困难；隧洞及埋管线路长约为1059m，不宜分期建设，管线出地面都在覆盖层中，隧洞、埋管施工都很困难，开挖并要破黄河大堤。

经过论证比选，从对黄河大堤的影响、工程地质条件、施工条件以及充分利用已有工程等方面考虑，决定采用解山—位山线。

3.2.4 过河方式

穿黄河工程对过黄河的方式比较了平交和立交两种方式。平交方式是指北调江水直接进入黄河，再由黄河北岸引水北送，每年要处理 1 亿多吨泥沙，沉沙问题将成为鲁北的沉重负担，难以解决；立交方式有渡槽方案和在黄河底下埋管或开挖隧洞方案。

渡槽方案在黄河中要设桥墩，不利于黄河行洪，同时存在卡凌的危险；另外，在黄河南岸需再增设一级扬程 20m 的泵站，造价高，运行费用大。埋管方案拟在河底鞍形基岩山梁顶部开槽埋设 3 条断面为 9.0m×9.0m 的门洞形钢筋混凝土管道，管底高程约 5.0m，施工导流期需将黄河临时改道，导流流量 10 000m³/s，导流期 2 年以上，导流工程艰巨，对黄河河势和上游水位均有影响；另外深基坑开挖和排水等均较困难，且不利于分期实施，不宜采用。

隧洞方案拟在黄河位山险工段两岸解山与位山之间布置 3 条倒虹隧洞由河底基岩中穿过黄河，洞轴线间距 31m。北岸位山基岩山顶高程 52m，南岸解山基岩顶高程 43m，河底与两岸之间基岩构成一近南北向马鞍形隐伏山脊，顺河方向宽约 100 余米，山脊鞍部最低处高程 14m。隧洞进口位于黄河南岸解山，出口位于黄河北岸位山。隧洞方案主要优点：施工期不需要导流；对黄河的河势及防洪运行等均无影响，运行管理方便，与黄河总体规划布局没有矛盾；围岩稳定、成洞条件好；有利于分期实施。但由于穿黄隧洞处在黄河底以下的灰岩中，需要查明该处围岩岩溶发育情况，解决在岩溶地区开挖水下隧洞的防渗堵漏难题。通过开挖勘探试验洞，成功地解决了上述问题，使隧洞方案得以肯定。

3.2.5　穿黄隧洞洞径

依据 1976 年的《南水北调近期工程规划报告》，从长江抽水 1000m³/s，过黄河 600m³/s，遇北方大旱年份，短期集中加大送水，穿黄工程设计流量为 600m³/s，校核流量为 800m³/s。按此规划，穿黄河工程布置了 3 条直径为 9.5m 的隧洞。1989 年的《南水北调东线穿黄工程（过黄河 50m³/s 流量）设计报告》，穿黄隧洞将南岸竖井和北岸斜井建成直径为 8.8m 的永久工程。河底平洞做成断面为 4.3m×4.3m 的门洞形的临时工程。水规总院在审查时提出为使输水留有余地将洞径由 8.8m 改为 9.3m。1990 年 11 月在《南水北调东线第一期工程修订设计任务书》中，穿黄隧洞考虑按远景规划，隧洞直径定为 9.3m。2003 年的《南水北调东线第一期穿黄河工程可行性研究报告》中，穿黄河工程进口水位为 39.3m，出口水位为 35.21m，由于穿黄隧洞施工复杂，设计考虑穿黄河工程采取一、二期结合方案，穿黄隧洞兼顾与三期工程结合，隧洞直径采用 9.3m，与两条直径 7.2m 的滩地埋管连接，一、二期先建一条埋管，三期工程再建另一条直径 7.2m 的埋管。2004 年举行了两次穿黄隧洞规模论证会，对隧洞规模进行了专题论证。

在编制《南水北调东线第一期穿黄河工程可行性研究报告（修订稿）》时，考虑到三期工程日前尚难预测，故穿黄隧洞仅按一、二期结合安排，为使隧洞和埋管平顺连接、结构布置简单，穿黄隧洞和滩地埋管的直径均改用 7.5m，今后建设三期工程时再打一条隧洞，在工程布置上已留有另一条隧洞的位置。所以本阶段隧洞及埋管直径均采用 7.5m，见图 1。

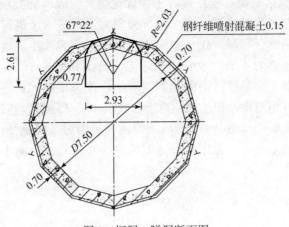

图1 探洞、隧洞断面图

3.2.6 穿黄河工程布置与设计优化

穿黄隧洞在黄河南岸解山村和北岸位山村之间穿越黄河主槽，主要山南岸竖井、过河平洞和北岸斜井等部分组成，全长585.38m。隧洞轴线与穿黄勘探试验洞轴线相同，将探洞作为穿黄隧洞的施工上导洞，这样既可以部分利用探洞施工时形成的阻水帷幕，又可以使隧洞底高程降低，更多地穿过新鲜岩石，有利于隧洞稳定。隧洞进口设在南岸滩地现状挡水堤捻外约50m处的滩地上，北岸采用20°斜井与出口连接段相接。

斜井优点是洞线短，水头损失少，出渣运输方便，如遇突然涌水便于施工大员撤离。缺点是洞口工程量大，不利于防洪度汛，灌浆堵漏较困难。竖井的优点是洞口工作量小，便于防洪度汛，灌浆堵漏施工简单。缺点是水流条件差，洞线长，出渣运输不方便，如遇隧洞突水，施工大员撤退困难。

穿黄隧洞北岸洞口在黄河大堤以外，不受汛期洪水影响，无度汛安全问题，主要从水流条件好、人员安全和出渣运输方便考虑选用了斜井方式，斜井的坡度采用20°。南岸洞口位于黄河行洪滩地，主要考虑有利于防洪度汛，选用了竖井方式，施工大员的安全撤退问题以及出渣运输，可通过北岸斜井解决，弥补了竖井的不足。

经过科学论证和比选，确定穿黄河工程从东平湖老湖区引水，在东平湖西堤（玉斑堤）魏河村北建出湖闸，开挖南干渠至黄河南大堤前（子路堤）建埋管进口检修闸，以埋管方式穿过子路堤、黄河滩地至黄河南岸解山村，经隧洞穿过黄河主槽及黄河北大堤，在东阿县位山村以埋涵的形式向西北穿过位山引黄渠渠底，与黄河以北输水干渠相接。工程主要由出湖闸、南干渠、埋管进口检修闸、滩地埋管、穿黄隧洞、穿引黄渠埋涵、出口闸及连接明渠等建筑物组成。穿黄隧洞衬砌采用钢筋混凝土结构，为圆形断面，洞径 $D=7.50$m。其后通过长60m的连接段与穿引黄渠埋涵相接。穿黄隧洞进口高程27.3m，出口高程27.3m。穿黄河工程等别为一等，主要建筑物为 Ⅰ 级建筑物。

为了在技施阶段减少设计变更，节省工程投资，方便工程施工，2007年5月13 ~

14 日，南水北调东线第一期工程穿黄河工程优化设计专家咨询会议在济南召开，根据专家咨询意见和最新的技术成果，中水北方公司对工程进一步进行了优化，并上报山东省南水北调工程建设管理局。优化主要内容如下：①为减少征地，出湖闸前生产堤内的疏浚段由弧形调整为直线。考虑到实际运行情况和边界条件的变化，出湖闸由 4 孔调整为 3 孔。②南干渠渠道衬砌由预制混凝土块改为现浇大板混凝土，同时通过对桥梁的优化布置，减小阻水面积，将渠道断面减少 4m。③滩地埋管就对结构进行了优化，将衬砌厚度减少 5 ~ 10cm。④穿黄隧洞取消 Ⅱ 类围岩系统锚杆，增加其随机锚杆。⑤通过对穿引黄渠埋涵有压、无压两种方案的进一步比较，为减小施工难度，推荐无压方案。

4 结论与建议

（1）东线穿黄河工程施工条件复杂，技术难度高，施工工期较长，对南水北调东线第一期工程规划供水目标的按期实现具有较大影响。经过数十年的方案比较、地形测量、地质勘探、规划设计以及科学试验等工作，研究选定的输水规模、进出口设计水位、过河线路、过河方式、隧洞布置型式及洞径等方案是合理的、经济的、技术可行的。东线穿黄河工程论证代表了当今的工程设计研究水平，其论证成果具有科学性、客观性和实用性，为穿黄河工程建设方案的决策提供了坚实而有力的基础。

（2）东线穿黄隧洞位于黄河水而以下 70 余米深处岩溶发育的石灰岩地区，所穿过的岩层主要为古生界寒武系崮山组灰岩夹页岩和张夏组灰岩，且岩溶裂隙水与覆盖层潜水、黄河水相通。在这样复杂的工程与水文地质条件下开挖隧洞，施工中的防水、防塌问题是关系到工程成败的关键。在设计论证中，采用了先开挖穿黄探洞的方式，为穿黄隧洞工程的建设提供了翔实的地质勘查资料，并用实践表明采用超前灌浆堵水开挖水下隧洞的施工方法是可行的，从而为穿黄隧洞建设提供了科学依据和丰富经验，同时也为国内类似条件工程的开挖设计与施工提供必要的依据和成功的经验。另外，在穿黄隧洞方案中，隧洞轴线与穿黄探洞轴线相同，将探洞作为穿黄隧洞的施工上导洞，这样既可以部分利用探洞施工时形成的阻水帷幕，又可以使隧洞底高程降低，更多地穿过新鲜岩石，有利于隧洞稳定。总之，这种先开挖探洞为隧洞工程提供勘察资料和论证依据，并将探洞作为永久工程组成部分的方式，值得其他工程参考和借鉴。

（3）在工程施工中，建议隧洞进行超前探水施工，南岸隧洞进口竖井段需在防渗情况下施工。竖井、隧洞斜洞段崮山组灰岩地层及断层施工需考虑风化、裂隙切割及围岩破碎对隧洞稳定影响，需采取加强支护措施。由于围岩中岩溶多沿断层和裂隙发育，岩溶裂隙水与黄河河水连通性好，虽未发现规模较大的溶洞，但隧洞开挖中存在突发性涌水及涌水量较大的可能，施工时应采取超前钻探和预注浆措施是必要的。同时，水土流失、施工期"三废"及噪声对环境会产生影响，应采取必要的环境保护措施，控制或减缓环境影响。

（4）鉴于东线穿黄河工程的复杂性、重要性和敏感性，可知与未知的问题还需要在工程建设过程中，不断完善、深化、细化，甚至再修正。

第五节　其　　他

挪威、瑞典地下水电站建设经验与认识

刘　宁　谢红兵　蒋乃明

摘　要：挪威、瑞典两国地处北欧，水电工程十分发达，而且大量采用地下厂房型式充分利用围岩承载力。其复杂的引水系统，使地下厂房布置紧凑，特别是岩塞爆破等技术在其水电工程施工中得到了广泛应用与发展。其工程实践经验和研究成果可作为我国在山区水电站的开发建设中借鉴和参考。

1　工程介绍

1.1　SIMA 电站

SIMA 电站位于 OSLO 西北面的 SIMA 山谷，装机 4 台，水轮机为 5 喷嘴立轴冲击式，总容量 1150MW；水源主要来自高山湖泊的雪融水，由一系列引水隧洞将多个湖泊的水引入电厂。

东南面为 1、2 号机的 SY 引水系统，隧洞总长 20.7km，其中 14km 隧洞断面积 35m²，6.7km 隧洞断面积 52m²，毛水头 899m。东北面为 3、4 号机的 LANG 引水系统，主要由两座水库引水，隧洞总长 8km，断面积 30m²，这两座水库的水头不同（毛水头分别为 1152m 和 1034m），通过调节两者的引用流量来稳定机组的发电水头。引水隧洞沿线有许多进水口，广泛收集水量发电。隧洞均为无衬砌型式，局部采用锚喷支护，尾水进入海湾。

厂房洞室总长 200m，宽 22m，高 40m，采用锚杆支护。在主厂房洞室及相邻隧洞中共采用了 2 万根锚杆，平均长度 5m。吊车梁为钢梁钢柱，梁柱断面均为 I 字形，在两个钢柱之间的 I 字形插槽中设置有装饰板，板后可见裸露岩体，岩面干燥，不设排水孔。吊顶为波纹钢板，起防水和装饰作用。

主变压器布置在机组段之间的水轮机层，由防爆墙隔开。副厂房布置在端头，与交通洞相接。开关站设在户外，户外还设有少量工作生活用房。厂内基本无人值班，平时户外值守人员也只有 3 ~ 5 人。

1.2　ULLA-FORRE 系统电站群

ULLA-FORRE 是北欧最大的水电开发系统，年发电量 4500GW·h。包含了 2000km² 范围内的湖泊和小水源。该系统内共有 5 座地下电站，笔者考察了其中的 3 座，即 KVILLDAL、SAURDAL 和 TONSTAD 电站。系统电站群工程建于 1974 ~ 1988

原文标题：赴挪威、瑞典考察地下水电站见闻与体会，原载于：人民长江，2000，31（6）：42-44.

年，有 1500 名工人同时参加工程建设，修建了 108km 隧洞和 100km 道路，完成岩石洞挖 221.8 万 m^3，混凝土浇筑 44.5 万 m^3，建造大坝回填土石方 1700 万 m^3。SFATKRFT 公司是该系统的主要拥有者，控股 72%。

BLASJO 水库是本系统中最大的水库，最高库水位 1055m，最低库水位 930m，水库面积 82km^2，库容 3 亿 m^3，即使不下雨，也能保证 HAUGESUND 城市用电 15 ~ 20 年。

(1) KVILLDAL 电站位于 OSLO 西南，为该系统下游第二级电站，建于 1981 年，装机 4 台，容量为 1240MW，是挪威装机容量最大的电站，平均年发电量 2900GW·h，可给附近 140 万个用户供电。引水隧洞围岩为片麻岩，静水头 465m，为不衬砌隧洞，并布置有不衬砌气垫调压室，体积 11 万 m^3，运行情况良好。厂房洞室跨度 22m，岩体裸露不衬砌，岩体较完整，只有局部锚杆和排水。设置的岩壁吊车梁系根据实际开挖轮廓，按超挖最大部位进行设计，不需要预先对超挖部位进行混凝土回填。

(2) SAURDAL 电站。为抽水蓄能电站，安装 4 台 160MW 机组，总装机容量 640MW，年发电量约 1500GW·h，其中 2 台为可逆式机组，可将水从高程 600m 抽至高程 1000m 的 BLASJO 水库。厂房跨度 21m，发电机层上下游侧约 2m 高，做有装饰墙，上游岩体裸露，下游墙采用喷混凝土支护，顶拱做钢结构防水吊顶。岩壁式吊车梁上桥机起重量为 245t。

(3) TONSTAD 电站分老电厂和新电厂。老电厂于 1968 年装了 2 台单机容量为 160MW、转速为 375r/min 的水轮发电机组，其水源来自 KVINA 河；1971 年从 SIRD 河引水又安装了 2 台相同的机组。1988 年在老电厂的右侧扩建了一个新电厂，安装 1 台容量为 320MW、转速 300r/min 的水轮发电机组。电站装机 5 台，容量达到 960MW。来自两条河流的水经电厂流入 SIADALSVANN 湖，毛水头约 450m。经 2 条断面积 65m^2、长 18km 的隧洞将水引至 JOSDAL 湖，再经 1 条断面积 100m^2、长 6km 的隧洞将水引至压力斜井上游。两条直径 3.6m、长 750m 的压力斜井将水引入老电厂，1 条直径 4.8m、长 750m 的压力斜井将水引入新电厂。压力斜井上游没有调压室。引水隧洞大多为无衬砌隧洞，压力斜井采用钢板衬砌。5 台机共 1 条长 800m，断面积 100m^2 的尾水隧洞。新、老电厂之间岩体厚度约 20m，采用掘进机开挖了一个连接交通洞。主变压器布置在上游侧主变洞内。

1.3 HARSPRANGET 电站

HARSPRANGET 电站位于瑞典北部、北极圈以北 65km，分老电站和新电站。

老电站始建于 1910 年，1915 年 8 月 2 日有 5 台机组正式投入运行，1949 年又完成了另外 4 台机组。有 7 台机组一直运行到 1975 年，另外 2 台运行到 1990 年，该电站现已成为教学博物馆，供学习和参观用。新电站于 1951 年到 1980 年陆续扩机，目前电站装机 5 台，总容量 940MW，设计水头 107m，年发电量 2200GW·h。1951 ~ 1952 年投产 3 台机组，单机容量 95MW，最大引用流量 127m^3/s。1978 年扩机 1 台，单机容量 180MW，最大引用流量 175m^3/s。1980 年安装了第 5 台机组，单机容量 475MW，最大引用流量 485m^3/s。

新电站分两个厂房，1 ~ 4 号机组为第 1 厂房，第 5 台机组单独为第 2 厂房。第 1

厂房4台机组为1条总引水隧洞接4条压力竖井引水，尾水为4机1洞无压洞，在机组负荷变化时利用尾水区的一系列洞室空间来保证机组运行的稳定。厂房跨度20m，为无衬砌洞室，顶拱做钢筋混凝土防水吊顶。桥机梁为混凝土柱支承的钢梁。变压器布置在厂房下游顺流向洞室内。第2厂房跨度22m，为无衬砌洞室，顶拱为复合钢板防水吊顶，桥机梁为混凝土柱支承的钢梁。第5台机组有两个特别的地方，一是发电机直接输出高压电流，无须设变压器，称所谓"变压发电机组"；二是发电机转子分瓣吊装，转子重约500t，桥机起重量约250t，分成若干瓣进行吊装。5号机组引水、尾水均为单机单洞；开关站为地面开敞式。

2　总结与体会

挪威电力工业十分发达，自1961年起，装机容量平均每年增加750MW。在设计方面，基于大量地下工程经验，将支护作为开挖工序的一部分，除设计方案可以降低费用外，着重强调改善施工操作和强化安全措施。此外，挪威具有制造600m水头级FRANCIS水轮机的专长技术，并且其5376m横跨海湾两岸电缆（世界最长的架空电缆）的建成，显示了挪威输变电工程的技术。

2.1　电站布置

（1）电站型式多为地下电站。挪威为多山地形，绝大部分为中高水头电站。多利用湖泊作为调节水库，只修建低坝，甚至不建坝，这使得挪威水电站的造价比较低。

20世纪50年代以前挪威建的水电站大多在地面，包括引水钢管都布置在地面。随着地下工程施工技术的发展，50年代以后修建的水电站均为地下电站。利用岩石条件好的特点，将电站厂房和整个引水、尾水系统均布置于地下，使厂房位置有较大的选择余地，并充分利用山岩承载能力，大大地节省了钢材、混凝土等。同时受气候影响小，可以延长每年的施工期。

（2）修建长引水隧洞，沿线布置有许多进水口，广泛收集水量。一个电站常常不只是从一个湖泊或河道引水，而是把附近几个湖泊连成一个系统，隧洞沿线经过许多小溪小河，常开凿竖井或斜井，将这些溪流的水量引入隧洞，因此引水系统相当复杂。TONSDAN电站有两套完全平行的引水系统，发电用水来自不同区域，只是由电站厂房的进水部分汇集在一起。此外，由于引水隧洞沿线有许多进水口，在机组负荷变化时这些进水口都起到调压室的作用，系统稳定计算十分复杂，挪威学者和工程师对过渡过程研究出一整套办法，在数学模型和计算机程序中，从水力学到水力机械、电网特性等都可以考虑进去，该套技术在世界上处于领先地位。

（3）采用气垫式调压室。到目前为止，挪威建造了13个气垫式调压室，其中7个运行正常，最早1个建于1973年，有的发生大量漏气，使电站运行受到限制。气垫式调压室是利用压缩空气控制调压室内的水位，不像常规调压室，建造至最高涌浪水位以上，因而布置上相当灵活，可以布置在厂房附近，对水击波的反射比较有利，可以减小蜗壳的水击压力，使调节稳定性增加，这对机组的运行是很有利的。因此在引水隧洞布置上往往采用较大坡度的斜洞，虽然高压段长度增加，但由于隧洞埋深较大，利用围岩承载能力，做不衬砌隧洞，其支护工程量并没有增加。气垫式调压室对地质条件要求较高，不但不能漏水，还要求不能漏气。设计上需仔细选择水深余幅，准确控制空气体积，如果压缩空气突然从隧洞中逸出，将会引起事故。气垫式调压室的体积比常规的大，本身的挖方量将增加。运行管理单位认为靠几台空压机维持一个电站的正常运行，风险较大，而且造价及运行管理费用也很高。目前挪威水电站领域也有一种观点：要么降低气垫调压室的投资，要么采用常规调压室。许多工程师并不倾向于做气垫式调压室。

（4）地下厂房布置紧凑。引水隧洞通常与厂房轴线成 60° 夹角，以减小开挖跨度。机组尽量靠一侧布置，只在另一侧留出交通道。运行操作以远程遥控为主，副厂房面积很小，布置在主厂房端头，一般不超过机组段的 1/2。主变与厂房隔开，主变室具有良好的防爆性能。早期的地下电站主变在主厂房内，由于 TONSTAD 电站发生了主变爆炸事故，从此要求单独布置主变洞室，并设计了防爆结构。开关站均为地面开敞式，未见采用封闭电器的开关站。高压线多由斜井引出。

很多的布置问题都是在开挖阶段了解了岩体情况后才最终确定的，而不是事先都设计好而不能更改的。进厂交通一般都从主厂房端头进厂，交通洞的坡度一般为 1：10，设计通常只给出交通洞的最小断面，最终由施工承包商确定。对于不衬砌引水隧洞，进厂前的钢衬长度一般为设计水头的 1/10，并在端头做防渗帷幕。

2.2　结构分析

（1）设计思想。大量的结构分析工作是在开挖阶段逐步完成，以非线性有限元分析为主，考虑地应力和软弱夹层的影响，模拟锚杆、喷混凝土的作用。岩体支护结构的设计，结合有限元计算结果，以 Q 系统为主要依据进行，在开挖过程中不断补充、修改、完善设计，这项工作主要依靠有经验的工程师在现场完成。非线性有限元计算结果与实测结果比较吻合。

（2）充分利用围岩承载力。挪威地下电站跨度一般为 15～20m，高度 30～40m，隧洞断面在 100m^2 以内，一般要求周围岩体厚度大于 1 倍洞宽，且不小于 0.5～1 倍洞高。由于岩体较好，95% 以上的压力隧洞是不衬砌的，局部用喷混凝土、灌浆等措施加以处理，很少用混凝土衬砌。压力较高、围岩较薄的隧洞一般用钢板衬砌，并考虑钢板与围岩联合受力。如 TONSDAN 电站静水头 890m 的压力斜井，也只采用锚喷支护。挪威水电站水头较高，引用流量不大，从机械施工考虑，隧洞断面较大，洞内流速一般不超过 1.5m/s。由于流速小，糙率对水头损失影响较小，从这方面来讲也有条件不做衬砌隧洞。挪威工程师认为支护不必做得过分坚固，即使有个别掉块，在检修时清除掉即可，不会发生什么严重问题。为了尽量减小水头损失，也为了交通方便，底板通常浇筑较薄的混凝土找平层。

（3）采用岩壁吊车梁。地下电站厂房岩体条件较好时，通常采用岩壁吊车梁。据挪威工程师介绍，在岩体条件比较差的厂房中，还采用一种改进型的岩壁吊车梁，即岩壁梁下面分段布置半柱或全柱，起辅助支承作用，也是随着开挖过程逐渐形成。岩壁应略做成倾斜，以便传递剪力，减少锚筋受力。倾角越大，受力情况越好，但顶拱开挖跨度有可能增大，倾角太大，施工时也不易形成，因此这个角度通常采用 15°。

梁上部的锚筋为主要受力筋，在较差的岩体中，倾角大一些对受力较有利。如果这些斜筋打算做成预应力的，那么倾角应小于岩石的残余摩擦角，否则在预应力作用下，吊车梁有向上滑动的趋势。梁下部比较水平的锚杆是加固岩体用的，一般在承载吊车荷重时不予计算。挪威土工所在几个电站中做过吊车梁现场实验，锚筋中应力分布实测结果表明，当岩石较好时，离岩体表面不远的地方，锚筋应力即有很大减小，因此当岩体条件良好时，锚杆并不需要很长。当岩体条件较差时，他们建议离岩石表面较近的锚筋采用无黏结型式，使应力传到较深的岩石中去，减小岩体表面应力。吊车轨道通常在开挖时完成、变形稳定后再安装，以防止轨距误差过大。挪威曾发生过岩壁吊车梁变位较大，造成卡轨的例子。岩壁梁的设计是在开挖完成后按最大断面进行。对于岩锚的耐久性问题，挪威工程师认为可以通过安全监测、补打锚杆等方法来解决。

（4）利用主厂房周围已有廊道排水，厂内采用灌浆止水，不设系统排水孔，总的原则是不让水进入主厂房内，只将局部渗水用管道引出排走。有许多较小的渗水，顶部利用吊顶排向两侧，边墙任其自然，不作处理。

2.3　施工技术

（1）开挖程序。挪威、瑞典的地下电站大多建于 20 世纪 80 年代以前，开挖技术也是在那个年代形成的，与我国现在实行的基本相同，对于跨度 20m 左右的地下洞室，采用先顶拱后边墙、再后尾水管的顺序或另外开辟第二工作面，使尾水部分与顶拱同时施工。一般采用先中央后两侧的施工顺序，岩石条件好，中央部分可适当扩大，反之则减小第一次开挖的范围，支护后再扩挖，直至整个顶部支护完成后再进行下部的开挖。

下部开挖一般采用梯段爆破，逐渐开挖下降。但是当结构设计采用岩壁梁时，这一部位的施工必须特别仔细，切忌损坏基岩。从笔者考察的几个电站来说，周边爆破是很不错的，壁面整齐，半孔率极高。

（2）钻爆技术。挪威的施工设备和我国一样，掘进机因价格昂贵并不是经常采用，但在布孔、装药、起爆方面还是有其特点。据介绍，他们普遍采用时差 25ms 误差 5ms 的高精度毫秒雷管，总段数高达 60 段，一次使用这样多的高精度毫秒雷管在我国是不可想象的，雷管质量的提高使他们的起爆网络比较简单。该洞室开挖实用 GURIT 炸药 170t，雷管 43 600 个，开挖爆破岩石 14 万 m^3，平均单耗 1.22kg/m^3，最大单耗 1.78kg/m^3，最小 0.6kg/m^3。钻孔直径 17mm，影响区 30cm。8 个月开挖完成，应该说还是先进的。从地下厂房裸露的岩面看到周边爆破的钻孔技术很高，笔直整齐的半个炮孔环绕着整个厂房，真是比什么装修都要好看。而有几个电站则因为地质条件或施工原因，壁面破碎不整，不得不加上人工装饰墙板遮盖。无论预裂爆破还是光面爆破，我们掌握其技术也有几十年了，只要认真去做，也是可以做到的。

（3）支护技术。挪威的支护最大量的是使用锚杆，其喷锚技术相当发达，无论是介绍还是实地观察，几乎没有看到预应力锚索。锚杆长度多数情况下为 6~8m，间距 2~2.5m，喷混凝土厚度 12cm 左右，现场观察锚杆端部采用三角铁支垫，有的采用木块，效果似乎不太好。即使在大跨度的体育馆工程中，也仅用了两套系统锚杆，顶拱是 12m 和 6m 长两种穿插使用，到边墙逐渐减小其长度，顶拱混凝土厚 15cm，并未采用预应力锚索悬挂等措施。

（4）施工监测。挪威地下工程施工时，一般进行两大类型的监测，一是变形监测，二是爆破震动监测。关于变形监测他们在施工中是十分注意的，将埋在预定部位的监测数据作为指导开挖爆破和支护的主要依据，特别重要的工程还事先由科研机关做有限元分析预测其最大变形量，挪威土工研究院预测体育馆最大变形 9mm，实测一般 4~8mm，最大 8.7mm。将一串应变片粘贴在锚杆上随同放入孔中是他们常用的办法。关于震动监测和我国一样，也是确定一些防护目标的爆破震动控制标准，然后在施工中控制最大一段起爆药量。挪威没有国家统一的控制标准，而是由设计单位按具体情况确定，施工单位只要不超过规定的质点震动速度值（控制 90m 处的震动速度为 2.25mm/s），就是合格和安全的。

（5）采用岩塞爆破技术。电站进水口一般设在湖底，通常采用岩塞爆破成型。挪威一共做过 500 多次水下岩塞爆破，一般在水下 30~40m，最深达 105m，因此他们做了不少模型试验及现场观测，积累了不少经验。由于采用岩塞爆破，隧洞进口段布置成向上游倾斜的倒坡，岩塞布置在进口上部，下部开挖断面局部扩大，使碎石能落在前部，不至于进入流道，影响过流断面。为便于施工，岩塞断面比隧洞断面小很多，有的工程为了扩大进口断面，减小水头损失，进行第二次水下爆破，但这种条件下施工比较困难，因而，采用不多。采用岩塞爆破时，进水口的布置也有一些独特的特点，如进口前不设拦污栅，闸门需远离进口采用竖井布置，为此可将进口高程布置得比较低，以扩大调节库容，闸门断面较小，主要目的是减小工程量，通常闸门断面只为隧洞断面的 0.5 倍或更小，因为洞内流速通常为 1.5m/s，即使闸门断面小，流速也不大，对这种长引水隧洞来说，闸门断面的局部水头损失影响不大。由于流速小，加上闸门的行走部分均采用不锈钢，因此只设一道个检修闸门，作为检修隧洞时断流之用。

2.4　其他

（1）电站的运行控制大多采用远程遥控。一般情况下上百万千瓦的电站，平时也只有 3~5 人在地面值班。

（2）厂房安全通道至少有 2 个，以利于人员撤离。通常一个是交通洞，一个是出线洞作为安全通道。在安全通道上涂有荧光漆，并在扶手上做成起伏棱道形，顺手的方向为出口方向，阻手的方向为进入方向，使得工作人员在完全无照明的情况下也能够安全撤离，也可作为临时避火间，配备相应设施，如水、氧气等。通风设施以换气为主，不做空调，但运行单位往往有更高的要求。

（3）注重环境保护。施工中尽量减少对自然环境的破坏，施工场地尽量缩小，施工过后全面恢复自然环境。由于现场值守人员很少，办公及生活用房也很少，每座电站除了极少量与周围民居相协调的房子和交通洞进口外，地面上没有其他设施，看不出经过大规模施工的痕迹，自然景观相当美丽。

江口水电站设计中的几个主要技术问题

刘　宁

摘　要：江口水电站双曲拱坝设计中的主要技术问题是：①拱坝坝肩嵌入的深度及深层抗滑稳定；②坝基基岩变形模量、封拱温度及过流对坝体的影响；③开挖对体型设计的制约；④水位流量与坝体调节过流的关系。地下电站设计的主要技术问题是：①装机容量、水轮机额定水头和装机高程选择；②电站布置与围岩稳定；③主要机电、金结设备配置。介绍了设计中所采取的主要技术措施。电站在设计和施工上无重大疑难技术问题，其难度均在国内同类工程已积累的经验范围之内。

1　概述

江口水电站是芙蓉江梯级开发的最下一级；位于武隆县江口镇镜内。坝址距芙蓉江河口 2.21km，距用电负荷中心重庆市区约 130km，坝址控制流域面程 7740km²。工程的任务是发电。现址处多年平均流量 152m³/s，多年平均径流量 47.9 亿 m³。设计水库正常蓄水位 300m，总库容 4.97m³。电站装机容量 300MW。枢纽工程属 5 等。工程设计年发电量 10.71 亿 kW·h，静态投资 19.506 亿元，建设工期 4 年零 8个月。

坝址河谷为"V"形，覆盖层厚 2~8m，两岸边坡约 40°。坝址处岩层为寒武系上统和奥陶系下统的几组灰岩，岩层走向与河流流向夹角约 75°。坝址区 1.5km² 范围内，地表共发现断层 25 条，以 NNE 组最为发育；坝址裂隙主要有 4 组，多为陡倾角裂隙；坝址处岩溶形态有：溶洞、风化溶蚀填泥层带溶蚀裂隙和岩溶泉，溶蚀随深度增加减弱，岩溶充填物大多为黏土。

江口水电站由挡水建筑物、泄水建筑物、发电建筑物、渗控工程组成。河床布置混凝土双曲拱坝及泄洪建筑物，左岸布置地下厂房，右岸布置导流隧洞。

2　大坝

大坝为混凝土双曲拱坝，建基面最低高程 166m，坝顶高程 305m，最大坝高 139m，坝顶长 392.21m，拱冠梁底宽 22.4m，厚高比为 0.161。泄洪建筑物布置在河床中部，共设 5 个表孔和 4 个中孔；表孔孔口尺寸 12m×14.5m（宽×高），堰顶高程 285.5m；中孔孔口尺寸 6.0m×7.0m，底坎高程 232.0m。表、中孔水流以跌、挑流流态泄入坝下水垫塘消能。水垫塘长 160m，底宽 35~80m，塘底高程 172~170m，塘后设二道坝，

原载于：人民长江，2001，32（3）：3-4。

坝顶高程 180m。二道坝后再接长 17.0m 的透水护坦。

双曲拱坝设计中主要研究的技术问题是：①拱坝坝肩嵌入的深度及深层抗滑稳定。由于坝址处地质条件复杂，拱坝体型单薄，因此拱肩嵌入深度以及深层抗滑稳定成为本阶段设计中决定拱坝体型设计条件的关键制约因素。②坝基基岩变形模量、封拱温度及过流对坝体的影响。由设计知道，坝基变形模量，封拱高程和温度以及泄洪坝过流均是江口双曲拱坝体型结构设计中的至要因素，关系着坝体变位、应力状态和工程量的大小。③开挖对体型设计的制约。为了确保 2002 年发电，项目法人决定先期开挖坝基。因之，施工开挖实际制约着体型设计的深入优化，是设计中不容忽视的难点。④水位流量与坝体调节过流的关系。江口双曲拱坝采用拱坝中间开孔泄流，由于芙蓉江水位陡涨陡落，并受乌江水位顶托加之泄流时水流集中，坝体受激振作用影响和水流消能均成为设计中需要关注的要点技术问题，并制约着建设工期和投入。

3　地下电站

地下电站进口引水渠为侧向进水，进水塔位于左坝肩上游。引水隧洞采用 1 机 1 洞布置方式。主副厂房轴线方位为 348°，平面内尺寸为 87.05m×16.5m，从右向左依次为：副厂房、机组段、安装场。主厂房下游侧垂直厂房平行布置厂房母线洞，后接主变洞；在主变洞下游布置廊道连接电缆竖井，直通地面高程 310m 开关站。尾水洞采用 1 机 1 洞平行布置，为有压洞。

地下电站设计的主要技术问题是：①装机容量、水轮机额定水头和装机高程选择。本阶段项目法人要求将装机容置增加至 300MW，而装机高程又受到调保、地质、出力条件制约，因之，装机容量、水轮机额定水头和装机高程的选择是江口地下电站设计的关键技术问题。②电站布置与围岩稳定。地下电站主厂房布置区有软弱地质构造存在，为尽可能减少地下电站开挖跨度，电站布置要求紧凑、高效，能合理利用空间。③主要机电、金属结构设备配置。

4　设计中采取的主要技术措施

江口水电站属重庆市自筹资本金建设项目，水库具年调节性，要求投资少，工期短，并能在 2002 年初期发电以补偿重庆地方电网调峰容量的短缺。

由于导流隧洞施工进度推迟，无法实现 1999 年截流目标，因之更加大了 2002 年发电困难。可研阶段采用的主要技术措施如下。

4.1　水工设计

（1）通过对地质资料分析，将大坝建基面抬高 2m。

（2）充分利用岩体强度，深入分析各部位物理力学指标，合理减少拱坝坝肩嵌入深度，使大坝开挖量由大坝专题设计时的 103.68 万 m³ 降为 63.8 万 m³。

（3）对大坝体型进行了近百个方案的比较设计研究，设计优化体型的混凝土工程量，由大坝专题设计阶段的 79.9 万 m³ 降至 58.9 万 m³。

（4）改变中孔泄流方式，水垫塘长度由 195m 缩短为 160m。

（5）优化防渗帷幕走向和孔距，减少帷幕进尺 3.82 万 m。

（6）取消表孔检修门，不仅减少了混凝土工程量，并且缩短了坝顶宽度，以及倒悬体混凝土施工难度。

（7）论证后将首台发电的 3 号机组发电水位由原 260m 设定为 250m，进水口中心线高程降低至 240.5m。

（8）将地下厂房的中控室及 GIS 室由地下移至地面，以利加快地下厂房施工进度。

（9）将地下厂房压力钢管斜管布置改为竖直管布置，既有利于防渗，减少钢衬工程量，也有利于简化施工，加快施工进度。

（10）将厂房进水塔靠山体一侧向上游偏转，引水隧洞主轴线采用直线段加圆弧段布置方式，以减少边坡开挖高度（开挖量减少近 32 万 m³），增加洞脸岩体覆盖厚度，并减少了对大坝开挖边坡的影响，有利于加快大坝坝基开挖进度。

4.2　施工设计

（1）配合施工进度安排，合理降低施工期对接缝灌浆封拱高程、封拱温度的要求。

（2）为解决 2002 年初期发电遇到的制约工期的中孔弧门安装问题，采用自重不大于 20t 的临时封孔门，中孔闸墩的弧形门支座采用专门加筋结构，避免水下施工；并将泄洪孔弧形门提前逐孔安装，逐扇投入使用。

（3）建议提前在 2000 年 4 月初开挖两岸坝肩，确保 2001 年汛后尽早进行基坑开挖，浇筑坝体混凝土。

（4）缆机以浇筑溢流坝段为主，右岸及其他部位采用门塔机浇筑，以提高浇筑强度。

（5）为使 2002 年汛前封拱高程不低于 230m，以确保挡水 250m 安全，采用坝内通制冷水，控制坝体温度回升，并将灌浆时间延至 5 月底。

（6）通过试验，深入研究混凝土自生体积变化规律，计算分析蓄水期及蓄水后对缝面张开度的影响，确定在混凝土龄期 4 个月时可进行接缝灌浆。

（7）取消碾压混凝土过水围堰（节约 7.44 万 m³混凝土），采用底部保护防渗，上接复合土工膜防渗的土石围堰方案。

采取上述技术措施，可研阶段江口水电站静态总投资由预可研审查通过的 26.4 亿元降至 19.5 亿元以内，节约投资近 7 亿元。单位千瓦静态总投资 6388 元，单位千瓦总投资 7067 元。并完全可实现 2002 年发电，2003 年完工的建设目标。

5　结论

（1）江口水电站地理位置适中，没有防洪、航运及下游供水等条件限制，调节性能好，建设条件好。

（2）具有季调节能力，上游浩口、沙阡等梯级建成后，有年调节能力。

（3）调度灵活。可作为重庆电网直接调度的调峰、调频和短时突发事故备用的电源。

（4）国民经济评价及财务评价指标均优于国家规定，具有良好的经济效益、社会效益和环境效益。

（5）设计、施工在技术上无重大疑难问题，其难度均在国内同类工程已积累的经验范围之内。

长江重要堤防隐蔽工程招标工作实践

刘　宁　杨　淳　谢向荣

摘　要：湖北长江招投标有限公司在长江堤防隐蔽工程招标工作中，以保证工程质量、进度和投资控制为总体目标，坚持"三公"原则，运用科学、高效的评标手段，择优推荐，选择有资质、业绩能力的施工队伍，保证了工程建设的顺利实施。长江水利委员会为隐蔽工程招标工作进行了周密的总体策划，采取了符合实际情况的对策，制订了详细的措施，并在实践中不断完善和改进，以确保工程招标的顺利进行。具体措施是建立严密的组织机构、严格的工作程序、科学的评标办法，充分依靠专家逐步形成了适应市场经济的招标工作方法和程序。两年多来，隐蔽工程招标实践表明，市场经济呼唤法制，建立健全分权制的组织体系；加强监督，制定并实施合格的招标工作程序，采用科学的评标方法和手段，充分发挥专家的作用，就能够规范建筑市场招标工作，择优选择候选中标人，杜绝不规范行为。

1998 年长江流域发生特大洪水以来，党中央、国务院加大了长江防洪工程建设力度，开展了大规模的堤防加固工程。根据国务院会议精神，长江重要堤防隐蔽工程（以下简称隐蔽工程），由水利部长江水利委员会作为项目法人，全面负责建设。

隐蔽工程是关系到长江中下游两岸千百万人民生命、生活和经济发展的大型公益性水利工程，涉及面广、影响巨大。面对踊跃参与投标的大批施工单位，隐蔽工程建设管理局（以下简称建管局），根据《中华人民共和国招投标法》和有关建设管理程序，委托湖北长江招投标有限公司（以下简称招标公司），以保证工程质量、进度和投资控制为总体目标，坚持"三公"原则，运用科学、高效的评标手段，择优推荐，选择有资质、业绩、能力的施工队伍，保证了工程建设的顺利实施。同时，也得到了国家有关部门，相关地方各级领导的大力关心和支持，引起了建筑市场的极大关注。

1　隐蔽工程招标工作特点

隐蔽工程涉及湖北、湖南、安徽、江西 4 省，2000 多千米堤防。自 1999 年 12 月至 2001 年 2 月，两个年度分十多个批次对 30 余个项目、140 余个标段进行了公开招标或邀请招标，工程投资 30 多亿元。据不完全统计，来自 20 余个行业，涉及 20 余个省、市、自治区的 330 多个投标人参加了竞争。

隐蔽工程有明显季节性和紧迫的时间要求。如何在较短的时间内，从资质、信誉、技术能力、协调能力、价格、经验等诸方面择优选取、推荐合格的中标人；尤其是在建筑市场还有待进一步完善的现实条件下，面对经验丰富、投标文件编制水平普遍提

原载于：人民长江，2001，32（9）：1-2.

高、相似性增加，社会关系和各种影响复杂的众多投标人，如何坚持"三公"原则，贯彻招投标法，为项目法人推荐合格的候选中标人，维护国家和人民的总体利益，坚持自身的行业性和职业性，是对招标人和招标代理人的极大挑战，也构成了隐蔽工程招标的明显特点。

2　招标工作实践与主要对策和措施

长江水利委员会为隐蔽工程招标工作进行了周密的总体策划，采取了符合实际情况的对策，制订了详细的措施，并在实践中不断完善和改进，以确保工程招标的顺利进行。主要包括：严密的组织结构、严格的工作程序、科学的评标办法和充分依靠专家，逐步形成适应市场经济的招标工作方法和程序。

2.1　严密的组织结构

招标工作，为工程建设阶段的"源头"，在当前市场经济条件下，可能就是腐败的源头。严密的组织结构形式，健全的监督机制，合格的"分权"，是保证"源头"的关键。长江水利委员会建立了四权分立的组织结构形式，即：招投标管理办公室——招投标主管部门；建管局——项目法人；督查办公室——监察部门；招标公司——中介机构，招标代理人。并请公证人员和新闻机构监督，加大社会监督的力度，保证招标工作的顺利开展。例如，标底的设置，由项目法人推荐编制标底的有资质的咨询机构名单；由督查办公室随机抽取咨询机构，并负责在指定时间秘密编制；由招标代理人编制标底设定办法，报项目法人批准，同时报招标办公室备案密封。开标前，同时送至开标现场；开标后，在评标委员会全体大会上开启公布，并通过使用；以确保其公正、公平性。在整个过程中，四权分立的方法，既保证了招标工作正常进行，不受各方面的干扰，又保证了各方职业性地执行各自的职责，提高了决标的科学性和工作效率。

2.2　严格的工作程序

针对隐蔽工程招标工作的特点、要求，在招标工作各方分工合作的基础上，制定每批次招标工作计划，并严格执行工作程序化，按程序的环节合理安排管理控制点：人、财、物、信息的分配，落实和流动，时间的安排，责任的落实等。将这些工作程序有机结合成整体，严格实施，为招标工作正常、有序、依法进行的保证。招标公司通过两年多的实践和不断改进、完善，已形成若干重要工作程序，包括标书编制程序、标书发售程序、标书问题交流程序、外标工作程序、评标工作程序、资料整理与汇编工作程序等。形成了程序化的工作与管理体系，具备了规范严格、反应迅速、高效工作的能力。

2.3　科学的评标办法

招标工作涉及众多专业、行业，广泛了解来自政府、业主、市场、投标人和各行业的各种信息，熟悉政策法规、工程、财务、商务和信息技术，是保证招标质量、科学评标的基础。作为代理人，招标公司在招标工作各个环节注重其科学性和实践性，尤其是在招标文件的编制、评标办法的制定和招标手段的完善等关键环节上。

2.3.1　招标文件的编制

招标文件的编制是招标工作的第一步，也是重要的一步。招标文件不仅仅是评标工作的依据，也是合同的一部分，应符合有关法律和规定，符合项目法人要求和工程设计实际情况。隐蔽工程实施根据其特点对招标文件的公正性、科学性、完整性提出了一系列特殊要求。依靠长江水利委员会在工程设计与施工、管理等方面的经验和大量专业技术力量，招标公司组织编制了招标文件，经多次修改、审查和不断完善，形成了适应工程的自身特点。经工程实践，较好地满足工程建设要求。

2.3.2　评标办法

针对隐蔽工程招标工程招投标公司制定了设置标底、分段评价、综合推荐的评标方法。实践证明，科学有效的方法保证了合理低价中标和工程进度与质量控制。

科学地理解和使用标底，在当前的市场经济条件下针对隐蔽工程招标工作特点是十分必要的。复合标底由下述因素构成：①业主预设的标底，可认为为业主可接受的指导性标底；②投标人的平均报价，理论上反映市场平均生产率水平，对于大的样本而言，更是如此；③投标人报价的概率分析，对于大的样本取投标人报价均方差进行概率分析，理论上代表劳动生产率的较先进水平。考虑上述因素，用加权平均值作为复合评标标底，可充分反映项目法人的意志、代表社会的先进生产率水平，有效控制市场的不规范行为。将投标人导向依靠提高劳动生产率的市场公开，公平竞争。在大样本条件下，为高效地选择合理低价投标人提供了科学方法。

科学地进行商务和技术评价是评标工作中重要的环节。针对每位在合理低价范围内的投标人依据标段文件中的评标要素，制定科学的评标方法进行评标。从中选择潜在的候选中标人。通过实践和不断完善，投标公司已形成一套包括专家独立评价、信息要素对比、专家小组和评标委员会讨论、问题的澄清和综合定性评价等过程和程序的完整、科学、高效的评标办法。

综合定量评价，推选相对最优的候选中标人，是评标工作的目标。科学地量化各要素并赋以不同权重定量评价是必要的。针对不同项目的施工特点、技术难度、研究制定多套综合评价方案和方法，实践证明，隐蔽工程评标的综合评价结果与评标委员会的人多数专家的意见是相符合的。绝大多数候选中标人均是在公开、公平、公正的招标竞争中的合格者、优胜者。

此外，采用 IT 技术，应用计算机及网络是保证隐蔽工程招标工作效率的必要手段。为适应这种大批量、多项目、众多投标人的招标评标工作，招标公司设立了局域网，利用互联网设立了"长江招投标网"，广泛使用电子文档，进行网上问题澄清和答疑等。实现了公司内部办公自动化和招标事务一体化的协同工作。"长江招投标网"网站注册用户 200 余家，2000 年 10 ~ 12 月，2 个月内的注册人数超过了 6 万人次。收到网上澄清问题和网上答疑 100 余次。在该网站进行了 3 次开标会网上现场直播。开辟了国内大型项目开标会网上现场直播的先河，在国内引起了强烈的反应。通过评标工作手段的科学信息化，提高了招标工作的"公开性"，大大提高了评标工作效率，加速了信息流动，减少了大量资料分类、统计、对比等方面的人为因素，同时也体现了评标工作的科学性。

2.4 充分依靠专家

具有充分代表性和权威性的专家构成的专家库，是招标公司必不可少的条件和工作基础。目前，招标公司专家库专家已达数百人，均具有高级技术职称，大部分具有教授相应级别职称，来自政府部门、流域机构、设计、科研机构、大专院校、项目法人机构和地方机构等，包括土建、机电、金结、IT行业、商务、经济、法律等数十个专业领域。

每次招标工作邀请专家的原则包括：项目法人代表应不超过法定人数；必要的设计和监理代表；商务和技术专家人数构成和合理比例；专家与各投标人无利益关系；外部资深专家担任专家组长；少量特邀专家等。采用分类随机抽取方式确定专家，必要时进行局部调整（受专家个人的工作、时间等因素控制）得到项目法人和招标管理批准后做好安排和保密工作，以保证专家工作的独立性、公正性、科学性。

一旦招标工作开始，评标委员会成立并通过评标办法之后，要充分依靠专家，发挥其专业特长和客观作用，确保专家依据评标办法成立科学地评标，并采取有效措施保证专家工作不受外来干扰。采用专家"记名"打分的综合评价方法，以确保准确代表每一名专家的真正的意见，并要求其担负专家的责任。

包括新华社、中央电视台等多家媒体新闻记者曾多次跟踪采访隐蔽工程评标过程，他们认为任何个人（包括专家在内）不可能预知、干扰和控制评标结果，上述招标、评标工作程序办法及其机制可有效保证每一个结果都是依据招标文件和评标办法，从而反映出投标人竞标的实际情况和大多数专家的综合意见，是"阳光工程"。

两年多来，隐蔽工程招标实践表明，市场经济呼唤法制，建立健全分权制的组织体系；加强监督，制定并实施严格的招标工作程序，采用科学的评标方法和手段，充分依靠专家，是能够从"源头"起规范建筑市场招标工作，择优选择候选中标人，杜绝不规范行为和各种"腐败"。在此基础上，项目法人通过综合比较，确定合理、合格的中标人—市场竞争的优胜者。另一方面，招投标市场也呼唤规范化、程序化、职业化的专业人员和机构以适应市场经济的不断完善和发展。

延展钢网板用于拱形支护的研究

杜丽惠　刘　宁　马芳平

摘　要：研究延展钢网板的力学特性及其简化计算的模型，同时探讨了这种新型支护材料在水利工程中的应用前景。通过对拱形延展钢网板的力学特性进行有限元数值模拟，用刚度等效的平板模拟拱形廊道支护试验中的延展钢网板，所得的计算结果与试验值比较接近。结果表明，用等效的平板模型来模拟延展钢网板是可行的，从而为钢网板在工程中应用提供一种简便而可靠的计算方法。

延展钢网板（expand metal，EM）是一种新型支护材料，具有重量轻、易于加工、适用于大面积施工和有利于建筑材料的标准化和系列化的优点。可用它来代替部分混凝土中钢筋的配置。特别在水利工程中，延展钢网板大有用武之地。在坝工消能护坦、坝中廊道、地下厂房洞室及高边坡支护等施工中需要配置大面积钢筋的情况下，使用金属网板代替钢筋的施工方法，可以很好地保证钢筋混凝土的力学性能，节省人力投资，减少人为因素对施工进度和施工质量的干扰，从而提高施工质量和进度。

目前，国内对这一新型材料的研究才刚刚起步，对其力学特性和简化计算的方法仍处于摸索阶段。在国外，日本土木界在这方面已有一定的工程实践，如用于楼板、柱梁及中空防沙坝等结构中，取得了一定的经验。本文重点就延展钢网板在拱形支护中的作用进行一些探讨研究。

1　延展钢网板的力学特性

1.1　钢网板的制作方法

延展钢网板制作方法为将厚度为 T 的钢板通过传送轮轴送入工作面的同时，用切具在钢板上制作切口，切口的长度为 D，切口互相平行且相互错开 $D/2$ 的距离，平行切口间距离为 W，然后沿着垂直切口的方向（S 方向）进行拉伸，即可加工得到所需的钢网板。钢网板的网格形状为菱形。菱形长对角线方向长度为 L，称为强轴，$L=0.4\sim3\mathrm{m}$；短对角线方向长度为 S，称为弱轴，S 约为 $0.9\mathrm{m}$。

1.2　钢网板的几何物理特性

钢网板的力学特性与网板材料、网眼大小等几何物理参数有关，下面列出了几组不同尺寸构成的钢网板，作为本文研究的模型。其中 $S=34.00\mathrm{mm}$，$L=135.40\mathrm{mm}$，

原载于：清华大学学报（自然科学版），2002，42（2）：281-284.

$B=40\text{mm}$，其余尺寸见表 1。

表 1　研究用钢网板几何尺寸

型号	T（mm）	W（mm）	α（°）	β（°）
XG-11	4.5	7.0	24.32	19.58
XG-13	6.0	9.0	31.97	17.13
XG-14	8.0	9.0	31.97	17.13

本研究使用的钢网板的弹性模量为 $E=210\text{GPa}$，剪切模量 $G=800\text{GPa}$，密度为 $7.85\text{g}/\text{cm}^3$。

上表中各符号的意义见图 1。

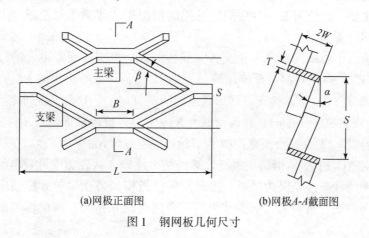

(a)网板正面图　　　　　(b)网板 A-A 截面图

图 1　钢网板几何尺寸

1.3　钢网板力学特性

对平面金属网板的研究结果表明，网板强轴 L 方向的抗弯能力要比弱轴 S 方向的抗弯能力强很多，相应地承载能力也是前者强于后者。钢网板的这种强度各向异性决定了在其应用于工程中时，必须考虑其承载的方向，从而更好地发挥其功能。

从荷载–变形关系曲线来看，3 种钢网板在荷载作用下的变形都在弹性范围内，且钢网板厚度越大，其抗弯刚度就越大，厚度是影响钢网板抗弯能力的一个重要的决定性因素。另外，钢网板的一些几何要素，诸如 W、B、T、U 等对钢网板的力学特性也有较大的影响，这是今后要深入研究的方向之一，本文不再做深入探讨。

根据试件的几何形状和加载方向，初步判断在强轴方向弯曲时，弯矩最大值应出现在加载点之间的主梁上，这是由于主梁的方向和强轴方向平行，且其刚度大于和强轴方向有一夹角的支梁，并且同一承载截面内的主梁数也少于支梁数。从计算结果中可明显看出加荷点间的主梁的弯矩要大于支梁的弯矩。这一点与试验结果是一致的。

弱轴方向弯曲时，主梁和弱轴垂直，在承载特性上已不再是梁杆，而类似于一个起连接支梁的刚性结片，所以弯矩最大值应出现在加载点间的支梁上。由此可见，承载方向的变化对钢网板中的承载单元的承载特性有较大的影响。

因为支梁与强轴和弱轴之间都有一个 0°~90° 的夹角，在网板产生弯曲变形时，不可避免地在支梁内产生扭转变位，比平行于强轴并垂直于弱轴的主梁中产生的扭转变位要大得多，因此，支梁中必然会产生较大的扭矩。

2 延展钢网板用于拱形支护的研究

2.1 等价板模型的建立原理

虽然梁单元模型能较好地模拟钢网板的力学特性，几何特征也和实际情况相近，但是由于梁单元模型构造比较复杂，在模拟比较复杂的实际工况时，不仅建模比较困难，而且不便于施加约束和荷载，加上工程应用中绝大多数情况下钢网板的整体工作性效能更为主要，因此需要一种更简单易用的模型来替代梁单元模型。为此提出用等价板来模拟钢网板。

等价板模型是将钢网板视为正交各向异性的板，根据前面梁单元的计算结果，由公式 $EI = PL^3 \times T$ $(3-T^2)/24W$ 反推出等价板的 EI 值，计算等价板的 I 值，从而解得等价板的等效 E。公式中：a 为支点到加载点的间距（mm）；L 为支点间距（mm）；T 为 a/L；W 为中央点位移（mm）；P 为荷载（N）；I 为等价板截面惯性矩（m^4），$I = bt3/12$；t 为等价板厚，b 为等价板宽；EI 为等价抗弯刚度（Nm^2）。

表 2 是对 XG-13 型号钢网板进行计算的结果比较。从表 2 中可看出等价板的计算结果和梁单元的计算结果极为接近，因此用等价板模型替代梁单元模型应用于复杂工况的分析是合理的，将会大大减少建模所花费的时间和精力，而取得和梁单元相近的计算精度。

表 2　XG-13 型号钢网板计算结果比较

弯曲方向	P（N）	中央点变形（mm）		加载点变形（mm）	
		等价板模型	梁单元模型	等价板模型	梁单元模型
L	245.25	2.32	2.35	1.90	1.92
	490.50	4.64	4.64	3.80	3.81
	735.75	6.96	6.94	5.69	5.68
	981.00	9.28	9.23	7.59	7.56
S	29.43	4.47	5.04	3.66	4.12
	58.86	8.94	9.23	7.32	7.54
	88.29	13.41	13.41	10.97	10.97

2.2 用等价板模型分析拱形支护效果研究

钢网板建模在廊道施工中所起的支护作用是本文关心的课题，为此进行了钢网板在四周分期浇筑混凝土的作用下的变形和其他力学特性研究。设计中采用工字钢作为钢网板的支撑框架，在网板和浇筑模板之间分层浇筑混凝土，分别考察网板围成的拱圈顶部，拱圈 1/4、1/2、3/4 处的径向变形情况。工字钢框架间隔分别为 0.5m 和 1.0m，两个间隔内的钢网板是独立的，以便研究不同间隔对钢网板的力学性能的影响，分析工程实际应用时的理想间隔。钢网板被围成一个半圆弧，若用梁单元模型来建模，则无论是建模还是处理荷载及边界条件都比较困难，而使用等价板模型相对要简单得多。建模时用梁单元建立工字钢梁、钢管构成的框架，用正交各向异性板单元模拟钢网板。图 2 为试验设备的正视图。

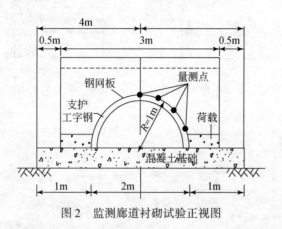

图 2　监测廊道衬砌试验正视图

边界条件框架中的钢管和圆钢只是起连接工字钢梁的作用，它们并不协助钢网板承担荷载。整个上部结构固定在混凝土基础上，因此模型中工字钢梁和网板的最下部结点采用固定约束。钢网板和工字钢梁连接处为公共结点，变形一致。

荷载处理考虑两种荷载处理方法。

1）类静水压力法

本处理方法是将浇筑时的混凝土压力假定为类似静水压力的分布，如图 3 所示，荷载按法线方向作用在钢网板上，浇筑时为每 25cm 一层，下层混凝土凝结硬化后再浇筑上面一层，混凝土的压力和下面各层相叠加，荷载计算采用公式：$p = \rho g h$，ρ 为混凝土的密度，h 为混凝土层面至荷载作用点的距离，g 为重力加速度。

2）独立施加侧压力法

如图 4 所示，在混凝土浇筑高度低于模型穹顶时，将各层混凝土对钢网板的作用等效为上下一致的直线分布，上层混凝土和下层混凝土之间没有影响。在混凝土浇筑高度大于模型穹顶时，则将超出部分作为竖向荷载施加于钢网板各个单元。

2.3　计算结果分析

将上述两种荷载的有限元计算结果与试验结果进行了比较，限于篇幅，本文仅将两种间距的钢网板有代表性的顶部测点和 2/4 处测点的荷载—径向变形曲线列出，如图 5 和图 6 所示（注：图中计算值 1 表示类静水压力法计算结果；计算值 2 表示独立施加侧压法计算结果。荷载指混凝土的埋深）。

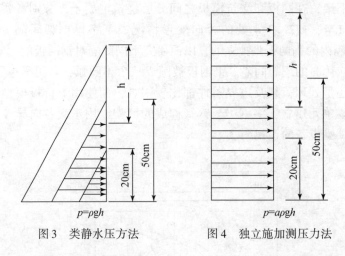

图 3　类静水压方法　　　　　　图 4　独立施加测压力法

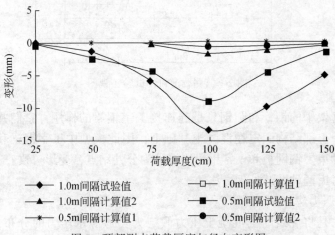

图 5　顶部测点荷载厚度与径向变形图

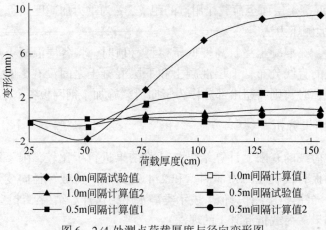

图 6　2/4 处测点荷载厚度与径向变形图

从图 5 和图 6 中结果可以看出：一方面，用独立施加侧压法计算的结果和试验值比较接近，而用类静水压力法计算出的结果则在数值和趋势上都相差较大，由此可见独立施加侧压法模拟的荷载分布和实际工况更为近似；另一方面，两种荷载处理方法计算出的结果都比试验值大，这说明计算荷载的分布假定还有待进一步探讨。计算模型也有待进一步做研究工作。

从图 5 和图 6 中结果还可看出，支护间隔大的钢网板在荷载作用下的变形较支护间隔小的钢网板要大得多，说明网板和支护间的约束条件和网板的尺寸对网板的变形特性影响较大。因此实际工程中，应该采用合理的支护间隔，并且注意钢网板的安装方向和联结方式，以利于发挥钢网板的力学性能。

3　结语

采用等价板模型模拟拱形钢网板结构从理论上、方法上都是可行的，易于模拟比较复杂的实际工况。通过计算并与试验结果的比较可以看出，拱形钢网板用于支护效果比较明显。进一步的研究包括网板与混凝土的相互作用机理，混凝土通过网眼的渗出等都是很重要的研究组成部分，单纯依靠数值分析方法是不够的，必须配合相应的试验手段。仍需要做大量细致的研究工作。

延展钢网板是一种具有广泛应用前景的材料，随着几何参数的改变网板的抗拉，抗弯等力学特性的变化规律稳定，为将其用于土木、水利工程实践奠定了良好的理论基础。

皂市水利枢纽工程布置研究与论证

刘　宁　程德虎

摘　要：皂市水利枢纽是以防洪为主的综合利用水利工程，也是澧水流域梯级开发的重要水库，建成后将与江垭宜冲桥等水库共同组成澧水流域防洪体系。其工程布置进行过多年研究论证，在坝型、电站布置、泄洪消能工、通航建筑物预留、水阳坪滑坡处理等方面进行过多方案的比较，尤其是电站厂房布置经过技术经济比较分析，由岸边式厂房调整为坝后式厂房，使工程布置更好地适应工程特点。

1　工程概述

皂市水利枢纽位于洞庭湖水系澧水流域的 I 级支流渫水上，坝址下游距皂市镇 2km。皂市水利枢纽控制流域面积 3000km²，多年平均流量 97.6m³，多年平均年径流量 30.8 亿 m³，1935 年历史洪水流量为 11 200m³/s。皂市水利枢纽是综合利用的水利工程，其主要任务是防洪，兼顾发电、灌溉、航运等。根据澧水流域防洪规划，石门以上防洪标准为 50 年一遇；石门以下松澧地区近期防洪标准为 20 年一遇，远景提高到 50 年一遇。宜冲桥、江垭、皂市 3 座水库作为防洪体系的主要部分，其防洪总库容 17.7 亿 m³，皂市分担 7.8 亿 m³。皂市水利枢纽为一等工程，水库总库容 14.4 亿 m³，电站装机容量 120MW，年发电量 3.33 亿 kW·h，灌溉农田 0.396 万 hm²。坝址出露地层主要为泥盆系下统云台观组、志留系中统小溪组和吴家院组的石英砂岩、砂岩、粉砂岩和页岩，主要工程地质问题有下游水阳坪—邓家嘴滑坡体、坝基岩体的完整性、高边坡稳定等。

皂市水利枢纽水工建筑物由大坝及泄洪消能设施、电站厂房、升船机、导流洞等组成。

2　可行性研究阶段的枢纽布置

可行性研究阶段的枢纽布置主要针对坝型、泄洪消能型式及规模、电站布置，水阳坪滑坡稳定性研究和处理等方面的问题进行了研究。

（1）坝型选择和泄洪消能。由于地形原因，当地材料坝由于泄洪建筑物布置困难，不予采用。坝型上主要对重力坝和重力拱坝进行了比较。坝址处左岸坝肩位于 D_{2Y}^{2-1} 和 D_{2Y}^{2-2} 厚层石英砂岩上，软弱夹层少，变形模量为 12MPa，右岸坝肩位于含软弱夹层较多

原载于：人民长江，2004，(5)：1-2.

的 D_{2Y}^{1-1} 和 D_{2Y}^{1-2} 薄层石英砂岩与泥质页岩、粉砂岩互层上，变形模量仅为 $3 \sim 4$ MPa。若采用重力拱坝方案，则两岸拱座处于左硬右软的基础上，必须对右岸岩体进行加固处理，设置传力柱。综合比较工程量、泄洪消能及对下游水阳坪—邓家嘴滑坡体的影响、厂房布置、施工布置和工艺，选择采用碾压混凝土重力坝方案。枢纽的泄洪建筑物考虑防洪调度要求，采用 5 个表孔和 4 个底孔联合泄洪调度方案，消能方案重点比较了表孔跌流、底孔挑流水垫塘方案和表孔底流、底孔跌流消力池方案。两个方案均进行了水工模型试验研究，通过各种体型的调整研究和成果分析。可行性研究阶段推荐采用表孔宽尾墩底流、底孔跌流消力池方案。

（2）电站厂房。根据坝址地形、地质条件，电站厂房比较过左、右岸岸边式厂房、地下式厂房、坝后式厂房等多种方案，右岸由于水阳坪—邓家嘴滑坡体、金家崩坡积体影响，不宜布置岸边式明厂房，对于地下厂房方案，虽然与其他方案相比较施工干扰少，避免了尾水高边坡，且不用设置调压井，但由于主厂房和尾水系统均位于 S_{2x} 地层中，该层分布较多的软弱夹层，且泥化现象较严重，成洞条件差，故不推荐采用该方案。可行性研究阶段，重点研究左岸岸边式厂房方案，针对当时提出的电站近期装机容量为 100MW，远期为 150MW 的电站规模。对预留 1 台机方案，又比较了左岸 2 台机加预留 1 台机方案和左岸 2 台机加导流洞改建预留 1 台机方案，为减少前期投入，经技术、经济分析，选择了左岸 2 台机加导流洞改建预留 1 台机方案作为推荐方案。另外，对电站的 1 洞 2 机和 1 洞 1 机的引水系统也进行了比较，选择采用了 1 洞 2 机方案。

（3）通航建筑物及导流。通航建筑物型式比较了桥机式、平衡重式垂直升船机和斜面升船机 3 种型式，考虑方便预留及减小对泄洪消能布置的影响，经技术经济比较，选择采用右岸斜面升船机预留方案。根据枢纽总体布置格局和导流洞进出口条件，导流布置在右岸。

1999 年 12 月和 2001 年 4 月，水利部水利水电规划设计总院和中国国际工程咨询公司分别对可行性研究报告进行了审查和评估，审查时，审查意见认为电站装机 100MW 是合适的，不考虑远期 150MW 装机要求。2001 年 5 月，建设单位拟采用日本协力银行（JBIC）贷款，设计院根据审查和评估意见，取消了导流洞的预留机组，对泄洪消能布置、水库超蓄问题等进一步研究后，提出了《皂市水利枢纽利用外资可行性研究报告》。可行性研究阶段的枢纽布置为：河床布置碾压混凝土重力坝，泄洪采用"5 表 4 底"的联合泄洪型式，消能为宽尾墩底流消力池型式。左岸布置岸边式明厂房，装机 2 台 2×50MW，引水系统为 2 机 1 洞，不设调压井。右岸预留斜面升船机位置，布置 1 条导流洞。

3 初步设计阶段的枢纽布置

初步设计阶段进一步的地质勘查工作发现，在左岸厂房高边坡后缘存在规模较大的崩坡积体，本阶段对电站厂房的位置做了进一步比较，提出右岸坝后式明厂房方案，与可研阶段的推荐方案进行比较，两方案在坝型、泄洪消能、升船机预留、导流洞布置方面基本相同。右岸坝后式明厂房方案的泄洪布置，考虑到河床狭窄，将泄洪中心线在原方案基础上，向左岸移动了30m，河床右侧布置长72m的电站厂房。可行性研究阶段推荐的左岸岸边式厂房方案，本阶段进行了优化，将工程量较大、运行条件较差的岸塔式进水口调整为坝式进水口，对厂房后缘高边坡设计进行了修改。两方案布置对比示意见图1。设计在泄洪消能及下游流态、高边坡处理、对水阳坪—邓家嘴滑坡体的影响、施工布置与进度、工程量及投资、运行管理等几个方面对两方案进行了比较。

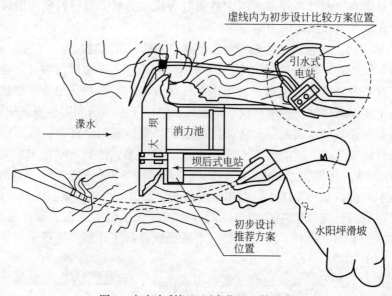

图1 皂市水利枢纽厂房位置比较示意

（1）泄洪消能及下游流态。岸边式厂房方案的泄洪消能建筑物占据河床中部，出池水流分布均匀，但由于厂房尾水渠上游导墙作用，使局部河床过流断面减小，提高了对岸邓家嘴滑坡体的抗冲要求。坝后式厂房方案的泄洪中心线调整后，泄洪通道与下游河床基本保持一致，但单宽流量有所加大，电站尾水渠末端存在回流现象。从泄洪消能的下游流态看，两方案各有优缺点。

（2）高边坡处理。岸边式厂房方案后缘边坡开挖高程达205m，边坡分布地层为S_{2x}、D_{2Y}^{1-1}的粉砂岩、砂页岩，岩石强度低，岩层走向与边坡走向夹角30°～35°，内侧及上游边坡为逆向坡和切向坡，下游为顺向坡，坡顶存在8～12m厚的崩坡积物，处理较为困难，但消力池两岸边坡较低，处理相对简单。坝后式厂房方案两岸均存在高边坡，左侧开挖高程185m，为D_{2Y}^{2-1}和D_{2Y}^{2-2}的石英砂岩地层，为逆向坡，稳定条件较好，右岸开挖高程为200m左右，岩层为S_{2x}、D_{2Y}^{1-1}和D_{2Y}^{1-2}的石英砂岩、粉砂岩、页岩互层，大部为切向坡，一部分为次顺向坡，但边坡可结合过坝公路进行开挖支护。两方案相比，在处理难度和工程的安全度上，岸边式厂房方案稍差。

（3）对水阳坪—邓家嘴滑坡体的影响。坝后式厂房方案泄洪主流偏左，对滑坡体影响减小，且无建筑物影响滑坡体处的过水断面。故坝后式厂房方案较好。

（4）施工布置与进度。岸边式厂房施工基坑需单独另做，好处是减小了与大坝工程施工干扰，但更不利的是此处河床较窄，河水较深，基坑围堰布置困难，且施工期，导流洞出口水流斜冲围堰，对围堰的稳定性和安全性有不利影响。坝后式厂房方案避开以上问题，明显较好。

（5）工程量及投资。坝后式厂房方案混凝土量增加 192 万 m^3，土石方明挖增加 34.5 万 m^3，但洞挖减少 5.23 万 m^3 钢筋减少 2083t，钢材减少 1113t，另外，固结灌浆及施工临建工程也有所减少。坝后式厂房方案投资比岸边式厂房方案投资少 1100 万元。

（6）运行管理方面。坝后式厂房方案建筑物集中布置，坝顶门机可共用，操作运行管理较方便，且距水阳坪滑坡较远。

综合几方面因素，初步设计阶段推荐采用坝后式厂房方案。

初步设计阶段还对导流洞改建成泄洪洞的方案进行了深入研究，导流洞改建重点研究了旋流竖井式泄洪洞方案，该方案泄洪能力超过 $1000m^3/s$，其竖井旋流式消能工消能率高，改建方便，虽然国内外在水利水电工程中应用较少，但具有较好的应用前景，设计委托中国水利水电科学研究院开展了水工模型试验研究工作，从试验结果看，泄流能力及建筑物压力分布都能满足设计要求，但改建工程与在大坝上设置底孔相比，增加投资约 400 万元，故未推荐该方案。

2002 年 11 月，水利部水利水电规划设计总院对初步设计报告进行审查，同意采用坝后式厂房方案，根据审查意见，通过进一步论证，电站装机容量提高到 120MW，初步设计阶段确定的枢纽布置为：碾压混凝土重力坝，坝高 88m，电站装机容量 120MW，坝后式厂房，泄洪建筑物为 5 个表孔加 4 个底孔，消能工为表孔底流消力池，消力池长度 120m，右岸预留 50t 级斜面升船机，并布置长度为 762m 的导流隧洞，断面尺寸 10m×12m。

4　结语

皂市水利枢纽的勘察设计历时数十年，初步设计阶段的电站厂房布置将引水岸边式厂房调整为坝后式厂房，是在前人大量研究分析工作的基础上，充分考虑了已揭示的地质条件，进行的比较大的改动，厂房位置的调整提高了工程运用的安全度，节省了投资，简化施工布置，方便运行管理。皂市水利枢纽的工程布置多年来经过反复论证和研究，初步设计确定的总体格局方案能较好地适应坝址的地质地形特点，为施工建设、运行管理都提供了较好的便利条件。通过多年来的工作，枢纽工程的主要地质问题基本弄清，水阳坪滑坡等较大的工程技术问题基本解决。目前工程已经开工建设，确定的设计方案将在实施中得到验证，根据施工中进一步揭示的情况，某些具体措施进行必要的调整是必要的。几年内，皂市水利枢纽将建成发挥效益，几代水利技术工作者的梦想将变为现实，作为参加过工程设计的一员，感到欣喜万分，特撰文予以纪念。

彭水水电站船闸高边坡开挖过程的有限元仿真分析

刘先行　廖柏华　张小妹　杜丽惠　刘　宁

摘　要：彭水水电站船闸开挖段地形地质条件较复杂，断层分布较多，为此应用弹塑性有限元分析方法，采用接触力学的直接约束法模拟断层的滑移和脱开等不连续行为，对高边坡开挖过程进行了数值仿真。通过研究对比开挖过程中岩体的变形、应力以及塑性区的大小和分布，来评价开挖过程中边坡的稳定性和支护措施的有效性，为高边坡开挖方案的优化和选定提供指导。

1　船闸高边坡工程概述

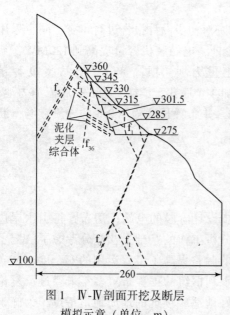

图 1　Ⅳ-Ⅳ 剖面开挖及断层
模拟示意（单位：m）

彭水水电站通航建筑物按四级航道、500t 级单机驳标准进行设计，设计年通过能力为 460 万 t，布置在乌江左岸，采用一级船闸、升船机相结合的建筑物布置方案。船闸开挖段长 283.2m，开挖边坡的坡比一般为 1：0.3，最大边坡高度约为 150.0m。开挖区地形地质条件较为复杂，断层分布较多。从上游到下游间有皱皮沟、桃子树沟、黄角树沟、番瓜地湾等冲沟，平均地形坡度为 40°，冲沟两侧坡面较陡。在皱皮沟与桃子树沟之间区域，存在有 f_1、f_5、f_7、f_{36} 等断层，f_1 断层被 f_5、f_7、f_{36} 断层切割。

为了安全地进行开挖施工，需要合理地评价这些断层对边坡稳定性的影响。本文以 f_1 断层所在 Ⅳ-Ⅳ 剖面（图 1）为例，应用弹塑性平面有限元分析方法，采用接触力学的方法模拟断层，对边坡的设计开挖过程进行仿真，从开挖过程中岩体的应力、变形和塑性区的分布来分析开挖过程的安全性及支护措施的有效性。

原载于：水力发电，2005，(7)：39-41.

2　有限元模型

2.1　计算网格

计算模型规定水平方向为 X 向，由左岸边界至河谷中心；规定竖直方向为 Y 向，从 100m 高程至自由表面。其中主要模拟了断层 f_1、f_5、f_7、f_{36} 以及泥化夹层综合体。整个计算模型共计 1428 个单元，1557 个节点。

2.2　材料本构模型

岩体材料采用理想弹塑性模型，屈服准则采用 Drucker-Prager 准则。Drucker-Prager 屈服函数的表达式为

$$F = \sqrt{3}\,\alpha I_1 + \sqrt{3J_2} - \sigma_y = 0$$

式中，I_1 为应力第一不变量；J_2 为偏应力第二不变量；α、σ_y 均为 Drucker-Prager 准则的参数，计算中可根据 Drucker-Prager 准则等面积圆确定，分别为

$$\alpha = \frac{2\sqrt{3}\sin\varphi}{\sqrt{2\sqrt{3}\pi}\,(9-\sin^2\varphi)}, \quad \sigma_y = \frac{6\sqrt{3}\cos\varphi}{\sqrt{2\sqrt{3}\pi}\,(9-\sin^2\varphi)}$$

计算所用材料物理力学参数由长江设计院提供（表1）。

表1　岩体材料物理力学参数

岩体名称	天然容量（kN/m³）	变形模量（Gpa）	泊松比 v	摩擦系数 f	黏聚力 c（Mpa）
灰质白云岩	27.0	30	0.28	1.25	1.0
断层 f_1	27.0	6	0.32	0.6	0.1
断层 f_5	27.0	7	0.3	0.4	0.05
断层 f_7	27.0	6	0.3	0.4	0.1
断层 f_{36}	27.0	6	0.3	0.3	0.05
泥化夹层	26.8	20	0.32	1.0	1.0

2.3　断层的模拟

Ⅳ-Ⅳ断面存在断层 f_1、f_5、f_7、f_{36} 以及泥化夹层综合体等（图1）。这些断层和夹层在开挖过程中可能出现滑移、脱开等不连续现象，成为边坡开挖中边坡失稳的主要因素。目前，对于断层的模拟主要有接触面单元法和接触力学的方法。接触面单元法是在断层的位置设一无厚度单元或薄层单元，当判断单元的法向应力为拉应力时，通过折减单元的法向和切向刚度来模拟接触面的脱开。接触力学的方法是将断层两侧的岩体看成独立的可变形体，通过施加无穿透约束条件来保证两个变形体不发生重叠。目前常用的接触模拟方法有拉格朗日乘子法、罚函数法及直接约束法等。其中，直接约束法的稳定性较好，在水工建筑物有限元计算领域目前已应用于施工缝、面板缝的接触处理，且均已取得良好的效果。本文采用 Marc 软件提供的直接约束法来模拟断层

和泥化夹层。

岩石层间裂隙的摩擦特性同岩石的粗糙程度、岩石的强度、断层的发育程度等众多因素有关。本文采用了如下的滑动摩尔-库仑摩擦模型：

$$f_t \leqslant \mu \cdot f_n \cdot t$$

式中，f_t 为切向摩擦力；f_n 为接触点法向反力；μ 为摩擦系数；t 为滑动速度方向上的切线单位矢量。计算中定义的接触变形摩擦系数见表2。

表 2　接触体抗滑摩擦系数

岩体名称	f_5	f_{36}	泥化夹层
抗滑摩擦系数 μ	0.3	0.4	0.45

2.4　开挖过程仿真

根据长江设计院提供的初步开挖施工方案，在 285m、301.5m、315m、330m、345m、360m 高程分别设有马道，开挖以 6~7m 为一步，共通过 14 步完成。各步开挖对应的高程见表3。

表 3　各步开挖对应高程

步骤	高程（m）	步骤	高程（m）	步骤	高程（m）
1	360	6	330	11	301.5
2	352	7	322	12	285
3	345	8	315	13	280
4	340	9	310	14	275
5	335	10	305		

2.5　边界条件及工况

边界条件为：在两侧边界及底面加法向约束。由于地下水位较低，均在开挖边坡最低高程以下，故忽略其影响。

为了分析加固措施的有效性，考虑两个计算工况。计算工况 1 为在开挖过程和完成后都不采取支护措施。计算工况 2 为在开挖过程中进行锚索及时支护，考虑施工过程的复杂性，每开挖 15m 高程进行一次支护。锚索的单孔设计荷载为 1500kN，方向沿水平方向向下倾斜，倾角约为 15°。在 330m 高程以上，锚索穿过 f_5 断层锚固在坚硬岩体上；330m 高程以下，锚索穿过泥化夹层区，锚固在坚硬岩体上。锚索的平均间距为 6m，共 12 根。

3　计算结果

3.1　变形

两种工况下边坡变形示意如图 2 所示，边坡开挖过程中位移最大值比较见表4。

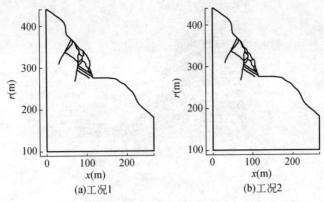

图 2　断面开挖完成后边坡变形示意

表 4　边坡开挖最大变形值比较

高程（m）	工况 1 下最大变形值（mm）			工况 2 下最大变形值（mm）		
	水平	沉降	回弹	水平	沉降	回弹
360	2.7	1.3	1.2	2.7	1.3	1.2
345	5.5	2.8	3.0	5.5	2.6	3.0
330	6.3	4.2	3.1	6.1	3.2	3.2
315	7.9	5	3.6	5.6	3.4	3.8
301.5	10.9	6.3	4.6	7.0	3.9	4.6
285	13.0	7.7	4.6	7.6	4.4	4.6
275	14.8	9.3	4.6	8.5	5.6	4.6

支护措施对岩体变形的大小和分布都有一定影响。未支护情况下，f_5断层以上部分岩体发生沉降，f_5断层以下岩体在开挖边坡表面出现回弹。在开挖至 315m 高程以前，水平变形最大值发生在 300m 高程 f_1 断层处；当边坡开挖至 315m 高程以下时，水平变形最大值发生在 315～330 高程的边坡表面，至开挖完成后，水平位移最大值为 14.8mm，沉降最大值为 9.3mm。支护后，岩体的水平变形和沉降均减小，开挖完成后，水平位移最大值为 8.5mm，沉降最大值为 5.6mm。

断层对边坡开挖过程中变形影响很大。开挖完成后，水平方向的变形主要集中在 f_5 断层、泥化夹层和 f_{36} 断层所包含的区域。这部分岩体发生较大位移变形，为潜在的滑坡体（图 3）。在该潜在滑坡体边界上选取 5 个代表点（见图 3 中的 A、B、C、D、E），这 5 个点的位移变化过程见图 4、图 5。从图 4、5 中可以看出，该潜在滑坡体存在临空面，沿着断层和软弱夹层的倾向发生较大的变形。各代表点水平位移和总位移变形值随开挖的进行变大。未考虑支护时，开挖完成后 A、B 两点水平位移为 3～4mm，总位移变形为 6～8mm；C 点水平位移变形为 4.5mm，总变形为 9mm（C 点位移变形较其他点大，与 C 点处于断层 f_1 与 f_{36} 交叉处有关）；D、E 两点所处的岩面在开挖完成前未临空，而在开挖完成后，位移变形迅速增加。考虑支护后，潜在滑坡体的位移变形得到有效控制，开挖完成后，滑坡体上 5 个代表点 A、B、C、D、E 的水平变形值均小于4mm。

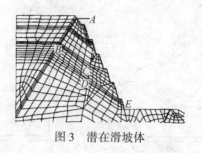

图3　潜在滑坡体

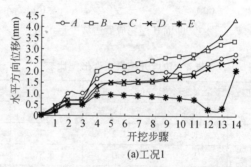

(a)工况1

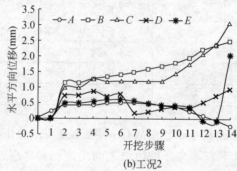

(b)工况2

图4　滑坡体代表点分步开挖水平位移变形

3.2　应力

开挖完成后，潜在滑坡体为拉应力区，f_{36}断层与泥化夹层交叉处出现拉应力集中，拉应力最大值发生在该部位。未考虑支护措施时，拉应力值为0～1.5MPa；考虑支护措施后，拉应力基本消失。

3.3　塑性区分布

可通过塑性区的大小和分布来评价边坡的整体稳定性。未考虑支护措施时，在开挖过程中，从第9步开始，f_1断层出现塑性屈服区，从开挖边坡向内延伸，开挖至12步时，与f_5断层塑性区贯通，开挖完成后，f_1与f_5断层出现大面积的塑性屈服区。而考虑支护措施后，在开挖的过程中，f_1、f_5断层塑性屈服区显著减小。开挖完成后，f_5断层顶端屈服区消失，f_1与f_5断层屈服贯通区消失，f_1断层仅在301.5～315m高程出现面积

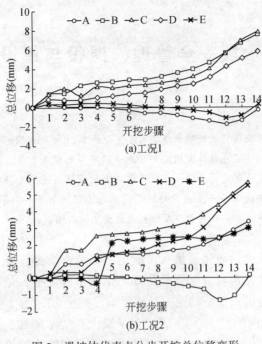

图5　滑坡体代表点分步开挖总位移变形

不大的塑性屈服区。

4　结论

（1）在边坡的开挖过程中，易在断层的交叉处发生滑坡，特别是当断层在开挖完成后处于临空面时，岩石体的变形会发生很大变化。

（2）直接约束法是模拟岩体边坡断层的简便、有效的方法。断层交叉部位是拉应力和塑性区分布集中的地方，在边坡开挖中需给予特别注意。

（3）在岩石高边坡开挖过程中，及时的应力支护效果是明显的。通过预应力锚索支护，可有效地减小滑坡体的变形值和塑性区面积。

21 世纪中国水坝安全管理、退役与建设的若干问题

刘　宁

摘　要：从中国水库大坝建设的基本情况入手，分析了 21 世纪中国水库大坝建设管理中的若干问题，重点阐述了在水库大坝安全管理中的降等与报废制度，以及病险水库大坝的除险加固。同时，依据有关法规，提出了水库大坝建设与运用要符合流域综合规划的要求，注重生态环境的保护与生态友好的水利水电工程技术等。倡导了人与自然和谐，建设绿色水工程，建立对各种资源可持续利用的良性循环机制。

水库具有防洪、发电、灌溉、供水、航运、养殖、旅游、生态等多种功能，是调控水资源时空分布、优化水资源配置最重要的工程措施之一，是江河防洪体系不可替代的重要组成部分，是国民经济的重要基础设施。截至 2004 年，我国已建成各类水库 8.5 万多座，为解决我国的"洪涝灾害、干旱缺水"等水问题，发展国民经济、保障人民生活发挥了重要作用。在多年的水坝建设、运行和管理过程中，我国政府积累了许多宝贵的经验和理论，对其社会经济效益以及生态环境影响有着客观而科学的认识。

水库大坝安全事关广大人民群众生命财产安全，历来为我国各级政府和相关部门高度重视，经过长期不懈的努力，已初步形成了比较完整的水库大坝安全管理制度体系，在水库大坝安全管理方面积累了较为丰富的经验。进入 21 世纪，我国的水库大坝建设还需要重视处理好经济建设与人口、资源、环境之间的关系，开展环境友好的大坝建设运用管理的研究。

根据 2004 年 7 月中央机构编制委员会下发的中编 20 号文件要求，水利部负责组织、指导全国水库、水电站大坝的安全监督管理工作。现就我国水库大坝的安全管理、退役制度以及大坝建设运行管理与环境之间的友好关系研究等进行概述。

1　我国水库大坝的安全管理

1.1　水库大坝的基本情况

我国有着 2500 多年的筑坝史，是人类筑坝历史最悠久的国家之一，也是当今世界拥有水库数量最多的国家。已建成各类水库 85 289 座，其中大型水库（库容 1 亿 m³ 以上）445 座，中型水库（库容 1000 万～1 亿 m³）2782 座，小型水库（库容 10 万～1000 万 m³）82 062 座。全国水库总库容约为 5594 亿 m³，相当于全国河流年径流总量的 1/5。全国水库防洪保护范围内约有 3.1 亿人口、132 座大中城市、0.32 亿 hm² 农

原载于：中国水利，2004，（23）：27-30.

田。全国水库年供水能力约 5000 亿 m^3，其中，为城市供水达 200 多亿 m^3，包括北京、天津、深圳和香港特别行政区在内的近百座大中城市的居民生活和工业用水的全部或部分依靠水库供水；由水库提供灌溉水源的耕地约 0.16 亿 hm^2，占总灌溉面积的 1/3。2004 年，我国水电装机突破 1 亿 kW。

1.2　水库大坝的管理法规与技术标准

我国水库管理法规与技术标准体系的建设，大体可以分为三个阶段。在 20 世纪 70 年代末以前，主要是以各种行政文件作为水库管理的依据，尚未上升到法规的层次。70 年代末 80 年代初，相继制定了《水库管理通则》《土坝观测资料整编办法》《混凝土大坝安全监测技术规范》等规范性文件和技术标准。1988 年《中华人民共和国水法》颁布施行后，水库管理法规与技术标准体系建设进入了一个快速发展的新时期。1991 年国务院颁布了《水库大坝安全管理条例》，之后，水利部又相继制定了《水库大坝安全鉴定办法》《水库大坝注册登记办法》《水库大坝安全评价导则》《土石坝养护修理规程》《混凝土坝养护修理规程》《综合利用水库调度通则》《水库洪水调度考评规定》等一系列与之配套的规范性文件和技术标准。与此同时，电力等部门也先后颁发了一批行业规定与标准。目前，已初步形成了以《水法》《防洪法》等为基础，《水库大坝安全管理条例》为骨干，一系列规章、规范性文件和技术标准为辅助的较为完备的水库管理法规与技术标准体系，为水库管理的法制化、规范化奠定了基础。

1.3　水库大坝的基本管理制度

依据有关法律法规，我国建立了一系列行之有效的水库管理制度。

1.3.1　水库大坝注册登记制度

为加强水库大坝的安全管理和监督，全面掌握水库大坝的基本状况，建立了水库大坝注册登记制度，并制定了专门的办法。截至 2004 年，全国已完成全部大型水库、1/2 以上中型水库和 4000 多座小型水库的注册登记工作。

1.3.2　水库大坝安全鉴定制度

为及时准确掌握水库大坝的安全状况，确保水库大坝安全运行，建立了水库大坝安全鉴定制度，并制定了《水库大坝安全鉴定办法》和《水库大坝安全评价导则》。经过几年的水库大坝安全鉴定实践，全国各地水库大坝安全鉴定的水平有了很大的提高。截至 2004 年，全国已对 4000 多座水库大坝进行了安全鉴定。

1.3.3　水库降等运用与报废制度

因库容淤积、各类灾害破坏、设计寿命到期等多种原因，我国现有许多水库尤其是小型水库需要降等运用或报废。为进一步规范此项工作，建立了水库降等运用与报废制度，并制定了《水库降等与报废管理办法》。

1.3.4　水库管理目标考核制度

为全面考核水库管理状况，促进水库管理水平的提高，建立了水库管理目标考核制度。该制度要求水库管理单位每年按照《水利工程管理考核办法》和《水库管理考核标准》对水库的安全管理、运行管理、经营管理和组织管理等状况进行一次全面的考核自检。水库管理单位可根据自检情况，申请上级主管部门验收，对验收达标的授予水管单位等级标牌，以示鼓励。

1.3.5　水库管理人员培训制度

自20世纪70年代以来，我国政府坚持组织开展各种形式和层次的水库管理人员培训活动，实施管理人员培训制度。自1995年起开展的全国小型水库管理人员岗位培训，截至2004年已完成培训统考26 000余人，发放合格证书23 000余份。目前，正在探索水库重要管理岗位人员资格管理制度，通过专门培训和考试，实行持证上岗。

1.4　病险水库除险加固

由于多方面的原因，我国现有水库的病险率比较高，病险水库数量比较大。根据《全国病险水库除险加固专项规划》，据统计，全国共有病险水库30 413座，占水库总数的36.3%，其中大型145座、中型1118座、小（1）型5410座、小（2）型23 740座。

病险水库是防洪安全的重大隐患，同时制约着水库综合效益的充分发挥，其危害主要表现在：一是危及下游城镇、主要交通干线等基础设施以及人民群众生命财产的安全。据初步统计，全国仅危及城镇的115座大型和306座重点中型病险水库，就涉及城市179个，占全国城市的26.8%；县城285个，占全国县城的16.7%；人口1.46亿人；耕地880万 hm^2；京广、京九、陇海、京哈、津浦铁路以及众多国家级厂矿、企业和通信设施。二是严重影响水库防洪功能的正常发挥。由于水库防洪标准低或存在严重的安全隐患，其设计防洪功能不能充分运用，给防洪调度带来巨大压力。据初步统计，仅全国大型和重点中型病险水库除险加固后，就可恢复防洪库容约54.6亿 m^3。三是严重影响水库兴利效益的发挥。我国水资源短缺，且时空分布不均，水库的调节作用至关重要，但是，由于大批水库存在病险，不得不降低水位运行，有的水库渗漏严重，蓄水减少，效益严重衰减。据初步统计，仅全国大型和重点中型病险水库除险加固后，就可恢复兴利库容约67.44亿 m^3，年增城镇供水43.36亿 m^3。

为此，我国政府决定用15年左右的时间消除现有病险水库。目前，首批1346座已基本完成，第二批约2000座水库除险加固项目即将启动。

1.5　水库管理单位改革

随着我国社会主义市场经济体制的逐步完善和经济社会的快速发展，水库管理的现实状况与经济社会发展对水库管理的现实要求之间的矛盾日渐突出。

为处理好水库管理的现状与要求之间的矛盾，国家出台了专门政策——《水利工程管理单位体制改革实施意见》，明确要求用3～5年的时间，初步建立满足水库管理需要、适应我国社会主义市场经济要求、有利于水资源可持续利用的新型水库管理体制和运行机制。

水库管理单位体制改革的核心内容包括：承担公益性管理任务的人员经费和维修

养护经费将得到政府财政的补贴；对工程管理和维修养护进行分离，维修养护任务逐步实现社会化服务；按标准确定水管单位的管理人员，超标人员实行分流。

1.6 水库大坝风险及风险管理

我国从 20 世纪 90 年代开始对大坝风险评价、溃坝风险、溃坝经济分析、蓄滞洪区洪水演进、溃堤过程等领域开展研究，并进行了一些典型应用，但目前还属于起步阶段，尚未形成一个完整的体系，还缺乏相应的法规和标准，与实际应用尚有一定距离。近 20 多年来，我国经济高速发展，随着水库下游经济的不断发展和大坝服役年限的延长，水库大坝的风险上升，因此，需要研究一个地区的风险承受能力问题。针对我国水库大坝安全管理的实际，正在开展水库大坝风险研究，提出具有可操作性的风险管理对策，实施水库大坝风险管理。

2 我国水库大坝的退役制度

2.1 水库降等与报废的背景

我国大部分水库都建成于 20 世纪 50~70 年代，不同程度地存在着施工质量差、防洪标准低、工程设施不健全，以及建成后管理及维护经费不落实、老化失修等问题。长期以来，一些水库带病带险运行；一些水库功能逐步萎缩，甚至基本丧失，效益严重衰减；一些水库已超设计寿命运行。从安全角度考虑，对这类水库应该予以降等或者报废。据不完全统计，截至 2002 年底全国降等与报废的小型水库累计达 4846 座，其中小（1）型水库降等 366 座，报废 224 座；小（2）型水库降等 2836 座，报废 1420 座。随着水库运行年限的不断增加，将有更多的水库面临降等与报废。

为了规范水库降等与报废工作，我国政府于 2003 年出台了《水库降等与报废管理办法》，对水库降等与报废进行了明确规定，初步为我国水库大坝的退役提供了法律依据。

2.2 水库降等与报废的主要思路

水库降等与报废，是指对部分或全部失去按原设计标准运用意义、经技术和经济论证采取除险加固和清淤扩容等措施技术上不可行或经济上不合理的水库，实行降低等别运用或者报废，以消除水库的安全隐患、发挥水库相应效益的一种水库安全管理措施。

水库降等与报废作为水库安全管理的一项重要措施，需要履行严格的程序。《水库降等与报废管理办法》对如何进行水库的降等与报废进行了详细的规定，其主要思路是通过制度建设，确立水库降等与报废在水库安全管理中的重要地位，增加强制性，推动规范化、减少随意性，促进水库安全的综合管理，增强水库安全管理措施的多样性与合理性。

2.3 水库降等与报废的工作要点

一是转变观念。把水库降等与报废作为水库安全责任和防汛责任的重要组成部分，落实各项措施。二是充分论证，准确把握。水库降等与报废是一项政策性和技术性都很强的工作，实践中一定要在充分论证的基础上，按照程序规范、积极慎重、稳步推进的原则进行。论证中，既要重视技术论证，更要重视经济与生态环境论证；既要重视降等与报废措施的论证，更要重视后续保障措施的论证。实施中，既要重视降等与报废的实施，更要重视后续保障措施的落实。水库降等与报废工作要努力做到工程技术必要、经济论证合理、降报措施可行、后续保障有力。三是积极探索，狠抓落实。要多方疏通资金渠道，广泛筹集水库降等与报废所需资金；要妥善安置因水库降等与报废产生的富余人员；要采取切实措施，消除水库降等与报废后依然存在的安全隐患；要做好资产处置工作，避免资产流失，对水库的水土资源、闲置设施、设备等进行妥善处置。

　　总之，水库降等与报废，需要进行科学的论证和严格的审批程序。因为大坝退役可能会给既成的、现实的生态系统带来新的生态问题，修建大坝要慎重，大坝退役同样要慎重。

3　与生态环境友好的中国水库大坝建设

3.1　水库大坝建设与运用要符合流域综合规划的要求

　　（1）《中华人民共和国水法》第四条规定：“开发、利用、节约、保护水资源和防治水害，应当全面规划、统筹兼顾、标本兼治，综合利用、讲求效益，发挥水资源的多种功能，协调生活、生产经营和生态环境用水”。第十四条又规定“国家制定全国水资源战略规划”。国家确定的重要江河、湖泊的流域综合规划是江河治理、水资源综合开发利用的具有法律依据的指导性文件，是社会经济发展和生态环境保护的重要文件。水能开发、水电站的建设是水资源综合利用的重要组成部分，在它的开发和建设过程中，必须处理好与江河综合规划的关系。

　　（2）基于各种开发目标的水坝建设势头迅猛，许多开发部门在缺少江河综合开发规划的情况下，缺乏必要的前期工作，工程项目仓促上马，给水资源多种功能的发挥造成了困难。比如防洪库容不足，对水资源的合理配置产生影响，对河流的梯级开发、开发次序、主要定位在经济利益的比较上，而较少把社会效益、生态影响程度放在突出的位置上加以论证，有的强调得多，虽然前期工作也做了论证，但实际的建管中较少考虑。

　　（3）水坝建设，要特别重视移民和征地问题，一开始就要着眼于使水库建设带来的淹没损失为最小；在做移民安置规划、淹没土地补偿时，更要以人为本，注重政策的严格把握和实施；充分注重迁出居民的生活富裕和生产发展问题。

　　（4）水坝建设要特别注意河流生态的保持和维护。要正确处理好生态环境的可持续维护与社会经济的可持续发展之间的关系，实现人与自然和谐相处。不能因水坝的建设而使河道萎缩，生态恶化；也不能从根本上否定水坝建设，让水坝全部退役。有人提出发达国家已开始限修、拆除水坝，已不建或较少建设水电站，因此我国也不能再修建水坝、再建电站。其实，发达国家水坝总库容已达河川年均总径流量的 34% 以上，而我国水库的总库容仅为河川年均总径流量的17%左右；发达国家水电开发已将水电资源开发到50%～60%，最多达80%，而我国只开发了20%左右。要达到人水和谐，水坝建设与运用关键是可持续的维护管理和合理的开发比例以及生态友好。在调节水量的同时，要给河道留有足够的生态基流，保持下游水量、水质不至于因为水坝的修建而恶化，不能以穷尽极限的方式对环境施压，造成不可逆转的退化。

（5）已修建的水坝，因为经济社会的发展和生态环境的变化，有些功能需要重新调整。这样的调整需要建立在流域综合规划的基础上，并结合现行管理体制，编制修改原有调度运用规程，逐步进行调整。一种功能的失去或调整，并不意味着水坝的作用降低，因为必然会有另外一部分功能将得到强化，总体上应使水坝运用的综合效益最大。

综上所述，水坝建设与运用应该建立在一个体现时代精神的完善的江河综合规划的基础之上，即建立在保障江河防洪减灾安全、地区供水安全、生态环境安全（包括重要自然和人文遗产的保护）和保持河流综合功能的基础之上。

3.2　我国水利水电工程生态环境影响评价法规建设

随着经济建设的发展和生活水平的不断提高，世界各国越来越重视在水库大坝建设中的生态环境建设与生态保护，促进人与自然的和谐，走可持续发展的道路。"坚持以经济发展建设为中心，处理好经济建设与人口、资源、环境之间的关系；在推进经济发展的过程中重视人口问题，合理开发利用资源和切实保护环境；通过改善生态、保护环境，为中华民族生存与发展创造良好的环境条件，促进经济社会的可持续发展"是我国全面建设小康社会过程中应遵循的基本原则。在未来较长一段时间内水利水电建设仍是国民经济发展的重要基础产业，因此在工程建设的同时，需要把生态环境问题放在重要的位置，发展先进的科学技术，建立新的生态环境友好的大型水电工程建设体系，从规划、勘测、设计、施工、运行管理各个环节，优先考虑生态环境问题。

我国在20世纪70年代末开始重视水利水电工程的环境影响，先后完善了一系列规范与导则，如《水利水电工程环境影响评价规范（试行）》（SDJ 302—88）、《江河流域规划环境影响评价规范》（SL 45—92）、《环境影响评价技术导则》（HJ/T2.1～2.3—93）、《环境影响评价技术导则　非污染生态影响》（HJ/T19—1997）等。2003年颁布的《中华人民共和国环境影响评价法》，在1979年《中华人民共和国环境影响评价法》（试行）开展建设项目环境评价的基础上扩大了评价范围，强调了开展规划环境评价，从法律制度上规定了包括水利在内的规划和建设项目必须实施规划环境影响评价，为流域规划的梯级开发在时空两个层面上对生态环境的互动、可能造成的影响、开发与保护之间的协调关系进行综合评价，为决策提供科学依据。

虽然我国水利水电系统在这方面的工作尚处于起步阶段，还需要有与"规划环境评价"相适应的实施细则、评审制度以及完整的社会监督体系等，但我国在进入21世纪后在考虑流域开发中对生态环境影响的有关法律法规建设方面已经取得了重要进步。目前，在借鉴国际对生态影响的评价方法与理论的基础上，正在积极开展区域开发与规划的生态评价理论、技术、方法和标准体系的研究。

3.3　已建水库的生态环境影响评价

在过去的流域开发建设中，虽然也对生态环境保护给予了重视，采取了许多工程措施，但缺乏从流域整体开发的角度考虑对生态环境的影响。几十年的开发建设，积累了许多成功的经验，但也暴露出许多问题。因此在建设新的与生态环境友好的水利水电工程同时，还对已建工程长期以来对流域（或水库库区及下游地区范围内）生态环境的正面和负面影响开展了全面、系统、科学和客观的分析评价，一方面总结经验，为新建工程提供可借鉴的经验，不断调整开发思路；另一方面为改善区域内的生态环境和减少不利影响，提出可行的工程和非工程措施，必要时经论证，对其运行方式进行调整乃至对工程进行降等退役。

我国在 20 世纪 90 年代起对水利工程建设开展全面的后评估工作的内容之一是环境影响后评估。取得的初步成果为在更大范围内开展工程建设生态环境影响后评估、区域开发规划生态环境影响后评估的理论及指标体系建立奠定了良好的基础。

3.4　与生态友好的水利水电工程技术

我国的水利水电建设与环境保护同步进行已成为共识，并积极采取各种技术措施，包括工程设计中要考虑满足生态环境需求的若干工程措施与调度运行方式、大坝对上下游生态环境的影响、施工期间采取减少对自然环境的开挖破坏、施工期间废水零排放、科学安排弃渣、对环境采取的边施工边保护的原则等。在这方面，我国三峡、小浪底、龙滩、公伯峡等工程的建设都进行了有益的尝试。

4　结语

（1）我国已建水坝在国家的经济建设中发挥了重要作用。我国水坝建设者今后还将面对水坝安全管理、退役降等报废以及与生态环境友好的水坝建设运行三大挑战性工作。

（2）我国政府历来重视水库大坝的安全运行管理，并形成了较为完善的管理制度；水坝的降等、报废需要进行严格的论证，要做到工程技术必要、经济与生态环境论证合理、降报措施可行、后续保障有力，不搞"人定胜天"。

（3）水坝的建设运行应按照科学发展观的要求，符合流域综合规划，遵循社会综合效益最优的原则，以生态影响程度、与环境友好程度为重要的判别依据，选择水坝建设、运行的目标和次序，走可持续发展的道路。

（4）要做到人与自然和谐，需要建立对各种资源可持续利用的良性循环机制。绿色水工程建设与运用的关键是可持续维护管理方式、资源合理开发比例（不宜超过 50% ~ 60%）以及与生态环境友好的程度，不能以穷尽极限的方式对水资源、水环境施压，造成不可逆转的退化。

对中国水工程安全评价和隐患治理的认识

刘　宁

摘　要：对我国水库、堤防、水闸及灌渠设施等水工程建设及病险情况进行了概括总结，分析了水工程病害的成因；对水工程安全管理与评价、隐患监测探测和治理技术应用的现状进行了简要概述和分析；从可持续利用、建设节约型社会的高度，强调了做好水工程安全评价、隐患治理工作的重要意义；对如何做好水工程安全管理与评价、隐患探测与治理工作，提高监测、探测与治理技术水平进行了探讨；突出强调了水工程病害治理过程中的安全问题，最后提出了加强水工程安全评价、隐患治理工作的几点建议。

1　水工程建设、病险情况概述及病害成因分析

1.1　我国已建成的水工程总量

中华人民共和国成立以来，全国已建成各类水库 85 160 座（表 1），其中大型水库 460 座，中型水库 2827 座，小型水库 81 873 座，总库容 5642 亿 m^3，相当于全国年径流量的 1/6，年供水能力约 5000 亿 m^3，可为城市供水 200 亿 m^3。已建江河堤防总长度 27.7 万 km，建设各类海堤 1.4 万 km，累计达标堤防长度 9.5 万 km，其中大江大河干支流 1、2 级堤防达标 2.27 万 km，长江中下游干流 3578km 的堤防加固工程已全面完成。全国有 402 处大型灌区，万亩以上的灌区共有 5800 处，小型塘堰等蓄水工程 670 多万处，机电泵站 51.6 万多处，有效灌溉面积 0.563 亿 hm^2，占耕地总面积的 43%。

1.2　水工程病害情况

1）水库工程

据水利部 2001 年统计，全国有病险水库约 3 万座，占水库总数的 36%，其中大中型水库的病险率接近 30%，小型水库的病险率更高。在大中型病险水库中，其下游有大城市、铁路枢纽或重要设施的危险水库 43 座（其中大型 35 座，中型 8 座）。水库病害主要表现为：水库大坝防洪能力低；水库抗震标准不够；白蚁危害严重；坝体存在安全隐患；水库泄洪能力不足，溢洪道、泄洪涵闸冲刷严重，闸门与启闭机不配套、设备陈旧、老化锈蚀；水库管理设施简陋陈旧，缺少甚至根本没有观测设备等。长期以来，这些病险水库不但难以充分发挥防洪、供水、发电、灌溉等效益，工程本身也已成为安全度汛的薄弱环节和心腹之患，直接威胁着人民群众生命财产的安全。

据不完全统计，截至 2002 年底全国降等与报废的小型水库累计达 4846 座，其中小

原载于：中国水利，2005，（22）：8-12。

（1）型水库降等 366 座，报废 224 座；小（2）型水库降等 2836 座，报废 1420 座。随着水库运行年限的增加，还有一些水库需要进行降等报废。

表 1　全国水利系统管理的水库情况表

类型		大型水库		中型水库		小型水库	
水库大坝	一类	129	37%	809	30%	25114	30%
	二类	72	21%	755	28%	26435	34%
	三类	145	42%	1118	42%	29150	36%
	合计	346		2682		80699	

2）堤防工程

堤防的作用主要是限制洪水泛滥，保护居民安全和工农业生产；约束水流，提高河道的泄洪排沙能力，防止风暴潮的侵袭。目前一些堤防普遍存在的问题如下：

一是防洪标准低。大部分河流堤防标准只有 10～20 年一遇，堤身断面单薄，堤顶宽度和高度不够。一些中小河流处于不设防状态。

二是基础条件差、渗漏严重。长江中下游 3 万多千米的堤防都是修筑在第四系冲积平原上，干堤堤基多为二元（或多元）结构，堤基上部为弱透水黏土或壤土覆盖层，一般只有 1～3m 厚，最厚的也只有 3～10m，其下部为强透水的砂卵石层，厚度可达百余米。嫩江、松花江流域堤基大部分是沙壤土和粉细砂，渗透系数大。由于一些堤防的基础大部分未进行过处理，在高水位洪水下，极易形成管涌，发生渗透稳定破坏。

三是堤身质量差，隐患多。一些加高培厚形成的堤防，堤身压实标准和密实程度难以满足要求。另外，由于管理等方面原因，堤内白蚁、鼠、獾、蛇等动物破坏，形成空洞，造成堤身产生裂缝、塌陷、散浸等险情。

四是险工险段多，崩岸风险大。一些堤防的堤身质量不均匀，筑堤土质差，很多由沙质土筑成，抗冲能力差，形成险工险段。由于历年不能彻底处理，每到汛期险象环生。另外，由于河势经常发生变化，不断冲刷堤脚，加之堤防抗冲性能差，容易造成崩岸险情。

五是违章建筑、堤后取土坑塘多。许多堤防堤坡房屋密集，堤后水塘密布，一旦出现险情，发现困难，贻误抢险时机。

3）水闸工程

据统计，全国共有大型病险水闸 260 座，约占大型水闸总数的 54%；中型水闸 1522 座，约占中型水闸总数的 46%。根据对 390 座大型和重点中型病险水闸存在问题的分析，结果见表 2。

表 2　全国 390 座大型和重点中型病险水闸存在问题分析

存在问题	座数	比例（%）
防洪标准不够	142	36.4
闸室稳定安全系数不满足规范要求	39	10
闸基和两岸渗流不稳定	87	22.3

存在问题	座数	比例（%）
抗震不满足规范要求	28	7.2
结构混凝土老化、损坏严重	298	76.4
闸下消能设施严重损坏	165	42.3
闸或枢纽上下游河道淤积，影响泄水和蓄水	70	17.9
闸门、启闭机和电器设施老化、损坏，不能正常使用	299	76.7
其他方面问题	199	51.0

4）灌溉工程

我国现有的灌溉工程设施由于受资金、技术等条件的限制，普遍存在工程建设标准低、配套差、老化失修等问题，许多工程设施已达到或超过设计使用年限。据调查统计，全国402处大型灌区，完成投资不足设计投资的50%，建筑物配套率不足70%，骨干工程损坏率达40%，渠首建筑物严重老化损坏的占70%；100处灌区的末级渠道衬砌率只有5%，建筑物配套率仅为30%，基本没有量水设施；500座大型泵站中，有350座严重老化，设备严重损坏，老化损坏率占70%。

1.3　水工程病害的成因分析

我国水工程，尤其是小型水工程绝大部分兴建于20世纪50~70年代，受当时社会、经济、技术条件等因素的制约，工程存在着病险隐患，特别是随着使用年限的增加，呈现出了病险多、病险重、治理难的趋势。具体成因分析如下：

1）先天不足——工程标准偏低

主要是三个方面的原因，一是随着水文系列资料的延长，特别是受实测大洪水系列资料的影响，重新核定水工程抗御洪水标准后，低于国家标准。比如，"75·8"大水后，要求很多水库进行保坝洪水计算复核，并将PMF作为校核洪水，实际上，很多水库难以满足这样的要求；二是随着科技进步和经济社会的发展，水工程建设规程和规范的要求在不断强化和提高（如工程建设强制性条文的制定），原有已建成的水工程需要遵循新的标准，按照这样的要求就有许多水库需要加高或增建泄洪设施；也有一些水库因国家地震烈度区的重新划定而不能满足新的抗震要求，需要进行动载响应的分析评价；三是我国大型水库的75%、中型水库的67%、小型水库的90%建成于1957年至1977年，这些水库"三边"工程多，设计质量差，过分强调"多快好省"，从而简化设计或大量使用替代材料；搞群众运动，人海战术筑坝，技术人员不能充分发挥作用，施工质量难以保证。

2）后天失调——老化失修严重

一是我国的大部分水工程已运行了几十年，工程本身进入老化期，结构物、设施、设备等老化失修严重，急需更新改造。但绝大多数水工程以防洪和农业灌溉为主，缺乏更新改造经费，有些甚至没有岁修经费，工程得不到及时维修养护和更新改造；二是以往水利系统重建设、轻管理现象比较普遍，管理设施建设得不到重视，大部分中小水工程没有观测设施，水工程的病险状况不能及时掌握和处理，最终可能形成重大隐患。

2　水工程安全管理与评价、隐患探测与治理技术应用的现状

2.1　水工程安全管理与评价现状

我国对水库大坝等水工程安全管理工作开始于 20 世纪 50 年代初期。50 多年来，基本形成了一套相对可行的水工程安全管理和评价模式，实行中央、省、市、县分级、分区管理。在机构方面，水利系统专门设有水利部大坝安全管理中心，水电系统专门设有水电站大坝安全监察中心，中央、地方各级政府及流域机构的防汛抗旱指挥部也承担着相关职责。为准确掌握水利工程的安全状况，发现病害及时治理，确保水利工程安全运行，我国逐步建立了水利工程安全评价制度。1995 年，水利部颁布了《水库大坝安全鉴定办法》，规定水库大坝安全鉴定周期为 6～10 年，并配套制定了《水库大坝安全评价导则》。2001 年 3 月，水利部对《水库大坝安全评价导则》进行了细化，明确了安全评价的主要内容为防洪标准、工程质量、运行管理、结构安全、渗流安全、抗震安全以及金属结构安全。2003 年水利部对《水库大坝安全鉴定办法》进行了修订，明确了水库大坝安全鉴定程序和组织形式为大坝安全评价、大坝安全鉴定技术审查、大坝安全鉴定意见审查。另外，1998 年，水利部颁布了《水闸安全鉴定规定》，并配套制定了《水闸安全鉴定标准》。目前，有关单位正在抓紧研究制定堤防工程的安全评价办法。

在开展水工程安全评价过程中，由于各方面条件的限制，还存在安全鉴定成果中分析评价不全面、不深入，基础资料缺乏，一些地勘报告不能为安全鉴定提供充分依据，鉴定组织工作和成果审定把关不严，水平参差不齐等问题，一定程度上影响了水工程安全评价的质量。

2.2　水工程隐患监测探测与治理技术应用现状

中华人民共和国成立以来，我国加强了对水工程隐患的监测和探测工作，对投入运行的水工程，在荷载和各种因素作用下的状态变化进行系统地监测，及时了解水库大坝及其影响范围的实际状态是否正常，有无产生不利于工程安全的变化，据以判断和评价水利工程的质量和安全程度，为工程安全运行提供科学依据。在水工程隐患监测方面，一般大型和重点中型土石坝，80% 以上开展了沉陷、位移、浸润线、渗流量等监测项目；混凝土坝开展了变形观测、应力监测、温度监测和扬压力监测等监测项目；有关输水、泄水建筑物也相应地开展了水流形态和上下游河床变形等必须监测项目。近几年研制和使用了一些土石新型观测仪器设备，提高了监测精度。

在水工程隐患的治理和修复方面，我国投入了大量的人力物力，对水工程进行修补、处理、加固、改造，尽力消除水工程的安全隐患，取得了很大的成效，并积累了一定的经验。特别是近年来积极开展了以病险水库除险加固为主的水工程治理工作，尤其是 1998 年大水以后，截至 2004 年底，国家先后分两批将 3259 座病险水库的除险加固工程列入中央补助计划，累计投入 198.87 亿元补助了 1571 座水库的除险加固工程。第一批 1346 座病险水库中已安排 1204 座。第二批 1913 座水库除险加固项目于

2003年底启动，已安排177座，计划在"十一五"期间全部完成。经过除险加固的水库安全标准显著提高，调度现代化手段大大加强，有效保障了水库综合效益的发挥。

同时，我国还加强了水工程隐患监测、探测、治理和修复技术的研究和应用。目前，在一般水库大坝进行安全监测的项目中，变形监测、渗流监测、应力监测已逐步趋向于自动化、智能化发展，研究和应用的技术有：非接触式或近似非接触式仪器，差动电感式、遥测式仪器，高精度自动化大地测量（电子经纬仪），大坝安全立体监测系统（仪器有机结合、基准相互传递、数据相互验证），新型无损检测方法（相控阵探地雷达、红外摄影、三维激光扫描等）；强度分析的理论与方法有：原子镶嵌模型和分子动力学理论（裂纹尖端纳观区），弹性基体加离散位错（细观区），有限元、超弹性/黏塑性、大变形（宏观区）；稳定分析理论与方法有：有限元（FEM）、非连续变形（DDA）、NMM、Meshfree；耐久性分析理论与方法有：定量分析结构材料耐久性的演变过程（裂纹扩展、析出物、渗漏量）。此外还尽可能推动4S技术的综合运用（GIS、RS、GPS、ES）。

除积极利用传统隐患检测、病险治理和修复技术外，还积极研究和推广应用新技术、新材料、新工艺。如：无损监测和地下检测技术；水下修复材料及修补工艺，新型灌浆材料及灌浆工艺，新型高抗冲耐磨防护材料和喷涂工艺，深埋超薄混凝土防渗墙快速成墙工艺和堵漏技术，水工程隐患探测技术及除险加固决策系统，纤维增强复合材料（FRP）及其加固方法，深覆盖层堤坝地基渗流控制技术，堤防崩岸机理、预报及处理技术，混凝土外加剂及掺合料技术，混凝土裂缝与耐久性，极端环境因素对水工程的影响（寒冷、地震、火灾等研究），防腐蚀材料与土工合成材料纳米技术及纳米材料，防腐蚀涂料及环保型防腐蚀涂料，高分子化学灌浆材料与高分子密封材料等。这些技术在近年来水工程安全隐患治理工作中发挥了很大的作用。

现今建筑物的鉴定、加固、修补、改造在欧美等发达国家已形成一个独立产业。我国在该领域的研究和应用还处于分散和相对落后状态，水下修补技术尤其是设备与工艺的水平还比较低下，新型纤维增强加固修复材料研究与制备滞后，建筑物损伤力学理论研究还处于起步阶段（国际上是发展阶段），这就需要我们大力加强该领域的技术研究和应用。

3 做好水工程隐患探测、病险治理和安全管理工作是落实科学发展观，构建和谐社会和实现可持续发展水利的必然要求

水工程安全管理与评价、隐患探测与治理不单单是技术问题或某个部门的事，从树立和落实科学发展观、坚持可持续发展水利的治水思路以及建设节约型社会的要求看，对水工程安全管理与评价、隐患探测与治理工作提出了新的、更高的要求。表现在以下四个方面。

3.1 化风险为平夷——可持续利用

水工程的可持续利用是指在风险管理和控制的框架下，有效规避风险，保障水工程能够持续发挥效益和作用。水工程建设和管理不可能一劳永逸，要基于工程安全性

（系数）的判别，建立风险标准和风险管理体系，通过隐患探测，进行风险评价、风险分析，据此研究采取什么措施抵御风险，是否接受风险，并对风险损失进行测算。风险管理的重要环节就是加强水工程风险的预报、预警和评估，及时地采取防范、补救措施，从这个意义上说，水工程安全管理评价和隐患探测就是风险管理中化风险为平夷、使工程得以持续利用的重要手段。

3.2　四两拨千斤——安全运用

水工程失事有可能造成人员的重大伤亡和财产的巨大损失。随着我国经济社会的迅速发展，无论是从维护安定有序的经济发展环境，还是从履行政府职责、确保人民群众生命财产安全的角度来讲，任何一个地区都淹不得、淹不起。现在人们已经无法想象"75·8"河南省板桥、石漫滩水库垮坝失事重现的后果。因此，从安全发展的角度，基于隐患探测成果分析，早期投入有限的人力、物力和财力，花比较小的代价，对水工程进行必要的安全管理和评估以及除险加固与安全修复，既可消除病险库存在的安全隐患，又能避免发生严重的灾难损失。

3.3　花小钱办大事——节约发展

节约型社会要求在社会生产、建设、流通、消费的各个领域，在经济和社会发展的各个方面，切实保护和合理利用各种资源，提高资源利用效率，节水、节能、节材、节地，以尽可能少的消耗获得最大的效益。我国适宜建设水工程的比较优势资源有限，病险水工程的存在，将严重影响其效益的发挥，造成资源的巨大浪费。充分发挥现有水工程的效益，是实现我国节约型社会建设的需要，同时也可避免开发建设新的水工程对环境等带来的不利影响。据统计，现已查明的病险水库如果不进行必要的除险加固，则会减少防洪总库容150亿 m^3，减少兴利总库容120亿 m^3，减少供水能力170亿 m^3，减少灌溉面积200万 hm^2，这还没有计算其原已占有的地缘、生态和环境资源以及为了建设该水工程所付出的人力、物力和财力代价。水工程的除险加固和病害治理，具有十分显著的社会效益，同时也具有很大的经济效益。据不完全统计，全国大型和重点中型病险水库除险加固后，可恢复防洪库容约54.6亿 m^3，恢复兴利库容约67.44亿 m^3，年增城镇供水43.36亿 m^3。

3.4　工程再生利用——环境友好

水工程因病害而降低使用标准就意味着其原设定的功能不能正常发挥，就是目标的降低，效益的浪费；如果发生损毁，除去直接损失外，由于其占有的地缘资源生态与社会环境的不可恢复性，并非想象的推倒重来那样简单，必须异地寻求重建，导致新的环境破坏，实际上这往往是难以可行的。从这个意义上来说，加固修复病险水工程，重新发挥工程的作用和效益，实现工程的再生利用，是环境友好的最佳选择。因此，加强对水工程的安全管理和安全隐患的监测、探测，及时发现并处理隐患，是推动工程再生利用与环境友好不可或缺的手段，符合人与自然和谐发展的需要。

4 对水工程安全评价、隐患治理工作的认识

从以上对我国水工程病险概况，水工程安全管理、评价、隐患探测、治理工作现状以及可持续发展的要求分析，可以归纳出以下几点认识。

4.1 任何建筑物都具有一定的使用寿命

特别是水工程，受到自然环境、外部条件和自身因素作用的综合影响，如荷载、空洞、位移和老化等，在低应力下引起损伤，随着时间的推移安全度逐步降低，需要进行连续的跟踪和安全监测，监视工程运行和应力变化，发现隐患需要进行必要的修补、维护、治理乃至降等、报废和拆除。

4.2 水工程一旦失事，会给人民生命财产带来严重损失，给环境带来十分严重的影响

水工程病害治理利国利民，开展水工程安全隐患探测、评价和病害治理技术交流是非常必要的。

4.3 预防是最好的治理

水工程的设计施工和使用均必须重视病害老化的预防。如果当年设计施工和运行人员对老化病害采用了有效的预防措施，则某些事故原本是可以避免或延缓的。

4.4 要重视水工程安全状况的评价与复查

据此应制订相应的治理改善措施，而且应积极推行先进的安全评价标准和方法，优化水工程监测设计，制定水工程安全隐患探测、评价与病害治理规程规范。水工程隐患探测、安全评价、病害诊治、除险加固和修复的可靠理论方法尚未完全确立，更多的判断与结论是建立在符合规定的工程师、专家的经验基础上的，寻求一种合理可靠而客观的安全评价方法，实际上是相当困难的。

4.5 进行动态而持续的探测、评估十分重要

任何水工程的隐患探测、安全监测都具有隐蔽性，对监测数据的判断和监测数据解释的问题存在着参数假设和推断的成分，特别是与探测、监测设施布设紧密相关，与运管人员密切相关；对水工程安全评价是一个持续长远的过程，水工程隐患探测的量值存在不确定性因素，安全评估的决策也经常是在特定条件下做出的，因此对水工程进行动态、持续的探测、评估至关重要。

4.6 建立在科学鉴定基础上的水工程降等、退役是水工程安全评价和病害治理的重要组成部分

水工程对环境影响的评价是至关重要的，即便不是病害工程，因其对环境的不利影响也可能对其进行必要的改造。借鉴已成功运行 2261 年的都江堰工程的经验，建设

人水和谐的绿色水工程，并使其可持续运用。

4.7　投入是保证水工程持久安全运用的重要因素

应对水工程的维护费用、监测预警系统建设费用、病害治理费用和由此暂时或部分减少水工程运用造成的收益损失以及水工程运用对经济社会的效益进行合理评估。

4.8　确定保证水工程安全的职责归属非常重要

要建立从监测检查到专家判断、安全鉴定、改建扩建、加固修复的机制框架，划定职责，明确分工。有关政府部门要对水工程安全运用进行有效监督，确保万无一失。

5　水工程病害治理过程中要保证工程安全

5.1　水工程除险加固过程中应注重原始资料的搜集和分析，制订合理的设计方案，选择可靠的施工工艺

已有的事例启示我们，应注重地质勘查和原始资料的搜集分析；拟订合理的处理方案；采用可靠的施工工艺；提前制订应急措施和预案；业主、设计、施工、监理联合机制，充分发挥专家作用；水工程，特别是病险水工程的基础问题通常十分复杂，需要特别注意建筑物与地基间相互作用的复杂性。

5.2　注重水工程在病害治理过程中的控制运用方式，遵循水利基本建设程序，确保施工质量

水工程在加固过程中，其施工度汛和控制运用难度大，实际上是最为危险的时候，必须遵循基建程序，决不能不切实际，采用不可靠的运用方案，在除险加固工程中造成新的灾害。应加强病害治理工程施工期的管理，选择合理可靠的运用方式，确保施工度汛安全；针对工程所处的特定环境和运用条件，因地制宜制定施工方案，确保质量，防止发生危害安全的质量事故；要遵循基本建设程序，制定切实可行的投运策略和调度规程；要制订可行的应急预案和完备的抢险措施，特别注重工程投运后的安全监测及分析。

6　四点建议

6.1　进一步加大水工程除险加固工作力度

要在充分巩固近年来开展的水库除险加固工作的基础上，按照国家水利建设规划和计划的统一安排，逐步扩大病险水库除险加固的覆盖范围，同时也要高度重视、统筹规划、逐步开展堤防、水闸等其他水工程的除险加固工作，努力降低我国水工程的病险率。在除险加固过程中一定要特别注意选择合理可行的方案和工艺，严格遵守基本建设程序和调度运用规程，确保工程安全。

6.2　深入完善水工程安全管理和评价机制

目前，社会对病险工程的关注度在日益提高，对水工程安全管理和评价提出了更高的要求。要在充分实践和征求意见的基础上，进一步修订完善《水库大坝安全鉴定办法》《水库大坝安全评价导则》《水闸安全鉴定规定》《水闸安全鉴定标准》等，从制度上、管理上进一步完善水工程安全管理和评价机制。

6.3　进一步加大水工程隐患探测和处理技术的研究和应用力度

水工程隐患探测和处理技术复杂，科技含量高，在实际操作中，针对新情况、新问题，要不断创新，不断总结，不断探求和应用新技术、新材料和新工艺。特别是如何将损伤力学理论应用到结构设计和工程鉴定中，如何沟通损伤与耐久性学科的基础理论和工程应用，将是 21 世纪结构损伤与耐久性学科研究的两大战略性问题。工程力学三大难题之一的材料与结构破坏过程机理的研究（流体力学中的湍流理论和非线性振动中的混沌效应）是一个多尺度、跨学科难题，以宏观和微观结合为重要标志的结构破坏科学成了国际当代力学和材料学交叉领域的前沿研究学科。今后要加大这一领域的研究力度。

6.4　积极探索水工程除险加固的筹资方式

目前许多病险水工程迟迟得不到处理、修补和加固，就是因为资金的不到位，在为数众多的病险水工程中，能够得到中央专项补贴进行除险加固的毕竟是少数，因此要研究多渠道筹资方式，积极探索民营资本、外资等资金利用方式，弥补水工程病害治理资金上的不足，加大病害水工程的治理力度。

总之，在中国众多的水工程中，也许某一工程产生事故的条件正在慢慢积累，唯一能打破这一动态积累过程，使之不致危害人们的生命财产的希望，就是通过努力探索，通过诊断发现，进行有效监督，实施加固修复。这不仅是技术专家、工程师的职责，也是部门负责人、经济社会领导者不可推卸的责任。

评价高边坡断层的直接约束方法

杜丽惠　　刘先行　　刘　宁

摘　要：为正确评价断层对于岩石高边坡安全稳定性的影响，采用接触力学的求解方法——直接约束法模拟断层的滑移和脱开等不连续行为。重点分析了岩体中断层不同的接触性状（如考虑断层与岩体的滑移脱开）。应用弹塑性有限元方法对彭水水电站船闸高边坡分步开挖过程进行了数值仿真分析。通过不模拟滑移脱开与模拟滑移脱开的对比研究发现，模拟滑移脱开后断层的变形和塑性区显著增大，在断层处变形较大以致有滑坡的可能。该项研究在岩石高边坡稳定分析中具有重要的意义。

在岩石高边坡开挖中，断层和软弱夹层的处理是一个复杂的问题。由于断层和夹层在开挖过程中可能出现滑移、脱开等不连续现象，因此它们是边坡开挖中导致边坡失稳的主要因素。目前，对于断层的模拟主要有接触面单元法和接触力学的方法。接触面单元法在断层的位置设一无厚度单元或薄层单元，当判断单元的法向应力为拉应力时，通过折减单元的法向和切向刚度来模拟接触面的脱开。接触力学的方法是将断层两侧的岩体看成独立的可变形体，通过施加无穿透约束条件来保证两个变形体不发生重叠。目前常用的接触模拟方法有 Lagrange 乘子法、罚函数法及直接约束法等。其中，直接约束法的稳定性较好，目前在水工建筑物有限元计算领域已应用于施工缝的、面板缝的接触处理，已取得良好的效果。

1　直接约束法原理

直接约束法的关键在于实时跟踪可能发生接触的几何体，通过空间的几何构形来判断是否发生接触，当接触发生时直接施加动态约束并传递相应的自由度和节点力，而不必定义特殊的接触单元，也不涉及复杂的接触条件变化；在求解涉及大变形的接触问题中有独到之处。该接触算法基本流程包括定义接触体、探测接触、施加接触约束、模拟摩擦、修改接触约束、检查约束的变化、判断分离和穿透等。该方法不增加系统自由度数，只是由于接触关系的变化而增加系统矩阵的带宽。

接触探测是在每个荷载增量步开始时，检查每个可能接触的节点的空间位置是否位于某一接触段上或在接触距离容限以内。当接触体间发生接触时，就应当引入接触约束。在二维接触分析中，对接触点施加多点约束的约束节点有 3 个，两个是作为接触段的单元外边的两端点，另一个是被约束的接触节点（图 1）。

在局部坐标系下，可建立约束关系如下：

原载于：清华学报，2005，（12）：1613–1616.

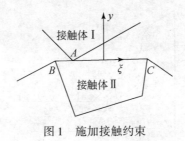

图 1 施加接触约束

$$\Delta u_A = \frac{1}{2}(1-\xi_A)\Delta u_B + \frac{1}{2}(1+\xi_A)\Delta u_C$$

式中，u 为接触段 BC 法向 y 的位移分量；ξ_A 为 BC 段的自然坐标。三维情况下约束引入方式与之相似。

摩擦为接触问题中的另一复杂现象。岩石层间裂隙的摩擦特性同岩石的粗糙程度、岩石的强度、断层的发育程度等众多因素有关。采用如下的滑动 Mohr-Coulomb 摩擦模型：

$$f_t \leqslant -\mu f_n$$

式中，f_n 为接触节点法向反力；f_t 为切向摩擦力；μ 为摩擦因数。

2 彭水水电站船闸高边坡开挖有限元仿真

2.1 工程概述

彭水水电站通航船闸开挖段长为 283.2m，开挖边坡坡比为 1∶0.3，最大边坡高度约为 150.0m。开挖区地形地质条件较为复杂，断层分布较多。从上游到下游间有皱皮沟、桃子树沟等冲沟，冲沟两侧坡面较陡。计算中在皱皮沟与桃子树沟之间区域选取典型断面，该断面存在的断层有 f_1、f_5、f_7、f_{36} 等，f_1 断层被 f_7、f_5、f_{36} 断层切割，如图 2 所示。

2.2 有限单元法网格

计算模型规定水平方向为 X 向，左岸边界至河谷中心宽度取 260m，规定竖直方向为 Y 向，从高程 100m 取至自由表面。其中主要模拟了断层 f_1、f_5、f_7、f_{36} 以及泥化夹层综合体。整个计算模型共计 1428 个单元，1557 个节点。

2.3 材料本构模型

岩体材料采用理想弹塑性模型，屈服准则采用 Drucker-Prager 准则。Drucker-Prager 屈服函数为

$$F = \sqrt{3}\,aI_1 + \sqrt{3J_2} - \sigma_y = 0$$

式中，I_1 为应力第一不变量，J_2 为偏应力第二不变量，α、σ_y 为 Drucker Prager 准则的参数。计算岩体物理力学参数由长江勘测规划设计研究院提供，如表 1 所示。

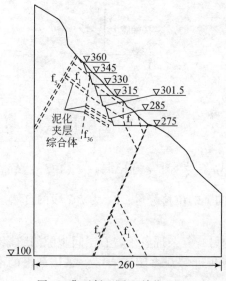

图2 典型断面图（单位：m）

表1 岩体物理力学参数

岩体名称	密度（kg/dm³）	变形模量（GPa）	Poisson 比	摩擦因数	凝聚力（MPa）
灰质白云岩	2.700	30	0.28	1.25	1.00
f_1	2.700	6	0.32	0.60	0.10
f_5	2.700	7	0.3	0.40	0.05
f_7	2.700	6	0.3	0.40	0.10
f_{36}	2.700	6	0.3	0.30	0.05
泥化夹层	2.680	20	0.32	1.00	1.00

2.4 断层的模拟

如图2所示，IV-IV 断面存在断层 f_1、f_5、f_7、f_{36} 以及泥化夹层等。这些断层和夹层在开挖过程中可能出现滑移、脱开等不连续现象，是边坡开挖中出现边坡失稳的主要因素。本文分两种情形对断层进行接触力学分析：①不考虑断层在开挖过程中的滑移脱开；②对于断层上的节点用直接接触法模拟滑移脱开。断层的滑移脱开通过设置分离力来实现，当分离力很大时，断层将无法滑移脱开而与连续体性质相同，当设置适当的分离力时，断层将发生滑移脱开。断层接触模拟如图3所示。接触变形体摩擦因数参见表1。

2.5 开挖过程仿真模拟

某初步开挖施工方案，从高程 275m 至 360m，在高程 285m、301.5m、315m、330m、345m、360m 分别设有马道，开挖以 6～7m 为一步，共通过 14 步完成开挖。

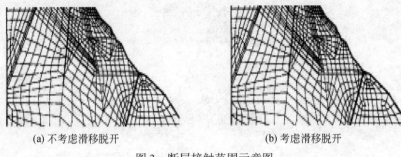

(a) 不考虑滑移脱开　　　　　　　　(b) 考虑滑移脱开

图 3　断层接触范围示意图

2.6　边界条件及荷载

在两侧边界及底面加法向约束，上表面为自由表面。由于地下水位较低，均在开挖边坡最低高程以下，忽略其影响。有限单元法计算中，应力荷载由开挖卸荷应力场的变化引起。

3　结果分析

3.1　变形

两种情形下边坡水平向位移等值线分布见图 4，边坡开挖过程中各方向位移最大值比较见表 2。断层对边坡开挖过程中的变形影响很大。不考虑断层与周围岩体间的滑移脱开时（即情形①），在开挖的过程中，岩体的变形值较小；接触情形②时，f_5 断层以上部分岩体发生沉降，f_5 断层以下岩体在开挖边坡表面出现回弹，高程 275m 以上岩体发生整体滑移。水平位移最大值为 18.4mm，沉降最大值为 13.8mm。

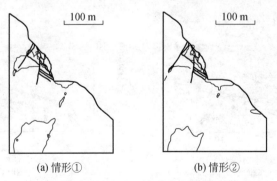

(a) 情形①　　　　　　　　　　(b) 情形②

图 4　断面开挖完成后水平方向位移分布图

水平方向的变形主要集中在断层 f_5、泥化夹层 f_{36} 断层所包含的区域。这部分岩体发生较大变形，为潜在的滑坡体（图 5）。在该潜在滑坡体边界上选取 5 个代表点（图 6 中的 A、B、C、D、E），图 6 和图 7 给出了这 5 个点的位移变化过程。各代表点水平位移和总位移变形值随开挖进行逐渐变大，在接触情形②中，岩体的变形随开挖过程

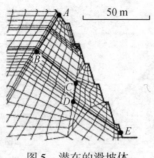

图 5 潜在的滑坡体

逐渐增大,边坡开挖完成后 D、E 两点所处的岩面形成临空,位移变形值迅速增加,极易形成失稳。

表 2 边坡开挖最大变形值比较

H（m）	变形（mm）					
	情形①			情形②		
	水平	沉降	回弹	水平	沉降	回弹
360.0	2.3	0.8	0.9	0.4	0.4	0.2
345.0	6.4	2.2	2.8	6.2	2.7	3.4
330.0	6.2	2.7	3.1	7.0	5.9	3.5
315.0	5.9	2.9	3.5	8.8	7.0	3.9
301.5	6.9	2.9	4.1	14.3	9.3	4.7
285.0	7.6	2.9	4.1	14.4	10.1	4.7
275.0	8.1	3.1	4.1	18.4	13.8	4.7

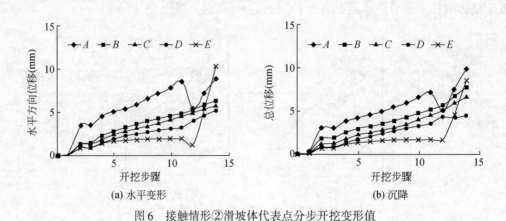

图 6 接触情形②滑坡体代表点分步开挖变形值

3.2 应力

开挖完成后,潜在滑坡体为拉应力区,f_{36} 与泥化夹层交叉处出现拉应力集中,最大拉应力发生在该部位,其中情形①拉应力值为 $0 \sim 0.4$ MPa,接触情形②拉应力

(a) 情形①不考虑滑移脱开　　　　(b) 情形②考虑滑移脱开

图 7　开挖完成后塑性屈服区分布图

值为 $0 \sim 1.0$ MPa。

3.3　塑性区分布

可通过塑性区的大小和分布来评价边坡的整体稳定性。开挖完成后不同情况下塑性区分布如图 7 所示。情形①时，f_5 断层基本屈服，f_1 断层在 340m 高程以下部分区域出现屈服区。情形②时，在开挖过程中，从第 9 步开始，f_1 断层出现塑性屈服区，从开挖边坡向内延伸，至 12 步开挖与 f_5 断层塑性区贯通，开挖完成后 f_1 与 f_5 断层出现大面积的塑性屈服区。

4　结论

（1）在边坡的开挖过程中，易在断层的交叉处发生滑坡，特别是当断层在开挖完成后处于临空面时，岩石体的变形会出现剧增，在开挖中需要予以特别的注意。

（2）断层交叉部位是拉应力和塑性区分布集中的地方，也是影响边坡开挖稳定性的重要因素。

（3）模拟滑移脱开后断层的变形和塑性区显著增大，在断层存在处变形较大以致有滑坡的可能。

（4）断层接触情形的模拟对于岩体边坡开挖仿真分析极为重要。直接约束法是岩体边坡断层模拟的简便、有效的方法。

我国河口治理现状与展望

刘　宁

摘　要：从河口类型及我国河口情况出发，较全面地介绍了中国典型河口治理现状，分析了需要关注解决的问题，并探讨了中国河口治理的方向。我国河口三角洲地区开发有着良好的经验，为国民经济发展起到了巨大的支撑作用，可以预见，随着经济社会的发展，河口三角洲地区的开发和保护将愈显重要。

1　河口类型及中国河口

1.1　河口类型

河口泛指河流注入海洋、湖泊或其他河流的河段。入海河口的主要特征是海洋动力与河流水文动力相互作用，是海洋过程与河流过程之间复杂交互作用的产物。河口段上游起始点是海洋动力影响的终结点，该处河水盐度接近上游来水；河口段下游终端点是河川动力影响的终结点，该处盐度接近海水。由于河川水量、泥沙与海洋波浪、潮汐等的强弱经常变化，因而，河口段的位置也常有变动，不易明显划分。世界各地的河口在水文、地质及形成过程中的差异，造就了河口形态的差异。每个河口都有独一无二的地貌特征和生态系统。

河口分类是河口治理与开发工作的基础。一般地，根据成因河口分为3类：

（1）三角港（湾）河口。流域来水、来沙相对较少，海洋侵蚀动力大于河流搬运、沉积和堆积的动力，河口向陆地推进，从而形成三角港或三角湾形态河口。或者，虽在湾头或局部地段有泥沙堆积，但溺谷状态仍然保留。港湾型河口的下段，往往呈漏斗状。漏斗状海湾受地形影响，潮差较大，成为强潮河口。其湾底地形常有潮流脊发育。

（2）三角洲河口。流域来沙丰富的河口，泥沙沉积于河口区，有三角洲发育。一般而言，三角洲发育于弱潮河口和某些中潮河口以及河流挟带的泥沙不易为沿岸流带走的地区。水流分汊是三角洲河口常见的现象，有单汊、多汊和分汊再汇合3种形式。三角洲汊河一般都较浅，在汊道的口门附近，常有沙体堆积，称为拦门沙。

（3）峡谷型河口。在冰川作用过的地区，河槽受冰川挖掘刻蚀，谷坡陡峻，海侵后形成峡谷，其河口的特点在于口门附近有深约几十米的岩坎，坎内水深可达数百米，向着内陆可延伸几百千米。这种河口常见于高纬度地带，如挪威的松恩峡湾和苏格兰的埃蒂夫湾。

原载于：中国水利，2007，（1）：34－38。

若根据影响河口的作用力大小不同，河口可分为河川主导型、潮汐主导型和波浪主导型三类；若根据盐度分布和水流特性，河口可分为高度分层河口、部分混合河口和均匀混合河口；若根据潮汐的大小不同，河口还可分为强潮河口、中潮河口、弱潮河口和无潮河口等。

1.2　中国河口

中国河流众多，流域面积在 $100km^2$ 以上的河流达 5 万多条，$1000km^2$ 以上的河流有 1580 多条。中国大陆海岸线北起鸭绿江口，南至中越交界北仑口，总长 1.8 万 km。如计入岛屿岸线则总计 3.2 万 km。海岸带面积约 35 万 km^2，其中潮上带面积约 10 万 km^2，滩涂约 2 万 km^2，$0 \sim 20m$ 的浅海面积约 15.7 万 km^2。中国海岸线上有大小不同类型的河口 1800 多个。其中河流长度在 100km 以上的河口有 60 多个，另有海湾 160 多个。河口及海岸带地区是中国社会经济发展的发动机。

中国学者开展河口分类研究始于 20 世纪 60 年代初期。有的学者从水文、水力学角度，依据入海河口的水流特性和泥沙动态，结合地质地貌条件，对中国一些主要河口的分类问题进行了探讨；有的学者从河口河床演变学角度，根据"形态与成因"原则，对潮汐河口的分类进行了探讨，得到以河口造床流量与涨潮平均流量之比，以及径流含沙量为指标的河口分类方法，并将中国潮汐河口分为三个基本类。有的学者在总结国内外河口分类研究基础上认为：河口作为一个复杂的自然系统，其内部各个因子之间是互相联系的，仅仅考虑一个因子，结果往往易产生偏颇。为此，选择水动力学和泥沙指标（多年平均入海流量 Q_R 和入海输沙率 S_R、多年平均涨潮流量 Q_F 和涨潮输沙率 S_F，以及潮差 ΔH 等），河口平面形态指标（河口河道弯曲系数 λ、河口分汊系数 θ 和河口展宽系数 π），以及径流量与涨潮流量比值（Q_F/Q_R）径流输沙率与涨潮输沙率比值（S_F/S_R）等指标，并采用模糊聚类计算方法，来确定和划分中国河口分类。将中国河口分为 4 类：①强混合海相喇叭口形河口（钱塘江河口型）；②缓混合陆相为主河网型河口（珠江河口型）；③高度分层陆相游荡型河口（黄河河口型）；④海相与陆相之间的过渡型河口，包括缓混合海陆双相分汊型（如长江河口）、缓混合海相为主弯曲型（如射阳河、黄浦江、甬江等河口）。中国河口现行分类见表 1。

表 1　中国河口分类方案及结果

河口类型及名称		Q_F/Q_R	S_F/S_R	平均潮差 ΔH	展宽系数 π	弯曲系数 λ	分汊系数 θ	具体河口举例
Ⅰ 钱塘江河口型	强混合海相喇叭口形	>35	>300	>4	>0.2			钱塘江、椒江、瓯江、飞云江等河口
Ⅱ 过渡型河口	Ⅱ₁ 射阳河口型	5 ~ 35	50 ~ 300	2 ~ 4		>1.4		射阳河、新洋港、黄浦江、榕江、甬江等河口
	缓混合海相为主弯曲型			2 ~ 4		1.2 左右		灌河、马颊河、徒骇河、小清河等河口
	Ⅱ₂ 长江口型　缓混合海陆双相分汊型		5 ~ 50	2 ~ 4			1 ~ 4	长江、辽河、大辽河、海河、鸭绿江、闽江等河口

河口类型及名称		Q_F/Q_R	S_F/S_R	平均潮差 ΔH	展宽系数 π	弯曲系数 λ	分汊系数 θ	具体河口举例
Ⅲ珠江河口型	缓混合陆相为主河网型	1~5	1~5	<2			>4	珠江水系西北江、东江和韩江等河口
Ⅳ黄河河口型	高度分层陆相游荡型	<1	<1	<2		游荡改道		黄河等河口

2 中国河口治理概述

中国河口三角洲地区开发有着良好的经验，为促进国民经济发展起到了巨大的支撑作用。可以预见，随着经济社会的发展，河口三角洲地区的开发和保护将愈显重要。但是近年来，大规模的、越来越剧烈的人类活动，带来了诸多环境与生态方面的负面影响。如南方红树林面积急剧减少，珊瑚礁海岸遭到不同程度破坏；北方一些河流下游河道淤塞严重，甚至出现断流，加上近海和海湾围垦，使沿海自然滩涂湿地减少。特别是每年入河入海的污水，使河口、海湾、甚至近海区域赤潮时有发生，生物多样性受到威胁和损伤。

2.1 长江河口治理

长江口是中国最大的河口，通江达海，区位重要。为此，长江河口治理以满足航运发展为首要任务。长期以来，长江河口一直处于三级分流、四口入海的自然演变状态。1950 年之后，长江河口实施了一系列的围垦和护岸工程，横沙以上河口区形成了稳定的江岸和岛岸，徐六泾河段节点初步形成，河势变化范围被限制在相对较小的空间之内。20 世纪 70 年代末，长江河口治理逐步得到国家重视。1978 年，国务院发文提出：一定要在宝山钢铁厂投产的同时，基本完成防止码头淤浅的主要工程和将口门航道疏浚到–7.5m 的要求。1984 年国家计划委员会批复同意的《长江口综合开发整治规划要点报告任务书》指出：长江口的整治必须坚持以航运、航道整治为重点，结合围堤、防洪（潮）、沿江建设、供水、环保、生态、旅游等进行综合整治，实行有重点的多目标开发，并使经济、社会、环境三方面都得到重视。

1998 年 1 月，长江河口深水航道整治一期工程开工，2000 年 3 月完成，8.5m 水深航道形成。目前，长江河口深水航道二期工程已经完工，三期工程即将开工。三期工程完成后，长江河口航道水深将达到 12.5m，第四代集装箱船可全天候双向通航，10 万吨级散货船可满载乘潮通航，同时兼顾第五、六代大型远洋集装箱船舶和 20 万吨级减载散货船乘潮通过长江口的需要。经过一系列的治理和开发，长江河口地区共围垦土地近 10 万 hm²，并修建了宝钢水库、陈行水库等供水水源地，有效地保障了社会经济发展对土地资源和水资源的需求。

目前，长江河口深水航道治理正在进行，长江口的水沙形势也在发生变化。为此，水利部长江水利委员会牵头组织编制了《长江口综合整治开发规划要点报告》。该规划报告目前已基本具备了批准条件。

2.2　黄河河口治理

黄河河口来沙量大（20 世纪后 50 年年均 8.7 亿 t），海洋动力因素较弱（潮差平均 0.61~1.13m，潮流流速约 1m/s，几乎没有潮流段，非汛期感潮段长度仅 15~30km）。因此，黄河河口呈强烈堆积性，三角洲造陆功能强，海岸线不断向外推进。淤积—延伸—摆动—改道，是黄河口在一定水沙条件下的自然规律。由于泥沙因素的影响，河口治理开发与整个流域治理开发有着非同一般的联系，正所谓"大河之治，终于河口"。

黄河入海流路改道频繁。自 1855 年 8 月，黄河在河南省兰考县铜瓦厢决口，下游河道由徐淮故道北徙，经山东省大清河从利津注入渤海，称之为近代河口。1855~1976 年，黄河河口以山东宁海村为顶点的改道 6 次，以鱼洼村为顶点的改道 3 次，除山东河竭年限外，实际行水 87 年，每条流路的平均行河年限不到 10 年（表 2）。除了上述大的改道之外，黄河口小的改道有 50 多次，所以给人们的印象是黄河年年改道。

表 2　1855 年以来黄河入海流路变化

序号	改道时间	改道地点	入海位置	流路历时（年）	实际行水年限（年）	改道原因
1	1855 年 8 月	铜瓦厢	肖神庙	34	19	伏汛决口
2	1889 年 4 月	韩家垣	毛丝坨	8	6	凌汛漫决
3	1897 年 6 月	岭子庄	丝网口	7	5.5	伏汛决口
4	1904 年 7 月	盐窝	老鸹嘴（顺汇沟、车子沟）	22	17.5	伏汛决口
5	1926 年 7 月	八里庄	刁口	3	3	伏汛决口
6	1929 年 9 月	纪家庄	南旺河	5	4	人为扒口
7	1934 年 9 月	一号坝	老神仙沟甜水沟宋春荣沟	20	9	堵岔未合龙改道，1938 年春，花园口扒口，山东河竭九年，1947 年 3 月堵复
8	1953 年 7 月	小口子	神仙沟	10.5	10.5	人工湾并汊
9	1964 年 1 月	罗家屋子	钓水沟	12.5	12.5	凌汛人工破堤
10	1976 年 5 月	西河口	清水沟	30	30	有计划地人工截流改道
11	1855~1976 年			122	87	

黄河河口流路改道影响范围北起套儿河口，南至支脉河口，三角洲扇形面积约 6000km²。20 世纪 50 年代以来，我国首先开展了黄河流域综合治理，减少了黄河下泄沙量，并调节了径流与泥沙的配比，从而极大地改善了河口地区的水沙条件。同时，在河口地区也主动进行了三次人工改道，并修建了防洪工程体系。通过一系列的治理和人工改道，黄河入海流路得到稳定，河口地区社会经济从一片荒凉走向初步繁荣。

现今，黄河河口水资源供需矛盾尖锐，生态与环境恶化趋势不减，溯源淤积和基面抬高问题严重，海岸线蚀退趋势加重。

　　为此，黄河河口地区的治理正在加大物理、数学模型研究力度，通过调水调沙等措施，确保黄河不断流，努力实现黄河入海流路的相对稳定；通过水资源的合理配置和调度，以及建设节水型社会等措施，缓解水资源供需矛盾；通过生态修复和合理配置生态用水等措施，保护河口生态湿地，抑制河口三角洲海岸线侵蚀，并预留黄河尾闾改道生态用地等。

2.3　珠江河口治理

　　珠江由西江、北江、东江和珠江三角洲诸河四个水系组成，流域面积 45.4 万 km^2，多年平均径流量 3381 亿 m^3，其中西江占 68.1%。珠江三角洲是由西、北、东江和珠江三角洲诸河组成的复合型的三角洲。"三江汇流、河网纵横、洪潮交叠、八口分注、牵一发而动全身"，是珠江河口难以治理的主要原因。

　　20 世纪 50 年代，水利部珠江水利委员会就编制了《珠江三角洲综合利用规划报告》，1988 年进行了修订；目前正在编制《珠江河口综合整治规划报告》。除此之外，珠江水利委员会还先后编制完成了《磨刀门治理开发规划报告》《伶仃洋治导线规划报告》《黄茅海及鸡啼门治理规划报告》《广州—虎门出海水道整治规划报告》，并建成了珠江河口整体物理模型和数学模型，为珠江河口三角洲综合整治和工程建设提供了科技支持。

　　截至 2004 年，珠江河口三角洲地区已建保护县级以上城市及万亩以上耕地面积的堤防或堤围长度 3800 多 km，保护区人口约 2500 多万人，保护区耕地面积超过 40 万 hm^2，主要堤防的防洪能力约为 20 年一遇。其中，佛山大堤、樵桑联围、中顺大围、江新联围等重点堤围的防洪能力基本达到 50 年一遇。2003 年，珠江河口三角洲通航河道长度 5823km，占广东省内河通航里程的 49.1%，其中四级及以上航道占 17.9%。佛山、中山、江门、广州、珠海等内河港口经营集装箱运输业务，为香港、深圳、广州等沿海港口提供喂给运输。

　　近年来加强了航道疏浚、河口治导线规划，以及采砂管理和污染治理等工作。目前，珠江河口地区的国内生产总值比 20 世纪 80 年代初增加了近 80 倍，人口总数增长了 5 倍多，但洪、涝、潮水灾害严重，水生态与水环境问题日益突出。存在的主要问题有：①东四口门分流比显著增加，伶仃洋淤积加快，网河水道洪潮水位异常；②咸潮上溯、水质污染，所导致的水质型缺水问题愈演愈烈；③水生生态与环境破坏严重，河口滩涂及湿地面积减少，生物多样性显著下降；④赤潮危害加剧，营养物浓度不断上升；⑤河口延伸，尾闾不畅，治理和管理工作严重滞后；⑥大量的涉水工程建设、河道内挖砂和城市化发展对河口治理的影响严重。

　　针对珠江河口存在的诸多问题，目前正在进行的《珠江河口综合治理规划》的基本思路为：综合考虑防洪、排涝、防潮、供水、航运、码头，以及水环境、水生态和滩涂开发与河口、海岸湿地保护的要求，优先保证防洪、防潮和供水安全，划定行洪控制线，提出清障范围，规范采砂行为与滩涂开发活动，重视防洪工程管理和洪水与水资源调度管理，尤其要加强三角洲河网地区水闸的调度和管理。同时还要研究人类活动对河道的影响、对洪水的影响等，有针对性地提出改进措施。

2.4 其他典型河口治理

钱塘江河口是著名的强潮河口，河床宽浅，潮大流急，涌潮汹涌，主槽迁徙无常，岸滩坍涨不定，纵向冲刷剧烈，其水动力条件非一般河口所能比拟。历史上河口的治理重在修建海塘，以防治河口的暴潮灾害。1950 年之后，通过总结历史经验，研究河床演变规律，开始编制治理规划。自上而下，分段实施，因势利导，束窄江道，稳定江槽。不但提高了两岸的防洪御潮能力，而且结合治江围涂造地百余万亩，是我国在河口治理方面比较成功的范例。

海河流域包括海河、滦河、徒骇马颊河三大水系，由源于山区和平原的数百条河流汇集成数十个河口入海，这些河口均分布在长约 585km、沿渤海湾呈近似"C"形的海岸线上。海河流域河口均为陆海双相河口，东北部长约 200km 为沙质海岸，西南部长约 385km 为泥质海岸。20 世纪 50~70 年代，海河流域水资源大量开发利用和入海水量、泥沙不断衰减，入海河口淤积、萎缩严重。此后，泥质河口建闸对减少潮汐泥沙上溯起到了重要作用，但闸下泥沙淤积严重，需逐年清淤。

辽河河口地区位于我国海岸线的最北端，包括辽河（双台子河）和大辽河两个入海河口。流域水资源开发利用过度是导致辽河河口淤积、萎缩和径流严重不足的主要原因。水资源紧缺、水污染严重、河道淤积、萎缩是该河口区必须应对的重大课题。

3 我国河口治理探讨与展望

3.1 河口治理需纳入整个流域规划统筹兼顾

随着社会经济不断发展和改革开放不断深入，河口治理工作愈来愈受到我国政府和社会各界重视。这一方面是由于流域治理和开发引起的河流水质、水文、泥沙变化问题，不断地在河口地区累积和叠加，从而引起了河口地区的来水来沙条件变化和生态与环境条件变化；另一方面是由于河口地区的社会经济愈来愈加发达，成为全流域乃至全国经济社会发展的龙头。河口地区经济社会和生态与环境问题的叠加、发展和演化，使得河口区的治理和开发问题愈来愈复杂、多变和难以解决。为此，将河口及河口地区治理进行专门研究，并纳入整个流域规划统筹兼顾，是非常必要的。

一是加强流域面上的水土保持治理和大中型水库建设，拦截进入下游地区的洪水和泥沙，从而改善和解决河口地区的防洪、防潮压力和因泥沙淤积而造成的河道摆动与洪涝灾害。二是更加突出河口及河口地区治理的特异性，结合湿地、海岸及海洋的保护，合理开发滩涂，达标排放，稳定流路，减少淤积，保护生物多样性，支撑经济社会可持续发展。三是从防洪航运治理走向全面综合治理。防洪（潮）航运是河口地区治理工作的首要任务。防洪、防潮治理有利于减少和减轻自然灾害，从而保障社会进步、稳定和经济发展；航运、航道治理有利于物产资源贸易和人员交流，从而促进社会经济的进一步发展和繁荣。但是，当社会经济发展到一定规模和程度之后，土地、水等各类资源的承载能力就会受到严重挑战，人水争地、水质污染、生态破坏、环境恶化、咸潮上溯、供水紧缺等各种各样的社会经济和生态与环境问题就会随之而来。

因而，从防洪、防潮、航运、航道治理，走向全面综合治理，是河口治理工作的必然趋势。

3.2　以河口的治理支撑海域健康，实现人与自然和谐相处

河口地区是河流与海洋共同塑造和联合作用的地区，是河流动力与海洋动力相互展现和相互汇聚的地区。因而，河口地区不完全限于人类起初较早开发和利用的地区。随着人类认识自然和改造自然能力的不断加强，起初逐步开始围堤造地、发展生产，后来大规模开发利用和发展航运；河道越来越窄，滩涂面积越来越少；城市建设和港口发展更是加剧了这种占领的速度和强度。但是，这种占领也带来了诸多问题，对洪、潮、涝、旱灾害还缺乏完备的应对措施，咸潮、污染和水资源紧缺问题愈演愈烈，生物多样性和水产资源量严重下降。因而，人类寻求走人水和谐的道路已成为必然的选择。

人们治理河口带来了巨大的社会效益和经济效益，这是社会各界所公认的。但是，人们治理河口也带来了许多前所未有的生态问题和环境问题，这些生态问题和环境问题不但严重制约社会和经济的进一步发展与可持续发展，同时也是生态与环境退化的根源。为此，注重生态目标和环境目标，严格执行河流与海洋功能区划，确保科学使用和管理，将生态目标与环境目标提高到与社会经济目标同等重要的位置，甚至是更加重要的位置，是河口治理工作的必然，也是营造河口区海域健康、实现人与自然和谐相处的客观要求。

3.3　加强河口海堤建设，保障经济社会发展

河口治理离不开海堤建设。截至 2000 年，我国已建海堤总长度 13 476km，海堤保护区面积 29.1 万 km²，人口 1.78 亿人，共有 11 个省、自治区、直辖市和 342 座县级以上城市位于海堤保护区。保护区内的人口、土地面积和地区生产总值分别约占全国的 14.2%、4.8% 和 40%。

沿海地区是我国经济最为发达地区，同时也是台风灾害严重的海域，每年台风登陆的数量占全球的 1/3。根据近 50 年的统计资料分析，每年平均登陆台风 7 个，最多的年份为 12 个，最少的年份为 3 个。台风常带来狂风暴雨、洪水灾害、海潮侵袭和海浪、山崩、泥石流、滑坡等自然灾害。2005 年美国的"卡特里娜"（Katrina）飓风和印度洋海啸，以及 2006 年的台风灾害触目惊心，损失巨大。目前，我国沿海地区防御风暴潮能力还较低，大部分海堤堤身单薄、矮小，堤身断面、护坡、堤顶护砌、宽度等方面均达不到规定的要求，难以抵挡强风暴潮袭击，海堤堤防达标的堤段只占 20% 左右。除上海、杭州等主要城市海堤的标准较高，可防御 100 年一遇潮位外，一般城市堤段只能防御 20 年一遇左右潮位，加强海堤建设是社会经济发展的必然选择。为此，编制海堤设计与建设规范，增强防御风暴潮的能力，同时注重生态与环境问题是当前我国河口治理的关键工程措施。

对建设人与自然和谐水工程的认识

刘　宁

摘　要：简要概述了我国水工程建设的进展情况，归纳了当前对水工程的主要看法，阐述了当前水工程建设的趋利说、趋害说的观点以及对水工程建设理念的新探索，提出要树立科学发展观和人与自然和谐相处的理念，正确把握水工程建设的定位，科学选择与评价水工程建设的定位，科学选择与评价水工程目标，建设人与自然和谐的水工程。

1　水工程建设理念的新探索

中华人民共和国成立以来，水利水电事业蓬勃发展，取得了显著的成就。特别是近几年，中央大幅度增加了对水利的投入，我国迎来了历史上规模空前的水工程建设时期，极大地促进了水利事业的发展。总体来看，当今水工程建设有以下几个明显特征：

一是兴建防洪工程保障经济社会安全发展。二是以人为本的水工程建设广为推开。三是农村水利发展为新农村建设提供有力支撑。四是节水型社会建设得到进一步推动。五是水电工程建设高潮迭起。六是调水工程建设备受瞩目。

当前我国水工程建设，既有传统水利理念的继承，又有新时期治水思路的创新，长期实践的经验积累、丰富的理论与技术手段现代化和经济社会持续发展的需求紧密交织，成就巨大，但也显露出非同一般的热点、焦点、难点问题，形成具有时代特色的水利建设发展格局。尽管目前我国在高坝—岩基系统的应力与稳定、高坝地震动力学与抗震、高坝混凝土材料、高坝水力学与流体力学等大坝建设技术，以及在河流生态评价指标体系及评价方法、生态补偿技术和机制研究、水工程生态保护准则、大坝环保标准及认证方法等水工程生态影响对策，还需要进一步加强研究，努力攻关，取得创新和突破性成果；尽管一些工程规模超大，技术复杂程度极高，需要更多的工程经验、更先进的实验测试技术和计算手段，同时，受地形、地质、地震、水资源和社会人文状态以及经济社会发展环境的制约，要求水工程科技有新突破，需要认真研究工程目标决策的科学方法，建设好、运用好、管护好水工程，实现人与水和谐相处的耦合响应。毋庸置疑，我国水工程界已经完全掌握了在各种复杂条件下建设各种水利水电工程的完整的先进技术，在防洪减灾、水文与水资源、水生态与环境、农村水利、水工结构与材料、岩土力学、工程施工、信息技术等领域均取得了前所未有的优秀成果，极大地推动了水科技进步和水利事业发展。

然而，也正是这样的成果和进步告诉我们，工程活动都是在某种工程理念的支配

原载于：中国水利，2007，（4）：13–17。

下进行，工程除了要体现技术进步、经济效益，还必须重视环境效益，遵循社会道德、伦理和社会公正、公平等准则。正确的工程理念必须建立在尊重客观规律的基础上，包括各种自然、经济和社会规律。贯彻科学发展观，树立正确的工程理念，并落实在工程的规划、设计、施工、运行和管护中，对推进水利水电事业良性、可持续发展具有重要作用。

在对水工程建设的利弊进行冷静思考后，国内外一些专家学者从社会发展和环境保护兼顾的角度，提出了许多水工程建设新理念、新观点。20 世纪 60 年代以来，国外发达国家重点围绕对陆地生态系统及生物多样性的影响；径流变化对水生生态系统及生物多样性的影响；截流与调蓄对上游、库区、下游及河口渔业生态系统的影响；拦河筑坝等所导致的生态系统扩大的次生环境效应；水利工程对生态系统影响的评估和预测；减免水利工程对生态系统影响的措施等方面开展了大量研究。

国际上关于水工程建设的学术探讨和合作也日趋深入和频繁，1973 年第 11 届国际大坝会议首次将"建坝对环境的影响"作为专门议题，并在以后的会议中作为重要研讨议题。一些专家和学者提出了"绿色水电""绿色大坝"的概念和理论，强调水工程建设和运用要与生态环境保护紧密结合，努力在生态保护与经济开发上实现双赢。

为降低水工程的负面影响，一些国家还建立了相应的认证程序和标准，其中具有代表性的包括美国的低影响水电认证和瑞士的绿色水电认证，旨在通过对水电工程的生态环境影响进行综合评估和有效管理，建立客观、科学、公正的生态环境认证标准和市场激励机制，最大限度地减少大坝对生态环境的不利影响。美国 1970 年首先公布了《国家环境政策法》，对大型工程项目的环境影响评价做了具体规定。1996 年，美国联邦能源委员会在水电站运行许可审查中，要求针对生态环境影响制定新的水库运行方案，包括增大最小泄流量、增加或改善鱼道、周期性大流量泄流和陆域生态保护措施等。欧洲、日本等一些国家也相继制定法规或措施要求水工程建设注重环境保护，减轻对生态环境的影响。世界银行在 1985 年规定对其直接或间接资助修建的水坝必须评估其对环境的影响。

历经数十年的建设历程和科学反思，我国和许多国家一样，对水工程建设的理念和相关领域研究也取得了突破性的进展。1982 年水利部颁布《关于水利工程环境影响评价若干问题的规定》；1989 年通过了《中华人民共和国环境保护法》，并正式出版了《水利水电工程环境影响评价规范》，后又出台了《江河流域规划环境影响评价规范》、《环境影响评价技术导则》等；2003 年正式颁布了《中华人民共和国环境影响评价法》，规定对流域开发实施规划环境影响评价；在新修订颁布执行的《中华人民共和国水法》中，突出强调了水资源的节约和保护，专门对水资源规划进行了规定。近年来，按照可持续发展水利的要求，我国对建设人与自然和谐水利工程的相关问题更加重视，在治水理念、工程建设、管理与调度等方面进行了许多有益的探索和尝试，积极开展了规范项目建设审批程序、水管体制改革、水生态环境保护等工作。特别在利用水利工程合理调度改善生态环境方面，太湖流域 2002 年开始启动的引江济太调水试验工程，有效改善了太湖流域水环境；江苏省合理调度水利工程和河网改善水环境；海河流域联合调度水利工程进行水生态的恢复等，都取得了较为显著的成效。同时，还在生态需水量、河流生态健康指标体系、水利工程生态环境影响评价方法、流域梯级开发累积生态效应、生态水工学、河流生态修复与补偿措施等方面开展了大量的研究，取得了许多创新性成果。

2　当前影响水工程建设理念的趋利与趋害说

2.1　趋利说的主要观点

受气候、地理条件的影响，我国降水时空分布极不均匀。为了生存和发展，历朝历代的执政者都把兴水利、除水害作为治国安邦的根本大计。进入 21 世纪，经济社会发展对水的需求更迫切，对水工程的依赖性更强。人们认为必须大力加强水利水电工程建设，以满足防洪、供水、粮食生产、电力能源、水运交通等的需求。归纳其观点，大致有以下几方面。

1）防洪工程有效减小洪涝灾害损失

无论是发生的频次、造成的经济损失，还是导致的人员死亡数量，洪水灾害都是世界上第一位的自然灾害。我国洪涝灾害直接威胁的面积约有 80 万 km^2，洪水风险区内的 GDP 约占全国的 70%。20 世纪 90 年代，我国有 6 年在主要江河流域发生了大洪水。修建水库、堤防等防洪工程，可以有效调蓄、约束洪水，减轻洪水泛滥造成的生命财产损失。以 2003 年水库防洪效益为例，全国水库大坝拦蓄洪水 447 亿 m^3，减免受灾人口 1.1 亿人，减免受灾面积 335 万 hm^2，减免 445 个县级以上城市进水，减灾直接经济效益达 1130 亿元。

2）灌溉和供水工程有力保障工农业生产和居民用水安全

目前，我国灌溉面积约 0.56 亿 hm^2，现状全国年供水能力达 6459 亿 m^3，已有 100 多座大、中城市主要或全部依靠水库供水，供水安全保障程度大为提高。我国人均水资源占有量少，降水在地域、时间上分布严重不均，夏丰冬枯、东多西少、南多北少，给经济发展和居民用水造成严重影响。据统计，中华人民共和国成立以来，我国平均每年受旱农田超过 2100 万 hm^2，因旱平均每年损失粮食超过 1400 万 t。修建灌溉和供水工程，可以在空间、时间上调配水资源，实现以丰补枯，为工农业生产和居民生活提供优质、稳定的供水。

3）水力发电提供了丰富而清洁的能源

改革开放以来，我国水电建设迅速发展，2004 年我国水电装机容量突破 1 亿 kW，水电装机容量跃居世界第一。截至 2006 年底，我国水电装机达到 12857 万 kW，约占全国发电装机总容量 20.67%；水电发电量 4167 亿 kW·h，约占全部发电量 14.70%。水能资源开发利用成本低，有助于减少人类对化石类能源的依赖，是优质的可再生能源。水电作为水能资源丰富国家的重要基础产业，对充分利用和保护国土资源，改善生态环境，实现经济和社会的可持续发展有着积极的作用。

4）工程建设促进航运发展

内河航运利用天然河道和人工河道，具有运量大、成本低、能耗小、污染少等优势，处于近代世界交通优先发展地位。我国内河航运资源十分丰富，通航里程 12.3 万 km，可以通航 1000t 以上船舶的高等级航道里程达超过 8600km。修建人工运河，可以将原本隔离的水域沟通起来，扩展航运范围，提高通航能力。修建水库可以抬高库区水位，拓宽库区航道，使航道流速减缓、水深增加、曲度半径增大，某些不利航行的急流险滩消失，有效改善航道条件。同样，修建河道整治工程可以控制、稳定河势，是保障航运安全和发展的重要手段。

5）水工程建设促进水产养殖及旅游事业发展

建设水库等水工程，形成大面积的水域，为发展水产养殖提供了极好的条件，许多水库已成为水产供应基地。水库环境优美、空气清新，是城乡居民极好的休闲场所，又是极其宝贵的旅游资源。三峡、新安江等水库已成为著名的旅游胜地。

6）水工程建设有利于所在地经济发展

水工程建设不仅能够产生防洪发电、灌溉、航运、供水、养殖、旅游等巨大的社会和经济效益，还可以提供大量的就业机会，带动地方经济发展，造福社会、服务大众。在我国许多水能资源丰富的地区，加快水电开发的呼声一直非常强烈，地方政府和老百姓都期待通过修建水电工程促进经济发展、改变贫困落后的生活状态。

2.2 趋害说的主要观点

随着环保意识的增强，大型水利水电工程对生态环境的影响问题受到空前的关注，许多人开始对水工程建设的利弊进行反思和研究。自20世纪80年代开始，针对以大坝为主的水工程建设，世界各国展开了激烈的争论。近年来，随着三峡、南水北调等工程开工建设、西南水电开发步伐加快，加上三门峡等个别水工程负面影响逐渐显现，我国对水工程建设的反思和讨论也日渐升温，许多人，包括一些著名专家学者，呼吁重视水工程建设给生态环境、气候、移民等带来的不利影响，强烈主张保护河流原生态，认为修建水工程弊大于利，反对开发水电，反对建设水工程。归纳其观点，大致有以下几方面。

1）水工程建设导致河流生态系统退化

河流是生态系统物质流、能量流和信息流的载体。河流的连续性，不仅包括水流的水文连续性，还包括营养物质输移的连续性、生物群落的连续性和信息流的连续性。建设水利水电工程，疏导河流、整治河道、筑坝壅水和大规模引水等，阻断了天然河道，阻隔了流域物质、能量流通，改变了流域生境，导致流域初级生产力的改变，从而对流域生物群落结构、功能和生物多样性水平带来深远影响，造成水生系统多样性退化甚至大量物种灭绝。这些影响和改变超出一定的度，就会导致河流变异，甚至可能影响到河流水域的基本功能和永续利用，危及人类及其他生命赖以生存的生态环境。

2）水工程建设对气候、地质、土壤等造成影响

修建水库等水工程后原先的陆地变成了水体或湿地，降水量、降水地区分布、时间分布等发生变化，平均气温略有升高，导致局地气候变化。修建水工程后，可能会诱发地震、塌岸、滑坡等不良地质灾害。水体压重引起地壳应力、断层之间的润滑程度增加，可能会诱发地震，据统计目前世界上已有66座高坝发生过诱发水库地震现象；水库蓄水后水位升高，岸坡土体的抗剪强度降低，易发生塌方、山体滑坡及危险岩体的失稳、塌岸、滑坡等不良地质灾害。另外，水库蓄水引起库区土地浸没、沼泽化和盐碱化。

3）水工程建设改变了水文、泥沙、水质条件

水工程修建后改变了下游河道的流量过程，往往会使下游河道水位大幅度下降甚至断流，并引起周围地下水位下降，下游天然湖泊或池塘断绝水的来源而干涸，入河、入海口因河水流量减少。流速降低引起河口淤积，造成两岸盐碱化或海水倒灌。水文条件的改变给防洪、供水、航运等都造成不利影响。同时，水库水温有可能升高，库内水流流速小，降低了水、气界面交换的速率和污染物的迁移扩散能力，水体自净能力减弱，特别是水库的沟汊中容易发生水污染，水质可能变差。

4）水工程建设建设产生了大量的移民

修建水工程，特别是水库，要淹没大量土地，不可避免地产生大量移民，这些人的生存空间将发生巨大的变化，可能会引发社会不稳定因素。据统计，中华人民共和国成立以来，我国水库移民人数达 1800 多万人，居世界所有国家和地区之首。三峡水库淹没陆地面积 632km²，移民总数 110 多万人。

5）水工程建设对文物和生物物种造成影响

我国是历史文明古国，文物古迹众多，修建水库、调水等工程后，一些文物古迹将被水淹没或被迁移破坏，给历史研究和文物保护工作带来不利影响。三峡、南水北调等工程涉及的文物保护问题就非常艰巨。同时，水库蓄水淹没原始森林，涵洞引水使河床干涸，大规模工程建设对地表植被造成破坏，对野生动物栖息地进行分割与侵占，威胁多样生物的生存，加剧了物种的灭绝。

6）病险水工程事关人民生命财产安全

由于水工程建设的历史成因，我国水工程目前存在着许多质量隐患和不安全因素，加之运行多年，工程基本条件和外部环境条件发生很大变化，相当一部分水工程出现了老化病害问题。据 1999 年统计，我国病险水库约占水库总数的 36.3%，其中不少病险水库位于城市（镇）的上游，对城市（镇）的安全威胁极大。全国影响县以上城镇的大、中型病险库有 543 座，影响县以上城市 178 个，人口 1.46 亿，耕地 880 万 km²。许多重要交通干线和重大厂矿、企业和军事通信基础设施的安全都受到病险水工程的威胁，这是关系着人民群众生命财产安全的大事，引起了社会的广泛关注。

3　面向人与自然和谐水工程的几点理解

3.1　正确把握水工程建设的定位

水工程是人们充分利用自然资源，为社会、经济和大众提供服务，使人、自然、社会相互协调发展的不可或缺和不可替代的基础产业和公益事业。建设人与自然和谐的工程，必须树立正确而科学的工程理念，这是支撑和推动科学发展的重要杠杆，也是评价落实科学发展观的重要手段之一，更是构建和谐社会的重要基石。水工程作为工程体系的重要组成部分，既有一般工程的共性，也有其不同一般的特殊性。与其他工程相比，水工程建设与生态、自然的关系更紧密，更需要用科学、协调发展的理念来指导工程建设。

因此，水工程建设要立足于河流自身价值与人类需要价值之间的有机统一，从人

类向大自然无节制索取转变为人与自然和谐相处，从浪费水资源、污染环境的错误做法转变为走资源节约、环境友好的发展路子，实现经济社会的可持续发展，树立以人为本、统筹发展的水工程建设理念。

1）是人与水和谐相处的纽带

人与自然、人与水的关系是人类社会发展过程中必须面对的基本问题，既不能只注重水的开发利用而忽视对水生态环境的破坏，也不能步入绝对自然保护主义的歧途。水工程作为人类发挥主观能动性改造自然的重要载体，也是人与水直接发生关系的载体。已有2260多年历史的都江堰工程可以说是人水和谐发展的典范，既充分开发利用了岷江的水资源，发挥了巨大的灌溉效益，又没有影响岷江的自然功能和当地的自然环境。但因修建水工程造成人水关系恶化、不和谐的例子也屡见不鲜，这样的水工程破坏了水生态环境，反过来也对人类自身的可持续发展造成负面影响。

在我国发展的基本价值取向已经从过去追求经济增长转向经济社会全面、协调、可持续发展的背景下，水工程建设的理念和思路也相应发生了重大变化，特别强调在尊重自然规律的基础上，对人类不合理活动进行约束，探索自律式发展。工程建设理念逐渐实现了从"征服自然、人定胜天"到"人与自然和谐、人与社会和谐"的理性变迁。在这种理念指引下建设的水工程，将经济社会发展与自然生态保护、开发建设与生态环境承载能力、当前利益和长远利益紧密结合起来，成为人水和谐相处的纽带。

2）是水资源持续利用的重要举措

随着经济社会的快速发展、居民生活水平的提高，我国水资源供需矛盾将越来越突出，坚持水资源的持续利用，注重水资源的节约、保护和优化配置，建设节水型社会，是缓解供用水矛盾的根本手段。这里要注意的是，推进工程水利向资源水利转变，并不是要弱化工程建设。实际上，水资源的持续利用和优化配置，必须建立在相对完善的工程手段和工程措施基础之上。在科学发展观和人水和谐理念指引下，建设水库等蓄水工程，是有效调蓄水资源、推进水资源持续利用的基础；开展渠系和田间节水工程建设，是减少浪费、提高水资源利用效率的重要措施；建设调水工程以及其他水资源配置工程，可以以丰补枯、南北互济，是实现水资源合理调配的重要手段，但要注意的是，调水一定要遵循"少取、高效、补偿"以及"先节水、后调水，先治污、后通水，先环保、后用水"的原则，实现调出区和调入区的协调、可持续发展。

3）是社会进步的科学发展之基

人类社会进步和发展都离不开工程。工程是将知识集成地转换为现实生产力的关键环节，是直接的生产力，是创新活动的主战场，也必然具有巨大的社会、经济、环境以及文化的效益和影响。英国建设的南北铁路大动脉、实施的曼哈顿工程，我国古代建设的都江堰水利工程、现正实施的三峡工程和南水北调工程、西气东输工程、青藏铁路工程等都是有力的证明。党的十六大提出2020年实现全面建设小康社会的目标，将把一个占全球人口1/5的大国带入比较富裕、文明的社会，这是人类历史上最为艰巨和宏大的社会进步过程。全面建设小康社会包括了丰富多彩的内容，其中最引人注目的内容之一就是要在全国各地规划、设计和建设成千上万、大大小小的各类工程项目，也可以说全面建设小康社会离不开大大小小、各种类型的工程活动——特别是一些大型和特大型工程项目的建设。我国的水资源特点需要建设许多大型综合性水利工程，能源结构和发展趋势决定 15～20 年内需要大力发展水电。

4) 是人类文明的集成反映与典型塑造

文明是文化发展的高级形态，人类文明的发祥和发展与水密不可分。一些早期文明的衰落也与人类没有珍惜水、善待水有关。水工程建设是人类征服自然、改造自然的重要活动，水工程建设的历史与人类文明的历史相伴而行，工程建设的理念、技术水平反映了文明进步的程度。

三峡、南水北调等宏伟工程的建设，创造了许多世界之最，改写了历史，既代表了当今水工程建设领域的先进水平，也是当代文明进步的重要标志，更是我国实现民族伟大复兴的标志。在建设水工程时，注重水生态保护，实现可持续发展．是文明发展到一定阶段的一个表现。水环境只有突出文化品位，才能满足人们的精神文化生活需要；水景观只有注入文化内涵，才能展示水的个性与魅力；水工程只有发挥审美效应，才能更生动、更和谐、更富有活力。要把水文化景观建设与建筑、旅游、交通、环保、绿化等有机结合起来，使水文化景观成为展示现代文明的一颗颗璀璨明珠。未来水利工作的重要内容之一就是努力营造清新优美的水环境，提高人居环境质量，为构建和谐社会提供重要支撑。

3.2　科学选择与评价水工程目标

无论什么样的工程，确定合理、经济、符合民众利益的建设目标是工程的出发点和灵魂。在特定历史阶段、特定区域，针对特定人群，水工程建设的目标和侧重点也是不同的。无论是水工程的趋利说、趋害说，还是当今涌现出的绿色水电、绿色大坝等考虑生态环境保护的水工程建设观点，都是站在不同的角度和立场，对水工程建设目标的不同认识和追求。

鉴于水工程的公益特性，趋利说根深蒂固存在于民众意识中。我国是发展中国家，发展乃第一要务，根据经济社会发展的现状和要求，为保障防洪安全、供水安全、饮水安全，满足能源需求，大力开展水工程建设仍然是今后的重要任务。关键在于水工程建设是否能符合人与自然和谐要求，是否能够建设成为惠及子孙后代的可持续利用的水工程。在确定工程目标时，必须把最大限度满足公众利益需求和保护生态环境放在重要的、制约性的位置，进行依法决策、民主决策、科学决策。

只强调保护不考虑发展、全盘否定水工程建设、主张恢复原生态的理念是与人类社会发展相悖的。没有工程建设，也就没有人类社会的发展和进步，更无从谈起人对生态环境的保护。水工程建设是各国人民适应自然、谋求与自然和谐相处和推动社会进步的必然手段和要求。拿某些人引经据典的美国"拆坝"来说，拆掉的坝平均坝高不到 10m，最高的也就 20m，这些坝拆掉的原因是它的目的发生变化，如纺织、造纸等工业供水的坝，由于纺织、造纸厂停产，导致大坝退役。水工程建设在国际上来讲仍然是重要的任务，并不是像某些人渲染的那样进入了拆坝时代。

近年来国内外专家学者提出的许多水工程建设的新理念、新观点，开展的相关理论研究和实践，对促进水工程建设健康、可持续发展具有重要意义。如建设绿色水电、绿色大坝，建立河流健康评价体系，对水电工程实施科学调度、生态调度等，都充分考虑了水工程建设的负面影响，尤其是对生态环境的影响，力求采取积极措施避免或减少这种影响等，对我国的水工程建设和管理工作具有重要的参考借鉴价值。但这些理念和观点大部分还只限于理论的探讨，与实际运用还有较大的差距，操作起来难度很大。

兴建一项水工程，不仅涉及工程目标、经济目标，而且涉及生态环境目标、社会目标等。工程决策的正确与否，直接关系着工程的成败。工程决策既包含可行性分析与论证、方案择优与评价，也包括工程实施过程中的各种决策行为。以黄河上的三门峡水库为例，造成当今举步维艰、进退两难境地的原因，除了当时决策机制上的问题，很重要的原因是当时的决策者和建设者们认知上的缺陷，对生态环境、防洪关系、移民问题等影响的认识远远不足或根本没有考虑到。又如，埃及尼罗河上阿斯旺水库建坝时在相当程度上忽视了对下游盐碱化的防护及河口的冲刷等，造成了相当一段时间内世界范围的指责和批评。要建设符合时代要求和可持续利用的水工程，必须按照人与自然和谐相处的要求，结合经济社会发展布局，对工程进行科学、全面的论证，分析确定工程建设的各种目标，实现科学决策、民主决策。工程项目的选择、建设和运营都要真正体现生态效益、经济效益、社会效益的统筹兼顾。因此，必须将水工程建设专项规划与流域综合规划以及水资源综合规划统一起来，并设定项目建设的合理论证审批程序，切实重视、实施水电工程建设中对生态环境的有效保护，使水利水电开发纳入有序的轨道。

3.3　进入水和谐的水工程建设

水工程布局与设定不仅要符合人们的发展愿望、自然条件。还要符合经过科学论证、民主协商、依法可行的规划，这样的规划是有利于国家、集体和个人根本利益的，经济社会可持续发展的、资源与环境良性演替流域综合规划和相应的其他规划，使工程成为实现规划目标的重要举措。

工程开发应以人为本，依法、民主、科学地多目标论证选优，合理制定、严格执行基本建设程序和有关政策法规，使工程成为构建和谐社会的基础设施与助力器。

工程建设是百年大计，应质量第一，实现功能，不留隐患，确保一流。在此前提下，合理分析投入产出成本，争取综合效益最大化。

工程运用应充分发挥工程功能，有抑有扬，实现梯级调度、工程群调度运用的实时俱优，确保工程最大综合效益的实现。

工程管理应确保工程的安全、可靠、经久运用，定期维护和加固，降低风险，不让社区民众为工程担忧。

尽管有人说，一个不和谐的工程，或说一个不好的工程，并非工程师之罪，毕竟政治家、企业家而非工程师才是重大工程决策的主体，但既然选择了这个在人类社会与自然领域交界处不断探索求实的职业，工程师就应该以"对工程负责到底"的工作态度，坚持科学发展观，发挥聪明才智，统筹协调适应，规划、设计、建设、运行、监测、管护好工程。

三维整体模型对大型隧洞工程抗震性能的影响分析

张立红　刘天云　李　芃　刘　宁　李庆斌

摘　要：三维整体模型和三维局部模型对大型隧洞的抗震动力分析具有一定的差别。本文以南水北调中线穿黄隧洞为例，利用显式有限元方法，考虑了材料非线性和接触非线性，以黏弹性人工边界来考虑对散射波能量的吸收和模拟半无限地基的弹性恢复力，研究三维整体模型对大型隧洞工程抗震性能的影响。计算结果表明：采用三维整体模型仿真分析，竖井、引水管道、盾构片等关键结构在沿管轴线方向的位移响应均大于局部模型的相应结果；整体计算模型能够反映局部模型所不能反映的内、外衬等大跨度结构的整体动力响应。由此可见，以三维整体模型为研究对象，能够更全面、更准确地研究大跨度地下结构的动力特性。

0　引言

随着地下结构的大量兴建，地下工程已逐渐成为各个国家基础设施中的重要组成部分。长期以来，人们认为地下结构受到周围围土的约束，振动幅度比地上结构小，其抗震性能优于地上结构。但20世纪90年代的几次强震后发现，地下结构同样会受到严重震害，比如在1995年日本Kobe地震，以地铁车站、区间隧道为代表的大型地下结构遭受严重破坏，引起工程界普遍关注。

在对地下结构进行抗震分析的诸多方法中，数值分析方法由于其能够模拟复杂的三维地下结构形式、复杂的围岩介质条件、复杂的地下结构本构关系以及不同的地震动输入形式等优点，越来越得到学者们的重视。尤其是随着计算机技术的不断发展，数值方法可大量、重复地进行各种极限工况的模拟，逐渐成为大型结构抗震分析中最有效的手段之一。有学者指出：地下结构的存在导致地震波分散是一个非常复杂的问题，只能借助于诸如有限差分、有限元、边界元等以及多种数值方法耦合求解，才能较为准确、合理地解决实际工程的动力分析问题。以往对地下结构的动力分析由于受到计算手段的限制或者出于简单满足工程设计的目的，大多采用梁–弹簧模型、二维切片模型或者小规模简化的局部模型进行模拟。研究人员对软土地基上的隧道进行了二维有限元弹塑性动力分析，地基土采用同时考虑了各向同性硬化和动力硬化的循环弹塑性本构关系；对黏土地基上圆形隧道进行了二维有限元横向动力响应的数值模拟，地基土采用黏弹性和黏弹塑性有效应力模型；采用三维模型分析了结构围岩相互作用对隧道动力响应的影响，他们所采用的三维模型中虽然考虑了围岩材料的非线性，但是隧洞结构以外的围岩全部采用统一的材料属性，且隧洞结构单一。在对实际工程进行抗震性能分析时，对有些可以简化为平面问题的可以采用平面有限元进行分析，以

原载于：水力发电学报，2013，（4）：240–245.

便节省庞大的计算容量和机时，对跨度较小、地质条件均匀、结构型式简单的地下结构采用三维局部有限元方法亦可得到较精确、较满意的结果。但对于大型的地下结构，由于其结构形式复杂且处在复杂的地震场中，地质条件不均一，为了更加深入地研究和了解地下结构的地震反应规律、分析不同地震场的综合影响，尤其是地下工程不同部位不同结构的连接处比如输水管道与工作竖井连接处、地铁车站与区间隧道连接处、隧道出入地面等震害易发生部位，以及地铁枢纽站、转换站、水电站地下洞室群、地下输水管道系统等大型地下结构的地震反应情况时，采用大型整体三维非线性土-结构动力相互作用分析模型进行研究是很有必要的。

　　穿黄隧洞工程包括双线平行布置的水底隧洞，总长 4250m，两隧洞中心轴线相距 28m，隧洞所赋存的地质条件分布不均一，大部分埋置在粉质壤土和粉质黏土中，小部分埋置在粉细砂和中砂层中。已有学者对其安全性进行了有价值的研究，以北岸竖井及其附近隧洞局部模型为研究对象，进行了抗震安全性分析；对北岸输水弯管进行了三维有限元抗震分析等。但是，目前尚无文献报道采用整体三维模型对穿黄隧洞工程进行动力抗震安全性分析的工作。

　　因此，本文针对穿黄隧洞工程，利用显式动力有限元方法，研究三维整体模型对大型地下隧洞工程抗震性能的影响，可为大型地下工程的抗震分析提供借鉴。

1　地下工程抗震计算方法

　　本文运用中心差分时间积分方法来显式求解运动方程，引入动接触力模型来模拟围土-结构之间的动力相互作用，采用黏弹性人工边界来考虑有限边界对散射波能量的吸收和半无限地基的弹性恢复力，围土的材料模型选用邓肯-张静力本构和修正的 Masing 非线性动力本构。

1.1　显式时间积分方法

　　有限元动力系统的运动方程为

$$M\ddot{U} + C\dot{U} + KU = F(t) \tag{1}$$

式中，M、C、K 分别为质量矩阵、阻尼矩阵、刚度矩阵；U、$\dot{U}$、$\ddot{U}$ 分别为结点位移、速度、加速度向量；$F(t)$ 为外力向量。采用直接积分方法对运动方程进行求解，速度和加速度采用中心差分格式离散为以下形式

$$\dot{u} = \frac{u_{i+1} - u_{i-1}}{2\Delta t} \tag{2}$$

$$\ddot{u} = \frac{u_{i+1} - 2u_i + u_{i-1}}{\Delta t^2} \tag{3}$$

　　联立式（1）、式（2）、式（3），并对质量矩阵进行集中质量处理，可得运动方程的显式求解格式

$$u_{i+1} = 2u_i - u_{i-1} - \frac{\Delta t^2 f_i}{m_i} \tag{4}$$

　　上述求解格式是一种条件稳定算法，时间步长 Δt 必须小于临界时间步长，临界时

间步长为

$$\Delta t_{\mathrm{cr}} = \frac{T_n}{\pi} \left(\sqrt{1+\xi^2} - \xi \right) \tag{5}$$

式中，T_n 为系统的最小固有周期，ξ 为阻尼比。

1.2　土–结构相互作用模拟

为了考虑土与结构之间以及整个地下工程中不同结构之间的相互作用，本文采用动接触力模型，其基本原理如下：在运动方程的右端加入接触力 $R(t)$ 这一项，如式（6）所示，位移为基本未知量，并把场位移写成递推的形式，如式（7）所示。首先在不考虑接触力影响的情况下计算预测位移，然后根据不同的接触状态计算接触力，并对位移进行校正，当接触状态的判断准则收敛时则进入下一个时间步的计算。摩擦力的确定采用库仑摩擦定律。

$$M\ddot{U} + C\dot{U} + KU = F(t) + R(t) \tag{6}$$

$$U_{p+1} = \bar{U}_{p+1}(U_p, U_{p-1}, \dot{U}_p, F_p) + \Delta U_{p+1}(R_p, \tau_p) \tag{7}$$

式中，U_{p+1} 为 $p+1$ 时刻的结点位移向量；$\bar{U}_{p+1}$ 为 $p+1$ 时刻的预测位移值，即不考虑接触力时的结点位移向量；ΔU_{p+1} 是由接触力引起的附加位移场向量；R_p 为法向接触力；τ_p 为切向接触力。

1.3　人工边界的确定

黏弹性人工边界具有低频稳定性良好、精度高、鲁棒性好等优点，既能考虑对散射波能量的吸收，又能模拟半无限地基的弹性恢复力，故本文采用三维黏弹性动力人工边界，在三维整体有限元模型和三维局部有限元模型中人为切取的边界即侧面和底面均施加等效的弹簧、阻尼器两种物理元件，其中弹簧元件的弹性系数及黏性

阻尼器阻尼系数的计算公式如式（8）所示：

$$\left. \begin{array}{l} K_{\mathrm{BT}} = \alpha_{\mathrm{T}} \dfrac{G}{R}, \quad C_{\mathrm{BT}} = \rho V_{\mathrm{S}} \\[2mm] K_{\mathrm{BN}} = \alpha_{\mathrm{N}} \dfrac{G}{R}, \quad C_{\mathrm{BN}} = \rho V_{\mathrm{P}} \end{array} \right\}, \quad \text{其中：} \left. \begin{array}{l} V_{\mathrm{S}} = \sqrt{\dfrac{G}{\rho}} \\[3mm] V_{\mathrm{P}} = \sqrt{\dfrac{2G(1-\nu)}{\rho(1-2\nu)}} \end{array} \right\} \tag{8}$$

式中，K_{BT}、K_{BN} 分别为弹簧切向与法向刚度；C_{BT}、C_{BN} 分别为阻尼器切向和法向系数；R 为波源至人工边界点的距离，实际计算时可取模型形心到人工边界的距离；α_{T}，α_{N} 分别为切向与法向黏弹性人工边界修正参数，取值分别为 2.0 和 1.0；V_{S}、V_{P} 分别为 S 波和 P 波波速；G 为介质剪切模量，ν 为泊松比，ρ 为介质质量密度。

1.4　材料模型

本文采用修正的扩展形式的 Masing 准则模型来反映土体的动力非线性特性。在进行动力分析之前，需进行静力分析以获得初始地应力等信息。采用邓肯–张模型来模拟地基土的静力力学特性。此外，除地基围土外的内衬引水管道、外衬盾构片以及竖井壁等结构均采用线弹性本构来模拟其性质。

2　穿黄隧洞三维有限元模型

2.1　三维整体模型及三维局部模型

三维整体模型包括邙山隧洞段、过黄河隧洞段以及南、北岸竖井等复杂结构的布置见图1。

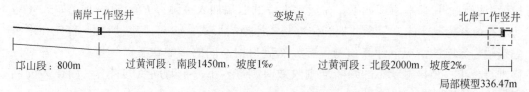

南岸工作竖井　　　　　　　　　　　　变坡点　　　　　　　　　　北岸工作竖井

邙山段：800m　　过黄河段：南段1450m，坡度1‰　　过黄河段：北段2000m，坡度2‰

局部模型336.47m

图1　穿黄工程整体模型关键结构示意图

有限元模型的 x 方向为沿隧洞轴线方向，自南向北为正；竖直向上为 y 轴正向；顺河向自西向东为 z 轴正向。整体模型的计算范围为：x 方向自南向北全长4374m，y 向自黏土岩至地表，在邙山隧洞段最大深度为180m，在过黄河隧洞段最大深度为110m，z 向自两隧洞对称中心向外各取50m。整体模型单元总数297 344，大部分采用八结点六面体单元，极少部分过渡区域采用六结点五面体单元，自由度总量高达百万量级。局部模型取北岸竖井及其附近部分隧洞段，计算范围从整体模型最北端向南取336.47m，其他方向与整体模型相同，单元总数为15 830。两种规模模型中的最小单元特征尺寸约为0.35m，时间积分步长为0.05ms。

2.2　材料参数的选取

整体三维模型沿深度方向和管轴线方向共穿越8种不同地基土，均采用非线性材料本构；内衬、外衬、竖井壁和黏土岩石采用线弹性材料本构。土和竖井等结构的力学参数具体如表1和表2所示，由于整体模型材料分区显示时所占篇幅较大，故只给出北岸竖井局部模型中土层和黏土岩的材料分区示意图，如图2所示。

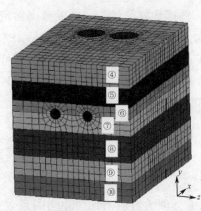

图2　北岸竖井局部材料分区示意图

表1　线弹性材料分区参数表

材料分区编号	密度（kg/m³）	弹模（GPa）	泊松比	备注
①	2500	33	0.2	内衬
②	2600	35	0.2	外衬
③	2500	33	0.2	竖井壁
⑩	1800	0.3	0.23	黏土岩

表2　非线性材料分区参数表

材料分区编号	干密度（kg/m³）	c（KPa）	φ（°）	Δφ（°）	K	K_{ur}	n	R_f	m	K_b
④	1640	20	27.7	4.9	72.71	145.4	0.727	0.699	0.199	47.49
⑤	1500	11	34.9	5.6	153.59	307.2	0.804	0.683	0.268	111.25
⑥	1580	14	36.0	8.2	354.02	708.1	0.303	0.704	0.194	204.13
⑦	1650	13	37.4	9.4	302.23	604.6	0.507	0.737	0.149	159.86
⑧	1800	17	38.1	6.0	449.52	899.1	0.326	0.816	0.052	224.43
⑨	1700	13	38	6.3	547.60	1095.2	0.382	0.859	0.233	294.26
⑪	1700	15	35.1	7.2	303.29	606.6	0.300	0.681	0.146	184.60
⑫	1700	1	38.2	7.3	445.38	890.8	0.305	0.775	0.133	163.41

2.3　计算参数的选取

1）地震荷载的确定

根据 GB18306—2001《中国地震动参数区划图》，穿黄工程区基本地震加速度为 0.1g，按 50 年超越概率 5% 的地震动标准进行设防，相应地震加速度峰值为 0.158g，选用的人工地震波见图 3，三维整体模型和局部模型均把地震荷载作为均匀体波进行施加。

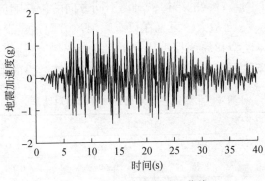

图3　地震动加速度时程曲线

2）不同部位之间的接触关系

根据内衬引水管道与外衬盾构片两者受力型式的不同分为单独受力和联合受力两种设计方案。整体模型中不同结构之间的具体接触关系如表3所示，表中"1"表示有相互接触关系，"0"表示没有相互接触关系。

表3　模型中不同结构之间的接触关系

接触关系	引水	盾构	南岸	北岸	周围
引水管道	0	0/1*	0	1	1
盾构片	0/1*	0	1	1	1
南岸竖井	0	1	0	0	0

接触关系	引水	盾构	南岸	北岸	周围
北岸竖井	1	1	0	0	0
周围土	1	1	0	0	0

＊表示两种工况下的接触关系不同,"／"前面的数字表示联合受力方案,后面的数字表示单独受力方案。

3）人工边界的施加

三维整体模型和三维局部模型的四个侧面和底面均施加黏弹性人工边界,两种不同规模模型中在计算 x 法向侧面上弹簧刚度时所取的 R 值不同,整体模型和局部模型中分别取为 2200m 和 168m。

3　结果与分析

3.1　三维整体模型与三维局部模型计算结果对比分析

对两种不同规模的模型又分别选用联合受力和单独受力两种受力型式进行对比研究。

1）北岸竖井的动力响应的对比分析

从表 4 可以看出,竖井的位移响应随高程的增加而增大,这是由于竖井底部与地基连接紧密,形成类似倒悬臂梁的结构;对比不同方向的位移响应,可以发现: x 向位移量值最小, y 向次之, z 向最大,可见在只有顺河流方向地震荷载时地下结构的剪切变形是最主要的;整体模型和局部模型中竖井动力响应在管轴线方向即 x 方向具有明显差异,整体模型中竖井顶部的位移峰值是局部模型计算结果的 1.5 ~ 3 倍。

表 4　北岩竖井不同高程位移峰值对比表　　　　　（单位:mm）

不同方向	不同受力型式	竖井顶部		竖井底部	
		整体模型	局部模型	整体模型	局部模型
u_x	单独受力型式	0.75	0.50	0.60	0.20
u_y		3.00	3.00	2.50	2.50
u_z		20.00	20.00	17.00	17.00
u_x	联合受力型式	0.75	0.45	0.65	0.15
u_y		3.00	3.00	2.60	2.50
u_z		23.00	22.00	17.00	17.00

2）北岸竖井进口处引水管道、盾构片等部位动力响应的对比分析

从表 5 可看出,整体模型中外衬盾构片沿管轴线方向发生的错动量即 x 向位移和沿管断面切向方向的相对位移即 z 向位移大于局部模型中相应的计算结果。单独受力型式的模型比联合受力型式的计算结果更加显著。

表5　外衬与围土之间的相对位移（外衬盾构片减去围土对应接触点的值）

（单位：mm）

不同方向	不同受力型式	外衬顶部		外衬底部	
		整体模型	局部模型	整体模型	局部模型
u_x	单独受力型式	−0.15	0.05	0.17	0.03
u_y		0.02	0.00	−0.02	0.00
u_z		−12.30	−0.68	12.30	0.67
u_x	联合受力型式	0.11	0.00	0.09	0.02
u_y		0.00	0.00	0.03	0.00
u_z		−1.94	−0.10	2.09	0.08

3）整体模型中外衬盾构片的动力响应

在遭遇地震的整个过程中，外衬盾构片沿管断面切向发生微量的切向位移，东西两条管道的外衬相对于周围围土均发生了扭转，两者扭转方向相向。以东侧管道为研究对象，从图4可看出，地震结束时残余切向位移最大值约0.337m，相对于圆形管断面中心约0.34°，发生在距离整体管道变坡点（桩号7108.57m）以北120m附近。

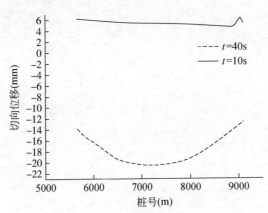

图4　东侧盾构片沿管断面切向方向的位移

3.2　基于三维整体有限元模型计算结果的建议

1）对于地质条件分布不均匀，结构形式复杂，跨度大的地下隧洞结构，长跨度的管道容易发生沿管道断面切向方向的转动，因此不同结构之间的交接处为较薄弱环节，须设置沉降缝、压缩缝来避免不同结构之间发生较大相对运动，引起应力集中，进而影响整个结构的安全性能。

2）通过不同受力型式的模型对比研究可知：单独受力型式的管道盾构片在沿管轴线方向的错动量和沿管断面切线方向的位移量比联合受力型式的计算结果更大一些，故实际工程中如果采用联合受力型式确保做到内外衬联合受力是非常必要的。

4　结论

从本文的分析结果可以得到以下结论：

（1）在只有顺河向均匀地震输入时，整体模型与局部模型均表现出顺河向位移最大，竖直向位移次之，管轴线方向最小的特征，可见顺河向剪切位移是地下结构在遭遇地震时发生的主要位移。

（2）整体模型中计算的竖井、引水管道、盾构片等关键结构在沿管轴线方向的位移响应均大于局部模型的相应的计算结果，可见局部模型计算得到的安全度要大于整体模型的结果。

（3）三维局部模型不能反映内衬引水管道、外衬盾构片等长跨度结构的整体动力响应，为了更加深入地研究地下结构，尤其是跨度大、结构形式复杂的地下结构的整体抗震安全问题，采用三维整体模型进行数值仿真分析更加真实可靠。

必须指出的是，因整体模型规模巨大、计算量超过百万量级，本文在进行数值仿真时，对整个地下结构的输水管道做了一些简化，未详细考虑盾构片在不同管片之间的相互作用，须对此方面做进一步的深入研究。

胶结颗粒料坝研究进展与工程应用

贾金生 刘 宁 郑璀莹 马锋玲 杜振坤 汪 洋

摘 要：胶结颗粒料坝的概念于 2009 年提出并于 2012 年在国际发表，我国胶结颗粒坝行业技术标准于 2014 年得到批准。本文综述了胶结颗粒料坝的研究进展，重点以胶凝砂砾石坝为例，阐述了断面设计、材料配比、性能试验方法和施工质量控制方面的理念和进展，给出了胶凝砂砾石和胶凝人工砂石的强度、渗透性、抗冻性和绝热温升等试验结果和工程应用实例，归纳总结了胶结颗粒料坝的筑坝基本原则。已建工程实践表明，胶结颗粒料坝具有安全、经济、环境友好等优点，从工程实践看，可以节约投资 10% ~ 20%，安全性高、漫顶不溃，并可缩短建设周期，有利于环境保护和水土保持，具备一定的适应性和优越性，为面广量大的中小型水库大坝工程建设提供了新的坝型选择。

1 概述

中国、印度、伊朗和埃及是世界上最早建设水库大坝的同家，如我国的堤坝最早建于公元前 2000 年前，然而，由于早期建设的水库大坝一般采用当地材料填筑，留存下来的极少，多数溃决失效。虽然现代坝工理论的发展和逐步完善促进了高坝建设，也为保障大坝安全奠定了理论基础，但大坝事故、甚至水库失事案例仍有很多。

从统计看，重力坝具有很高的安全性。重力坝经历最为严峻的考验实例是 1999 年台湾集集地震，地震断裂带长 120km，横穿了石岗重力坝，地震剪切破坏了一个坝段，相邻坝段错动高差达 9m 左右，但其他坝段破损不大，未形成大的溃坝洪水。震后修补加固将剪切破坏坝段重建为鱼道，其余坝段继续挡水使用。重力坝漫顶不溃、地震横穿坝段未致大的次生灾害发生是其他坝型所没有的优点，尤其在重要的大江大河或者重要的城市上游建设水库大坝，应优先考虑重力坝。混凝土重力坝最为安全，但建设成本昂贵，在坝高 15m 以上的大坝总数中占比不到 5%，近年来，碾压混凝土筑坝技术得到了快速发展，与混凝土筑坝相比，建设速度更快、更经济，但由于大坝设计理论基本沿用了混凝土坝设计理论，筑坝材料的强度要求与混凝土基本一致，因此，碾压混凝土坝在概念上仍应归为混凝土坝。混凝土重力坝建设成本高的重要原因是普遍存在材料超强，同时，水泥用量高导致水化热高、施工期温控复杂等。为改进这一问题，法国等国家发展了硬填料坝（hardfill dam），日本发展了胶凝砂砾坝（CSG 坝），中国发展了胶凝砂砾石坝（CSGR dam）和堆石混凝土坝（RFC dam），在一定程度上降低了建设费用。为了更好更充分利用当地材料且实现安全、经济建设大坝目标，贾金生和刘宁等于 2009 年提出了胶结颗粒料坝（cemented material dam，简称 CMD）和"宜材适构"的新型筑坝理念，并推动国际大坝委员会设立了胶结颗粒料坝专业委员

原载于：水利学报，2016，(3)：315-323.

会，编制了胶结颗粒料坝水利行业技术标准。

胶结颗粒料坝是介于土石坝和混凝土坝之间的一种新坝型，理念是调整坝体结构来适应材料特性、充分利用当地材料筑坝。按照原材料的粒径，分为胶结土坝、胶凝砂砾石坝（骨料最大粒径小于150mm，对于围堰工程，最大粒径小于300mm；包括硬填料坝、胶凝砂砾坝、胶凝人工砂石坝）、胶结堆石坝（骨料粒径大于300mm，又称堆石混凝土坝）。新的坝型可充分利用当地条件，通过水泥、粉煤灰、石粉、砂浆和混凝土等材料，将土、砂、石等材料胶结起形成具有一定强度、抗剪能力和抗冲蚀能力的筑坝材料，按照结构设计适应当地材料、筑坝材料充分发挥自身特性的原则确定大坝断面，从而达到安全、经济和环保的目的。新坝型秉承了重力坝靠自重维持稳定的特点，但按功能梯度思路确定分区，将大坝防渗、防冻融和保护等部分与大坝主体分开，大坝主体以承压为主，避免受拉，充分发挥材料的抗压能力，同时尽力避免传统重力坝材料超强过多的问题。

为避免出现拉应力并使应力更为均匀分布（不同工况下应力变幅小），胶结颗粒料坝一般采用梯形断面，断面面积介于混凝土重力坝和面板堆石坝之间，兼具两者的优点，同时也有自身的特点，扩大了适应性。与混凝土重力坝比，坝体断面较大，应力分布相对均匀且应力水平低，对基础和材料强度的要求降低，可充分利用天然砂、砾、石、基岩开挖料、人工破碎料等筑坝，骨料选择范围宽，可做到少弃料，降低造价，且有利于环境保护；水泥用量，绝热温升低，可简化或者不进行温度控制，使施工更加快速、简便。与堆石坝比，断面显著减小，筑坝材料中加入胶凝材料，经碾压后形成的是胶结体，因此坝体具有一定的抗冲蚀能力，提高了运行时抵抗洪水漫顶破坏的安全度，且泄水建筑物可以直接布置在坝体上。

国际大坝委员会胶结颗粒料坝专业委员会从2014年开始组织编写技术公报，其中胶凝砂砾石坝由贾金生负责，堆石混凝土坝由金峰负责，胶结土坝由法国 M. Lino 负责。胶凝砂砾石坝是胶结颗粒料坝的典型代表之一，本文结合公报的编写，重点论述胶凝砂砾石坝的研究进展，并阐述胶结颗粒料坝新坝型的主要原则。

2　胶凝砂砾石坝研究进展

胶凝砂砾石坝是我国基于法国、日本、土耳其和希腊等国关于 hardfill 坝和 CSG 坝的实践经验，从20世纪90年代提出并开始研究和推广应用的。hardfill 坝和 CSG 坝一般采用河床天然砂砾料，剔除粒径大于80mm或60mm的大骨料后，加少量水泥进行碾压筑坝。对于河床砂砾料具有一定的要求，适用范围有限。我国按照"宜材适构"的新理念，围绕不同工程条件下的适应性，对于不同河床料、开挖料、组合料的充分应用开展了系列研究，系统构建了设计理论，发布了技术标准，主要取得如下进展：①大坝筑坝骨料最大粒径由80mm增大到150mm，对围堰工程，最大粒径增大到300mm，扩大了材料适用范围；②河床天然砂砾料、开挖料、人工砂石料，或上述材料的混合料都可作为骨料，扩大了材料来源和范围；③胶凝材料采用水泥和粉煤灰，进一步降低水泥用量，减少温升、降低造价；在粉煤灰缺少地区，可掺加石粉部分替换粉煤灰；④研发了新型防渗材料，提出了"宜材适构"和"功能分区"设计结构的概念；⑤研发了滚筒式连续拌和设备，拌和能力达到 200m³/h，提升了筑坝材料的质量，实现了大粒径骨料采用自动化制备拌和、快速施工的目标；⑥研发了基于超宽带定位和物联网技术的质量控制系统，实现了拌和、碾压施工智能监控的目标；⑦提出胶凝砂砾石坝可建于非岩石基础上，给出了砂卵石基础上建胶凝砂砾石坝的原则和工程措施，进行了破坏模式研究。

我国第一座胶凝砂砾石围堰（街面水电站下游围堰）于 2004 年建成，堰高 16.3m。之后陆续建成了福建洪口水电站上游过水围堰（$H=35.5$m），云南功果桥水电站上游过水围堰（$H=56$m），贵州沙沱水电站二期下游围堰（$H=14$m），四川飞仙关水电站一期纵向闸堰（$H=12$m）等，积累了经验。山西守口保是采用胶凝砂砾石坝设计的第一座永久工程，坝高 61.6m，2015 年 8 月开始建设。当前在建的还有顺江堰大坝（$H=11.6$m）；处于设计论证中的工程还有那恒水库大坝（$H=71.5$m）、岷江航电键为枢纽防护堤（$H=14.1$m）等永久工程。

2.1　断面型式

胶凝砂砾石坝按照"宜材适构"和"功能分区"理念确定合理断面型式。传统重力坝一般上游面采用直立坡，坝踵应力在满库、空库工况下变化较大（图1），所需的

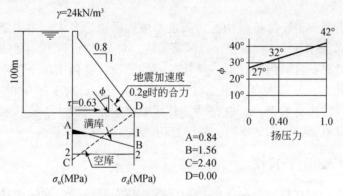

(a) 传统重力坝断面（下游坡比1:0.8）

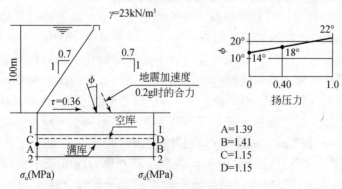

(b) 等腰三角形断面（坡比1:0.7）

图 1　重力坝和胶凝砂砾石坝的应力对比

材料同时要求抗拉、抗压、抗渗和耐久性能，普遍超强严重（图2）。胶凝砂砾石是一种弹塑性材料，强度、弹性模量及其他的性能参数与混凝土、碾压混凝土相比相对较低且不均一。按"宜材适构"理念采用梯形或者等腰梯形断面适应材料的性能，应力水平低、分布均匀、变化小，对材料的性能要求大幅度下降，可以更充分发挥当地材料性能。按"功能分区"理念采用防渗保护层、排水设置等重点解决抗拉、防渗、抗冻融问题，大坝主体只承抗压作用，大坝设计注意功能梯度变化，按需设材以达到分布上安全度的均匀性，从而在节省投资的前提下保障总体超载能力不降低。

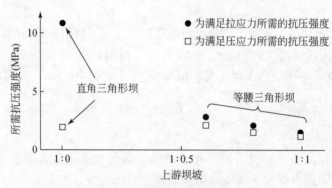

图2　不同形状的断面对材料强度的要求

胶凝砂砾石坝属于胶结体结构，需满足整体抗滑稳定要求。由于断面远大于常规重力坝，在相同条件下整体抗滑稳定性显著增强，对基础处理的要求可适当放宽。

由于胶凝砂砾石材料强度较低，坝体断面应保证在任何工况下，坝体内部胶凝砂砾石处于受压状态，且最大应力小于材料的允许压应力。对于坝踵和坝趾等在施工、运行期可能出现拉应力的部位，应按功能分区要求采用混凝土、富浆胶凝砂砾石、加浆振捣胶凝砂砾石等强度高的材料，并注意功能梯度变化的渐进性。

2.2　配合比和材料特性

胶凝砂砾石的原材料包括河床天然砂砾石、基岩开挖料，剔除超径骨料（粒径大于150mm）后，一般无须筛分。粒径大于150mm时，可破碎处理。胶凝砂砾石的胶材用量（水泥和粉煤灰等）与碾压混凝土坝相比显著降低。由于骨料处理简化、胶材用量少，胶凝砂砾石存在明显的强度离析。

胶凝砂砾石配合比设计，首先应进行料场勘探和取样，绘制料场砂砾石的级配包络线。分别以最粗级配、最细级配和平均级配的砂砾石作为试验对象，选取不同用水量进行胶凝砂砾石强度试验，得到满足施工VC值要求的适宜用水量范围以及与之相对应的适宜强度范围，即"配合比控制范围"（图3）。不同于混凝土强度由级配和用水量固定的"点"控制方式，胶凝砂砾石强度是由"范围"控制，用水量与强度随着级配而变化"配合比控制范围"中平均级配胶凝砂砾石强度最小值应满足配制强度要求，同时最细级配胶凝砂砾石强度最小值不得低于设计强度，即"双级配双强度规定原则"。

对胶凝砂砾石材料性能开展了试验研究。其中，不同尺寸试件强度对比试验结果见表1。试验采用42.5级普通硅酸盐水泥（以下简称42.5普硅水泥）和Ⅱ级粉煤灰，

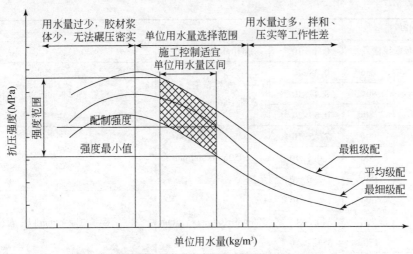

图3 设计龄期下单位用水量和抗压强度关系

砂卵石采自北京附近河床。水泥 40kg/m³，粉煤灰 40kg/m³，用水量 72kg/m³，砂率 25%（砂中含泥量 6.3%）。采用最大粒径 150mm 砂砾石拌和，湿筛成型，450mm、300mm、200mm、150mm 立方体试件成型最大骨料粒径分别为 150mm、100mm、60mm、40mm。试验结果表明，450mm、300mm、200mm 立方体抗压强度分别为 150mm 标准试件的 88%、90% 和 95%，随着龄期增长，强度差异增加；拉压比为 0.064~0.098。弹性模量、极限拉伸、干缩、徐变、绝热温升等性能试验结果见表2。

表1 胶凝砂砾石强度试验结果

试件尺寸（mm）	28d		90d		180d		平均比值（%）	抗拉强度（Mpa）			拉压比（%）		
	抗压强度（MPa）	与标准试件比值（%）	抗压强度（MPa）	与标准试件比值（%）	抗压强度（MPa）	与标准试件比值（%）		28d	90d	180d	28d	29d	18d
450	6.2	92.5	9.8	87.5	12.1	85.8	88	0.51	0.65	1.15	0.082	0.066	0.095
300	6.2	92.5	10.1	90.1	12.3	87.2	90	0.55	0.83	1.20	0.089	0.082	0.098
200	6.6	98.5	10.6	94.6	13.0	92.1	95						
150	6.7	100	11.2	100	14.1	100	100	0.43	0.75	1.27	0.064	0.067	0.090

表2 胶凝砂砾石性能试验结果

试验项目		试验结果	试件尺寸	备注
180d 轴压强度（MPa）		8.6	$\phi 450mm \times 900mm$	
180d 弹性模量（MPa）		20.2	$\phi 450mm \times 900mm$	
弹性模量（GPa）	28d	13.8	$\phi 150mm \times 300mm$	湿筛剔除 40mm 以上颗粒
	90d	17.9		
	180d	19.8		
180d 轴拉强度（MPa）		0.93	$\phi 450mm \times 1350mm$	

试验项目		试验结果	试件尺寸	备注
180d 极限拉伸		$0.46×10^{-4}$	$\phi450mm×1350mm$	
极限拉伸	28d	$0.38×10^{-4}$	标准试模 断面 $100mm×100mm$	湿筛剔除 30mm 以上颗粒
	90d	$0.47×10^{-4}$		
	180d	$0.59×10^{-4}$		
干缩	30d	$77.5×10^{-4}$	$\phi450mm×900mm$	
	90d	$150.8×10^{-4}$		
	180d	$212.0×10^{-4}$		
干缩	30d	$266.4×10^{-4}$	$100mm×100mm×515mm$	湿筛剔除 40mm 以上颗粒
	90d	$340.5×10^{-4}$		
	180d	$353.2×10^{-4}$		
自生体积变形	30d	$-23.4×10^{-4}$	$\phi300mm×900mm$	湿筛剔除 100mm 以上颗粒
	90d	$-26.4.5×10^{-4}$		
	180d	$-27.9×10^{-4}$		
	250d	$-28.6×10^{-4}$		
270d 徐变×10^{-6} （MPa）	持荷 28d	19.8	$\phi300mm×900mm$	湿筛剔除 100mm 以上颗粒
	持荷 90d	20.6		
	持荷 170d	21.5		
43d 渗透系数（cm/s）		$2.82×10^{-6}$	$300mm×300mm×300mm$	湿筛剔除 100mm 以上颗粒
		$3.42×10^{-6}$	$\phi450mm×450mm$	
绝热温升（℃）	28d/ 最终拟合	11.9/13.5	$\phi400mm×400mm$	42.5 普硅水泥 $40kg/m^3$，Ⅱ级粉煤灰 $40kg/m^3$， 胶凝砂砾石 28d 抗压强度 6.7MPa
	28d/ 最终拟合	8.8/9.3	$\phi400mm×400mm$	采用山西守口堡工程原材料，42.5 普硅水泥 $50kg/m^3$，Ⅱ级粉煤灰 $40kg/m^3$
	28d/ 最终拟合	10.6/11.9	$\phi400mm×400mm$	采用岷江航电捷为工程原料，42.5 普硅水泥 $40kg/m^3$，Ⅱ级粉煤灰 $40kg/m^3$

2.3　专用拌和设备研制和质量控制系统研发

由于胶凝砂砾石原材料级配离散性大、骨料含水率变化相对较大、含泥量相对较高，为了保障施工质量，需要采用现代化的设备和工艺来简化材料制备和施工过程并保证施工质量。为此，研制了连续滚筒式胶凝砂砾石专用拌和设备和施工质量实时监控系统。

研制的连续滚筒式搅拌机内部叶片设置通过优化，对拌和原料的适应能力大为提升，不仅能够拌和粒径大于 200mm 的天然、连续级配的砂石骨料，还能够拌制常规的碾压混凝土，拌和质量均匀稳定，最大拌和能力达 200m³/h，能够满足胶凝砂砾石快速施工的需求。研制的新型搅拌机内部结构示意图见图 4。

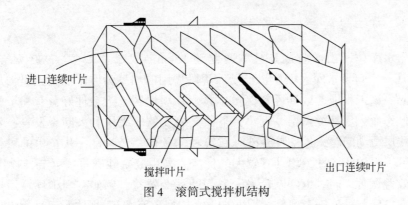

图 4　滚筒式搅拌机结构

胶凝砂砾石施工过程中需要重点控制砂砾石原材料的级配、拌合物的 VC 值和碾压后的压实度，由于采用河床天然砂砾和开挖料等原材料，级配和含水率变化大，人工控制存在难度。基于超宽带定位和物联网信息技术，研发了胶凝砂砾石施工质量监控系统，通过智能化数据采集、动态分析和实时预警，对原材料配合比、拌和物质量和胶凝砂砾石的碾压施工等施工过程进行实时监控和预警，是胶凝砂砾石坝建设不可或缺的技术组成部分。系统功能框架结构如图 5 所示。

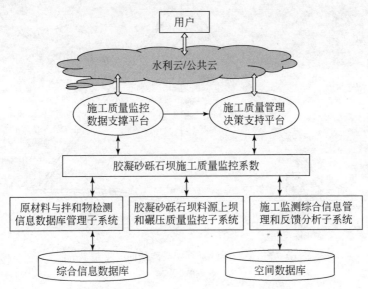

图 5　胶凝砂砾石坝质量控制系统功能框架

2.4　工程应用

胶凝砂砾石筑坝在我国多座围堰和大坝工程中得到应用，最高的大坝为 61.6m。35.5m 高的洪口围堰 2006 年建成后经受了超标准洪水考验，最大漫顶水头达到 8m，过洪后围堰完好，充分说明胶凝砂砾石坝具有较好的安全性，可以漫顶不溃。已建工程实践表明，采用胶凝砂砾石筑坝技术可以节约投资 10% ~ 20%，并可缩短建设周期20% 以上，且有利于环境保护和水土保持，在不少坝址具有优越性。

2.4.1　守口堡胶凝砂砾石大坝

守口堡水库位于山西省阳高县城西北约 10km。水库总库容为 980 万 m^3，属小（1）型水库。守口堡水库大坝在初步设计阶段选用的坝型为碾压混凝土重力坝，最大坝高 64.6m。该工程坝址区砂砾料储量丰富，且坝址区施工条件好，有利于施工布置和大型机械作业；坝基覆盖层厚度小，下伏基岩无软弱夹层和大断裂发育，不存在深层滑动和浅层滑动问题，具备胶凝砂砾石筑坝的条件。经论证，从技术的可行性、结构安全性、工程的经济性，均具有较大的优势。采用胶凝砂砾石坝可节省投资 13% 左右，经济效益显著。同时也可以带来一系列的社会效益，例如有利于环境保护和水土保持等。守口堡胶凝砂砾石坝最大坝高 61.6m，坝顶宽 6m，坝体断面采用上、下游等坡比的梯形断面，上、下游坡比为 1∶0.6（图6）。上、下游面分别采用 1.5m 和 1.0m 厚的常态混凝土作为防渗保护层。根据计算分析，在任何荷载组合下，坝基面的抗滑稳定安全系数大于 1.31，抗剪安全系数大于 4.08，坝内层面的抗滑稳定安全系数更高，坝体稳定具有较大安全余度。在任何工况下，坝体内部胶凝砂砾石保持受压状态，最大压应力值为 1.293MPa。胶凝砂砾石的设计强度等级采用 C_{180} 6MPa。

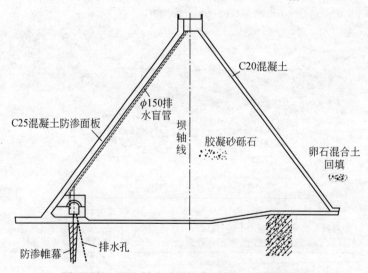

图6　守口堡胶凝砂砾石坝典型断面（单位：m）

2.4.2　非岩基上的犍为胶凝砂砾石防洪堤

与重力坝相比，胶凝砂砾石坝因为断面大，坝底应力水平低且分布均匀，对地基强度的要求相对降低，可在非岩基上建造胶凝砂砾石坝。四川岷江航电犍为枢纽塘坝乡防洪堤，高 14.1m，堤长总计 80 多千米。航电部门曾在类似的工程中采用钢筋混凝土面板堆石坝挡水，因堤的防洪标准低，曾发生洪水漫顶溃决等，维修加固困难且费用昂贵。新的防洪堤工程建设被迫研究漫顶不溃且经济适用的胶凝砂砾石坝方案。犍为堤底地基分布着 8.3～10.5m 厚的砂砾石，防护堤挡水水头小，且当地砂砾石储量丰富，级配理想，具备采用胶凝砂砾石筑堤的条件。堤体采用上游坡比 1∶0.5、下游坡比 1∶0.7 的断面，设计强度为 4MPa（180d）。洪口胶凝砂砾石围堰 2006 年建成当年遭遇了50年一遇的超标洪水过洪考验，洪峰流量达 5500m³/s，堰顶最大水头达 8m，总过水时间达 44h，围堰安然无恙。该堤防洪标准低，与土石堤相比，胶凝砂砾石作为胶结体可允许堤顶过水，整体抵抗漫顶破坏的安全性显著提高。

3　胶凝人工砂石坝的研究

对于缺少河床天然砂砾石的工程，可以用胶凝人工砂石来修建胶凝人工砂砾石坝。

胶凝人工砂石与人工骨料的碾压混凝土类似，不同之处在于人工砂石的破碎工艺简单，不筛分，无粗骨料级配优选，胶凝材料用量相对较少，最大骨料粒径为150mm。另外，人工砂石级配相对稳定，不含泥，其各项性能特别是耐久性优于基于河床砂砾料的胶凝砂砾石。

胶凝人工砂石与碾压混凝土性能对比试验，结果见表3。

表3　胶凝人工砂石与碾压混凝土性能对比试验结果

| 编号 | 材料用量（kg/m³） | | | | | 粉煤灰（%） | 水胶比 | 抗压强度（MPa） | | | 劈拉强度（MPa） | | | 抗渗180d |
	水泥	粉煤灰	水	砂	石子			28d	90d	180d	28d	90d	180d	
CSGR-1	50	70	84	647	1683	58	0.70	11.5		21.9	0.97		1.94	
CSGR-2	50	70	81	650	1689	58	0.68		23.1				1.99	
CSGR-3	50	70	78	652	1695	58	0.65	16.9	23.9	28.8	1.33	2.20	2.54	>W6
CSGR-4	45	75	78	651	1694	63	0.65	13.7	20.3	26.7	1.14	2.04	2.44	>W6
CSGR-5	40	80	78	651	1693	67	0.65	11.1	17.7	22.4	0.90	1.68	2.31	>W6
RCC	65	84	82	755	1558	56	0.55	22.4	28.1	33.8	1.73	2.43	2.87	>W6

试验采用42.5普硅水泥，Ⅱ级粉煤灰，0.7%掺量的萘系高效减水剂，灰岩骨料，胶凝人工砂石粗骨料比例（特大石∶大石∶中石∶小石）为30∶25∶25∶20，碾压混凝土粗骨料比例（大石∶中石∶小石）为30∶40∶30。VC值控制3～10s。试验结果表明，固定水胶比为0.65、胶凝材料用量为120kg/m³，粉煤灰掺量由58%提高到67%时，28d、90d、180d抗压强度分别降低34%、26%和22%，劈拉强度分别降低32%、24%和9%，粉煤灰掺量对抗压强度的影响更大。与0.55水胶比的碾压混凝土相比，58%粉煤灰掺量的胶凝人工砂石，28d、90d、180d抗压强度分别为碾压混凝土的75%、85%和85%，劈拉强度分别为77%、91%和89%，随着龄期的增长，强度差别逐渐变小。胶凝人工砂石和碾压混凝土的抗渗性能均能满足W6，且有一定的富裕度。

由于人工骨料级配稳定，与胶凝砂砾石相比，更为容易配置较高强度的胶凝人工砂石，质量也更容易控制。坝体断面可根据结构分析和成本综合确定。坝高71.4m的那恒水库，比较后，胶凝人工砂石坝将比碾压混凝土坝节省10%以上。

4　胶结颗粒料筑坝原则

胶结颗粒料坝是我国提出的坝型，是对传统筑坝技术体系的补充。胶结颗粒料不同于散粒体料，也不是混凝土，材料上形成了新的连续的应用范围；所筑大坝既不同于土石坝，也不同于混凝土坝，属于从散粒材料坝到混凝土坝之间的过渡坝型。与传统土石坝、混凝土坝相比，大坝的设计和建设理念有所不同。基于已有研究和工程实践，总结提炼了胶结颗粒料坝的筑坝原则，概括如下。

4.1　基本原则

（1）胶结颗粒料制备介于堆石料和混凝土材料之间。与堆石料相比，增加了水泥、粉煤灰、石灰石粉和自密实混凝土等作为胶结材料，胶结后成为固体；与混凝土材料比，大大简化了材料的制备、筛分、水洗、级配、温控和保护等。倡导通过结构设计的改进以尽可能地适应当地材料性能。

（2）胶结颗粒料坝按照混凝土重力坝同等安全裕度设计，尤其是在抗漫顶破坏和抗地震破坏方面。

（3）与混凝土和碾压混凝土相比，显著降低胶凝材料（水泥、粉煤灰）用量。

（4）采用"宜材适构"和"功能分区"概念设计。抗拉、防渗、抗冻融和抗碳化层等可以使用富浆胶凝砂砾石、混凝土、碾压混凝土和堆石混凝土等材料。防渗与排水结构相结合以确保大坝内部处于干燥状态。不同区材料在强度、弹性模量等性能上采用渐变过渡设计。

4.2　结构设计原则

（1）大坝断面基本上介于重力坝和土石坝之间。与重力坝相比，坝体断面增大以降低坝体应力水平，从而保证材料具有足够的强度储备。

（2）胶结颗粒料坝对于应力和稳定的要求与重力坝相似。

（3）由胶结颗粒料填筑的坝体应在任何工况下处于受压状态，对于施工或运行中处于受拉状态的区域，可采用富浆胶凝砂砾石、加浆振捣胶凝砂砾石、混凝土或碾压混凝土、堆石混凝土等抗拉性能好的材料。

（4）可在非岩基上建造坝高不超过 50m 的胶结颗粒料坝。

4.3　材料选择原则

充分利用当地材料来建造胶结颗粒料坝以减少弃料，降低造价，保护环境。土可用于修建胶结土坝；粒径小于 80mm 的当地材料可用于修建硬填坝或胶凝砂砾坝；粒径小于 150mm 的材料可用于修建胶凝砂砾石坝；粒径小于 300mm 的材料可用于修建胶凝砂砾石围堰；粒径大于 300mm 的材料可用于修建堆石混凝土坝。

4.4　施工原则

（1）永久工程应采用可靠的专用设备制备胶结颗粒料。如采用胶凝砂砾石筑坝，需要专用拌和设备拌和，但对于围堰则可采用反铲挖掘机简易拌和。

（2）宜用现场数字化监控系统监控施工质量，确保永久工程的材料和施工质量。

（3）与其他材料接触部位施工，应符合功能梯度概念实现渐进变化，并保障安全可靠。

5　结论

我国是水库大坝数量最多的国家，未来一段时期建设和管理的任务繁重，研究新的大坝结构和材料，在节省投资的同时改进大坝安全，意义非常重大。胶结颗粒料坝是作者基于各国实践提出的新坝型，旨在为面广量大的中小型水库大坝工程提供一种安全性高、漫顶不溃，且更加快速、经济、环境友好的选择。新的筑坝技术体系正在形成，不少工程实践证明取得了良好的成效，也得到了国际大坝界的认可。需要进一步加大投入，联合研究，共同促进推广应用。

准静态颗粒介质的弹性势能弛豫分析

全鑫鑫　金　峰　刘　宁　孙其诚

摘　要：颗粒体系是典型的多体相互作用体系，具有多重的能量亚稳态。对于准静态颗粒体系，引入构型颗粒温度 T_c 描述弹性势能涨落。本文认为平衡的体系具有一定的构型颗粒温度 T_a，其量值反映了其结构特征。当外界扰动激发的构型颗粒温度超出 T_a 时，产生不可逆过程。通过对应力松弛过程的分析，发现 $(T_c - T_a)$ 激发了弹性弛豫，且 $(T_c - T_a)$ 越大则松弛过程中应力变化越大，最终构型颗粒温度 $T_c \to T_a$ 时，宏观应力松弛结束，体系达到新的能量亚稳态。

1　引言

　　颗粒体系是极为复杂的体系，需要更多的变量来描述其宏观性质；当平衡态被打破时，产生多种不可逆过程，包括输运过程和弛豫过程，由于都是发生在相同的内部结构上，因此这些不可逆过程具有内在的联系。比如，在颗粒的光弹实验中发现，力链瞬间断裂并重新生成，应力波动较大，且局部颗粒的平动速度和旋转角度发生较大变化。这就使得建立描述颗粒体系性质的模型或理论变得非常困难，相关的工作也非常少。基于经典的连续介质弹性、弹塑性理论所建立的模型大多限制在宏观描述的范畴内，且对于颗粒体系内部的演化过程很难准确地描述。离散元的发展给深入了解和开展颗粒介质内部结构演化的研究提供了帮助，通过对不同状态的颗粒介质进行内部状态变量的统计，可以充分认识到体系的各向异性、剪胀性等性质和一些特征的局部结构形式，如剪切带等。同时将传统的弹塑性力学和离散元结合，通过离散元的计算将一些能够表征结构演化的状态变量引入到宏观模型的建立中。将宏观和细观结合起来也逐渐成为研究的重点。而基于热力学理论建立的本构关系，如超塑性模型、临界状态理论模型等，在能量守恒方程基础上推导耗散关系也取得了一些进展。然而模型的建立还是在传统的弹塑性理论框架下，对于内部结构的反映还有局限。而从介观尺度建立的颗粒流体动力学（granular solid hydrodynamics，GSH）方法以非平衡态热力学为基础，将反映能量涨落的颗粒温度引入到模型中，模型能够反映颗粒介质的非线性和多种输运过程，已经应用到静态和准静态颗粒体系的分析计算。颗粒温度可细分为动能的涨落和弹性能的涨落两部分，动理学颗粒温度和构型颗粒温度概念理论认为在密集颗粒体系中，弹性能的涨落可以反映体系力链的演化，初步将其应用到准静态的结构分析中。这些工作还需更多和更深入的工作予以验证，其中之一就是要细致开展颗粒体系结构的探测和表征，才有可能建立结构与宏观性质的联系。比如，颗粒之

原载于：物理学报，2016，65（9）：096102-1—096102-6。

间存在相互挤压形成了强力链结构，它决定了颗粒体系的弹性；多个力链包围的区域称为软区，其中的颗粒相对疏松，易于滑动和转动，是颗粒体系能量耗散（主要是黏性耗散）的区域。在外界作用下，强力链和软区可能相互转化，强力链和软区的空间分布也发生演化，宏观上体现出不同的弹性和黏性性质。

与取决于原子价键强度的固体弹性相比，颗粒介质弹性不仅取决于颗粒间的接触力，还取决于颗粒的排布结构。从能量角度，颗粒体系具有多重亚稳态，一种力链结构对应一个能谷，亦即一个亚稳态；当外部激励超过亚稳态之间的能量势垒时，亚稳态之间发生转变，亦即从一个力链形态到另外一个力链形态演化。孙其诚初步提出了"构型颗粒温度 T_c"的概念，来表征能量的涨落，对于 T_c 严格定义需要开展统计力学的研究。本文基于构型颗粒温度分析了在准静态颗粒体系中应力松弛条件下的结构演化过程。

2　准静态颗粒体系的弹性势能亚稳态

从能量的角度来讲，体系演化过程会经过多个能量极小值点，每个局部能量极值点对应一个处在亚稳态的结构。在准静态加载条件下，体系的动能可以忽略，亦即体系的能量仅为弹性势能。在体系演化过程中，颗粒受到激发而产生位置重排，形成新的颗粒接触关系和力链结构；同时，不稳定的力链结构也不断地向稳定的结构形式演化。图 1 详细地说明了在准静态颗粒体系中的能量演化过程。颗粒重排和结构调整是准静态颗粒体系中的主要演化过程，其中颗粒重排过程中颗粒的相互摩擦、错动等耗散了大部分的能量，表现为势能的大幅度改变。而结构演化伴随着颗粒重排的进行，在每一个颗粒重排的局部产生小的能量的调整，达到更小的势能值，而图中 a 处代表颗粒位置的突然改变导致结构能量的减小，即为滞滑现象。图中的阴影部分代表在宏观的颗粒重排结束后，仅有结构调整时体系的能量变化过程，即随着力链结构的调整，体系由能量局部极小值点 B 向全局极小值点 C 演化，而这个演化过程可以用来说明应

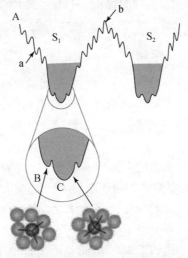

图 1　颗粒体系演化过程中的能量图

力松弛现象。在演化过程中，体系从一个状态 S_1 到另一个状态 S_2 需要跨越能垒，b 点处即代表不同的能态之间的转化要克服的能垒，能垒高度由体系的摩擦性质、结构特征等决定。

对于密集颗粒体系而言，在一定的应力状态下，由于颗粒之间的摩擦性质以及在几何尺度上的约束作用，弹性弛豫不会使弹性能完全丧失，弹性能涨落也可以稳定存在，即 C 点处的构型颗粒温度并不为零，构型颗粒温度本身并不是打破平衡态的原因。当体系在外界激励下，弹性能的涨落大于体系可以维持稳定的最大涨落时，则不可逆的演化发生，此时 $(T_c - T_a)$ 即为颗粒体系产生不可逆过程的耗散机理之一，其中 T_a 即为在一定应力状态下稳定的构型颗粒温度。

3　构型颗粒温度的演化

在平衡态附近的微小涨落被认为处于非平衡态热力学的线性区，涨落导致体系冲破能垒束缚，产生不可逆的演化。将这种涨落定义为构型颗粒温度，并类比 GSH 理论，把构型颗粒熵（或组态熵）假设为构型颗粒温度的线性函数 $S_c = \rho b T_c$，其中 ρ 为体系密度，b 为材料常数。借鉴热力学熵的演化方程，类比得到构型颗粒熵的方程为

$$\partial_t S_c + \nabla k \ (S_c v_k - f_k^c) = R_c / T_c \tag{1}$$

式中，$S_c v_k - f_k^c$ 为构型颗粒熵流量；R_c / T_c 为构型熵增加率，且

$$R_c = \frac{q_k^c}{T_c} \nabla k T_c + \sigma_{ij}^c v_{ij} - I \ (T_c - T_a) \tag{2}$$

假设 Onsager 关系为

$$\begin{pmatrix} q_k^c / T \\ \sigma_{ij}^c \\ I \end{pmatrix} = \begin{pmatrix} \kappa_{ik}^c & 0 & 0 \\ 0 & \eta_{ijkl}^c & 0 \\ 0 & 0 & r \end{pmatrix} \begin{pmatrix} \nabla_k T_c \\ v_{kl} \\ T_c - T_a \end{pmatrix} \tag{3}$$

式中，σ_{ij}^c 为黏性应力；κ_{ik}^c 为构型颗粒温度的导热率。在准静态三轴条件下可以得到

$$\rho b T_c \partial_t T_v c = \eta_s v_s^2 + \frac{1}{3} \eta_v v_v^2 - r(T_c - T_a)^2 \tag{4}$$

式中，η_s、η_v 为体积和剪切黏性系数；v_s、v_v 为体积和剪切应变率。假定在某一应力状态下，体系能保持稳定的弹性能涨落与平均应力之间满足线性关系，即 $T_a = k_0 P$，其中 k_0 为常数，与结构相关。应力增加，颗粒之间的约束更强，因此稳定的弹性能涨落更大。$r \ (T_c - T_a)^2$ 反映构型颗粒熵始终向热力学熵转化。在 $t = 0$ 时，$T_c = T_a$，在演化过程中 $T_c > T_a$，在 $t = \infty$ 时，$T_c = T_a$。

在加载过程中，荷载导致体系的力链不断演化，T_c 不断增加，在达到临界状态时，$v_v = 0$，$v_s \neq 0$，T_c 随着剪切应变率的施加而逐渐增大，体系从无序到有序不断演化，最终破坏。在应力松弛条件下，$v_{ij} = 0$，此时 $T_c \rho b \partial_t T_c = -r \ (T_c - T_a)^2$，构型颗粒熵自身弛豫过程激发了体系结构的演化，直至 $T_c = T_a$ 为止。

在准静态条件下，动应力可以忽略，因此总应力即等于弹性应力，弹性应力弹性能公式得出，即 $\sigma_{ij} = \partial w_e / \partial u_{ij}$。将总应变增量分解为弹性应变、塑性应变和耦合应变三

部分。

$$\delta\varepsilon = \delta\varepsilon^e + \delta\varepsilon^p + \delta\varepsilon^c \tag{5}$$

式中，$\delta\varepsilon^e$ 为弹性应变增量，描述颗粒骨架的性质；$\delta\varepsilon^p$ 为不可恢复的颗粒重排贡献的变形部分，且 $\delta\varepsilon^p = \alpha\delta\varepsilon$；耦合应变 $\delta\varepsilon^c$ 在结构的演化过程中发挥重要作用，与能量的涨落息息相关。而结构总是由不稳定态向最近的稳定状态演化，且能量的涨落也在不断趋近稳定态，而与稳定态的距离就决定了演化的路径和时间。因此，假设 $\delta\varepsilon^c = \lambda(T_c - T_a)\delta\varepsilon^e$，进而松弛时间定义为 $\tau = 1/\lambda(T_c - T_a)$，其中 λ 为材料参数，是体系密度的函数。

4　应力松弛计算

本工作分别针对不同表面性质、不同压力下的单轴松弛试验进行模拟。在应力松弛过程中维持体系宏观应变不变，因此几何方程可简化为

$$\partial_t \Delta = -\lambda_0(T_c - T_a)\Delta \tag{6}$$
$$\partial_t u_q = -\lambda(T_c - T_a)u_q$$

式中，Δ、u_q 为弹性体积应变和剪应变。由于密度不变，因此 λ_0、λ 为常数。对于颗粒温度演化方程，在实际计算过程中简单假定 $\eta_s = \eta_v = T_c$，$r = r_0 T_c$。由此在松弛条件下，方程（4）可以简化为

$$\rho b \partial_t T_c = -r_0(T_c - T_a)^2 \tag{7}$$

由式（6）和式（7）可以看出，在结构调整过程中，$T_c - T_a$ 是激发源，导致弹性应变和应力的衰减，同时 T_c 的自身弛豫过程导致能量涨落的降低和弹性弛豫演化速率的降低，直到 $T_c = T_a$ 时，应力松弛结束。另外从能量耗散的角度，松弛过程中体系的能量耗散率为

$$w' = \lambda(T_c - T_a)u_{ij}\sigma_{ij}^e = w^e/\tau \tag{8}$$

式中，w^e 为一个与弹性的能量表征，称为广义弹性能。由此在松弛过程中，能量耗散率即为广义弹性能在松弛时间下的速率，说明应力松弛过程中一部分不稳定的弹性能转化为热，即图1中所示的不同的波谷之间的能量差。

图2为单轴条件下新、旧两种颗粒的松弛试验模拟，初始轴压为627kPa，$\phi_c = 0.63$，加载速率 $v = 8.3\times10^{-3}\%/s$。弹性模型计算参数由声波试验获得，其中 $a = 0.5$，$c = 0.4$，$B_0 = 9.3\text{GPa}$，$\xi = 3.3$。迁移系数 $\lambda/\lambda_0 = 3.8$，$b = 10^{-3}$，对于新颗粒 $K_0 = 0.04$，$\lambda = 95\times\left(\dfrac{1-\rho}{1-\rho_c}\right)^{0.8}$，$r_0 = 1.6$，对于旧颗粒 $K_0 = 0.05$，$\lambda = 75\times\left(\dfrac{1-\rho}{1-\rho_c}\right)^{0.8}$，$r_0 = 2$。摩擦系数较大的颗粒约束作用更强，在同样的压力条件下，初始的 T_a 更大，在加载过程中颗粒之间作用充分导致松弛开始时的 T_c 值较小，所以 $T_c - T_a$ 较小，由式（7）可知，在演化过程中，构型颗粒温度的自身弛豫量较小，且摩擦系数较大的颗粒阻力更大，因此最终的应力改变较小。

对于同种材料不同轴压条件下的松弛模拟试验结果见图3，轴压分别为 0.1MPa 和 0.5MPa，加载速率为 $v = 6.6\times10^{-3}\%/s$，弹性模型参数为 $a = 0.5$，$c = 0.4$，

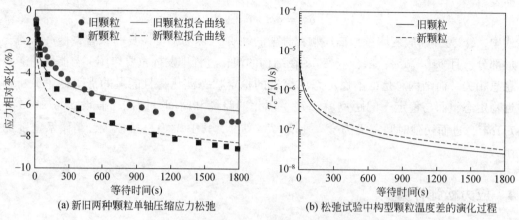

(a) 新旧两种颗粒单轴压缩应力松弛 (b) 松弛试验中构型颗粒温度差的演化过程

图2　单轴条件下新、旧颗粒松弛试验结果

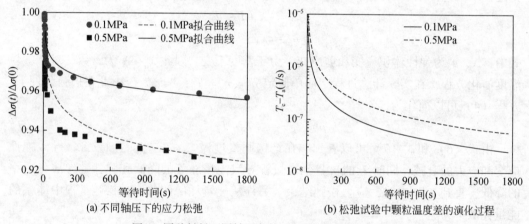

(a) 不同轴压下的应力松弛 (b) 松弛试验中颗粒温度差的演化过程

图3　同种材料不同轴压条件下的松弛模拟试验结果

$B_0 = 9.0\mathrm{GPa}$，$\xi = 3.3$，迁移系数 $\lambda/\lambda_0 = 3.8$，$b = 2.0 \times 10^{-3}$，$\lambda = 150 \times \left(\dfrac{1-\rho}{1-\rho_c}\right)^{0.8}$。对于 $0.1\mathrm{MPa}$ 轴压的试验 $K_0 = 0.01$，$r_0 = 2.0$；对于 $0.5\mathrm{MPa}$ 轴压的试验 $K_0 = 0.03$，$r_0 = 4.5$。轴压大的颗粒体系内部结构更加紧密，力链相互约束作用更强，K_0 更大；在演化过程中所需要克服的阻力也较大，r 较大，且 $T_c - T_a$ 更小，那么最终轴压较大的颗粒体系的应力改变较小。

由上述两组计算可以看出，T_a 反映了颗粒体系的结构特征，在演化过程中，随着压力和结构的改变，T_a 值也在不断改变，反映体系对应新的结构稳态，在应力松弛过程中，体系在不断趋向能量最低点。$T_c - T_a$ 差值越大，体系演化越快，结构调整也越剧烈。

5　结论

构型颗粒温度反映颗粒体系内部的能量涨落，超出稳定态的能量涨落部分是驱动准静态颗粒体系演化的热力学力，差值越大代表离稳态的距离越远，演化的速度越快，且内部结构变化剧烈，导致在应力松弛过程中，应力改变量越大。构型颗粒温度差激发的弹性弛豫，使得体系在一定的能量范围内向全局最小值点演化。但是也应该看到，T_a作为体系的稳定能量涨落需要更加深入的研究，以便明确其与内部结构和外界作用之间的关系。

第二章　水资源认识研究

第一节　　水资源保护与开发

　　水是珍贵而宝贵的自然资源，是一切生态所必需的重要因素，是人类赖以生存的资源，是社会经济发展不可或缺的基础。保护水资源、合理开发利用水资源，使其良性循环，是我们必须面对的课题，也是水资源研究的核心问题。随着我国经济社会迅速发展，水资源短缺、水生态损害、水环境污染等水安全中的新问题日益突出。因此，要强化水资源管理和保护，进一步增强水资源节约保护意识，营造优美清新水环境，为社会经济的可持续发展创造条件。

　　在完成三峡二期工程之后，因工作需要，2001 年 12 月刘宁调至水利部南水北调工程规划设计管理局工作，任总工程师；2002 年 4 月，任水利部副总工程师、总工程师。在这期间，刘宁主持参与了全国七大江河流域综合规划、防洪规划以及区域水资源论证等重要水利规划项目。他从古今中外治水的实践中汲取营养，从系统的视野、人文的角度来审视、指导自己的工作，先后总结提炼了《谈谈科学发展观与水利"十一五"规划工作》《从都江堰持续利用看水利工程科学管理》《从新疆水利发展看泛流域的出现与研究》《共同维系人水和谐的水生态环境》《对长江流域防洪规划的认识》等多篇水利规划、管理、水库调度以及水生态环境等方面具有指导性的文章。

21 世纪长江流域治理开发方略探讨

郑守仁　　刘　宁

摘　要：长江流域在我国经济发展中占有及其重要的战略也位，50 年来，该流域治理开发取得巨大成绩，但尚不能适应国民经济和社会发展的需要。21 世纪，长江流域治理开发仍以防洪减灾为重点，全面实施水资源综合利用和优化配置、保护水资源，以保障长江水资源可持续利用。

1　长江流域治理开发概况

长江是我国第一大河，干流全长 6300km，流域面积 180 万 km^2。流域上空平均年水汽量为 67 800 亿 m^3，与输入我国大陆上空水汽量的比值为 0.37，而流域面积与大陆面积的比值为 0.19；约有 1/4 的输入水汽转变成降水量。长江流域平均年降水量为 1067mm。年降水量地区分布很不均匀。长江多年平均径流量约 9600 亿 m^3，水能蕴藏量 2.68 亿 kW，大小通航河流 3600 余条，通航里程超过 7 万 km。

我国政府十分重视长江治理开发工作，50 年来，全面开展了以防洪为重点、水资源综合利用为目标的水利建设，正确处理了长江流域可持续发展过程中远景与近期，干流与支流，上、中、下游，大、中、小型，防洪、发电、航运、灌溉，水电与火电，发电与用电七大关系。防洪方面，基本形成了中下游较完善的堤防防御体系，干支堤总长超过 30 000km，其中干堤长 3600km，共完成土石方约 40 亿 m^3。修建了丹江口、柘溪等一批有较显著防洪作用的水库。修建了荆江和杜家台分洪工程，并规划建设了洞庭湖、洪湖和鄱阳湖等一批分蓄洪区，总有效蓄洪容积达 500 亿 m^3。治涝方面，对平原圩区进行了综合治埋，建成大小涵闸 7000 多座，排灌装机容量 510 万 kW，初步治涝面积 378 万 hm^2。为发展灌溉、调蓄水源，建成大中小型水库 4.8 万多座，其中一部分水库还兼有其他效益。建成引水工程 56 万多处，提水工程 26 万多处；灌溉面积发展到 1520 万 hm^2，其中旱涝保收面积 1133 万 hm^2，分别占耕地面积的 62.8% 和 46.6%。已建在建大型水电站 21 座，中型水电站 115 座，总装机容量将超过 4.0 亿 MW。在长江航道整治、沿江岸线保护、水产、水土保持等方面，也取得很大成绩。

经过 50 年的开发治理，长江流域洪、涝、旱自然灾害得到初步控制，抗御一般灾害的能力有了提高，水电、航运和水产等有较大发展，对保障人民生命财产安全，促进国民经济和社会的稳定发展，起到了重要作用。但是，流域的治理开发仍远不能适应经济和社会发展的需要。防洪、治涝、抗旱的标准不高；防洪主要依靠堤防，遇较大的洪水即需采取分蓄洪措施，淹没损失仍较大；特大洪水对荆江河段的严重威胁依

原载于：中国水利，2000，(9)：10-12。

然存在；每年防洪抗旱任务繁重，费用很大，遇较大旱、涝灾害，仍有大量农田受灾。长江丰富的水能资源，仅开发很少部分；长江航道仍不能满足经济发展的要求；由于植被破坏，造成水土流失；大量未处理的工业和生活污水排入河流及湖泊，使长江水资源受到污染。这些，都制约了长江流域经济的持续发展，因此，长江流域治理开发任务仍然十分繁重。

2　21 世纪长江流域治理开发战略探讨

长江流域是我国今后可持续发展的重要地区（包括西部大开发），应当在我国政府为实现可持续发展而制定的纲领性文件——《中国 21 世纪议程》的约束下，控制、减缓、改造那些影响可持续发展的因素。

2.1　完善防洪体系建设

形成以三峡工程为骨干的干支流水库群，对洪水调控；天然湖泊、河道得到疏浚、调整，能达到稳定岸线、控制和改善河势、保持和扩大泄洪能力、改善航运条件的目的；蓄滞洪区得到合理安排和运用，做到顺序调用，合理保护，代价、效益挂钩，发展、补偿适宜；沿江城市排涝形成有规划、统一的高标准控制；滩洲垸得到合理安排和管理；防洪预警系统高度现代化，尽可能加大预警时间和预警质量；沿江堤防标准进一步提高并得到妥善保护。整个流域，针对各种典型洪水进行合理的防洪系统调度，将灾害减到最低程度。

2.2　发展节水灌溉抵御干旱，治理水土流失

长江流域治理开发在提高其防洪能力的同时，还要继续发展灌溉，防止干旱，保障农业稳产高产、持续发展。首先要整顿现有的灌溉工程，抓好续建、配套、挖潜工作，充分发挥现有工程的作用；同时蓄、引、提相结合，重点改善和提高增产潜力较大的商品粮及经济作物基地的灌溉条件。规划到 2020 年增加有效灌溉面积达到 2000 万 hm² 以上，使长江流域内 85% 以上耕地得到灌溉。为了合理用水，要大力推广节水灌溉，采取综合技术措施，做到既减少灌溉用水量，又促进农作物增产。

长江流域山地和丘陵面积占全流域的 84.7%，水土流失严重，必须因地制宜，综合治理。首先要搞好土地利用规划。采取治理耕地、退耕还林、加强植被建设、迅速增加林草覆盖等水土保持工程措施，对水土流失严重地区进行治理。加强预防监督，防止新的人为水土流失。建立泥石流、滑坡预警系统，减少灾害损失。长江中上游防护体系建设工程是涵养水源、保护水土的重点工程之一，要抓紧实施。力争到 2030 年，使水土流失得到控制。

2.3　开发水电资源和水运建设

水电是清洁的再生能源。长江流域水电开发目前仅达到 20% 左右，潜力很大。在 21 世纪，长江的水能资源应充分得到利用，这样可相当于提供 5 亿 ~6 亿 t 原煤，持续不断，这对能源平衡、生态保护均有重大作用。长江水能资源集中在上游金沙江、雅

峇江、大渡河、乌江等河流上，指标优越。

长江水运低消耗、低污染，节约能源，保护环境。21 世纪长江水运应充分得以发展。要调整长江水运在综合运输网中的地位，提高干线运输能力，实现江海直达，建立高等级航道网、港口；长江上游干支流和中游主要支流，要逐步实施河道渠化；长江口疏浚与整治相结合，对南港北槽分阶段进行工程整治，逐步加大通海航道水深。

2.4　加快近、远距离供水发展速度

长江流域的城市化进程在逐年加快，因而对水的需求，无论数量和质量均会逐步提高，预计工业和城镇用水量至 2030 年将达 1600 亿 m^3。而中国北方干旱缺水更是影响可持续发展的重大制约因素。长江流域靠近华北，水资源相对丰富，有条件实施南水北调跨流域调水，东、中、西三线总调水量预计可达 600 亿 m^3。

为达到 21 世纪供水的要求，首先应采取强有力的措施，加强水源保护，继续开发一大批水源工程，包括合理开发地下水。其次要先后实施调水工程。包括远距离调水即"南水北调"和近距离沿江城市走廊的调水工程，挖潜、改造和配套已有供水系统。建立供排结合的完善体系。

2.5　加强水资源保护，防止水环境恶化

长江流域水量丰沛，但若不加强水资源保护，将可能出现水质性缺水。因此，在经济大发展，特别是西部大开发进程中，应加强水资源保护的力度。长江流域水环境保护重点是干流攀枝花、重庆、武汉、南京、上海等江段岸边污染带控制，支流沱江、湘江、青弋江和滇池、巢湖、太湖等水污染治理，用先进的技术防治和减少水污染。

3　紧密联系国民经济发展，优化配置水资源

长江流域横跨我国华东、华中、西南三大经济区，资源丰富，交通便利，经济发达。长江三角洲及长江沿江地区开发的节奏，特别是最近，西部大开发战略任务的实施，必然会涉及长江流域的资源配置，这都将在很大程度上制约着我国第二步、第三步战略目标乃至整个社会主义现代化进程。可见，紧密联系国民经济发展，优化配置水资源是非常必要的。

3.1　调整水资源利用政策，建立健全流域管理体制

调整水资源利用政策，应包括蓄滞洪区人地分离，淹后补偿，重点防护，多渠道办电，电源、电网分离，竞价上网，节水灌溉，以及治理水土流失与治穷致富相结合，严格环境评价制度，提高全民意识等。

加强水的流域管理是可持续发展管理的需要。水资源的自然流域特性，决定了应当以自然生成的流域为单元实施统一管理，流域水资源的开发利用，必须从全流域上中下游、干支流、左右岸统一考虑，向形成全国"大水系网"的统一管理目标努力。

在贯彻《水法》《水土保持法》的同时，应积极编制《流域管理法》，以明确流域的主体、管理规则，从而使流域的综合规划、水资源分配与调度、河道及湖泊管理、

防洪抗旱、水源保护、纠纷处理等，有序依法进行。

3.2 紧密联系国民经济，综合利用水资源

水资源为国有资产，随着国民经济的迅猛发展，产业结构在不断调整、改革和完善，有价的商品"水"，也必须适应社会主义市场经济发展的需要。这要求对水的利用必须进行成本分析和投入产出的效益研究，这包括对跨流域调水，地下、地表再生水水源利用，污水治理，防洪，航运，灌溉，节水等边际成本的研究分析和定价，乃至进行国民经济评价和财务评价，形成完善的水资源综合利用市场经济体系。

市场条件下的水资源供需，既不是以供定需，也不应是以需定供，而是应根据社会净福利最大和边际成本最小来确定合理的供需平衡。就宏观经济上讲，抑制水资源需求要付出代价，增加水资源供给也要付出代价，两者应以国民经济总代价最小为准则寻求平衡。在微观经济层次，不同水平上抑制需要和增加供给的边际成本在变化，两者平衡应以边际成本相等为准则。当然平衡的过程中，流域水资源的综合利用必须对生态环境约束、投资约束和灾害控制约束以及发电、航运效益约束等给予充分的关注和考虑。

4 结语

（1）长江流域水资源非常丰富，如何充分利用和开发不仅是一个流域需要关注的问题，也是全国应予以高度重视的问题。

（2）长江流域水资源的保护、开发和利用，应随着自然环境和社会环境的调整、平衡而进行可持续利用，相应的方式方法仅有规划是不够的，更重要的是应在实践中予以不断改进完善。

21 世纪长江流域治理开发与大坝建设

郑守仁　　刘　宁

摘　要：长江流域在我国经济发展中占有极其重要的战略地位。50 年来，该流域治理开发取得了巨大成绩，但尚不能适应国民经济和社会发展的需要。21 世纪，长江流域治理开发仍以防洪减灾为重点，全面实施水资源综合利用和优化配置，保护水资源，以保障长江水资源可持续利用。长江上游干支流水能资源丰富，峡谷河段适宜修建一批高坝，形成控制性水库，以达到防洪、发电、航运、灌溉、供水等综合利用长江水资源的目的，有利于实现水资源优化配置，并显著增加三峡枢纽的综合效益。在 21 世纪中后期，长江上游干支流将建成一批具有世界级的各类坝型的高坝，我国的大坝建设技术必将跃进到世界领先水平。

1　长江流域治理开发概况

1.1　长江流域概况

长江是我国最大的河流，发源于青藏高原唐古拉山，流经青海、西藏、云南、四川、重庆、湖北、湖南、江西、安徽、江苏、上海 11 省（直辖市），干流全长 6300km，流域面积 180 万 km²，占国土总面积的 18.75%，其中山地和丘陵占流域面积的 84.7%，平原占 11.3%，河流湖泊等水面占 4%。流域内气候温和湿润，雨量丰沛，多年平均降水量 1100mm，多年平均入海水量 9600 亿 m³。流域地势西高东低，由河源至河口，总落差 5400 余米，水能资源丰富，总蕴藏量 26.8 亿 MW，可开发量 19.7 亿 MW，占全国水能可开发量的 53.4%，主要分布在长江上游的西南地区。流域内地下矿产资源丰富，品种多，分布广，大多数矿藏量在全国占重要地位。流域内现有人口 4.15 亿人，耕地 2400hm²。

1.1.1　长江上游地区

长江干流宜昌以上为上游，长 4500 多千米，流域面积 100 万 km²，宜昌站年均水量 4510 亿 m³。干流宜宾以上属峡谷河段（宜宾至玉树段通称金沙江，玉树以上称通天河），长 3464km，落差 5100 余米，占长江总落差的 95%。金沙江河段比降大，滩多流急，汇入的主要支流有北岸的雅砻江。宜宾至宜昌段（通称川江）长 1040km，沿江丘陵与阶地互间，汇入的主要支流，北岸有岷江、沱江、嘉陵江，南岸有赤水河、乌江。干流奉节以下为雄伟的三峡河段，两岸悬崖峭壁，江面狭窄，水流湍急，滩险众多。

长江上游地区，以山区为主，河谷深切，地形起伏变化大，岩体以板岩、片岩、

原载于：水利学报，2000，31（9z）：12–18.

等变质岩和砂岩、黏土岩、碳酸盐岩、页岩等沉积岩出露最广。侵入和喷出的岩浆岩体，散见于四川盆地以西各地，在金沙江、雅砻江、大渡河等部分河谷地段有这类坚硬块状岩体分布，是兴建大型水利水电工程的优良地段。

上游地区，除金沙江中上游段、雅砻江、岷江上游基本无暴雨外，其他地区均有暴雨。四川盆地西部与川东的大巴山区是上游的主要暴雨区，岷江、嘉陵江、宜昌至重庆区间，常发生大面积暴雨。当暴雨相互遭遇时，就形成峰高量大的川江洪水，它是长江中下游洪水的主要来源，特别是防洪形势最为险要的荆江河段的洪水基本上都来自上游。长江的泥沙也主要来自金沙江和嘉陵江。

上游地区矿产资源丰富，矿种很多。水能资源非常丰富，理论蕴藏量为 21.86 亿 MW，可能开发量为 17.08 亿 MW，占全流域可能开发量的 86.7%。上游地区雨量虽丰沛，但在时空分配上与农业需水常有矛盾，旱灾成为上游地区最主要的威胁，洪水灾害也时有发生。山地、丘陵面积大，水土流失严重。

1.1.2 长江中下游地区

宜昌至湖口段为中游，长 955km，流域面积 68 万 km²。宜昌以下，河道坡度变小、水流相对平缓，枝城以下沿江两岸大多筑有堤防。中游加入的主要支流，南岸有清江和洞庭湖水系的湘、资、沅、澧四水，鄱阳湖水系的赣、抚、信、饶、修五水，北岸有汉江。自枝城至城陵矶河段为著名的荆江，河道弯曲，南岸有松滋、太平、藕池、调弦（已堵塞）四口分流入洞庭湖，水道最为复杂。目前上荆江（藕池口以上）堤高流急，形势险要，下荆江曲折蜿蜒，泄洪不畅，防洪问题突出。城陵矶以下河道，在一些分汊河段内主流有摆动，一些浅滩河段河势不够稳定。

湖口以下为下游，长 938km，流域面积 12 万 km²，沿岸亦有堤防保护。下游汇入的主要支流有南岸青弋江水阳江水系、太湖水系和北岸的巢湖水系，淮河的大部分水量也通过其入江水道流入长江，大通以下约 600km 受潮汐影响。

中下游地区气候温和湿润，雨量丰沛。大别山区、湘西至鄂西山地以及江西九岭山至安徽黄山一带是本地区主要暴雨区，其汛期早于上游，如南岸鄱阳湖、洞庭湖两大水系，4 月即陆续进入汛期，如一旦汛期后延与上游峰高量大的川江洪水遭遇，就会造成中下游严重的洪灾。

本区矿产资源丰富，开发条件优越，特别是有色金属、黑色金属和建材资源，在全国占有重要地位，唯煤炭储量较少。水能资源主要分布在洞庭、鄱阳两水系的支流、清江和汉江，理论蕴藏量 5.0 亿 MW，可开发量约 2.65 亿 MW，占全流域的 13.4%。下游地区能源资源更少，是流域内主要缺能源区。中下游地区，经济发展水平较高，工农业生产发达，江汉平原、洞庭湖区、鄱阳湖区、巢滁皖地区、太湖流域及长江三角洲都是我国著名的商品粮、棉、油等农业生产基地。铁道、公路交通方便，并有较完善的内河航道网和最集中的江海港群。城市林立人工稠密，工业基础雄厚，形成了比较完善的工业体系，是我国工农业总产值较高的地区。中下游平原地区由于地面高程普遍低于长江及其支流尾闾汛期洪水位数米至 10 余米，全赖堤防保护，洪涝灾害威胁极为频繁严重，是长江流域防洪的重点地区。

1.2　长江流域治理开发情况

50 年来，我国全面开展了以防洪为重点，水资源综合利用为目标的水利建设。防洪方面，基本形成了中下游较完善的堤防防御体系，干支堤总长超过 30 000km，其中干堤长 3600km，共完成土石方 40 亿 m³。修建了丹江口、柘溪等一批有较显著防洪作用的水库。修建了荆江和杜家台分洪工程，并规划安排了洞庭湖、洪湖和鄱阳湖等一批分蓄洪区，总有效蓄洪容积达 500 亿 m³。治涝方面，对平原圩区进行了综合治理，建成大小涵闸 7000 多座，排灌装机容量 510 万 kW，初步治涝面积 378 万 hm²。为发展灌溉，调蓄水源，建成大中小型水库 4.8 万多座，其中一部分水库还兼有其他效益。建成引水工程 56 万多处，提水工程 26 万多处。灌溉面积发展到 1520 万 hm²，其中旱涝保收面积 1133 万 hm²，分别占耕地面积的 62.8% 和 46.6%。已建在建大型水电站 21 座，大中型水电站 115 座，总装机容量将超过 4.0 亿 MW。在长江航道整治、沿江岸线保护、水产、水土保持等方面，也取得很大成绩。

经过 50 年的开发治理，长江流域洪、涝、旱灾害得到初步控制，抗御一般灾害的能力有了提高，水电、航运和水产等有较大发展。但是，流域的治理开发仍远不能适应经济和社会发展的需要。防洪、治涝、抗旱的标准不高；防洪主要依靠堤防，遇较大的洪水即需采取分蓄洪措施，淹没损失仍较大。特大洪水对荆江河段的严重威胁依然存在，每年防洪抗旱任务繁重，费用很大，遇较大旱、涝，仍有大量农田受灾。长江丰富的水能资源，仅开发很少部分，长江航道仍不能满足经济发展的要求。由于植被破坏，造成水土流失严重。大量未处理的工业和生活污水排入河流及湖泊，使长江水资源受到污染。这些都制约了长江流域经济的持续发展，因此，长江流域治理开发任务仍然十分繁重。

2　长江流域治理开发的任务

21 世纪，我国经济将有更大的发展，同时，要求资源可持续利用，改善环境质量。水利作为发展国民经济的命脉和基础产业，面临我国洪涝灾害、干旱缺水、水环境恶化三大水资源问题，针对长江流域的特点及其在我国经济发展中的地位和作用，依据 1990 年 7 月国家批准的《长江流域综合利用规划报告》，结合 21 世纪我国经济可持续发展的需要，21 世纪长江流域治理开发的主要任务如下。

2.1　完善防洪工程体系，减轻和消除洪水灾害

几十年的治理实践已证明，必须根据长江洪水的特性，以及沿江各地区的自然条件和社会经济情况，坚持"蓄泄兼筹，以泄为主"和"上蓄下疏，标本兼治"的综合治理方针，还要考虑"江湖两利"和左右岸兼顾以及上、中、下游协调的原则，实施合理加高加固堤防，整治河道，平垸行洪，退田还湖，从而扩大洪水下泄能力。建设好已有的分蓄洪区，完善分洪措施，实行有计划的分蓄洪。修建综合利用水利枢纽，利用水库拦蓄洪水。做好水土保持工作，减少洪水和泥沙来源。除了搞好各种工程措施以外，还要建立防洪保险，加强洪水预报，加强河道管理，加强分蓄洪区管理等非

工程防洪措施。2009 年三峡工程建成后，长江将形成以三峡工程为骨干，堤防为基础，配合以干支流水库、分蓄洪工程、河道整治工程及非工程防洪措施的防洪工程体系。长江防洪近期目标是在三峡水库调控下，依靠堤防，再加上运用各分蓄洪区，使荆江河段可防御超过 100 年一遇的大洪水，其他河段防御 1954 年洪水，主要支流防御 20 ～ 50 年一遇洪水，少数支流达到防御 50 ～ 100 年一遇洪水的标准。建立遇特大洪水应急对策，力争减少洪灾损失。

长江流域防洪规划远景目标：上中游干支流梯级水库开发达到可发挥梯级联合运行效益，并成为长江防洪体系的重要组成部分，堤防等防洪系统更加完善。统一优化调度，配合运用，在长江防洪体系保障下，长江中下游的防洪能力空前提高，实现了最大限度地消除和减轻洪水灾害。长江中下游地区洪灾频繁将成为历史，与中下游防洪紧密相关的治涝问题也得到解决，洪涝灾情将被控制在最低程度，洪水和内涝灾害基本消除。

2.2 继续发展灌溉，加快水土流失治理

长江流域治理开发在提高其防洪能力同时，还要继续发展灌溉，防止干旱，保障农业稳产高产、持续发展。首先要整顿现有的灌溉工程，抓好续建、配套、挖潜工作，充分发挥现有工程的作用，同时蓄、引、提相结合，重点改善和提高增产潜力较大的商品粮及经济作物基地的灌溉条件。规划到 2030 年增加有效灌溉面积，达到 2000 万 hm^2 以上，使长江流域内 85% 以上耕地得到灌溉。为了合理用水，要大力推广节水灌溉，采取综合技术措施，做到既减少灌溉用水量，又促进农作物增产。长江流域山地和丘陵占全流域面积 84.7%，水土流失严重，必须因地制宜，综合治理。首先要搞好土地利用规划。采取治理坡耕地、退耕还林，加强植被建设，迅速增加林草覆盖等水土保持工程措施，对水土流失严重地区进行治理。加强预防监督，防止新的人为水土流失。建立泥石流、滑坡预警系统，减少灾害损失。长江中上游防护林体系建设工程是涵养水源、保护水土的重点工程之一，要抓紧实施。力争到 2030 年，使水土流失得到控制。

2.3 开发水能资源，促进水资源综合利用

长江流域水能资源丰富，充分利用其水能资源优势，因地制宜地发展水电，加快水电开发速度，减轻煤炭生产和交通运输的压力，减少环境污染。

长江上游干支流金沙江、雅砻江、大渡河、乌江等属峡谷河流，水能资源丰富，流域内人口密度较小，耕地分散，有利于修建高坝大库，提高径流调节程度，以满足本流域防洪和中下游地区防洪要求，并可充分开发水能，改善航运条件。岷江、沱江、嘉陵江等属丘陵平原地区的河流，流域内人口密度较大，耕地较多，在中下游河段修建控制性枢纽工程淹没损失严重，应在这些河流上游峡谷河段修建水库，以满足灌溉和防洪要求，同时充分开发水能，改善航运条件。上游金沙江规划近期开发的水利枢纽有溪洛渡、向家坝工程。两枢纽位于金沙江下游四川盆地边缘的峡谷地带，控制金沙江流域面积 96% 以上，淹没耕地和迁移人口较少，水库总库容 195 亿 m^3，发电装机 1.8 亿 MW，具有防洪和拦沙作用，同时改善和创造通航条件。上游主要支流规划近期开发的水利枢纽有：雅砻江的桐子林、锦屏，大渡河的瀑布沟，乌江的彭水、构皮滩、

洪家渡等工程，开发任务主要是发电，兼顾防洪，改善和创造航运条件。岷江紫坪铺，嘉陵江亭子口、合川、武都等工程，主要任务是解决川西平原、四川腹地及成都、重庆等重要城市的工农业供水、防洪、结合发电，改善航运条件。

长江上游各主要支流和干流梯级开发远景规划为：金沙江石鼓至宜宾河段按 9 个枢纽梯级开发方案，主要任务是发电，将成为"西电东送"的主要基地，同时满足防洪要求，共有总库容 814 亿 m³，其中兴利库容 336 亿 m³，总装机容量 1.503 亿 MW。雅砻江规划 21 个枢纽梯级开发方案，以发电为主，兼顾工农业用水，促进航运发展，同时，控制本河流洪水，以分担长江干流防洪任务，总库容 355 亿 m³，有效库容 223 亿 m³，总装机容量 2.235 亿 MW；岷江干流开发任务是灌溉、发电、防洪、航运以及工业与生活用水，以沙坝和紫坪铺两枢纽为骨干，规划 14 个枢纽梯级开发方案，总库容 32.6 亿 m³，有效库容 16.7 亿 m³，总装机容量 3240 万 MW；岷江支流大渡河主要任务是发电，兼顾航运和灌溉，并分担干流和长江中下游防洪任务，规划 16 个枢纽的梯级开发方案，总库容 165 亿 m³，有效库容 76 亿 m³，总装机容量 1.76 亿 MW。嘉陵江开发任务是灌溉、防洪、航运和发电，嘉陵江各水系上游选有 9 个调节性能较好的枢纽，总库容 153 亿 m³，有效库容 69 亿 m³，总装机容量 2580 万 MW。乌江开发任务是发电、航运、防洪等，通过修建梯级水利枢纽，建成贵州、川东的水电基地，并根本改善航运条件，为长江合理预留一定的防洪库容起到防洪作用，规划 11 个枢纽的梯级开发方案，总库容 184 亿 m³，有效库容 112 亿 m³，装机容量 8800 万 MW。长江干流宜宾至宜昌河段规划石硼、朱杨溪、小南海、三峡、葛洲坝 5 个枢纽的梯级开发方案，总库容 542.5 亿 m³，防洪库容 221.5 亿 m³，装机容量 2.54 亿 MW。长江中下游支流，除清江外，均为丘陵平原地区河流。清江位于湖北省西南部，是长江出三峡后的第一个支流。清江自然条件优越，具有修建高坝的地形地质条件，淹没耕地和迁移人口较少，开发的主要任务是发电、防洪和航运。干流规划按 3 个枢纽梯级开发方案，上游的水布垭枢纽开始进行施工准备，中、下游的隔河岩和高坝洲枢纽已先后投入运行。3 个枢纽总库容 85.7 万 m³，有效库容 43.2 亿 m³，总装机容量 2891 万 MW。

汉江治理开发任务是防洪、发电、灌溉、航运和水产养殖。在干流襄樊以上，规划 11 个枢纽梯级开发方案，总装机容量 3100 万 MW；襄樊以下，规划 5 个低水头梯级。丹江口枢纽已建成，初期规模正常蓄水位 157m，有效库容 102.0 亿 m³，加高后正常蓄水位 170m，有效库容 175.1 亿 m³，为南水北调中线方案的水源水库。流域内发展灌溉重点是汉中、安康月河盆地、唐白河及干流中下游地区。汉江全部渠化后，丹江口以下航道标准提高到 3 级，丹江口以上航道标准进一步提高。

洞庭湖水系的湘、资、沅、澧四水共规划 51 座梯级电站，总装机容量 5470 万 MW。航运方面，近期主要对湘江下游、开湖航线和湘澧航线的航道进行整治和疏浚，形成通航 300~1000t 级驳船的水运网。远期结合水利枢纽建设，对四水中、下游进行渠化，达到 5~3 级航道标准，并开通联结湘桂两江的湘桂运河。鄱阳湖水系的赣、抚、信、饶、修五水共 32 个梯级，总装机容量 2850 万 MW。鄱阳湖水系的航道，近期主要是整治，远景结合梯级开发渠化河道、进一步提高航道标准。规划修建赣粤运河，由赣江上游过分水岭沟通珠江水系，形成我国东部纵贯南北的京广大运河。

2.4 南北水调，实现跨流域引水

我国河川径流总量2.71万亿m³，人均水量2260m³，为世界上人均水量较低的国家之一。水资源分布南多北少，长江流域及其以南河流的径流量占全国的80%以上，耕地不足全国的40%。黄淮海流域径流量仅占全国的6.5%，耕地却占全国近40%，工农业、城镇生活用水都很紧张。华北水资源短缺已成为国民经济发展和改善生态环境的制约因素，必须跨流域引水补源。长江流域水资源约为黄淮海流域总量的6倍，人均占有量为5倍。长江多年平均径流量9600亿m³，枯水期保证率95%的径流量为7610亿m³。长江流域一般年份可用水为2200亿m³，实际耗水量约1000亿m³，有富余水量可外调。规划从长江经四条路线调水：①西线。从长江上游通天河、雅砻江、大渡河引水到黄河上游，解决西北地区缺水问题。②中线。从汉江丹江口水库和长江引水，经湖北、河南、河北送至北京，解决黄淮海平原西部缺水问题。③东线。从江苏虱都三江营抽长江水，引水经江苏、安徽、山东、河北送至天津，解决黄淮海东部缺水问题。④引江济淮线。从安徽省裕溪口凤凰郓、神塘河引水，经巢湖到淮河，解决淮北、淮南地区缺水问题。从长江流域总调水量680亿m³，约占长江每年平均入海水量的6.8%。南水北调工程能合理地利用长江流域水资源，改善我国黄、淮、海河流域及西北地区严重缺少水资源的局面，有效地提高这些地区的经济效益、社会效益和生态环境效益，是实现我国水资源优化配置最重要的工程，在21世纪将分期实施上述4条路线的调水工程。

2.5 加强水资源保护，防止水环境恶化

由于城市工业废水和生活污水大量排放江中，加上农药、化肥、废渣、垃圾等面源污染，使流域内主要江河湖泊水污染日趋严重，沿岸21个城市岸边已有长达500km的岸边污染带。长江水质受人为因素和自然因素的影响，接纳各种污染源的污染物是造成长江水质恶化的直接原因。兴建水利工程时，如考虑不周，改变了干支流域的水文、水力学条件，也可能间接地引起水质的变化。加强长江流域水资源保护，必须采取综合措施。沿江各地政府要强化依法管理，强制关闭资源消耗高而又污染严重的中小型企业，对重点工业污染源实行达标排放，实行排污许可证制度。对江河水量统一调度，增加生态用水比例。加强水环境科研工作，改进水环境监测手段，对长江干支流的污染实行有效地控制。在长江干支流修建的水利枢纽工程，必须妥善解决对水库及坝下游水质的可能产生的影响。干支流水库蓄水后，由于库内水流流速减小，紊动扩散能力减弱，局部岸边水域污染物浓度有所增加，岸边污染带将有所扩展，因此，对已建水库周边城镇必须严禁将废污水排入水库，严格实行达标排放。水库蓄水淹没土地中的有害物质和营养物质被水溶出，将引起水质下降。国内外已建水利工程证明，淹没对水质的影响主要出现在水库蓄水初期，这种影响是短暂的。水库运行对坝下游水质的影响，既取决于水库下泄流量的水质，又取决下泄的水量。若下泄水质差，则坝下游的水质亦差；下泄水量少，则坝下游水体对污染物的稀释能力也小。修建水库后，经水库调节，枯水月份的下泄流量较最枯流量有所提高，且丰水、平水、枯水年之间的流量变化差缩小，这将有利于改善和稳定坝下游水质。总之，在长江干支流修

建水利枢纽工程，也要采取措施，防止造成长江水环境恶化。

3　大坝建设在长江流域开发中的作用

3.1　使长江水资源综合利用，实现水资源优化配置

长江水能开发必须坚持水资源综合利用的原则，正确处理发电、防洪、航运、灌溉、供水之间的关系，除害与兴利相结合，实现水资源的优化配置，充分发挥长江水资源的多种功能，全面为国民经济发展和社会服务。

长江上游干支流峡谷河段具有大批优良坝址，适宜修建大型水利水电工程。长江流域规划修建装机容量大于 1000 万 MW 的大型水电站 44 座，其中装机容量 1000 万 ~ 2000 万 MW 的 21 座，2000 万 ~ 5000 万 MW 的 17 座，5000 万 ~ 10 000 万 MW 的 3 座，大于 10 000 万 MW 的 3 座，总装机容量 13.2975 亿 MW，年发电量 6639.1 亿 kW·h，占全流域可能开发水能资源的 67.4%。装机容量大于 1000 万 MW 的大型水电站有 40 座，分布在长江上游干流和雅砻江、大渡河、乌江等支流。上游干支流水能开发是长江流域治理开发和水资源综合利用的重要组成部分。因此，在上游干支流修建一批高坝大库是 21 世纪长江流域治理开发不可缺的基础设施建设，不仅可提供大量电力，实现"西电东送"，促进长江流域能源平衡，而且可以促进上游地区经济发展，推动西部大开发，缩小西部地区与东部地区经济发展水平的差距。同时，高坝形成的大型水库可提高径流调节能力，使长江水资源综合利用得以持续发展，有利于实现水资源优化配置，统筹兼顾，综合平衡。

3.2　显著增加三峡枢纽的综合效益

三峡枢纽是综合治理开发长江的关键工程。2009 年三峡工程建成后，中下游地区防洪虽然得到很大改善，但仍不能彻底解决洪灾问题，必须继续在上游干支流修建一批控制性水库。21 世纪中后期，随着上游干支游一批高坝的建成，必将全面发挥三峡枢纽防洪、发电、航运效益。上游的高坝水库可提供 500 亿 m³ 的防洪库容，与三峡水库配合运用，对削减长江特大洪水洪峰作用显著，可以比较彻底地解决中下游平原地区洪水威胁。上游水库还可拦沙，延缓减少三峡水库因淤积而影响防洪库容，保证三峡水库的长期运行，使长江防洪体系趋于完善，可基本消除洪水灾害。上游干支流上的高坝形成一批调节性能好、规模大的水电站，可与三峡电站进行补偿调节，促进西南与华中联网，逐步形成以三峡电站为中心的全国联合大电网，从而充分发挥径流电力补偿和水火电共济的经济效果。通过上游水库调节，三峡水库枯水季入库流量增加，三峡电站保证出力由 3990 万 MW 提高到 6500 万 MW，年发电量由 847 亿 kW·h 增加到 900 亿 kW·h。上游干支流上的高坝组成梯级水库群，在改善航运条件方面发挥显著作用，形成宜宾至宜昌干流为主体、三峡库区为中心、连接沿江各重要城市的上游水运系统。三峡水库在枯水期的下泄流量由 5800m³/s 增大到 7500m³/s，使中游河道水深平均增加 0.5m，有利于万吨船队航行。

3.3　促进大坝建设技术的提高和飞跃

长江上游干支流修建大坝的坝址大部分具有河床狭窄、覆盖层厚、地震烈度高、洪枯水位变化大的特点。坝高大于 200m 的超过 20 座，坝型以拱坝、重力坝、混凝土面板堆石坝居多，电站多为地下厂房，跨度超过 30m。在长江上游干支流修建高坝将是我国大坝建设面临新的机遇和挑战。2010 年前，我国将建成世界最大的三峡水利枢纽工程，在清江水布垭建成坝高 228m、为世界最高的混凝土面板堆石坝，使我国大坝建设技术达到世界先进水平。此后，随着长江上游干支流梯级的开发，促进我们解决在地质新构造运动剧烈、断层发育、地震活动频繁、河床覆盖层达 100m 的峡谷坝址修建坝高超过 250m 的大坝和开挖跨度超过 35m 的大型地下厂房设计及施工技术难题，同时，要在高坝建设中采用新技术、新材料、新工艺、新设备，以缩短工期，降低造价，促进大坝建设技术的提高和飞跃。21 世纪中后期，在长江上游干支流将建成一批具有世界级的各类坝型的高坝，我国的大坝建技术必将跃进到世界领先水平。

4　结语

长江流域地处我国腹地、横贯东西、沟通沿海与内陆，在我国经济发展中占有极其重要的战略地位。但流域内中下游地区经济发展受长江洪涝灾害严重威胁，且受能源短缺的制约。上游地区交通运输困难，制约其经济发展。21 世纪长江流域将是我国可持续发展的重点地区，其流域治理开发必须把防洪建设放在首位，要综合应用堤防、控制性水库、分蓄洪区、河道整治、水土保持等各种工程措施与非工程措施相结合的防洪工程体系，提高长江防洪能力，同时要防止内涝和旱灾，减轻和消除洪水灾害，以适应该地区经济、社会、环境可持续发展的要求。长江流域治理开发要充分利用水能资源优势，在上游干支流修建控制性水库，既可发电，又承担防洪任务，使河道渠化，利于航运，并可改善工农业供水，为水资源优化配置创造条件，达到综合利用长江水资源的目的。为解决华北和西北地区缺水问题，从长江流域引水到黄淮海流域，实现跨流域调水，是我国水资源优化配置的战略措施，必将分期实施这一宏伟工程。在长江流域治理开发过程中，必须重视水资源保护，防止水环境恶化，以保障长江水资源可持续利用，这是实现本地区社会、经济可持续发展的必要前提。

实施西部大开发战略　合理利用长江上游水资源

刘　宁

摘　要：雅砻江、岷江、嘉陵江、乌江均在长江上游，水力资源丰富，在实施西部大开发战略中，要合理利用长江上游水资源，以促进西部大开发。

长江流域汇集 700 余条大小河川，相依相连的湖泊众多，仅长江的支流多年平均流量超过黄河的就有 8 条，其中雅砻江、岷江、嘉陵江、乌江均在上游。长江流域总面积达 180 万 km^2，多年平均输入流域上空的年水汽量约 67 800 亿 m^3，其中约 1/4 的水汽以雨雪等形式降落至地面，多年平均径流量约 9600 亿 m^3，占我国河川径流总量的 38%，为黄河年径流量的 20 倍。长江干流全长 6300km，流经 11 个省（自治区、直辖市），江源沱沱河至宜昌称为长江上游，长 4500km，集水面积为 100 万 km^2，其中自沱沱河与当曲会河口至巴塘河口又称为通天河，巴塘河口至宜宾又称金沙江，金沙江全长 2294km。

1　合理利用长江上游水资源，提高长江上游干支流蓄洪能力

三峡水库是长江中下游防洪体系的关键工程。在三峡工程论证中已经明确，上游干支流建库在防洪效能上不能替代三峡工程，单靠它们不能解决长江中下游防洪问题，这主要是由于：长江上游支流水库未能控制的面积约有 $30km^2$，处在暴雨区，历史上给长江流域造成严重灾害的 1860 年、1870 年特大洪水，此区间发生的洪水占的比重大；另一方面，若没有三峡工程，上游水库即使有一定的防洪库容，由于控制洪水的比重小，距防护对象远，对中下游进行补偿调度难度大，效果弱。但是，当三峡水库建成后，从提高防洪标准，尽可能减少使用分蓄洪区的根本要求出发，加大上游干支流蓄洪能力，将是长江中下游防洪对策的主要措施。

按照已批准的规划方案，长江上游支流的防洪容量是：乌江 11.7 亿 m^3；嘉陵江干流上只有亭子口水库，防洪库容 13 亿 m^3；岷江上无大型水库，大渡河的龚咀水库加高后，再考虑瀑布沟一定库容以及雅砻江二滩电站的库容，总的防洪库容不足 100 亿 m^3，并且分散、洪水同步性差。而金沙江石鼓—宜宾河段规划的 9 级开发，总库容可达 800 亿 m^3 以上，具有安排大规模防洪库容潜力，并控制了长江上游 50% 流域面积，配合三峡水库调度对长江中下游防洪将起到重要作用。因此，金沙江梯级水库在长江防洪规划中占有重要地位。

原载于：中国水利，2001，（2）：42～43.

2 金沙江河段是我国最大的水电"富矿"，开发条件优越

2.1 石鼓至宜宾河段的开发利用

石鼓至宜宾河段流经云南、四川两省，全长 1326km，落差 1570m，平均比降 1.2%，区间面积 26.8 万 km²。两岸山陡，河床深切，修建电站淹没损失小，且该河段水量丰沛，多年平均水量 1455 亿 m³。全河段水能理论蕴藏量 4231 万 kW。该河段规划开发方案为 9 级。全部梯级建成后，总库容 814.4 亿 m³，兴利库容 336.4 亿 m³，防洪库容 126.4 亿 m³，装机 5033 万 kW，年发电量 2746.7 亿 kW·h，淹没险滩百余处，可改善通航条件。

2.2 玉树至石鼓河段的开发利用

该河段流经青海、四川、西藏、云南 4 省（自治区），长 958km，平均比降 1.75%，区间面积 7.6 万 km²。该区地势高，平均高度在 3000m 以上，河谷切割甚烈。径流以融雪补给为主，年际年内变化不大，洪枯水期稳定，水能理论蕴藏量 1306 万 kW。该河段的轮廓规划构想是：拟采用 9 级开发方案，自上而下为东就拉、晒拉、俄南、白立、降由河口、巴塘、王大龙、日免、拖顶，总库容 470.7 亿 m³，兴利库容 135.7 亿 m³，装机 1173.73 万 kW，年发电量 613 亿 kW·h。

3 南水北调西线调水，促进西部大开发

南水北调的西线调水计划，是由长江上游引水到黄河上游，以补充黄河水资源的不足，重点解决青海、甘肃、宁夏、内蒙古、陕西、山西 6 省（自治区）的缺水问题。西线调水工程，从长江上游干支流调水入黄河上游，引水工程分别在通天河、雅砻江、大渡河干支流上筑坝建库，积蓄来水，采用引水隧洞穿过长江与黄河的分水岭巴颜喀拉山入黄河。

4 合理利用长江上游水资源的选择与建议

4.1 合理利用长江上游水资源的选择

长江三峡工程目前建设顺利，2003 年初期蓄水发电，因此上游干支流的开发应提到议事日程。无论从长江的整个防洪体系构成，还是国家电力能源的需求以及航运规划要求来看，均应首推干流金沙江的开发利用。而从金沙江两个河段的天然条件和开发条件看，当以石鼓至宜宾河段又在前位。

4.2 合理利用长江上游水资源的建议

金沙江石鼓至宜宾河段规划开发的梯级有 9 个，初期选择溪洛渡水电站建设是合

适的，但其他梯级如何陆续开发也值得深入研究。

　　水利工程建设整体投入大，先期投入大，综合效益大，对自然和社会环境改变大，因此，资金的筹措和工程的建管亦应与市场的需要相符合，比如，防洪、航运、发电效益在投资中的比例分摊；"西电东送"中，对减少中下游分蓄洪及提高航运保证率受益者应在先期开发建设中有所投入，投资多元化，建设业主和责权利分配等，都是社会主义市场经济条件下开发金沙江，兴建水利工程面临的新课题。

谈谈科学发展观与水利"十一五"规划工作

刘　宁

"十一五"规划与以往的规划相比体现出很多不同的特点,其中一个比较突出的特点就是在科学发展观的指导下,由编制五年计划改为五年规划。其重要意义在于使国家的发展目标更具长期性和连续性,可以为国家建设的财政预算、资金使用的合理性和科学性奠定良好的基础。

传统意义上的规划与计划是有很大区别的。规划更加注重全面、长远和发展,更多的是原则性的,是定方向、定规模、定远景的和具有前瞻性的。计划则更注重具体和可行,并强调约束性。国务院决定将制定"十一五"计划改为编制"十一五"规划,具有深远的意义,更加强调和注重了可行性和约束性的高度统一。如果说以往的计划是刚性的,那么"计划"改为"规划",并不意味着刚性的松弛,而是科学观的强化,是坚持科学发展观的具体体现。五年计划实际注重的是实施性,更注重行政上的刚性。五年规划更注重发展,注重的是科学上的刚性。今后,政府决策项目的一个重要原则是能编制规划的领域,要先编规划,后审项目,这是政府职能逐步从项目管理转向规划管理、从微观管理转向宏观管理的具体体现。为编制好"十一五"规划,水利部已经组织召开了多个层次、不同部门参加的会议,下发了指导意见,对规划编制的各方面工作进行了部署,提出了要求。其重要的目的就是一定要把水利"十一五"规划编制好。

1　科学发展观与面向新时期的治水思路

首先是提出科学发展观的社会背景和经济特征。

1.1　科学发展观

我国经济社会发展进入了一个新阶段是导致科学发展观出台的一个基础,主要表现在四个方面:

(1)经济总量超过 11 万亿元,综合国力明显增强。我国 18 年时间 GDP 翻了两番,年增长 7.2%;在过去的 22 年中,平均年增长 9.2%。世界上 196 个经济体中,只有韩国达到 7%,香港、新加坡是 6%,日本是 5%。我国历史上鼎盛时期的"贞观之治"才连续发展了 23 年,现在我国已保持快速增长 26 年。

(2)人均收入超过 1000 美元,从低收入国家进入中低收入国家。

(3)改革进入完善社会主义市场经济体制的阶段。非公有制经济已经占到33.2%,

原载于:水利规划与设计,2003,(s1):11-18.

国有经济大约是 37.7%；经济社会的协调性越来越重要，持续的高增长需要更完善的市场和经济体制的框架。

（4）社会矛盾暴露较多。一是缺乏有效的保护产权的措施；二是社会信用缺失；三是金融体系不稳定；四是许多原有的企业经营模式已经不适应新的竞争要求。

1.2　我国的基本国情：人口、资源、发展不平衡

（1）人口问题。我国人口总量大，每年净增 1000 万，2020 年将达到 14.6 亿人；人口素质较低，全国人口平均受教育程度只相当于小学水平，文盲、半文盲达 2 亿多人，占总人口的近五分之一；人口健康状况水平不高，有 6000 万残疾人，其中 1200 万呆傻和弱智；人口呈老龄化趋势，2004 年 65 岁以上老人接近 1 亿人；性别比例失调，联合国设定的性别比正常值是 102～107：100，1982 年我国是 108：100，现在是 117：100，个别省达 130：100，而且 0～9 岁人群中男性比女性多 1277 万人。

（2）就业压力大。2004 年，城镇登记的失业率是 4.3%，城镇需要就业的劳动力达 2500 万人。农村现有 4.8 亿劳动力，其中乡镇企业用工 1.2 亿，进城打工 1 亿，农业生产需要 1 亿，所以还有 1.5 亿～1.6 亿富余劳动力需要离开土地。

（3）资源问题。我国水资源总量约 28 000 亿 m^3，位居世界第六位，而人均水资源量 2200m^3，位居世界第 121 位。耕地只占世界人均的 40%，石油就更少了。几种资源占有情况见表 1。

（4）发展不平衡问题。①城乡差别。城乡居民收入的合理水平是 1.5：1。我国 1984 年是 1.71：1；2002 年统计结果是 3.29：1，计入各种福利性补贴，实际是 6：1。②地区差别。东部 GDP 占全国比重，1990 年是 51.5%，2002 年是 57.8%。西部地区人均 GDP 不到东部地区的 40%。③经济社会不协调。例如，改革开放 20 多年经济翻两番，刑事案件 1978 年 53.5 万件，2001 年 445 万件，四年内翻了 3 番。

表 1　几种资源占有情况表

资源	中国人均相当于世界人均水平
水资源	1/4
耕地	40%
石油	8.3%
天然气	4.1%
铜	25.5%
铝	9.7%

1.3　现实矛盾和问题

（1）土地和粮食问题。工业发展、城镇建设用地需求大，粮食安全存在隐患。2003 年人均拥有粮食产量 330kg，是 20 年来的最低点。连续 4 年当年生产粮食不能满足当年需求，致使库存下降；世界粮食库存与需求比已降到 17.2%，安全线是 18%，这在市场上已有反映，粮价上涨，中央对此高度重视。关于粮食，也有一些乐观的估

计，认为有很大潜力，我们用各种方法利用的只是可食用的约 75 000 种植物中的 7000 种，约占 10%。

（2）资源约束增强。2003 年，再度出现煤、电、油、运输的瓶颈制约，原材料供应紧张，进口大幅度增长，价格上升。在 45 种主要矿产资源中，可以满足 2010 年国内需要的只有 21 种，可以满足 2020 年国内需要的仅有 6 种。2003 年进口原油 9100 万 t，2020 年将进口 2.5 亿~3 亿 t，60% 依赖进口。

（3）环境污染加剧。2003 年，二氧化硫、烟尘、粉尘排放量比上一年增加 10% 以上。污水排放 10 年前超 300 亿 t，2003 年达 640 亿 t，翻了一番。为了满足局部发展，我们支取了需要上百万年才能形成的资源，排放了无法清除的污染物。作为一种物种，人类也在超过自身的"承载能力"。可怕的是，资源消耗是以指数变化，经济增长则是以算术变化的。

1.4　科学发展观的理论内涵

在上述背景下，党中央在十六大上提出了科学发展观。那么，什么是科学发展观呢？概括地说，科学发展观就是以人为本，全面、协调、可持续的发展观。以人为本，是科学发展观的本质；全面、协调、可持续发展是科学发展观的基本内容。

以人为本，就是要以实现人的全面发展为目标，从人民群众的根本利益出发，谋发展、促发展，不断满足人民群众日益增长的物质文化需要，切实保障人民群众的经济、政治和文化权益，让发展的成果惠及全体人民。

全面发展，就是以经济建设为中心，全面推进经济、政治、文化建设，实现经济发展和社会全面进步。

协调发展，就是要统筹城乡发展、统筹区域发展、统筹经济社会发展、统筹人与自然和谐发展、统筹国内发展和对外开放，推进生产力和生产关系、经济基础和上层建筑相协调，推进经济、政治、文化建设的各个环节、各个方面相协调。

可持续发展，就是要促进人与自然的和谐，实现经济发展和人口、资源、环境相协调，坚持走生产发展、生活富裕、生态良好的文明发展道路，保证一代接一代地永续发展。

2　面向新时期治水思路的提出和不断完善

2.1　面向新时期提出治水新思路的客观背景

（1）水利建设取得了辉煌成就。三峡工程、小浪底工程等世界上规模最大、难度最大的水利工程相继在中国开工建设并逐步发挥效益；小湾电站 292m 高坝是世界上目前第一高的双曲拱坝；龙滩水电站 192m 高坝是世界上第一高的碾压混凝土坝；正在建设的水布垭面板堆石坝坝高 233m，二滩电站坝高 240m。

（2）河流断流。20 世纪 90 年代，黄河下游年年发生断流，平均断流长度 429km。断流最严重的 1997 年，利津河段断流 13 次，总计 226 天，断流河段上延至河南开封柳园口，长度超 700km。水资源短缺加剧，生态用水安全问题呈现出来。

（3）以南水北调工程开工为标志，对水资源配置的问题提出了很高的要求，也提出了新的任务。

（4）水污染加剧，水质性缺水问题非常突出。

（5）水电开发。目前我国的水电开发，包括火电的建设都非常热，因为电力已经成为经济社会发展的瓶颈。水电开发引起了新一轮争论，比如怒江水电开发与保护及其水资源的合理利用。

2.2 中国水利的基本情况和特点

（1）水资源时空分布不均。空间上，南多北少；时间上，汛期多，非汛期少，年际变化大。①流域层面：长江流域及以南地区，人口占全国的54%，耕地占35%，GDP占55%，水资源占80%；长江流域以北地区，人口占全国的45%，耕地占60%，GDP占43%，水资源占15%。特别是黄、淮、海流域，耕地占全国40%，人口占35%，GDP占35%，水资源占7%。②总用水量的分配比例及缺水情况：生活用水占10%，工业用水占20%，农业用水占65%以上。按目前正常用水需求，全国每年缺水300亿～400亿m^3，其中城市与工业年缺水60亿～80亿m^3，全国668座城市中约有400多座城市供水不足，其中108座严重缺水。与此同时，流域可利用水资源量有减少趋势，据有关部门粗略统计，近20年，海河流域多年水资源量比常年少11%，黄河花园口以上少约15%。③区域层面：以辽宁省东、西部水资源状况、杭嘉湖地区等为例，矛盾十分突出。

（2）水旱灾害频繁、严重。①洪灾：中华人民共和国成立以来我国因洪灾死亡人口27万多人，年均洪灾经济损失在1100亿元左右，占全国GDP的比例约为2%，遇到发生流域性洪水的大水年，该比例达到3%～4%，约为美国的30倍（美国为0.11%）。②旱灾：根据1949～2002年54年的资料统计，全国年平均受旱面积3.21亿亩，其中成灾面积1.38亿亩，全国平均每年因旱损失粮食142亿kg。据测算，按1990年不变价格计算，1949～1990年因旱造成农业、工业和牧业三项直接经济损失8571亿元。此外，干旱灾害还造成了非常广泛而严重的间接经济损失，平均每年损失852亿元，是直接经济损失的412倍。20世纪90年代的10年，有7年发生大旱，其中1999～2002年北方地区连续四年发生大旱。

（3）供水能力不足、浪费现象严重。①供水情况：我国的供水能力为5800亿m^3，人均综合用水量530m^3（美国供水能力5500亿m^3左右，人均用水量在2000m^3左右），有2000多万人饮水困难问题还没有完全解决。②用水效率低。我国万元GDP用水量1998年、1999年、2000年分别为683m^3、680m^3、615m^3。发达国家万元GDP用水量一般在50m^3以下，日本的万元GDP用水量仅相当于我国的1/30，美国的万元GDP用水量仅相当于我国的1/20，法国的万元GDP用水量也仅为我国的1/17。

（4）水环境恶化趋势没有得到遏制。我国2002年废污水排放总量631亿t，其中近80%未经处理直接排入江河湖库水域。在12.3万km的评价河段中，水质低于Ⅳ类的超过三分之一。湖泊75%、近岸海域53%受到污染。118座大城市中近98%受到污染，其中40%属重度污染。当河流消失，也就意味着我们的最终失去，说明由于环境变化，已不再需要我们的积极参与。我们必须注意，即使是按照规定排污，造成的后果仍是严重的，也是我们必须承担的。

2.3　面向新时期治水思路的提出与完善

汪恕诚部长曾将社会经济的发展对水利的需求概括为五个层次：第一个层次是饮水保障，解决人的喝水问题，即饮水安全保障；第二个层次是防洪安全，保障人民生命的安全，最大限度减轻洪涝灾害对社会经济的影响；第三个层次是粮食安全，保障粮食供给，满足人民粮食需求是水利的一个极为重要的任务，而且越来越显得重要；第四个层次是经济用水，特别是城市用水安全；第五个层次是生态用水。

据有关部门估计，我国国民经济发展对一次性符合水质要求的淡水资源的需求量，2020 年预计达到 6500 亿 m^3 左右，缺口将由现在的 300 亿 ~ 400 亿 m^3 扩大到 1000 亿 m^3。这还不包括生态用水，按照生态环境建设与保护规划目标，全国生态环境需水到 2020 年将达到 800 亿 ~ 900 亿 m^3，将对我国日益严重的水资源形势带来更为严峻的考验。

基于上述情况，水利部提出了面向新时期治水思路，并逐步得到完善。1999 年，首次提出了"实现由工程水利到资源水利的转变"，当时引起了社会上的广泛讨论和争论；2000 年，进一步阐明了资源水利的理论内涵和实践基础，提出了"从人类向大自然无节制的索取转变为人与自然和谐共处，实现社会的可持续发展；从防止水对人类的侵害转变为在防止水对人类侵害的同时，要特别注意防止人类对水的侵害"，引起了社会的广泛共鸣和认同；2001 年，提出了水权与水市场、水权管理、水环境承载能力分析与调控以及建立节水型社会等在水资源管理方面具有现实可操作性的思路，资源水利的理论体系逐步深化，并进行了实践的探索和总结；2002 年，资源水利的本质特征、理论基础和体制保障逐步明晰，紧密结合十六大精神，提出了维系良好生态系统，以水资源的可持续利用支持经济社会的可持续发展，水利要为全面建设小康社会提供有力保障的论断，新时期的治水思路进一步得到完善。2003 年，对可持续发展水利思路进行了系统总结，归结为：在治水中坚持人与自然的和谐共处；注重水资源的节约、保护和优化配置；逐步建立水权制度和水市场；建立与市场经济体制相适应的水利工程投融资体制和水利工程管理体制；建立水资源统一管理体制；以水利信息化带动水利现代化。更加明确了在资源水利、可持续发展水利的理念指导下，各项水利工作的目标和任务。水利部党组的治水思路，关键是要落实在行动上。2004 年的水利学会会议上，汪部长又进一步指出：破解中国四大水问题的核心理念是人与自然和谐相处。这四大水问题的解决要点是：给洪水以出路，建设节水型社会、依靠大自然的修复能力、发展绿色经济和加强排污权的管理。面向新时期的治水思路的实践有黄河、黑河、塔里木河调水成功、扎龙自然保护区生态补水、太湖生态应急调水、节水型社会建设，2002 年的淮河防洪等范例。

通过表 2 对照，可以进一步体会到，近年来，按照可持续发展的要求，水利工作在理论和实践上进行了积极的探索，取得了突出成效，这些思路是符合科学发展观的要求的。

表 2　　面向新时期治水思路的提出和逐步完善

年份	思路要点	反响
1999	首次提出"实现由工程水利到资源水利的转变",当时引起了社会上的广泛讨论和争论	讨论争论
2000	资源水利的理论内涵和实践基础,人水和谐	共鸣
2001	水权与水市场、水权管理、水环境承载能力分析与调控以及建立节水型社会	理论探索
2002	资源水利的本质特征、理论基础和体制保障	实践
2003	对可持续发展水利思路进行了系统总结	初步完善

3　水利"十一五"规划

3.1　水利"十一五"规划的定位

根据《水法》的界定和水利规划体系研究的成果框架来确定。《水法》规定,流域、区域综合规划以及与土地利用关系密切的专业规划,应当与国民经济和社会发展规划以及土地利用总体规划、城市总体规划和环境保护规划相协调。研究认为,水利规划体系从规划层次上分为战略规划、发展规划和实施计划,从内容上分为综合规划、专业规划和专项规划,从范围上分为全国规划、流域规划和区域规划。

水利发展"十一五"规划是新世纪我国的第一个五年规划,是国民经济和社会发展第十一个五年规划的重要组成部分,是全国水利发展的综合性战略规划,是指导今后一定时期水利发展的纲领性文件,是加强政府宏观调控和履行公共管理职能、有效配置公共资源、以政府为主导实施的刚性规划,也是水利规划体系的重要组成部分。国家发展和改革委员会把水利发展"十一五"规划作为国民经济和社会发展规划的重要专业规划给予重点安排,把水利规划界定为作为政府强制性实施的刚性规划,远远不同于一般性的指导性规划。

3.2　规划的原则

在下发的指导意见中已经明确了五条:①坚持以人为本的原则,着力解决与人民切身利益密切相关的水利问题;②坚持人与自然和谐的原则,以水资源的可持续利用促进经济社会可持续发展;③坚持水利与经济社会协调发展的原则,发挥水利对经济社会发展的基础和支撑作用;④坚持因地制宜、突出重点、统筹发展的原则,解决好流域、区域、城乡水利发展中的突出问题;⑤坚持以改革促发展的原则,通过体制改革和制度创新不断增强水利发展的动力。

3.3　规划的法律基础和规划体系

规划的法律基础主要有已颁布实施的《水法》《防洪法》《水土保持法》等法律法规。

规划体系包含全国、流域和区域三级,综合规划和专业规划两类。例如,全国水资源战略(综合)规划、全国防洪规划;流域综合规划、区域综合规划;防洪、治涝、灌溉、航运、供水、水力发电、水资源保护、水土保持、防沙治沙、节约用水等专业规划。

国务院相继批转了七大江河加强近期防洪建设的若干意见，批复了黄河、塔里木河、黑河、首都水资源、南水北调工程等流域、区域和重大工程规划；编制完成了全国水利发展"十五"计划、西部地区水利发展规划以及农村人饮解困、病险水库除险加固、大型灌区节水改造、水土保持、牧区水利、淤地坝建设、小水电代燃料、水利信息化等多项规划；完成了加快治淮工程建设规划、全国水库建设规划、长江重要支流治理规划、渭河近期重点治理规划等重要规划；开展了中国水问题、水利与国民经济协调性研究、水权与水市场研究等一批重大水利专题研究。这些工作和成果为水利建设、发展和改革奠定了坚实的规划基础和实施依据。

3.4　规划中存在的问题

水利规划体系尚不完善。法律规定的水利规划体系框架还有待进一步细化，现有的水利规划体系仍不能满足开发、建设和管理的需要。

水利规划对与水有关的社会行为的约束性作用不强，尤其是在防洪、水资源利用和水污染防治方面，有些地方的规划还没有真正起到引导、规范甚至约束作用。

规划思路和理念比较陈旧，缺乏对新理论、新思路、新动向、新要求的研究，不能把新时期的治水新思路与当地的客观实际密切结合起来，有些规划基础薄弱，手段和方法比较落后，造成有些规划质量不高等问题。

因此，需要转变规划理念，强化规划的功能和作用，使规划真正起到对水利事业发展的引导作用，成为政府履行水利管理职责的依据，作为约束社会水事行为的准则。

3.5　规划的思路与方法

"十一五"规划是综合性的战略规划，不同于一般意义上的流域、区域规划和工程规划，是在现有规划和前期工作的基础上进行的，突出的是未来水利发展的总体思路，即未来水利与经济社会发展协调，人与自然协调，经济社会发展与生态环境保护的协调战略和发展思路；突出的是水利发展的宏观格局与体系，包括工程体系和非工程体系，对工程体系我们长期的积累和研究比较多，但对如何规范和调节经济社会活动行为，行使社会管理和公共服务的职能研究相对较少。面对新形势，要求我们从规划的理念、思路以及方法上创新，才能真正使得规划与时俱进，起到指导水利发展的作用。

例如，深圳现代化指标问题。2003年2月，深圳市通过了该市"十五"规划有关基本实现现代化指标体系及相关指标的调整方案，将深圳基本实现社会主义现代化的时间表由2005年推迟至2010年。删除指标17项、新增指标13项；指标总数由42项减为38项。做这样的修改是因为意识到原有的"时间表"和部分主要指标，在产业结构、经济可持续发展和人民生活等方面已不适应当前的实际情况和未来的发展要求。修正后，突出的是"以人为本"、"城市功能"和"可持续发展"，体现"以人为本"、"以民为本"的执政理念。以登记失业率、人均公共馆藏图书数、人均住房使用面积、社会保险综合参保率等指标来反映经济社会发展成果在"人"身上的体现；以高峰时段城市平均车速、国际机场旅客吞吐量、公共交通分担率、社会服务英语普及率等指标来反映"城市功能"对"人"的服务；以每平方公里土地生产总值、绿化覆盖率、城市生活污水处理率、人均二氧化硫排放量、工业废水排放达标率等指标来衡量"以人为本"的可持续发展。删除了人均生活用电量、万人拥有机动车辆数等传统指标是历史性的进步。深圳是一个资源严重匮乏的城市，应当提倡节约型的生产方式和消费方式，不是用电越多就越现代化、私家车越多就越现代化、人均住房面积越大就越现代化。节能水平越高、公交分担率越高、居住环境越舒适、空气质量越好，才应该是现代化所追求的目标。所以，深圳在新的指标体系中，删除了百人电话用户数、广播电视覆盖率、城镇居民千户拥有电脑数、千人国际互联网用户数、城市人口占总人口比重等一些陈旧、片面、代表性不强的指标。

深圳调整现代化指标的例子，值得借鉴。我们要按照科学发展观的要求，在规划编制的过程中，对原有的、似乎已经约定俗成、难以改变的固有观念进行再思考、再对照，真正按照以人为本、人水和谐、可持续发展的尺度去衡量。各大江河流域的防洪方针如下。

长江：蓄泄兼筹、以泄为主。

黄河：上拦下排、两岸分滞。

淮河：蓄泄兼筹。

海河：上蓄、中疏、下排、适当地滞。

珠江：堤库结合、以泄为主、泄蓄兼施。

松花江：蓄泄兼筹、以泄为主。

辽河：蓄泄兼施、防用结合、综合治理。

太湖：统筹兼顾、蓄泄兼筹、完善提高、科学调度。

这样的调度原则是在总结以往各方面的经验和教训、结合流域特点制定的，无疑具有科学性和指导意义，但是不是就一成不变呢，有些还是值得深思的，有些还要赋以新的内涵。特别是对照新的防洪理念，实现从控制洪水向洪水管理转变后，如何针对这样的策略来适时调整防洪调度原则非常值得研究。当然，这里只是举这个例子，并不是说这些防洪方针一定要进行调整。

3.6　规划中的重大水利问题

要在对经济社会发展脉络和水利发展态势分析把握的基础上，突出对全局性、战略性问题的前瞻研究。国家发展和改革委员会在"十一五"规划启动之前，就安排中国工程院等单位，开展了"十一五"重大工程课题研究论证工作。水利部也组织有关单位和专家对水利发展中的有关问题进行了研究，包括科学发展观指导下的水利发展方向及模式、水利发展目标、水利发展布局与重大工程问题研究、强化政府对水利的社会公共管理、水利改革与创新五个方面。例如，如何在防洪减灾体系中给洪水以出路的问题，经济社会发展如何与水资源承载能力相适应的问题，水资源合理配置的问题，水权水市场如何建立与界定的问题，水管理体制与机制问题等，如何建立水与自然协调的工程体系，如何建立有利于可持续发展的社会行为规范、资源管理与保护体系等。总而言之，要针对水利发展中的重大问题进行系统研究，力争有所突破，规划思路既要切合实际，又要发展创新。要服务于国民经济和社会发展的要求，体现科学的发展观和新时期的治水理念；要改变传统水利发展的模式，提出向现代水利发展的目标和方向。

4 水利发展"十一五"规划的编制

4.1 编制方式：倡导专家咨询、部门协商、社会参与的开放式工作方式

水利规划是《水法》的重要内容之一，通过规划的编制可以将水行政主管部门与水资源联系起来、与水资源的使用部门联系起来，成为国家水管理体制的组成部分。如今，国家水行政主管部门仍是一个权利较为分散的机构，其职能分布在水环境、水力发电、城市供水、渔牧业，以及农业灌溉等方面，是互相独立的。因而，制定完善的、具有规范作用的规划就更显重要。

规划的编制是非常困难的，特别是要制定出切实可行而又科学的规划，难度就更大。很多自然的约束难以释放，求至真解的本身就很困难。

因此，规划要按照流域或区域那样去界定边界，并对边界域内的水问题进行剖析，确定主要约束条件，渐次释放进行求解。国家发展观的调整以及国家经济、社会和经济形势的变化以及技术的发展，为水利规划规定了新的目标和发展空间。同时，合理化概念和加入 WTO 后的国际协定和标准也大大拓展了规划过程中的各种参数、指标或理念。因之，早期制定规划所使用的一整套方法，需要根据新的理念与要求进行广泛研究和探讨。

如何开展研究，有各自不同的方法，但有一点十分重要，就是我们必须在水利部党组的治水新思路下对水利发展的策略、目标和结构进行认真分析，必须客观而全面地评价水利规划制定和规划实施过程中所存在的种种缺憾。过去几乎是由政府或政府授权部门独家或几家操办的集中规划的方式，现在将逐渐由专家或以人为本、吸收公众广泛参加与听证式的规划所取代，也就是，规划编制本身也要体现以人为本。要积极回应社情民意，为百姓谋利益，高质量、高效率的回应民众的呼声，就抓住了规划的根本。按照这样的概念，所有利益相关者，对其所涉利益范畴内的规划制定、方案设计、投资选择和管理决策等都可以施加影响；另一方面也更趋于水资源管理的统一，涉水事务各方面心平气和地坐在一起，组成涉水方面委员会，进行水主题的讨论，从而共同做出决策。这一规划方法势必要求规划工作者摆脱偏见，更新观念，以确保所有利害关系都得到体现。从这一意义上说，流域委员会其实就是《水法》所赋予的将公众组织起来，将规划方式方法交给地方，使规划成为现实的一个论坛。流域委员会的主要任务是协调、指导，搞好各专业规划的综合统筹工作。同时，对各专业及其各自的目标、完成目标的政策，做出具体的复核和审查，当然必须要对实施规划所必需的各种资源进行量化。所需的资源不仅是投资，还有技术、人力资源及管理体制等多方面。对于潜在的各种薄弱环节及为消除这些制约条件所需采取的行动和资源配置，一一识别并做出评价与安排，解决跨流域调水或不同部门间因用水矛盾而产生的一些重大冲突。比如：水权、水市场的确定，跨境水域的管理，水质标准、配水额的确定以及与水开发利用有关的脱贫解困和财政政策的制定和涉及国家利益的其他问题等。

　　上述规划概念与一般的对经济社会未来发展事先胸有成竹的规划概念迥然不同，新的治水理念，是以人为本，全面、协调、可持续发展观念下的人水和谐相处，规划中的目标的完成在很大程度上将越来越更近乎自然合理，更趋向于市场，或概括地说，取决于利益相关者合法权益下的愿望和国家利益的目标。在规划过程中，各种愿望目标的协调，只有取得相关利益各方的有效承诺，采取一致行动后，实现规划的目标才能成为可能。要特别注意市场作用与政府调控的关系。所以，规划过程的本身及规划的有效性，比规划目标和成果更为重要。这样的规划，其重要的问题是如何确保有效、公平且有利于水资源、水环境保护，水资源开发与配置，以及对水资源管理机制的不断优化创新。

4.2　编制的步骤和方法

　　总体上，水利发展"十一五"规划编制进度分为三个阶段。

　　第一阶段：2004 年 9 月底以前，提出水利"十一五"规划思路报告；第二阶段：2005 年，在中央关于国民经济和社会发展"十一五"规划建议形成前，完成规划草案的起草；第三阶段：2006 年以前，根据中央关于国民经济和社会发展"十一五"规划建议的要求修改完善并发布。按照这样的要求，水利"十一五"规划编制工作的基本要求如下。

　　第一，要对本地区、本流域规划范围内水利工作进行认真的分析、总结和评价。

　　1998 年以来是我国水利发展史上极为重要的时期，也是水利改革与发展的黄金时期，水利的发展和改革实现一系列重大跨越。以大江大河堤防为重点的防洪工程建设、病险水库除险加固、解决人畜饮水困难、大型灌区节水改造等取得历史性突破，南水北调工程开工建设；水利工程管理体制改革迈出了重大步伐，水价、水资源管理体制和机构改革等稳步推进；制定和实施了一系列重要水利规划，依法治水取得新的重大进展。水利发展"十五"计划总体进展顺利，为"十一五"水利发展打下了良好的基础。六年来，水利的发展思路、任务和重点发生了重大调整，提出了要从工程水利向资源水利、传统水利向现代水利、可持续发展水利转变的可持续发展治水新思路；水利投入大幅度增长，水利发展的任务、范围和重点进一步拓宽。水利发展的任务不仅仅围绕着防汛抗旱，而且与国民经济增长、经济结构调整、区域经济发展、缓解社会矛盾密切结合起来。在 2004 年中央人口资源环境工作会议上，胡锦涛总书记提出，要加强供水工程建设，提高水资源在时间和空间上的调控能力；积极建设节水型社会；切实做好防汛抗旱工作。当前和今后一个时期的水利建设任务和重点将主要集中在南水北调工程、加快治淮工程建设、农村"六小"工程、西部水利建设、东北老工业基地水利建设、水利信息化建设等。要结合本地实际认真分析投资分配和建设过程中所取得的利益，对投资的效果进行强制性复核并测评。如：推迟或取消这些工程方案可能带来的社会影响；用水许可和排污许可对水资源管理带来的影响和产生的效果；水费定价、市场机制和水资源分配政策的作用等。

　　第二，要找出规划范围内，水利发展中存在的差距和需要解决的主要问题。

　　与经济社会发展对水利的要求相比，我国部分重要流域和区域的防洪基础设施依然相对薄弱，水资源短缺和水污染仍然是影响经济社会可持续发展的全局性重大问题，水土流失、生态恶化现象尚没有从根本上遏制，阻碍水利发展的体制性问题还有待于进一步解决。水利发展和改革的现状与经济社会可持续发展的要求还有很大的差距。水利发展相对滞后以及由此造成的对经济社会可持续发展的制约仍然是"十一五"水利发展规划面临的基本状况。因此，要结合规划期内经济社会发展的宏观背景及对水利的需求和水利发展的实际水平，客观分析和评价江河防洪形势、水资源供求状况、水环境变化趋势，找出水利发展中存在的主要问题和差距，准确把握水利所处的发展阶段和发展方向，为"十一五"水利发展规划提供基础。

第三，展开科研，研究重大问题。

水利部提出了五个"十一五"规划重大研究课题：课题一，全面体现科学发展观的水利发展方向、发展模式和重点发展领域研究；课题二，"十一五"到2020年水利发展目标及指标体系量化研究；课题三，水利发展布局与重大工程问题研究；课题四，强化政府水利社会管理和公共服务职能的研究；课题五，水利改革与发展创新研究。

为向社会广泛征集"十一五"水利发展规划思路，水利部组织开展了水利发展"十一五"规划重大课题研究向社会公开招标工作。共有14个专题采用向社会招标的方式，选择课题研究承担单位。共有76项课题投标，投标较多的集中在农村水利、水资源管理、水环境、防洪减灾、节水型社会等方面，反映了社会各方面对水利重点、热点、难点问题的关注。通过严格的专家评审，全面建设小康社会对水利的需求分析等16项课题中标。这些课题计划于2003年10月完成研究成果，作为"十一五"水利发展规划的支撑。各流域、各省、市、自治区也要针对需要解决的重大技术问题进行认真研究，为规划编制提供科学依据。一些学者认为技术已经显著地扩大了承载力的极限。但是，为了进一步战胜这种极限而增大技术的榨取程度并不管用。原因很简单，因为每个系统的承载力都是有最后极限。经济学家认为：既然市场和技术在过去避开了许多灾难，我们可以指望他们在未来也起同样的作用。但实际上，当一部分河流消失、物种灭绝，承载力破坏后，没有任何技术和价格能够使他们重新回来。

第四，明确规划范围内"十一五"水利发展的目标。

制定规划思路和规划目标是"十一五"水利发展规划的重要前提。要从宏观上、战略上提出既切合实际、又具有创新的"十一五"规划思路和目标。要服务于国民经济和社会发展的要求，体现科学的发展观和新时期的治水理念；要改变传统水利的模式，提出向现代水利发展的目标和方向。从总体思路和目标上讲，一是要突出保障防洪安全。到2010年全国大江大河干流堤防建设要全面按规划达标，现有重点病险水库全部得到除险加固，基本建成大江大河防洪减灾体系，确保重点城市和重点地区的防洪安全。二是要建立我国水资源配置框架。针对我国水资源空间分布不均匀的特点，以南水北调等跨流域调水工程为骨干，以当地水资源为依托，到2010年基本建立我国水资源优化配置工程体系，基本缓解北方地区尤其是北方城市的缺水问题。在管理措施上，要初步建立全国重要河流初始水权分配机制，向节水型社会建设迈出重大步伐。三是针对"三农"问题，把农村水利基础设施建设放在突出的位置。2010年基本解决全国农村饮水困难问题，基本完成主要大型灌区的节水改造，实现全国灌溉用水总量零增长；加强牧区水利建设；发展农村水电。四是要突出水土保持生态建设和生态环境保护与改善。对改善生态脆弱地区的生态状况和水质状况提出具体目标。五是要推进水利现代化。全面加强水利信息化建设，以信息化推动水利现代化。要按照全面建设小康社会的要求，按照科学发展观的要求，搞好规划指标体系研究和重要指标的测算工作，既要研究提出具有一定预期性、导向性的指标，也要研究提出具有一定约束力、能检查、可评估的指标。

第五，合理安排规划布局和发展重点。

总的要求是"因地制宜"。对西部地区，要大力加强水利基础设施建设，为西部经济快速增长、产业结构调整和生态环境保护提供水利支撑；中部地区，要进一步巩固防洪保安，切实解决北方地区干旱缺水问题，全面提高防洪减灾能力和水资源配置能力；东部地区，要运用先进的科技手段和管理手段，以防洪安全和建立节水防污型社会为重点，加快水利现代化进程；东北等老工业地区，要以支撑老工业基地经济转型和发展为目标，重点是保障城市防洪、供水和改善水环境以及粮食主产区的灌溉用水。要深入进行重大水利工程建设项目的论证，综合分析建设项目的经济效益、社会效益和生态效益，加强规划项目对资源、环境、社会的影响评价。合理控制建设规模，把握轻重缓急，调整投资结构，考虑前期工作基础和合理工作周期，做好重大水利项目的建设安排。

各地区是在不同的新起点上来编制"十一五"水利发展规划的，不同地区间经济社会发展也很不匹配。因之，必然有速度问题、战略问题、战术转移问题、甚至几个阶段共生，各个区域也有很大的牵连制约。这就要求不同的区域，规划编制顺序和过程不尽相同。很多地区，水治理各阶段规划是同时展开的，但侧重不同，要特别注意制定适合于本地区本阶段的特有规划。阶段性的目标要与经济发展水平相适应，要与总体目标相协调。

第六，制订切实可行的规划实施对策和保障措施。

按照规划思路，围绕规划目标，依据规划布局和发展重点，有效制定防洪减灾、水资源利用、水环境治理等具体对策和行动计划，提出切实可行的政策、制度和改革等各项措施。

4.3　编制过程中需要引起注意的几个问题

要注重基础资料的翔实和经济社会发展。既不能把规划等同于科研，也不能把规划变成一个项目的报告。

（1）要特别注意规划的约束性，或者叫科学的刚性、行政的刚性。这就要求我们规划的编制必须具有科学性，经得起推敲。

（2）要注意规划的动态性。既然是规划，就是动态的，至少可以从 2010 年向 2020 年调整，在展望期间至少是可以调整的，所以这里应注意规划的动态性。

（3）规划的相互衔接。我们有很多的规划，所以在这个方面要给予关注。

特别要注重战略思维能力、持续创新能力、对复杂形式的科学判断和科学筹划与综合协调能力。

共同维系人水和谐的水生态环境

刘　宁

水是生命之源，水生态环境是包括人类在内的所有生物赖以生存的重要环境。由于我国水资源短缺，随着经济社会的快速发展，水资源供需矛盾不断加剧，导致生态用水被大量挤占，水污染日益严重，水生态环境安全面临严峻形势。共同维系人水和谐的水生态环境是支撑可持续发展、构建社会主义和谐社会的重要保障，开展水生态环境保护工作意义重大。

1　现行概念下的水生态环境状况

1.1　对水生态环境概念的理解

《中华人民共和国环境保护法》对"环境"的定义是："影响人类社会生存和发展的各种天然和经过人工改造的自然因素总体，包括大气、水、海洋、土地、矿藏、森林、草原、野生动物、自然古迹、人文遗迹、自然保护区、风景名胜区、城市和乡村等。"《中国大百科全书》对"环境"的定义是："围绕着人群的空间及其中可以直接、间接影响人类生活和发展的各种自然因素和社会因素的总体"；对"生态环境"的定义是："环绕着人群的空间中可以影响到人类生活、生产的一切自然形成的物质、能量的总体。"从中可以看到，无论是"环境"还是"生态环境"，都是与人类的生活和发展息息相关的。

人类对于水的认识，经历了从简单的防治水旱灾害，发展到重视水资源调控，继而发展到重视水质的过程。其中经历的每个发展阶段，都是认识上的飞跃，不仅重视水量、水质，同时也高度重视水生态环境，这是对水认识的再进步。这里所说的"水生态环境"，主要是指影响人类社会生存和发展的，以（陆地）水为核心的各种天然的和经过人工改造的自然因素所形成的有机统一体，包括地表水、地下水，以及毗邻的土地、森林、草原、野生动物、自然古迹、人文遗迹、城乡聚落、人工设施等。这个概念至少有两层含义：一方面，水生态环境以水为核心，包含多种自然和人工的因素；另一方面，水生态环境是一个有机的统一体，自然和人为的各种因素交互作用，影响人类社会的生存与长远发展。在这两层含义的基础上，还可以引申出第三层含义：水的生态、资源和经济功能的正常发挥，有赖于一个整体和谐、稳定的水生态环境。

1.2　水生态环境的现状

我国是水资源严重短缺的国家之一，人均占有量只有世界平均水平的1/3，且时空

原载于：水利风景区建设与水生态环境保护高层论坛论文集，2005 年 12 月.

分布不均；水资源利用方式粗放，用水浪费严重；经济发展与水资源协调不够，用水矛盾尖锐；水资源可持续利用的体制和机制不完善。随着国民经济发展、社会进步和人民群众生活水平的提高，水资源、水生态环境对经济增长、社会发展的制约作用越来越明显，特别是水资源供需矛盾加剧、水污染形势严峻、水生态环境安全面临严重威胁三大问题将越来越突出。

目前，我国一些地区用水量已大大超过水资源可利用量，对水资源无节制的开发利用，导致了江河断流、湖泊萎缩、湿地消失、地下水枯竭、水体污染等一系列问题，对生态环境安全和经济安全构成潜在、甚至十分直接的威胁。在一些地区，特别是生态脆弱地区，区域水生态环境已经恶化到严重威胁着人民生活、难以支撑经济社会发展的程度。据统计，全国有包括黄河、辽河等大江大河在内的 90 多条河流发生过断流，河流功能衰减，部分河段功能甚至基本消失。与 20 世纪 50 年代初期相比，全国湖泊面积减少 15%，长江中下游的湖泊数量减少一半以上；天然湿地面积减少 26%。湖泊和天然湿地面积的减少，导致水资源调蓄能力和水体自净能力下降，加剧了洪涝灾害和水质污染的危害，对生物多样性也造成了严重破坏。新疆塔里木河断流后，罗布泊干涸，附近 55 种高等植物减少到 36 种；洪湖 20 世纪 50 年代有野生鱼类近 100 种，到 90 年代减至不足 50 种。

全国有 164 个地下水超采区，总面积达到 19 万 km^2，年均地下水超采量超过 100 亿 m^3，部分地区发生地面沉降、海水倒灌等现象，目前全国地面沉降面积已达到 6.4 万 km^2，50 多个城市地面沉降严重。同时，我国的水污染形势也十分严峻，2003 年全国废污水排放量达 680 亿 t，比 1980 年增加了 2 倍多；约有 1/3 的工业废水和 2/3 的生活污水未经处理直接排入水体；2003 年全国七大江河水系的 407 个监测断面，仅有 38.1% 的断面符合Ⅲ类以上水质标准。另外，全国有 25% 的地下水体遭到污染，35% 的地下水源不合格；平原区约有 54% 的地下水不符合生活用水水质标准，一半以上的城市市区地下水严重污染。

水生态环境问题已经严重影响整个生态安全和经济社会的发展与人民生活，加强水生态环境保护工作是当前十分重要和紧迫的任务。

2　对水生态环境保护的探索和认识

2.1　对水生态环境保护的探索

多年来，在科学发展观的指导下，水利部门积极贯彻治水新思路，推进资源水利、可持续发展水利，探索水生态环境保护的措施和方式，积极推动有关政策、法规、规划和管理等各项工作，特别是在水利风景区建设、水资源优化配置和调度、区域水环境保护和治理等方面进行了积极的探索，积累了不少成功的经验，为水生态环境保护工作的深入开展起到了借鉴作用。

1）水利风景区建设与管理

改善生态环境，建设秀美山川，是每个公民义不容辞的责任。水利风景区建设与管理作为水生态环境保护的有效途径之一，近年来得到长足的发展，在改善景区水生态环境方面取得了很好的成效。所谓水利风景区，是指以水域（水体）或水利工程为依托，具有一定规模和质量的风景资源与环境条件，可以开展观光、娱乐、休闲、度假或科学、文化、教育活动的区域。水利风景区在维护工程安全、涵养水源、保护生态、改善人居环境、拉动区域经济发展诸方面都有着极其重要的功能作用，是实施水生态环境保护的重要载体。

水利部高度重视水利风景资源的合理开发利用和保护，于2001年7月专门成立了水利部水利风景区评审委员会。2004年5月8日颁布实施了《水利风景区管理办法》，同年8月1日施行了行业标准《水利风景区评价标准》。2005年水利部又正式出台了《水利风景区发展纲要》，明确了水利风景区建设与发展的指导思想、基本原则、发展目标、主要任务和基本要求等。目前全国除西藏、青海以外的29个省（自治区、直辖市）已建成各级水利风景区1000余家，其中有139家被评定为"国家水利风景区"；700余家水利风景区基本达到"省级水利风景区"标准。不同层级的水利风景区已成为人们休闲、度假、观光、旅游和科普教育的理想场所。

2）水资源优化配置和调度

对水资源进行优化配置和调度是保护和改善水生态环境的重要手段，通过合理配置和科学调度水资源，实行流域、区域水资源统一管理，实施远距离调水，可以有效缓解区域水资源严重短缺的局面，修复因缺水、污染而恶化的水生态环境。

近年来，水利部门开展了一系列水资源优化配置和调度工作。1999年起，对黄河流域实施水资源统一调度，在连续5年来水偏枯的情况下，实现干流不断流；为保护和改善黑河、塔里木河下游生态环境，根据国务院批复的《黑河流域近期治理规划》、《塔里木河流域近期综合治理规划》，黑河连续几年向下游输水，干涸多年的尾闾东居延海出现了$36km^2$的水面，塔里木河断流20多年的下游河道，从2001年起恢复过流，尾闾台特玛湖水域面积最大超$200km^2$，绿色走廊重现生机；实施引江（长江）济太（太湖）工程，缓解了太湖流域水环境急剧恶化的趋势；组织实施了南四湖应急生态补水、扎龙湿地补水、引岳（岳城水库）济淀（白洋淀）、引察（察尔森水库）济向（向海湿地）等水资源调配工作，取得了良好的生态和社会效益；实施了珠江压咸补淡远距离调水，成功压制了咸潮，缓解了珠三角城市群用水紧张和水环境恶化的局面。

3）区域水环境保护和治理

保护水环境，控制污染是关键。近年来，我国在大力发展循环经济、调整产业结构，加强对污染源的控制，全面推行排污许可制度，加快城镇污水收集管网和处理设施建设，加强农业农村污染治理等方面做了大量的工作，遏制了污染急剧发展的势头。

为保护和治理水环境，水利部门积极推进水功能区管理，全国有17个省、自治区、直辖市按《水法》规定批准实施了水功能区管理制度，七大流域和部分省份按照水功能区定期公布水资源质量状况报告；核定了三峡库区、黄河干流、淮河流域、南水北调东线工程沿线及中线水源区等水域纳污能力和限制排污总量意见，为监控污染物的排放提供了依据；完成了全国入河排污口普查，加强了入河排污口的监督管理；组织淮河等流域水污染联防，开展了淮河水质监测预报、闸坝防污调度等工作。

2.2　对水生态环境保护的认识

1）水生态环境与人水和谐

社会主义和谐社会提出的一个重要目标就是要实现人与自然的和谐相处，实现人水和谐是其中的一个重要方面。水是维系包括人类在内所有生命最重要的因素之一，是生态环境的控制性因素，也是战略性经济资源和一个国家综合国力的有机组成部分。努力实现人与水的和谐相处，是实施水生态环境保护的重要目标。

水生态环境是人类赖以生存的重要环境。水是人类生存环境中最重要的物质与能量基础，有了水，才有了各种生物的新陈代谢，才有了人类的繁衍生息。人类生活的区域环境，基本上都属于水生态环境，水生态环境的状况直接影响着人类生存的条件和质量。水的供给，从人类的饮水、农业灌溉用水、工业和城市用水等各个层次影响着人类对资源的开发利用、经济社会发展的规模与水平，而洪涝、干旱、水污染、水生态恶化等直接威胁人类生存和生产活动。

人类活动对水生态环境造成的影响很大。人类活动通过对水的作用而影响整个水生态环境，人类对水资源的开发利用不可避免地影响水的时空分配以及运动形态，对水生态环境造成重大影响，进而影响土地、植物、区域气候等。特别是随着人类经济社会的发展，用水量不断增加，导致生态用水被大量挤占，河道断流，湖泊湿地干涸，生态环境遭到破坏；同时污水排放量也大量增加，水体污染不断加重，水环境恶化呈现加剧的趋势。

实现人水和谐是处理好人水关系的必然出路。如何处理好人水关系，一直是各方关注的焦点。在充分考虑水生态环境保护的基础上合理开发利用水资源，保障生态环境用水，实行严格的排污控制，维护水生态环境的稳定和平衡，为经济社会的发展提供有效的水资源保障，实现人水和谐相处，是正确处理人水关系的必然出路，也是水生态环境保护追求的目标。

2）水生态环境与可持续发展

可持续发展是指既满足现代人的需求又不损害后代人满足需求的能力的发展。人类社会发展实践的无数经验教训证明，要实现可持续发展，必须有良好的水生态环境作为支撑，必须维系人水和谐的水生态环境。同样，人类要实现人与自然、人与水的和谐相处，保证水生态环境的稳定，必须走可持续发展的道路，推进可持续发展水利，充分运用法律、行政、工程、技术、经济手段，通过体制、机制的作用，积极推动整个社会走上资源节约、环境友好型的发展道路，推动人水关系不断朝良性互动的方向演进。

我国还是发展中国家，首先，在发展中，必须考虑水生态环境的承载能力。水生态环境的承载能力是指在一定的水生态系统内，其水体能够被继续使用并仍能保持良好生态系统时，所能够承担的人类用水需求和容纳污水及污染物的能力，其内涵包括水生态系统的稳定性，以及环境污染的容量等。在经济和社会发展中不仅要考虑一时、一地的水生态环境承载能力，还要树立全局意识，从流域、全国的角度来考虑区域水生态环境承载能力的时间和空间关系。其次，必须要确定科学合理的发展模式，建设节水型社会，推进自律式发展。通过自律式发展，把对资源的开发利用、对水生态环境产生的影响控制在合理的范围内，在科学、严谨的基础上对水生态环境进行改造。另外，必须充分发挥大自然的自我修复功能，结合一定的工程、非工程措施，促进水生态环境的恢复。在这个过程中，对自然的干预是必要的，但也必须是有限度的。"无所不为"和"无所为"的两种极端态度都是不科学的。

3　水生态环境保护要注重的几个关系

水生态环境保护工作涉及方方面面，需要各有关部门的共同协作。水行政主管部门应该注重处理好水生态环境保护同水利中心工作、水利资源综合开发利用、水利风景区建设管理以及维护河流（水域、湿地）健康的关系，推动水生态环境的治理和保护。

3.1　与水利中心工作的关系

牢固树立和认真贯彻科学发展观，做好水生态环境保护工作不仅是实践可持续发展治水思路的要求，也给水利事业的发展提出了新的课题和挑战。水生态环境保护与水利中心工作密切不可分，它是在认真做好水利中心工作过程中，以高度重视生态稳定、环境影响与环境承载力的思想推动水生态环境整体质量趋于改善和好转的重要方面，当前水利工作的众多热点、难点，都与水生态环境保护有关。水生态环境保护是一项高度综合的工作，要求按照人与自然和谐发展的理念，实现从工程水利向资源水利的转变，在科学研究、规划、设计、管理等各个方面围绕水利中心工作加强水资源保护，优化水资源配置；注重给洪水以出路，降低洪涝灾害影响；发挥生态自我修复能力，保障水生态环境结构和功能的稳定；以良好的机制和体制实现资源永续利用，促进经济社会可持续发展。水利事业的不断发展，是做好水生态环境保护工作的坚实基础，只有可持续水利事业发展了，人水和谐才能真正得到落实，水生态环境的保护才能得到根本的保证。

3.2　与水利资源综合开发利用的关系

经过几十年的努力，我国已经拥有堤防 27 万多千米，大中小型水库 8 万多座，水闸 3 万多座，灌区有效灌溉面积达到 8 亿多亩，机井、塘坝均以百万计；水土流失治理面积达到 78 万 km^2，生态建设取得重大成果。数量众多的水利设施在调节水生态系统功能，保障水环境质量，促进经济社会发展方面起到了十分关键的作用。这些水利工程设施、生物设施和其他设施以及配套管理，是进一步做好水生态环境保护工作的重要基础和支撑。长期以来，由于体制等各种原因，致使水利资源综合开发工作一直处于体制僵化、机制落后的状态，水利资源开发、保护、管理水平低、效率差、浪费严重、水管单位经济落后、国有资产保值增值困难、水利设施安全运行受到威胁等严重问题形成了恶性循环。推进水生态环境保护的各项工作，发挥水利设施、管理体系和相关措施的效能，必须要注重与水利资源综合开发利用的结合。

国外在这方面积累了大量成功的经验，其共同特点是十分重视与水相关联的自然资源、人文资源的综合开发，强调生态环境保护，管理体系完善、技术措施完备、非技术手段成熟。这些，都值得我们认真学习和研究。水利资源综合开发利用与水生态环境的保护是统一的、科学的开发利用，是为了更好的保护。应当针对中国水利资源的特点，结合水管单位体制改革，逐步建立和完善水利资源综合开发与保护的管理体制和工作运行机制，明确利益主体、责任主体，充分发挥水利资源的综合效益，为改善水生态环境的长期使命提供支持。

3.3　与水利风景区建设管理的关系

水利风景区的建设与管理，是近年来水管单位体制改革闯出的一条新路，也是发挥水利资源综合效益的有效途径。水生态环境的改善，将极大地提高水利风景资源的价值。同样，在保护水生态环境的前提下，科学、合理地开展水利风景区建设，提高建设与管理水平，发展水利旅游，可以带动经济发展和经济结构、产业结构的调整，从而为水生态环境质量的改善提供支持。另外，开展水利旅游，推进水利风景区建设与管理，可以成为向社会宣传"人水和谐，人与自然和谐相处"和可持续发展水利理念的理想平台。当然，水利旅游的开发必须考虑水生态环境的承载能力，不能过度开发。在水利风景区建设工作中，把握区域生态状况、水利设施条件和功能、环境容量及环境质量，有效利用经济手段，加强市场化条件下的行业管理，是处理好水生态环境保护与水利风景区建设关系的关键。水利风景区的建设与管理，综合了水生态环境中十分重要的水体、水利设施、文化等自然与人文要素，要做好这项工作，必须具备广阔的视野，对"人水和谐"有着深入的了解。

总之，做好水利风景区建设与管理，可以有效地推动水生态环境保护，促进水利资源在生态调节和环境保护中发挥积极作用。

3.4　与维护河流（水域、湿地）健康的关系

河流（水域、湿地）是水生态环境中关键性的组成元素，大江大河大湖更与人类的生存发展密切相关。河流生态系统健康是 20 世纪 80 年代提出的一个新概念。提出这一概念是为了建立一套河流生态系统健康状况的评估体系，以评价在自然变化与人类活动共同作用下河流生态系统的变化趋势，并协调水资源开发利用与生态保护之间关系。河流的健康与否，是水生态环境的重要表征。维护河流的健康，是水生态环境保护应该大力促进的首要工作。在我国经济高速增长的同时，也伴随着资源的过度开发、低效利用和生态环境的破坏，现今全国各大江河湖泊的生态健康都受到了不同程度的损害。河流健康问题是影响水生态环境安全的核心问题之一，必须因地制宜，抓住主要矛盾和突出问题，在发挥好河流功能的同时，切实保护好河流。在这一问题上，大江大河源头、城市河湖、重点水源区等区域的水生态环境保护，退化河流生态走廊的重建等都应该引起我们的高度关注。

水利部高度重视河流健康问题，2004 年汪恕诚部长提出，流域机构要义不容辞地担负起河流生态代言人的重任。黄河水利委员会也提出了"维持黄河健康生命"的目标，长江水利委员会也提出了维持健康长江，促进人水和谐的治江新方略。但是，健康河流应当具备哪些特征？应当建立怎样的指标体系来衡量河流的健康状况？对此，目前国际学术界还未能达成普遍共识。例如，近年来澳大利亚的溪流状态指数采用河

流水文学、形态特征、河岸带状况、水质及水生生物 5 方面指标对河流健康状况进行评价；1994 年南非水事务及森林部"河流健康计划"采用河流无脊椎动物、鱼类、河岸植被、生境完整性、水质、水文、形态等作为河流健康的评价指标。一些在发展过程中曾对生态造成严重破坏的发达国家，现今非常注重包括河流在内的生态保护和修复，他们以相同类型的、未受人类干扰的原始河流状态作为河流健康与否的评价标准。与这些国家相比，我国的自然、经济、社会等条件有很大的差异，因此怎样因地制宜地建立河流健康标准也就成了迫切需要深入研究的课题。尤其应当注意的是，河流生态系统作为一个自然—经济—社会的复合生态系统，在我国为创建和谐社会提供必不可少的生态服务功能，因而河流健康评价指标除自然类（如物理、化学、生态等）指标外，还应该考虑到社会经济和人类健康方面的指标。

湿地是水生态环境中另一个关键性的组成元素，是地球上的三大生态系统之一，发挥着无可替代的生态调节作用，被誉为"地球之肾"。近几十年来，我国湿地面积的萎缩和数量的减少十分突出，湿地水环境污染日益加重，水质碱化严重，湿地实际上已成为工农业、生活废水、废渣的承泄区，生物多样性受到严重破坏，一些珍稀物种因失去生存空间而濒危和灭绝，湿地生态环境恶化。湿地保护是水生态环境保护的一个重要方面，如何维护湿地的健康也是各方关注的焦点话题，需要认真加以研究，制定相应的评价指标和恢复、保护措施，充分发挥湿地的生态功能。

水生态环境保护任重而道远，需要多方面的大力支持和配合。几年来各地的经验表明，水利风景区建设与管理是推动水生态环境保护发展的一种好办法、一条好路子，是水生态环境保护的重要途径之一。下一步要结合区域生态环境保护和经济发展要求，加快有关技术规范的编制，加强水利风景区建设中的规范管理；按照"人水和谐"的要求，加强理论研究，以水生态环境保护为宗旨，为深入开展水利风景区工作提供支持；推动城市河湖景观规划设计、修复等工作，改善城市、生态脆弱等重点地区水生态环境。

总之，水生态环境与人类生存发展息息相关。经济越发展、社会越进步，对水生态环境质量的要求就越高。解决我国水生态环境问题的根本保障正是在于不懈推动可持续水利的发展。今后要深入总结水生态环境治理和保护的经验教训，做好水利风景区建设、水资源优化配置和调度、区域水环境保护和治理等工作，加强理论研究，积极探索完善水生态环境保护的有关政策、体制、机制。要坚定不移地按照构建社会主义和谐社会的要求，在科学发展观指引下，妥善处理好人与自然、人与水的关系，推动自律式发展，不断把水生态环境保护工作推向新的高度，共同维系人水和谐的水生态环境。

水工程与水环境浅析

刘　宁

迈入 21 世纪，国家提出了科学发展观和构建社会主义和谐社会的主张，表明了对经济社会可持续发展问题的重视和决心。可持续发展，就是要促进人与自然的和谐，实现经济发展和人口、资源、环境相协调，坚持走生产发展、生活富裕、生态良好的文明发展道路，保证一代接一代地永续发展。为实现全面建设小康社会的目标，必须走资源节约型、环境友好型的创新发展之路。

近年来，水利部把科学发展观的基本理念与水利的自身规律结合起来，把构建社会主义和谐社会的总体要求与水利工作的具体实践统一起来，提出并不断完善可持续发展水利思路，形成了我国治水理论一次大的跨越。2009 年 1 月，水利部部长陈雷提出六个坚持：即坚持以人为本，把解决民生问题放在更加突出的位置；坚持人与自然和谐，把促进生态文明建设放在更加突出的位置；坚持水资源可持续利用，把节约保护水资源放在更加突出的位置；坚持统筹兼顾，把推进水利协调发展放在更加突出的位置；坚持改革创新，把体制机制法制建设放在更加突出的位置；坚持现代化方向，把以水利信息化促进水利现代化放在更加突出的位置。

随着社会的进步和发展，国内外一些专家和学者在对水电工程建设的利弊进行冷静思考后，从社会发展和环境保护兼顾的角度，提出要建设人与自然和谐的水工程。

1　正确把握水工程建设的定位

要建设人与自然和谐的工程，必须树立正确而科学的工程理念。与其他工程相比，水工程建设与生态、自然的关系更紧密，更需要用科学、协调发展的理念来指导工程建设。治水的思路、理念充分体现着各个历史阶段的价值观念、思维方式和行为准则，体现了人类为适应自然环境、适应当时的生产力与生产关系而进行的兴利除害的要求。

水工程建设要立足于河流自身价值与人类需要价值之间的有机统一，从人类向大自然无节制地索取转变为人与自然和谐相处，实现经济社会的可持续发展，树立以人为本、统筹发展的水工程建设理念。随着经济社会的快速发展，对能源、水资源等的需求越来越紧迫，不可避免地需要修建更多的水工程。关键是要统筹好水工程建设与生态保护的关系，以可持续发展为目标，坚持人与自然、人与水和谐相处的理念，建设生态友好型、环境友好型水工程，共同维系人水和谐的水生态环境。

原文标题：营造优美清新水环境，原载于：中国三峡，2009，(7)：12–17.

2 人与水和谐相处的纽带

人与自然、人与水的关系是人类社会发展过程中必须面对的基本问题，人是自然的一部分，水是人类生存和发展的基础，必须正确认识和处理人与水的关系，既不能只注重对水的开发利用而忽视对水生态环境的破坏，也不能因噎废食而步入绝对自然保护主义的歧途，要努力寻求人与水的和谐，坚持发展与保护相结合的可持续发展道路。水工程作为人类发挥主观能动性改造自然的重要载体，也是人与水直接发生关系的载体。在我国悠久的治水实践中，建设了大量的水工程，在不同的历史阶段有着不同的工程建设理念，造成水工程在人与水的关系中所处的位置和所起的作用也不相同。

在我国发展的基本价值取向已经从过去追求经济增长转向经济社会全面、协调、可持续发展的背景下，水工程建设的理念和思路也相应发生了重大变化，强调坚持科学发展观，坚持人与自然、人与水和谐相处，在尊重自然规律的基础上，对人类不合理活动进行约束，探索自律式发展。工程建设理念逐渐实现了从"征服自然、人定胜天"到"人与自然和谐、人与社会和谐"的理性变迁。在这种理念指引下建设的水工程，将经济社会发展与自然生态保护、开发建设与生态环境承载能力、当前利益和长远利益紧密结合起来，成为人与水和谐相处的纽带。

3 水资源持续利用的设施

坚持水资源的持续利用，注重水资源的节约、保护和优化配置，建设节水型社会，是缓解供用水矛盾的有效和根本手段。推进工程水利向资源水利转变，并不是要弱化工程建设，实际上，要实现水资源的持续利用和优化配置，必须建立在相对完善的工程手段和工程措施基础之上，提高对水资源的调控能力。在科学发展观和人水和谐理念指引下，建设水库等蓄水工程，能够有效调蓄水资源，是推进水资源持续利用的基础；建设调水工程以及其他水资源配置工程，可以以丰补枯、南北互济，是实现水资源合理调配的重要手段；开展渠系和田间节水工程建设，是减少浪费、提高水资源利用效率的重要措施。

4 社会进步的幸福金桥

人类社会进步和发展都离不开工程，发展的成果都需要工程来表达出来。工程往往是将知识集成地转换为现实生产力的关键环节。科学、技术转化为现实生产力的功能一般都要通过工程这一环节。全面建设小康社会的实施过程包括了丰富多彩的内容，其中最引人注目的内容之一就是要在全国各地规划、设计和建设成千上万、大大小小的各类工程项目；也可以说全面建设小康社会离不开大大小小、各种类型的工程活动——特别是一些大型和特大型工程项目的建设。工程的实现，也必然具有巨大的社会、经济、环境以及文化的效益和影响。

党的十六大提出的 2020 年实现全面建设小康社会的目标将把一个占全球人口 1/5

的大国带入比较富裕、文明的社会，这是人类历史上最为艰巨和宏大的社会进步过程。我国的水资源特点需要建设许多大型综合性水利工程，能源结构和发展趋势决定 15 ~ 20 年内需要大力发展水电。因此，加快人水和谐的水工程建设，是保障防洪安全、供水安全、粮食安全、生态安全的重要手段，是推动社会进步、实现可持续发展的必由之路和重大战略选择。

5 人类文明的典型塑造

文明是文化发展的高级形态，是较发达的文化形态。人类文明的发祥和发展与水密不可分。尼罗河孕育了古埃及文明，幼发拉底河、底格里斯河诞生了古巴比伦文明，印度河催生了古印度文明，黄河与长江哺育了华夏文明。一些早期文明的衰落也与人类没有珍惜水、善待水有关。水工程建设是人类征服自然、改造自然的重要活动，人类文明的历史与水工程建设的历史相伴而行，工程建设的理念、技术水平反映了文明进步的程度。

我国三峡、南水北调等宏伟工程的建设，创造了许多世界之最，改写了历史，代表了当今水工程建设领域的先进水平，是当代文明的重要标志，也是我国实现民族伟大复兴的标志。在建设水工程时，更加注重水生态保护，实现可持续发展，也是文明发展到一定阶段的一个表现。水环境只有突出文化品位，才能满足人们的精神文化生活需要；水景观只有注入文化内涵，才能展示水的个性与魅力；水工程只有发挥审美效应，才能更生动、更和谐、更富有活力。未来水工程建设的重要内容之一就是努力营造清新优美的水环境，提高人居环境质量，为构建和谐社会提供重要支撑。

6 科学选择与评价水工程目标

无论什么样的工程，确定合理、经济、符合建设者所代表民众利益的目标是工程的出发点和灵魂。从古到今，水工程的目标就是兴水利、除水害，减轻水问题对社会和民众带来的影响和损失，但在特定历史阶段、特定区域，针对特定人群，水工程的目标和侧重点也是不同的。无论是水工程建设的趋利说、趋害说，还是当今涌现出的绿色水电、绿色大坝等考虑生态环境保护的水工程建设观点，都是站在不同的角度和立场，对水工程目标的不同认识和追求。

我国是发展中国家，发展乃第一要务，根据经济社会发展的现状和要求，为保障防洪安全、供水安全、饮水安全，满足能源需求，大力开展水工程建设仍然是今后的重要任务。关键在于水工程建设是否能符合人与自然和谐的要求，是否能够建设成为惠及子孙后代的可持续利用的水工程。水工程的建设不能一味追求开发效益、盲目上项目，而必须在确定工程目标时，把最大限度满足公众利益需求和保护生态环境放在重要的、制约性的位置，进行依法决策、民主决策、科学决策。

兴建一项水工程，不仅涉及工程目标、经济目标，而且涉及生态环境目标、社会目标等。要建设符合时代要求和可持续利用的水工程，必须按照人与自然和谐相处的要求，结合经济社会发展布局，对工程进行科学、全面的论证，分析确定工程建设的各种目标，实现科学决策、民主决策。工程项目的选择、建设和运营都要真正体现生态效益、经济效益、社会效益的统筹兼顾。因此，必须将水工程建设专项规划与流域综合规划以及水资源综合规划统一起来，并设定项目建设的合理论证审批程序，切实重视、实施水电工程建设中对生态环境的有效保护，使水利水电开发纳入有序的轨道。

7　推进人水和谐的水工程建设

水工程布局与设定不仅要符合人们的发展愿望、自然条件，还要符合经过科学论证、民主协商、依法可行的规划。这样的规划是有利于国家、集体和个人根本利益的，经济社会可持续发展的、资源与环境良性演替的流域综合规划和相应的其他规划，是使工程成为实现规划目标的重要举措，人与自然和谐相处的桥梁和纽带。

文化视野中的水资源利用与保护

刘　宁

从文化的角度来研究水资源问题，审视人类的治水历程，引导社会的治水实践，促进人与自然的和谐相处，建设生态文明，是加强水资源利用与保护的时代要求。

1　当代中国水资源问题中的文化成因

我国水资源的主要特点，一是人均水资源占有量低，二是水资源时空分布不均，三是水资源与产业布局不匹配。为此，我国政府采取了一系列有效措施，基本保障了人民生活和经济社会发展的用水需求。但是水资源短缺、洪涝灾害、水污染和水土流失仍是我国当代四大水问题，并呈现出三个明显特征：水资源短缺与用水浪费并存、防水灾能力总体提高与水灾害损失不断加大并存、水生态和水环境局部好转与整体形势严峻的状况依然没有改变。如何使水利与经济发展相适、与民生保障相宜？这既需要面对自然状况研究处置客观问题，也要针对人们的用水意识、用水习惯以及不合理的开发活动等调整解决社会问题。后者突出表现为以下三点。

（1）人水关系和谐程度不高。自古以来，华夏民族就有"靠天吃饭"和"人定胜天"的思想，这两种思想长期左右着治水实践。人，无能力，便听天由命或祈天祭神；有能力，便战天斗地或改造山河。现今，处理好人与自然的关系尤为重要，但是人水相争没有得到根本转变，局部甚至还有所加重。例如，北方大多数河流的水资源开发利用已超出其承载能力，淮河流域、西北地区部分内陆河流、辽河和黄河流域的水资源开发利用率均超过或接近60%，海河流域已超过100%。

（2）重视水的文化属性不够。水有社会和文化属性。然而，在水资源的开发利用过程中，人们往往更加关注水的自然属性，而忽视了它的文化属性。运河文化的衰落就是一个典型例子。京杭大运河一直是元、明、清三个朝代的重要漕运线，各类街巷商铺、特色民居、寺庙道观、地方会馆、皇家园林、官商庭院、名人遗迹等历史痕迹沉积在运河边，造就了运河两岸独特的文化带。中华人民共和国成立后，我们在大运河的恢复和治理上突出了河道的水运功能，而对运河传递的文化信息功能却重视不够，致使很多具有历史价值的遗迹消失，有些地段的运河成了排污河，污染严重，这使得人们保护水、珍惜水、审美水的意识和眼光发生了衰变和一定的扭曲。

（3）水务制度不完善。唐代制定了我国历史上第一部较完善的水利法规——《水部式》，一些原则至今还在沿用。宋朝的《农田水利约束》、明朝的《水规》以及清代的水利法规均极为严格。我国古代一些水利工程至今仍在发挥功能和效益，也正是重

原载于：决策探索，2010，（3）：79-80.

视管理制度、注重维修和养护的结果。中华人民共和国成立以来，我国水利建设取得了辉煌的成就，但是与现代水利发展的要求相比，还存在着"重工程建设、轻制度建设"的倾向，还有待于健全科学治水、依法治水体系。目前 400 多处大型灌区的骨干建筑物失修率近 40%，大型排灌泵站老化破损率 75% 左右。尽管我国灌区已建立近万个农民用水户协会，但是与实际需要相比还远远不够，管理能力也有待提高。若水务的制度不能得到应有的完善，治水机制将难以适应日益复杂的治水需求。

2　水资源利用与保护的文化观

从全球范围来看，水资源利用与保护长期以来倾向于从区域的、工程的角度去解决世界日益严重的水问题。但迄今为止，并没有取得预想的效果。从社会和文化因素的影响去审视和研究改善全球气候变化及水资源问题越来越被人们所认可。因此从某种程度上说，水资源管理本身就体现着一种文化进程。

（1）水资源利用与保护的系统观。从人与自然的关系来看，只有当人类充分认识到自己是大自然系统的组成部分时，才可能真正实现人与自然的和谐。从水资源的形成和运动规律来看，流域是具有层次结构和整体功能的复合系统，由社会经济系统、生态环境系统、水资源系统构成，并通过水量、水质与人类的开发、利用、保护形成了互动关系。从人类对水资源的开发利用和节约保护的实践来看，地表水与地下水相互转化，上下游、左右岸、干支流之间相互依存，开发利用的各个环节紧密联系，因而要加强流域和区域的水资源综合管理。

（2）水资源利用与保护的自然观。水的最显见特性就是循环性。通过水资源的开发利用，人类改变了江河湖泊的关系，改变了地下水的赋存环境，也改变了地表水、土壤水和地下水的转化路径。这种改变如果超出了一定的度，就会严重损害水的循环，甚至导致循环系统的变异。例如，上游无节制地引水，会导致下游河湖的干涸；无序和过度的河流开发，会损害河湖的连通性；大量超采地下水，会导致地面沉陷，损害地下水的补充和循环。自然界的基本结构单元是多种多样的生态系统，各种生物的种类、数量和空间配置在一定时期均处于相对稳定的状态，并具有特定的能流和物流规律。只有遵循并利用这些规律来改造自然，人们才能持续取得丰富而又合乎要求的资源来发展，从而保持洁净、优美和宁静的生活环境。

（3）水资源开发利用与保护的价值观。从价值的角度来认识人与自然的关系，有三种观念：一是"极端的人类中心论"，即认为"人是万物之灵"，是自然的征服者、统治者，人对自然有着绝对的支配权，根本否认自然的价值、尊严和自然权利。二是"极端的自然中心论"把自然的价值与人类需要的价值割裂开来，认为有独立于人类实践之外的自然价值，主张以生态为中心、一切顺应自然。三是"人与自然和谐相处论"这是对上述两种观点的扬弃，也是马克思主义关于人与自然关系的基本观点。河流不仅具有供水、灌溉、发电、航运和旅游等直接的经济价值，还有水体自我净化、水分涵养与旱涝缓解、植物种子传播和养分循环等重要的生态价值，以及满足人们对于自然界的心理依赖和审美需求的美学价值等。这些功能价值往往是间接的，却又会对人类经济社会产生深远的影响。

（4）水资源利用与保护的历史观。历史地看待水利发展过程和当今水问题，需要把握三个方面：一是总结历史。在我国几千年的治水史上，既有顺势而为、造福黎民的成功经验，也有逆势而行、遗患百姓的惨痛教训。历史经验告诉我们，要尊重规律，科学治水。二是分析现状。我国目前存在的水问题，既有治理问题，也有社会文化问题。例如，水污染这一在发达国家工业化过程中几百年累积的问题，在我国经济社会高速发展的几十年间就集中暴露出来。我们要借鉴发达国家工业化过程中的经验教训，避免走先污染后治理的老路。三是面向未来。既要开发利用水资源，又要维护良好的生态环境；既要满足当代人对水的需求，又要给子孙后代留下生存和发展的碧水河川。

三峡蓄水初期水库近坝区水环境特性分析

刘　宁　　江春波　　陈永灿

摘　要：通过现场观测和数值模拟的方法，对三峡水库近坝区在蓄水初期的水流和水环境特性进行了分析。对蓄水初期的溶解氧、BOD、COD 和 NH_3-N、Cu 等水质参数进行了观测，将蓄水初期水质资料与蓄水之前的结果进行了对比，分析了近坝区水环境变化趋势。采用大涡模拟紊流模型，考虑水体表面的热交换，对三峡近坝区的流动和水温分布特性进行了模拟。研究结果表明，三峡水库蓄水初期近坝区水流特性明显改变，主要表现为水深增加、流速变缓，部分地段有回流区出现。水质指标变化不明显，坝前断面溶解氧浓度、悬浮物浓度有所降低，与悬浮物密切相关的污染物总磷、重金属也随之降低；蓄水初期 139m 水位时坝前水域尚没有出现温度分层现象。

1　研究背景

　　三峡水库 2003 年 6 月开始蓄水，水位由 77m 迅速抬高到 135m，11 月水位调整到 139m。随着水位的升高，两岸淹没范围变大，岸边污染物有可能进入水库。由于水面宽度和水深都明显增大，水体流速明显变缓，不利于对污染物的稀释降解，而悬浮污染物质容易沉降。尤其对于近坝区，由于由底孔放流和电站运行的影响，水流条件改变对污染物的迁移特性产生影响。因此，选择三峡水库蓄水过程这一特殊时段进行研究，取得三峡水库蓄水初期近坝区的水文、水质观测资料，并对观测资料进行分析，为今后三峡水库的水位进一步抬升及其水库运行具有指导意义。

　　已有学者对三峡库首水环境问题开展了调查研究工作，通过数值模拟等手段对水流和水温分布进行了分析，对于二维计算，由于上游水温边界条件不容易确定，常将垂向一维模型计算得到的水温分布作为二维计算的边界条件。对于狭长形库区，水温在河宽方向上变化相对较小，此时常常采用沿河宽积分的立面二维水温模型。由于水温分布的影响，水流在垂直方向的紊动扩散与在其他方向有明显区别，采用各向异性的紊流模型，如修正的 $k-\varepsilon$ 模型、雷诺应力模型、大涡模型等，对预测深水型水库的水温分布具有实际意义。

　　本文研究选取三峡水库蓄水初期进行研究，对近坝区的水流、水质分布进行观测，取得基础研究资料。通过对观测资料的分析，评价蓄水前后三峡近坝区水流和水质特性的变化趋势，同时，观测资料为数学模型参数率定提供了依据。通过建立数学模型的方法，预测三峡库首的水环境变化规律。

原载于：水利学报，2006，（12）：1447–1453.

2　观测资料及其分析

在收集三峡水库蓄水之前 1997 ~ 2003 年的水环境资料的同时，对三峡近坝区在蓄水初期的水文、水质参数进行了观测。选取庙河（坝前约 18.5km）、太平溪（坝前约 3km）、坝前（坝前 0.3km）、东岳庙（坝前约 2km）等作为观测断面，每个断面取 3 个测点，每个测点取上、中、下不同水深的 3 个位置的实测结果，每个月检测 1 ~ 2 次。

三峡水库蓄水初期，从 2003 年 6 月开始，大坝上游的庙河断面水位从 77m 迅速抬高到 135m，11 月水位再次升高到 139m。2003 年 7 月和 9 月三峡库区有两次洪峰经过，日平均流量超过 $4×10^4 m^3/s$，其中 9 月的洪峰历时短、峰值大。蓄水初期庙河、坝前断面的水温观测值如图 1 所示，3 ~ 6 月水温随气温而升高，9 月水温开始下降。蓄水初期水位上升期间，库区水体流速减缓，水流的掺混能力减弱，由于太阳辐射，近坝水域表层水温略高于中层和下层水温，温差为 1 ~ 2℃。蓄水以后，由于进、出库水量较大，水流掺混较强，实测水温未出现分层现象。

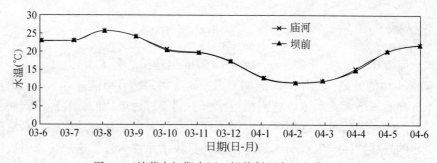

图 1　三峡蓄水初期庙河、坝前断面水温变化过程

为了分析三峡水库蓄水期间的水质变化趋势，将三峡水库蓄水初期和蓄水之前的水质观测资料进行对比分析。观测的水质参数包括溶解氧（DO）、高锰酸钾指数（COD_{Mn}）、五日生化需氧量（BOD_5）、氨氮（$NH_3–N$）、总氮（TN）、铜（Cu）、砷（As）、汞（Hg）、镉（Cd）、六价铬（Cr）、铅（Pb）、氰化物（CN）、挥发酚（Phenol）13 个。根据水体的功能和水质特征，分别对氧平衡指标、营养盐类和毒物指标的分布特性进行讨论。

2.1　氧平衡指标观测资料分析

氧平衡指标主要讨论 DO、COD_{Mn} 和 BOD_5。图 2 为太平溪断面在蓄水之前和蓄水初期的溶解氧浓度分布。

由图 2 可以看出，蓄水之前各断面不同年份 DO 的月季变化趋势基本一致，5 ~ 9 月处于丰水期，气温较高，DO 浓度处于一年中的最低谷阶段，其他月份 DO 明显偏高。在气温高的时候，氧在水中 DO 浓度变低，水质情况更差。

蓄水初期，大坝上游由于水深加大，流速变小，DO 浓度比蓄水之前减少，蓄水初期的 4 ~ 7 月底，DO 浓度下降到 7.0mg/L。

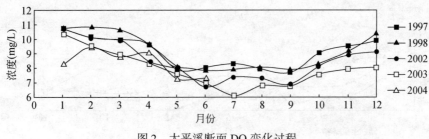

图2　太平溪断面 DO 变化过程

图3 和图4 为太平溪断面 COD_{Mn} 和 BOD_5 的变化过程。由图3 和图4 可见，这两个指标在蓄水初期和蓄水之前没有明显不同，蓄水初期指标浓度略有下降。

长江水体有机物含量与非点源污染有着密切关系，三峡库区及中下游在丰水期（平水期）高锰酸盐指数的浓度普遍高于枯水期。这是由于长江丰、枯水期悬浮物含量相差悬殊，泥沙吸附的耗氧有机物质随水土流失进入长江水体，长江干、支流两岸堆积和淤积的各种废弃物也随雨水流进长江，致使丰水期有机物质的含量高于枯水期。

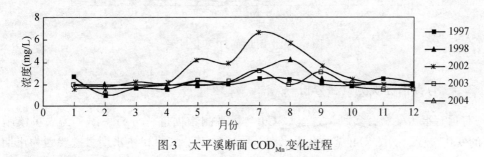

图3　太平溪断面 COD_{Mn} 变化过程

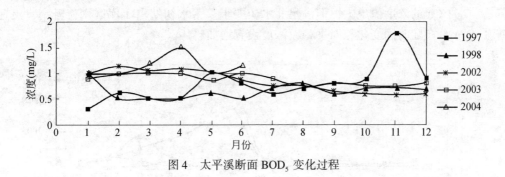

图4　太平溪断面 BOD_5 变化过程

2.2　营养盐观测资料分析

营养盐选取 NH_3-N 和 TP 进行分析。图5 和图6 分别为太平溪断面 NH_3-N 和 TP 的变化过程。从图5、图6 可见，除1998 年之外，蓄水前太平溪断面 TP 和 NH_3-N 浓度都在 0.4mg/L 以下。营养盐类指标在平水期和枯水期水质较差，丰水期水质稍好，反映了岸边排污对库区水质的影响。1998 年汛期营养盐指标也比平时增高，说明"98"特大洪水对水质具有影响。蓄水初期营养盐指标与蓄水之前相比没有变坏。

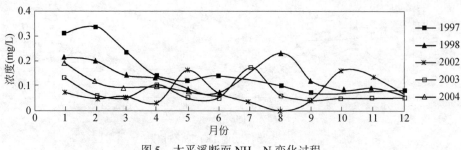

图 5　太平溪断面 NH₃-N 变化过程

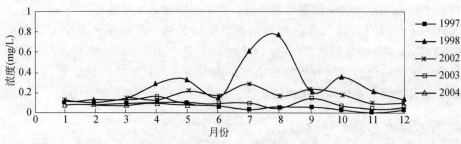

图 6　太平溪断面 TP 变化过程

2.3　有毒指标观测资料分析

有毒有害污染物有多种，这里以 Cu 含量观测数据进行分析。图 7 为太平溪断面 Cu 的变化过程。从图 7 可见，在丰水期水质略次于平水期和枯水期，主要因为汛期降水增加，流量变大，岸边及沉积物中沉积的重金属有毒物进入水体的量增大使得水质较差。7 月 Cu 的浓度值最大，但满足 Ⅱ 水质要求。蓄水初期由于库区水位升高，流速变缓，Cu 分布随时间变化相对平稳，浓度没有增加趋势。

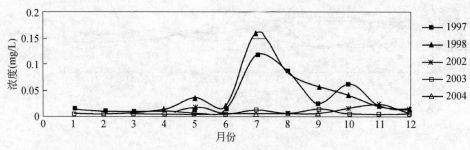

图 7　太平溪断面 Cu 变化过程

2.4　悬浮物浓度观测资料分析

图 8 为太平溪断面悬浮物浓度变化过程。从图 8 可见，蓄水初期悬浮物浓度随水位的抬高而逐渐减小，6 月下旬蓄水水位稳定以后，随着上游两次洪峰来临，悬浮物浓度随之上升，9 月初悬浮物浓度较大，达到 400mg/L。但与蓄水之前同期悬浮物浓度

$1000\sim2000\text{mg/L}$ 相比，蓄水初期悬浮物浓度有明显下降。洪峰过后，悬浮物浓度随流量变化很快，2003 年 12 月最低达到 8mg/L 左右。

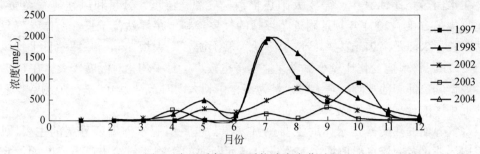

图 8　太平溪断面悬浮物浓度变化过程

根据观测资料和水质评价模型可知，三峡水库近坝区在蓄水初期重金属等污染物浓度降低，但 COD_{Mn}、BOD_5 氧平衡因子变化不太明显，溶解氧的浓度降低，而营养盐等污染物浓度升高。分析表明，三峡水库蓄水初期近坝水域总体水质没有变差。

3　水流及水温模拟

3.1　数学模型

数学模型的方程如下。

水流运动的连续方程：

$$\frac{\partial u_j}{\partial x_j} = 0 \tag{1}$$

动量方程：

$$\frac{\partial u_i}{\partial t} + \frac{\partial (u_i u_j)}{\partial x_j} = -\frac{1}{\rho_0}\frac{\partial p}{\partial x_i} + \frac{\partial}{\partial x_j}\nu_{ij}\left(\frac{\partial u_i}{\partial x_j} + \frac{\partial u_j}{\partial x_i}\right) - \frac{\rho - \rho_0}{\rho_0}\text{g}\delta_{i3} \tag{2}$$

温度方程：

$$\frac{\partial T}{\partial t} + \frac{\partial (u_j T)}{\partial x_j} = \frac{\partial}{\partial x_j}\left(K_j \frac{\partial T}{\partial x_j}\right) + \frac{H}{\rho C_p} \tag{3}$$

式中，i 为自由指标（$i=1,2,3$）；j 为求和指标（j 从 1 到 3 求和）；u_j 为坐标 x_j 方向的流速分量；p 为动水压力；T 为温度；ν_{ij} 为紊动黏性系数（i、j 为非求和指标）；K_j 为 x_j 方向的温度扩散系数；ρ、ρ_0 分别为水体密度和水体基准密度。

水的密度与温度之间的关系可以通过有关公式确定。稳定黏性系数和紊动热扩散系数根据 Smagorinsky-Deardorff 大涡模拟公式计算，公式如下：

$$\nu_{ij} = C_L^2 \Delta x_i \Delta x_j \left[D^2\left(D^2 - \gamma\text{g}\alpha\frac{\partial T}{\partial z}\right)\right]^{\frac{1}{4}} \tag{4}$$

$$K_j = 2 (C_L \Delta x_j)^2 \left(D^2 - \gamma\text{g}\alpha\frac{\partial T}{\partial z}\right)^{\frac{1}{2}} \tag{5}$$

式中，Δx_j 为网格尺寸；C_L 为模型常数，取 $C_L=0.23$；α 为模型常数，取 $\alpha=0.21\times10^{-3}$。

3.2　水面热交换条件

在水面热交换计算中，需要太阳热辐射、气温、湿度、云量和风速等气象资料。为此收集了 2000 ~ 2004 年坝址附近茅坪站的气象资料。茅坪站位于长江南岸，气象观测站距长江水面距离 2km 左右，位于三峡大坝上游，距大坝 5km。茅坪站日平均风速 1.2 ~ 2.7m/s，风速变化比较小，风速值本身也较小。日平均相对湿度较大，在 65% 左右。根据气象部门的观测，晴天时云量为零，中到大雨时云量为 100%，观测数据表明三峡近坝区的日平均云量在 50% 左右。

水气界面的热交换是水体的主要热量来源，也是引起水库温度分层的主要原因。进口边界流量及入流水温值均由实测进口庙河断面的实测资料给出；出口断面给定零梯度条件；水面考虑与大气之间的热量交换。

3.3　计算结果分析

本文计算区域为大坝至上游的庙河断面，总计算长度大约为 18km。三峡蓄水初期阶段，水位低于 139m 时坝身出流方式为深孔出流，计算时段为 2003 年 6 月 ~ 2004 年 6 月。

数值模拟所得到的三峡水库坝前水域流场如图 9 和图 10 所示。

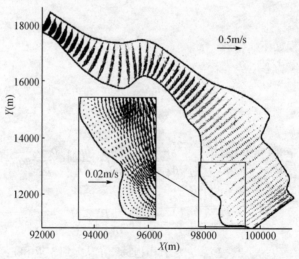

图 9　2004 年 2 月末表面流场

流场分布特性如下。

（1）河宽变化对水流的影响。三峡库首江段河谷呈 V 形，河床高程落差变化较大，进口附近江段狭窄，坝前出口江段河床宽坦。由于库首地形曲折多变，河道宽度在流程方向上变化较大，使得水平流速表现出沿宽度和沿流程方向变化都比较显著的特点。从流速矢量图上可以看出，在河道中心附近流速比较大，靠近两岸流速逐渐减小。

（2）弯道及其水下地形的影响。三峡水库是峡谷型水库，库区地势起伏，江面收缩和扩展以及弯道对流场影响较大，流场因复杂地形而变化。从计算所得的流场与河道地形可以看出，水面狭窄的江段水流流速较大，江段突扩段附近有明显回流区。流

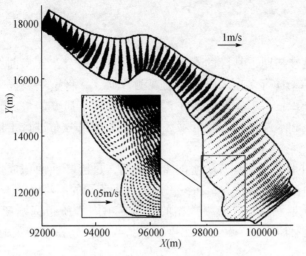

图 10　2004 年 7 月末表面流场

速的横向分布受河道弯曲及水下地形和河道主槽影响，主流位置也随之变化，横向流速分布也有所不同，流速较大值偏向凹岸。

（3）机组运行对水流的影响。从模拟结果可以看出，主流位置偏于左岸，这是由当时的大坝实际运行情况决定的，蓄水初期主要是左岸水轮机组运行。坝前右岸附近水域存在较大漩涡。大坝附近的流态没有比较明显的流动不对称性。

坝前 500m 处的水温变化过程如图 11 所示。图 11 表明：①气温变化对水温影响较大。计算结果表明，同一层水体温度相差不大，保持在 0.3℃范围之内。在计算时段之内，气温相差比较明显，从图 11 可以看出，水体温度随着气温升高而逐渐升高，气象条件的变化对表层水温有影响，但不会使水温产生明显的变化。如果气温较高，表层的水温会逐渐升高，如果气温较低，则表层水温逐渐降低。②近坝区没有水温分层出现。河道垂向水温基本没有分层，计算结果表明河道垂向水温相差在 0.2℃范围之内。与实际河道垂向水温的实测值接近。由于本文计算只是针对蓄水初期，最高水位为139m，水深相对较浅。其中 6 月气温较高时期对应的流量也较大，不易形成水温分层。实际计算也证实了这一结论。

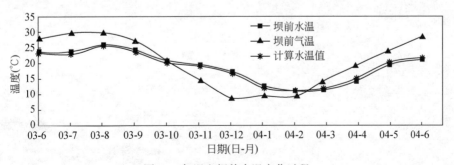

图 11　气温和坝前水温变化过程

4　主要结论

对三峡水库蓄水初期近坝区的水环境特性进行了研究，在坝前布置观测断面，取得了 DO、BOD、COD 等多项水质指标的观测数据，并将这些数据与蓄水之前的水质指标进行对比，分析三峡水库近坝区在蓄水初期水环境演变趋势。通过适合于近坝区的复杂流态的水流和水温模型，对近坝区的水流和水温分布进行了模拟，获得的主要结论如下。

（1）水流条件明显改变。三峡水库蓄水初期，过流断面面积成倍增加，淹没区域岸边的地形地势对流场影响较大，在突扩段出现大范围的回流区。

（2）通过水质监测以及对监测数据的分析，不同水质指标浓度的变化略有不同，坝前断面 DO 浓度有所下降，悬浮物浓度降低，与悬浮物密切相关的污染物 TP、重金属也随之降低。

（3）没有出现水温分层。通过对水温监测数据分析和对坝前水域水温模拟分析可以得到，蓄水初期 139m 水位时坝前水域尚没有出现温度分层的现象。

第二节　水资源综合调度

　　水具有流域性、区域性，更具有用途的多样性。水资源综合调度就是将流域的上、中、下游，左、右岸，干、支流，水质、水量、泥沙，地表水与地下水，治理、开发与保护等作为一个完整的系统，将兴利与除害相结合，充分利用流域内、流域外两个资源开展的协调和统一调度。

　　为充分利用水资源，探索水资源综合调度，刘宁先后对引江济太跨流域调水、黄河水沙调控体系建设、潼关高程控制及三门峡水库运用方式、三峡—清江梯级电站联合调度开展了深入细致的研究，取得了很好的成果，有的已应用于指导水资源调度实践。

对引江济太调水试验工程的初步认识和探讨

刘　宁

摘　要：引江济太调水试验工程自 2002 年实施以来，取得了显著的经济效益和社会效益，是太湖流域实施由汛期调度向全年调度，由水量调度向水资源综合调度的有益尝试。通过对引江济太的作用和效果分析，阐述了在流域综合治理的总体框架下，统筹协调各方面关系，解决经济社会发展和水生态环境之间的突出矛盾和问题，强调要以流域水资源配置和改善流域水生态环境为重点，加强工程和非工程设施建设和运行管理，实现洪涝相机调度，探索和实践流域管理的新策略。

引江济太试验于 2002 年 1 月 30 日正式开始，历时近两年，完成了预定的各项试验任务。2003 年 12 月，水利部科学技术委员会组织了引江济太与流域水资源调度专题调研。笔者有幸参加了"试验"的开始仪式和水利部科学技术委员会专题调研活动。引江济太调水试验是在水利部党组治水新思路的指导下，为提高流域水资源承载能力和水环境承载能力进行的具有开创性的水资源调度与流域综合治理的有益尝试，取得了成效，积累了经验，并得到了社会各界的广泛关注和高度评价。因此，很值得有关部门以全面、协调、可持续的发展观，进行深入总结。在此，笔者仅就了解到的引江济太试验的有关情况，谈一点认识。

1　概述

引江济太调水试验工程自 2002 年实施以来，通过水资源的科学调度，共引入优质长江水 40 亿 m³，入太湖 20 亿 m³，入望虞河两岸河网地区 20 亿 m³，利用太浦闸向黄浦江上游输供水 31 亿 m³，在增加流域水量、改善流域水质和水环境状况等方面发挥了重要作用，是太湖流域"以动治静、以净释污、以丰补枯、改善水质"的有益尝试。引水使流域河湖蓄水量增加了 2/5，河网水位抬高约 0.30～0.40m，受益地区河网水体基本置换一遍；望虞河、太湖、太浦河与下游河网的水位差控制在 0.20～0.30m，河网水体流速明显加快，由调水前的不足 0.1m/s 增加到 0.2m/s 左右，加快了河网和湖泊水体的流动；望虞河水质平均改善 2 个类别，污染物指标平均降幅超过 50%，太浦河清水增量下泄有效改善了黄浦江上游水质，望虞河西岸主要支流伯渎港、九里河、锡北运河、张家港引水后的水质均由劣于 V 类转变为 Ⅲ～Ⅳ 类，东岸一定范围内水质也得到改善，太湖贡湖区、湖心区以及东太湖区水质得到不同程度的改善，蓝藻暴发得到抑制，富营养化指标总磷浓度为近五年同期最低。特别是 2003 年，太湖流域遇到了 30 年不遇的干旱、50 年不遇的高温袭击，通过引江济太和雨洪资源利用，有效抑制

原载于：中国水利，2004，(2)：36–38。

了蓝藻的暴发,满足了航运的要求,保障了流域内湖州、嘉兴等重要城市的工农业用水安全,减轻了因旱灾造成的经济损失。调水试验发挥了水利工程在改善流域水环境方面的综合效益,初步实现了由汛期调度向全年调度、由水量调度向水资源综合调度的转变,是新时期治水理念的有益探索和积极实践。实践证明,通过科学的调度,水利可以为流域经济社会协调、快速、可持续发展提供有力的保障。

2 认识

两年的引江济太调水试验取得了可喜的成果,透过这些成果,我们必须要对引江济太的作用给予科学的评价,要对引江济太的经济运行前景和社会价值予以透彻的分析,要对试验中存在的不足和暴露出的问题做进一步研究,积极探索解决问题的办法。引江济太调水试验不是简单地进行调水,而是要通过试验发现问题、找出解决问题的办法,通过总结经验,为引江济太提供科学依据。需要通过调水试验回答:引江济太调水试验对整个太湖和整个河网的污染稀释作用是否达到了预期目的?太湖富营养化最严重的西北湖区水域的水质改善有什么措施?真正做到水量和水质统一调度还需要具备什么样的条件?调水工程措施能否做到防洪、排涝、引水、治污、供水兼顾,并得到最合理的运用?引江济太的经济效益能否得到认同?运行成本是否应当在水价上有所反映?如果没有市场的调节,纯公益性的引江济太能维持多久?诸如此类的问题能否得到科学合理的处理,将直接影响到引江济太的长效运作。

自1991年太湖大水以来,经过10余年的治太建设,太湖流域初步建成了洪水北排长江、东出黄浦江、南排杭州湾的通道。充分利用太湖流域的骨干工程体系,可满足"蓄泄兼筹、以泄为主"的流域防洪要求,在防洪压力得到初步缓解的情况下,通过水利工程体系确保供水安全、改善水环境已经成为太湖流域水资源管理中两项越来越重要的任务。引江济太是在流域原型实体上进行的大规模科学试验,试验过程中进行了较为系统的水文、水质监测,积累了大量珍贵的资料。应当对这些资料进行系统处理和总结,阐释现象的成因,发掘其中蕴含的科学规律,发现实验过程中存在的问题。同时,由于受各种条件的限制,调水试验本身不可能回答引江济太中出现的所有问题,因而需要加强引江济太调水试验专题的研究,通过专题深入研究调水线路、调水规模、调水效果、调水优化、调水风险、运行机制、污水出路等重点关心的问题。研究过程中,关注如何处理好以下三个方面的关系非常重要。

一是流域与区域之间的协调关系。过去两年引江济太调水试验在改善水环境方面取得了成效,太湖水体富营养化面积从2001年的83%降至目前的70%,Ⅱ~Ⅲ类水体由70%上升为85%,流域河网水质优于Ⅲ类比例也由20%上升为40%,其中引江济太的作用功不可没。但是,由于在目前引排线路单一、工程调控能力不足,引江济太对西部河网地区水质改善的范围和程度还十分有限。尤其对望虞河西岸河网地区,引江济太工程的实施使望虞河西岸污水受到顶托,大量污染物滞留在西岸河网地区,导致该地区水质反而有所恶化。因此,今后的引江济太工作在改善太湖水质的同时,需要进一步加强流域河网水质的协调改善。

二是引江与防洪、除涝、改善水环境之间的关系。太湖流域是我国经济最发达地区之一，城市化率已达54%，年 GDP 增长速度均超过 10%，2002 年太湖流域 GDP 达 12 400 亿元，约占全国的 12%；同时太湖流域也是洪涝灾害最频繁的地区之一，洪涝灾害所造成的经济损失巨大。因此，引水规模、引水线路、引水设施及引水时间等必须与流域的防洪规划、防洪调度相协调。开展汛期雨洪资源的利用要在确保流域防洪安全的前提下进行，并制定出切实可行的风险防范措施。

三是引江济太与节水治污的关系。在充分肯定引江济太成效的同时，必须认识到，治理污染源是实现流域水环境改善的根本。水资源保护是太湖流域水资源管理的重点工作，因此要切实按照《水功能区管理办法》，搞好污染总量控制和排污口监督管理。要从建设流域"节水防污型"社会目标出发，同时做好治污与节水工作，从根本上改善太湖流域水环境。在污染源问题尚未得到根本解决之前，需要在不断加大控源力度的前提下积极开展引江济太。笔者注意到，在引江济太实施过程中，就曾因高浓度污水流入造成过望虞河调水中断。

3　探讨

3.1　要加强引江能力规划研究

当前进行的引江济太调水试验是通过现有水利工程体系进行水资源联合调度，主要依靠望虞河引水和太浦河供水，引供线路单一，引排能力有限。太湖上游特别是湖西地区缺乏必要的引水入湖工程；望虞河取水口靠近下游，自引能力有限，且引水水源易受长江近岸污染带和泥沙淤积影响；主要调蓄工程——环湖大堤标准不高，周边引水工程规模小。现有工程引水规模小，引排能力弱，不能满足对水资源调控的需要；过去工程设计主要考虑防洪排涝，较少考虑水资源水量水质联合调度的功能。因此，要更好地发挥、扩大引江济太的作用，就需要深入开展与引江能力相关的规划研究，以进一步完善流域工程体系建设，通过改造、补充，形成"三进三出"的引排结合、量质并重的工程格局，为实现"引得进、蓄得住、排得出、可调控"的目标而奠定良好的工程系统，以达到防洪、治污两用，水量、水质统一调度、管理的要求。

3.2　合理确定太湖及河网的适宜水位

太湖流域具有碟形的地形特点，高差约 2.5m，河道比降很小，水流流速为 0.2 ~ 0.3m/s，且河网密布，河网尾闾受潮水顶托，泄水不畅。调水试验结果说明，将地区水位与太湖水位有机结合起来，形成长江—太湖—河网的水位梯级差，从而形成流域河网和区域河网水体的有序流动，不仅能提高长江向太湖供水能力和太湖向下游地区供水的能力，而且能维持河网中水体的水量、水位、水质梯度，提高流域水资源和水环境承载能力。

3.3　加强流域、区域水资源联合调度

必须在流域调水的基础上，有机整合各区域调水，充分发挥调水的综合效益。①流域北部区域：通过沿江口门引水，形成带动流域自西向东的水体流动，同时增加运河

的水位落差，而常州和无锡污水就近排出，形成运河以北区域的水体流动小循环，重点缓解运河和无锡地区、阳澄淀泖区的水环境问题；②流域东部区域：将浏河作为流域调水的又一条主干道，重点缓解流域东部下游地区河网的水环境问题；③流域南部区域：通过提高非汛期太湖水位，形成自太湖出水，经过杭嘉湖河网后南排杭州湾的水体流动格局。

3.4 合理确定流域调水线路

在现有引江济太的基础上，通过科学研究，选择新的适宜的调水线路，从而使流域内水体达到科学合理流动的效果。在流域内实行清污分流，分别建设清水走廊和排水专用通道，一方面保证引水质量，扩大清水流动范围，最大限度地实现引水效果；另一方面减少流域内污水滞留时间，缩短污水流程，使污水尽快排出流域，减轻污染影响。

3.5 要加强运行机制研究

由于引江济太涉及流域两省一市，涉及水利、环保、航运等不同行业，不同地区、不同行业之间的利益和矛盾协调难度大，当前还缺少高效的决策与协商机构，流域与区域的有机整合程度有待提高。如何进一步发挥现有流域管理机构的职能，建立高效的组织、协调、会商和决策机制，需要通过调水试验专题研究加以解决。目前，引江济太的运行管理费用完全由国家负担，为了长效运行，其运行管理费用需要有稳定的来源。需要在分析引江济太工程成本与效益的基础上，系统开展流域水权、水价相关研究，制定合理的水资源费征收办法及引江济太费用分摊办法，以促进引江济太的长效运作。要将调水的作用与污染治理的作用区分开来，系统分析由调水所带来的社会经济效益分配情况，从而为引江济太费用分摊机制的制定提供科学依据。

3.6 要进一步加强引江济太试验工程中的监测工作

调水过程中的监测数据（表1），既是引水调度的基础，又是调水效应评价的依据，因此必须重视调水工程中的实时动态监测。在过去两年的调水试验中，由于监测站点、监测指标和监测频次存在不足，调水的效果以及存在的问题未能完全得到定量反映。在今后的工作中，一方面应当对监测站点的布局进行优化，另一方面应当加强与地方监测部门的合作，充分利用地方部门在水文、水质监测等方面的优势，以使试验工作做得更加全面、更加扎实。

表1 太湖及流域重要水位站水位对比表 （单位：m）

区域	水位站	6月16日	8月4日
太湖	太湖	2.89	3.24
太湖上游	常州	3.62	3.84
	青阳	3.30	3.56
	丹阳	4.09	4.25
	无锡	3.04	3.38

续表

区域	水位站	6 月 16 日	8 月 4 日
阳澄淀泖	苏州	2.88	3.20
	湘城	2.91	3.23
	陈墓	2.60	3.84
杭嘉湖	嘉兴	2.65	2.86
	王江泾	2.99	3.17
	新市	2.75	3.06
望虞河	甘露	3.02	3.52
	林桥	3.00	3.45
太浦河	平望	2.79	3.03

在认真做好各项专题研究工作的同时，引江济太调水试验要注意总结、吸纳以往相关研究成果，并加强与目前正在开展的其他各项相关研究的交流与结合，尤其是目前正在开展的国家"十五"重大专项中的"改善太湖流域区域性水环境的引水调控技术"课题，其目标就是要在引江济太大背景下寻求改善梅梁湖、五里湖等太湖污染最严重的湖区以及望虞河以西河网地区水环境的引水调控方式。这样既可避免资金不必要的浪费，又可充分发挥不同部门、不同学科的优势，真正促使相关研究成果为引江济太提供科技支撑服务。

引江济太调水试验工程不是简单的调水冲污试验。引江济太可实现利用流域自然水文条件、通过水利工程的联合运用和优化调度保障供水并改善流域水环境，有效提高流域水资源的安全度。调水试验是在新的社会发展条件下，发挥水利工程生态效益所进行的积极探索，通过调水试验我们对这种创新性的尝试积累了宝贵的经验，这些宝贵的经验，若能加以总结提高，必将会促进流域水资源管理调度的理念转变。

对黄河水沙调控体系建设的思考

刘 宁

近年来，黄河水利委员会在黄河水沙调控体系建设上进行了很多的探索和实践，如调水调沙试验，小北干流淤粗排细放淤试验，以及下游标准化堤防建设等，目的都是为了解决水少沙多、水沙不协调以及其他一些由来已久的黄河老大难问题。但黄河问题非常复杂，热点问题、难点问题很多，因此，解决黄河水沙调控问题不可能是单一的、一蹴而就的，黄河水沙调控体系建设还有很多工作要做。

1 关于黄河水沙情况

根据全国水资源综合规划调查评价阶段的最新成果，黄河 1956～1979 年与 1980～2000 年两个时段相比，流域的降水量减少了 6.9%，地表径流量减少了 14.5%，径流量的减少幅度大于降雨量的减少幅度。根据《黄河近期重点治理开发规划报告》，预计今后 50 年，黄河进入下游的水量较目前将进一步减少，平水年 180 亿～200 亿 m³，枯水年将不足 100 亿 m³。另外，黄河上的龙羊峡、刘家峡、三门峡、小浪底等骨干水库的库容有 517 亿 m³，有效库容 286 亿 m³，如果古贤、碛口水库建成后，库容还将增加近 300 亿 m³，这几座水库的拦沙库容分别是：碛口 144 亿 t，古贤 160 亿 t，小浪底近 100 亿 t，加上小北干流放淤 100 亿 t，黄河下游引水年均带走泥沙 1 亿～2 亿 t，中下游的试验堤淤临淤背每年还可以存蓄泥沙 150 万 t。近年来，入黄河泥沙由原来的年均 16 亿 t，减少为 13 亿 t（甚至将更少），减沙量大概占泥沙总量的 18%。据黄河水利委员会测算，其中 61% 是水保工程治理的成效，还有 39% 是受降水的影响。根据《黄河流域防洪规划》中的数据，1919 年 7 月～1997 年 6 月，在 78 年的长系列中，4 站的平均水量是 308 亿 m³，平均沙量是 12.73 亿 t，用 23 年为一时段进行组合，1976 年以前水量基本上都是大于平均水量，1976 年以后的水量都小于平均水量，说明 1976 年以后的 23 年，水量在减少。1964 年以前的 23 年沙量是大于平均值的，1964 年以后都比平均值小，说明沙量也是减少的。

通过以上情况，可以这样认为：这么多年以来，黄河水沙情况发生了变化，这种变化主要是水量和沙量的近乎同比减少，但水沙不协调的变化不是太大，有变化也主要是在局部河段发生。黄河水沙不匹配、不协调的问题原本就存在，现在人们对黄河的需求高了、期望高了，因此，水沙不协调的问题就更使人关注，影响更大。黄河经过这么多年的建设，客观上已具备一定的水沙调控能力，只不过这个体系还是初步的，或许还没有真正成为体系，而且与现实的要求还存在较大差距。黄河水利委员会进行

原载于：中国水利，2005，（18）：5-7。

的调水调沙试验，把水沙调控体系的建设和运用问题更加突出出来，期望水沙调控体系的作用和现在治河的要求能呼应起来，从而发挥更重要的作用。

2　关于调水调沙试验

三次调水调沙试验的意义不仅在于输了多少沙入海，还在于试验本身取得了什么样的成果，以及这个成果的价值。可以从以下四方面对三次调水调沙试验加以说明。

（1）三种不同的调水调沙试验证明了通过工程运用，因势利导塑造水沙过程是可行的，但是要达到更高的期望，将受到很多条件的制约。

（2）进行调水调沙需要水量和水动力的聚合。对于黄河来说，因为水少，水动力聚合需要借助系统的力量。黄河水利委员会认为第三次试验证明，仅靠万家寨、三门峡和小浪底的水动力聚合还不够充分，所以要建设古贤、河口村水库等，增加后续水动力的聚合，形成更为完备的水沙调控系统。

（3）调水调沙是有效果的，三次共输送 2.58 亿 t 泥沙入海，使下游河槽平滩流量由 $1800 \mathrm{m}^3/\mathrm{s}$ 提升到 $3000 \mathrm{m}^3/\mathrm{s}$，但同时也付出了相应的代价。三次试验简单地说，第一次是小浪底水库单独的调水调沙，第二次是小浪底水库和下游的两个水库联调，第三次是上游的水库也参加了。方式不同，代价也不同。因此，要仔细研究论证，精心安排运用，因地制宜、因时制宜。

（4）调水调沙试验客观上也是对小浪底水库设定的运用方式和下游河道冲淤过程变化的一个检验，揭示了许多关于调水调沙和水沙调控体系建设的问题，为调水调沙体系的确立和建设进行了有益的探索。

3　关于水沙调控

黄河"域旱流长"，水动量不足。黄河河长 5464km，水资源总量 580 亿 m^3，如果按照长度平均，每公里的量差不多只有 1000 万 m^3；长江长度约 6300km，水资源总量约 9600 亿 m^3，平均每公里约有 1.5 亿 m^3 的水量。再者，黄河中下游一些河段滩阔槽浅，河流摆动大，坡比小，易变化，水量不足时，流速也不大。动量是速度乘以质量，因而这些河段水动量也不足（同等流量条件下，非饱和高含沙量的水流动量会大于低含沙量的水流动量），为此，需要尽可能多地聚集一些水，并考虑泥沙的含量与作用，形成一定的水动量进行水沙控制和调节。另外，黄河流域大部分处在干旱或者半干旱地区，土地沙化、流失严重，同时流域内经济社会发展需要的引水规模比较大，使得沿程水量逐步减少，所挟泥沙沿程淤落，形成下游滩区并不断淤积抬高河床。从这个意义上说，在一定程度上进行水沙的控制和调节是必要的。

（1）增水和聚水。对水沙调控体系建设来讲，增水是必要条件。增水有多种形式，不仅仅是西线的南水北调，南水北调的东线和中线客观上都会为黄河增水，同时节水措施的实施也将为黄河增水，这些替代出来的水都会成为整个水沙调控体系增水的组成部分。聚水是水动量的蓄积过程，这首先需要的就是能有一定的水量可供累积，同时要有必要的工程设施，恰当时机的选择和科学合理的调度。

（2）减沙。无疑沙要尽量减在中上游，并且最好还能淤地，发挥更好的效益。我们建设了很多淤地坝，进行了小北干流放淤试验，形成了一定的可利用土地，更好地发挥了减沙的效用，这是一举多得。

（3）水沙过程的协调。对于黄河来讲确实存在着时机的问题，很多专家认为在有异重流的时候或含沙量达到一定程度的时候，冲淤作用更明显，水动量会更大。非饱和高含沙量的洪水可能更有利于一次有效冲淤和释放。当然，通过人为方式进行调节也是创造机会的一种。

（4）河道治理和滩区治理等也是水沙调控体系的重要组成部分。滩区的治理，生产堤的限定、废除都是非常重要的关系黄河治理、水沙调控的大事。根据《黄河流域防洪规划》中援引的资料，从1974年国务院批准废除生产堤以后一直到1992年，生产堤口门等拆除了50%，但是现在又已经部分恢复，甚至生产堤又有所增加和加强，生产堤在不同程度上维系着滩区180多万人的日常生产、生活，使滩区治理问题越发成为焦点和难点，也对现行水沙条件下的中水河槽标准、塑造、维护提出了更为艰巨的要求和挑战，需要认真研究，仔细应对。枢纽工程的调度运用也是非常关键的。新建的工程能否按照调水调沙的运用方式运用？这是我们要研究的问题。如果能，已建的水库是否也能够按照调水调沙的方式运用？如果新建的工程不能按照调水调沙的方式运用，会出现什么样的问题？建设以调水调沙为主要目标的工程，其运用必然不再是试验阶段的运用，如果把一些工程锁定在调水调沙运用作为主要目标来建设，就需要加强这方面的研究论证和规划设计。

（5）水沙调控体系的目标设定。在水沙调控体系中拦、排、放、调、挖是密切相关的五个方面，在水沙调整体系的目标设定当中不能过于强调"调"的作用，实际上"调"是离不开其他四个方面配合的，是综合作用的结果。因此还要研究下面这些问题：一是完整的水沙调控体系的目标设定，二是不完整的水沙调控体系的目标设定，三是水沙调控体系受到的制约条件等。要更为关注水沙调控体系与其他措施的联合运用，比如说古贤水库的建设，其作用肯定是综合性的，可能防洪拦沙作用还是第一位的，水沙调节只是调度运用中的重要手段。水沙调控体系的建设与其他体系的建设还有比较问题。

4　几点认识

（1）黄河水沙调控体系的建设需要加强论证、深入研究、勇于探索、不断实践，以期方案更完善、更有效、更实用。比如古贤水库，原来规划设定的工程任务主要是拦沙防洪运用，若现在更注重调水调沙运用要求，就必须深入研究论证其调度方式，并就建设时机进行必要分析。

（2）南水北调西线一期工程总共调水40亿 m^3，客观上能用于调水调沙的水有多少？为了减轻调水区的影响，在一定程度上扩大调水规模以满足需求，能否一、二期工程建设方案统一考虑、连续建设、分步实施？其效率和效益如何？南水北调西线的供水目标问题非常复杂。增水的措施不只限于南水北调西线，还有很多替代出来的水可作为增水，这样的增水又该如何运用？调水调沙体系建设需要进行多方向增水运用的论证。

（3）完整和不完整的水沙调控体系所能达到的目标要科学研究确定。比如论证报告中提到，通过古贤水库的建设运用（可以控制黄河80%的粗泥沙以及全河66%的泥沙），可以将潼关高程降低2m左右，作用还是很大的，但是这一作用是在一定条件下计算分析的结果，目标的实现需要综合措施。

（4）水库基本上都是以综合利用为目的建设、运用的，水沙调控是基于综合利用的水利枢纽工程的一种调度运用方式。鉴于黄河治理的复杂性，以及黄河水沙过程较强的随机性，在水沙调控体系构建过程中，需要综合考虑以水沙调控体系建设为主要目标的工程建设，同时也要考虑以水沙调控体系运用为主要目标的原有工程目标的调整或规划，以及建立在水沙调控体系运用基础上的现有工程调度方式和规定等问题。对于水沙调控体系，其建设范围不止限定在工程体系上，还有非工程体系。

（5）水沙调控体系建设与运用，客观上也会对黄河环境及生物多样性产生一定的影响，要研究建立在其他目标基础上的工程运用方式的相关性和方法。

（6）水沙调控确实是黄河治理的一种有效方式，这种方式通过充分论证、建设和运行以后，必定会起到重要的作用，但是它一定是与其他措施，乃至整个治河体系相关联的。

专栏

治黄百难，唯沙为首。黄河区别于其他江河的一个最大特点，就是水少沙多、水沙关系不协调。黄河多年平均年径流量580亿 m³，但输沙量却达16亿 t。它是世界上含泥沙最多的河流。早在先秦时代，黄河就被称为"浊河"，汉时更有"一石水而六斗泥"之说。在漫长的治黄历史上，先人们在艰难地探索黄河运行规律中，逐步了解了黄河"害在下游、病在中游、根在泥沙"的问题。千百年来，一代代水利人为了除害兴利，对治黄开展了孜孜不倦的探索，提出了"疏川导滞""宽立堤防""贾让三策""宽滩窄槽"等一系列治河方略，无数工程技术人员为了实践这些方略而终生奋斗不息。

21世纪初，黄河水利委员会在黄河水沙调控体系建设上进行了很多的探索和实践，如调水调沙试验，小北干流淤粗排细放淤试验，下游标准化堤防建设等，取得了很好的成果。刘宁在多次考察黄河、与有关工程技术人员探讨的基础上，从黄河水沙历史演变、调水调沙实验以及水沙调控等方面分析了形势，以系统的观点对水沙调控体系进行了思考。

对潼关高程控制及三门峡水库运用方式研究的认识

刘 宁

摘 要: 三门峡水库调度运用方式决策影响因素众多,有关科研单位和大专院校对此开展了大量的数学模型、实体模型、原型试验等研究工作,取得了丰富的研究成果和试验数据。本文在分析已经取得的试验数据和研究成果的基础上,归纳了涉及三门峡水库调度运用方式决策的基本要素,并进而归结为 7 项主要影响指标,运用多目标决策方法,探讨三门峡水库优异度较高的运行方式,分析结果认为:近期三门峡水库非汛期最高控制运用水位不超过 318m、平均水位不超过 315m,汛期敞泄,是课题研究的可获得结论。

1 有关情况概述

三门峡水库 1960 年 9 月投入运用,初期库区淤积严重,潼关高程快速抬升(图 1),导致渭河下游及黄河小北干流的淤积,如图 2 所示。为了解决水库泥沙严重淤积的问题,三门峡水库大坝经历了两次改建,水库经历了蓄水拦沙、滞洪排沙、蓄清排浑三种运用方式的调整。其中,蓄水拦沙期(1960 年 9 月 ~ 1962 年 3 月),水库最高运用水位 332.6m;滞洪排沙期(1962 年 3 月 ~ 1973 年 10 月),限制防凌最高运用水位 326m,春灌最高运用水位 324m,实际最高运用水位 327.9m;蓄清排浑期(1973 年 11 月至今),防凌和春灌的限制仍按原指标,汛期平水时控制水位不超过 305m,洪水时敞泄排沙。2002 年 11 月以来,水库开展了非汛期水库最高运用水位控制不超过 318m 的原型试验。此外,为控制和降低潼关高程,水利部黄河水利委员会 1996 年开始在潼关河段进行了射流清淤工程,2003 年在进行原型试验的同时,采取了东垆湾裁弯工程、渭河入黄口疏浚、小北干流滩区放淤、小浪底等水库调水调沙等措施。

图 1 潼关高程变化过程

原载于:水利学报,2005,(9):1019-1028。

图 2　潼关高程变化与渭河下游淤积的关系

2　有关研究工作

围绕三门峡水库运用、潼关高程控制等问题，许多单位和学者进行了大量的研究工作。20 世纪 90 年代黄河水利委员会组织有关专家对三门峡水库运用等进行了系统总结，国家"九五"科技攻关也将三门峡水库运用方式、潼关河段清淤等列为子专题。中国工程院"西北水资源"咨询项目对"降低三门峡水库潼关高程的可能性"进行了专题研究。此外，有关专家和学者潜心探索的研究文章、文献、观点就更是浩如烟海，凡此种种的研究结果，在此不能一一尽言。2002 年 9 月，水利部成立了"潼关高程控制及三门峡水库运用方式研究"项目领导小组和工作组，展开专题研究。潼关高程的影响因素与潼关高程的合理确定、降低潼关高程实施方案、三门峡水库调度运用方式及其影响的研究是该项目研究的三大目标。在研究过程中，进行了开放式、多途径的系统研究和实践。在手段上，采用了数学模型计算、实体模型试验、原型试验观测、并开展了生态及经济社会影响调查评价；在组织上，数学模型成果是通过中国水利水电科学研究院、黄河水利委员会黄河水利科学研究院、清华大学、西安理工大学 4 家单位分别根据各自建立的数学模型独立计算取得的成果；在范围上，把潼关高程控制、渭河冲淤、三门峡水库调度运用方式等作为一个整体加以考虑；在水沙系列的选取上，各家单位统一了计算条件，选择了有代表性的平水系列和枯水系列分别进行计算。此外，还多次听取、吸纳了针对项目研究的关键条件、问题和结论的专家咨询意见。应该说，本次项目研究的考虑和安排是全面的。

2.1　数学模型计算

中国水利水电科学研究院、黄河水利委员会黄河水利科学研究院、清华大学、西安理工大学 4 家单位，进行了不同水库运用方案（表 1）对潼关高程影响的数学模型计算和分析。计算结果表明：①三门峡水库如继续采用现状运用方式（方案 1），当遇到平水系列时，14 年后潼关高程可以基本维持现状，甚至略有下降，若遇到枯水系列时则有所上升。②三门峡水库采用全年敞泄运用（方案 2）潼关高程下降最多，平水系列时，14 年后平均可使潼关高程下降 1.69m；枯水系列时，平均可使潼关高程下降 1.19m。③对非汛期控制运用（318m、315m、310m）汛期敞泄方案（方案3、4、5），平水系列时，14 年后潼关高程平均可以下降 1.11～1.47m；枯水系列时，下降 0.55～0.86m。④在反映汛期敞泄与洪水期敞泄降低潼关高程作用上，汛期敞泄比洪水期敞泄多降低潼关高程的平均值为 0.20m。⑤在反映非汛期不同控制水位降低潼关高程作用的差异程度上，水库由现状运用调整为非汛期 318m 控制运用时，降低潼关高程最为明显，平水系列时，非汛期 318m 控制汛期洪水敞泄方案可使潼关高程降低 0.96m；枯水系列时，可使潼关高程下降 0.41m。非汛期 315m 控制与 318m 控制降低潼关高程的差别，平水系列与枯水系列之间有一定的差异，但差异不大，315m 控制比318m 控制平均多降低潼关高程 0.15m；310m 控制比 315m 控制平均多降低潼关高程0.15m。⑥在相同的水库运用条件下，计算结果表明来水越丰潼关高程下降越多，来水条件对潼关高程影响比较明显。平水系列Ⅰ可比枯水系列Ⅱ潼关高程平均多下降 0.54m。

表 1　三门峡水库不同运用方案

方案	水库运用方式
方案 1	现状运用（非汛期最高水位 321m，汛期 $Q>2500m^3/s$ 时敞泄，否则按 305m 控制）
方案 2	全年敞泄运用
方案 3-1	非汛期最高运用水位 318m；汛期敞泄
方案 3-2	非汛期最高运用水位 318m；汛期 $Q>1500m^3/s$ 时敞泄，否则按 305m 控制
方案 4-1	非汛期最高运用水位 315m；汛期敞泄
方案 4-2	非汛期最高运用水位 315m；汛期 $Q>1500m^3/s$ 时敞泄，否则按 305m 控制
方案 5-1	非汛期最高运用水位 310m；汛期敞泄
方案 5-2	非汛期最高运用水位 310m；汛期 $Q>1500m^3/s$ 时敞泄，否则按 305m 控制

图 3 和图 4 为 4 家单位计算的 14 年后潼关高程升降值。表 2 是 4 家单位计算的潼关高程升降范围和平均升降值。

表 2　4 家单位计算各方案潼关高程升降值　　　　（单位：m）

系列	潼关高程	方案 1（现状）	方案 2（全年敞泄）	方案 3-1（318+汛敞）	方案 3-2（318+305）	方案 4-1（315+汛敞）	方案 4-2（315+305）	方案 5-1（310+汛敞）	方案 5-2（310+305）
系列Ⅰ	下降范围	0.11～0.26	1.47～2.11	0.81～1.37	0.63～1.27	1.01～1.48	0.79～1.38	1.34～1.60	0.94～1.49
	平均下降	0.17	1.69	1.11	0.96	1.29	1.09	1.47	1.23
系列Ⅱ	下降范围	−0.16～−0.10	0.89～1.69	0.26～0.79	0.18～0.70	0.44～0.90	0.31～0.78	0.64～1.09	0.52～0.88
	平均下降	−0.14	1.19	0.55	0.41	0.71	0.50	0.86	0.65

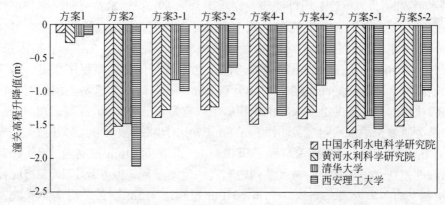

图 3　水沙系列 Ⅰ（平水）4 家单位计算潼关高程升降值

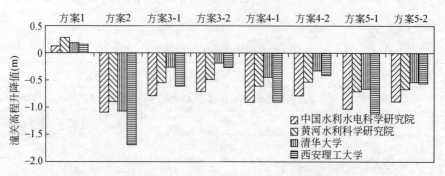

图 4　水沙系列 Ⅱ（枯水）4 家单位计算潼关高程升降值

2.2　实体模型试验

　　黄河水利委员会黄河水利科学研究院承担了三门峡水库运用方式对潼关高程升降影响的实体模型试验。试验采用两组水沙系列，均为 3 年，系列 Ⅰ 为平水（1987～1989年），潼关站年均来水量为 292.9 亿 m³，沙量为 8.45 亿 t；系列 Ⅱ 为枯水（1997～1999年），潼关站年均来水量为 190 亿 m³，沙量为 5.7 亿 t。总共进行了 7 个组次试验，详见表 3。

　　各试验组次潼关高程各年结果见表 3、表 4 和图 5。三门峡水库全年敞泄运用时，3年后平水系列潼关高程可下降 1.57m；枯水系列可下降 0.97m。非汛期控制（318m、315m）汛期洪水敞泄运用时，平水系列 3 年后潼关高程可下降 0.83～0.92m；枯水系列潼关高程可下降 0.37～0.43m。试验结果中全年敞泄运用对潼关高程降低的效果较数学模型计算值大。根据实体模型试验结果，全年敞泄与非汛期控制运用对潼关高程的降低是倍数关系，平水系列全年敞泄可降低 1.57m，非汛期控制运用后只降低 0.83～0.92m；枯水系列全年敞泄可降低 0.97m，非汛期控制运用降低 0.37～0.43m。试验结果还表明，汛期敞泄比洪水期敞泄使潼关高程多下降 0.08m，这个数值比数学模型计算结果要小。非汛期 315m 控制运用比 318m 控制运用使潼关高程平均多下降 0.08m。平水系列比枯水系列使潼关高程平均多下降 0.52m。

表3 三门峡水库实体模型试验组次

试验组次	水沙系列	水库运用方式
1	1997～1999（枯水系列）	全年敞泄
2	1997～1999（枯水系列）	非汛期318m，汛期敞泄
3	1997～1999（枯水系列）	非汛期318m，洪水大于1500m³/s敞泄，否则305m控制
4	1997～1999（枯水系列）	非汛期315m，洪水大于1500m³/s敞泄，否则305m控制
5	1987～1989（平水系列）	全年敞泄
6	1987～1989（平水系列）	非汛期318m，洪水大于1500m³/s敞泄，否则305m控制
7	1987～1989（平水系列）	非汛期315m，洪水大于1500m³/s敞泄，否则305m控制

表4 各试验组次潼关高程各年变化 （单位：m）

组次	试验条件	2001汛后	2002汛前	2002汛后	2003汛前	2003汛后	2004汛前	2004汛后	总变化
1	枯水全敞	328.23	328.28	327.98	327.95	327.58	327.65	327.26	−0.97
2	枯水318汛敞	328.23	328.30	328.03	328.17	327.98	328.09	327.78	−0.45
3	枯水318洪敞	328.23	328.31	328.05	328.17	328.05	328.13	327.86	−0.37
4	枯水318洪敞	328.23	328.30	328.06	328.15	328.04	328.11	327.80	−0.43
5	平水全敞	328.23	328.26	327.91	327.84	327.23	327.13	326.6	−1.57
6	平水318洪敞	328.23	328.30	328.10	328.24	327.85	327.95	327.40	−0.83
7	平水315洪敞	328.23	328.32	328.11	328.21	327.76	327.87	327.31	−0.92

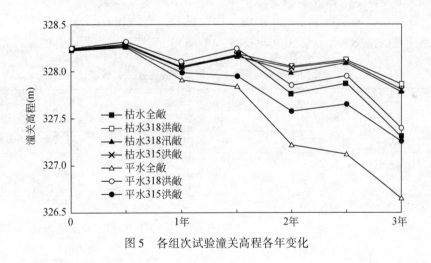

图5 各组次试验潼关高程各年变化

2.3 原型试验观测

2002年11月开始，三门峡水库进行了非汛期最高控制水位318m的原型试验。2003年非汛期三门峡水库最高蓄水位为317.92m，平均蓄水位为315.59m，分别比2002年降低了2.33m和1.12m；回水最远至黄淤34断面，距潼关30km，比2002年下移了10～15km；淤积重心前移；潼关不受三门峡水库蓄水位影响，处于自然河道状态；非汛期潼关高程上升 0.04m。

2003 年汛期潼关发生 5 次洪水，水沙条件较好，洪水期水库敞泄，历时 30d 左右，库区共冲刷泥沙 2.2 亿 m³，潼关高程下降 0.88m，是蓄清排浑运用以来下降较大的一次。

2004 年非汛期坝前最高水位为 317.97m，平均水位为 317.01m，淤积分布与 2003 年相似，潼关高程上升了 0.30m。汛期潼关只发生了一次大于 1500m³/s 的洪水，潼关高程下降约 0.26m，汛末潼关高程约为 327.98m。

近两年的原型试验结果表明，三门峡水库最高运用水位由前几年的 321～322m 下降到 318m 后，配合其他措施，2004 年汛后潼关高程较 2002 年汛后下降 0.8m，三门峡发电及供水、生态、经济社会影响等方面基本平稳，未发生突变；对大禹渡、马崖提灌站、圣天湖等取用水工程产生了一定影响，引水成本有所增加；库区水质变化不明显。

2.4　生态与经济社会影响调查

根据研究工作需要，2003 年以来项目组还组织进行了三门峡水库调度方式对生态影响、经济社会发展影响的调查评价，包括对渭河下游的影响、对潼关以下三门峡库区经济社会的影响、对生态环境的影响、对小浪底水库及下游的影响、对黄河水沙调控体系的影响等几个方面，可以概括为 13 项主要影响因素指标，包括渭河及南山支流防洪安全、生态环境、社会经济发展、移民返迁、农业灌溉、生活及工业用水、库区防洪、发电、水质、湿地及生物、地下水、对小浪底水库影响、对黄河水沙调控体系影响等。这些影响因素和指标相互作用、相互影响，有的相互排斥，虽然一些指标难以量化或用经济指标来衡量，但其调查结果（表 5）仍然可以作为研究的参考和依据。

表 5　三门峡水库运用水位调整直接经济损失部分统计

水位（m）		318	315	310	敞泄
农业灌溉（万元）	改建投资	12 559	15 453	18 564	34 047
	年增加运行费	503	618	743	1 362
工业及居民用水（万元）	改建投资	4 732	5 969	7 392	14 250
	年增加运行费	54	81	135	270
防洪工程（万元）	改建投资	2 395	6 258	10 203	15 424
发电（万元）	年经济损失	2 407	3 171	5 876	22 261
合计（亿元）	改建投资	1.97	2.77	3.62	6.37
	年增运行费及损失	0.30	0.39	0.68	2.39

2.5　项目研究成果的一般性认识

从上述所取得的研究成果分析，有 4 个方面的研究成果认识趋同：一是现状运用方案（专指 2002 年 11 月以前）是不可取的，因为若维持现状调度运用方式，潼关高程在枯水系列时将继续抬高，而控制潼关高程不抬高是控制性因素；二是全年敞泄方案不是满意方案，若采用全年敞泄运用将会对三门峡水库及周边地区业已形成的生态系统和经济社会发展带来制约影响，但汛期敞泄将比洪水期敞泄更有利于潼关高程降低；三是非汛期水库的平均运用水位不宜超过 315~316m，图 6 给出的实测资料分析表明，在平均水位 315~316m 附近潼关高程升降值与非汛期运用水位关系曲线的点子较为密集，存在一个转折区间（314~318m），超过这一区间内的某一平均水位运用时，潼关高程随水库运行水位升高的上升幅度将非常显著；四是采取综合措施，使潼关高程降低 1~2m 的目标是可以实现的。基于这四个方面的认识，并考虑到上述转折区间的存在，对三门峡水库调度运用方式的决策，实际上已成为在 314~318m 范围内选择非汛期控制水位的决策问题。鉴于多年运用后，新的渭河下游生态系统和三门峡库区生态系统已经形成，决策还应考虑对生态与经济社会发展的影响。根据已开展的研究工作，针对上述各个典型运用方案，可采用多目标决策方法进行再评价，选优决策。

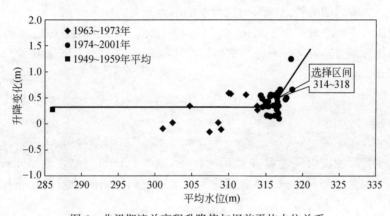

图 6　非汛期潼关高程升降值与坝前平均水位关系

3　多目标决策方法

多目标决策自 20 世纪 70 年代以来已发展成为一门具有完整的理论体系和实践基础的学科，并已广泛应用于研究如何在多个存在着矛盾和冲突的决策目标下进行有效的、科学的决策问题。

3.1　多目标决策问题的特点

（1）目标冲突性。多目标决策问题往往存在着目标冲突，即一个目标的实现会抑制另一个目标的实现，或一个目标的加强会削弱另一个目标。

（2）目标量纲的非一致性。多目标决策问题，不同目标的量纲一般不同。对一个多目标决策问题，如果拟定了若干个不同的决策方案，那么不同方案在同一目标下容易进行比较；然而由于不同目标量纲的差异，对方案进行综合比较是很困难的。为了消除这一弊端，常用适当的方法将各目标化为无量纲，从而对方案进行综合比较，选取"满意方案"。

（3）寻求满意解。由于目标之间的冲突，多目标决策问题一般不存在使各个目标均达到最优的"绝对最优解"，而是以有效解、非劣解、支配解、妥协解、满意解等概念来表述所谓"最优解"。多目标决策问题"最优解"的含义，应理解为对特定的决策者所能实现的最满意的程度，实质上是"满意解"。

3.2　优异度决策方法

多目标决策方法有很多，包括决策者不给出偏好信息的加权方法（参数法）、ε 约束法、多目标规划法、多目标动态规划法；决策者在决策前给出偏好信息的效用函数法、分层序列法、目标规划法、有界目标法、理想点法等；决策者在决策过程中交互式地给出偏好信息的 Geoffrion 法、Zionts-Wallenius 法、交互式多目标规划方法、序列多目标问题求解技术（SEMOPS 法）、转移理想点法、参考点法等。决策方法的选择，需要根据实际情况，针对不同的决策问题进行。根据潼关高程控制和三门峡水库调度运用方式这一决策问题的特点，采用优异度法进行方案的优选。

优异度法的主要原理是对多目标（设有 n 个目标）决策问题，拟定 m 种决策方案，通过构成的指标函数矩阵 A，对各种方案综合比较选出较优的"满意方案"，其中指标函数 A 表示形式为

$$A = \begin{pmatrix} a_{11} & \cdots & a_{1n} \\ \vdots & \ddots & \vdots \\ a_{m1} & \cdots & a_{mn} \end{pmatrix} = (a_{ij})_{m \times n} \tag{1}$$

通常，多目标的决策问题存在"正向目标"和"负向目标"，而且不同的目标量纲一般不同，因此，需要将指标矩阵转化为考虑正负向影响的"规范化指标矩阵" R，R 是无量纲矩阵，其表示形式为

$$R = \begin{pmatrix} r_{11} & \cdots & r_{1n} \\ \vdots & \ddots & \vdots \\ r_{m1} & \cdots & r_{mn} \end{pmatrix} = (r_{ij})_{m \times n} \tag{2}$$

式中，$r_{ij} = \dfrac{b_{ij}}{\left(\sum\limits_{k=1}^{m} b_{ij}^2 \right)^{\frac{1}{2}}} \left(\begin{matrix} i = 1, 2, \cdots, m \\ j = 1, 2 \end{matrix} \right)$，$b_{ij} = \begin{cases} a_{ij}, & \text{当目标为正向时,} \\ -a_{ij}, & \text{当目标为负向时.} \end{cases}$

将矩阵 R 中每一列最大值和最小值分别组成 1×n 最优点矩阵 S^+ 和最劣点矩阵 S^-。对于每一个方案，考虑到各决策点的权重系数，可由下式计算各决策点与最优点和最劣点的距离 d_i^+ 和 d_i^-。

$$d_i^+ = \left[\sum_{j=1}^{n} \lambda_j^2 (r_{ij} - r_j^+)^2 \right]^{\frac{1}{2}} \tag{3}$$

$$d_i^- = \left[\sum_{j=1}^{n} \lambda_j^2 (r_{ij} - r_j^-)^2 \right]^{\frac{1}{2}} (i = 1, 2, \cdots, m) \tag{4}$$

根据计算各决策点与最优点和最劣点的距离 d_i^+ 和 d_i^-，由下式计算各决策方案优异度 α_i。

$$\alpha_i = \frac{1}{1 + \left(\dfrac{d_i^+}{d_i^-} \right)^2} \tag{5}$$

最后根据优异度大小依次排序，确定优异度大者为"满意方案"。

4 三门峡水库调度运用方式多目标决策与分析

4.1 三门峡水库调度运用方式决策是典型的多目标决策问题

三门峡水库控制运用水位调度决策具有以下四个特点：①影响指标众多。生态与经济社会调查所提的 13 项指标对控制运用水位的决策都有不同程度的影响，并需要将这些指标的影响与数学模型计算、实体模型试验、原型试验观测成果等统筹考虑，而不同的成果和指标都是在特定条件下计算、试验和调查得来的，在不存在决定性因素，或决定性因素难以辨识，或决定性因素较多且冲突的情况下进行决策必须考虑各个主要影响因素或指标的综合作用和整体影响。②目标冲突。非汛期 310 ~ 318m 控制水位运用方案在目标上存在冲突性，对潼关高程降低、渭河下游淤积、三门峡水库发电、供水以及生态等具有不同的影响。三门峡水库运用水位降低对潼关高程的降低、对渭河下游防洪等是有益的，但是对于三门峡水库本身及周边的负面影响也是显而易见的。③量纲不统一。调度决策已知的影响因素或指标主要有潼关高程控制、农业灌溉、工业供水、湿地生态、泥沙淤积、河床抬高、移民返迁、调水调沙体系、防洪安全、发电等等。对于这些指标来说，没有统一的量纲。④没有最优解，只有满意解。从当前所取得的数学模型计算、实体模型试验、原型试验观测成果以及各方面研究的观点、立场和结果来看，课题组归纳提出的潼关高程控制和三门峡水库调度运用方式的几个方案各具优缺点、各有利弊，对于不同的目标、不同的决策者侧重考虑的主要影响因素不同，因此也一定有不同的满意方案，难以找到完全一致的最优方案。

上述特点表明，进行三门峡水库调度运用方式的决策是典型的多目标决策问题。

4.2 多目标决策算法

通过影响各决策方案的主要指标值建立指标函数矩阵，然后经数学变换，将函数矩阵转化为考虑正负向影响的"规范化指标矩阵"，将方案中指标矩阵转化为无量纲的规范矩阵，对于正负目标分别进行数学处理，克服量纲不一致的影响。同时，确定目标函数和约束条件，并进行方案主要影响因素或指标的权重向量赋值，最好借助期望值、效用函数计算等方法对多目标问题进行求解，获得满意解。

4.2.1 主要影响指标的确定

综合考虑数学模型计算、实体模型试验和原型试验观测成果以及渭河下游、三门峡库区生态系统和经济社会发展调查评价成果，采取指标敏感性分析、因子分析等方法，确定采用潼关高程控制、库区冲沙、影响人群、供水影响、生态与环境影响、河道淤积、防洪及经济社会影响 7 项主要指标作为影响指标，分别进行权重赋值，运用多目标方法进行层次分析和演算，得出各个方案的优异度。这样确定主要影响指标，是基于下述两个方面的考虑：一是对有关各项影响决策的因素或指标进行因子主成分分析，显现的主要指标向这 7 项指标归近；二是这 7 项指标下的代表标量可相对固定在考虑了实体模型试验和原型试验观测成果参照的某一组数模计算值上，或某一影响因素指标调查值上，而这些数值在该7项主要影响指标下的表征意义也就更广。

4.2.2 权重赋值

针对三门峡水库的各个不同运用水位方案，在优异度计算中各指标权重对于优异度有重要影响，本文通过两种办法进行了权重赋值，一种是基于离差权法分析赋值，即根据掌握的资料和数据进行离差权法分析赋值权重，进行优异度计算；另一种是基于客观分析研究成果，并分别考虑三门峡库区和渭河下游生态系统及经济社会发展赋值权重，进行优异度计算。

4.2.3 计算分析

（1）基于离差权法分析赋值权重计算优异度。离差权法的基本方法如下：根据式（2），每一个目标 G_j（$j=1, 2, \cdots, n$）下，标准化指标矩阵 $\boldsymbol{R}=(r_{ij})_{m \times n}$ 的标准差 σ_j，为

$$\sigma_j = \sqrt{\frac{1}{m-1} \sum_{i=1}^{m} (r_{ij} - \bar{r}_j)^2} \tag{6}$$

其中，$\bar{r}_j$ 为标准化矩阵 $\boldsymbol{R}=(r_{ij})_{m \times n}$ 在每一个目标 G_j（$j=1, 2, \cdots, n$）下的平均值，可表达为

$$\bar{r}_j = \frac{1}{m} \sum_{i=1}^{m} r_{ij} \tag{7}$$

于是可以得到每一指标的权重系数 ω_j（$j=1, 2, \cdots, n$），其中

$$\omega_j = \frac{\sigma_j}{\sum_{j=1}^{n} \sigma_j}(j=1, 2, \cdots, n) \tag{8}$$

根据"潼关高程控制及三门峡水库运用方式研究"课题组的研究成果，并基于对该成果的一般性认识，为选择三门峡非汛期控制运用水位，多目标决策分析将三门峡水库不同运用方案中的方案3-1（即318m汛敞）、方案4-1（即315m汛敞）、方案5-1（即310m汛敞）作为3个比选方案评价的背景方案，把方案1（即维持现状方案）和方案2（即全年敞泄方案）作为2个参选方案评价的背景方案，从中选取平水系列条件下的特征值作为各方案评价所需7个指标中某些指标的评价标量；同时根据三门峡水库不同运用水位对库区生态环境及社会经济影响调研报告，获得各方案评价所需其余指标评价标量，然后进行优异度分析计算。比选方案（1）～（3）和参选方案（4）～（5）的指标标量，如表6所示。

表6 比选和参选方案指标标量矩阵

方案	库区冲沙影响（亿t）（+）	影响人群（万人）（-）	供水影响（万m³/a）（+）	生态影响（km²）（+）	潼关高程控制的影响（m）（+）	河道淤积影响（亿t）（-）	防洪及经济社会影响（+）
(1)(318m)	1.12	7	3760	184.5	1.11	1.19	0.5

方案	库区冲沙影响 （亿 t）（+）	影响人群 （万人）（-）	供水影响（万 m³/a）（+）	生态影响 （km²）（+）	潼关高程控制 的影响 （m）（+）	河道淤积影响 （亿 t）（-）	防洪及经济社 会影响（+）
（2）（315m）	1.19	14	3760	92.3	1.29	1.17	0.8
（3）（310m）	1.24	16	3290	38.0	1.47	1.15	0.5
（4）（现状）	0.43	2	6410	274.7	0.17	1.43	0.1
（5）（敞泄）	1.65	18	850	0.0	1.69	1.07	0.3

　　考虑到指标矩阵中存在的正负目标以及量纲的不统一，将指标矩阵转化为规范化矩阵，规范化矩阵如表7所示。

表7　指标规范化矩阵

方案	库区冲沙 影响（+）	影响人群 （-）	供水影响 （+）	生态影响 （+）	潼关高程控制 影响（+）	河道淤积影响 （-）	防洪及经济社 会影响（+）
（1）（318m）	0.420	-0.243	0.418	0.534	0.394	-0.441	0.449
（2）（315m）	0.446	-0.486	0.418	0.267	0.458	-0.433	0.718
（3）（310m）	0.465	-0.556	0.366	0.110	0.522	-0.426	0.449
（4）（现状）	0.161	-0.069	0.713	0.795	0.060	-0.529	0.090
（5）（敞泄）	0.619	-0.625	0.094	0.000	0.600	-0.396	0.269

　　根据离差权法，得出各指标权重，如表8所示。

表8　离差权法指标权重

方案	库区冲沙 影响（+）	影响人群 （-）	供水影响（+）	生态影响（+）	潼关高程控制 影响（+）	河道淤积影响 （-）	防洪及经济 社会影响（+）
权重	0.115	0.162	0.153	0.226	0.145	0.035	0.163

　　从表8可以看出，生态影响的权重最大，其次是防洪及经济社会影响、影响人群，再次是供水影响、潼关高程控制。这种赋权法只与指标数据间的相互关系有关，没有考虑各指标的现实重要性。

　　根据离差权法分析赋值权重计算，可以得出各方案优异度，如表9所示。从表9中可以看出，方案（1）即水位318m运用方案为最优方案。

表9　各方案优异度值

方案	（1）（318m）	（2）（315m）	（3）（310m）	（4）（现状）	（5）（敞泄）
优异度	0.740	0.498	0.247	0.718	0.152

　　（2）基于客观分析研究成果赋值权重计算优异度。这种赋权法是分别权衡各指标在所有指标中的重要性和影响度来赋值权重。对三门峡水库的各个不同运用方案选优，根据主要影响指标的重要性，将其分为不同的权重赋值位级，7个主要影响指标中，潼

关高程控制是本次研究重中之重的论题，排在第一，列第一位级；生态影响和供水影响列第二位级；影响人群、河道淤积、防洪及经济社会影响以及库区冲沙影响列第三位级；考虑到三门峡水库运用方式的调整将影响到三门峡库区和渭河下游两个大的生态系统及经济社会发展区域，因此，为统筹兼顾、合理分析、科学比选，分别以权重分配比6∶4、5∶5、4∶6来考虑这两大生态系统及经济社会发展相对重要性的不同对整个问题分析的影响，在此基础上，再考虑各指标的重要性位级，进行权重赋值，见表10。

根据表10中给出的指标，12组权重进行计算，便可得到各方案优异度值，见表11。

从表11可以看出，若偏重考虑三门峡库区生态系统和经济社会发展，以水位318m运用方案为最优；若偏重考虑渭河下游生态系统和经济社会发展，则以315m运用方案为最优；若并重亦以318m运用方案为最优，315m运用方案次之。

表10　权重赋值组案

权重赋值组案	库区冲沙影响（+）	影响人群（-）	供水影响（+）	生态影响（+）	潼关高程控制影响（+）	河道淤积影响（-）	防洪及经济社会影响（+）
权重分配比	0.6				0.4		
1	0.15	0.15	0.15	0.15	0.20	0.10	0.10
2	0.10	0.20	0.10	0.20	0.20	0.15	0.05
3	0.10	0.15	0.15	0.20	0.20	0.10	0.10
权重分配比	0.5				0.5		
4	0.05	0.15	0.15	0.15	0.25	0.15	0.10
5	0.05	0.15	0.20	0.10	0.25	0.15	0.10
6	0.05	0.15	0.20	0.10	0.20	0.15	0.15
7	0.05	0.10	0.15	0.20	0.20	0.15	0.15
8	0.05	0.10	0.15	0.20	0.15	0.15	0.20
9	0.05	0.15	0.10	0.20	0.15	0.15	0.20
权重分配比	0.4				0.6		
10	0.05	0.15	0.10	0.10	0.20	0.20	0.20
11	0.05	0.10	0.10	0.10	0.3	0.15	0.20
12	0.05	0.10	0.10	0.15	0.3	0.10	0.20

表11　各方案优异度值

权重赋值组案		1	2	3	4	5	6	7	8	9	10	11	12
方案	(1)(318m)	0.721	0.771	0.742	0.729	0.694	0.685	0.731	0.721	0.742	0.712	0.693	0.718
	(2)(315m)	0.549	0.393	0.481	0.580	0.629	0.654	0.572	0.621	0.594	0.746	0.800	0.755
	(3)(310m)	0.411	0.275	0.318	0.464	0.533	0.473	0.353	0.319	0.293	0.514	0.666	0.593
	(4)(现状)	0.592	0.733	0.696	0.563	0.553	0.571	0.633	0.614	0.608	0.373	0.297	0.331
	(5)(敞泄)	0.346	0.253	0.249	0.379	0.389	0.286	0.243	0.163	0.166	0.360	0.519	0.491

4.3　多目标分析的基本认识

（1）维持现状运用方案、全年敞泄运用方案均为不可取方案。维持现状运用，将会对渭河下游生态系统和经济社会发展带来制约性影响；全年敞泄运用，将会对三门峡库区及周边地区业已形成的生态系统和经济社会发展带来制约性影响。这与项目组研究成果的一般性认识一致。

（2）三门峡水库非汛期控制运用最高水位采用318m和315m的运用方案均为可接受方案，318m略优于315m。通过客观分析研究成果赋值权重，进行优异度计算，318m和315m两个方案相差较小，优异度均较高；通过离差权法分析赋值权重，进行优异度计算，虽然318m方案和维持现状运用方案的优异度均较高，但是对比两类赋值权重法分析计算结果，并考虑到基本认识（1），维持现状运用方案实际上是不可取方案。

（3）多目标分析潼关高程控制和三门峡水库调度运用方案，并重三门峡库区和渭河下游生态系统以及经济社会发展，虽然非汛期控制运用水位最高不超过318m运用方案略优于315m方案，但若采用318m方案时，还需要增加非汛期平均水位的限制条件，且平均水位宜选择为315m。如项目组研究成果的一般性认识所述，实测资料分析表明，非汛期平均水位趋近315～316m，且由于点子密集，在314～318m存在一个转折区间，超过这一区间的某一平均水位时，潼关高程随水库运行水位升高的上升幅度将非常显著；多目标决策分析也认为，若更注重渭河下游生态系统及经济社会发展，以非汛期控制运用水位最高不超过315m为优。

（4）非汛期控制运用水位最高不超过310m运用方案为优异度较低的方案。

5　探讨与展望

多目标、复杂问题的决策，有许多经典理论和成熟算法，本文将优异度决策理论及其算法用于潼关高程控制和三门峡水库运用方式研究的分析，是初步尝试，未免以偏概全，旨在寻求对解决此类社会争论颇多、科研观点和结论不尽一致、矛盾论证交织甚至冲突、不确定性因素和困难较多的问题的一种思路。涉及潼关高程控制和三门峡水库调度运用的问题非常复杂，虽然相关的许多问题本文未能一一探讨，但是作者通过运用优异度算法对其中一些问题进行初步分析后，可以认为，其中很多问题都会触及诸多目标的决策，因此建议对这样的问题研究能考虑使用类似优异度的一些方法加以分析，以利决策。比如，根据黄河中、下游防洪形势和防洪系统现状，多目标的决策分析和选优支持这样的认识，即在相当长时期内，三门峡水库的防洪作用尚难以替代，但是其春灌和一般性防凌任务可以由小浪底水库承担。

"潼关高程控制及三门峡水库运用方式研究"课题组，借鉴以往大量的研究成果，全面考虑了三门峡水库建设与运用的历史，黄河及渭河水沙情况，渭河侵蚀基准面潼关高程变化以及社会与经济、生态与环境状况和影响，采取开放式的研究方式，多种论证方法并用，代表了当今这方面的研究方向和水平，其成果具有科学性、客观性和实用性，为将来这一问题的决策提供了坚实而有力的依据。基于对"潼关高程控制及三门峡水库运用方式研究"的一般性认识，通过对比选及参选方案的多目标决策分析，即优异度计算，三门峡水库调度运用方式采用"非汛期最高控制水位不超过318m、平均水位不超过315m，汛期敞泄"是课题研究的可获得结论。但是，鉴于这一问题的复杂性、重要性和敏感性，以及研究中使用资料的时间性、研究方法和研究成果的可讨论性，该课题的研究工作必然是长期的，研究成果也必须在一定条件下深化。因此，课题研究的可获得结论也必定是贴近于近期（3~5年或更长），并需要再得到近期实际运用资料继续加以论证的。

专栏

　　三门峡水利枢纽是黄河干流上兴建的第一座大型水利枢纽。位于黄河中段下游，河南省三门峡市和山西省平陆县交界处。具有发电、防洪、防凌、灌溉等综合利用效益。原设计正常蓄水位360m，电站装机容量1160MW。多年平均年发电量60亿kW·h。大坝为混凝土重力坝，最大坝高106m。工程于1957年动工兴建，按正常蓄水位350m施工，相应初始总库容354亿m³。1960年水库蓄水，1962年第一台机组试发电。

　　三门峡水库同时又是我国水利工程建设史上争议最大的工程，其建设运用备受关注。1960年9月，三门峡水库一经投入运用即发现库区淤积严重，渭河与黄河的汇合处——潼关的高程快速抬升，导致渭河下游及黄河小北干流的淤积，渭河洪水出口不畅，关中平原一遇洪水即受淹严重，引起了全社会尤其是学术界的极大关注。为了解决水库泥沙严重淤积的问题，国务院决定，改建三门峡水库大坝，水库的调度运用方式也随之调整，先后经历了蓄水拦沙、滞洪排沙、蓄清排浑三种运用方式。

　　刘宁在总结水利部"潼关高程控制及三门峡水库运用方式研究"结果的基础上，将优异度决策理论和算法用于潼关高程控制和三门峡水库运用方式研究的分析，提出了基于多目标决策的多种可选择方案。

响应水质型缺水社会需求的跨流域调水浅析

刘　宁

摘　要： 在分析了国际现有跨流域调水工程普遍特征的基础上，结合我国两个已建和拟建工程特例，对面向水质型缺水问题的跨流域调水工程的基本特性进行了剖析，进而重点阐述了实施跨流域调水解决水质型缺水问题需要引起重视的问题，并提出了面向水质型缺水社会需求的跨流域调水工程的思考和对策建议。

1　国际跨流域调水工程概况及其启示

1.1　跨流域调水工程概况

跨流域调水是解决产水和用水需求异地性矛盾、实现水资源在空间上重新配置的工程调控措施。据有关资料统计，国外已有 39 个国家建成了 345 项调水工程（不包括干渠长度 20km 以下、年调水量 1000 万 m^3 以下的小型引水工程）（表1），调水量约 5971.7 亿 m^3，主要集中在加拿大、印度、巴基斯坦、独联体和美国等，约占世界总调水量的 80% 以上。20 世纪 40～80 年代，是世界范围内建设调水工程的高峰期，国外绝大多数调水工程是在此期间建成的。20 世纪 80 年代后，发达国家调水工程的建设速度显著放慢，而发展中国家仍在大力建设调水工程。中华人民共和国成立以来，我国的跨流域调水工程得到了长足发展。江苏修建了江都江水北调工程，广东修建了东深引水工程，河北与天津修建了引滦工程，山东修建了引黄济青工程，甘肃修建了引大入秦工程等。这些工程为当地经济、社会发展提供了必要的水源保障。2002 年我国南水北调工程正式开工，这是目前全世界正在实施的最大规模的调水工程，也是我国实施跨流域调水的标志性工程。"十五"期间，我国除已开工建设南水北调工程外，还规划建设九甸峡水库及引洮一期、喀腊塑克水库及西水东引一期、包头市引黄入市生态与环境建设引水工程、胶东供水、大伙房水库输水工程、辽宁引白一期、黔中引水工程和一批中小型蓄、引、提工程等。

1.2　已建调水工程启示

总结已建调水工程，主要有以下几方面启示。

启示之一：现有的调水工程主要以缓解受水区资源型缺水问题为主。从已经建成的国外调水工程来看，调水主要是从水资源空间配置角度出发，其目的主要是缓解受水区当地水资源量不能满足用水需求的矛盾，虽然有的调水工程的供水目标包含了一

原载于：中国水利，2006，（1）：14–19.

部分生态与环境用水，但大多仅出于对被挤占生态与环境用水进行置换的考虑，直接为解决水质型缺水而兴建的调水工程还比较少见。如美国西部为典型的荒漠缺水地区，属典型资源型缺水，为此修建了中央河谷、加利福尼亚州调水、科罗拉多水道和洛杉矶水道等长距离调水工程，在加利福尼亚州干旱河谷地区发展灌溉面积超过 133 万 hm²，使加利福尼亚州发展成为美国人口最多、灌溉面积最大、粮食产量最高的一个州，洛杉矶市跃升为美国第三大城市。

启示之二：国外调水工程建设更加注重水资源的科学管理和调控。由于跨流域调水工程一般成本和运行费用较高，因此受水区特别强调外调水的宏观合理配置和高效利用，不仅加强外调水资源的科学管理，而且充分运用水价、水市场等经济手段来进行有效调控。

启示之三：调水工程建设可能对生态与环境带来严重不利影响。美国中央河谷工程和加利福尼亚州水道工程以萨克拉门托河为取水水源，且调水量比较大，使流入旧金山湾的淡水减少了 40%，不仅对旧金山湾的水质和鱼类资源产生不利影响，造成海湾水质恶化，影响海湾水生生物，而且导致海水倒灌，侵入三角洲，使旧金山湾地区土地盐碱化，给生态与环境带来了较为严重的不良影响，至今为止，仍在寻求消除或减轻引调水而带来的生态与环境影响问题。

启示之四：技术经济合理性是影响调水工程运行成败的关键。按照目标和用途，国外的调水工程分为供水调水工程、航运调水工程、发电调水工程、灌溉调水工程、生态与环境调水工程、综合目标调水工程等。在这些不同用途的调水工程中，就社会经济效益来说，调水发电效益最好，如加拿大的调水发电工程和澳大利亚的雪山工程等；为城市和工业供水而兴建的调水工程，不仅具有良好的经济效益，而且能够促进受水地区社会经济全面发展，美国加利福尼亚州的南部地区和巴基斯坦的西水东调工程就是明显的例证；调水灌溉能使粮食产量大幅度增加，但是由于农产品的价格低廉，调水灌溉的经济效益较低，如美国科罗拉多河下游调水灌溉工程，至今凭借灌溉效益难以偿还调水费用。

表 1　世界六大洲调水工程的主要参数表

洲名	现有调水工程数量（座）	年调水量（亿 m³/a）	输水干线长度（km）	调水灌溉面积（万 hm²）	有调水工程的国家（个）
亚洲	165	3 413.7	17 603.7	4 495.9	13
欧洲	55	397.3	4 433.5	362.1	10
非洲	23	201.1	8 943	340.5	8
大洋洲	1	23.6	500	16	1
北美洲	93	1 870	7 267	323.5	3
南美洲	8	66	359	21.7	4
合计	345	5 971.7	39 106.2	5 559.7	39

资料来源：《国外调水工程》。

2 响应水质型缺水问题的跨流域调水工程及其特性分析

如上所述，目前国内外调水工程主要都是为了解决区域资源型缺水问题，但目前我国出现了一类调水工程，在调水目的上有着自身的特异性，其受水区水资源量相当丰富，主要是通过跨流域调水来缓解受水地的水质型缺水问题，如引江济太和钱塘江河口区调水工程等。

2.1 响应水质型缺水问题的跨流域调水工程

1）引江济太调水工程

太湖流域地处长江三角洲南缘，多年平均降水量约 1200mm，太湖多年平均水资源量约 177 亿 m³，水资源丰富。该地区是我国国民经济最为发达的地区之一，近年来随着流域经济社会的发展，污染物的排放量逐年增加，加之河网地区特殊的水动力学特性，致使太湖流域片内水污染问题越来越严重，水质型缺水问题日益突出。自 20 世纪 80 年代以来，太湖流域水质平均每 10 年下降一个等级，根据最近的水资源评价初步成果，太湖流域 Ⅰ～Ⅲ类河长占评价河流长度的 15.6%，Ⅳ类或劣于Ⅳ类河长占 84.4%。有近一半地区的饮用水水源地的水质不合格（劣于Ⅲ类水标准），合格日供水量为 600.7 万 t，占日总供水量 1144.9 万 t 的 52.5%。尽管已经开展了大量的治理工作，然而太湖流域水环境恶化的问题依然严重，尽管有烟波浩渺的太湖，有纵横密集的河网，本不该为水而发愁的太湖流域及其周边地区已经成为我国最为典型水质型缺水的地区。太湖劣于Ⅲ类水水质变化见图 1。

图 1 太湖劣于Ⅲ类水水质变化图

为改善太湖水体水质和流域河网地区水环境，保障流域供水安全，提高水资源和水环境的承载能力，2002 年 1 月以来，太湖流域实施了引江济太调水试验工程。利用已建成的望虞河工程和沿长江其他闸站，将长江水引入河网和太湖，再通过东导流、太浦河、环太湖口门等工程将太湖水送到黄浦江上下游、浙江杭嘉湖地区、沿太湖周边地区。八年来，通过望虞河引调长江水入太湖流域超过 60 亿 m³，其中入太湖超过 30 亿 m³，在增加流域水量、改善流域水质和水环境状况等方面发挥了重要作用。调水加快了太湖及河网水体流动，加快了太湖水向周边河网的扩散和辐射，河网水体基本完成一次置换，提高了水体自净能力和环境容量。引江济太调入的长江水水质为Ⅱ～Ⅲ类，对太湖水体和河网地区产生了显著的释污效果。结合污染源治理的效果，太湖水质明显好转，Ⅱ～Ⅲ类水质的水面面积增加了15%；湖泊富营养化得到减轻，浮游植物（如蓝藻）生长受到明显抑制，贡湖等湖湾标志水质好转的沉水植物开始出现。同时，由于河网水量增加、流速加快，河网水质得到改善，水质优于Ⅲ类的监测断面比例上升了20%。苏州金墅湾水厂、无锡贡湖水厂等主要取水口水域的各项水质指标分别改善1～3个类别，而黄浦江上游上海市松浦原水厂取水口水质也得到了显著改善。

引江济太调水试验工程以增水为手段，通过从长江流域调水改善了太湖和河网地区水质，提高了水资源的承载能力，初步实践了党中央国务院提出的"以动治静，以清释污，以丰补枯，改善水质"的目标，是解决水质型缺水的有益尝试，得到了社会各界的广泛认可和高度评价。

但还要清醒地认识到，引江济太工程所取得的良好效果是在其特定的水资源条件和工程条件下实现的，其长效运行机制、污染转移、水质调度等问题都需要进一步研究，统筹考虑。

2）钱塘江河口区调水工程

钱塘江河口区主要包括浙东（萧绍宁舟）和浙北（杭嘉湖），多年平均径流量347.6亿 m^3。总体上来看，浙东地区既有资源型缺水，又有水质型缺水，主要是水质型缺水，为此采取了海底输水济舟山地区，合理配置余江和曹娥江水资源，供给萧绍宁地区，但由于总量上仍不能满足经济社会发展的需求，提出了从钱塘江口调水加以解决的方案。对于杭嘉湖地区来讲，主要是水质型缺水，一方面经济社会的发展对水资源的需求逐年增加；另一方面由于污水的排放量增加，造成水质污染，群众的生活饮用水水源遭到破坏，有些地方甚至在本地区再也难以找到合适的饮用水水源。以嘉兴市为例，随着工业加速发展和城市化水平的不断提高，生活用水和工业废水量不断增加，污染物的排放量持续增加，到1999年，全市境内已基本都是Ⅲ类以下水体，现状河网水质已无法满足饮用水源标准要求。根据国民经济发展规划预测嘉兴市2010年、2020年生活需水量分别为2.93亿 m^3 和4.44亿 m^3，但嘉兴市境内已很难找到符合标准的饮用水水源地。地表水污染引发大规模开采地下水，地下水超采形成大面积地下水漏斗，并引发地面沉降。水污染以及由此引发的水资源短缺问题已影响到嘉兴市饮用水安全和经济社会的可持续发展。为此，在钱塘江河口水资源配置规划研究过程中，提出了实施跨流域调水的解决方案，以寻求解决杭嘉湖地区缺水问题的对策。

2.2　面向水质型缺水问题的跨流域调水工程剖析

水质型缺水是我国南方丰水地区现代化进程中遇到的一个典型问题，因此上述两个调水工程个例具有一定的代表性。如何看待和评价利用调水工程缓解水质型缺水问题的意义和作用，提出响应水质型缺水社会需求的资源解决方案，是一项重要而紧迫的任务。

1）水质型缺水与跨流域调水内涵上相悖

缺水根据其成因，可以大体分为四种基本类型，即资源型缺水、工程型缺水、水质型缺水和混合型缺水，其中水质型缺水表现为水资源从总量上并不缺乏，但由于人为污染等原因，水质难以满足居民生活和经济社会发展的需要，即表现为"不缺水，但缺的是无污染的水"。而跨流域调水是通过工程从其他流域调入一定数量且水质符合一定标准的水资源。从内涵上来说，跨流域调水与水质型缺水是一对相悖的概念：其一，从理论来说，水污染的防治应当变末端治理为源头治理，即通过发展清洁生产和循环经济，减少污染排放来改善水环境，而通过跨流域调水来解决受水区水污染的问题本身是一种"治标"措施，一定程度上甚至是对超水环境承载力污染物排放的"宽容"；其二，随着外流域调水工程的实施，区域当地用水排水量会有所增加，如果不从根本上进行水污染防治，调水会增加新的污染，大调水最终会演变为大污染，因此通过外流域调水来缓解区域水质型缺水的途径将难以为继。

2）跨流域调水是解决水质型缺水问题的"直观"选择

水质型缺水地区通常是两类地区：一是经济发达地区。水污染的形成、发展、加剧、恶化与地方的经济发展，特别是工业发展具有正相关关系，经济越发达地区、工业越集中的地区、城市化率越高的地区，污染情况往往就越严重；二是城市地区。由于城市取水集中，排污集中，如果处理能力跟不上，容易出现水质型缺水。

由于水质型缺水地区水量丰沛，同时经济发达，当一个地区生活用水因水质污染而无法饮用，而在周边地区又存在优质水源的情况下，兴建调水工程解决生活用水看起来是顺理成章的选择，很容易被地方政府和群众所接受。加之，污染防治成本高、人们对经过处理的水的利用不够认同，使得水质型缺水地区的主观选择往往是调水，杭嘉湖地区水资源配置就是一个典型的实例。嘉兴市在其境内找不到合适饮用水水源的情况下，提出了调水解决生活用水的要求，有关部门开展了规划研究，其主要问题是水源地的选择，主要包括从太湖引水、富春江引水和新安江水库调水等方案，调水水源地的选择实际上涉及地区之间、部门之间由于水资源配置关系的改变而产生利益的矛盾、体制的冲突以及深层水务管理问题的讨论，调水不仅涉及钱塘江流域，还涉及整个太湖流域的水资源配置问题；包括初始水权问题、调水经济社会和环境影响评价等。由此可见，为解决水质型缺水问题而进行的调水，看似直观，其实调水方案的论证中将必然地触及颇为复杂的自然、经济和社会问题。

3）客观认识面向水质型缺水的跨流域调水工程的现实性与阶段性

对于我国出现的面向水质型缺水问题的跨流域调水工程，应当从两方面进行全面客观地认识和评价。第一，在我国，面向水质型缺水问题的跨流域调水工程有其特殊的现实性和紧迫性。我国水质型缺水区，水资源量较为丰富，同时用水量和排水量也都很大，如太湖地区，用水量比当地水资源量要大得多，按照我国现行的污水排放标准，该地区即便是全部排污口都实现达标排放，区域水质也不一定能达到水功能区水质标准，更何况区内仍然存在很多超标排污的情况。因此要从根本上解决这类地区水污染问题，不仅要大力节水，减少废污水排放量，还要加大治污力度并提高排放标准。而上述两种措施，一方面需要大量的投资；另一方面也需要兴建一些必要的工程，以及进行大量技术工艺改造的过程，很难在短时间内得到根本解决。而现实情况是，水污染造成的缺水问题已经制约着当前社会经济的发展，甚至影响基本的生活用水安全。因此，在污染治理短期难以有效改善水质的情况下，在有条件的地方，兴建必要的跨流域调水工程来缓解区域缺水问题，提高用水水质安全，有其现实的必要性和紧迫性。第二，响应水质型缺水问题的跨流域调水工程有其自身的阶段性。如前所述，水质型缺水地区的缺水问题的根本解决途径在于水污染的防治，跨流域调水工程是特定时期、特定背景下的一类水资源配置手段，通过这一手段实现阶段性的区域水安全保障，同时也给区域水污染的综合防治创造必要的外在环境和赢得必要的时间，因此面向水质型缺水问题的跨流域调水工程实施有其自身的阶段性。

3　跨流域调水解决水质型缺水问题需要关注的重点问题

3.1　水污染防治与调水的关系问题

从概念上讲，解决水污染问题的根本办法应该是污染防治，包括立法、治理、清洁生产和循环经济、生态工程和生态恢复等方面；解决生活用水水质安全问题的根本出路也应该是治污，而不是调水。如果我们用实施调水的办法来解决水污染引起的缺水问题，从客观上就会助长水质污染问题的加剧，减缓治污的进程。但是，人民群众缺少安全饮用水也是客观事实，如果兴建调水工程能够解决群众的生活用水问题，也必须加以考虑，前提是调水工程的兴建必须经过科学的论证。

3.2　调水的技术经济合理性问题

兴建任何水利工程都要进行必要的经济合理性分析和比较，常用的办法是进行效益-成本分析，调水工程也不例外。对于解决水质型缺水问题的调水工程来讲，仅仅进行效益-成本分析是远远不够的，还必须考虑调水工程对相关地区的自然、社会、生态等带来的长远影响和后果，特别是经过较长时间演化过程后将产生的变化和作用等。在生产方面，包括工业、农业、航运、能源、商业、旅游业等；在社会与文化方面，包括移民、基础设施的发展、文化景观、名胜与历史遗迹、政治关系、地区间利益与损失权衡等，此外还有水文情况、自然、生态、资源、人体健康、社会进步等各个方面。从纯经济的角度出发，跨流域调水应在本流域合理开源、厉行节约和水污染防治的边际成本高于跨流域调水时才具有实施的可行性。对跨流域调水而言，调水工程的实施与否，并非单独取决于经济因素，并非因为有了足够的实施该项调水工程的经济实力就可以实施调水工程，还要进行国民经济效益分析和生态与环境效益分析，统筹考虑调出区和调入区的水资源承载能力，做到既不能以牺牲生态和环境为代价来换取一时的经济发展，也不能为了确保满足此地用水需求而影响到彼地的用水安全。应统筹考虑生态、环境、社会、经济等方面的水资源安全保障，考虑主水与客水的关系、调出区与调入区的关系，达到提高水资源整体承载能力，维护流域（或区域）间的水资源社会公平，合理确定水资源配置的数量、结构和布局，优化配置水资源的目的。

3.3　生态与环境影响和调出区的影响补偿问题

调水对环境影响的评价内容十分广泛，既有正面作用，也有负面影响，必须引起高度的重视。解决水质型缺水问题的调水工程尽管其直接目的就是改善水质、改善环境，但调水会改变水平衡与水文循环，并因此而产生连带环境的变化。调水可能引起水文情势的改变，包括水量、水位，流速、流量、地下水、土壤水、水量平衡因子等，也包括影响水质的泥沙、pH、浑浊度、水温、有机物、养分、污染及有毒化学物质等；调水还可能对土壤、地质变量等产生影响，包括侵蚀、沉积、盐碱化、沼泽化以及其他地貌因子变化等；调水可能对水生生物产生影响，如底栖生物、水生木本植物、浮植生物、鱼和水生脊椎动物、传染媒介物（钉螺、蚊虫），以及植物、动物及其栖息地等。

建设调水工程改变了原有的水资源量化分配，必然对调出区产生一定的影响，属于水资源量和水环境容量的空间双重转移。以从新安江水库引水为例，虽然水库大坝和大部分的流域面积在浙江省境内，但其上游部分流域面积在安徽省境内，因此还涉及跨省界的水资源配置，以及对调出区的社会、生态、环境影响的分析和评价等。

3.4　水权问题

水资源优化配置的原则是：公平、效益、协调。公平是指保障全民用水的权利；效益是指提高用水效率，充分发挥水资源功能；协调是指保护水资源和生态系统，使人与自然协调共处。水的使用权遵循共享、优先的原则。水资源属于全民所有，每个人都有用水的权利。权利与义务是共生的，任何个人或单位、地区的用水者都不应妨害其他人合法的用水权。公民、单位、地区之间用水权利的相互交织，产生了用水顺序、用水量、取用水地点等问题，客观上政府部门必须进行水权管理，以保障用水公平，提高用水效益。跨流域调水是政府优化配置水资源的一种重要手段，必将涉及初始水权分配等方面的问题，而且这些问题是兴建调水工程是否可行的关键条件。面向水质型缺水建设和实施的调水实际上是水资源使用权和水环境容量以及排污权的空间转移，涉及很多复杂的社会、生态与环境等问题，需要进行科学研究论证。

3.5　调水工程的投入、管理和运行机制问题

面向水质型缺水的跨流域调水工程有两种情况，一是外调水与当地未达标水混合，实现以净释污，改善区域水质；二是不与当地水混合而直接向用户供水。其中第一类工程由于用户（受益）主体不明晰，就存在谁来为跨流域调水工程的投入、管理和运行成本"买单"的问题；第二类情况虽然明确了调水工程受益和分担主体，但这一主体对区内防污治污的投入的责权如何界定也有待进一步探讨。面向水质型缺水的跨流域调水工程的投入、管理和运行机制问题在工程决策之前必须进行深入研究。而且从长远来说，治污是解决水质安全问题的根本，面向水质的调水工程具有临时性和阶段性，为此类工程的投入、运行和管理以及持续发挥效益带来很多不确定因素。

4　对跨流域调水解决水质型缺水问题的几点思考

如前所述，如果论证得到为了缓解、改善因长期污染累积导致的水环境恶化，保障饮用水安全，维护人的健康生命，统筹兼顾、因地制宜地实施跨流域调水，可起到远近结合、标本兼治的重要作用。在调水方案的制订和实践过程中，也还有下述几个方面的问题需要考虑。

4.1　面向水质型缺水的跨流域调水需要科学分析、民主协商，政府决策必须慎之又慎

一定意义上说，经过长期的自然历史演替，大自然和其中的水域生态系统已经处于相对稳定的自适应状态。在认识和处理人与自然的关系上，我们应该始终坚持不断地认识自然，顺应自然规律，做到人与自然和谐相处。规划和建设跨流域调水工程必须慎之又慎，原因主要有这几个方面：一是大规模的跨流域调水对社会生态与环境等方面的影响具有不确定性。迄今为止，人类对大规模的跨流域调水工程可能对生态与环境造成的长久影响的认识还是很肤浅的，而以从集水区大量转移水的方式干预自然，可能带来破坏甚至毁掉当地的原生生态系统以及其他有关的系统的完整性和稳定性，出现意想不到的后果。湖泊、江河、溪流大规模的调水对周围的土地和江河入海口处海岸的环境可能产生灾难性的影响，在存在很多不确定性、影响因素没有完全研究透彻的情况下，正确的做法是暂缓做出决策，这比仓促决定要好得多。二是在水资源总量不变的情况下，人工生态用水越多，天然生态就越少。调水区的水资源承载能力的提高是基于被调水区水资源承载能力的降低，调水区的经济社会发展一定不能造成被调水区生态系统的恶化。国际上比较通行的标准是，调水量不超过调出河流总水量的20%，河流本身的开发利用率不超过40%。三是大自然供给人类的水资源是不均衡的，人类要与自然和谐相处，就应该努力认识并顺应这种不均衡，人类自身也应该学会"克制"。四是技术经济合理性和工程运行的可持续性的影响。虽然现代科学技术的发展，使水利工程建设本身的技术难度进一步缩小，但是对跨流域调水工程的建设而言，起决定性作用的不单是技术条件的制约，还必须考虑综合因素的影响和技术经济的合理性，保证工程的建设在经济上是合理的，在工程运行上是可持续的。五是跨流域调水还可能造成产业的雷同，从而带来一系列的社会经济结构问题。基于以上因素，调水工程规划和建设必须慎重，只有在无法依靠本地水资源满足用水需要的前提下，在充分挖掘治污和节水潜力的情况下，才能考虑实施跨流域远距离调水。

调水涉及很多复杂的问题，对调入调出区以及调水沿线都有很大的影响。面向水质型缺水的调水工程也不例外，需要有关各方加强协调，广泛参与。在调水时机、规模、投入和管理、补偿等方面，在进行充分的科学论证的同时，还要注意有关利益方的接受能力，避免产生新的社会矛盾和利益冲突。

4.2　调水需要"少取、高效、补偿"，不能以需定供

少取，就是对调出区要尽可能多地留足生态与环境用水量，在运用各种方法计算生态需水量时，调水量应取下限可调水量；高效，是指对调入的水量要高效利用，要采用不同的水价，总量控制，定额管理，使之发挥最大效益；补偿，是指要对调出区的影响进行足够的补偿，对调入区也应是补偿性用水。目前，我国一些地方在进行跨流域调水工程规划论证过程中，常规的模式是根据确定的流域社会经济发展目标，计算实现这样的目标所需要的水资源量，扣除当地可用水量后，进行平衡计算，提出满足社会经济发展需要的水资源缺口，并以此为依据，研究确定需要进行外流域调水的规划方案。在解决水质型缺水问题时，往往也是根据所需要的量来确定调水规模。这从满足流域社会经济发展需要来说无疑是正确的，但我们还必须考虑水资源的承载能力，这个承载能力，既包括本地水资源，也包括外流域的水资源。事实上，这种"以需定供"的规划方式，把双向适应改变为单向需求，片面地强调了需求的重要性。从人水和谐的理念出发，我们既要提出满足社会经济发展所需要的水资源数量，也要提出根据可用水资源量能够承载的经济社会发展规模和结构、布局的要求。同时，对于跨流域调水工程规划来说，还必须考虑的一个因素是，调出区到底可以调出多少水量，特别是从可持续的、发展的角度考虑，如果能够维持规划调水工程的永久、持续、良性运行，必须以调出区可以外调的水量作为兴建调水工程的基本前提。

4.3　严格遵循"三先三后"原则

即先节水、后调水，先治污、后通水，先环保、后用水。"先节水、后调水"就是在确定调水规模时，首先在挖掘节水潜力的前提下，切实提高调出区和调入区的水资源承载能力，摸清调出区可能提供的调出水量和调入区需要的调入水量；"先治污、后通水"就是首先解决水污染的治理措施，切实保护调入水资源的可利用价值，为优水优用奠定基础；"先环保、后用水"就是在水资源配置上，要切实保证生态和环境的基本水量需要，包括合理开采地下水，保证水资源的可持续利用，保障社会经济的可持续发展，维护人类的根本利益。

4.4　加强对跨流域调水遵循准则的研究

跨流域调水工程的兴建，涉及诸多方面、诸多领域，将产生深远影响。在遵循"三先三后"、水资源优化配置等基本原则的基础上，还需要遵循一些基本准则。目前这方面的研究和取得共识的成果还比较少，有些专家和学者研究提出了效率准则、环境准则、生态准则、经济准则等，并初步提出了各项准则的尺度，如：效率准则，当受水区水资源利用效率高于同类型地区的中上水平（同类平均水平和最高水平的均值）的用水效率时，依靠当地水资源仍不能实现供需平衡，可考虑跨流域调水。环境准则，受水区生活污水处理率处于全国同类地区先进水平，工业污水全部实现达标排放。在此情况下，其排污总量仍超过水功能区划的纳污能力时，可考虑跨流域调水，以增加当地径流流速和水环境容量。生态准则，受水区水资源开发利用程度过高，社会经济用水挤占了生态与环境用水，导致河道径流减少甚至断流，地下水位持续下降，湖泊湿地呈萎缩态势，且依靠当地水资源无法解决，可考虑跨流域调水。经济准则，立足于当地水资源承载力，进行节流、治污、挖潜等各项区内供需平衡调控措施，其边际成本接近且均高于跨流域边际成本时，可考虑跨流域调水。上述四项准则在实施跨流域调水工程中值得参考和借鉴。同时，还应加强诸如技术准则、权属准则等其他方面准则的研究，以及确定每一项准则的标准和依据的研究，使之更加符合实际，更加科学可行。

4.5　在调度中要综合考虑水量调度和水质调度

为了有效减轻水污染、改善水环境、释污治静、提高供水保障，响应水质型缺水的跨流域调水工程实施后，需要在调度过程中综合考虑原水、制水、输水、排水，外调水、当地水，污水处理和再生水回用以及洪水资源利用，研究综合供水保障机制，确定科学的调度方式和运管机制，保证良性运行。

4.6　大力推进受水区的节水防污型社会建设

节水不仅是水资源短缺地区的任务，也是南方水资源相对丰沛地区的任务，更是水质型缺水地区的任务。节水是为了更好地治污，防污必须节水。尽管通过跨流域调水能够直接而简单地解决水质型缺水问题，但调水仅仅是一种辅助措施，或者说只是一种应急的手段，根本措施应该是进行节水防污型社会的建设，提高水资源和水环境的承载能力，在维护生态和环境最为基本的水资源需求的基础上，转变人们的水意识，调整生产力布局和产业结构，改变人们用水的思维方式和生活方式，建立节水防污型社会，提高水资源的利用效率和效益。

5　结论

（1）水资源的优化配置是解决水资源供需矛盾问题的客观需要。节水防污型社会建设和初始水权分配与水市场的建立是解决水质型缺水问题的关键。要坚持优势互补的水分配利益调节机制；坚持使用权流转、提高用水效率的原则；坚持官督商办；实施水资源统一管理，合理发挥河流效能。

（2）环境变化不排斥自然的演进作用，但水质型缺水与经济社会高速发展以及对生态与环境关注不够必然相关。解决太湖地区的水质型缺水问题对于全国具有借鉴意义；为保证水质型缺水地区人民饮水安全和生命健康进行跨流域调水具有现实意义。

（3）跨流域调水在一定程度上可解决水质型缺水社会需求，但调水必须慎之又慎；做到"少取、高效、补偿"。必须深入研究对调出区、调入区以及线路区生态与环境可能带来的影响以及其他的负面影响，要对调出、调入区水资源利用和影响进行评价体系建设，制定评价标准。

水电站梯级联合调度的效益分析

刘　宁

1　当前电力市场中水电面临的机遇和挑战

1.1　电力市场建设给水电带来的机遇

电力体制改革的总体目标是打破垄断、引入竞争、提高效率、降低成本，从而实现资源的优化配置。水电不仅有高效率、低成本，无污染的特性，而且能够引导投资，实现电力产业的低耗、高效可持续发展，水电发展符合"节能降耗"的时代需求。

国家能源发展的方向是优化火电结构，大力发展水电，适当发展核电，减少污染，保护环境。竞价上网，使低成本的水电行业受益匪浅；而电力改革，发电公司向单独的大客户直供，有利于提高电力销售量和减少供电环节降低售电价格；直接掌握终端电力消费者减少对电网公司的依赖，并且减少在丰水期的弃水量，使水电的销售电量更有保障。

1.2　《节能发电调度办法》给水电带来的机遇

2007 年 8 月 2 日，国务院办公厅关于转发发展和改革委员会等部门《节能发电调度方法（试行）》，节能发电调度按照节能、经济的原则，优先调度可再生发电资源，按机组能耗和污染物排放水平由低到高排序，最大限度地减少能源、资源消耗和污染物排放。电网调峰首先安排具有调节能力的水电、燃气、燃油、抽水蓄能机组和燃煤发电机组，然后再视电力系统需要安排其他机组。水电是第一位被调度的。

"市场建设初期对水电市场主体的忽视，给水电上网的市场化带来一定难度"问题将逐步得到解决。由于水电受来水的影响，发电电量具有不确定性。而节能发电调度办法实施后，"以水定电"和"以（资源）量定电"，减少来水不确定性带来的影响，减少弃水；水电调峰、调频的优势将得到充分体现；水电以独立的竞价主体进入市场成为可能。

1.3　《节能发电调度办法》对水电的新要求

各级电力调度机构依照优先顺序，对已经确定运行的发电机组合理分配发电负荷，编制日发电曲线。①无调节能力的水能发电机组按照"以水定电"的原则安排发电负荷；②对承担综合利用任务的水电厂，在满足综合利用要求的前提下安排水电机组的发电负荷，并尽力提高水能利用率；③对流域梯级水电厂，应积极开展水库优化调度

原文题目：梯级联合调度　节能环保和谐，原载于：2007 中国科协年会专题论坛报告精选，2007，（16）：42～54.

和水库群的联合调度，合理运用水库蓄水。由此可以来水不确定性带来的影响和减少弃水；各级电力调度机构应积极开展水火联合优化调度，充分发挥水电的调峰、调频等作用。

1.4　当前电力市场中水电面临的挑战

流域为单元的投入电网运行的水电站逐渐增加，已形成大规模的梯级水电站群，单一水库因调节性能有限，以及综合利用要求，往往不能发挥其应有效益。随着电力市场改革的逐步推进，水电必将作为一种独立的发电能源，参与市场竞争，水电站若以个体形式向电网供电则竞争力不强，特别是调节性能较弱的水电站。《节能发电调度办法》规定，对流域梯级水电厂，应积极开展水库优化调度和水库群的联合调度，合理运用水库蓄水，编制日发电曲线。如何从整体效益出发，研究以水电站群为对象的联合调度问题，将流域水电站群以整体的形式来面对电网，充分体现出整体优势，对于把握水电站群的运行规律，提高系统整体效益，有十分重要的理论和现实意义。

2　三峡、清江梯级概况

以三峡梯级（三峡、葛洲坝）与清江梯级（水布垭、隔河岩、高坝洲）共 5 座水电站的联合调度为例，分析《节能发电调度办法》实施后，对两梯级的效益。

三峡梯级是我国目前最大的梯级水电站，总装机容量 2091.5 万 kW，梯级保证出力为 499 万 kW，多年平均发电量 986 亿 kW·h（设计值）。其中三峡电站有季调节能力。梯级具有防洪、发电、航运任务。

清江梯级总装机容量 330.40 万 kW，梯级保证出力 61.80 万 kW，多年平均发电量 75.88 亿 kW·h（设计值）。其中水布垭具有多年调节能力，隔河岩水库具有年调节能力，高坝洲水库具有日调节能力。

三峡电站投入发电运行后，极大改善了供电地区一次能源平衡状况，但对电网的调节性能并没有显著提高。原因在于：①三峡电站发电量大、季节性明显，限制了其调峰能力。三峡电站发电量巨大，关系着系统的电力、电量平衡，因此常年处于基荷、腰荷的平稳发电状态。②季节性发电能力和汛期调峰之间也存在矛盾，三峡电站汛期发电量占全年发电量的一半，因防洪限制水位的要求，三峡需处于系统基荷或腰荷运行状态，参加调峰将造成大量弃水。③三峡对下游航运、防洪等都具有重要作用。因此，系统调节性能受到水能综合利用的约束，此点在枯水期尤为明显。相比三峡梯级电站装机规模巨大、调节性能不足的特点，清江梯级具有较好的调节性能，尤其是水布垭，库容、装机、发电量在清江梯级三座电站中均为最大，调节性能优越，是华中电网少有的具有多年调节性能的水库，也是距三峡水利枢纽最近的可调峰、调频的大型水电站。将系统按梯级分解为三峡梯级与清江梯级两个子系统，分别建立数学模型，采用优化方法计算子系统各自的出力过程，将出力过程算术相加作为系统各梯级单独调度时总出力过程；建立系统联合调度数学模型，采用确定性的优化模型将两个子系统联合优化，计算系统联合调度总的出力过程；最后，对两梯级联合运行前后的计算结果进行对比分析。

3　三峡梯级与清江梯级联合优化调度模型

3.1　模型的建立

对电力补偿效益的研究主要从以下两方面进行分析：一是在一定保证率下水电站群系统保证出力最大，反映容量效益；二是在一定保证出力的基础上寻求水电站群系统多年平均发电量最大，反映能量效益保证出力最大模型。

1）系统最大保证出力的确定

利用蓄供水判别系数法使各时段系统出力分配产生的系统蓄能损失最小，以达到水电站群系统出力过程中最小出力最大化。该指标反映的是系统的容量效益。

$$\text{OBJ} = \max\ \{\min \text{NS}_j\}\ (j=1,\ 2,\ \cdots,\ N)$$

目标函数

$$\text{NS}_j = \sum_{j=1}^{n} N_{i,j}$$

式中，i 为电站编号；j 为时段序号；n 为参加补偿调节计算的水电站个数；NS_j 为第 j 时段系统出力；$N_{i,j}$ 为第 j 时段第 i 电站出力；N 为时段数。

程序流程图如图 1 所示。

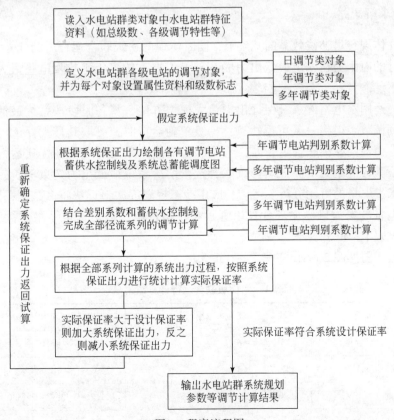

图 1　程序流程图

2）发电量最大模型

对于混联水电站群，首先根据系统最低出力要求，按照常规方法进行长系列操作，得到系统运行的初始轨迹，然后应用动态规划逐次逼近方法将多维问题降为一维，以系统发电量最大为目标循环计算以逼近系统最优解。在本模型中，系统的最低出力设为由保证出力最大模型计算出的保证出力。当两梯级联合运行时，系统最低出力设为两梯级单独按保证出力最大模型优化的最大保证出力之和。

3）大系统动态规划逐次逼近法原理

动态规划逐次逼近法由 Bellman 提出，其基本思想是，把多维的决策问题分解转化为若干个一维决策问题，因而可以大大减小存储量，节约机时避免"维数灾"的发生数学模型与求解方法。

$$OB_j = \max \sum_{j=1}^{N} NS_j(x_{1,j}, \ y_{1,j}, \ x_{2,j}, \ y_{2,j}, \ \cdots, \ x_{n,j}', \ y_{n,j}) \Delta t$$

$$NS_j(x_{1,j}, \ y_{1,j}, \ x_{2,j}, \ y_{2,j}, \ \cdots, \ x_{n,j}, \ y_{n,j}) = \sum_{i=1}^{n} N_{i,j}(x_{i,j}, \ y_{i,j})$$

$$NS_j \geqslant N_{\min}$$

式中，i 为第 i 个电站；j 为第 j 时段；n 为参加补偿调节计算的水电站个数；N 为时段数；NS_j 为第 j 时段系统出力；Δt 为时段间隔长度；$N_{i,j}$ 为第 j 时段第 i 电站出力；$x_{1,j}$ 为第 j 时段第 1 电站决策流量；$y_{1,j}$ 为第 j 时段第 1 电站水库状态。

3.2　求解思路

为了在体现容量补偿效益的基础上，同时体现两梯级联合运行后的能量补偿效益，该模型设计的原则为在一定最低出力的基础上追求系统多年平均发电量最大，具体求解方法如下。

首先，运用水电站群系统保证出力最大模型方法，将各时段按系统最低出力要求进行长系列调节，得到一条可行轨迹。梯级单独运行时，可取其最大保证出力为系统最低出力，而当两梯级联合运行时，系统的最低出力取两梯级单独优化运行最大保证出力之和，其目的是为了保证两梯级联合运行前后系统最低出力约束等价，从而在此基础上追求发电量的对比分析。然后，应用动态规划逐次逼近法将多维问题降为一维，以系统发电量最大为目标循环计算以逼近系统最优解。最后，将结果进行对比分析，计算结果见表1~表3。

程序流程图如图2所示。

表 1　两梯级联合运行计算结果表

梯级电站指标	三峡	葛洲坝	小计	水布垭	隔河岩	高坝洲	小计	合计
正常蓄水位（m）	175	66	—	400	200	80	—	—
死水位（m）	145	63	—	350	160	78	—	—
装机容量（万 kW）	1820	271.5	2091.5	184	121.2	25.2	330.4	—
水量利用率（%）	93.35	77.41	—	99.90	99.83	92.39	—	—

续表

梯级电站指标	三峡	葛洲坝	小计	水布垭	隔河岩	高坝洲	小计	合计
多年平均发电量（亿 kW·h）	826.94	149.58	976.52	40.83	34.08	10.87	85.79	1062.31
汛期发电量（亿 kW·h）	424.30	69.32	493.62	20.11	15.22	4.72	40.04	533.67
枯期发电量（亿 kW·h）	402.63	80.26	482.90	20.72	18.86	6.16	45.74	528.64
装机利用小时（h）	4543.62	5509.43		2219.23	2802.46	4315.43	—	—
电站保证出力（万 kW）	424.64	101.27	525.91	28.70	21.94	7.40	58.04	583.95
最大水头（m）	108.86	23.40	—	197.50	119.50	36.93		
最小水头（m）	71.17	12.17		148.01	82.92	32.18		

表 2　五库联合运行保证出力最大模型的计算成果表

梯级电站指标	三峡	葛洲坝	小计	水布垭	隔河岩	高坝洲	小计	总计
水量利用率（%）	93.35	77.42	—	99.90	99.85	91.94	—	—
多年平均发电量（亿 kW·h）	826.87	149.60	976.47	41.43	34.18	10.80	86.40	1062.87
汛期发电量（亿 kW·h）	424.30	69.32	493.62	19.27	14.71	4.52	38.51	532.13
枯期发电量（亿 kW·h）	402.57	80.28	482.85	22.15	19.46	6.28	47.90	530.74
装机利用小时（h）	4543.25	5510.07	—	2251.60	2819.86	4284.12	—	—
电站保证出力（万 kW）	445.00	99.38	544.38	37.05	27.99	8.81	73.85	618.23
最大水头（m）	108.86	23.60	—	198.88	119.5	38.02		
最小水头（m）	71.17	12.170		150.95	86.01	32.19		

注：联合运行时单个电站保证出力为水电站群发保证出力的时段该电站的平均出力值。

表 3　五库联合运行最小出力不小于独立运行保证出力之和的计算成果表

梯级电站指标	三峡	葛洲坝	小计	水布垭	隔河岩	高坝洲	小计	总计
水量利用率（%）	93.35	77.33	—	99.90	99.82	91.20	—	—
多年平均发电量（亿 kW·h）	827.49	149.33	976.83	41.9026	34.10	10.69	86.70	1063.52
汛期发电量（亿 kW·h）	424.30	69.32	493.62	19.48	14.80	4.52	38.81	532.42
枯期发电量（亿 kW·h）	403.19	80.01	483.20	22.42	19.30	6.17	47.89	531.09
装机利用小时（h）	4546.67	5500.21		2277.32	2813.88	4242.06	—	—
最大水头（m）	108.86	24.00	—	199.01	119.50	38.0d2		
最小水头（m）	71.17	12.17		150.95	86.01	32.19	—	—

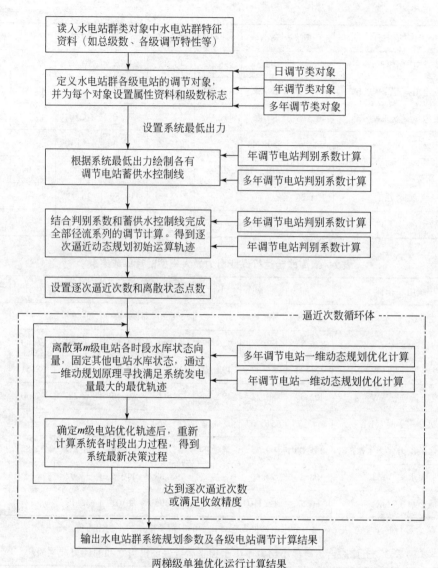

两梯级单独优化运行计算结果

图2　两梯级单独优化运行计算结果求解程序流程图

4　三峡与清江梯级联合运行效益分析

4.1　清江与三峡梯级联合运行有利于提高水电企业自身的核心竞争力

4.1.1　提高系统的保证出力

系统的保证出力是系统发电盈利能力的重要衡量指标。提高系统的保证出力的实质就是在保证率不变的情况下，增加系统各时段的最小出力。以系统保证出力最大为优化目标，取1952～2002年的实测数据，根据两梯级独立运行和清江—三峡系统联合运行两种方案的模拟调度结果，联合运行前面系统保证出力对比见表4。

表4 联合运行前后系统保证出力对比

项目	清江梯级	三峡梯级	总出力
重组前保证出力（万 kW）	58.04	525.91	583.95
重组后保证出力（万 kW）	73.85	544.38	618.23
重组后保证出力增加（万 kW）	15.81	18.47	34.28
增加百分比（%）	27.24	3.51	5.87

由模拟计算可知，联合运行前，随着保证率的增大，系统的保证出力迅速下降。保证率从70%提高到95%，系统的保证出力减少了38.27万 kW，联合运行后，系统保证出力一直稳定地维持在较高的水平，充分说明了资产重组对提高系统的保证出力的重要作用，极大提高了系统的调节能力，具体对比见图3~图5。

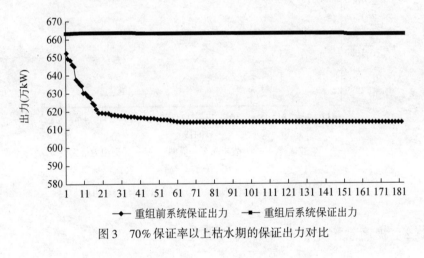

图3 70%保证率以上枯水期的保证出力对比

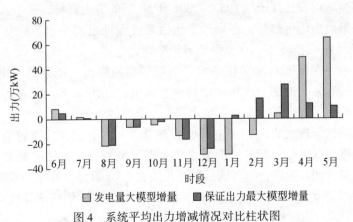

图4 系统平均出力增减情况对比柱状图

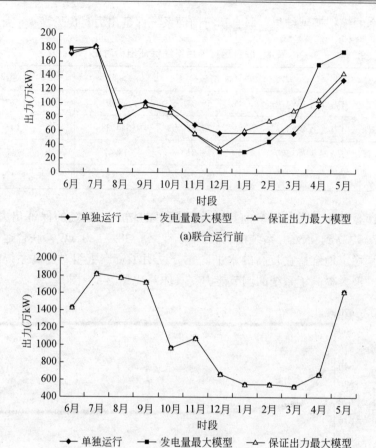

图5　两梯级联合运行前后多年平均出力对比分析图

4.1.2　提高枯水期和多年平均可发电量

根据清江流域以及长江流域1952~2001年50年的历史资料，采用长系列径流调节法，以发电量最大为优化目标，在资产重组后系统保证出力不小于独立运行保证出力之和583.95万kW的条件下，计算得到多年平均发电量。

联合运行后，在保证系统多年平均发电量提高的同时，汛期的发电量有所降低，而枯期的发电量有较大提高；在华中电网季节性电价的模式下，联合运行后无疑将提高系统水能利用率、提高年发电量；枯水期可发电量的增加。

联合运行后，两梯级之间的发电补偿效益显著。由于三峡梯级的电力补偿，清江梯级电站得以维持高水位运行，从而减少丰水期下泄流量。在枯水期也可以集中加大出力，增发电量。图6为联合运行前后清江梯级在1~4月的多年平均发电量的对比图。由图6可知，联合运行对系统的总电量，特别是清江梯级的枯水期发电量补偿效益显著。

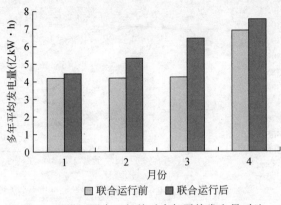

图6　两梯级联合运行前后多年平均发电量对比

4.1.3　多年平均水位的对比

按照单独运行保证出力最大、最小出力不低于单独运行最大保证出力之和的多年平均发电量最大、联合运行保证出力最大3种优化方案计算时，两梯级中有调节电站：水布垭（多年调节）、隔河岩，三峡（不完全年调节）的多年平均水位过程，具体水位变化如图7~图9和表5、表6所示。

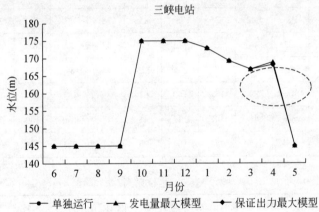

图7　联合运行前后三峡电站多年平均运行水位过程对比

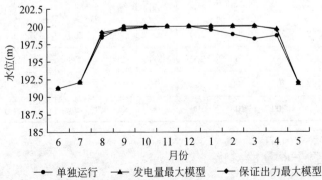

图8　两梯级联合运行前后水布垭多年平均水位对比分析

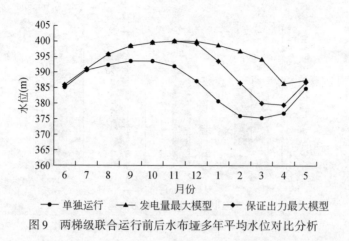

图9　两梯级联合运行前后水布垭多年平均水位对比分析

三峡电站多年运行水位过程在联合运行前后基本没有变化，只在次年的 3~4 月水位略微偏高，原因是该阶段为三峡梯级来水最枯的时段，联合运行后，由于清江梯级的电力补给，三峡出力可适当减少，以抬高上游库水位，从而在 4~5 月多发，这是在满足保证出力基础上追求发电量尽可能大的结果。

表5　径流系列　　　　　　　　　　　　　　　　　（单位：m³/s）

年份	6 月	7 月	8 月	9 月	10 月	11 月	12 月	1 月	2 月	3 月	4 月	5 月	总计
1951	156	634	196	342	133	78	45	28	42	192	231	667	2743
1957	283	578	282	44	37	113	143	42	27	82	479	818	2928
1959	396	186	43	66	88	205	123	53	81	273	223	315	2052
1966	388	226	106	89	151	140	67	49	141	201	158	679	2395
1990	586	521	80	41	98	122	41	48	150	160	321	415	2580
2001	450	383	46	15	254	104	36	21	211	343	666	1076	3605

表6　水位系列　　　　　　　　　　　　　　　　　（单位：m）

年份	6 月	7 月	8 月	9 月	10 月	11 月	12 月	1 月	2 月	3 月	4 月	5 月
1951	168.5	192.2	193.6	200	200	200	200	195	176.9	174.4	177.4	192.2
1957	192.5	192.2	200	200	200	200	200	200	198.1	186.3	194.8	192.2
1959	192.2	192.2	200	200	200	200	200	200	192	197.4	197.4	192.2
1966	192.2	192.2	198.7	200	200	200	200	200	199.2	199.2	199.2	192.2
1990	192.2	192.2	200	200	200	200	199.3	183	174.6	164.1	180.9	192.2
2001	192.2	192.2	200	200	200	200	200	195	197.7	185.4	187.1	181.44

4.1.4　水损失电量的对比

三峡梯级电站建成后，汛期的工作位置以基荷为主，调节能力较弱，承担系统调峰任务将会造成大量弃水。三峡梯级的弃水一般都发生在主汛期6~9月，5月入库水量也比较大。一般年份中，水库均维持较高的水头发电，汛期到来时须将水位消落至145m，此时下泄流量非常大，势必造成葛洲坝电站大量弃水。

清江梯级则具有良好的调节性能，除了主汛期6~7月因防洪安全要求可能产生弃水外，其他月份的弃水损失电量较小。两梯级电站实现联合运行后，利用水布垭电站良好的调节性能，可承担较大的调峰容量，从而减少两梯级汛期和非汛期的弃水调峰损失电量。由长系列径流调节计算知，当以系统联合运行保证出力不小于两梯级单独运行最大保证出力之和方式运行时，联合运行方式下清江梯级可减少弃水损失电量为0.0099亿kW·h，而以最低出力不小于两梯级单独运行最大保证出力之和运行时，增加弃水电量0.28亿kW·h。

4.2　清江与三峡梯级联合运行有利于提高防洪效益

三峡水库是长江中下游防洪的主体工程，可有效地控制上游进入中下游的洪水，改变荆江河段的防洪紧张局面，对中下游防洪起巨大作用，三峡工程全部竣工后，可大幅度削减洪峰流量，使荆江河段防洪标准由10年一遇提高到100年一遇，清江梯级水库，可以控制清江洪水，对长江中游河段起防洪作用，但与清江、荆江洪水的遭遇有关，与清江洪水占长江洪水的比重有关，概括起来可分为以下几种情况：①长江发生洪水，清江未发生洪水，此时清江梯级水库起不到防洪作用。②长江发生洪水，尚未超过行洪能力，此时清江也有洪水发生，两江洪水汇合后超过了河道的行洪能力，需要分洪。清江建库后，拦蓄清江洪水，可减少分洪区的使用概率。③长江洪水超过荆江河段的行洪能力，清江也发生洪水。清江建库能起到推迟分洪时间、错开洪峰、减少最大分洪流量和分洪总量的作用。

两梯级电站联合运行后的月均下泄流如图10所示。

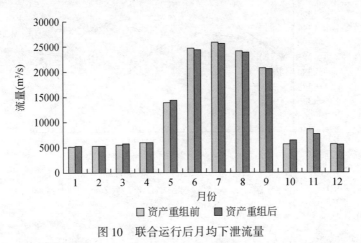

图10　联合运行后月均下泄流量

（1）通过三峡—清江梯级的联合运行，可提高荆江地区的防洪能力。

（2）通过对清江与长江汇合处枝城流量的联合控制，可有效地削减长江中下游的分洪量，提高清江下游沿岸的防洪标准，还可减轻洪水对长江荆江河段的威胁。

（3）清江梯级配合三峡水库运用，可使荆江地区防洪标准提高至 124 年一遇。若荆江地区遇千年一遇洪水，荆江分洪区启用，可减少分洪量 10 亿 m^3，推迟分洪时间18 小时。

（4）当长江流域遭遇特大洪水，联合运行后建立的防洪水库群可大大减少中下游地区的分洪量，推迟分洪时间，为防洪抢险赢得宝贵时间。其中，隔河岩水库的错峰调洪运行方式已经在长江 1998 年防洪调度中产生了巨大效益。

4.3　清江与三峡梯级联合运行有利于提高其他综合效益

4.3.1　提高系统的调峰能力

华中电网丰水期的调峰问题非常突出。在有相当数目的火电担当调峰任务的同时，部分水电也不得不采用弃水调峰的方式参与调峰。《节能发电调度办法》实施后，水电补偿调峰效应将优先考虑。

联合运行后，由于清江梯级具有良好的调节能力，特别是水布垭电站全年大部分时间内可承担大容量调峰任务，通过参与三峡梯级的联合调度，可大幅提高清江—三峡梯级系统的调峰能力。

由模拟分析可知，当两梯级按照联合运行方式运行时，水布垭从 8 月开始就能持续以相对单独运行较高的水位运行（图11）。把握三峡梯级汛期以及汛期过后若干月份来水相对较多的时机，蓄高水位，为系统调峰提供有力保障；而在两梯级来水最枯的次年 1~4 月加大出力，提高系统的枯水期发电出力，4~5 月再次蓄高水位，恢复系统的调节库容，起到有力保障系统调峰库容、明显改善系统运行条件、优化电量质量、提高水电市场竞争能力的作用。

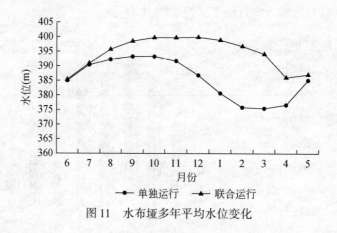

图 11　水布垭多年平均水位变化

4.3.2　提高执行调度计划的合格率

根据《节能发电调度办法》，各级电力调度机构依照调度原则，对已经确定运行的发电机组合理分配发电负荷，编制日发电曲线：对承担综合利用任务的水电厂，在满足综合利用要求的前提下安排水电机组的发电负荷，并尽力提高水能利用率。

三峡梯级与清江梯级水电站资产重组后，水库群联合优化、补偿调度的运行方式有助于提高水电承担径流变化、满足发电调度曲线的能力，在临界控制水位附近的提高作用将尤其明显；清江梯级水电站装机容量占三峡梯级水电站装机容量的15.88%，联合运行能够充分发挥清江梯级的多年调节以及年调节库容对偏离电量再调节的能力，提高整体发电合格率，同时减少弃水量。

总之，在现行分电、送电模式下，三峡—清江梯级水电站资产重组联合运行有利于提高梯级电站群的考核合格率。

4.3.3　提高系统双边交易电量的比例

提高发电企业的双边交易电量，即相当于增加机组的合约电量，确保在电力市场中的盈利水平。

双边交易电量取决于水电机组的可靠电量。可靠电量是无论来水如何波动变化，水电站都能保证发出的电量，通常指特枯年份或很高保证率（如95%及以上）年份的发电量。通过全面分析水电站发电过程的统计分布特性，可以得到最枯年份可靠电量的比例和年及年内各月均有保证的电量比例，这是确定全年可以签订的双边交易电量比例的依据。仅仅通过保证出力和多年平均发电量很难准确反映市场环境下水电站可靠电量及丰枯电量的特性。

假定按多年平均发电量的40%、50%、60%、65%、70%作为年度双边交易合约电量方案，采用1952~2001年实测流量资料，计算遇特丰（5%）、平偏枯（80%）、特枯（95%）来水年份，分析资产重组前后清江梯级及清江—三峡梯级（含各电站）还剩余可用于竞争的电量比例可知：资产重组前，当年度双边交易合约电量所占比例超过多年平均发电量的70%时，清江梯级在特枯年就已无法完成双边交易合约电量的发电任务；资产重组后，当年度双边交易合约电量比例达到多年平均发电量的70%时，清江—三峡梯级在特枯年完成双边交易合约电量的发电任务后，还稍有所余。可见，资产重组可以提高清江—三峡梯级有保障的发电量，提高可以用于签订双边交易合约的电量，从而可以降低市场化运行的风险。

4.3.4　提高航运补偿效益

清江—三峡联合运行后的航运补偿效益主要体现在枯水期，当经过三峡水库调蓄出流不足5000m³/s时，可以利用清江梯级泄流弥补三峡出流不足的缺陷，改善通航保证率。

以1952~2002年中长江最枯的1978年为例，根据独立运行和联合运行两个方案的模拟优化调度结果可知，1978年3月，单独运行时，长江中下游流量只有5713m³/s；而通过清江梯级补充三峡水库泄流的不足，长江中下游流量达到5923m³/s，此外，在全年的多数月份中，清江—三峡系统联合运行方式下，泄流量较两个梯级独立调度时更为均匀，提高了通航条件。

5　梯级水电参与市场竞价建议

节能发电调度办法实施后，尽量防止因为竞价而造成的水电弃水。水电资源作为清洁可再生能源，对于整个系统的节能降耗、降低生产成本具有重要意义。

由于同一径流上下游水流之间存在一定的耦合性，导致同一径流上的梯级水电在参与市场竞价时，往往会因水流的耦合而产生用水矛盾，造成竞价风险，实施节能发电调度后，对流域梯级水电厂，应积极开展水库优化调度和水库群的联合调度，合理运用水库蓄水。

具体到三峡—清江，促进上下游水电站通过产权置换、组建单一业主的流域公司或梯级水电厂，实现统一规划、建设和管理。以水电生产为龙头，进行"流域水资源集成管理"。"流域水资源集成管理"将会使整个流域的综合利用效率最高，使水资源的综合利用问题"内部化"，有利于将水电运行优化纳入到水资源优化这一更大范围的优化中去。此外，水资源的综合利用问题"内部化"，还将使影响水电运行发电的不确定性因素大大减少，有利于提高流域各级的出力水平和调峰调频能力，大大提高电网的稳定运行水平，实现流域水电开发综合效益最大化。

在这些方面，巴西、智利、新西兰的水电都采用了按照流域进行产权集中的做法，很好地避免了上下游之间的矛盾。建立流域公司统一协调上下游电站之间存在的复杂的经济、技术关系。

总之，水能具有高效率、低成本、无污染、可再生的优势，水电开发梯级调度将更好地促使能源生产的"充分、安全、清洁和可预期"目标以及电力供应的"同网同时同价"目标的实现，能够有效替代化石能源、减少排放。发展水电符合我国节能降耗、保护环境、和谐发展的战略目标。实施水电站梯级联合调度，能够显著提高水电发电效率和效益，并有益于提高流域整体防洪能力和航运梯级补偿，对我国建设资源节约、环境友好型社会乃至推进社会主义和谐社会建设进程都具有重要意义。

三峡—清江梯级电站联合优化调度研究

刘 宁

摘 要: 本文对以三峡梯级和清江梯级实际组成的混联式水电站群进行联合调度研究,寻求最佳组合调度方式,分别建立了两个梯级单独优化和联合优化调度模型,并利用1951~2002年月均径流资料,采用动态规划逐次逼近优化方法,计算出两个子系统分别及联合调度总的出力过程。分析表明,联合运行使系统保证出力提高48.55万kW,系统不参与调峰时联合运行的多年平均发电量提高1.69亿kW·h,而系统参与调峰联合运行时多年平均发电量提高18.78亿kW·h,效益相当可观。研究还表明,联合运行在提高枯水期发电量、减少弃水电量、提高系统调峰能力、提高执行调度计划合格率以及改善防洪、航运条件等方面同样效益显著。

1 问题的提出

水电作为可再生清洁、高效能源,具有巨大的市场竞争优势。2007年8月国家颁布的《节能发电调度办法(试行)》,亦强调"按照节能、经济的原则,优先调度可再生发电资源"。但单一水电站参与电网供电,则缺乏竞争力,特别是调节性能弱的水电站,只有将流域的水电站群以整体的形式统筹调度才能体现水电的优势。

三峡电站投运后,极大改善了供电地区一次能源平衡状况,但对电网的调节性能并没有显著提高,原因在于:①三峡电站发电量巨大,关系着系统的电力、电量平衡,常年处于基荷、腰荷的平稳发电状态,限制了其调峰能力;②季节性发电能力和汛期调峰之间存在矛盾,汛期发电量占全年的一半,因防洪限制水位的控制,参加调峰将造成大量弃水;③三峡对下游航运、防洪等都具有重要作用。因此,系统调节性能受到水资源综合利用的约束,在枯水期尤为明显。相对于三峡梯级电站,清江梯级具有较好的调节性能,尤其是水布垭电站,库容、装机、发电量在清江梯级三座电站中均为最大,调节性能优越,是华中电网少有的具有多年调节性能的水库,也是距三峡水利枢纽最近的可调峰、调频的大型水电站。

三峡梯级电站与清江梯级电站相距较近(图1),电力外送通道基本相同,从整体效益出发,研究三峡与清江水电站群的联合运行方式,把握水电站群运行规律,优化水库群的补偿调度,对提高系统的调节能力、落实国家能源政策、充分利用水能资源、走可持续发展道路具有重要意义。一些学者对此曾进行了初步研究,如采用常规调度方法初步分析三峡梯级与清江梯级水库联合调度补偿效益;以发电量最大和保证出力最大为目标,建立梯级单独调度和系统联合调度数学模型,计算系统联合调度后的补偿效益;对隔河岩和高坝洲梯级水电站水库联合调度方案进行研究。

原载于:水利学报,2008,(3):264-271.

本文对以三峡梯级与清江梯级所组成的混联式水电站群进行联合调度研究，寻求三峡梯级与清江梯级的最佳组合调度方式，将系统按梯级分解为三峡梯级与清江梯级两个子系统，分别建立优化调度数学模型，采用优化方法计算子系统各自的出力过程，将出力过程算术相加作为系统各梯级单独调度时总出力过程；建立系统联合调度数学模型，采用确定性的优化模型对两个子系统联合优化，计算系统联合调度总出力过程，并对两梯级联合运行前后的计算结果进行对比分析。

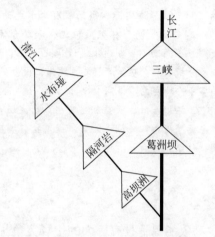

图1　三峡梯级与清江梯级概化

2　三峡梯级与清江梯级联合调度

2.1　三峡梯级与清江梯级电站基本情况

三峡梯级（三峡、葛洲坝）是我国目前最大的梯级水电站，总装机容量2091.5万kW，梯级保证出力为499万kW，多年平均发电量986亿kW·h（设计值）。其中三峡电站为季调节。梯级具有防洪、发电、航运任务。目前三峡电站主汛期6~9月发电量占全年发电量的一半，丰水期三峡按防洪限制水位运用，遇不同水文年有2~4个月发电平均出力可达到预想出力，位于系统基荷或腰荷运行，参加调峰则将造成大量弃水，因而存在季节性水能利用和汛期调峰的问题；另外三峡丰、枯水期发电出力差别大，汛期发电量是冬、春枯水期发电量的3倍。

清江梯级（水布垭、隔河岩、高坝洲）总装机容量330.40万kW，梯级保证出力61.80万kW，多年平均发电量75.88亿kW·h（设计值）。其中水布垭为多年调节、隔河岩为年调节、高坝洲为日调节。清江水力资源丰富，梯级开发任务以发电为主兼顾防洪。电站调节性能好，特别是龙头枢纽——水布垭电站，是华中电网不可多得的具有多年调节性能的水库，同时也是距三峡水利枢纽最近的调峰、调频、保障安全运行的大型水电站。

2.2　三峡梯级与清江梯级联合优化调度模型

三峡梯级和清江梯级同处长江流域，梯级库群联合运行的电力补偿效益主要体现在容量效益与能量效益两个方面，本文分别建立了在一定保证率下水电站群系统保证出力最大和在一定保证出力的基础上寻求水电站群系统多年平均发电量最大为目标函数的数学模型。

2.2.1　保证出力最大模型

对于混联水电站群，系统保证出力最大模型是在假定系统保证出力的前提下，按照蓄供水判别系数法确定水电站补偿次序和各有调节电站的蓄供水控制线，以及系统总蓄能调度图，对系统出力过程进行补偿调节，通过反复调整假定保证出力在满足设计保证率和破坏深度的基础上使系统的保证出力最大化。即：尽可能使电站出力过程均匀，来达到最小出力最大化，从而提高系统保证出力，其目标函数为

$$OBJ = \max \left\{ \min NS_j \right\} \quad (j=1, 2, \cdots, N)$$

$$NS_j = \sum_{i=1}^{n} N_{i, j} \tag{1}$$

式中，i 为第 i 个电站；j 为第 j 时段；n 为参加补偿调节计算的电站个数；N 为时段数；NS_j 为第 j 时段系统出力；$N_{i,j}$ 为第 j 时段第 i 电站出力。

2.2.2　发电量最大模型

对于混联水电站群，首先根据系统最低出力要求，按照常规方法进行长系列操作，得到系统运行的初始轨迹，然后应用动态规划逐次逼近方法将多维问题降为一维，以系统发电量最大为目标循环计算以逼近系统最优解。本模型中，系统最低出力按式（1）计算。当两梯级联合运行时，系统最低出力设为两梯级单独按式（1）计算的最大保证出力之和。

目标函数为

$$\left\{ \begin{array}{l} OBJ = \max \sum_{j=1}^{N} NS_j(x_{1, j}, y_{1, j}, x_{2, j}, y_{2, j}, \cdots, x_{n, j}, y_{n, j}) \Delta t \\[2mm] NS_j(x_{1, j}, y_{1, j}, x_{2, j}, y_{2, j}, \cdots, x_{n, j}, y_{n, j}) = \sum_{i=1}^{n} N_{i, j}(x_{i, j}, y_{i, j}) \\[2mm] NS_j \geqslant N_{\min} \end{array} \right. \tag{2}$$

式中，i 为第 i 个电站；j 为第 i 时段；n 为参加补偿调节计算的电站个数；N 为时段数；NS_j 为第 j 时段系统出力；Δt 为时段间隔长度；$N_{i,j}$ 为第 j 时段第 i 电站出力；$x_{i,j}$ 为第 j 时段第 i 电站决策流量；$y_{i,j}$ 为第 j 时段第 i 电站水库状态。

为避免维数灾和计算耗时过长，运用动态规划逐次逼近优化法来求解上述模型。此外，鉴于水库状态变量与时段决策流量的一一对应，则目标方程可改写为

$$\max \sum_{j=1}^{N} NS_j(y_{1, j}, y_{2, j}, \cdots, y_{n, j}) \Delta t \tag{3}$$

则式（2）转化为一个 n 维决策问题。

首先采用水电站群系统保证出力最大模型算法，各时段按系统最低出力要求进行长系列调节，求得一条可行轨迹。设 $Y_{i,j}^0 = (y_{i,j}^0, y_{i,j}^0, \cdots, y_{i,n}^0)$ 为第 i 电站满足水库状态等约束条件的一个可行解，鉴于 $y_{i,j}$ 与 $x_{i,j}$ 的一一对应，则当 $Y_{i,j}^0$ 确定时 $X_{i,j}^0$ 也就确定了，即 $X_{i,j}^0 = (x_{i,1}^0, x_{i,2}^0, \cdots, x_{i,n}^0)$，从而可得 n 个电站的可行解 $(X_{i,j}^0, Y_{i,j}^0)$ $(i=1, 2, \cdots, n)$。

在初始可行解的基础上，根据逐次逼近动态规划法原理，固定编号不为 m 的水库状态，即保持 $Y_{i,j}^0$ $(i=1, 2, \cdots, m-1, m+1, \cdots, n)$ 不变，再对 $Y_{m,j}$ 求解，则 n 维问题变为一维问题。

$$\max \sum_{j=1}^{N} \mathrm{NS}_j(y_{1,j}^0, y_{2,j}^0, \cdots, y_{m,j}^0, \cdots, y_{n,j}^0)\Delta t \tag{4}$$

并且一维递推关系为

$$\begin{cases} N_j(y_{m,j}) = \max\limits_{0 \le y \le b} \left| \mathrm{NS}_j(y_{1,j}^0, y_{2,j}^0, \cdots, y_{m,j}^0, \cdots, y_{n,j}^0) + N_{j-1}(y_{m,j-1}) \right| \\ N_1(y_{m,1}) = \mathrm{NS}_1(y_{1,1}^0, y_{2,1}^0, \cdots, y_{m,1}^0, \cdots, y_{n,1}^0) \end{cases} \quad (j=2,3,\cdots,N) \tag{5}$$

采用顺序法求解，设求解为：$Y_{m,j}^1 = (y_{m,1}^1, y_{m,2}^1, \cdots, y_{m,N}^1)$。通过不断变换 m，经过 n 个电站计算完一轮，则可得到新的可行解 $Y_{i,j}^1 = (y_{i,1}^1, y_{i,2}^1, \cdots, y_{i,N}^1)$ 及其对应的 $X_{i,j}^1 = (x_{i,1}^1, x_{i,2}^1, \cdots, x_{i,N}^1)$。依次轮换，直到算法收敛于满足设定的精度阈值，从而得到解 $(X_{i,j}^k, Y_{i,j}^k)$。

3　三峡与清江两梯级效益分析

3.1　两梯级单独优化运行计算结果

采用 1951～2002 年数据，两梯级按保证出力最大模型单独优化计算，结果见表1。

表1　三峡梯级与清江梯级单独运行计算结果

指标		三峡梯级			清江梯级				合计
		三峡	葛洲坝	小计	水布垭	隔河岩	高坝洲	小计	
装机容量（万 kW）		1820.0	271.5	2091.5	184.0	121.2	25.2	330.4	
水量利用率（%）		93.35	77.41		99.90	99.83	92.39		
装机利用小时（h）		4543.62	5509.43		2219.23	2802.46	4315.43		
电站保证出力（万 kW）		424.64	404.27	525.94	28.70	21.94	7.40	58.04	583.95
常规高度发电量（亿 kW·h）		800.64	153.51	954.15	41.99	33.20	10.14	85.33	1039.48
梯级单独优化	不调峰								
	多年平均发电量（亿 kW·h）	825.57	149.89	975.46	40.83	34.07	10.88	85.78	1061.24
	汛期发电量（亿 kW·h）	424.30	69.32	493.62	20.11	15.21	4.72	40.04	533.66
	枯水期发电量（亿 kW·h）	401.27	80.57	481.84	20.72	18.86	6.16	45.74	527.58
	调峰 多年平均发电量（亿 kW·h）	809.71	147.34	957.05	40.95	33.95	10.88	85.79	1042.84
	汛期发电量（亿 kW·h）	408.63	66.11	474.74	20.09	15.24	4.73	40.05	514.79
	枯水期发电量（亿 kW·h）	401.08	81.23	482.31	20.87	18.72	6.16	45.74	528.05

3.2　两梯级联合运行计算结果

按保证率100%，计算系统保证出力；为了与各梯级单独运行时在发电量上的对比分析，采用系统最小出力为各梯级单独运行时最大保证出力之和来计算联合运行后的总发电量，结果见表2、表3。

表2　5库联合运行保证出力最大模型的计算成果（历时保证）

指标	清江梯级			小计	三峡梯级		小计	总计
	水布垭	隔河岩	高坝洲		三峡	葛洲坝		
电站保证出力（万kW）	48.66	42.18	13.01	103.85	456.87	101.37	558.23	662.09
多年平均发电量(亿kW·h)	40.30	33.90	10.87	85.07	825.48	150.02	975.50	1060.56

注：联合运行时单个电站保证出力为水电站群发保证出力的时段该电站的平均出力值。

表3　5库联合运行发电量最大模型的计算成果　（单位：亿kW·h）

指标		三峡梯级		小计	清江梯级			小计	总计
		三峡	葛洲坝		水布垭	隔河岩	高坝洲		
不调峰	多年平均发电量	826.89	149.58	976.47	41.55	34.15	10.76	86.47	1062.93
	汛期发电量	424.30	69.32	493.62	19.35	14.73	4.52	38.60	532.23
	枯水期发电量	402.58	80.26	482.84	22.20	19.42	6.24	47.86	530.71
调峰	多年平均发电量	826.58	149.14	975.71	41.13	33.91	10.86	85.90	1061.61
	汛期发电量	423.71	68.46	492.17	18.28	14.27	4.51	37.06	529.23
	枯水期发电量	402.86	80.68	483.54	22.85	19.65	6.35	48.84	532.39

3.3　梯级联合运行前后的发电效益对比分析

3.3.1　系统保证出力

由两梯级单独优化和联合优化调度的模拟结果可见，联合运行后两梯级的保证出力均有明显增加，其中清江梯级的保证出力由原来的58.04万kW，增加到103.85万kW，增加了45.81万kW；三峡梯级则由原来的555.49万kW，增加到558.23万kW，增加了2.74万kW。由此可见，联合运行后，两梯级之间的电力补偿效益非常可观，有利于电网安全稳定运行。

此外，由于枯水期来水量小，提高系统的保证出力便主要体现在提高枯水年以及枯水年的枯水期保证出力上。为进一步说明联合运行对系统保证出力的提高效应，本文还分析了保证率在70%以上的枯水月保证出力（计算结果从略），得出了联合运行前，随着保证率的增大，系统的保证出力迅速下降；联合运行后，系统保证出力一直稳定维持在较高的水平，对提高系统保证出力和调节能力有重要的作用。

3.3.2　多年平均发电量

系统不参与调峰，两梯级以最低出力为613.53万kW联合运行时，系统的发电量为 1062.93 亿 kW·h，比两梯级单独运行时增加 1.69 亿 kW·h，其中汛期增加 0.69kW·h，枯期增加 1.01kW·h，较常规调度增加了 24.04 亿 kW·h。

系统参与调峰，联合运行前后，多年平均发电量增加 18.775 亿 kW·h。而在增加的电量中，从空间上看，三峡梯级增加了 18.663 亿 kW·h，清江梯级增加了 0.112 亿 kW·h；从时间上看，汛期增加 14.438 亿 kW·h，非汛期增加 4.337 亿 kW·h。系统增发电量主要来自于汛期三峡的增发电量，少量是供水期清江梯级的增发电量，联合运行后三峡梯级汛期 7～9 月出力均比单独运行时要高，而清江梯级为了承担相应的调峰任务，出力却比单独运行时偏小。自 10 月开始，三峡来水虽然较大，但蓄满后的发电出力相对于汛期还比较小，因此调峰任务不再由清江梯级承担，但清江梯级从追求发电量最大的角度出发，在此阶段利用三峡的出力补偿，尽可能地减少出力，充蓄水量，以抬高后期发电水头，在次年 2～5 月增加发电。而在 6 月出现联合运行时清江梯级出力大于清江梯级单独运行时的现象，主要是因为清江梯级为了迎接调峰任务，利用水布垭的多年调节性能，提前将部分水量用掉，以腾空部分库容，故清江梯级在低水头的情况下，出力自然减少。从清江梯级水布垭与隔河岩联合运行前后各时段平均运行水位情况看，联合运行时两电站 6 月的水位明显比单独运行时有所降低。但在枯水期两电站均以高水位运行，这也充分说明了清江梯级枯期增发的电量是通过降低耗水率来实现的，基本运行方式都是供水期初开始蓄水，提高水能利用率，供水期末集中发电，降低库水位，为防洪或承担调峰做好准备。同时也符合水布垭、隔河岩高水头电站的运行特点。

联合运行后，两梯级之间的发电补偿效益显著。由于三峡梯级的电力补偿，清江梯级得以维持高水位运行，从而减少丰水期弃水。在枯水期也可集中加大出力，增发电量。图 2 为联合运行前后清江梯级 1～4 月多年平均发电量对比。由图 2 可见，联合运行对系统的总电量，特别是清江梯级的枯水期发电量补偿效益显著。

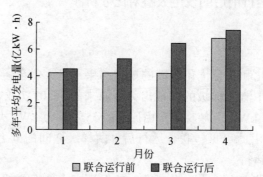

图 2　联合运行前后清江梯级 1～4 月的多年平均发电量对比

3.3.3　多年平均出力对比

两梯级联合运行前后系统平均出力增减情况对比分析表明，系统无论是按发电量最大，还是保证出力最大方式运行，联合运行后，在 6～7 月平均出力均有所提高；8～12 月平均出力反而均有不同程度降低；但进入次年 1 月开始，当系统按保证出力最大方式运行时，各月出力均比单独运行时有所增大，而按照发电量最大方式运行时，则在次年的1、2月出力继续比单独运行时要小，而在此后的月份里加大出力，且主要集中在次年的4、5月。图3给出了两梯级联合运行前后的多年平均出力对比。

从图3可见，联合运行前后，三峡梯级汛期6~9月出力情况基本不变，其他各月出力虽有微小变化，但不明显。而清江梯级在汛期6~7月，平均出力有所提高。通过长系列径流计算结果分析可见，当清江梯级与三峡梯级联合运行时，由于三峡梯级在汛期以及汛末若干月份来水比较大，使得清江梯级以适当减小出力运行，以至于在枯水期末水库的消落深度较小，从而使得次年的发电水头有显著的提高，在相同来水条件下，比梯级单独运行时电站出力大，而梯级单独运行时，由于没有三峡梯级的电力补偿，到枯水期末往往水库消落深度比较大，从而在汛期的6~7月发电水头较低，发电效益较小。

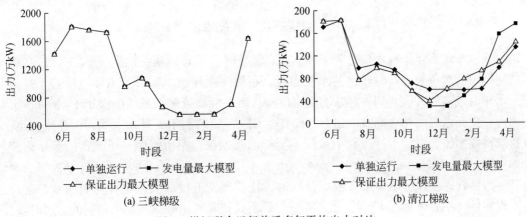

图3　梯级联合运行前后多年平均出力对比

在8~12月，当系统联合运行时，清江梯级则以减少出力运行，原因在于清江梯级7月底汛期结束，8月开始蓄水，其中隔河岩一般到8月末可蓄满，而水布垭则要到9月末才能蓄满并按正常蓄水位运用。根据清江来水特点，10~11月已进入枯水期，利用水库多年调节的性能，在不发生弃水以及满足自身运行技术要求的前提下，要适当减少出力，尽量蓄高水位，以降低后期的发电耗水率，为枯水期增发电量做准备。

由于从次年1月开始，长江将进入枯水期，此时如果系统按照发电量最大方式运行，三峡梯级此时段的出力尚且能在一定程度上对清江梯级进行补给，清江梯级仍可继续保持低出力运行，以维持高水位，到后期集中发电，从图3中可见，系统在次年的3~5月出力增大，是符合电站运行规律的；而当系统按照保证出力最大方式运行时，因三峡梯级此时来水偏少，不能给清江梯级更多的电力补偿，以至于清江梯级要增加自身出力来弥补实际出力与保证出力之间的差额，故在此阶段之后，清江梯级出力一直比单独运行时要高。

3.3.4　多年平均水位对比

图4分别统计了系统按单独运行保证出力最大、最小出力不低于单独运行最大保证出力之和的多年平均发电量最大、联合运行保证出力最大3种优化方案计算时，两梯级中有调节电站［水布垭（多年调节），三峡（不完全年调节）］的多年平均水位

过程。

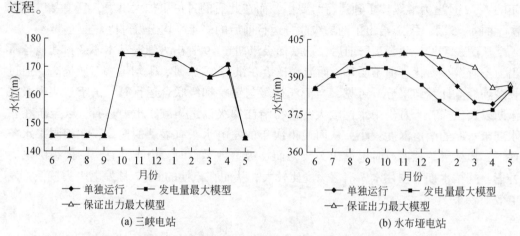

图 4　联合运行前后多年平均运行水位过程对比

从水布垭多年运行水位过程来看，联合运行时，水布垭从主汛期（6~7月）过后就持续以相对单独运行时较高的水位运行，利用三峡梯级汛期以及汛期过后若干月份来水相对较多的一段时间，尽量蓄高水位，从而在两梯级来水最枯的次年1~3月加大出力，提高系统的枯水期发电出力，而在4月末开始则利用5月来水偏大的径流特点，再次蓄高水位，以使运行过程中水位不至于消落太深，保留水库不可多得的多年调节库容。

当两梯级按保证出力最大模型计算时，比按照发电量最大模型计算时的水位运行过程偏低，主要体现在12月~次年3月，原因是该时段正好是两梯级共同的枯水时段，为保证两梯级以较大保证出力运行，水布垭电站必须加大出力，从而库水位消落较深，以实现对整个系统电站之间的电力补偿。

三峡电站多年运行水位过程在联合运行前后基本没有变化，只在次年的3~4月水位略微偏高，原因是该阶段为三峡梯级来水最枯的时段，联合运行后，由于清江梯级的电力补给，三峡出力可适当减少，以抬高上游库水位，从而在4~5月多发，这是在满足保证出力基础上追求发电量尽可能大的结果。

另外，在保证出力最大模型下，三峡多年平均运行水位过程比单独运行时水位过程变化甚微，主要是因为三峡与清江水文具有同步性，且无直接的径流关系，当两个模型同时追求保证出力最大时，由于三峡对清江的电力补偿主要集中在6~12月，而次年1~4月又是枯水期，这个时段主要是清江梯级对三峡梯级的电力补偿，从优化意义上讲，联合运行保证出力最大模型实际上可认为：清江梯级对三峡梯级的电力补偿是建立在三峡梯级的保证出力提高到较优的基础上。因此在联合运行前后，三峡梯级的运行情况基本没有明显改变。

两梯级联合运行时，隔河岩电站在6~8月，即汛期水位过程偏高于单独运行。主要是因为此时段正是三峡的主汛期，来水量大，隔河岩在此阶段通过适当地减少出力以尽量蓄至该时段的最高限制水位。而在9月~次年4月隔河岩电站基本维持正常水位运行。

3.3.5　弃水损失电量的对比

　　三峡梯级电站建成后，汛期的工作位置以基荷为主，调节能力较弱，承担系统调峰任务将会造成大量弃水。三峡梯级的弃水一般都发生在主汛期 6 ~ 9 月，5 月入库水量也比较大。一般年份中，水库均维持较高的水头发电，汛期到来时须将水位消落至145m，此时下泄流量较大，势必造成葛洲坝电站大量弃水。联合运行后由于清江梯级承担了部分三峡梯级的调峰任务，汛期的弃水电量较单独运行时增加了 0.084 亿 kW · h；而三峡梯级汛期则减少弃水调峰电量 17.431 亿 kW · h，正好等于三峡梯级汛期增发电量，这主要是由于三峡汛期按照 145m 进行控制，基本上是一个径流式电站。在枯期，清江梯级的弃水主要集中在 5 月，由于该月份三峡梯级不但来水量偏大，且水位消落深度也比较大，同时清江梯级为了在汛期能更好地承担调峰任务不得不在此阶段加大发电，也为次年汛期腾空库容，但又受到系统调峰约束的限制，故此阶段多发生弃水调峰。

3.4　梯级联合运行的防洪效益

　　三峡水库是长江中下游防洪的主体工程，可有效控制上游进入中下游的洪水，改变荆江河段的防洪紧张局面，对中下游防洪起巨大作用。工程全部完建后，可大幅度削减洪峰流量，使荆江河段防洪标准由十年一遇提高到百年一遇。清江梯级水库，可以控制清江洪水，对长江中游河段起防洪作用，但与清江、荆江洪水的遭遇及清江洪水占长江洪水的比例有关，通常分为：①长江发生洪水，清江未发生洪水，此时清江梯级无防洪作用。②长江发生洪水，尚未超过行洪能力，此时清江也有洪水发生，两江洪水汇合后超过了行洪能力，需要分洪。清江梯级可拦蓄清江洪水，减少分洪区的使用概率。③长江洪水超过荆江河段的行洪能力，清江也发生洪水。清江梯级能起到推迟分洪时间、错开洪峰、减少最大分洪流量和分洪总量的作用。

　　通过三峡—清江梯级的联合运行，可提高荆江地区的防洪能力。通过对清江与长江汇合处枝城流量的联合控制，可有效削减长江中下游的分洪量，提高清江下游沿岸的防洪标准，还可减轻洪水对长江荆江河段的威胁。清江梯级配合三峡水库运用，可使荆江地区防洪标准提高至 124 年一遇。若荆江地区遇千年一遇洪水，荆江分洪区启用，可减少分洪量 10 亿 m³，推迟分洪时间 18h。当长江流域遭遇特大洪水，联合运行后建立的防洪水库群可大大减少中下游地区的分洪量、推迟分洪时间，为防洪抢险赢得宝贵时间。其中，隔河岩水库的错峰调洪运行方式已经在长江 1998 年防洪调度中产生了巨大效益。

3.5　联合运行的其他综合效益

　　(1) 提高系统的调峰能力。华中电网丰水期的调峰问题突出，三峡—清江联合运行后，由于清江梯级具有良好的调节能力，特别是水布垭电站全年大部分时间可承担大容量调峰任务，通过参与三峡梯级的联合调度，能大幅提高系统的调峰能力。当两梯级联合运行时，水布垭从 8 月开始就能持续以相对单独运行较高的水位运行。要把握三峡梯级汛期以及汛期过后若干月份来水相对较多的时机，蓄高水位，为系统调峰提供有力保障；而在两梯级来水最枯的次年 1～4 月加大出力，提高系统的枯水期发电出力，4～5 月再次蓄高水位，恢复系统的调节库容，起到有力保障系统调峰库容、明显改善系统运行条件、优化电量质量、提高水电市场竞争能力的作用。

（2）提高系统双边交易电量的比例。双边交易电量取决于水电机组的可靠电量。假定按多年平均发电量的 40%、50%、60%、65%、70% 作为年度双边交易合约电量方案，采用 1952～2001 年实测流量资料，计算遇特丰（5%）、平偏枯（80%）、特枯（95%）来水年份，分析联合运行前后清江梯级及三峡—清江梯级剩余可用于竞争的电量比例可知：单独运行时，当年度双边交易合约电量所占比例超过多年平均发电量的 70% 时，清江梯级在特枯年就已无法完成双边交易合约电量的发电任务；联合运行后，当年度双边交易合约电量比例达到多年平均发电量的 70% 时，三峡—清江梯级在特枯年完成双边交易合约电量的发电任务后，还略有剩余。可见，联合运行可以提高三峡—清江梯级有保障的发电量，提高可以用于签订双边交易合约的电量，从而可以降低市场化运行的风险。

（3）提高水电执行调度计划的合格率。三峡梯级与清江梯级水电站群联合优化、补偿调度的运行方式有助于提高水电承担径流变化、满足发电调度曲线的能力，在临界控制水位附近的提高作用将尤其明显。清江梯级电站装机容量占三峡梯级电站装机容量的 15.88%，重组运行能够充分发挥清江梯级的多年调节以及年调节库容对偏离电量再调节的能力，提高整体发电合格率，同时减少弃水量。

（4）提高航运补偿效益。三峡—清江联合运行后的航运补偿效益主要体现在枯水期，当经过三峡水库调蓄出流不足 5000m³/s 时，可以利用清江梯级泄流弥补三峡出流不足的缺陷，改善通航保证率。以 1951～2002 年中长江最枯的 1978 年为例，根据独立运行和联合运行两个方案的模拟优化调度结果可知，1978 年 3 月，单独运行时，长江中下游流量只有 5713m³/s；而通过清江梯级补充三峡水库泄流的不足，长江中下游流量达到 5923m³/s。此外，在全年的多数月份中，三峡—清江系统联合运行方式下，泄流量较两个梯级独立调度时更为均匀，提高了通航条件。

4　结语

三峡梯级与清江梯级电站群联合运行的电力补偿效益主要体现在容量效益与能量效益两个方面，本文建立了在一定保证率下水电站群系统保证出力最大和在一定保证出力的基础上寻求水电站群系统多年平均发电量最大两个模型，计算出各梯级单独调度和联合运行的出力过程和发电量，对比分析表明：①两梯级联合调度后系统保证出力由原来的 613.53 万 kW，提高到 662.09 万 kW，增加 48.56 万 kW，增加幅度为 7.91%。其中清江梯级的保证出力由原来的 58.043 万 kW，增加到 103.85 万 kW，增加了 45.81 万 kW，而三峡梯级则由原来的 555.49 万 kW，增加到 558.23 万 kW，增加了 2.74 万 kW，两梯级保证出力增加幅度分别为 78.9% 和 0.5%；②当系统不参与调峰时，多年平均发电量增加 1.69kW·h，在增加的电量中，从空间上看，三峡梯级增加了 1.01 亿 kW·h，清江梯级增加了 0.69 亿 kW·h；从时间上看，汛期减少 1.44 亿

kW·h，非汛期增加 3.13 亿 kW·h，主要是通过降低清江梯级发电耗水率而增发的发电量；③当系统参与调峰时，联合运行前后，多年平均发电量增加 18.78 亿 kW·h。在增加的电量中，从空间上看，三峡梯级增加了 18.66 亿 kW·h，清江梯级增加了 0.11 亿 kW·h；从时间上看，汛期增加 14.44 亿 kW.h，非汛期增加 4.34 亿 kW·h；④三峡梯级与清江梯级水电站实现联合运行，有利于充分发挥三峡电站发电、防洪、航运的综合效益，进一步优化清江电站的调节性能，实现调节性能和电量平衡优势互补。此外，联合调度在提高枯水期发电量、减少弃水电量、提高系统调峰能力、提高执行调度计划合格率以及改善系统防洪、航运条件等方面同样效益显著。

第三节　水土生态治理及水文认识研究

　　水是生命之源，土是生存之本。水土资源是生态环境良性演替的基本要素和物质环境，是人类社会存在和发展的基础。我国是世界上水土流失最严重的国家之一，全国有侵蚀沟道 96 万余条，水土流失面积达 295 万 km^2，占国土面积的 30.7%。黄河流域的黄土高原地区、长江流域源头区和红壤区都是水土流失严重的地区。水土流失致使大片耕地被毁，山丘区耕地质量整体下降；导致大量泥沙淤积下游河床，江河湖泊防洪形势严峻；导致化肥、农药等进入地表水体，引发江河湖泊面源污染，加剧了水土流失区群众生活的贫困程度。因此加强水土资源节约、保护与持续利用，是关乎中华民族生存之基的大事。

　　水文是一切水利工作的前提。人们利用水、开发水、保护水，都需要预先掌握、破译和了解水的信息、水的规律。水文就是研究自然界水的时空分布、变化规律的学科。水文人，肩负着"江河哨兵"的责任，既是迎战滔天洪水的"尖兵"，也是监督保障江河水质的"卫士"，更是把脉江河的"医生"。中华人民共和国成立以来，水文事业随着国民经济和社会的发展而不断发展，取得了巨大成就。1949 年，我国仅有水位站 203 处、雨量站 2 处。截至目前，我国已建成各类水文站点 11 万余处，形成包括水位、流量、雨量、水质、地下水、蒸发、泥沙等项目齐全、布局比较合理的水文站网。

　　刘宁从事水土保持工作多年来，以"滴水穿石、人一我十"的精神，闯三江源头、登黄土高原、访测站职工、下石漠沟道、走黑土平原，推动水土保持生态文明建设和水文管理改革，对水土保持生态文明和水文既有探索实践也有理论研究和思考。

水土保持科技工作面临的形势及近期研究的重点

刘　宁

摘　要: 通过对我国水土保持科技工作所取得的成就及面临形势的分析,提出近期水土保持科技的重点是土壤侵蚀过程和植被自然恢复机制等基础理论、水土保持效应评价、关键实用技术、数字化建设相关技术,以及各主要类型区涉及的重大问题与关键技术等方面的研究。

我国水土保持科技工作经过几十年的发展,初步形成了水土保持基础理论体系、综合治理技术体系、科研观测体系和技术标准体系。尽管我国水土保持科技工作在许多方面还不适应形势发展的要求,但随着国家高度重视生态安全、广大人民群众对生态与环境问题越来越关注,水土保持科技工作面临良好的发展机遇。

1　水土保持科技发展成就

自 1924～1926 年金陵大学农学院为研究黄河泥沙来源及防治措施,分别在山西、山东等地设置径流泥沙观测小区,对不同降雨、植被条件下的水土流失进行观测研究开始,我国水土保持科技逐步发展成为专门的学科。中华人民共和国国成立前,有关部门先后在甘肃的天水、西峰,福建的长汀,陕西的绥德等地建立了一批水土保持实验站,开展定位观测与科技成果推广,并于 20 世纪 40 年代初期提出了具有中国特色的"水土流失"和"水土保持"概念。中华人民共和国成立后,水土保持科技快速发展,实验观测和研究机构大幅度增加,研究方法和手段不断完善,研究内容不断扩展和深化,逐步形成了与我国山地较多、地形复杂、土壤侵蚀与水土保持多样且独特,以及地少人多、许多土壤侵蚀严重和环境条件较差的土地都要充分开发利用等情形相适应的水土保持科学研究体系,主要有:一是初步形成了水土保持基础理论体系;二是总结出比较完整的水土流失综合治理技术体系;三是建立起比较完备的科研观测和监测体系;四是初步建立起水土保持技术标准体系。

几十年来水土保持科学研究的成果很好地服务了我国的水土流失防治工作。通过对各主要江河泥沙量和产沙来源分析,基本摸清了我国水土流失最严重的区域,为确定国家水土流失重点防治区提供了科学依据;通过对不同类型区土壤侵蚀特征的研究,从理论上提供了科学的防治方法。如通过对黄河流域多沙粗沙问题以及高原沟壑区和丘陵沟壑区土壤侵蚀研究,从理论上解决了黄河整治和黄河流域水土流失防治方法、工程布局和工作重点等一系列重大的宏观战略问题,为制定黄河中游水土保持生态建

原载于:中国水利,2007,(16):9~11。

设战略、合理布置水土保持设施奠定了理论基础。

在服务国家生态建设的过程中，水土保持科研队伍不断壮大，从业人员不断增多，科研实验和观测手段不断完善，从完全的人工观测发展到拥有各种现代化的实验观测设施，并大量利用遥感遥测等先进手段。目前，全国专门从事水土保持科研或以水土保持为主的相关科研机构达53家，水土保持科研人员达4000多人。

2　当前水土保持科技工作面临的形势

2.1　全社会高度关注生态建设

新时期，国家高度重视生态安全，强调人与自然和谐，把建设资源节约型、环境友好型社会作为落实科学发展观的关键内容，推动整个社会走生产发展、生活富裕、生态良好的文明发展之路。治理水土流失，改善生态与环境已成为全社会广泛关注的焦点，人们迫切希望在物质生活得到提高的同时，生态与环境也能得到极大的改善。

2.2　国家生态建设力度不断加大

近几年，国家水土流失重点防治工程建设的规模不断扩大，黄河中游、长江上游、东北黑土区、西南岩溶石漠化区，以及其他一些水土流失严重地区相继列入国家重点治理工程。同时还实施了退耕还林、农村能源建设、生态移民等工程。一些地方政府也将本区域的严重水土流失区列入重点建设工程，加大了投入力度。大规模的重点工程建设，迫切需要水土保持科学理论与关键技术的支撑，以保障工程建设质量，提高工程效益。

2.3　水土保持生态建设领域不断扩展

我国水土保持生态建设的服务领域不断扩展，一是各类开发建设项目更加注重水土资源的保护，每年由开发建设单位投入水土流失防治的资金有所提高；二是注重发挥生态系统的自然修复能力，大面积实施以封育保护为主的生态修复工程，极大地加快了水土流失治理速度；三是将治理水土流失与面源污染防治和水源地保护相结合，为城镇居民提供清洁的水源；四是监测评价和信息化建设逐步开展。新的工作内容完全不同于传统意义的水土保持，需要强有力的科技支撑这些工作的开展。

2.4　水土保持理念不断深化

当前，世界各国从经济社会可持续发展和国家生态安全的战略高度，将水土保持纳入区域可持续发展的理念，与环境保护、江河污染和全球气候变化相联系，与提高土地生产力、区域生态修复、环境整治等结合，大力开展水土保持与江河整治、地质灾害防治等多学科交叉研究，不但深化了水土保持的理念，开拓了水土保持的研究领域，而且提高了水土保持在国家经济和社会可持续发展中的地位与作用。水土保持科学研究的手段也不断革新，更加注重土壤侵蚀与水土保持环境效应预报模型的开发和应用。

虽然面临良好的发展机遇，但水土保持科技工作仍在诸多方面不能适应形势发展的要求：一是水土保持的理论体系还不完善，一些基础理论和评价体系还显零碎或者完全匮缺；二是水土保持关键技术研究不能满足快速发展的生态建设需求，开发建设项目水土流失特性与防治措施研究、退化生态系统植被恢复机制和途径研究、水土流失危害和水土保持效益的定量分析评价、水土流失与水环境问题等研究工作还很薄弱；三是缺乏完善的技术推广和服务体系，科研成果难以在实践中及时推广应用，转化率偏低，科普宣传缺乏，科技知识没有被广大群众所接受；四是科学研究与示范推广经费投入严重不足，没有专门的投资渠道。

3 近期水土保持科技研究的重点

3.1 土壤侵蚀过程和植被自然恢复机制等基础理论研究

基础理论研究的重点应该是生产实践急需的预测预报、生态修复等方面的理论。如土壤侵蚀过程及预报模型，不同类型土壤侵蚀发生演变过程的水文、水动力学机理和风力侵蚀动力学特征，土壤侵蚀因子定量评价，不同类型区土壤容许侵蚀量，不同下垫面开发建设项目弃土弃渣土壤流失形式、流失量等。应尽快形成坡面水蚀预报模型、小流域分布式水蚀预报模型、风蚀预报模型、区域水土流失预测模型，为预测预报奠定基础。生态修复方面急需开展的研究包括：植被自然恢复的机制与途径，不同类型区植被自然恢复过程、人工干预的条件和方法，各类型区植被潜力、稳定性维持机制，不同区域植被生态功能评价标准以及植被恢复的科学分区及配置等。

3.2 水土保持效应评价研究

要尽快改变目前水土流失的危害和水土保持的效益评价多为定性分析，缺乏科学定量的模型分析和数据支撑的现状。开展土壤侵蚀与水土保持对环境要素和环境过程影响的研究，特别是水土流失与江河泥沙、水资源的关系研究，水土流失危害的定量评价，水土流失治理典型模式成本、效益分析与评价，治理措施的配置与当地经济社会发展的关系评价等。

3.3 水土保持关键实用技术研究

重点是加快水土流失治理速度、降低治理成本、提高治理质量方面的技术，如经济与生态兼营型林、灌、草种的选育与栽培技术，特殊类型区植被的营造及更新改造与综合利用技术，降水地表径流高效利用技术，减轻面源污染的养分投入过程优化控制技术，高标准梯田、路网、水系合理布局与建造技术，开发建设项目水土流失高效控制技术，严重扰动区植被快速营造模式等。

3.4 水土保持数字化建设相关技术研究

当前各行各业都在大力推动数字化建设，水土保持是一项综合性很强的工作，涉及自然和社会领域的各个方面，更需要全面系统地及时了解各方面的信息，提高决策水平和管理能力。实施数字化建设，可以较快地对水土流失状况、地形、土壤、降水、植被、土地利用、经济社会情况，以及水土保持试验观测、工程建设、开发建设项目分布、行政管理等水土保持基础信息进行数字化收集、贮存、传输、分析和应用，为水土流失动态监测、规划设计、效益分析、项目管理、预防监督等工作提供现代化的方法和手段。在技术方面要尽快制定相关标准，统一数据格式和编码，确保全国数据的互通互用，开展水土保持预测、效益评价、规划设计和决策支持等模型研究。

4 各主要侵蚀类型区需要研究的重大问题与关键技术

我国各主要土壤类型区侵蚀成因及其治理途经与方法不尽相同，除上述需要研究的共性问题外，还要因地制宜，加强各区域重大问题和关键技术的研究。

4.1 东北黑土区

东北黑土区是我国重要的商品粮生产基地，由于漫岗坡长，在顺坡耕作的情况下产生严重的水土流失，致使黑土层逐渐变薄，土壤养分和生产力下降，侵蚀沟道不断增加和扩展，影响国家粮食安全。该区的重点是研究黑土层侵蚀危险度评价及其对粮食生产的影响与预警，黑土漫岗长坡耕地水土流失综合防治技术，侵蚀沟道防治技术。

4.2 北方土石山区

这一区域土层浅薄，土壤相对流失量大，流域上游山丘区是下游城市的重要水源区。应重点研究水土保持对水资源供给的影响，水源区土地资源生态经济功能定位，重要水源区面源污染综合防控技术。

4.3 黄土高原区

这一区域土层深厚、植被稀少，沟壑纵横，降水多为暴雨形式，是我国乃至全世界水土流失最严重的区域。这一地区又是我国煤炭、石油和天然气资源富集区。研究的重点是能源重化工区环境演变与可持续发展，多沙粗沙区综合治理技术，淤地坝优化布局、建设技术，降水地表径流调控与高效利用技术。

4.4 长江上游及西南诸河区

地质构造复杂而活跃，山高坡陡，降水集中，水力和重力侵蚀作用都很强烈，滑坡、泥石流等山地灾害频发，水土流失主要来自坡耕地。研究的重点应该是坡耕地水土综合整治技术，滑坡、泥石流山地灾害预警和综合整治技术，以及云贵高原干热河谷生态系统修复途径与技术。

4.5 西南岩溶石漠化区

成土速度缓慢，土层瘠薄；降水强度大，陡坡耕种普遍，石漠化严重；岩溶发育，水资源利用困难。应重点研究土壤侵蚀危险度评价指标，人口承载力，坡耕地综合整治和地表水蓄集利用技术，适宜于岩溶发育规律和水文结构的地下水开发技术。

4.6　南方红壤区

风化壳深厚，在强降水作用下形成崩岗，侵蚀严重，危害程度大；植被多为单一树种的人工林，林下水土流失仍较严重。研究的重点为人工复层混交林设计与建造关键技术，严重水土流失林地的林分改造与综合利用技术，崩岗综合治理与开发利用技术。

4.7　风沙草原区

由于超载放牧和过度开垦，草场植被覆盖度低，水资源短缺，生态十分脆弱。应重点研究风力侵蚀和水力侵蚀交替作用区土壤侵蚀过程，资源承载力及其预警体系，草地生态修复技术，保护性耕作与栽培管理技术，水资源高效开发技术，农牧交错区可持续的土地利用模式。

4.8　冻融侵蚀区

主要分布在西部的青藏高原、新疆天山等地。该区以自然侵蚀为主，人类活动影响相对较小，但冻融侵蚀与水力侵蚀交互作用区受人类活动影响较大，水土流失治理难度大。该区的重点是积极开展冻融侵蚀规律、发展趋势和冻土扰动对侵蚀的影响等课题的研究，特别是加强水蚀和冻融侵蚀交互作用过程和机理研究，并开展必要的治理示范工程建设。

"十一五"时期，水利仍面临着严峻的挑战，大力开展水利基础研究和应用研究，提高自主创新能力，加强对水利发展中的重大战略问题、热点难点问题的研究，推动水利科技实现跨越式发展，是我们水利科技工作者肩负的职责和重担。水土保持科技是水利科技体系的重要组成部分，是推动水土保持工作发展的重要支撑。为科学评价我国水土流失现状与发展趋势，水利部、中国科学院和中国工程院联合开展了"中国水土流失与生态安全综合科学考察"，目前考察已基本结束，取得了一系列重大成果，为我国生态建设提供了重要决策依据。今后一个时期，要集中力量，加大对水土保持科技工作的投入，跟踪科技前沿问题，攻关创新，研究探索适合我国国情的新技术、新方法、新材料，提高水土保持科技工作的水平，推动水土保持工作的有序发展。

国家水土保持重点建设工程成效及面临形势分析

刘　宁

摘　要： 国家水土保持重点建设工程是我国最早安排专项资金实施的水土保持工程，26年来，累计完成总投资48.96亿元，群众投劳8.02亿个工日，综合治理小流域2611条，治理水土流失面积4.79万km²，年均减少泥沙28亿t，农民人均年收入增加300元左右，1000多万群众实现脱贫致富，培育了一批具有水土保持特色的产业，取得了显著的生态、经济和社会效益，但也面临着水土流失防治任务艰巨、一些地方工作出现松懈情绪、新上项目县工程建设经验缺乏、投入严重不足、一些地方后期管护不到位影响了工程效益的正常发挥等问题。为更好地推进工程建设，各地要坚持"集中连片、规模治理，打造水土保持大示范区"的建设思路，进一步加强领导、落实责任，做好科学规划、提高工程效益，加强建设管理、保证工程质量，创新机制、增强工程活力，不断推动国家水土保持重点建设工程又好又快发展。

1　国家水土保持重点建设工程成效显著

　　国家水土保持重点建设工程是我国最早安排专项资金实施的水土保持工程。26年来，在财政部的大力支持下，在各省（自治区、直辖市）各级党委、政府的领导下，水利部门、财政部门精心组织，治理区广大干部群众发扬"自力更生、苦干实干、讲求实效、开拓创新"的精神，累计完成总投资48.96亿元，其中中央投资11.1亿元、地方及群众自筹37.86亿元，群众投劳8.02亿个工日。工程建设取得了显著的生态、经济和社会效益，被广大干部群众誉为"民心工程""德政工程"。归纳起来，主要表现在以下4个方面。

　　（1）治理区的生态明显改善。20多年来，累计对2611条小流域进行了综合治理，治理程度都在60%以上，治理水土流失面积4.79万km²，巩固与促进陡坡耕地退耕还林还草超过53万hm²（800多万亩）年均减少泥沙28亿t。小流域减沙率达40%以上，治理区的林草植被覆盖率提高了24%，水土流失得到有效控制，生态状况明显好转，抵御旱涝灾害的能力不断增强，进入江河湖库的泥沙明显减少。

　　（2）为脱贫致富奠定了坚实基础。在治理水土流失的同时，坚持以改善农业生产条件、促进群众增产增收为目标，紧紧围绕解决治理区群众的粮食、燃料及收入等生计问题，找准结合点，以建设高产、稳产的基本农田为重点，在合理保护和利用水土资源的同时，利用当地的植物资源优势和光热条件，发展经济林果，建设一批名特优经济林果基地，促进了农村产业结构调整，推动了农村经济发展，有效增加了农民收入，实现了生态建设与经济发展"双赢"。据统计，至2008年底，治理区累计建设基

原文标题：开拓创新扎实工作　推动工程建设又好又快发展，原载于：中国水土保持，2009，（11）：1-3.

本农田 73 万 hm^2（1100 万亩），建设小型水利水保工程 23 万多处，种植经果林超过 67 万 hm^2（1000 多万亩），农民人均年收入增加 300 元左右，1000 多万群众实现脱贫致富，培育了一批具有水土保持特色的产业，如赣南脐橙、辽西红枣、定西土豆（马铃薯），都是在工程的带动下发展起来的。经过重点治理的区域，人均基本农田在北方增加 667～1333m^2（1～2 亩），在南方增加 133～200m^2（0.2～0.3 亩），粮食产量翻了一番到两番，稳定地解决了群众的粮食自给问题。

（3）不断探索适应新形势发展的综合治理路线。国家水土保持重点建设工程的实施，开启了全国以工程建设带动水土流失治理的新阶段。经过多年的积极探索和大胆实践，率先提出了"以小流域为单元，山水田林路统一规划，工程措施、生物措施和农业技术措施优化配置"的小流域综合治理基本理论；率先提出了"预防为主，防治结合；因地制宜、因害设防，治理与开发相结合，人工治理与自然恢复相结合"的工程建设指导思想；率先建立了"政府组织推动和依靠市场机制推动相结合，水土保持行业主抓与部门协作相结合"的工程建设机制。既符合自然规律，又适应我国不同地区经济社会发展水平的水土流失防治之策，得到了社会各界的广泛认可。

（4）树立了我国水土流失治理的成功范例。工程建设探索出了黄土高原丘陵沟壑区和风沙区、辽西山地区、燕山浅山丘陵区、华北花岗岩区、江南山地丘陵风化花岗岩区等不同类型区的综合治理模式；粮田下川、林草上山，山田窖院兼治，拦蓄排灌结合，建退还封改等小流域综合治理模式；沙棘护坡与固沟、草田轮作、径流调控利用、截堵削固治理崩岗等治理措施模式；果品基地建设、观光旅游、庭院经济、猪—沼—果生态果园等小流域经济开发模式；建成了一大批综合效益显著的水土保持生态建设示范工程，涌现了一批在全国范围内具有示范带动、宣传推广效应的先进典型，如江西兴国、山西吕梁、陕西榆林、北京延庆等，就是闻名全国的水土流失治理和生态建设的典范。

多年来，国家水土保持重点建设工程从我国国情出发，走出了一条具有中国特色的水土保持生态建设道路，为大规模治理水土流失、建设生态文明积累了十分宝贵的经验。一是坚持政府领导，部门协作，群众参与的工作机制。强化政府行政组织领导作用，发挥相关部门的行业管理优势，发动群众广泛参与。二是坚持以人为本，治理开发相结合的建设思路。立足改善生态，着力改善民生，使项目建设不仅成为改善生态、治理江河的一项基础工程，更成为确保水土流失地区实现全面建设小康社会目标、推进社会主义新农村建设的一项基础工作。三是坚持因地制宜、综合治理的技术路线。优化配置水土资源，发挥治理措施的综合效益。四是坚持积极探索，不断改革创新。不断完善治理模式，拓展了水土保持生态建设的空间和领域，创新完善工程建设的管理体制和政策保障，保持了工程建设的动力。这些宝贵的经验希望在今后的工作中能够得到坚持、巩固和发扬。

2　充分认识进一步搞好国家水土保持重点建设工程的重要性

尽管国家水土保持重点建设工程取得了显著的成绩，但随着外部环境的不断变化，国家水土保持重点建设工程也面临一些新问题。一是水土流失防治任务依然十分艰巨。

国家水土保持重点建设工程实施 26 年，治理区水土流失加剧的趋势得到有效控制，生态有所好转，面貌发生了根本变化，但是，国家水土保持重点建设工程实施的区域多是经济发展较为缓慢的老区和贫困地区，水土流失危害依然严重，治理难度依然很大，治理成果依然脆弱，人为隐患依然较多。同时，经过多年的治理，很多地区目前剩下的都是治理难度大的"硬骨头"，需要寻求更得力有效的措施，投入更多的人力、物力和财力才能完成。二是一些地方工作出现松懈情绪。有些地方直到 2009 年 3 月 2008 年度的任务还未完成一半，而过去工作开展得好的一些地方也出现了退步，这说明部分地区的同志对工程实施滋生了放松和懈怠情绪。各地应引起重视，要充分认识工程建设的长期性、艰巨性和复杂性，切实克服出现的疲惫厌倦和松懈观望的状态，继续树立好国家水土保持重点建设工程的形象。三是新上项目县工程建设经验缺乏。2009 年，国家水土保持重点建设工程建设范围从 2008 年的 71 个县增加到了 106 个县，一些省份的建设任务加重了。从实施情况看，有一些新上项目县治理思路不清，工作抓不到重点，表现在项目实施没有章法，治理措施分散，配置不合理。一些地方甚至出现工程资金安排到非水保项目、工程建设管理不规范、工程进展缓慢等问题。四是投入严重不足。工程建设落实投资与实际需要相比，缺口很大。中央补助标准低，地方财政配套资金落实难，群众投劳难度大，项目管理经费缺乏，给工程的建设管理、规范运作和资金使用增加了隐患，一方面影响工程的顺利实施，另一方面可能会出现项目干得越多，地方水利部门的负担越重的现象，影响工作的积极性。五是一些地方建后的管护责任没有落实，后期管护不到位，影响了工程效益的正常发挥。总体上看，工程措施管护责任落实较好，林草措施的管护较差，很多地方只种不管，没有效益。以上这些问题大家必须高度重视，积极采取措施，切实加以解决。

当前，我国经济社会发展进入夺取全面建设小康社会新胜利、加快推进社会主义现代化进程的关键时期。党的十七大从深入贯彻落实科学发展观，促进国民经济又好又快发展的战略高度，提出建设生态文明的目标，强调要加快推进以改善民生为重点的经济社会建设。党和国家高度重视"三农"问题，自 2004 年以来，连续 6 年制定了指导"三农"工作的一号文件，明确提出了促进农业稳定发展农民持续增收的目标。2008 年，10 位院士根据全国水土流失与生态安全科学考察成果，向国务院提出了加大革命老区水土流失治理力度的建议，引起了党和国家的高度重视。国务院领导对此做出了明确指示，要求水利部、财政部尽快组织编制《全国革命老区水土保持重点建设工程规划》并报国务院批复。与此同时，水土流失严重的革命老区和贫困地区的群众强烈要求加大水土流失治理力度，提高农业生产生活条件，改善生态及居住环境。而国家水土保持重点建设工程经过 20 多年的实施，在技术、管理等方面取得了很好的经验，奠定了良好的群众基础。这些都为加快推进国家水土保持重点建设工程提供了良好的机遇。尽管目前国家水土保持重点建设工程投资规模不大，但有科学的规划，投资长期稳定增加，可以集中力量办大事，真正发挥投资效益。因此，我们一定要进一步深刻认识新形势下加快推进国家水土保持重点建设工程的重大意义。

（1）建设生态文明的必然要求。党的十七大报告从发展战略的高度提出建设生态文明，要求到 2020 年实现全面建设小康社会目标之时，基本形成节约能源资源和保护生态环境的产业结构、增长方式和消费方式，使我国成为生活质量明显改善、生态环境良好的国家。国家水土保持重点建设工程实施区域多分布在长江、黄河、淮河、松辽河、海河等我国几大主要江河的水土流失严重地区，既是革命老区和贫困地区相对集中的区域，同时也是我国生态建设的重点和难点地区。因此，加快推进国家水土保持重点建设工程，发挥其示范带动作用，对加快革命老区和贫困地区的水土流失治理，改善生态环境，维护生态安全，促进该地区走上生产发展、生活富裕、生态良好的文明发展道路具有重要意义。

（2）改善革命老区和贫困地区农业基础设施的重要途径。2008年完成的中国水土流失与生态安全科学考察表明，在全国1389个老区县中，目前急需治理的水土流失严重县达710个，这些县多为自然条件恶劣的贫困山区，由于长期以来不合理的开发利用方式，水土流失严重，土地生产力低下，生态恶化与贫困加剧了恶性循环。国家水土保持重点建设工程把水土流失治理与促进农民群众脱贫致富相结合，以解决群众生计问题为前提，以建设高产稳产的基本农田为切入点，通过大力开展坡改梯、沟建坝，配套实施小型水利水保工程，有效保护和开发利用水土资源，不仅治理了水土流失，改善了生态，缓解了水土资源不良匹配对经济发展的制约，也改善了农民生产生活条件，提高了综合生产能力，促进了农业增产、农民增收和农村经济发展，已经被实践证明是一条改善水土流失严重的革命老区和贫困地区面貌的好路子。

（3）促进农民持续增收的重要举措。国家水土保持重点建设工程植根于小流域，主战场在农村，惠及农业生产，是一项与"三农"问题密切相关的生态建设工程。且水土保持治理内容丰富，措施综合，涉及面广，与广大农民的自身利益密切相关。因此，加快推进工程建设，一方面工程实施可为治理区广大农民提供大量的就业务工机会，而一些可由农户自行实施的治理措施还可采取直补等方式，让农民直接从工程中受益，增加经济收入；另一方面，可依托工程建设一批优势经济林果生产基地，培育特色产业，调整农村产业结构，促进农业持续增产农民持续增收。

3　明确思路，强化措施，扎实推进工程建设

2009年，财政部将国家水土保持重点建设工程的中央财政资金从2008年的8000万元增加到了23亿元，建设范围也扩展到了12省（市、区）的106个县。同时，水利部与财政部根据2008年温家宝总理的批示，以目前实施的国家水土保持重点建设工程为基础，以全国19个省（区、市）的400多个水土流失严重的革命老区县为重点，组织有关单位开展了《全国革命老区水土保持重点建设工程规划》的编制工作，一经国务院批准，国家水土保持重点建设工程将呈现更好的发展机遇和更强劲的发展势头。为更好地推进工程建设，各地要统一认识，坚持"集中连片、规模治理，打造水土保持大示范区"的建设思路，以高度负责的精神和求真务实的态度，切实采取有力措施，扎实推进国家水土保持重点建设工程。

（1）进一步加强领导，落实责任。国家水土保持重点建设工程取得成功的关键，靠的是政府领导，部门协作，发动群众，苦干实干加巧干。因此，各地要进一步加强组织领导，落实和强化责任。一要提高认识。要明确国家水土保持重点建设工程作为国家工程、示范工程及长期项目的定位，各级政府要高度重视。二要强化责任。要建

立工程建设的目标责任制，实行年度考核，层层落实好责任。三要加强领导。各地要成立工程建设领导小组，加强对工程建设的领导、组织和协调，及时研究解决工程建设中遇到的问题。四要真正建立起"水保统一规划，政府统一领导，部门协调配合，社会广泛参与"的建设管理体制。

（2）进一步做好科学规划，提高工程效益。为更好地发挥国家水土保持重点建设工程的效益，各地要按照治理的要求，因地制宜，科学规划，合理配置各项治理措施，全面打造示范工程。项目实施时，一要注重与改善民生相结合，以群众生产生活关系密切的措施为着力点，切实改善农业生产生活条件和居住环境；二要注重与区域经济发展相结合，在保证生态效益的前提下，突出经济效益；以工程建设为纽带，培育和发展特色产业，提高项目区群众收入，帮助群众脱贫致富，促进区域经济发展；三要注重与生态修复相结合，把封育保护作为工程建设的一项内容，充分发挥大自然的自我修复能力，以治促封，以封保治，加快植被恢复速度；四要注重与预防保护相结合，加强项目区的预防监督，防止人为造成新的水土流失，杜绝"边治理、边破坏"现象发生。

（3）进一步加强建设管理，保证工程质量。各地要严格按照国家水土保持重点建设工程有关的管理规定和要求，切实加强工程建设管理，保证工程质量。一要抓好制度建设。要根据当前形势的变化和财政部即将出台的《中央财政小型农田水利设施建设和国家水土保持重点建设工程补助专项资金使用管理办法》，尽快修订和完善工程管理办法，补充和加强检查、核查、奖惩等方面的管理措施。各省要根据国家的有关规定，进一步细化从规划、前期立项审批、组织实施、检查验收到建设管理等各个环节的要求，规范工程建设管理。二要认真执行各项制度。要根据项目的具体情况，认真落实项目责任主体负责制、农民投劳承诺制、工程建设公示制、县级报账制，积极推行合同管理制、工程监理制、产权预先确认制等各项制度，建立起责任明确、群众参与、监督制约、管护到位的建管机制，提高工程建设管理水平。三要严格资金管理。各地一定要高度重视资金管理工作，把确保工程安全、资金安全和干部安全作为工程建设管理的头等大事来抓。要严格管理程序、严格资金使用、严格财务核算、严格项目审计。四要积极落实地方配套资金。各省每年要从省级财政预算中安排部分资金，解决工程建设所需的配套资金、前期工作经费和管理费用。五要加强监督检查工作。流域机构和省级水利水保部门要加强对项目的监督检查，发现问题及时解决。

（4）进一步创新机制，增强工程活力。一要积极探索群众参与机制，充分调动群众的积极性。各地既要按照管理办法的要求推行工程建设的各项制度，又要根据水土保持工程的特点，积极探索群众参与机制，尝试采取先干后补、以奖代补、直补农民等组织方式，充分调动群众参与工程建设的积极性。二要探索建立多渠道、多元化的投入机制。在逐步增加中央和省级财政投入的同时，打破行业和部门界限，改变分兵把守、各自为政的局面，整合资金，形成合力，集中资金办大事。同时，各地要充分发挥财政资金的引导作用，吸引社会资金投入工程建设，建立多渠道、多元化的投入机制。三要探索建立奖罚机制。要尽快研究建立考核评价体系，将客观公正的考核结果作为今后资金安排的重要依据，对项目建设实施差、资金使用问题多的县，次年将减少或停止安排项目投资，严格奖惩，逐步形成"奖罚分明、优胜劣汰"的项目支持选择机制。四要探索完善建后管护机制。尤其是实行农村土地流转制度和林权制度改革后，对水土保持工程建设有一定影响，各地要进一步探索如何落实管护责任主体，落实管护人员和管护经费，建立完善的建后管护机制，保证工程永续发挥效益。

当前，国家水土保持重点建设工程进入了一个新的发展阶段，面临新的发展机遇，肩负新的发展使命。希望各地进一步增强工作的责任感和使命感，学习好的经验和做法，针对自身存在的问题，采取切实措施加以改进和完善，开拓创新，扎实工作，努力提高建设管理水平，不断推动国家水土保持重点建设工程又好又快发展。

丹江口库区及上游水土保持建设实践及研究

刘　宁

摘　要：丹江口库区及上游水土保持工程实施两年来，各地根据国家有关要求，切实加强组织领导，加强项目管理，稳步推进工程建设，积累了许多成功的经验，也取得了初步成效，项目区的水土流失和面源污染得到了有效防治，农业生产基础条件明显改善，土地利用和产业结构得以调整优化，林草覆盖率明显提高，进入库区的泥沙明显减少，初步实现了生态好转、水质优良和经济发展的预期目标。指出了工程建设存在的问题：资金缺口较大；群众投劳难度大，参与程度不够；部分工程建设质量和示范作用还有待进一步提高；资金管理需要进一步加强；一些地方技术力量薄弱等。提出了下一阶段的工作重点：进一步加强组织领导，加快工程进度，加快前期工作，加强预防监督和监测评价，并要进一步加强宣传工作。

1　丹江口库区及上游水土保持工程建设取得初步成效

丹江口库区及上游水土保持工程于 2007 年 10 月正式启动实施，两年来，湖北、河南和陕西三省相关部门团结协作，工程建设进展顺利，并初见成效。截至目前，已累计下达投资 25.80 亿元，其中中央投资 12.9 亿元，占国务院批准的《丹江口库区及上游水污染防治和水土保持规划》水土保持近期项目投资的 72.7%。2007 年与 2008 年共完成水土流失治理面积 5642km²，占两年计划任务的 99.2%，下达的中央投资全部完成。2009 年 7 月份下达的本年度项目现已全面开工。

各地以工程建设为依托，以治理水土流失和控制面源污染为基础，注重改善民生，着力保护水源和水质。截至目前，共修建梯田 1.45 万 hm²，种植林草 17.43 万 hm²，其中发展经果林 4.12 万 hm²，并建设了一批配套的小型水利水保工程和能源替代工程。工程的实施，使项目区的水土流失和面源污染得到了有效防治，农业生产基础条件明显改善，土地利用和产业结构得以调整优化，促进了当地经济的发展；同时项目区的林草覆盖率明显提高，进入库区的泥沙明显减少，初步实现了生态好转、水质优良和经济发展的预期目标。陕西省镇巴县以坡耕地改造为突破口，按照规模治理的要求，大力兴修石坎梯田，配套坡面水系和田间生产道路，建成了 2 个连片上千亩（15 亩为 1hm²，下同）的坡改梯工程，治理后的小流域农民人均基本农田增加了近 0.02hm²。湖北省竹山县将工程建设与调整农村产业结构、发展县域经济相结合，大力发展茶叶和冬枣等特色产业，建成了万亩茶园、万亩冬枣园，效益很好。河南西峡县在综合整治坡耕地水土流失的基础上，对农村污水、垃圾、人居环境以及沟道进行整治，有效减少了面源污染，保护了水质。

原文标题：加强管理确保质量　推动水土保持工程高效建设运用，原载于：中国水土保持，2009，（12）：1-3。

2　丹江口库区及上游水土保持工程建设经验

两年来，各地根据国家有关要求，切实加强组织领导，加强项目管理，稳步推进工程建设，积累了许多成功的经验。

一是各级政府高度重视。三省均参照国家丹江口库区及上游水污染及水土保持部际联席会议制度，建立了省级工程建设联席会议制度，加强了组织协调，明确了部门分工。大家各负其责，各司其职，密切配合，相互支持，形成了推进工程建设的合力。25 个项目县全部成立了工程建设领导小组，把工程实施作为考核领导干部政绩的重要内容，确保了工程建设各项目标任务的有效落实。湖北省的丹江口市、郧县、竹山县和郧西县还专门成立了县级水土保持机构，为工程的顺利实施提供了有力的组织保障。

二是前期工作扎实开展。丹江口库区与上游水土保持工程是目前我国投入力度最大的水土保持重点工程。为规范项目前期工作，国家发展和改革委员会和水利部专门印发了《关于加强丹江口库区及上游水土保持前期工作的通知》，明确了前期工作的程序与要求。为保证前期工作质量，长江水利委员会在经过实地调研后制定了项目可研的编制提纲，统一了要求，并在审查时严格把关。几年来，各地严格按照有关要求进行项目选择，科学论证，认真比选，严格审查，规范审批，有效地保证了项目前期的工作质量，为工程的顺利实施奠定了坚实的基础。截至目前，三省已完成 572 条小流域的初步设计审批，占近期规划 781 条小流域的 73%，基本满足了年度工程实施的需求。

三是工程建设规范管理。在工程实施过程中，各地严格执行国家发展和改革委员会、水利部制定的《水土保持工程建设管理办法》，普遍推行项目责任主体负责制、招投标制和工程监理制，实行工程建设公示制和群众投劳承诺制，落实群众对项目的知情权、参与权和监督权。绝大多数项目县还实行县级财政报账制，并由审计部门对资金使用情况进行年度审计，一些地方还把工程监理与报账制度相结合，对资金使用进行严格监管，确保了资金安全。各级有关部门加强了对工程建设的技术指导和检查监督，发现问题及时纠正。

四是建设思路清晰明确。各地紧紧围绕治理水土流失、保护水源和改善库区群众生产生活条件的总体目标，针对项目区坡耕地分布面积大、农业基础设施薄弱、农村人居环境差、水土流失和面源污染严重等特点，以坡改梯和建设高标准的经果林产业基地为重点，配套坡面水系工程和生产道路，开展沟道治理，整治农村污水和垃圾，改善人居环境，加强生态修复，促进植被恢复。既改善了农业生产条件，结合当地的特点培育和发展了一批特色产业，促进了农业增产、农民增收，又减少了入库泥沙，涵养了水源，保护了水质。

3　存在的问题和不足

尽管丹江口库区及上游地区水土保持工程建设取得了初步成效，但仍存在一些问题和不足。

（1）工程建设资金缺口较大。地方配套资金到位率低，加上人工费和材料价格上涨速度快，造成工程建设资金不足，影响了工程的建设标准和综合效益。

（2）群众投劳难度大，参与程度不够。随着农村税费改革的深入，取消农村"两工"后，尽管可以通过"一事一议"组织群众参与工程建设，但需要做大量的宣传和组织发动工作。部分项目县的县、乡政府和业务部门没有下功夫去组织发动群众，主要依靠专业队施工，群众参与度非常低。

（3）部分工程建设质量和示范作用有待进一步提高。部分工程没有严格按照技术标准和设计要求实施，工程监理流于形式，工程质量较差；一些地方治理措施零星分散，标准不高，难以形成规模治理效益，工程没有充分发挥示范带动作用。

（4）资金管理需要进一步加强。目前，个别项目县尚未设立专门账户，没有严格履行资金支付程序，没有严格按照国家的有关规定控制中央资金的使用范围。

（5）一些地方技术力量薄弱。一些项目县从未实施过水土保持项目，缺乏治理经验，专业人员不足，技术力量薄弱。

4　丹江口库区及上游水土保持工程的重要性

丹江口水库及上游水土保持工程是南水北调中线工程的重要组成部分，对保护好丹江口水库的优良水质，改善库区周边及上游地区的生态环境，确保南水北调工程的顺利实施，促进区域经济社会协调可持续发展，具有非常重大的意义。

一是保障南水北调中线工程水源安全的重要基础。南水北调中线工程主要为京津冀豫地区提供优质饮用水，水质标准要求高，社会影响大。丹江口水库库区是南水北调中线工程的水源地，保护好丹江口水库的优良水质，是实现南水北调中线工程既定目标的重要基础。受自然条件和人为因素的影响，丹江口库区及上游水土流失面广量大，库区及上游的三省 40 个县水土流失面积达 4.74 万 km^2，占土地总面积的 53.8%，年均土壤侵蚀量达 1.69 亿 t。严重的水土流失，输送大量的泥沙和面源污染物进入水库，严重影响了水质。目前，丹江口水库库湾局部已虽初步富营养化。因此，要确保丹江口水库的"一库清水"，必须建设好丹江口水库及上游水土保持工程。

二是帮助库区及上游地区群众脱贫致富的有效途径。丹江口库区及上游地区地处秦巴山区，山高坡陡沟深，土层浅薄，耕地资源缺乏，农业人均基本农田不足 0.04 hm^2，严重的水土流失加速了土地石化，破坏了水土资源，恶化了农业生产条件，加剧了贫困。丹江口库区是全国 18 个集中连片的贫困地区之一，40 个县中有 26 个县是国家扶贫开发重点县。然而，丹江口库区及上游水热条件好，植物资源丰富，发展林果业，培育农业特色产业的潜力巨大。实施水土保持工程，通过山水田林路统一规划，综合治理，可以保护和合理开发利用水土资源，改善农业生产条件，提高土地产出率，培育和发展特色产业，调整农村生产结构，增加群众收入，是帮助群众脱贫致富的有效途径。同时，工程的实施能大大改善丹江口库区后靠移民的生产生活条件，有利于库区安定和南水北调中线工程的顺利实施。

三是探索重要水源区水土保持工作新模式的需要。随着经济社会的不断发展，饮水安全问题越来越受到社会的广泛关注。全国 80% 以上的水源地分布在水土流失严重的山区和丘陵区。因此，从源头上进行治理，防治面源污染，保障供水安全，保护重要水源地十分紧迫。目前，全国的水土保持面源污染防治工作仍处于探索阶段，如何在经济发展水平较低的重要水源区有效防治水土流失和面源污染，是当前亟待解决的一个难题。丹江口库区及上游水土保持工程是第一个在国家级重要水源区实施的水土保持专项工程，投资总量大，渠道稳定，要抓住机遇，科学规划，规模治理，力争建成全国首个重要水源地水土保持面源污染防治大示范区。要积极探索重要水源区水土流失治理的新模式，走出一条在重要水源区将水土流失治理与保护水源水质、帮助群众增收致富有效结合的新路子，带动全国水土保持面源污染防治工作的深入开展。

5 下一阶段的重点工作

根据国务院批复的规划，目前，丹江口库区及上游水土保持工程近期仍有 1/4 的治理任务未安排，远期还有大约 2 倍于近期的治理任务有待落实。而 2008 年底召开的丹江口库区及上游水污染防治和水土保持部际联席会议第二次全体会议明确提出，要对规划进行中期评估和修编，远期项目中与保证水质密切相关且前期工作成熟的项目要纳入近期规划。因此，水土保持的任务还将进一步增加。

下一阶段要重点抓好以下几方面工作。

（1）进一步加强组织领导。多年的实践经验表明，要实施好水土保持工程，关键在于政府重视、部门合作和群众的参与。因此，要加强组织领导，把工程纳入政府领导的年度目标考核范围，建立考核责任制，层层落实责任。各级水行政主管部门要加强与计划、财政等部门的合作，建立高效、顺畅的项目运作机制。要重视群众的参与权与知情权，广泛发动群众，提高群众参与工程的积极性和主动性。要建立激励机制，按照"大干大支持，不干不支持"的原则，鼓励和支持社会力量参与工程建设。

（2）进一步加快工程进度。2009 年 7 月，中央下达了本年度丹江库区及上游水土保持工程中央预算内投资计划，时间紧、任务重。为此，要根据水土保持工程的特点，抓住冬春季施工的有利时机，调动一切积极因素，加快工程建设进度。要组织好人力物力，明确责任分工，确保各项任务落到实处。要强化时效性，根据下达的计划任务，倒排工期，逐项分解和落实任务。要处理好速度与质量的关系，在保证工程质量的前提下加快工程建设进度。

（3）进一步加强工程管理。丹江口库区及上游水土保持工程投资强度大，建设周期短，质量要求高。要确保工程和资金不出问题，一定要严格工程管理。要根据国家的有关规定，认真落实各项制度，规范工程建设管理。要严格计划管理，严禁擅自调整和变更计划；要全面实行县级报账制，严格财务制度，严禁截留、滞留、挤占、挪用资金，确保资金安全；要加强审计监督，对违反规定的要追究责任、严肃处理。要加强工程监理、检查和验收工作，保证工程建设质量。长江水利委员会要加强对年度项目实施情况的监督检查；省级水利部门要严格前期工作程序，加强计划管理，加大技术指导及检查力度，及时组织年度验收；市级水利部门要加强技术指导，强化检查监督，发现问题及时提出整改要求。

（4）进一步加快前期工作。前期工作是工程顺利实施的基础，也是抢抓机遇、争取项目的前提条件。要根据国务院已批复的规划任务，以及丹江口库区及上游水污染防治和水土保持部际联席会议第二次全体会议精神，加快前期工作进度，超前储备一批效益明显、示范作用强的项目。近期项目要以水土流失严重、集中连片的生态脆弱区，面源污染严重区以及库区周边为重点。要深入实地，广泛听取当地干部群众意见，因地制宜地布设防治措施，科学制定实施方案，既要坚持传统的水土流失综合治理做法，又要体现水源地水土保持的特点。省、市水利部门要根据有关规定，切实把好审查审批关，提高前期工作质量。

（5）进一步加强预防监督和监测评价。要在加快工程建设的同时，把预防保护放在突出位置，不仅要加强对现有植被和治理成果的保护，还要加强对开发建设项目的水土保持监管，杜绝边治理、边破坏现象的发生，遏制人为造成新的水土流失。长江水利委员会要抓紧组织开展项目监测工作，全面落实各项指标的监测工作，努力建立完善的监测评价体系，为全面科学地评价工程效益提供可靠依据。

（6）进一步加强宣传工作。要大力宣传工程在保护丹江口水库水源和水质，确保南水北调中线工程成功调水的重要作用；宣传工程在改善库区及上游地区的农业生产条件、促进农民增产增收、改善生态环境、减轻山洪灾害等方面所取得的突出成效，让各级领导、社会各界和广大群众都来了解、关心、支持丹江口水库及上游水土保持工程，为工程建设创造良好的氛围。

坚持走中国特色水土保持生态建设之路

刘 宁

2011 年中央一号文件《中共中央国务院关于加快水利改革发展的决定》，从党和国家事业全局的高度，全面部署水利改革发展，对水土保持生态建设提出了明确要求。3 月 1 日实施的新《水土保持法》，确立了地方政府目标责任制和水土保持规划的法律地位，强化了水土保持方案管理和监测管理，规定了水土保持补偿制度。这必将对实现水土保持新跨越产生重要而深远的影响。加快水土流失综合治理，不断探索并坚持走中国特色水土保持生态建设之路，是一项重大而紧迫的战略任务。

1 加快水土流失综合治理的重要性和紧迫性

水土流失是中国重大生态环境问题。一是面积大、分布广。全国现有土壤侵蚀面积高达 357 万 km^2，占国土面积的 37.2%。二是强度大、侵蚀重。全国年均土壤侵蚀总量 45.2 亿 t，约占全球土壤侵蚀总量的 1/5，其中侵蚀量大于 $5000t/(km^2 \cdot a)$ 的面积达 112 万 km^2。三是类型多、差异大。全国主要水土流失类型区包括东北黑土区、北方土石山区、黄土高原区、北方农牧交错区、长江上游及西南诸河区、西南岩溶区、南方红壤区、西部草原区八大区域，其中水蚀主要集中在长江和黄河流域，风蚀主要分布在西北、内蒙古草原及东北地区，黄河流域水土流失主要来自沟道，长江流域水土流失主要分布在荒山荒坡和坡耕地。四是危害重、影响深。水土流失是土地退化和生态恶化的主要形式，对经济社会发展的影响是多方面的、全局性的和深远的，甚至是不可逆的。水土流失给我国造成的经济损失约相当于 GDP 总量的 3.5%。

中华人民共和国成立后，党和政府领导人民开展了大规模的水土流失治理和生态环境建设，取得了举世瞩目的成就。特别是"十一五"期间，全国新增水土流失综合治理面积 23 万 km^2。但全国亟待治理的水土流失面积仍超过 180 万 km^2，尤其是 3.6 亿亩坡耕地和 44.2 万条侵蚀沟急需治理，东北黑土地保护、西南石漠化地区土地资源抢救的任务迫切。

加快水土流失综合治理是保护耕地资源、保障国家粮食安全的迫切需要。我国因水土流失而损失的耕地平均每年约 100 万亩。按现在的流失速度，50 年后东北黑土区将有 1400 多万亩坡耕地的黑土层流失掉。若侵蚀继续发展，35 年后西南石灰岩地区的石漠化面积将在目前 8.8 万 km^2 的基础上增加 1 倍。

加快水土流失综合治理是保护江河湖库、保障国家防洪安全的迫切需要。水土流失导致大量泥沙进入河流、湖泊和水库，削弱河道行洪和湖库调蓄能力。1950～1999

原载于：求是，2011，(8)：56-58.

年黄河下游河道淤积泥沙 92 亿 t，河床普遍抬高 2~4m；长江每年约有 3.5 亿 t 泥沙淤积在水库和河道内；全国 8 万多座水库年均淤积泥沙 16.24 亿 m³。同时，水土流失使上游地区土层变薄，土壤蓄水能力降低，增加了山洪发生的频率和洪峰流量，增加了一些地区滑坡泥石流等灾害的发生概率。

加快水土流失综合治理是保护农民权益、保障山丘区全面小康的迫切需要。我国 76% 的贫困县和 74% 的贫困人口生活在水土流失严重区。水土流失破坏土地资源、降低耕地生产力，不断恶化农村群众生产、生活条件，制约经济发展，加剧贫困程度，不少山丘区出现"种地难、吃水难、增收难"。没有水土流失区农民的小康，也不可能实现全国农民的小康。

加快水土流失综合治理是保护生态环境、保障国家生态安全的迫切需要。西部地区是我国大江大河的主要发源地，是森林、草原、湿地和湖泊等集中分布区，生态地位极其重要，是国家重要的生态安全屏障。同时，西部地区又是生态脆弱区，是水土流失、土地荒漠化和石漠化严重地区，水土流失面积占全国的 83.1%。西部地区水土保持生态建设，关乎国家生态安全，关乎我国可持续发展。

2　不断探索具有中国特色的水土保持生态建设之路

我国特殊的自然条件、经济社会发展阶段和水土流失特点，决定了我们必须不断探索并坚持走预防为主、保护优先，综合治理、内涵发展，政府主导、全民参与的中国特色水土保持生态建设道路。

坚持科学发展，不断完善水土保持生态建设思路。按照中央一号文件的战略部署，坚持中国特色水土保持生态建设方向，不断创新工作思路。在防治理念上，坚持以人为本、人水和谐，更加注重生态建设与经济发展有机结合，更加注重遵循自然规律和发挥自然修复能力；在防治方针上，坚持保护优先、防治结合，更加注重事前预防保护，更加注重工程、植物和农业技术三大措施综合运用；在组织实施上，坚持改革创新和多元化投入，更加注重政府主导作用，更加注重调动各方面的积极性。

坚持预防为主，坚决遏制人为因素造成水土流失。水土资源一旦遭到破坏，恢复难度很大，有些甚至不可逆转。因此，遏制人为水土流失极其重要。一要加强重点预防保护区水土资源保护，严格控制在重要生态保护区、水源涵养区、江河源头区和山地灾害易发区进行任何形式的开发建设活动。二要依法监管，对可能造成水土流失的生产建设项目，认真实施水土保持方案管理，加强跟踪检查，落实处罚措施。三要充分发挥社会监督的重要作用，大力营造防治水土流失人人有责的良好氛围。四要建立水土保持生态补偿机制，坚持"谁开发谁保护、谁受益谁补偿"、政府补助和市场机制补偿相结合、多层次补偿相结合、保护地区与受益地区共同发展等原则，抓紧建立和完善水土流失地区的生态补偿机制。

坚持统筹兼顾，推进重点区域水土流失综合治理。按照"突出重点、逐步推进、分步实施"的原则，逐步加大中央和地方水土流失重点治理投入，优先对水土流失严重、人口密集、对群众生产生活和经济社会发展影响较大的区域进行综合整治。结合长江上中游、黄河上中游、西南石漠化地区、东北黑土区等重点区域及山洪地质灾害易发区的水土流失防治，以小流域为单元，以坡耕地改造为突破口，配合沟道整治工程和适当的小型蓄水保土工程，力争用10年时间优先在山区建设1亿亩高标准基本农田，从源头上控制水土流失，改善当地的基本生产条件，为守住国家18亿亩耕地红线做出贡献，保障粮食安全，改善人居环境，保障饮水安全。

坚持因地制宜，积极探索分区分类治理有效途径。水土流失防治工作必须因地制宜，分类指导。东北黑土区，治理措施以改变耕作方式、控制沟道侵蚀为重点。北方土石山区，治理措施以梯田、条田建设为突破口，改造坡耕地，同时有针对性地推行节水型水土保持耕作措施。黄土高原区，应将多沙粗沙区作为重中之重，治理措施以梯田、坝地建设为主，大力促进生态自然修复，积极开展沟壑区沟道治理。北方农牧交错区，应以恢复植被为主，建设生态屏障，保护涵养水源，重点是调整农业生产结构，退耕还草，有计划地建设人工草场。长江上游及西南诸河区，重点是控制坡耕地水土流失，巩固退耕还林成果，大力开展小流域综合治理，形成综合防治体系。西南岩溶区，重点是抢救土地资源，应紧紧抓住基本农田建设这个关键，有效保护和可持续利用水土资源，提高环境承载力。南方红壤区，应合理利用水土资源，发展特色经济，积极退耕还林还草和生态自然修复，加强崩岗治理。西北草原区，应加强对水资源的管理和合理利用，控制地下水位的下降，重点治理主要风沙源区。

坚持尊重规律，充分发挥生态的自然修复能力。在人口密度小、降水条件适宜、水土流失比较轻微的地区，特别是广大的西北草原区、南方水热条件适宜的山丘区及其他人口压力较小的地区，通过采取封育保护、封山禁牧、轮牧轮封，推广沼气池、省柴灶、节能灶，以电代柴、以煤代柴、以气代柴等人工辅助措施，减轻生态压力，促进大范围生态自然恢复和改善。在人口密度相对较大、水土流失较为严重的地区，也要把人工治理与自然修复有机结合起来，实行"小治理、大封禁"，"小开发、大保护、以小促大"。在水土流失特别严重、生态极端恶化的地区，应大力推进生态移民，减小生态压力，使生态得以休养生息。

3 大力推进"十二五"水土保持生态建设

国民经济和社会发展"十二五"规划纲要已批准通过，水利改革发展目标和任务已经明确，新《水土保持法》正在深入贯彻，我们要抓住机遇，迎接挑战，切实抓好以下几项工作。

强化政府责任。要全面落实地方政府水土保持目标责任制，建立健全考核奖惩制度，切实发挥政府在水土保持规划的制定和执行、资金投入保障等方面的主导作用。建立有效的水土保持协调机制，加强部门之间、行业之间的协调与配合，形成"水保搭台、政府主导、部门协作、全社会参与"的协作机制。

加大投入力度。要把水土保持生态建设纳入公共财政框架，加大生态修复力度。同时，积极探索建立水土保持投融资机制，综合运用财政转移支付、水利建设基金、金融信贷、税收调节、收益提取等办法，推动水土保持投入多元化。以水电、煤炭、石油天然气等为重点行业，逐步建立国家层面的水土保持补偿机制。

夯实规划基础。各级水行政主管部门要按照统筹协调、分类指导的原则，科学编制好规划。以各地水土保持规划为基础，加快编制全国水土保持规划，从国家经济社会发展大局出发，紧密结合国家、区域发展总体战略，科学确定水土保持发展目标、总体布局、防治方略、重点项目和政策保障。

加强执法检查。以新水土保持法实施为契机，尽快启动地方性水土保持法规的修订工作，完善相关配套规章和规范性文件。扎实推进水土保持监督执法能力建设，进一步加强执法队伍建设，完善水土保持技术保障体系。进一步加大生产建设项目水土保持监督检查力度，加大违法行为处罚力度，真正做到有法必依、执法必严、违法必究。

狠抓宣传教育。加强对水土保持工作人员和技术服务人员的集中培训，提高依法行政的能力和水平。面向各级党政部门和相关重点行业，有针对性地对新法加以解读，保障新法的各项规定、措施和制度落到实处。加强舆论宣传，增强全民保护水土资源的意识和自觉性。

加快推进水文事业现代化 服务经济社会可持续发展

刘 宁

　　水文学是研究自然界水的时空分布及其变化规律的一门边缘学科。今天，水文学已经渗透到人类生活的各个领域，水文事业已成为国民经济和社会发展的基础性公益事业。随着全球气候变化影响的日趋明显、经济社会发展的日新月异以及水资源条件的深刻变化，我国水文事业的基础地位日趋重要，其支撑作用更为突出。新时期、新阶段，必须进一步加快水文现代化建设步伐，努力促进水资源的开发、管理、配置、节约和保护工作，保障经济社会可持续发展。

1 水文服务为经济社会发展提供了重要支撑

　　中华人民共和国成立以来特别是改革开放30多年来，我国水文事业进入了全面快速发展的时期，水文发展取得了举世瞩目的成就。目前，全国已建成各类水文站点39 799处，基本形成了覆盖主要江河湖库、布局较为合理、功能比较完备的水文水资源站网体系。水文服务已从主要为防汛抗旱和水利工程建设服务，转变到为水资源开发、利用、配置、节约、保护和管理等各个环节提供全过程服务；从主要为水利工作服务，转变到为农业、工业、交通、环保、国防、外交等各个领域及社会公众提供多层次服务；从主要提供实时原始数据服务，转变到加强预测预报和分析评价，更加注重提供水文数据深加工服务。同时，以《中华人民共和国水文条例》为核心的水文法规体系逐步健全，水文管理体制改革不断深化，水文科技创新成果丰硕，水文队伍建设成效突出，水文支撑和服务能力大幅度提升。

1.1 水文工作为防汛抗旱抢险救灾提供优质服务

　　近年来，受全球气候变化影响，我国洪涝、干旱灾害呈现出多发、并发、重发的态势。各级水文部门不断加强监测和预测预报工作，及时准确地提供了水文信息服务，在防汛抗旱指挥决策中发挥了关键作用。在抗御2007年淮河流域性大洪水期间，水文部门根据天气情况和实时水雨情信息，提前一天准确预报王家坝水文站将出现29.60m的洪峰水位，为国家防总决策启用蒙洼蓄洪区赢得了先机。在2008年汶川特大地震、2010年玉树地震和舟曲特大山洪泥石流等一系列突发灾害的抗灾救灾中，水文突击队提供了大量及时可靠的水文监测数据和分析成果，为夺取抗灾救灾胜利发挥了重要作用。

原载于：求是，2012，（2）：57–59.

1.2　水文工作为水资源管理保护提供优质服务

水文部门通过大量的水资源调查、评价和论证，为编制全国水资源综合规划和优化配置提供了决策依据，为建立国家水权制度奠定了坚实基础。水文部门加强水量、水质监测分析，努力推进企业水平衡测试工作，为水资源综合管理、节水型社会建设、饮水安全保障和水生态环境保护提供了有力支撑。在黄河、长江、珠江等流域应急调水，西北生态脆弱河流下游生态调水，白洋淀等水域应急补水，以及桂林、武汉等城市水生态系统保护与修复试点等工作中，水文部门强化实时监测，做好分析评价，提供了有力的信息支持。在应对松花江水污染、太湖蓝藻暴发、渭河油污染事件等引发的供水危机中，水文部门对水量水质进行动态监测，滚动预报，为保障供水安全赢得了宝贵时间。在北京奥运会、上海世博会、广州亚运会等重大活动中，水文部门提供了优质高效的供水安全监测服务。

1.3　水文工作为水利工程建设运行提供优质服务

无论是水利工程的规划、设计、施工，还是调度、运行、管理，都离不开水文基础数据和预测预报服务。在长江三峡工程规划论证和建设中，水文单位全面深入地开展了水文泥沙测验、河道勘测、水环境监测、蒸发观测和气象预报、水资源调查评价、水文计算以及水文科研等工作，为三峡工程提供了科学翔实的资料和数据。在黄河调水调沙中，水文部门充分应用雷达、全球定位系统、卫星遥感等高科技设备与手段，全天候监测，及时进行科学分析。在南水北调工程，万家寨引黄、大伙房水库输水等区域调水工程，四川武都等水源调蓄工程，"泽渝""润滇"等重点水源工程建设中，水文部门设立专用水文站，开展水文水资源调查评价，提供大量及时准确的基础资料、监测信息和分析评价成果，为水资源配置工程规划设计奠定了坚实基础。

1.4　水文工作为经济社会建设多领域提供优质服务

各级水文部门通过信息共享、资料公开、交流合作、技术咨询等形式，为经济社会发展和人民群众生产生活提供了良好服务。近年来，水文部门恢复了水文资料统一汇编和水文年鉴刊印，通过互联网等载体向社会及时发布实时水雨情信息、大型水库蓄水情况、地下水动态信息以及省界断面水质监测分析等信息，满足了经济社会发展对水文资料的需求。在涉水旅游区进行河流湖泊水位、流量、水质等信息的监测和预报，使水文工作更多地服务于人民群众的生活。各级水文部门积极与相关部门加强交流合作，以提供水资源信息为基础，积极参与城建、水电、能源、交通等工程建设的水资源论证和评价。跨界河流水文报汛、资料交换、业务交流与合作已成为我国同周边国家水领域合作的重要内容，为维护国家利益和促进睦邻友好做出了积极贡献。

2　进一步加快推进水文现代化建设

水资源、水灾害、水环境和水生态信息，是做好水利工作和促进经济社会可持续发展不可或缺的基础性、资源性、公益性信息，直接关系到经济社会发展的质量和效益，关系到人民群众的生命安全和生活质量。党中央、国务院高度重视水文事业发展。2011 年中央一号文件《中共中央国务院关于加快水利改革发展的决定》指出，要加强水文气象基础设施建设，扩大覆盖范围，优化站网布局，着力增强重点地区、重要城市、地下水超采区水文测报能力，加快应急机动监测能力建设，实现资料共享，全面提高服务水平；加强监测预警能力建设，加大投入，整合资源，提高雨情汛情旱情预报水平。水文工作要贯彻落实好中央水利工作会议精神，牢固树立"大水文"发展理念，立足水利、面向社会，适度超前、全面发展，努力提高水文现代化水平，为水利和经济社会发展提供可靠支撑。

统筹规划、合理布局，进一步完善水文站网体系。按照流域与区域、水量与水质相结合的原则，建立健全现代化水文水资源监测站网体系。基本建成覆盖我国中小河流的水文监测体系，在山洪灾害、城市洪水、风暴潮等易发区补充建设报汛站网；在行政区界、水资源敏感区、大中型灌区、供水水源地、重要水资源配置工程区以及地下水超采区、限采区等区域建设水资源监测站网，满足水资源开发利用和调度需要；在重点河流、湖泊和水生态系统保护试点区建立水生态监测站网，准确评价水质状况和河湖健康状况；在国家粮食主产区、易旱地区、雨养农业区以及水土流失区建立和完善土壤墒情、水土保持监测站网，满足抗旱、水土保持工作需要；在国际河流流入或流出界以及在我国境内的干流和一级支流建立较为完善的监测站网，满足国际河流管理需要；建立和完善多种类型水文实验站，满足水文科研需要。

突出重点、注重实效，进一步增强水文监测能力。提高水文监测自动化水平，改革水文测验方式，逐步形成驻测、巡测、调查、应急监测和遥感监测相结合的水文监测体系。大幅度提高自动化水平，实现长期自记、数字存储、自动传输和处理，不断提高水文监测自动测报率；建设水文巡测信息中心和遥感中心，强化巡测、自动监测和遥感监测，提升水文巡测能力；依托水文巡测基地及水质监测中心建设，加强应急机动监测设施设备配置，组建水文应急监测队，增强应急机动监测能力；加强水文应急监测关键技术研究，完善水文应急监测预案；大力加强雷达、卫星、遥感等新技术应用，广泛应用卫星通信系统；开发山洪监测预警预报系统平台，初步建立覆盖 2058个县（区、市）的山洪灾害易发区和重点防治区的水文监测预警体系。

深度加工、信息共享，进一步加快水文信息化步伐。增强基础数据支撑能力，整合现有水文信息资源，构建国家、流域和省三级水文数据中心，完善水文、水质等各类水利信息数据库，建成集存储、查询、发布、分析、应用于一体的全国、流域及省级水文信息共享平台。开发各类水文信息服务产品，建设全国洪水、山洪、旱情、水资源预测预报及分析评价系统，水质评价与水生态预测系统，防汛抗旱水情、旱情会商系统和气象应用系统，远程视频会议系统，遥感技术应用服务系统等。完善水利通信网络，提高信息的时效性和可靠性。深化水文水资源信息研究，不断提高水文预测预报的预见期与精确度，满足防汛抗旱、水资源管理和水生态建设等方面的需求。

立足水利、面向社会，进一步拓展水文服务领域。深化为水利发展服务，加强水文测报工作，强化监测与预警，切实减轻水旱灾害损失；加强供水水源地、水功能区等水质监测分析，积极开展水生态监测；加强突发水污染事件的应急监测预警，强化水资源管理、饮水安全和水生态环境保护等方面的服务；大力拓宽社会服务领域，适应交通、航运、铁路、农业、城建、环保、旅游等领域对水文工作的需求；大力推进各类业务系统的智能化、可视化建设，为经济发展和人民群众生产生活提供主动、及时、优质、高效的水文信息服务。

创新体制、完善机制，进一步深化水文行业改革。按照责权一致的原则，逐步解决目前省级水文机构配置不合理问题；健全地市级水文机构，积极推动各地设立县级水文机构，逐步形成中央、流域、省（自治区、直辖市）、地市、县五级水文机构管理体制；推动地市、县级水文机构实行由省级水行政主管部门与地市、县级人民政府双重管理体制，解决水文工作与当地经济社会发展需求脱节的问题；积极推进水文机构参照公务员法管理工作，进一步强化和稳定水文队伍。

立足长远、注重持续，进一步加强水文基础工作。加快完善水文政策法规体系建设，加快推进与水文条例配套的水文规划、水文监测与预报、水文监测资料汇交和使用审查等规章建设，加快制订和出台地方法规。加强水文基础理论和应用技术研究，重点在水文水资源信息理论与应用技术、水生态监测分析评价体系、全球气候变化和人类活动对水文水资源的影响等方面的研究取得突破。加强水文科技成果转化和推广应用，推动水文领域的国际交流与合作。加快制订和完善水文技术标准体系，综合健全全国水文技术标准，特别是水文仪器设备计量认证标准与制度。加强基层水文基地建设，提高技术实力和服务水平。

加快水文事业现代化建设步伐，必须切实发挥政府主导作用、增加财政资金投入、加强人才队伍建设、塑造行业良好形象，广泛凝聚全社会力量关心支持，共同努力，合力推进。

第三章　水灾害认识研究

第一节　水灾害处置研究

我国是世界上水旱灾害发生最频繁的国家之一。洪涝灾害历来是中华民族的心腹之患，干旱灾害一直是我国粮食安全的首要威胁。自公元前206年至1949年的2155年间，共发生较大的洪水灾害1092次、较大旱灾1056次。1949年以来，大江大河发生较大洪水50多次、发生较大范围严重干旱约20次。1990年以来，年均洪涝灾害损失约占同期GDP的1.5%，年均干旱灾害损失超过1%，遇严重水旱灾害年份，比例更高。

经过多年大规模的水利工程建设，我国大江大河干流已基本具备了防御中华人民共和国成立以来最大洪水的能力，中小河流暴雨洪水防范能力也显著提升，城乡供水基本得到有效保障，水旱灾害防御非工程措施不断完善，关键期洪水预报科学精准，水利工程调度科学有效，防洪抗旱减灾效益十分显著。近5年来，全国因洪涝灾害死亡人数总体呈下降趋势。因洪涝灾害年均农作物受灾面积、受灾人口、死亡人口比21世纪初减少3~6成。

由于扎实的专业技术能力，刘宁2000年被任命为国家防汛抗旱总指挥部专家组组长紧急赴西藏自治区林芝地区波密县处置易贡滑坡，取得了成功。此后，刘宁先后组织参与了四川唐家山堰塞湖、甘肃舟曲特大泥石流、广西卡马水库垮坝、云南红石岩堰塞湖、2010年西南大旱、江西唱凯堤决口、玉树地震水利抗震救灾、泰国湄南河洪水防御以及几十次的防御强台风等防汛抗洪抢险救灾工作。在历经一路的披荆斩棘、负重前行中，刘宁有过对情况不明的忐忑、有过战胜困难的喜悦、有过临危决断的果敢，更多的是对于防灾减灾的思考和挽狂澜于既倒的坚定信念。

科学制订西藏易贡滑坡堵江减灾预案

刘　宁

摘　要： 西藏自治区林芝地区波密县境内发生巨型滑坡，国家防汛抗旱总指挥部及时派出技术专家组，对滑坡堵江的成因、性质和危害进行了调查分析，因地制宜、科学地制定了减灾预案，使抢险救灾工作顺利进行。

1　概况

2000年4月9日约20时，西藏自治区林芝地区波密县境内发生巨型滑坡。滑坡体自相对高差近3330m的雪峰阳坡经札木弄沟滑下。目击者称历时约10分钟。估算滑程8km，堵塞易贡藏布江。堆积体长、宽各约2500m，平均厚60m，最厚100m，面积约6km³，体积约2.8亿~3.0亿m³。滑坡堆积体80%以上是砂性土，中间挟裹巨石块体散布。被堰塞的易贡藏布江水位以每天0.5~0.6m的速度上涨，进入汛期（6~8月）涨势将更快。

该地区汛期将至，技术力量薄弱，施工手段较少，为此，在党中央、国务院的领导下，国家防汛抗旱总指挥部、西藏自治区各级政府以及军区、武警部队极为重视，迅速采取了有效的应对措施，最终使抢险减灾取得了巨大的成功。本文仅就国家防总派出的技术专家组制定减灾预案考虑的因素和过程进行简要介绍。

2　滑坡和堰塞湖水情

2.1　滑坡成因

导致滑坡的主要因素是由于气候转暖，海拔高程5520.0m以上雪峰阳坡坡积层上亿立方米滑坡体饱水失稳，沿陡倾岩层呈楔形体高速下滑，撞击下部老堆积体并铲削两侧山体，化为"碎屑流"高速下滑入江。经历了高位滑动—碎屑流—土石水气浪—泥石流—次生滑坡等过程，具有复合性。滑坡体主要由砂土夹石构成，砂性土占80%~85%，块石体积最大达数百立方米，母岩主要由花岗岩、大理岩、板岩组成，风化强烈。堆积体顶部与底部宽阔，高宽比达1:20以上，堆积体上下游坡十分平缓，在水不漫坝掏刷的情况下，可保持挡水稳定。

该区历史上为滑坡多发区，1900年曾发生过体积规模巨大的滑坡，截断易贡藏布江，10个月后江水漫顶自然溃决。现场勘察表明，位于上游右岸的易贡茶厂就坐落在

原载于：中国水利，2000，(7)：37-38。

古泥石流残留堆积体上。

现场查勘目测和遥感测试确定，滑坡发生后一段时间内，滑床尚未达到平衡状态，仍经常发生次生滑坡和泥石流，每天约 10 万 m^3；左岸札木弄沟由于冰雪融化等形成了流量为 $1 \sim 3 m^3/s$ 的溪流，冲刷滑坡体后形成一定体积的次生泥石流；在札木弄沟滑床中，尚存体积约千万立方米的残留滑坡体。

2.2 堰塞湖水情

该地区受印度洋暖气流沿雅鲁藏布江河谷北进的影响，加之海拔较低，雨水丰沛，年平均降水量为 960.5mm，$5 \sim 9$ 月占全年降水量的 78%。堵江成堰塞湖后，湖水面积 $22km^2$，湖长约 17km，湖水以每天 $0.5 \sim 0.6m$ 的速度上涨。

3 灾情及抢险减灾预案

3.1 灾害情况

4 月 9 日滑坡发生后。易贡藏布江的 7km 主河道被堵塞，公路被切断，5000 余人被困，无人员伤亡。但随着堰塞湖水上涨，预计将导致的灾害有：

一是上游两乡三厂（场）将全部被淹，上游 5000 余人将无家可归，并可能引发新的小型滑坡。

二是堰塞湖水无下泄通道，预计 6 月底湖水将上涨至堆积体顶最低高程，拦存湖水将达 40 亿 ~ 60 亿 m^3。堆积体以砂性土和细粒物质为主，所裹块石分散，不能构成有效的支撑，因此，一旦水流漫顶，发生冲刷，将形成堆积体泥石流破坏，还可能铲削下游沟谷陡坡坡积物引发沿途滑坡体滑动。

三是一旦形成二次泥石流，溃口水流、泥流，将冲击下游的帕隆藏布江乃至雅鲁藏布江区域相当大范围内的道路、桥梁、居民区、农田，给生态环境带来毁灭性灾害。

3.2 减灾预案

西藏易贡巨型滑坡是举世罕见的，滑坡堵断易贡藏布江形成堰塞湖更是绝无仅有。灾害发生地位于西藏东南腹地，交通、施工条件极差，必须采取因地制宜、科学合理的措施。根据这场灾害及周边条件分析，抢险应定位在减灾上。减灾的重点在于滑坡堵江衍生的上游水位上涨淹没及堆积体破口溃决后泥石流和水流对下游产生的危害，所以应尽最大努力减少上游受淹范围和损失，降低溃口下泄水量、流速，将下游损失降到最低程度。专家组现场提出可供比较的预案如下。

预案 1：加强监测，开展上、下游移民调查、转移、安置，桥梁、道路、通信设施迁建，损毁恢复准备工作等，库满自溢漫顶溃口。

预案 2：采取非工程措施的同时，在堆积体最低处开渠引流，水库溢流漫顶溃口。

预案 3：采取非工程措施，在右岸山体垭口开溢洪道，改造堆积体成坝，堰塞湖成库。

分析认为，预案 1 损失最大。预案 3 看似最好，但不可行，因为右岸山体可开渠处最高点距当时水面约 160m 高，且多有古堆积体及树木，工程量巨大。预案 2 采用工程措施引流，降低水位，减少库容，使溃口流量、溃口流速、溃口宽度、溃口时间均有明显下降，但仍不可避免水流漫顶、水库（20 亿~30 亿 m³ 水量）溃决的可能性，灾害同样也是严重的，并且工程措施要求的工程量也较大（开挖量 130 万~220 万 m³，铅丝笼约 22 万 m³，土工布约 8 万 m²）。施工期估计仅 1 个月。施工强度高，而且当地施工能力薄弱，施工条件差。

3.3　减灾预案的选取及施工

经过专家组的分析研究，综合考虑各方面的因素，国家防汛抗旱总指挥部领导明确批示，并经西藏自治区党政联席会议决策，确定采用预案二作为抢险减灾实施方案，并迅速调动以武警水电三总队为骨干的施工队伍，汇集各方面力量迅速组织开展了工程措施和非工程措施的实施。实施方案的要点如下。

（1）引流明渠中心线设在塌滑体鞍部，即最低处。

（2）引流明渠渠底高程、开挖量，视实际情况确定。

（3）由于易贡湖水位上升速度比原预测加快，虽然预案 2 进水口石笼锁口及土工布护渠引流措施施工有较大困难，仍应尽最大可能实施。

（4）根据堆积体体积大、组成物质松散的客观施工条件，要求以推土机、挖掘机、自卸汽车搬运施工为主，引水冲刷和手风钻钻爆碎石相结合，两侧开挖边坡比确定为 1:2~1:3。

（5）本项施工是一场与洪水上涨、堆积体溃口抢时间争速度的紧急而特殊的抢险减灾任务，堰塞湖水上涨，渠底下降，两者遭遇控制施工期仅 1 个月。要求渠底下降距上涨的水位 2~3m 时，人员、设备迅速撤离。

（6）要求在工程措施实施过程中，加强水情测报、堆积体稳定状态测报，进行溃口流量、流速影响态势分析。

（7）在工程措施实施的同时，迅速严格地落实非工程措施。

4　结语

接到抢险救灾的任务后，武警部队等 700 多名抢险人员，奋战 33 天，累计开挖土石方 135.5 万 m³，有效地降低了堆积体过水高程 24.1m，减少拦存湖水约 20 亿 m³。引渠施工过程中，在下挖 10m 后，视实际情况于两侧边坡各设了一条马道，然后以 1:3 边坡继续下挖至 22m，再用挖掘机开挖约 2m×2m 的深槽，以尽早下泄湖水，同时在泄水渠进水口设置了一定数量的钢筋混凝土排，以代替预案二中的铅丝笼；根据水势，施工至 6 月 3 日停工，施工队伍 6 月 4 日开始撤离，6 月 8 日 6 时 40 分，泄水渠过水，最初流速为 1m/s，流量为 1.2m³/s，至 11 日 2 时 50 分增至最大，堆积体溃决，11 日 21 时，滑坡体拦存的湖水按预定方案完全下泄。

堆积体过水前，西藏易贡抢险救灾总指挥部指挥转移受灾群众 6000 多人，运送救灾物资 200t，对下游地区特别是墨脱县段河道上的桥梁、道路等采取了防范措施，未造成人员死亡，实现了国家防汛抗旱总指挥部要求的确保群众生命安全和把损失减少到最低限度的目标。

专栏

　　2000 年 4 月 9 日，西藏自治区林芝地区波密县境内发生巨型滑坡。顷刻之间易贡湖出口处与易贡藏布入口处隆升起一座达 500 多米高、2.5km 长、1.5km 宽的大坝，滑坡体巨大，体积约 2.8 亿 m^3，这是一次中国甚至世界上都极为罕见的山体大塌方。堰塞湖水位上涨很快，以每天 0.5～0.6m 的速度上涨，形势十分危急。

　　刘宁临危受命，作为国家防汛抗旱总指挥部专家组组长紧急赴西藏自治区林芝地区波密县。他带领专家组现场考察、谨慎研究、结合实际主持制订了西藏易贡巨型滑坡堵江抢险减灾方案，创造性地提出并采用了以开渠引流、进水口锁口、块石护坡、护底等工程措施为主的滑坡堆积体溃决时间人工延长技术，延长了溃决时间，削减了溃决流量，减轻了对下游地区的冲击破坏力。方案实施后取得巨大成功，时任国务院副总理温家宝在批示中予以了充分肯定，西藏自治区政府授予专家组集体一等功。

易贡巨型滑坡堵江灾害抢险处理方案研究

刘　宁　蒋乃明　杨启贵　薛果夫　万海斌

摘　要：2000 年 4 月 9 日晚 8：00，西藏林芝地区波密县境内的易贡湖旁发生体积 2.8 亿～3.0 亿 m³ 巨型滑坡，形成堰塞坝堵塞一条年平均流量达 378m³/s 的河流，是国内外罕见的地质灾害。分析了滑坡成因、可能的危害、采用非工程措施和工程措施并重的抢险救灾预案的必要性；介绍了抢险的实施情况。科学的态度、果敢的决策、因地制宜的措施、强有力的施工手段是易贡滑坡堵江灾害事件减灾取得成功的关键。

1　概况

2000 年 4 月 9 日晚 8：00，位于东经 94°53′、北纬 30°14′的西藏林芝地区波密县境内的易贡湖旁发生体积 2.8 亿～3.0 亿 m³ 巨型滑坡。滑坡体自易贡藏布河左岸扎木弄沟 5520m 以上的山峰下滑，历时约 10min，滑程约 8km，高差约 3330m。滑坡堆积体（以下简称堆积体）在距易贡藏布河与迫隆藏布江汇合口的上游约 17km 处堵塞雅鲁藏布江二级支流易贡藏布河，形成堰塞坝，导致河水位自原易贡湖水面迅速上涨，严重威胁堆积体上下游数千群众的生命财产和两岸各种设施的安全，情况十分紧急，抢险救灾迫在眉睫。本文作者作为国家防汛抗旱总指挥部专家组成员，现场参与了抢险方案的制定。本文即为抢险方案研究的成果。实践表明，这一研究成果是基本正确的，最大限度地达到了抢险减灾的目的。

2　滑坡规模、成因及组成物质

2.1　滑坡规模

下滑堆积体截断易贡藏布河（河床高程 2190m），在原易贡湖口形成长约 2500m、宽约 2500m 的堆积体，其面积约 5km²，最厚达 100m，平均厚 60m。堆积体形态极不规则，顶部宽阔，表面起伏不平；上、下游坡面平缓，平均坡度分别为 5° 和 8°。靠右岸顺水流方向形成宽约 200m 的鞍部，最低点高出易贡湖水面约 55m，高出下游坡脚约 90m。滑坡堆积体平、剖面形态参见图 1 和图 2。

2.2　滑坡成因

该地区历史上即为滑坡多发区。1900 年曾在扎木弄沟发生过体积过亿立方米的巨

原载于：人民长江，2000，31（9）：10-12.

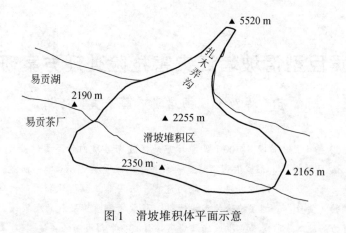

图 1　滑坡堆积体平面示意

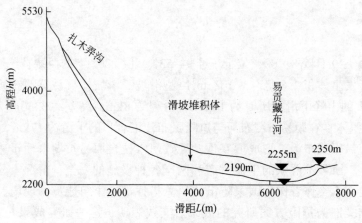

图 2　滑坡堆积体剖面示意

型滑坡而截断易贡藏布河 10 个月，后河水漫溢滑坡体自然溃决，残留体抬高河水形成易贡堰塞湖。

　　本次滑坡产生的主要原因是由于山顶冰川逐渐退缩后，陡峻的雪峰冰雪在每年的温季融化，逐步使位于扎木弄沟高程 5520m 以上雪峰上巨大的楔形体饱水失稳，并因滑床陡倾（倾角为 70°~80°）而呈高速下滑。楔形体下滑过程中撞击并带动扎木弄沟中长年的崩积物，铲削两侧山体的松动带，形成"碎屑流"；在高速下滑入河床时，撞击河水和右岸老滑坡堆积体，形成高 200 多米的"土—石—水—气"混合体。其中，一部分翻越高约 150m 的老滑坡，摧毁老滑体上高达数十米的茂密山松，并转化为泥石流体；另一部分受阻于老滑坡并向下游和上游转化为泥石流体。滑坡的发生经历了高速滑动→碎屑流→土石水气浪→泥石流→次生滑坡等过程，具复合性。

2.3　滑坡物质组成

　　堆积体主要由砂土夹石构成，砂性土占 80%~85%，块石体积最大达数百立方米；母岩主要由花岗岩、大理岩、板岩组成，风化强烈；平面上堆积体各部分物质组成不同，其中左侧及上游侧块石相对较多，其余部分以砂性土夹碎块石为主；砂性土分选性差，各部分的含量不一；堆积体表面结构松散。

3 水文特性

3.1 流域特征

易贡藏布河是迫隆藏布河的一级支流，也是最大的支流，流域面积 13 533km²，占迫隆藏布河流域面积的 47.3%，河长 286km，发源于嘉黎县西北的念青唐古拉山脉南麓。沿河两岸分布着众多的冰川及雪山，山高谷深，山上冰川发育，山下沟谷纵横。位于滑坡发生地的易贡湖面积约 22km²，湖面长约 17km，平均宽约 1.3km，湖周长约 44km。

3.2 气象

该地区受印度洋暖湿气流沿雅鲁藏布江河谷北进的影响，加之海拔较低，雨水较丰，植被好，气候温和湿润。年平均气温为 11.4℃，月平均最高为 18.1℃，月平均最低为 3.3℃；历年最高气温为 32.8℃，历年最低气温为 -10.7℃。年平均降水量为 960.5mm，5~9 月的降水量占全年的 78%，其中，降水最多为 6 月约占全年的 26%；11 月至翌年 4 月为枯水期。

3.3 水文特征

该流域基本为无水文资料区，仅 1967~1969 年在干流贡德短期设置过水文站，下距易贡湖口约 3km。结合水文气象资料分析，每年 4 月底或 5 月初开始涨水，7 月来水量最大。年平均流量 378m³/s，实测最大流量 1780m³/s，统计涨水期 4~8 月平均流量分别为：88.5m³/s、261m³/s、761m³/s、1160m³/s、900m³/s。年平均入湖径流量 119.2 亿 m³，枯水期一般出现于 11 月下旬至翌年 4 月下旬，最枯流量约 55m³/s。

该地区冰川属海洋型冰川，冰川消融主要在夏季，春末和秋初也有些消融。径流补给形式以融雪（冰）为主，降水次之。

3.4 水情预测

本地区不仅是无水文资料区，而且所掌握的"库"区地形图为海平面高程，与抢测的"坝"区地形图的相对高程之间无法建立联系，导致水情预测时水位和库容出现差异较大的不同数据。进行抢险预案比较时预测 7 月中旬水位达到堆积体鞍部，最大库容超过 40 亿 m³；而在进行选定预案细化时预测值调整为 6 月上旬水位达到堆积体鞍部，最大库容约 20 亿 m³。但无论何种预测数据，抢险工期都十分短暂。

4 灾害分析预测

（1）4 月 9 日滑坡发生后，易贡藏布河主河道被堵塞，进入堆积体上游两乡三厂（场）的 7km 简易公路被完全破坏，堆积体上游 5000 余人被困，无人员伤亡。

（2）堆积体体积庞大，上下游坡平缓，在河水不漫顶的条件下堆积体可以保持整体稳定。

（3）堆积体以细粒物质为主，所含块石分散，抗冲刷流速低于 1m/s，在高速水流冲刷时将出现迅速下切破坏。

（4）扎木弄沟内的松散物质已基本滑出，在今后相当长的时间内不具备产生同等规模滑坡的物质条件，雪峰的滑坡物源处小型崩滑仍会间断出现，因距离较远，到达沟口的威胁较小。

（5）随着夏季来临，融冰（雪）加快、降水增加，堰塞湖水位将以 0.5 ~ 1.0m/d 的速度上涨，若不采取措施，预计在 2000 年汛期将出现：①随着水位上涨，上游两乡三厂（场）将全部被淹，上游 5000 余人安置困难；②堆积体漫顶过流，出现溃决。大流量高水头的溃决水流，将冲毁下游沿河两岸的道路、桥梁、居民区、通讯、农田、军事设施，巨大的水量还将引发沿途滑坡滑动，给生态环境带来毁灭性的灾难。

5　抢险救灾预案分析比较

5.1　预案比较

抢险救灾预案由非工程措施和工程措施两部分组成。

预案 1：加强监测，开展上下游移民调查、转移安置及桥梁、道路、通讯等设施迁建、损毁恢复准备工作，满库自溢漫顶溃泄。

预案 2：加强监测，开展上下游移民调查、转移安置及桥梁、道路、通讯等设施迁建、损毁恢复准备工作，采取工程措施，在堆体鞍部开渠引流，小库容渠内溢流溃泄。

预案 3：加强监测，开展上游移民调查、转移安置，采取工程措施，在右岸山体开渠泄流，改造堆积体成永久坝，堰塞湖成库。

预案 1 将出现高水头溃决，灾害巨大，后果不堪设想。预案 3 若能实施，效果最好，可完全避免下游的灾害，但因为右岸山体可供开渠处距天然湖水面超过 160m，工程量巨大，施工期将以年计，右岸泄流道尚未形成时，堆积体便已漫顶，其灾害与预案 1 相同。预案 2 采取工程措施引流，降低水位、减少库容，使溃口流量、溃口流速、溃口宽度、溃决速度有明显降低，但该方案要达到较好的效果，工程量仍较大。

5.2　预案选定

鉴于堆积体规模巨大，而水位上涨速度快，要在有限的时间内采取工程措施完全恢复河水天然过水状态是不可能的。实施预案 1 将给上下游生态环境带来极具毁灭性的灾害。采用预案 2，最大限度地实施工程措施进行导水，虽不可能避免堆积体过水溃决的灾害发生，但可收到明显的减灾效果。经反复分析研究，推荐将抢险救灾定位于减灾，避免人员伤亡，使灾害损失降至最低。经有关部门决策，同意以预案 2 为基本方案。

依据定位于减灾的决策，抢险救灾方案的非工程措施和工程措施两部分内容，应二者并重、并举。

6 工程措施

6.1 目的

工程措施的主要目的是在易贡湖水位上涨过程中，尽最大努力形成引流明渠，从而降低湖内水位、减少湖内水量，一方面减少上游受淹范围；另一方面降低下泄流量，减轻湖水宣泄时对下游造成的破坏程度。

6.2 选定预案工程措施要点

选定的预案 2 中，工程措施为"开渠引流"方案。其方案要点是沿堆积体的鞍部开挖一条长约 1000m、开口宽约 150m、底宽 30m、高约 30m、边坡坡比 1:2 的引流明渠。明渠进出口实施钢筋石笼保护，引流渠上段铺土工布保护，达到明显降低水头、减小湖内雍水量、控制下泄流量，使湖水下泄时堆积体不出现高速溃决。工程量包括开挖量约 220 万 m³、铅丝笼 22 万 m³、铺设土工布 8 万 m²。

对选定预案进行细化时，水情预测认为在 6 月上旬水位将达到堆积体鞍部，且当地及周围地区施工能力低，而外调设备又因对外交通条件差而受限制，分析认为完全实现预案 2 已不可能。专家组经向自治区四方联席会议汇报并得到批准，对预案 2 的基本方案进行了一定的调整。调整后的方案要点如下。

（1）引流明渠中心线仍设在堆积体鞍部。

（2）由于水文资料的不可预见性，将最低渠底高程定为 25m（相对高程，以下相同。鞍部相对高程 55m），并分别提出 25m、30m、35m、40m、45m 共 5 个渠底高程，要求视施工时段来水情况相机决定。明渠横断面按在 25m 高程处底宽 30m、两侧边坡 1:2 确定。不同渠底高程的渠底宽度和开挖工程量见表 1。

表 1 不同渠底高程时开挖工程量

渠底高程（m）	渠底宽度（m）	开挖工程量（万 m³）
25	30	153.09
30	50	134.28
35	70	112.01
40	90	84.93
45	110	54.39

（3）由于易贡湖水位上升速度比原预测加快，基本方案中考虑的进水口石笼锁口及土工布护渠等措施已很难完全实施，故建议准备部分石笼、土工布相机使用。

（4）施工方法及要求。①堆积体方量巨大，其组成以疏松风化的砂土为主，夹粒径不等的块石，块石体积数立方米至十余立方米，最大体积达数百立方米。为此，考虑采用推土机、引水冲刷和手风钻钻孔爆破解石相结合的方法施工。②由于开挖施工与湖水上涨同时发生，必须由上而下逐层开挖下降，即自鞍部 55m 高程开始按 5m 左右一个台阶进行开挖，渠底始终保持大体平整形象，边坡也随着开挖及时整修，尤其自上游侧至鞍部段约一半渠段应如此施工，以使过流通畅。③安排上游渠段以大功率推土机开渠，下游渠段则采用设于湖边的浮式泵站接管引水沿渠中线冲土开渠，并用推土机送土配合施工。推土开挖过程中出露的大块石及时用手风钻钻孔小炮解碎后推走，水流冲刷出露的大块石则尽量冲切其周围土体使石块滚落到底部。

（5）施工进度。本项工程施工强度极高、工程量巨大，是一场与洪水抢时间争速度的紧急特殊的抢险任务。考虑必要的进退场时间，净施工工期按一个月安排。施工中必须充分利用水情预报，如实际水位上涨速度比预测快，则应提前撤离，反之则应继续下挖。

（6）施工安全。实施抢险工程的目的是保障人民群众的生命安全，减轻物资财产的损失。作为抢险施工，亦要求将安全放在首位：①随时注意易贡湖水上涨情况，加强预报，同时严密监测水位上涨过程中背水坡渗漏情况，发现险情，及时处理；由于工区周围均为堆积体，左侧扎木弄沟内尚有残留堆积物，因此应加强堆积体和冲沟的监测。②进场设备应有较好的灵活机动性，以便一旦发生险情能迅速撤出。③做好安全计划，设置专门的安全机构和安全人员，对全体施工人员进行安全教育。

6.3　施工期监测及预报

本项施工除施工单位必须建立严格的安全管理系统外，还必须建立独立的监测及预报系统。主要内容为易贡藏布流域气象测报、易贡湖入湖水量和水位测报、堆积体稳定状态测报3项。全过程的监测预报对确保施工安全和最终确定实际工期起着十分重要的指导作用。

7　非工程措施

实施工程措施后，堆积体溃决的可能性依然存在，形势仍异常严峻。为了在堆积体溃决时尽可能减轻灾害，在实施工程措施的同时，必须同时实施非工程减灾措施。非工程减灾措施预案的要点是：①立足抗大灾、抢大险的思想；加强和健全抢险救灾组织机构，使抢险救灾工作有序、高效地进行；②对上游两乡三厂（场）受灾群众视情况进行转移安置和储物抗灾；③加强对堆积体稳定、入湖水量、湖水上涨速度及流域水文气象等的监测预报工作；④对堆积体进行溃决分析，为预测下游沿河（江）受影响范围的高程、沿途河段冲刷程度、可能产生的地质灾害提供依据；⑤落实通讯应急措施，确保在堆积体溃决时灾区通信畅通，以使抢险救灾工作有组织地进行；⑥落实交通应急措施，堆积体溃决后救灾工作的关键是交通；要求扎扎实实地做好交通应急措施及各项准备工作；抢修交通设施的物资、技术、设备和人员要全面落实；⑦通告下游相关政府和单位，落实下游人员、相关单位及重要设施的撤离范围；⑧落实灾后抢险救灾物资来源、运输途径；⑨做好相关军事设施的应急保护；⑩做好抢险救灾资料的收集和整理。

8　实施情况简介

在西藏自治区易贡抢险救灾总指挥部的领导和组织下，抢险施工队奋战33d，累计开挖土石方135.5万 m^3，有效降低堆积体过水高度24.1m。引流渠施工过程中，在下挖10m后，视实际情况于两侧边坡各设了一条马道，然后以1∶3边坡继续下挖12m，再利用挖掘机开挖约2m×2m的深槽，以尽早下泄湖水，同时在泄水渠进水口处设置了一定数量的钢筋混凝土排，以代替预案2中的铅丝笼。报据水情，施工至6月3日停止，施工队伍于6月4日开始撤离。6月8日6:40，泄水渠开始过水，最初流速为1m/s，流量1.2 m^3/s；至11日2:50流量增至最大，堆积体溃塌，12日21:00，堆积体拦存的河水完全下泄。

堆积体过水前，西藏自治区易贡抢险救灾总指挥部全面实施非工程措施，转移受灾群众6000多人，运送救灾物资超过200t，对下游的桥梁、道路等研究了灾后复建措施；湖水下泄过程中未造成人员死亡，实现了国家防汛抗旱总指挥部要求的确保人民生命安全和把损失减少到最低限度的目标。

堰塞湖的应急处置与认识

刘　宁

1　概述

　　"5·12"汶川大地震，不仅造成四川、甘肃、陕西、重庆、云南、贵州、湖北、湖南8省（直辖市）2473座水库出险，822座水电站受损，1057km、899段堤防与7.24万处供水工程、3.65万km供水管道不同程度的损毁，而且导致众多山体滑坡堵塞河道，在一些重要江河支流，共形成一定规模的堰塞湖35处，其中四川34处、甘肃1处；蓄水容积1亿 m³以上的1处，100万 m³以上的21处。四川省34处堰塞湖中，极高危险级1处（唐家山），高危险级5处，中危险级13处，低危险级15处，数百万人民群众生命安全受到威胁。堰塞湖如果处置不当，所造成的次生灾害可能远大于地震本身。1933年四川茂县地震使数千人不幸罹难，而震后堰塞湖的溃决，却又夺去了两万多人的生命。

　　在党中央、国务院的高度重视和坚强领导下，在人民解放军和武警官兵、地方各级党委政府、各有关部门以及社会各界的大力支持下，水利部举全行业之力，从全国水利系统紧急抽调水利专家、勘测设计和工程抢险人员组成80个工作组、46支应急抢险抢修队、91个设计组，调集数千台（套）大型施工机械和应急供水设备及大量防汛物资，与灾区人民一道开展了艰苦卓绝的抗震救灾工作，震区主要江河上堰塞湖排险工程基本完工，震损水库水电站无一座垮坝，出险堤防无一处决口，灾区临时应急饮水基本解决，取得了水利抗震救灾的决定性胜利。

　　截至7月17日，全国2473座因地震出险水库已全部降低水位运行，震区400座高危险情以上水库中已有394座完成应急除险施工，四川1803座、云南51座震损水库应急处置全部完成。四川34处堰塞湖已有17处消除险情，14处基本排除险情，2处排险降级，1处低危级正做好排险方案设计。四川495段震损堤防中累计完成应急除险457处，重大险情震损堤防全部完成应急处置。震区累计抢修恢复原有水厂和修建临时供水工程6726处，累计抢修恢复原有供水管道、铺设临时供水管道36 717.1km。

2　堰塞湖紧急处置的关键问题

2.1　堰塞湖的形成和初步分级

　　中国山丘区面积约占国土面积的三分之二，并且具有暴雨区与地质灾害易发区相

原载于：中国防汛抗旱，2008，(4)：7-11。

重叠的特征，极易受到地震、强降水等影响造成滑坡、泥石流等灾害。堰塞湖是因地震、山崩、滑坡、泥石流、冰碛或火山喷发的熔岩和碎屑物堵塞河道后贮水而形成的湖泊。

在这次水利抗震救灾中，我们重点关注的是重要江河上、有一定规模、影响比较大的堰塞湖，有以下几个判别条件：①堰塞体高度不低于 10m；②堰塞体上游集雨面积不低于 $20km^2$；③堰塞湖库容不小于 10 万 m^3。

根据实际情况，其危险性等级的划分标准如表 1 所示。此外，在深山区支流上也产生了一批规模不大的堰塞湖，没有纳入这次堰塞湖统计范畴。如四川省震后共形成大大小小堰塞湖 104 个。

表 1　判断堰塞湖险情所采用的危险性划分标准

危险性等级	堰塞体坝高（m）	最大库容（m^3）	堰塞体组成	下游受威胁地区
极高危险情（溃坝险情）	>80	>1亿	土沙较多	有县级以上或重要的设施，人口密集，短期内可能溃决
高危险情	50～80	1000万～1亿	土含大块石	下游威胁地区有乡镇以上或较为重要的设施，人口比较密集
次高危险情（中、低危险）	<50	<1000万	大块石含土或大块石为主	有村社和居住人口

2.2　堰塞湖处理的特点和难点

堰塞湖与人类为兴水利而修建的水库大坝完全不同，其主要险情表现为壅高水位，影响河道水流正常下泄，并形成危险松散土（石）体，随着蓄水量的逐步增加，水位抬高，极易垮塌，形成类似溃坝灾害。

堰塞湖处理的特点和难点主要如下。

（1）堰体结构不明，基础资料缺乏。堰塞湖堰塞体一般是山体等滑塌下来的散离体，经过高速滑动和巨大挤压后，其堰体结构有很大的不确定性。应急处置中既无时间也无条件进行钻探、现场原位试验和室内试验等常规测试项目，短时间内只能凭肉眼表面观测，根据工程经验对堰塞坝的物质组成和力学性质进行大致的推断，给处理带来极大难度。

（2）堰体溃决可能性大，危害严重。由于堰体堆积物组成复杂，结构稳定性判断异常困难。据统计，如不采取人工除险措施，堰塞湖形成后一年内溃决的概率高达93%。一些堰塞湖"坝"高、"库"大，河流水量大，一旦堰塞坝在高水位时溃决或溢流引发堰塞体在短时间内溃决，溃坝洪水将造成下游大面积淹没，严重威胁下游群众生命财产安全，并对下游河道和两岸造成严重冲刷和破坏。

（3）水文气象预报难度大，留给处理时间紧迫。堰塞体堵塞河道，水量无法下泄，堰塞湖水位不断上涨，加上山区天气变化无常，水文气象预报的难度很大，如果再遭遇汛期强降水，预报洪水叠加高水位，将会带来巨大的溃决风险，因此应急处置必须考虑最不利的来水情况。而这样一来，留给方案制定、施工准备与实施、人员转移的时间非常紧迫，也给施工进度安排带来很大难度。

（4）施工条件恶劣，周围环境危险。堰塞湖一般地处高山偏远区，交通极为不便，往往没有陆路运输条件，完全依赖空运，而空运因雨、雾、风等天气原因面临随时中断的风险。施工现场极为狭窄，工程处理措施难度极大。同时，施工可能面临余震、滑坡和堰塞体突然溃决的危险，有时还要克服严重的高原反应，施工人员安全时常受到威胁。

（5）需要工程和非工程措施相结合。堰塞湖的应急处置仅靠工程措施往往无法达到抢险救灾的目的，减灾措施应工程措施和非工程措施并举。非工程减灾措施包括受灾害威胁范围计算和调查，下游群众转移避险安置，监测预警预报以及恢复、重建方案等。

另外，堰塞湖一般地处偏远，要采取妥善处理措施，以避免引发民族问题和国际纠纷等。

2.3　堰塞湖应急处置的核心理念、基本原则、方式和方案

2.3.1　堰塞湖应急处置的核心理念

（1）以人为本，确保人民群众生命安全。
（2）充分利用自然力量排除自然灾害。

2.3.2　堰塞湖应急处置的基本原则

（1）"安全、科学、快速"。
（2）工程排险与人员避险相结合。
（3）用先进监测技术及时预警预报。
（4）尽可能减少财产损失，尽快使群众生活安定。

2.3.3　堰塞湖应急处置的主要方式

在堰塞湖的处理上，要根据不同堰塞湖特殊条件，迅速制定一套操作简单但又快速有效的减灾措施，尽最大可能减少堰塞湖蓄水，确保下游群众和施工人员生命安全，减轻对堰塞体上游地区的淹没损失，减轻溃决洪水对下游河道和河岸的破坏，减小发生重大次生灾害的概率。要根据堰塞湖的不同性状，确定其处理方式。具体来说，可能有以下几种。

（1）自然溃决。不采取工程措施，等待湖水上涨漫顶，将堰塞体冲溃。这种方式适用于较小的堰塞湖，堰塞体方量小，蓄水量不大，冲溃对下游影响小，或是没有时间、没有条件进行工程除险，只能自然溃决。对于这种堰塞湖一定要分析计算其溃坝影响风险，从最不利的条件出发，做好监测预警预报，组织好下游群众转移避险。

（2）爆破除险。采用钻孔爆破的方式把部分堰体炸掉，使湖水通过炸开的缺口下泄。这种方式适用于两岸山体较稳定，堰塞体方量小，不具备大型机械施工条件或时间紧迫，来不及施工除险，同时对下游威胁较大的堰塞湖。在进行爆破除险时，一定要及时通知预警下游群众避险，同时也要防范新的地质灾害发生。

（3）围坝蓄水。采取护坡、防渗等手段加固堰塞体，保留上游堰塞湖，等待汛期

过后、具备条件时再进行处理。这种方式适用于堰塞体结构比较稳定、坚固，判断堰顶过水不会冲垮堰体；或是堰塞体方量很大，湖水短时间不会漫溢，可以从容进行处理。对于前者，要立足最坏可能，防止堰塞体万一溃决对下游的影响，做好人员转移；对于后者，则要仔细研判，监测水位变化、堰体变形和渗流等，做好预警预报，同时可采用倒虹吸等手段降低蓄水位。

（4）开渠引流。在堰塞体顶部合适位置开凿泄水渠道，通过溯源冲刷，逐步扩大过流断面加速泄流，降低溃坝水头、水量与流量，削弱水流破坏力，达到减灾目的。由于堰塞体地质条件的差异，这种处理可能会造成两种结果：一种可能是湖水通过渠道下泄后，逐渐把堰体全部冲溃；另一种比较理想的状态是，湖水通过渠道进行深槽冲刷，大部分堰体未被冲塌，避免突溃灾害，最终形成相对稳定的新河道。这种方式适用于有一定的处理时间，具备大型机械施工条件，溃决影响重大的堰塞湖。对于这种处理，还要结合一系列非工程措施，确保下游群众安全。唐家山堰塞湖、易贡藏布堰塞湖的处理都属于这种方式。

（5）天然留存。不采取任何工程措施，等待湖水上涨漫顶过水。这种方式适用于堰体坚固、堰顶过流后溃决可能性不大的堰塞湖。我国一些地区的湖泊、海子等许多都是这种天然留存的堰塞湖。对于这种堰塞湖也要尽可能分析计算其溃坝影响风险，做好监测预警预报，防止不利情况发生。

2.3.4 堰塞湖应急处置方案的制订

堰塞湖处理的方法多种多样，总体来说在制订处理方案时要争取规避恶劣工况，实现最佳效果。尽量在洪水到来前完成处理任务，避免洪水与堰塞湖高水位叠加，造成垮坝风险；要根据堰塞体地形地质条件，因势利导、顺势而为；要制定多种目标方案，确保目标与争取目标应具有动态调整的余地；工程措施应方便快速施工；实现最低的工程除险目标，应有预备措施保障为应对不可预见因素的影响，当计划实施方案遇到困难时，应能迅速改用预备方案，以免影响除险目标的实现。

为安全、科学、快速处理堰塞湖，首先要采取各种可能的手段如航拍图片、卫星图片等对堰塞湖进行分析研判，有条件的要组织技术人员到现场勘查或乘坐直升机进行空中观察，尽可能摸清堰塞体的地形地貌、地质构成、堆积规模、蓄水水位水量和周边环境等，初步研判堰塞体的安全稳定性。对于具备工程除险条件的堰塞湖，要迅速组织专家和技术人员，在现场勘查和有限资料的基础上，分析堰塞体地形地貌，根据专家丰富的了程经验对堰塞坝的物质组成和力学性质进行大致的推断，综合考虑交通运输条件、工地周边环境、工期等，在有限的时间内，制订工程除险的方案和人员转移避险方案，要根据具体情况或应对突发情况，制订多套施工方案。

工程除险方案主要包括开挖泄流渠或排水涵洞（管），爆破堰体，堰顶泵排、倒虹吸抽排水等，具体工程方案往往是上述几种处理方案的结合。对于开挖泄流渠方案，要立足堰塞体的地形地质条件，遵循因势利导、便于施工的原则来设计泄流渠，科学选择渠线的位置，确定渠道的深度和形状。为促使尽早过流，限制库水位的上升，一般泄流渠设计断面呈窄深状，以便充分利用水流的挟带能力，逐步扩宽切深断面。要综合考虑各种因素来确定施工组织方案，包括施工安全措施预案，施工管理规定，漂浮物处理方案，紧急情况处置预案及施工人员、设备撤退方案等。鉴于设计方案建立在有限的地质资料和水文雨情预报基础上，在施工过程中，要根据实际揭露的地质条件和实际达到的施工能力，对施工方案进行动态调整。

在制订工程除险方案的同时，要及时制订下游避险预案。为满足确定人员避险影响范围的需要，要进行多种方案的溃坝洪水计算，确定不同溃决方式下游影响范围和需要转移的人员，从而配合地方政府制订下游避险预案，做好人员转移避险工作。与此同时，建立堰塞湖监测点，对堰塞体上游流域气象、水文、地震及堰塞体变形实施24小时监测，配备可靠通信工具，建立预警机制，及时发现险情征兆并发出预警信息。

3　唐家山堰塞湖的应急处置

在汶川大地震形成的35个堰塞湖中，唐家山堰塞湖是影响最广、险情最重、排险最难的堰塞湖，直接威胁下游100多万群众的生命安全堰塞坝体体积2037万 m^3，顺河长约803m，横河宽最大约61lm，平面面积约30万 m^2，坝高82~124m。堰塞湖上游集雨面积3550km²，堰塞湖库容3.16亿 m^3。

3.1　应急处理方案

（1）充分考虑堰塞体的成因、地形地质和水文条件，确定泄流渠位置，在坝体右侧垭口软硬结合处开挖泄流渠，确定了"入口低坡、中段平底、岩槽锁口"的渠型，以期达到"方便施工、溯源冲刷、固左淘右、不溃少留"的效果。

（2）针对施工效率的高低和湖内来水的不同，设计了渠道开口线相同、三个不同的渠底高程目标方案，同时根据天气和来水形势，还设计了爆破方案备用。实施中采用动态设计，根据气象水文预报，结合地质地形条件，不断调整设计和施工方案。

（3）在施工方式上，采用"疏通引流，顺沟开渠，深挖控高，护坡镇脚"以及"挖爆结合，先挖后爆，平挖深爆，以爆促挖"，实际施工中，由于泄流渠开挖处沙和土较多，爆破作用不大，加上炸药容易引起新的崩塌，最终只使用了少量爆破。

（4）进行溃坝洪水推演，科学评估溃坝风险。根据不同溃坝模式演算的洪水过程和风险评估成果，制订了1/3溃坝、1/2溃坝和全溃方案，对1/3溃坝影响范围内的20多万人进行了提前转移。

（5）充分利用科技手段。建立水雨情预测预报体系、堰塞坝远程实时视频监控系统、坝区安全监测系统、坝区通信保障系统、专家会商决策机制。

3.2　施工排险过程

5月25日开始，武警水电部队连续奋战7天6夜，开挖完成了一条总长475m、进出口段高程分别为740m和739m的泄流渠。因预报的强降水没有发生，原预计的洪水过程也没有来，抢险人员再上唐家山，实施消阻、扩容、清漂，通过小剂量爆破消除局部阻水岩石，清除漂浮物，为湖水顺利下泄创造了有利条件。6月7日7时开始过流，10日11时30分出现了6500m³/s的最大下泄流量。11日14时，堰塞湖坝前水位降至714.13m，水位下降28.97m；相应蓄水量从最高水位时的2.466亿 m^3 降至0.861

亿 m³，减少 1.6 亿 m³。泄流过程中，下游群众无一人伤亡，重要基础设施没有造成损失。经过水流的冲刷，泄流渠已形成长 800m、上宽 145～235m、底宽 80～100m、进口端底部高程 710m、出口端底部高程约 690m 的峡谷型河道。6 月 11 日，临时转移的 20 多万群众安全返回家园。

泄流后剩余堰塞体主要由结构较密实的巨石、孤块碎石组成，抗渗透破坏和抗冲刷能力较强，抗滑稳定性较好，堰塞体受力条件大幅度改善，整体稳定，虽有发生局部垮塌的可能，但不会发生溃坝。泄流渠过水冲刷形成新的峡谷型河道，具有通过 200 年一遇洪水的能力，断面基本稳定，不会造成堵塞断流和影响行洪能力。

堰塞湖泄流过程证明，泄流渠引流效果良好，有效控制了湖水下泄过程，确保了人民群众的生命安全，避免了大的损失，达到了预期中的最佳效果。

实践证明，唐家山堰塞湖应急处置工作符合"主动、尽早，排险与避险相结合"的原则，体现了"安全、科学、快速"。国务院抗震救灾总指挥部发来贺电，称赞这是世界上处理大型堰塞湖的奇迹！

4　唐家山与易贡藏布堰塞湖的比较

2000 年 4 月 9 日，受气温转暖、冰雪融化及地质等因素的影响，西藏自治区波密县易贡乡扎木弄沟源区发生巨大山体滑坡，滑坡运动的垂直落差达 3000m，水平最大运距约 8500m，最大速度达 44m/s 以上，形成长 4.6km，高 60～110m 的天然坝体，堆积方量约 3 亿 m³，完全堵塞了易贡藏布江。滑坡体体积、规模、滑程居世界第 3 位，仅次于加拿大道宁滑坡和意大利瓦伊昂滑坡。

比较唐家山和易贡藏布堰塞湖，在成因、地质构造、滑坡机理、影响范围以及应急对策等方面都各不相同、各具特点，但通过各方面的努力，都成功避免了造成更大的灾害。两处堰塞湖主要指标的比较如表 2 所示。

表 2　唐家山和易贡藏布堰塞湖主要指标的比较

主要指标	唐家山	易贡
形成原因	地震	积雪融化和降水
堆积物组成	碎裂岩，碎石土及含泥粉细砂	70% 以上为细粒土
堆积方量	2037 万 m³	3 亿 m³
堰塞湖库容	3.16 亿 m³	40 亿 m³ 以上
泄流或溃决前库容	2.466 亿 m³	32 亿 m³
影响人口	数百万	数千人
稳定性判断	基本判断可以通过采取工程措施实现不溃决	一定会溃决，通过工程措施减小溃决水头和损失
交通条件	无陆路运输条件，完全靠空运	海拔 3000m 以上崇山峻岭中，交通极为不便
处理方案	引流预泄：开挖泄流明渠	引流预泄：开挖泄流明渠
施工方法	大型挖掘机、推土机	推土机、引水冲刷和手风钻钻孔爆破解石相结合

主要指标	唐家山	易贡
施工时间	7 天	33 天
施工方程（土石方）	13.55 万 m³	135.5 万 m³
工程处置效果	降低了 12m 过流水，减少了近 1 亿 m³ 的可能蓄水量	降低了 18.16m 溃坝洪水水头，减少了约 10 亿 m³ 可能蓄水量
下泄洪峰流量	6500m³/s	12.4 万 m³/s

在实施效果上，通过开挖泄流渠，唐家山降低了 12m 过流水头，减少了近 1 亿 m³ 的可能存蓄水量，如不采取工程措施，预计右坝前水位可达 752.20m，相应库容 3.16 亿 m³。堰塞坝将出现漫顶快速溃坝；易贡藏布由于渠道开挖降低溃坝洪水水头 18.16m，估算减少溃坝库水水量约 10 亿 m³。同比条件分析，在通麦大桥处，实际溃坝洪水流量 12.2 万 m³/s；若不实施减灾工程措施，则在通麦大桥处溃坝洪水流量将达 24.2 万 m³/s，破坏力将增加一倍。

5 堰塞湖处理的经验

对唐家山等堰塞湖险情的成功处理表明，只要处理及时、得当，堰塞湖的风险同样是可以降低的。当然，我们应该从唐家山等堰塞湖险情处置中总结经验，科学规划城镇与重大基础设施布局，加强预测预警，完善应急机制，做到科学、有序、从容应对。

总结堰塞湖的处理经验，主要有以下几点。

（1）科学合理的设计施工方案是取得成功的基础。堰塞湖处理充分考虑堰塞体的成因、地形地质条件、水文条件，充分利用自然力量，发挥水流挟带冲刷作用，因地制宜地制订设计施工方案。尤其在唐家山堰塞湖处理中，开渠引流，通过溯源冲刷逐步扩大过流断面加速泄流，泄流渠引流效果良好，有效控制了水流下泄时间，避免了突然溃决的灾害。

（2）强有力的组织指挥和各方的协同配合是取得成功的关键。党中央、国务院领导高度重视堰塞湖的处置工作，在处理唐家山堰塞湖过程中，胡锦涛总书记、温家宝总理亲自指挥，主持研究制订应急处置方案，确定了安全、科学、快速和确保无一人伤亡的处置原则与工作目标。水利部主要领导始终坚守一线，地方政府层层落实人员转移避险责任，建立预警预报机制。气象、地质、环保、卫生等部门以及中科院等科研单位全力给予配合，基层干部做了大量艰苦细致的组织协调、人员安置和思想政治工作，下游沿线群众顾全大局、充分理解、积极支持转移避险工作。

（3）组织有坚强战斗力的施工队伍是取得成功的重要保障。在堰塞湖处理过程中，解放军指战员、武警部队官兵都发挥了突击队的作用，克服气象恶劣、地形复杂等重重困难，开辟空中专用通道，运送大批抢险人员、大型机械设备和食品、物资、燃料等，短时间内完成了艰巨的施工任务。

（4）先进科学技术的充分运用和专业技术人员的倾力投入是取得成功的关键支撑。

堰塞湖的成功处理，凝聚着水利、气象、地质、信息等领域专家和技术人员的心血和智慧，检验了水利科技的支撑能力和水平。这一过程中，一大批专业技术人员和科技人员，在一线开展险情排查、风险评估、水文监测、临时抢护、应急除险等工作，建立了专家会商机制，汇集水利等各个领域专家智慧，综合运用多种先进技术手段，深入查勘研判，科学分析论证，全面系统评估，为堰塞湖的成功处理提供了关键技术支撑。

此外，寻求国际合作也非常重要，在唐家山堰塞湖应急处置过程中，俄罗斯政府发扬人道主义精神，派出米-26重型运输直升机，无偿支援唐家山堰塞湖工程排险，发挥了重要作用。

6　灾后重建阶段堰塞湖的综合处理措施与建议

对于堰塞湖来说，第一阶段的处理完成后，堰塞体经过了较大水流的冲刷和考验，这就要判断剩余堰塞体的整体稳定性，考虑长期的综合处理措施，可能有下面几种处理方式。

（1）彻底清除堰塞体。对于过流后堰塞体仍不稳定，或仍然明显壅高水位对防洪造成影响的，要考虑进一步采取工程措施，对剩余堰塞体予以挖除或爆除。

（2）继续深挖扩容。对于剩余堰塞体方量较大，不易全部清除的，可进一步深挖扩容，形成较稳定、过流能力较大的深槽河道。但要制订相应监测预警方案，防止堰塞体重新垮塌堵塞河道。

（3）改造为水库水电站。对于已形成深槽冲刷，剩余堰塞体和两岸山体较稳定的堰塞湖，在进行详细地质勘探工作以及深入科学论证的基础上，可将这样的堰塞湖改造为水库水电站，变废为宝。但这一处理要非常慎重，相应主管部门应从严审批，确保安全。

总之，在下一步水利抗震救灾和水利工作中，要积极开展震损水库及堰塞湖风险评估与处置关键技术的研究，深入全面研究震损水库和堰塞湖在数据快速获取和解读、堰塞湖形成机理和评估、水库和堰塞湖溃决机理、洪水演进过程及影响、减灾和应急抢险应急治理以及工程对策等领域的关键技术问题，研究应急检测与监测技术、险情快速评估与排序理论和方法、应急抢险工程措施与人员避险应急预案、恢复重建与修复标准和技术，以及水库大坝震损机理与抗震减灾方法；研究地震多发区水库应急管理机制与对策，建立健全科学、高效的地震应急处置机制；建立洪水溃决风险评估指标体系，构建堰塞湖重大险情应急指挥系统。通过这些研究，为高危坝体和堰塞湖的应急抢险、除险加固以及灾后重建提供及时的、先进的科技支撑。

专栏

2008年5月12日下午14时28分，一场突如其来的灾难骤然降临，四川汶川发生了8.0级特大地震。瞬间夺去数万人生命，造成严重损失，举国悲痛，山河齐哀。地震震损了两千多座水库和水电站，山体垮塌形成了34座大型堰塞湖。唐家山堰塞湖是集雨面积最大、蓄水量最大、威胁最大、可能造成灾害损失最为严重的堰塞湖。

险情就是命令，时间就是生命。5 月 12 日夜晚，当天刚刚从外地出差回来的刘宁就作为水利部工作组一员紧急赶赴四川地震灾区，不畏艰险，不怕牺牲，现场勘查震损水利工程安全运行情况，特别是在唐家山堰塞湖应急抢险中，他和专家们一道昼夜奋战，一天基本上就睡 3 个小时，制订了《唐家山堰塞湖应急疏通工程设计施工方案》，并得到国务院抗震救灾前线指挥部批准。在抢险施工期间，刘宁一直坚守堰顶，和抢险战士们吃住一起，现场指挥工程施工，取得了唐家山堰塞湖抢险决定性重大胜利，消除了汶川地震次生灾害的这个特大威胁，确保了人民群众生命安全，避免了大的损失，创造了世界上处理大型堰塞湖的奇迹。他和奋战在水利抗震救灾一线的战友们，把深沉壮阔的无私大爱，写在了一处处堰塞湖、一座座震损水库大坝上。在随后的回忆中，刘宁这样形容当时的处境"这是最艰辛的设计、这是最艰巨的施工、这是最艰难的抉择"。

巨型滑坡堵江堰塞湖处置的技术认知

刘 宁

摘 要：巨型滑坡堵江形成的堰塞湖往往具有滑坡方量大、集雨面积大、蓄水量大、对人民群众生命财产威胁大等特点，排险处置又受地质条件不明、水陆交通不便或完全中断、周边环境危险、施工时间紧迫等制约。因此，堰塞湖排险处置的难度非常大。唐家山堰塞湖的成功处置，创造了世界上处理大型堰塞湖的奇迹，认真总结唐家山堰塞湖应急处置的经验，有助于我们提高应对次生灾害或自然灾害的能力。

里氏 8.0 级的 "5·12" 汶川大地震发生在四川盆地西部地质环境极为脆弱、人口相对密集的中、高山地区，据估算，地震所触发的滑坡、崩塌在 5 万余处以上，其中对城镇、乡村带来直接危害和间接威胁的达 4000 余处；大型、特大型滑坡达数百处。地震触发的大量崩塌滑坡沿主发震断裂带和河流、沟谷成带状分布，规模之大、数量之多、密度之高、类型之复杂、造成损失之重，举世罕见，是改变山河面貌的主要因素。大量滑坡、崩塌是导致人员伤亡、财产损失、设施破坏的一个重要原因。

汶川地震导致的山体滑坡堵塞河道，在一些重要江河支流，形成较大规模的堰塞湖 35 处，其中四川 34 处、甘肃 1 处；蓄水容积 1 亿 m³ 以上的 1 处，100 万 m³ 以上的 21 处。四川省 34 处堰塞湖中，极高危险级 1 处（唐家山），高危险级 5 处，中危险级 13 处，低危险级 15 处，其中唐家山堰塞湖是集雨面积最大、蓄水量最大、威胁最大、可能造成灾害损失最为严重的堰塞湖。堰塞湖如果处置不当，所造成的次生灾害可能远大于地震本身。

1 唐家山堰塞湖处置

1.1 基本情况

唐家山堰塞湖位于四川省北川县城上游 3.2km 处，堰塞体体积 2037 万 m³，顺河长约 803m，横河宽最大约 611m，平面面积约 30 万 m²，坝高 82~124m。堰塞湖上游集雨面积 3550km²，堰塞湖库容 3.16 亿 m³。堰塞体表面起伏差较大，中线偏右有较低洼槽。堰塞体物质结构为：右侧区上部为残坡积的碎石土，下部为巨石、孤块碎石，左侧区主要由巨石、孤块碎石组成，局部上覆碎石土。

原载于：中国水利，2008，（16）：1-7。

1.2　制约性因素

1.2.1　堰体结构不明，资料缺乏

唐家山堰塞湖堰塞体是地震造成山体滑塌下来的散粒体，经过高速滑动和巨大挤压后，其堰体结构有很大的不确定性。应急处置中既无时间也无条件进行钻探、现场原位试验和室内试验等常规测试项目，短时间内只能凭肉眼表面观测，根据工程经验对堰塞坝的物质组成和力学性质进行大致的推断，给处理带来极大难度。

1.2.2　堰体溃决可能性大，危害严重

由于堰体堆积物组成复杂，结构稳定性判断异常困难。据统计，如不采取人工除险措施，堰塞湖形成后一年内溃决的概率高达 93%。唐家山堰塞湖"坝"高、"库"大，河流水量大，一旦堰塞体在高水位时溃决或溢流引发堰塞体在短时间内溃决，溃坝洪水将造成下游大面积淹没，严重威胁下游群众生命财产安全，并对下游河道和两岸造成严重冲刷和破坏。

1.2.3　水文气象预报难度大，时间紧迫

唐家山堰塞体堵塞湔江河道，水流无法下泄，堰塞湖水位不断上涨，加上山区天气变化无常，水文气象预报的难度很大，如果再遭遇汛期强降水，预报洪水叠加高水位，将会带来巨大的溃决风险，因此应急处置必须考虑最不利的来水情况。而这样一来，留给方案制订、施工准备与实施、人员转移的时间非常紧迫，也给施工进度安排带来很大难度。

1.2.4　施工环境危险，条件恶劣

唐家山堰塞湖地处高山偏远区，陆路、水路运输中断，施工完全依赖空运，而空运因雨、雾、风等天气原因面临随时中断的风险。施工现场极为狭窄，工程措施处理难度极大。同时，施工可能面临余震、滑坡和堰塞体突然溃决的危险，施工人员安全时常受到威胁。

概要地说，唐家山堰塞湖险情有四个确定性和四个不确定因素。

确定性因素：一是遇较大洪水或降水，溃决概率非常大；二是堰塞体高 80 ~ 120m，水头高 60 ~ 80m，极具危险性；三是上游流域面积大，水位上涨快；四是堰塞体还在遭遇强余震影响。

不确定因素：一是堰塞体土石结构复杂，一时难以弄清，且均为经过高速滑动形成的散粒堆积体；二是气象的变化难以预测；三是堰塞体可能存在薄弱环节造成塌陷甚至部分溃决，5 月 29 日在堰塞体左后坡 700m 高程处发现管涌渗水点，渗漏量一直在增多扩大；四是在堰塞体上游约 3km 处还有一处近 1700 万 m^3 的马铃岩潜在滑坡体存在，如果巨大滑坡体滑落产生涌水，可能会对唐家山堰塞体造成严重影响。

1.3 方案制订、现场施工和泄流过程

1.3.1 方案制订

推断唐家山堰塞湖的实际成因和现状，综合考虑排险减灾条件和环境，形成高度统一的认识是：唐家山堰塞湖的应急处置仅靠工程措施无法达到抢险救灾的目的，应工程措施和非工程措施并举。非工程减灾措施包括受灾害威胁范围计算和调查，监测预警预报，下游群众转移避险安置以及恢复、重建方案等。

（1）充分考虑堰塞体的成因、地形地质和水文条件，确定泄流渠位置，在坝体右侧垭口软硬结合处开挖泄流渠，确定了"入口低坡、中段平底、岩槽锁口"的渠型，以期达到"方便施工、溯源冲刷、固左淘右、不溃少留"的效果。

（2）针对施工效率的高低和湖内来水的不同，设计了渠道开口线相同、三个不同的渠底高程目标方案，同时根据天气和来水形势，还设计了爆破方案备用实施中采用动态设计，根据气象水文预报，结合地质地形条件，不断调整设计和施工方案。

（3）在施工方式上，采用"疏通引流，顺沟开渠，深挖控高，护坡镇脚"以及"挖爆结合，先挖后爆，平挖深爆，以爆促挖"。实际施工中，由于泄流渠开挖处沙和土较多，爆破作用不大，加上炸药容易引起新的崩塌，最终只在消阻清漂时使用了少量爆破。

（4）积极采用先进的科技手段，进行监测和预警预报。建立水雨情预测预报体系、堰塞体远程实时视频监控系统、坝区安全监测系统、坝区通信保障系统等，对气象、水文、堰体结构稳定性、渗流、险情以及泄流过程等进行实时监测、预报、预警，同时对通口河唐家山下游的一系列堰塞湖、电站、水库等进行实地和远程遥控监测。

（5）按照充分利用自然力量排除自然灾害的排险减灾理念，分析并研究泄流渠过流后的三种可能形态及应对措施：一是过流产生强烈的溯源冲刷，致使堰体溃决；二是过流后，由于堰体土石结构坚固而湖水能量和动力不足以形成有效淘刷，使堰塞湖悬而不下，风险犹存，长期浸没上游、威胁下游人民群众生命财产安全；三是形成溯源冲刷，泄水淘刷力能有效使右部堰塞体相对软弱的碎石土被水流淘刷带走，扩大成为有相当泄流能力的大河，而残留堰塞体由于块石体存在，稳定且再无溃决风险。

（6）进行溃坝洪水推演，科学评估溃坝风险。根据不同溃坝模式演算的洪水过程和风险评估成果，分析了1/3溃坝、1/2溃坝和全溃情势和避险方案，对1/3溃坝影响范围内的27.5万多人进行了提前转移。

（7）研究了下游4处堰塞湖和3座电站拦截唐家山下泄水流的作用和溃决状态，对可能产生的影响，提出了监测、预警、抢护要求和方案。

在具体方案制订中，根据堰塞体现场的地形、地质条件，泄流渠利用堰塞体上偏右侧的低洼薄弱部位布置，平面上呈凸向右岸的弧形。泄流渠采用梯形断面，两侧边坡为1:1.5，设计了相同开口线、相同坡比，不同渠底高程的方案；为简化施工，设计了铅丝笼进行出口锁口和软弱边坡防护。防护范围为陡坡段及其两侧边坡、下游出口段变坡处顺流向前后共50m范围、泄流渠凹岸边坡。北川唐家山堰塞坝泄流槽平面布置见图1。

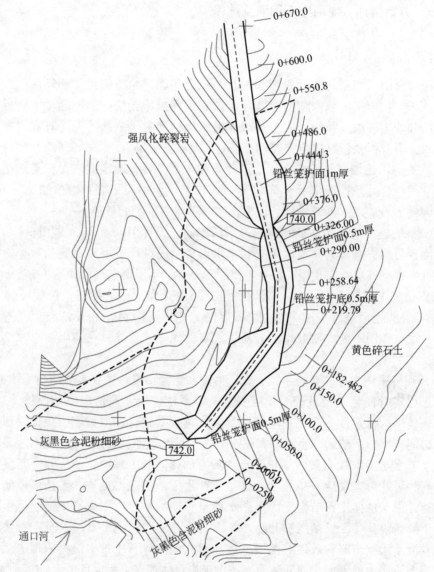

图1　北川唐家山堰塞坝泄流槽平面布置图（1∶2000）

三个不同的渠底高程目标开挖方案如下。

方案1（低标准方案）：进口高程747m，渠底宽28m，泄槽总长670m，上游平缓段纵坡0.6%，下游陡坡段纵坡分别为24%和16%。

方案2（中标准方案）：进口高程745m，渠底宽22m，泄槽总长680m，上游平缓段纵坡0.6%，下游陡坡段纵坡分别为24%和16%。

方案3（高标准方案）：进口高程742m，渠底宽13m，泄槽总长695m，上游平缓段纵坡0.6%，下游陡坡段纵坡分别为24%和16%。

1.3.2　现场施工

在施工过程中，根据现场情况对方案进行了动态调整。

（1）在泄流渠施工放样定线初期，为便于引导水流尽快归槽入河，平缓段出口方向较原拟定方向向左调整，亦使渠形平面上更弯向右部，以更好利用水流冲刷力冲刷右岸而保护左岸。

（2）开挖揭露泄流渠沿线以松散的残坡积物为主，在平缓段出口约 60m 范围揭露出碎裂岩存在，估计其抗冲流速为 5～10m/s，对控制堰塞体，特别是右部相对软弱堰塞体快速溯源冲刷导致溃口起到了重要的锁口防护作用，为此，取消原陡坡段和平缓段出口段所有防护措施，仅仅对出口段与中段过渡处的右岸崩塌体水流可能顶冲的坡脚和位于出口下游的右侧、判断为软弱滑坡体的坡脚实施了局部钢丝笼防护镇脚。

（3）为便于以反铲、推土机组合进行开挖和转运出渣的平缓段上游侧施工需要，依势就高将原平缓段进口约 170m 范围的渠底纵坡由 0.6% 纵坡修改为自 0+170 桩号以上为倒坡。渠底实际纵断面形态呈驼峰状。

（4）由于实际施工能力较原计划能力有明显的突破，在接近完成高标准方案（进口高程 742m）时，将进口高程由 742m 降低为 741m；在此方案施工临近结束时，又将渠底高程全线降低 1m，实际平缓段进口高程 740m，平缓段出口高程 739m，渠底宽度 7～10m。

从 5 月 25 日开始，经过武警水电部队连续奋战 7 天 6 夜，开挖完成了一条总长 475m、进出口段高程分别为 740m 和 739m 的泄流渠。因预报的强降水没有发生，原预计的洪水过程也没有来，抢险人员再上唐家山，5 天 4 夜实施消阻、扩容、清漂，通过小剂量爆破消除局部阻水岩石，清除漂浮物，为湖水顺利下泄创造了有利条件。与此同时为绕过可能影响溯源冲刷效果的出口段约 60m 碎裂岩渠段，6 月 6 日开始在泄流渠出口段前端的左侧新开挖一条泄流支槽，并尽可能降低该槽槽底高程以加大过流刷淘效率，支槽长 110m，渠底宽 10m，槽底纵坡 1∶4～1∶6，边坡坡比 1∶1.5。后因原泄流渠溯源冲刷按预想形成并发展，支槽方案停止实施。

1.3.3　泄流过程

6 月 7 日 7 时 8 分，泄流渠开始过流，随着上游水位的继续抬升，水流逐渐冲深泄流渠出口碎裂岩石槽段，与此同时进口段和中段较为软弱的泄流渠断面渐次冲刷扩大，直至水位抬升到最高 413.10m，泄流渠过流断面按照预期被冲刷扩大，出口碎裂岩石槽段被高速水流彻底淘开，发生溯源冲刷，泄流能力迅速增加，并且随着水流对泄流渠右侧上中游松散土石堰塞体淘刷的加剧，渐次演变成弯向右岸的河道，10 日 11 时 30 分出现了 6500m³/s 的最大下泄流量，之后流量开始减少，新的河道基本形成。11 日 14 时，堰塞湖坝前水位降至 714.13m，比最高水位下降 28.97m；相应蓄水量从 2.466 亿 m³ 降至 0.861 亿 m³，减少 1.6 亿 m³。

泄流过程中，下游群众无一人伤亡，重要基础设施没有造成损失，灾区震后没有再遭受洪水浸没和次生灾害危害。经过水流的冲刷，泄流渠形成长 800m、上宽 145～235m、底宽 80～100m、进口端底部高程 710m、出口端底部高程约 690m 的峡谷型河道。经专家评估，剩余堰塞体主要由结构较密实的巨石、孤块碎石组成，抗渗透破坏和抗冲刷能力较强，抗滑稳定性较好，堰塞体受力条件大幅度改善，整体稳定，虽有发生局部垮塌可能，但不会发生溃坝，新形成的河道具有通过 200 年一遇洪水的能力，断面基本稳定，不会造成堵塞断流和影响行洪。唐家山堰塞湖的特大威胁解除，6 月 11 日，临时转移的近 30 万群众安全返回家园。

　　堰塞体过流后现状：堰塞体平面分布呈拱形，顺河长度约 600m，最大横河宽度约 300m，坝体厚 80~120m，水面宽约 110m；堰塞体后水位 704.2m，由冲刷物堆积的河道宽约 200m，水面宽约 60m；堰塞体目前过流水面宽 18~33m，泄流后泄流渠形状见图 2。堰塞体至苦竹坝电站闸坝的下游 1km 河道被"6·11"泄洪冲刷后的碎砾石砂层所淤积，河道平缓，水头差小。堰塞体泄流量、库水位与时间关系见图 3。

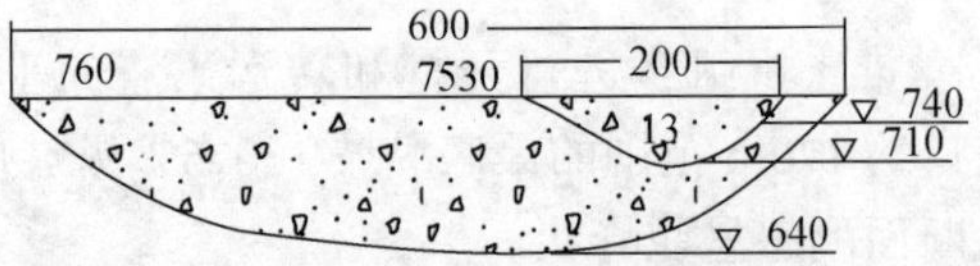

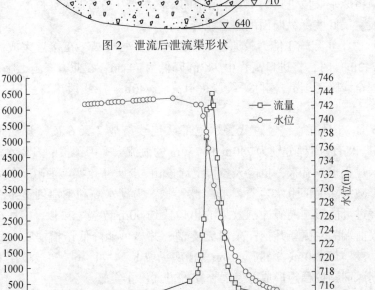

图 2　泄流后泄流渠形状

图 3　唐家山堰塞体泄流流量、库水位与时间关系曲线

　　堰塞湖泄流过程证明，泄流渠引流效果良好，有效控制了湖水下泄过程，确保了人民群众的生命安全，避免了大的损失，达到了预期的最佳效果。分析若不实施唐家山应急疏通工程，预计 6 月 17 日 10 时坝前水位达到 752.20m，堰塞体将发生漫顶。从 6 月 10 日的过流状况可以推断，必将出现快速溃坝。实践证明，唐家山堰塞湖应急处置体现了以人为本的科学发展观要求，实现了百姓无一人伤亡的目标，符合"主动、尽早，排险与避险相结合""安全、科学、快速"的原则。国务院抗震救灾总指挥部发来贺电，称赞其"创造了世界上处理大型堰塞湖的奇迹"。

　　唐家山堰塞湖应急处置完成后，专家组组织长江水利委员会设计院和成都勘测设计研究院专家进行了技术评估，提出了下一步工作建议，完成了《唐家山堰塞湖应急处置技术评估报告》；按照要求，成都勘测设计研究院继续对现状唐家山的水文气象风险、地质风险等进行勘查评估，对现状行洪能力和防洪度汛风险进行研究分析；长江水利委员会设计院牵头对唐家山堰塞湖应急除险工程进行技术总结。

2　堰塞湖处理的一般性认识

2.1　堰塞湖的形成和初步分级

我国山丘区面积约占国土面积的2/3，并且具有暴雨区与地质灾害易发区相重叠的特征，极易受到地震、强降水等影响造成滑坡、泥石流等灾害。堰塞湖是因地震、山崩、滑坡、泥石流、冰碛或火山喷发的熔岩和碎屑物堵塞河道后贮水而形成的湖泊。

在这次水利抗震救灾中，我们重点关注的是重要江河上、有一定规模、影响比较大的堰塞湖，有以下几个判别条件：①堰塞体高度不低于10m，②堰塞体上游集雨面积不低于20km^2，③堰塞湖库容不小于10万m^3。

根据实际情况，其危险性等级的划分标准如表1所示。

表1　判断堰塞湖险情所采用的危险性划分标准

危险性等级	堰塞体高（m）	最大库容（m^3）	堰塞体组成	下游受威胁地区
极高危险情 （溃坝险情）	>80	>1亿	土沙较多	有县级以上或重要的设施，人口密集，短期内可能溃决
高危险情	50~80	1000万~1亿	土含大块石	下游威胁地区有乡镇以上或较为重要的设施，人口比较密集
次高危险情 （中、低危险）	<50	<1000万	大块石含土或大块石为主	有村社和居住人口

此外，在深山区支流上也产生了一批规模不大的堰塞湖，四川除34处较大堰塞湖外，还形成了70处小型堰塞湖。

2.2　堰塞湖应急处置的核心理念、基本原则、方式和方案

2.2.1　堰塞湖应急处置的核心理念

（1）坚持以人为本的科学发展观，确保人民群众生命安全。

（2）认识和把握自然规律，充分利用自然力量排除自然灾害。

2.2.2　堰塞湖应急处置的基本原则

（1）"安全、科学、快速"，工程排险与人员避险相结合。

（2）用先进监测技术及时预警预报。

（3）尽可能减少财产损失，尽快使群众生活安定。

2.2.3　堰塞湖应急处置的主要方式

在堰塞湖的处理上，要根据不同堰塞湖特殊条件，迅速制定一套操作简单但又快

速有效的减灾措施，尽最大可能减少堰塞湖蓄水，确保下游群众和施工人员生命安全，减轻对堰塞体上游地区的淹没损失，减轻溃决洪水对下游河道和河岸的破坏，减小发生重大次生灾害的概率。要根据堰塞湖的不同性状，确定其处理方式。具体来说，可能有以下几种。

（1）漫顶溃决。不采取工程措施，等待湖水上涨漫顶，将堰塞体冲溃。这种方式适用于较小的堰塞湖，堰塞体方量小，蓄水量不大，冲溃对下游影响小，或是没有时间、没有条件进行工程除险，只能自然溃决。对于这种堰塞湖一定要分析计算其溃坝影响风险，从最不利的条件出发，做好监测预警预报，组织好下游群众转移避险。

（2）爆破泄流。采用钻孔爆破的方式把部分堰体炸掉，使湖水通过炸开的缺口下泄。这种方式适用于两岸山体较稳定，堰塞体方量小，不具备大型机械施工条件或时间紧迫，来不及施工除险，同时对下游威胁较大的堰塞湖。在进行爆破除险时，一定要及时通知预警下游群众避险，同时也要防范新的地质灾害发生。

（3）固堰成坝。采取护坡、防渗等手段加固堰塞体，保留上游堰塞湖，等待汛期过后、具备条件时再进行处理。这种方式适用于堰塞体结构比较稳定、坚固，判断堰顶过水不会冲垮堰体；或是堰塞体方量很大，湖水短时间不会漫溢，可以从容进行处理。对于前者，要立足最坏可能，防止堰塞体万一溃决对下游的影响，做好人员转移；对于后者，则要仔细研判，监测水位变化、堰体变形和渗流等，做好预警预报，同时可采用倒虹吸等手段降低蓄水位。

（4）开渠引流。在堰塞体顶部合适位置开凿泄水渠道，通过溯源冲刷，逐步扩大过流断面加速泄流，降低溃决水头、水量与流量，削弱水流破坏力，达到减灾目的。由于堰塞体地质条件的差异，这种处理可能会造成两种结果：一种可能是湖水通过渠道下泄后，逐渐把堰体全部冲溃；另一种比较理想的状态是，湖水通过渠道进行深槽冲刷，大部分堰体未被冲塌，避免突溃灾害，最终形成相对稳定的新河道。这种方式适用于有一定的处理时间，具备大型机械施工条件，溃决影响重大的堰塞湖。对于这种处理，还要结合一系列非工程措施，确保下游群众安全。唐家山堰塞湖、易贡藏布堰塞湖的处理都属于这种方式。

（5）自然留存。不采取任何工程措施，等待湖水上涨漫顶过水。这种方式适用于堰体坚固、堰顶过流后溃决可能性不大的堰塞湖。我国一些地区的湖泊、海子等许多都是这种天然留存的堰塞湖。对于这种堰塞湖也要尽可能分析计算其溃坝影响风险，做好监测预警预报，防止不利情况发生。

2.2.4　堰塞湖应急处置方案的制订

堰塞湖处理的方法多种多样，总体来说在制订处理方案时要争取规避恶劣工况，实现最佳效果。尽量在洪水到来前完成处理任务，避免洪水与堰塞湖高水位叠加，造成垮坝风险；要根据堰塞体地形地质条件，因势利导、顺势而为；要制订多种目标方案，确保目标与争取目标应具有动态调整的余地；工程措施应方便快速施工；实现最低的工程除险目标应有预备措施保障。为应对不可预见因素的影响，当计划实施方案遇到困难时，应能迅速采用预备方案，以免影响除险目标的实现。

为安全、科学、快速处理堰塞湖，首先要采取各种可能的手段如航拍图片、卫星图片等对堰塞湖进行分析研判，有条件的要组织技术人员到现场勘查或乘坐直升机进行空中观察，尽可能摸清堰塞体的地形地貌、地质构成、堆积规模、蓄水水位水量和周边环境等，初步研判堰塞体的安全稳定性。对于具备工程除险条件的堰塞湖，要迅速组织专家和技术人员，在现场勘查和有限资料的基础上，分析堰塞体地形地貌，根据专家丰富的工程经验对堰塞坝的物质组成和力学性质进行大致的推断，综合考虑交通运输条件、工地周边环境、工期等，在有限的时间内，制定工程除险的方案和人员转移避险方案，要根据具体情况或应对突发情况，制订多套施工方案。

工程除险方案主要包括开挖泄流渠或排水涵洞（管），爆破堰体、堰顶泵排、倒虹吸抽排水等，具体工程方案往往是上述几种处理方案的结合。对于开挖泄流渠方案，要立足堰塞体的地形地质条件，遵循因势利导、便于施工的原则来设计泄流渠，科学选择渠线的位置，确定渠道的深度和形状。为促使尽早过流，限制库水位的上升，一般泄流渠设计断面呈窄深状，以便充分利用水流的挟带能力，逐步扩宽切深断面。要综合考虑各种因素来确定施工组织方案，包括施工安全措施预案，施工管理规定，漂浮物处理方案，紧急情况处置预案及施工人员、设备撤退方案等。鉴于设计方案建立在有限的地质资料和水文雨情预报基础上，在施工过程中，要根据实际揭露的地质条件和实际达到的施工能力，对施工方案进行动态调整。

在制订工程除险方案的同时，要及时制订下游避险预案。为满足确定人员避险影响范围的需要，要进行多种方案的溃坝洪水计算，确定不同溃决方式下游影响范围和需要转移的人员，从而配合地方政府制订下游避险预案，做好人员转移避险工作。与此同时，建立堰塞湖监测点，对堰塞体上游流域气象、水文、地震及堰塞体变形实施24小时监测，配备可靠通信工具，建立预警机制，及时发现险情征兆并发出预警信息。建立水文雨情预测预报体系、远程实时视频监控系统、坝区安全监测系统、坝区通信保障系统、专家会商决策机制等。

对于堰塞湖来说，第一阶段的处理完成后，堰塞体经过了较大水流的冲刷和考验，这就要判断剩余堰塞体的整体稳定性，考虑长期的综合处理措施，可能有下面几种处理方式。

（1）彻底清除堰塞体。对于过流后堰塞体仍不稳定，或仍然明显壅高水位对防洪造成影响的，要考虑进一步采取工程措施，对剩余堰塞体予以挖除或爆除。

（2）继续深挖扩容。对于剩余堰塞体方量较大，不易全部清除的，可进一步深挖扩容，形成较稳定、过流能力较大的深槽河道。但要制订相应监测预警方案，防止堰塞体重新垮塌堵塞河道。

（3）改造为水库水电站。对于已形成深槽冲刷，剩余堰塞体和两岸山体较稳定的堰塞湖，在进行详细地质勘探工作以及深入科学论证的基础上，可将这样的堰塞湖改造为水库水电站，变废为宝。但这一处理要非常慎重，相应主管部门应从严审批，确保安全。

这里要强调的是：对堰塞湖的处理要立足于减灾，通过采取各种工程和非工程措施将可能带来的灾害降低到最低程度。鉴于堰塞湖的特性，完全消除或避免灾害是非常困难或者说不可能的，对于易贡堰塞湖，我们通过分析判断其一定会溃决，只能积极主动采取措施降低溃决水头和水量，尽量减小对下游的冲击灾害，事实上，我们很好地做到了这一点。而对于唐家山堰塞湖，根据其地质特性，我们判断其很有可能不溃决，通过采取工程措施，开挖泄流渠降低水头，过水湖源冲刷后形成了较稳定的深谷河道，在采取各种有力措施后，对下游基本没有造成损失，这是最为理想的状况。

3 结论与建议

在汶川大地震堰塞湖的处置上，100 多处大小堰塞湖排险避险无一人伤亡，重要基础设施和群众财产没有大的损失，成效显著，获得了国内外的一致好评。总结堰塞湖成功处置的经验，关键在于科学合理的设计施工方案、强有力的组织指挥和各方的协同配合、坚强战斗力的施工队伍、先进科学技术的充分运用和专业技术人员的倾力投入以及国际的合作支援等。

当前，水利抗震救灾已转入灾后重建阶段。在总结水利抗震救灾工作的同时，要认真总结经验教训，结合对国情灾情的认识，提高应对特大自然灾害的能力，加快完善灾害应急机制的建设，将防灾、救灾、重建等全面纳入法制轨道，完善灾害管理体系，加速相关信息管理系统建设，完善预警机制。对此提出 4 条建议。

3.1 认真总结水利抗震救灾的有益经验

在这次水利抗震救灾中，我们成功处置了以唐家山为首的数十座堰塞湖，要归纳整理在安全评估、溃决洪水分析、应急处理措施、安全预案与决策等各个方面的成功经验，为今后堰塞湖的应急处置等提供依据。

3.2 进一步研究修订完善水利建设管理规程规范

要充分认识这次地震给水利设施带来的影响，组织修订相关设计规范和标准，论证修订《水工建筑物抗震设计规范》的必要性，在《水工设计手册》（第二版）中也要纳入有关抗震研究的最新成果。此外，还要进一步完善目前的大坝抗震设计与抗震安全评价理论和方法，指导今后的大坝建设及地震多发区水库应急管理；研究编制有关震损水库和堰塞湖险情分类与判别、险情快速检测技术、应急监测技术、险情快速评估、险情预警分级指南、应急抢险技术、恢复重建标准、修复技术指南和应急管理指南等一系列技术标准导则和指南。

3.3 大力提高监测和预警预报水平

这次抗震中暴露出我们监测和预警预报的水平还不高，今后要提高这方面的技术水平，充分利用全球定位系统、地理信息系统、卫星遥感遥测、低空精准航拍、远程宽带视频、计算机仿真模拟、三维激光扫描、水文自动测报、险情实测监测、溃坝模型演进等先进技术，提高监测和预警预报的精度和水平。

3.4 开展震损水库及堰塞湖风险评估与处置关键技术研究

要深入全面研究震损水库和堰塞湖在数据快速获取和解读、堰塞湖形成机理和评估、水库和堰塞湖溃决机理、洪水演进过程及影响、减灾和应急抢险应急治理以及工程对策等领域的关键技术问题，研究应急检测与监测技术、险情快速评估与排序理论和方法、应急抢险工程措施与人员避险应急预案、恢复重建与修复标准和技术，以及水库大坝震损机理与抗震减灾方法；提出地震多发区水库应急管理机制与对策，建立健全科学、高效的地震应急处置机制；建立洪水溃决风险评估指标体系，构建堰塞湖重大险情应急指挥系统。通过这些研究，为高危坝体和堰塞湖应急抢险、除险加固以及恢复重建提供及时的、先进的科技支撑。另外，要积极研究建立堰塞湖学科的可行性。

唐家山堰塞湖应急处置与减灾管理工程

刘　宁

摘　要：简要介绍了唐家山堰塞湖应急处置的有关情况，归纳了堰塞湖处置的一般性认识，从减灾风险管理及其风险决策出发，探讨了减灾管理工程的内涵和应用，分析了唐家山堰塞湖处置成功对丰富和发展减灾管理理论和实践所具有的重要意义，并针对减灾管理得出了几点结论。

1　前言

"5·12"四川汶川特大地震造成5万余处山体滑坡、崩塌，堵塞河道，在一些重要江河支流形成较大堰塞湖35处，其中四川省34处、甘肃省1处，另外四川省还有小型堰塞湖70处。唐家山堰塞湖是集雨面积、蓄水量威胁最大，可能造成灾害损失最为严重的堰塞湖。经过各有关方面的共同努力，最终唐家山堰塞湖险情成功排除，创造了世界上处理大型堰塞湖的奇迹，对研究和推进减灾管理工程具有重要的理论和实践意义。

2　唐家山堰塞湖的应急处置

2.1　唐家山堰塞湖基本情况

堰塞体体积2037万 m^3，顺河长约803m，横河宽最大约611m，平面面积约30万 m^2，坝高82~124m，上游集雨面积3550 km^2，堰塞湖库容3.16亿 m^3。

2.2　唐家山堰塞湖应急处置的制约性因素

概要而言，唐家山堰塞湖险情有四个确定性因素和四个不确定因素，这些因素成为其应急处置时的制约。

确定性因素：①遇较大洪水或降水，溃决概率非常大；②堰塞体高80~120m，水头高60~80m，极具危险性；③上游流域面积大，水位上涨快；④堰塞体仍遭遇强余震的影响。

不确定因素：①堰塞体土石结构复杂，短时难以弄清，且均为经过高速滑动形成的散粒堆积体；②气象的变化难以预测；③堰塞体可能存在薄弱环节造成塌陷甚至部分溃决，5月29日在堰塞体左后坡700m高程处发现管涌渗水点，渗漏量一直在增多

原载于：中国工程科学，2008，10（12）：67~71。

扩大；④堰塞体上游约 3km 处还有一处近 1700 万 m³ 的马铃岩潜在滑坡体存在，如果巨大滑坡体滑落产生涌水，可能会对唐家山堰塞体造成严重影响。

唐家山堰塞湖如果溃决其洪水峰高量大，推进迅速，3~4h 将到达绵阳市，极大超过当地的防洪标准，直接威胁数百万人的生命安全。因此，必须将工程排险与人员避险相结合，力求"安全、科学、快速"。

2.3　唐家山应急处置方案的制订和施工过程

在坝体右侧垭口软硬结合处开挖泄流渠，确定了"入口低坡、中段平底、岩槽锁口"的渠型，以期达到"方便施工、溯源冲刷、固左淘右、不溃少留"的效果。设计了渠道开口线相同、三个不同的渠底高程目标方案，同时还设计了爆破方案备用，实施中动态调整方案。在施工上，采用"疏通引流，顺沟开渠，深挖控高，护坡镇脚"以及"挖爆结合，先挖后爆，平挖深爆，以爆促挖"的方式。根据堰塞体现场的地形及地质条件，泄流渠利用堰塞体上偏右侧的低洼薄弱部位布置，平面上呈凸向右岸的弧形。泄流渠采用梯形断面，两侧边坡为 1∶1.5。为简化施工，设计了铅丝笼进行出口锁口和软弱边坡防护。防护范围为陡坡段及其两侧边坡、下游出口段变坡处顺流向前后共 50m 范围、泄流渠凹岸边坡。5 月 25 日开始，武警水电部队连续奋战 7 天 6 夜，挖掘完成了一条总长 475m、上游段深 12m、下游段深 13m、进出口段高程分别为 740m 和 739m 泄流渠，挖掘 13.55 万 m³。与此同时，按照工程排险与人员避险相结合的原则，在溃坝分析和风险评估的基础上，制订了 1/3、1/2 和全溃方案，对 1/3 溃坝影响范围内的人口 27.5 万多人进行了提前转移，建立了水雨情预测预报体系、远程实时视频监控系统、坝区安全监测系统和专家会商决策机制。

2.4　唐家山应急处置的效果评估

6 月 11 日坝前水位较最高水位下降 28.97m，相应蓄水量减少 1.6 亿 m³。泄流过程中，下游群众无一人伤亡，重要基础设施没有造成损失。6 月 11 日，临时转移的群众安全返回家园，唐家山堰塞湖险情解除。

堰塞体过流后已形成较宽畅的新河道，平面上呈向右岸凸出的弧形，断面形态呈上宽下窄的"倒梯形"。泄流后剩余堰塞体主要由结构较密实的巨石、孤块碎石组成，抗滑稳定性较好。泄流渠过水冲刷形成新的峡谷型河道，具有通过 200 年一遇洪水的能力。

堰塞湖泄流过程证明，泄流渠引流效果良好，有效控制了湖水下泄过程，符合"主动、尽早，排险与避险相结合"的原则，体现了"安全、科学、快速"。国务院抗震救灾总指挥部发来贺电，称赞其"创造了世界上处理大型堰塞湖的奇迹"。

2.5　堰塞湖处置的认知

归纳堰塞湖处置的经验，一般来说减灾应遵循以下理念和原则。

核心理念：以人为本，确保人民群众生命安全；充分利用自然力量排除自然灾害。

基本原则："安全、科学、快速"；工程排险与人员避险相结合；用先进监测技术及时预警预报；尽可能减少财产损失，尽快使群众生活安定。

堰塞湖预计有以下几种处置方式：①漫顶溃决；②爆破泄流；③固堰成坝；④开渠引流；⑤自然留存。堰塞湖的处置要立足于减灾，通过采取各种工程和非工程措施将可能带来的灾害降低到最低程度，但完全消除或避免灾害非常困难，对于唐家山堰塞湖，根据其地质特性，判断其不溃决的可能性较大，通过开挖泄流渠降低水头，过水溯源冲刷后形成了较稳定的深谷河道，对下游基本没有造成损失，这是最理想的状况。但因堰塞湖情况不尽相同，笔者不能奢求其他堰塞湖的处置都能达到这种效果。

3　减灾管理工程

如前所述，当人类社会遭受灾害威胁时所能采取的有效措施，实际上都是利用一切力量和资源，努力减少灾害造成的损失。如果可资利用的力量和资源一定，则利用这些力量和资源的"能力"就成为关键。因此，如何组织发挥好这一能力实质上就是笔者提出的减灾管理工程的全部内涵意义。

大地震使灾区居民遭受惨重损失，不应该也不允许因为堰塞湖或水利震损工程处置不当而引发次生灾害，再次对人民群众造成生命伤害。各级政府对地震造成的次生灾害风险高度重视，加强灾害风险管理，科学、及时地进行各项风险决策，采取各种措施予以防范、化险、排险、避险，取得了卓有成效的业绩，为现代灾害风险管理提供了实践范例。

3.1　减灾风险管理

科学技术和社会经济的发展使风险的产生以及风险损失、收益都不断发生变化，并呈现出风险增长的特征，人类面临的风险危机越来越多样、复杂。近年来发生的SARS、禽流感、重大突发污染事件以及此次汶川特大地震等，都对公共风险管理提出了新挑战，如何有效地预防灾难、化解风险乃至处理危机是我国需要研究的重大问题。

灾害风险管理是近年发展起来的新兴学科，国际社会在积极推进灾害风险管理理论研究和应用研究快速发展的同时，至今尚未建立和形成有关灾害风险管理案例研究的系统、规范体系和成果，既缺乏具有普遍意义的研究模式，也缺乏具有广泛借鉴意义的成功案例，这是灾害风险管理研究内容的重要缺失。笔者认为，这一缺失主要应从减灾管理工程的实践中去寻求补足。

通常，风险包含了两层含义，即事件发生的概率（可能性）和事件发生导致的后果两个方面的乘积。风险具有客观性，其大小随着时间的延续而变化，是一定时期内的风险。风险发生的不确定性决定了风险所致损失发生的不确定性，风险发生的概率越大，损失出现的概率也越大，反之亦然。灾害风险一般由致灾因子、孕灾环境和承灾体子系统共同组成。

以水库大坝安全事故灾害风险为例，致灾因子是指诱发溃坝事故发生的因素，包括溃坝事故发生的外因和内因。外因包括：超标准洪水、地震、上游水库溃坝、库区滑坡、战争、恐怖活动等，内因主要指由于设计、施工或其他原因引发的大坝质量问题。孕灾环境是指形成溃坝灾害的环境，主要包括大气环境、水文气象环境以及地质地貌环境。承灾体是指溃坝洪水作用的对象，承灾体子系统是人类及其活动所在的社会与各种资源的集合。如图 1 所示。

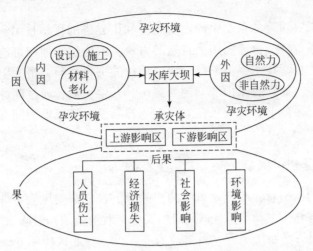

图 1　水库大坝安全事故灾害风险示意图

　　风险管理是以风险可能造成的损失结果为对象，根据成本和效益比较原则，选择成本最低、过程最短、安全保障效益最大的风险处理方案；风险管理以风险为核心，以事前、主动预防为特征，进行风险分析、风险评价和风险处置。就地震可能造成的水利灾害风险而言，风险分析是指对堰塞湖或震损水库溃决概率进行分析（溃决模式和路径分析）和溃坝后果分析（针对生命、经济损失和社会环境影响，进行溃坝洪水分析，确定淹没范围及程度）。风险评价是检验和判断风险是否可以接受的过程。风险处置方法包括降低风险（降低溃决可能性和减少溃决后果），转移风险，规避风险，保留风险。为此，不仅要进行工程应急处置除险，还要进行预测预报预警并编制可行、有效的应急预案。减灾管理工程的主要任务就是要及时、有序、有机地形成强大而高效的组织能力，动员一切可以调动的资源、力量，把风险控制在公众和政府可以接受的水平，建立以风险为中心、以预防为核心的事先主动风险管理体系。水利抗震减灾较好地实现了减灾管理工程的目的，积累了一系列行之有效的动员、组织方法和模式，实际中收获了良好的减灾效果。

3.1.1　主动从速除险避险

　　处置重大、复杂的灾害事件，面临的往往不是单一风险因素。此时一定要认真分析各种风险影响因素，按照统筹兼顾、综合风险最小的原则处置风险事件。减灾除险往往时间紧、任务重、风险大，尤其要注意规避风险的叠加，坚持对灾害事件主动从速除险避险。

3.1.2　建立应急工作机制

　　良好的应急工作机制是提高除险减灾工作质量和水平的保障，要实行"广泛合作、信息共享、相互协调、形成合力"的风险管理合作机制，相关各方密切协作，统筹兼顾，及时会商，有效地开展减灾工作。

3.1.3　制订科学减灾方案

工程措施是减灾除险的重要手段，要充分利用先进的科学技术和工程手段，结合地形地质、水文条件等，合理利用大自然的力量，因地制宜地制订施工方案并进行科学评估，用先进的科学技术保障安全、快速地排除灾害风险，最大限度地保障人民群众的生命财产安全。如在唐家山堰塞湖处置中，开渠引流，通过溯源冲刷逐步扩大过流断面加速泄流，泄流渠引流效果良好，有效控制了水流下泄时间，避免了突然溃决的灾害。

3.1.4　合理分担灾害风险

灾区是风险的承担者，政府是风险的消除者。在复杂的风险条件下，要合理地分担风险，即灾区群众应主动承担规避风险的义务，政府应承担解除风险的责任。消除、减轻灾害的风险是一个系统工程，需要政府、居民、专业机构和专家等密切配合，共同努力，化解灾害风险威胁。

3.2　减灾风险决策

管理的核心是决策，决策贯穿于管理的各个方面及其整个过程，任何管理活动都离不开决策。决策是一切行动的先导，是一门科学，也是一门艺术，正确而科学的决策会收到巨大的社会和经济效益，错误和盲目的决策则会带来无法挽回的物质和精神损失。管理者总是面临着两难境地和进行多种方案的决策，从目标的制订、方案的选择、人员的配备、组织的构建、资源的分配，都需要决策。

风险决策属于非确定型决策，是指结果有多种可能性，且不能预测未来自然状态出现概率。对于风险决策问题，不但状态的发生是随机的，而且各状态发生的概率也是未知或无法事先确定的。对于这类问题的决策，主要取决于决策者的素质、经验和决策风格等。风险决策问题行动方案的结果值出现的概率无法估算，决策者根据自己的主观倾向进行决策，不同的主观倾向建立不同的评价和决策准则。由于非确定性的存在，决策者个人的主观反应往往直接决定决策后果，其个人的风险意识和理念构成风险管理的主观依据。

水利抗震减灾涉及面广、边界条件复杂、社会影响和风险大，需要进行多目标、快速、科学的决策，决策的难度很大。实践证明，水利抗震减灾工作中进行的一系列决策是科学、及时、有效的。

3.2.1　减灾必须多目标决策

多目标决策是研究如何在多个存在着矛盾和冲突的决策目标下进行有效和科学决策的问题。水利抗震减灾关系群众的生命安全和切身利益，关系整体抗震救灾的大局，其减灾的目标不是单一的，而是包括安全、快速、科学等各方面综合的复杂目标，这给决策带来了很大的挑战和难度。必须运用多目标决策的方法，既要保证人民群众生命安全，又要争分夺秒，减少造成次生灾害的风险，还要符合科学、经济合理等方面的要求。

3.2.2 减灾必须科学决策

做决策，可能成功也可能失败，对决策者来说总要冒一定风险，问题不在于敢不敢冒险，而在于能否估计到各种决策方案存在的风险程度，以及在承担风险时所付出的代价和获得的收益之间做出慎重的权衡，以便采取行动。水利抗震减灾过程中面临的风险很多，一旦决策失误，造成极大的影响和损失，必须进行科学决策。在唐家山堰塞湖的处置中，冒险大爆破，爆除可能长时间冲淘不下有利于防止溃决的岩石渠段，可以加快过流后的排险，但很可能促成人为溃决，给下游带来巨大灾难。若不爆除，过流后长时间不能排险，将可能使抗震救灾、重建家园的局面更为紧迫。进行科学决策的结果是，为实现"不溃少留"的效果，保留了岩石渠段，实践证明这一决策是正确的。

3.2.3 减灾必须实时决策

地震造成的堰塞湖、震损水库、堤防等，为保障安全和避免汛期洪水叠加，留给处置的时间都十分紧迫，进行这类决策，来不及进行充分的调查、论证等，要及时进行除险减灾，必须进行实时决策。同时，由于各方面、各种因素对减灾效果要求高，在实时决策的同时，还必须保障各种减灾方案、时机等决策的科学合理性。

唐家山堰塞湖是中华人民共和国成立以来地震后形成堰塞湖中最严重的，其危害程度严重、影响范围广泛、处置时间紧迫、施工难度巨大和技术措施复杂，在世界堰塞湖的处置中都是罕见的。唐家山堰塞湖从形成威胁数百万人生命安全的重大风险源，到成功处置解除风险历时不到一个月时间，但它却涵盖了灾害风险管理过程的全部要素，包括风险源的孕育与生成、风险危害的预测与评估、风险处置的决策与组织、风险处置过程中各种技术、工程手段和社会措施的运用以及国家最高决策层对处置过程的直接领导等。从处置过程看，从堰塞湖形成之初的风险预测与评估，到处置过程中的风险决策和组织实施，再到工程设计与施工，这一过程的每一步既体现了严谨、求实的科学态度，又做到了果断、及时的决策，创造了具有共享价值的堰塞湖处置经验；从处置指导思想看，无论是坚持"以人为本，确保人民群众的生命安全"，还是坚持利用自然力量排除灾害风险，实现工程排险与人员避险的有机结合，都保证了处置过程科学、快速地排除风险，又"无一人伤亡"目标的实现；再从处置过程采用的科学技术和先进工程手段看，处置唐家山堰塞湖充分利用了许多先进技术和工程措施，在充分发挥我国广泛动员社会资源应对突发灾害制度优势的基础上，最大限度地发挥了现代科技手段的作用，使唐家山堰塞湖的处置在社会组织和科技手段上均达到国际先进水平，构成了减灾管理工程的重要实践和经验，成为国内外重大灾害风险管理案例研究的宝贵资源。

4 结语

基于唐家山堰塞湖应急处置经验和对减灾管理工程的认识，有下述结论供参考。

4.1　加强防范灾害应急处置成功经验的归纳总结

以水利抗震救灾为例，许多成功的经验值得总结，如在堰塞湖的处置上，我国成功处置了以唐家山为首的数十座堰塞湖，要归纳整理在安全评估、溃决洪水分析、应急处理措施、安全预案与决策等各个方面的成功经验，为今后堰塞湖的应急治理等提供依据。再如我国对高坝抗震缺乏系统及深入研究，高坝经受强地震的实例极少，要抓住这次震例，深入调研总结，力争能在高坝抗震等领域有所创新和突破。除此之外，在水利抗震救灾的应急机制上还存在一些不完善的地方，需要认真总结研究，提高应急减灾风险管理的水平。

4.2　推动减灾管理工程和灾害风险管理研究

唐家山堰塞湖应急处置，可以说是处置震后次生灾害风险最成功的社会行动，它所包含的处置重大灾害风险的经验，对丰富和发展中国乃至世界的灾害风险管理理论和实践，具有重要的学术价值。对推进国内外灾害风险管理学科的发展，填补这一学科领域研究的空白具有重要理论和实践意义。

今后要进一步加强减灾管理工程和灾害风险管理理论的研究，就水利而言，要深入全面研究震损水库和堰塞湖在数据快速获取和解读、堰塞湖形成机理和评估、水库和堰塞湖溃决机理、洪水演进过程及影响、减灾和应急抢险应急治理以及工程对策等领域的关键技术问题，研究应急检测与监测技术、险情快速评估与排序理论和方法、应急抢险工程措施与人员避险应急预案、恢复重建与修复标准和技术，以及水库大坝震损机理与抗震减灾方法；提出地震多发区水库应急管理机制与对策，建立健全科学、高效的地震应急处置机制；建立洪水溃决风险评估指标体系，构建堰塞湖重大险情应急指挥系统。通过这些研究，为高危坝体和堰塞湖应急抢险、除险加固以及恢复重建提供及时、先进的科技支撑。

4.3　有机衔接应急减灾管理与常规综合管理

一般来说，减灾管理工程属于一种应急状态下的管理，在应急排险避险工作后，要抓紧后续工作，尽快转向常规综合管理。如对唐家山堰塞湖来说，①抓紧审查《唐家山堰塞坝及边坡安全性评价报告》，并尽快提出唐家山堰塞坝及其周边综合整治方案；②加强监测和预测预警，及时报出信息；③抓紧打通通向唐家山堰塞坝的道路，并接通动力电源；④加强水位上升对上游治城等城镇影响的分析，加强对策研究；⑤抓紧整理几次泥石流淤堵泄流渠有关资料，以资后续相关工作借鉴。

任何情况下，做好监测和预警预报工作都十分重要。要着力提高对地震及次生灾害等的监测和预警预报水平，充分利用全球定位系统、地理信息系统、卫星遥感遥测、低空精准航拍、远程宽带视频、计算机仿真模拟、三维激光扫描、水文自动测报、险情实测监测、溃坝模型演进等先进技术，提高监测和预警预报的精度和水平。

4.4　进一步规范工程建设管理的机制体制

要按照国务院划定的职能分工和有关法律法规，进一步理顺工程建设管理机制体制，充分发挥行业指导、规范职责，保障水库、水电站的有序建设和安全运行。要组织修订相关设计规范和标准，纳入有关减灾管理工程和灾害风险管理研究的最新成果。此外，还要进一步完善工程安全风险评价理论和方法，指导今后的工程建设及灾害多发区工程应急管理；研究编制工程险情分类与判别、险情快速检测技术、应急监测技术、险情快速评估、险情预警分级指南、应急抢险技术、恢复重建标准、修复技术指南和应急管理指南等一系列技术标准导则和指南。

4.5 大力提高现代管理工程和灾害应急处置水平

抗震减灾工作取得了突出成绩，充分说明我国工程科技水平和手段已经达到了较高水平甚至国际先进水平，也说明现代管理工程和灾害应急处置能力已大大提高和加强。这是贯彻落实科学发展观，坚持以人为本，依靠科学力量的成功实践；是认识和把握自然规律，利用自然力量化解自然灾害风险的有效尝试。今后面临的灾害风险处置形势和要求仍十分严峻，要采取切实有效措施，提高应对特大自然灾害能力，加快完善灾害应急机制的建设，将防灾、救灾、重建等全面纳入法制轨道，完善减灾管理体系，加速相关信息管理系统建设，进一步完善预警机制。要提高全民防灾意识，加强国际救援合作，充分发挥新闻媒体在防灾减灾中的作用。

总之，唐家山堰塞湖的应急处置为今后有效应对类似灾害、研究减灾管理工程理论提供了良好的范例，在此进行概要论述以求证于读者。

唐家山堰塞湖应急除险技术实践

刘　宁　杨启贵

摘　要：简要介绍了唐家山堰塞湖应急除险工程概况，归纳了堰塞湖有关地形地质、水情等资料的快速获取与应用技术，从形成条件、形成过程等方面对堰塞坝形成机制进行了分析，对堰塞坝进行了安全性分析评估，并对溃坝洪水进行了分析计算；概要论述了唐家山堰塞湖应急除险总体方案、开槽引流方案及除险效果。

1　前言

唐家山堰塞湖位于通口河四川省北川县城上游 3.2km、苦竹坝电站库区内，是汶川大地震形成的一座极高危险级的堰塞湖，严重威胁着下游绵阳、遂宁 130 多万人民的生命和宝成铁路、兰成渝输油管道等重要基础设施的安全。

唐家山河段河谷深切，谷坡陡峻，震前枯水期水位 665m。堰塞坝平面形态为长条形，顺河长约 803m，横河宽约 611m，平面面积约 30 万 m^2，坝高 82 ～ 124m，体积 2037 万 m^3。坝顶地形起伏较大，横河方向左高右低，左侧最高点高程 793.9m，右侧最高点高程 775m。右侧顺河方向有一弓形沟槽贯通上下游，底宽 20 ～ 40m，中部最高点高程 752.2m。堰塞湖最大可蓄水量 3.16 亿 m^3，坝前湖底高程约为 663m。

2008 年 5 月 14 日，唐家山堰塞湖在地震后的航拍影像上被发现，自此，工程技术人员进行了大量的技术准备工作。5 月 21 日，在解放军陆航部队的帮助下，工程技术专家乘直升机首次降落唐家山坝顶，经过实地查勘堰塞坝现场认为：堰塞湖险情危急，但湖内水情基本具备实施工程除险的时间可能。

2　资料的快速获取与应用技术

2.1　地形资料的快速获取与应用

唐家山堰塞湖属突发性灾害，堰塞坝的库区、坝区和下游影响区无完整、满足精度要求的地形资料，急需总库容、存湖水量、影响区范围等重要的数据，这是一切技术工作的基础。为此，坝区范围进行了实测，库区和下游影响区多渠道收集地形和影像资料进行综合辨识拟定，局部应用遥感技术进行了补测。

（1）多种资料的系统化处理。对收集到的多种地形资料，经数字化处理、不同时期坐标系统校正、遥感影像资料云层数据删除和插值重构等多种技术处理后作为基本

原载于：中国工程科学，2009，（6）：74-81.

资料。

（2）堰塞湖水位容积曲线辨识与确定。堰塞湖水位容积曲线是进行溃坝洪水分析、调洪演算以及制订除险方案的重要资料。多家单位分别依据1∶50 000航拍地形图、1∶50 000 DEM数据、漩坪电站库容曲线加漩坪至唐家山1∶2000地形图，提出了不同的水位容积曲线。经综合比对分析，确认工程抢险方案制订和水情预测预报均统一采用漩坪电站库容曲线加漩坪至唐家山1∶2000地形图量算的成果。虽然这一成果来自地震前的资料，存在地震后山体滑坡对水位容积曲线的影响，但作为应急处置需要，精度是满足要求的。

（3）洪水演进计算断面地形资料提取。按照精度优先、相对系统完整的原则，首先直接采用实测大断面资料，然后尽可能在大比例尺地形图上截取断面，最后仍不足部分用DEM数据提取。

2.2 高程系统统一方法

2008年5月21日在唐家山堰塞坝上设置了相对高程坐标系，进行了坝体地形测量和坝前水位观测，但与国家高程系统的关系不清，不能直接用于水情预报、洪水演进计算。专家们结合河道比降、堰塞湖水面比降综合分析认为，唐家山上游的治城水位站与唐家山坝前水位在同一时刻水位观测值高差在0.40m以内，据此建立了坝前水位与国家高程系统之间的关系，并对堰塞坝实测地形图进行了校订。利用相对参照物建立突发灾害体与国家高程系统的关系是应急条件下可以采用的一种方法。

2.3 坝址水情资料快速拟定

唐家山堰塞坝地处龙门山暴雨区，集水面积3550km²，多年平均年降水量1355.4mm，多年平均流量92.3m³/s，依靠我国系统的水文测验站网资料，专家们快速拟定了通口河唐家山断面降水与径流关系；利用唐家山堰塞坝集水面积与漩坪水电站集水面积相近的有利特点，采用水文比拟法快速推算出了唐家山坝址各频率设计洪水流量、典型设计洪水过程线和各频率洪水对应的面降水量。经推算，百年和两百年一遇洪峰流量分别为6040m³/s和6970m³/s。

2.4 堰塞坝工程地质速判

工程技术专家于2008年5月21日从空中登陆唐家山堰塞坝，进行了现场调查和地表地质测绘，依靠专家丰富的经验对坝体物质组成进行了地表分区和物理力学参数拟定。

参考同类地层地质资料，结合专家经验现场研判认为，唐家山堰塞坝体由原右岸山坡的残坡积碎石土和基岩经下滑、挤压、破碎形成，坝体物质主要由挤压破碎的碎裂岩组成，在坝体右侧上部覆盖有原山坡上的残坡积碎石土。坝体物质碎石土约占14%，碎裂岩约占86%。结合坝体形态分析认为，坝体总体稳定性较好，整体溃滑可能性不大。

现场观察和地质分析认为，由于滑坡下滑时的巨大冲力，苦竹坝库区沉积的含泥粉细砂隆起并堆积在上游坝坡，起到了一定的防渗作用，坝体渗透稳定性较好，坝体出现整体渗透破坏的可能性小，但不排除碎裂岩局部存在架空现象，当水位上涨到一定高程时存在集中漏水的可能，并可能造成下游坝坡局部发生坍塌。

堰塞坝右侧地势低，坝体上部为原坡顶残坡积碎石土，天然状态下湖水上涨后将首先从堰塞坝中部偏右侧过流，右侧上部的碎石土和强风化碎裂岩极易被水流冲刷，右侧沟槽可能会快速下切。但若在右侧开槽引流，开挖方量少，碎石土也方便施工，且引流渠出口段分布的碎裂岩在泄水的过程中将延缓水流下切速度，有利于减轻下泄洪水对下游的影响。

3　堰塞坝形成机制分析

3.1　形成条件

（1）地形地貌条件。河谷切割程度和地形坡度是滑坡堵江的两个主要控制指标。河谷切割深浅决定了斜坡的失稳体积和所具有能量的大小；坡体陡缓决定滑坡稳定。一般地，易发生滑坡堵江的斜坡坡度为30°~45°，当坡度大于45°后，发生滑坡堵江的概率更高。通口河唐家山河段为不对称的V形河谷，右岸较陡，坡度约60°，属于高概率的滑坡堵江地形。同时唐家山河段切割深、河谷地形较窄，使得唐家山滑坡体失稳时具有较大的滑动体积和能量。

（2）地层条件。滑坡堵江的发生与区域内存在的易滑地层有关。一般来说，黏土、泥岩、页岩、泥灰岩及其变质岩、软硬岩互层或易风化岩石构成的地层容易发生滑坡堵江。调查表明，唐家山坝址区两岸基岩为寒武系下统清平组薄层硅质岩、砂岩、泥灰岩和泥岩，岩层软硬相间，产状 N60°E/NW ∠60°。右岸为顺向坡，基岩裂隙较发育。因此，顺向坡及岩层节理裂隙发育，为遭遇诱发因素时的岩体滑动提供了物质基础。

（3）河床水动力条件。滑坡堵江不一定形成堰塞湖，尚需满足一定的河床水动力条件。一是到达河床的土体不因水流作用产生流动，形成泥石流带走；二是河流具有较大的来水量，能在坝前蓄积成湖。据多年统计资料，唐家山堰塞坝坝址5月中旬、下旬多年平均日来水量分别为650万 m³、692万 m³，6月上旬、中旬、下旬多年平均日来水量分别为712万 m³、750万 m³、665万 m³。通口河为滑坡堵江形成堰塞湖提供了水动力条件。

（4）诱发条件。降水和地震是形成堰塞湖的两个主要诱发因素，特别是强震，容易导致大量堰塞湖的产生。根据2008年5月16日中国地震局编制的《汶川地震初步确定的等烈度线》，唐家山坝址区地震烈度在10度以上，当地震发生时，唐家山右岸岩质斜坡受到地震横波和纵波的作用，导致岩质斜坡突然滑动，高速入江形成堰塞湖。

3.2　形成过程

唐家山堰塞坝是由基岩顺层滑坡堆积形成，滑坡壁高约634m，滑床为基岩层面。滑坡高速下滑冲向左岸，顺坡爬高约140m，原坡体下部基岩形成的碎裂岩主要堆积在左侧，上部基岩形成的碎裂岩和残坡积碎石土堆积在右侧，形成左高右低的堰塞坝体（图1）。

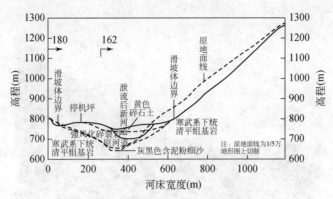

图1 唐家山堰塞坝工程地质横剖面简图

现场判断滑坡为高速滑坡，平均滑速大于10m/s。为直观再现唐家山堰塞坝形成过程，同时也为验证现场专家的判断，在应急除险工作完成后，采用DDA方法对堰塞坝形成过程进行了数值仿真模拟，结果表明，滑坡滑动持续时间约40s、最大滑速达29m/s、平均滑速15~16.5m/s。图2和图3分别为滑动速度和滑距随时间变化过程曲线。

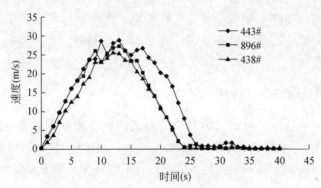

图2 滑动速度随时间过程曲线

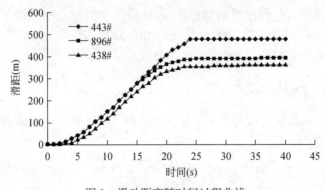

图3 滑动距离随时间过程曲线

图4为滑坡形成堰塞坝后，坝体主应力分布图。图中应力分布规律显示，堰塞坝中下部因滑坡运动过程挤压产生与滑坡运动方向较为一致的挤压应力，主应力方向在河床底部与河床边界近于平行。主应力量值一般2~4MPa，最大主应力值6~7MPa。

在滑体前缘与后缘一定范围，滑体被解体，应力较小。

图4　滑坡形成堰塞坝后主应力分布图

4　堰塞湖安全性分析评估

堰塞湖是一种天然形成的蓄水体，不同于经过专门设计的水利工程设施，坝体材料没有经过人工选择和施工碾压，可能存在架空、内部物质组成和结构差异明显等现象，易产生渗透变形、沉降变形和稳定性等诸多工程问题，直接影响和决定着堰塞坝的溃决模式和过程。

4.1　堰塞坝长期安全性评估

由于堰塞坝的复杂性，目前国内外尚无权威的堰塞坝长期安全性评估方法。地貌无量纲堆积体指数法（dimensionless blockage index，DBI）是一种常用的经验估算方法，在发现唐家山堰塞坝的初期，用该方法进行了堰塞坝长期安全性评估。

$$DBI = \log\left(\frac{A_0 \times H_d}{V_d}\right) \tag{1}$$

式中，V_d 为坝体体积；A_0 为流域面积；H_d 为坝高。安全性判断标准为：DBI<2.75 稳定；2.75<DBI<3.08 介于稳定与不稳定之间；DBI>3.08 不稳定。经计算，DBI 为 4.26 ~ 4.16，均大于3.08，处于不稳定域，存在溃坝风险。

4.2　堰塞坝物质抗冲能力分析

根据堰塞坝物质组成，按照下列经验公式进行了坝体物质冲刷能力初步分析。

泥沙起动流速—沙莫夫公式为

$$U_c = 1.14\sqrt{\frac{\gamma_s - \gamma}{\gamma}gd}\left(\frac{h}{d}\right)^{\frac{1}{6}} \tag{2}$$

泥沙起动流速—唐存本公式为

$$U_c = 1.53\sqrt{\frac{\gamma_s - \gamma}{\gamma}gd}\left(\frac{h}{d}\right)^{\frac{1}{6}} \tag{3}$$

泥沙起动流速—张瑞谨公式为

$$U_c = 1.34 \sqrt{\frac{\gamma_s - \gamma}{\gamma} g d} \left(\frac{h}{d}\right)^{\frac{1}{7}} \tag{4}$$

基岩抗冲流速公式为

$$V = (5 \sim 7) \sqrt{d} \tag{5}$$

起动流速—伊兹巴斯公式为

$$U_c = K \sqrt{\frac{\gamma_s - \gamma}{\gamma} 2 g d} \tag{6}$$

式（2）~式（6）中，γ_s 为泥沙颗粒（或块的石容重）；γ 为水的容重；d 为泥沙颗粒（或块石）粒径；g 为重力加速度；h 为水深。

计算结果见表1和表2。由初步分析成果可见，松散介质当流速达2m/s左右，严重碎裂岩介质当流速达4m/s左右，完整碎裂岩介质当流速达8m/s左右将出现明显的冲刷。

表1 坝体物质抗冲能力分析（粒径：20~200mm）

计算公式	粒径（mm）	水深（m）	起动流速（m/s）
沙莫夫公式	20	1	1.24
唐存本公式	20	1	1.67
张瑞谨公式	20	1	1.33
沙莫夫公式	20	2	1.40
唐存本公式	20	2	1.87
张瑞谨公式	20	2	1.47
沙莫夫公式	20	3	1.49
唐存本公式	20	3	2.01
张瑞谨公式	20	3	1.56
沙莫夫公式	200	1	2.68
唐存本公式	200	1	3.60
张瑞谨公式	200	1	3.03
沙莫夫公式	200	2	3.01
唐存本公式	200	2	4.04
张瑞谨公式	200	2	3.35
沙莫夫公式	200	3	3.22
唐存本公式	200	3	4.32
张瑞谨公式	200	3	3.55

表2 坝体物质抗冲能力分析（粒径：1.0~2.0m）

计算公式	粒径（m）	抗冲（起动）流速（m/s）
基岩抗冲流速公式	1.0	7.00
伊兹巴斯起动流速公式	1.0	7.51

续表

计算公式	粒径（m）	抗冲（起动）流速(m/s)
基岩抗冲流速公式	1.5	8.57
伊兹巴斯起动流速公式	1.5	9.20
基岩抗冲流速公式	2.0	9.90
伊兹巴斯起动流速公式	2.0	10.63

4.3　可能溃决方式分析

堰塞坝溃决方式大体分为3种。一是坝体失稳导致坝体溃决；二是坝体渗透破坏导致坝体溃决；三是湖水漫顶导致坝体溃决。坝顶漫溢是导致坝体溃决破坏最常见的形式。

对于主要由土石料堆积物形成的天然坝而言，不论是何种原因导致大坝溃决，其溃决破坏通常分为瞬间溃（突然溃）和逐渐溃两种形式，主要取决于天然坝的体型、物质组成和溃坝诱因。

（1）冲刷破坏将是主要破坏形式。唐家山堰塞坝物质组成大致可分为以碎石土为主体的右侧上部区和以碎裂岩为主的其他部位区。对以碎石土为主体的部位，其溃坝过程与人工土石坝的溃决有相似的特征。

土石坝漫溃冲蚀过程可以用"陡坎"冲刷机理来描述。"陡坎"是指地面（河床面）在高程上突降，类似于瀑布状的地貌形态（图5）。水流流过"陡坎"时，溢流水舌向下冲击河床面并产生反向漩流。漩流在垂直或者近似垂直的跌水面上施加剪应力，垂直向冲刷床面并掏蚀垂直跌水面的基础，造成跌水面失稳坍塌，整个"陡坎"就不断向上游发展。

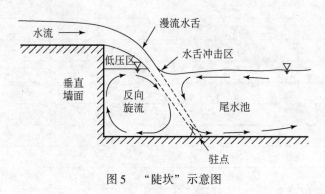

图5　"陡坎"示意图

土石坝漫顶水流在坝下游坡面产生细冲沟似的冲刷。冲刷不断发展，形成一个细冲沟网，并最终发展成一个较大的沟壑。沟壑最初包含多个阶梯状的小"陡坎"，并随时间不断向上游后退，同时不断扩宽，最后发展成一个大的"陡坎"。在水流的作用下，"陡坎"逐渐向上游发展，直到坝顶的上游边缘。此后一旦"陡坎"继续向上游发展将引起溃口处坝顶的降低，溃口流量也将迅速增加，最终导致大坝完全溃决。溃坝过程中沟壑的扩宽和"陡坎"向上游的发展是由"陡坎"下游射流冲击区周围的水流紊动和水流剪应力造成的。水流不断掏蚀"陡坎"底部，引起垂直面的失稳，从而导致溃口的扩宽和"陡坎"向上游不断发展。

相关专家在现场对唐家山堰塞坝瞬间溃与逐渐溃可能性进行了多次会商，认为唐家山堰塞坝主要由碎裂岩组成，不同于土层滑坡形成的堰塞坝，不会发生流土破坏。坝体中下部上游面被苦竹坝库内的含泥粉细砂形成的铺盖覆盖，防渗性较好，加之高速滑坡强烈的夯实作用，坝体下部结构密实，也不容易发生管涌破坏。因此，鉴于唐家山堰塞坝体积巨大，且上游坝坡较缓、上部为土质覆盖层，下部结构较密实，基本不存在整体瞬溃的危险。唐家山堰塞坝可能的破坏形式是在大流量水流作用下的冲刷破坏。实际情况也证实，初期仅在坝下游坡脚669m高程一带发现几处出水点，随着坝前水位上升，在坝坡700m高程左右发现一处新的出水点，流量 $1 \sim 2 m^3/s$，流量稳定，水质清澈，无浑浊现象，说明坝体没有出现管涌破坏。

（2）坝体物质结构有利于避免全溃。现场估算唐家山堰塞坝上部有700万 ~ 750万 m^3 残坡积物和强风化岩体，属易被冲刷物质，而堰塞坝下部存在约1300万 m^3 的碎裂岩。碎裂岩是堰塞坝的主体，它与一般的泥石流、土质滑坡堆积体有本质的不同，只要不出现高水头巨大流量冲刷等极端情况，不易出现快速整体全溃情况。

（3）引流渠沿线两处可见的碎裂岩有利于延缓溃决速度。现场地质调查并经开挖揭露证实，在引流渠沿线有两处碎裂岩，一处在引流渠出口段，一处在引流渠中部，虽然破碎较严重，但地层的层位关系尚在，抗冲刷能力相对较强，将对溃决速度起到延缓作用。

（4）部分高度范围将出现快速渐溃。唐家山堰塞坝上部的物质主要是由风化碎石土组成，一旦过流，必会下切侧刷。在右侧开槽引流后，由于堰塞坝体形及物质组成分布特征，相对较破碎的碎裂岩在引流渠出口段出露，而坝体下部存在较厚的相对较完整的碎裂岩体，抗冲刷能力相对较强，由此判断唐家山堰塞坝的溃决为受引流渠诱导的局部高度溃决，且沿程冲刷与溯源冲刷并存，在水能作用下拓宽冲深引流渠，溃决过程是一个渐进的过程。但这一渐进过程只是相对瞬间溃面言的，由于坝体上部物质为松散物，其渐溃过程仍是非常快的，过程也仅在数小时内。

4.4 溃口参数分析

溃口形态是决定溃坝洪水的关键参数。现场采用经验公式法并结合地质调查分析进行了综合研判。

（1）溃口宽度分析。现场用下列经验公式对堰塞坝可能的溃口宽度进行了估算。

铁道部科学研究院公式：

$$b_m = K (W^{0.5} B_0^{0.5} H_0)^{\frac{1}{2}} \tag{7}$$

黄河水利委员会公式：

$$b_m = K (W^{0.5} B_0^{0.5} H_0)^{\frac{1}{2}} \tag{8}$$

谢任之公式：

$$b_m = \frac{KWH_0}{(3E)} \tag{9}$$

式（7）~（9）中，K 为与坝体土质有关的系数；W 为水库蓄水量；B_0 为坝顶宽度；H_0

为坝前水深；E 为坝址横断面面积。通过以上 3 个经验公式估算得出的溃口宽度分别为 200m、400m 和 120m。

根据坝体物质组成及分布结构分析认为，自坝体中部向右侧，以碎裂岩为主的坝体在冲刷过程中可形成相对稳定的坝坡。据此量算，溃口的最大开口宽 I 变为 340m。

现场综合分析确定，在 752.2m 水面线的溃坝宽度取为 340m，口门形态左侧较陡，右岸较缓，形状呈梯形。

（2）溃口底高程分析。根据现场调查、附近区域地质勘查资料及参考类似地层岩体风化状况，推测右岸一般区域地表有 20m 左右残坡积物（覆盖层），岩体有 10m 左右全强风化带，再考虑碎裂岩面不可能规则和碎裂岩的抗冲刷能力，强风化底板高程 720m 左右是可能性最大的溃口底高程。按坝高计，该高度约为坝高的 1/3。

当遭遇强余震、强降水、库内 1650 万 m^3 的马铃岩古滑坡入江涌浪等恶劣和极端条件，导致高水头巨大流量漫坝，也可能出现坝体全高度或一半高度溃坝。

4.5　堰塞坝稳定性计算分析

唐家山堰塞坝稳定性受到各方面的高度关注，除险期间，水利部组织多家单位进行了多方案的稳定性分析。部分高校和科研单位还自发进行了稳定性分析。

综合各方面的计算成果，多数成果认为坝体整体稳定性较好；也有部分成果认为高水位时遭遇恶劣工况存在局部垮坝的可能；还有成果认为当上游水位达到 745m 时，下游坝坡处于滑动的临界状态，当上游水位达到 752m 高程时，坝体达到极限平衡状态。

5　溃坝洪水分析

溃坝洪水分析目前仍处于探索阶段。对水流下泄的模拟，主要有堰流公式法和水动力学方法；对溃口床面冲刷的模拟，主要有基于泥沙输移方程和冲刷率方程的方法；溃口发展过程的模拟主要有机理法（使用基于水力学、泥沙运动力学和土力学方法的冲刷模型，预测溃口的发展过程和出流过程）、参数法（估算出溃口形成历时、最终的溃口形状和溃口尺寸，假定溃口的发展过程，再由水力学方程计算溃口的出流过程）、预测方程法（建立经验公式计算洪峰流量、溃决历时和溃口宽度等溃决参数，并假定一个近似合理的发展过程）和对比分析法（基于尺寸和构造类似的已失事坝，应用对比分析的方法估算被研究坝的溃坝出流过程及其他溃决参数）。

为满足确定人员避险影响范围需要，评估对沿途基础设施的影响，多家单位共进行了近 200 个方案的溃坝洪水计算，分析了溃坝洪水从坝下至北川、绵阳、重庆的演进过程。部分计算还考虑了下游水利设施滞洪作用，及与涪江、长江不同洪水遭遇的工况。

溃坝洪水计算分全溃坝、1/2 溃坝和 1/3 溃坝 3 种典型模式和不同的二次溃决方式。典型模式的溃口概化为梯形，顶部宽度均为 340m，溃口底部高程分别为 663m、695m 和 720m，溃口底部宽度分别为 100m、35m 和 35m，溃口深度分别为 89m、57m 和 32m，起溃水位均设定为 752m。溃决时间从 5h 到 24h。

表 3 为 3 种典型溃坝模式下游洪峰流量及洪峰到达时间。在全溃坝、持续时间为 1h 情况下，溃口最大洪峰流量可达 117 200m³/s，到达绵阳市流量为 26 800m³/s，超过防洪设计流量；在 1/3 溃坝、持续时间为 3h 情况下，溃口最大洪峰流量可达 21 100m³/s，到达绵阳市流量为 11 800m³/s。

表 3　典型溃坝模式下坝下游洪峰流量及到达时间表

溃坝模式	溃决时间（h）	溃口洪峰流量（m³/s）	北川（坝下流 4.6km）		通口镇（坝下游 240km）	铁路桥（坝下游 48.0km）	绵阳市（坝下游 68.9km）	
			洪峰流量（m³/s）	达到时间（h）	洪峰流量（m³/s）	洪峰流量（m³/s）	洪峰流量（m³/s）	到达时间（h）
1/3 溃坝	1	43 200	38 700	1.08	28 400	23 500	12 800	5.88
	2	29 600	28 900	208	24 800	21 800	12 900	6.67
	3	21 100	21 050	2.97	19 900	18 300	11 800	7.47
1/2 溃坝	1	80 500	75 300	1.03	53 500	43 500	20 000	5.00
	2	47 200	46 800	2.03	42 400	38 100	19 400	5.75
	3	32 600	31 700	2.90	32 200	31 000	18 000	6.50
全溃坝	1	117 200	115 200	1.00	70 000	48 700	26 800	4.38
	2	63 100	62 000	1.80	55 000	45 200	26 600	5.08
	3	43 200	42 400	2.17	41 300	38 000	25 600	5.75

计算分析表明，溃坝洪峰流量取决于起溃水位、溃坝历时和溃口形状及其发展过程等，起溃水位越高、溃决历时越短、溃口宽度和深度发展越快，坝址洪峰流量越大。因此，通过开挖引流槽等措施有效降低起溃水位，减少可泄水量，可以明显降低坝址洪峰流量，减轻溃坝洪水对下游的威胁。

计算结果同时表明，1/3 溃坝、1/2 溃坝、全溃坝的短时溃决方案，通口河河口以上洪峰流量均超出河道安全泄量，通口河以下亦接近或超出河道安全泄量。因此，在采取工程措施除险的同时，需制定坝下游人员转移预案，规避潜在的溃坝风险，且通口河河口以上地区人员需首先转移避险。

分析成果表明，坝体一次溃决至 720m 后再发生二次溃决，溃坝洪水对绵阳市基本不构成威胁。

6　应急除险总体方案

鉴于唐家山堰塞湖的特殊复杂性和堰塞坝除险的高风险性，为确保无一人伤亡的目标，最大限度减少湖水下泄造成的损失，争取避免堰塞坝快速溃决这一恶劣工况对下游造成的灾难性损失，按照"安全、科学、快速"的除险原则，在有限的时间内同步实施应急除险工程措施和人员转移避险非工程措施。

应急除险工程措施为开挖引流渠引流冲刷。人员转移避险措施为根据不同溃坝模式演算的洪水过程和风险评估成果，由地方政府制定人员转移避险方案，实行黄、橙、红二级预警机制，下游绵阳和遂宁两市受 1/3 溃坝风险威胁的 27.76 万人全部转移到安全地带，同时制定 1/2 溃坝和全溃坝方案的人员转移预案。

为确保除险方案的实施，需建立可靠的应急保障体系。为此，建立了水雨情预测预报体系、堰塞坝体远程实时视频监控系统、坝区安全监测系统、坝区通信保障系统，以及防溃坝专家会商决策机制。

7　开槽引流方案

（1）方案构想：考虑地势相对较低的坝体右侧表层以碎石土为主，抗冲刷能力低，利用溯源冲刷原理，充分发挥水流的挟带能力，冲深拓宽形成一条新河道，快速泄放湖水，实现除险目的。

（2）引流槽布置：引流槽顺地势布置在堰塞坝右侧，平面上呈向右侧弯曲的弧形。右侧地势低，开挖方量少，施工便捷，且引流槽右侧主要为碎石土，易于冲刷，下泄水流将主要向右岸侧冲刷和下切，同时判断右岸山坡脚均为坚硬且完整的岩体面引流槽左侧主要为碎裂岩，抗冲刷能力较强，边坡总体将保持稳定。

（3）引流槽结构：引流槽采用梯形断面，两侧边坡为 1∶1.5。为适应天气变化可能出现的不同施工工期，引流槽设计了边坡开口线相同、边坡坡比相同、槽底高程不同 3 个方案。高标准方案引流槽进口高程 742m、槽底宽 13m；中标准方案引流槽进口高程 745m、槽底宽 22m；低标准方案引流槽进口高程 747m、槽底宽 28m。

（4）施工过程中的动态优化：动态优化是应急除险工程必须遵循的基本原则。引流槽施工过程中，根据实际揭露的地质条件和实际达到的施工能力，对引流槽结构进行了多次优化和调整。依据实际施工能力、堰塞坝土石结构、除险时间要求以及引流水动量与能量等综合因素决定，在接近完成高标准方案时，将进口高程由 742m 降低为 741m；在此方案施工临近结束时，又将槽底高程全线降低 1m。最终实际进口高程 740m，槽底宽度 7 ~ 10m，实现了引流槽的最优结构。

8　除险效果

2008 年 5 月 26 日上午，应急除险工程正式开工。2008 年 6 月 1 日凌晨，引流槽施工提前完成，取得了减小库容 $10^8 m^3$、降低水头 12m 的理论效果。6 月 6 日开始，又对引流槽实施了消阻、扩容等工程措施。

6 月 7 日 7 时 08 分，引流槽开始过流；6 月 9 日下午溯源冲刷效果开始明显；6 月 10 日中午下泄流量达到峰值 6500m³/s，至 6 月 11 日 14 时，堰塞湖水位从最高 743.10m 降至 714.13m，湖内蓄水量从 2.466 亿 m³ 降至 0.861 亿 m³。唐家山堰塞湖险情解除，泄流过程中无一人伤亡，达到了最佳除险效果。

过流后形成的新河道平面上呈向右岸凸出的弧形；断面形态呈梯形，开口宽 145 ~ 235m，底宽 80 ~ 100m，进口端底高程一般为 715 ~ 720m，右侧深槽达 710m，断面基本稳定，虽存在局部垮塌和堵塞的可能，但不会影响大流量时的泄洪能力。当发生 200

年一遇洪水时最大下泄流量6132m³/s，小于历史调查最大洪水洪峰流量，也小于6月10日泄流的洪峰流量，新河道具有安全通过200年一遇洪水的能力。

泄流时水流带走堰塞坝堆积物约500万m³。左侧剩余堰塞体主要由结构较密实的碎裂岩和巨石、孤块碎石组成，抗渗透破坏和抗冲刷能力较强，抗滑稳定性较好，整体稳定。

唐家山应急除险工程的实施，直接减少已蓄水量0.7亿m³，对应降低堰塞湖水位9.0m，且控制溃坝过程按渐进方式发展，使坝址洪峰流量减小了约3400m³/s，涪江桥断面洪峰流量减小了约3000m³/s，坝下游各主要控制断面洪峰流量与原1/3溃坝洪水相比减少了33.6%～34.6%，有效减轻了对下游人民生命财产安全的威胁。

9 结语

唐家山堰塞湖从"5·12"大地震形成到2008年6月11日解除险情，历时一个月。应急除险是在非常时期、非常条件下，采取非常规、科学的手段取得的成就，创造了人工排除大型堰塞湖次生灾害的奇迹与范例。唐家山堰塞湖应急处置的除险减灾理念、科学方案和技术实践，对今后处理类似突发性事件具有重要的借鉴意义。

Technical Analysis on the Emergency Handling of Tangjiashan Barrier Lake

Liu Ning, Yang Qigui

Abstract: This paper gives a brief introduction to the emergency handling of Tangjiashan barrier lake. Some technologies for the application of geological and topographical data are summarized and the mechanism of formation of a barrier lake is analyzed. Based on the safety status evaluation, the dam breach flood point is calculated. The paper concludes with discussion of the practical effects of emergency handling scenarios and different drainage channel designs.

1 Introduction

Tangjiashan barrier lake is located in the Kuzhu reservoir, upstream of Tongkou River, 3.2km away from Beichuan County of Sichuan Province. It is the most dangerous landslide dam triggered by the Wenchuan earthquake, presenting a great peril to over 1.3million people and threatening strategic assets such as the Lanzhou—Chengdu oil pipeline and Baoji—Chengdu railway.

Tangjiashan section of the Tongkou River runs through a steep and entrenched valley where the water level was about 665m before the earthquake occurred. The barrier lake runs approximately 803m along the river channel with width of about 611m resulting in a total area of the dam of about 0.3million m³. The dam height is 82–124m with a volume of 20.37million m³. The dam top elevation varies greatly with the highest point at 793.9m on the left side and 775m on the right side. There is an arcuate channel through the dam on the right side with a bed width of 20–40m and the highest point at 752.2 in the middle. The elevation at the bottom of the barrier lake upstream the dam is 663m and the lake has the maximum storage capacity of 316 million m³.

On May 14, 2008, Tangjiashan barrier lake was found out on an aerial map taken after the earthquake. On May 21, with the help of the helicopters of People's Liberation Army (PLA), technical experts were sent to Tangjiashan dam site. After a field survey they identified that the barrier lake was highly dangerous, and it was possible to take technical measures to reduce the danger.

原载于: Engineering Sciences, 2012, 10(1): 38–47.

2　Technologies for the Data Acquisition and Application

2. 1　Topographical data acquisition and application

Tangjiashan landslide was an abrupt event. There is no systematic topographical data with high accuracy of the lake itself or the downstream affected area. The first stage of the emergency handling was to get accurate data such as the total storage capacity, the storage variation, and affected area etc. For that purpose site surveys were carried out including collection of topographical and image data utilizing remote sensing technology.

2. 1. 1　Handling of multi-sourced data

All of the collected data were used for the emergency handling after a digital processing appropriate to different sources including: verification of the elevation system, cloud deletion for the remote sensing data, and re-construction with interpolated data.

2. 1. 2　Storage curve of the barrier lake

The storage curve of a barrier lake is important data for dam breach analysis, flood mitigation, and planning of technical measures for emergency management. Based on maps with scale of 1 : 50 000, digital elevation model(DEM)data with scale of 1 : 50 000, the storage curve of Xuanping power station, the topographical data with scale of 1 : 2000, a number of research institutes offered different storage curves for Tangjiashan barrier lake. After a comprehensive analysis, a storage curve based on the data from Xuanping power station and the topographical data with scale of 1 : 2000 were used for emergency handling and flood observation and forecasting. Although these data reflected the situation before the earthquake, which was slightly changed due to the landslide influence, the accuracy was still enough for emergency management.

2. 1. 3　Topographical data acquisition for flood mitigation calculation

Accuracy priority was given to field survey data for which identical elevation system (datum) had been established. Where there was no available data from a large scale mapping, the data from DEM was used.

2. 2　Elevation system standardization

A local elevation datum was set on May 21, 2008. Based on this system dam site topography was surveyed and hydrological data was observed. But these data based on a local elevation system cannot be directly used for flood forecasting and flood impact calculations. After a comprehensive analysis of the river slope and water surface, it was recognized that the water level of Zhicheng hydrological station upstream of Tangjiashan barrier lake is about 0. 4m different to the level at the dam. Based on that fact a relationship between the elevation of Tangjiashan barrier lake and the national elevation system was established by which observed topographical map data were verified. It was demonstrated that this was a practical method in emergency management situations.

2. 3　Rapid assessment of hydrological data at the dam site

Tangjiashan barrier lake was located in the Longmeng rainstorm area. The catchment area is about 3550 km^2. The annual average precipitation and discharge stand at 1 355. 4mm and 92. 3m^3/s respectively. Based on the historical data from national hydrological stations, a rainfall-runoff relation at Tangjiashan dam section was obtained. Design floods and their processes were deduced with a hydrological analogy method which was based on the similar catchment area of Tangjiashan and Xuanping station. It is estimated that the peak flood discharges for 100-year return period and 200-year return period are 6040m^3/s and 6970m^3/s respectively.

2. 4　Rapid evaluation of the geological data

Some experts reached Tangjiashan barrier dam by a helicopter on May 21, 2008, and field investigation and geological surveying were carried out. Based on the observations of these experts technical parameters of the dam material were analysed.

With reference to similar geological conditions it was concluded, according to the experts, that Tangjiashan barrier dam was formed by the sliding, crushing and breaking of the bedrock on the right river bank. The dam material is mainly composed of crushed broken stones. Some eluvia soil of the original mountain is covered on the surface of the right side of the dam. The dam material is composed of 14 % of eluvia soil and 86 % of broken stone. It is believed, after analysis of the dam form, that the stability is good and a sliding collapse of the entire dam is impossible.

Site investigation and geological analysis showed that the possibility of comprehensive seepage damage was small, because the huge pushing force of landslide caused the deposit and heaping of fine sands with soil from Kuzhu area at the upstream face of dam, performing certain seepage-prevention function and stabilizing the seepage condition of the dam. The concern is that the phenomenon of partial overhanging of broken rocks cannot be excluded. When water level rises to certain elevation, it is possible to have concentrated seepage, which may cause partial collapse of downstream face of the dam.

The right section of the dam has a relatively low elevation. The top of right section is composed of broken rocks and soils from the original mountain slope. Under natural conditions, when the water of the lake rises to the level of the lowest part of the dam, which is on the right side, broken rocks and soils as well as seriously weathered rocks on the top of dam would be easily washed away and the water flow channel would be quickly deepened. If a drainage channel is excavated on the right section of the dam, the volume of excavation is small and the geological condition of broken stones and soils is favourable for excavation. In addition, the distribution of broken and cracked rocks at the mouth of the drainage channel will reduce the downward erosion speed of water flood and mitigate the impact of the flood discharge to the downstream area.

3 Analysis on the Mechanism of the Formation of a Barrier Lake

3.1 Forming conditions of a landslide dam

3.1.1 Topographical and morphological conditions

The shape and the slope of the valley are two important factors for allowing landslide blockage of a river. The depth of the valley cut determines the critical volume for the stability and energy. The slope of the landslide body determines the stability. Usually, the critical slope of valley sides is 30° to 45°, which allows a landslide blockage to occur. Where the slope is larger than 45°, the possibility of a landslide blockage to a river is even higher. Tangjiashan section of Tongkou River is a V type valley with a steep right bank and a slope over 60°. It seems that the landslide risk is very high here. Simultaneously Tangjiashan section is cut down deeply and the valley topography is narrow. All these conditions make Tangjiashan valley unstable and at high risk of blockage in the event of a landslide.

3.1.2 Earth layer conditions

Landslide damming is related to the existence of sliding-prone stratum in the region. In general strata composed of clay, mudstone, shale, marl and metamorphic rock, soft and hard inter-bedded rock or easily weathered rock are liable to landslide. The investigation results show that the bed rock of the two banks of Tangjiashan dam consists of thin chert, sandstone, marl and shale of Qingping group of lower Cambrian series, soft and hard inter-bedded, and the attitude is N60°E/NW∠60°. The bedrock fissure of the right bank of the valley is more developed. Therefore, the strata slope and rock joint fissure pattern provide physical infrastructure for mass sliding when encountering inducing factors.

3.1.3 Hydrodynamic conditions

A landslide can not necessarily form a lake unless some hydrodynamic conditions are met. Firstly the landslide material must be able to stay in the river bed with river flow(i. e. not too much flow that washes away the landslide material immediately); secondly the river has enough water flow so that it can form a lake in a short time. Based on the statistical data, annual average daily water volumes are 6. 5million m^3 and 6. 92million m^3 in the middle ten days and the late ten days of May respectively. While the average daily runoff is 7. 12million, 7. 5million m^3 and 6. 65million m^3 in the first ten days, the middle ten days, and the last ten days of June respectively. These water flows offer the necessary hydrodynamic conditions for the formation of Tangjiashan landslide dam and barrier lake.

3. 1. 4　Triggering conditions

Precipitation and earthquake are the main reasons for the triggering of Tangjiashan barrier lake. Especially the high-strength earthquake can trigger many landslide dams easily. Based on the literature "Iso-intensity Line of Wenchuan Earthquake" edited by Earthquake Bureau of China, the earthquake intensity grade was over 10 at the dam site of Tangjiashan barrier lake. When the earthquake occurred, the function of horizontal and longitudinal waves induced the highspeed slide of the right bank of Tangjiashan section and a barrier lake was formed.

3. 2　Forming process of the landslide dam

Tangjiashan barrier lake was formed by a landslide. The mountain where the slide occurred is 634m high and the slide base is a bedrock layer. The slide body moved across to the left bank at a high speed and reached 140m high. The original lower part of the broken bedrock material piled up on the left bank. The upper part and some broken material piled up on the right bank, forming a landslide dam with higher part on left and lower part on right, as shown in Fig. 1.

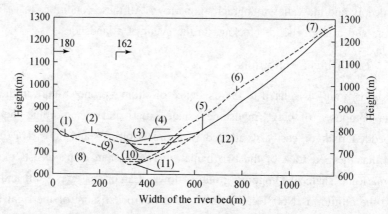

Fig. 1　The project geological transverse section brief figure of Tangjiashan barrier dam

Note: the original groundline is cut from the map of 1/50 000

(1)—Border of landslide body; (2)—Helicopter platform; (3)—New river channel after water discharge; (4)—Yellow coloured broken aoil and stone; (5)—Border of landslide body; (6)—Original land surface line; (7)—Upper border of landslide body; (8)—Lower cambrian ceries Qinping Group bedrock; (9) severely weathered broken and cracked rock; (10)—Original river channel; (11)—Grey and black coloured fine sands containing soils; (12)—Lower Cambrian series Qinping Group bedrock

According to the field survey it was a high speed landslide body with an average speed of over 10m/s. For an objective understanding of the formation process of the landslide dam and the verification of the field assessment, a mathematical simulation was carried out with a DDA(discontinuous deformation analysis) method after the emergency handling had been completed. The results show that the slide lasts about 40s and the maximum slide speed reaches 29m/s with an average speed of 15–16. 5m/s. Fig. 2 and Fig. 3 show the variation of slide speed and distance with time.

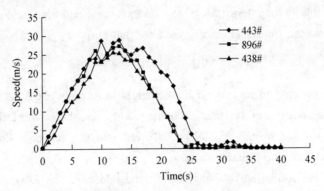

Fig. 2　The slide speed curve along with time

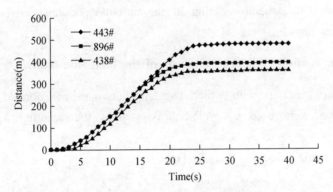

Fig. 3　The slide distance curve along with time

The main stress distribution in the dam body illustrated that an extruding stress identical with the slide direction was produced in the lower and middle part of the landslide body, owing to the extruding function. The direction of the main stress on the river bed is nearly parallel with the bed surface. The value of the main stress is 2–4MPa with the maximum value 6–7MPa. In certain ranges of the front and back edges of the landslide body, the landslide body was broken and so the stress was smaller.

4　Safety Assessment of the Landslide Barrier Lake

A landslide dam is a natural damming of a river by the mass of the landslide. Unlike the properly designed and constructed hydraulic facilities, it is made up of heterogeneous, unconsolidated or poorly consolidated earth and rock masses and liable to various problems, such as piping failure, overtopping failure, subsidence and stability failure, which directly influence and determine the potential dam failure scenario and its evolution processes.

4. 1　Long-term safety assessment of the landslide dam

Because of the complexity of the landslide dam, there currently exists no authoritative formula for assessing its long-term safety. So an expedient and empirical method, i. e. the Dimensionless Blockage Index, is usually used for that purpose:

$$DBI = \log\left(\frac{A_b \times H_d}{V_d}\right) \tag{1}$$

In Eq. (1), A_b is the catchment area; H_d is the height of the dam and V_d is the volume of the dam. Based on the statistics of 84 landslide dams worldwide, those with DBI<2. 75 stayed in the safety domain; those with 2. 75<DBI<3. 08 fell into the uncertain domain, and those with DBI>3. 08 fell into the unstable domain.

Shortly after the formation of Tangjiashan landslide dam, its DBI was estimated and used to assess its long-term stability. Based on the estimation, its DBI ranged from 4. 16 to 4. 26, larger than 3. 08, therefore lying in the unstable domain, so there existed high potential for a dam breach.

4. 2　Scour/erosion resistance analysis of the landslide dam

Based on the materials with which the landslide dam was formed, the following empirical formulae were used to preliminarily analyse the scouring resistance of the landslide dam.

Sediment incipient velocity—Shamov Formula:

$$U_c = 1. 14 \sqrt{\frac{\gamma_s - \gamma}{\gamma} g d} \left(\frac{h}{d}\right)^{1/6} \tag{2}$$

Sediment incipient velocity—Tang Cunben Formula or Tang's Formula:

$$U_c = 1. 53 \sqrt{\frac{\gamma_s - \gamma}{\gamma} g d} \left(\frac{h}{d}\right)^{1/6} \tag{3}$$

Sediment incipient velocity—Zhang Ruijin Formula or Zhang's Formula:

$$U_c = 1. 34 \sqrt{\frac{\gamma_s - \gamma}{\gamma} g d} \left(\frac{h}{d}\right)^{1/7} \tag{4}$$

Scouring resistance velocity for rock foundation:

$$U_c = (5 \sim 7)\sqrt{d} \tag{5}$$

Block Stone incipient velocity—Izbash Formula:

$$U_c = K \sqrt{\frac{\gamma_s - \gamma}{\gamma} 2 g d} \tag{6}$$

In Eqs. (2)–(6), K is the block stone coefficient; γ_s is the bulk density of the sediment particle(or rock block); γ is the density of water; d is the grain size of the sediment or(dimension of the rock block); g is the acceleration of gravity; h is the water depth.

The estimated results are shown in Table 1 and Table 2. It can be seen from these preliminary analysis results that significant scouring/erosion would occur for loose soil or sand ($d \leqslant 20\text{mm}$) if the flow velocity reached around 2m/s, for strongly broken rock fragments ($d \leqslant 200\text{mm}$) if the flow velocity reached around 4m/s, and for rock blocks (boulders, $d=1-2\text{m}$) if the flow velocity reached around 8m/s.

4. 3　Failure analysis of the landslide dam

In general, landslide dam failures fall into three scenarios: slope stability failure with subsequent dam breach, seepage destruction failure with subsequent dam breach and overtopping failure with subsequent dam breach, among which the last one, namely the over-topping failure scenario, is the most commonly seen.

The breach of a naturally formed dam consisting mainly of landslide soil/rock masses could be an abrupt collapse or a progressive failure, depending mainly on its shape and materials as well as its breach cause.

(1) Overtopping erosion failure was the primary cause leading to the breach of Tangjiashan landslide dam. The dam consisted mainly of soil and rock fragments in its upper right zone and broken or cracked rocks in all other zones. The failure of the upper right zone was similar to that of an embankment dam.

The overtopping and erosion failure process of an embankment dam can be demonstrated with a head-cut erosion model (Fig. 4). A head-cut means a sudden drop in elevation on the ground (on the flow-bed), resembling a small waterfall or a short cliff. When water flows over a head-cut, the overflow jet impinges the flow bed downstream of the head-cut and generates a backward swirling eddy which imposes shear erosion to the vertical or near vertical face of the head-cut and undercuts its foundation, resulting in the collapse of the head-cut face and the upstream migration of the head-cut.

Table 1　Scouring resistance analysis of the soil/rock mass forming the landslide dam ($d=20-200\text{mm}$)

Formula	d(mm)	h(m)	Incipient velocity(m/s)
Shamov Formula	20	1	1. 24
Tang's Formula	20	1	1. 67
Zhang's Formula	20	1	1. 33
Shamov Formula	20	2	1. 40
Tang's Formula	20	2	1. 87
Zhang's Formula	20	2	1. 47
Shamov Formula	20	3	1. 49
Tang's Formula	20	3	2. 01
Zhang's Formula	20	3	1. 56
Shamov Formula	200	1	2. 68
Tang's Formula	200	1	3. 60
Zhang's Formula	200	1	3. 03
Shamov Formula	200	2	3. 01

continued

Formula	$d(\text{mm})$	$h(\text{m})$	Incipient velocity(m/s)
Tang's Formula	200	2	4.04
Zhang's Formula	200	2	3.35
Shamov Formula	200	3	3.22
Tang's Formula	200	3	4.32
Zhang's Formula	200	3	3.55

Table 2　Scouring resistance analysis of the soil/rock mass forming the landslide dam($d=1.0-2.0\text{m}$)

Formula	$d(\text{m})$	Incipient velocity(m/s)
Scouring resistance velocity for rock foundation—Tang's Formula	1.0	7.00
Incipient velocity—Izbash Formula	1.0	7.51
Scouring resistance velocity for rock foundation—Tang's Formula	1.5	8.57
Incipient velocity—Izbash Formula	1.5	9.20
Scouring resistance velocity for rock foundation—Tang's Formula	2.0	9.90
Incipient velocity—Izbash Formula	2.0	10.63

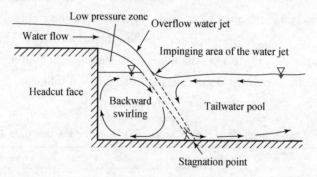

Fig. 4　Sketch of the head-cut

The overtopping flow causes first rill and micro-rill erosion on the downstream slope of the embankment dam. The erosion eventually develops into a network of rills that gradually evolves into a master rill or gully. This gully initially consists of multiple cascading headcuts which simultaneously migrate upstream and widen, until only a single large head-cutting channel remains. The head-cut eventually migrates to the upstream end of the embankment dam crest; from then on any further upstream migration of the head-cut results in a crest lowering and rapid increase of the discharge at the breach. This progression finally leads to a full breach of the dam. The deepening and widening of the gully and the upstream migration of the head-cuts are thought to be mainly caused by the turbulence and hydraulic shear stresses of the flows within the jet impinging area downstream of the head-cut. The turbulent swirling erodes the base of the head-cut, causes the collapse of the head-cut face and eventually results in the breach widening and head-cut upstream migration.

The relevant experts met at the site of Tangjiashan barrier lake and consulted for several times to analyze the possibility of an abrupt failure or a progressive failure of Tangjiashan landslidedam and came to the conclusions: unlike those dams formed by soil landslides, Tangjiashan landslide dam consisted mainly of cracked and broken rocks, so soil flow failure would be very unlikely; the middle and lower part of its upstream slope was covered by the muddy silt clay deposited in the Kuzhu reservoir and therefore had relatively good anti-seepage property, plus the fact that the rapid landslide had strong compaction and the lower part of the dam therefore had a relatively dense structure, so piping failure would not easily occur; because of its massive volume, gentle upstream slope and dense lower part, an abrupt failure of the whole dam could be basically ruled out; therefore, the most probable failure scenario of Tangjiasha landslide dam would be the erosion/scouring failure by flow of large discharge, which was confirmed by what actually happened. At the initial stage, only several spot outflows were observed at the toe of the downstream slope (at an elevation of around 669m). With the increase of the reservoir level, another outflow with a stable discharge of around $1-2m^3/s$ was found at the elevation of 700m on the downstream slope. The outflow water was clear, which showed no indication of piping failure in the dam.

(2) The material composition of Tangjiashan landslide dam was favourable for preventing it from a full breach. Field estimation showed that upper right part of the dam, which had a volume of about 7million – 7. 5million m^3 and consisted mainly of alluvial deposits and strongly weathered rocks, would be prone to erosion. The other parts of the dam, with a total volume of 13million m^3, consisted mainly of broken or cracked rocks. So the dam was formed mainly by the broken and cracked rocks. Unless it was overtopped by flows of high head and large discharge, an abrupt full breach would be very unlikely to occur.

(3) The broken and cracked rocks observed at two locations along the route of the drainage channel would be favourable for slowing down the breaching speed. On-site geological investigation showed that there were two locations, one at the outlet section of the drainage channel and the other in the middle of the drainage channel route, where broken and cracked rocks dominated. The excavation of the drainage channel confirmed the findings of the geological investigation. Although the rocks at these two locations were highly broken or cracked, their formation structure was still observable. They were thought to have relatively good erosion/scouring resistance and might slow down the breaching of the landslide dam.

(4) Quick progressive failure would occur at certain elevations. The upper part of Tangjiashan landslide dam consisted mainly of soil and strongly weathered rock fragments. Once overflowing occurred, both vertical or lateral erosion and/or scouring would be unavoidable. As mentioned earlier, the broken and cracked rocks at the outlet section of the drainage channel and at the lower part of the dam had relatively good erosion/scouring resistance, so it could be concluded that breach of Tangjiashan landslide dam would be a pro-

gressive failure. Induced by the drainage channel, the erosion would develop along the channel and the channel would be deepened and widened by downward and head-ward erosions. Because the upper part of the dam consisted mainly of loose materials, this progressive breaching process developed very fast, lasting for only several hours.

4. 4　Analysis of the breach parameters

The shape and size of the breach were thought to be the key parameters to determine the dam-break flood. They were estimated based on the on-site geological investigation and analysis and by using empirical formulae.

(1) Analysis of the breach width. The following empirical formulae were adopted to calculate the potential breach width.

Formula developed by China Academy of Railway Sciences:

$$b_m = K[W^{1/4}B^{1/7}H_0^{1/2}] \tag{7}$$

Formula developed by Yellow River Conservancy Commission:

$$b_m = K[W^{1/2}B^{1/2}H_0]^{1/2} \tag{8}$$

Formula developed by Xie Renzhi:

$$b_m = KWH_0/[3A] \tag{9}$$

In Eqs. (7)–(9), b_m is the width of breach of the dam, m; K is the coefficient related to the dam material; W is the storage of the reservoir, $10^4 m^3$; B is the width of the river valley at dam site, m; H_0 is the maximum water depth of the reservoir in the vicinity of the dam, m; A is the cross-section area of the valley(below the crest elevation) at the dam site, m^2. By using these three formulae, the breach depth of Tangjiashan landslide dam was estimated at 200m, 400m and 120m respectively.

Based on the composition and distribution of the materials in the dam, it was believed that a relatively stable slope, from the middle of the dam crest down to the right side, would be formed by erosion during discharging of the impounded water in Tangjiashan barrier lake, and the maximum breach width would be 340m.

Comprehensive analysis on the site concluded that the breach width would be 340m at the elevation of 752. 5m. It was predicted that left side of the breach would be relatively steeply sloped and the right side gently sloped, in a trapezoid shape.

(2) Analysis of the breach bottom elevation. According to the field investigation, geological investigation data of surrounding areas and the weathering status of similar rock strata, it was estimated that there might be a deluvial deposit cover (flood deposited overburden)of about 20m thick on the right bank and a 10m zone of strongly weathered rock below it. Considering the erosion/scouring resistance of the broken and cracked rocks which formed the lower part of the dam, the lower limit of the strongly weathered rock zone, i.e. 720m, might be probably the lowest invert elevation. The corresponding breach height would be about one third of the dam height.

In case of extreme conditions such as strong aftershock, heavy rainfall and the surge wave caused by a potential outbreak of the old Malingyan Landslide with an estimated volume of 16. 5million m^3, high head and large discharge overtopping might occur and result in dam breach with one half of the dam height, or even the whole dam height.

4. 5 Stability analysis of the landslide dam

The stability of Tangjiashan landslide dam received widespread attention. During risk elimination, the Ministry of Water Resources of China organized many institutions to conduct the stability analysis of the landslide dam with different approaches. Some universities and scientific research institutes also conducted the stability analysis of the dam voluntarily. According to the comprehensive results, it was considered by the majority that the overall stability of the dam body was satisfied. Some results showed that partial failure might occur in case of high reservoir level and other adverse conditions. Some results concluded that if the water level upstream reached 745m, the downstream dam slope would be in a critical state of sliding; if the water level rose to 752m, the dam body would be in a limit equilibrium state.

5 Dam-break Flood Analysis

In general the analysis of dam-break flood is still in the exploration stage. For overtopping induced breaches, the weir flow method and hydrodynamic method are used usually. The methods based on sediment transport equations and erosion equations are applied to simulate the erosion process of a dam breach flow. To simulate the development process of the breach, there are 4 kinds of methods: the mechanism method (predicting breach development and hydrograph based on hydraulics, sediment transport mechanics and soil mechanism), the parameters method (experimental estimation of the parameters for hydraulic equations), the predictive equations method and the comparative analysis method.

The mechanism methods including hydraulics, sediment transport mechanics and soil mechanics are used to calculate the erosion process and outflow hydrograph of breach. The duration of the breach formation, the final shape and size of the breach are estimated first, and then the hydraulic equations are used to calculate the outflow hydrograph, which is called the parameters method. The predictive equations method involves the development of an empirical formula to compute the peak discharge, breach duration and the breach width etc. and moreover an approximate reasonable hypothesis about the breach development is proposed. The comparative analysis methods are used according to the similar dimension and structure among the recorded historical dam-break cases and then the comparative analysis methods are used to estimate the dam-break outflow and the other breach parameters.

Many institutions participated in the dam-break flood analysis work in order to confirm the evacuation area and evaluate the risk to infrastructures in the event of dam-break flood. Nearly 200 schemes of dam-break flood were completed, in which the flood propagation from the dam location to Beichuan, Mianyang and Chongqing was analyzed; moreover flood detention effects due to the water conservancy facilities and the flood wave reaching the Fujiang River and the Yangtze River were also considered.

A dam-break event can be divided into 3 typical patterns: full-dam-break, 1/2-dam-break, 1/3-dam-break, and other secondary dam-break patterns in the dam-break flood analysis. In the typical patterns, the trapezoidal cross section is used to generalize the breach shape. Among the 3 patterns, the top width is 340m in all; the bottom elevation is 663m, 695m and 720m respectively; the bottom width is 100m, 5m, 35m respectively; the breach depth is 89m, 57m and 32m respectively; the initial water level is set to 752m. The breaching times range from 0.5h to 24h.

The downstream peak discharges and the arrival times of 3 typical dam-break patterns are presented in Table 3. The peak discharge of breach is 117 200m³/s and it diminishes to 26 800m³/s in Mianyang which also exceeds the design standard of flood defence in the scenario that the dam-break pattern is full-dam-break and the breach duration is 1h. In another scenario that the dam-break pattern is 1/3-dam-break and the breach duration is 3h, the peak discharge of breach is 21 100m³/s, which will diminish to 11 800m³/s in Mianyang.

The computed results show that the peak discharge depends on the initial water level, breach duration, breach shape and the breach development process etc. The higher the initial water level, the shorter the breach duration, and the faster the development of breach width and depth, the larger the peak discharge in the dam location. Therefore, excavating a spillway can lower the initial water level, reduce the water volume in the barrier lake, lower the peak discharge in the dam location and reduce the threat to downstream areas caused by a dam-break flood.

The computed results also show that the peak discharges all exceed the river safety discharge limit in the upstream reach of the Tongkou river and also approach or exceed the river safety discharge limit in the downstream reach for the schemes of short breach duration.

Therefore, in addition to the engineering measures, we should also simultaneously make the evacuation plan in the downstream area to avoid the risk caused by dam-break. Furthermore, people living in the upstream area of Tongkou river estuary should also be evacuated.

Table 3　The dam downstream flood peak runoff and arrival time in typical dam breach patterns

Dam breach pattern	Duration of dam breach(h)	Peak flood runoff (m³/s)	Beichuan (4.6km downstream)		Tongkou Town (24.0km downstream)	Railway bridge (48.0km downstream)	Mianyang City (68.9km downstream)	
			Peak runoff (m³/s)	Arrival time(h)	Peak runoff (m³/s)	Peak runoff (m³/s)	Peak runoff (m³/s)	Arrival time(h)
1/3 breach	1	43 200	38 700	1.08	28 400	23 500	12 800	5.88
	2	29 600	28 900	2.08	24 800	21 800	12 900	6.67
	3	21 100	21 050	2.97	19 900	18 300	11 800	7.47

continued

Dam breach pattern	Duration of dam breach(h)	Peak flood runoff (m³/s)	Beichuan (4.6km downstream)		Tongkou Town (24.0km downstream)	Railway bridge (48.0km downstream)	Mianyang City (68.9km downstream)	
			Peak runoff (m³/s)	Arrival time(h)	Peak runoff (m³/s)	Peak runoff (m³/s)	Peak runoff (m³/s)	Arrival time(h)
1/2 breach	1	80 500	75 300	1.03	53 500	43 500	20 000	5.00
	2	47 200	46 800	2.03	42 400	38 100	19 400	5.75
	3	32 600	31 700	2.90	32 200	31 000	18 000	6.50
Full breach	1	117 200	115 200	1.00	70 000	48 700	26 800	4.38
	2	63 100	62 000	1.80	55 000	45 200	26 600	5.08
	3	43 200	42 400	2.17	41 300	38 000	25 600	5.75

6　The Overall Emergency Plan

In view of the special complexity and high risk of Tangjiashan barrier lake and according to the risk elimination principle of "Safe, Scientific, Quick", the emergency engineering measure and emergency population evacuation plan were simultaneously implemented, in order to ensure the target of zero casualties, minimize the loss caused by the discharge of impounded water, and try to prevent sudden breach of the landslide dam which might cause enormous disasters downstream.

The emergency engineering measure was draining the barrier lake using an artificial drainage channel. The emergency evacuation plan was formulated by local governments based on the flood routing processes due to different dam breach patterns and the risk assessment results. According to the three-level early warning mechanism, yellow, orange and red respectively, the population of 277 600 in Mianyang and Suining downstream of Tangjiashan barrier lake threatened by a 1/3 dam breach pattern were transferred to a safe zone, and evacuation plans were formulated for the people threatened by 1/2 and total dam breach, to be put into action if the risk of this eventuality increased.

In order to guarantee the successful implementation of the emergency plan, emergency support systems were established, including rainfall-flood forecasting system, remote real-time video monitoring of the landslide dam, dam safety zone monitoring, communication support system in dam zone, and the expert consultation and decision-making mechanism for preventing dam breach.

7　Drainage Channel Excavation Plan

7.1　Plan concept

Considering the surface of the right dam body, which has relatively low-level and low scour resistance and consists mainly of gravelly soil, the use of head-cut erosion theory has been demonstrated in this paper for planning the utilization of the full carrying capacity of the stream. A new river channel may be formed by the scouring and expansion of the stream, so as to achieve the aim of quickly but safely discharging the barrier lake water and eliminating the danger of sudden collapse.

7. 2　Water drainage channel layout

The water drainage channel is on the right side of the dam body and presents a right lateral bending arch in plane. Because the right side of the dammed body is a low-lying construction requiring disposal of little excavated volume, and the right side of the drainage channel is mainly composed of gravelly soil, the discharged stream will mainly scour and down-cut the right bank. In the meanwhile, the foot of the hills of the right bank consists of solid and integrated rock mass, whereas the left side of the channel is mainly composed of broken stones which are powerful in scouring resistance; therefore, the whole slope will remain stable.

7. 3　Water drainage channel structure

The drainage channel adopts a trapezoidal crosssection, and the scale of the two slope sides is 1 : 1. 5. In order to adapt to possible different construction periods caused by weather variations, three proposals with identical side slope opening line, identical side slope ratio and different elevations of channel bottom were designed. In the high-level proposal, the elevation of the entrance of the channel is 742m and the width of the bottom is 13m. In the medium-level proposal, the elevation of the entrance of the channel is 745m and the width of the bottom is 22m. In the low-level proposal, the elevation of the entrance of the channel is 747m and the width of the bottom is 28m.

7. 4　Dynamic optimisation in construction process

Dynamic optimisation is a basic principle that must be followed by risk management projects. In the construction process of the drainage channel, according to the practical geological conditions and construction ability, the structure of the channel was optimised and adjusted many times to take account of the earth and rock fill structure of dammed body, temporal requirements of risk reduction, and the momentum and energy of released water. Towards the end of completion of the high-level proposal, the elevation of the entrance of the channel was reduced from 742m to 741m; then near the completion of that design the channel bottom was further reduced by 1m to 740m and the width was 7–10m.

8　Emergency Management Effect

The emergency management scheme was officially put into practice on the morning of

May 26th, 2008. And the drainage channel was cut in advance in the early morning of June 1st, 2008, which decreased theoretically the volume of the lake by 100million m³ and the water head by 12 m in the barrier lake. On June 6th, some additional work was carried out to reduce the resistance and enlarge the flow capacity of the drainage channel.

The water in the barrier lake started to flow through the drainage channel at 7:08, on June 7th. The retrogressive erosion became clear in the afternoon of June 9th. And the draining peak discharge of 6500m³/s occurred at noon time of June 10th. By 14:00, June 11th, the water level in the barrier lake had fallen to 714. 13m from its peak of 743. 10m and the water storage declined to 86. 1million m³ from 246. 6million m³. The dangerous circumstance of the barrier lake was successfully eliminated without any loss of life during the draining process.

A new arc-shape watercourse convex to right bank with a trapezoid cross-section was formed(Fig. 5). The opening of the section of the watercourse ranged between 145m and 235m, the bottom width between 80m and 100m, the elevation at the inlet bottom, commonly, between 715m and 720m. The elevation of a deep channel on the right side was 710m. The cross section remained stable. The drainage capacity during the process should not be affected despite that some local collapses and blockage may take place.

Fig. 5   The river channel plane shape after the draining of Tangjiashan barrier lake

The peak discharge equivalent to 200-year return period design flood in this section of the river is only 6132m³/s, less than the peak discharge on June 10th. Hence, the watercourse is able to give space for 200-year return period flood.

About 5million m³ of the deposits of the barrier dam were removed during the water release process. The remaining barrier on the left was composed of hard broken small stone, large stone and isolated stone, which had strong resistance to infiltration, erosion and sliding.

Due to the successful implementation of the emergency management of Tangjiashan barrier lake, the water storage was reduced by 70million m³, and the water level was reduced by 9.0m. This controlled the process of progressive dam breach. Moreover, the peak discharge at the dam was reduced to 3400m^3/s roughly and at the cross section of the Fujiang Bridge to 3000m^3/s approximately. The peak discharges at the main cross sections in the downstream reaches fell about 33.6% – 34.6%, compared with the analytical results of the 1/3-dam-breach scenario. All of this contributed to mitigating the flood threat to the people and the properties in the lower reaches of Fujiang River.

9　Conclusions

It took one month to handle Tangjiashan barrier lake after it was formed by the strong earthquake on May 12, 2008. Successful risk elimination at Tangjiashan barrier lake was achieved by an unconventional but scientific approach, during an unusual period and under unusual conditions. It was a successful case of preventing possible secondary disasters resulting from a large barrier lake. The risk elimination concept, scientific planning and technical measures of emergency management of Tangjiashan barrier lake could serve as a valuable model to deal with similar disasters in future.

Draining the Tangjiashan Barrier Lake

Liu Ning   Chen Zuyu   Zhang Jianxin   Lin Wei   Chen Wuyi   Xu Wenjie

Abstract: This paper documents the emergency breaching of an approximately 110-m-high landslide dam that was created at Tangjiashan during the 2008 Wenchuan earthquake of China's Southwest Sichuan Province. As an emergency measure, a 13-m-deep channel was excavated to reduce the volume and head of the released water during the dam breaching and to create a controlled flood that was intended to prevent catastrophic consequence for 1.2 million people downstream. From detailed monitoring and survey works carried out during and after the dam break it was found that ① the breaching initiated at a pool water level of 742.1m with an estimated flow velocity of 2.4m/s, and virtually terminated at a pool water level of 720.3m with an estimated velocity of 2.5m/s, which can be regarded as the incipient velocity that initiated erosions for the soils at this particular site; ② a controlled flood released $167 \times 10^6 \, \text{m}^3$ reservoir water with a peak flow rate of 6500m³/s, during which a maximum velocity of about 5.0m/s was measured; ③ in 12h, the channel bed was eroded 30m down and the sidewall was enlarged 145m wide at an elevation of 719m, which was expanded to 200–350m at the top of the channel due to subsequent landslips of the temporary slopes; and ④ the measured data indicated an incipient velocity that initiated soil erosions, which is found to be conceptually in general agreement with the existing approaches of this threshold value.

1 Introduction

On May 12, 2008, an earthquake of magnitude 8.0 as measured by the China Earthquake Administration occurred at Wenchuan, Sichuan Province in southwest China. As a result of the earthquake, a barrier lake was formed at Tangjiashan, 5 km from Beichuan County Seat. The landslide debris dam was approximately 90 and 124m high on the right and left sides, respectively with maximum water storage of 320million m³. The potential catastrophic breach of the swelling lake posed a great threat to the 1.2 million people living downstream, and hence a disaster mitigation effort in this inaccessible area was undertaken by more than 1000 soldiers with modern construction machinery, all conveyed by helicopters. The civil work included construction of a diversion channel to create a controlled man-made flood to breach the dam and drain the impounded lake. The success of the Tangjiashan rescue operation enabled 275 000 people, who were evacuated, to return to their homes safely in a timely manner with minimal impact from flood damage.

原载于: Journal of Hydraulic Engineering-ASCE, 2010,136(11): 914–923.

Occurrences of landslide dams are common. Schuster and Costa (1986) reviewed the world's historical landslide dams, while Bonnard (2006) reviewed measures to prevent potential catastrophes triggered by dam break floods and concluded that the best approach is to excavate a diversion channel. This approach could be traced back 500 years ago when the villagers of Servoz, Monte Blanc, France excavated a channel to drain a lake at Massif de Plate(Bonnard,2006). Recent successful human interventions include a 3-m-deep channel excavated in the dam created by the Mayunmarca rockslide, occurred in April 1974 in Peru, in which a 130-150-m-high dam with a total water storage capacity of 670×10^6 m^3 was breached at a flood discharge between 7000 and 15 000m^3/s(Kojean and Hutchinson,1978; Lee and Duncan,1975). Schneider(2008) described the Karli and Tung Barrier Lakes created by the Pakistan 2005 earthquake of magnitude 7.6. The landslide dam had a total volume of 65million m^3. Excavation of a spillway, 130m long and 10m deep, helped to lower the water table at Tung Lake. In China a successful intervention occurred in 2000 when emergency excavations of a 24.1-m-deep channel through a landslide deposit along the Yigong River, Tibet reduced a dam breach from an estimated potential flow of 220 000m^3/s to a measured flow of 110 000m^3/s(Liu,2000). The latest cases have been recorded for the June 14, 2008 IwateMiyagi-Nairiku earthquake in Japan, in which 15 barrier lakes were created. Most of them were breached by diversion channels(Unno,2008).

Much effort has been expended to understand the mechanism of soil erodibility and the open channel hydraulics involving unsteady flow and rapidly changing channel cross sections. Briaud(2008) gave a state-of-the-art report on some fundamental aspects of soil and rock erosion mainly on a geotechnical point of view. The European Community carried out a project entitled IMPACT in the period of 2001–2003 on dam break research(Soares et al., 2007) that involved a 6-m-high model dam(Hoeg et al.,2004). During the course of the emergency mitigation work at Tangjiashan, however, it was noted that there is a lack of experience based on either analytical approaches or accurate monitoring records for barrier lake breaches. It was therefore not surprising that in dealing with the Tangjiashan landslide dam draining work, some critical parameters such as the expected peak flood discharge, the flood duration, and the volume of eroded dam material could not be predicted. To improve this understanding, the authors and their colleagues made great efforts to record the breach process of the Tangjiashan barrier lake. This paper presents these data that could allow an in-depth research. It is intended that this contribution will provide a better understanding of the aforementioned uncertainties. In separate papers(Liu et al.,2009) the authors have presented some general information regarding the assessment of risks involved in the civil works, the construction details, and the flood propagation process downstream of the dam. Numerical analyses on the breaching process of the dam have been provided by Wang et al. (2008).

2　Morphology and Geology

The landslide that resulted in the barrier lake was triggered at longitude E104°25′56.93″

and latitude N31°50′40.60″. Fig. 1 shows geographic relations between Tangjiashan and its nearby cities and towns. Here the Tongkou River flows in a S70°E–N40°E direction, the valley displays an asymmetric "V" shape, and within which the river is normally 100–130m wide. The hillside on the right side of the river, called Tangjiashan, had a slope with a gradient of 30° that was covered with residual soils and vegetation. The hillside on the left side, called Yuanshanba, dips at a steeper angles of 35°–60°, with exposed rock outcrops (Fig. 1).

Fig. 1   Overview of the Tangjiashan Barrier lake(Courtesy of G. R. Jia)

The geology of the site consists of Cambrian siliceous sandstone and phyllites with interbedded black slates and mylonites. During the earthquake, the hillslope on the right side of the river collapsed along the bedding planes that strike at N60°E and dip Northwest at an angle of 60°. The landslide debris ran out across the valley bottom to the opposite valley side, burying 84 villagers(Liu et al.,2009).

A variety of remote sensing techniques was employed to measure the main characteristics of the landslide deposit, which are summarized in Table 1[also refer to Liu et al. (2009)]. The landslide debris is composed of complex materials varying from rocks mainly with its original structures to completely weathered rocks and soils with tree roots, as shown in Fig. 2. Such material diversity leads to uncertainties and difficulties in evaluating entrainment during dam breaching. Soil grading tests of the matrix of the landslide debris were performed by the Chengdu Hydropower Design Institute, China Hydropower Consulting Group Corporation(2008) for samples taken from the pits and bore holes, and the results are shown in Fig. 3. The median diameter D_{50} is equal to 2 and 8mm if the coarse gravels are excluded or not, respectively. The natural density of the deposits is reported to be in the range 2.2 – 2.4g/cm^3. From Table 1 the ratio of dam length to thickness at the right side of the deposit where overtopping will first take place is 8.9(= 803m/90m). This is a parameter normally used to describe the dimension effect along the river flow direction of a barrier lake dam.

Table 1　Main characteristics of the landslide slope, deposit, and the barrier lake

Item	Parameters	Magnitude
Landslide slope	Occurrence of the natural slope, dip direction/dip angle	344°/30°
	Occurrence of the bedding planes, dip direction/dip angle	330°/60°
	Height of the failed slope	542m
	Elevation of the landslide headscarp	1205m
	Elevation at the top of the natural slope	1580m
Landslide dam	Volume of the landslide deposit	$24.37\times10^6\,m^3$
	Elevations of crest/toe, measured at the highest crest surface of the left deposit	793.9/669.6m
	Elevations of crest/toe, measured at the lowest crest surface of the right deposit	753.0/663.0m
	Length along the river valley(bottom of the deposit)	803m
	Length across the river valley	611m
	Ratio of length over thickness near the left abutment	8.9
	Covered area	$3.07\times10^5\,m^3$
Reservoir	Potential highest water level without intervention works	753m
	Potential storage of water without intervention works	$326\times10^6\,m^3$
	Elevation of the original river bed	663m
	Area of the reservoir water surface	$3550km^2$

(a) Rocks with its original structures　　　　(b) Completely weathered rocks

(c) Soils　　　　　　　　　　(d) Soils with tree roots

Fig. 2　Deposit materials

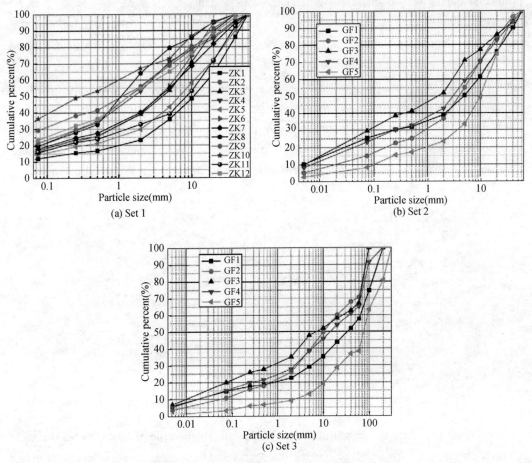

Fig. 3   Gradations of the deposit material matrix

3   Risk Assessments and the Preventive Measures

According to measured data from the Tangjiashan gauge station, the daily average flow rate of the river at that period of time is $80-90\text{m}^3/\text{s}$. The impoundment caused the barrier lake level to rise at an initial rate of $1.2\text{m}/\text{day}$, which gradually decreased to $0.5\text{m}/\text{day}$ due to the enlarged pool water surface area. There are six towns and two cities downstream of the dam that would have been threatened by the dam breach flood. Although the available geographic and hydraulic information limited the accuracy of dam break calculations, the analyses performed by different methods yielded the conclusion that a catastrophic flood would occur if no intervention were undertaken and the impoundment were allowed to fill and to be followed by a dam break. The report prepared by the China Institute of Water Resources and Hydropower Research (IWHR) (2008) stated that the county of Beichuan could expect a flood of $46\ 000\text{m}^3/\text{s}$, while the city of Mianyang, located 65-km downstream at an elevation of 430m, would have experienced a $17\ 000\text{m}^3/\text{s}$ flood, which exceeds the protection standard of its dikes for its 1. 1million inhabitants.

Accordingly, civil works were carried out at the Tangjiashan landslide dam to minimize the possible dam break damage. From a storage-elevation curve (Fig. 4), it was calculated that, if the elevation of the right dam crest was reduced to 740. 3m by a diversion channel, associated with an estimated reservoir water level of 742m at the moment the breaching started, the lake water storage capacity would be $238 \times 10^6 \mathrm{m}^3$, compared to $326 \times 10^6 \mathrm{m}^3$ if no intervention would be undertaken and the corresponding lake water level at dam break would then be around 755. 0m. This reduction both in terms of the water head and potential volume of water available for release would greatly contribute to minimizing any flood damage.

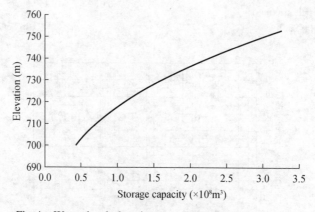

Fig. 4   Water-level elevation versus storage of the reservoir

The plan to reduce the height of the landslide dam entailed the excavation of a diversion channel on the right side of the dam using bulldozers and track excavators, which took over 7 days and 6 nights. The resulting channel was 13m deep and 8m wide at the bottom and covered 475m in length. The elevation of the channel bed was 740. 0m, 2m deeper than originally planned. The sidewall slope was 1. 5 : 1. The total volume of debris excavated was 135 000m³. Fig. 5(a) shows details of the design and Fig. 5(b) the aerial photograph of the diversion channel.

4   Performance of the Dam during Breaching

On June 7, the lake level reached 740. 3m and the channel started overflowing. However, no rapid flow developed until about 6 :00 a. m. on June 10, when the water level reached 742. 10m. Following the increase in flow rate, the pool water level dropped dramatically caused by rapid erosion, widening, and deepening of the channel. Fig. 6 shows the photos during the break.

A real-time camera recorded the whole dam break process, as shown in Fig. 7, from which the process of channel expansion during the dam break can be observed.

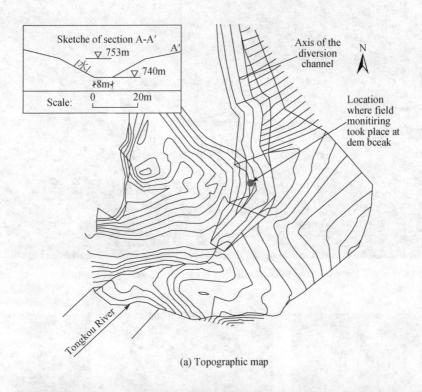

(a) Topographic map

(b) Picture of dam site

Fig. 5　Diversion channel

Fig. 6　Photo taken during the breaching(Courtesy of G. Li)

(j)　　　　　　　　　　　　　　(k)　　　　　　　　　　　　　　(l)

Fig. 7　Images captured at different times during the dam breaching on June 10, 2008

5　Monitored Data in the Field

Fig. 8(a) shows the measured lake water level Z_p. Figs. 8(b–d) are average velocity V, water surface width B, and water depth h, respectively, measured at the left side of the channel refer to Fig. 5(a) to find the location, which is near the entrance of the flow when dam break took place. The surface velocity near the entrance of the channel was monitored by using a Decaturradar surface velocity radar(SVR)laser hydrometer. The average velocity over the cross section is obtained by multiplying the measured surface velocity using a correction coefficient of 0. 73. The width B of the water surface was measured using a Nikon Laser 800S Range Finder that selects two points and determines the distance between them. The average flow depth h was measured by an S48-1 ultrasonic wave depth measurement instrument fixed by a rod. However, the depth measurement work was stopped after 12 : 00 for safety reasons and resumed at 20 : 00; this section of information therefore is blank and is shown as a dashed line in Fig. 8(d)based on the information described in Fig. 10 that will be illustrated subsequently.

The flood discharge was estimated using two approaches in order to compensate for limitations in the following methodologies.

(1)An effort was made at the site to calculate the area of the wetted cross section of the channel, from which the flood discharge can be calculated based on the average velocity V

$$Q_1 = VBh \tag{1}$$

The Q_1 versus t curve is shown in Fig. 9.

(2)Calculations of the flood discharge Q_2 are based on ΔW, the decrease in water volume of the reservoir with respect to time interval t; i.e.

$$Q_2 = \frac{-\Delta W}{\Delta t} + q \tag{2}$$

where ΔW is determined from the elevation versus storage curve (Fig. 4) based on the measured reduction in pool water level obtained from Fig. 8(a), in negative value if the reservoir water level is decreased, and q = natural inflow of the river that can be approximately taken to be $80 \mathrm{m}^3/\mathrm{s}$. The Q_2 versus t curve is shown in Fig. 9.

It is apparent in Fig. 9 that the two approaches yielded similar results for the flood discharge hydrograph. The two approaches gave the peak flow in a range 6500–6800m³/s at 12: 30. However, the curve based on Q_2 is considered to be the more reliable and will be used in the subsequent analysis.

Fig. 8 shows that erosion was initiated at 6: 00 a. m. , and the channel reached a maximum width of 145m at an elevation of 719m at about 13: 00, which remained unchanged until about 20:00. The width of the water surface shown in Fig. 8(c) remained unchanged after 13: 00 because a large part of the sidewall was exposed to rock. After 20:00, the width decreased rapidly as the reservoir water level fell down.

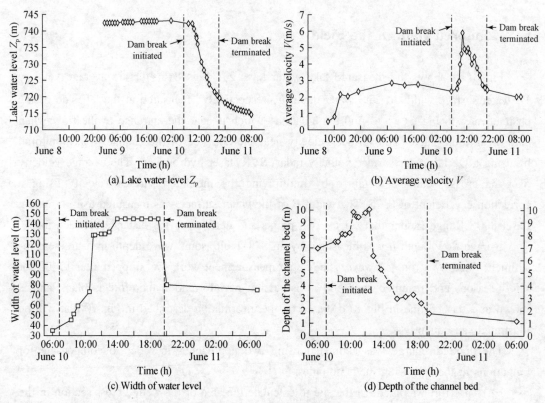

Fig. 8　Process of dam breaching

In order to assess the erosive effects of the flood, the elevation of the channel bed near the entrance was determined using the following steps.

(1) Assuming the velocity of flow in the reservoir to be zero, the water surface elevation at the entrance of the channel Z_c can be approximately determined from the Z_p, the elevation of pool water level, according to

$$Z_c = Z_p - \frac{V^2}{2g} \tag{3}$$

where V = velocity at the channel entrance given in Fig. 8(b).

(2) The elevation of the channel bed z is then given by

$$z = Z_c - \frac{Q_2}{VB} \qquad (4)$$

where the discharge Q_2 is given by Eq. (2) and shown in Fig. 9. V and B are given in Fig. 8. The calculated values of z are shown in Fig. 10, compared to the channel water surface elevation Z_c.

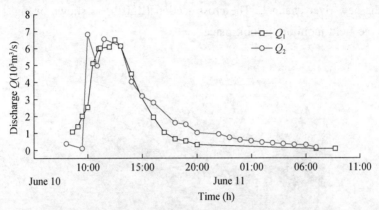

Fig. 9　Flood discharge versus time determined by(a) Approach Q_1: the measured velocities;

(b) Approach Q_2: variations of reservoir water storages

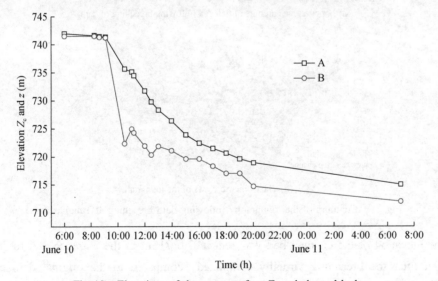

Fig. 10　Elevations of the water surface Z_c and channel bed z

These curves indicate the following:

(1) Dam break was initiated at 6:00 on June 10 at an average velocity of 2.4m/s, corresponding to a lake water level of 742.1m;

(2) A peak discharge of about 6500m³/s was observed at 12:30 on June 10 after which the flow rate dropped rapidly but the reservoir water level continued to gradually decrease;

（3）Erosion of the channel virtually terminated at 20: 00 when V was 2. 5m/s, corresponding to a lake water level of 720. 3m.

Fig. 11(a) shows the topographic contours of the area following breaching of the dam, based on a ground survey that was taken about 1month after the dam break. The isometric views of the topography are shown in Fig. 11(b). Fig. 12 gives the longitudinal cross section along the river channel showing the incision and deposition effects. Fig. 13 shows cross sections of the new river channel. The cross section III-III', as shown in Fig. 13(c), is the place where the field monitoring took place.

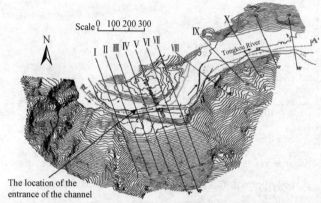

(a) Topographic contours of the area following breaching of dam

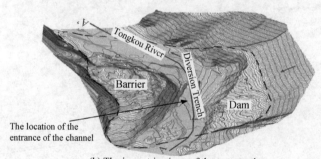

(b) The isometric views of the topography

Fig. 11　Contours of the topography following dam breaching at Tangjiashan

The elevation of the channel bed was reduced to 710m at the entrance and to 700m at the outlet after the breaching virtually completed, compared to the original dam crest of 753m. Thus the dam crest was incised down a further 30m below the initially 13-m-deep excavated channel. Based on the comparisons between the original and postbreak topographies, it was found that a total of $4. 8 \times 10^6 m^3$ landslide debris material was eroded during the breaching process, of which $3. 7 \times 10^6 m^3$ was deposited downstream of the toe within the extension of 750m along the valley bottom, where the field survey information is available. The remaining material extended further downstream beyond the Beichuan County Seat. The river bed downstream aggraded to an elevation of 695m from the original of 663m due to sedimentation. Subsequent landslips of the sidewalls further widened the eroded channel and e-

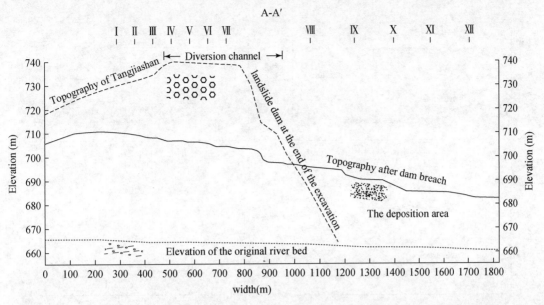

Fig. 12　Longitudinal cross section along the river channel showing the incision and deposition effects

ventually created a new river 145–235m wide(Fig. 13)within the landslide dam that can accommodate a flood of 1 in a 200-year return period(Chengdu Hydropower Design Institute and China Hydropower Consulting Group Corporation,2008).

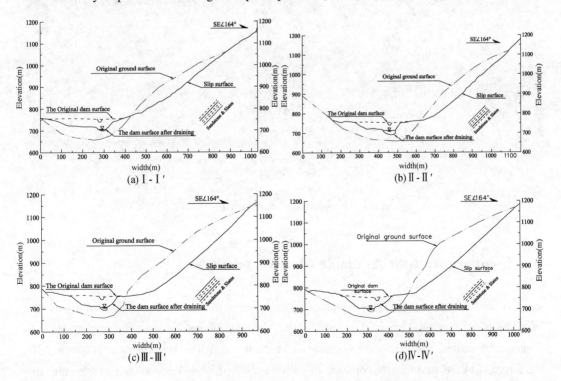

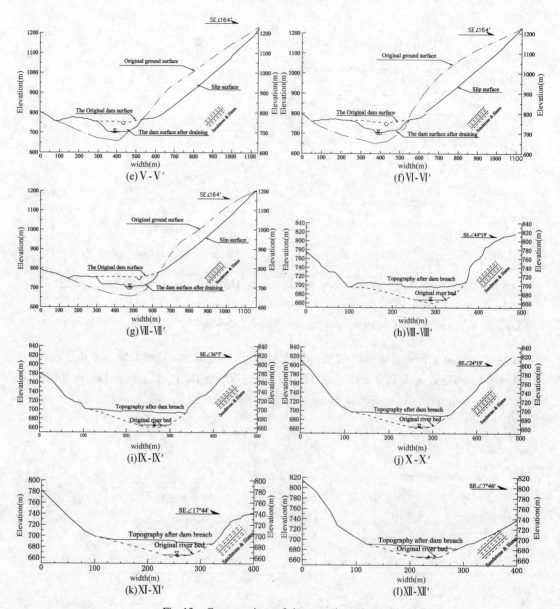

Fig. 13　Cross sections of the new river channel

6　Comparisons with Available Models and Data

Soil and rock erodibility is a topic of wide interest in many areas such as the study on failures of river banks and bridge foundations, in addition to the dam break analyses. As mentioned earlier, the measured velocity at which the dam break took place is about 2.4 – 2.5m/s. This section tries to compare this finding with the criteria available in literature that deals with the incipient velocity at which motions of soil particles initiate.

For determining the incipient velocity, Briaud (2008) provided a chart, as shown in

Fig. 14, that summaries the testing results(TAMU Data)using his erosion function apparatus (Briaud et al.,2001)and those selected in the textbook *Sedimentation Engineering* (Vanoni, 1975). This chart has been modified here by adding the following two widely used approaches contained in Chapter 2: "Sediment transport mechanics" of the new version book (García,2008).

1)García and Marza(1997)

Based on the observations made in Russian channels by Lischtvan and Lebediev (Lebediev,1959), García and Marza(1997)presented the following dimensionless forms for calculating the incipient velocity U_c as follows:

$$\frac{U_c}{\sqrt{RgD}} = 1.630\left(\frac{H}{D}\right)^{0.1283} \quad \text{for} \frac{H}{D} \leqslant 744.2 \tag{5a}$$

$$\frac{U_c}{\sqrt{RgD}} = 0.453\left(\frac{H}{D}\right)^{0.3221} \quad \text{for} \frac{H}{D} \leqslant 744.2 \tag{5b}$$

where H = height of the flow, which is taken to be 7m for this case; g = acceleration of gravity; D = sedimentation particle diameter; and R = submerged specific gravity, defined as

$$R = (\rho_s - \rho)/\rho \tag{6}$$

In the case of Tangjiashan, ρ_s, the density of the particle of the deposit material, is 2.65g/cm³ and, that of water, is 1.0g/cm³, R is therefore equal to 1.65.

2)Neil(1968)

The criterion proposed by Neil(1968)for riprap protection design i

$$\frac{U_c}{\sqrt{RgD_{RR}}} = 1.204\left(\frac{H}{D_{RR}}\right)^{1/6} \tag{7}$$

where U = velocity that initiates motion of a riprap with size diameter D_{RR}.

The relationships expressed by Eqs. (5)and(7)are shown in Fig. 14.

For the Tangjiashan case, D_{50} ranged between 2 and 8mm, and the critical velocity was estimated to be about 2.4–2.5m/s, as described previously. This range, as indicated as the shaded area in Fig. 15, is slightly above the regressed lines proposed by a variety of the available models. This may be considered reasonable because the Tangjiashan material contained rock fragments that were actually not included in the calculations of D_{50}[refer to Fig. 3(a)].

It must be noted that the criteria summarized in Fig. 14 are primarily concerned with a certain size of particles of the sediment rather than D_{50} of the Tangjiashan deposit material. Moreover, they are basically applicable for uniform and steady flow with a virtually horizontal channel bed, which are different from the case in Tangjiashan. The comparisons described in this section can only be considered as a conceptual understanding.

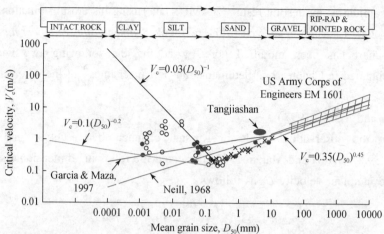

Fig. 14　Comparisons of the measured critical velocity with the available data from literature, modified after Briaud(2008)(ASCE)by adding García and Marza(1997)and Neil(1968), in which $H=7$m and $R=1.65$

7　Summary and Conclusions

This paper documents the whole draining process of a manmade dam breach that provides a useful case study for engineers who may be involved in the similar circumstances. The field monitoring of the breach included the measurement of the pool water level, velocity, and width of the surface water, and some limited information of the water depths. In addition, a video recording of the whole draining process was made. The land survey after the emergence action provided the detailed topographic data of the breached dam area.

Detailed information is available for download at the following website: www. geoeng. iwhr. com/geoeng/download. htm.

The highlights are summarized as follows:

(1)The left part of the dam crest of the Tangjiashan landslide dam was excavated from 753m to 740. 3m to form a diversion channel. The dam break initiated at the pool water level of 742. 1m at 6:00 on July 10 reached its peak discharge of 6500m³/s and 5. 0m/s in average velocity at 12: 30 and virtually terminated at 20:00.

(2)The flood eroded the channel down to an elevation of 710. 0m and widened it by 200m in average. A total of $167×10^6$m³ reservoir water was released.

(3)It is estimated that the incipient velocity for the material of Tangjiashan is around 2. 4–2. 5m/s. The relevant data about the critical velocity at which the soil particles of the deposit initiates have been compared to the available models and data in literature and found to be conceptually in general agreement.

Notation

The following symbols are used in this paper:

B = water surface width at the entrance of the channel(m) ;

D = sedimentation particle diameter as used in the evaluation of the incipient velocity;

G = gravitational acceleration(m/s^2) ;

H = height of the flow as used in the evaluation of the incipient velocity;

h = average water depth at the entrance of the channel(m) ;

n = roughness coefficient($m^{-1/3}s$) ;

Q = flood discharge of the channel(m^3/s) ;

q = natural inflow of the river(m^3/s) ;

R = submerged specific gravity;

t = time(s) ;

U_c , U = incipient velocities;

V = flow velocity at the entrance of the channel(m/s) ;

Z_c = water surface elevation at the entrance of the channel(m) ;

Z_p = elevation of the pool water level(m) ;

z = elevation of the channel bed(m) ;

ΔW = decrease in water volume of the reservoir with respect to time interval(m^3) ;

Δt = time interval(s) ;

ρ = density of water(t/m^3) ;

ρ_s = density of the deposit material(t/m^3).

References

Bonnard C. 2006. Technical and human aspects of historic rockslide dammed lakes and landslide dam breaches. Security of natural and artificial rockslide dams. Journal of Engineering Geology and Environment, (special issue 1) : 21-31.

Briaud J L. 2008. Case histories in soil and rock erosion: Woodrow Wilson Bridge, Brazos River, Meander, Normandy Cliffs, and New Orleans Levees. Journal of Geotechnical and Geoenvironmental Engineering, 134 (10) : 1425-1447.

Briaud J L, Ting F, Chen H C, et al. 2001. Erosion function apparatus for scour rate predictions. Journal of Geotechnical and Geoenvironmental Engineering, 127(2) :105-113.

Chengdu Hydropower Design Institute, China Hydropower Consulting Group Corporation. 2008 . Feasibility study of the Tangjiashan Rehabilitation project. Chendu: Chengdu Hydropower Design Institute, China Hydropower Consulting Group Corporation (in Chinese).

China Institute of Water Resources and Hydropower Research (IWHR). 2008. Evaluations of flood discharge and possible damage caused by the dam break of Tangjiashan. Beijing: China Institute of Water

Resources and Hydropower Research (IWHR) (in Chinese).

García M H. 2008. Sedimentation engineering: processes, measurements, modeling, and practice: ASCE manuals and reports on engineering practice No. 110. Reston, VA: ASCE Publications.

García M H, Marza J A. 1997. Inicio de movimiento y acorazamiento. Capitulo 8 del Manual de Ingenieria de Ríos, Series del Instituto de Ingeniería 592. Mexico: UNAM(in Spanish).

Hoeg K, Lovoll A, Vaskinn K A. 2004. Stability and breaching of embankment dams: field tests on 6 m high dams. Hydropower and Dams, 11(1): 88-92.

Kojean E, Hutchinson J N. 1978. Mayunmarca rockslide and debris flow// Voight B. Rockslides and avalanches, Peru, Vol. 1. Amsterdam, The Netherlands: Elsevier: 315-361.

Lebediev V V. 1959. Gidrologia i Gidraulika v Mostovom Doroshnom, Straitielvie. Leningrad: gidrometeoizdat(in Russian).

Lee K L, Duncan J M. 1975. Landslide of April 25, 1974 on the Mantaro River. Washington, D. C. : Peru Committee on Natural Disasters, National Research Council, National Academy of Sciences.

Liu N. 2000. Scientific approaches to hazard reduction of the Yigong Barrier Lake in Tibet. China Water Resources, 7: 37-38(in Chinese).

Liu N, Zhang J X, Lin W, et al. 2009. Draining Tangjiashan Barrier Lake after Wenchuan Earthquake and the flood propagation after the dam break. Science China (Technological Sciences),52(4):801-809.

Neil C R. 1968. Note on initial movement of coarse uniform material. Journal of Hydraulic Research, 6(2):157-184.

Schneider J F. 2008. Seismically reactivated Hattian slide in Kashmir, Northern Pakistan. Journal of Seismology, 13(3): 387-398.

Schuster R L, Costa J E. 1986. A perspective on landslide dams. Landslide dams: processes, risk and mitigation(ASCE, New York), (3): 1-20.

Soares F S, Alcrudo F, Mulet J, et al. 2007. Chapter 11: The Impact European Research Project on flood propagation in urban areas: Experimental and numerical modelling of the influence of buildings on the flow// Begum S, Stive M J F, Hall J W. Flood risk management in Europe. New York: Springer: 191-211.

Unno T. 2008. Landslide dams, debris flows and a slope failure of an artificial fill in the Iwate-Miyagi Nairiku earthquake in 2008. Keelung, Taiwan: 3rd Taiwan-Japan Joint Workshop on Geotechnical Natural Hazards (CD-ROM).

Vanoni V A. 1975. Sedimentation engineering- ASCE manuals and reports on engineering practice. New York: ASCE.

Wang G Q, Liu F, Fu X D, et al. 2008. Simulation of dam breach development for emergency treatment of the Tangjiashan Quake Lake in China. Science China (Technological Sciences), 51(2):82-94.

Draining Tangjiashan Barrier Lake after Wenchuan Earthquake and the Flood Propagation after the Dam Break

Liu Ning   Zhang JianXin   Lin Wei   Chen WuYI   Chen ZuYu

Abstract: Tangjiashan Barrier Lake is one of the largest barrier lakes caused by the Wenchuan Earthquake. Its risk analysis, emergency plan and effect of the emergency plan are introduced in this paper. The dam height of Tangjiashan Barrier Dam is about 105m, and the reservoir storage capacity is $3.2\times10^8 m^3$. When the dam broke the flood peak were estimated to be larger than 48 000m³/s, which might cause a enormous disaster to the downstream cities and residents. A discharge channel with 13m deep and 8m wide was drug, so that the water may flow out of the lake before the dam breaks. As a result, the drainage and risk mitigation project are successful. During the drainage process, the flood peak was about 6500m³/s, and about $1.6\times10^8 m^3$ of water was drained off and the residual reservoir capacity was only $8.97\times10^7 m^3$. A new channel with average width 100m was formed, which can bear floods of 200 years frequency. The successful experience and the collected data can be used to deal with the similar natural disasters in future.

1   Introduction

On May 12, 2008 an earthquake of 8 degree on Richter scale hit Wenchuan County, Sichuan Province of China. Under the effect of the earthquake a large-scale rapid landslide occurred at Tangjiashan on the right bank of the Tongkou River, 4km upstream of the Beichuan County seat. The rapid landslide rushed to the left bank of the river and buried the Yuanheba Village with 84 victims. The landslide dam blocked the Tongkou River(Fig. 1 and Fig. 2).

The Tangjiashan Barrier Lake seriously threatened Mianyang City and its neighboring towns and villages downstream from the lake. Therefore, since June 22, 2008, a rescue operation was carried out at the lake by excavating an open channel in the dam body to drain the pool water. The paper presented the design and construction highlights and the flood propagation process during dam break. Finally, the effect of danger-relief work was briefly introduced.

原载于: Science in China Series E: Technological Sciences, 2009, 52(4): 801–809.

2　Topographic and Geomorphologic Characteristics of the Studied Area

2.1　Topography of the landslide area

The Tongkou River passes the landslide zone in a direction of S70°E – N40°E with a meadow. During dry seasons the water level was about 664.8m, the water surface width of the river channel was 100-130m and the water depth was 0.5 – 2m. The river valley is non-symmetrical. The Tangjiashan is on the right bank with barren rock at the bottom and the gentle topographic slope (about 30°) in the upper part. Thick layers of the broken rock residuum and soil with dense vegetation dominate in the upper part. A small ravine is located in the upstream of the landslide zone and the other is in the downstream. At the left bank is Yuanheba with barren rock and steep slope of 35° to 60°. On the top lies a 20 – 50m wide terrain with a gentle slope. The left side of the accumulated landslide body was higher than the right one, showing a typical geomorphological feature of a landslide barrier. After the landslide several measurement methods were adopted to obtain the geomorphologic data of the Tangjiashan Barrier Lake as the basic information for emergency repair. Those methods included aerial optical and satellite survey with high resolutions including interference radar, laser remote sensing, etc. Fig. 3 is a remote sensing image of the Tangjiashan Barrier Lake presented by the Ministry of Land and Resources and the contour map was based on this image.

Fig. 1　Tangjiashan landslide

Based on the remote sensing information it was estimated that the longitudinal length of the landslide mass was 803.4m, the maximum transversal width 611.8m and the height 82.65m. It covered an area of $3.072 \times 10^5 m^2$ and the estimated volume of the accumulated mass was $2.437 \times 10^7 m^3$. The top elevation of the barrier was 785m on the left and 755m on the right. Thus the estimated dam height was 90 – 120m.

Fig. 2　The landform before the Tangjiashan landslide

Fig. 3　The remote sensing image of the Tangjiashan Barrier Lake by the Ministry of Land and Resources

2. 2　Engineering geology

The high speed landslide in Tangjiashan takes place along the bedding plane, which is typical with medium or steep dip angles. The original slope bedrock of the landslide is composed of the thin layer siliceous, sandstone and phyllite of the lower Cambrian series kiyohira group. The softness and the hardness alternatively form the rock strata, with the orientation of N60°E/NW∠60°. The left bank is a converse slope while the right bank is a consequent one. Fractures moderately developed in bedrock and the rock mass is more likely crushing, the thickness in the strongly weathered belt is 5–10m, which is underlain by the weak weathered zone. The squeezing and compressing belt in the rock mass consists of the black schist and mylonite. The squeezing zone is compressed tightly, and susceptible to softening and mudding upon wetting. The primary texture is mainly formed by bedding planes. The constructive joint fractures are highly developed, and have the same nature in a certain section, most being intense and short. The rock mass is more likely crushing. The thickness in the strong weathered and intensive load relief zone is about 10–30m.

The major Quaternary sediments are alluvium and colluviums scattering in the riverbed, the top of the slopes on the both banks, the foot of the slope, the tiny gully and some locally gentle topographic slopes. The riverbed is formed by the fine sand mixed with mud powder with a thickness of 20m in the Kuzhuba Dam; the gravel layer on the left bank was deduced to be 5-10m thick, and that on the right bank was 5-20m thick.

3　Risk Analysis of Dam Break

3.1　Risk analysis of Tangjiashan Barrier Lake

The fundamental features of the barrier lake and its downstream are as follows.

1) The barrier lake

The barrier dam had the shape of a broad-crest weir. Its upstream slope was 18°-22° and downstream slope 35°-40°, and the longitudinal length of the weir was about 150m. With scattered broken rock and soil on its surface, the main body of the slide mass was huge rock and isolated block stones. Its middle and lower parts were slightly weathered or weakly weathered and the original strata sequence was maintained. A part of disintegrated rock was in dense structure and high strength. The average downstream slope was 1 : 1.28. Because of its huge volume, collapse of the barrier dam as a whole would not happen. The structure of the barrier dam was basically stable under the condition without overflow or piping.

2) Cities and towns below the landslide dam

The Beichuan County seat, 6 km downstream the Tanjiashan landslide dam, was totally destroyed during the earthquake. The ruin of the county seat will be permanently preserved as a museum of earthquake. Along the Tongkou River there are several medium-sized and small cities such as Jiangyou, among them Mianyang with its 1.2million population is a key city of high-technology products in Sichuan Province. The linear distance between Mianyang and Tangjiashan is 80km. The elevation of Mianyang at Fujiang Bridge gauge station is about 470.8m.

3) Barrier lakes below Tangjiashan Barrier Lake

Four barrier lakes were created simultaneously along the lower reaches of the Tangjiashan Barrier Lake during the earthquake. Once the Tangjiashan Barrier Lake breached, the downstream barrier lakes would breach successively. Consequently, the safety of the downstream cities was seriously threatened. Fig. 4 shows the locations of those barrier lakes.

3.2　Dam breaking flood analysis

The accuracy of dam-break flood routing is affected by many hydrological and topographical factors. The calculated results may be quite different from the real situation. During the period of emergency many research institutes in China devoted to the research of this topic. The following were adopted from the results provided by IWHR.

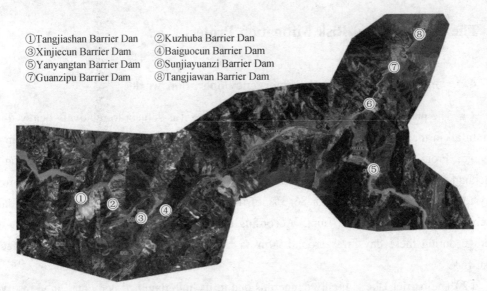

① Tangjiashan Barrier Dan　② Kuzhuba Barrier Dan
③ Xinjiecun Barrier Dam　④ Baiguocun Barrier Dam
⑤ Yanyangtan Barrier Dam　⑥ Sunjiayuanzi Barrier Dam
⑦ Guanzipu Barrier Dam　⑧ Tangjiawan Barrier Dam

Fig. 4　Location of barrier lakes on the downs tream of Tangjiashan

1) The maximum dam-break flood

The flood discharge Q at the entrance can be calculated according to the formula of broad-crest weirs:

$$Q = \delta m b \sqrt{2g} H_0^{\frac{3}{2}} \tag{1}$$

in which b is the width of the weir, H_0 is the effective water head during the maximum flood discharge, δ is the coefficient of lateral contraction and m is the coefficient of discharge. The maximum flood discharge at the entrance was calculated to be 46 000m³/s.

2) Estimated results of flood routing

Flood routing in the downstream channel after dam break was calculated as follows.

The maximum flood discharge at distanceL from the lower reaches of the landslide dam was calculated based on the following equation

$$Q = \frac{W}{\dfrac{W}{Q_{max}} + \dfrac{L}{V_{max} K}} \tag{2}$$

in which Q is the maximum flood discharge at distance L (in m) downstream the landslide dam, in m³/s; W is the total storage capacity of the reservoir, in m³; Q_{max} is the maximum flood discharge at the dam site, in m³/s; V_{max} is the velocity of the maximum flood discharge, in m/s; K is an empirical coefficient, 1. 1–1. 5 in mountain areas, 1. 0 in hilly areas, and 0. 8–0. 9 in plain areas.

Based on eq. (2) the calculated maximum flood discharges at Beichuan County seat, Qinglian town, 45 km downstream the dam and at the cross-section in Fujiang River, 52km downstream the dam were 40 000m³/s, 24 000m³/s, and 22 000m³/s, respectively.

4　The Drainage and Risk Mitigation Project

4.1　Influence factors of the emergency operation work

（1）The probability of dam burst is very high when it is subject to relatively heavy flood or rainfall in the rainy season. The precipitation in this area for many years is 1355.4mm on average. From the statistics recorded from 1961 to 1990 by the meteorological station in Beichuan County, 4m far away from the down reaches, the rainfall mainly takes place from May to September, accounting for 86.3% of the total precipitation, and the maximum daily precipitation in history is 323.4mm. According to the monitoring data the reserve inflow on average during these days was around $90m^3/s$. Thus, the Tangjiashan Barrier Lake faced great risk.

（2）The barrier lake is highly dangerous due to its high dammed body and huge reserve. The dammed body is 90-120m high and the reserve will reach $3.20×10^8 m^3$ when the water hits the top of the dam. In accordance with the result analyzed in section 3.2, the flood will have destructive impact on the small and medium- sized cities along the river if the rescue work is not in place, and will surpass the dike protection standard of one- hundred- year- return period for the Mianyang City.

（3）The complicated internal structure of the composition material of the barrier dam. The Tangjiashan Barrier Dam has different soil structure. In part of the dam body still remains the original rock structure, but most of the materials in the dam body are composed of stones mixed up with soil and soil mixed up with stones, completely weathered rocks with little plant remnants. Being pressed for time it is difficult to clarify the structure of the dam body by means of the traditional exploring approaches. Possible weakness may trigger collapse or even partial dam burst. Such as, on May 29, a piping hole was discovered at elevation 700m downstream the dam body. The seepage amount expanded every day. Fig. 5 illustrates the seepage area filmed at noon of June 3. At that time, the influx of the seepage mouth was $1.35m^3/s$ and the whole infiltration flux in the downstream was $4.93m^3/s$. The appearance of this piping seepage added new uncertainties for the rescue work.

Fig. 5　The piping seepage found on May 29 of 2008

(4) The drainage area in the upper reaches is huge and the water level rises quickly. Tongkou River(Jianjiang)drainage area is covered with the mountainous area on the northeast tip of the Sichuan Basin, and it is the first tributary of Fujiang River. It contains a catchment area of 4520km^2 and the main river has the length of 173km. Accroding to the monitoring data of the rising process of the water level in the reservoir in late May, the water level rose with a rate of 1. 0–1. 5m averagely.

(5) The dammed body also suffered from the aftershocks. By 08:00 on July 1, 14 867 aftershocks had been recorded in the Wenchuan quake area, among which 28 were at the magnitude of 5. 0–5. 9 on the Richter scale, 5 at 6, and the biggest aftershock was 6. 4 on the Richter scale happening at 16:21 on May 25 in Qingchuan. Fig. 6 clearly shows the earthquake time sequence distribution. The strong aftershock can trigger new landslides which will pose risks on the rescue work.

(6) Ground traffic is in total suffocation. After the earthquake, the road from Beichuan to Tangjiashan was totally blocked due to the landslides. The large ship could not navigate or pull in due to the sediments and large boulders in the lower reaches. Therefore, the workers, equipment, materials and provisions could only be transported by helicopters.

The rescue operation for Tangjiashan Barrier Dam is also influenced by the following uncertainties.

4. 2　Decision of the emergency plan

Possible approaches that can lessen the consequent disasters triggered by a barrier lake burst include siphon diversion, manual excavation and enhanced supervisions, but the most effective way is to dig the drainage channel inside the dam body, resulting in dam bursts in advance at low water level within relatively small water storage. According to the record, the villagers in Servoz of the Monter Btomc district in France dug the discharge channel to dredge the Massif de Plate Lake as early as 500 years ago. The Mayunmarca landslide formed a dam of 150m high in Peru in 1974, and the water reserves amounted to 6. 7×10^{8}m^3. A plan of digging a discharge channel at the depth of 3m was adopted and the flood peak of the collapsing dam reached 15 000m^3/s. The discharge channel was at the depth of 24. 1m in Yigong landslide and the flood peak of the collapsing dam reached 1. 1×10^{5}m^3/s.

The decision of digging a discharge channel to perform artificial bursting against the danger was made on the basis of a comprehensive study on the risks possibly posed by the bursting of the Tangjiashan Barrier Lake, and on all of the definite and indefinite checking factors and the feasible conditions including working equipment and working duration.

4. 3　Design and construction of the discharge channel

The discharge channel has a trapezoid section with the slope proportion of 1 : 1. 5 on the two sides of the channel. The bottom of the discharge channel is 740. 7m in elevation and the bottom of the channel is 8m wide and 13m deep from the top to the bottom of the channel.

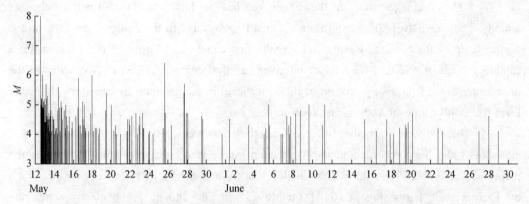

Fig. 6　The time sequence distribution of the earthquake over Richter scale 4. 0 in
the quake area by the end of July 1, 2008

The total length of the discharge channel is 695m. The longitudinal slope of the discharge channel consists of a gentle section of 0. 6% at the upper reaches and the steep sections of 24% and 16% individually at the lower reaches(Fig. 7).

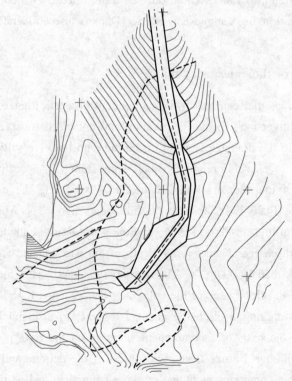

Fig. 7　The arrangement of the discharge channel

A combined approach of excavation and blasting was adopted in constructing the discharge channel. The primary principle is digging while blasting is undertaken near the surface, serveing as a supplementary approach.

In accordance with the topographic condition of the dam body, the way that digging with excavators and self-discharge tramcars were used in digging and transportation, sometimes blasting was taken if necessary to accelerate the construction. Altogether, 1142 workers, 26 bulldozers, 16 excavators and 6 self-discharge tramcars were put into use. The devices of radio station, satellite and mobile phones were utilized for communication.

The construction of the discharge channel took 7 days and 6 nights and ended on June 1st. The top of the dam was lowered to 740.4m from 753m, which is 3m deeper than the originally anticipated. The concluded digging earthwork was 135 500m^3, forming a discharge channel of 475m of length and 8m of width at the bottom with 13m height.

5　The Hydrology and Hydraulics demonstration of the Barrier Dam Bursting

5.1　The Process of the Barrier Dam Break

The water level in the barrier lake exceeded the elevation of the discharge channel at 07:00 of June 8th and a small amount of the water ran from the channel to the lower reaches. A total amount of 5.38×10^{6}m^3 water was released from June 8th to June 9th in accordance with the result derived from the measured discharged water volume from the Tangjiashan Channel.

At 01:30 of June 10 when the corresponding water level in the reservoir reached 743.1m, the reservoir storage capacity reached 2.474×10^{8}m^3. Then the discharging volume increased more and more, and at 06:00 the discharging reached 547m^3/s. The discharging volume hit the maximum value of 6500m^3/s at 12:30 and began to decelerate afterward. The discharging volume was 79.0m^3/s at 08:45 on June 11, reaching the balance state basically. According to the document on volume measurement, the discharged water volume was 1.7× 10^{8}m^3. Fig. 8 portrays the variation of volume and water level with time.

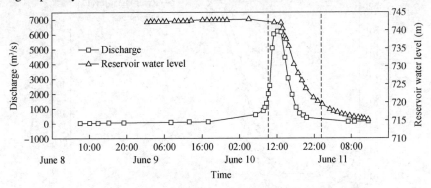

Fig. 8　The measured discharging volume curve, the variation of reservoir

water level of Tangjiashan with changing time

5.2　The Flood Routing Process in the Lower Reaches of Barrier Lake

Fig. 9 shows the slope of the channel in the downstream and the hydrologic station positions of Beichuan, Tongkou River and Fujiang Bridge. Figures 10–12 demonstrate the measured water level in the hydrologic station of the lower reaches and the process curve of the flood volume. It can be found that the peak discharges at Beichuan, Tongkou and Fujiang Bridge were $6540m^3/s$, $6210m^3/s$ and $6100m^3/s$.

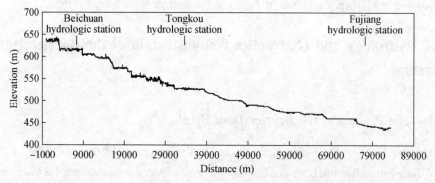

Fig. 9　The slope of the channel in the downstream of Tangjiashan and the position of hydrologic stations.

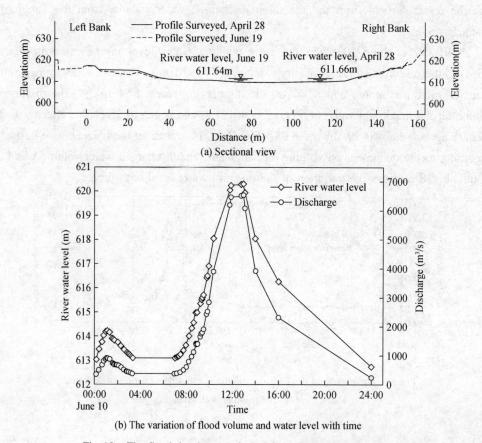

(a) Sectional view

(b) The variation of flood volume and water level with time

Fig. 10　The flood development in Beichuan Hydrological Station

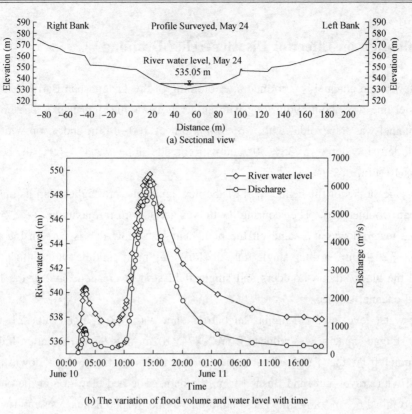

(b) The variation of flood volume and water level with time

Fig. 11　The flood development in Tongkou Hydrological Station

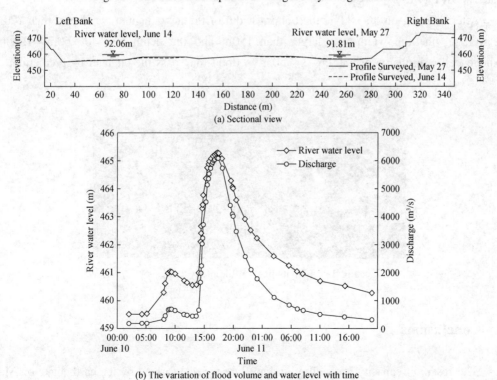

(b) The variation of flood volume and water level with time

Fig. 12　The flood development in Fujiang Bridge Hydrological Station

6　Evaluation on Effect of Disaster-relief Draining

A new broad channel was formed after draining of the Tangjiashan Barrier Lake. In plan the channel line was about 890m long with an arc towards the right bank. The cross section of the channel was trapezoidal with a bottom width of 100–145m and a top width of 145–225m; its left side slope was 35°–50° and its right side slope was 45°–60°; the height of the slope was 10–60m.

The side slopes of the central part of the new channel were higher than its upstream and downstream counterparts. The scouring depth was about 60m in maximum. The composition of the bed material was the same on the both banks. Yellow debris was on the top with a thickness of 20–40m, a thick single field of stones lay in the middle with a thickness of 10–20m and the black silicon boulders and single field stone were deposited at the foot of the slope and channel surface.

The water level at the Tangjiashan barrier dam was 713.54m on June 21, 2008. The reservoir storage capacity was reduced from $2.474 \times 10^8 \mathrm{m}^3$ to $8.97 \times 10^7 \mathrm{m}^3$ after draining. The river channel from the Tangjiashan barrier to the Kuzhuba Dam, 1km downstream, was deposited with gravel and sand flushed from the dam. The bed elevation at the dam toe rose up from original 665m to 695m. The longitudinal slope of the channel was mild with a small water head(Fig. 13).

After draining on "6·11", the bottom width of the new channel was larger than 100m in average, the top width was larger than 150m and the depth was 40–60m. Having experienced a discharge of $6500 \mathrm{m}^3/\mathrm{s}$, a 0.5% flood may pass the channel by prediction.

Fig. 13　Longitudinal profile of river channel

7　Conclusions

The reservoir capacity in the Tangjiashan Barrier Lake formed by the earthquake on May 12, 2008 reached $3.2 \times 10^8 \mathrm{m}^3$. The discharge in advance by digging the discharging channel on the right bank successfully eliminated the danger and ruled out the risks to the lower reaches caused by the flood.

Draining the Tangjiashan Barrier Lake is a successful practice using a diversion channel to dispel a possible flooding danger triggered by dam break in China after the Yi Gong barrier lake case. It adopts a theory of triggering the gigantic energy hiddened in nature itself to eliminate its potential dangers, which played an essential role in this successful risk mitigation activity.

This paper introduces the risky factors in the hazard-relief process, the design of the drainage open channel and its implementation. In addition, it records the dam break processes and the field measurements of flood water level and the volume curve. The experience and the collected data can be used later to deal with the similar natural disasters. The research result on the scouring theory and effect will be introduced in another article.

汶川地震唐家山堰塞引流除险工程及溃坝洪水演进过程

刘　宁　张建新　林　伟　陈五一　陈祖煌

摘　要：本文介绍由汶川地震诱发的唐家山堰塞湖的风险分析、抢险工程措施以及除险效果。该堰塞体平均坝高105m，库容3.2亿 m^3，估计溃坝洪水洪峰至少可达48 000 m^3/s以上，会对下游造成巨大灾难。为此，开挖了深13m、底宽8m的明渠，成功地实施了一次泄流除险工程。大坝以洪峰流量为6500 m^3/s的一次洪水过程下泄了1.6亿 m^3水量，残留库容仅0.897亿 m^3，堰塞体形成了底宽平均大于100m新河道，可以安全下泄200年一遇的洪水。唐家山堰塞湖除险工程的成功实施为今后处理同类自然灾害积累了宝贵的经验和科学资料。

1　前言

2008年5月12日，四川汶川发生8.0级大地震。受汶川地震影响，位于四川省通口河（也称湔江）右岸、距北川县城上游6km的唐家山发生大规模高速滑坡。快速下滑的山体冲向左岸，掩埋了元河坝村。滑坡体形成的堰塞体导致通口河被堵（图1和图2）。

图1　唐家山滑坡

原载于：中国科学E辑：技术科学，2009，39（8）：1359-1366.

图 2　唐家山滑坡前地貌

唐家山堰塞湖严重威胁下游绵阳市区及其他村镇的安全。为此，自 5 月 22 日开始，实施了一次人工开挖明渠泄流除险的工程。本文介绍这一工程的设计、施工及大坝溃决洪水演进过程，并简要评估了其除险效果。

2　滑坡堵江段地形地貌特征

2.1　滑坡地形地貌

滑坡段内河道弯曲，通口河以 S70°E ~ N40°E 流经该区，枯水期水面高程 664.8m 左右，水面宽 100 ~ 130m，水深 0.5 ~ 2m。为不对称的 V 型河谷，右岸为唐家山，下部基岩裸露，上部地形较缓，坡度 30°左右，分布较厚的残坡积碎石土层，植被茂盛，上下游各分布 1 条小型浅冲沟；左岸为元河坝，山体基岩多裸露，地形较陡，自然坡度一般 35° ~ 60°，坡体顶部为一宽近 20 ~ 50m 长条行的缓平台。滑坡堆积体呈左岸高、右岸低的堵江地貌特征。滑坡发生后，曾采用高时空分辨率的机载、星载光学测量和干涉雷达、激光遥感等手段获取堰塞湖的地形地貌信息，为抢险工程提供基本的资料。图 3 为国土资源部（现自然资源部）提供的唐家山遥感图像，以及在此基础上绘制的等高线。

图 3　唐家山遥感图像

通过遥感信息推测滑坡堆积体顺河向长 803.4m，横河向最大宽度 611.8m，坝高 82.65m，滑坡体覆盖面积约为 30.72 万 m²，估算体积为 2437 万 m³。堰塞体坝顶左、右侧高程分别为 785m 和 755m。由此估算坝高为 90~120m。

2.2　工程地质

唐家山高速滑坡是一个典型的发生中陡倾角层面中的顺层高速滑坡。滑坡所在边坡基岩由寒武下统清平组薄层硅质岩、砂岩以及千枚岩组成。岩层软硬相间，产状为 N60°E/NW∠60°。左岸为逆向坡，右岸为顺向坡。基岩裂隙较发育，岩体较破碎，强风化带厚度 5~10m，其下为弱风化。

岩体层间挤压错动带较发育，由黑色片岩、糜棱岩组成。错动带挤压紧密；性状软弱，遇水泥化。原生结构面主要为层面，构造性节理裂隙发育，具一定区段性，多密集短小。岩体较破碎，强风化强卸荷带厚度为 10~30m。

第四系堆积物主要有冲积、残坡积，主要分布于河床、两岸坡体顶部、坡脚、小型冲沟及局部地形斜缓部位。其中河床为苦竹坝库区厚约 20m 的含泥粉细砂；左岸碎石土层推测厚 5~10m，右岸碎石土层推测厚 5~20m。

3　溃坝风险分析

3.1　堰塞湖风险评价

堰塞体和下游基本情况如下。

1）堰塞体

堰体的基本形状为宽顶堰，上游坝坡 18°~22°，下游坝坡 35°~40°。顺河向堰顶宽度 150m 左右。堰塞体除表部少量为碎石土外，主体为基岩滑坡形成的巨石、孤块石。其中下部为弱风化~微风化，仍保持原地层层序关系，部分解体破裂岩体，结构密实，强度高，其下游平均坡比为 1:1.28。由于坝体体积庞大，分析基下覆较多块石体，因此，在不发生坝顶溢流和管涌的情况下，坝体结构基本上是稳定的。

2）下游人口和城镇情况

唐家山堰塞体下游 6km 北川县城在地震中已被彻底摧毁，若作为地震博物馆被永久保留，极具史料价值。沿通口河分布有江油等中小城市。其中绵阳市是四川省以科技产品为主的重要城市，人口约 120 万。绵阳市距唐家山直线距离约 80km。涪江桥水文站高程为 570.8m。

3）唐家山以下堰塞湖情况

汶川地震中，在唐家山堰塞体下游，也同时形成了 4 个堰塞湖，一旦唐家山堰塞湖溃决，这些堰塞湖也会相继溃决，对下游城镇的安全构成巨大的威胁。图 4 显示这些堰塞湖的地理位置。

3.2　溃坝洪水分析

溃坝洪水计算精度受多项水文、地形条件影响，成果与实际情况出入可能较大。

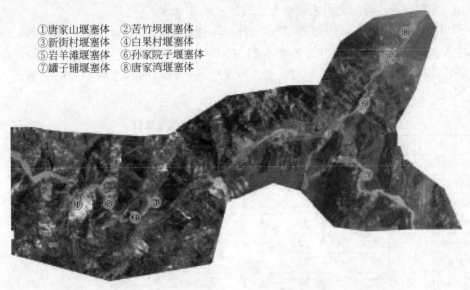

①唐家山堰塞体　②苦竹坝堰塞体
③新街村堰塞体　④白果村堰塞体
⑤岩羊滩堰塞体　⑥孙家院子堰塞体
⑦罐子铺堰塞体　⑧唐家湾堰塞体

图4　唐家山以下堰塞湖情况

抢险期间国内多个科研设计单位曾用多种计算方法开展了模拟分析研究工作，现摘录部分计算成果。

1）溃坝最大流量

溃口洪水可按宽顶堰流量计算公式：

$$Q = \delta m b \sqrt{2g} H_0^{\frac{3}{2}} \tag{1}$$

式中，b 为溃口宽度；H_0 为溃口发生最大流量时的有效水位；m 和 δ 分别为流量系数和侧向收缩系数。初步核算溃口最大流量为 46 000m³/s。

2）洪水演进过程估算成果

对唐家山堰塞湖溃决后可能产生的最大溃坝流量以及洪水演进过程进行分析计算。下游距坝址 L 处的溃坝洪水最大流量的计算公式为

$$Q = \cfrac{W}{\cfrac{W}{Q_{max}} + \cfrac{L}{V_{max}K}} \tag{2}$$

式中，Q 为距坝址 L（m）控制断面溃坝最大流量（m³/s）；W 为水库总库容（m³）；Q_{max} 为坝址最大流量（m³/s）；L 为控制断面距水库坝址的距离（m）；V_{max} 为特大洪水的最大流速；K 为经验系数（山区取 1.1~1.5，丘陵区取 1.0，平原区取 0.8~0.9）。根据上式推算，演进至北川县城、下游 45km 的青莲镇和下游 52km 涪江的最大流量分别为40 000m³/s，24 000m³/s 和 22 000m³/s。

4　引流除险工程

4.1　应急处置的影响因素

唐家山堰塞湖险情受以下因素制约。

1) 时值雨季, 遇较大洪水或降水, 溃决概率非常大

北川县气象站 1961 ~ 1990 年资料统计, 本地区多年平均年降水量为 1355. 4mm, 降水主要集中在 5 ~ 9 月, 占全年降水的 86. 3%, 历年一日最大降水量为 323. 4mm。表 1 是地震后唐家山堰塞湖日平均流量, 可见, 这一段时间入库流量平均为 90m³/s 左右。因此, 唐家山堰塞湖面临风险极大。

表 1　唐家山堰塞湖日平均入库流量过程

日期(年-月-日)	日平均流量(m³/s)	日期(年-月-日)	日平均流量(m³/s)	日期(年-月-日)	日平均流量(m³/s)
2008-5-12	71. 8	2008-5-22	108	2008-6-1	89. 7
2008-5-13	79. 3	2008-5-23	99. 9	2008-6-2	90. 8
2008-5-14	141	2008-5-24	101	2008-6-3	90. 3
2008-5-15	122	2008-5-25	101	2008-6-4	74. 2
2008-5-16	103	2008-5-26	95. 2	2008-6-5	74. 7
2008-5-17	98. 1	2008-5-27	89. 3	2008-6-6	75. 5
2008-5-18	92. 3	2008-5-28	83. 6	2008-6-7	77. 1
2008-5-19	99. 9	2008-5-29	87. 3	2008-6-8	78. 9
2008-5-20	100	2008-5-30	89. 8	2008-6-9	89. 7
2008-5-21	107	2008-5-31	90. 3		

2) 堰塞体较高, 库容较大, 极具危险性

堰塞体 90 ~ 120m 高, 在水位到达坝顶时, 库容将达 3. 2 亿 m³。根据 3. 2 节分析的成果可见, 如不进行抢救处理, 洪水可能破坏沿江的各中小城市, 并超过绵阳市百年一遇的设防标准。

3) 上游流域面积大, 水位上涨快

通口河 (湔江) 流域位于四川盆地西北边缘山区地带, 系涪江一级支流, 控制集水面积 4520km², 主河长 173km; 表 2 显示了 5 月下旬开始水库水位上升过程, 可见, 水库水位平均以 1. 0 ~ 1. 8m 的速率上升。

表 2　唐家山水位站 5 ~ 6 月水位、降水量成果表

月份	日期	水位（m）	降水（mm）	月份	日期	水位（m）	降水（mm）
5	25	724. 11		6	13	713. 28	
	26	725. 17			14	715. 67	132. 0
	27	726. 97			15	714. 81	
	28	728. 83			16	713. 96	0. 3
	29	729. 88			17	713. 66	
	30	732. 34			18	713. 49	12. 6
	31	733. 38			19	713. 51	4. 0
6	1	734. 57			20	713. 48	
	2	735. 84			21	713. 44	

4）堰塞体还在遭受强余震影响

截至7月1日08时，汶川震区内共记录到余震14 867次，其中5.0～5.9级余震28次，6级余震5次，最大余震为5月25日16时21分青川6.4级地震。地震时序分布见图5。强余震可能诱发新的滑坡，给抢救工作带来风险。

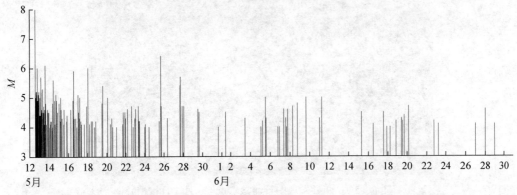

图5　截至2008年7月1日08时震区4.0级以上地震时序分布

5）地面交通全部受阻

地震发生后，从北川到唐家山的道路全部阻塞，无法打通。堰塞体上游形成的湖泊淤积物和孤石较多，水下状况复杂，大型船只无法通航和靠岸，不具备水上运输条件。因此，施工人员、设备、材料及给养等只能选择空中运输。

唐家山堰塞湖险情同时还受以下不确定因素制约。

（1）堰塞体土石结构复杂，一时难以弄清唐家山堰塞坝坝体具有各种不同结构的土体。一部分坝体依然保持原有岩体结构，大部分坝体材料以石夹土和土夹石，还有少量夹有植被残体的全风化土体。鉴于时间紧迫，难以采用传统的勘测手段查清堰塞体的结构。

（2）堰塞体可能存在薄弱环节造成塌陷甚至部分溃决，5月29日在坝体下游侧高程700m处出现管涌渗水点、渗漏量一直不断扩大；图6显示6月3日中午所摄渗水点情况。当时渗口流量1.35m³/s，在下游总下渗流量为4.93m³/s。这一管涌口的出现，为抢险工作增加了新的不确定因素。

4.2　应急方案决策

减轻堰塞湖溃决可能导致的灾害的方案包括虹吸导流、人员撤离、加强监测等，但最为有效的是在堰体内开挖泄流渠，促使堰塞体在较低水位较小库容的情况下提前溃决。根据记载，早在500年前，法国Monte Blomc区Servoz村民就曾经用开挖泄流槽的方法疏通Massif de Plate湖。1974年在秘鲁发生的Mayunmarca滑坡形成一个150m的高的坝，水量达6.7亿m³，采用了开挖3m深的引渠方案，溃坝洪峰达15 000m³/s。我国易贡滑坡的泄流渠深24.1m，溃坝时洪峰达110 000m³/s。

在综合分析唐家山堰塞湖溃坝可能造成的巨大风险、各种确定和不确定的制约因素以及施工设备、工期等可行性条件基础上，决定采用开挖导流明渠对堰塞体进行人工溃决除险的方案。

图6　5月29日发现的管涌渗水点（6月3日拍摄）

4.3　泄流渠的设计与施工

根据上述研究，在应急处理过程中采用泄流渠断面形状为梯形，两侧边坡为1：1.5，泄流渠堰顶高程740.4m，底宽8m，深13m，总长695m，上游平缓段纵坡为0.6%，下游陡坡段纵坡分别为24%和16%。

泄流渠的施工的基本原则是：挖爆结合，以挖为主；深挖平爆，以爆助挖。

利用堰塞体地势条件，采用挖掘机开挖、自卸卡车运输的方式开挖引渠，必要时辅以爆破方式加快开挖进度；共投入施工人员1142人，推土机26台，挖掘机16台，自卸车6台；采用电台、卫星电话和移动电话等手段为施工提供通信保障。

经过7天6夜的施工，于6月1日结束，坝顶自753降至740.4m左右，较原计划多挖深了3m，完成土石方开挖13.55万m³，形成了长475m，底宽8m，深13m的泄流渠。

5　堰塞体溃决水文、水力学过程

5.1　堰塞体溃决过程

6月8日7点始，堰塞湖水位超过泄流渠底高程，有少量的水量从渠道流向下游河道，根据唐家山渠道从6月8日至9日的实测渠道出库流量成果计算，从6月8日至9日共出库水量538万m³。

6月10日上午6:00，相应库水位742.1m时，下泄流量突然增大，库水位急剧下降。12:30时下泄流量达到最大值6500m³/s，此后开始减小。至6月11日8:45，渠道下泄流量为79.0m³/s，基本达到平衡状态。根据流量测验资料，唐家山堰塞湖的下泄水量1.7亿m³。流量、库水位随时间变化过程见表3和图7。

表3　唐家山站实测流量成果表

时间	流量（m³/s）	时间	流量（m³/s）
2008-06-08 07:28	5.70	2008-06-10 11:00	5980
2008-06-08 10:00	8.25	2008-06-10 11:12	6000
2008-06-08 12:08	18.2	2008-06-10 12:00	6070
2008-06-08 15:00	24.8	2008-06-10 12:30	6500
2008-06-08 19:00	28.9	2008-06-10 13:00	6130
2008-06-09 07:36	55.9	2008-06-10 14:00	4480
2008-06-09 12:30	76.1	2008-06-10 15:00	3040
2008-06-09 17:30	93.3	2008-06-10 16:00	1940
2008-06-10 06:00	574	2008-06-10 17:00	1040
2008-06-10 08:16	843	2008-06-10 18:00	653
2008-06-10 08:36	1090	2008-06-10 19:00	524
2008-06-10 09:06	1400	2008-06-10 20:00	335
2008-06-10 09:30	2030	2008-06-11 07:00	82.9
2008-06-10 10:00	2530	2008-06-11 08:45	79.0
2008-06-10 10:30	5110		

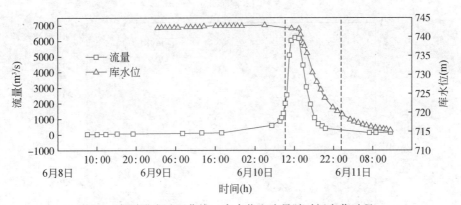

图7　实测泄流过程曲线，库水位和流量随时间变化过程

5.2　堰塞湖下游洪水演进过程

图8是下游河道坡降以及北川、通口河、涪江桥水文站位置。图9～图11是下游水文站实测水位和洪水流量过程线。表4为据式（2）计算的各站洪峰流量与实测值的比较，计算中取 $Q_{max}=6500\mathrm{m}^3/\mathrm{s}$，$W=170\times10^6\mathrm{m}^6$，$K=1.3$，尚未计北川至通口，涪江桥区间的径流量。

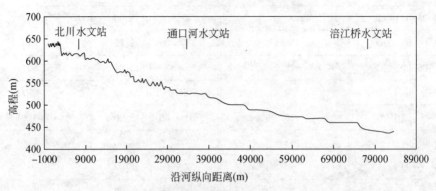

图 8　唐家山下游河道纵坡及水文站位置

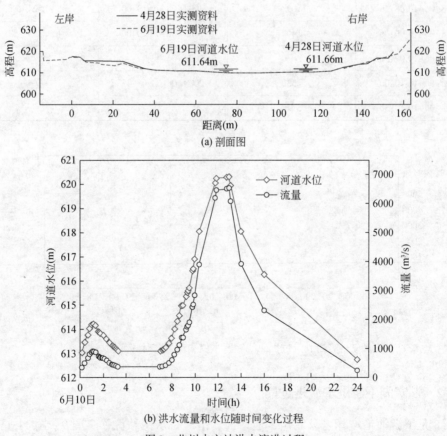

(a) 剖面图

(b) 洪水流量和水位随时间变化过程

图 9　北川水文站洪水演进过程

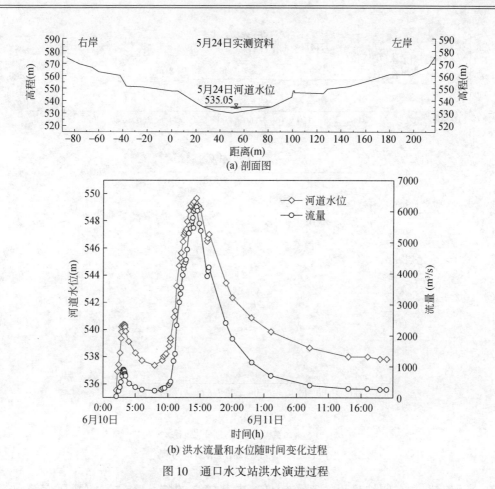

(a) 剖面图

(b) 洪水流量和水位随时间变化过程

图 10 通口水文站洪水演进过程

表 4 泄流各监测站点最大流量及反分析成果

站点	实测流量			据式 (2) 反演分析			
	最大流量 (m^3/s)	出现时间 2008−6−10	重现期 (年)	L (m)	V_{max} (m/s)	V_{max} 出现时间	最大流量 (m^3/s)
唐家山	6500	12：00	145				
北川	6540	12：30	145	8000	5.43	1999−8−15	6230
通口	6210	14：24	70	33 000	7.81	1992−7−27	5940
涪江桥	6100	17：18	3	77 000	6.64	1995−8−11	5321

6 引流除险效果评价

　　堰塞体过流后已形成较宽畅的新河道，平面上呈向右岸凸出的弧形，中心线长度约890m。泄洪槽在断面形态上，呈上宽下窄的"倒梯形"，其开口宽145~225m，底宽100~145m，左侧坡度35°~50°，右侧坡度45°~60°，坡高10m~60m。

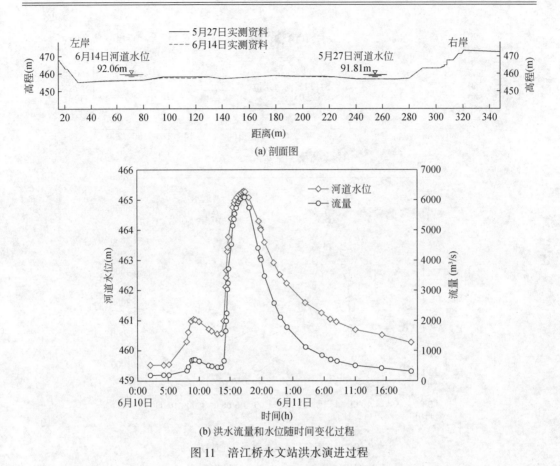

(a) 剖面图

(b) 洪水流量和水位随时间变化过程

图 11　涪江桥水文站洪水演进过程

　　新河道左、右侧坡呈上、下游较低、中部较高的特征，最大冲刷深度约 60m。其物质组成在左、右岸相对对称，上部厚 20~40m 为黄色碎石土，中部 10~20m 为孤块碎石，坡脚和河道出露灰黑色硅质岩巨石和孤块碎石，局部保留原岩层状结构，6 月 21 日堰塞湖坝前水位为 713.54m，水库的蓄水量从泄流工程前的 2.474 亿 m³ 减少为 0.897 亿 m³。堰塞体至苦竹坝电站闸坝的下游 1km 河道冲刷后的碎砾石砂层所淤积，坝趾处河床高程从原来的 665m 提升至 695m，河道平缓，水头差小，参见图 12。

　　"6·11" 泄洪后形成的新河道底宽平均大于 100m，开口宽度大于 150m，深度 40~60m，经历 6500m³/s 流量泄洪的考验，可以下泄 200 年一遇的洪水。

7　结论

　　"5·12" 地震形成的唐家山堰塞湖库容达 3.2 亿 m³，为消除溃坝洪水对下游的威胁，在右岸开挖泄流槽提前泄洪，成功地通过受控制的溃坝洪水消除了危险。

　　通过泄流渠引流消除唐家山堰塞湖溃决引发的洪水灾害，这是我国继易贡堰塞湖后又一次成功的实践。在应对自然灾害时，引导、诱发自然界本身蕴藏的巨大能量消除其潜在的灾害性因素，这一思想为成功实施这一次减灾行动起了重要指导作用。

图12　引流后的坝体河道

　　本文介绍了抢险过程中对风险的把握要点以及泄流明渠设计，施工情况·并记载了溃坝过程中在坝址和下游实测的洪水位和流量过程线。有关资料可为今后处理类似自然灾害参考。

卡马水库应急除险工作的启示

刘　宁　黄金池　张启义

摘　要：2009年汛期，广西河池卡马水库右岸溢洪道附近发生垮塌，大坝安全风险骤然增加。在应急除险实践中，同时对大坝不同状态进行了有限元渗流分析及采用非线性指标进行边坡稳定分析，初步确定出险位置可能处于放空洞中段，在此基础上，对水库溃决风险进行了分析，得出了风险决策依据，从而提出减灾措施，有效降低了水库溃决的风险。从卡马水库的应急处置出发，探讨了中国水库应急除险的关键技术，并提出了中国水库安全管理相关的一些重要问题。

位于广西罗城仫佬族自治县的卡马水库是一座兼具灌溉、防洪、发电等多功能综合效益的小（1）型水利工程，距罗城县城54km，距怀群镇政府所在地仅3km。水库集雨面积52.3km²，库区多年平均降雨量1520mm，大坝坝型为面板干砌堆石坝，水库总库容930万m³，最大坝高38.7m，坝顶长250.3m，坝顶高程224.6m，水库正常蓄水位220.1m。水库按50年一遇标准设计，设计水位222.49m，设计洪峰流量466m³/s；按500年一遇标准校核，校核水位223.89m，校核洪峰流量767m³/s。溢流消能设施为开敞式侧槽溢洪道，堰顶高程220.1m，最大泄流能力702m³/s。大坝底部193.3m处留有一设计泄流能力仅为2.26m³/s的放空洞，一般情况下处于封闭状态。2009年6月24日大坝工作人员发现放空洞大量漏水，水库211m水位时目测流量达到10m³/s。2009年7月库区普降大雨，库水位持续上升，此时放空洞流量估计达到20m³/s以上，其间放空洞出水口附近可见明显洞内冲刷物（图1），按照放空洞过水面积计算，洞内流速达10m/s以上，当洞体坍塌流路突然堵塞时，粗略估计形成的水击瞬时压力水头达500m以上，其强大的瞬时震动波引起坝体上部坍塌和坝体局部结构破坏。从图1可以看出，大坝靠近右岸溢洪道附近坝体发生垮塌，在持续高水位作用下，大坝安全风险骤然增加。一旦大坝发生溃决，大坝下游仅3km左右的怀群镇将遭受灭顶之灾，受到直接影响区域的人口达到1万多人，采取应急处置措施迅速降低风险迫在眉睫。

1　卡马水库应急除险实践

1.1　工程稳定性分析

从卡马水库的出险经过可以看出：位于坝体内部的放空洞，实际上已存在局部破坏段；放空洞上部的坝体，由于水击震动出现局部滑塌，说明大坝经过多年运行，某

图 1　水库溢洪道右端坝体上部垮塌

些部位的稳定性可能已趋于临界状态。由于放空洞局部破坏段的存在，使得库内水流可以绕过上游面板而渗入干砌石坝体内，从而顶高坝体内的浸润线。考虑到大坝在水击震动下已出现局部滑塌，而大坝在浸润线较高时，其边坡稳定性将会更低，因此，在对卡马水库进行应急风险决策时，坝坡的稳定性将是一项重要依据，而渗流分析则是边坡稳定分析之前必须开展的一项工作。

　　在进行渗流分析时，暂时将干砌石的渗透系数考虑为面板的 1000 倍。原则上，放空洞发生局部破坏后，坝体内的渗流为复杂的三维渗流，对其进行真实模拟较为复杂，而且三维渗流分析的边界条件也不明确，因此，即使进行三维渗流分析也难以得到准确结果。为了快速评估卡马水库坝坡的稳定性并简化起见，本文仅对过放空洞轴线的坝体剖面进行二维渗流分析（采用该简化模型计算的浸润线可能会比实际浸润线高）和边坡稳定分析。经过计算，水库正常运行时坝体内的渗流场如图 2 所示，从图中可以看出，正常情况下，由于面板有较好的防渗作用，坝体内的浸润线较低。考虑放空洞不同部位破坏时的渗流场如图 3 所示，从图 3 中可以看出，破坏位置越靠近下游，坝体尾部边坡所受扬压力将越大。

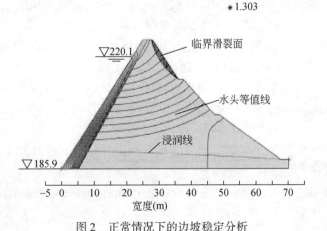

图 2　正常情况下的边坡稳定分析

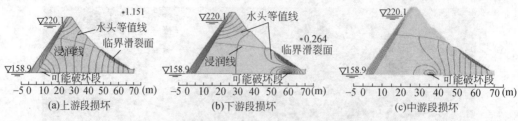

图3　放空洞损坏后的坝内浸润线及边坡稳定分析

进行边坡稳定分析时，考虑到卡马水库坝体主要为干砌石，可设其黏聚力为0，但计算边坡稳定的指标不能简单套用土质边坡的计算方法。根据 Duncan 等提出的双曲线应力应变模式，对无黏聚力土的强度包线采用以下关系式计算：

$$\varphi=\varphi_0-\Delta\varphi\lg(\sigma_3/p) \tag{1}$$

式中，σ_3 为小主应力，即进行三轴试验时的周围应力，Pa；p 为大气压力；φ_0、$\Delta\varphi$ 为材料参数。

由于坝体材料缺乏实测资料，因此，在进行边坡稳定分析时，φ 和 $\Delta\varphi$ 采用根据西北口等工程资料整理的对数模式非线性指标，即 φ_0 和 $\Delta\varphi$ 分别取为 54.4° 和 10.4°，假定水库正常水位 220m 时分析了 4 种典型情况的坝体稳定特性，分析结果如图2、图3及表1所示。表1给出了采用 Morgenstern-Price 法、bishop 法和 Janbu 法 3 种方法计算的结果。bishop 法是中国规范推荐使用的方法，而其他两种方法的计算结果相对精确一些，在国外边坡稳定计算中使用得较多。

表1　卡马水库稳定性分析

序号	工况	Morgenstem Price 法	bishop 法	Janbu 法
1	正常情况	1.303	1.323	1.233
2	放空洞上游段损坏	1.151	1.145	1.112
3	放空洞中游段损坏	1.053	1.054	1.025
4	放空洞下游段损坏	0.264	0.266	0.270

从计算结果可以看出：

（1）水库正常运行　坝内浸润线比较低，坝下游侧边坡失稳的主要影响因素是坝体材料自身的重力，因此，临界滑裂面出现在二级马道以上的边坡（图2），此时坝坡在不受扰动情况下，基本可以维持稳定，该分析结果与实际观察到的破坏位置相附（大坝受到震动，首先在最不稳定位置滑塌，如图1所示）。

（2）放空洞上游段损坏　放空洞上游段发生破坏后，坝内浸润线升高，坝下游边坡的稳定显然受到坝内孔隙水压力影响，临界滑弧位置明显下移，相应边坡稳定安全系数降低。

（3）放空洞下游段损坏　放空洞下游段发生破坏时，下游坝脚处将承受较大扬压力，此时，大坝已不能维持稳定。

以上各图标示的边坡稳定分析成果均是采用 Morgenstern-Price 法计算的结果，表1统计了对各种工况采用不同分析方法求得的边坡稳定安全系数。从表1可以看出，根据放空洞破坏位置的不同,其坝体稳定性差异较大,其中放空洞下游段遭受破坏是最不利的情况,此时,当水位达到220m时大坝稳定安全系数已远小于1。考虑到卡马水库放空洞出险后,库内水位曾一度超过215m,因此,出险位置应在坝体中部。

图4表示了放空洞典型部位发生破坏时,大坝在不同水位下的安全系数,从图4可以看出,放空洞的破坏位置越靠近上游,水库运行的水位越低,对大坝的安全运行越有利。

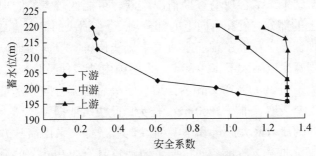

图4　放空洞不同部位破坏对坝体稳的影响

即使经过上述计算分析,仍然难以判断放空洞破坏的确切位置,但可以定性地得出结论,卡马水库放空洞破坏后,大坝局部的稳定性将急剧下降,此时,若水库仍然保持高水位运行,将是非常危险的,因此,必须迅速降低水位以确保下游安全。

1.2　风险快速评估

按照坝体剖面结构分析(图5),大坝坝体为散粒堆积物组成,迎水面边坡1:0.85,背水面边坡分为3部分,最上部二级马道以上坝体高12m,背水面边坡1:0.55,由于坡度较陡,坝体失去稳定后极易垮塌出险;一级马道高程202.20m以上至二级马道坝体高约13.01m,背水面边坡1:0.9,一级马道以下至河床高程部分坝高不到10m,背水面边坡1:1.4,该部分坝体沿河道流向底宽达70m以上。从图5所示的坝体平面布置情况看,坝轴线附近河道断面形态呈近似梯形,坝顶高程对应的河道宽度约为250m,河床高程193m处河宽约60m。根据上述基本信息,假定不同水位分析溃坝风险分布。

所谓溃决流量是指由于大坝遭到破坏而产生的流量快速增加过程,这个过程表现在坝体泄流口门有一个较大的流量变化梯度,如果没有这样的过程,即使大坝遭到破坏,但流量变化过程缓慢,则不成其为溃坝流量过程。对于水库应急除险阶段的风险评估,人们关心的是不同水位条件下可能发生的溃坝风险特性,也就是要了解一些较为不利情况下发生溃决的可能性和最大流

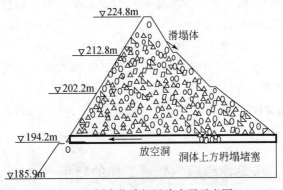

图5　不同水位溃坝风险水平示意图

量的可能级别。卡马水库出险后，设计泄流条件基本完好，但坝体稳定性已经显著低于设计水平，当遭遇较大洪水时很可能在没有达到保坝水位之前就会发生溃坝事故。由于坝体为散粒体，按照力矩平衡分析坝前水压力与坝体抗倾覆力，坝体旋转轴心大约在 2/3 坝高 202m 高程处，此处也正好是二级马道高程，该高程以上为坝体坡度较陡、稳定性较差的部分，因此，发生倾覆溃决的残留坝高可假定维持在该高程处，前述稳定性分析成果也大致符合这一结论。

根据上述分析结果，结合现场查勘情况判断，可能性较大的溃坝模式为瞬间局部溃决（包括横向上的部分宽度和垂向上的部分坝高），溃决的最大流量发生在瞬间倾覆的时刻。由于溃坝位置应发生在靠近原河道主流线位置，根据坝址位置地形资料和溃坝水位情况，溃坝宽度应不大于 60 ~ 80m。采用国内外多种经验公式和理论公式分析，得到的溃坝最大流量为 2600 ~ 2800m³/s，结合溃决后泄流时间和水量平衡的合理性分析，并考虑一定安全余地，推荐 2800m³/s 作为风险决策依据。

根据计算得到的溃口最大流量和下游河谷地形条件，采用简易方法估计下游不同位置的溃坝最大流量如表 2 所示，如按照下游河道具有 300m³/s 的泄洪能力，则溃坝洪水在传播 50km 后已基本不再具有实质性致灾可能性，可考虑以下游 50km 以内距离作为应急处置阶段预警转移的主要控制范围。

表 2　下游流量传播过程

距坝址距离（km）	1	3	5	10	50
最大流量（m³/s）	2800	2000	1500	1050	260

1.3　风险应急处置措施

按照上述稳定分析与风险评估结果，现场专家组制定了卡马水库应急处置方案，包括工程措施和非工程措施两部分。非工程措施方面主要是及时启动应急响应预案，迅速形成高效的应急指挥机构，第一时间转移安置受到直接风险威胁的当地群众，确保风险区人员安全，同时，积极组织有关专业人员组成专家开展必要的预报预警与险情观测，保证信息畅通。工程除险措施方面主要考虑快速降低水库水位，在设计降水条件下维持较大泄流能力，保证水库低水位运行，有效降低风险水平。根据现场调研和水库的具体情况，方案按照 50 年一遇标准洪水设计，从可操作性和方案的经济性，特别是实现目标的速度和方案本身的风险水平等几个因素考虑，分阶段实施降低库水位措施，首先在坝体右侧新开挖泄洪通道，快速降低水位，为左岸溢洪道扩大泄流能力创造条件，最终将左岸主泄洪通道降至设计高程 206m，50 年一遇洪水位不超过212m。实践表明，该方案是切实可行的，达到了有效降低风险，快速结束应急响应的目标。

2　卡马水库应急处置工作的启示

通过各方面的努力，卡马水库成功除险，保证了下游受影响区域广大人民群众生命财产安全，应急处置工作也给今后的工作提供了一些有益的启示。

2.1　病险大坝的拆除技术

卡马水库出险后，应急处置只是解决了如何安全度汛问题，保证病险水库长期安全的后续措施是摆在我们面前的重要挑战。对于水库功能丧失较多的情况，大坝拆除是当前国际上通行的做法之一。如同大坝建设一样，大坝的撤除也是一项技术十分复杂的综合工程，与大坝撤除相关的一系列问题可能是今后水库安全管理的重要内容。

（1）被撤除水库原功能的替代方案。中国大多数水库都具有防洪、供水等综合功能，一旦水库撤除，这些功能不复存在，水库上下游相关地区长期以来建立起来的生产生活体系将被打破。

（2）大坝撤除的环境保护。大坝撤除过程中和撤除后的一段时间，水库长期淤积的大量泥沙以及坝体物质本身都可能对下游河道及相关区域形成一定程度的影响，这种影响表现在河道形态变化及河道行洪能力改变，甚至还可能影响下游生态平衡。大坝撤除对下游环境的影响还表现在流量过程的改变，在水库正常运用过程中，一般都具有一定的调洪滞洪功能，使得汛期洪水过程变缓，非汛期供水流量增加，水库撤除后，河道流量过程恢复到建设水库前的自然状态，下游生态体系要适应新的水流流态，这种新的适应过程能否顺利完成也是大坝废除工程中要特别注意的。

2.2　应急预案的可操作性

卡马水库应急处置工作取得圆满成功与各部门的快速反应和果断决策分不开。但回过头来看现有的应急预案编制与实施则与实际情况有很大出入，重要的问题是可操作性。如在水库出险后，应急程序的启动主要是各级领导和行业主管部门强烈的社会责任，凭着多年的专业工作经验及时地启动应急处置工作，应急处置技术支撑方面缺乏相关的技术规程和快速响应手段，往往直接影响应急处置工作的快速决策，大量资源不能快速服务于应急处置工作。另外，现有的应急预案大多仅考虑特殊洪水的调度问题，对各种应急状态下的不确定性情况应对措施考虑不足，如信息的传递、除险物资的到位、相应工程风险应急评估等，考虑的手段仍以正常状态为基本依据，这大多与实际应急除险工作不符。

2.3　应急处置工作本身的安全风险

由于大坝稳定情况的不确定性，水库应急除险阶段许多信息并不能完全掌握，包括未来降水预报信息的可靠性、大坝稳定相关因素的可靠性、人员设备的调度是否能够按照预计目标实现等，这些因素都有可能与预期不符而使应急处置工作不能完成既定目标，应急处置工作本身仍然存在很大风险。因此，在考虑应急处置工作时，还要考虑这些不确定性风险可能导致的后果，应急工程设计与各项具体处置措施要留有余地，避免陷于被动，造成新的不必要损失。

2.4　水库应急除险工作的一般原则

中国有 8 万多座不同类型水库，技术条件、坝体特征、地理环境千差万别，水库出险后面临的情况十分复杂,应急阶段所面临的很多问题是不可预知的,给应急除险工作带来很多困难。分析卡马水库应急除险工作的成功经验,可提出一些水库应急除险技术工作的一般原则。

（1）水库出险后,应首先按照较为不利情况假设做好出险水库的稳定特性分析和风险评估,为应急除险工作提供技术支撑;

（2）明确适度承担风险的基本理念,以风险较小的处置措施降低水库安全风险水平,在确保风险区人民生命安全前提下,尽可能减少经济损失和社会环境影响;

（3）应急处置与后续处置结合,应急处置不仅需要考虑当前快速解除应急响应的需要,还要尽可能考虑应急除险结束后的恢复重建,为后续长远处置创造条件;

（4）工程措施与非工程措施结合,根据快速风险评估结果,快速有效的实施工程措施,并迅速组织人员避险转移、险情预警预报等,将灾害损失降低到最低程度。

3 结论

卡马水库应急除险工作取得了预期效果,有效解除了下游受影响区域的巨大安全风险,避免了人民生命财产损失,是一次成功的应急除险工作的案例。随着中国社会经济高速发展,国家财富的增长和人口的增加,水库工程安全风险水平也随之增加,水库安全的应急处置工作也可能频繁发生,人们对应急管理提出了更高的要求。卡马水库的成功除险从工程和非工程措施多个方面积累了很好的经验,这些经验对于提高应急管理水平,增强整个社会的抗灾能力都是十分有益的。

堰塞湖应急处置实践与认识

刘 宁

摘 要：堰塞湖是由于山体滑坡、崩塌、泥石流等堵塞河道形成的没有经过专门设计、没有专门的泄水设施的湖泊，一旦溃决，容易给下游造成巨大的灾难。分析了堰塞湖的成因、溃决机理与风险判断，提出堰塞湖应急处置的原则、理念、阶段与处置方法，总结了堰塞湖应急处置中的一些经验和认识。以四川省汶川特大地震形成的堰塞湖应急处置为例，从可能溃决方式、溃坝洪水、应急除险总体方案、开渠引流方案和除险效果等方面，介绍了唐家山堰塞湖的应急处置实践，并简要介绍了其他一些堰塞湖应急处置。

堰塞湖是由于山体滑坡、崩塌、泥石流等堵塞河道形成的湖泊，是一种较为常见的自然现象。由于堰塞湖为天然形成，堆积体没有经过专门设计，缺乏专门的泄水（洪）设施，因此其形成后可能淹没上游，带来生命财产损失，同时无控制的蓄水也会对下游的安全造成威胁，若不及时采取措施，降低其对上游带来的威胁，一旦溃决，还会给下游造成更大的灾难。堰塞湖灾害，不仅存在于其形成过程中，在形成后还会对上、下游带来淹没或溃坝洪水等次生灾害。对上游可能造成的灾害主要表现在随着湖内水位的不断上涨，回水将淹没上游的农田、村庄、厂矿、道路、桥梁、铁路、输电与通信线路等，乃至引起生命损失。

1 堰塞湖成因与溃决机理

1.1 成因分析

堰塞湖生成的内因是具有发生滑坡堵江条件的地质、地貌和河床水动力河谷斜坡，外因是具有作用于河谷斜坡上促使滑坡、崩塌发生进而堵江的诱发因素，如降水、地震、加载、坡脚淘蚀或开挖、水位的骤然升降等。堰塞湖多发生在高山峡谷区，这些地区构造活动强烈，地震、火山活动频繁，岩层节理、裂隙发育，有利于滑坡的发生。通过国内外大量堰塞湖的资料统计，形成堰塞湖的两个主要诱发因素是降水和地震，占总数的90%，火山喷发位于第3位，占总数的8%，其他因素占2%。此外，对国内140起堵江类型统计分析，滑坡堵江占98起，崩塌堵江占24起，土石流堵江占18起，滑坡与崩塌合计占堵江比例的87%。因此可以认为，降水和地震诱发的滑坡堵江是形成堰塞湖的一种最主要模式。

原载于：水科学进展, 2010, (4)：541-549.

1.2 溃决机理

堰塞湖是一种天然形成的蓄水体，堰塞湖的堰塞体是自然灾害的产物，不同于经过专门设计的水利工程设施，堰体材料没有经过人工选择和施工碾压，可能存在架空、内部物质组成和结构差异明显等现象，易产生渗透变形、沉降变形和稳定性等诸多工程问题，其在工程地质问题、堰体材料组构以及水力学问题上表现出的差异和离散特征，直接影响和决定着堰塞体的溃决模式和过程。

产生堰塞体溃决的原因包括工程地质和水力学两个方面，主要有渗透破坏、堰体滑坡和堰顶漫流3个主要诱发因素。渗透破坏是指可导致堰体材料产生管涌和流土破坏的渗流状态。堰体滑坡是指具有导致堰体整体和大规模滑动、最终产生湖水漫溢的状态，不影响堰体整体稳定的局部滑坡或塌滑现象不在溃决成因之列。堰顶漫溢是一种最常见的导致堰塞体溃决的破坏方式，一是库水上涨超过堰顶高程导致漫溢，另一是由于堰体破坏造成堰顶高度下降而产生漫溢。

综上所述，可以确定对于主要由土石料堆积物形成的天然坝而言，不论是何种原因导致大坝溃决，其溃决破坏通常分为瞬间溃决（突然溃决）和逐渐溃决两种形式，主要取决于天然坝的体型、物质组成和溃坝诱因。

1.3 风险判断

为安全、科学、快速地处置堰塞湖，必须根据堰塞湖自身的规模、危险程度、溃决损失等参数来确定堰塞湖的风险状态，做到因地制宜、有的放矢。

（1）堰塞湖规模确定　按堰塞湖可能的最高水位对应的库容对堰塞湖的规模分为大型、中型、小（1）型和小（2）型。

（2）堰塞体危险级别　堰塞体危险性主要由其稳定性和溃决破坏能力决定，其稳定性越差、破坏能力越强，其危险性越大。而堰塞体稳定性包括滑动和抗冲刷稳定，主要受其物质组成决定。因此，堰塞体危险应由堰塞湖规模、堰塞体物质组成和堰塞体高度等主要因素决定。堰塞体危险性分为极高危险、高危险、中危险和低危险4级。

（3）堰塞体溃决损失判别　堰塞体溃决会对下游影响范围带来毁灭性灾难，堰塞体溃决损失程度是堰塞湖风险等级划分的重要指标。根据堰塞湖影响区的风险人口数量、重要城镇、公共或重要设施等情况，可将堰塞体溃决损失严重性划分为极严重、严重、较严重和一般。确定堰塞体溃决损失时以风险人口、重要城镇和公共或重要设施3项分级指标中最大的一级作为该堰塞体溃决损失严重性的级别。

（4）堰塞湖风险等级划分　堰塞湖风险等级根据堰塞体危险性和溃决损失严重性分为极高风险、高风险、中风险和低风险，分别用Ⅰ级、Ⅱ级、Ⅲ级、Ⅳ级表示。堰塞湖风险等级应根据实际情况确定。条件具备时，按风险分析方法计算分析确定。条件受限时，可查表确定。查表法和风险计算分析确定的堰塞湖风险等级不同时，取较高等级为堰塞湖的风险等级。

（5）应急处置洪水标准　应急处置洪水标准分应急处置期和后续处置期两种情况分别确定。堰塞湖应急处置期洪水标准综合考虑所处季节、降水和流域资料、影响对象的重要程度、可施工时段、可利用的施工资源、交通运输条件等确定。

（6）应急处置预警水位　应急处置预警水位是警示应急处置人员与设备转移、下游影响范围人员撤离的堰塞湖水位。预警超高由最大波浪爬高、风壅水面高度和安全裕量等因素通过计算分析确定。条件受限时，预警超高也可根据堰塞湖风险等级选用。

（7）后续处置堰顶安全余裕量　后续处置堰塞体挡水部分最低处的堰顶高程按满足相应洪水标准泄流能力时的静水位加波浪爬高、风壅水面高度、堰塞体沉陷量和安全余裕量等因素计算分析确定。地震产生的堰塞体，确定安全余裕量时计入余震沉陷的影响；当堰塞湖内存在滑坡、崩塌体时，安全余裕量应考虑滑坡或崩塌等引起的涌浪的影响。

（8）堰塞体整体稳定标准　有条件时，后续处置可对堰塞体边坡滑动稳定性进行分析计算。可采用简化毕肖普法进行堰塞体后续处置边坡整体稳定分析，采用瑞典圆弧法计算堰塞体边坡抗滑稳定安全系数。

2　堰塞湖应急处置

2.1　处置原则

堰塞湖可分为高危型堰塞湖、稳态型堰塞湖和即生即消型堰塞湖。堰塞湖处理的方法多种多样，在进行堰塞湖工程处置时，应根据堰塞湖的风险级别，坚持以下几个原则：①"安全、科学、快速"原则；②"主动、尽早，排险与避险相结合"原则；③应急工程治理与长期综合治理相结合的原则。

2.2　处置理念

堰塞湖的应急处置不单单是一个技术层面的问题，还涉及政府与行政主管部门决策和治理理念。鉴于堰塞湖的特性，完全消除或避免灾害是非常困难或是不可能的，而应对堰塞湖的处理要立足于减灾，通过采取各种工程和非工程措施，将可能带来的灾害降低到最低程度。

（1）目标明确　政府不应该也不允许因为堰塞湖的应急处置不当而引发次生灾害，再次造成对人民群众的生命伤害和财产损失。

（2）合理分担　自然灾害之后造成的次生灾害及其潜在的风险巨大，对此政府和行政主管部门应该有充分的认识，更应该认识到灾区是风险的承担者，政府是风险的消除者。在复杂的风险条件下，要合理地分担风险，即灾区群众应该承担主动规避风险的义务，政府应该承担解除风险的责任，二者必须有机地统一。

（3）应急主动　地震形成的堰塞湖存在很多不确定性，包括工程地质、环境及风险程度等，其中影响应急处置决策最显见的两个不确定性是余震的不确定性和气象的不确定性。如此多而严重的不确定因素，直接影响着工程决策的效果和成败，因此要规避风险的叠加，最好的办法就是对应急事件主动从速处置，在汛期到来之前快速、科学和安全地应急处理，提高决策和处理技术水平。

（4）风险决策　处置重大、复杂的应急事件，往往不是单一风险，会面临许多风险因素。此时一定要认真分析各种风险影响因素，按照统筹兼顾、综合风险最小的原则处置风险事件。

（5）机制高效　内部实行"合署办公、集体协商、共同决策，地方落实"的工作机制，外部实行"广泛合作、信息共享、相互协调、形成合力"的合作机制，有效地完成应急事件处置工作。

2.3　处置阶段

堰塞湖处置分为 3 个基本阶段：应急处置阶段、后续治理阶段和后期整治阶段。一般情况下，在堰塞湖产生后的 1～3 个月期间应完成堰塞湖的应急处置，在其后 1～2 年内完成堰塞湖的后续治理和后期整治。

2.4　处置方法

2.4.1　堰塞湖快速发现和风险评估

（1）堰塞湖快速发现和调查，采取各种可能的手段对堰塞湖进行分析研判，组织技术人员到现场勘查，尽可能摸清堰塞体的地形地貌，先弄清实际情况。主要工作包括快速发现与动态跟踪、卫片与实地调查、现场信息获取、遥感动态跟踪与灾情评估、应急勘查、检测与监测。通过堰塞湖快速发现、监测和调查，为堰塞湖应急治理决策提供基本依据。

（2）堰塞湖风险程度评估，危险性评估方法多种多样，各行业采用的方法也不尽相同，但大致可分为快速评估和精确评估。快速评估是根据堰体实时观测资料与堰塞湖所处的河流地理、水文气象及经济社会等基础信息，通过查表法等快速评判堰塞湖危险度、可能溃决延时和风险度，为确定应急处置的优先顺序与对策提供依据。精确评估是在快速地勘测和调查的基础上，进行堰塞体的抗滑稳定性、渗透稳定性和抗冲刷能力分析，以及依据堰塞湖集水区的面积、降水量与来流量的水文特性分析与溃坝洪水的水力学计算等，评估堰塞湖可能维持的时间、溃决的方式及其可能危害的范围与可能造成的损失等，为论证堰塞湖处置方案等提供基本依据。

（3）堰塞湖治理决策，堰塞湖快速发现和调查与堰塞湖风险程度评估的目的和最终目标是为治理决策服务，这就需要在前期工作的基础上，建立快速有效的应急管理机制与应对决策机构，做好应急评价，准确进行应急响应等级划分，完善应急处置与治理对策。

在制订工程除险方案的同时，要制订下游的避险方案，要有几套避险方案，而不是单一的方案，同时要进行 24h 的不间断监测，运用一切高技术手段，进行堰塞体溃决可能性监测。

2.4.2　堰塞湖应急处置措施

在安全评估的基础上，根据其结果制订科学经济合理的工程治理措施。主要包括工程措施和非工程措施两个方面。

（1）工程措施　堰塞湖应急处理的基本原则应是在较短的时间内，最大可能地降低和排出堰塞湖内拦蓄的大量湖水，保证堰塞湖的稳定与安全。处理措施目的是在堰塞湖水位上涨过程中，尽最大努力降低湖内水位、减少湖内水量，减少上游受淹范围，防止堰体突然溃决，降低湖水下泄时对下游造成的破坏程度。应急处置的工程措施主要有以下几类，具体根据堰塞湖的具体情况，因地制宜选用。①堰塞体开渠泄流、引流冲刷、拆除或爆除，上游垭口疏通排洪、湖水机械抽排、虹吸管抽排、新建泄洪洞等湖水排泄措施。开设临时溢洪道、排水涵管（洞）或泄洪洞需要合适的地形条件，一般施工周期较长；设置导水涵管、抽水泵站方式较为简易，布置方便快捷，在电力不足时，也可采用虹吸的方式泄洪，适用于河道较狭窄、水面面积不大、水位较深的堰塞湖；在堰顶开设泄流渠，泄水能力较强，可有效地控制堰塞湖水位，为堰塞湖应急抢险的优选方案之一，但需注意分析滑坡堆积体的组成成分、边坡坡度等特点，避免泄水引起堰体突然溃决。②下游建透水坝雍水防冲。③下游河道与影响区内设施防护和拆除。④堰塞湖内水位变化和下游河道洪水冲刷可能引起的地质灾害体的防护。

　　（2）非工程措施　非工程措施应包括应急避险范围确定、应急避险技术和应急避险保障方案的制订等。应急避险范围就是根据溃决可能影响情况，确定应急避险范围、时段和影响程度。对于上游，避险范围应为最高可能水位对应的淹没区和堰塞湖水位变化引起的次生地质灾害影响区。对于下游，应急避险范围应为堰塞湖泄流后下游过水区及可能引起的塌岸、滑坡气浪冲击等次生灾害影响范围。一般情况下，按水情预测的上游来水情况、上游水位上升速度、堰塞体上下游边坡稳定状况、堰塞体渗水量等确定应急响应等级的标准。一般分为黄色预警、橙色预警、红色预警3个级别。黄色预警时，应急避险范围内的所有单位、部门和人员按预案措施进入防范状态；橙色预警时，应急避险范围内的所有单位、乡镇、社区、学校应停工、停课、转移、保护重要设备设施，人员按照预案程序进入疏散准备状态；红色预警时，应急避险范围内的所有人员按照预案程序进行紧急疏散、转移。制订应急避险保障措施和预案，充分做好避险时段的物质、交通运输、医疗等保障措施。

2.4.3　堰塞体后续治理

　　对于堰塞湖来说，应急处理阶段处理完成后，堰塞体经过较大水流的冲刷和考验，需要进行堰塞体残留堰体及泄流通道的综合评估，是彻底清除堰塞体，还是继续深挖扩容降低其风险，对后续治理工作提出建议。

　　堰塞体后续治理的基本原则是，在对堰塞体进行详细勘查的基础上，考虑堰塞体的现状及对环境的影响、可利用价值等多方面因素，进行堰塞体的整治。后续处置泄洪通道的泄流能力应满足相应的洪水标准要求，可对应急处置期泄洪通道进行必要的整治。若其泄流能力仍不满足洪水标准要求，应布置其他泄流通道。对受堰塞湖影响可能产生危害的滑坡体、崩塌体和泥石流的处理措施进行研究，条件具备时，宜对不稳定滑坡体、崩塌体和泥石流进行治理。应急处置后，应对残留堰塞体和滑坡体、崩塌体持续进行必要的安全监测。

3　唐家山堰塞湖应急处置

　　受汶川特大地震影响，山体滑坡堵塞河道，在一些重要江河支流，共形成较大堰塞湖 35 处，其中四川 34 处、甘肃 1 处，蓄水容积 1000 万 m^3 以上的 1 处，蓄水容积 100 万 ~ 1000 万 m^3 以上的 21 处。四川省 34 处堰塞湖中，极高危险级 1 处（唐家山），高危险级 5 处、中危险级 13 处、低危险级 15 处，数百万人民群众生命安全受到威胁。

唐家山堰塞湖位于通口河四川省北川县城上游 3.2km、苦竹坝电站库区内，是汶川大地震形成的一座极高危险级的堰塞湖，严重威胁着下游绵阳、遂宁 130 多万人民的生命和宝成铁路、兰成渝输油管道等重要基础设施的安全。

唐家山河段河谷深切，谷坡陡峻，震前枯水期水位 665m。堰塞体平面形态为长条形，顺河长约 803m，横河宽约 611m，平面面积约 30 万 m^2，堰高 82 ~ 124m，体积 2037 万 m^3。堰顶地形起伏较大，横河方向左高右低，左侧最高点高程 793.9m，右侧最高点高程 775m。右侧顺河方向有一弓形沟槽贯通上下游，底宽 20 ~ 40m，中部最高点高程 752.2m。堰塞湖最大可蓄水量 3.16 亿 m^3，堰前湖底高程约为 663m。

2008 年 5 月 14 日，唐家山堰塞湖在地震后的航拍影像上被发现，自此，工程技术人员进行了大量的技术准备工作。5 月 21 日，在解放军陆航部队的帮助下，工程技术专家乘直升机首次降落唐家山堰顶，经过实地查勘堰塞体现场认为：湖险情危急，但堰塞体和水情基本具备实施工程除险的可能，关键的是抢险方案和措施的选择与实施。

3.1 可能溃决方式分析

（1）冲刷破坏将是主要破坏形式 唐家山堰塞体物质组成大致可分为以碎石土为主体的右侧上部区和以碎裂岩为主的其他部位区。对以碎石土为主体的部位，其溃坝过程与人工土石坝的溃决有相似的特征。相关专家在现场对唐家山堰塞体瞬间溃决与逐渐溃决可能性进行了多次会商，鉴于唐家山堰塞体体积巨大，且上游堰坡较缓、上部为土质覆盖层，下部结构较密实，基本不存在整体瞬溃的危险。唐家山堰塞体可能的破坏形式是在大流量水流作用下的冲刷破坏。

（2）堰体物质结构有利于避免全溃 现场估算唐家山堰塞体上部有 700 万 ~ 750 万 m^3 残坡积物和强风化岩体，属易被冲刷物质，而堰塞体下部存在约 1300 万 m^3 的碎裂岩。碎裂岩是堰塞体的主体，它与一般的泥石流、土质滑坡堆积体有本质的不同，只要不出现高水头巨大流量冲刷等极端情况，不易出现快速整体全溃情况。

（3）引流渠沿线两处可见的碎裂岩有利于延缓溃决速度 现场地质调查认为并经开挖揭露证实，在引流渠沿线有两处碎裂岩，一处在引流渠出口段，一处在引流渠中部，虽然破碎较严重，但地层的层位关系尚在，抗冲刷能力相对较强，将对溃决速度起到延缓作用。

（4）部分高度范围将出现快速渐溃 在右侧开渠引流后，由于堰塞体体形及物质组成分布特征，相对较破碎的碎裂岩在引流渠出口段出露，而堰体下部存在较厚的相对较完整的碎裂岩体，抗冲刷能力相对较强，由此判断唐家山堰塞体的溃决为受引流渠诱导的局部高度溃决，且沿程冲刷与溯源冲刷并存，在水能作用下拓宽冲深引流渠，溃决过程是一个渐进的过程。但这一渐进过程只是相对瞬间溃而言的，由于堰体上部物质为松散物，其渐溃过程仍是非常快的，过程也仅在数小时内。

3.2 溃坝洪水分析

为满足确定人员避险影响范围需要，评估对沿途基础设施的影响，多家单位共进行了近 200 个方案的溃坝洪水计算, 分析了溃坝洪水从坝下至北川、绵阳、重庆的演进过程。部分计算还考虑了下游水利设施滞洪作用及与涪江、长江不同洪水遭遇的工况。

溃坝洪水计算分全溃坝、1/2 溃坝和 1/3 溃坝 3 种典型模式和不同的二次溃决方式。典型模式的溃口概化为梯形, 顶部宽度均为 340m, 溃口底部高程分别为 663m、695m 和 720m, 溃口底部宽度分别为 100m、35m 和 35m, 溃口深度分别为 89m、57m 和 32m, 起溃水位均设定为 752m。溃决时间从 0.5h 到 24h。

表 1 为 3 种典型溃坝模式下游洪峰流量及洪峰到达时间。在全溃坝、持续时间为 1h 情况下, 溃口最大洪峰流量可达 117 200m³/s, 到达绵阳市流量为 26 800m³/s, 超过防洪设计流量; 在 1/3 溃坝、持续时间为 3h 情况下, 溃口最大洪峰流量可达 21 100m³/s, 到达绵阳市流量为 11 800m³/s。

表 1 典型溃坝模式下坝下游洪峰流量及到达时间

溃坝模式	溃决时间	溃口洪峰流量（m³/s）	北川(坝下游 4.6km)		通口镇(坝下游 24.0km)	铁路桥(坝下游 48.0km)	绵阳市(坝下游 68.9km)	
			洪峰流量（m³/s）	到达时间/h	洪峰流量（m³/s）	洪峰流量（m³/s）	洪峰流量（m³/s）	到达时间（h）
1/3 溃坝	1	43 200	38 700	1.08	28 400	23 500	12 800	5.88
	2	29 600	28 900	2.08	24 800	21 800	12 900	6.67
	3	21 100	21 050	2.97	19 900	18 300	11 800	7.47
1/2 溃坝	1	80 500	75 300	1.03	53 500	43 500	20 000	5.00
	2	47 200	46 800	2.03	42 400	38 100	19 400	5.75
	3	32 600	31 700	2.90	32 200	31 000	18 000	6.15
全溃坝	1	117 200	115 200	1.00	70 000	48 700	26 800	4.38
	2	63 100	62 000	1.80	55 000	45 200	26 600	5.08
	3	43 200	42 400	2.17	41 300	38 000	25 600	5.75

计算分析表明, 溃坝洪峰流量取决于起溃水位、溃坝历时和溃口形状及其发展过程等, 起溃水位越高、溃决历时越短、溃口宽度和深度发展越快, 坝址洪峰流量越大。因此, 通过开挖引流渠等措施有效降低起溃水位, 减少可泄水量, 可以明显降低坝址洪峰流量, 减轻溃坝洪水对下游的威胁。计算结果同时表明, 1/3 溃坝、1/2 溃坝、全溃坝的短时溃决方案, 通口河河口以上洪峰流量均超出河道安全泄量, 通口河以下亦接近或超出河道安全泄量。因此, 在采取工程措施除险的同时, 需制订坝下游人员转移预案, 规避潜在的溃坝风险, 且通口河河口以上地区人员需首先转移避险。

3.3 应急除险总体方案

鉴于唐家山堰塞湖的特殊复杂性和堰塞体除险的高风险性, 为确保无一人伤亡的目标, 最大限度减少湖水下泄造成的损失, 争取避免堰塞体快速溃决这一恶劣工况对下游造成的灾难性损失, 按照"安全、科学、快速"的除险原则, 在有限的时间内同步实施应急除险工程措施和人员转移避险非工程措施。应急除险工程措施为开挖引流渠引流冲刷。人员转移避险措施为根据不同溃坝模式演算的洪水过程和风险评估成果，由地方政府制定人员转移避险方案，实行黄、橙、红 3 级预警机制，下游绵阳和遂宁两市受 1/3 溃坝风险威胁的 27.76 万人全部转移到安全地带，同时制定 1/2 溃坝和全溃坝方案的人员转移预案。为确保除险方案的实施，需建立可靠的应急保障体系。为此，建立了水雨情预测预报体系、堰塞体远程实时视频监控系统、坝区安全监测系统、坝区通信保障系统，以及防溃坝专家会商决策机制。

3.4　开渠引流方案

（1）方案构想　考虑地势相对较低的堰体右侧表层以碎石土为主，抗冲刷能力低，利用溯源冲刷原理，充分发挥水流的挟带能力，冲深拓宽形成一条新河道，快速泄放湖水，实现除险目的。

（2）引流渠布置　引流渠顺地势布置在堰塞体右侧，平面上呈向右侧弯曲的弧形。右侧地势低，开挖方量少，施工便捷，且引流渠右侧主要为碎石土，易于冲刷，下泄水流将主要向右岸侧冲刷和下切。而引流渠左侧主要为碎裂岩，抗冲刷能力较强，边坡总体将保持稳定。

（3）引流渠结构　引流渠采用梯形断面，两侧边坡为 1∶1.5。为适应天气变化可能出现的不同施工工期，引流渠设计了边坡开口线相同、边坡坡比相同、渠底高程不同的 3 个方案。高标准方案引流渠进口高程 742m、渠底宽 13m；中标准方案引流渠进口高程 745m、渠底宽 22m；低标准方案引流渠进口高程 747m、渠底宽 28m。

（4）施工过程中的动态优化　动态优化是应急除险工程必须遵循的基本原则。引流渠施工过程中，根据实际揭露的地质条件和实际达到的施工能力，对引流渠结构进行了多次优化和调整。由于实际施工能力较原计划能力有明显的突破，在接近完成高标准方案时，将进口高程由 742m 降低为 741m；在此方案施工临近结束时，又将渠底高程全线降低 1m。最终实际进口高程 740m，渠底宽度 7~10m。

（5）施工组织　①采用"疏通引流，顺沟开渠，深挖控高，护坡镇脚"以及"挖爆结合，先挖后爆，平挖深爆，以爆促挖"方式。施工前，部队徒步背负炸药奔赴唐家山，准备了 10 余吨炸药。在实际施工中，由于泄流渠开挖处沙和土较多，爆破作用不大，加上爆破容易引起新的崩塌，最终只对局部阻水点和漂浮物使用了少量爆破。②开辟空中专用通道运送施工人员、设备、材料及给养等。世界上最大的米-26 重型运输直升机起升能力 48t，该地限制吊运能力为 15t，经两架米-26 重型运输直升机不间断作业 92 架次，共调运了 15t 以下的推土机 24 台、挖掘机 16 台、自卸汽车 4 台以及数十吨油料、主要施工材料等。其他直升机运输能力均在 5t 以下，经持续飞行 731 架次，保障了施工人员、零星材料及给养供给等的运输。③强化现场施工管理。由于施工场地狭小，直升机停机坪、生产、生活营地、仓库等均设在堰上，飞机起降时的大风扬沙影响几乎整个生活营地。为加快进度，施工机械设备较多，相距甚近，相互间干扰较大，对施工管理要求极高。施工区因地震造成电力供应瘫痪，对外通信中断，因此选用汽油发电机作为施工区供电手段，安装应急移动通信设施解决对外通信问题，施工区内部采用手持式对讲机进行通信。后期设置了远程视频监测系统，发挥了很好的作用。

3.5 除险效果

2008 年 5 月 26 日上午,应急除险工程正式开工。6 月 1 日凌晨,引流渠施工提前完成。6 月 6 日开始,又对引流渠实施了消阻、扩容等工程措施。6 月 7 日 7 时 08 分,引流渠开始过流;6 月 9 日下午溯源冲刷效果开始明显;6 月 10 日中午下泄流量达到峰值 6500m³/s;至 6 月 11 日 14 时,堰塞湖水位从最高 743.10m 降至 714.13m,湖内蓄水量从 2.466 亿 m³ 降至 0.861 亿 m³。唐家山堰塞湖险情解除,泄流过程中无一人伤亡,达到了最佳除险效果。

过流后形成的新河道平面上呈向右岸凸出的弧形;断面形态呈梯形,开口宽 145 ~ 235m,底宽 80 ~ 100m,进口端底高程一般为 715 ~ 720m,右侧深槽达 710m,断面基本稳定,虽存在局部垮塌和堵塞的可能,但不会影响大流量时的行洪能力。当发生 200年一遇洪水时最大下泄流量 6132m³/s,小于历史调查最大洪水洪峰流量,也小于 6 月10 日泄流的洪峰流量,新河道具有安全通过 200 年一遇洪水的能力。泄流时水流带走堰塞体堆积物约 500 万 m³。左侧剩余堰塞体主要由结构较密实的碎裂岩和巨石、孤块碎石组成,抗渗透破坏和抗冲刷能力较强,抗滑稳定性较好,整体稳定。

唐家山应急除险工程的实施,直接降低堰塞体水头 9.0m,减少蓄水量 0.7 亿 m³,且控制溃坝过程按渐进方式发展,使坝址洪峰流量减小了约 3400m³/s,涪江桥断面洪峰流量减小了约 3000m³/s,坝下游各主要控制断面洪峰流量与原 1/3 溃坝洪水相比减少了 33.6% ~ 34.6%,有效减轻了对下游人民生命财产安全的威胁。

4 其他一些堰塞湖应急处置

4.1 嘉陵江支流青江河石板沟堰塞湖应急处置

受"5·12"地震影响,青江河在石板沟、东河口形成 2 个堰塞湖,支流红石河形成了另一个堰塞湖。应急处置方案为:自下而上、依次顺序处理,采用"挖爆结合,以挖为主;争取主动,先爆后挖"。即先采用爆破形成一期泄流槽,降低水位,同时处理东河口,具备条件时,采用挖爆结合的方式,加深加宽泄流槽,达到设计要求。初步设计方案:设计底宽 42m,边坡 1:2,设计过流能力 700m³/s,开挖量约 7.0 万 m³。经 10 多次爆破与开挖循环作业,已形成 13m 宽的泄流槽,水位下降 11.55m,库容160 万 m³,过流能力为 3198m³/s,满足 5 年一遇洪水防汛要求。

4.2 绵远河小岗剑上游堰塞湖应急处置

位于沱江支流绵远河小岗剑电站上游约 300m 处,距离上游清平乡 6km。因地震由右岸岩质岸坡崩塌形成。应急处置方案为:采用爆破开槽为主,人工捡碴或水力冲碴为辅。按设计方案扩大左岸泄流槽,增加泄流能力。2008 年 6 月 12 日 10:30 实施爆破后,至 12:20 下泄流量达到 150m³/s,随后堰塞体开始崩溃,流量急剧增大,汉旺水文站于 13:17 分出现最大洪峰,相应流量约 3900m³/s。

4.3　石坎河马鞍石堰塞湖应急处置

位于平武县南坝镇上游，属涪江支流石坎河，顺河长度 950m；堰宽平均 270m，堰高平均 67.6m，体积 1120 万 m^3，可能蓄水量 1200 万 m^3。抢险前正常入湖流量 3.96m^3/s。应急处置方案为："疏通引流，顺势开槽；挖爆结合，以爆为主"。经 4 次爆破，开挖形成了一条长 280m、底宽 3m、深 3～13m 的 V 字形引流槽。6 月 23 日，堰塞湖开始沿泄流槽开始溢流。22：00 达到最大洪峰流量 2200m^3/s。堰塞湖泄洪后库容不足 170 万 m^3，已不对下游地区构成严重威胁。

4.4　沱江支流石亭江上游堰塞湖应急处置

"5·12"汶川大地震，在重灾区什邡市境内石亭江上游引发大量的山体崩塌和滑坡，造成红白镇上游不足 11km 的河段上分别形成规模不等的 7 处堰塞湖。最大堰塞体方量达 200 万 m^3 以上，最大坝高约 50m，蓄水量 100 万 m^3，经评定其中马槽滩 3 处中等堰塞湖被评定为中危性质。应急处置方案为：自下而上依次处理，顺势开槽，疏通引流。采用人工开挖爆破坑进行爆破开槽，人工捡磴。经应急处置后，成功排除险情。

2008 年汶川地震后即在四川出现了 104 处堰塞湖，之后 2009 年在四川德阳又陆续出现了 9 座堰塞湖。这说明山区地震后，堰塞湖多发、突发，是重要的次生灾害威胁。在抢险救灾时，一定要给予高度关注，采取一切可能措施，应急处置中高危堰塞湖。在灾后重建阶段，仍要下大力气因地制宜地持续处理好堰塞湖存在的潜在灾害风险。

5　结语

5.1　堰塞湖排险避险工作特点

（1）突发性强，难以预测，抢险就是与洪水赛跑。

（2）资料匮乏、交通不便、环境危险、条件恶劣，不确定因素多，施工难度大，工期紧迫。

（3）滑坡方量大、蓄水量大，对人民群众生命财产威胁大。

（4）堰塞湖排险避险工作需要整合多种社会资源和先进的科学技术，实现水利、气象、交通、部队以及各级政府和社会民众等的优势互补和联合作战。

（5）要健全组织体系，明确职责分工，加强统筹协调，形成整体合力。

（6）从基础性支撑技术、控制风险的关键措施、堰塞湖治理 3 个层面，针对堰塞湖险情快速评估、应急抢险、地震风险管理 3 个科学问题开展关键技术研究，充分发挥水利科技支撑作用。

5.2　几点思考

（1）排除了险情，不等于消除了隐患。地震造成大量不稳定山体，震后次生灾害具有多发性和长期性。

（2）灾后重建将受到次生灾害的长期困扰。不仅滑坡、泥石流、堰塞湖及其溃决洪水的威胁依然存在，而且由于水利设施损毁严重，供水安全问题也将显现。因此应急规划应作为特殊规划纳入中长期灾后重建规划体系。

（3）要进一步跟踪灾区次生灾害的发展态势，收集整理相关资料，加强观测、分析、归纳、总结。今后应对紧急情况时，尽管存在不确定因素，但只要把握得住变化趋势与良机，就可能避免大的灾害。

舟曲白龙江堰塞排险与应急疏通减灾工程管理认知

刘　宁

摘　要：介绍了舟曲白龙江堰塞排险与应急疏通工程的基本情况，叙述了方案编制和完善以及实施组织过程中的关键环节和实际考虑等，从目标决策及系统性、动态性等方面阐明了减灾工程管理在应对自然灾害、抢险救援中的重要意义和作用，对进一步提高科学减灾能力进行了探讨。

1　前言

白龙江穿甘肃舟曲县城而过，县城以上集水面积 8955 km²。2010 年 8 月 7 日 23 时左右，舟曲县东北部降特大暴雨，40 多分钟降水量 97 mm，引发白龙江左岸的三眼峪、罗家峪发生泥石流，县城基础设施遭到严重破坏，堰塞白龙江。堰塞体顺河向总长 1500 m，最大厚度约 9 m，方量约 140 万 m³。堰塞后的白龙江抬高舟曲县城段水位约 10 m，水面宽 100~120 m，水深 9 m，蓄水量 150 万~200 万 m³。这是中华人民共和国成立以来发生的最严重的特大山洪泥石流灾害。

舟曲白龙江堰塞排险与应急疏通主要存在以下困难：

（1）堰塞体成分复杂，河道淤积严重。堰塞体中有大石，还有树木、建材甚至整栋楼房，堰塞堆积体在水面以下厚约 9 m，顺河长度近 1.5 km，并形成有瓦厂桥、罗家峪、三岔口、三眼峪、城关桥等多个集中淤高阻塞断面。

（2）作业面狭小，水下和淤泥质软基上施工难度大。县城白龙江两岸建筑多，施工作业面位于原河床内，场地狭窄，江水漫流，且难以跨江到右岸开展施工。浸泡在水下的堰塞体开挖困难，临岸堰塞体饱水度高、不承重，极易塌陷，若不采取措施，大型机械不能进入开辟作业面。

（3）现场条件不利，施工组织困难。泥石流发生后，城关桥以上公路被堰塞湖水淹没，只能从下游到达现场。路面窄，路况差，抢险运输车辆多，一些道路淤塞，要绕路而行，甚至不清淤不行。现场各种抢险救灾队伍多，相互干扰，施工组织极难。同时，由于灾害突发，应对经验有限，周边大量征集设备困难，进场设备种类和型号复杂，施工配置具有局限性。

（4）堰塞体上下游水位差小，水力利用条件不足。堰塞体上下游水位差约 10 m，且多年月平均流量在 140 m³/s 左右，要想全断面冲刷河道，水力动量不足，只能靠束窄河床、归槽水流形成沿程冲刷，以利恢复河道。

（5）施工正值主汛期，持续降雨对施工威胁大。汛期降水多，周边山体沟道仍有

原载于：中国工程科学，2011，13（1）：25-30.

大量不稳定体，强降水有可能引发新的山洪、滑坡、泥石流灾害。同时上游可能发生的洪水过程也会影响施工，甚至威胁抢险救灾人员生命安全。复杂的堰塞与河槽疏通形态，以及上游众多水电站的不间断运用，对水文监测和预报工作也十分不利。

2　排险与应急疏通方案

按照安全、科学、迅速的原则，采取开挖深槽束水泄流和沿程冲刷降低水位的方法，人工处置和水力冲刷相结合，进行堰塞江段排险和河道应急疏通。堰塞体排险及河道应急疏通工作分为4个阶段：①采取挖爆结合的措施，迅速排除堰塞体溃决险情，确保下游人民群众生命财产安全；②采取挖、爆、冲相结合的措施，尽快实施淤积江段应急疏通工程，消除城江桥至瓦厂桥河段的淤堵，降低上游水位2～3m，实现窄河、深槽、急流的河形河势，并从右岸将施工道路穿过城江桥推进到上游；③全力消除城江桥上游河段淤堵，尽快宣泄上游存蓄水量，使上游水位降低5～6m，露出滨河路和街区，313省道舟曲段恢复通行，为受灾群众重返家园及灾后重建创造条件；④实施河道综合治理与防洪工程建设，恢复河道过流断面，提高县城防洪保安标准。堰塞体排险工程计划工期5天，应急疏通工程计划工期约18天。初拟工期为：8月8～12日进行堰塞体排险，完成第一阶段的目标；13～20日降低堰塞湖上游水位2～3m，完成第二阶段目标；21～31日降低堰塞湖上游水位5～6m，完成第三阶段目标；随后连续实施第四阶段工作。由于时值主汛期，为确保作业安全，实施时应根据实际的水雨情，对施工进度合理调整。

2.1　堰塞体排险

2.1.1　风险分析与转移避险

白龙江堰塞体高度小，底宽大，在不过流的情况下是稳定的。模拟分析堰塞体漫顶后溃决的初步计算结果表明：假设堰塞体分别在0.5h、1h和2h内全溃，相应的洪峰流量分别为1660m³/s、830m³/s和416m³/s；假设堰塞体以瞬间1/3溃、1/2溃和全溃的方式溃决，相应洪峰流量分别为670m³/s、1450m³/s和4100m³/s。即出现0.5h全溃和1/2瞬间溃决及更恶劣情况，溃决流量将超过河道20年一遇安全泄量897m³/s。若堰塞体全部在行洪水面以下且经过较长时间冲刷，则堰塞体呈现冲刷破坏形式，将不会溃决。

由于灾害的突发性且时值主汛期，灾区存在强降水的可能性；而堰塞体物质为高流动性的泥石流，且工程措施解除险情需要一定的时间，不能排除堰塞体在漫顶后短时间内发生溃决的风险。要依照"排险与避险相结合"的处置原则，制订堰塞湖下游影响区人员转移避险方案。至8月8日晚，舟曲下游陇南市宕昌、武都、文县三县，紧急疏散转移白龙江沿岸危险区域人员1.94万人，确保人民群众生命安全。

2.1.2　排险工程措施

堰塞体宽70～120m，主体段位于城江大桥（亦称南桥）和瓦厂桥之间，长约610m。主要由碎块石组成，并夹带大量毁损建筑等，其中碎块石含量约50%。

拟定堰塞江段排险工程措施为挖爆结合，以挖为主。工程措施包括打通瓦厂桥过流通道、在瓦厂桥进行堰塞物质掏挖，并同时对高出水面及水面下一定深度内的堰塞体进行爆破清除。瓦厂桥为三跨共75m简支梁公路桥，泥石流入江后，桥孔全部堵塞，桥面漫溢，为最严重的阻水断面，实际上这也是堰塞体的下游控制断面，是险情解除与否的关键断面。因此，在瓦厂桥布设多台挖掘机连续不间断掏挖疏通堵塞桥孔，同时研究了桥面钻孔爆破、桥面贴药爆破和重锤击碎桥面机械清理三种方案；爆破方案中还分析了左、中、右桥孔不同爆破部位的利弊；推荐中孔桥面贴药爆破方案。

2.2　河道应急疏通

在堰塞体清挖、河道应急疏通的方式上，经反复比较、筛选，最有效能的还是利用反铲挖掘机开挖泄流渠，据此确定泄流渠基本断面为梯形，底宽20m，纵坡3‰，两侧边坡1∶1.5。由于当时仅左岸有进场条件，且大部分主流在左侧，因此泄流渠在平面上靠河床左侧、依河流河势布置。依据阶段目标，开挖断面分两步实施。实际施工时，第一步进口段三眼峪部位开挖深度为4.0m，按南桥断面水位降低2~3m控制（以8月13日8∶00时水位1308.88m起算，调整后基面为1289.85m）。随着第二阶段目标的展开，河型河势的设计直接关系到水力利用、施工效率和目标实现。第二步在原开挖断面基础上，逐步将泄流渠进口段三眼峪部位开挖深度增加至7.0m，平面位置随河势和开挖作业动态调整，按南桥断面水位降低5~6m、白龙江右岸滨河路露出水面0.5m控制。

泄流渠总长930m。其中，南桥以上220m，南桥至瓦厂桥610m，瓦厂桥以下100m。泄流渠第一步开挖工程量9.5万m^3，第二步开挖工程量10.5万m^3，开挖总工程量20万m^3（未计施工辅助工程量和反铲施工方法导致的重复工程量）。在确保施工安全的前提下，根据实际情况动态调整泄流渠的平面与断面设计，并实时调整施工方法以及设备布设和作业时段。

泄流渠开挖全部为水下作业，采用1.2~1.6m^3反铲掏挖。由于堰塞体承载能力极低，设备极易下陷，需铺设路基箱，并随后用在河床中挖取的砂石料换基铺设作业平台保证正常作业。从左岸进行泄流渠开挖的施工顺序为：铺设路基箱，挖机进场，换基筑填便道，接着进行丁字堰施工、在丁字堰下游铺填经淘洗的石渣，形成路基，使挖机能到距泄流渠左侧开口线10m左右的河道内施工，接着再向上下游方向延伸（路基承载力不足的部位需同时进行路基箱铺设），同时进行泄流渠开挖。开挖渣料主要作为换基料铺路，多余料用15~20t自卸车外运至左岸下游渣场。从右岸进行泄流渠开挖的施工顺序为：设备先经瓦厂桥上架设的军用便桥过到右岸，然后修筑施工便道到达泄流渠右侧开口线，然后从下游向上游进行作业平台铺填和泄流渠开挖。右岸施工不修筑丁字堰，开挖渣料不外运。为防止漂浮物堵塞过流孔，采用机械清除上游和施工区域河道内的漂浮物（图1）。

（1）丁字堰施工。为形成伸向河道中的道路，先向河道中修筑丁字堰挑流，降低附近岸边流速，紧随其后在丁字堰下游侧填筑砂砾料形成路基。丁字堰在流速较缓位置采用袋装砂砾料堆筑，在水流较急位置采用块石格宾笼堆筑，部分地段也可直接采用河床淘洗的砂砾石与路基一并填筑。丁字堰顶宽1.0~1.5m，轴线走向稍向下游倾斜，顶部高出水面1m，每间隔100~200m布置一个，长30m左右，实际施工长度根据

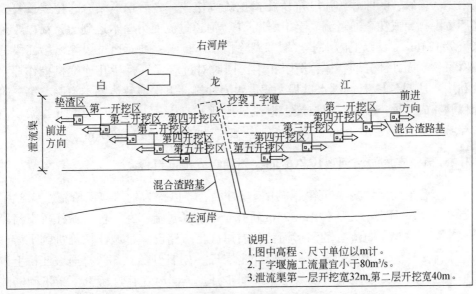

图 1　泄流渠开挖施工顺序示意图

现场情况适当调整。

（2）路基铺填和路基箱施工。路基采用砂石混合料换基填筑，填筑路基的砂石混合料适当淘洗，路基顶宽不少于8m，顶部高出水面1m，厚度不小于1m。采用能在软基上作业的路基箱，为大型挖掘设备进场提供条件。路基箱初期在5个作业区布置，即左岸瓦厂桥上游、罗家峪沟口、三眼峪沟口和岔道口作业区，右岸作业区。后期根据现场情况调整。预计调运路基箱480块，规格为长4.5～6m，宽1m，采用长边拼接。在三眼峪工作面铺设240块，在罗家峪、瓦厂桥、岔道口和右岸作业区各铺设60块，路基箱采用反铲铺设。实到路基箱447块，施工中根据需要灵活倒用。

（3）爆破施工。由于过流断面不足，瓦厂桥一直是制约水流下泄的关键部位，要连续不断掏挖疏通桥孔。当桥孔疏通无效时，应采用爆破法扩大桥体缺口，爆破时应保证所爆范围桥体基本破碎，达到反铲能挖除的程度。河床疏通过程中遇到大孤石、垮塌的建筑物需要爆破时，可采取钻孔松动爆破，或裸露绑扎药包爆破等方法实施，并应采取措施防止飞石伤人，控制药量，尽量减小对周边建筑、施工设备的损伤。实际施工中桥孔连续疏通，虽然困难但很有成效。

2010年8月9日凌晨，温家宝总理在舟曲主持召开会议，审定批准了堰塞体排险方案，并立即组织实施。接下来编制的河道应急疏通方案，于8月14日下午经甘肃省舟曲抢险救灾指挥部正式审议通过实施。

3　实施过程与效果

3.1　迅速排除堰塞江段险情，清除阻水堰塞体

根据堰塞湖应急排险方案，2010年8月9日部队对堰塞湖阻水严重的瓦厂桥桥面

实施第一次爆破，随即开始瓦厂桥桥孔掏挖疏浚作业，之后挖爆结合，持续反复，下午瓦厂桥中孔便成功疏通过流。至 10 日下午，河道过流能力基本达到了该江段 8 月平均来流量 124m³/s 及以上的水平，堰塞湖险情基本排除。进而通过爆除淤堵江段三眼峪、罗家峪断面处部分堰塞体，清阻扩卡，同时对过流瓦厂桥桥孔连续掏挖作业，并有效利用 8 月 11 ~ 12 日的洪水过程，凭借水力冲刷，阻水堰塞体基本清除，第一阶段目标顺利完成。这一阶段，河道最大泄流量达到 133m³/s，水位下降约 1m，淤积河道上游存蓄水量剩余约 70 万 m³，共掏挖、爆破、冲刷堰塞体约 18 万 m³。

3.2　抓紧实施淤堵河道应急疏通，顺利完成预定目标

按照应急疏通设计施工方案，采用挖爆冲结合、以挖为主的施工措施，从 8 月 13 日开始实施，20 日下游瓦厂桥 3m×25m 桥孔全部疏通过流，瓦厂桥至城江桥下河段形成了 "窄河、深槽、急流" 的河形河势，右岸施工道路已穿过城江桥推进到上游，上游水位下降 2 ~ 3m 的第二阶段目标已经完全实现。27 日开始，部队打通城江桥上游左岸的施工通道，实现了淤堵河段两岸全线同步开挖，同时在瓦厂桥上下游不间断疏挖维护，保持较为稳定的泄流能力。至 30 日 12 时，淤堵河段已全线疏通，上游存蓄水量安全下泄，同时在局地低洼处采用抽水泵排水、高压水枪清淤等手段，加快城区受淹街道全面退水，具备了群众全面返迁、恢复生产生活的条件，河道清淤疏通泄流的任务全面完成，第三阶段目标顺利实现。

3.3　实施效果与评价

3.3.1　实施效果

在各方面的共同努力下，白龙江堰塞江段排险及河道应急疏通按方案实施，取得了显著成效，如期完成了各项任务。

（1）迅速消除了堰塞湖险情。经武警水电部队和兰州军区工程兵部队的紧张挖爆作业，8 月 9 日下午，瓦厂桥成功疏通过流，堰塞体溃决险情基本解除；通过进一步爆破清阻、扩卡，至 12 日，全面清除了水上堰塞体，使剩余堰塞体成为水下淤积体，堰塞湖险情彻底排除。

（2）疏通了白龙江淤堵河道。按照白龙江舟曲淤积河道清淤疏通方案，采用多措并举、挖爆冲结合、以挖为主的施工措施，至 8 月 30 日 12 时，淤堵河段全线疏通，上游存蓄水量逐步安全下泄。

（3）形成了合理的河型河势。按照动态设定、调整的河型河势，至 8 月 30 日 12 时，已开挖形成长约 1.2km、宽约 60m、深 8 ~ 9m、纵坡约 3‰ 的 "窄河、深槽、急流" 的泄流渠，并经过了 316m³/s 下泄洪峰流量的检验。

（4）县城受淹区域全面退水。至 8 月 30 日 12 时，舟曲县城中断面南桥水位降至 1304.50m，比最高水位 1309.76m 下降 5.26m，局部低洼处积水已完成抽排，被淹 20 多天的街区全面通水，滨河路露出水面 0.5m 以上，具备了受灾群众重返家园及灾后重建的条件。

（5）恢复了城区道路交通。白龙江右岸从瓦厂桥到城关桥道路成功打通，313 省

道舟曲段全线恢复通行，为灾区群众恢复正常生产生活和重建美好家园奠定了坚实基础。

3.3.2 效果评价

（1）白龙江应急疏通工程充分考虑了堰塞体成因、物质组成、机械设备与交通状况、水文条件以及水流的挟带能力，通过开挖泄流渠、束水归槽，扩挖整形河型河势，利用水力冲刷能力逐步扩大过流断面加速泄流，从而降低上游水位，排泄积水。实践证明，白龙江堰塞湖排险与应急疏通体现了因地制宜、因势利导的理念，按照"安全、科学、快速"的原则，达到了化解险情、疏通河道、城区退水、居民返家的目的。

（2）根据水文分析，河道应急疏通工程完成后，舟曲江段通过流量 $140\mathrm{m}^3/\mathrm{s}$ 时（主汛期 9 月的多年月均流量），不淹没城区的主要街道；在遭遇 10 年一遇洪峰流量 $731\mathrm{m}^3/\mathrm{s}$ 时，上游水位不会超过本次灾害过程中的最高水位 1309.33m（中断面）。

4 认知与思考

4.1 减灾工程管理认知

舟曲白龙江堰塞排险与应急疏通工程的成功实施，体现了减灾工程管理的科学理念，成效显著，为我国处置大方量水下堰塞体、大规模山洪泥石流淤堵河道疏通提供了范例。

4.1.1 统筹减灾工程管理各个阶段目标决策

重大灾害发生后，救援减灾目标不是单一的，既要保证人民群众生命安全，又要迅速排除可能发生的次生灾害风险，尽快开展恢复重建，因此必须科学划分减灾工程管理阶段，进行多目标分析和决策。这次舟曲白龙江堰塞应急处置划分了 4 个阶段，每个阶段都有明确、现实的目标。舟曲地形复杂，容纳空间有限，一方面，救援力量和援助物资迅速向灾区集结；另一方面，随着抢险救援工作深入展开，人员搜救、淤泥处理、堰塞江段处置、基础设施恢复、群众安置、受伤人员转移医治等各项工作千头万绪，只有实施多目标决策，科学安排、合理调度、有效组织指挥，才能最高效地抢险救灾，让受灾群众早日得到安置。另外，舟曲堰塞江段排险后，为满足排水灾后重建和应急度汛的要求，选择在汛期实施淤堵河道清淤疏通工程，施工难度和施工量大为增加，但必须要这么做。这些正是应急减灾工程管理多目标决策的实践和体现。

4.1.2 紧扣减灾工程管理的关键环节

面对复杂、艰巨的排险任务和灾后恢复工作，要认真分析判断减灾工程管理的各个关键环节，弄清制约减灾工程开展实施和进度的制约因素，有的放矢，千方百计创造条件，实时优化工程管理，以有力、有序、有效地排除险情，实现减灾工程管理的目标。唐家山堰塞湖应急处置的关键环节之一就是如何在陆路、水路交通中断情况下，将施工设备运到现场，实际中采用米–26 重型运输直升机空中运输施工设备解决了这一难题。而在这次舟曲堰塞湖处置工作中，最关键的环节是如何使施工机械能够在淤泥质软基上进入作业面施工？经过研判，紧急调运了用于沼泽地施工作业的路基箱，在淤积体上铺设，使挖掘设备进占施工成为可能。进占后，挖掘设备就地取材、挖河作业，临江换基填筑丁字堰和施工堤路。路基箱首次成功应用于大型河道疏浚施工，发挥了关键作用。另外，如何开辟到右岸的施工道路是制约右岸工作面开辟工作的关键环节，借助爆破残留的瓦厂桥中孔桥墩，经过安全稳定分析，架设机械化桥，顺利实现左右岸同时施工。把握关键环节，解决关键难题，是优化减灾工程管理、快速高效完成任务的重中之重。

4.1.3　把握减灾工程管理的动态性

实践证明，动态减灾工程管理是应对突发性灾害，实施抢险救援、恢复重建家园的科学方法。舟曲泥石流灾害应急处置工作实现了科学决策、科学处置、合理规划与合理实施，这来源于大量的实地调查研究，并充分考虑了这次不同于以往地震和一般洪水造成的灾情危害的特殊性，从而制定了快速反应、科学应对的应急处置方案。堰塞湖排险和河道应急疏通工程方案充分考虑了泥石流堵江情况、现场施工条件、人员设备配备等因素，科学划分处置阶段，制订各阶段目标，明确各方责任，同时对阶段性方案进行动态调整。处置工作中，大致经过了堰塞湖排险—打开作业面—束水归槽—沿程冲刷—河势控制—排除积水—恢复交通—居民返家的动态工程管理过程，每一过程都有方案制定、方案调整、方案修正、施工组织和再组织、阶段目标递进优化与紧密衔接。这一过程中，还充分考虑到了有限作业条件下的时间要求和社会关注、设备缺失易损等问题的排除与解决。在实施中，将挖爆冲各种手段有效结合，科学安排机械设备配置与施工工期、关键路径、难点的关系，合理进行施工组织设计，实施高效动态管理，取得了良好的成效。

4.1.4　充分认识减灾工程管理的系统性

实施减灾工程管理，不仅要考虑应急状态下的风险管理，还要考虑应急工作完成后，抓紧与后续工作、永久处置的衔接，因此在减灾工程管理中一定要远近结合，统筹规划。

在舟曲堰塞湖处置过程中，坚持应急处置和长远治理相结合，坚持应急处置和抢险救灾相结合，坚持应急处置和度汛安全相结合，坚持应急处置与山洪防治相结合。在实施应急处置工作的同时，及时组织力量对舟曲水毁水利工程进行全面查勘和分析评估，抓紧制订了白龙江河道综合治理及防洪工程建设、山洪灾害防治、水毁水利设施修复3个规划和4个实施方案，规划中将城区防洪标准从不足20年一遇（设计流量849m³/s）提高到50年一遇（设计流量1130m³/s）；三眼峪、罗家峪两个山洪沟的排水标准达到10年一遇，并在6个小流域建立完善山洪灾害监测预警保障体系；同时全面修复城镇供水水源、农村饮水安全工程、农田灌溉、水文站点等损毁水利设施。因此，充分考虑应急处置和永久处置在各个层面上的衔接，以保证在应急处置工作过程中统筹兼顾，能够在应急处置工作完成后，即迅速、有效、科学、合理地进行后续永久处置。

由于白龙江舟曲段淤堵非常严重，尽管应急疏通工作取得了显著成效，但安全度汛形势依然严峻。应依据编制的相关规划，加快白龙江堰塞河道综合治理及防洪工程建设，尽快达到设计防洪标准，确保防洪安全。为保证工作连续性和施工进度，也为了提高效率、节省成本，宜由应急处置队伍继续承担后续永久处置任务，这是抢险救灾后恢复重建较为符合实际之需的工程管理环节。

4.2 对提高科学减灾能力的思考

近几年，我国在应对地震、山洪、泥石流和局地洪涝等突发严重自然灾害方面，取得了突出成绩，积累了丰富的经验，应急体系建设和整体防治能力得到了快速提升。但我国地质构造复杂，加之受全球气候异常变化影响，我国出现极端天气事件的频率和强度都有增加趋势，洪涝和地质灾害整体呈频发、广发和群发态势，这对减灾工程管理提出了严峻的挑战。因此，要进一步提高科学防御自然灾害的能力，坚持以人为本和人水和谐的防御思路，坚持统筹兼顾和蓄泄兼筹的防御战略；坚持应急管理与风险管理相结合的防御方法，坚持工程措施和非工程措施并举的防御手段；坚持工程系统多目标运用的防御调度；坚持现代创新发展的防御技术。要不断完善减灾工程管理体系，坚持预防为主，关口前移，重心下移，健全应对突发灾害的快速反应机制与能力，完善突发灾害的预警制度、信息收集上报制度、工作协调机制等，提高对于突发灾害的预测与预警、应急处置、恢复与重建能力，并力求做到长效、常态管理和应急的防控相结合。要加强公众防灾减灾教育，提高防灾减灾应急联动能力。要统筹减灾工程管理各个阶段目标决策，紧扣关键环节，把握减灾工程管理的动态性和系统性，实施多目标决策管理、实时优化管理、高效动态管理，大力提高减灾工程管理的能力和水平。

专栏

2010年8月7日23时左右，甘肃省舟曲县出现持续强降水，暴雨造成舟曲水文站下游100m处的三眼峪、罗家峪突发泥石流，冲毁大量房屋，又堵塞白龙江，形成堰塞湖。

刘宁再次临危受命赶赴现场应急处置。一到舟曲，刘宁就带领工作组越着没过膝盖的泥泞，冒着生命危险现场勘测，克服后勤保障困难，坚持昼夜奋战，制订了堰塞排险与应急疏通施工方案，提出采用挖爆冲结合、以挖为主的施工措施。在抢险危急时刻，又基于深厚的专业知识和广泛的实操经验，提出了调运能够在软基上作业的路基箱，为大型挖掘设备进场提供条件，保障了舟曲特大泥石流堵江应急疏通抢险取得胜利。

泰国湄南河 2011 年洪水观察与启示

刘　宁　张志彤　黄金池

摘　要：2011 年泰国湄南河发生了历史特大洪水，给流域内带来了巨大的灾害损失，洪水肆虐期间及洪水过后，中国政府接受泰国政府的邀请，先后派遣专家及其团队赴泰国进行了有关防洪减灾技术咨询，得到了泰国政府和有关方面的高度评价和肯定。本文针对泰国 2011 年防洪减灾工作中出现的一些问题，结合国际防洪减灾领域近些年理论与实践的发展趋势，探讨了今后一个时期开展防洪减灾工作需要特别注意的一些重要问题。

1　前言

2011 年受持续降水的影响，泰国北部地区洪水泛滥，特别是泰国的湄南河（又称昭披耶河）流域，持续洪水过程导致沿河一些堤防漫溢或者溃决，大量农田被淹，一些重要的工业生产基地被迫停产，公路交通中断，旅游产业受到直接影响。据当地有关部门估计，直接经济损失达到 10 000 亿铢以上。泰国首都曼谷直接处于洪水威胁之下，多处防洪设施告急，正常的生产生活秩序遭到了严重的破坏。

应泰国政府邀请，2011 年 10 月受中国政府委派中华人民共和国水利部（以下简称水利部）派出了一个由多方专家组成的中国政府赴泰防洪专家组赴泰国进行防洪救灾咨询。通过一个多星期夜以继日紧张高效的工作，专家组对泰国关键时期的防洪救灾提出了至关重要的咨询建议；2012 年汛前，受泰国政府邀请，中国政府再次派出了防洪咨询专家组赴泰工作，中国专家在泰国期间的高效工作给泰国政府和人民留下了深刻的印象，受到了当地政府和相关部门的高度评价和肯定。

2　洪水灾害成因简析

湄南河是泰国最为重要的河流，流域面积 $1.8 \times 10^5 \text{km}^2$，占全国总面积的 35%，年径流量 $2.288 \times 10^{10} \text{m}^3$。泰国首都曼谷位于湄南河下游，市中心距曼谷湾 40km，是全国政治、经济、文化、教育、交通运输的中心及全国最大的城市，人口约 800 万。

近年来，湄南河流域多次遭受重大洪水灾害，1983 年、1995 年、2006 年、2011 年连续遭受特大洪水灾害影响，而曼谷更是多次被洪水围城，其深层原因如下。

（1）从自然条件来看，湄南河流域属典型的季风气候区，是洪涝干旱等自然灾害易发区域。特别是随着全球气候变暖问题日益突出，降水量的时空分布更加复杂多变，洪涝灾害发生发展的规律更加复杂，给洪涝灾害的防范带来了更多的不确定性。

原载于：中国工程科学，2013，（4）：108–112.

　　另外，曼谷是著名的低海拔城市，尽管曼谷湾潮差并不大，但由于湄南河下游坡降平缓，潮位顶托影响很大（图1），近些年受全球气候变暖海平面上升影响，洪水威胁尤显严重。特别是曼谷在经济发展过程中大量抽取地下水，导致城市地面逐年下降，加重了曼谷城区洪水风险。据有关资料分析，地处冲积平原的曼谷目前平均海拔不到2m，而在气候变化影响下泰国湾的海平面在未来还有可能继续上升，因此，曼谷的防洪形势有可能继续恶化。

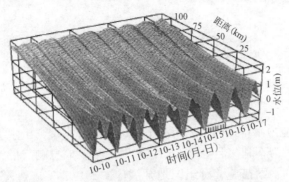

图1　湄南河下游河道1983年洪水水位变化三维过程图

　　曼谷地势低洼，多河流，后来又挖了许多运河，19世纪遂成为河道纵横的水上都城。自曼谷经济起飞的20世纪六七十年代起，城市周边原有的一些排洪河道相继被填平，排洪能力急剧下降。这些都使得湄南河下游，尤其是曼谷的防洪形势更加严峻。

　　（2）大范围的强降水是湄南河2011年洪水灾害产生的直接原因。2011年6月下旬至12月上旬，湄南河全流域降水达1439mm，比多年平均高出143%，特别是强降水集中在8~9月，形成了偏胖型的特殊洪水过程。这种洪水过程对于湄南河这种比降平缓、洪水传播速度缓慢的河道是十分不利的。从历史洪水资料分析结果看，2011年洪水的洪峰流量在近些年的几次典型洪水事件中并不是最大的，而造成的灾害损失却十分严重，这与2011年洪水的特殊形状是分不开的。湄南河下游控制站那空沙旺水文站实测得到的2011年、2006年洪水流量过程对比见图2，可见2011年洪水的洪峰流量比2006年小20%以上，但大流量持续时间则较长，这种肥胖型洪水过程对下游平原构成严重威胁。加上下面将要谈到的河道萎缩等原因，致使下游地区雪上加霜，形成了十分严重的洪涝灾害。

　　（3）河道行洪能力明显下降。2011年洪水后，一些学者和技术人员对其洪水量级进行了分析，比较典型的是丹麦水力研究院（Danish Hydraulic Institute，DHI）根据一些重点水文站的水位资料分析认为，2011年湄南河洪水达到了100年一遇以上量级。由于一场洪水过程中决定至灾特性的因子非常复杂，用某个指标来判断洪水特性往往并不准确，以湄南河2011年洪水为例，采用洪水总量、洪水持续时间、洪峰流量、洪水水位（不同水文站）等指标分析得到的结果差别很大，有些指标还可能受到其他因素的直接影响。对比2006年、1995年、2011年历次典型洪水过程发现（图2），2011年洪水的洪峰流量明显小于1995年、2006年的洪水，这表明，湄南河下游河道有明显萎缩现象，行洪能力显著降低，因此河道过流能力的降低是造成2011年洪水灾害严重的另一个重要原因。

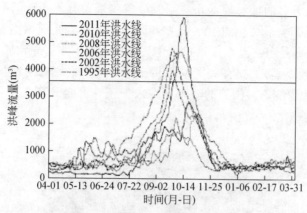

图2　典型年洪水流量过程对比

（4）应急响应能力亟待提高。湄南河下游河道比降平缓，洪水行进速度较为缓慢，这对及时排洪入海较为不利，但对于人们争取时间采取应急响应措施则是相对有利的。通过制订行之有效的预案措施，有组织地开展应急响应，实施避险除险措施，是可以有效降低灾害损失。特别是在洪水持续时间长的特殊情况下，有效的应急响应措施对于保证社会稳定，尽可能减少财产损失，避免人员伤亡十分重要。2011年大水之后，世界银行组织专家对湄南河2011年洪水灾害损失进行了初步统计，结果见表1。可以看出，以制造业为代表的工业园区损失达10 000亿泰铢以上，从泰国湄南河流域实际的地貌环境分析，通过有效的应急响应减少这类损失是完全可能的。

表1　湄南河2011年洪水灾害损失分类简表

项目	损失估计（10亿泰铢）	说明
制造业	10 007	主要为工业园区损失
旅游业	95	6~12月共6个月
家庭房屋及个人财产	84	—
农业	40	农作物损失

3　泰国湄南河防洪策略评价

泰国是一个洪水灾害发生频繁的国家，尤其是国内最大河流湄南河的防洪问题长期以来受到泰国政府和相关部门的特别关注，早在19世纪初期，泰国即开始了湄南河流域的第一个总体规划，当时的规划主要集中在水资源利用上，对流域防洪考虑较少。1964年，湄南河上游建成了泰国第一座库容超过$1×10^{10} m^3$的大坝——普密蓬水坝，该坝坝高154m，总蓄水量达$1.22×10^{10} m^3$。1977年，另一座大坝昭披耶水坝在湄南河上游建成并投入使用，这两座水库虽然主要是为了流域能源供应和稻田灌溉，但在历次的洪水中也发挥了重要的减灾作用。早在20世纪80年代，特别是1983年大洪水后，泰国组织编写了第一个湄南河流域的防洪减灾综合规划，该规划主要集中在湄南河下游曼谷地区的洪水灾害问题，提出了在曼谷的北部和东部修建一定标准的防洪堤防作为主要防洪措施。1995 年再次发生特大洪水灾害后，泰国政府及有关部门对湄南河的防洪问题进行进一步反思，开始了一系列湄南河流域防洪减灾研究工作。首先是根据 1995 年洪水实际情况，制作完成了下游地区洪水风险图，其次是由世界银行资助，泰国亚洲国际工程技术大学为技术支撑单位开始了湄南河下游重点防洪规划，国外一些研究机构包括日本的国际协力机构（JICA）、丹麦的 DHI 等参与了规划的制订工作。该规划的重点是通过开辟分洪措施增加湄南河下游的排洪能力。主要是以流域数值模型为技术工具，调洪演算分析了两个不同的分洪措施对于改善曼谷地区防洪形势的作用，这两个方案分别称为东线方案和西线方案。通过经济效益对比，并从工程可行性判断，规划推荐采用西线方案。该方案考虑在昭披耶大坝下游的湄南河上建闸，将部分洪水分至昭披耶河西边的 Tha Chin 河，充分利用该河下游的行洪能力，规划分水 1000m³/s，同时加大湄南河东侧已有的 Pasak-Rahpipat-sea Dirersion 运河泄流能力辅助泄洪 500m³/s，两处分洪共计 1500m³/s，这样可以大大减轻湄南河下游，特别是曼谷地区的防洪压力。但由于各方面原因，该规划方案一直没有真正实施。

4　值得更为关注的几个问题

4.1　防洪减灾规划的可操作性至关重要

从上述有关描述已经看出，泰国在湄南河整体防洪规划上还是做了一些工作的，但可惜的是，大部分规划措施由于长期搁置而未能很好地实施，其中一个重要原因就是规划制订过程中对有关技术的可操作性考虑不足，致使实施困难。防洪减灾规划的制订应该全面考虑相关区域的宏观经济发展目标，充分论证技术实施的可行性和基本条件，并提出保障实施规划的相关措施。

4.2　工程措施与非工程措施的有机结合

经济发展与人口增加导致快速城市化与洪泛地区经济活动更加频繁，洪水风险可能显著增加。首先在城市洪水风险问题上，由于城市的快速发展，老城区人口增加，新城区快速扩张，洪水风险往往表现在老城区排水能力不足，新城区居民对新的居住环境不熟悉，对城市防洪特点不甚了解，最终造成了风险对象对面临的风险缺乏快速且正确的应对措施。其次，解决方法不一样。发展中国家的大多数洪水风险问题是由于工程措施不够所引起的。目前，加强非工程措施的概念往往是由发达国家的专家们提出来的，但必须清楚，非工程措施的作用是解决剩余洪水风险问题，只有当具备一定基础条件的工程措施时才能发挥出应有的作用。如在亚洲的许多发展中国家，亚洲开发银行、世界银行，还有一些国际组织都投入了大量人力物力试图增强这些国家的非工程措施，但效果欠佳，往往只能就具体灾害过程临时应付一些较小规模自然灾害风险问题，不能从根本上解决区域内的可持续发展，对于稍大一些的自然灾害就更加无能为力。归咎其原因，缺乏必要的基础工程措施是重要的一环，更有效的方法应该是一定基础工程措施与必要的非工程措施相结合，才能实现高效的风险抵御能力。对于发达国家，基础工程措施是足够的，在已有的基础工程措施上再去扩张工程措施对于抗风险能力方面的投入产出比往往达不到期望值；相反，通过非工程措施来提高已有工程措施的效率反而能够达到事半功倍的效果。非工程措施的作用除了必要的基础工程设施外，还依赖于区域内人群对象的文化素养，大量非工程措施的作用都是通过具体人群的亲身实践才能够表现出来的，如预警预案的制定与执行；土地合理利用方案的制定与执行，都需要实际制定与实施的群体对象整体素质的提高。

4.3　国际洪水管理新理念的正确解读

近些年，国际洪水管理理论界强调了与洪水和谐相处，给洪水以空间的基本洪水管理理念，这些理念从简单的理论概念看无疑是正确的，但如何在防洪减灾实践中辩证地落实到具体措施上仍然存在较大的认识差距。以本次泰国洪水灾害为例，湄南河下游大量河道堤防的防洪能力较差，建设的规模和质量控制标准也不统一，洪水通过时经常发生漫堤溢流的情况，这种状况对于泰国盛产水稻的农业生产区无疑是利大于弊，但对于工业区和城市居民生活区就显得极为不适应。因此与洪水和谐相处要根据不同的环境条件因人因地而异，采取不同的洪水管理战略。

4.4　加强应急能力建设是提高减灾能力的重要环节

洪水灾害事件有一定的随机性，特别是在气候变化背景下，极端天气事件变得更加不可预见，许多以往可循的规律可能会被打破，这就需要提高人类对不确定事件的应急处置能力。从2011年泰国湄南河流域洪水灾害的应急处置情况看，泰国在应急准备、处置等方面还存在一些需要完善的地方。中国是洪水频发的国家，在应急准备与应急工程处置方面面临一些与泰国防洪减灾工作共同的问题，建议中泰开展合作，就湄南河流域的防洪减灾预案体系、洪水风险评价技术、防洪工程应急查险除险技术开展合作，提高两国整体防洪减灾能力。

4.5　统一指挥、协调行动是应急处置的关键

泰国湄南河本次洪水所带来的灾害影响是流域性的，受灾地区的主要症结是排水不畅，影响面广，牵涉因素多，统一指挥，协调行动十分重要。由于洪水持续时间长，保证社会稳定，尽可能减少财产损失，避免人员伤亡是应急响应的主要目标，要达到这些目标，除了需要考虑工程措施和非工程措施二者并举的原则外，加强统一协调指挥是应急处置取得成效的关键。通过协调行动，充分考虑流域上下游左右岸的相关关系，将工程排险与人员避险相结合，设计撤离方案时要按多种不利的可能情况制订切实可行的综合行动方案。

湄南河中下游的防洪应急处置工程措施主要集中在如何加快排水速度，需要从整个受灾地区的整体形势考虑切实可行的排水方案，本次灾害应急处置过程中，泰国有关方面对下游局部地区通过泵站抽排措施进行排水考虑较多，由于上游洪水还在源源不断补充，在下游局部通过泵站排水的效果并不是很理想，实际减灾作用有限。从湄南河下游整个区域的河道分布特征看，通过区域内整体协调考虑，综合利用流域支流河道和其他排水渠系从湄南河中上游合适的位置做较长远的排水安排（如泄流渠泄水、

泵站抽水、虹吸排水等）可能更加有效。

实施上游工程排水措施后，下游堤防溃决的可能性依然存在，为尽可能减轻灾害，在实施上游排水工程措施的同时，在下游应同时开展相关措施确保堤防安全是重点。实践证明，国内采用的汛期巡堤查险，及早发现险情，尽快施以除险措施，确保堤防安全的一系列措施是行之有效的。泰国湄南河的洪水过程发展缓慢，大多数堤防规模并不大，有利于险情的预警和处置，只要及时发现险情并及时处置应该是能够控制洪水灾害的扩大和发展的。根据已有资料及水文、气象预报，预警堤防漫溢的时间和位置，再预估应急处置中不同施工手段和设备及其调运到现场的可能性、现场施工条件、工程量、施工的难易程度、参建队伍的施工能力等，从而大致推求实施工程措施可用的时间，为工程措施方案的制订提供时间依据。但在这方面，泰国的相关措施明显不足，很多险情从预警到处置都不够及时和恰当，在一些地方造成了不必要的灾害损失。

5　结语

洪水灾害的发生是不以人的意志为转移的，重要的问题是人们怎样以积极的态度去应对，尽可能减少灾害损失。2011 年泰国湄南河的洪水对于泰国人民是一场难以忘却的灾害，对于世界各国也具重要的经验警示意义。它告诫人们，自然灾害难以避免，我们要做的是：应按照自然和社会规律，尽最大可能把灾害降到最低。

专栏

　　2011 年泰国湄南河发生了历史特大洪水，曼谷受到严重威胁，多处防洪设施告急，正常的生产生活秩序遭到破坏，城区面临洪水淹没的风险。虽然泰国成立了多位部长参加的防洪救灾指挥中心，动员政府、军队和社会力量参加抢险，取得了一定的成效。但是，由于湄南河下游地区地势低洼，受潮水顶托，排水不畅，上下游地区需要联动，使得防洪形势异常严峻。而泰国国内防洪技术力量不足，迫切需要国际社会的援助。鉴于中国拥有历次成功应对特大洪水灾害的丰富经验、完善的防洪指挥体系和雄厚的技术力量，泰国政府请求中国政府提供防洪技术支持和防洪物资援助。

　　受泰国政府邀请，2011 年 10 月 14 日，中国政府派出由刘宁率领的防洪专家组赴泰国进行防洪救灾技术支持。专家组在泰国期间两次乘直升机前往灾区查看，在曼谷城区经受洪水威胁最为严峻的时刻，三次前往抗洪一线现场查看和会商，协助抗洪抢险，为确保曼谷主城区不被洪水淹没做出了努力，并对当时及未来的防洪救灾工作提出了建设性的咨询意见，传递了"中泰一家亲"的友谊，有力地支持了泰国政府防洪救灾工作，开辟了"防洪救灾的外交方式"，得到了泰国政府的肯定，受到时任泰国总理英拉的亲切接见，并为后续中泰国际合作做了有益的工作。

红石岩堰塞湖排险处置与统合管理

刘　宁

摘　要： 本文介绍了云南昭通鲁甸红石岩堰塞湖的基本情况，叙述了排险处置方案编制及组织实施的过程及其考虑，分析了处置效果，从统筹目标、整合力量及系统性等方面阐明了统合管理方法在应对自然灾害等突发公共安全事件中的重要意义和作用，对进一步提高统合管理能力进行了探讨。

关键词： 昭通鲁甸地震；堰塞湖排险；统合管理

1　前言

2014年8月3日16时30分，云南省昭通市鲁甸县发生6.5级地震，造成牛栏江红石岩村附近两岸山体发生垮塌阻塞牛栏江，形成堰塞湖，淹没上游的红石岩水电站。堰塞湖位于震中鲁甸县龙头山镇南偏东约8.2km、鲁甸县火德红镇李家山村和巧家县包谷垴乡红石岩村交界的牛栏江干流上，堰塞体位于红石岩水电站取水坝下游约600m处（图1）。

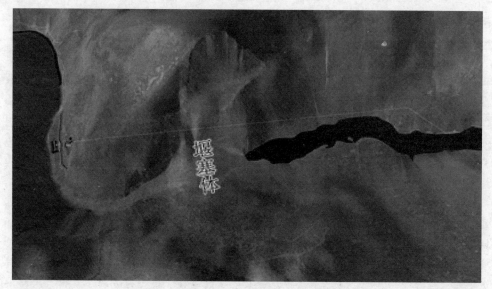

图1　堰塞体与红石岩水电站位置关系

经实地查勘，并利用无人机对堰塞体进行航测，对红石岩堰塞湖排险处置的紧迫性和艰巨性有了客观的认识。总体上，红石岩堰塞湖具有"巨大、极险、艰难、复杂"

原载于：中国科学工程，2014，16（10）：39-46.

的突出特点。

（1）规模"巨大"。红石岩堰塞堆积体呈马鞍形，两侧高、中间低，堰顶鞍部高程1216m，堰塞体高83～96m，堰体总方量达到$1.2×10^7m^3$，总库容约为$2.6×10^8m^3$，属大型堰塞湖。右岸山体由于余震不时崩塌，致使堰顶高程增加至1222m，堰体总方量达$1.7×10^7m^3$（图2）。湖内水位高出下游河道70多米；汇水面积达到了$1.2×10^4km^2$，最大回水长度约为25km。根据国家相关标准规范，红石岩堰塞湖危险级别为极高危险级，风险等级为Ⅰ级，是最高等级和最高危险的堰塞湖。

（2）程度"极险"。堰塞湖水位上涨迅速，直接威胁区人多、地多、电站多。堰塞湖形成初期，水位以每小时0.6～0.8m的速度快速上涨，两天后就将漫顶，引发溃坝，情况危急万分。堰塞湖直接影响上游会泽县两个乡镇1015人，直接威胁下游鲁甸、巧家、昭阳3县（区）10个乡镇、3万余人、3.3万亩耕地，还危及下游天花板和黄角树等水电站安全。牛栏山正处于主汛期，随时可能发生强降水过程引起水位迅速上升（表1）。堰塞湖犹如一座湖水悬在下游群众的头上，一旦溃决，对下游人民生命财产及水电站将带来灾难性的损失，引发灾害链。

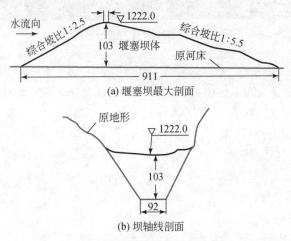

图2　红石岩堰塞湖典型断面图（单位：m）

表1　红石岩坝址多年平均流量成果表

月份	6	7	8	9	10	11	12	1	2	3	4	5	平均
平均流量（m^3/s）	149	245	270	237	187	117	78	62.6	53.1	46	41.4	50.9	128
比例（%）	10	16	18	15	12	8	5	4	3	3	3	3	100

（3）条件"恶劣"。采取工程措施排险，需要抢通震毁公路，让大型设备进入堰塞体。抢修左岸下游通往堰塞体道路，在断崖上凿壁架桥，艰险困难；抢通右岸上游通往堰塞体的道路，有2km路段只能靠漕渡门桥；堰塞体两岸山体，尤其是右岸高600m的陡峭山体，受余震和降水的影响，还在不断崩塌，给施工作业造成了很大安全风险。要打通应急泄流通道，先后针对红石岩水电站厂房、右岸交通洞等多处进行了查勘，制订了多种方案。总之，红石岩堰塞湖形成初期，道路不通、边坡不断塌滑、资料缺

乏、情况不明，应急处置条件极其恶劣（图3）。

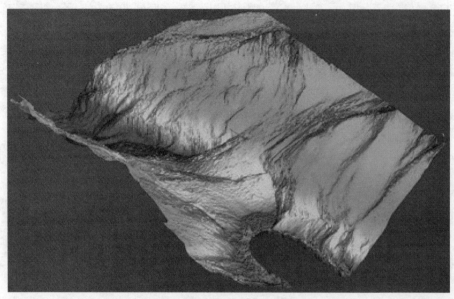

图 3　红石岩堰塞湖三维地形模型

（4）施工组织"复杂"。堰塞体位于高山峡谷中，两岸谷深、坡陡，地形坡度为35°~60°，局部为陡崖，施工机械无法展开，而且堰塞体上巨石块体大，只有先解爆才能用大型机械开挖作业，作业程序复杂。上游通往堰塞体的湖面漂浮物多，影响运输安全，需要专业队伍清漂排障，保障通行。由于参与应急处置和后勤保障的队伍多、场地狭窄，施工组织极为复杂。

2　排险处置方案

2.1　排险处置原则

红石岩堰塞湖形成后，牛栏江流量虽较前几天有所增加，但与汛期各频率流量相比，还偏小较多。若不采取工程措施，来流量较大时，堰塞湖上游水位将上升较快。因此，为尽快解除红石岩堰塞湖对下游的威胁，必须按照"从最不利的情况考虑，向最好的方向努力"的原则，以"上拦、中疏、下排、两岸避险、强化保障"为总体思路，以"科学、安全、迅速"为总要求，以工程与非工程措施相结合的方式进行排险。

2.2　方案制订

为有效实施堰塞湖应急排险，按照云南省抗震救灾指挥部意见，国家防汛抗旱总指挥部工作组和云南省政府组建了牛栏江红石岩堰塞湖排险处置指挥部，组织有关技术力量于2014年8月6日编制完成《云南省鲁甸"8.03"地震牛栏江红石岩堰塞湖应急排险处置报告》，同日，云南省抗震救灾指挥部正式批复了该方案。

按照方案，堰塞湖排险处置所采取的非工程措施主要有：①把群众转移安置工作放在首位，采取县、乡、村干部包保到户，将受影响群众转移到安全地带；②调度上游水库拦蓄来水，尽可能减少入湖流量，减缓堰塞湖水位上升速度；③调度下游水电站加大下泄流量、最大限度腾出库容，为堰塞湖处置下泄流量提供滞洪库容支持；④组织气象、水文部门实时加密现场监测频率，为处置堰塞湖提供科学依据；⑤组织联合技术专家组，根据施工进度和现场情况，进一步优化堰塞湖处置技术方案；⑥组织武警部队和地方力量全力抢修通往堰塞湖的道路，为处置堰塞湖提供交通支持。

为保障下游群众生命财产安全，减缓堰塞湖水位上升速度，同时为堰塞湖排险处置赢得时间，经研究分析，可采取以下 4 种工程措施。

（1）开挖泄流槽。在堰塞体中间偏左部位开挖泄流槽，泄流槽初拟尺寸为底宽 5m、深 8m，两侧坡比均为 1：1.5。

（2）拆除红石岩水电站调压井施工支洞堵头检修门。红石岩水电站引水隧洞下游靠近调压井附近设有 1 个 9m×8m 的施工支洞，施工支洞堵头长 20m，堵头设有一条检修通道，检修通道直径为 1.8m，检修通道末端设有检修门。拆除红石岩水电站调压井施工支洞堵头检修门后，检修门孔可下泄 $60 \sim 90 m^3/s$。

（3）对调压井实施有限爆破，增大引水隧洞调压井井筒自由泄流流量，可减缓堰前水位上升，为后续处置工作赢得时间。

（4）采取措施防止水电站进水口被漂浮物堵塞。

2.3　排险处置情况

按照"上拦、中疏、下排、两岸避险、强化保障"的总体思路，各项应急排险处置措施迅速实施。

2.3.1　上拦

迅速运用牛栏江干流红石岩堰塞体上游的德泽水库拦截流入堰塞湖的洪水，尽最大努力降低堰塞湖水位上涨速度，为沿江两岸危险区群众转移和实施应急排险争取时间。至 2014 年 8 月 12 日 8 时，德泽水库共拦蓄上游来水超过 $6×10^7 m^3$，还相继向其他流域调出一些水量以尽最大努力减轻堰塞湖应急抢险压力。

2.3.2　中疏

针对堰塞体正好处于红石岩水电站上游取水坝与下游发电厂房之间（图 4）的情况，采取紧急措施，以消减堰塞体形成的牛栏江干流"肠梗阻"危害。一是对堰塞体右岸红石岩水电站引水洞实施果断处置，以形成应急泄流通道，控制上游水位上涨速度，为群众紧急避险和实施工程应急排险争取时间。二是按照方案，组织部队沿堰塞体顶部相对低洼部位顺河开槽，紧急开挖底宽 5m、深 8m、边坡坡比为 1：1.5 的泄流槽（图 5）。解放军和武警官兵冒着巨大风险，连续奋战，昼夜开挖，于 2014 年 8 月 12 日如期完成。

图 4　红石岩水电站调压井与施工支洞关系图

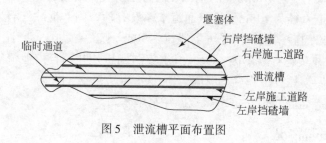

图 5　泄流槽平面布置图

2.3.3　下排

为降低堰塞湖溃坝对下游天花板、黄角树水电站的冲击，避免水电站大坝被冲垮造成次生灾害连锁反应，迅速实施了下游水电站预泄腾空库容措施。下游天花板、黄角树两座水电站均泄水至死水位以下，共腾出库容近 $1 \times 10^8 m^3$。同时，根据红石岩堰塞湖溃坝洪水演算结果，针对天花板水电站大坝可能漫顶实施了相应的应急防护措施，对黄角树水电站大坝可能用防浪墙挡水的测算结果实施了相应的应急加固和坝后防护措施。

2.3.4　两岸避险

红石岩堰塞体形成后，为避免发生人员伤亡，需要对上下游沿江两岸危险区的群众实施紧急转移。鉴于堰塞湖溃决的复杂性，组织了多家单位并行计算分析比较。中国电建集团昆明勘测设计研究院联合中国水利水电科学研究院采用 IWHR－DB 程序，根据堰塞湖库容曲线、堰塞体现场查勘收集的资料，参考唐家山堰塞体计算分析中土石料的冲蚀特性等参数进行了红石岩堰塞体溃决模拟计算，其溃决峰值流量约为 $6110 m^3/s$，历时 6.24h。长江水利委员会长江勘测规划设计研究院对开挖 8m 深泄流槽后，堰塞体不同溃决方式进行了分析计算。计算表明，泄流槽开挖 8m 深后，堰塞体全溃、2/3 溃和 1/3 溃时，最大流量分别为 $54\,304 m^3/s$、$44\,102 m^3/s$ 和 $7359 m^3/s$。技术人员还对红石岩堰塞湖下游两座水电站库区淹没进行了计算，提出了下游水面线和淹没水深，并依照"排险与避险相结合"的处置原则，结合现场调查，考虑安全超高、距离以及可能的地质灾害等因素，划定了上下游人员转移避险范围。据统计，上下游两岸共安全转移受威胁区群众 12 797 人，其中上游转移群众 3548 人，下游转移群众 9249 人。

2.3.5 强化保障

（1）强化交通保障。堰塞湖排险处置的关键是机械设备和人员能够登上堰体，进入施工支洞，因此交通保障很重要。武警部队和解放军十三集团军工兵团等部门到现场后立即清除道路上的滑坡体，在断岩上凿壁修路，在水面上架设漕渡门桥，于 2014 年 8 月 6 日打通了 2km 水上交通保障线，使第一台机械设备顺利送抵堰塞体，昼夜不停开展泄流槽开挖作业。武警水电部队在堰塞湖下游牛栏江左岸岩壁上抢凿出一条长 12km 的"挂壁天路"，为大批重型施工机械进入场地创造了有利条件。中国水利水电第十四工程局有限公司施工队伍按照指挥部要求，针对每一种可能反复探寻，开辟应急泄流通道，部分人员冒着危险于 2014 年 8 月 8 日进入厂房调压井区域，之后进一步涉险找到调压井施工支洞并进入高压水流激射的洞内。面对只有一次爆破成功的机会，指挥部与施工技术人员现场制订了方案，冒雨连夜运送了 3t 多炸药，保障了右岸应急泄流通道施工。

（2）强化技术保障。有关设计单位和人员通过现场查勘、搜集资料、分析计算、方案比选，在时间异常紧张、资料十分匮乏的情况下，用不到 2 天时间便制订了应急处置方案并及时得到批准实施；在应急阶段接近完成时，技术人员彻夜加班及时制订了包括 1 个主报告和 3 个分报告的后续处置方案。主报告是《云南省鲁甸"8.03"地震牛栏江红石岩堰塞湖应急排险处置安全评价及后续处置报告》，3 个分报告分别是《堰塞体安全评价报告》《应急泄洪通道安全评价报告》《堰塞湖溃决洪水及对上下游影响报告》，形成了后期整治的初步意见，并报经云南省抗震救灾指挥部批准，为接下来的处置与整治完成了技术准备。

（3）强化后勤保障。后勤是抢险排险的重要支撑，现代化施工离不开强有力的后勤保障。本次排险处置中，地方有关单位为抢险部队和中国水利水电第十四工程局有限公司等单位及时筹集抢险机械油料、施工爆破炸药和饮水干粮食品等，组织打捞堰塞湖上游水面漂浮物，确保现场施工爆破作业安全等，开展了大量的工作。

3 排险处置实施过程与效果

3.1 迅速开辟右岸应急泄流通道

2014 年 8 月 6 日，堰塞湖排险处置指挥部向中国水利水电第十四工程局有限公司下达开辟右岸应急泄流通道任务。工程技术人员随即开展引水洞调压井施工支洞堵头拆除、交通洞疏通方案研究和施工勘查及准备工作。8 月 7 日，引水隧洞调压井开始溢流，下泄流量大于 $100m^3/s$。8 月 10 日，经前几日反复探寻和涉险勘查，排险人员在极为困难的条件下，克服道路不通、泥石流滑坡掩盖、厂房严重震损的困难，先对调压井实施了有限爆破，又对施工支洞堵头检修门实施了爆破拆除，初始流量约为 $80m^3/s$。

加上超工况高压水流的自然力量，右岸应急泄流通道的泄流量逐渐增加，到 8 月 13 日大于 320m³/s。据估算，随着堰塞湖水位上升，泄流量可进一步增加。

3.2 抓紧开挖完成堰顶泄流槽

2014 年 8 月 6 日，堰塞湖排险处置指挥部向武警水电部队下达开挖堰顶泄流槽任务。8 月 6 日晚，右岸通往堰塞体的水上通道被打通。8 月 7 日上午，第一台挖掘机通过漕渡门桥被运送至堰塞体开始施工。8 月 8 日，部队官兵对堰塞体上巨石进行爆破开挖。8 月 9 日，从左岸通往堰塞体的道路打通，大批大型机械通过左岸道路到达堰塞体开始作业。至 8 月 12 日 17 时，经过堰塞湖排险处置参战各方 9 天的艰苦努力，累计爆破开挖 $1.03 \times 10^5 m^3$，泄流槽开挖完成。

3.3 紧急开展监测预报预警

调集国内优秀水文监测预警力量和先进设备汇集现场，增补测站和人员，架设测报线路，开通通信信道，实现后方可视性监控，加密报送频次，加强与气象部门协作，强化实时监测预警，为群众转移避险和堰塞湖应急处置提供重要支撑。据统计，共有 40 位专业监测预报人员参与实地监测，在堰塞湖上下游增设 5 个应急监测断面，在堰塞体上架设两套视频监控系统，实现了水文数据 30 分钟一报，视频 24 小时不间断监控，根据需要实时预报等排险处置要求。

3.4 实施效果与评价

3.4.1 实施效果

在各方面的共同努力下，红石岩堰塞湖排险处置按方案实施，取得了显著成效，如期完成了各项任务。

（1）降低了堰塞湖水位上涨的速度。右岸泄流通道打通并扩大后，加上上游水库拦蓄和降水减少等原因，使堰塞湖水位上涨速度由形成初期的每小时 80cm 左右，逐步降低到了每小时几厘米，期间湖内水位还有所下降，在一般入湖流量情况下，使堰塞湖水位稳定在 1177~1181m，为堰塞湖排险处置和下游群众转移赢得了时间。

（2）减小了堰塞湖最大蓄水库容。堰顶泄流槽开挖完成后，使堰顶高程下降了 8m，相应库容减小了约 $9 \times 10^7 m^3$，有效降低了溃坝风险和上下游的淹没风险。

（3）下游转移群众返回居所。堰塞湖"应急处置"阶段排险工程完成后，下游"风险区"和"预警区"的范围明显缩小。在严格设定的安全警戒及地方政府责任落实条件下，可允许下游转移人员返回居所。先期转移避险的群众返回后，要根据新划定的风险区和预警区范围，制定转移避险预案，落实汛期洪水预警转移措施。当堰塞湖水位达到 1190m 时，即进入防汛状态；当堰塞湖水位达到 1200m 时，即实施下游风险区人员转移；当堰塞湖水位达到 1208m，并预报泄流槽将过水形成淘刷堰体激流时，实施预警区人员转移。

（4）恢复了道路交通。红石岩堰塞湖右岸水陆道路打通，左岸通往堰塞体道路通畅，为后续处置和后期整治奠定了坚实基础。

3.4.2　排险处置措施及效果评价

3.4.2.1　排险处置评价

（1）堰塞体安全性评价。按照规范，对堰塞体的渗流及坝坡稳定、变形稳定进行分析计算（图6）。计算表明，堰塞体在最高水位1222m及以下水位挡水时，渗透稳定、变形稳定、坝坡稳定，均满足要求，堰塞体是安全的。但若上游发生较大流量满溢堰塞体时，仍存在形成自上而下的淘刷，导致溃决的风险。

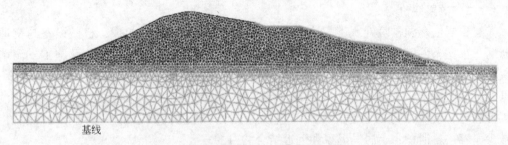

图6　堰塞体最大横剖面有限元网格图

（2）应急泄流通道安全评价。对堰顶泄流槽抗冲刷能力、右岸引水隧洞、调压井、施工支洞结构行了复核计算。计算表明，引水隧洞段在应急处置期及后续处置期内的运行整体是安全的，不会出现大规模衬砌的破坏和垮塌。引水隧洞及调压井作为堰塞体应急处置及后续处置期的泄流通道是安全的。根据堰塞体组成物质的块径大小、岩石性状及风化等综合因素，初步判断泄流槽抗冲刷流速为 3 ~ 4m/s，总体抗冲刷能力较强，过流过程中不会发生突溃，但应尽量减少过堰水流的单宽流量，以减少冲刷。

（3）应急泄流通道泄流能力评价。应急泄流通道包括引水隧洞调压井与施工支洞堵头检修通道和泄流槽，其泄流曲线如图7所示。由图7和表2可见，当水位达到 1214m 时，泄流能力可达 $750m^3/s$；当水位达到 1222m 时，泄流能力约为 $1400m^3/s$，可以宣泄五年一遇标准的洪水。

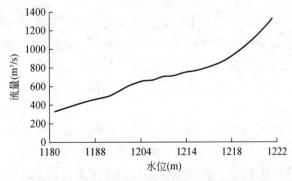

图7　红石岩堰塞湖应急泄流通道泄流曲线

表 2　红石岩堰塞湖处设计洪水成果表

项目	成果数据										
频率（％）	0.02	0.2	0.5	1	2	3.333	5	10	20	33.3	50
设计洪水（m^3/s）	6530	4750	4050	3520	3000	2630	2330	1840	1370	1040	799
1 日洪量（$\times10^8 m^3$）	4.43	3.24	2.76	2.41	2.07	1.81	1.61	1.28	—	—	—
3 日洪量（$\times10^8 m^3$）	11.3	8.29	7.1	6.21	5.33	4.68	4.17	3.32	—	—	—

3.4.2.2　效果评价

红石岩堰塞湖排险处置工程充分考虑了堰塞体成因、物质组成、机械设备与交通状况、水文条件以及高压水流冲击能力，通过开挖泄流槽、爆破调压井及施工支洞堵头检修门，利用高压水强力冲刷能力逐步增大过流能力，从而缓解上游水位上升速度，甚至降低上游水位，排泄积水。实践证明，红石岩堰塞湖排险处置体现了因地制宜、因势利导、统筹考虑的理念，按照"科学、安全、快速"的原则，达到了化解险情、减少库容、排泄积水、居民返家和远近结合的目的。

4　认知与思考

4.1　统合管理认知

统合管理就是面向系统全周期发展过程，基于正常与非正常的视域，将系统运行的常规状态与应急状态统筹考虑，以维护系统可持续运行、降低系统运行风险、应对系统突发事件和实现系统发展目标为任务，针对系统运行中出现的或可能出现的管理需求，联立进行的一系列计划、组织、指挥、协调和控制行为。

红石岩堰塞湖排险处置的成功实施，体现了统合管理的科学理念，适应性策略成效显著，为我国综合处置、改造利用大方量堰塞体提供了范例。

4.1.1　统筹各阶段目标

根据国家相应标准规范，堰塞湖处置分为应急处置、后续处置和后期整治 3 个阶段。这次红石岩堰塞湖排险处置过程中，在应急处置阶段就提前研究了后续处置相关问题，借鉴国内外大型堰塞湖处置的先进经验，针对红石岩堰塞湖的具体情况，组织技术力量反复研究，形成了后续处置工作思路，提出了后续处置的方案和后期整治的初步设想。

后续处置阶段的主要目标是"保安减灾"，就是在应急处置阶段"抢险保安"成果的基础上，通过进一步采取工程与非工程措施，提高防洪标准，统筹考虑现实与可行性两方面因素，保障人民群众生命安全，尽最大努力减轻灾害损失。一是在应急处置阶段形成的泄流槽基础上，进一步扩槽深挖，以减少单宽流量，降低溃坝风险。二是进一步提高堰塞体右岸应急泄流通道的泄流能力，使堰塞湖水量水位得到有效降低。三是健全水文气象预警预报机制，为堰塞湖处置及其上下游群众转移避险和水电站运用提供及时有效服务。四是实时监控堰塞湖及其周边地区，严防可能发生的滑坡、泥石流和崩塌等造成次生灾害，群测群防，避免发生人员伤亡；特别是后续处置的施工安全，要落实必要的安全措施。通过后续处置措施，可进一步提升应急处置阶段工程措施的效果，减小可能存在的风险。同时，有利于更好地控制堰塞湖水量水位，减少不确定性，增加稳定性，为改善堰塞湖上下游地质环境，减轻其对上下游人民群众及水电站等基础设施的灾害影响，避免上游小岩头电站厂房被淹，适时启动下游天花板、黄角树等水电站大坝的安全运用，创造更好的条件。这些措施的制订与实施都是基于应急处置阶段的效果提出的，是应急处置阶段措施的进一步延伸与深化。

4.1.2　整合各方面力量

参与这次红石岩堰塞湖排险处置的队伍众多，既有国家防汛抗旱总指挥部和长江水利委员会专家，又有中国电建集团昆明勘测设计研究院设计人员，还有地方技术力量；现场施工既有武警水电部队，还有中国水利水电第十四工程局有限公司；道路保障既有武警交通、水电部队，还有十三集团军工兵团；后勤保障既有地方政府，还有不少志愿者参与其中。这些力量各有所长，各有特点。专家学者的专业特长和技术优势强，是制订排险处置方案和现场施工的重要依靠；军队和武警部队纪律性强、行动迅速，是保障水上交通和堰顶泄流槽开挖的突击力量；中国水利水电第十四工程局有限公司等专业队伍施工技术力量强，经验丰富，是打通右岸引水隧洞应急泄流通道的主要力量；地方政府工作人员熟悉情况，协调有力，是后勤保障的关键力量；志愿者人员众多，参与示范效应明显，是后勤服务和宣传的辅助力量。在这次红石岩堰塞湖排险处置管理过程中，充分考虑了各类人群的不同特征，明确细化角色分工，实行分类管理，充分体现整体协同和专业配置相结合的原则，统筹发挥各种力量作用，加强协调配合，专群结合、军民结合、社会参与，有效提升统合管理效率。

4.1.3　系统考虑统合策略

实施统合管理不仅要考虑应急状态下的风险管理，还要在应急管理措施中考虑常态需求，或应急工作完成后，其措施与后续处置、后期整治和灾后重建的衔接，因此在统合管理中一定要远近结合，统筹规划，实现资源利用的最优化。

一般堰塞湖排险处置措施大多是尽快使堰塞体在可控状态下冲刷，减少堰塞湖内蓄水，消除其威胁。但在红石岩堰塞湖处置过程中需要考虑到其特殊性。一是虽然有效降低了溃决风险，但上下游防洪标准很低，下游群众在汛期仍然处于洪水威胁之中，迫切需要进一步整治。二是灾区恢复重建需要同步整治堰塞湖。堰塞湖形成后，打破了原有生活、生产环境，改变了周边交通，易引发潜在的地质次生灾害。开展灾后重建，需要同步系统地开展堰塞湖治理，不能任其自由演变。三是改善灾区水利基础条件需要综合利用堰塞湖。堰塞湖区域地形条件差，经济社会发展水平低，防洪设施缺乏。堰塞湖形成高水位大库容，综合治理后可灌溉下游耕地 3.6 万亩（1 亩 ≈ 666.67m²），为 4.5 万人提供饮用水水源，发挥综合效益。四是堰塞湖难以通过拆除方式恢复天然河流状态。堰塞体方量大，堆积体高约 102m，周围山高谷深、环境恶劣，两岸危岩高边坡，拆除堰塞体极其困难和危险，另外，附近也无合适位置堆放如此大规模弃渣，若打算全部挖除 $1.2 \times 10^7 \sim 1.7 \times 10^7 \mathrm{m}^3$ 崩塌堆积体，成本很高。五是堰塞湖具备综合利用的条件。堰塞体体型特别，迎水面宽阔（约为 286m），背水面狭窄（约为 78m），宽窄比约为 3.7∶1，为"前大后小"锲形体，且堰塞体物料构成不利于小流量堰顶漫流淘刷溃决。经过对堰塞体的计算分析，在堰顶不漫流的情况下，堰塞体基本稳定。应急处置阶段形成了应急泄流通道，并在堰塞体上开凿出了可承泄中等洪水的泄流槽。应急处置完成时主汛期已过半，应急处置过程中及时调度德泽水库，为未来近一个月的主汛期来水预留了库容。基于此，后期整治阶段的主要目标是"减灾兴利"，力争实现堰塞湖的合理利用，改造堰塞湖为控制性水库，使其成为综合利用的枢纽工程，发挥灌溉、发电、防洪和旅游等效益。红石岩堰塞湖库容大，若改建成库，在牛栏江下游梯级电站调节运用中可发挥重要作用，可使水资源利用效率更高，发电效益更加明显。因此，在实施应急处置工作的过程中，要充分考虑其措施与后期整治及灾后重建措施的结合。后续处置时在厂房下游侧新凿长约 200m，断面为 7.5m×7.5m 的泄水洞，与原厂房引水洞施工支洞相连，通过爆破拆除原施工支洞堵头，形成新的泄流通道，可兼顾后期改建堰塞体成坝时的施工导流；扩宽挖深后的堰顶泄流槽高程可兼做将来改造后的堰顶高程。

红石岩堰塞湖排险处置有效降低了溃决风险，下游风险区和预警区的范围明显缩小，下游转移人员已返回居所。但是堰塞湖防汛的风险仍然存在，先期转移避险的群众返回后，地方政府要根据新划定的风险区和预警区范围，制定转移避险预案，落实汛期洪水预警转移措施，强化了督促检查和责任追究。

4.2　对提高统合管理能力的思考

近几年，随着国家治理能力的提升，我国在应对地震、山洪、泥石流和局地洪涝等突发严重自然灾害方面取得了显著成绩，积累了丰富的经验，应急能力和防御体系得到了快速提升。但是现代社会对突发事件的敏感度在增加，对突发事件管理的要求在提升。相比而言，随着社会发展以及自然环境演替，突发事件风险发生概率也在增加，而社会管理水平和保障能力能否与之相适应，给社会管理提出了严峻的挑战和更高的要求。基于传统单一管理模式下的常态管理或应急管理已难较好适应这一挑战和要求，需要将常态管理中的某些策略和应急管理中的措施统合起来，统筹综合考虑，以有效应对变化环境中的突发事件。因此，要树立减灾就是发展的理念，提高对系统灾害的承受力，缩小其影响的范围；完善基于统合管理视野的法规修订和制度调整；充分考虑区域自身的自然地理特征与经济社会系统结构的特征，合理规划区域功能与发展目标，用统合管理思维制定相关规划；完善突发事件管理机制，提升现有管理组织统合运行效率；完善突发事件统合处置的预案体系，强化演练，增强预案的针对性和可操作性；推进公共安全信息统合交互，实现信息共享共通；培育统合常态与应急处置的专业队伍，形成平战结合、统一高效的应对合力；强化统合管理的科技支撑体系建设，推动科技产品实际运用；加强公众防灾减灾知识和技能学习教育宣传，提高其自救能力和辅助应对能力。

专栏

　　2014 年 8 月 3 日 16 时 30 分，云南省昭通市鲁甸县境内发生 6.5 级强烈地震。鲁甸县金沙江支流牛栏江上红石岩水电站附近发生大规模山体滑坡，堵断河道，形成了最高风险等级的极高危险级堰塞湖。当地正值主汛期，上游来水迅猛，湖水位上涨很快，严重威胁上下游沿河 4 县（区）12 个乡镇、3 万余人、3.3 万亩耕地，以及下游天花板、黄角树等水电站安全。按照当时水位上涨速度，预计两天后堰塞湖即将漫坝，形势万分紧急。

　　刘宁再次临危受命，在赶往现场的路上，调兵遣将，了解情况，梳理工作思路，明确任务，分工合作，……，形成了一整套完整的应急处置指挥方案。到达现场后，刘宁连夜召开会议，了解研究情况，后续几天又冒着山上滚石、脚边陡崖的危险，分别从上游凳坝、下游查勘泄洪通道，取得了第一手资料，找到了可供紧急泄洪的被堵塞的输水洞，制订了三阶段总体处置思路和目标。他不仅现场督促实施，按时完成了"应急处置"排险出险任务，而且创造性提出了"后续处置"和"后期整治"的目标——努力实现兴利与除害相结合，将堰塞体改造成水利枢纽，变堰塞湖为控制性水库，使其成为具有综合效益的水利工程。这在我国堰塞湖处置历史上是前所未有的。

　　当前，红石岩堰塞湖发电机组已经完成调试，很快就能发电。当初威胁人们生命财产安全的怪兽，已被刘宁和后继的大批工程技术人员驯服为兴利发电、保障当地群众生活生产生态用水的守护者。

Hongshiyan Landslide Dam Danger Removal
and Coordinated Management

Liu Ning

Abstract: This paper takes an overview of the Hongshiyan landslide dam triggered by an earthquake near Ludian County in Shaotong City, Yunnan Province, introduces how the danger removal plan is drafted and implemented, and analyzes the outcome of its implementation. The paper then explains the significance and effect of coordinated management in the event of natural disasters and other public safety emergencies, and discusses ways to improve coordinated management.

1　Introduction

At 16:30 on August 3, 2014 local time, a 6.5-magnitude earthquake hit Ludian County in Shaotong City, Yunnan Province. The earthquake triggered rock-slides on both mountain sides near Hongshiyan Village sitting along Niulan River, damming the river and flooding the Hongshiyan hydro-power plant upstream. The landslide dam was located at 8.2km southwest of Longtoushan Township in Ludian County, the epicenter, and was on the mainstream of Niulan River that flowed through Lijiashan Village in Huodehong Township of Ludian County and Hongshiyan Village in Baogunao Township of Qiaojia County. The dam body was about 600m downstream the intake dam of Hongshiyan hydro-power plant.

Field inspections and aerial surveys by drones of the dam body revealed the urgency and difficulty of eliminating the dangers incurred by the landslide dam. In general, the Hongshiyan landslide dam was characterized by its huge size, great peril, extreme difficulty and complexity(Fig. 1).

(1)Huge size. The Hongshiyan landslide dam body took the shape of a saddle, high on two sides and low in the middle. The elevation of the saddle top was 1216m; the dam body was about 83m to 96m high; its total volume reached $1.2 \times 10^7 \mathrm{m}^3$ and the volume of the dammed lake is about $2.6 \times 10^8 \mathrm{m}^3$. In other words, it was a large landslide dam. Aftershocks caused new rock-slides now and then on the right bank, raising the dam top elevation to 1222m and the total volume to $1.7 \times 10^7 \mathrm{m}^3$(Fig. 2). The water level within the dammed lake was over 70m higher than that in the river channel downstream; the catchment area covered

原载于: Frontiers of Engineering Management, 2014, (39): 308–317.

12 000km^2, and the maximum length of backwater was 25km. According to relevant national standards, Hongshiyan landslide dam was categorized as extremely perilous and Level Ⅰ risky, both in the top categories.

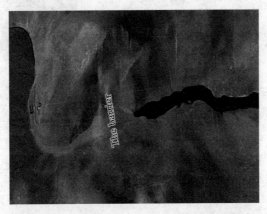

Fig. 1　The position of the landslide dam and Hongshiyan hydro-power plant

　　(2) Great peril. The water level in the dammed lake rose fast, and in the directly threatened area there were many villagers, large land and several power plants. The water level rose by 0. 6–0. 8m per hour in the initial stage of the dammed lake, and would be over-flowing and crushing the barrier in two days. 1015 villagers in two towns of Huize County upstream were directly affected; over 30 000 villagers and 2201 hectares of farm land in altogether ten towns of Ludian, Qiaojia and Zhaoyang County downstream were directly threatened; and Tianhuaban and Huangjiaoshu hydro-power plants were also put at risk. Niulan River was in the main flood period, threatening heavy rainfall that would quickly raise the water level(Table 1). The dammed lake was like a pool hanging over the head of the people downstream and would wreak huge havoc with the life, property and hydropower in-frastructure downstream once it collapsed.

　　(3) Extreme difficulty. To take engineering measures for danger removal, the earthquake destroyed roads must be resumed in no delay so that large equipment could be transported to the landslide dam. In order to resume the road to the dam body downstream on the left bank, a bridge must be carved and built on a cliff; in order to resume the road to the dam body upstream on the right bank, there were two kilometers of road that could only use ferrying raft; the mountain sides, particularly the 600m high steep mountain side on the right bank, still collapsed constantly due to aftershocks and rainfall, posing great safety risks to the field work. Moreover, in order to build the emergency discharge channel, huge safety risks were taken during times of field inspection at the powerhouse of Hongshiyan hydro-power plant and the access tunnel on the right bank, and several plans were drafted. In short, in the initial stage of the Hongshiyan landslide dam, inaccessible roads, constant rock-slides, insufficient data and unclear field situation constituted huge obstacles to emergency treatment (Fig. 3).

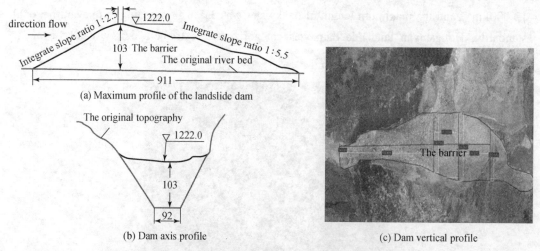

(a) Maximum profile of the landslide dam

(b) Dam axis profile

(c) Dam vertical profile

Fig. 2　The typical section of Hongshiyan landslide dam(unit:m)

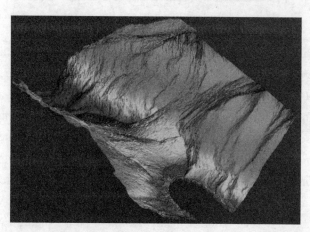

Fig. 3　Three-dimensional topography model of Hongshiyan landslide dam

(4)Field operation complexity. The dam body was located in a deep valley flanked by steep mountain slopes, wherethe topographic slope was of $35° - 60°$. Some parts were escarpment unsuitable for machinery operation; moreover, the operation procedure on the dam body was complex since the boulders had to be detonated before large machinery could work. In addition, the river surface upstream the dam body was strewn with floatage, jeopardizing transportation. Therefore a clean-up team was needed. Teams working on emergency treatment, material supply and logistics, etc. had to do their job at the same time at the same narrow site, making field operation extremely complicated.

2　Danger Removal Plan

2. 1　The principle of danger removal

While the flow of Niulan River increased compared with days before the landslide dam was formed, it was much lower than the flows of various frequencies in the main flood period. If without engineering measures, the water level upstream the dam would rise fast when the inflow became greater. In order to eliminate the dam's threat to the area downstream as soon as possible, the principle was to prepare for the worst but strive for the best. The overarching guideline was to detain inflow upstream, increase discharge in the middle part, discharge downstream, avoid risks on the banks and step up supports. Both engineering and non-engineering measures must be used to eliminate dangers in a scientific, safe and fast manner.

Table 1　Average annual flow results of Hongshiyan landslide damsite

Month	June	July	Aug.	Sept.	Oct.	Nov.	Dec.	Jan.	Feb.	Mar.	Apr.	May	Avg
Avg. flow(m^3/s)	149	245	270	237	187	117	78	62.6	53.1	46	41.4	50.9	128
Ratio(%)	10	16	18	15	12	8	5	4	3	3	3	3	100

2.2　Plan drafting

As per the opinion of Yunnan Provincial Earthquake Relief Headquarters, the work team from State Headquarters of Flood Control and Drought Relief and Yunnan Provincial Government set up a Danger Removal Headquarters of Niulan River Hongshiyan Landslide Dam. The headquarters mobilized a professional team to come up with the *Report on Danger Removal of Hongshiyan Landslide Dam on Niulan River during Yunnan Ludian 803 Earthquake*. Yunnan Provincial Earthquake Relief Headquarters gave an official approval to the report on August 6, the same day it was submitted.

According to the report, non-engineering measures to be taken for danger removal are shown as follows.

(1) Residents' relocation was the top priority. Officials of towns, townships and villages were personally accountable for the safe relocation of every household under their administration.

(2) Reservoirs upstream the landslide dam were regulated to hold more water and minimize the flow into the lake, hence checking the water rising speed in the lake.

(3) Hydro-power plants downstream were regulated to increase discharge and save room for retaining the lake outflow.

(4) Meteorological and hydrological agencies were asked to increase the in-situ real-time monitor frequency, informing the danger removal process.

(5) A united technical experts' team was set up to optimize the danger removal technical plan based on the rate of progress and the real-time situation.

(6) The People's Armed Police and the local forces were mobilized to repair the roads to the landslide dam as soon as possible in order to resume transportation critical for emergency treatment.

Four engineering measures could be taken in order to check the water rising speed, gain more time for danger removal and consequently safeguard life and property downstream.

(1) A sluice channel was excavated in the center-left of the dam body. The planned initial size of the channel was 5m of bottom width, 8m of height and 1 : 1.5 of slope on both sides.

(2) The emergency gate near the plug of surge shaft construction adit of Hongshiyan hydro-power plant was removed. A construction adit of 9m×8m was set up near the surge shaft downstream the diversion tunnel; the plug of the construction adit was 20m long; an emergency corridor of ϕ1.8m was in the plug with an emergency gate at the end. After the emergency gate was removed, the outlet can discharge water by 60m^3/s to 90m^3/s.

(3) A finite blasting of the surge shaft was conducted to increase the free flow volume of the shaft and slow down water level rise upstream the dam body, gaining precious time for emergency treatment.

(4) Measures were taken to clean up the floatage that may clog the intake of the hydro-power plant.

2.3　Effects of the danger removal plan

As the overarching guideline was to detain inflow upstream, increase discharge in the middle part, discharge downstream, avoid risks on the banks and step up supports, all the treatment measures were implemented accordingly.

2.3.1　Detain inflow upstream

The Deze reservoir upstream the dammed lake was quicklydeployed to check inflow to the lake, checking the rise speed and hence gaining time for threatened residents to evacuate and emergency measure to be implemented. The Deze reservoir retained over $6 \times 10^7 \mathrm{m}^3$ of water inflow at 08:00 a.m. on August 12 local time, and even managed to transfer water to other catchment areas. The pressure of the emergency treatment was consequently eased.

2.3.2　Increase discharge in the middle part

Considering that the dam body was right between the intake dam upstream the Hongshiyan hydro-power plant and the powerhouse downstream, measures must be taken immediately so as to ease the blockage on the mainstream of Niulan River. The intake tunnel on the right bank was deployed so as to form an emergency discharge channel. In this way the water rise speed could be slowed down, giving time to evacuation and emergency treatment (Fig.4).

Moreover, the army forces were mobilized to excavate a sluice channel of 5m wide, 8m deep and 1 - 1.5 slope at a relatively low place on the dam top. The People's Liberation Army(PLA) and the People's Armed Police worked around the clock, braving through after-shocks, rain and potential rock-slides from the severely damaged mountain sides. The

Fig. 4　The location of the surge shaft and the construction adit of Hongshiyan hydro-power plant

channel was finished on August 12 right on schedule (Fig. 5).

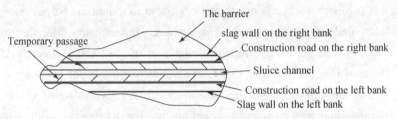

Fig. 5　Sluice channel plan

2.3.3　Discharge downstream

In the event of dammed lake collapse, Tianhuaban andHuangjiaoshu hydro-power stations downstream would be damaged, dams possibly being flooded and causing disastrous domino effect. To prevent such a scenario from happening, reservoirs downstream were pre-discharged in no delay. Tianhuaban and Huangjiaoshu reservoirs were lowered to the dead storage level, freeing up nearly $1 \times 10^8 \, m^3$ of volume. At the same time, after calculations of Hongshiyan landslide dam collapse, emergency protection measures were taken in case of Tianhuaban dam overflowing, and reinforcement and behind-dam protection measures were taken at Huangjiaoshu in the case of deploying parapet walls for blocking flood.

2.3.4　Avoid risks on the banks

Residents along the river banks both upstream and downstream the Hongshiyan landslide dam had to be evacuated immediately in order to prevent casualty. Multiple organizations were involved in the analyses in consideration of the complexity of dam collapse. Kunming Engineering Corporation of Power China and China Institute of Water Resources and Hydro-power Research utilized IWHR-DB process to simulate Hongshiyan landslide dam collapse based onthe dammed lake volume curve, field data as well as erosion characteristics of earth and rock-fill materials from Tangjia-shan landslide dam analysis. The peak flow upon collapse was $6110m^3/s$ and the duration was 6.24h. The Survey, Planning and Design Institute of Changjiang Water Resources Commission analyzed different collapse modes after the 8 m deep sluice channel was excavated. It was revealed that when the sluice channel was 8 m deep, the maximum flows upon full collapse, collapse by two thirds and by one third were $54\ 304m^3/s$, $44\ 102m^3/s$ and $7359m^3/s$, respectively. Inundation of the two reservoirs downstream was also calculated and water-surface profile and inundated water depth were provided; also, the relocation scope both upstream and downstream was identified in consideration of field data, safe free-board, distance, and potential geo-hazards. Altogether 12 797 threatened residents upstream and downstream were relocated, among which 3548 lived upstream the dammed lake and 9249 downstream.

2.3.5　Step up supports

(1) Step up transportation support. The key for danger removal in the case of a landslide dam is for mechanical equipment and personnel to mount the barrier and get into the construction adit, making transport support paramount. Immediately after they reached the site, the People's Armed Police and the corps engineers of the PLA Thirteenth Army started cleaning up the landslide mass on the roads, excavating the slopes of broken rocks to build roads, and setting up ferrying rafts on the water surface. On August 6, a 2-km-long waterborne transport line was completed, enabling the first mechanical equipment to get to the barrier and excavate the sluice channel around the clock. The hydro-power engineering troops of the armed forces miraculously managed to chisel out a 12-kilometer-long "overhung road" out of the rock wall, creating advantageous conditions for the heavy construction machines to get into the site. At the request of the Headquarters, the 14th Engineering Bureau of Power Construction Corporation of China(Power China)explored every possibility to dig out the emergency discharge channels. Some even risked their life to get into the surge shaft area of the powerhouse on August 8; regardless of the dangerous situation, they found the construction adit of the surge shaft and entered the tunnel where high-pressure flows were bursting around. There was only one chance for a successful blasting. The Headquarters and the on-site construction professionals worked out the plan while over 3 tons of explosives were delivered in the rain that very night to support the construction of emergency discharge channel on the right bank.

(2) Step up technical support. Experts from involved institutions launched on-site investigations, collected information, performed analysis and computation, and compared solutions to work out. In a very short period of time and with very limited resources, an "emergency treatment" plan within two days, which was submitted and approved in time. When it was close to the end of the emergency treatment, engineers stayed up late into the

night to work on the "follow-up treatment" plan that included one main report (*Safety Assessment and Follow-up Treatment Report on Risk Management of Hongshiyan Landslide Dam on Niulan River after Ludian 803 Earthquake in Yunnan Province*) and three sub-reports (*Safety Assessment Report on the Dam Body*, *Safety Assessment Report on Emergency Discharge Channels*, and *Report on the Impact of Flood upon Upstream and Downstream Area Caused by the Breach of Landslide Dam*), forming the preliminary opinion for "follow-up treatment" that was submitted to and then approved by Yunnan Provincial Earthquake Relief Headquarters, and completing technical preparations for risk management and treatment in the immediate future.

(3) Step up logistics support. Being an important support for disaster relief and danger removal, logistics is indispensable for modern construction. In the process of emergency response and danger removal, the relevant local institutions not only gathered in time machine oil, explosives for construction blasting, drinking water, solid food, etc. for the disaster relief troops and the 14th Engineering Bureau of Power China, but also made great efforts in clearing the floatage upstream the landslide dam and ensuring the safety of construction blasting.

3 Implementation Process and Effects

3.1 Emergency discharge channel on the right bank were excavated within a short period of time

On August 6, the Danger Removal Headquarters of Niulan River Hongshiyan Landslide Dam entrusted the 14th Engineering Bureau of Power China with the task of excavating an emergency discharge channel on the right bank. Upon receiving the order, engineers of the bureau immediately started to work on the plans for removing the clog in both the construction adit of surge shaft for water diversion tunnel and the access tunnel, conducting construction survey and making preparations. On August 7, the surge shaft of the diversion tunnel started discharging flows larger than 100m/s. On August 10, after days of repeated exploration and investigation in dangerous situations, with great obstacles of blocked roads, cover-up of debris flow and landslide, and severely damaged powerhouse, finite blasting was first conducted to the surge shaft, and then the emergency gate of construction adit was blasted and dismantled, resulting in an initial flow of about $80m^3/s$. With natural force of high-pressure flow, the discharge from the right-bank emergency channel gradually increased to over $320m^3/s$ on August 13 (It was estimated that, as the water level of the dammed lake rose, the discharge volume could be larger).

3.2 Efforts were sped up in excavating the sluice channel on top of the barrier

On August 6, the Danger Removal Headquarters of Niulan River Hongshiyan Landslide

Dam entrusted the Hydro-power Engineering Troops of the Armed Police with the task of excavating a sluice channel on top of the barrier. On the same day, the waterborne transport line from the right bank to the barrier was ready for use. In the morning of August 7, the first excavator was sent to the barrier via ferrying rafts to start operation. On August 8, blasting and excavation were conducted to the boulders in the barrier. On August 9, the road from the left bank to the barrier was ready for use, and thanks to this road, many large machinery was able to be sent to the barrier. By 5 p. m. on August 12, after 9 days of arduous efforts with 103 000m^3 of accumulative blasting excavation volume, the construction of the sluice channel was completed.

3. 3　Monitoring, forecasting and warning were carried out in no time

Top-of-the-drawer resources and equipment of hydrological monitoring and early-warning were mobilized to the site, monitoring stations and professionals were added, lines of monitoring and forecasting were set up, communication channels were opened, visual monitoring in the rear was enabled, transmission frequency was encrypted, cooperation with meteorological departments was stepped up, and real-time monitoring and early-warning were enhanced to provide important support for evacuation and emergency response of landslide dam. Statistics show that in total 40 professional monitoring and forecasting experts were engagedin on-site monitoring, five emergency monitoring cross-sections were added upstream and downstream from the landslide dam, and two video monitoring systems were set up on the barrier, enabling reports of hydrological data every 30minutes, video monitoring around the clock, and real-time forecasting when necessary.

3. 4　Effects and assessment

3. 4. 1　Effects

With joint efforts, the emergency treatment was implemented as planned. Remarkable achievements were made, and all tasks were completed on schedule.

(1) Slowing down the rising speed of water level of the dammed lake. While the right-bank discharge channel was dug and expanded, reservoirs upstream the lake impounded the inflow and rainfall decreased, bringing down the rising speed of lake water level from 80 cm/h in the beginning to less than 10 cm/h. Also, the water level even decreased to a stable level of 1177m to 1181m with regular inflow, gaining time for danger removal and evacuation.

(2) Reducing maximum storage capacity of the lake. The excavation of dam top sluice channel brought down the elevation of dam crest by 8m, reducing about $9 \times 10^7 m^3$ of storage capacity and effectively reducing the risks of a dam collapse and the inundation of both the upstream and downstream areas.

(3) Evacuated people from the downstream area returned home. After the danger

removal construction of the "emergency treatment" was finished, the scope of "risk area" and "alert area" in the downstream region was remarkably decreased. Under the conditions of setting strict security alert and making accountable responsibilities of the local governments, evacuated people from the downstream area were allowed to return home. After they returned, new evacuation plan should be made while flood warning and evacuation measures for the flood season prepared according to the new risk and alert areas. Namely, a water-level of 1190m in the dammed lake will trigger the state of flood control; a level at 1200m indicates a need to evacuate the people living in the risk area downstream; while a level of 1208m and a forecast of overflow scouring the barrier means that people living in the alert area need to be evacuated.

(4)Restoring transportation. The construction of rightbank water and land transportation as well as the left-bank road to the landslide barrier has laid a solid foundation for follow-up response and later-on treatment.

3.4.2 Assessment of danger removal measures and the results

3.4.2.1 Assessment of danger removal measures

(1)Safety assessment of the landslide barrier. Analysis and computation are conducted on the seepage, dam slope stability and deformation stability according to the technical codes (Fig. 6). The computation shows that, at or below the maximum water level of 1222m, the stability of seepage, deformation and dam slope is up to the technical standards and the barrier is safe. However, in the case of a large inflow from the upstream area, the barrier will be overflowed and scoured from top to bottom, and prone to dam breach.

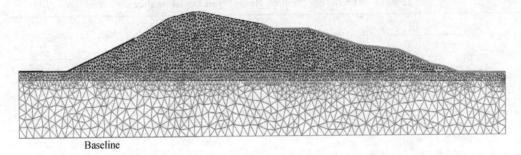

Baseline

Fig. 6　Finite element meshes of the maximum cross-section of the landslide barrier

(2)Safety assessment of the emergency discharge channel. Recomputation is done on erosion resistibility of the discharge channels on top of the barrier and the structures of the right-bank diversion tunnels, surge shafts and construction adits. The computation shows that, the diversion tunnels are generally safe during the period of emergency response as well as follow-up treatment, and large-scale damage and collapse of lining will not appear. Diversion tunnels and surge shafts are safe to be used for discharge channels for the emergency response and later-on treatment. Judged from the block size of the elements that form the barrier, rock properties and weathering, it is estimated that the discharge channel can resist the erosion of a flow at the velocity of 3 – 4m/s. In general, the erosion resistibility is quite high, and a sudden dam breach will not appear when overflowed. However, the unit discharge over the barrier should be minimized to reduce scouring.

（3）Capacity assessment of the emergency discharge channels. The emergency discharge channels include the surge shafts of diversion tunnels, the maintenance tunnels of construction adits and the discharge channels. Their capacities of discharge are shown in Fig. 7.

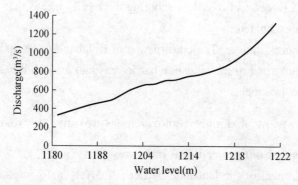

Fig. 7　Discharge curve of the emergency discharge channels of Hongshiyan landslide dam

Fig. 7 indicates that, at a water level of 1214m, the discharge capacity can reach 750m³/s, while at 1222m the capacity is 1400m³/s, capable of discharging floods with a return period of five years（Table 2）.

Table 2　The design flood of Hongshiyan landslide damsite

Items	Results data										
Rate（%）	0.02	0.2	0.5	1	2	3.333	5	10	20	33.3	50
Design flood（m³/s）	6 530	4 750	4 050	3 520	3 000	2 630	2 330	1 840	1 370	1 040	799
One day flood volume（×10⁸m³）	4.43	3.24	2.76	2.41	2.07	1.81	1.61	1.28	—	—	—
Three days flood volume（×10⁸m³）	11.3	8.29	7.1	6.21	5.33	4.68	4.17	3.32	—	—	—

3.4.2.2　Assessment of the result

In responding to the dangerous Hongshiyan landslide dam, full considerations were given to the cause and constituent elements of the landslide barrier, mechanical equipment and transportation, hydrological conditions and the scouringcapacity of high-pressure flows. By excavating discharge channels, blasting surge shafts and the emergency gates of construction adits, and making use of the scouring capacity of high-pressure flows to gradually increase the overflow capacity, the rising speed of water level upstream was decreased, and the water level upstream was even brought down to discharge the impoundment. It is proved that the concepts of adapting to the local conditions, taking actions according to the circumstances, and overall considerations were reflected in responding to the danger caused by Hongshiyan landslide dam. Based on the principles of being "scientific, safe and fast", objectives were achieved such as danger removal, the reduction of storage capacity, the discharge of impoundment, evacuated people returning home, and the considerations of both short-term and long-term needs.

4　Cognition and Thinking

4.1　Cognition on coordinated management

Coordinated management consists of a range of acts including planning, organizing, directing, coordinating and controlling, which are simultaneously carried out to deal with existing or potential management demands. Faced up to the whole-cycle development process of a system, based on the normal and non-normal horizons, and taken into full account of both the normal states and emergencies of the running system, coordinated management is thus needed to guarantee the sustained running, reduce operational risks, deal with emergencies and achieve the development goals of the system.

The successful treatment of the Hongshiyan landslidedam is an embodiment of the scientific concept of coordinated management in terms of its adaptability and effectiveness, and has become a good example of dealing with large landslide dams.

4.1.1　Coordinating objectives of all phases

According to the related national standards, landslide dam management can be divided into three phases specifying emergency treatment, follow-up treatment and later-on management. During the danger removal process of the Hongshiyan landslide dam, problems related to follow-up treatment were studied at the phase of emergency treatment by referring to the advantageous experiences in large-scale landslide dam management both domestically and abroad. Based onthe specific situation of the Hongshiyan landslide dam, after repeated investigation by a technical team, the thought and plan of the follow-up treatment were then formed and the preliminary ideas of later-period management were put forward.

The main purpose of the follow-up treatment is to guarantee safety and reduce disasters, that is, to safeguard people's safety and minimize disaster-induced losses based on the outcome of the emergency rescue and safety assurance at the phase of emergency treatment, through further implementing engineering and non-engineering measures, raising flood control standards, and taking into full account of both realistic and feasible factors. Four measures were taken: first, expand the discharge channels both in depth and width to reduce the discharge per unit width and dam failure risk; second, further enhance the discharge capacity of the emergency discharge channels at the right bank of the dam, thus effectively lowering the water level of the dammed lake; third, further improve the early warning and forecasting mechanism for hydro meteorology to provide timely and efficient service during dammed lake treatment and for the relocation of people and the use of the hydro-power station; fourth, monitor the landslide dam and the surrounding areas in real time, to prevent potential landslides, debris flows, collapses and other secondary disasters, and encourage observation and preparedness by the public to avoid casualties, necessary safety measures must be taken to ensure construction safety at the phase of follow-up treatment. Due to the above measures taken during the follow-up treatment, the effects of the engineering measures at the emergency treatment phase can be further promoted, and the potential risks can be reduced. Besides, more advantages of follow-up treatment measures could also be seen, such as better controlling the water volume and level of the dammed lake, reducing uncertainty and increasing stability, and creating better conditions for improving the geological environment and mitigating the disaster impacts on the residents and hydro-power station upstream and downstream the dam, protecting the upstream Xiaoyantou power plant from being inundated, as well as initiating the operation of the downstream power plants and dams like Tianhuaban and Huangjiaoshu. All the above measures were put forward based on the results of the emergency treatment, and were deepened and extended as ones of the measures of the emergency treatment phase.

4.1.2　Integrating endeavors from all sides

A large number of diversified groups participated in the danger removal of Hongshiyan landslide dam, including experts from the State Flood Control and Drought Relief Headquarters and Changjiang Water Resources Commission, design personnel from the Kunming Engineering Corporation of Power China, and the local technical staff. At the construction site, there were people from the Corps of Electricity and Water of the People's Armed Police and the 14th Engineering Bureau of Power China. For traffic support, there were both Corps of Electricity and Water and Corps of Transportation of the People's Armed Police. As for logistics support, there were both local government and a great number of volunteers. All sides from the whole society have their own strengths and characteristics. For example, experts and scholars, having professional skills and technical advantages, were mostly relied on in making danger removal plans and carrying out site operation; the armed forces and corps of People's Armed Police, who were disciplined and quick in action, became the shock force in guaranteeing the safety of water traffic and the excavation of sluice channels at the dam crest; professional teams like the 14th Engineering Bureau of Power China, with strong technical skills and rich experience in executing construction, were the main force of breaking through the water diversion tunnel at the right bank to excavate the emergency discharge channels; staff of local government agencies, who knew better of the local conditions, made effective coordination and played a key part in providing logistics service; the large number of volunteers, who were models for collective participation, were the supportive force in providing logistics service and publicizing news and information. During the emergency management of Hongshiyan landslide dam, the different characteristics of various groups of people were fully considered, based on which their roles and responsibilities were clearly specified and divided and they themselves were managed by classification. Combining the endeavors from all sides and bringing their strengths into full play had reflected the principle of combining teamwork with rational mix of personnel, and it was an effective way of enhancing the efficiency of coordinated management by means of coordination and cooperation, the combination of specialists and masses, civil and military integration, as well as public participation.

4.1.3　Making coordinated management strategies in a systematic way

While making strategies of coordinated management, we should not only consider risk management during the emergency phase, but also take into account of the demands of normal state. In other words, when the emergency treatment has been completed, the strategies that have been made should also be linked up with follow-up treatment, later-on management as well as post-disaster reconstruction. Therefore, coordinated management strategies must be made systematically by taking both short-term and long-term needs into consideration and making overall planning, thus to realize the optimization of resource utilization.

In normal circumstances, danger removal measures made for landslide dams are mostly to let the landslide body be scoured as soon as possible in a controllable state and to reduce water storage in the dammed lake to eliminate its danger. In the treatment of Hongshiyan landslide dam, there weresix specific characteristics that must be considered. First, the landslide body was too large to be scoured and there was no space to hold such massive debris, and it would be costly to excavate all talus slide with a volume of $1.2 \times 10^7 - 1.7 \times 10^7 \mathrm{m}^3$. Second, emergency discharge passages were formed during the emergency treatment phase, and discharge channels that could bear medium floods were excavated at the landslide body. Third, the landslide body was specially-shaped with a broad upstream surface (about 286m long) and a narrow downstream surface (about 78m long), the width ratio of which was 3.7 : 1, and it was a wedge-shaped body with a big front part and small back part. Fourth, the composition of the landslide materials made it difficult for the body to be scoured away or broken by low-flow overland flow at the dam crest. Fifth, according to the calculation analysis of the landslide body, the body would keep stable when there was no overland flow at the dam crest. Sixth, the main flood period had been halfway through when the emergency treatment was finished, and the water diversion measures that were taken for the Deze reservoir had saved enough storage capacity for the future one-month-long main flood period. Based on this, the main purpose of the later-on management was to mitigate disasters and bring benefits to the people, to make better use of the dammed lake by transforming it into a controllable reservoir and a multipurpose project combining a series of functions including irrigation, power generation, flood control, tourism, etc. The Hongshiyan dammed lake with a large storage capacity, if reconstructed into a reservoir, would play an important part in the regulation of the downstream cascade power plants of the Niulan River in terms of improving the efficiency of water resources utilization and power generation. As a consequence, while drafting and implementing measures for the emergency treatment phase, the phases of later-on management and post-disaster reconstruction must be considered all together. For example, the newly excavated water discharge tunnel with a length of 200m and the cross section of 7. 5m×7. 5m was connected to the construction adit of the water diversion tunnel at the former plant. By a demolition blasting of the plug of the original construction adit, a new discharge passage was formed that could function as the construction diversion tunnel during rebuilding the landslide body into a dam. Besides, the deepened and widened sluice channel at the dam crest could also function as crest elevation after the reconstruction.

The endeavors made for danger removal at the Hongshiyan landslide dam had effectively reduced the risk of dam failure and narrowed the scope of downstream risk districts and warning districts, and the relocated people had returnedhome. However, as the flood risk of the dammed lake still remains, the local governments should make relocation and danger aversion plans according to the range of the newly designated risk districts and warning districts, put in place measures for flood warning and people transfer at the flood season, and strengthen supervision, inspection and accountability.

4. 2　Thinking on capability improvement of coordinated management

In recent years, with the improvement of national governance capacity, China has made remarkable achievements and accumulated rich experience in coping with severe natural disaster emergencies like earthquake, mountain torrent, debrisflow, local flood, etc. , and the emergency response capability and the defensive system against disasters have been rapidly enhanced. In spite of this, the modern society is becoming more and more sensitive to emergencies and requires a higher level of management in dealing with those emergencies. In comparison, under the circumstances of social development and natural environment succession, the probability of emergencies' occurrence is increasing, which proposes a severer challenge and a higher demand to social management.

However, either the normal state management or emergency management based on traditional single management mode is no longer enough for meeting the challenge and demand above. Instead, we should combine some of the strategies in normal state management with some of those in emergency management, and make coordinated decisions to deal with any emergency in this constantly changing environment.

Therefore, we should endeavor to do the following: set up the idea that the reduction of disasters is social development, improve social resilience to systematic disasters and narrowthe affected scope; revise policies and adjust systems in line with the vision of coordinated management; make reasonable plans in dividing regional functions and development goals by considering the natural and geographic features and the social-economic structures of the district, and using the thought of coordinated management;

improve the mechanism of emergency management and the coordinated operation efficiency of existing systems; upgrade the planning system of coordinated treatment of emergencies, strengthen exercises to enhance the focalization and operability of the plan; carry forward the integration and interaction of public security information to realize information sharing; cultivate professional teams that could deal with both normal states and emergencies, thus compositing a unified and efficient force for any situation; promote the establishment of a scientific support system for coordinated management and the application of those scientific products; enhance publicity and education of disaster prevention and reduction to improve people's self-rescue and supportive ability.

第二节　水灾害社会管理研究

随着我国水灾害管理工程体系的逐步完善，水灾害管理面临着保障能力与社会化防灾减灾要求不相适应的形势，主要表现为：经费投入渠道单一，水旱灾害救助主要依靠政府投入，社会化投入机制尚未完全建立。因此，水灾害研究逐渐向社会管理延伸。

刘宁一直关注水灾害社会管理，对洪水保险、水灾害监测预警预报系统、水灾害法律法规等都有较深入的研究和实践。

我国洪水保险的实施方式研究

付 湘 刘 宁 纪昌明

摘 要：在研究美国洪水保险理论、实践及我国洪水保险存在的问题基础上，指出我国应实行国家补贴的强制性、非营利性、政策性的洪水保险；且洪水保险基金的主要来源为国家补偿费、保险费与防洪保护费三部分。同时探讨了洪水保险的经营风险，并建议通过扩大承保面、实施洪水再保险来降低经营风险。

随着经济的发展，洪水引起的灾害损失呈现增大的趋势。长期的防洪实践使人们逐渐认识到洪水是一种自然现象，单纯依靠工程措施来防洪减灾是不够的，因而近年来强调要加强非工程措施来防洪减灾，提出了人类与洪水协调共处的新思路。由于洪灾在我国的频繁发生和市场运行机制的不断完善，洪水保险在我国已被提上议事日程。1998 年施行的《防洪法》已明确提出"国家鼓励、扶持开展洪水保险"，这就为开展洪水保险提供了宏观上的法律依据。但由于洪水保险涉及技术、经济、法律、社会等诸多因素，需要全社会的力量共同进行联合研究。

1 美国的洪水保险理论与实践

防洪保险作为非工程防洪措施之一，引起了许多国家的高度重视，在美国、英国、日本等发达国家得到推广，一些发展中国家（匈牙利、印度、菲律宾等）也在陆续进行研究和实施，并取得了一定的成绩。但美国国家洪灾保险计划无疑是发展最早、最完善的，因此可以作为借鉴。

1956 年，《联邦洪水保险法》在美国国会获得通过，但由于当时保险公司认为没有精算方法来制定洪水保险的费率，故计划并未实施。有鉴于此，美国国会在 1968 年又通过了《全国洪水保险法》。为了加大国家洪水保险计划的推进力度，1973 年 12 月，美国国会通过《洪水灾害防御法》，将洪水保险计划由自愿性改为强制性。强制性保险计划实施之初，激起了大量矛盾和强烈反对。1976 年放宽了抵押贷款的禁令，1977 年又通过了《洪水保险计划修正案》。1981 年，联邦保险管理局开始谋求重新发挥私营保险公司在国家洪水保险计划中的作用。从 1985 年起，国家洪水保险实现了自负盈亏，不需再用纳税人的钱来补贴赔偿和运营费用。迄今为止，在易遭洪灾的 2 万多个乡镇中参加洪水保险的已达 90% 左右，财产保险值迅速增加，现在保险的财产价值是 20 世纪 70 年代初的 200 倍。

国家洪水保险计划通过社区、保险业和贷款业的共同参与，每年减少洪灾损失大

原载于：水电能源科学，2003，（4）：81~84。

约 8 亿美元。此外，按照国家洪水保险计划的建筑标准建造的建筑物要比不遵守该标准的建筑物遭受的损失减少 77%。而且，每付出 3 美元的洪水保险索赔，就可节约 1 美元的灾害补助支出。在平常年份，国家洪水保险计划是自我维持的，即该计划的运行费用和洪水保险索赔不是由纳税人支付，而是通过洪水保险单筹集的保险金来维持的。

美国政府之所以出台国家洪水保险计划，正是考虑到：如果国家对付洪水灾害仅局限于修建大坝、堤防、防浪墙等工程，并对受灾者提供灾害救济，那么就既不能减少灾害损失，也不能阻止不合理的开发，甚至在一些地方，它实际上还鼓励了这种不合理的开发。国家洪水保险计划有两个目的：一是通过补贴保险费来发放联邦紧急援助基金；二是鼓励在全美实行洪泛区管理法规。因此，国家洪水保险计划实际上是个具有双重作用的计划，它既是经济补偿计划，又是土地利用的管理计划。实施国家洪水保险计划既有利于控制洪泛区的土地利用，减少洪水损失，又可通过征收保险费，分担政府一部分救灾费用。

2　我国洪水保险存在的问题

我国对水灾的救助一直是以政府为主，全社会总动员。这种模式下中央政府的负担沉重，而其他主体则投入不足。目前尚没有专门的洪水保险，洪水风险被列入财产险中的综合险，保险费率实行全国统一。我国也没有建立起针对水灾的再保险体系，只是通过巨灾准备金的提取来防范风险。

2.1　洪水保险意识薄弱、承保面不够大

我国属发展中国家，人民群众的文化素质和消费层次尚有较大的局限性，农业人口及无职业者占有较大比重，经济承受能力很低；人们的保险意识淡薄，"等、靠、要"的思想相当普遍。

一般只有处于易受洪水侵袭的江河流域地区的少数单位、个人投保了洪水保险，造成保险公司的洪水保资积累过少，这导致两个后果：一方面，保险公司不能充分发挥其补偿的职能；另一方面，承保面过窄也影响了保险公司自身的效益。自 1980 年以来原中保集团所支付的洪水赔款已超过 100 个亿，其中 1995 年、1996 年平均达 30 个亿，不少地方保险公司的总准备金出现赤字，这意味着洪水风险已大大削弱了保险公司的偿付能力。

2.2　尚未制定出科学的洪水保险费率

1996 年中国人民银行规定，在自 1996 年 7 月 1 日起实施的新的企业财产保险条款中，将洪水、地震和台风等巨灾风险从基本责任中剔除，并将洪水风险列为企业财险综合险的承保责任范围。这对减轻保险公司责任范围有重大意义。但问题是，我国目前还没有以洪水灾害损失数据为基础而制定的洪水保险费率，而是笼统地包含在综合费率之内。目前，我国各地均实行了统一的洪水保险费率，但统一的洪水保险费率并不利于科学划分不同等级的洪水风险，损害了洪水风险相对较小的投保人的利益，也

容易造成投保人的逆选择。这些都从不同角度损害了保险人和被保险人的利益。

2.3　洪水保险的经营风险大

洪灾的年际波动引起理赔的年际波动，是构成洪水保险经营风险的根本原因。我国的保险费率的风险附加系数对一般险种（如火灾、交通事故等）为10%～20%，而对洪灾却高达200%～800%，这说明洪水保险的经营风险很大。

作为商业性的保险公司，保险不等于救济，不可能是一种没有收益的无偿服务。而我国洪灾频率高、范围广、损失重、风险大，其危险难以测定，损失难以评估，赔偿处理麻烦，保险费收入往往入不敷出。就目前洪水保险业而言，保险公司是本着"宽保障、低保费"的精神做的一笔赔本买卖。因此，洪水保险在某种意义上成为保险公司的一大"包袱"。在国家不给予补贴的情况下，洪水保险只能是"小保小赔，大保大赔，不保不赔"。这成为制约洪水保险发展的重要因素。而且，迄今为止，我国尚未建立一套洪水巨灾超赔再保险体系，只是通过巨灾准备金的积累来对付洪水灾害；所以历年来我国发生水灾时，洪灾赔款巨大，大大影响了洪水保险巨灾准备金的有效积累，削弱了保险公司应付洪水灾害的能力。

2.4　政府的监督管理力度不够

政府的决策在执行中具有强制性，目前其对保险行业的管理不够有力，跟不上洪水保险发展的需要。我国迄今关于洪水保险的全部规定仅仅是《中华人民共和国防洪法》上的寥寥数字："国家鼓励、扶持开展洪水保险。"而保险又属自愿而非强制，这不仅使防洪责任难以落实，还助长了人们的侥幸心理。对保险业的监管偏重于机构的行政管理，而对保险公司偿付能力监管及经营活动的监管非常薄弱，还没有真正从保护投保人利益的角度对保险机构实施监管。

3　洪水保险的性质、保险基金筹集方式及经营风险分析

为了使洪水保险在深度和广度上得到有效实施，需要明确洪水保险的性质、保险基金筹集方式及洪水保险的经营风险，构建适应我国洪灾风险分布状态和行政管理体制的洪水保险发展战略。

3.1　我国洪水保险的性质

（1）国家对洪水保险实行政策性补贴。目前，我国洪水保险事业还处于发展阶段，洪水保险仅仅靠独立核算的保险公司所积聚起来的资金是难以应付的，还需要国家建立雄厚的预备基金，给予贴补。即使推行搞全国强制性洪水保险，能一定程度地增加投保资金，但遇大的洪灾，损失赔偿也是一个很大的问题，没有国家做后盾是不行的。

（2）实行强制性的全国洪水保险计划。只有国家才有力量在全国推行强制性的洪水保险计划。国家依据《防洪法》制定《洪水保险法》说明国家鼓励、扶持何种洪水保险，以及如何鼓励、扶持洪水保险等，变"无偿获得"为"先交后得"。调整灾后重建工作中中央政府与地方政府之间的财政关系，同时依据《洪水保险法》制定《国

家洪水保险计划》。该计划旨在以改革的精神促使政府中防灾、抗灾、救灾等各业务部门能够采取协调一致的行动，使各部门的政策能够相互支持和补充，促进洪涝灾害分级管理体制的建立，而不取代目前水利或民政等部门的职责。

在计划的分蓄洪区，没有防洪工程的区域及有防洪工程但防洪标准较低的地方推行强制性洪水保险，同时也应得到来自国家和受益区的资金补贴及免税优惠；并规定不参加洪水保险者将无权享受国家的救灾优惠政策。而防洪工程达到较高防洪标准时，其中的居住者对洪水灾害往往缺乏危机感，也缺乏参加洪水保险的自觉性，因此征收防洪保护费较为适宜。

（3）经营的非营利性。洪水保险的高社会效益、多风险率、高赔付率特点决定了洪水保险的非营利性。洪水保险的经营只要求收支平衡，不赔不赚。强制性的全国洪水保险计划，应是低标准的、应急的洪水保险，行洪后获赔数额应相当于正常产值的25%左右，方可保证灾后生产、生活的急需，对国家洪水保险计划之外的保险需求，可由商业保险公司提供服务。

3.2　洪水保险基金的筹集方式

设立洪水保险基金是开办洪水保险业务、保障履行经济补偿的基础。根据我国的情况，洪水保险基金的来源主要包括以下三个方面。

（1）投保人缴纳的保险费。保险费的厘定是实施洪水保险的基本问题，正像商品的定价是经济学中的基本问题一样。保险费率定得过低，保险人无利可图，会制约洪水保险业务的开展；费率定得过高，又会制约洪泛区民众的投保行为。要实现两者的统一，需进行下列工作：第一，按《中华人民共和国防洪法》的规定，由国家明确宣布各大江河防洪区域范围，绘制尽可能详尽的洪水风险图（如20年一遇、50年一遇、100年一遇的洪水风险图等），在媒体公开发表，或在书店、保险代理处公开出售，或在网上发布，以此作为开展洪水保险的基本资料，并确定强制性洪水保险的范围。第二，推求洪水保险范围内各统计单元的多年平均洪灾损失率。第三，参照洪水灾害空间分布的客观规律和洪泛区各统计单元的自然地理特性的一致性，将损失率相近的单元归并为同一区域，在各区域内分别计算各类财产的费率。这样计算出来的费率才能体现风险的一致性，实现费率的公平合理，防止因费率有失公平而带来的副作用。

（2）防洪收益区缴纳的防洪保护费。防洪保护费是指向防洪受益区内从事生产经营活动的企业、集体及个人征收的保护费。所谓防洪受益区是由堤防工程、分蓄洪工程、防洪水库等工程和非工程措施组成的防洪体系共同保护的地区。保护费征取标准的高低不能"一刀切"，统而划一，而应坚持"谁受益、谁出资，多受益、多出资"的原则。

（3）国家补偿及各方资助。为保障蓄滞洪区的正常运用，确保受洪水威胁的重点地区的防洪安全，合理补偿蓄滞洪区内居民因蓄滞洪遭受的损失，根据《中华人民共和国防洪法》制定的《蓄滞洪区运用补偿暂行办法》已于2000年5月27日起施行。另外，国际、国内（包括侨胞）的救灾救济款，也是洪水保险基金来源不可忽视的一个方面。

3.3 保险公司的经营风险

（1）洪水保险的经营稳定性分析。破产理论的具体应用就是经营稳定性分析。破产理论是研究经营者的经营状况的理论和方法。一般首先建立经营者的资本剩余量模型，例如下面的模型

$$U(t) = U_0 + 保费收入 - 总索赔$$

式中，$U(t)$ 表示 t 时刻的资本剩余量；U_0 为原始准备金。如果总索赔的某些统计性质已知，那么就可以研究 $U(t)$ 的分布。如针对不同规模的承保人分析总损失、破产概率的计算方法、特别是破产（或剩余量）模型分析，以检验承保人的偿付能力，及时调整承保策略。

（2）扩大承保面。大多数承保人都认识到扩大保险业务的重要性，由大数准则可知，随着投保同一类风险的人数的增加，这类风险损失的不确定性就会降低，保险经营将保持稳定。

（3）实施洪水再保险。为降低保险公司的经营风险，我国《保险法》第九十九条规定，保险公司对每一危险单位，即对一次保险事故可能造成的最大损失范围所承担的责任，不得超过其资本金加公积金总和的 10%，超过部分应办理再保险。我国洪灾具有频率高、范围广、灾情重的特点，通过洪水再保险将许多洪水保险人的承保力量集合在一起，实际上起到了联合聚集保险资金的作用，这不仅为洪水保险业本身所需要，而且为社会各界以至各国政府所关注和支持。我国目前尚没有严格意义下的国内再保险公司，如何建立适合我国国情的再保险组织形式和再保险市场，是一个重大的研究课题。

贝叶斯方法在洪水保险费调整中的应用

付　湘　刘　宁　王丽萍　纪昌明

摘　要： 在洪水保险中，获得的样本信息不符合对统计样本的理论要求。因此，本文运用贝叶斯统计方法，依据先验信息数据确定的保险费，结合新的理赔记录，调整和校正赔款频率和平均赔款额，从而正确估计保险费。使其符合实际的风险水平。并运用实例分析了贝叶斯方法的可行性，本文的方法和结论可供开展洪水保险项目研究和业务工作参考。

1　贝叶斯方法

贝叶斯统计方法起源于英国学者贝叶斯（1702～1761 年）的论文《论有关机遇问题的求解》。在此文中，贝叶斯提出了著名的贝叶斯公式和一种归纳推理的方法。此后，数学家拉普拉斯由贝叶斯方法导出了重要的相继律，贝叶斯方法从 20 世纪 30 年代起逐渐发展为一个有影响的统计学派，在工业、经济、管理等领域中得到广泛应用。

传统的数理统计方法对随机变量分布的估计是建立在具有独立性和代表性的样本信息基础上对随机变量分布参数的估计。但在洪水保险中，往往难以获得足够的样本信息，或仅有的理赔记录不符合对统计样本的理论要求。这时，对随机变量分布的估计就需要掺入评估人的主观判断，并利用新获得的证据来修正原来的估计。

设随机变量 x 的分布类型为 $F(x, \theta)$，在连续情形下相应的密度函数族为 $f(x, \theta)$，估计 θ 参数的贝叶斯法与经典的数理统计法的基本区别就是把参数 θ 看作为随机变量且服从某一概率分布。因而可记作这样 θ'，本身应有一个概率分布。在此假定下，参数估计的贝叶斯方法可概括为以下步骤。

步骤 1　选择先验分布　设 θ 的分布函数和密度函数分别为 $F(\theta)$ 和 $f(\theta)$，称为先验分布和先验密度，它反映了评估者对参数 θ 的情况有一个初步的看法或信念。

步骤 2　确定似然函数　评估人针对随机变量 x 进行了一些试验或观察以获得一些新的信息，假设所获得的观察值为 $x_1, x_2, \cdots, x_n$ 则在 $\theta = \theta$ 的假定下，可构造似然函数

$$f(x \mid \theta) = L(x_1, x_2, \cdots, x_n; \theta) = \prod_{i=1}^{n} f(x_i \mid \theta), \quad i = 1, 2, \cdots, n \tag{1}$$

步骤 3　确定参数 θ 的后验分布　按照关于条件概率的贝叶斯定理，可以求得关于参数 θ 的后验分布，对密度而言，有

$$f(\theta \mid x) = \frac{f(x \mid \theta) f(\theta)}{\int f(x \mid \theta) f(\theta) \mathrm{d}\theta} \tag{2}$$

原载于：水科学进展，2004，（5）：675-678.

步骤4 选择损失函数　引入一个非负函数，记作 $\mathrm{Loss}(\hat{\theta},\theta)$ 来刻画参数的真实值 θ 与估计值 $\hat{\theta}$ 之间差距的严重程度，这个函数俗称损失函数。

步骤5 估计参数　根据所选择的损失函数和参数的后验分布，通过求损失函数的期望值的最小值的解来作为参数 θ 的贝叶斯估计值。即求解：

$$\min_{\hat{\theta}} E\big[\,\mathrm{Loss}(\hat{\theta},\theta)\,\big] \min_{\hat{\theta}} \int_{-\infty}^{+\infty} \mathrm{Loss}(\hat{\theta},\theta) f(\theta\,|\,x)\,\mathrm{d}\theta \tag{3}$$

这里选择平方损失函数 $\mathrm{Loss}(\hat{\theta},\theta)=(\hat{\theta}-\theta)^2$，代入上式解得最优解 $\hat{\theta}=E(\theta\,|\,x)$。 (4)

与数理传统统计法相比，贝叶斯法明确地认可研究者的主观判断。参数估计的贝叶斯法可分为两个阶段，第一阶段是根据所选择的先验概率并利用新的观察信息求出后验概率，第二阶段是根据所选择的损失函数并利用求最小平均损失来求未知参数的贝叶斯估计。第一阶段的主观性体现在对先验分布的选择上，第二阶段的主观性则体现在对损失函数的选择上。

本文贝叶斯法主要用于保险费的调整。即根据先验信息数据确定的保险费，结合新的理赔记录，调整和校正赔款频率和平均赔款额，从而正确估计风险保费。

2　洪水保险费的初定

洪水保险费的初步确定可用下式：保险费=洪水保险损失（或纯保费）+安全费+附加费。其中，洪水保险损失是根据一定时期保险赔款总额确定，可作为制定纯保费的基本指标，常用多年平均洪灾损失表示。安全费是为了消除保险计算中的不确定性而增加的。实际计算中可按纯保费的一定比值来确定安全费。附加费是以保险人经营保险业的各种营业费用和保险利润为基础的，其费用于保险人的营业费用支出和提供部分保险利润。洪水保险的利润率通常很低，或实行非营利经营。附加费的计算也可按纯保费的一定比例确定。根据以上的分析，洪水保险费的计算公式为

$$P_f=\mathrm{NP}_f+ (\lambda_1+\lambda_2)\ \mathrm{NP}_f= (1+\lambda_1+\lambda_2)\ \mathrm{NP}_f \tag{5}$$

式中，P_f 洪水保险费，也称毛保险费，NP_f 为纯保险费，λ_1 为安全系数，λ_2 为附加系数。从式 (5) 可看出，厘定洪水保险费的核心是确定纯保费，亦即多年平均损失。只要纯保费计算出来了，再加上适当的比例就可确定出洪水保险的毛保费。

洪灾损失按时间尺度可分为各次灾害损失、年度灾害损失和多年平均灾害损失等，为确定洪水保险费所依据的灾害损失，需要具有较好的稳定性，因此一般采用多年平均损失。多年平均洪灾损失的计算分为两部分：首先，运用典型地区抽样调查方法调查当地以往的灾害损失情况，运用线性回归分析法或等级相关关系法，建立各类资产的损失率与洪水要素的相关关系。然后，应用分类财产洪灾损失率关系，对各种频率的洪水，计算评价区域各类财产的总损失。

此外，在应用洪水实测资料进行分析计算时，需先对资料进行可靠性、一致性与代表性分析。排除资料中可能存在的错误，审查水文现象影响因素是否一致以及资料对于水文变量总体的代表性。

3　洪水保险费的调整

洪水保险的风险保费（即通常所说的纯保险费）一般是通过估计索赔频率和平均索赔额来计算。所谓索赔频率是指每个风险单位在保险责任期内的索赔次数，而平均索赔额就是平均每个风险单位的损失额。根据等价原理，风险保费应该为这两者的乘积。现考虑 n 份保险单组合的索赔记录，若每份保险单的预期赔款频率为 $\bar{q}$，在某年中赔款次数是均值为 $\bar{q}$ 的随机变量，如果每份保险单每次赔款额是均值为 $\bar{m}$、方差为 σ^2 的独立随机变量，那么全年每份保险单的风险保费的均值为 $\bar{q} \cdot \bar{m}$，保险人需要的是对风险保费 $P = \bar{q} \cdot \bar{m}$ 的估计。

3.1　索赔频率的校正

如果根据先验信息，索赔频率 q 服从 $\Gamma(\alpha, \beta)$，而在给定 $q = 0$ 的条件下，每份保单的索赔次数 x 服从泊松分布 $P(\theta)$。于是贝叶斯公式，q 的后验密度函数为

$$f(\theta \mid x_1, x_2, \cdots, x_n) = \frac{\beta + n}{\Gamma\left(\alpha + \sum_{i=1}^{n} x_i\right)} \exp\left(- (\beta + n)\theta\left[(\beta + n)\theta\right]^{\alpha + \sum_{i=1}^{n} x_i - 1}\right) \quad (6)$$

这是以 $\alpha + \sum_{i=1}^{n} x_i$、$\beta + n$ 为参数的 Γ 分布密度函数。所以，q 的贝叶斯估计为

$$\hat{q}_{\mathrm{B}} = E(q \mid x_1, x_2, \cdots, x_n) = \frac{\alpha + \sum_{i=1}^{n} x_i}{\beta + n} = \frac{\beta}{\beta + n} \cdot \frac{\alpha}{\beta} + \frac{n}{\beta + n} \cdot \frac{\sum_{i=1}^{n} x_i}{n} \quad (7)$$

式中，$\dfrac{\sum_{i=1}^{n} x_i}{n}$ 是通过观察得到的 n 份保单的平均索赔次数，$\hat{q}_{\mathrm{B}}$ 就是利用后者对前者进行校正。

3.2　平均索赔额的校正

平均索赔额也称为平均损失额，记为 m。如果索赔额在 $m = \theta$ 的条件下，服从 $N(\theta, \sigma_1^2)$，而参数 m 也是个服从 $N(\mu, \sigma_1^2)$，根据贝叶斯公式 m 的后验密度函数为

$$f(\theta \mid x_1, x_2, \cdots, x_n) = \frac{1}{\sqrt{2\pi} \sqrt{\dfrac{\sigma_1^2 \sigma_2^2}{\sigma_1^2 + n\sigma_2^2}}} \exp\left\{ - \left(\theta - \frac{\mu\sigma_1^2 + \sigma_2^2 \sum_{i=1}^{n} x_i}{\sigma_1^2 + n\sigma_2^2}\right)^2 \Big/ \frac{2\sigma_1^2 \sigma_2^2}{\sigma_1^2 + n\sigma_2^2} \right\} \quad (8)$$

这是服从 $N\left[\left(\mu\sigma_1^2 + \sigma_2^2 \sum_{i=1}^{n} x_i\right) / (\sigma_1^2 + n\sigma_2^2), \dfrac{\sigma_1^2 \sigma_2^2}{\sigma_1^2 + n\sigma_2^2}\right]$ 的密度函数，所以 m 的贝叶斯估计为

$$\hat{m}_{\mathrm{B}} = E(m \mid x_1, x_2, \cdots, x_n) = \frac{\mu\sigma_1^2 + \sigma_2^2 \sum_{i=1}^{n} x_i}{\sigma_1^2 + n\sigma_2^2} = \frac{\mu\sigma_1^2}{\sigma_1^2 + n\sigma_2^2} + \frac{n\sigma_2^2}{\sigma_1^2 + n\sigma_2^2} \cdot \frac{\sum_{i=1}^{n} x_i}{n} \quad (9)$$

式中，$\dfrac{\sum\limits_{i=1}^{n} x_i}{n}$ 是通过观察得到平均索赔额，$\hat{m}_B$ 就是利用后者对前者进行校正。

4　实例分析

某保险公司新开洪水保险业务，以该地区洪水灾害发生的平均频率 0.148 作为先验信息（即 $\alpha/\beta = 0.148$），估计多年平均损失额 $\mu = 4000$ 元，$\sigma_1 = 1000$ 元，$\sigma_2 = 20\,000$ 元。该保险公司的负责人根据经验，有相当把握（95%）认为真实赔款频率与 0.148 的相对误差不会超过 25%。结果，第一个业务年度该险种的 2427 份保单，发生了 320 件赔案，平均索赔额为 4500 元；在第二个经营业务年度中，有效保单为 6982 份，发生赔案 951 件，平均索赔额为 4550 元。保险公司利用上述贝叶斯方法对索赔频率和平均索赔额进行校正。

4.1　索赔频率的校正

根据保险公司负责人的经验 $P\left[\left|\left(q - \dfrac{\alpha}{\beta}\right)\Big/\sqrt{\dfrac{\alpha}{\beta^2}}\right| \leqslant 25\% \sqrt{\alpha}\right] = 95\%$。

由中心极限定理可知，$U = q - \dfrac{\alpha}{\beta}\Big/\sqrt{\dfrac{\alpha}{\beta^2}}$ 近似地服从标准正态分布，所以 $0.25\sqrt{\alpha} = U_{p=97.5\%} = 1.96 \approx 2$，由此得：$\alpha = 64$，则 $\beta = \alpha/0.148 = 432.5$。

因此，根据第 1 年的经验情况，索赔频率可校正为 $\hat{q}_B = 0.136$。

则根据两年的经验情况校正后的索赔率比先验索赔率 0.148 降低了 0.012。

4.2　平均索赔额的校正

根据第 1 年的经营情况，平均赔款额可校正为 $\hat{q}_B = 4222$ 元；有根据第 2 年经验情况，平均赔款数额可进一步校正为：$\hat{q}_B = 4410.2$ 元。

该公司根据索赔频率和平均索赔额的先验信息厘定的风险保费为 $0.148 \times 4000 = 592$ 元，而经过两个业务年度的实践，利用校正后的索赔频率和平均索赔额，风险保费应调整为 $0.136 \times 4410.2 = 600$ 元。

随着数据的不断积累，真实赔款频率和平均索赔额的确定性将越来越好，由此厘定的保费将更趋于合理。

5　结论

本文中贝叶斯方法主要用于保险费的调整，即根据先验信息数据确定的保险费，结合新的理赔记录，调整和校正赔款频率和平均赔款额，从而正确估计风险保费。

（1）传统的数理统计法对随机变量分布的估计是建立在具有独立性和代表性的样本信息基础上对随机变量分布参数的估计。但在洪水保险中，往往难以获得足够的样本信息，或仅有的理赔记录不符合统计样本的理论要求。这时，对随机变量分布的估计就需要运用贝叶斯法，即掺入评估人的主观判断，并利用新获得的证据来修正原来的估计。其缺点是必须已知先验分布，且损失函数需选择平方损失函数以得到信度因子。

（2）厘定洪水保险费的核心是确定纯保费，亦即多年平均损失。它的初步计算分为两部分：首先，运用典型地区抽样调查方法调查当地以往的灾害损失情况，并对资料进行可靠性、一致性与代表性分析；运用线性回归分析法或等级相关关系法，建立各类资产的损失率与洪水要素的相关关系。然后，应用分类财产洪灾损失率关系，对各种频率的洪水，计算评价区域各类财产的总损失。

（3）由实例分析可知，保险公司根据索赔频率和平均索赔额的先验信息厘定的风险保费为592元，而经过两个业务年度的实践，风险保费调整为600元。在市场经济中，增加风险保费可降低赔付率，但是会导致投保人望而生畏。因此，增加风险保费的幅度不能过大，并辅以增加免赔率以降低赔付率。

Optimum Multiobjective Risk Decision Model in Flood Control and Hazard Mitigation

Fu Xiang   Ji Changming   Liu Ning   Tao Tao

Abstract：An optimum multi-objective risk decision model for flood control and hazard mitigation is established. The model's object function takes the principle of minimizing investment cost, maximizing flood control benefit and minimizing risk to take full advantage of the reservoir's flood control capacity and its all flood control structural and nonstructural measures, and to reduce the flood loss of the flooded area to the greatest extent. In the meantime, taking a flood control system as an example, through project technology analyzing, this paper primarily selects some finite scheme collections of integrated flood control measures, and evaluates the index for each scheme by applying mufti-objective risk decision model, and then select the optimum equilibrium solution using utility theory.

1 Introduction

For a long time, the optimum flood control works, which was selected on the contrasts of the gains and losses of many plans, to the majority prevent flood projects, the situation is complicated, and the procedure of above-mentioned decision is often impossible. Because a flood is influenced by numerous factors(such as hydrometeorology factor, hydraulics factor, project factor and economy social environmental factor, etc.), it would be obviously uncertain when more than two factors happen simultaneously. Although the benefit of flood control can get to a certain extent, the risk will also happen at the same time. While drafting the management objectives of the risk, we can not neglect reducing the loss of a big flood as the goal of flood prevention, but should accord with how to develop and utilize the resource of manpower and land in the flooded area, so as to promote the productivity.

So need to synthesize many fields, such as society, economy, ecological environment, etc. urgently, to analysis the optimum model of economic development, to draft several substituted schemes in preventing flood and reducing natural disasters and then estimate the benefit and cost of each schemes in preventing flood. Through the synthesis of the risk—cost-benefit, get the relation in interests among each schemes, combine the attitude of the policymaker and drew out corresponding decision in the end.

原载于：Proceedings of the ninth internatioal symposium on river sedimentation,2004,OCT 18-21.

2　Establishment of the Optimum Model

The way of flood control and hazard mitigation is through controlling the flood and adjusting society to meeting the flood. The former depends on the structural measure mainly, and the latter depends on nonstructural measure mainly. The risk design in flood control and hazard mitigation depends on the appraise of the risk of the flood. According to the relativistic principle in cost, risk and benefit, choose the best plan that the cost is lowest, the risk is least and the sureness is best. So the model takes flood control system as the analytic target, and the flood control system is make up of four subsystems, which are reservoir, embankment, flood storage and detention basin, and warning system. Its task is that fully utilizes the capacity of reservoir for prevent flood and fully utilizes the structural and nonstructural measure to alleviate the loss in the protected area of downstream. So use the minimized cost, the maximized economic benefits and the minimized risk as the target function of the prevent flood system.

2.1　Minimize the Cost

The capacity of reservoir is one of the important index which reflects the scale of preventing flood, the cost of investment is the function of capacity of reservoir, supposing the investment is C_v, and the annual operating cost is C_{vR}; in the backward segment of the reservoir, especially, the investment for renovation and maintenance is the function of safe discharge capacity, the investment is C_q, and the annual operating cost is C_{qR}; at one time suppose that the investment for the Warning system is C_w, and for the operating cost is C_{wR}.

So the total cost target function for preventing flood in a base year is

$$\min C_0 = \min \left[C_v \sum_{i=1}^{n_v} (1 + r_0)^i + C_w \sum_{i=1}^{n_w} (1 + r_0)^i + C_{vR} \sum_{j=1}^{n_v} (1 + r_0)^j + C_{wR} \sum_{j=1}^{n_W} (1 + r_0)^j \right]$$

$$(1)$$

r_0—quantitative estimate of the investments put in projects by society; n_v, n_W—the number of years of the operation period; n_v, n_w—The number of years between the base year and the average building year for flood control storage, the dyke, and the warning system.

2.2　Minimize the Flood Loss

The economic benefits of preventing flood, usually means the loss that the flood control measures have reduced. To require minimum average flood lose is the optimum economic benefits of preventing flood, so use the minimum average flood lose to express the target.

$$\min E(L) = \min \sum_{i}^{M} (P_i - P_{i-1}) \frac{L_i + L_{i-1}}{2}$$

$$(2)$$

$E(L)$—the annual average loss; P_i, L_i—the frequency of the No. I flood and the corresponding loss; M—the total sum of the representative frequency flood.

2.3 Minimize the Risk

To attention the flood risk, we can minimize the expectation that the extraordinary flood loss.

$$minE(LE) = min \sum_{j=n}^{N} (P_j - P_{j-1}) \frac{L_j + L_{j-1}}{2} \qquad (3)$$

$E(LE)$—the expectation of big flood loss extreme; n—the return period; N—the sum of the extreme frequency; p_j, L_j—the frequency of the flood whose the return period is smaller than n and the corresponding loss, commonly, P_j is 1%, 0.1%, 0.02% and 0.01% $(j = 1, 2, \cdots, N)$.

The restraint terms of the model mean mainly the restraint terms of the flood routing, it forecast release, the restraint terms of the flood gradual progress, the restraint terms of the current succession and the restraint terms of the floodway ability.

3 Multiobjective Risk Decision

The following multobiective decision model can be obtained by the formulas(1)–(3).

$$min \{ C_0, E(L), E(LE) \}^T \qquad (4)$$

The above-mentioned model (4) is a multobjective non-linear model, the relation between every variable is extremely complicated For the each target has a very complicated relation, they are conflict and compete with each other; it is very hard make the judgment directly. But how to get the final solution, it relates to the decision-maker in a very great degree. Each person has his own attitude toward the risk, the venturesome decision-maker reckons that the probability of extraordinary flood is every little, sometimes may overlook, but the other decision-maker reckons that there is likely to counter extraordinary flood every year, when defense the middle small-size flood, we must pay more attention to the severe loss the extraordinary flood brought; the attitude the neutral decision-maker made is between the above two. Now the avail concept can help us judge the attitude of the decision-makers.

The avail function curve is as the following:

$$U_1(x) = 0.125(e^{0.22x} - 1) \qquad \text{(the delighted hazard curve)}$$
$$U_2(x) = 0.1x \qquad \text{(the neutral hazard curve)} \qquad (5)$$
$$U_1(x) = -1.125(e^{0.22x} - 1) \qquad \text{(the disgusting hazard curve)}$$

Supported by the above function, the utility function of the extreme value of the flood loss is established as the following:

$$U(LE) = K[\exp(-r(LE) - 1)] \qquad (6)$$

According to the above definition, combining with the request of optimum economic, the multiobjective target function(4)can be translated into single objective function:

$$\min F_0 = \min \sum_{t=1}^{T} [C_0 + E(L) + U(E(LE_n)) \cdot E(LE_n)] (1 + f_0)' (1 + r_0)^{-1}$$

$$= \frac{1 + r_0}{f_0 - r_0} \left[C_0 + \frac{(1 + f_0)^T - (1 + r_0)^T}{(1 + r_0)^T} \right] [E(L) + U(E(LE_n)) \cdot E(LE_n)] \qquad (7)$$

f_0—the increasing rate of flood loss; t—serial number of year; T—the analysis period; $U(E(LE))$—the avail value of the extreme flood loss; F_0—the total current value of the economic target in the calculate period.

4　Example Researcfi

A certain synthetic utilization reservoir has flood control, electricity generation and navigation benefit. Because the importance of the Project, there are relatively great differences between the economy, the society, environmental impact produced after implementing, so, it is very essential to carry on the appraisal of schemes. Through comparative analyzing with the different schemes, measuring the advantages and disadvantages, the decision-maker can choose from the alternatives. In this paper there are twelve chooses:

As to the twelve schemes(as shown in Table 1), through the synthesis of the risk-costs-benefits separately, the calculating process is shown in Fig. 1.

Table 1　Flood control measures for the project

Value ＼ Scheme	1	2	3	4	5	6	7	8	9	10	11	12
Limit water lever in high-water reason(m)	—	—	145	145	148	148	150	150	152	152	155	155
Flood control storage (hundred million m³)	—	—	221.5	221.5	206.3	206.3	196.9	196.9	187.5	187.5	173.4	173.4
Warning system	—	+	—	+	—	+	—	+	—	+	—	+

Through the above analysis, the collection of non-inferior solution of the scheme is shown in Table 2 and Fig. 2.

According to formula(6), the risk can be worked out. Secondly, place it and the appraisal index Table 2 shows into the formula(7), adopts the schemes that the goal function is lowest, and the order is in the Table 2.

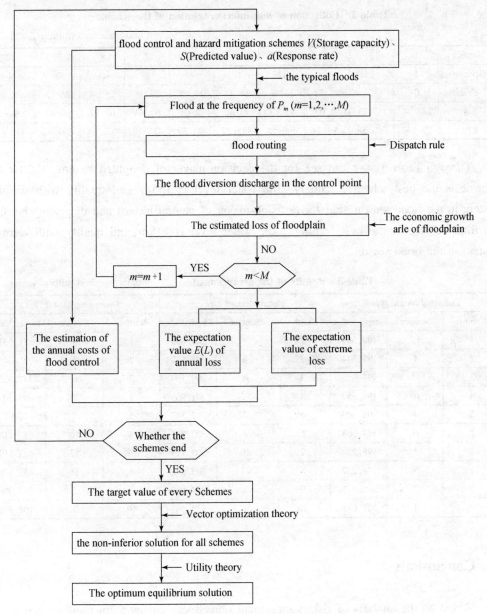

Fig. 1   The calculating process of optimal plan

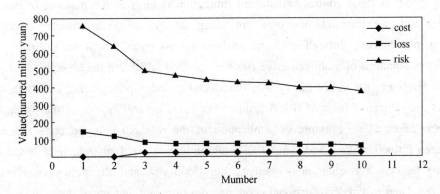

Fig. 2   Cost-loss-risk relations of non-inferior schemes

Table 2　Collection of non-inferion solution of the scheme

（unit：hundred million yuan）

Number	1	2	3	4	5	6	7	8	9	10
Scheme	1	2	11	12	10	7	8	6	3	4
Cost	0	0.24	23.72	23.96	24.44	24.52	24.76	25.08	25.32	25.56
Loss	138.48	117.71	84.03	75.63	73.40	72.01	69.82	67.52	66.81	99.49
Risk	754.57	640.38	497.74	469.55	445.29	433.29	423.78	402.54	394.42	378.65

Through Table 3, we can see for the decision-maker of delighted hazard, the twelfth scheme is the best scheme, namely, the water level is 155m, and qualify with warning system in the flood season, but for decision-maker of neutral hazard and disgusting hazard, the forth scheme is the best, namely, the water level is 145m, and qualify with warning system in the flood season.

Table 3　Results of the arrangement　　　（unit：hundred million yuan）

Delighted hazard type			Neutral hazard type			Disgusting hazard type		
Number	Scheme	Targel Value	Number	Scheme	Targel Value	Number	Scheme	Targel Value
1	12	192.561	1	4	289.899	1	4	381.533
2	4	193.344	2	3	298.017	2	3	395.045
3	11	194.855	3	6	299.103	3	6	398.933
4	10	195.359	4	12	301.966	4	8	409.703
5	7	196.620	5	7	302.343	5	7	412.822
6	6	197.663	6	8	302.911	6	10	417.113
7	3	198.229	7	10	303.119	7	12	423.110
8	8	198.237	8	11	305.372	8	11	433.770
9	2	320.315	9	2	484.887	9	2	643.096
10	1	325.613	10	1	513.501	10	1	702.898

5　Conclusions

Based on the analysis of risk management objectives, an optimum multi-objective risk decision model in flood control and hazard mitigation is built in the paper . In this model structural and nonstructural measures are taken as the research objects, several risk management schemes, through synthetic analysis of risk-costs-benefit are drafted, and the non-inferior solutions of multi-objective risk are obtained which are the objective basis of risk decision. Besides, the utility theory was introduced to judge policymaker's attitude to risk, which is the subjective basis of risk decision. The flood control system of the Three Gorges Projects is taken as an example of application of the research. At the end, the decision procedure of flood control and natural disaster mitigation are built which is based on the following factors：economic development, big flood risk and the policymaker's attitude toward risk, and it will serve national economic development and social development better.

美国洪水保险的经营稳定性分析

付　湘　刘　宁　纪昌明

摘　要：美国国家洪水保险计划是联邦政府、州与地方政府、私营保险公司的合作保险，美国洪水保险实施的理论依据是洪水风险分区和合理的费率厘定。实践证明，在平常的年份，国家洪水保险计划是自我维持的，也就是说，该计划的运行费用和洪水保险索赔不是由纳税人支付，而是通过洪水保险单筹集的保险金来维持的。如果发生较大洪水，洪水保险基金不够支付保险赔偿时，联邦紧急事务管理局会向国家财政临时借款，日后再从洪水保险基金利息中还。

1　美国洪水保险的特征

美国江河洪水较为频繁，受洪水威胁的面积约占国土总面积的 7%，影响人口约 3000 万（约占总人口的 9%）。洪灾损失不仅严重（平均每周损失 1.15 亿美元），而且一直显著增长，增长的主要原因有 2 个：首先是在洪水高风险区以空前的速度广泛地开发建设；其次，地方政府在引导远离洪水风险区的开发建设或对洪水风险区新建建筑物采取适当的减灾措施方面工作做得不够。次要原因是全球的气候变化和降水的增长。针对这些问题，联邦政府通过国家洪水保险计划（National Flood Insurance Program，NFIP）提供洪水保险，该计划在 1968 年由国会颁布，并于 1969 年、1973 年和 1994 年作了重要修正。

美国洪水保险计划是联邦政府、州与地方政府、私营保险公司的合作保险。联邦保险管理局［Federal Insurance Administration，FIA，归联邦紧急事务管理署（Federal Emergency Management Agency，FEMA）统一领导］提出洪水保险费率，识别洪水风险区及风险程度，建立洪泛区的建筑物标准。州政府授权并帮助地方政府管理洪泛区的建筑物，只有地方政府的洪泛区管理满足国家洪水保险计划的标准，该区才能参加洪水保险。私营保险公司服务并销售洪水保险单。

美国洪水保险计划具有以下 4 个明显的特点。

1.1　以国家名义推行

国家作为承保主体参与洪水保险并设置专门的机构进行管理。大规模的洪灾一旦发生，资本有限的商业保险公司往往难以承受，只有国家才有能力在全国推行洪水保险，在更大的范围内调剂使用保险费。负责国家洪水保险事务的专门机构 FIA，可以使各相关机构密切配合，为国家洪水保险计划的顺利实施提供保障。目前，美国联邦洪

原载于：中国水利，2005，(5)：60-62.

水保险计划的规模和重要性已仅次于联邦保险计划的老年、遗属和伤残保险，且已覆盖各个州总共约 2 万个可能的洪泛区。2003 年约有 400 多万洪水保险保单持有人，其中一半集中在佛罗里达州、得克萨斯州和路易斯安那州等重灾区。美国的洪水保险充分发挥了其巨大的社会效益，为洪水灾区减灾起了重要作用。

1.2　以社区为基础

参加国家洪水保险计划是以社区为单位而不是以个人为单位。这是因为 1968 年的《国家洪水保险法》规定联邦保险管理局只能在充分实施洪泛区管理条例的地区才能参加国家洪水保险计划。因为单个的公民不可能规范建筑业，也不能解决社区建设中需要考虑的诸多优先需要解决的问题。所以在洪泛区的建设中，如果没有社区的监督，个人为了减轻洪灾损失而进行的最大努力都可能由于其他建筑项目的疏忽而被破坏或完全无效。除非社区作为一个整体充分采取减灾措施，否则就不可能充分降低未来的洪灾损失从而减少联邦救灾支出，保险费也因为要反映可能导致的较高损失而增加。目前美国洪泛区中参加保险的社区达 90% 以上，但参加保险的居民只有 40%。

1.3　带有一定的强制性

联邦政府洪水保险计划不强迫社区参加洪水保险，但一般规定在百年一遇洪水淹没区以内必须购买洪水保险，1973 年的《洪灾保护法》和 1994 年的《国家洪水保险改革法》中规定：把强制购买洪水保险作为在特定洪水风险区内收购和建造获得联邦或与联邦有关的补助的建筑物的前提条件。高于百年一遇洪水区域不要求必须购买。每个已经确认有洪泛区的社区，必须对洪水保险计划和洪泛区管理条例对社区居民及其经济发展的效益做出评估，以决定是否参加该计划，其决策将对位于特定洪水风险区内的业主现有的和未来将有的财产产生很大的影响。在美国每一项牵涉到建筑物抵押交易的贷款者都要查看现行的国家洪水保险计划地图，以确定该建筑物是否在特定洪水风险区内，如果贷款者确认该建筑物在特定洪水风险区内，且该建筑物所在的社区已经参加了国家洪水保险计划，那么他将发出正式通知，要求业主购买洪水保险作为接受贷款的条件。

1.4　保险理赔的效率很高

国家洪水保险计划实施的目的是使投保人在灾后能尽快恢复正常的生活。联邦政府紧急事务管理局专门培训了一批损失评估人员并在全国联系了一批具备损失评估能力的志愿人员，人数约 2000 人，通常是退休的会计师或经理，由他们来承担洪水灾害损失的评估责任。这些人必须在收到投保人水灾损失赔偿要求 4 天内完成评估工作，并签发赔偿单给联邦保险管理局，后者会立即将赔偿金支付给被保险人。

2　美国的洪水保险风险区

洪水风险图是美国国家洪水保险计划使用的专门用来描述某个社区中的洪水风险区和洪水风险保险费分区的地图。社区地图是由美国陆军工程师团绘制的。从 1985 年起，新版的洪水保险费率图（flood insurance rate map，简称 FIRM）标示了 10 个风险区，洪水风险区在洪水地图上是用深浅不同的颜色来标明，颜色越深表示其风险程度越大。

在洪水保险费率图上，百年一遇洪水的淹没范围被称之为"特定洪水风险区"。百年一遇洪水与 500 年一遇洪水淹没边界之间的区域称为"中度洪水风险区"。500 年一遇洪水淹没范围之外的区域，称为"最小洪水风险区"。

3　洪水保险费率

1968 年的全国洪水保险法将洪水保险费率的厘定分成 2 类：精算费率与津贴费率。国会授权 NFIP 对 1974 年 12 月 31 日以前或 FIRM 生效前的存在的建筑物及少量特殊的 FIRM 生效后的建筑物以津贴费率提供保险单，国会认为这些建筑物是在对洪水风险没有充分的认识、理解的基础上建造的，以精算费率收取会使保费过高，津贴费率在考虑政治和法律的基础上按历史平均年损失方法确定。津贴费率应用于 FIRM 生效后的建筑物，按长期期望年损失方法确定，体现了洪灾风险评估的水文学原理，2004 年以津贴费率承保的保险单占 27.2%，以精算费率承保的保险单占 72.8%，年平均保险费为 436.69 美元，津贴保险费增长了 5.1%，精算保险费增长了 0.1%，整个国家的保险费增长了 2.2%。

4　美国洪水保险的盈余过程

保险盈余过程的研究历来是国外保险公司格外重视的课题，对于新兴发展的保险业尤为重要，从保险财务的角度讲，保险公司资产主要来自保费收入，负债就是保险标的发生索赔的索赔额。因此，盈余过程就是指在一定的时间单位内保险公司的资产与负债的差值。

从保险公司最关心的资产负债过程问题入手，用一个简单的数学模型来描述保险人的财务状况。

$$U_t = A_t - L_t \tag{1}$$

对于洪水保险，往往要求被保险人在特定的期限内交纳保费，所以保险往往以年为时间单位。其中 A_t 表示第 t 年的实际资产，L_t 表示第 t 年的实际负债，U_t 表示第 t 年的盈余，对上式做进一步的简化和假设，负债部分只考虑第 t 年的索赔 S_t 这个主要的不确定因素，资产部分则只考虑第 t 年的保费收入 P_t，这样得到简化的盈余过程模型。

$$U_t = P_t - S_t \tag{2}$$

美国是世界上洪水灾害易发的国家之一，而且财富的集中程度很高，因此洪灾造成的损失也非常严重。从 1978～2002 年的 25 年间，洪灾共造成超过 116 亿美元的保险财产损失，约有 86.3 万件赔案，平均每年有 3 万多件赔案。计算结果表明，在每个会计年度结算时，可能出现两种情形：实际损失超过所收保费（即亏空），或是实际损失小于所收保费（即盈余），收支完全平衡的情况很少出现。如 2002 年洪水保险售出 437 万个保单，保险费收入 16 亿美元，实际支出 9.97 亿美元，盈余 6.16 亿美元。

美国的防洪保险基金是非盈利的并由联邦政府统一管理。如果发生较大洪水，洪水保险基金不够支付保险赔偿时，联邦紧急事务管理局会向国家财政临时借款（法律规定的限额为15亿美元），这不但可以稳定承保洪水保险的保险公司的经营，也可以使受灾地区灾后得到资金补偿。日后再从洪水保险基金中还付。在平常的年份，国家洪水保险计划是自我维持的，也就是说，该计划的运行费用和洪水保险索赔不是由纳税人支付，而是通过洪水保险单筹集的保险金来维持的。

5　美国洪水保险的经营状状况分析

保险公司可持续保险的条件可以量化如下。

$$(A+I)/P<I \tag{3}$$

式中，A 为平均管理费用，包括理赔勘查费、营销费用（包含代理佣金）；I 为平均理赔额；P 为平均保险费。

1986～2002 年、1978～2002 年、1969～2002 年总费用（包括保险理赔费、勘查费、代理佣金与营销费用）与总保险费比率分别为 1.02、1.08 和 1.09，加上重灾年应付赔偿向财政部的借款，国家洪水保险计划总体上做到了收支平衡。

根据 1969～1973 年、1974～1977 年、1978～1985 年、1986～2002 年、1978～2002 年、1969～2002 年的美国洪水保险实践的财政数据，对洪水保险的经营状况进行了分析：1969～1973 年为美国自愿洪水保险阶段，在近 2 万个有洪水问题的社区中，仅有 3000 个参加了洪水保险计划，以平均每张保单 60.09 美元的价格售出 41.7 万张保单，而总费用（包括保险理赔费、勘查费、代理佣金与营销费用）为总保险费的 3 倍，其中理赔损失占总保险费 2 倍，显然，远不能满足上述可持续保险的条件，洪水保险亏损严重，亏损额为 0.5 亿美元。1974～1977 年，洪水保险计划由自愿性改为强制性阶段，基于过去 5 年理赔损失剧增，每张保单价格增加了 21.1%，售出的保险单数量增至 41.7 万张，尽管每张保单的亏损额由 121.46 美元（1969～1973 年）减少至 68.96 美元（1974～1977 年），但仍然亏损 1.73 亿美元。1977 年底，由于对洪水保险中权益的争吵达到无法协调的地步，联邦保险管理局（FIA）解除了与国家洪水保险协会的合作关系。尽管如此，美国政府仍然坚持谋求推进强制性洪水保险计划的方式。1979 年，FIA 转归联邦紧急事务管理署（FEMA）统一领导。1978～1985 年，仍然年年亏损，明显的进步是勘查费、代理佣金与营销费用占保费的比率大为降低，但由于1979 年与 1986 年为重灾年，8 年内每张保单的亏损额为 77.23 美元。从 1986 年起，洪水保险实现了盈余，1986～2002 年，经营状况较好，其中 1989 年、1992 年、1993 年、1995 年、2001 年为重灾年，FEMA 向国家财政临时借款以赔偿损失。在 17 年内勘查费、代理佣金与营销费用占保费的比率最小，每张保单的亏损额为 5.04 美元。总费用（包括保险理赔费、勘查费、代理佣金与营销费用）为总保险费的 1.02 倍，基本满足上述可持续保险的条件。

1981 年，FIA 开始谋求重新发挥私营保险公司在 NFIP 中的作用。经过与几家大的保险公司和保险业协会代表的艰苦谈判，提出了一个"以你自己的名义"的计划（Write Your Own Program, WYO）。私营保险公司仅以自己的名义为 NFIP 出售洪水保险，但不承担赔付的风险。私营保险公司将售出的保单全部转给 FIA，按保单数量获取佣金。FIA 负责保险金的统一管理和使用。新的管理模式既体现了 FIA 在国家洪水保险计划中的主导地位，保证了洪水保险计划的经费可以在全国范围调用，又充分利用了私营保险公司的业务网络。从 1985 年起，NFIP 实现了自负盈亏，不再需用纳税人的钱来补贴赔偿和运营费用。1978～2002 年，共售出 6717 万份保单，平均每份支付保险金 249.21 美元，每张保单的亏损额为 20.36 美元，理赔额占保险费的 69.5%，总费用（包括保险理赔费、勘查费、代理佣金与营销费用）为总保险费的 1.08 倍。从美国 1969 年实施洪水保险至 2002 年，理赔额占保险费的 70.4%，总费用（包括保险理赔费、勘查费、代理佣金与营销费用）为总保险费的 1.09 倍。国家洪水保险计划基本上做到了收支平衡。

我国蓄滞洪区洪水保险模式研究

付　湘　刘　宁　纪昌明

摘　要：在分析国内外洪水保险研究现状及承保方式特点的基础上，探讨了我国蓄滞洪区推行洪水保险的必然趋势及存在的问题；并拟定了4种开展洪水保险的可行模式及其长期运作下保险基金收支平衡计算式。同时，提出采用资料调查、大数法则、数量统计、贝叶斯方法、随机模拟、精算学相结合的方法，对选择的典型蓄滞洪区进行资料收集、整理，分区风险分析，洪水保险损失预测，保险损失分布模拟，洪水保险率的确定，保险经营的偿付能力分析。为建立适合我国国情的洪水保险模式提供理论依据。

1　国内外研究现状

　　洪水保险不仅可为投保户灾后恢复提供有效的帮助，减轻灾后救灾负担；还可以在减灾方面发挥特殊作用：国内外经验表明，把洪水保险和洪泛区管理结合在一起，可以有效地控制洪泛区的经济发展和降低洪灾损失，如果单纯限制洪泛区发展，实施起来阻力较大，可以应用洪水保险作为经济杠杆，来调整和控制洪泛区的经济发展。国内外学者在洪水保险政策、体制、保险费率厘定与计算机应用技术等方面进行了广泛深入的研究。

　　在国外，美国是开展洪水保险研究较早的一个国家，其研究工作也比较系统。其实施洪水保险的方式由自愿性最终改为强制性，随后管理体制根据实践中出现的问题不断改进完善。可以说是积累了40年的经验和教训，才形成了一套行之有效的法规与管理办法。

　　我国的洪水保险在20世纪80年代初恢复保险业务时就有了，但近20年来仍是走走停停、名不符实，至今没有单独设置洪水保险条款。现行的洪水保险是作为各种自然灾害保险中的一项，保险条款是适用于各种自然灾害和意外事故的综合性条款，并未按洪灾本身特点同其他自然灾害区别对待。就洪水保险及其对蓄滞洪区发展的影响而言，国与国之间差异很大。国外承保方式一般采取基本险加附加险的方式，而洪水等自然灾害保险多属于附加险的范围。如果投保人希望防范洪水风险，那么就必须加保洪水附加险；如果要防范台风，那么再加保台风险，保费自然也就提高。国内采用基本险和综合险两种投保方式，只要投保综合险，那么洪水、台风等风险责任都包含其中。且这些险种都属于非强制性保险，投保人可以自由决定是否购买，保险人也可以根据实际情况决定是否承保。这些险种也没有把洪水灾害与其他自然灾害风险区别对待，而只是作为保险责任的一种，总体上讲是"一揽式"综合险种，一律通用，保

原载于：人民长江，2005，（8）：72～74.

险费率也基本相同。

$$\begin{cases} \text{国外洪水承保方式} \rightarrow \text{基本险} + \text{附加险} \\ \text{国内洪水承保方式} \rightarrow \text{综合险} \end{cases}$$

应该说，从承保方式上，国内保险公司的风险更大。特别是 1998 年大洪水之后，一方面我们听到要求国家开展强制性洪水保险的呼声，另一方面又看到国内一些商业性保险公司因水灾赔偿亏损而意欲萎缩洪水保险业务的动向。对建立我国蓄滞洪区的洪水保险制度尚未达到统一的认识，需要进行专门研究。

2 蓄滞洪区洪水保险的重要性

蓄滞洪区是我国江河防洪系统中不可缺少的组成部分，作为重要的防洪工程措施，与江河堤防和水库联合调度运用，在抗御历次大洪水中发挥了不可替代的作用。如长江 1954 年发生 20 世纪的特大全流域性洪水，1954 年 7 月 22 日、29 日、8 月 1 日先后 3 次运用荆江分洪区分洪，分洪总量 122.6 亿 m^3，有效地削减了长江干流的洪峰，降低沙市水位 0.96m，保障了荆江大堤和武汉市的安全，使江汉平原避免了毁灭性的灾害，还减轻了洞庭湖的洪水负担，流域的其他蓄滞洪区也相继运用，大大缓解了整个长江中下游的防洪压力，取得了巨大的经济效益和社会效益。

目前我国正式批准的蓄洪区总面积已超过 3 万 km^2。据统计，这些蓄滞洪区共 97 处，分布在长江、黄河、淮河、海河等流域，总面积 3.4 万 km^2，其中有耕地约 193.3 万 hm^2，居住人口 1600 多万人，可蓄滞洪水近 1000 亿 m^3。

蓄滞洪区内有大量的人口居住及从事生产活动，这是我国的特色。对于蓄滞洪区，一方面，要求其在超标准洪水发生时及时行蓄洪水，牺牲局部，保护全局；另一方面，蓄滞洪区群众要生存发展，由此形成了复杂而又尖锐的矛盾，同时这种矛盾又随着我国经济的发展而进一步发展。对使用概率较高的蓄滞洪区，区内居民苦不堪言，虽然在各级政府的关心和帮助下基本有了人身安全保障，但他们的生产发展时时受到洪水的威胁，其收入远远低于周边非蓄滞洪区，往往成为典型的贫困地区。按目前的政策结构，这些地区的发展可以实现温饱，但难以致富，达到小康水平。伴随人口的不断增加，这些区域的发展所面临的压力越来越大。而对于使用概率较少的蓄滞洪区，由于人民防洪意识淡薄，对区域内经济发展缺少控制，因而人口及资产急剧增加，一旦行洪，其损失将是十分巨大，因此，这些蓄滞洪区由于经济的发展已逐渐丧失了作为蓄滞洪区的条件，增加了洪水风险。

为及时调度运用蓄滞洪区，维护蓄滞洪区内人民群众的基本利益，《蓄滞洪区运用补偿暂行办法》已于 2000 年 5 月颁布实施，这一暂行办法确定了蓄滞洪区的补偿范围和标准，规定了补偿工作的实施程序，同时公布了实施补偿的蓄滞洪区名单，并明确了"保障群众基本生活、有利于恢复农业生产、兼顾国家财力状况"的原则。

我国现行的洪灾补偿、救助制度是由各级政府对受灾居民进行救济，政府限于财力，不可能对洪灾损失给予充分补偿，而且最终会形成居民对政府的依赖心理，因此，应该在蓄滞洪区推行洪水保险，由于蓄滞洪区的范围比较大，人口众多，符合保险的"大数法则"，采取政府、社会、个人多方面筹集资金的方式，中央、地方政府投入一定比例的资金，受益地区征收一定数量的资金，蓄滞洪区缴一部分保险费，从而积聚风险基金，完全可以做到风险分摊。从满足我国防洪的实际需要、加强蓄滞洪区管理、完善洪灾补偿和救助制度、促进蓄滞洪区合理利用的角度来看，用洪水保险制度来取代蓄滞洪区运用补偿制度是必然的趋势。它不仅能减轻国家救灾的负担，增强灾民恢复生机的能力，而且可以作为一种杠杆，鼓励并限制洪水威胁地区的开发，是一种较理想的非工程措施。但目前我国的洪水保险一直依附于企业财产保险和家庭财产保险，没有专门的洪水保险；同时，由于我国地域广阔，特大洪灾发生时间、地点的随机性，决定了洪水保险的经营风险较大，保险公司很难胜任赔偿责任，阻碍了洪水保险的广泛实施。因此，有必要进行适合中国国情的蓄滞洪区洪水保险制度的专门研究。

3　洪水保险管理模式

1998 年特大洪水之后，保险界、经济界、水利界、从事资源与灾害研究的专家纷纷就我国的洪水保险提出不同见解，归纳起来，大致有以下几种。

第 1 种模式是以现行的中国人民保险公司已有体制为基础，划定一部分力量承保洪水保险业务，由水利、防汛部门提供洪水风险范围和受损机遇等资料。

第 2 种模式是代办，由商业性保险公司代为办理保险业务，所有风险由当地防洪基金管理部门负担，保险公司只收取一部分手续费。

第 3 种模式是成立国家洪水保险公司，独立开展洪水保险业务。洪水保险公司把保险业务的开展和防洪工程建设直接结合起来，要求它既起到保险公司的经济作用，又要不断研究和编撰防洪减灾所需的各种政策与法律规范建议，为国家的决策提供依据。

第 4 种模式是共保，由水利、防汛部门和保险公司结合，多方合办，利润共享，风险共担。

不管以何种模式开展洪水保险，由于我国属于洪水多发地区，每年都有洪水泛滥，单纯依靠商业保险风险太大，保险公司也难以承受，所以，国家制定有关政策对洪水保险进行扶持，加强立法、制定配套措施是首要的。

洪水保险基金的收支主要考虑国家预备基金、保险费、赔偿费、风险附加费、业务费、安全偿还费 6 项，如图 1 所示。在满足各项约束条件下，要求在经济计算期内整个研究地区满足：

国家预备基金＋保险费＝赔偿费＋风险附加费＋安全偿还费

图 1　洪水保险基金收支示意

我们记 F_0 为经济计算期 n 年中的累计收入减累计支出；R_{ij} 为第 i 区第 j 类财产的保险费率；V_{ij} 为计算期初第 i 区第 j 类财产的承保金额；f_{ij} 为第 i 区第 j 类财产的增长

率；r_0 为银行年利率；n 为经济计算期长度；P 为计算期 n 年内发生洪灾的风险率，$P=1-(1-P_设)n$；$P_设$ 为设计标准规范所规定的设计频率；q 为 n 年内未发生洪灾的概率，$q=1-P$；W_t 为第 t 年的预备基金；$\overline{\beta_{ij}}$ 为第 i 区第 j 类财产的损失率均值；因洪灾损失率的均方差为相应均值的 $2\sim8$ 倍，为兼顾公平合理和保证保障原则，即要求在平均情况下保险公司收支相抵后"略"有节余，既不过多加重投保户负担，又使保险公司能积累一定的基金抵御连续的或巨额的洪灾赔款，我们取风险附加系数 r 为 10%，业务费 α_1 通常用业务费净保费的百分比表示，$\alpha_1=20\%$；安全偿还费率 α_2 为偿还费与净保费之比，取 $\alpha_2=10\%$。得

国家预备金：
$$W_0 = \sum_{t=1}^{n} W_t (1+r_0)^{-t+1} \tag{1}$$

保险费：
$$P_0 = \sum_{t=1}^{n} \sum_{i=1}^{l} \sum_{j=1}^{J} V_{ij}(1+f_{ij})^{t-1} \cdot R_{ij}(1+r_0)^{-t+1} \tag{2}$$

赔偿费：
$$S_0 = \sum_{t=1}^{n} \sum_{i=1}^{l} \sum_{j=1}^{J} P \cdot V_{ij}(1+f_{ij})^{t-1} \cdot \overline{\beta_{ij}}(1+r_0)^{-t+1} \tag{3}$$

风险附件费：
$$S_r = rS_0 = r\sum_{t=1}^{n} \sum_{i=1}^{l} \sum_{j=1}^{J} P \cdot V_{ij}(1+f_{ij})^{t-1} \cdot \overline{\beta_{ij}}(1+r_0)^{-t+1} \tag{4}$$

业务费：
$$C_1 = \alpha_1(S_0+S_r) \tag{5}$$

安全赔偿费：
$$C_2 = \alpha_2 q(S_0+S_r) \tag{6}$$

设计算期 n 年内共发生 L 场洪水，其概率为 P_1（$l=1,2,\cdots,L$），则财产损失率均值 $\overline{\beta_{ij}}$ 的计算为

$$\overline{\beta_{ijl}} = \sum_{m=1}^{M} \bar{\beta}_{ijlm} h_{ijlm} \Big/ \sum_{m=1}^{M} h_{ijlm} \tag{7}$$

$$\overline{\beta_{ij}} = \sum_{t=1}^{T} \frac{1}{2}(\bar{\beta}_{ijl} + \bar{\beta}_{ij,J+1})\Delta P_1 \tag{8}$$

式（7）、式（8）中，$\bar{\beta}_{ijlm}$ 为发生 l 级洪水时第 i 区第 j 类财产在第 m 种淹没深度下对应的洪灾损失率；h_{ijlm} 为发生 l 级洪水时第 i 区第 j 类财产的第 m 种淹没深度；$\bar{\beta}_{ijl}$ 为发生 l 级洪水时第 i 区第 j 类财产的损失率均值。

由 $F_0 \to 0$ 得最优问题：

目标函数：
$$\min F_0 = \min\left[W_0 + P_0 - S_0 - S_R - C_1 - C_2\right] \tag{9}$$

约束条件：
$$F_0 \geq 0 \tag{10}$$

$$R_{ij}^{\min} \leq R_{ij} \leq R_{ij}^{\max} \tag{11}$$

式中，$R_{ij}^{\max}$、$R_{ij}^{\min}$ 分别为第 i 区第 j 类财产保险费率的最大、最小允许值。

洪水保险应该作为强制保险推行，在法律、政策上给以适当扶持，但在具体运作中，同样也要遵循科学的商业性原则。

4 研究方法

本项目借鉴国外洪泛区管理与洪水保险的理论与实践经验，选择典型分蓄洪区，

从推行洪水保险的外部条件调查分析入手，以蓄滞洪区风险识别为基础，采用资料调查、大数法则、数量统计、贝叶斯方法、随机模拟、精算学相结合的方法，建立适合我国蓄滞洪区的洪水保险政策及保险经营风险评价方法。

4.1 资料调查方法

应用统计调查、抽样调查、实地调查 3 种方法收集蓄滞洪区的自然地理、水文气象与社会经济资料，各种水利设施的布置和运用情况；进一步查阅与本项目有关的研究成果，有益的理论、方法、技术；利用计算机技术（如数据库、网络、图形技术等）来收集、管理和加工好这些信息。

4.2 大数法则

大数法则是概率统计的基本原理之一。它的核心内容可以表示为：通过对某种不确定的随机现象进行大量的重复观测，在一定程度上，将表现出一些确定性的规律现象。在保险经营中，每个投保人面临的损失都是随机的和不确定的，承保人将面临同类风险的投保人个体"集中"起来，随着个体数的增加（相当于一种重复），使承保人面临的风险呈现一定的规律和确定性。虽然每个投保人个体的未来损失是不确定的，但"集体"的平均损失随投保人数的增多而相对确定，随着投保人数的增加，一方面，承保人这方的保费收入与今后的平均索赔可充分接近；另一方面，每个投保人交纳的保费与未来的平均损失充分接近，投保人一般可以接受这样的原则。因此，大数法则是保险业的数理基础。

4.3 数量统计方法

依靠样本信息来估计未知参数，从而获得概率分布。首先，充分利用所获得的历史记录作为线索，获得损失分布的大体轮廓；其次，从各种已知理论概率分布中选择一种分布类型作为所寻求的概率分布；然后，用矩方法、极大似然法以及分位点法等估计所选择分布类型中所包含的参数，从而确定损失分布；最后，利用观察数据对得到的概率分布进行统计检验，以确信所选择的分布类型和参数估计是否恰当。

4.4 贝叶斯方法

贝叶斯方法是统计推断的基本方法之一，其在洪水保险中的应用主要集中在保险费率的修正。即采用研究者的先验概率等先观信息，并结合新的理赔记录，调整和校正赔款频率和平均赔款额，以修正保险费率。

4.5 随机模拟方法

在费用和时间上均难以对复杂的风险系统结构进行大量的实测，因而难以构造精确的解析模型（如保险总理赔额的风险分布）时，就可以采用模拟方法，利用计算机技术所提供的技术便利，用机器的高速运算结果来模拟实际过程，以获得对实际过程的了解。

4.6 精算学

精算学是一个结合数学、统计学、保险学和金融学等多种学科的崭新交叉学科。它对保险经营中的未来财务收支和债务水平等问题进行定量化的分析和研究，进而制定科学合理的经营策略，以减少不良的影响，为保险公司进行科学的决策和提高管理水平提供依据和方法，它成为洪水保险在激烈竞争的市场环境中得以生存和发展的重要环节。

5 研究步骤

（1）资料收集、整理与分析。选择蓄滞洪区为研究对象，分区收集蓄滞洪区洪水保险涉及的基本资料。主要包括蓄滞洪区基础地理信息，如行政区划、水系、交通系统、人口、经济、资源等；洪灾损失信息，如洪灾的历史事件分布、危险性分析、破坏与损失情况、趋势预测等；保险业基础信息，如各蓄滞洪区的保险机构、保险责任情况、保险单位的分布、保险业务的历史记载和发展变化、准备金和再保险、损失及理赔、保险密度和深度等。对收集的资料建立动态管理的数据库，对数据进行初步整理、分析。

（2）蓄滞洪区分区风险分析与洪水保险基金。在对国内外洪泛区管理信息进行广泛调研的基础上，根据各蓄滞洪区的特点，研究洪水保险政策与分蓄洪区土地合理利用，控制人口增长过快，减少分洪损失等方面的关系。设立洪水保险基金，分析其管理特征、筹资方式、经营管理模式、保障水平等。

（3）洪水保险损失预测。运用水文水力学模型分析蓄滞洪区的危险性指标，结合承灾体密度、易损性和该分区的财产价值快速评估蓄滞洪区洪灾损失；利用上述结果，综合分析保单的数量分布、保险价值、保险结构建立保险损失风险模型预测洪水保险损失。

（4）保险损失分布模拟。由于洪灾损失事件本身以及影响因素的不确定性，将蓄滞洪区灾害传播规律、致灾参数分布以及保险标的的易损性等方面的易损性考虑进去，用概率性的分析方法，得到洪水保险损失的概率分布曲线。这样求出的可能最大保险损失具有一定的重现周期，保险公司可以根据自己可以接受的风险水平确定相应的最大可能损失。

（5）确定洪水保险费率。运用破产理论原理计算保险费，即按照保险期望损失超过保险费收入与准备金的总和的概率最大为δ（一个任意小数）的最小保险费进行计算。并依据近期损失数据与实际的赔付经验，应用贝叶斯方法调整保险费率。

（6）保险经营的偿付能力分析。统计某段时期理赔次数过程的分布概率，结合保险损失概率分布，表示理赔总量过程的分布概率；进而根据洪水保险基金积累模式推导盈余过程的分布规律，计算某一时段的破产概率，以检验保险人的偿付能力，及时调整承保策略。并计算保险人长期经营的盈余平均值，作为保障保险人长期利益的指标。

珠江流域和谐发展的防汛抗旱支撑作用研究

刘 宁

摘 要：珠江防汛抗旱总指挥部是我国第一个实行防汛抗旱统一管理的流域性总指挥部，其成立将有利于全面提高珠江流域的整体防汛抗旱能力。分析珠江流域水旱灾害的特点和防汛抗旱工作面临的严峻形势，从科学发展观和拓展治水思路的高度，论述了流域发展与保护的关系及对建设人与自然和谐的绿色珠江的理解。提出要实行水资源统一管理和调度，提高管理和调度水平，实现防汛抗旱两个转变，从水务体制改革、工程建设、节水型社会建设等各个方面大力推进流域水务工作，保障珠江流域经济社会的可持续发展。

1 防汛与抗旱是珠江流域治理永恒不变的主题

珠江地处南方丰水地区，水资源相对比较丰富，单位面积产水量居全国之冠，但时空分布不均，流域洪、涝、旱灾害频繁。近年来，珠江流域性的大洪水时有发生，水资源供需矛盾也日趋尖锐，旱灾的影响已从农业扩展到城市、工业、生态环境等领域。特别是冬春季节咸潮上溯，直接威胁珠江三角洲供水安全。确保人饮安全，是以人为本、科学发展观的核心要求。随着经济社会的发展，小灾大害的情况突显出来，珠江流域防汛抗旱任务越来越艰巨。防汛抗旱并举，工程措施与非工程措施结合，着力提高应对水旱灾害的能力，是珠江流域治理的主题。

1.1 抗旱工作是流域治理重中之重的任务

珠江流域干流，由云贵高原向东南流经高山峡谷，然后穿过华南的丘陵河谷入海。沿江史志记载，朝廷"赈民""免粮"多以旱灾引起。珠江流域旱灾具有发生频繁、持续时间长、涝旱交替，以及涝旱并存、灾害损失大的特点。1988 ~ 1993 年连续 5 年干旱，2002 ~ 2005 年连续 4 年干旱，甚至在 1998 年、2005 年发生特大洪水后又发生严重的秋冬春连旱，对工农业生产和人民生活用水都产生了极大影响。据 1950 ~ 2005 年资料统计，全流域多年平均受旱面积 129.8 万 hm^2，约占流域多年平均耕地面积的 19%。流域内干旱损失约占洪涝、旱灾总损失的 60% 以上，远超过洪涝灾害损失。

近年来，受极端天气气候的影响，珠江流域连续干旱，一些省区发生了严重的跨年度旱灾。珠江流域干旱影响逐渐从农业转向工业，从农村扩大到城市，并严重影响到人民群众饮水安全和生态环境。干旱不仅对农业生产造成严重损失，由于径流和水库水量减少，加上严重的水污染和咸潮上溯影响，贵州的六盘水，珠三角的广州、中山、珠海、深圳和澳门等大城市供水不足现象日趋严重。同时，干旱导致河流纳污能

原文题目：做好防汛抗旱工作支撑珠江流域和谐发展，原载于：人民珠江，2006，(5)：10-13.

力降低，水污染加剧，湿地、湖泊等缺乏足够水量补充，萎缩、退化现象突出，导致流域水生态环境加速恶化。流域经济社会高速发展、人口快速增长、城市化进程加快，必然使得用水量持续增长，水资源供需矛盾将更加突出，干旱造成的影响也将愈加严重，抗旱形势越来越严峻。

针对旱灾影响领域和范围的不断扩展，流域抗旱工作也向着多方位、多领域扩展，不仅要做好农业抗旱，还要做好城市抗旱、生态抗旱，以及河口水量压咸补淡调度、防污调度等。干旱枯水、咸潮上溯等成为珠江三角洲地区饮水安全的制约因素，加强以推进全面抗旱为导向的抗旱、防咸工作，确保饮水安全已上升为水利工作的首要任务。

1.2　防汛工作是流域治理极为严峻的任务

珠江流域水系类型众多，干支流洪水组合复杂，河口地区水网密布，受风、洪、潮威胁严重。由于流域面积广、暴雨强度大，洪水具有峰高、量大、历时长的特点。流域上游易受山洪威胁，中下游因无天然湖泊调蓄，沿江地势低洼、人口众多、经济发达的城镇和广大农田洪水灾害频繁；沿海地区易受台风暴潮影响，破坏力极大。近百年发生的较大洪水灾害就有1915年、1968年、1988年、1996年、1998年的西江洪水和1959年东江大洪水、1982年北江大洪水、2005年6月珠江流域特大洪水等。据统计，1990~2005年珠江流域片因洪灾造成的直接经济损失高达3450亿元。

几十年来，珠江防洪建设取得了巨大成就，但是目前大多数河流一般只能防御常遇洪水，遇到较大洪水，仍将造成严重损失。流域性防洪工程体系尚不健全，工程隐患多、标准低且老化严重，病险水库约占水库总数的1/3，山洪灾害频繁，预案不完善，防汛非工程措施滞后。西江、北江上游、珠江三角洲，以及韩江中下游的防洪、防潮控制性工程尚未全部建成，洪水控制和水资源配置能力低；西江中下游既无天然湖泊调蓄洪水，又由于地形条件限制无法安排蓄滞洪区建设，西江发生大洪水或西、北江同时发生大洪水时，对北江下游和珠江三角洲的威胁依然存在。随着珠江流域经济和城市化的迅猛发展，洪水给人民生命财产和经济建设带来的影响日益巨大，许多地方成为不能淹也淹不起的地区。同时上下游防洪协调难度大，流域防洪安全问题非常突出，洪涝灾害依然是珠江流域的心腹之患。

1.3　防汛抗旱建设是提高流域治理能力的关键举措

在中央新时期治水方针和水利部治水新思路的指导下，珠江的水利建设取得了明显的进展。流域防汛抗旱能力有了较大的提高，在抗御近年来的洪水和干旱中取得了巨大成绩，有效地保障了流域经济社会的可持续发展。但目前珠江的防汛抗旱能力和手段明显不适应国民经济发展的要求，水旱灾害依然是流域经济和社会发展的制约因素和心腹之患，防汛抗旱仍将是一项长期而又艰巨的任务。

为提高防汛抗旱的能力和水平，必须大力推进防汛抗旱两个转变。在防汛方面，要切实加强水文预报和水库调度工作，利用好蓄滞洪区，给洪水以出路，逐步实现由控制洪水向洪水管理转变；积极开展水利工程的洪水调度研究，妥善处理防洪与兴利的关系，科学调度，充分发挥综合效益；开展珠三角洪水安全研究，由被动防御转为主动防御。在抗旱、防咸方面，要加强旱情、咸情信息收集和整理工作，建立预警预测和评价体系；提高工程抗旱能力，抓紧水源工程建设和洪水资源化工作；编制流域重点干旱区域抗旱预案，增强抗旱工作主动性；做好城市抗旱工作，确保城市居民用水安全，最大限度地减轻干旱灾害对城市经济和生态环境的影响等。

2 经济发展与生态保护是珠江流域社会和谐的主旋律

2.1 经济发展带来严重的环境和生态问题

20 世纪 80 年代，以珠江三角洲为轴心的华南经济圈迅速崛起，创造了世人瞩目的成绩。据 2000 年资料统计，珠江流域片总人口 1.68 亿（未包括香港和澳门地区），GDP 达 13 300 亿元。珠江河口区以占全国不到 0.3% 的国土和 1.5% 的人口，创造了 7.5% 的 GDP 和 33% 的外贸出口总额，人均 GDP 已超过 30 000 元，居全国之首。

随着珠江流域经济迅猛发展、工业高度集中、城市急剧扩大，工业及城市生活用水量需求猛增，工业废水及城市生活污水大量增加，城市及工业区的江段和内河污染严重。尤其是乡镇企业生产工艺落后，污水达标排放率极低，一些河段已超出河流的自净能力，许多地区出现了有水皆污的状况。南盘江、黄泥河、新洲河、九洲江、藤桥河的部分河段及珠江三角洲诸多水道污染尤为严重，污染物质除了氨氮等常规物质外，部分地区还有重金属污染。近岸海域环境也不容乐观，赤潮时有发生，近海水生生态平衡受到威胁。

同时，珠江流域生态环境状况也不容乐观，生态用地被挤占，原生林、自然次生林遭受破坏，区域自然生态体系破碎化明显。珠江流域水土流失严重，流失面积达到 6 万 km^2，占流域总面积的 14%，年土壤侵蚀量为 2 亿 t，岩溶地区"石漠化"发展，严重威胁到水资源的涵养。流域内乱捕滥猎、乱挖滥采现象屡禁不止，野生动植物数量和种类不断减少，生物多样性受到威胁。湿地资源遭受严重破坏，湿地生态系统功能大大降低。单位土地面积农药使用量、化肥施用量高于全国平均水平，氮肥污染、农药残留与持久性有机污染有所加重，农业生态环境日益恶化。另外，为片面追求经济利益，盲目采沙，造成河床不断下切，水位下降，水流方向改变，深槽迫岸，使已加固达标建设的堤防工程出现新的险情等。这些使得珠江流域面临着巨大的生态环境压力。随着区域经济协作，产业向中西部、流域上中游的加速转移，污染也将加速上移，对生态环境的破坏将进一步加剧，流域面临的生态环境风险更为严峻，若不采取有效措施，后果将十分严重。

2.2 按照科学发展观的要求，统筹流域发展与保护

我国是发展中国家，发展是执政的第一要务，是解决当前社会各种突出矛盾的基本前提。珠江流域经济社会整体处于快速发展的阶段，但由于地理位置、资源、环境的限制和历史原因，流域内区域经济发展极不平衡，贫富差异悬殊。上中游的云南、贵州、广西 3 省（区）经济社会发展水平与珠江三角洲相比，差距很大。按人均水平计算，2000 年流域内各省（自治区）人均 GDP 最高的广东是最低的贵州的 7 倍多，而珠江三角洲地区人均 GDP 更是达流域上游地区的 15 倍之多。流域综合、协调发展的任

务还很艰巨。令人欣慰的是，由福建、江西、湖南、广东、广西、海南、四川、贵州、云南9省（区）和香港、澳门两个特别行政区组成的"泛珠三角"经济协作区域发展战略已经开始实施，对促进泛珠三角区域的共同繁荣将发挥重要作用。

在国家和地方政府的高度重视下，各地虽然对环境、生态问题给予了较多的关注，但是在区域产业结构与经济增长方式还未能实现战略性转移的前提下，在就业还很困难的形势下，流域未来发展仍面临着巨大的生态环境压力。因此，要在现有的经济条件和工作基础上，结合目前流域内存在的环境、生态问题和社会经济发展的客观压力，按照全面协调可持续发展和构建和谐社会的要求，加强污染防治和生态保护，改善流域生态环境状况，发展与保护兼顾，坚持科学规划、持续开发、充分利用、合理保护，实现流域生态环境与经济社会全面、协调和可持续发展。

2.3　拓展珠江流域治水思路，促进流域社会和谐

随着科学发展观的贯彻落实和构建社会主义和谐社会实践的不断深入，人们对水利的要求更高，水利的任务也更加繁重。为促进珠江流域经济社会发展，统筹发展与保护的关系，实现流域社会和谐，必须拓展流域治水思路，坚持以人为本，坚持人与自然和谐相处，加强区域协作，共同推进珠江流域水利建设健康发展。

2.3.1　坚持以人为本，保障城乡居民饮水安全

保障饮水安全，让每个人及时方便地获得足量、卫生的饮用水，是构建和谐社会的必然要求和水利工作的首要任务。当前，珠江流域水污染严重，水质性缺水日益突出，严重威胁人民群众饮水安全。2003～2005年珠江连续3年干旱，来水持续偏枯，珠江三角洲咸潮上溯距离远、影响时间长，危害严重，珠海、澳门等地最长连续50多天不能抽取淡水，市民饮用水含氯度长时间超过国家标准，珠江三角洲1500万人饮水安全受到威胁，成为珠江流域备受关注的热点问题。

从以人为本出发，为保障城乡居民饮水安全，水利、环保等有关部门采取积极措施，控制水污染，加强饮用水水源地建设和水功能区管理，加强入河排污口监督，完善水质监测网，实施防污调度，取得了明显效果。特别是在党中央、国务院的关怀下，经有关部门和地区的共同努力和大力协作，2005年、2006年初连续两次实施了珠江压咸补淡应急调水，在一定程度上缓解了澳门及珠三角地区供水紧张局面。同时，为从根本上解决澳门、珠海的供水安全问题，水利部门还组织制订了《保障澳门、珠海供水安全专项规划》[①]，研究提出了中长期保障澳门、珠海等三角洲地区供水措施。这些都是有力且有效的举措。

2.3.2　推进人与自然和谐相处，建设绿色珠江

水利部党组提出的治水新思路始终将人水和谐、人与自然和谐相处作为核心理念。流域发展不仅要重视经济效益、社会效益，还要注重生态效益、环境效益，实现人与

---

① 该规划于2008年4月正式通过国务院审批。

自然、人水和谐相处，推进流域经济社会的可持续发展。要坚持发展与保护相结合，积极促进经济增长方式转变，改善和保护人民生活水平和生活质量，使社会、经济及生态、环境的目标相协调，实现珠江流域全面发展。

在国家和地方政府的重视下，经过不懈努力，珠江流域水生态和环境状况局部好转，一批污染突出的重点流域和区域的环境质量有所改善。但是，整体形势严峻的状况依然没有改变，环境污染、生态恶化的趋势并未得到有效遏制。为应对洪涝灾害、干旱缺水、江河污染、水土流失、咸潮上溯等水问题，珠江水利委员会提出了"维护珠江健康生命，建设绿色珠江"的目标。绿色珠江，既应是生态良好的河流，也应是造福人类的河流。我们既要承认河流的价值，同时又要强调这种价值在与人类需要相联系、相适应的服务价值。

人与自然的关系是人类社会发展过程中必须面对的基本问题，对人水关系的认识是治水文化中的核心价值观念。通过水资源的开发利用，人类改动、调整着河势以及河口的状态。这种改变超出一定的度，就会导致河流变异。人水的关系问题，不仅是水利工作中要解决的理念问题，也是必须解决的实践问题。马克思说："人直接地是自然存在物"，"我们连同肉、血和脑都是属于自然界并存在于其中的"。人是自然的一部分，水是人类生存和发展的基础，河流是人类文明的源头。水利工作中，要立足于河流自身价值与人类需要价值之间的有机统一，根据水资源承载能力和水环境承载能力的约束，推动经济结构调整和经济增长方式的转变。水资源作为公共资源，应当体现人们在发展权利上的平等和在资源享用权利上的平等。建设绿色珠江，必须以流域为共同体，协调上下游、左右岸、干支流之间不同地区的利益关系，统筹经济发达地区和经济落后地区的需求，兼顾一般阶层特别是老百姓和弱势群体的用水权利。必须在开发利用水资源的过程中，遵循代际公平的原则，为子孙后代留下源远流长的珠江，留下"爱的纽带"（帕斯莫尔《人对自然的责任》第 153 页）。

建设绿色珠江，要因地制宜，区别对待，合理配置水资源。必须用绿色经济行为观指导社会经济活动和水资源管理，发展绿色经济。要坚持水资源可持续利用，合理利用雨洪资源，统筹水量和水质，严格排污管理，充分依靠大自然的自我修复能力，加大珠江流域水土流失治理力度，提高山林土地的涵蓄能力，保障流域生态与环境的健康，实现对河流健康生命的维护。

3　管理与调度是防汛抗旱的重要规范和手段

越来越多的人相信，管理和调度是稀缺要素，管理短缺或调度供给滞后同样会制约经济发展，导致资源浪费，造成生态破坏、环境恶化。从某种意义上说，防汛抗旱调度是对作为客体的水的控导，而水资源统一管理则是对以水为载体的人类活动的规范。解决好珠江流域的水资源问题，实现防汛抗旱的两个转变，须从管理规范与调度手段的制度建设方面确定工作目标和行动，坚定不移地推进可持续发展水利。

3.1　对流域水资源实行统一管理和调度是关键

我国的水资源短缺状况和水资源以流域为单元、具有整体的不可分割的特性，决定了只有加强水资源统一管理和统一调度，才能实现水资源的全面节约、有效保护、合理开发、高效利用和科学管理，这是维护河流健康体制和机制上的保障，是发挥水资源最大综合效益的关键，也是推进流域水务和谐衡势的动力。

就珠江流域而言，由于受现行政部门管理体制的制约，水资源管理呈现"多龙管水"的局面，流域干支流已建、在建和拟建的各类水库，分属不同地区和行业，一些河流由于防洪调度和水资源配置引发的上下游、左右岸、干支流区域之间水事纠纷时有发生。为发挥工程最大综合效益，保障防洪安全、供水安全和生态安全，维护河流健康生命，需要从法规、体制和机制上切实推进流域水资源的统一管理。因此，加强全流域防洪统一调度、水资源的统一配置和管理，探索建立政府宏观调控、流域民主协商、准市场运作和用水户参与管理的运行模式，积极探索城乡地表水与地下水、水量与水质统一管理，十分重要，也极为紧迫。

3.2　珠江防汛抗旱总指挥部的成立将有力促进流域涉水事务均衡发展

珠江流域水旱灾害日益频繁，防洪和水资源调度协调任务繁重，而防汛抗旱又涉及上下游的关系，迫切需要建立流域性的防汛抗旱指挥机构。2006 年 6 月 23 日，国家防汛抗旱总指挥部批准成立了珠江防汛抗旱总指挥部，成为我国第五个流域性的防汛指挥机构，也是我国第一个实行防汛抗旱统一管理的流域性总指挥部。其主要职能是统一部署指挥珠江防汛抗旱工作，协调关系流域全局防洪安全、供水安全和省际防洪抗旱的重大问题，组织编制与修订跨省（自治区）重要河流防御洪水方案、洪水调度方案，以及紧急情况下跨省、自治区应急调水方案等。

珠江防汛抗旱总指挥部的成立是贯彻落实科学发展观、推进防汛抗旱"两个转变"的重大举措，是加强流域上下游、区域间的协调、实现流域防洪和水资源统一调度的有力手段，将有利于更好地发挥现有防洪工程在流域防洪抗旱中的作用，有利于全面提高流域的整体防汛抗旱能力，降低洪、涝、旱灾害损失，对促进流域经济社会的可持续发展具有重要作用。

在珠江防汛抗旱总指挥部的框架下，充分发挥其组织、协调的优势，有助于推进流域管理的制度化、规范化。通过珠江防汛抗旱总指挥部这样一个协调机构，建立权威的流域协商决策和议事的机制，组织开展流域全局性宏观决策、流域管理政策法规的制定，编制完善防汛抗旱预案，建立健全相应的预案体系，包括防御洪水方案和洪水调度方案、超标准洪水预案、流域大中型水库调度方案、城市防洪预案、水库抢险应急预案、抗旱预案、防台风预案和防御山洪灾害预案等，更好地组织、指导、协调和监督流域防汛、抗旱、抗咸、防台风等有关工作，协调流域内不同地区、不同对象对水资源的各种需求，统筹防汛抗旱两个方面，提高水资源的利用效率和防汛抗旱应急管理能力，确保防洪和供水安全。

3.3　着力提高管理和调度水平，全面推进流域水务工作

"十一五"期间，珠江流域要以保障下游三角洲地区的防洪安全、维系流域良好生态系统、提高水资源供给能力、建设绿色珠江为主要目标。完善流域防洪减灾体系，加快西江大藤峡等骨干水利枢纽建设，加强流域重要枢纽的防洪及水资源调度管理，

保障珠江三角洲及港澳等地区及重要城市的供水安全,提高黔中、桂中以及沿海等缺水地区的供水保障程度;珠江三角洲及重要高原湖泊水污染得到有效治理,"石漠化"地区水土保持生态建设取得成效。要实现珠江流域"十一五"水利发展的目标,必须提高流域管理和调度的水平,加强对水资源的统一规划、统一调度、统一管理,实施节水战略、减少排污,从各个方面推进流域水务工作。

一是继续大力推进水务管理体制改革。珠江流域一些地区已经成立了水务局,实现了涉水事务一体化管理,在提高水资源利用效率、保障经济社会用水等方面发挥了重要作用。今后还要继续加大水务管理体制改革力度,努力推进区域范围内地表水与地下水、水量与水质、城市与农村水资源的统一管理和调度。

二是加快流域控制性工程建设,为洪水管理和抗旱管理打下良好的基础。要加快西江大藤峡等流域控制性水利枢纽、重点城市防洪工程、重点堤防、重点滞洪区和重要城市饮水水源地建设,切实增强对洪水和水资源的调控能力。

三是促进节水防污型社会建设。珠江流域人均用水量、亩均用水量均高于全国,农业灌溉利用系数仅 0.55 ~ 0.65。据测算如果不加强节水,到 2030 年,珠江用水总量约增加 420 亿 m^3,新增污水 240 亿 m^3。因此,为建设绿色珠江,控制用水和排污,必须大力开展节水防污型社会建设。要建立以水权、水市场理论为基础的水资源管理体制,明晰初始用水权,通过定额指标控制和排污权两套指标体系的建立,促进节水防污型社会的建立。

四是充分发挥已建水利水电工程的综合效益。目前珠江流域修建了许多大型水库、水电站,百色、龙滩等流域控制性枢纽也即将投入使用,如何在保证工程安全和原有开发目标的同时,科学调度,充分发挥干、支流已建水库的防洪、水资源配置、水生态安全方面的综合效益,是今后一段时期内珠江流域必须面对的问题。要在科学发展观指导下,编制各种科学调度预案,加强大、中型水库水情测报设施的建设及统一调度,共同构筑流域防洪安全、饮水安全和生态安全。

五是加强防汛抗旱现代化建设。要加强流域内有关省(自治区)的协作和技术交流,建设统一的防汛信息采集系统、通信系统、计算机网络系统和决策与调度支持系统,为信息及时准确传输、洪水科学调度创造良好的条件,使信息传输更及时、协调决策更科学、洪水调度更合理、指挥调度更有力,从整体上提高珠江防汛抗旱能力和水平。

六是做好各项规划,加强基础研究。近年来,水利部门组织开展的水资源综合规划、防洪规划、河口综合治理规划、澳门附近水域综合治理规划、红河流域综合规划、十一五水利发展与改革规划等,取得了许多重大成果,对指导珠江流域的水利发展将发挥重要作用。要按照科学发展观和构建和谐社会要求,贯彻治水新思路,树立建设绿色珠江的理念,继续做好珠江流域规划工作,还要围绕咸潮上溯、洪水归槽、水库联合调度、绿色珠江指标体系等问题开展专题研究,为珠江水利建设和发展提供坚实的技术和理论支撑。

4　结语

珠江流域经济社会的快速发展对水利工作提出了更高要求,防汛抗旱工作任重而道远。统筹流域发展与保护，保障防洪、供水和生态安全，促进防汛抗旱两个转变，建设绿色珠江，维护河流健康，支撑珠江流域经济社会可持续发展，是珠江流域内全社会的共同愿望，也是实现人与自然、人与流域和谐发展的基本要求。珠江防汛抗旱总指挥部的成立，将大大提高流域管理和调度的水平，有利于加强各省（自治区）团结协作和交流，共同应对流域洪、涝、旱威胁，为推进流域和谐衡势提供有效的组织和机制保障。应充分利用珠江防汛抗旱总指挥部这个平台，以科学发展观为指导，以构建流域和谐社会为目标，大力推进珠江水利建设，努力实现安澜珠江、生态珠江、绿色珠江的战略目标。

抗旱条例对抗旱工作的规范与支撑

刘　宁

《中华人民共和国抗旱条例》（以下简称《条例》）于 2009 年 2 月 11 日国务院第 49 次常务会议通过，2009 年 2 月 26 日公布施行，这是我国抗旱史上具有里程碑意义的一件大事，对推动和促进今后一个时期我国抗旱减灾工作、保障经济社会的全面协调可持续发展具有重要意义。

1　关于加强抗旱法规制度建设

我国抗旱减灾工作长期以来处于无法可依的状态，导致抗旱工作中诸多矛盾和问题始终无法解决，给抗旱减灾工作的正常有序开展造成严重影响。随着我国社会主义市场经济体制的不断完善，以及依法治国战略的实施，加强抗旱法规制度建设已经成为历史发展的必然要求，目前全国已经有天津、浙江、安徽、重庆、云南 5 个省（直辖市）出台了抗旱条例或防汛抗旱条例，其余省（自治区、直辖市）尚未制订抗旱法规。各地要以《条例》的出台为契机，已经制订抗旱条例的省（直辖市）应当结合《条例》的精神和本区域实际，进一步修订完善；没有制订抗旱法规的省（自治区、直辖市）要抓紧组织制订《条例》的实施细则。此外，还要加快其他抗旱配套法规制度的建设和完善，努力推进抗旱法规体系建设。

落实抗旱责任制是抗旱法规体系建设的重要内容。由于干旱灾害具有潜移默化发展的特点，长期以来我国许多地区对抗旱工作始终存在着麻痹侥幸心理和祈天望雨思想，很多干部群众，甚至一些领导干部，对干旱灾害的严重性和抗旱工作的重要性、长期性、艰巨性、复杂性缺乏足够认识，对抗旱工作的组织部署满足于一般号召，缺乏督促检查和落实。为改变这种状况，《条例》总则中明确规定"抗旱工作实行各级人民政府行政首长负责制，统一指挥、部门协作、分级负责"。各级政府行政首长要按照《条例》的要求，切实负起责任，领导、组织辖区内防汛抗旱指挥机构做好旱灾预防、抗旱减灾、灾后恢复等各个环节的抗旱工作，加强水利基础设施建设，完善抗旱工程体系，提高抗旱减灾能力。同时要积极开展抗旱宣传教育活动，增强全社会抗旱减灾意识。

2　关于切实做好抗旱规划编制

长期以来，抗旱工作缺乏统一规划，也没有建立稳定的投入保障机制，导致抗旱

原文标题：落实好抗旱条例要求开拓抗旱工作新局面，原载于：中国科学工程，2014，16（10）：39-46.

工作短期行为十分突出，不能"对症下药"，缺乏全局性、系统性和连续性，不仅难以从根本上解决抗旱的问题，而且造成很多重复建设，资源浪费。《条例》旱灾预防部分明确规定"县级以上地方人民政府水行政主管部门会同同级有关部门编制本行政区域的抗旱规划，报本级人民政府批准后实施，并抄送上一级人民政府水行政主管部门（第十三条）。""编制抗旱规划应当充分考虑本行政区域的国民经济和社会发展水平、水资源综合开发利用情况、干旱规律和特点、可供水资源量和抗旱能力以及城乡居民生活用水、工农业生产和生态用水的需求。抗旱规划应当与水资源开发利用等规划相衔接。下级抗旱规划应当与上一级的抗旱规划相协调（第十四条）。""抗旱规划应当主要包括抗旱组织体系建设、抗旱应急水源建设、抗旱应急设施建设、抗旱物资储备、抗旱服务组织建设、旱情监测网络建设以及保障措施等（第十五条）。"

上述条款的规定，能够从根本上保证抗旱工作走上规范化、系统化建设的轨道，对今后抗旱工作的稳定发展具有十分重要的意义。水利部 2008 年 9 月 2 日已下发了《关于开展抗旱规划编制工作的通知》，对抗旱规划编制工作做出了全面部署。明确了抗旱规划编制的指导思想、原则、目标、任务和组织方式，要求各地及有关单位要坚持以科学发展观和可持续发展治水思路为指导，把保障城乡供水安全作为首要目标，全面规划、综合治理，以防为主、防抗结合，在旱灾调查和现状干旱成因分析的基础上，研究提出抗旱工作的总体思路、目标和任务，统筹确定提高抗旱能力的工程措施和非工程措施以及规划实施的保障措施。按照轻重缓急、突出重点、分步实施的原则，逐步形成和完善我国抗旱减灾综合体系。通知明确要求各地及有关单位要在 2009 年 6 月完成省级抗旱规划的初步成果，2009 年 8 月底前提交规划的最终成果。

各地及各有关单位要以《条例》为指导，充分利用已有工作成果，广泛吸纳国内外先进经验和技术，创新规划思路和方法，加强区域、部门之间的协调，做好基础资料的调研和核查工作，处理好与其他规划的衔接。抗旱规划的编制要坚持以人为本，统筹兼顾，把保障城乡居民饮水安全放在规划的首要位置，把旱灾易发区和抗旱能力薄弱地区作为规划的重点区域，把抗旱应急水源工程、旱情监测预警系统、抗旱指挥调度系统和抗旱减灾保障体系建设作为规划的重点内容。各地要加强领导和组织协调，明确行政负责人、技术负责人和规划联络员，落实工作班子和工作经费，集中技术力量，按期完成任务。

3 关于加强抗旱指挥决策支持体系建设

完善抗旱指挥决策支持体系、加强抗旱信息化现代化建设、提高抗旱指挥决策水平是做好抗旱工作的重要前提。目前国家防汛抗旱指挥系统正处于一期建设即将完成、二期工程就要启动的关键时期。由于一期工程抗旱部分仅开展了几个试点省建设，投资规模也很小，因此，就全国而言，目前抗旱指挥决策支持系统的建设还十分落后。各地要以《条例》的颁布实施为契机，结合抗旱规划的编制和国家防汛抗旱指挥系统二期工程的组织实施，加大旱情监测、预警、分析、评估能力的建设力度，早日建立抗旱指挥决策支持系统，提高抗旱指挥决策水平。当前工作的主要任务是，对于已列入一期工程试点建设的 5 个省（直辖市），要抓紧后续工作的补充和完善，争取早日完成验收，投入生产应用，并在具体应用中进一步提高现代化水平；对于没有列入一期工程试点建设和近些年已不同程度开展旱情监测工作的省（自治区、直辖市），一方面要结合规划的编制，制订高标准的旱情监测网络系统建设规划；另一方面要结合国家防汛抗旱指挥系统工程的实施，抓紧推进旱情监测系统的建设，争取在"十一五"后期全面启动这项工作，"十二五"期间基本建成包括水情、工情、农情、气象等综合信息在内，集旱情监测预警、分析评估功能于一体的抗旱指挥决策支持系统，使抗旱指挥决策的现代化、信息化水平真正上到一个新台阶。

同时，各地还要按照《条例》的要求，加强旱情信息的管理。一方面要加强各级防汛抗旱指挥机构各成员单位抗旱信息的整合，逐步建立成员单位之间的信息共享机制；另一方面要按照《条例》的有关要求，规范抗旱信息的管理，建立抗旱信息的统一发布制度，为抗旱减灾工作的有序开展营造良好的舆论氛围。

4　关于加快抗旱预案体系建设

组织开展抗旱预案体系建设是主动防御干旱灾害的有效手段。近年，全国已有 29 个省（自治区、直辖市）89% 的地市 83% 的县完成了总体抗旱预案的编制工作。但目前抗旱预案还存在不少的问题：一是抗旱预案制度还不完善，一些重要领域的抗旱预案基本上没有开展，预案体系尚未形成；二是大部分已完成编制的抗旱预案的可操作性还需要进一步加强；三是大部分抗旱预案没有经过大旱的检验，效果如何还不确定。

因此，今后一个阶段各级防汛抗旱指挥机构如何进一步完善抗旱预案体系建设任务还十分艰巨。各地要按照《条例》的有关规定抓紧推进相关工作。近期工作的重点：一是要进一步加强各级总体抗旱预案的修订和完善，区域总体预案尚未编制的要限期完成。二是有关流域机构和区域要加强跨流域、跨省区河流抗旱应急水量调度预案，以及重点水源工程抗旱应急调度预案的制订。三是各级防汛抗旱指挥机构要尽快组织重要行业或部门抗旱预案的制订。各地防汛抗旱指挥机构和有关成员单位要加强组织领导，把预案的编制工作纳入重要议事日程，争取早日建成覆盖面广、可操作性强、包含各种综合和专业的"横向到边、纵向到底"的抗旱预案体系。

5　关于加强抗旱资金物资保障能力建设

必要的资金、物资投入及灾后救助机制是抗旱减灾工作得以顺利开展的有效保障。目前全国大部分省（自治区、直辖市）尚未设立抗旱专项资金，已经建立的基数也很小，难以满足抗旱需要。在抗旱物资储备建设上，绝大多数地方政府至今没有建立抗旱物资储备制度。抗旱用油、用电及抗旱设备等物资购置的优惠政策大部分省（自治区、直辖市）也没有制订，这导致每到抗旱关键时期，重旱区经常发生抗旱机具设备价格暴涨或脱销，抗旱油、电资源短缺，农民抗旱负担沉重，贻误抗旱时机，造成重大损失。此外，各地在干旱保险、社会救助等方面的抗旱保障措施也基本处于空白。

《条例》对抗旱资金、物资保障制度的建立、管理，对灾后救助、旱灾保险等方面做出了明确的规定，要求"县级以上人民政府应当将抗旱工作纳入本级国民经济和社会发展规划，所需经费纳入本级财政预算，保障抗旱工作的正常开展（第四条）"。"各级人民政府应当建立和完善与经济社会发展水平以及抗旱减灾要求相适应的资金投入机制，在本级财政预算中安排必要的资金，保障抗旱减灾投入（第五十条）。""干旱灾害频繁发生地区的县级以上地方人民政府，应当根据抗旱工作需要储备必要的抗旱物资，并加强日常管理（第十九条）。""旱情缓解后，各级人民政府、有关主管部门应当帮助受灾群众恢复生产和灾后自救（第五十二条）。""抗旱经费和抗旱物资必须专项使用，任何单位和个人不得截留、挤占、挪用和私分。各级财政和审计部门应当加强对抗旱经费和物资管理的监督、检查和审计（第五十六条）。""国家鼓励在易旱地区逐步建立和推行旱灾保险制度（第五十七条）。"

为此，各地要按照《条例》的要求，根据本区域经济社会发展水平以及抗旱减灾的需要，尽快研究建立抗旱资金、物资保障体系。干旱严重地区还应当加强抗旱用油、用电及抗旱机具设备购置补助等方面优惠政策的研究和制订。对紧急抗旱期征用的物资、设备、交通运输工具，各地也应当根据《条例》有关条款的规定，制订具体的实施办法和补偿政策，确保抗旱工作的有序开展。

6 关于加强抗旱服务组织体系建设

抗旱服务组织是对水利工程抗旱能力的重要补充，具有机动、灵活、方便的特点，特别是在发生大旱时，是地方基层政府提高抗旱应变能力的重要依托，是抗旱减灾工作的一支重要生力军，深受旱区群众的欢迎。但近些年，由于种种原因，各地对抗旱服务组织建设的投入持续减少，导致抗旱服务能力严重下滑，有的已经"名存实亡"，严重影响抗旱工作的开展。初步统计，目前全国1800多个县级抗旱服务队和1万多个乡镇级抗旱服务队，1/3以上已不能正常开展抗旱工作。

为改变这种局面，《条例》第二十九条明确规定，"县级人民政府和乡镇人民政府根据抗旱工作的需要，加强抗旱服务组织的建设。县级以上地方各级人民政府应当加强对抗旱服务组织的扶持。国家鼓励社会组织和个人兴办抗旱服务组织。"各地要按照《条例》的要求，加强对抗旱服务组织的扶持和引导，因地制宜研究制订新时期抗旱服务组织的管理机制和发展模式，开拓思路，规范管理，创新机制，从资金、技术、政策等方面支持抗旱服务组织发展。各地要加大对抗旱服务组织的投入，及时为抗旱服务组织更新和补充必要的抗旱机具和设备，增强抗旱服务组织的应急服务能力。要特别重视加强对新时期抗旱服务组织新体制、新机制的研究，明确其职责任务，提高人员素质，转变服务观念，不断增强服务水平和抗旱能力，通过体制创新使抗旱服务组织的发展增强新的活力。有条件的地区要尽可能把抗旱服务队和防汛机动抢险队建设结合起来，实现业务互补，拓宽服务领域，增强服务功能，做到有旱抗旱，有汛防汛。要积极扶持、发展和壮大各类抗旱协会等社会化服务组织，引导农民采取集中灌溉、集中管理的生产模式，推进土地集约化经营，提高抗旱减灾能力。

7 关于加强抗旱科学研究

先进的抗旱科学技术支撑体系和基础理论是做好抗旱减灾工作的重要支柱。长期以来，由于社会各界对抗旱工作的重要性认识不到位，导致我国在抗旱基础理论研究和抗旱新技术的推广应用方面投入的人力、物力和财力严重不足，给抗旱减灾工作的开展造成很大影响。近年来，各级抗旱指挥机构和有关部门虽然加强了这方面工作，近期还出台了《旱情等级标准》（SL424—2008），但总体上我国抗旱基础理论研究仍然薄弱，抗旱新技术的研发和推广应用进展缓慢，抗旱科研任务十分艰巨。

为贯彻落实《条例》的有关精神，今后一个时期，各地要加强抗旱基础工作的研究。第一要紧密结合工作的需要，抓紧组织开展干旱预警指标体系的研究，力争在较短时期内建立一套科学、合理、系统的、涵盖降水、河流、湖泊、水库、地下水等的干旱预警指标体系，使其成为指导科学抗旱的重要技术标准。第二要制定科学合理的旱灾评估体系和制度，准确评价旱灾影响和损失，为抗旱救灾，灾后恢复生产提供科学依据。第三要加强抗旱应急水量调度相关基础工作的研究，特别要加强跨省区河流水量调度、大型水利工程枯水期调度、应急水源工程启用和管理、抗旱应急响应机制等重要制度的研究，为实施依法抗旱，依法行政奠定制度保障。第四要进一步加强干旱规律、干旱灾害影响机理的研究。第五要加强抗旱新技术、新材料、新设备、新工艺的研究和引进消化工作，加强抗旱科学技术的推广和应用，使抗旱科学技术尽快转化为生产力。

第三节　水灾害管理认识研究

随着社会经济发展进步，水灾害管理也在不断演进，经历了多个发展阶段。中华人民共和国刚成立时注重工程建设，大兴水利，经过多年建设，建成了比较完善的水灾害防御工程体系。改革开放后至21世纪初，主要是建立工程和非工程措施相结合的水灾害管理体系。21世纪初，水利部提出水灾害管理"两个转变"即坚持防汛抗旱并举，实现由控制洪水向洪水管理转变，由单一抗旱向全面抗旱转变。2016年，习近平总书记在唐山考察时提出坚持以防为主、防抗救相结合，坚持常态减灾和非常态救灾相统一，努力实现从注重灾后救助向注重灾前预防转变，从应对单一灾种向综合减灾转变，从减少灾害损失向减轻灾害风险转变，即"两个坚持、三个转变"的防灾减灾救灾理念。

刘宁紧跟时代发展，非常注重水灾害管理理念对实践的指导。他在历年的工作中不断总结，先后提出了人与洪水和谐相处、水灾害风险管理、干旱预警水位以及在水灾害处理中的减灾管理、统合管理等管理理念，并应用于水灾害管理实践中。

从理念到行动实现人与洪水和谐相处

刘　宁

摘　要： 在介绍了我国洪水、干旱及渍涝灾害情况、论述了防洪减灾与灌溉排水密切关系后，从分析我国洪水灾害特点入手阐述了对洪水灾害的认识，结合近年来治水新思路的探索和实践，提出防洪减灾的总体思路和对策措施。

1　我国水旱灾害概述

无论是从发生的频率、造成的经济损失，还是从导致的人员死亡数上看，洪水灾害都是第一位的自然灾害。从世界范围看，洪水灾害发生数量和造成的经济损失量都占全部自然灾害的1/3左右，导致的人员死亡数超过了全部自然灾害造成人员死亡数的1/2。

我国的洪水灾害非常严重，灾害损失巨大。据统计，我国洪涝灾害直接威胁的面积约有80万 km^2，洪水风险区内的 GDP 约占全国的 70%；全国洪水灾害年损失量接近全 GDP 的 2%，洪水灾害多年损失为 800 亿~1100 亿元，其中山洪河道和洪水年均损失为 25 亿~350 亿元，涝灾年均损失为 550 亿~750 亿元。20 世纪 90 年代，我国有 6 年在主要江河流域发生了大洪水，局部地区的洪水灾害每年都会出现，山地丘陵区的山洪、滑坡、泥石流等山地灾害经常造成大量人员伤亡。平均每年有 7 个台风在我国沿海登陆，也常常带来暴雨并导致严重损失。1931 年长江和淮河流域发生大洪水，受灾耕地超过 890 万 hm^2，因灾死亡 36.5 万人。近 55 年来，我国平均每年因洪涝受灾耕地 930 万 hm^2，因灾死亡近 5000 人，1998 年长江等江河发生大洪水，共造成全国直接经济损失 300 多亿美元。

我国干旱缺水也十分严重。水灾一条线，旱灾一大片，旱灾虽然不像水灾那样来得迅猛，但分布面积广，持续时间长，而且正因为它的影响有个积累过程，当人们察觉时可能已经措手不及。清朝光绪初年，旱魃肆虐致使河道干涸，赤地千里，受灾人数达到 2 亿，占当时我国人口的 1/2 以上，1920 年，我国有 5 个省发生了大旱，造成 2000 多万人受灾，因灾死亡 50 万人。近 55 年来，我国平均每年受旱农田超过 2100 万 hm^2，因旱平均每年损失粮食超过 1400 万 t。2000 年的严重干旱，造成超过 4000 万 hm^2 农作物受灾，并导致 300 多座县级以上城镇被迫限时限量供水。我国东部的一些平原地区，浅层地下水超采严重，地下水埋深已由几十年前的 3~4m 下降到了目前的十几米。目前，全国有 60% 的城市缺水，其中有 110 座城市严重缺水。

在我国，由于洪水灾害和渍涝灾害难以区分，常常相伴相生、互相影响，因此习

原载于：中国水利，2006，(4)：11~13.

惯将两者通称为"洪涝灾害"。江河来水太多、太快造成工程决口会导致洪水灾害；当地降水过大过急超过排水能力则导致渍涝灾害。地表洪水大量下渗，排水不及，造成一些区域地下水位升高，也会导致渍涝灾害。在广大平原区，大洪水时洪水与涝水连在一起，一片汪洋，难分难辨，淮河流域尤其如此。从某种程度上说，渍涝灾害损失往往大于洪水灾害损失。

在洪水灾害与干旱缺水并存的国家和地区，统筹考虑"水多"与"水少"问题是减轻水旱灾害损失的必然选择。事实上，很多防洪减灾工程都是综合利用的，既有防洪减灾作用也有灌溉或排水的功能。水库为减少下游灾害损失而拦蓄洪水；在一定程度上也就增加了灌溉水源。堤防阻止了洪水的泛滥，也往往会同时增加保护区排涝的负担；反之，保护区集中大量排涝又会增加江河防汛的负担。长江流域汛期集中向干流排涝的流量之和可以达到4000m³/s以上，这是我们必须面对的重要问题。因此，在防洪时考虑抗旱，在抗旱时考虑防洪，防汛抗旱并举，统筹考虑防洪减灾与灌溉排水问题十分必要。

2　对洪水灾害的认识

我国是水利大国，在几千年的治水过程中积累了丰富的防洪减灾经验，对洪水灾害的认识也不断加深，逐步发展与完善了治水思路和防洪减灾策略。

（1）洪水灾害具有自然方面的属性，也具有社会方面的属性。洪水如果不殃及人类，就不会造成洪灾而成为自然演替现象，没有人类的不合理开发也就不会使洪水造成洪灾而带来严重损失。减轻洪水灾害需要在一定程度上控制洪水，更需要的是规范和限制人类的行为，给洪水以出路，给洪水以调蓄的空间，减少洪水灾害发生的社会动因，实现人与洪水和谐相处，达到趋利避害、减少洪水灾害损失的目的。

（2）洪水灾害具有普遍性，也具有很大的地区灾害差异性。不同国家、不同自然状况、不同社会经济条件的地区都可能发生洪水灾害，但面临的洪水灾害问题很可能存在巨大差异，所采取的对策措施或许会迥然不同，但无论如何减轻洪水灾害损失的目标却是完全一致的。

（3）洪水灾害的发生具有一定规律性、突发性和事件差异性。从历史洪水灾害系列和一个区域的整体情况看，洪水灾害的发生与发展可能或多或少存在某种规律性，但洪水灾害的出现往往非常迅猛，而且每个洪水灾害事件往往都有其特点，具有不重复性，需要针对具体情况采取相应具体措施。

（4）洪水具有流域的属性，地表水和地下水是互相转化的，上下游、左右岸、干支流之间是互相影响的。洪水与水质之间、洪水与水的开发利用各个环节之间都有密切关系。防洪减灾需要以流域为单元进行综合规划和安排有关措施，也需要站在更高的层面和更广的范围统筹考虑有关各个方面的因素，需要统筹考虑防洪、抗旱、水质、生态等方面的需求。

（5）单纯依靠防洪工程控制洪水是不够的，很难达到减少洪水灾害损失的目的，需要实施洪水风险管理，与洪水和谐相处。需要合理确定防洪工程和防洪工程体系的标准，合理划分防洪工程的功能，制订科学的防洪预案、洪水调度方案和洪水预报预警方案，通过管理体制和运行机制的改革与创新，逐步建立健全规避风险、分担风险、转移风险、化解风险的体系，提高公众承受风险与适应风险的综合能力。

（6）洪水是宝贵的淡水资源，防洪减灾要考虑洪水资源利用。我国人口众多，人均水资源占有量仅有世界平均水平的 1/3 左右。我国降水在地域和时间上分布严重不均，汛期 4 个月的降水量占全年降水量的 60% ~ 80%，降水量年际变化很大。如何利用汛期的洪水资源，通过提高预警能力，加强洪水调度，在保证防洪安全的前提下统筹解决灌溉、发电等用水，是必须面对的非常现实的重要问题。

（7）传统的防汛抢险是必要的，但防汛抢险的成本很高，对社会正常生产生活的影响较大，需要不断研究和改进防汛抢险的方式方法。1998 年在长江等江河防汛抢险过程中，高峰时全国共有 800 多万人参加防汛抢险，许多部门都投入了防汛抗洪抢险救灾活动。各地调用的防汛抢险物料总价达 130 多亿元。

（8）防洪减灾是长期的任务，需要走出"大水之后进行大治"的套路。江河洪水是自然现象，总是要发生的；人类社会是发展的，新的问题总是会出现。因此，需要在增强应急处置灾害事件能力的同时，积极主动地推进常备不懈的"应对洪水风险"和"降低脆弱性"方面的防洪减灾措施，防洪减灾需要预先考虑、事先规划、提前安排。

3　防洪减灾思路和对策措施

我国通过兴建江河水库、堤防和整治河道，开发利用地表和地下水资源，为经济社会发展提供了相对安定的条件。在保障国家粮食安全这个历史性难题中，水利发挥了重要作用。水利为工业和城市的大规模发展提供了水源，并通过开发水电，解决了当前 1/5 以上的能源需求。全国整治江河堤防 27.8 万 km；开辟主要蓄滞洪区 98 处，总蓄滞洪量达到 1200 亿 m^3；建设了 2000 多座大中型防洪排涝泵站，保护农田超过 1200 万 hm^2；已建各类水库 8.6 万座，总蓄水容量 5658 亿 m^3；蓄水工程控制河川径流量的能力达到 17%；兴建引水工程 106 万项，地下水工程蓄水能力为 824 亿 m^3；现状全国年供水能力达 6459 亿 m^3。

随着经济社会的发展，防洪减灾新问题的出现，对洪水灾害的认识不断深入，防洪减灾思路也在不断发展完善。近年来我国明确提出了"从工程水利向资源水利、从传统水利向现代水利、可持续发展水利转变"的治水新思路，防洪减灾要"防汛抗旱并举""从控制洪水向洪水管理转变"，实现"人与洪水和谐相处"，并相应采取了一些新的对策，开展了大量卓有成效的工作。

（1）宣传和固化"从控制洪水向洪水管理转变"的防洪减灾思路。一种思想和观念的形成需要一个过程，固化和贯彻这种思想与观念也需要时间。这一思路转变需要社会各阶层和广大公众的广泛理解与支持。

（2）修订大江大河防洪减灾规划，洪水具有流域的特性，治水思路和防洪减灾策略需要体现在流域规划和治理上。1998 年洪水后，我国启动了新一轮大江大河防洪减灾规划，通过规划贯彻治水新思路和防洪减灾新理念，达到减轻洪水灾害的目的。目前，全国和七大流域防洪规划已通过审查，流域综合规划修编工作开始启动。另外，为减少山地丘陵区人员伤亡，我国还专门编制了防御山洪灾害规划。

（3）完善防洪减灾工程体系，提高防御洪水能力，实现洪水管理需要一定标准的防洪工程体系的支撑。近年来，我国大江大河中下游干流堤防和抢险防洪工程的除险加固进度明显加快，进一步提高了大江大河干流和江河整体的防洪能力。今后还将针对我国排涝标准低的问题，开展排涝设施的改造，以逐步提高农田排涝标准。

（4）适当扩大洪水出路，增加洪水调蓄空间。近年来，我国在长江流域因地制宜地迁移了1460多个洲滩圩垸内的居民，用这些圩垸来增加河湖调蓄洪水的能力，约增加了江湖调蓄洪水的容积130亿 m^3。在淮河干流废除了两岸大堤之间的一些行洪区，扩挖了中游的中小洪水行洪通道。有计划地疏浚江河河道、河口和通江湖泊的行洪通道，取得了显著效果。

（5）补偿蓄滞洪区居民分洪损失，提高实时调度洪水的可操作性。我国蓄滞洪区内居住着大量人口，而区内人员的安全救生设施和财产的保护措施不足。蓄滞洪区分洪运用时常常由于区内人员损失和灾后恢复问题难下分洪决心。为此，我国制定了蓄滞洪区分洪运用补偿政策，分洪后对区内居民的主要财产和农作物的淹没损失给予一定补偿。

（6）完善法律法规，修订防洪预案，适应洪水管理需求。根据情况变化和洪水管理需求，我国正在着手修改国家级的《防汛条例》，着手制订《蓄滞洪区管理办法》，推动建立洪水影响评价制度，修订大江大河洪水调度方案，研究实施洪水保险。洪水是宝贵的淡水资源，不能一排了之。从防洪减灾实际需求出发，已经确定了防洪减灾重点中型水库的名单，并研究调整一些大型水库的汛限水位，在确保水库安全的前提下，适当多地利用洪水资源。在一些流域和区域启动了洪水资源利用方面的试点研究工作。要限制人类行为，既要防止洪水侵害人类，也要避免人类侵害洪水，实施洪灾风险管理。

（7）建设国家防汛抗旱指挥系统工程，改善防洪实时指挥调度手段。新的防洪减灾思路给江河洪水调度提出更高要求，依靠事先拟定的方案进行洪水调度的成分将可能有所降低，实时洪水调度的成分将可能逐步加强。为此，我国正在实施国家防汛抗旱指挥系统工程建设，改进现有水情信息的采集手段，改善防汛信息的传输手段，提高防汛信息的处理与展示能力，提高洪水预报精度，加强实时洪水调度手段。

（8）在洪水过程中统筹安排，科学调度洪水。近年的江河防汛，已经改变了全力防守防洪工程将洪水尽快送入大海为安的传统思路，进一步加强了中央、流域、有关省市防汛指挥机构的实时异地会商，及时研究决策大洪水调度问题，科学调度洪水，统筹考虑防洪减灾与抗旱用水、生态用水、发电用水问题，不仅减少了洪水淹没损失，而且增加了洪水资源的利用。目前，在黄河流域、西部、北部和中部的一些河流开展的旨在利用洪水资源和改善生态与环境的水调度，取得了良好效果。

（9）开展防洪减灾领域的国际交流与合作。世界各地面临的洪水灾害问题差异很大，防洪减灾思路和对策措施各有所长，各有特点，相互交流，互相借鉴，必将会促进共同发展、和谐发展。近年来，我国在水领域内已与60多个国家建立了合作关系，与一些国家签署了洪水管理合作的协议。在亚洲开发银行的支持下，我国正在进行洪水管理战略方面的研究，一些省（自治区、直辖市）也在进行有针对性的具体方案和措施研究。进一步加强防洪减灾的国际合作与交流，对于实现人与洪水和谐相处具有重要意义。

From Philosophy to Action: Accomplishing Harmonious Coexistence between Man and Flood

Liu Ning

Abstract: This paper briefly introduces the situation of flood, drought and waterlogging disasters in China. The close relations between flood control/disaster mitigation and irrigation/drainage are presented. By analysing the characteristics of flooding disasters in China, an understanding of flooding disasters is presented. Finally, in combination with current exploration and practice of new water management concepts, the philosophies and countermeasures for flood control and disaster mitigation are presented.

1 Background

The mitigation of losses caused by flooding disasters avoiding human casualties and ensuring sustained, healthy and stable socio-economic development is a major issue of universal and global concern and thus a pressing task common to most of the countries in the world. Fostering the concept of "transferring from flood control to flood management" and promoting the harmonious coexistence between man and flood, is an important action to carry out scientific development and new water management concepts, and has vital and far-reaching significance in both theory and practice.

2 Introduction to Flood and Drought Disasters in China

Flooding disasters are the most serious of the natural disasters in the world. They top all natural disasters in terms of frequency of occurrence, economic losses, or human casualties. From a global perspective, the number of cases of flooding and resulting economic losses make up about one-third of all natural disasters, while the human casualties caused by flooding exceed half of those caused by all natural disasters. In China, *Da Yu's Water Training* has been widely known for over 4000 years. The mass media currently give reports about serious flooding disasters every year. Almost all the countries in the world face problems related to flooding disasters, justifying the need for great attention to floods.

The development of human society has benefited from agricultural progress in the first place, whereas "excessive water" and "shortage of water" both exert huge impact on

---

原载于: Irrigation and Drainage, 2006, (55): 247-252.

agricultural and social development. Due to natural and social constraints, a country or region tends to be caught both in floods and drought or shortage of water. Such a coexistence with floods and drought makes our task all the more arduous, while the issues to be addressed with respect to this are all the more complex. We have to exert all our efforts and take practical and effective measures to meet this enormous challenge.

China has an ancient saying "floods are just like ferocious beasts", because the floods in China are often serious disasters that bring along heavy losses. The middle and lower reaches of the seven major rivers in China, totalling an area of about 800 000km^2, are exposed to the most serious risk of flooding to an extent that the gross domestic product (GDP) of these risk areas remains 70% of the national aggregate. Annual nationwide losses caused by flooding disasters amount to nearly 70% of the national GDP. Perennial national losses lie between RMB 80 and 110 billion(Chinese yuan). In the 1990s, China faced six years of catastrophic floods in major river basins. Some localities suffer from flooding disasters every year. Upland disasters such as flash floods, landslides and debris flows usually cause many casualties. On average, seven typhoons ravage the coastal area of China every year, which often bring along storms and heavy losses. In 1931, catastrophic floods hit the Yangtze and Huai River basins, destroying over 8.9 million hm^2 of arable land and killing 365 000 people.

In the last 55 years, flooding and waterlogging have affected a total land area of 9.3 million hm^2 and on average killed nearly 5000 people annually in China. In 1998, the catastrophic disaster along the Yangtze and others resulted in direct nationwide economic losses of over US $30 billion.

China has another ancient saying "each and every drop of water is as precious as edible oil" in light of drought and water shortage in China. If floods hit the river basins, droughts affect vast expanses of areas. Although droughts are not as swift and violent as floods, they are more extensive in scope and duration. The impacts of droughts take time to cumulate, when people might be too late in realizing the existence of droughts. The beginning year of Emperor Guangxu's administration during the Qing Dynasty experienced a devastating drought. Rivers dried up and barren arid land extended to tens of million hectares; 200 million people were affected, accounting for more than half of the then Chinese population. In 1920, five provinces suffered severe droughts affecting more than 20 million people and killing 500 000. In the last 55 years, droughts have annually affected over 21 million hm^2 of farmland on average and caused an average annual loss of over 14 million tons of grain. The severe drought of 2000 affected over 40 million hm^2 of crops and forced over 300 county towns or larger cities to arrange water in terms of time and quantitative limits. Some plain areas in East China have witnessed severe excessive extraction from shallow groundwater. The embedded depth of groundwater has declined from 3-4m several decades ago to around 12m at present. Currently 60% of Chinese cities suffer from water shortage, with 110 of them in serious shortage of water.

In China, we have another common phrase "flood and waterlogging disasters", because it is difficult to distinguish these two disasters as they usually accompany and influence each other. Too much and too swift inflow of rivers leads to breaches in embankments, and the consequent disasters. Excessive torrential rainfall exceeding the local drainage capacity leads to waterlogging disasters. Infiltration of large amounts of flooding water plus untimely drainage result in some localities in a rise of the groundwater table. That too leads to waterlogging disasters. In the vast plain areas, the floodwaters of a catastrophic flood and waterlogging get mixed up into vast expanses of water, hard to separate from each other. The Huai River basin is particularly affected by this phenomenon. To some extent, losses caused by waterlogging tend to exceed those caused by flooding disasters.

For the countries or regions where floods and drought or shortage of water coexist, overall consideration of "excessive water" and "water shortage" is an inevitable choice for mitigating losses. In fact, many flood-control works aim at multiple functions, i. e. mixing flood control and disaster mitigation with irrigation or drainage. While intercepting floods to reduce losses in the lower reaches, the reservoirs also increase the available water for irrigation to some extent. Dikes help prevent overflowing but also tend to increase the burden of draining off the waterlogged areas in the protected locality. On the other hand, concentrated draining out from a protected locality further adds to the burden of flood control along the concerned rivers. The sum of water drained intensively into the mainstream in the Yangtze River basin during the flood season can exceed $4000 \mathrm{m}^3/\mathrm{s}$. This is a significant issue for us to address. As such, it is imperative for us to consider fighting drought while controlling floods and vice versa. We will attach equal importance to flood control and combating drought, and take flood control/disaster mitigation and irrigation/drainage in an integrated manner into consideration.

3　Understanding of Flooding Disasters

China is a major country in water conservancy. It has practised water training for several thousand years and has acquired rich experience in flood control and disaster mitigation; gradually upgrading its understanding about flooding disasters, it has developed/improved its water-training philosophies and flood-control strategies.

We understand that flooding disasters possess both natural and social attributes. Without harming mankind, a flood will not develop into a disaster and whereby it may only be called a flood. Neither will floods grow into disasters without unreasonable human development activities. As such, mitigation of flooding disasters requires us to control floods to some extent, and more importantly, to provide a way out for floods and room for flood regulation and storage. For this purpose, we need to discipline and restrain human behaviour, reduce social activities that lead to flooding disasters to accomplish harmonious coexistence between man and the flood. With such efforts, we will be able to promote benefits, avoid hazards, and mitigate losses resulting from floods.

We understand that flooding disasters are both universal and regional. Flooding disasters may take place in all countries and regions with varying natural conditions and socio-economic status. However, these countries and regions may differ greatly in their specific problems and the countermeasures used to address these problems. In any case, all countries and regions embrace the same objective of reducing losses caused by flooding disasters.

We understand that flooding disasters have a particular regularity, abruptness and event variation. From the perspective of historical flood-disaster series and the whole situation of a specific region, a certain regularity might exist in the occurrence and development of flooding disasters. Nevertheless, flooding disasters tend to be swift and violent. Furthermore, each event of flooding disaster usually has its own particular features, is non-repetitive, and requires specific measures that correspond to the real situation.

We understand that floods are basin-specific, that surface water and groundwater are interchangeable and that the upper and lower reaches of a river, left and right banks and mainstreams and tributaries influence each other. A close relationship exists between floods and water quality, and between floods and other components in the process of water development and utilization. Flood control and disaster mitigation require integrated planning and relevant measures with the river basin as the basic unit. It also requires overall consideration of all related elements at a higher level and with a more extensive scope, i.e. overall consideration of requirements for flood control, combating drought, water quality and ecology.

We understand that exclusive dependence on flood-control works is insufficient and falls short of the objective of reducing losses, and therefore we need to implement flood management to create harmonious coexistence between man and nature. In this regard, we need to rationally define criteria for flood-control works and systems of flood-control works, rationally divide functions of flood-control works and develop scientific flood-control plans, flood-regulation programmes and flood-forecasting and warning systems. We also need to reform and innovate our management systems and operation mechanisms to gradually establish and improve a flood management system that disciplines human social activities, conducts risk management and regards floods as a resource. With all these efforts, we aim at enhancing our integrated ability of preventing and controlling floods.

We understand that floods are precious freshwater resources and control and mitigation must consider utilization-oriented resources of floods. China is a populous country with per capita water only reaching one-third of the world average. Due to impact of the monsoon climate, the precipitation in China is uneven in both spatial and temporal distribution. The precipitation of the flood season constitutes 60%–80% of the yearly aggregate. Interannual precipitation also changes greatly. An important and realistic issue for China is to make use of flood resources during the flood seasons, enhance flood regulation by upgrading its early warning capability and address water consumption such as irrigation and power generation in an overall manner while ensuring safety. Many countries in the world are facing similar issues.

We also understand that it is necessary to keep the traditional means of flood control and emergency response in place. However, flood control and emergency response involve high costs, having a major impact on normal production and life. Therefore, we need to study and improve ways and approaches for the control and emergency response in a continuous manner. During the flood control and emergency response along the Yangtze River and others in 1998, over 8 million people were engaged nationwide in the related work at the peak time, while the materials mobilized for the purpose were valued over RMB 13 billion in total. All related agencies participated in the activity.

We understand that flood control and disaster mitigation are a long-term task that requires us to disregard the conventional mentality of "major river-training activities in the wake of catastrophic water disasters". Flooding along rivers is a natural phenomenon that takes place in its own manner. Human society is constantly developing, hence the appearance of new problems is inevitable. While enhancing our emergency response to disastrous events, we should also proactively promote flood-control and disaster-mitigation measures that are ever alert for "responding to flood risks" and "reducing vulnerability". "Major *river-training* activities in the wake of catastrophic water disasters" claim a high price. For flood control and disaster mitigation, we must ponder, plan and arrange in advance.

4　Philosophies and Countermeasures for Flood Control and Disaster Mitigation

By constructing reservoirs and dikes along rivers, rectification and training of river channels, development and utilization of surface and groundwater resources, China has created relatively stable conditions for socio-economic development. Water conservancy has played an important role in addressing the historical Chinese headache of feeding its huge population. Water conservancy has also provided water for large-scale industrial and urban development that meets over one-fifth of the energy demand through hydropower development. Nationwide dikes have been constructed with a total length of 278 000km; river channels at all levels have been dredged and trained; 98 major areas have been developed for flood storage and retention, amounting to a total storage and retention capacity of 120 billion m^3; over 2000 large and medium-sized pumping stations have been constructed for the control of floods and draining of the waterlogged areas; 86 000 reservoirs of all types, having a total capacity of 566 billion m^3, protect over 12 million hm^2 of farmland. Water storage works have gained a 17% capacity for controlling the runoff of rivers; 1.06 million diversion projects have been developed with an increased storage capacity of groundwater projects reaching 82. 4 billion m^3. Current annual water supply in the country totals 646 billion m^3.

With socio-economic development and emergence of new issues related to flood control and disaster mitigation, we have enriched our understanding of flooding disasters and continuously improved on our philosophy in the subject. Over recent years, China has explicitly put forward new philosophies such as: "transformation from project-based water management to resource-oriented water management", "attaching equal importance to flood control and combating drought", "transformation from flood control to flood management" and "harmonious coexistence between man and flood". Accordingly, some new countermeasures have been adopted, for which effective works have been carried out on a large scale.

Publicize and consolidate the new philosophy of "flood control and disaster mitigation" or *"transformation from flood control to flood management"*. This complies not only with the Chinese national situation but also with the international trend of development in flood control and disaster mitigation. If the sprouting of an idea and concept needs a process, consolidation and implementation of the idea and concept also take time. Such a transformation requires extensive understanding and support of all social classes and the public in general.

Amend plans for flood control and disaster mitigation along major rivers. Floods are basin specific and as such the philosophies on water training and strategies for flood control and disaster mitigation need to be incorporated into river basin planning and training. Ever since the catastrophic floods along major rivers including the Yangtze in 1998, China has launched a new round of planning for flood control and disaster mitigation along major rivers to implement the new philosophy of water training and the new concept on flood control and disaster mitigation by adopting river basin planning to realize the objective of mitigating flooding disasters. At present, plans for the major rivers are basically complete. In order to reduce casualties in mountainous and hilly areas, China has developed special *plans for prevention and combating of flash floods*.

Improve the engineering system of flood control and disaster mitigation to upgrade the ability of preventing and resisting floods. Flood management needs to be supported by an engineering system that complies with relevant standards. Over recent years, China has greatly increased its input into water conservancy by consolidating risky flood-control works and addressing deficiencies in the flood-control engineering system as per relevant plans. As a result, China has remarkably accelerated the progress in eliminating deficiencies and consolidating the mainstream embankments or other risky flood-control works in middle and lower reaches of major rivers, thereby further enhancing flood-control capability of the mainstreams of major rivers and the rivers as a whole. In the future, we shall address the problem of inadequate standards for draining of the waterlogged areas by renovating drainage facilities and gradually upgrading the standards for drainage of farmland.

Appropriately expand the way out for floods and increase room for flood regulation and storage. In recent years, China has relocated residents in over 1460 polders along the Yangtze River basin in order to use these polders to increase the capability in regulating and storing flood from rivers and lakes thereby increasing the volume of flood regulation and storage along the rivers by approximately 13 billion m^3. At the same time, some flood-release areas between the dikes on the two banks of the mainstream of the Huai River have been decommissioned, while medium and small flood-release passes in the middle reach have been expanded and deepened. These planned efforts of dredging flood-release passes along river channels, at estuaries and by lakes connected with rivers have achieved remarkable results.

Compensate residents in flood storage and retention areas for losses due to flood diversion and upgrade operability of real-time flood regulation. Flood storage and detention areas in China are often inhabited by a large population but are usually insufficient in rescue facilities for the inhabitants and protection measures for properties. Often it is hard for the authorities to make a decision on flood diversion due to human casualties and post-disaster recovery. As such, the Chinese government has developed its compensation policy for flood diversion in such areas, i. e. providing corresponding compensation to the inhabitants after flood diversion commensurate with the losses suffered when their major properties and crops are inundated.

Improve the legal framework, amend flood-control plans and cater to the requirements of flood management. According to changing situations and requirements of flood management, China is making efforts to amend the national *Regulations on Flood Control*, and formulate the Practising Directions for Administering Flood Storage and Retention Areas, to promote the establishment of a system for assessing flood impacts, revising programmes for flood regulation along major rivers and studying/implementing flood insurance. Floods are a precious freshwater resource. We cannot just drain it and say "that is that". From the real need for flood control and disaster mitigation, China has already produced a list of key medium-sized reservoirs to this effect, and is considering adjustment of water levels of some large reservoirs during the flood season, so that floods can be used more as a resource while ensuring the safety of the reservoirs. China has also launched a pilot research programme on utilization of floods as a resource in some river basins and regions. The purpose is to present and restrain hazardous human behaviour. By relating to flood management, we shall not only protect mankind from floods but also protect floods from mankind.

Develop the national command system for flood control and combating drought and improve means for real-time command and regulation of flood control. The new philosophy on flood control and disaster mitigation has placed higher demands on flood regulation along rivers. At the moment, China is constructing the national command system for flood control and combating drought for the purposes of improving the existing means for collecting information on water regimes, upgrading methods for transmitting information, enhancing the ability to process and demonstrate information, increasing accuracy of flood forecasting and reinforcing real-time flood-regulation approaches.

Take relevant elements into overall consideration/arrangement in the course of flood control and use scientific means to regulate floods. Over recent years, China has changed the traditional mentality of pooling all resources to safeguard flood-control works and transmitting floods to the sea as soon as possible along rivers. Rather, China has strengthened real-time consultations at different localities among flood-control command authorities at the national, river-basin and provincial/municipal levels, to timely study and make decisions on important flood-regulation issues, regulate floods in a scientific manner, take into overall consideration flood control and disaster mitigation and water consumption for various purposes such as drought fighting, ecological protection/recovery and production. By doing so, China has not only reduced losses resulting from flood inundation, but also increased the utilization of floods as a resource. At present, water regulation is carried out in the Yellow River basin as well as in some of the rivers in West, Central and North China for the purpose of using floods as a resource and improving the eco-environment. These efforts have also achieved good results.

Attach great importance to international communication and cooperation in water management, flood control and disaster mitigation. Over recent years, we have established cooperative relationships with over 60 countries in the water sector. We have also concluded agreements with some countries for cooperation in flood management. With support rendered to us by the Asian Development Bank (ADB), we are now doing research on the Chinese strategy for flood management. Some provinces and regions are also considering pertinent programmes and measures in this regard. Furtherance of international communication and cooperation in flood control and disaster mitigation is of great significance for harmonious coexistence between man and flood.

Flood control and disaster mitigation are an important issue that most countries have to face in the course of promoting socio-economic development. Transformation from flood control to flood management has become a trend of international development. Not only are the developed countries looking towards sustainable development; even the developing countries are exerting great efforts to discuss issues and promote practices in this regard. Mitigation of flooding disasters requires long-term arduous efforts. The important point is that we start to act now, that we reinforce communication, that we cooperate with sincerity and that we make concerted efforts for the ultimate goal of harmony between man and flood.

对长江流域防洪规划的认识

刘 宁

摘 要: 长江干流全长 6300km, 流域面积 180 万 km², 占全国陆地总面积的 18.8%, 居住着全国约 1/3 的人口。流域内气候温和, 雨量丰沛, 多年平均水资源总量 9616 亿 m³, 占全国水资源总量的 36%。长江流域防洪规划始于 20 世纪 50 年代, 长江水利委员会在 1959 年编制的《长江流域综合利用规划要点报告》中就对长江流域的防洪进行了较为系统的规划, 1972 年、1980 年两次长江中下游防洪座谈会对其中的防洪规划又进行了系统的完善。基于对长江流域防洪形势演变的理解, 分析了新编长江流域防洪规划的特点, 并依据专家对该规划的审查, 讨论了规划触及的相关焦点问题, 最后给出了看法和意见。

1 长江流域防洪形势演变的探识

长江干流全长 6300km, 流域面积 180 万 km², 占全国陆地总面积的 18.8%, 居住着全国约 1/3 的人口。流域内气候温和, 雨量丰沛, 多年平均水资源总量 9616 亿 m³, 占全国水资源总量的 36%。长江洪涝灾害成为长江流域的心腹之患应该说是近代的事。清代学者魏源就曾经指出:"历代以来, 有河患而无江患"。据统计, 自西汉(公元前 206 年)至清末(1911 年)的 2117 年间, 长江水灾共 214 次, 平均约 10 年一次。长江愈到近代洪灾愈多, 灾情也愈严重; 唐代平均 18 年一次, 宋、元时期平均 5~6 年一次, 明、清时期平均 4 年一次。到民国时期, 长江中下游几乎年年闹水灾, 当时有"沙湖沔阳洲, 十年九不收"的歌谣。事实上, 隋代以前, 长江中下游平原人口稀疏, 湖泽众多, 洪水泛滥而损失有限。随着后来人口渐密, 洲滩筑堤、围垦掘沙活动增多, 长江水灾损失日渐严重。

1870 年长江上游普降暴雨, 上游出现了 800 多年来最大的 1 次特大洪水。金沙江、岷江、沱江、嘉陵江均发生大洪水, 很多县志都记载了这次洪水和洪灾的概况。如《合川县志》载:"大水入城, 深四丈余, 城不没者, 仅北廓一隅, ……房屋倾圮几半, ……国朝(按: 指清朝)二百余年未有之奇灾。"1931 年, 长江上游金沙江、岷江、嘉陵江均发生大水, 川水东下时又与中下游支流洪水遭遇, 造成中下游沿江堤防普遍漫溃, 洪灾遍及鄂、湘、赣、皖、苏等省市的 186 个县市, 受灾面积达 13 万 km², 淹没农田 339.3 万 hm², 被淹房屋 180 万间, 受灾民众 2850 万人, 其中被淹死亡者达 14.5 万人。

1954 年和 1998 年洪水, 是中华人民共和国成立后发生的典型大洪水。1954 年 100 年未遇的大水, 使长江中下游的湘、鄂、赣、皖、苏境内的江湖圩堤几乎全部溃决,

原载于: 人民长江, 2006, 37 (9): 1-4.

317 万 hm² 农田、428 万间房屋受淹，受灾人口 1888 万人，死亡 3 万余人，受灾县市 123 个。其中湖北省，灾民 926 万人，淹死 30 582 人，京广铁路不能正常通车达 100 天。1998 年，由于受厄尔尼诺的影响，气候异常，长江发生继 1954 年以来又一次全流域性大洪水，长江宜昌 7~8 月先后出现 8 次洪峰，来势凶猛的洪水虽经数百万军民英勇拼搏并有数十年来建设的防洪工程发挥重要作用，使灾情控制在最小范围内，但仍导致长江流域遭受严重的灾害，长江中下游干流和洞庭湖、鄱阳湖共溃垸 1075 个，淹没总面积 32.1 万 hm²，其中耕地 19.6 万 hm²，涉及人口 229 万人，中下游 5 省死亡 1562 人（大部分死于山区的山洪、泥石流）。

一般来说，长江流域发生洪水有如下特点：①降水分布广、强度大，洪灾分布广泛，灾情重。如 1935 年汉江、澧水大洪水，1931 年、1954 年、1998 年等全流域性大洪水造成的损失都非常大。②中下游干流洪水峰高量大、持续时间长。据历史资料统计，自 1153 年以来，宜昌流量超过 8 万 m³/s 的达 8 次，1954 年洪水持续时间长达 2 个多月，汉口 60 天洪量达到了 3830 亿 m³。③虽然长江中下游干流河道具有较大的泄洪能力，但与足量宣泄洪水仍有相当大的差距，超额洪峰洪量都很大。如 1954 年洪水当年分洪溃口水量达 1023 亿 m³。④上下游、左右岸的防洪关系复杂、矛盾突出，江湖关系的变化导致了长江中下游干流水位流量关系变化，对防洪造成影响。

1998 年大洪水以后，长江防洪体系建设取得了重大进展，防洪能力大幅提高，防洪形势发生了新的变化。①三峡等关键性控制工程的修建提高了洪水的控制能力。三峡工程于 1994 年开工建设，2003 年开始蓄水、发电、通航，建成后可使荆江河段防洪标准由目前约 10 年一遇提高到 100 年一遇，长江中游的防洪能力将得以显著提高。最近长江上游金沙江河段的溪洛渡水电站、雅砻江上的锦屏一级水电站均已开工建设，无疑将对长江防洪体系起到重要的支撑作用。但是，三峡工程建成后，由于清水下泄，中下游河床将发生长距离的沿程冲刷，河势、江湖关系可能发生变化，做好应急处置预案十分重要。②长江堤防加固提高了抵御洪水的能力。"十五"期间，长江中下游 5341km 干支流堤防得到加固，使之达到了设计防洪标准，长江防洪状况得到较大改善，防洪能力大为提高。③平垸行洪、退田还湖等措施的实施提高了调蓄洪水的能力。1998 年大洪水后，对长江中下游 1400 余处圩垸实施了平垸行洪、退田还湖，恢复水面面积 2900km²，恢复调蓄容积约 130 亿 m³，还对部分干支流河道、洞庭湖区、鄱阳湖区进行了整治及清淤疏浚，加强了重点分蓄洪区安全建设和重点城市的防洪工程建设。④流域经济社会发展对防洪的要求越来越高。构建社会主义和谐社会，安全发展、可持续发展对防洪工作提出了新要求。随着长江流域经济发展，人口增长，城市化和城市规模的日益扩大，基础设施建设增加，社会财富日益增长，若一旦发生大规模洪灾，造成的损失将不可估量。面对经济社会的可持续发展以及人们物质与精神生活水平的提高，加强防洪保安工作，化风险为平夷，进行有效的洪水管理，是人水和谐相处的新要求。⑤科学发展观要求妥善处理人与洪水的矛盾。长期以来，由于人口的增加，人们过多地利用洪泛区或逐渐的侵占江、河、湖滩地，与洪水争地，缩小了江湖调蓄场所。因此，如何在科学发展观的指引下，协调好人与自然的关系，处理好人与洪水的矛盾，给洪水以出路，是人水和谐相处的重要课题。⑥河道采砂对防洪的影响不容忽视。长江江砂是良好的建筑材料。长期以来，由于受利益驱动、监管不力等因素影响，长江非法采砂活动猖獗，乱采、滥挖严重，引起河势变化，造成控导工程脱流，失去防洪作用，出现新的险工、险段、崩岸、塌滩，危及桥梁、涵闸、缆线、河道供水工程等基础设施和江河航运安全。从 2001 年开始，长江中下游各省严令禁止开采长江江砂，经过几年的整治，滥挖乱采长江江砂的现象得到有效遏制，一些河段已经开禁。如何科学合理地利用长江的砂石资源，确保防洪安全，亦是防洪保安工作的重要组成部分。

长江流域防洪规划始于 20 世纪 50 年代，长江水利委员会在 1959 年编制的《长江流域综合利用规划要点报告》中就对长江流域的防洪进行了较为系统的规划，1972 年、1980 年两次长江中下游防洪座谈会对其中的防洪规划又进行了系统的完善。1990 年长江水利委员会按国务院有关部门的要求编制的《长江流域综合利用规划简要报告》中，对长江流域的防洪规划进行了系统的补充和修订，并获得国务院的批准。随后又于1992 年编制完成《长江中下游蓄洪防洪规划》。随着我国经济的发展、国力的增强、人们对洪水认识的不断加深以及水情、工情的变化，原防洪规划在某些方面已与社会、经济发展和要求不相适应，及时修订长江流域防洪规划以顺应防洪形势的演变，尤显紧要。

2　对长江流域防洪规划特点的浅析

1999 年 3 月，水利部要求长江水利委员会按照 1998 年国家颁布的《防洪法》全面展开规划工作。几年来，长江水利委员会会同流域内各省（自治区、直辖市）共同开展防洪规划编制工作。从规划任务书、技术大纲到各阶段的规划工作，多次向水利系统内外的有关专家进行咨询，征求各省（自治区、直辖市）水利厅、局的意见，进行了多次反复修订和调整。2005 年 1 月 21 日，水利部组织召开长江流域防洪规划审查会，审查通过了长江流域防洪规划。

新编《长江流域防洪规划》在指导思想上有了新的突破，根据防洪出现的新情况，将人水和谐，给洪水以出路，大力加强非工程措施建设，满足社会经济可持续发展的指导思想贯穿于规划始终，并在规划工作过程中得到了充分体现。

（1）开展了大量基础研究工作。本次防洪规划，按照科学发展观和治水新思路的要求，系统分析了长江流域的自然条件、防洪特点以及防洪面临的新形势。收集了流域新的水情、工情、水土保持、生态环境、经济社会等基本资料，开展了大量的水文、勘测工作。根据长江防洪体系的建设情况，对三峡工程建成后对长江中下游的防洪作用和影响进行了专题研究；从全局的高度，对上游干支流控制性水库防洪库容的安排进行了专门论证。大量基本资料和分析研究工作的开展，为规划的编制奠定了良好的基础。

（2）深入开展了江湖关系研究。洞庭湖、鄱阳湖为长江中下游最大的两个通江湖泊，对调蓄长江中下游洪水，起着非常重要的作用。本次规划对江湖关系的变化及"两湖"的调蓄作用进行了深入研究。对荆江三口建闸、簰洲裁弯、螺山扩"卡"、鄱阳湖湖口控制等关系复杂、影响面广并为社会各界广泛关注的问题，规划采用新技术，开发研制了宜昌—大通（包括洞庭湖、鄱阳湖）河湖仿真一、二维混合非恒定流数学模型、江湖联算水沙模型，并进行了深入的分析和演算，得到一些新的成果。

（3）增加了体现治水新思路的防洪措施。长江中下游洪水峰高量大的特点，决定了长江防洪必须采取综合措施，本次规划在基本肯定原防洪体系的基础上，按照以人为本、人水和谐的新理念，贯彻了"封山植树、退耕还林，平垸行洪、退田还湖"的要求，符合长江中下游防洪实际。规划强调了分蓄洪区的地位，并提出近期要重点建设分蓄洪区，以适应遇大洪水分洪需要；规划提出了挖掘已有水库防洪潜力和增加部分新建水库防洪库容等措施。对分蓄洪区管理、洪水保险、水库防洪调度管理等方面也进行了全面规划。

（4）预测了三峡工程建成后防洪形势的变化并进行规划布局。三峡工程是长江综合治理开发的关键工程，三峡工程建成后，对长江防洪的影响主要为：①使得荆江河段的防洪形势得到根本性的改善，遇大洪水，中下游分洪量会大幅减少；②上游干支流水库在有了三峡水库作为防洪关键性控制工程的条件下，可以联合调度，发挥更大的防洪作用；③由于水库的调节作用，相当长时期内三峡水库下泄水流的含沙量明显减少，坝下游河道将发生冲淤调整，引起河道的泄流能力、槽蓄量及荆江三口分流等的变化。在规划中对有利与不利因素都给予了较充分的研究。此外，规划还提出了进一步扩大金沙江及上游各支流水电站防洪库容，与三峡工程联合运用，进一步提高中下游防洪标准的方案；对堤防按新的规范要求划分了等级；对分蓄洪区按远近结合、分期实施的原则区分类别，分别提出了安全建设的安排意见。

总体看来，此次规划成果符合实际并具有前瞻性，各项专题研究充分利用了反映现状的最新资料，同时结合了最新研究成果，在全面深入总结历次大洪水防汛经验、教训及考虑流域经济社会发展对防洪新要求基础上，提出的防洪规划措施不仅紧密结合长江流域的防洪实际，而且综合考虑了三峡工程、金沙江开发梯级及支流水库的防洪作用及长江堤防建设的效果，反映了防洪体系的动态变化，对现阶段和今后一段时期的防洪工程建设具有指导意义。照此规划实施，长江流域将逐步建成以堤防为基础，三峡工程为骨干，干支流水库、蓄滞洪区、河道整治相配合，结合水土保持等措施以及其他防洪非工程措施构成的综合防洪体系后，可显著提高长江防洪标准，避免遇特大洪水时可能发生的毁灭性灾害，对长江流域经济、社会、环境的可持续协调发展起到巨大的推动作用。

3　规划触及的相关焦点问题讨论

3.1　关于三峡工程建成后对长江中下游的防洪影响

三峡工程建成后将对长江防洪形势产生较大影响。三峡工程的防洪作用与三峡工程的防洪调度密切相关。本次规划提出先按对城陵矶补偿调度方式进行超额洪水的安排，待三峡水库防洪调度方式确定后，再根据研究成果适时调整。为此，应抓紧三峡水库防洪调度方式的研究，全面分析各种调度方式的防洪作用以及对水库泥沙淤积的影响，权衡各方面关系后慎重拟定。三峡水库蓄水运行后，将使大坝下游河床发生长距离、长时段的沿程冲刷。根据三峡水库蓄水以来的观测资料，2003 年 6 月至 2005 年

10 月，三峡入库（清溪场站）悬移质泥沙 6.26 亿 t，出库（黄陵庙站）悬移质泥沙 2.51 亿 t，不考虑三峡库区区间来沙，水库淤积泥沙 3.75 亿 t，水库排沙比为 40%，下游荆江河段发生了相应冲刷，观测结果与研究成果定量的对比，还需考虑上游来沙量减少等因素做进一步分析。河道的冲刷一方面可以降低河段各级水位，有利于长江洪水宣泄；另一方面长时期低含沙率的库水下泄，也会对堤防安全、江湖关系、洪水地区组成与超额洪量分配等产生影响，进而对长江中下游的防洪形势产生较大的影响。三峡工程运用后坝下游各河段河床冲刷在时间和空间上存在的差异，使宜昌至武汉段各站的水位流量关系随着水库运用时期不同而出现相应的变化。规划提出抓紧实施荆江河段河势控制应急工程，确保三峡工程运用初期荆江河段的河势稳定和防洪安全，非常符合该河段防洪形势的要求。今后还要继续加强观测，采用防洪大模型、数学模型等手段，不断深入开展研究，及时掌握其变化。

3.2 关于螺山水位流量关系和城陵矶防洪控制水位

螺山水位流量关系事关长江中下游地区超额洪量的分配和防洪总体部署，涉及上下游、左右岸的相互关系。但受洪水地区组成、洪水涨落过程、河段冲淤变化、下游变动回水顶托及分洪溃口等因素的影响，螺山水位流量关系非常复杂。在高水位时，同一水位的流量有时相差 10 000 ~ 20 000 m³/s，同一流量的水位变化达 1 ~ 2m。根据有关研究，多年的螺山水位流量关系表明，低水有一定抬高，高水变化不大，并且三峡工程建成后还会发生新的变化。这次防洪规划仍以校正流量 65 000 m³/s 为基础，同时也针对了螺山水位流量关系复杂的特点，研究分析了若出现实时泄量偏小时，对本地区防洪的不利影响及相应的对策措施。通过采取把城陵矶附近河段堤防的超高在原规定的基础上增加 0.5m 及先行建设分蓄 100 亿 m³ 超额洪量分蓄洪区，以缓解该地区的防洪紧张局面，为实时洪水调度提供了机动条件。规划中螺山水位流量关系采用的是平均情况，应考虑对城陵矶防洪最为不利的水位流量关系，提高城陵矶及洞庭湖区的防洪运用水位。此外，还要考虑三峡工程对城陵矶进行补偿调度的影响。鉴于影响螺山水位的因素非常复杂，今后还要继续进行河道、水位观测分析，不断积累资料，进一步加强研究。

3.3 关于分蓄洪区建设

蓄滞洪区是长江防洪体系中的重要组成部分，是分蓄超额洪水的主要工程措施。随着经济社会的发展，国家和地方对防洪工程的大规模投资建设，特别是随着三峡工程的即将建成，长江的防洪形势将会发生变化，部分分蓄洪区的运用标准提高到 100 年一遇以上，使用的概率大大减少。目前分蓄洪区建设任务繁重，分蓄洪区内经济发展和投资环境受到限制，居民生活难以改善，生态环境不断恶化，与全面建设小康社会的目标不相适应。因此，对现有分蓄洪区进行合理分类、恰当定位、分步建设是非常必要的。对不同类别的分蓄洪区，应当采取不同的规划思路，并加大投入力度，分轻重缓急，分期分批地安排防洪工程与安全设施建设，争取尽快达到防洪规划的标准，在防洪减灾中发挥应有的作用。另外，在加强硬件设施建设的同时，也要重视分蓄洪区的建设模式和管理，分蓄洪区建设应体现以人为本的思想，但目前对分蓄洪区的建设模式研究不多。

城陵矶附近 100 亿 m³ 蓄滞洪区工程是国务院在国发〔1999〕12 号文中，针对 1996 年和 1998 年长江防洪问题提出的近期建设项目，工程建成后不仅能大大缓解城陵矶附近的防洪紧张局面，而且对洞庭湖的防洪和保护武汉市及荆江大堤的安全也将起到重要作用，因而在长江流域防洪规划中被列为第 1 类分蓄洪区。近期要在妥善处理人口搬迁安置问题的基础上，加快该项工程建设的进度。

3.4　关于上游水库的联合调度

上游水库是长江流域防洪体系的重要组成部分。随着西部大开发战略的实施，长江上游水电开发建设进程加快，雅砻江锦屏一级、金沙江溪洛渡等水电站相继开工建设，发电与防洪的矛盾日益显现。一些水库未留足防洪库容或没有按规划的水位进行建设；一些干支流的流域综合利用规划仍然以发电为主，没有充分考虑其应对中下游承担的防洪任务；还有一些已建成的水库，没有明确其应承担的防洪责任，汛前、汛期难以实行统一运行调度。水电开发需充分考虑防洪的要求，留足防洪库容，同时需贯彻保护中开发的原则，妥善处理好大坝建设与生态环境保护的关系，解决好移民安置问题。这次规划对上游水库进行了合理布局，提出了金沙江梯级等干支流水库应进一步扩大防洪库容，与三峡工程联合运用，进一步提高中下游防洪标准的意见，已得到普遍认同。为充分发挥水库的防洪作用，今后还需研究已建及拟建水库联合调度方式。

3.5　关于支流及"两湖"的防洪问题

长江主要支流洪水及汇集于洞庭湖、鄱阳湖的洪水都很大，目前支流及两湖防洪能力较低，防洪问题越来越突出。规划确定了主要支流防洪保护区及两湖重点圩垸的防洪标准，进行了合理布局。应遵循"江湖两利""上下游兼顾"的原则，在处理好与干流防洪关系的同时，加强支流和"两湖"的防洪建设。1996 年、1998 年洪水反映出城陵矶附近区防洪矛盾较突出，三峡水库蓄水运用后，三口分流分沙减少，将使进入洞庭湖的水沙减少，为改善和调整江湖关系，争取实现江湖两利，提供了极好的机遇。

洞庭湖和鄱阳湖与长江干流联通，江湖洪水互为吞吐，构成了十分复杂的江湖关系。正确处理江湖关系是长江中下游防洪的主要内容，需根据新的情况变化，对江湖关系的现状、动态变化及其机理进行进一步分析研究；簰洲裁弯在远景还要进一步研究；鄱阳湖控制工程有利有弊，需进一步深入开展工作；松滋建闸的防洪作用较明显，要尽快实施。

3.6　关于河口整治

河口地区是经济发达地区，规划确定了河口地区的防洪标准和防洪总体布局，提出长江河口段护岸工程应从有利于防洪、航运、港口、城镇建设及沿江工农业生产发展的需要，结合本河段特点、河床边界及河势变化发展趋势等分析确定。随着经济的高速发展，长江两岸岸线利用与河势控制的矛盾、滩涂围垦与行洪的矛盾日益突出，需加强管理，协调好经济发展与防洪的关系。此外，在上海水源地的建设方面，由于黄浦江上游水源供水已趋极限且水质有恶化现象，上海将在解决长江口咸潮倒灌等棘手问题之后，逐步以水质较好的长江水作为上海城市供水的主要水源，近期上海市组织召开了长江口水源地评估审查会，对长江口青草沙、没帽沙等水源地选址方案进行了专业技术审查。在长江口航道整治方面，"九五"以来，在长江下游实施了长江口深水航道一、二期工程，长江口航道水深由原来 7m 提高到 10m，2005 年 10m 深水航道已经延伸到南京。

3.7　关于防洪非工程措施

防洪非工程措施是通过法令、政策、经济手段和工程以外的其他技术手段，以减少洪灾损失的措施。目前长江流域防洪体系里防洪非工程措施还很薄弱，防洪管理的问题非常突出，经费、机构等尚难满足新的要求。这次规划中增强了防洪非工程措施的内容，提出在 3～5 年时间建设长江防汛指挥系统，制定防御超标准洪水预案，制订相关蓄滞洪区管理条例，研究洪水保险实施意见，加强河道、湖泊和蓄滞洪区的管理等。但有关洪水管理、防洪风险管理、防洪调度的内容还不够突出，要积极研究防洪风险管理的具体实施方案，编制洪水风险图，划定风险等级；要开展洪水保险的研究，尽快出台适宜的洪水保险制度，制订实施意见；还要加强防洪社会管理、超额洪量安排、洪水预警预报系统以及管理设施等方面内容的研究。此外，长江防洪模型已正式投入使用，有助于研究三峡工程建成后长江中下游防洪形势及对策措施中的重大技术问题，可为防洪规划、工程建设和防洪决策提供坚实的科学依据和技术保障，今后要充分发挥该模型在防洪研究方面的作用。

3.8　关于规划的实施与动态调整

由于外界条件的不断变化，任何规划都不可能一劳永逸、一蹴而就，都需要根据情况的变化进行动态调整。对于长江防洪规划，由于三峡工程尚未完建，长江上游水电开发方兴未艾，水利水电工程对下游河道的冲淤影响尚在研究，长江防洪情势处在不断发展变化当中，因此在防洪规划的实施过程中，必然会进行动态调整。特别是在一些定性的说法、规划目标以及关键数据上，要尽可能衔接。为此，要特别关注下述 3 方面的情况。

（1）病险水库及排涝泵站的除险改造。病险水库的存在，严重威胁着水库下游的防洪安全，排涝泵站的老化失修不仅降低了灌溉能力，同时涝水不能及时排除，也会加重淹没损失。据统计，仅江西省就有各类水库 9286 座，其中 3428 座急需除险加固；而湖北省排灌泵站的老化率则高达 60%～70%。随着时间的推移，长江流域水利工程的老化失修现象将趋向严重。因此，必须也必定要进一步加大病险水库及排涝泵站的除险改造力度，提高长江洪水的调控能力。

（2）城市防洪体系建设的进一步完善。城市是区域经济的主体和核心，城市群在区域经济中具有重要地位。沿着横贯中国东西的长江，分布了我国中部地区的 19 个大中城市，而中部城市经济占到中部地区生产总值的 19%。经过 50 多年的建设与发展，长江经济带的"城市走廊"已成为我国重要的经济发达地区，形成了以上海、南京为中心的长江下游经济区，以武汉为中心的长江中游经济区，以重庆、成都为中心的长江上游经济区。随着长江流域城市化进程的加快、城市群的扩展，城市的地位愈来愈重要，加大城市防洪体系建设势在必行。

（3）发展"黄金水道"的水运交通。长江干流流经7省2市，是我国唯一贯穿东中西部的水运大通道。长江水系水运量占全国内河总量的80%，2004年长江水系水运货运量12.6亿t，占流域全社会运量的20%以上，已超过了美国的密西西比河和欧洲的莱茵河，是目前世界上内河运输最繁忙、运量最大的通航河流。为进一步提高长江航运在经济中的作用，国家提出了要合力建设长江"黄金水道"的目标。运力要发展，通航能力要提高，必须对航道进行整治。从世界各国水运发展的经验看，航道整治必须与河势控制相结合。三峡工程运行后清水下泄、河床下切、水位下降，部分水道坡陡、水浅、流急，特别是荆江河段浅滩众多，堤防滩地保护、河势控导尤为重要，因此发展水运交通，确保河势稳定、防洪安全是今后一项关键任务。

4　结论

新编长江流域防洪规划，是为了适应长江流域防洪形势演变的新要求，为防洪体系建设服务。新编规划对一些焦点问题进行了深入研究，成果丰硕。笔者认为：

（1）为进一步完善长江流域防洪体系，提高防洪能力，新编长江流域防洪规划是十分必要的。该规划对长江流域防洪体系建设，保障经济社会全面、协调、可持续发展具有重要意义。

（2）该规划在以往规划的基础上，与相关规划衔接，充分利用有关研究成果，认真总结长江治理的经验，系统分析了长江流域的自然条件、防洪特点，以及三峡工程建成后的防洪新形势，指导思想正确，目标明确，资料翔实，内容全面，重点突出，布局合理，措施基本可行。

（3）该规划提出的以堤防为基础，三峡工程为骨干，干支流水库、蓄滞洪区、河道整治相配合，结合平垸行洪、退田还湖、水土保持及非工程措施组成的防洪减灾体系及长江中下游防洪总体布局基本合理。

（4）该规划提出的堤防规划和重点河段整治规划及其他河段的治理意见，蓄滞洪区建设规划，水土保持规划，水库总体规划意见，主要城市防洪规划意见以及防洪非工程措施规划等基本合理可行。应分轻重缓急，统筹安排，分期建设。

（5）应继续深入研究三峡水库的防洪调度方案，及其对下游河道冲淤的影响。密切关注河势变化，并针对可能发生的新情况，及时采取应对措施。由于螺山水位流量关系的影响因素多且复杂，有些因素尚在变化中，在防洪规划实施过程中应加强观测，不断充实新资料，分析新情况，深化江湖关系和城陵矶控制水位等问题的研究。

现代大坝安全管理的理念和内涵

刘 宁

摘 要：大坝风险管理是一种以风险为核心，以事前主动预防为特征的现代大坝安全管理，和传统的大坝安全管理体系相比较，融入了较多的新理念，如以人为本、工程风险、预防为主、工程与非工程措施并重、制度化文件化管理等。这种管理体系主要由风险分析、风险评价和风险处置三部分组成，具有事故与风险、预防与控制两大核心，运行、维护与监测的制度化管理（OMS手册）、应急预案（EPP）和大坝除险加固等是其基本工作。国外20多年的经验已经证明了该体系的有效性，建议根据我国大坝安全管理的实际情况，逐步向这种现代管理模式过渡。

1 概述

我国已有8.7万多座水库大坝，其中绝大多数修建于20世纪70年代以前。由于历史的原因，很多水库大坝先天不足，后天失调，约有40%左右的水库是病险水库，给水库大坝的安全管理带来了极大的压力。我国水库大坝安全管理的发展和社会经济发展紧密相连，已经经历了三个发展阶段。第一阶段是从中华人民共和国成立到1978年改革开放，以粗放管理为特点。第二阶段是从改革开放到20世纪90年代末，以法规制度建设不断完善，管理水平不断提高为特征，我国水库大坝的安全状况得到极大改善，大坝年平均溃坝率大幅度下降，大坝安全管理的法制化和规范化不断完善。第三阶段是从21世纪开始，以水利工程管理体制改革和病险水库除险加固为特征，大坝安全管理从计划经济逐步向市场经济转化，正面临着前所未有的发展机遇。

20世纪80年代后，国外在大坝安全管理领域率先引入了"风险"理念，采用大坝风险管理的方式，对大坝安全进行管理。20多年来大坝风险管理发展很快，发达国家在大坝风险管理领域的成功，使得大坝安全管理进入一种现代管理模式。

我国从20世纪90年代开始对大坝风险评价、溃坝风险、溃坝经济分析、蓄滞洪区洪水演进、溃堤过程等开展研究，并进行了一些典型应用，但目前还属于起步阶段。进入21世纪，风险理念开始在我国迅速传播，"风险"已成为一个高频率用词。虽然目前在大坝安全领域中"大坝风险"已成为一个社会关注的热点问题，然而"大坝风险管理"对大家来讲，仍然是一个较为陌生的概念。笔者拟从大坝风险管理的理念和内涵予以阐述。

原载于：中国水利，2008，（20）：6-9。

2 大坝安全管理中的新理念

2.1 以人为本的理念

"风险"的理念包含了两层含义，即事件发生的概率（可能性）和事件发生导致的后果两个方面的乘积。所谓大坝风险，就是大坝发生溃决事件的概率（可能性）与溃坝后果的乘积。溃坝后果中最重要的是下游居民的生命、财产的损失。大坝风险管理就是通过对大坝风险的管理，规避和降低大坝风险，把这种风险控制在下游居民和政府可以接受的水平。国外多是采用生命损失数量标准来衡量和控制风险，因此大坝风险管理的基本理念就是"以人为本"，提出了水利工程对下游的公共安全问题。这和21世纪我国政府提出的"以人为本"的执政理念是一致的。政府执政从根本上说是以提高人民生活水平和质量，满足人民需求为目标的。在水利工程建设与管理方面的体现，就是要关注工程对人民的影响，特别是对生命安全的影响。"以人为本"的理念，就是强调了风险和效益同样重要。这种理念，不但要求我们关注工程安全以求得效益，更要求关注水库大坝的存在给上下游的公共安全带来的影响。2006年初国家发布了《国家突发公共事件总体应急预案》《国家防汛抗旱应急预案》，正是"风险"理念的体现。

2.2 工程风险的理念

50多年来大坝安全管理的目标是保证大坝安全，就是通过管理使得大坝工程能够保持良好的状态，安全运用，实现设计效益。只要大坝工程各个组成建筑物没有出现明显的问题，能够按设计运用，大坝安全管理的目标就实现了。这是一种"工程安全"的理念。在工程安全的理念下，大家关注的是事故，围绕着事故和险情，进行维护或加固。然而现代大坝风险管理的目标是在风险管理和控制的框架下，有效规避风险，保障水工程能够持续发挥效益和作用，或者降低和转移大坝风险，将风险控制在公众和政府可以接受的水平。风险管理同时包含了工程不安全和下游不安全两个方面。工程不安全体现在大坝溃决的可能性，下游不安全体现在溃坝导致的损失。因此大坝风险管理不仅要通过管理使得大坝工程是安全的，而且要通过管理，当大坝不安全时，下游的损失是最小的，风险是社会和公众可以接受的。在这个理念中，还包含了两个重要概念：一是风险永远不会是零。无论多么坚固的大坝，在某种条件下，仍然可能出现破坏甚至溃决，比如超标准洪水或地震或其他严重地质灾害。为此大坝风险管理应考虑所有的破坏模式，包括各种极端情况。二是大坝需要承受适度风险。这个"适度风险"是多大，应根据当地社会经济发展状况和公众可接受的风险标准来确定。

2.3 预防为主的理念

我国传统的大坝安全管理是以事故为中心、以抢险为核心的事后的被动的管理体系，而现代大坝风险管理是以风险为中心、以预防为核心的事先的主动的管理体系。大坝溃决是个发展很快的过程，必须事先做好一系列复杂的准备，才有可能在突发事件下从容应对。为了降低风险，必须事先充分了解在外部荷载下大坝发生事故的部位和严重程度。如果出现突发事件，影响范围有多大？受影响的群众什么时候开始撤离？往哪里撤离？如何组织？这一系列问题必须事先就要清楚。从风险理念出发，它的管理必须是事先的，以预防为主的。预防体现在两个方面：一方面预防破坏事故的出现，为此必须对有缺陷的大坝进行针对性的处置，其中一种方法就是通过工程加固进行除险。另一方面是预防突发事件发生后群众不能及时撤离，为此需要进行应急预案的编制，事先做好可行的、有效的预案。

2.4　工程措施与非工程措施相结合的理念

降低风险的办法有两类：一类是采用工程措施对大坝的病险与隐患进行加固处置，降低大坝溃决的概率（可能性）。但是工程加固是不可能将破坏概率降低为零的，加固到一定程度后，加固效果并非随加固经费的增加而线性增加。即使加固质量很好，一段时间后，大坝又可能出现其他新的病险，加固并非是一劳永逸的。另一类是非工程措施，如加强安全管理、加强管理设施的建设、做好突发事件的预测预报预警，编制应急预案等。国外的经验已经证明工程和非工程措施的综合利用，是最有效降低大坝下游风险的措施。我国 2003 年颁布了《水库降等与报废管理办法（暂行）》，其主要思路是通过制度建设，确立水库降等与报废在水库安全管理中的重要地位，增加强制性，推动规范化，减少随意性，促进水库安全的综合管理，增强水库安全管理措施的多样性与合理性。2007 年，我国又颁布了《水库大坝突发事件应急预案编制导则》等，对水库大坝的应急预案编制及应急管理提出了明确要求，这些正是工程措施与非工程措施相结合理念的体现。

2.5　制度化、文件化管理的理念

现代大坝风险管理是个复杂的、技术性与协调性要求很高的体系，在日常的运行、维护、监测过程中某一环节处理不当，就有可能降低体系的有效性。因此发达国家在大坝风险管理中引用了制度化、文件化的管理模式和理念，根据事先规定的制度进行安全管理，即使领导和技术人员发生变化也不会影响到风险管理的正常开展。突出的两个方面是"运行、维护、监测手册"（即所谓 OMS 手册）和应急预案（即 EPP）。每座水库根据事先制定的 OMS 手册和 EPP 操作，年底编制"大坝安全年度报告"，根据年度报告的意见，每年修正完善上述文件。和我国传统的大坝安全管理相比，它的制度性和有效性更加明显。

3　大坝风险管理框架体系

大坝风险管理是以风险为理念对水库大坝的管理，可以用在不同的层次上，如可以对一个地区、一个省乃至全国的水库大坝进行风险管理，也可以对每座水库大坝进行风险管理。大坝风险管理框架如图 1 所示。

图 1 中，风险确认是鉴定风险的来源和它们的影响范围，为风险评价做准备。风险评价是一个决策过程，主要包括风险分析和风险评估。如果评价结果认为风险已经

不能接受，需要进入风险处置程序以降低风险。

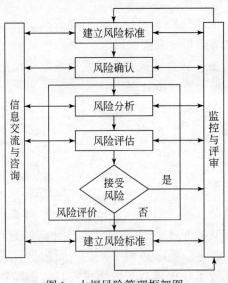

图 1　大坝风险管理框架图

3.1　大坝风险分析

根据风险的定义，大坝风险分析包括了两部分内容，即大坝溃决概率（可能性）分析和溃坝后果分析。

（1）溃坝概率分析。包括几个环节，由内因和外因引起水库大坝破坏的危险识别、破坏模式和破坏路径分析、每条破坏路径的破坏概率分析。将每条破坏路径的概率相加，就可以得到溃坝概率（可能性）。

（2）溃坝后果分析。溃坝后果包括生命、经济损失和社会环境影响 3 个方面。为了做好三个方面的评估，需要进行溃坝洪水分析，确定淹没范围及其严重程度。虽然在溃坝后果分析方面国外已经进行了 20 多年的研究，但由于国情的差别，很难直接在我国应用。我国在这方面的研究属于起步阶段。

3.2　风险评价

风险评价是检验和判断风险是否可以接受的过程，通过建立一套风险标准来检验和判断风险是否可以接受。风险标准包括生命风险标准和经济风险标准，生命风险标准包括单个风险标准、社会风险标准以及使风险在合理、可行情况下尽可能低的原则（ALARP 原则）。

3.3　风险处置

风险处置方法一般有如下四类。

（1）降低风险。包括降低大坝溃决可能性和减少溃决后果，前者如加固大坝、加强管理等措施，后者如应急预案和迁移风险人口等。

（2）转移风险。通过立法、合同、保险或其他手段将溃坝损失的责任或负担转移到另一方。国外的大坝保险是降低大坝风险的一个重要途径，我国已经意识到工程安全保险的重要性。

（3）规避风险。如果大坝风险不可接受，但降低风险的费用与取得的效益非常不相称时，可以通过大坝降等或报废来规避风险。

（4）保留风险。在降低、转移或规避风险之后的剩余风险，如果满足可接受风险标准就可以保留风险，不需要进一步处理。

4　大坝风险管理的核心

4.1　事故与风险

大坝事故与大坝风险是大坝风险管理的核心之一。为了理解事故会怎样发生，需要进行事故原因和发生机理的研究。为了发现事故，需要进行定期或不定期的检查，需要研究相应的隐患探测技术。为了理解事故的严重程度，需要进行评价和鉴定，需要研究评价和鉴定技术。为了处理事故，需要进行日常的维护或除险加固，需要研究加固技术。为了了解下游风险有多大，需要研究各类荷载或人类活动下，所有可能发生的事故，并研究这些事故是否会导致大坝溃决事件的发生，需要研究大坝风险分析技术。为了了解大坝风险是否能够被下游社会和公众所接受，需要研究社会和公众能够接受的风险是多大，也即需要研究风险标准。

4.2　预防与控制

风险管理的重要环节就是加强工程风险的预报、预警和评估，及时地采取防范、补救措施。因此，预防和控制是大坝风险管理的另一个核心。研究事故和风险的目的是为了预防和控制事故和风险。为了预防，必须加强大坝的安全检查和监测，研究如何进行更有针对性和有效性的监测和数据分析。为了预防的有效性，必须要编制运行维护与监测手册，加强法制化、规范化的日常管理。为了控制事故和风险的发展，需要对事故和风险的严重程度进行预测预报预警，研究大坝实时安全性态的预测预报预警技术；为判别大坝一旦不安全对下游的影响有多大，所以需要研究溃坝洪水风险图制作技术，洪水损失评价技术。为了尽量减少下游损失，需要研究应急预案和应急管理技术。为了将下游风险控制在一定范围，需要研究风险管理技术，通过动态的工程与非工程措施，控制风险，需要研究除险加固、降等报废或综合治理的技术，并优化决策。

5　结语

（1）风险管理是以风险可能造成的损失结果为对象，根据成本和效益比较原则，选择成本最低、安全保障效益最大的风险处置方案。因此，风险管理决策属于不确定性决策。正是由于不确定性的存在，决策人的主观反应往往直接影响决策后果，也就是说，决策者个人的风险意识和理念构成风险管理的主观依据。大坝风险管理与传统的大坝安全管理体系相比较，有较多理念创新，如以人为本、工程风险、预防为主、工程措施与非工程措施并重、制度化文件化管理等理念。

（2）大坝风险管理是围绕着规避与降低大坝风险的一种动态管理体系，主要由风险分析、风险评价和风险处置三部分组成。由于风险具有随机性和多变性，因此应定期对风险管理的效果进行评价检验并适时进行调整；由于风险具有隐秘性和抽象性，风险事件的真正影响只有在事件实际发生后方可确切知道，因此要预先分析，做好应急处置预案。

（3）大坝风险管理的两大核心是事故与风险，预防与控制。运行、维护与监测的制度化管理（OMS 手册）、应急预案（EPP）、和大坝除险加固、降等与报废等都是围绕这两个核心开展的基本工作。

（4）实际上，每一种大坝状态并不一定会导致必然的结果。因此，决策者总要冒一定风险。对决策者来说，问题不在于敢不敢冒险，而在于能否估计到各种决策方案存在的风险程度，以及在承担风险时所付出的代价与获得的收益之间做出慎重的权衡。确保一定的安全度以保证安全运行，是大坝风险管理的最高原则和最低标准。

（5）风险管理的目的是用最有效、最经济的方法处理可能发生的意外损失，减少风险，提高效益。尽管风险管理技术还处于发展和完善阶段，但正确处理风险与经济的关系，降低意外损失和节约资金已越来越受到重视。国外二十多年的大坝风险管理经验已经证明了该体系的有效性，建议根据我国大坝安全管理的实际情况，逐步向这种现代管理模式过渡。

对海河流域防汛抗旱工作的思考

刘 宁

海河流域地处京畿要地，是我国重要的政治、经济、文化中心。受自然、地理及气候因素的影响，洪涝旱灾历来是海河流域的心腹之患。中华人民共和国成立以来，海河流域防汛抗旱工作取得了巨大成就，初步建成了以水库、河道、堤防、蓄滞洪区和灌区为主体的防汛抗旱工程体系。在防汛方面，形成了"分区防守、分流入海"的防洪格局，编制了永定河、大清河等主要河系防御洪水方案和洪水调度方案，北京市和天津市防洪标准达到 200 年一遇。在抗旱方面，流域内大部分耕地抗旱能力得到显著提高，京、津、冀三省（直辖市）有效灌溉面积分别达到耕地面积的 75%、79% 和 73%，平原区农业生产基本实现旱涝保收。但总的看，流域现有的防洪抗旱减灾体系尚不完善，洪涝旱灾威胁仍然严重制约着流域经济社会的可持续发展。

笔者曾参与《海河流域防洪规划》的审查工作，2009 年 5 月又参加了国家防汛抗旱总指挥部组织的海河流域防汛抗旱工作检查，有所体会，下面的思考和看法，权作探讨。值得说明的是，文中引用的《海河流域防洪规划》内容，都是经过有关单位和专家立足实际、着眼长远、审慎研究、精心编写并通过严格审查而确定的，具有很强的科学性和可操作性。文中有关抗旱的内容，是在分析研究海河流域干旱特点、规律的基础上，结合抗旱工作实际提出的，可能有些还不太成熟，仅供参考。

1 流域防汛抗旱任务艰巨

海河流域洪水由暴雨造成，降水具有年内集中、年际变化大、暴雨强度大等特点，约有 93% 的暴雨发生在 7 月、8 月。虽然流域多年平均降水量只有 539mm，但我国大陆 50 分钟和 7 天最大降水记录均发生在海河流域，24 小时、3 天历时最大暴雨接近全国纪录。海河流域山区与平原之间没有明显的过渡带，地形北、西及西南高，东部低，是典型的扇形流域，河流在山前区坡陡、源短、流急，一旦发生暴雨，产流快、洪水来势迅猛、防御难度大。1963 年子牙河、大清河京广铁路以西 56 600km² 汇流区面积内发生了 43 200m³/s 的洪水，1569 年滹沱河支流冶河孟贤壁站 6400km² 汇流区面积内发生了 24 800m³/s 的洪水，洪峰模数均达到世界纪录。总体上看，海河流域洪水具有洪峰高、洪量集中、预见期短、突发性强等突出特点。

历史上海河流域洪涝灾害频发、损失严重。据统计，1469 ~ 1948 年的 480 年间，流域内发生水灾 194 次，其中大水灾 14 次，约合 35 年一次；较大水灾 91 次，约合 5 年一次。每次大水都给人民生命财产造成惨重的损失。中华人民共和国成立后，流域

原载于：水利水电技术，2009，8 (40)：4-8.

内发生洪水 22 次，其中大洪水 3 次。1963 年海河南系发生特大洪水，受灾人口 4079 万，直接经济损失约 80 亿元。1996 年海河南系又发生了 1963 年以来的最大洪水，洪水总量虽然只有 1963 年的 24%，但洪水造成的灾害严重，经济损失约 400 亿元。

目前来看，海河流域部分区域防洪标准偏低，永定河原规划防洪标准只有 50 年一遇，北运河只有 20 年一遇，除京津以外的大中城市防洪标准一般只有 20~50 年一遇。河道、河口淤积严重，地面沉降，尾闾不畅，永定新河、独流减河等几条主要河道泄洪能力降低了 40% 左右。防洪工程老化失修，堤防大多为"沙基沙坝"，质量差、隐患多，全流域 1 级、2 级堤防有近 50% 堤段不达标，中小河流防洪标准普遍偏低。蓄滞洪区内还有 349 万人的安全避险问题没有解决，启用难度大。洪水预报预警与防洪调度指挥系统等非工程措施建设滞后。同时，由于多年未发生大洪水，单由时间上推演，发生大洪水的概率在增大，地方多年未经历抗洪实战考验，一些干部群众存在麻痹思想和侥幸心理，这些都大大增加了海河流域的防洪风险。

另一方面，海河流域属于温带半湿润、半干旱大陆性季风气候区，年平均气温 1.5~14℃，多年平均水资源总量 370 亿 m^3，水资源时空分布不均。海河流域人均水资源占有量只有 276m^3（按 2005 年人口计），不到全国平均水平的 1/8，是全国各大流域中最低的，属于严重资源性缺水地区。气候变暖、来水量减少和下垫面变化加剧了水资源短缺。海河流域以不足全国 1.3% 的水资源量，承担着全国 10% 的人口、12% 的粮食生产以及 13% 的 GDP 用水，水资源承载能力严重不足，供需矛盾非常突出。全流域水资源开发利用率达 106%，部分区域超过 110%，每年超采地下水 92 亿 m^3。

据史料记载，海河流域商代已有旱灾。其后，从西周经春秋战国至秦朝，旱灾时有发生。汉代至元代，河北省、北京市和天津市发生旱灾 71 次，1470~1911 年，流域发生旱灾和偏旱灾共 94 次，平均每 100 年 21 次。民国时期，发生流域性大旱灾 2 次。中华人民共和国成立后，流域受灾范围大、灾情严重的典型干旱年有 1965 年、1972 年、1981 年和 2000 年等。特别是自 1997 年以来，海河流域连续干旱少雨，水库蓄水不足，城乡生活生产用水紧张。天津市四次引黄应急调水，北京市采取超采地下水、减少农业用水、从周边调水等措施维持供水，平原多数城市依靠超采地下水维持，一些地区群众饮水发生困难，实际灌溉面积呈现下降趋势，水生态环境恶化，"有河皆干、有水皆污"的局面随处可见。海河流域抗旱形势不容乐观。

2 流域防洪战略目标及抗旱

根据 2008 年国务院批复的《海河流域防洪规划》，防洪减灾总体战略是：坚持"上蓄、中疏、下排、适滞"的方针，进一步完善"分区防守、分流入海"的防洪格局，构建以河道堤防为基础、大型水库为骨干、蓄滞洪区为依托、工程措施与非工程措施相结合的综合防洪减灾体系，全面提高海河流域防御洪水灾害的综合能力。

防洪减灾目标是：到 2015 年，海河流域中下游地区防洪标准达到 50 年一遇，永定河防洪标准达到 100 年一遇，北京市、天津市防洪标准达到 200 年一遇，石家庄市防洪标准达到 100 年一遇，中等城市防洪标准达到 20~50 年一遇，重点支流防洪标准达到 10~20 年一遇，保护沿海城市、港口的海堤防洪标准达到 50 年一遇，其他海堤防洪标准达到 30 年一遇。到 2025 年，在已有防洪工程和非工程体系的基础上，建设较为完善的现代化防洪减灾体系，与流域经济社会发展状况相适应。在发生常遇和较大洪水时，防洪工程体系可以有效地运用，流域的经济活动和社会生活不受影响，保持正常的运作；发生规划标准洪水时，通过工程和非工程防洪措施的运用，防洪保护区内重要城市及交通等基础设施和村庄、农田可得到有效保护；发生超标准洪水时，有预定的方案和切实的措施，流域经济社会活动不致发生动荡及造成严重的环境问题。

海河流域的抗旱工作多年来也有丰富实践，其抗旱减灾的总体战略和目标尚无定论。根据 2009 年颁布实施的《中华人民共和国抗旱条例》等，本文谨做下述探讨性描述：坚持以人为本、预防为主、防抗结合和因地制宜、统筹兼顾、局部利益服从全局利益的抗旱工作原则，注重社会、经济和生态效益的统一，综合运用行政、工程、经济、法律、科技等手段，大力建设节水防污型社会，最大限度减轻干旱灾害及其造成的损失，保障生活用水，协调生产、生态用水，促进经济社会全面、协调、可持续发展，为供水安全、粮食安全、生态安全提供有力支撑。在全流域内逐步建立健全抗旱组织管理体系、抗旱工程保障体系、抗旱法规制度体系、抗旱新技术推广体系及社会化抗旱服务体系。遇一般干旱年，保证流域经济、社会、生态的协调稳定发展；严重干旱年和特大干旱年，确保流域内城乡居民饮水安全，千方百计满足重要工矿企业用水，维护水生态环境，最大限度减少干旱造成的损失和影响。

3　流域防洪减灾体系的构建

3.1　加强和完善防洪工程体系的建设

要以河系为单元，以河道堤防为基础、大型水库为骨干、蓄滞洪区为依托建设海河流域防洪工程体系。规划防洪工程体系具体包括 40 多座大型水库、12 条中游骨干河道、8 条主要尾闾河道和 28 处蓄滞洪区及重要堤防等骨干工程设施。

大型水库是控制调节山区洪水的根本措施。发源于海河流域山区背风坡的河流，其洪水主要依靠岳城、岗南、黄壁庄、官厅、密云、潘家口等已建大型水库和规划大型水库的控制；西大洋、王快、朱庄、东武仕及于桥等水库，用于调控部分迎风坡河流的洪水。防洪体系中大型水库总库容 319 亿 m^3，防洪库容 181 亿 m^3。9 座大（1）型水库位于出山口处，防洪库容约 113 亿 m^3，是调节山区洪水的主要设施。其他 31 座大型水库位于上游山区或山区迎风坡，调洪库容约 68 亿 m^3。

骨干尾闾河道是指滦河、蓟运河、潮白新河、永定新河、海河、独流减河、子牙新河与漳卫新河。其作用是承泄流域洪水，实现各河洪水分流入海。规划的骨干尾闾行洪河道泄洪能力将达 4.45 万～5.72 万 m^3/s；另外还有漳河、卫运河、滹沱河、白沟河、永定河、新盖房分洪道等中游骨干河道。此外，还有一些以排涝为主的河道，如徒骇马颊河、德惠新河、南北排河及宣惠河等。

海河流域设置蓄滞洪区 28 处，包括卫河坡洼、滏阳河中游洼地、大清河洼地、北三河洼地、献县泛区和永定河泛区等，蓄滞洪区面积 1.069 万 km^2，容积 198 亿 m^3。骨干堤防 3535km，以滹沱河北大堤、子牙新河左堤、永定河左堤等 1 级堤防为重点。

在上述统一规划建设的基础上，还要加快有关水库、河道、蓄滞洪区工程的配套建设。

3.2 加强和完善防洪非工程体系的建设

建设流域防洪非工程体系，其关键是建立防洪区风险管理机制和防洪工程管理体制，完善与《中华人民共和国水法》《中华人民共和国防洪法》相配套的防洪法规体系，完善防汛指挥系统，形成集管理体制、运行机制以及决策支持系统为一体的体系。

防洪区管理按地域类型划分为行洪区管理、蓄滞洪区管理、防洪保护区和规划保留区管理。要建立健全防洪区管理体制，探索洪水风险管理方法和体系，通过政策、法律和行政等手段实施风险管理，同时加强对洪水的调度管理。对行洪区实施农业生产管理，限制河滩地种植高秆作物，建立清障监督年度核查制度，对非防洪涉水建设项目实行防洪影响评价及审批制度。对蓄滞洪区实施土地利用管理、滞洪区运用管理及洪水影响评价及审批制度。对防洪保护区要加强社会管理，完善超标准洪水行洪区建设活动管理制度。对规划保留区，必须依法严格管理，任何单位不得侵占，特殊情况确需占用的，必须征求水行政主管部门的意见。

按照《水利工程管理体制改革实施意见》的要求，完善水利工程管理体制，建立健全管理体制和运行机制，加强防洪工程管理。积极推进防洪工程管理规范化、法制化、现代化建设，提高工程管理水平，保证防洪安全。按照《海河流域水协作宣言》的要求，推进落实防洪协作机制，加强各省、自治区、直辖市之间的协调与合作。加强洪水调度管理，进一步明确中小洪水调度管理权限和责任，制定各河系中小洪水调度运用方案，提高对中小洪水的有效利用。

加强对山区泥石流易发区的科学勘察评估，建立预警系统；把泥石流勘测、治理和预警系统纳入防洪体系建设和生态环境建设。建立大型水库及重点中型水库自动观测系统；完善流域大型水闸的观测系统。在现有资源的基础上，充分利用公共信息资源，建立流域与省级防汛指挥中心、各城市防汛分中心和各类信息采集站3个层次，覆盖流域重点防洪区，集信息采集、通信、计算机网络、决策支持等系统为一体的防汛指挥系统。

在国家水法规体系的基础上，研究和开展适应流域不同层次管理需要的水法规建设，形成较为完善的流域水法规体系。研究制订《海河流域蓄滞洪区管理办法》《海河流域蓄滞洪区运用补偿细则》《海河流域河口管理办法》等。

4 流域抗旱减灾体系的构想

4.1 进一步协调好水资源利用与保护的关系

长期以来，海河流域许多地区严重超采地下水，导致区域水生态环境恶化。因此，要缓解流域干旱缺水的局面，雨洪资源利用尤显重要。要注重中小洪水的调度，在保障防洪安全的前提下，合理配置、高效利用洪水资源，提高水库、蓄滞洪区运用的效益。同时，要加强再生水、海水及微咸水的利用，增强地下水回补能力，以及湿地和水环境保护能力，缓解海河流域干旱缺水和水环境恶化状况，提高流域水资源和水环境承载能力。

4.2　加快流域节水防污型社会建设

建设节水防污型社会既可以有利于破解海河流域水资源严重短缺问题，也可以减轻水环境污染程度。为此，应按照节水型社会建设规划，抓紧制订取用水总量控制指标和年度水量分配方案，完善行业用水定额，全面实行区域用水总量控制与定额管理相结合的制度，建立以促进提高用水效率与效益、促进水资源可持续利用为核心的水价机制。同时，要狠抓各行业节水计划的落实。农业节水要确定节水灌溉发展目标任务，制订和落实年度实施计划；要加强田间用水的管理，调整农业种植结构和用水结构，大力推广田间节水技术；要针对不同作物制订科学的灌溉制度，改变大水漫灌的陋习；干旱缺水地区要通过优化种植结构，大力发展高效节水农业、旱作农业和生态农业。工业节水方面，各地要根据区域水资源的承载能力，通过产业结构调整、产业转移、严格控制高耗水项目；要加强有关激励与约束政策的制订和落实，引导和促进工业节水。城市生活节水要加强城市用水管理，加强管网改造，减少跑冒滴漏，要加大生活节水器具的推广使用，提高再生水利用率。

4.3　强化抗旱保障能力

第一，要加强抗旱法规制度的建设和完善。《中华人民共和国抗旱条例》已经正式颁布实施，但要把条例规定的各项要求落到实处任务还十分艰巨。

第二，要强化抗旱责任制的落实。抗旱工作实行行政首长负责制，统一指挥，部门协作，分级负责。开展抗旱减灾工作，必须充分发挥我国政治制度优势和体制优势，这是做好抗旱减灾工作的有效措施。因此，流域内各级政府和有关部门要把抓好抗旱减灾工作作为一项重要任务，建立抗旱工作领导负责制、岗位责任制，逐步完善抗旱责任监督机制和责任追究制度。

第三，要组织开展流域和区域抗旱规划。多年来，许多地区抗旱减灾工作一直处于临时应急状态，缺乏系统性、连续性和全局性。为支撑流域经济社会的可持续发展，今后抗旱减灾工作必须由传统的应急抗旱、短期抗旱转向防旱抗旱并举，当前应急和长远发展相结合，必须坚持以抗旱规划为导则，优化、整合各类抗旱资源，提升综合抗旱能力，建立抗旱工作的长效机制。

第四，要大力加强抗旱基础设施建设。目前海河流域抗旱基础设施建设严重不足，抗灾能力低，城乡供水安全也存在隐患。为此，应当以提高抗旱减灾能力为要求，大力加强水利基础设施建设。一方面，要继续加强控制性水源工程建设，加大病险水库除险加固力度，加强农田水利工程建设，加快灌区续建配套和节水改造，不断完善抗旱工程体系。另一方面，要加快抗旱应急水源建设，加强城乡应急水源储备。要在人口相对集中区域建设一批规模合理的抗旱备用水源，以应对特大干旱和各类影响城乡居民生活供水安全的突发事件。同时还要加大老旱区、贫困区农村饮水解困工程建设力度。

第五，要加强抗旱应急能力建设。要抓紧制订抗旱急预案，认真总结引黄济津、引黄济淀等跨流域调水工作经验，进一步修订完善跨流域调水预案。要尽快建立抗旱指挥决策支持系统，提高旱情信息分析处理能力和抗旱指挥决策支持能力。加强抗旱应急备用水源的管理，落实好管护措施。要继续加强抗旱服务组织建设，建立和完善抗旱社会化服务体系。

第六，要建立抗旱资金和物资保障制度。在财政预算中设立抗旱救灾专项经费，建立和完善与当地经济社会发展水平以及抗旱减灾要求相适应的资金投入机制，是十分必要的。同时，要结合干旱特点和规律，在干旱频发地区储备必要的抗旱应急物资设备，以保障抗旱减灾的需要。

5 结语

近年来，海河流域以水资源可持续利用和水生态环境保护与修复为主线，着力打造城乡供水、水生态环境保护与修复、防洪减灾、综合管理四大保障体系。《海河流域水利保障体系建设近期实施方案》已经水利部批准，海河水利委员会提出要全力抓好流域水利基础设施建设，重点实施六大工程，即以首都水资源规划实施为重点的水资源配置工程、以永定河、大清河、漳卫南运河为重点的骨干河流治理工程、重点蓄滞洪区建设、病险水库除险加固工程、以水库水源地保护为重点的水生态保护与修复工程以及水利行业能力建设等。这些都为提高流域防汛抗旱能力提供了基础。根据今年海河流域防汛抗旱检查情况，近期有下述三方面工作值得关注。

一是基础工作研究。针对海河流域当前存在的干旱缺水、洪涝灾害、水环境恶化三大突出问题，重点深入研究以下几个方面的基础工作：①研究洪、涝水合理利用问题，探索洪涝水资源化的有效途径。②研究考虑水资源利用，改善生态环境要求的洪水调度方法，研究实施中下游河系间洪水的联合、优化调度，通过跨河系洪水调度措施，合理安排各河洪涝水蓄泄，在减少洪水威胁的同时，增加洪水资源的利用和修复、改善水生态环境。③要继续重视河口淤积、河口区开发和行洪断面被挤占等问题，研究治理和管理的措施，保留和恢复行洪入海通道，保证足够的行洪入海能力。④在以往研究的基础上，要密切注意和继续加强研究气候变化、人类活动、下垫面变化、地下水超采等对流域防洪排涝的影响，研究制订应对策略，提出可行的对策措施。⑤要加强下垫面变化、地下水超采对防洪排涝影响的研究；加强水库、水闸的安全鉴定工作；加强新技术、新材料的研究工作；加强海河流域水文、河道地形、工程地质的监测、勘测工作，为防洪工程建设提供科学依据。

二是工程体系建设。海河流域水利工程体系建设必须兼顾防洪保安、水资源利用及水环境保护需求。要抓紧完成纳入专项规划的199座病险水库除险加固任务，抓紧启动实施岳城等病险水库除险加固，启动病险水闸除险加固。加强蓄滞洪区安全建设与管理，结合雨洪资源利用，新建大黄堡等滞洪水库。新建双峰寺、乌拉哈达等水库枢纽工程，进一步提高承德、张家口等城市防洪标准，制订城市防御超标准洪水预案。重点实施永定河系治理、大清河中下游治理、蓟运河干流治理一期、卫运河治理等河道、堤防整治，开展海河、独流减河河口清淤工作。实施流域中下游河系间洪水联合调度，完善流域洪水资源利用方案，在保证防洪安全的前提下，积极开展洪水资源利用实践，逐步建立洪水资源利用的长效机制。

三是应急能力建设。要切实落实科学发展观，立足于防大汛、抗大旱，坚持以人为本、依法防控、科学防控、群防群控，确保流域内大型和重点中型水库防洪安全，努力保证中小河流和一般中型、小型水库安全度汛，切实保障城乡居民生活用水安全，千方百计满足生产和生态用水需求。

第一，进一步强化责任落实。做好防汛抗旱工作，责任落实是关键。要全面落实以行政首长负责制为核心的各项防汛抗旱责任制。各级防汛抗旱责任人要抓紧到岗到位，落实岗位职责。要抓紧时间对新上岗的防汛抗旱责任人进行培训，使其尽快熟悉和掌握有关情况。

第二，进一步强化预报预警。要狠抓监测、预报、预警3个环节，完善监测体系，努力做到监测到位、预报准确、预警及时。要及时通过多种渠道向公众发布预测预警信息，为防汛抗旱决策提供可靠依据，尽最大努力避免人员伤亡和减少财产损失。

第三，进一步强化水库安全度汛。要把水库安全度汛作为防汛工作的重中之重，特别是一定要加强病险水库的安全检查和管理，制订水库安全度汛方案，落实安全度汛责任，严格执行调度计划，充分做好抢险队伍、物料、应急通信设施等方面的准备，采取一切措施，确保人民群众生命安全。

第四，进一步强化在建防洪工程安全度汛。海河流域病险防洪工程很多，在建工程也不少，安全度汛任务非常重。要切实克服麻痹思想和侥幸心理，高度重视在建防洪工程的安全度汛工作，进一步落实安全度汛行政责任人和技术负责人，加强安全度汛检查和管理，制订科学合理的施工度汛方案，落实应急抢险队伍和物料，出现问题及时抢护，确保在建防洪工程安全度汛。

第五，进一步强化防洪工程的管理维护。要进一步加大防洪工程维修管护投入，采取有力措施，推进水管体制改革，理顺管理体制，建立良性运行的机制，努力提高防洪工程维修管护水平。对于一些管理薄弱、影响安全度汛的工程，要抓紧采取应急度汛措施，确保安全度汛。

第六，进一步强化蓄滞洪区运用准备。海河流域蓄滞洪区多，区内人口多，安全避险设施少，运用复杂。要高度重视蓄滞洪区分洪运用准备工作，把确保群众生命安全放在各项工作的首位，切实落实蓄滞洪区分洪运用方案，详细安排群众转移路线、交通工具、安置地点、临时避险措施等，确保能够及时启用，努力避免人员伤亡，全力减少灾害损失。

第七，进一步提高应急处置能力。一要抓好预案修订完善工作。要根据流域防洪抗旱工程现状和不断发展变化的经济社会情况，抓紧做好水库、水闸枢纽、蓄滞洪区、城市防洪和抗旱调水等各项预案的修订完善，着力提高预案的针对性和可操作性。二要抓好洪水调度方案的优化修订。进一步优化各河系洪水调度方案，完善流域洪水资源利用应急调度预案。三要抓好防汛抗旱队伍建设。大力开展技能培训，努力配备先进设施和装备，有计划地开展实战演练，确保关键时刻拉得出、顶得上、抢得住。四要抓好防汛抗旱物资储备。从防汛抗旱实战要求出发，合理储备各类抢险物资，防洪重点区域、重要地段、重要工程的抢险物资一定要足额储备到位。五要进一步加强中小河流洪水和山洪灾害防御能力。完善和落实防御山洪灾害责任制和预案，加强监测和预警预报，落实排险减灾、撤离避险措施，确保人民群众生命安全，努力减少财产损失。

第八，进一步强化抗旱供水工作。要坚持防汛抗旱两手抓，努力提高抗旱工作的主动性，坚持把确保城乡居民生活用水安全放在抗旱工作的首位，最大限度地满足工农业生产和生态用水需求。要密切关注流域旱情，加强重要水源地的来水预测和滚动预报，在保证防洪安全的前提下，推进洪水资源化利用，做好蓄水保水工作。要加强水源工程建设，大力推进农田水利基础设施建设，搞好现有水源工程的防渗加固、清淤扩容，结合实际修建各种中小微型水利设施，千方百计增辟抗旱水源。要高度重视城乡水源地的保护，确保用水安全。要进一步优化供水调度，强化节水措施，提高水资源利用率。要分析城市用水形势，及时提出缺水应对措施，必要时实施跨流域应急调水。

总之，针对海河流域防洪抗旱的严峻形势，要进一步加快海河流域治理步伐，继续坚持"上蓄、中疏、下排、适滞"的方针，坚持全面规划、统筹兼顾、标本兼治、综合治理的原则，坚持兴利与除害结合、防洪与抗旱并举，统筹考虑防洪减灾、水资源合理开发利用、水环境改善等方面的需求和流域洪水风险管理要求，认真贯彻落实以人为本和全面、协调、可持续的科学发展观，从国土整治、维护人类和自然生态、环境可持续发展的高度，探索海河流域防汛抗旱治理新理念，为流域经济社会可持续发展提供坚强有力的支撑。

进一步提高科学防御水旱灾害的能力

刘　宁

我国是世界上水旱灾害极为频繁的国家，经济社会发展与防汛抗旱关系密切。加快经济发展方式转变，必须营造安全、和谐、秀美的环境，这对水旱灾害防御提出了更高要求。我们要坚持可持续发展的治水思路，努力提高科学防御水旱灾害的能力和水平。

1　我国水旱灾害及其特点

我国地形复杂，东西部、南北方的自然地理条件差异很大。全国的河流总长度约为 42 万 km，流域面积超过 100km² 的河流达 5 万多条。水资源总量为 2.8 万亿 m³，但人均占有量只有世界平均水平的 1/3。受季风气候影响，我国降水时空分布极不均匀，全年降水量主要集中在 6 ~ 9 月。水资源南多北少，东多西少，东南沿海及西南部分地区年平均降水量在 2000mm 以上，西北地区西部不足 200mm。且降水量年际间变幅较大，丰水年的降水是枯水年的 2 ~ 8 倍。这种特殊的水资源状况决定了我国是一个水旱灾害频繁而严重的国家。自古以来，水旱灾害被称为中华民族的心腹之患。

我国的水旱灾害主要有四个特点：

一是发生频次高、时间长。自公元前 206 年至 1949 年的 2155 年间，平均每两年发生一次较大水灾或严重干旱。中华人民共和国成立以来，大江大河发生较大洪水 50 多次，发生严重干旱 17 次，且水旱灾害持续时间长，经常发生连年丰水或多年连续干旱的不利状况。

二是影响范围广、程度深。我国有 2/3 的国土面积可能发生各种类型、不同程度的洪水，其中大部分地区会形成洪水灾害。干旱在我国分布更为广泛，东北、西北、华北地区十年九春旱，长江以南地区有的年份伏旱严重，近年来西南地区旱灾也呈多发态势。

三是灾害类别多、防御难。我国相当一部分地区非涝即旱，旱涝交替，既有可能发生大江大河流域性大洪水，也有可能发生山洪、泥石流、滑坡和台风、冰凌等灾害，给防御工作带来很大难度。同时，旱灾也从传统的农业扩展到城市、工业、生态等领域。全国 669 座城市中有 400 座不同程度缺水，旱灾损失居高不下，已成为国民经济可持续发展的制约因素。

四是直接经济损失严重。我国水旱灾害直接经济损失占各类自然灾害直接经济总损失的 60% 左右。1990 年以来，全国年均洪涝灾害损失在 1100 亿元左右，约占同期

原载于：求是，2010，(8)：47-49.

GDP 的 2%；遇到发生流域性大洪水的年份，该比例可达 3%～4%。1990 年以来，全国年均因旱造成的直接经济损失约占同期 GDP 的 1% 以上，遇严重干旱年景，该比例超过 2%。

2　我国水旱灾害防御要努力与经济社会发展要求相适应

中华人民共和国成立以来，我国水旱灾害防御能力明显增强：全国建成堤防 28.7 万 km、水库 8.6 万座、重点蓄滞洪区 97 处；全国水利工程供水能力达到 7441 亿 m³，有效灌溉面积 5847 万 hm²。近年来，病险水库除险加固、农村饮水安全工程建设、大型灌区续建配套与节水改造的步伐进一步加快。目前，中国大江大河主要河段已基本具备防御近 100 年来发生的最大洪水的能力，中小河流具备防御一般洪水的能力，重点海堤设防标准提高到 50 年一遇。遇中等干旱年份，工农业生产和生态用水不会受到大的影响，可基本保证城乡供水安全。但是，与经济社会的发展要求相比，我国水旱灾害防御工作还需要不懈努力。

一是努力与加快推进农业发展方式转变的要求相适应。我国农业生产受制于水，加快农业发展方式转变，必须提高农业抗灾减灾水平和水资源利用效率效益。但目前我国农田水利基础设施和抗御水旱灾害能力仍然十分薄弱，全国仍有一半以上的耕地望天收，缺少基本灌排条件。现有灌区普遍存在灌溉设施标准低、工程配套差、老化失修、效益衰减等问题。

二是努力与加快推进城镇化的要求相适应。预计到 2030 年我国城镇化率将达到 70% 以上，城镇供水人口将超过 11 亿。巨大的城市群、庞大的城市人口带来的供水压力是前所未有的。同时，城镇化使城市水文特性与水旱成灾机制均发生显著变化，人水争地日趋突出，局部水系紊乱，河道与排水管网淤塞，人为导致城市防洪排涝能力下降，防洪风险和负担日益加大。

三是努力与促进区域经济协调发展的要求相适应。水利是区域发展的重要支撑，但自身发展不协调不平衡问题十分突出。我国人口密集、财富集中的东部和沿海地区，也是洪水风险度较大的地区，单位面积水旱灾害损失呈加重趋势。相当多的农村饮水不安全人口和规划内病险水库分布在水资源承载力和水环境承载力比较脆弱的中西部地区。统筹流域区域水利协调发展、优化水利工程布局、完善区域防汛抗旱减灾体系，任务十分繁重。

四是努力与发展社会事业和改善民生的要求相适应。水旱灾害防御是人民群众最基本的民生需求。目前，我国还有两亿多农村人口存在饮用水不安全问题，每年仍有4500 多万城乡居民因旱生活用水受到不同程度的影响。全国还有 3 万多座病险水库，蓄滞洪区安全建设严重滞后，2/3 的中小河流达不到规定的防洪标准，这些都威胁着人民群众的生命财产安全。

五是努力与生态文明建设的要求相适应。水是生态环境的基础因子，生态供水安全是保护生态环境、建设环境友好型社会的前提和基础。一些地区长期以来忽视生态用水问题，工农业生产用水大量挤占生态用水，工业废水的不达标排放，农药过量使用以及超采地下水等，导致生态环境严重恶化。

六是努力与应对全球气候变化挑战的要求相适应。水资源是受气候变化影响的重点领域。受气候变化影响，近20年北方水资源总量不断下降，局部地区强暴雨、极端高温干旱及超强台风等事件突发多发并发，水旱灾害广泛性、突发性、反常性、不可预见性、严重性更为明显，防御难度加大。同时，我们在预测预报预警能力、防汛抗旱社会保障能力、防汛抗旱技术水平等方面存在不少差距，人民群众的水患意识、防灾避险知识和自救互救能力较为薄弱。

3　进一步提高科学防汛抗旱减灾能力

近年来，水利部党组按照科学发展观的要求，在总结长期防汛抗旱经验的基础上，立足于我国水资源条件新变化、经济社会新发展和人民群众新期待，提出了可持续发展治水思路，推动水旱灾害防御工作发生了深刻转变。实践证明，可持续发展治水思路是解决我国复杂水问题的必然选择，是提高我国防御水旱灾害能力的基本要求，也是促进经济发展方式加快转变的重要支撑。

当前和今后一个时期，提高科学防御水旱灾害能力，必须更加注重以下几个方面。

第一，坚持以人为本和人水和谐的防御思路。人类要学会与洪水和谐相处，通过防洪工程建设以及体制、机制创新和法制建设，对洪水进行适当规避、科学调度和有效利用。在河流上游地区，要选择有利于植被养护、水土保持的生产方式和生活方式；在中下游分蓄洪区，要选择与水环境相协调的经济发展模式，包括利用现代生物技术、农学技术解决耐涝问题、作物品种和耕作制度问题。在干旱缺水地区，要发展高效节水产业和旱作农业。在城镇化过程中，注重保护河流水系，防止侵占行洪通道。

第二，坚持统筹兼顾和蓄泄兼筹的防御战略。把维护人民群众的根本利益作为防御工作的出发点和落脚点，把防洪保人民生命安全、抗旱保生活用水放在工作的首位，既要统筹城市与农村，又要兼顾上下游、左右岸；既要统筹区域和流域、东部和西部，又要兼顾大江大河与中小河流；既要确保重要堤防、重要设施安全，又要保障蓄滞洪区、一般堤防保护区的利益；既要考虑江河湖泊平原区的防汛，又要防御山丘区山洪、滑坡、泥石流灾害；既要保证缺水地区供水需求，又要对水源调出地区给予合理补偿；既要考虑水旱灾害对经济社会的影响，又要考虑经济社会发展对水旱灾害防御的要求；既要科学安排洪水出路，又要合理利用洪水资源，为人与人、人与社会、人与自然的和谐发展提供有力支撑。

第三，坚持应急管理与风险管理相结合的防御方法。水旱灾害的突发性决定了必须进一步强化应急管理，从法律、机构、人员、社会意识、民众技能等多个方面和灾害监测、预警准备、快速反应、救灾和重建等不同环节，构筑起一个从政府、军队、媒体到民间组织的全方位、立体化、多层次、综合性的水旱灾害应急系统。同时，应通过建立健全并合理有效地运作防灾减灾的各相关系统，加强水旱灾害的风险管理。为此，要加快开展全国水旱灾害风险区划，完善水旱灾害风险管理的法律法规体系和风险补偿机制，探索建立洪水干旱保险制度，从而减少和化解水旱灾害风险。

第四，坚持工程措施和非工程措施并举的防御手段。完善的工程体系是防汛抗旱工作的重要基础保障，要加大大江大河大湖、中小河流治理力度，加快重点蓄滞洪区建设，抓紧实施全国山洪灾害防治规划，建立群测群防体系，加快海堤达标建设、避风港建设和紧急避险安置区建设，加强水资源配置工程和抗旱应急水源工程建设。同时，要着力强化非工程措施建设，进一步完善各项防汛抗旱减灾责任制，建立健全防汛抗旱社会化服务体系；加强预案预报预警体系建设，为防汛决策指挥提供支撑和保障。

第五，坚持工程系统多目标运用的防御调度。水库等工程系统建成之后，必须进行多目标运用的科学调度，统筹上下游、左右岸、干支流关系，全面发挥河道、堤防、水库、蓄滞洪区等水利工程的作用，最大限度地提高防汛抗旱减灾效益。在防御洪水中，要综合采取拦、分、蓄、滞、排等措施，精心安排，科学防控，实现对洪水的有效管理。在抗旱工作中，要统筹生活、生产、生态用水，强化抗旱水源统一管理和科学调度。特别要指出的是，目前我国许多江河都已形成梯级开发，要加强梯级水库联合调度，合理确定不同水库蓄水和泄水过程，科学制定水库蓄水时段和水位动态控制方案。调度过程中要正确处理防洪、供水、航运、生态与发电的关系，正确处理社会效益、生态效益与经济效益的关系，坚持兴利调度服从防洪调度，坚持电调服从水调，保障中下游地区防洪安全和生活、生产、生态用水需求。

第六，坚持现代创新发展的防御技术。科技创新是提高防汛抗旱工作水平，推动防汛抗旱事业不断前进的动力。要加大新技术、新材料和新设备的研究应用，努力提高灾害预测预报、信息处理、调度指挥、抗洪抢险和灾后评价等方面的科技水平。要把防汛抗旱指挥系统建设作为实现防汛抗旱指挥决策现代化的重要支撑，加快防汛抗旱基础信息的数字化建设，提高决策和指挥的科学水平。

防汛抗旱与水旱灾害风险管理

刘　宁

摘　要： 我国是世界上水旱灾害发生最频繁的国家之一。近年来，在防汛抗旱和水旱灾害风险管理实践中，各地不断总结经验，创新工作机制，加强工程建设，完善非工程措施，防汛、抗旱、防台风等各项工作取得不少新突破。随着我国经济社会不断发展，对防汛抗旱与水旱灾害风险管理工作提出许多新要求，因此，必须坚持可持续发展思路，坚持防汛抗旱并举。实施水旱灾害风险管理，实现人水和谐，开创防汛抗旱工作新局面，为我国经济社会全面、协调、可持续发展提供保障。

1　我国防汛抗旱概况与特点

1.1　水旱灾害形势

洪涝灾害历来是中华民族的心腹之患，干旱灾害一直是我国粮食安全的首要威胁。主要体现在：

（1）种类多。我国洪涝灾害类型包括中下游平原河道洪水、山洪泥石流、风暴潮洪水、冰凌洪水、融雪洪水、工程失事洪水和城市、农村内涝灾害等，而干旱则有春、夏、秋、冬旱，多季连旱、多年连旱等，水旱灾害种类繁多。

（2）范围广。有 2/3 的国土面积可能产生各种类型的洪水，特别是大江大河的中下游和滨海地区受到洪水的严重威胁，绝大部分地区面临不同程度的干旱威胁。

（3）频率高。自公元前 206 年至 1949 年的 2155 年间，共发生较大的洪水灾害 1092 次、较大旱灾 1056 次。1949 年以来，大江大河发生较大洪水 50 多次、发生较大范围严重干旱约 20 次。

（4）损失重。1990 年以来，中国年均洪涝灾害损失约占同期 GDP 的 1.5%，年均干旱灾害损失超过同期 GDP 的 1%，遇严重水旱灾害年份，比例更高。

2011 年，我国气候异常，干旱、洪涝特征明显，主要表现在以下 5 个方面。

（1）旱情程度重、影响范围广。2011 年全国旱情主要有 3 个阶段，即冬麦区冬春连旱、春夏之交长江中下游干旱和西南地区严重伏秋旱。其中西南地区严重伏秋旱中，贵州、云南、广西、四川、重庆 5 省（自治区、直辖市）因旱饮水困难人数一度达 1405 万人，占全国总数的八成以上。

（2）旱涝转换快、洪水涨势猛。6 月上中旬不到 20 天的时间内，南方部分地区先后发生 4 次强降水过程，一些地区发生旱涝急转，长江、太湖、钱塘江等 100 多条河流

原载于：中国防汛抗旱，2012，22（2）：1-4。

发生超警以上洪水，近 50 条河流超保，钱塘江发生了 1955 年以来最大洪水。

（3）秋汛范围广、洪水量级大。9 月上中旬，嘉陵江、汉江、渭河同时发生较大秋汛。其中嘉陵江支流渠江发生 1939 年有实测记录以来的最大洪水，汉江上游发生 20 年一遇的较大洪水，渭河中下游干流发生 1981 年以来最大洪水。

（4）双台风频繁、登陆强度弱。2011 年我国"双台共舞"现象十分明显，在西北太平洋（含南海）生成的 20 个热带气旋（常年同期 27 个）中，有 16 个在活动期内 10 次结对出现，比历史平均（4 对）偏多 2 倍以上。在我国沿海登陆的 7 个（常年同期 6.7 个）热带气旋中，仅 1 个在我国登陆时达到 14 级，影响范围偏小。

（5）受灾范围广、局部灾害重。2011 年，洪涝灾害造成全国 519 人死亡，为中华人民共和国成立以来同期最低，洪涝灾害总体偏轻，但局部较重，主要集中在江南、华南部分地区。

1.2　防汛抗旱社会特征与面临的新要求

经济社会与水旱灾害关系密切，一方面，经济社会发展为提高水旱灾害防御能力创造了条件，另一方面，经济社会越发展，水旱灾害造成的损失越重、影响越大，从而对水旱灾害防御的要求也越高。今后一段时期，小康社会建设不断深入，城市化进程进一步加快，国民经济继续保持较快发展态势，保护和改善生态环境的要求更加迫切，经济社会发展对水旱灾害防御提出了更高要求。

一是以人为本的国策对防汛抗旱工作提出了更高要求。时代发展、社会进步的重要标志是尊重人的生命。目前我国洪涝灾害年均仍然造成 1000 多人死亡，干旱缺水长期威胁着广大城乡人民的饮水安全，水旱灾害给灾区群众的生活、生产造成不同程度困难，重灾区多年难以恢复。以人为本，防御水旱灾害，加强水旱灾害综合管理，保障人民群众的生命安全和生活质量，责任重大、任务艰巨。

二是全面建设小康社会对防汛抗旱工作提出了更高要求。洪涝灾害频发区和严重干旱缺水区是全面建设小康社会的攻坚地区，对小康社会建设目标的"全面"实现至关重要。这些地区也是我国水旱灾害管理的"短板"。按照 2011 年中央一号文件和中央水利工作会议的要求，加强防洪抗旱薄弱环节的建设，弥补"短板"，为全面建设小康社会提供支持和保障，事关全局，刻不容缓。

三是应对全球气候变化对防汛抗旱工作提出了更高要求。近年我国水旱灾害呈突发、多发、并发趋势，极端灾害性天气事件频繁发生，特别是局部强降水的发生几无前兆，给水旱灾害防御工作带来很大挑战。

四是强化突发事件应急管理对防汛抗旱工作提出了更高要求。近年来，我国高度重视突发事件应急管理工作，逐步建立完善突发事件应急管理体制和机制，对防汛抗旱工作提出了新的要求。

1.3　防汛抗旱能力与基本问题

与社会经济发展对防汛抗旱的要求相比，我国的防汛抗旱水平仍存在较大差距。

一是防灾减灾基础体系与保障我国经济社会发展和人民生命财产安全的要求不相适应。目前我国大江大河部分干流没有得到有效治理，中小河流治理严重滞后，山洪灾害防御能力低，全国还有相当数量的耕地缺少灌溉设施，城乡供水保证率不高，还有 2 亿多农村人口存在饮用水不安全问题。

二是预测预报预警能力与有效应对极端灾害性天气事件的要求不相适应。我国洪涝灾害监测站点不足，预测预报能力偏低，预警不够及时。此外，旱情监测体系还处于起步阶段，旱情监测评估和预测分析能力比较滞后。

三是防汛抗旱保障能力与社会化防灾减灾的要求不相适应。目前，我国防汛抗旱经费投入渠道单一，水旱灾害救助主要依靠政府投入，社会化投入机制尚未完全建立，洪水干旱保险还停留在研究层面。防汛抗旱社会管理相对薄弱，防汛抗旱专业队伍偏弱偏少，抢险和抗旱服务能力普遍不强。

四是防汛抗旱技术水平与现代化防灾减灾的要求不相适应。目前防汛抗旱新技术、新产品的推广应用程度不高，防汛抗旱工程设备与装备的现代化程度较低，制约了防汛抗旱工作的效率。

2　我国防汛抗旱的新举措

近年来，我国在防汛抗旱和灾害风险管理的实践中，工作思路不断创新，不断总结经验，创新工作机制，加强工程建设，完善非工程措施，防汛、抗旱、防台风工作能力显著提高。

2.1　我国防汛新举措

（1）更加注重人水和谐。近年来，国家防汛抗旱总指挥部贯彻落实以人为本的科学发展观，提出了加强洪水风险管理，着力提升防汛抗旱减灾管理水平与服务能力的工作思路，并结合实际进行了水旱灾害风险管理实践探索。

（2）不断落实责任制。近年来，国家防汛抗旱总指挥部联合监察部公布防汛责任人名单，强化了责任制监督力度，确立了国家防汛抗旱督察制度，并连续多年举办了行政首长培训班。

（3）不断健全组织机构。近年来，长江、黄河、淮河、海河、松花江、珠江、太湖 7 个流域成立或重组了防汛抗旱统一管理的指挥机构，中央、流域、省、市、县各级防汛抗旱组织体系已建立健全，在一些水旱灾害易发地区，还探索成立了乡镇级防汛抗旱组织。

（4）不断完善法规体系。1998 年以来，实施了《中华人民共和国防洪法》，修订了《防汛条例》，颁布了《蓄滞洪区运用补偿暂行办法》《关于加强蓄滞洪区建设与管理的若干意见》，加强了《洪水影响评价条例》出台的各项推动工作。

（5）不断强化工程调度。批复实施了国家防汛抗旱应急预案，修订了部分大江大河防御洪水方案、洪水调度方案以及防汛抗旱各类专项预案，并根据预案强化工程科学调度，统筹左右岸、兼顾上下游，取得了良好的防洪减灾经济效益。

（6）不断健全保障能力。加强防汛抗洪工程建设，积极推进中小河流、山洪灾害非工程措施建设。按照整合资源、军地结合、持续发展的思路，加快专业化与社会化相结合的防汛抗旱抢险队伍建设，推进国家级、省（流域）级、地市级、县级和乡镇及以下 5 个层级的防汛抗旱抢险应急队伍建设。按照分级负责原则，推进防汛抢险物资储备。

（7）不断提高科技水平。完成了以国家防汛抗旱指挥系统一期工程为龙头的防汛抗旱科技化建设步伐，启动了国家防汛抗旱指挥系统二期工程建设。推进了洪水保险和洪水风险图研究，为全面推进洪水风险管理奠定了基础。

（8）不断强化应急处置。依托不断完善的防洪工程和非工程体系建设，积极应对突发水旱灾害事件，强化了唐家山堰塞湖、舟曲特大山洪泥石流灾害应急处置，贯彻实施洪水风险管理，取得了显著的防洪减灾社会效益。

2.2　我国抗旱新举措

（1）建立了抗旱政策法规体系。全面推动抗旱政策法规体系的建设工作，2009 年国务院颁布实施了《抗旱条例》，2011 年经国务院常务会议专题审议并批复了《全国抗旱规划》，对于加快构建抗旱减灾工程和非工程体系、形成抗旱减灾长效机制具有重大战略意义。

（2）加强抗旱基础设施建设。坚持因地制宜、合理规划、科学布局的原则，加快了蓄水、引水、提水等骨干水源工程和一批中小型蓄水工程建设，并适时建设区域调水工程，初步形成了多层次抗旱水源工程体系。

（3）加强水资源的配置与节约。在条件适宜的地区继续加强蓄、引、提、调等抗旱水源工程建设，同时，因地制宜地研究、推广、普及应用先进的节水技术，加强了节水和水资源优化配置。

（4）推行抗旱预案及报旱制度。近年来，我国把实施抗旱预案作为主动防范干旱灾害的重要措施，制定完善抗旱预案，提高了抗旱工作的主动性。

近年来，我国加强了土壤墒情监测站网的规划和建设，科学测报土壤墒情以预判旱情，初步形成了中央、省、市、县组成的抗旱信息管理网络。正在建立健全报旱制度，形成江河湖库联调的供水保障系统。

（5）加强社会化抗旱服务体系建设。把加强抗旱服务组织建设作为促进社会主义新农村建设的重要措施，从资金、技术、政策等方面继续支持抗旱服务组织发展，不断健全覆盖省（自治区、直辖市）、地（市）、县（市）、乡（镇）、村组的社会化抗旱服务网络，强化了抗旱服务组织的建设管理，提升了抗旱服务组织的抗旱能力。

（6）建立抗旱物资储备制度。加快构建以地方储备为主、中央储备为辅、各地间互相调剂的抗旱物资储备体系，确保严重旱灾和特大旱灾的抗旱物资供应，2011 年实现了国家抗旱物资储备零的突破，提升了抗旱减灾保障能力。

2.3　我国防台风新举措

（1）加强防台风组织体系建设。沿海各地落实防台风行政首长责任制，实行各级防汛指挥部门统一指挥、分级分部门负责，并积极推进乡镇街道、村屯社区等基层防台风组织体系建设。

（2）加强防台风工程体系建设。近年来，沿海各地加快海堤、江堤、水库、涵闸、泵站等工程设施建设，完成大中型水库除险加固，完善沿海城市防洪排涝设施，加强避风港、避风锚地以及城乡应急避险场所建设，提高了工程防御能力。

（3）加强防台风监测预警体系建设。初步建立完善了沿海和海岛自动气象站网、气象卫星遥感监测系统、水雨情监测系统、台风预报预警系统、远程会商决策指挥系统等。

（4）加强防台风应急体系建设。依托专业应急救援力量、基层公安消防队伍、基层民兵组织、工矿企业工程抢险力量以及村屯常住居民，积极推进应急抢险救援队伍建设，提高了应急处置能力。

（5）加强台风次生灾害防御工作。针对台风可能引发的水库垮坝、山洪、滑坡、泥石流等次生灾害，把水库、小流域山洪和地质灾害的监测、巡查、避险以及城市广告牌等高空设施加固作为防台风关键措施来抓，减少次生灾害损失。

（6）加强防台风法规预案体系建设。国家防总印发了关于进一步加强台风灾害防御工作的意见》，沿海各地积极推进"预案到村"，构筑"横向到边、纵向到底"的防台风预案体系，并结合实际研究出台了沿海房屋防台风建设、船只和港口防台风管理等有关规定。开展了台风灾害风险区划研究工作，为进一步加强防台风工作提供技术支撑。

2.4　防汛抗旱成效

（1）减少了人员伤亡。1949 年以来，我国因洪涝死亡人口约 27.5 万人，年均死亡 4661 人。其中 20 世纪 50 年代洪涝灾害年均死亡 8976 人，70 年代 5308 人，80 年代 4338 人，90 年代降至 3744 人，2001 年以来这一数字降为 1581 人。特别是近年来，洪涝灾害死亡人数大幅减少，没有人员因为干旱灾害死亡。

（2）减少了灾害损失。近 5 年来，全国防洪减灾直接经济效益 8453 亿元人民币，防洪减淹耕地 1913.4 万 hm^2，平均每年减淹耕地 382.7 万 hm^2，年均减免粮食损失 2743 万 t，抗旱工作平均每年抗旱浇地面积 3.66 亿亩、挽回粮食损失 3921 万 t、解决 2550 万人的临时饮水困难。

（3）促进了生态环境改善。近年来，组织实施了珠江压咸补淡、引察济向、引岳济淀、引黄济淀、扎龙湿地补水，以及黑河、塔里木河下游应急生态补水等，挽救和恢复了生态系统，取得了很好的社会生态效益。

3　展望与讨论

3.1　防汛抗旱方略

防汛抗旱事关人民群众生命安全，事关经济平稳较快发展，事关社会安定和谐，是实现全面建设小康社会奋斗目标的基本保障，具有很强的战略性。必须站在战略的高度，研判防汛抗旱的基本方略，全力提升防汛抗旱和灾害风险管理水平，最大限度地减轻水旱灾害损失。新时期防汛抗旱的方略是：坚持防汛抗旱并举，实施灾害风险管理，实现人水和谐，为我国经济社会全面、协调、可持续发展提供保障。

水旱灾害风险管理，是以经济社会效益最大化为目标，以改进效率和维护社会公平为原则，在水旱灾害风险分析和风险评价的基础上，综合采取工程和非工程措施，适度调控洪水，优化配置水资源，合理利用和保护江河湖库，有效规范、引导经济社会发展和防汛抗旱行为。

加强水旱灾害风险管理是要充分认识到水旱灾害风险只能减轻而不能消除，不可能通过工程措施完全控制洪水和干旱的发生，人水和谐的水旱灾害管理战略就是要在建设适度的防洪抗旱工程体系的基础上，全面采取江河湖库以及水资源管理、社会行为管理和应急管理等非工程措施，提高防洪抗旱能力，维护社会经济健康发展，减轻灾害损失，保障生命安全。

3.2　防汛抗旱督察制度建立与完善

《中共中央国务院关于加快水利改革发展的决定》中明确要求"加强国家防汛抗旱督察工作制度化建设"。2010 年中央机构编制委员会办公室批复设立国家防汛抗旱督察专员，标志着我国防汛抗旱督察制度化、规范化工作开始起步。国家防汛抗旱总指挥部办公室高度重视国家防汛抗旱督察制度建设，先后召开多次专题会议，并派出调研组赴有关部门调研，制定了《2011 年国家防总督察组派出办法》。下一步拟从以下 3 个方面不断完善我国防汛抗旱督察体系机制建设。一是加强组织建设，将国家防汛抗旱督察专员尽快配置到位，并指导流域机构、地方逐步建立防汛抗旱督察队伍，构建我国防汛抗旱督察组织机构体系。二是尽早制订实施《国家防汛抗旱督察制度》，为督察制度化管理奠定基础。三是加强机制建设，逐步建立防汛抗旱督察分级管理机制。

3.3　水旱灾害减灾管理水平的提升与发展

一是强化防汛抗旱减灾管理机构建设。结合国家防汛抗旱督察制度建设，建立健全国家防汛抗旱督察体系。积极推进基层防汛抗旱组织建设，推广有关省的经验，在洪涝、台风、干旱灾害多发区，将防汛抗旱组织延伸到乡村。健全防汛抗旱应急响应机制，加大组织协调力度，不断强化防汛抗旱指挥部成员单位之间、国家和省（自治区、直辖市）之间的协调联动，充分发挥各成员单位的作用。

二是强化防汛抗旱工程体系。加强大江大河大湖治理力度，加快实施病险水库除险加固，加快实施《山洪灾害防治规划》，坚持工程措施和非工程措施相结合，抓紧完善专群结合的监测预警体系。加强中小河流治理，尽快提高中小河流的防洪标准。抓紧编制全国和省级抗旱规划实施方案，加快推进《全国抗旱规划》组织实施，大力促进抗旱应急水源建设，尽早建设一批规模合理、标准适度的抗旱应急水源工程，提高抗旱保障能力。

三是强化水旱灾害预警预报。加强对中短期天气和水雨情的预测预报工作，提高灾害预报的超前性、准确性。结合防汛抗旱指挥系统建设，完善和优化大江大河重要河段洪水预报模型、洪水调度模型，研究建立旱情预报评估模型，不断提高预报精度、延长预见期。综合各项因素，研究建立旱情监测预报系统和水文报旱制度。

四是强化防汛抗旱减灾社会保障。积极推动水旱灾害保险，建立风险社会分担机制。调整蓄滞洪区分类和功能，加强蓄滞洪区综合管理。进一步完善以公共财政为主渠道的防汛抗旱投资体制，积极争取增加各级防汛抗旱经费投入。

　　五是完善防汛抗旱减灾法律法规体系建设。从国家法律、行政法规、部门规章和技术标准 4 个层次上，抓紧制订立法计划，积极开展工作，当前要抓紧出台《洪水影响评价管理条例》《蓄滞洪区管理条例》等防汛抗旱法规。督促有关省组织相关部门研究制订沿海地区房屋建设的防台风标准，制订、落实船只回港避风期间管理制度，建立台风防御工作评估制度。

　　六是强化防汛抗旱减灾科技创新。国家防汛抗旱指挥系统二期工程正在进行初步设计阶段，要抓紧立项建设。要加快防汛抗旱基础信息数字化建设，建立防洪抗旱数据库，做好江河电子沙盘应用推广工作。要加大新技术、新材料和新设备的研究应用，努力提高灾害预测预报、信息处理、调度指挥、抗洪抢险和灾后评价等方面的科技水平，抓紧完成洪水风险图的二期试点工作。

中国水文水资源常态与应急统合管理探析

刘　宁

摘　要： 中国水资源整体宏观短缺，干旱与洪涝灾害并存，且近年来极端水文事件发生频率加大，北方水资源衰减趋势明显，形势严峻。基于中国基本水情，结合在雨洪水利用、水资源战略储备以及储水空间利用等方面进行的需水侧水文水资源常态管理和应急管理探索与实践，提出了建立水资源常态与应急统合管理概念，即：立足于自然水文的年内与年际整体过程，将正常状态下的水资源管理和非正常状态下的应急管理有机结合起来，实施基于自然水循环系统全过程调控的水资源管理，从而实现将水资源开发利用、防洪除涝和抗旱减灾有机融合，提升水循环调控效率，增强水安全保障程度。

受水文水资源自然禀赋和经济社会发展规模与阶段的驱动，加之全球气候变化影响的叠加，中国当前的水文水资源问题突出，与能源、环境并列为影响经济社会可持续发展的三大制约因子，人们普遍关心中国的水文水资源能否支撑庞大人口规模的食物供应，能否支撑社会经济的平稳较快发展，能否解决缺水、水污染和生态退化问题，能否妥善应对气候变化的影响。科学认识中国水文水资源情势与问题，创新水资源管理模式与途径，是保障国家水资源安全的重大现实问题。

1　基于现实的中国水文水资源问题观察与管理实践启示

1.1　中国水文水资源情势及问题观察

人多水少、水资源时空分布不均是中国的基本国情水情。近50年来，受气候变化和人类活动的综合影响，中国水文水资源整体朝着不利的方向演变，进入21世纪以来，这种演变的趋势仍在继续，2001～2009年多年平均值与1956～2000年多年平均值比较，就全国而言，降水量减少2.8%，地表水和水资源总量分别减少5.2%和3.6%，其中最缺水的海河区减少显著，降水量减少9%，地表水减少49%，水资源总量减少31%，中国北少南多的水资源格局进一步加剧。受水文水资源的自然禀赋、经济社会规模与发展阶段以及全球气候变化等因素的影响，中国正面临着四大水文水资源问题。

（1）水资源整体宏观稀缺　中国水资源条件先天不足，平均单位国土面积水资源量仅为29.9万 m^3/km^2，为世界平均水平的83%。受庞大人口规模影响，中国人均水资源量仅为2100m^3，不足世界人均占有量的1/3，在水资源有统计的国家中排名第127位，位居后列。中国耕地面积大，亩均水资源量为1440m^3，约为世界平均水平的1/2。中国水资源时空分布很不均匀，与耕地资源和其他经济要素匹配性不好，加上工程设

原载于：水科学进展，2013，（2）：280–286.

施体系的不完善，华北、西北、西南以及沿海城市等地区水资源供需矛盾突出，正常年份全国缺水达 500 亿 m³。

（2）水环境污染严重　中国地表水体和地下水体污染十分严重，点源污染不断增加，非点源污染日渐突出，水污染加剧的态势尚未得到有效遏制。2010 年全国水功能区达标率为 46.0%，全国 667 个地表水集中式饮用水水源地中，合格率达 100% 的水源地占评价总数的 53.1%，全年水质均不合格的水源地有 37 个，占评价总数的 5.5%。全国 763 眼监测井中，水质在 Ⅳ、Ⅴ 类监测井占 62.0%。目前中国水污染呈现出复合性、流域性和长期性，已经成为最严重和最突出的水资源问题。

（3）水生态系统退化　受经济社会用水快速增长和土地开发利用等因素影响，中国水生态系统退化严重，江河断流、湖泊萎缩、湿地减少、水生物种减少和生境退化等问题突出，淡水生态系统功能整体呈现"局部改善、整体退化"的态势。北方地区地下水普遍严重超采，全国年均超采 200 多亿 m³，现已形成 160 多个地下水超采区，超采区面积达 19 万 km²，引发了地面沉降和海水入侵等环境地质问题。

（4）极端旱涝/突发事件频发　全球气候变化加剧了自然水循环的速率，增加了与气温、降水相关的暴雨、干旱、台风等极端气象事件发生增加的概率。近年来，中国洪旱灾害发生的频度增强，北方地区主要农业区的干旱面积呈现扩大趋势，特大旱涝事件发生频繁，如 2003 年和 2007 年淮河大水，2005 年珠江流域大水，2006 年川渝大旱，2008 年新疆大旱，2009 年北方大旱，2010 年西南地区特大干旱，2011 年北方干旱等。据统计，从 1991～2010 年的 20 年间，中国有 9 年发生了特大干旱，发生频次为 45%。此外，人为的突发性水污染事件、城市供水系统故障事件发生的频率也在增加。

1.2　水文水资源常态与应急管理实践

在传统除害和兴利治水思路的指导下，对水的管理通常分为正常状态的水文水资源管理和应急状态的防洪抗旱减灾两大部分，分别针对一般情景的平水时期和特殊情景的枯水和汛期，前者属于常规水资源管理内容，其管理路径主要是"供"和"控"为主；后者属于防汛抗旱管理内容，其中洪涝的调控途径是以"泄""排"为主，抗旱的调控途径主要以"保"和"供"为主。为满足经济社会发展与减灾目标的客观需求，针对中国当前面临的水资源问题，在雨洪水资源化、水资源战略储备和各类储水空间的科学运用方面已经开展了相应的工作。

（1）雨洪资源化　洪水资源化是指在不成灾的情况下，尽量利用水土保持工程、水库、拦河闸坝、自然洼地、人工湖泊、地下水库以及海洋水库等拦蓄洪水，以及延长洪水在河道、蓄滞洪区等的滞留时间，恢复河流及湖泊、洼地的水面景观，改善人类居住环境，最大可能补充地下水。应用洪水资源化的思想，可将防汛和抗旱联系起来，真正实现"兼顾防洪、水资源合理利用和生态环境建设，坚持兴利除害结合"。以北京市城市雨水资源化利用为例，近 10 年来北京市城区已完成雨水利用工程 22 项，在建雨水利用工程近 20 项，在有效缓解城市雨洪灾害的同时，也增加了城市可利用水资源量，实现水资源的"以丰补枯"，是缓解城市缺水问题的重要措施之一。

（2）水资源战略储备　为应对经济社会发展与气候变化、水文周期变化以及极端和突发水事件的威胁，根据实践需求逐步建立长期、中期和短期的水资源战略储备机制，这是丰水和平水时期常态水资源管理与枯水期应急管理结合的主要措施，是"以平缓枯"的重要途径。实施水资源战略储备有多种途径，如建设地下水战略储备和备用水库等。在北京市、河北省等地下水供水比例较高的缺水地区，通过控制地下水开采总量，禁止深层地下水开采，并利用汛期雨洪资源进行地下水回补，逐步恢复地下水的涵养能力，增加地下水战略储备取得了显著的效益。实践证明，这是解决水资源不足的经济合理的方法之一。

（3）各类储水空间的科学运用　所谓储水空间是各类自然或是人工可用于储存大量水资源的空间，包括地表储水空间和地下储水空间，地表储水空间主要包括河湖水系、湿地洼淀、水库和其他人工储水建筑物与设施等，地下储水空间主要包括松散介质含水层、裂隙含水层、具有封闭边界的喀斯特地下含水层。各类储水空间特别是失水空间的科学运用，可以实现枯水季节水资源开发利用腾出的空间用于丰水期蓄积雨洪水，实现水资源开发利用和缓解防洪除涝的"双赢"，是"以枯解丰"的重要途径，具体可以通过蓄滞洪区建设与超采区治理和地下水库建设相结合等措施来实现，如中国北方松散介质含水层是主要的地下水开采层位，在中国北方人类聚居的平原和盆地区，松散介质含水层的水文地质条件或地下水超量开采形成的地下水位降落漏斗具备建设地下水库的条件。

1.3　对水文水资源管理的启示

1）常态和应急水文水资源管理是不同水文阶段下的水资源管理手段

事实上，无论洪水还是干旱均统一在一个完整的水文过程当中，防洪、供水、抗旱是不同水文阶段下针对不同目标进行的水资源调控行为，各阶段之间是相互联系、相互影响、相互冲突和相互转化的。这也是实现雨洪水资源化、实施水资源战略储备的科学前提。例如防洪除涝的"泄"和水资源管理的"供"本身就存在内在的矛盾，但在雨洪水调控措施下，造成洪涝的多余水资源量通过水文过程的调节就能够转化为满足干旱缺水区用水需求的抗旱水资源。针对平水时期开展的水事活动就是常态的水管理范畴，其核心是水资源管理，包括水资源配置、节约和保护，管理行为的基本标的是保障经济社会发展的用水需求，同时控制和降低水资源不合理开发利用所带来的外部性，大体可以分为供水管理、需水管理和水生态环境管理；针对丰水期和枯水期开展的水事活动就是应急的水管理，核心是防灾减灾管理和特殊标的管理，前者包括洪涝灾害管理、干旱灾害管理、突发性的水事件管理，后者包括特殊需求的水管理，如奥运会、世博会等重大活动的水安全保障管理。

2）常态与应急相结合的水文水资源管理模式将是未来水文水资源管理的发展趋势

无论是常态的还是应急状态的水文水资源问题都属于水文水资源综合管理以及水安全问题的研究范畴，也是社会公共安全问题的重要组成部分，从目前的研究进展来看，流域水资源综合管理（integrated water resources management，IWRM）自 1992 年于爱尔兰召开的国际水与环境大会上在《都柏林宣言》中作为被推荐的水资源管理模式以来，已经成为国内外关注和研究的热点，但缺乏针对突发性水问题的管理模式；水安全问题的提出源于发达国家对干旱缺水、生态退化等因素带来的国家安全保障问题的关注，而中国则更多是从资源角度考虑洪水、干旱带来的资源安全问题，提倡在流域综合管理的基础上建立风险管理机制，并提出突发水安全问题的应急管理措施，但是对常态的、风险小的水安全问题关注较少；社会公共安全领域则更加关注政府对突发事件的应急响应与应急管理的机制和预案研究，并开始注意到突发事件的常态化趋势。可见，在水资源管理领域将各类水灾害应急处置和水资源常态管理手段结合起来正在成为一种发展趋势，即进行水资源常态与应急的统合管理。

2　水文水资源常态与应急统合管理的初步认知

2.1　常态与应急状态及其相互关系

常态通常指持续出现或是经常发生的状态，又称正常状态或一般状态。常态管理，是指相对于平稳的社会环境和自然环境处于正常运行态势下所进行的管理，其目的是为了维持正常的需求防止累积效应的发生，尽量减少应急发生的概率，管理的途径主要是控制管理。

应急状态是指特殊的或不经常出现的，或需要采取某些超出正常工作程序的行动以避免事故发生或减轻事故后果的状态，有时也称为紧急状态，大致可分为自然灾害、重大事故和重大社会事件 3 种。应急管理是指为应对各种危机情景所进行的信息收集与分析、问题决策、计划与措施制定、化解处理、动态调整、经验总结和自我诊断的全过程。其最重要的特点是在非常情况下牺牲部分利益，保全大局，管理的目的是维护系统在特殊情境下的可持续运行，管理的路径主要是风险管理。

常态和应急状态的区分体现在 3 个方面，即状态存在或是发生的概率特征、事件发生的差异性影响或结果、管理或应对途径的差别化。基于系统视域的角度，常态和应急状态之间存在密切关系，主要表现在两方面的关系：①依存关系。一个领域的常态和应急状态，均是同一事件序列在不同时空区间内的表现，之间存在密切的动态依存关系，如干旱和洪水都是同一水文系列不同概率区间的事件，与平水时段或状态是相互依存和相互影响的。②转换关系。应急状态往往都是从常态情境发展而来的，其演变的具体路径包括渐变与突变，如旱涝灾害的发生是一个逐步发展和渐变的过程，突发性的水污染事件则是一个突变的过程，因此进入应急状态往往体现在某一特征阈值上。此外，常态和应急状态还是相对于经济社会系统的管理能力的一个概念，对于不同时期或不同阶段的抵御能力，由于其管理的控制标准也是不一样的，常态和应急状态的划分也是不同的，比如在生产力水平较低的时期，由于其工程技术体系的不完善，在发生 10 年一遇的洪水时，可能就要进入应急状态，而在区域防洪工程技术体系发展到较高水平时，20 年一遇的洪水发生时也可能处于常态管理的范畴。

2.2　对常态与应急统合管理的认知

由于常态管理与应急管理之间存在着密切的辩证统一关系，因此尽管常态和应急状态的情景和管理的路径存在差异，但综合两方面情景的统合管理的思想长期存在，并被运用于管理的实践当中。常态和应急统合管理，将理性的控制过程和高效的风险减免机制相互结合，通过博弈应急管理和常态管理各自牺牲一部分利益，实现全局最优。表征是应急管理常态化，常态管理应急化；本质是各种极值的均化，即把风险转化，做到"大事化小、小事化了"，降低风险发生的不确定性。常态管理和应急管理的特征与方式见表1。一般情况下，常态采用常态管理手段，应急状态采取应急管理手段。对于统合管理，同时考虑常态和非正常方式进行管理。由于突发事件不是一成不变的，其中未预料事件占了部分比例，所以应急管理不是消极防守，应对这些未预料事件，首先要建立应急预案，在日常过程中就要采用经济、法律、科技等一系列的手段对风险灾害进行预防，提高应急决策能力。同时，还要把握好原则，并根据实际情况随机应变，提高危机处理能力。

表1 常态和应急统合管理方式

管理方式	理念	常态	应急状态
分离管理	着眼当前——轻谋浅虑	居安思安	居危思危
统合管理	既着眼于当前，又着眼于未来——深谋远虑	居安思安，居安思危	居危思危，居危思安

3 水文水资源常态与应急统合管理理论探析

3.1 常态与应急统合管理的水循环基础

常态和应急管理实质上是对水循环过程的某一区段采取人工调控措施的行为。对于一个完整的自然水文过程来说，年际和年内的丰枯周期性变化是其最大的特征，趋势性和随机性特征则叠加在周期性特征上，成水文过程的整体特征。一个区域的年内水文过程可大致划分为3个阶段，即平水段、枯水段和丰水段。随机性的影响，不同阶段的划分是一个相对的概念，随着自然地理特征、季节的变化而有所差异。不同水文区段的水量分配过程见图1所示，其中①线为由降水形成的对区域地表和地下水的实时补给所提供的供水量，②线为区域社会经济耗水需求量。丰水期降水量大，除满足生产生活用水需求外，还形成对当地地表、地下水的年度补给量，以及河道正常下泄量。当降水出现峰值，河道正常下泄能力难以满足水量下泄要求时，则出现不可控下泄洪水，严重时形成洪水灾害。在枯水期，由于降水直接形成的供水能力降低，社会经济耗水需求反而在一定程度上较丰水期有所增加，二者之间呈现一定差额，那么在丰水期或者是丰水年通过地下水、人工调蓄工程等所蓄存的水将发挥供水效用。当地下水、人工调蓄工程等的年内、年际调节供水量总量大于这一差额，则区域水资源供需可达到平衡，反之呈现缺水状况，此时区域供水将通过挤占生态用水、限制用水等非常规方式实现，但是当缺水量达到区域不可承受范围时，干旱灾害发生。

为了实现天然水文过程与经济社会用水需求、天然下泄排水能力的平衡，需要对水循环进行科学调控，其中在非汛期主要是供用水的管理，在汛期主要是以排水为主的洪水管理。当来水超出一定标准范围以外包括低于某一标准或高于某一标准，水循环调控则转为应急调控，其中非汛期为抗旱管理，汛期为防洪管理（图1）。

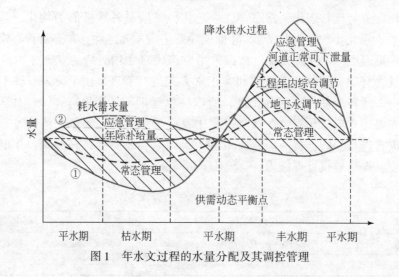

图1　年水文过程的水量分配及其调控管理

3.2　基于全水文过程的水资源常态与应急统合管理

　　水资源常态与应急统合管理，就是立足于自然水文的年内与年际整体过程，将正常状态下的水资源管理和非正常状态下的应急管理有机结合起来，实施基于自然水循环系统全过程调控的水资源管理，从而实现将水资源开发利用、防洪除涝和抗旱减灾等有机融合，提升水循环调控效率，增强水安全保障程度。具体来说，对于水文过程的常态管理也就是指对于一定概率范围内的水文事件或是过程进行调控和管理，如 $P=$ 90% 概率范围以内；对于水文过程的应急管理是指对于一定概率以外的水文事件或是过程进行调控和管理，如 $P=90\%$ 概率范围以外。对于应急状态，可以进一步细分为一般应急状态和危机管理状态，其中危机管理状态是指更小概率水文事件发生情境下的管理，如 $P=97.5\%$ 以外或是连续几个 $P=75\%$ 的枯水年。不同水文过程对应的状态及相应的管理模式详见图2。

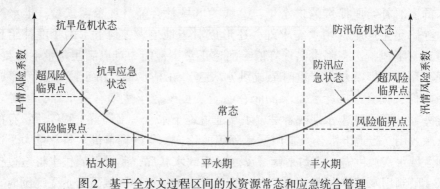

图2　基于全水文过程区间的水资源常态和应急统合管理

3.3　中国水文水资源常态与应急统合管理的策略思考

　　随着信息技术的发展，水文水资源信息共享平台等新技术的使用也为中国水文水资源常态与应急统合管理提供了新的工具。目前，针对中国水文水资源情势及存在问题，提出水文水资源常态与应急统合管理实践的基本思路，即"以丰补枯，以平缓枯，以枯解丰，丰枯联调，化害为利"，降低洪涝灾害风险，提升供水安全保障程度，提高水管理和调控效率。

3.4　实现水文水资源常态与应急统合管理的模式体系结构探讨

（1）全过程水信息共享融合　实现信息共享是促进水资源常态与应急统合管理的基本条件与要求，有必要作为一项基本制度加以规定和执行。在常态与应急统合管理中，水信息的共享主要体现在 3 个方面：①水资源常态管理部门与应急管理部门之间的信息共享，保障各自管理措施的全面性和均衡性；②水资源管理部门与涉水部门之间的信息共享，包括气象、地质、环保、建设等部门，提高常态与应急统合管理的科学性；③政府部门与社会公众之间的水信息共享，提高公众对于水资源常态与应急管理的认识，保障各种常态与应急统合管理措施的顺利执行，同时积极听取公众意见，改善水资源管理方式。

（2）水循环状态识别控制　正确把握和识别水循环状态的临界变化，及时采取相应的常态或应急调控措施是实现水资源统合管理的关键。水循环系统常态、防汛应急及抗旱应急状态的识别调控主要包含两个方面内容：①防汛应急状态的识别调控。多年来，通过防汛实践经验的不断积累总结，中国已经建立了警戒水位、保证水位等较为成熟的防汛特征指标及相应的应急管理预案体系，在历年防汛工作中发挥了巨大作用。②抗旱应急状态识别调控。经过多年努力，中国已经建立了降水距平、土壤相对湿度、城市干旱缺水率等旱情指标，近年来又开展了江河湖库及地下水体旱警水位（流量）试点研究，湖南省等南方部分地区已经取得了较好试点效果，这些指标的建立和完善将为抗旱应急管理提供重要的技术支撑。

（3）各类水工程联合运用　水利工程特别是大型枢纽水库的优化调度是实现水资源常态与应急统合管理的重要措施，在技术保障条件下建立起水利工程的优化调度制度是促进统合管理发挥实效的重要手段。具体来说，优化调度就是发挥水利工程调节作用，使其防洪、供水、发电、生态等多重效用达到最理想化实现。这就要求在汛期根据水文预报结果合理调节汛限水位，达到蓄水的目的，保障现阶段防洪功能和后期供水功能的最优化实现；在非汛期合理配置库存水量的下放与不同用水户的供水，保障工程效益的持续发挥，在发生干旱时有效应对，逐步核减各用水户供水量，实现应急和常态统合管理。

（4）流域水资源统一调配　水资源综合配置制度是常态与应急统合管理的一项基本制度，通过对区域和流域水资源在各种水文条件下的综合优化配置，明确各种水文条件下区域（流域）的水资源供需状况，作为水资源常态与应急综合管理的基础。水资源综合配置结果一方面作为常态管理的基本依据，指导水资源合理分配和利用；另一方面通过对极端水文条件，主要是极端干旱情况下的水资源供给与需求进行平衡分析，探究干旱应急状态下的水资源开源和节流措施。通过综合配置，促进常态与应急管理的联合。

（5）涉水事务综合管理模式　加强水量调度过程中的部门协调和体制改革，是常态与应急统合管理重要的组织保障。由于面向全水文过程的水资源管理实际上是防洪、抗旱和水资源开发利用的内容集成，加之调控过程涉及不同的层面和多方利益，在体制上必须实行涉水事务统合管理体制，以克服多头管水带来的职能交叉或是联系不紧的问题。

4　结语

水文水资源统合管理是在民生水利理念下，努力适应中国水文水资源条件和情势的探索，常态和应急管理双重情景中的策略选择，是对未来水文水资源管理发展模式的积极研讨。

目前，水文水资源统合管理技术理论尚不成熟，需要学术界和管理部门勇于创新与实践，为发展进程中的中国水资源安全提供更好的管理模式。

The Routine and Emergency Coordinated Management of Public Security

Ning Liu

Abstract: The paper presents a study based on the observation of public security programme situations. Nowadays, public security management is faced with challenges such as the increase in non-traditional safety threats, high occurrence probability, obvious complex chain reactions, high security demand, vulnerable bearing systems and world-wide influences. For the new adapted requirements of public security management, this paper puts forward the concept of the coordinated routine and emergency management, which combines the routine management at normal status and the emergency management at the abnormal status based on the whole process of public security management. This paper analyzes the coordinated management system and establishes the decision-making objectives, decision-making model and constraints. In addition, this paper proposes the basic strategy of achieving the coordinated management of public security.

Public security is closely related to human survival, life continuity, and society and development. Not only is it one of the most basic requirements, but it is also the basis for ensuring the normal operation of the social economy and life order. Currently, public security issues and emergencies include natural disasters, accidents, public health incidents and public security incidents, which are becoming increasingly more varied, more frequent and riskier. When the traditional and non-traditional, natural and social risks coexist, it is very easy to end up with an out-of-order and paralyzed social system. Crisis and risk is unprecedented, uncertain and unpredictable, so a fast, safe and efficient response is required. At the same time, more adapted public security management strategies should be studied. The studies on regional comprehensive management, multi-coordination management, integrated management, and other advanced management approaches and methods have enriched the theory and promoted the practice of public security management. However, public security management incidents involve both routine and emergency response management stages during the whole process of incident propagation, break out, development, handling and postdisaster handling. Modern societies have to consider both stages and construct more profitable management strategic conditions and basis to improve the management capability. In this study, the theory of routine and emergency coordinated management is presented, the conceptual model is discussed, and the strategy to promote the

原载于: Frontiers of Engineering Management, 2014, (10): 331-338.

coordinated management is proposed.

1　The Observation and Enlightenment of Public Security Management

1.1　The circumstances of public security

Public security requirements are constantly changing and improving. With the development and progress of society, public security management has gradually evolved in several perspectives: ①from the early stage which is mainly responding to natural disasters to the current situation of responding to threats which influence the whole social security, ②from the emphasis on property, social security to the emphasis on the "people," ③from ignoring the natural environmental damage to the ecological civilization construction. Nowadays, in addition to the traditional security threats, non-traditional security factors, complex disaster systems, increased disaster frequency, raised security standards, and other complex challenges also need to be considered.

1) Non-traditional security(NTS) threats increased

NTS, also known as new-security threats(NST), is defined to differentiate with the traditional security threats, indicating the elements which threaten the survival and development of sovereign states and the human beings in general other than military, political and diplomatic conflicts. Among many examples are economic security, financial security, information security, ecological, and environmental security, water security and terrorism. Under the shadow of globalization, non-traditional security problems have increased significantly. The non-traditional security issues usually break out in the form of crisis and the consequences will "internallytransfer" or "internationally-spill out" that strongly threaten the public security order.

2) The increasing frequency of public security incidents

With the backdrop of global climate change, the occurrence probability of extreme weather events and natural disasters has increased, thus the risk that the public security faces is also constantly increasing. At the same time, since World War II, the world has experienced a period of over half a century of peaceful development in both developing and developed countries. Economic and social development is in a transitory and growing period and there are many social instability factors. Furthermore, revolution itself is a risk, which introduces some more complex and uncertain factors into the public security situations.

3) The complex chain reaction of public security incidents

The complex chain reactions of public security incidents are becoming more and more obvious. With the strengthening of personnel connections in different areas, the relevance of natural disasters, accidental disasters, public health incidents and social security incidents and other incidents is becoming obvious. Mutual influence and mutual transformation result in the generation of secondary, derivative events or cause the combine of variety of events. Major natural disasters are often accompanied by secondary disasters, and form a complex disaster chain. Similarly, social events, such as disasters, public health, and other social events can trigger a new social event, or may cause environmental damage, affect the natural ecology, and even induce natural disasters that in turn endanger human beings.

4) Raised requirements of public security standards

Requirements of public security standards are continuously raised. With the development of human civilization, scientific and technological progress, economic development, and living standards, the connotation of public security has been deepened and the extension has been expanded. It has gradually become an increasingly important public demand. A security problem is no longer simply about the basic necessities of life, but it also involves the fields of production and ecology. The demand of security and the security standards are expanding and enhancing. At the same time, security problems continue to expand along with social development. The socialization tendency is becoming more noticeable, and complex social reasons are involved. Furthermore, the traditional meaning of the possible-preventable security issues is becoming increasingly complex and unpredictable. This is forcing people to have more aspirations and requirements about public security and public security programmed management.

5) The increase of complexity and vulnerability of the bearing system

With economic development and social progress, lifeline systems such as water supply systems, electricity systems, energy systems, transportation systems and communication systems have been developed that are becoming more and more web-based. These increasingly networked, modern, and complex systems have been continuously improved on the comprehensive functions, but the destructive power and damage caused by disasters has also expanded. The security system has become increasingly fragile. Once a certain link has a problem, it is likely to lead to a series of crises, such as economic loss and life hardships, some places become partially or temporarily paralyzed, even affecting entire regions.

6) Internationalized public security incidents

In public security incidents the trend has been of internationalization. Economic globalization has brought unprecedented opportunities for strengthening international cooperation and promoting joint development. However, it has also made the security of the economy, finance, information, and other aspects break out of the traditional national concept. A lot of security problem platforms have been upgraded to the international level. Terrorist attacks, partial wars, financial crises, and the fight over water resources, oil resources, the spread of a major transnational epidemic and other emergencies occur from time to time with two or more countries being involved. At present, the response to public security incidents is changing from national disaster reduction to global and regional joint disaster reduction.

1.2　The view of public security programmed management

1) Adapt to "people-oriented"

Public security programmed management should adapt to the concept of "people-oriented". Public management, in a certain sense, is the management of people. Both the subject and object of the management is people. The aim of public security management is to protect people and to promote the development of people. Public security programmed management needs to place public life security as its first priority. After the occurrence of public security incidents, we must always put the protection of life safety as the core of public security programmed management. In the management process, the security of administration should also be noticed; self-protection and logistics support should be done properly in order to prevent new casualties and property loss. Economic and social development has to build on the basis of continuously enhanced public security ability, which has also to guarantee the needs and the self-development of the public. In this way, the public can enjoy the outcomes of economic development and social progress.

2) Adapt to economic social development

Public security programmed management should adapt to economic social development. In other words, public security programmed management must fit into the socioeconomic base, which can better safeguard the economic and social environment, and in turn promote its development. The development of public security programmed management should also take the initiative to adapt to socio-economic development. The technology, equipment, and personnel of public security programmed management are all drawn from society, and the promotion of its own management ability cannot be separated from the social economy, the progress of science and technology, and the improvement of the basic quality of citizens. In fact, once the public security incident occurs, it is always related to the specific economic, political, and cultural environment which in turn impacts on the social development. For a stable, timely and effective solution to the security problem, public security programmed management should consider the existing economic and social conditions, and adopt effective measures to reduce the impact and damage.

3) Adapt to the ecological civilization construction

Public security programmed management should adapt to ecological civilization construction. Promoting ecological civilization construction is an urgent need for the sustainable and healthy development of the economy. Furthermore, it is chosen way to achieve the "Chinese dream" and the inevitable way to deal with global climate change. The overall layout of "Five-in-one" socialism with Chinese characteristics has placed the construction of an ecological civilization in a prominent position over the others which include economic construction, political construction, cultural construction, social construction. Ecological civilization construction is the foundation and condition of the fifth aspect and is also the conduit of the other four aspects and infiltrates them. Therefore, the concept, viewpoint and method of ecological civilization are indispensable and have to be integrated into the other construction processes. Public security programmed management is an important part of social construction, so the concept of ecological civilization construction must be integrated into the process of public security programmed management to meet the needs of ecological civilization construction.

4) Adapt to the legal system of the society

Public security programmed management should adapt to the society with rule of law construction. Public security programmed management is a kind of administrative act and administrating according to law is the foundation to building a society with rule of law. Therefore, the public security programmed management behavior should be based on the relevant laws and regulations, which would help to ensure the legitimacy and efficiency of the treatment measures. When public security programmed management organizations are dealing with the incidents, from the legal aspect, source of power, content, exercise program, the restrictions on civil rights, and relief and social supervision are usually included. Bringing public security programmed management into the rule of law system can adjust various social relations more effectively during emergency situation. In those cases, the public interest can be protected more effectively, and the authority of public security programmed management can be controlled to ensure service based on social needs and public will.

5) Adapt to the construction of innovation-oriented country

Public security programmed management should adapt to the construction of innovation-oriented countries. Innovation-oriented countries construction is related to many aspects of public security programmed management. The innovative strategy of the country not only requires effective public security programmed management service, but public security programmed management itself also needs new technology, new equipment and new methods. Public security programmed management is supposed to service the national implementation of the innovative development strategy; any absence or mistake is not allowed at any time. Similarly, the innovation promotion conferred to public security programmed management from scientific and technological innovation is not a onetime occurrence; it cannot be done "once and for all". It needs to adapt to the requirements of the construction of innovation-oriented country by closely following the passage of time and the changes of situations.

2 The Coordinated Routine Management and Emergency Management for Public Security

2.1 The cognition of modern public security programmed management

With the development of economic societies, the public security situation is becoming more and more complex, and the public security programmed management is being confronted with more severe challenges. Although there is much mature and advanced experience and practice that could be followed domestically and internationally, there is still a long way to go to explore a modern public security programmed management strategy. It is challenging to propose the management strategy which has high adaptability and combines all standard management concepts such as decision-making management, unified management, multi-objective management, and risk management as well as other scientific management methods.

Studying public security programmed management from the perspective of modern management science needs to exceed emergency management itself. Separating public safety events from routine public management of the whole society aspect would be more effective. Public security programmed management supports the response to public security incident, to provide a good preventative approach and responsive actions. At the same time, it needs to pay attention to the emergency response management as well as focus on the routine management both before or after of the public security incidents. There is a close dialectical unity relationship between routine and emergency management, although there are differences between the routine and emergency situations. Coordinated management thought of these two aspects has existed for a long time and has been applied to the management practice. Thus, in the field of public security programmed management, the coordinated public security routine management and emergency management is becoming a trend under the conceptual guidance of "unified normal and abnormal disaster relief".

2.2　The concept of coordinated management

Coordinated public security routine and emergency management is based on normal and abnormal fields of vision. The concept of coordinated management is to face the whole incident development process with overall consideration of routine and emergency situations. The aim of the coordinated management is to maintain system sustainable operation, to reduce the operation risk, to deal with the emergency and to achieve system development. It involves a series of planning, organizational, command, coordination and control behaviors that can meet the actual or potential requirements for management.

The routine and emergency coordinated management is not the simple superposition of routine management on emergency management, but an associated combination of rational control processes and efficient risk reduction mechanisms from the perspective of systematic management. When the goal and direction of the system development are determined, the aim with optimized system operation and maximized benefits can be achieved through the cooperation of interests and costs of routine management and emergency management. According to the dialectical relationship between routine and emergency status interpreted in reference, it can be seen that routine management and emergency management are the two different ways that people deal with the process of a certain incident. They have connections but also differences. It is more likely an inter-grown relationship and in certain conditions, they are complementary to each other evolving in an integrated way.

2.3 Analysis of coordinated management

Coordinated management itself is a complex system involving natural and social factors. This means the management process needs to serve more than one objective and also consider the interests of each side to perform the management and make decisions. For more scientific and efficient implementation of the coordinated management, the constitution of coordinated management needs to be analyzed, the characteristics and key links need to be mastered, the goals should be set up reasonably, the constraints need to be analyzed, and the management efficiency can hence be improved.

The following formula can be used to describe the constitution of coordinated management:

$$C_0 \sim A \ni \cap \{a_i\} \, (i=1, 2) \tag{1}$$

where C_0 is coordinated management; A is the corresponding system scope of each field and level management; a_i is the simple routine or emergency management; $\{a_i\}$ is the combination of routine and emergency management; $\cap$ is the generalized correlativity of system management and the combination of routine and emergency management; $\sim$ is the actual situation which needs to be discussed. Fig. 1 shows the constitution and the extension of coordinated management.

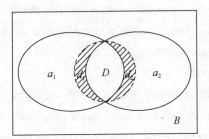

Fig. 1   The constitution and extension of coordinated management

a_1 is routine management, a_2 is emergency management, D is the intersection of a_1 and a_2, that is the common area of routine management and emergency management in a certain range, which is a direct part of the coordinated management; B is the extension part of routine, emergency and coordinated management. Note that D is not fixed, but dynamically changes with the boundary conditions of a_1 and a_2, d_1 and d_2 are the extended area. The area excluded in intersection D could also be dynamically included in the intersection part in a certain condition. This part needs to be highly concerned and there may be an indirect coordinated management procedure, or put it into the relevant preparation part at any time or in advance.

2.4　Coordinated management decision-making

1) Decision-making problem

As coordinated management is a complex system, there are many contradictions and conflicts in the process of making decisions when coordinating routine and emergency management. Different emergencies have different locations, durations, and there are differences in the cognition and demands of different interest groups. Therefore, coordinated management is a multi-level, multi-objective group decision-making issue. The mathematical expression of multi-objective decision-making process of routine and emergency coordinated management is described as follows:

$$\max(\min)Z = \{f_1(x), \cdots, f_2(x), f_n(x)\}^{\mathrm{T}} \quad x \in X \tag{2}$$

where x represents the management decision variable; X represents the feasible region of the management decision variable; $f_i(x)$ represents the single objective function with x as the variable; Z represents the comprehensive value of multiple management decision objectives.

The solution to this kind of multi-objective optimization decision problem may not be one and only one, but rather a non-inferior solution set including multiple solutions. Theoretically, finding out the optimal solution for each single objective can solve all of the multi-objective problems.

$$\max V(Z) \quad Z \in Q \tag{3}$$

where $V(Z)$ represents the utility function with Z as a variable, which reflects the preference of the decision maker in the non-inferior solution set. To obtain the reasonable decision, the utility is usually quantitative. Target value is usually used to describe the utility, and the higher the target value, the greater the utility.

2) Decision-making model

Coordinated management system is a complex system with multiple levels and multiple objectives, and it requires a multi-level, multi-objective decision. The coordinated management target for examining public security field can be divided into three levels: the first is the safety of human life, the second is the safety requirement for property, society, the environment and so on, and the third is the efficiency and benefits of management. For a single target, a quantitative description can be carried out in accordance with the following method.

According to the basic needs of the public security programmed management, whether it is routine management, emergency management, or coordinated management, minimizing human life damage is the basic goal. The target function of corresponding minimum loss of life can be described as:

$$\min f_1(k) = \sum_{m=1}^{M} \sum_{u=1}^{U} \sum_{k=1}^{K} \mathrm{QLL}(m, u, k) \tag{4}$$

where $\min f_1(k)$ is the minimum number of casualties caused by k event; $\mathrm{QLL}(m, u, k)$ is the number of deaths and injuries caused by k event at m time frame in u area; M indicates the time duration; U indicates the area number; K indicates the number of event types. By this analogy, minimum property damage function:

$$\min f_2(k) = \sum_{m=1}^{M} \sum_{u=1}^{U} \sum_{k=1}^{K} QPL(m, u, k) \tag{5}$$

minimum environmental influence function:

$$\min f_3(k) = \sum_{m=1}^{M} \sum_{u=1}^{U} \sum_{k=1}^{K} QEL(m, u, k) \tag{6}$$

minimum societal influence function:

$$\min f_4(k) = \sum_{m=1}^{M} \sum_{u=1}^{U} \sum_{k=1}^{K} QSL(m, u, k) \tag{7}$$

maximum efficiency and benefits function:

$$\min f_5(k) = \sum_{m=1}^{M} \sum_{u=1}^{U} \sum_{k=1}^{K} QEE(m, u, k) \tag{8}$$

where $\min f_2(k)$, $\min f_3(k)$, $\min f_4(k)$, $\max f_5(k)$ indicates the minimum property damage value, minimum environmental influence value, minimum societal influence value, maximum efficiency and benefits value respectively caused by the k event; $QPL(m, u, k)$, $QEL(m, u, k)$, $QSL(m, u, k)$, $QEE(m, u, k)$ indicates property damage value, environmental influence value, societal influence value, maximum efficiency and benefits value respectively caused by k event at m time frame in u area; other symbols have the same meaning as above.

The multi-objective should be comprehensively considered, and the difference and priority between the targets above need to be further considered. To reflect this difference, priority function is set as:

$$g(m, k) = \begin{cases} 0 & \text{current session with no priority} \\ 1 & \text{current session with priority} \end{cases} \tag{9}$$

where $g(m, k)$ indicates k event priority level at m time frame, 0 indicates no priority at current session; 1 indicates that the current session should be put priority, this function changes with the development of the situation.

Then, multi-level and multi-objective function composed by the above objective functions can be expressed as:

$$\min G = \sum_{i=1}^{4} g(m, k) \min f_i(k) + [g(m, k) \max f_5(k)]^{-1} \tag{10}$$

where $\min G$ indicates the comprehensive target value of public security coordinated management, other symbols have the same meaning as above.

3) Constraints

The main objects of public security coordinated management are casualties, property, environment, society, and benefits that change with time and location. Therefore, it is necessary to select the appropriate indicators as specified constraints according to the economic level, the technical ability, natural conditions, social environment and other aspects of the public security management system for building a layered multi- objective decision model.

Economic development constraints

$$\alpha(m, u, k) > \alpha_{\max}(m, u, k) \tag{11}$$

where $\alpha(m, u, k)$ indicates the economic development level that k event corresponded to in m time frame and u area; $\alpha_{\max}(m, u, k)$ indicates the highest level of economic development that k event corresponded to in m time frame and u area, and by this analogy, technical capacity constraints:

$$\beta(m, u, k) \leqslant \beta_{\max}(m, u, k) \tag{12}$$

natural condition constraints:

$$\lambda(m, u, k) \leqslant \lambda_{\max}(m, u, k) \tag{13}$$

cost and benefits constraint:

$$\theta_{\min}(m, u, k) \leqslant \theta(m, u, k) \leqslant \theta_{\max}(m, u, k)$$

where $\beta(m, u, k)$, $\lambda(m, u, k)$, $\theta(m, u, k)$ respectively indicate the highest technique level, the largest natural condition constraint, and the highest and lowest management efficiency or benefits that k event corresponded to in m time frame and u area.

3　The Strategy of Public Security Programmed Management

3.1　The laws and regulations based on the coordinated management concept

Public security programmed management cannot be performed without authorization and standardization from laws and regulations. The key point is to provide a legal basis for the public security programmed management behaviors of government departments and other relevant institutions. This legal basis should include the basic laws which involve public security, specific laws, and emergency plan systems and so on. According to the requirement of public security programmed management, laws and regulations are important contents of public security routine management construction. The idea of routine and emergency coordinated management should be considered at the legislative stage. Thus, the laws, regulations and emergency plans can prevent disaster in the routine state and can mitigate disaster when emergencies happen. A system including legislation, enforcement and dissemination of the law is proposed, in which emergency management can reflect routine management, and routine management collaborates with emergency management.

3.2　Management system concept design based on coordinated management demand

Routine and emergency coordinated management is a complex multi-level, multi-dimensional system, which requires the combined interaction of the government agencies, domestic non-governmental organizations, and international organizations. An efficient collaboration mechanism is very important to deal with problems in this complex system.

First of all, the responsibility of all levels of government agencies should be clarified during the process of public security programmed management. Each department or agency should understand their own role in public security affairs to avoid inefficient or unscrupulous consequences because of unordered action. Secondly, the coordination between government agencies and non- governmental organizations needs to be improved. The work of government in public security programmed management should be completed. In addition, the cooperation between domestic and foreign organizations should be strengthened, and we should actively participate in international public security affairs.

3.3 Operation system framework should adapt to coordinated management practice

Government is the main body of public security programmed management. An operation mechanism needs to be built accordingly which can adapt to routine and emergency coordinated management. First of all, a "horizontal mechanism" should be established as the work mechanism operating between same level government agencies. It is an information network to exchange and share resources and technology that strengthens the joint mechanism. Secondly, improve the "vertical mechanism" that is working on the mechanism in the same system but on different levels of the organizations. This should be done by optimizing the personnel, goods and equipment supplies in different departments, by strengthening information and resource exchange, and by guaranteeing clear management communication, reducing operational links and administrative costs. All these will improve the efficiency of emergency response.

3.4 Key point of technology information support system reflecting the attribute of coordinated management

Information sharing is the basis and the media of routine and emergency coordinated management. It is an essential requirement to build a high-efficiency basic information support system for coordinated management. Specifically, basic scientific research and technology development of public security information should be improved for the reasonable planning of the information network system. It is important to complete the information integrated management platform to meet the requirements of joining, integrating, interconnection, information sharing and decision-making support for this multi-system approach. It is also important to apply comprehensive and systematic information service for public security coordinated management.

3.5 Programmed and non-programmed system construction of coordinated management

Programmed and non-programmed system construction is a powerful measure to achieve the goal of public security routine and emergency coordinated management. Reasonable layout and appropriate operation programmed and non-programmed systems are very important for public security. First, the basic concept of public security routine and emergency coordinated management is applied in the planning of infrastructure construction according to regional public security situation and characteristics to reasonably optimize the engineering layout. Secondly, the requirements of coordinated management should be applied throughout all aspects of the safe operation process of engineering and non-engineering systems. Moreover, it is necessary to positively strengthen disaster prevention and reduction ability construction.

3.6　The setting of coordinated management resources deposition and collocation system

Human resources, material and financial resources are the guarantee of the public security routine and emergency coordinated management. They are also the main contents of the coordinated management resources deposition and collocation. First, the specialized personnel construction needs to be positively improved, and the managing level and ability should be enhanced. Secondly, the construction of the public security material deposition and collocation system should be improved. A high-efficiency, trans-department, trans-regional, and trans-industry emergency response material cooperation guarantee system should be established with an early warning and information sharing mechanism. Again, a reliable public security funding mechanism should be established by setting up an advanced central and local emergency management funds investment and payment system, increasing the funds usage efficiency, guiding private capital to participate in public security programmed management, and opening up more diverse management fund raising channels.

4　Conclusions

The routine and emergency coordinated management of public security programmes follows the idea of "unified the normal state disaster reduction and abnormal state disaster reduction". It is trying to adapt to the current economic and social development as well as to public security situations. Routine and emergency coordinated management is a meaningful exploration of the approach for the development of future public security management.

The strategies proposed in this paper are based on the primary stage conception, which is aimed at exploring the feasibility and operability of routine and emergency coordinated management for public security management. Innovation and practice from the academic and management departments is needed to establish a better and more operational management approach.

中国干旱预警水文方法探析

刘 宁

摘 要：干旱预警是抗旱工作的首要环节和重要的非工程措施，但由于相关技术方法研究比较薄弱，在实际工作中往往缺乏针对性和可操作性，其作用难以得到充分发挥。为满足抗旱工作的需要，从中国抗旱工作实际出发，在阐述抗旱工作中干旱概念及成因的基础上，分析了中国干旱预警现状及存在问题，集成构建了干旱预警水文指标体系，提出了水文干旱预警水位（流量）的新概念及确定办法，填补了江河湖库干旱预警空白，并在抗旱工作中进行了实践应用，为干旱预警开辟了水文方法新途径。

干旱灾害是影响中国经济社会发展的主要自然灾害之一。近年来，随着经济社会的快速发展、城市化建设进程加快以及人口的增长，中国水资源短缺现象日趋严重，加之气候变化的影响，中国干旱灾害频次增加、范围扩大、损失加重，严重威胁着中国的粮食安全、供水安全和生态安全，抗旱工作面临着新的压力和挑战。抗旱工作包括干旱预警、应急响应和灾后救助3个环节，其中干旱预警是抗旱工作的首要环节，在抗旱减灾中发挥着重要作用，但目前相关技术基础还比较薄弱，以致其抗旱减灾作用不能得到充分发挥，因此，迫切需要加强干旱预警技术方法研究，为推进干旱预警工作、提高抗旱减灾效益提供技术支撑。

1 干旱概念及成因

由于干旱发生过程复杂，影响范围广泛，涉及因素众多，不同部门、行业，从不同专业角度和时空尺度对干旱的认识各不相同。据统计，国内外关于干旱的定义多达100多种。世界气象组织、美国气象学会在总结各种干旱定义的基础上将干旱分为气象干旱、农业干旱、水文干旱和社会经济干旱4类。从中国抗旱工作的角度，对干旱的认识往往和抗旱应急措施紧密相连，干旱识别需要细化到特定地区特定时期工农业生产、城乡居民生活及环境生态等具体用水对象，以便适时适度地启动抗旱应急响应，因此，抗旱工作中的干旱一般是指某地区在一定时期内由于降水偏少而导致河流、水库、湖泊、土壤和地下水含水层中水分不能满足区内工农业生产、城乡居民生活以及环境生态正常用水需求的现象。

干旱的本质是水分持续性短缺，其成因既涉及以降水减少为主要特征的异常天气因素，同时又与工农业生产、城乡居民生活及环境生态用水等人类活动密切相关。对于某一地区来说，一定时期内的用水需求相对固定，因此，天气异常造成水循环过程

原载于：水科学进展，2014，（5）：444—450.

的水分供给不足往往是形成干旱的主要原因。水循环过程是指降水用于蒸散发、转化为地表径流、补充土壤水分以及形成地下径流的全部物理过程，包括大气过程、地表过程、土壤过程和地下过程 4 个环节，每一环节所形成的水分不足均可引起干旱。降水量减少可造成雨养农业区、雨养牧业区干旱；河川径流偏枯可引起地表供水水源不足而造成干旱；土壤水分亏缺可造成农业作物受旱；地下水位降低可引起以浅层地下水为供水水源的地区干旱。干旱成因概化见图 1。

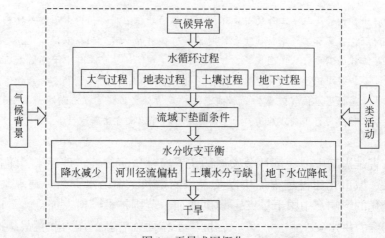

图 1　干旱成因概化

干旱是旱灾发生的前因，旱灾是干旱发展到一定程度的结果。旱灾是指由于降水减少、水工程供水不足而引起的用水短缺，并对生活、生产和生态造成危害的事件。由于社会经济或生态系统具有一定程度抗御干旱缺水的能力，发生了干旱不一定会出现旱灾，如果及时进行干旱预警并采取抗旱应急措施，旱灾可以避免或得到最大限度的减轻，因此，加强干旱预警方法研究具有重要的现实意义。

2　中国干旱预警现状分析

2.1　目的与要求

干旱预警是通过对特定地区特定用水对象供水水源及需水状况的水量供需监控，分析识别用水对象的不同干旱缺水状况，当用水对象干旱缺水程度达到预警阈值时，及时向政府抗旱部门及社会公众进行发布，以便提早采取抗旱应急措施，最大限度地减轻旱灾损失。

干旱预警作为抗旱工作的首要环节，与抗旱应急响应紧密关联，其预警方法必须与抗旱应急措施相适应，应具有较强的针对性和可操作性。一是预警对象应明确具体，在中国抗旱工作中，节水、限水和调水等抗旱措施都是针对特定地区特定对象开展的，因此，预警对象应细化至工农业生产、城乡居民生活及环境生态等具体用水对象，以便抗旱部门有的放矢。二是预警指标应直接反映干旱缺水程度，可监测、可量化和可分析，与防汛领域警戒水位、保证水位等指标类似，简单直观，可操作性强。

2.2 方法分析

多年来，气象、农业等部门从行业特点出发进行了大量研究探索，提出了一系列干旱预警方法。这些方法具有以下特点。

一是侧重于区域旱情的整体预警。气象、农业部门分别提出了气象干旱、农业干旱的预警方法，适宜于预警区域气象、农业干旱的整体情况，但对工农业生产、城乡居民生活及环境生态等具体预警对象考虑不够，与抗旱应急措施缺乏紧密联系，甚至存在脱节现象。与此同时，由于不同部门预警角度及方法各不相同，在实践中还容易出现干旱预警等级不一致等混乱情况，使抗旱部门无所适从。

二是侧重于依据行业特征划分预警等级。气象部门主要依据降水特征提出了降水距平百分率、降水 Z 指标、Palmer 干旱指标等预警指标，适宜于反映区域气象干旱特征，但对直接产生供水量的水循环过程及干旱预警对象用水需求考虑不足，难以准确反映预警对象的干旱缺水程度，不能完全满足抗旱应急工作的需要。农业部门主要依据土壤含水量特征提出了土壤水分、作物形态生理、供需水比例和作物水分等预警指标，考虑了农作物生长的用水需求，但目前预警等级的确定太过笼统，对农作物种类、生长期等因素考虑不够，需要进一步细化完善。与此同时，土壤含水量预警当前还主要停留在地面有限测点的代表性分析，难以快速对大范围的农业旱情做出整体判断分析。

综上所述，现有预警方法主要是从行业干旱特征角度反映某地区旱情的整体情况，对具体预警对象的干旱缺水状况考虑不够，难以完全满足抗旱工作的需要，因此，迫切需要加强干旱预警技术方法研究，进一步提高干旱预警的针对性和实用性。

3 干旱预警水文方法探讨

干旱预警水文方法以水循环过程中表征水源地地表水、土壤水及地下水的水文因子作为研究对象，以水源地供水对象不同干旱程度下的用水需求作为阈值，从而实现对特定地区供水对象的干旱预警，其关键是选择合适的水文指标和合理确定预警阈值。

3.1 指标选择原则

干旱预警水文指标选择应遵循 3 个原则。

（1）断面具有代表性。应在特定地区工农业生产、城乡居民生活及环境生态用水等水源地选择水文指标断面，如有取水设施的江河河道、湖泊水库等。

（2）指标可监测分析。能够实时准确反映水源地供水水量变化，如水位、流量、来水量、蓄水量和土壤含水量等。

（3）指标可模拟预测。可以通过建立降水径流水文模型，预测未来一定时期内水源地水文指标的变化情况，以便及时预警，提前采取抗旱应急措施。

3.2 指标体系构建

依据水量指标选择原则，干旱预警水文指标体系主要由地表水、土壤水和地下水 3

个方面的水文指标组成（图 2）。

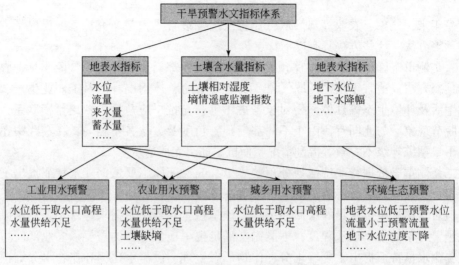

图 2　干旱预警水文指标体系

　　地表水水文指标主要有水位、流量、来水量及蓄水量等，适用于预警工农业生产、城乡居民生活及环境生态缺水程度。当供水主要受取水口高程影响时，采用水位指标，通过江河湖库水位低于工业厂矿、农业灌区、城乡供水取水口所需水位以及环境生态保护水位的幅度，预警相应供水对象的干旱缺水程度；当供水主要受取水量影响时，采用江河湖库流量、来水量或蓄水指标，通过江河湖库可供水量少于工农业生产、城乡居民生活以及环境生态保护所需水量的幅度，预警相应供水对象的干旱缺水程度。

　　土壤水水文指标主要有土壤相对湿度和墒情遥感监测指数，适用于预警农作物生长干旱缺水程度。土壤相对湿度为区域地面代表站土壤含水量与田间持水量的比值，通过土壤相对湿度与不同农作物不同生长期所需水分的比较，预警监测区域内农作物水分短缺程度。墒情遥感监测指数适用于预警大范围农作物生长水分亏缺程度，一般通过采用地面代表站土壤水分监测数据来率定遥感监测模型参数进行计算，对于裸土，常用热惯量法，对于植被覆盖地区，常用植被状态指数、温度状态指数和植被温度状态指数等。

　　地下水水文指标主要有地下水位及水位降幅等，适用于预警地下水持续过量开采可能引发的地质环境问题。对于地下水多年采补平衡地区，地下水位年际变化呈丰枯波动态势，采用地下水位指标，通过地下水位低于地质安全水位的幅度来预警地下水过量开采状况；对于地下水埋深呈逐年增加的超采区，采用地下水位降幅指标，通过地下水位降幅超过地下水容许降幅的程度来预警地下水降幅过大的严重状况。

3.3　指标阈值确定

　　干旱预警指标阈值是表征特定供水对象缺水程度的重要指标，是确定干旱预警等级的直接依据。预警阈值应与抗旱应急响应启动条件相协调，一般在分析水源地水文指标与特定供水对象用水需求关系的基础上，采用特定供水对象不同缺水程度所对应的水文指标临界值作为确定依据。干旱预警水文指标阈值确定流程见图 3。

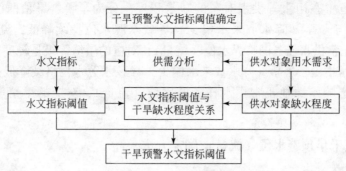

图3　干旱预警水文指标阈值确定流程

地表水预警指标阈值一般以江河湖库等水源地水位、流量和水量变化系列为研究对象，采用特定地区特定供水对象不同干旱程度下的用水需求作为截断水平进行分析，通过江河湖库水源地供水量与供水对象用水需求的多情景供用水量配置分析，研究分析江河湖库水源地在不同干旱程度下的水文指标临界值，同时采用历史旱灾系列资料进行验证，分级分期确定地表水预警指标阈值。

土壤水预警指标阈值为不同干旱程度下的土壤相对湿度，是地面墒情分析及遥感监测模型参数率定的依据。一般需要在分析土壤相对湿度与农作物生长需水量关系的基础上，依据农作物不同受旱程度确定相应的预警阈值。由于不同的农作物、不同的生长期同一受旱程度所对应的土壤相对湿度均不相同，因此，预警阈值确定需要依据农作物种类及生长期分门别类地予以确定。中国从20世纪50年代中期开始，陆续在全国各地建立了300多个灌溉试验站，对小麦、玉米、棉花、谷子、高粱、大豆和马铃薯等主要农作物进行了需水量试验，积累了大量实测资料及理论分析成果，为土壤相对湿度预警阈值确定奠定了坚实基础。

地下水预警指标阈值一般在分析地下水下降与地下水水质安全、地下水补给、地面沉降、海水入侵、盐渍化和干旱区生态等特定预警对象关系的基础上，依据影响地下水利用或地质环境安全的不同程度确定相应的地下水指标预警阈值。由于地质环境较为复杂，地下水预警阈值确定存在一定难度，国内外正在进行积极的研究探索。目前，在实际工作中应用较多的主要是统计学方法，利用历年地下水监测资料，分析不同地下水位或水位降幅百分位与不同地下水利用或地质环境安全程度之间的关系，综合确定地下水预警指标阈值。

4　干旱预警水文方法实践与探索

江河湖库是中国城乡供水、农业灌溉和环境生态用水的重要水源地，是抗旱工作关注的重点。近年来，中国水利部门积极开展了江河湖库干旱预警水文方法的研究探索，提出了水文干旱预警水位（流量）的新概念及确定方法，在抗旱实践中取得了较好的应用效果。

4.1　水文干旱预警水位（流量）基本概念

水文干旱预警水位（流量）表征与特定水文断面控制水源密切相关的城市供水、

农业灌溉、环境生态用水等供水对象的缺水程度，分为旱警、旱枯两级。旱警水位（流量）是指由于干旱（降水或来水偏少）导致水源水位持续降低，流量持续减少，开始影响水源正常供水任务的临界水位（流量），对应的旱情等级是轻度或中度。旱枯水位（流量）是指由于干旱（降水或来水偏少）导致水源水位继续降低，流量继续减少，已经严重影响水源地正常供水任务的水位（流量），对应的旱情等级为严重或特大。

4.2　水文干旱预警水位（流量）确定方法

水文干旱预警水位（流量）确定以江河湖库等水文系统与抗旱用水系统为研究对象，具体流程为基础资料收集、水源地水文与抗旱用水系统分析、多情景水量配置模拟计算和水文干旱预警指标确定，如图 4 所示。

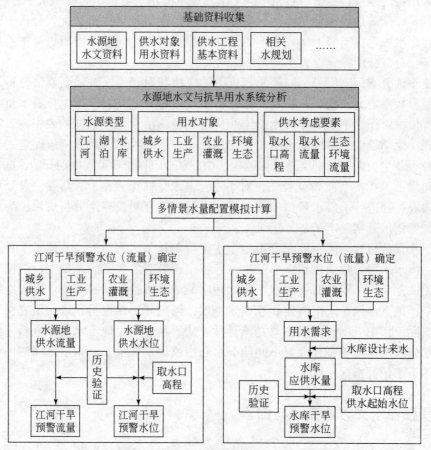

图 4　江河湖库水文干旱预警水位（流量）确定流程

4.2.1　江河干旱预警水位（流量）确定

当主要考虑江河取水口高程时，采用水位指标；当主要考虑江河取水量时，采用流量指标。

江河干旱预警流量采用相应干旱预警等级下水文断面所有供水对象用水流量之和。

如下式：

$$Q = \sum_{i=1}^{n} Q_i \qquad (1)$$

式中，Q 为对应某一干旱预警等级的江河水文断面预警流量；Q_i 为对应某一干旱预警等级某一供水对象所需的江河水文断面流量，主要包括城乡供水、企业生产、农业灌溉或环境生态等用水所需流量，其中，城乡供水依据用水定额或水厂实际取水量确定，农业灌溉用水依据灌溉设计保证率确定，企业生产取水依据企业年产值和规模用水定额确定，环境生态需水采用一定比例径流量等方法确定或引用有关成果。

江河干旱预警水位采用相应干旱预警等级下所有供水对象取水高程对应的水文断面最高水位。如下式：

$$Z = \max\ (Z_1,\ Z_2,\ \cdots,\ Z_n) \qquad (2)$$

式中，Z 为对应某一干旱预警等级的江河水文断面预警水位；Z_1，Z_2，$\cdots$，Z_n 为相应干旱预警等级下各供水对象取水高程对应的江河水文断面水位。

4.2.2 水库干旱预警水位确定

调查分析水库供水期内不同干旱预警等级下承担城市供水、农业灌溉、环境生态用水的应供水量，同时考虑供水期内偏枯年份的来水量，进行水量供需平衡计算，以供水期初水库预蓄水量对应的水位作为水库对应干旱预警等级下的预警水位。水库预蓄水量计算如下式：

$$W = W_g - W_1 + W_s \qquad (3)$$

式中，W 为供水期初为满足某一干旱预警等级供水需求的水库预蓄水量；W_g 为某一干旱预警等级下供水期水库承担城市供水、农业灌溉、环境生态用水的应供水量；W_1 为某一干旱预警等级下供水期水库来水量，依据水库具体情况选择 75% ~ 95% 设计来水量；W_s 为水库供水起始库容，一般为水库死库容或比之更小。

湖泊干旱预警水位确定应重点考虑湖泊的环境生态用水。具有工程控制措施的湖泊，可参考水库干旱预警水位确定方法；无工程控制措施的湖泊，可参考江河干旱预警水位确定方法。

4.3 水文干旱预警水位（流量）应用实践

2011 年以来，中国水利部门在全国 6 个流域机构和 30 个省（区、市）开展了江河湖库单级水文干旱预警水位（流量）确定的试点工作；共完成了 519 个水文断面预警水位（流量）的确定工作，其中河道站 186 个，水库（湖泊）站 333 个。该项成果已经纳入国家防汛抗旱水情预警发布体系以及有关抗旱应急调水预案，在 2012 年以来长江中下游等南方地区抗旱工作中发挥了较好作用，特别是为及时启动湖南湘江、江西赣江应急补水调度，确保长沙、南昌等重点城市供水安全提供了重要依据。

5 结语

在气候变化和经济社会发展的背景下，中国面临干旱灾害进一步加剧的严峻形势，加强干旱预警技术方法研究是当前抗旱基础工作的重点任务之一。干旱预警水文方法具有较强的针对性、实用性和创新性，是未来干旱预警发展的主要方向之一。今后需要进一步研究健全干旱预警水文指标体系，为干旱预警提供工作依据；构建"三维空间、一维时间"的现代化水文监测体系，为干旱预警提供全方位的水文数据支撑；加强遥感干旱监测预警及干旱预测模型研究，为干旱预警提供技术保障；先行先试，将水文干旱预警指标纳入抗旱应急预案，并建立相关工作机制，为推动干旱预警水文方法的应用研究提供重要动力。

我国水安全形势与科技创新的支撑作用

刘 宁

摘 要：水安全是国家安全的重要组成部分，事关我国经济社会可持续发展，是我国现代化进程中必须着力解决的重大战略问题。水资源短缺、水污染严重、水灾害加剧、水生态退化等是我国水安全面临的严峻形势。要依靠知识创新、技术创新和体制机制创新，把有关水安全的科技成果转化为治水兴水的实践，为我国水安全提供坚强支撑。

0 前言

水安全是国家安全的重要组成部分，事关我国经济社会可持续发展，是我国现代化进程中必须着力解决的重大战略问题。2014 年 3 月中央财经领导小组专门研究了水安全问题，习近平总书记发表重要讲话，对水安全形势进行了战略分析，提出了面向新时期的治水方针。同年 5 月，国务院对节水供水重大水利工程建设进行了部署。可以说，党中央、国务院对我国水问题的重视达到了新的高度。水安全与水利科技密切相关，研究探讨水利科技前沿问题对促进水安全战略实施具有重要作用。

1 我国水安全形势

中华人民共和国成立以来，特别是改革开放以来，我国以水利为主要内容的水安全建设为民生改善、经济发展、社会和谐、生态良好提供了重要支撑和保障。但是由于特殊的国情水情、发展阶段及发展方式的制约、体质机制的障碍以及全球气候变化的影响，我国水安全问题新老交织，老问题还有待解决，新问题又不断出现，水安全仍然面临较为严峻的形势。

1）水资源短缺

我国已基本形成供水保障体系，全国总供水量已超过 6200 亿 m³，城市自来水普及率达到 97% 以上，供水保障率 95% 以上，累计解决 6 亿农村人口的饮水安全问题。但是，我国人均水资源占有量仅为世界平均水平的 28%，华北、西北地区水资源紧缺，西南地区工程性缺水问题突出。随着经济发展、人口增长和人民生活水平提高，用水需求刚性增长，水资源供需矛盾愈加突出，保障供水安全的压力越来越大。

2）水污染严重

近年来，加强了水资源保护和水污染防治，取得了一定成效。但全国废污水排放量仍然居高不下，主要江河水功能区水质达标率不高，一些地方工业污染水源事件频

原载于：水力发电学报，2015，(5)：1-3.

繁发生，农业面源污染也较为严重，一些地方饮用水存在安全隐患，一些地方地下水遭到污染。水污染又进一步加剧了水短缺。

3）水灾害加剧

我国防洪减灾能力显著提升，大江大河重要河段能够抵御中华人民共和国成立以来最大洪水，因洪经济损失率、因洪死亡人口呈明显下降趋势。但受极端天气影响，近年来水旱灾害呈多发、频发、重发趋势，大江大河防御流域性大洪水能力仍然有待提高，中小河流、病险水库、山洪灾害仍是防洪的突出薄弱环节，城市内涝、局部洪涝、台风灾害极易造成严重损失。干旱灾害是农业减产的主要因素。随着我国经济总量增加，人口、财富聚集，防灾减灾面临严峻挑战。

4）水生态退化

全国水土流失面积 295 万 km^2，每年因开发建设等人为因素造成新的水土流失，华北、西北等地区水资源过度开发，不同程度存在地下水超采、河道断流、湖泊干涸、湿地萎缩、绿洲退化、河湖功能下降、生物多样性减弱等生态问题。

随着工业化、城镇化快速发展，水资源水环境约束趋紧，洪涝干旱灾害风险加大，扭转水生态退化趋势难度很大，水安全对经济社会可持续发展的影响将日益加剧。

2　水安全应对之策

1）准确把握新时期治水思路

习近平总书记在关于水安全战略的讲话中提出了"节水优先、空间均衡、系统治理、两手发力"的治水方针，这是新时期治水兴水的科学指南。节水优先，就是要立足我国基本国情水情，充分认识节水的极端重要性，从观念、意识、措施等各方面都要把节水放在优先位置，这是水安全战略的根本方针。空间均衡，就是要牢固树立生态文明理念，始终坚持人口、经济与资源环境均衡的原则，加强需求管理，把水资源、水生态、水环境承载能力作为刚性约束，努力实现人与自然、人与水的和谐相处，这是水安全战略的重大原则。系统治理，就是要统筹自然生态的各个要素，统筹考虑山水田林湖治理，运用系统思维，谋划和保障水安全，这是实施水安全战略的重要方法。两手发力，就是要充分发挥市场和政府两个方面的作用，水治理是政府的主要职责，该管的一定要管好，但政府主导不是政府包办，要充分利用水权、水价水市场优化配置水资源，让政府和市场"两只手"相辅相成、相得益彰，这是实施水安全战略的基本要求。在新时期的治水实践中，须要准确把握中央关于治水的战略定位，切实增强保障国家水安全的思想自觉和行动自觉。

2）进一步加强水利基础设施建设

要按照确有需要、生态安全、可以持续的原则，集中力量有序推进一批全局性、战略性节水、供水重大水利工程，为经济社会持续健康发展提供坚实后盾。一是推进重大农业节水工程，突出抓好重点灌区节水改造，大力实施东北节水增粮、华北节水压采、西北节水增效、南方节水减排等规模化高效节水灌溉工程。二是加快实施南水北调、陕西引汉济渭、甘肃引洮、云南滇中引水、安徽引江济淮、吉林西部供水等重大引调水工程，实施引调水工程，必须强化节水优先、环保治污、提效控需，统筹做好调出调入区域、重要经济区和城市群用水保障。三是建设包括西藏拉洛、浙江朱溪、福建霍口、山东庄里、重庆金佛山等重点水源工程，加快农村饮水安全工程建设，推进海水淡化与综合利用，强化水源战略储备，构建布局水源可靠、水质优良的供水安全保障体系。四是继续推进水库除险加固、中小河流治理、山洪泥石流灾害防御等防洪薄弱环节建设，加快建设包括西江大藤峡、淮河出山店等流域控制性枢纽工程，黑龙江、松花江、嫩江干流防洪，长江中下游河势控制，黄河下游堤防建设和上中游河道治理等工程，不断提高抵御洪涝灾害能力。五是建设包括嫩江尼尔基水库配套灌区、吉林松原灌区、四川向家坝灌区、湖南涔天河灌区、江西廖坊灌区等节水型、生态型大型灌区，为保证国家粮食安全打下坚实基础。

　　3）切实强化水安全管理

　　一是着力落实最严格水资源管理制度。加快建立覆盖流域和省市县三级的水资源开发利用控制、用水效率控制、水功能区限制纳污"三条红线"，把水资源条件作为区域发展、城市建设、产业布局等相关规划审批的重要前提，进一步落实水资源论证、取水许可、水功能区管理等制度，严格限制一些地方无序调水与取用水，从严控制高耗水项目。牢固树立节水和洁水观念，切实把节水贯穿于经济社会发展和群众生产生活全过程，不断推进农业、工业、城市的节水，加大雨洪资源利用力度，加快海水、中水、微咸水等非常规水源开发利用。二是加强河湖及地下水管理。强化河湖水域保护，合理划分河湖岸线功能，实行河湖分级管理，明确管护主体和责任，落实河湖生态空间用途管制。强化地下水保护，实行开采量与地下水水位双控制，划定地下水禁采区与限采区，加强华北等地下水严重超采区综合治理，逐步实现地下水采补平衡。三是推进洪水和干旱风险管理。编制完成洪水风险图，开展洪水风险评估，完善防洪应急预案，健全防汛组织体系，有效规避洪水风险。落实好洪水影响评价制度，健全洪涝灾害救助机制，探索建立洪水保险制度。开展干旱风险区划，制定不同风险级别下的干旱应急措施，建立水资源战略储备。

3　科技创新支撑水安全

　　保障水安全，必须坚持科技引领，更加注重科技创新在水利基础设施建设以及水安全管理中的关键作用。要依靠知识创新、技术创新和体制机制创新，把有关水安全的科技成果转化为治水兴水的实践，提高水利现代化水平，为国家水安全提供坚强支撑。

　　1）知识创新

　　须要从宏观、中观和微观三个维度深入开展水资源管理战略研究。宏观上，要重点研究气候变化情境下的空间水循环机理，把水资源及其相关的生境系统统筹考虑，构建水基系统，准确把握水资源的宏观态势。同时，要完善水资源常态与应急管理科学认知，突出水灾害风险管理，不断完善水资源常态与应急统合管理模式。中观上，既要以地域和流域为单元，山水田林湖统筹协调，又要从泛区域、泛流域等更广范围、更宽视角，开发利用和管理水资源，形成互联互通、丰枯调剂、空间均衡的基础水系统。微观上，要以实施最严格水资源管理制度为抓手，以信息化建设等为先导，优化整合各类资源，形成科学预测、有效防控和高效应急的技术支持系统，保障水资源的合理开发、高效利用和有效保护。

2）技术创新

要在继续巩固和发扬我国传统水利技术优势的基础上，紧跟世界科技前沿，综合运用空间遥感、情景分析、云科技等技术手段，在国家重点实验室、科研单位、高等院校的带动和引领下，针对国家水安全战略需求，对节水关键技术、重大水利装备、新型建筑材料和施工工艺、基础水信息系统建设、河流生态修复与保护等方面开展科研攻关和技术研发。

3）机制创新

要贯彻落实十八届三中、四中全会精神，依法、更好发挥政府作用，依法、更多利用市场机制，着力构建水利科学发展的机制。要稳定并增加公共财政对水利的投入，落实金融支持水利的相关政策，鼓励和吸引社会资本投入水利建设和管理。要加快推行城镇居民用水阶梯水价制度，非居民用水超计划、超定额累进加价制度，推进农业水价综合改革，促进节约用水，建立水利工程良性运行机制。要推进国家水权制度建设，开展水资源使用权确权登记，鼓励形式多样的水权流转，构建水权交易平台，加强水市场监管，落实好水资源用途管制。要进一步深化水利工程建设和管理体制改革，健全水利建设市场主体信用体系，强化工程质量监督与市场监管，加快小型水利工程产权制度改革，尽快建立新形势下农田水利的建设和管理机制。

4　结语

保障水安全，是事关国家安全的大事。在新时期治水方针的指引下，许多方法和举措，需要在实践中认真探索。遵循自然规律，强化法治思维，不断深化、完善和健全科技创新机制，是当前水利工作的必然要求。迫切需要广大科技工作者和科技单位为之付出不懈的努力，以期取得更大的成效，为我国的水安全保障提供强有力的科技支撑。

大江大河防洪关键技术问题与挑战

刘 宁

摘 要：随着全球气候变化、人类活动对自然干扰程度加剧，以及防洪区人口和社会财富不断增长，变化环境下江河防洪技术面临新的难题。本文分析了大江大河防洪中面临的两个关键性问题："守与弃"与"蓄与泄"，及其面临的挑战，并针对性地提出了支撑大江大河防洪决策的关键技术，包括优化模型构建与多目标求解技术，多目标均衡决策技术，以及支撑洪水"蓄泄"过程动态演算的流域高精度水文预报技术、河流水沙动力学模拟技术等。结合典型案例进一步对相关技术的运用进行了实证。

受地理和气候条件影响，我国自古以来洪水灾害就频繁发生。据统计，1951~1990 年期间我国平均每年发生严重洪水灾害就多达 5.9 次。1991~2008 年，我国洪水灾害的直接经济损失达 21 163 亿元，占到整个自然灾害经济损失的 48%。为保障人民群众生命财产安全和社会经济的持续稳定发展，我国各大流域已基本完善了由堤防、水库、蓄滞洪区和分洪道组成的防洪工程体系。但受全球气候变暖背景下极端天气事件增多和我国高速城镇化进程中人类活动加剧的影响，近年来我国洪水灾害呈现出了多发、频发和重发的趋势，2009~2016 年 8 年间，我国洪灾年直接经济损失总值有 4 年超过了多个流域发生特大洪水的 1998 年。显然，我国江河防洪态势仍不容乐观：一方面，在气候变化和人类活动共同影响下，流域降水产流和洪水演变特性发生了显著变化，传统方法已难以胜任变化环境下的防洪管理；另一方面，大江大河沿岸经济高速发展，人口和社会财富高度集中对防洪决策及洪水调度的科学化和精细化提出了更高要求。

1 大江大河防洪问题与挑战

大江大河防洪是以洪水为对象，以防洪组织为行为主体，以防灾减灾和保障生命财产安全及社会经济持续稳定发展为目标，兼顾兴利要求，综合运用防洪工程和非工程措施，优化调控、科学管理洪水，最大化防洪效益、最小化洪水损失的过程。

1.1 大江大河防洪问题

大江大河防洪面临诸多具体而复杂的技术问题，尤其是如何对防洪系统的构成进行认识与解析、如何针对各类洪水进行调度决策。诸如水库及水库群优化调度、蓄滞洪区合理适时运用、保护对象重要性权衡与取舍，以及如何在防洪的同时考虑洪水资

原载于：水利学报，2018，(1)：19-25.

源化、生态与环境利益等等。我国以 1998 年长江大洪水为代表的防洪实践，一方面充分证明了"蓄泄兼筹、以泄为主"的防洪方针是行之有效的，另一方面也揭示了不分主次、一味"严防死守""全线抢险"的方式缺乏利弊得失权衡，不能正确处理"弃守"关系，很可能导致防守成本过大、重要地区失守等问题。因而在大江大河防洪问题中，"守与弃"和"蓄与泄"是两个关键性的问题。

首先，针对"守与弃"问题，在大江大河防洪中应遵循洪水损失最小化原则，对参与防洪的工程、防洪保护对象、可能存在的风险及所涉及的各方利益进行协调、评估、权衡和取舍。由于公共资源的稀缺性以及洪水风险的必然性，防洪过程面临"守与弃"的权衡与抉择：河道干支流、上下游、左右岸差异化的防洪标准体现了需渐次舍弃次要地区、换取重要防洪区安全的意图；建设防洪水库，舍弃了库区土地的利用价值以防守下游重要区域；设置蓄滞洪区，以限制该区域发展、临时淹没其土地为代价，使重要保护对象得以保全；而在应对超标准洪水期间，集中部署防守与抢险力量于重要地区，甚至人为破堤分洪，更是权衡"守与弃"，追求洪水损失最小化的直接举措。以海河南系"96.8"大洪水为例，滹沱河、漳河、蓟运河和溢阳河都接近和超过了设计流量，太行山区 462 座水库中有 343 座库满溢洪，许多工程已经用到了安全极限，山西、河北、天津及北京等省市人民生命财产安全，水库工程的"蓄与泄"应用，蓄滞洪区的启用等都需要做出"守与弃"决策。当然，在防汛抗洪重大关键时刻，即使不得不做出"弃"的抉择，也并非就是简单放弃、"牺牲局部"，而是要根据《防洪法》和防汛应急管理的相关法规、条例，及时启动相应的应急预案，有效地组织好高风险区域人员、资产的避难转移和救援、安置等工作，尽可能减轻分洪损失，保持社会安定。为此，也有必要深入开展避难转移各个环节的研究，如洪水避难转移的时机、转移的范围、转移的路况信息及安置场所的规划布置等。

针对"蓄与泄"问题，防洪工程的建设和运用本质上是通过改变和调整流域自然蓄泄特性来获利，即在保证防洪工程安全的前提下，通过整体布局，优化防洪工程调度，合理安排洪水，使防洪效益最大化。上游水土保持工程使降水更多地蓄于当地，减少可能威胁下游地区的洪量，坦化了洪水过程；构筑堤防、开挖分洪道不仅提高了流域的泄洪能力，还增加了河道槽蓄量，减少了漫滩洪量，从而降低淹没风险；修建水库、设置蓄滞洪区则改变了洪水蓄滞的空间分布，不仅将洪水约束在预设区域内，而且通过科学的调度运用，可以有效发挥调峰错峰削峰的作用，从整体上降低洪水的风险。以 2013 年嫩江流域特大洪水中尼尔基水库的运用来看，根据实时水情与工情，分为 5 个阶段对水库水位（蓄）和出库流量（泄）进行控制，从而实现了河滩地保护、减轻嫩江干流防洪压力、减轻黑龙江省泰来县防洪抢险压力、避免河道内村屯转移和洪水资源利用等不同阶段的目标。显然，通过优化调整洪水蓄泄关系，可使防洪工程体系的蓄泄功能和防洪效益得以充分发挥。值得注意的是，随着经济社会的发展，许多水库的城镇供水任务加剧，为提高供水量与供水保证率，采取了分期或动态调整汛限水位的措施，从而加大了应急泄洪的概率，同时也对发展暴雨洪水的监测预报预警系统提出了更高的要求。尤其是在一些河流上形成梯级水库的情况下，应急泄洪可能形成"多米诺骨牌"效应，"蓄与泄"的科学调度决策面临更大的挑战。

大江大河防洪目标并不是时刻确保所有防洪保护对象全过程的安全，在面临超标准洪水时，"弃、守、取、舍"抉择不可避免，并且，在防洪的同时还可能需兼顾洪水资源的蓄存兴利效益，考虑中长时间尺度下的水资源利用问题，因此，防洪工程效益最大化不仅包括防洪效益最大化，还涉及洪水资源效益的发挥。综上，防洪和兴利的时空均衡是大江大河防洪决策客观需求，综合考虑"守与弃"和"蓄与泄"两大问题，可最大限度地实现兴水利而避水害。由于防洪条件和保护对象的动态性，加之洪水演变的特异性，"守与弃"和"蓄与泄"之间关系也是动态变化的，相应的防洪决策也是一个因地、因时、因势不断调整的过程（图1）。

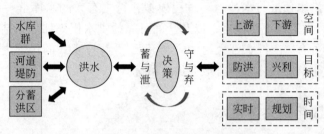

图1 "守与弃"和"蓄与泄"的关系图

1.2 面临的挑战

随着大江大河防洪系统的日益完善和防洪需求的不断提高，传统方法已难以适应变化环境下的防洪决策，现阶段大江大河防洪所面临的挑战主要源于以下4个方面。

（1）江河来水的非一致性。在气候变化和人类活动的影响下，基于一致性假设的水文不确定理论和方法已无法帮助人类正确揭示变化环境下的水资源和洪水演变规律。非一致性条件下，流域水文统计量发生变异，防洪工程原有的设计指标可能不再适用，此外，来水预报也存在更大的不确定性，这种信息的不完备性和不确定性，对水文预测预报方法和技术提出了更高的要求。

（2）影响条件复杂。由于江河水系的联通性，各类防洪工程或串联或并联，互相影响，除水流外，大江大河上的泥沙问题也不容忽视，尤其是泥沙运移规律与水流运动规律并不完全一致，使得河道处于不断演变之中，水库淤积又使得水库调节库容不断减少，直接影响水库蓄洪能力，改变了防洪系统的蓄泄特征。例如，随着三门峡水库的库区淤积，潼关高程快速抬升，导致渭河下游及黄河小北干流的淤积，顶托渭河洪水下泄，加大了关中平原的洪水风险。随着流域梯级水库增加及水库淤积，防洪工程彼此间的水力关系更为复杂且相互影响程度加深。由此可见，影响大江大河防洪的因素复杂多变，这使得准确把握江河水沙运动过程变得更为困难。

（3）目标多元化。在空间维度上，要根据上下游、左右岸具体情况，考虑上下游不同防洪保护对象的重要性，权衡利弊得失和效益公平，实现综合损失和风险最小化。如2016年的长江中下游大洪水，监利以下江段及洞庭湖、鄱阳湖都超警戒水位，沿线防护目标都纳入了统一调度和权衡利弊的考虑之中；在时间维度上，需兼顾当前和长远利益，在汛期防洪决策的同时需考虑洪水资源利用效益。在各方利益权衡时，要优先保证各类工程和防洪保护对象的安全，兼顾发电、航运、水产养殖等利益，必要时舍弃部分利益、承担部分风险。所以，大江大河防洪还呈现出"多目标"决策的难题。

（4）群决策问题。大江大河防洪要在兼顾多方利益的情况下最大限度地保障防洪安全，这其中必然出现不同利益主体间的博弈和均衡，而在气候变化、水利工程复杂化，以及不同竞争主体利益诉求的背景下，权衡得失取舍，进行"守与弃""蓄与泄"的决策技术变得更为困难。

综上，江河来水的非一致性和影响条件复杂，增加了洪水预报模拟的不确定性，带来了决策的信息难题；利益多元化、群决策问题又给防洪保护对象的"守与弃"、防洪工程的"蓄与泄"决策带来了困难，变化环境下大江大河防洪优化决策面临各种挑战。高效精准的洪水预报与水沙运动过程模拟，行之有效的水库群、蓄滞洪区（含非常蓄洪场所）、分洪道等优化调度，以及全面可靠的洪水损失评估，结合先进的多目标系统优化技术等可有力支撑大江大河"守与弃"、"蓄与泄"的科学决策，切实实现洪水损失最小化、防洪工程体系效益最大化的目标。

2　"守与弃"问题关键技术

大江大河的水利工程不仅服务于防洪，还有灌溉、发电、航运、水产养殖等诸多其他功能，防洪过程中需把握好不同目标的"守与弃"，辩证处理各方面关系，尽可能实现减灾与兴利的双重目标。"守与弃"不拘泥于一时一地，要根据流域或区域具体条件、防洪标准高低、洪水演变过程等实时调整决策方案，不断变化防洪行为，最终实现整体效益的最大化和灾害影响及风险的最小化。

从技术层面来看，大江大河防洪中"守与弃"问题其关键技术在于：建立能权衡评价"守与弃"的优化模型，生成"守与弃"决策方案。前者是将现实防洪问题概化数学优化模型；后者则在于优选出防洪系统最优决策方案簇，然后均衡各目标，得出最终的决策方案均衡解，力求使洪灾损失与不利影响最小化。

2.1　"守与弃"优化模型

变化环境下，"守与弃"的决策问题可概化为如下的多目标系统优化问题：

$$\min Z = \{f_1(x), f_2(x), \cdots, f_n(x)\} \tag{1}$$

$$\text{st.} \begin{cases} g(x) \leqslant 0 \\ h(x) = 0 \\ x \in R \end{cases} \tag{2}$$

式中，x 为待优化的变量组，即参与防洪的各项工程其具体"蓄与泄"措施；$\{f_1(x), f_2(x), \cdots, f_n(x)\}$ 为优化问题的目标函数，分别表征不同的效益或风险，即为"守与弃"的决策导向，其中，风险指标越小越好，而效益指标越大越好，此时，在式（1）中应在前面加上负号。"守与弃"不仅体现在哪些防洪工程参与运行、哪些防洪目标参与决策的选择上，还体现在不同目标函数的决策权重和偏好。式（2）中 $g(x)$ 和 $h(x)$ 为优化问题的约束条件，在江河防洪问题中，水流连续性条件、动量守恒条件以及不同防洪工程的水力联系等都可能成为约束条件，这些约束可统一由式（2）中的等式和不等式表述。

2.2　"守与弃"决策方案生成

2.2.1　优化问题求解

简单防洪系统可采用因子筛选的方式确定优化目标集，利用权重方法根据不同权重组合方式求解多目标的非支配解集。这一技术对于单一水库防洪系统的决策实施易行有效。

但随着防洪系统规模的扩大，求解大江大河防洪系统优化问题的计算量也呈非线性增长，"多目标"和"维数灾"问题不可避免，因此需针对性地研发复杂优化问题的高效降维技术。针对有明确的目标和约束表达式的结构化决策问题，可依据目标函数边际效益递减特性进行分析，解析防洪系统优化运行可蓄水总量与最优下泄流量、最优余留水量之间的单调关系（这种单调关系正是保证防洪系统优化运行全局最优性的充分必要条件），并进一步利用防洪系统优化运行单调性所表现出的邻域搜索特征研究高效的解析求解算法。针对不能明确出目标或约束表达式的半结构化问题，由于其多约束交织所呈现出的复杂性，需要构建一套优化变量降维的技术体系。诸如聚合-分解技术、敏感性分析等技术都能起到减少防洪系统运行规则参数规模的作用。同时，无论结构化和非结构化问题，还需针对多目标寻优的全局性和效率开展研究。

2.2.2　均衡解的群决策

经过多目标优化后，可得到 m 个非支配的"蓄与泄"方案 $\{S_1, S_2, \cdots, S_m\}$，还需进一步通过群决策得出各目标"守与弃"均衡的决策方案。对应 n 个目标 $\{G_1, G_2, \cdots, G_n\}$，可确定每个可行方案所对应的各目标值，这样就能构成如下决策指标矩阵。

$$A = \begin{bmatrix} a_{11} & a_{12} & \cdots & a_{1n} \\ \vdots & \vdots & \vdots & \vdots \\ a_{m1} & a_{m2} & \cdots & a_{mn} \end{bmatrix} = (a_{ij})_{mn} \tag{3}$$

因此，多目标群决策的问题可转化为对式（3）中的所有元素进行对比寻优的过程，针对目标 $\{G_1, G_2, \cdots, G_n\}$ 的偏好和处理方法的不同，多目标群决策方法包括线性加权法、优异度法、TOPSIS法、主成分因子分析法、非线性规划法等。

通过模型概化出的"守与弃"决策问题与现实中的"守与弃"可能存在一定差异。通过分析二者偏差，运用"守与弃"动态决策的反馈修正技术，通过不断的循环迭代决策，最终制订出最佳洪水防御和其他目标均衡的解。另一方面，决策者具有丰富的洪水防御经验和应变对策储备，不同洪水类型和江河情势决定了决策者拥有不同的风险好恶等，通过反馈修正技术给予决策者充足的空间对多目标优化方案进行择优和动态调整，以最大可能发挥防洪系统功能。

3　"蓄与泄"问题关键技术

大江大河防洪工程数量众多，且相互联系和影响，从数学角度解释，即式（1）和式（2）构成的优化问题中，变量组 x 的每一个子变量，以及约束条件 $g(x)$、$h(x)$ 都互相关，而这些相关关系的纽带则是水流运动，因而，解决"守与弃"问题的同时，还需摸清不同防洪工程的具体"蓄与泄"过程及其影响。其中，调蓄工程的"蓄与泄"过程模拟主要基于水量平衡关系计算。

$$I-Q=\frac{V_2-V_1}{\Delta t} \tag{4}$$

$$V=g(H) \tag{5}$$

$$Q=f(H, I) \tag{6}$$

式中，I 为流入流量，m^3/s；Q 为流出流量，m^3/s；H 为水利工程上游水位，m；V 为工程存蓄的水量，m^3，其中 V_1、V_2 为时段始末水量，m^3；Δt 为时段步长，h。

式（5）为调蓄工程的水位流量关系曲线，式（6）为工程的调度规则。式（4）求解是基于来水、蓄泄关系和调度规则已知或能预测，调度规则涉及"守与弃"问题抉择，来水和蓄泄关系的关键在于流域高精度来水预报和水沙运动过程模拟。

3.1　流域高精度来水预报

流域高精度来水预报是合理安排"蓄与泄"的前提，也是"守与弃"决策的基础。当前，流域来水预报，主要采用精细化的分布式水文模型并结合降水多源数据融合、数值降水预报、模型参数的不确定性分析及高效率定算法、数据同化技术、集合预报技术等，辅助提高预报精度。此外，防洪问题也涉及长时间尺度的规划问题，中长期径流预报方法及其改进也是当前的研究热点。

3.2　流域水沙运动过程模拟

在高精度、高时效来水预报的基础上，构建包含工程体系、复杂下垫面条件的水沙动力学模型以及洪水损失与影响评估模型，全面把握洪水演进与淹没情况，评估洪水损失与影响，分析工程调度运用效果，从而为大江大河防洪提供支撑。通常，河道水流采用圣维南方程组进行模拟预测，泥沙运动则应分别考虑悬移质和推移质泥沙输运过程。

综上，各工程对洪水"蓄与泄"模拟直接影响了防洪决策，也是式（1）、式（2）所构成的优化模型求解的基础条件。为此，需要针对具体的来水条件在不同工程调度运用情景下精细模拟洪水运动过程，从而支撑"守与弃"的最终抉择。

4　控制潼关高程的三门峡水库运行方式决策案例

三门峡水库于 1960 年 9 月投入运用，初期库区淤积严重，潼关高程快速抬升，加速了渭河下游及黄河小北干流的淤积，也大幅增加了关中平原的洪水风险。如 2003 年 8 月，在渭河仅发生约 5 年一遇洪水的情况下，渭河就出现倒灌，损失惨重，渭河流域呈现出"小水大灾"的特点。故而潼关高程的控制是渭河、黄河防洪的关键所在，这其中也涉及"守与弃""蓄与泄"的抉择。除河道疏浚、整治外，潼关下游三门峡水库的调度运行是对潼关高程进行控制的主要工程手段。

2005 年，笔者在水利部"潼关高程控制及三门峡水库运用方式研究"项目研究成果基础上，采用优异度决策方法对多方案进行了多目标比选，并推荐了优异度最高的三门峡运行水位方案。该决策过程就是一个面向"守与弃""蓄与泄"的防洪问题，其实际也是上述几项关键技术的实例运用。首先结合实体模型、原型观测成果，研制了黄河干流来水来沙数值模拟预报模型，即实现了对潼关高程与三门峡水库对水沙蓄泄关系的描述；随后，采取指标敏感性分析、因子分析等方法，对考虑的目标进行第一步的"守与弃"评判，选择潼关高程控制、库区冲沙、影响人群、供水影响、生态与环境影响、河道淤积、防洪及经济社会影响 7 项主要指标作为目标；经过优化求解，得出了 5 组可行的三门峡水库"蓄与泄"控制运行方案：控制运行水位为 318m、315m、312m、现状和敞泄，对这种方案将上述 7 项指标进行了多组权重赋值。决策中，选用了离差权法分析和基于客观分析的两种权重赋值方法，其中采用客观分析的方法中，对各项指标进行了多组客观赋值。评价指标权重的确定可充分体现出各指标的重要程度以及决策者对决策目标的偏好程度，"守住"重要目标–潼关高程等而部分"放弃"次要目标–库区冲沙影响等是决策者决策出"满意解"的关键思路。通过基于权重赋值的各方案优异度计算，经决策求解，最终得出了"近期三门峡水库非汛期最高控制运用水位不超过 318m、平均水位不超过 315m，汛期敞泄"的三门峡"蓄与泄"运行方案。

上述成果在防洪实践中得到了论证，也指导三门峡水库多年来科学运行，并获得了良好效果，1960 年以来潼关高程变化过程如图 2 所示，其中 2003 年达到最高，也是当年发生渭河"小水酿大灾"的主要原因之一。随着 2003 年以后来水来沙的减少，以及东垆湾裁弯工程、渭河入黄口疏浚、小北干流滩区放淤、小浪底等水库调水调沙等措施，也得益于三门峡水库调度运行方式的科学决策，近十多年来潼关高程下降明显。这进一步证明了基于"蓄与泄""守与弃"关键技术而得出的集工程措施和非工程措施于一体的科学决策是合理的也是有效的。考虑到变化环境的不断影响，未来还应根据流域来水来沙、各项工程的变化适时的调整三门峡水库控制运行方案，做出新的决策。

图 2　潼关高程变化过程图（大沽高程）

5　结论

本文分析了大江大河防洪问题的关键所在，将其归纳为两个方面，即防洪保护目标、工程、利益风险间的"守与弃"与防洪工程对洪水的"蓄与泄"。论文对"守与弃"与"蓄与泄"两大问题间的辩证关系进行了论述，指出新时期防洪面临的挑战来自于：江河来水的非一致性、影响条件复杂、利益多元化和群决策难题等。

针对2大关键问题和4项挑战，分别论述了大江大河防洪决策的关键技术，包括优化模型构建、多目标优化模型求解，以及用于支撑"蓄与泄"调度方案的流域来水高精度预报技术、面向江河治理的大江大河水沙动力学模拟技术等。通过三门峡水库控制运用决策案例，实例说明了大江大河针对"守与弃"和"蓄与泄"的防洪决策思路和决策过程，论证了"守与弃""蓄与泄"关键技术的应用过程和效果。

第四章　水理论认识研究

第一节　水 基 系 统

　　随着研究的深入，刘宁对水的特性有了进一步认识，对水及其相关的事物构成的系统有了新的认识，他从这些事物中发现了新的规律和模型。为此，他开创性地提出了水基系统，论述了其客观存在与演进特性，构建了水基系统概念模型。在此基础上，从人与自然和谐相处的理念出发，应用系统论的观点，提出了解读和评价水基系统的稳定态、和谐度、演进率等指标的定义，并对水基系统的应用策略进行了讨论，展望了应用水基系统理论解决水问题的前景。

水基系统的概念内涵与演进研究

刘　宁

摘　要： 阐述了水基系统概念的内涵，论述了其客观存在与演进特性，构建了水基系统概念模型。在此基础上，从人与自然和谐相处的理念出发，应用系统论的观点，提出了解读和评价水基系统的稳定态、和谐度、演进率等指标的定义，并对水基系统的应用策略进行了讨论，展望了应用水基系统理论解决水问题的前景。

1　概念的提出

1.1　支撑生境的基础构成

大气、水和陆地是自然界的基本构成，也是人类生产生活所必需的条件，具有不可替代性。三者之间相互关联、相互依存、相互作用，特别是水的存在及其在空气、陆地当中传递、循环和分布把三者之间有机的联系在一起，从而形成了完整的系统。从水的空间循环到自然界中各类水的存在以及陆地上的河流乃至维系动植物生长所必需的养分供应，水都是不可缺少的组成成分，没有水就没有生命。

1.2　水与涉水介质、涉水工程的依存关系

自然界中的水以其特有的性态存在于自然界中，由于水的自然存在状态并不完全符合人类的需要，人们通过修建水利工程，控制水流，防治洪涝灾害，开发水能资源，以满足人民生活和生产对水资源的需要。千百年来，人类按照自己的意志，修建了水库、堤防、水电站，进行河道整治、分蓄洪水、跨流域调水等各类水工程建设。水以及与水相关的介质和涉水工程共同组成了一个密不可分、相互作用、相互依存的体系。这个体系具有自然特性，是由自然界中的水和与水相关的介质和涉水工程共同组成的，各个组成部分之间具有有机联系，共同维系系统的存在、发展和演化，并通过一定的方式与其他系统之间建立物质和能量的交换。这一体系不仅受到水文情势变化的影响，其他各要素之间以及依附其上的生态系统、与水密切相关的涉水介质和涉水工程之间也相互作用，进而对与该体系相关的其他生态与环境系统产生作用，这一体系的改变是生境系统发生改变的基础和先导因素之一。

1.3　水基系统的基本含义

水基系统，是指在一定水文尺度和空间范围内，水及与其相关的涉水介质和涉水

原载于：水科学进展，2005，(4)：475–481.

工程共同构成的基础生境承载系统。不同水文尺度下、不同空间范围内，水基系统有不同的表征，水基系统具有基础性、动态性、包容性、交互性等属性。所谓基础性，有两方面的含义，一方面水基系统是底层系统，是依附其上的生境系统的支撑；另一方面，水基系统是先导系统，是涉水问题研究的支撑。包容性：水基系统是由相互关联、相互制约、相互作用的若干要素所组成的有机统一体，不仅包含水资源本身，还包括与水相关的各种涉水介质和涉水工程，水基系统是通过对系统的整体描述和系统分析来刻画和判断各个组成要素以及各要素之间的相互关系，进而确定系统的运行状态。动态性是指水基系统常常处于不断调整、修正、演化的状态，水文情势的变化、构筑水工程或改变涉水介质，将会形成新的水基系统，并导致新的系统规律和依附其上的生境的调整。交互性：水基系统更加强调水与其他涉水介质和体系之间的相互作用，其重要性在于不仅研究水本身，更为重视不同介质之间、不同体系之间的交互关系，注重综合影响下的水问题。

宏观上说，水基系统对自然生境的演进有着重要的作用，而经济社会的发展又对水基系统产生至关重要的影响。因此，正确评价其承载能力和运行状态，并预测、引导其演化趋势是至关重要的。在没有认识水基系统的属性和承载能力及使用状态的情况下，进行侵入性改造和干预，其结果一定是对这一系统的割裂和系统资源的掠夺，从而导致系统的变异，甚或发生超越可恢复状态的系统破坏。注重这一系统的研究，其目光不仅要落在水资源的水量和水质的研究上，也要将水工程乃至水的循环和动力作用以及涉水介质等一并纳入研究。

2　概念提出的背景和现实意义

2.1　水基系统客观存在

从水基系统的概念可以看出，这里所说的水基系统指的是一个包含水本身在内的，由涉水工程和涉水介质组成的硬件系统，这一系统对流域而言，是指流域内的河流、湖泊、水域等水体以及与其相关的蓄水层、河床、湖盆等水的自然载体，也包括在流域范围内修建的堤防、水坝、水闸、蓄滞洪工程、调水输水工程等组成的工程体系，还包括泥沙、污染物等涉水介质。随着水文尺度和研究地域范围不同，水基系统所包含的内容也有所变化。

2.2　涉水工程需要全方位科学评价

水工程建设是导致水基系统演变的主要因素之一，不仅对所在地区的经济和社会产生影响，而且对江河、湖泊以及附近地区的自然面貌、生态环境、自然景观，甚至对区域气候，都将产生不同程度的影响。我国已经建设了大量的水工程，这些涉水工程建设所形成的体系，在防治水旱灾害，保障人民群众生命财产安全和经济社会快速、健康、协调发展等方面发挥了重要的、不可替代的作用，维持、支撑和推动生态与环境系统的演化和发展。同时，也面临新的问题，水污染加剧、水土流失严重，生态环境的影响受到越来越广泛的关注，在新的治水理念和思路下，需要在防止自然对人类危害的同时，也要防止人类对自然界的侵害。一方面要建设人水和谐的水工程，为经济社会发展服务；同时，要防止人类对自然界的破坏，保护生态环境。需要遵循自然规律，结合水工程的特点，不仅要对单个水工程的影响做出评价，还要从系统的角度和聚分的方法来探求整体的影响。不仅需要单纯研究水、水工程，还要研究水及涉水介质或物体所组成的体系，只有这样才能有机联系水、水工程及其周围环境所构建的系统。基于上述原因必须从系统论的角度研究水问题的方法。

2.3 现代科技为研究水基系统提供了方法和手段

水基系统是复杂的巨系统，没有现代技术的支撑，去描写、刻画和解读这一系统将是十分困难的。现代信息技术的发展为研究水基系统提供了强大的工具和技术。借助全数字摄影测量、遥测、遥感、地理信息系统、全球定位系统等现代化手段及传统手段采集基础数据，通过现代通信手段，对水基系统的要素构建一体化的数字集成平台和虚拟环境。在这一平台和环境中，以功能强大的系统软件对水基系统进行模拟、分析和研究。已经初步建立的"国家防汛抗旱指挥系统工程""数字化流域"实际上都是描述和研究水基系统的重要工程，这些系统的建设为研究水基系统提供了基础。通过海量的数据库存储及处理系统建设，将构建以地理信息系统为载体的水文观测信息，遥感解译信息，数字摄影测量信息，经济、社会与人文等数据融为一体的数字化集成平台。数字模拟是运用数字模型和计算机技术对自然系统进行仿真模拟的技术，随着计算机主频的不断提高和内存的不断扩大，对天气系统、水流及泥沙运动、生态及水环境变化等都能进行各种尺度的实时模拟。数字模拟技术为准确揭示和把握河流自然现象及其内在规律提供了先进的技术手段，将在水基系统研究过程中发挥重要的作用。

3 水基系统概念模型

3.1 概念模型

根据水基系统的概念，为刻画和描述系统的存在，评价系统的状态，研究系统内部各变量之间的相互作用和影响，水基系统可表述为在一定条件下系统内各变量组的函数关系为

$$S = F_\Omega \ (X, \ Y, \ Z) \tag{1}$$

式中，S 为水基系统；F 为水基系统变量的函数关系；X、Y、Z 分别为水变量组、水介质变量组以及涉水工程变量组。

$$X = X \ (x_1, \ x_2, \ \cdots, \ x_m)$$
$$Y = Y \ (y_1, \ y_2, \ \cdots, \ y_m)$$
$$Z = Z \ (z_1, \ z_2, \ \cdots, \ z_m)$$

Ω 为条件函数

$$\Omega = \Omega \ (D, \ K, \ T) \tag{2}$$

式中，D 为水基系统的空间尺度，或域；K 为水基系统各变量的秩序关系，或熵；T 为

时间尺度。

当我们注重考虑水基系统中 X 变量组的变化时，将其他变量组 Y、Z 随 X 的变化而变化，这样水基系统函数变为变量 X 的函数，表达关系分别为

$$S(X) = \int_{\Omega_X} f(X) \, \mathrm{d}X \tag{3}$$

式中，$f(x) = \dfrac{\partial S}{\partial X} = \dfrac{\partial F}{\partial X} + \dfrac{\partial F}{\partial \partial Y} \dfrac{\partial Y}{\partial X} + \dfrac{\partial F}{\partial Z} \dfrac{\partial Z}{\partial X}$；$\Omega_X$ 为水变量 X 的域。

同理有：

$$S(Y) = \int_{\Omega_Y} f(Y) \, \mathrm{d}Y \tag{4}$$

式中，$f(Y) = \dfrac{\partial S}{\partial Y} = \dfrac{\partial F}{\partial Y} + \dfrac{\partial F}{\partial X} \dfrac{\partial X}{\partial Y} + \dfrac{\partial F}{\partial Z} \dfrac{\partial Z}{\partial Y}$；$\Omega_Y$ 为水变量 Y 的域。

$$S(Z) = \int_{\Omega_Z} f(Z) \, \mathrm{d}Z \tag{5}$$

式中，$f(Z) = \dfrac{\partial S}{\partial Z} = \dfrac{\partial F}{\partial Z} + \dfrac{\partial F}{\partial X} \dfrac{\partial X}{\partial Z} + \dfrac{\partial F}{\partial Y} \dfrac{\partial Y}{\partial Z}$；$\Omega_Z$ 为水变量 Z 的域。

在水基系统中，要考虑系统变量的一致性、矛盾性以及时间变率等对系统的影响，需要对系统特性进行描述。为此，给出水基系统的 3 个特征属性，即稳定性、和谐性、演进性，并分别用稳定态、和谐度和演进率加以描述。

3.2　稳定态

稳定态是衡量水基系统整体稳定程度的数量指标，考虑到对于水基系统而言，衡量系统的稳定程度需要包含系统内的所有影响因素，并假定各个变量组 X、Y、Z 对于水基函数贡献的一致性，根据式（3）～式（5），水基系统的稳定态可表示为

$$N = S(X) \oplus S(Y) \oplus S(Z) \tag{6}$$

式中，$\oplus$ 为一定条件下的广义相加。对于水基系统而言，如果所研究的水基系统域 Ω 已知，则可根据实际监测和统计规律或数学方法给出水基系统的最低稳定态 N_L，根据这两者之间的比较，对系统的稳定性给出一个合适的评价和判断。

3.3　和谐度

和谐度是衡量水基系统各组成变量之间以及水基系统与外部系统之间和谐程度的指标。在水基系统中，需要反映 X、Y、Z 在水基系统中对于水基函数的矛盾性，定义水基系统的和谐度函数为

$$M = S(X) \oplus S(Y) \oplus S(Z) \tag{7}$$

式中，$\oplus$ 为一定条件下的广义相乘。对于水基系统而言，如果所研究的水基系统域 Ω 已知，则可以根据统计实际监测的规律或数学方法给出水基系统的最低和谐度指标 M_L，根据这两者之间的比较，对系统的和谐性给出一个合适的评价和判断。此外，对于水基系统与外部系统的和谐关系可通过引入"生相函数""空相函数""地相函数"等干扰变量来描述。从概念上可定义为

$$H = H_\Omega \{ h_1, h_2, \cdots, h_p \} \tag{8}$$

$$A = A_\Omega \{a_1, a_2, \cdots, a_q\} \tag{9}$$

$$E = E_\Omega \{e_1, e_2, \cdots, e_r\} \tag{10}$$

式中，H 为生相函数；h 为生相变量，可表示为人类（生物）活动等对水基系统可能产生的影响；A 为空相函数；a 为空相变量，表示外部云端变化等"空基"作用于水基系统产生的影响；E 为地相函数；e 为地相变量，表示外部下垫面变化等"地基"对水基系统的影响。

3.4 演进率

演进率是表征水基系统在时间尺度上的变化程度的指标，用以跟踪和表征水基系统的稳定性和和谐性及其在时间尺度上的变化，是水基系统的又一特征属性。水基系统演进率函数定义为

$$DS = \frac{\partial N}{\partial t} \oplus \frac{\partial M}{\partial t} \tag{11}$$

式中，DS 为演进率；N、M 分别为稳定态及和谐度指标。

事实上，当 D 和 K 发生变化时，都将使系统发生扩充和变化，也就是本系统将不在一个特定的条件下进行讨论。只有 T 发生变化时，才会使得本系统可能在和谐与稳定的态势下发展成新的平衡，为此讨论 $S = F_\Omega(X, Y, Z, T)$，在 T 发生变化时的演进状态也就显得重要。

4 水基系统研究策略

上述模型建立后，通过变量间的关联关系讨论，以及这种关联关系所依据的条件和状态，研究水基系统要素间的依存关系，研究系统要素链接的稳定与变化，研究断链、重组、固化的可能及风险评价。

4.1 水基系统评价指标确定

评价水基系统，客观上需要建立水基系统与外部生态环境系统、水基系统内部各要素之间的特征函数，在此基础上判定系统的稳定态、和谐度和演进率。假定水基系统函数为目标函数，通过决策规划方法，建立规划函数为

目标函数

$$\max \quad S_\Omega = F(X, Y, Z)$$

约束条件 s. t.
$$\begin{cases} g(X) < (=or>) A \\ g(Y) < (=or>) B \\ g(Z) < (=or>) C \\ N(X, Y, Z) \geqslant N_L \\ M(X, Y, Z) \geqslant M_L \end{cases} \tag{12}$$

通过规划方法求出水基系统满意解 X^*、Y^*、Z^*，以此作为判别尺度，与式（6）、式（7）分别求出的 N^*、M^* 进行比较，从而判断是否满足水基系统的稳定态和和谐度。

4.2　水基系统承载能力分析

水资源承载能力在近年的科研和实践工作中，进行了较为广泛的讨论，归纳起来有两种观点：一种是水资源开发容量论或水资源开发规模论；另一种观点是水资源支撑的发展能力论。实际上是从两个不同的侧面来进行承载能力的分析，强调的侧重点不同，研究方式不同。在水基系统的概念下，研究承载能力问题，需要综合考虑两方面的因素，将水资源自身的容量与其所具有的支撑能力作为整体加以考虑，这样将会更为贴切而符合实际。借鉴水资源承载能力的研究方法，水基系统的承载能力分析研究，在扩大内涵和外延的基础上，有以下三类方法：①从评价的角度来研究水基系统的承载能力，包括用综合指标法、模糊综合评价法、主成分分析法等，主要是用概化指标对一定域的水基系统进行分析评价；②综合考虑水基系统和其支撑的生态与环境系统，运用系统动力学法、多目标分析法等，以动态的、系统的管理综合分析方法，体现两个方向的作用和可持续的发展原则；③通过递推模拟求极值等方法，寻求水基系统承载能力的最大值，包括背景分析法、供需平衡或定额估算法、动态模拟递推法等，体现出了最大承载能力的概念。

对于水基系统承载能力的研究，可从概率统计的方法出发，建立水基系统与参照系统之间的某种联系，对于参照系统的支撑能力，可借助物理学概念，将水基系统的承载能力用"水基力"来度量，运用系统耦合理论，通过荷载弹塑性分析，计算单位水基力。单位水基力，定义为在单位水基系统域的范围内，水基系统所能支撑的特定生境特性。对生境特性而言，由于其存在和组成的复杂性，难于概化为具体的指标，难以找到连续的关系曲线，根据灰色系统理论，对原始随机序列采用生成信息的处理方法可弱化随机性，从而使离散系列转化为易于建模的新系列。当然，也可应用其他的一些数值处理方法，来获得数据系列。在此，做如下假定：参照系统为 R $(X_r,\ Y_r,\ Z_r)$，其水基力为 λ_r，概化生态与环境特性指标满足泊松分布，用函数关系表示为

$$F(X_r,\ Y_r,\ Z_r;\ \lambda_r) = \sum_{t \leqslant n} \frac{\lambda_r^t}{t!} e^{\lambda_r} \tag{13}$$

在此基础上，根据系统突变理论，定义系统势函数为

$$V = \frac{\mathrm{d}F\ (X_r,\ Y_r,\ Z_r,\ \lambda_r)}{\mathrm{d}\ (X_r,\ Y_r,\ Z_r,\ \lambda_r)} \tag{14}$$

通过式（14）的求解，确定系统的突变极值。

对于水基系统的承载能力，其概化指标体系用矢量形式可描述为

$$\overline{\mathrm{PB}} = \mathrm{PB}_\Omega\ (X_m,\ Y_n,\ Z_t) \tag{15}$$

建立由向量 X，Y，Z 构成的多维坐标体系，并研究一定条件下的可置信区间，将一定水基域范围内的矢量指标进行点绘，给出点集合的包络体，从而确定水基系统的承载能力范围。

在水基系统中，假定水基变量在时间尺度 T 的范围内随时间 t 的变化可表示为

$$\frac{\partial S}{\partial t} = C\ (X,\ Y,\ Z) \tag{16}$$

考虑势函数 V，则

$$\frac{\partial S}{\partial t}=-\left(\frac{\partial V\ (X,\ Y,\ Z)}{\partial X}+\frac{\partial V\ (X,\ Y,\ Z)}{\partial Y}+\frac{\partial V\ (X,\ Y,\ Z)}{\partial Z}\right)=C\ (X,\ Y,\ Z) \quad (17)$$

根据势函数的偏导数可求出区分系统平衡态与非平衡态的分界线，从而确定判别函数 Δ。当 $\Delta>0$ 时，可推断系统是自平衡体系，$\Delta=0$ 系统处于临界平衡，$\Delta<0$ 时系统的演进出现突变，系统的平衡状态受到破坏，而且不可恢复，或者说水基系统失稳。

4.3　水贡献率研究

水基系统中的各变量，如水变量、水介质变量、水工程变量等对系统整体而言具有不同的敏感性，具有不同的"贡献率"。通过贡献率的分析，从而研究确定在水基系统中各组成部分的作用。下面以水变量为例，研究水的贡献率，当用 S 去刻画水基系统时，引入权重函数 $p=p(\xi)$，数量函数 $q=q(\xi)$，则贡献函数

$$E(X,\ Y,\ Z)=\int_{\Omega}p(\xi)q(\xi)\mathrm{d}\xi \quad (18)$$

对 $E\ (X,\ Y,\ Z)$ 行一阶偏导，即

$$\begin{cases}\dfrac{\partial E}{\partial X}=0\\[2mm]\dfrac{\partial E}{\partial Y}=0\\[2mm]\dfrac{\partial E}{\partial Z}=0\end{cases} \quad (19)$$

求解式（19），得到特征值 X^*、Y^*、Z^*。代入式（6）、式（7）分别求出 N^*、M^*，根据 N^*、M^* 与 N_L、M_L 判断是否满足水基系统的稳定与和谐。在系统满足稳定与和谐的基础上，代入式（18）求水基系统经济效益的最优值 E^*。

判断水的贡献率时，只需考虑水基系统中 X 的变化，水基系统贡献函数

$$E(X)=\int_{\Omega}p(\xi)q(\xi)\mathrm{d}\xi \quad (20)$$

对其进行一阶偏导

$$\frac{\partial E\ (X)}{X}=0 \quad (21)$$

则可以求出 X'^*，从而求出 $E\ (X'^*)$，水基系统中水贡献率为

$$\rho=\frac{E\ (X'^*)}{E^*} \quad (22)$$

5　水基系统应用探讨与展望

提出水基系统的概念，意欲扩展研究水问题的空间，强调系统性和整体性，通过和谐度、稳定态和演进率等判别指标，判断水基系统的稳定状态和系统各组成部分之间以及水基系统与外部生境系统之间的和谐程度，为研究水问题提供一个新的视角，以期望在这样的视角下，揭示更深层次的水问题，并为这些问题的研究和解决提供一些新的思路和手段。

（1）关于人水和谐　人水和谐是面向新时期，按照科学发展观的要求，关于人水

关系的新理念。其核心是在防止水对人类侵害的同时，也要防止人类对水的侵害，保护水资源，维护良好的生态环境，支持经济社会的可持续发展。如何才能做到人水和谐呢？按照水基系统的概念，人水和谐首先是水基系统内部的和谐，即水、涉水介质和涉水工程的和谐，系统和谐度指标处于安全范围内，没有突破系统的阈值。在此基础上，要建立和分析水基系统与人类活动之间的相互影响关系，按照维护水基系统稳定态的要求，充分尊重自然规律，确立人与水基系统之间在相互依存、相互影响状态下的辩证统一关系，科学合理适度地开发利用水资源，加强对水资源的管理与保护，给洪水以出路，给人类以出路。

(2) 关于维持河流生态健康　维持河流生态健康是在新的历史条件下，针对河流实际状况提出来的新的水利发展理念。它符合我国水资源的现状，符合我国多数河流生存与发展受到严重威胁的实际。在水基系统概念下，河流生态健康是指包括河道水量、河流水工程状况、河道内水量与河道外水量的空间交互和相互补充、地下水运移和传播、河道形态等方面都处于健康状态，在错综复杂的整个水基系统中，各组成要素之间没有断裂或错位，长期处于可持续状态。同时，在河流水基系统与生境系统之间也处于和谐状态。因此，要做到维护河流的生态健康，要正确处理好开发与保护的关系，分析水基系统各个组成要素的贡献率，抓住主要矛盾和突出问题；要从研究水基系统承载能力入手，建立衡量河流生态健康的指标体系；要研究在流域空间尺度范围内，长系列演化条件下，水基系统的演变规律，探求水基系统可持续运行模式。

(3) 关于涉水工程的生态影响　水利水电工程的开发建设能够产生一定的经济效益、社会效益和环境效益，同时，有些涉水工程的建设也会对生态产生不同程度的负面影响，而且这种影响正在被越来越多的政府部门、专家学者所重视。如何评价水工程对环境的影响？如何认识涉水工程的生态和谐性？如何将水工程作为一个体系加以研究？等等问题，都需要我们从一个更为广泛的视角，以更加全面的观点，更为有效的手段来展开工作。在水基系统模型中，由于充分考虑了涉水工程与水及涉水介质之间的相互作用关系，分析了不同因素对系统的贡献率，因此建立了一种认识和评价水工程的生态影响模式，从这一模式出发，通过构建水工程贡献率模型，进行涉水工程生态影响评价或许是一种行之有效的手段。

(4) 关于水循环和水文　根据水基系统的概念，在水循环与调控过程中，将水在大气过程与陆面过程相耦合，水量与水质过程相耦合、水量与能量过程相耦合；垂直方向上将降水、冰川融雪、植被与建筑物截流、地表填洼、蒸（散）发、地表入渗、不饱和包气带的土壤水运移、地下水运移过程耦合起来，水平方向上将坡面漫流、河道汇流和河道演进耦合起来，形成接近真实的水基系统概念下的流域水循环模型。以此模型为核心，辅以信息采集、传输、处理、应用和人机交互界面形成完整的水基系统在流域层面的研究平台。在水文方面，以往水文学着力在探讨水体的各种存在、循环和分布、化学物理特性，研究确定的和不确定的水问题。在水基系统概念下，水文科学不仅要了解一条河流，更需要了解整个流域的情况，不仅要研究陆地的水循环，还要研究水圈与人类圈、岩石圈、生物圈和大气圈之间的相互关系，加强对水文循环中的各环节及其相互作用的研究，加强水与涉水介质和涉水工程所构成的水基系统及其运行状态承载能力和规律的研究，密切水文科学与农业、土壤物理、大气物理和气候等学科交叉研究。建立水量—水质—生态耦合关系以及与经济社会发展与水量—水质—生态的关系，并将相关指标定量化，进而回答水资源承载能力和水环境承载能力等问题。实际上，很多工作已经开始，比如一些水文站承担的水质监测和水土保持监测任务，不仅是对水本身的监测，还是对与水相关的其他介质的监测、分析和评估，其目的是为了了解、把握、预测和判断水基系统是否支得准、撑得住依附其上的生境，系统是否会发生良性的和不良的演变甚或出现"断裂"和"突变"，乃至失衡、失稳，从而为水资源的统一管理提供坚实可靠的第一手综合资料、信息和依据。

总之，水基系统概念模型建立后，即可依据该概念模型进行相关问题的研究，依据其物理意义，建立相应的研究策略，进而在更大的尺度上，更加注重系统的交互作用，分析水及与水相关的涉水介质和涉水工程的作用，从而为水资源管理、水环境保护、河流生态健康的维护、减轻水工程对环境的影响等方面提供科学的研究手段和方法。当然，目前水基系统的概念刚刚提出，有许多问题需要讨论，有很多研究领域需要拓展、大量的模型需要构建、庞大的数据需要补充，相信随着人们认识水平的提高和科学技术的进步，将为研究和求解水基系统创造更为有利的环境条件和方法手段，从而为研究和解决水问题提供更为广阔的天地。后后不同前前，水基系统存在及演化亦如此。

Implicit Parallel FEM Analysis of Shallow
Water Equations

Jiang Chunbo　Li Kai　Liu Ning　Zhang Qinghai

Abstract: The velocity field in the Wu River at Chongqing was simulated using the shallow water equation implemented on clustered workstations. The parallel computing technique was used to increase the computing power. The shallow water equation was discretized to a linear system of equations with a direct parallel generalized minimum residual algorithm (GMRES) used to solve the linear system. Unlike other parallel GMRES methods, the direct GMRES method does not alter the sequential algorithm, but bases the parallelization on basic operations such as the matrix-vector product. The computed results agree well with ob-served results. The parallel computing technique significantly increases the solution speed for this large-scale problem.

0　Introduction

The Three-Gorges Project in China has created many engineering problems, one of which is that the pollution distribution in the Yangtze River will be totally changed, so the pollution distribution must be accurately predicted to properly control the discharges. The first step is to predict the velocity field at key points.

However, the large-scale analysis of the velocity field is a daunting task because no matter how good the algorithm, the computational capacity of traditional computers limits the number of elements, which limits the accuracy.

Parallel computing provides a feasible and efficient solution for very large-scale prediction. By breaking down a large task into many small tasks and letting many processes simultaneously complete the tasks, parallel computing not only allows the use of a much larger number of elements, but also drastically reduces the time required for the computation.

This paper solves the shallow water equations as the governing equation to model the river flow. For the parallel computation, the mesh is automatically partitioned using the geometric mesh partitioning method. The governing equations are then discretized implicitly to form a large sparse linear system, which is solve dusing a direct parallel generalized minimum residual algorithm (GMRES). The program was tested by simulating the velocity field of the Wu River at Chongqing.

原载于:Tsinghua Science and Technology, 2006, 10(3): 364-371.

1 Governing Equations and Discretization

The river flow can be modeled using the shallow water equations which are obtained by integrating the conservation of mass and momentum equations with assuming a hydrostatic pressure distribution in the vertical direction

$$\frac{\partial \eta}{\partial t}+\frac{\partial q_j}{\partial x_j}=0 \tag{1}$$

$$\frac{\partial q_i}{\partial t}+q_j\frac{\partial}{\partial x_j}\left(\frac{q_i}{H}\right)=-gH\frac{\partial \eta}{\partial x_i}+\frac{1}{\rho}(\tau_i^s-\tau_i^b)+\frac{\partial}{\partial x_j}\left[v\left(\frac{\partial q_i}{\partial x_j}+\frac{\partial q_i}{\partial x_i}\right)\right],\ i,\ j=1,\ 2 \tag{2}$$

where η is the water elevation, H is the water depth, $q_i=H_{u_i}$, u_i is the mean horizontal velocity, g is the gravitational acceleration, v is the eddy viscosity, ρ is the water density, τ_i^s is the surface shear stress, an τ_i^b is the bottom shear stress.

2 Explicit and Implicit Interleaving Scheme

The analysis is based on the finite element method using triangular elements.

A Taylor series expansion in time gives:

$$\varphi^{n+1}=\varphi^n+\Delta t\left.\frac{\partial \varphi}{\partial t}\right|_n+\frac{\Delta t^2}{2}\left.\frac{\partial^2 \varphi}{\partial t^2}\right|_n+\frac{\Delta t^3}{6}\left.\frac{\partial^3 \varphi}{\partial t^3}\right|_n+O(\Delta t^4) \tag{3}$$

$$\varphi^{n-1}=\varphi^n-\Delta t\left.\frac{\partial \varphi}{\partial t}\right|_n+\frac{\Delta t^2}{2}\left.\frac{\partial^2 \varphi}{\partial t^2}\right|_n-\frac{\Delta t^3}{6}\left.\frac{\partial^3 \varphi}{\partial t^3}\right|_n+O(\Delta t^4) \tag{4}$$

$$\varphi^{n-2}=\varphi^n-2\Delta t\left.\frac{\partial \varphi}{\partial t}\right|_n+4\frac{\Delta t^2}{2}\left.\frac{\partial^2 \varphi}{\partial t^2}\right|_n-8\frac{\Delta t^3}{6}\left.\frac{\partial^3 \varphi}{\partial t^3}\right|_n+O(\Delta t^4) \tag{5}$$

Combining the three equations to eliminate the terms with Δt^2 and Δt^3 gives:

$$\left.\frac{\partial q}{\partial t}\right|_n=\frac{2q^{n+1}+3q^n-6q^{n-1}+q^{n-2}}{6\Delta t}+O(\Delta t^3) \tag{6}$$

$$\left.\frac{\partial q}{\partial t}\right|_{n+1}=\frac{11q^{n+1}-18q^n+9q^{n-1}-2q^{n-2}}{6\Delta t}+O(\Delta t^3) \tag{7}$$

The time discretization then includes a prediction step and a correction step.

1) Prediction step

In the prediction step, the time differential term is discretized as

$$\left.\frac{\partial \varphi}{\partial t}\right|_n=\frac{2\hat{\varphi}+3\hat{\varphi}-6\varphi^{n-1}+\varphi^{n-2}}{6\Delta t}+O(\Delta t^3) \tag{8}$$

where φ stands for $q_i(i=1,\ 2)$ or H. The explicit schemes in time are then

$$\left.\frac{\partial \eta}{\partial t}\right|_n+\frac{\partial q_j^n}{\partial x_j}=0 \tag{9}$$

$$\left.\frac{\partial q_i}{\partial t}\right|_n + q_j^n \frac{\partial}{\partial x_j}\left(\frac{q_i}{H}\right)^n = -gH^n \frac{\partial \eta^n}{\partial x_i} + S(q_i^n, H^n) \tag{10}$$

2) Correction step

In the correction step, the time differential term is discretized as

$$\left.\frac{\partial \varphi}{\partial t}\right|_{n+1} = \frac{11\varphi^{n+1} - 18\varphi^n + 9\varphi^{n-1} - 2\varphi^{n-2}}{6\Delta t} + O(\Delta t^3) \tag{11}$$

The implicit schemes in time are then

$$\left.\frac{\partial \eta}{\partial t}\right|_{n+1} + \frac{\partial q_j^{n+1}}{\partial x_j} = 0 \tag{12}$$

$$\left.\frac{\partial q_i}{\partial t}\right|_{n+1} + \hat{q}_j \frac{\partial}{\partial x_j}(q_i^{n+1}/\hat{H}) = -g\hat{H}\frac{\partial \eta^{n+1}}{\partial x_i} + S(q_i^{n+1}, H^{n+1}) \tag{13}$$

where the source term $S(q_i, H)$ is defined as

$$S(q_i, H) = \frac{1}{\rho}(\tau_i^s - \tau_i^b) + \frac{\partial}{\partial x_j}\left[v\left(\frac{\partial q_i}{\partial x_j} + \frac{\partial q_i}{\partial x_i}\right)\right] \tag{14}$$

The finite element method for triangular elements isthen used for the spatial discretization. For the prediction step, the discretized formulations for Eqs. (9) and (10) are explicit both in time and space. However, for the correction stage, the discretized formulations for Eqs. (13) and (14) are

$$AU^{n+1} = F \tag{15}$$

where $U^{n+1} = [q_1^{n+1}, q_2^{n+1}, \eta]^T$.

3　Parallel Implementation

3.1　Parallel environment

The parallel environment consists of three parts: the hardware, the operating system, and the software.

A cluster of workstations was used because of its excellent scalability, high performance, and low price. The workstations were all IA32 architectures with 550-MHz Pentium III processors and 128MB SDRAM, 100-MB network cards, and a switcher formed the local fast Ethernet.

Redhat Linux 7. 0 was selected as the operating system because of its low memory requirements, superior network performance, and most important, far better support for a parallel programming environment(such as PVM, MPI) than Windows operating systems.

The software environments also include a communication library and a parallel programming library. Message passing interface (MPI) was used for the communication library because MPI has been an international standard for parallel computations and there are already many libraries that support MPI. The parallel library used the famous BLAS and LAPACK libraries which eliminated the need for many basic routines. Fig. 1 shows the whole parallel environment.

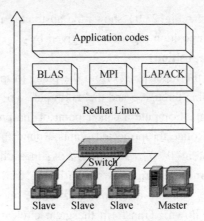

Fig. 1　Parallel environment

3. 2　Auto mesh generation and domain decomposition

Unstructured triangular elements are used for the finite element discretization. A delaunay triangulation algorithm is used to automatically generate the mesh. In this method, the computing domain is defined by many boundary points which form a polygon. Each neighboring two points form a boundary edge. The algorithm then proceeds as follows.

Algorithm 1 Delaunay triangulation

(1) Place node points on all edges;

(2) Enclose the geometry in a bounding box;

(3) Triangulate the edges;

(4) Check that the triangulation respects the boundaries;

(5) Insert node points into the centers of the circumscribed circles of the large triangles;

(6) Repeat from step(4) if H_{max}(maximal mesh dimension allowed) is not yet achieved;

(7) Remove the bounding box.

After generation, the internal points of the triangular mesh are slightly modified so that the triangles tend towards equilateral triangles, which are best for the finite element computations.

The partitioning of the unstructured grids among the processors should seek to minimize the execution time. The execution or wall clock time is the maximum time required for the computation among all the processes plus the communication time between processors. In the computation, the workloads assigned to each processor are roughly equal so as to minimize the waiting time. The communication time should be reduced as much as possible, which is to minimize the number of ghost points(extra points used to link the different partitioned sub domains).

In practice, the generated mesh is partitioned ac-cording to the number of processors using a geometric mesh partition method. This method uses the graph theory to devise and validate the partitioning method which, unlike the method given by Farhat, has been proved mathematically to minimize the number of ghost points and to roughly equalize the number of points in each subdomain.

The domain decomposition is based on graph partitioning as shown in Fig. 2. Fig. 2(a) shows the finite element mesh. Fig. 2(b) shows the abstracted node points of the triangular elements. The domain decomposition algorithm is given by:

Algorithm 2 Domain decomposition

(1) Project up. Project the input points from the plane to the unit sphere centered at the origin in the space along the line through p and the "north pole" (0, 0, 1) as shown in Fig. 2(c).

(2) Find the center point. Compute a center point of the projected points in the space.

(3) Rotate and dilate. Rotate the projected points around the origin in the space so that the center point becomes a point (0, 0, r) on the Z-axis; then dilate the surface of the sphere so that the center point becomes the origin as shown in Fig. 2(d).

(4) Find the great circle. Choose a random great circle on the unit sphere.

(5) Unmap and project down. Transform the great circle into a circle in the plane by undoing the dilation, rotation, and stereographic projection as shown in Fig. 2(e).

(6) Convert the circle in to a separator. Fig. 2(f) shows an edge separator.

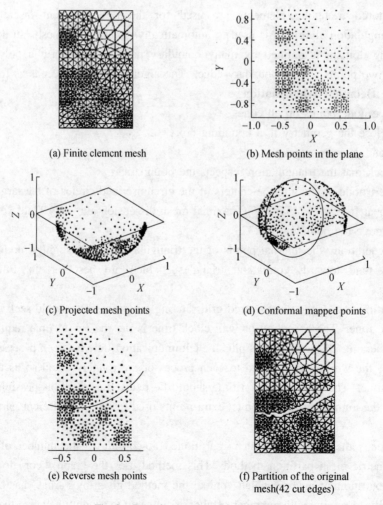

(a) Finite element mesh

(b) Mesh points in the plane

(c) Projected mesh points

(d) Conformal mapped points

(e) Reverse mesh points

(f) Partition of the original mesh(42 cut edges)

Fig. 2　Domain decomposition algorithm

3. 3 Renumbering

The linear systems are usually preconditioned to reduce the matrix bandwidth, either by the left-preconditioning method or the right-preconditioning method. A large band width will greatly slow the convergence speed and increase the communication overhead which reduces advantage of the parallel efficiency.

However, all the preconditioning methods require many floating point operations, so renumbering techniques have been developed to reduce the matrix band width instead of preconditioning. These methods are quite economical because the time required for renumbering is much less than that for preconditioning.

Fig. 3 shows an example mesh, the corresponding original matrix structure, and the renumbered matrix structure. The result is quite good with a much smaller band width which significantly reduces the communications and the calculations.

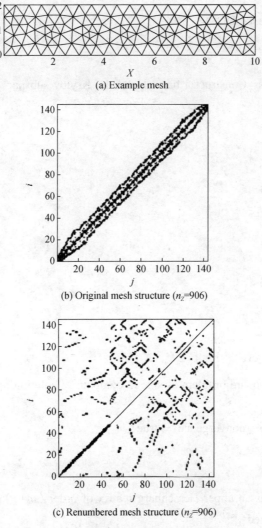

(a) Example mesh

(b) Original mesh structure (n_z=906)

(c) Renumbered mesh structure (n_z=906)

Fig. 3　Renumbering algorithm

3.4　Parallel GMRES

Consider the linear system $AU = F$ with U, $F \in R^n$ and a nonsingular nonsymmetrical matrix $A \in R^{n \times n}$. The Krylov subspace $K(m; A; r_0)$ is defined by $K(m; A; r_0) = \mathrm{span}(r_0, Ar_0, \cdots, A_{m-1}r_0)$. The GMRES uses the Arnoldi process to construct an orthonormal basis $V_m = [v_1, v_2, \cdots, v_m]$ for $K(m; A; r_0)$. The full GMRES allows the Krylov subspace dimension to increase up to n and always terminates in at most n iterations. The restarted GMRES restricts the Krylow subspace dimension to a fixed value m and restarts the Arnoldi process using the last iterated x_m as an initial guess but it may stall. The algorithm for the restarted GMRES is as follows.

Algorithm 3 Sequential GMRES

ε is the tolerance for the residual norm;

convergence = false;

choose U_0;

UNTIL convergence DO

$r_0 = F - AU$;

$\beta = \| r_0 \|_2$;

* Amoldi process: Construct a basis V_m of the Krylov subspace K

$w_1 = \dfrac{r_0}{\beta}$;

FOR $j = 1$, m DO

$p = Aw_j$;

FOR $i = 1$, j DO

$h_{ij} = w_i^{\mathrm{T}} p$;

$p = p - h_{ij} w_i$;

ENDFOR;

$h_{j+1, j} = \| p \|_2$;

$w_{j+1} = \dfrac{p}{h_{j+1, j}}$;

ENDFOR;

* Minimize $\| F - AU \|$ for $U \in U_0 + K$

* Solve a least-square problem of size m compute y_m solution of $\min_{y \in R^m} \| \beta e_1 - \overline{H}_{my} \|$;

$U_m = U_0 + V_m y_m$;

IF $\| F - AU \| \leqslant \varepsilon$, convergence = true;

$U_0 = U_m$;

ENDDO

The matrix $\overline{H}_m$ is an upper Hessenberg matrix of order $(m+1) \times m$ with the fundamental relation can be obtained:

$$AV_m = V_{m+1}\overline{H}_m$$

The GMERS algorihm computes $U_m = U_0 + V_m y_m$, where y_m solves the least squares problem $\min_{y \in R^m} \| \beta e_1 - \overline{H}_m y \|$. Usually, a QR factorization of $\overline{H}_m$ using Givens rotations is used to solve this least square problem.

Several authors have studied the parallelization of the GMRES algorithm. Some alter the sequential Arnoldi process to achieve parallelization, some define a new basis of the Krylov subspace, while others give variants such as a-GMRES, and GMRES with a Chebychev basis.

The present parallel implementation does not change the sequential GMRES algorithm, but breaks the algorithm into basic operations which are then done in parallel. In the GMRES algorithm, the basic operation most frequently used is the matrix-vector multiplication which should therefore be optimized(reduce the communication time as much as possible) so that the overall parallel performance is drastically enhanced.

For large sparse matrices distributed to processors by rows, only a few components in row i of matrix A_{ij} are required to compute the corresponding component $(Ax)_i$.

The matrix block with local row and column indices is denoted by A_{loc} and the matrix block with local rows but external columns is denoted by A_{ext} (Fig. 4). The matrix-vector product is rewritten as

$$y_{\text{loc}} = A_{\text{loc}} \times x_{\text{loc}} + A_{\text{ext}} \times x_{\text{ext}}$$

Each processor keeps a list, $\text{send}(p)$, of components which will be sent to processor p and a list, $\text{recv}(p)$, of components which will be received from processor q. The matrix-vector multiplication algorithm is then as follows:

Algorithm 4 Distributed sparse matrix-vector product

(1) Send $x_{\text{loc}}[\text{send}(p)]$ to processor p;

(2) Compute $y_{\text{loc}} = A_{\text{loc}} x_{\text{loc}}$;

(3) Receive $x_{\text{loc}}[\text{recv}(p)]$ from processors q and build x_{ext};

(4) Compute $y_{\text{loc}} = y_{\text{loc}} + A_{\text{ext}} x_{\text{ext}}$;

Because this algorithm overlaps communications with computations and is scalable, it is an excellent parallel algorithm.

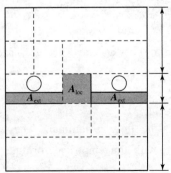

Fig. 4　Parallel matrix-vector product algorithm

4　Numerical Experiments

4.1　Flow around a circular cylinder

The flow around a circular cylinder has no fixed separation point; therefore, the flow pattern is related to the Reynolds number. The parallel implementation was used to calculate the velocity field at different Reynolds numbers below 300.

4.1.1　Computational domain and boundary conditions

As shown in Fig. 5 (a), D represents the diameter of the circular cylinder. The computational domain is about $25D$ long in the flow direction, $10D$ width in the direction perpendicular to the main flow direction, with an entrance length to the center of the circular cylinder of $5D$, which insures that the flow properties in the wake region are not affected by the outside boundary. The boundary conditions are a parabolic velocity distribution at the inlet(left), constant water depth at the outlet(right), shear stress equal to zero on the upper and lower surfaces, and the non-slip velocity boundary condition on the cylinder face. A very fine grid was used near the cylinder face to accurately locate the separation point. The computational domain was then partitioned using the domain decomposition algorithm. Figure 5b shows the 8-way partition.

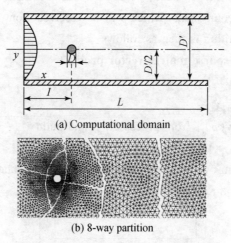

(a) Computational domain

(b) 8-way partition

Fig. 5　Flow around a circular cylinder

4.1.2　Results

At low Reynolds numbers, the flow is laminar. The wake region length at different Reynolds numbers are compared with the empirical formula $L_r/D = 0.05Re\,(5<Re<40)$ given by Zravkovich in Fig. 6.

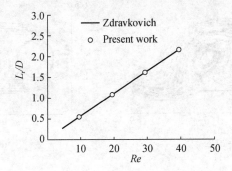

Fig. 6　Length of wake region vs. Reynolds number

With increasing Reynolds numbers, the Karmen vortex street behind the cylinder becomes asymmetric. The vortex shedding period can be described by the Strouhal number (Sr). The results in Fig. 7 show that one period is from 29. 8s to 38. 8s.

The Strouhal number then is

$$Sr = \frac{f_s U_\infty}{d} = \frac{2 \times 1}{(39. 8 - 29. 8) \times 1} = 0. 221 \tag{16}$$

The Strouhal numbers at different Reynolds numbers are compared with that given by Williamson(Fig. 8). The error is relatively large at Reynolds numbers greater than 200. In 1996, Williamson pointed out that, for such conditions, the flow will show some three-dimensional characteristics so the error of a two-dimensional simulation will increase with Reynolds number.

4. 2　Flow in the Yangtze River at Chongqing

4. 2. 1　Computational domain and boundary condition

The computational domain includes the confluence of the Jialing River at Chongqing. The region is about 29km long with a water level of 175m after the Three-Gorges Reservoir is built. The flux on the inlet side is 3460m³/s and the flux at the confluence is 368m³/s. The velocity distribution at these two sections is assumed to be uniform. Non-slip velocity boundary conditions are assumed along the bottom.

4. 2. 2　Results

The simulated velocity field is shown in Fig. 9.

4. 3　Evaluation of parallel performance

Parallel performance is often evaluated by two factors:

$$S = \frac{T_1}{T_N} \text{ and } E = \frac{S}{N}$$

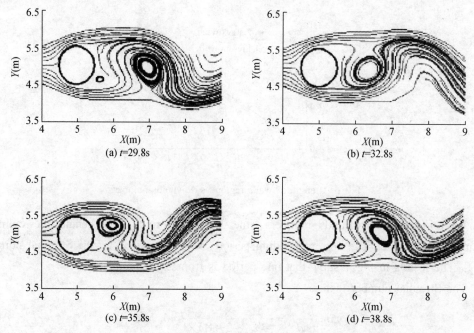

Fig. 7　Streamline for flow around a circular cylinder ($Re = 200$)

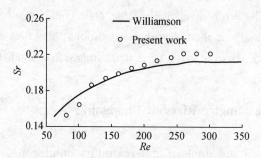

Fig. 8　Strouhal number vs. Reynolds number

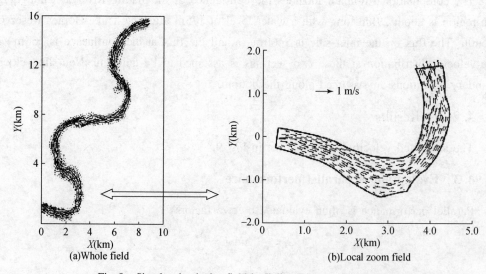

Fig. 9　Simulated velocity field in Jialing River at Chongqing

in which N is the number of processors, T_x is the computation time for one processor, T_N is the total computation time for the N processors, S represents the parallel speedup, and E represents the efficiency. Three kinds of finite element meshes were used to simulate the velocity field in the two numerical examples above, respectively. Tables 1 and 2 show their corresponding parallel performance parameters.

Table 1　Parallel efficiencies for the flow around a circular cylindes

Node number	$T_1(s)$	N	$T_N(s)$	S	E
2 918	4 498	2	2 713	1.658	0.829
		4	1 538	2.924	0.731
		8	974	4.616	0.577
11 516	18 115	2	10 120	1.790	0.895
		4	5 404	3.352	0.838
		8	2 806	6.456	0.807
45 752	93 354	2	51 237	1.822	0.911
		4	26 581	3.512	0.878
		8	13 942	6.696	0.837

Table 2　Parallel efficiencies for the flow along the Yangtze River at Chongqing

Node number	$T_1(s)$	N	$T_N(s)$	S	E
3 784	11 578	2	6 631	1.746	0.873
		4	3 655	3.168	0.792
		8	2 047	5.656	0.707
13 696	41 142	2	22 531	1.826	0.913
		4	11 932	3.448	0.862
		8	6 137	6.704	0.838
66 738	212 384	2	111 429	1.906	0.953
		4	57 650	3.684	0.921
		8	29 563	7.184	0.898

5　Conclusions

In this paper, shallow water equations were solved in parallel to simulate the velocity of the Wu River at Chongqing. The large linear system was solved using a direct parallel GMRES method, which has an advantage over other parallel GMRES methods, because it does not alter the sequential GMRES algorithm so it is easily programmed and used. The computed results agree well with the observed results. The good speedup and efficiency for the parallel computation show that the parallel computing technique is a good method to solve large-scale problems.

集成水文技术解读水基系统

刘　宁　杜国志

摘　要：水基系统是复杂的巨系统和多维的开领域，具有基础性、动态性、包容性、交互性等特征，正确评价它的承载能力和运用状态，并预测、引导其演化趋势对研究水问题是至关重要的。现代水文技术的不断发展和进步为解读水基系统提供了必要的前提，水基系统的存在与演进及其解读，需要不断拓展水文领域研究范围、改进监测手段，集成水文技术。

1　水基系统概念的辨识

　　水基系统概念的表述是：水基系统，是指在一定水文尺度和空间范围内，水及与其相关的涉水介质和涉水工程共同构成的基础生境承载系统。不同水文尺度下、不同空间范围内，水基系统有不同的表征，水基系统具有基础性、动态性、包容性、交互性等属性。通过和谐度、稳定态和演进率等判别指标能够对水基系统的状态进行描述与刻画。下面，举几个具体的事例，对水基系统概念加以辨识。

　　第一个事例，地下水严重超采和污染后，对其重新注入等量的净水，是否能够完成修复？答案是否定的。即便重新注入等同的水，但是因为地下水的包气带和饱和带中的水体与形成水体循环的动力、构造、机理和频次已发生了变化，单纯的回灌，对于地下水漏斗区并不能起到完全的修复作用，难以使其业已形成的新状态回到原生状态。这说明地下水的开采和污染，不仅改变了水本身的空间尺度，还使得原有的地下水存储状态、环境空间发生了变化，或者说水基系统发生了改变，而这一改变是不可逆转的，不是仅考虑水的回补就可以挽回，还涉及与水相关的介质或物体。

　　第二个事例，一些河流上修建了水坝等水工程，使得河道及沿河生态随着水工程的建设而发生了变化，甚至发生了突变。如果多年以后，我们再拆掉这些水工程，是否能恢复到原有状态？答案也是否定的。实际的情况是：即便没有对水量和水质进行改变，只是水工程的修建对水的时间尺度和径流量上进行的调整，单只这一调整，就已使得原有的水运行状态或者说多年形成的水基系统发生了改变甚或是遭到了破坏，导致依附其上的生境发生了改变。为何难以恢复？或者说为何河道的生态无法恢复如初？其原因是水工程的修建导致了水基系统无法恢复到原来。

　　第三个事例，当我们实施跨流域调水时，实际上水本身并没有发生改变，改变的是水流的空间尺度，是调出区和调入区的涉水状态，这一状态的改变使得两地生境发生了改变，实际上也是因为水基系统的改变而导致了生境改变。

原载于：水科学进展，2005，（5）：696-699.

生境的改变是水基系统改变带来的结果，而并非单纯是水状态的改变。因为，水不仅有量和质的变化，当水与土壤、工程、河道等联合作用后，便会形成特有的系统，依附这个系统上的生境便得以滋生。因此，这一系统构成了营造相应生境的基础，这一基础又是因水的运行而生成，也就是水基或水基系统的概念，这一概念描述的水基系统相对于"陆基"和"空基"真实地存在着。

2　水基变量与水文

根据水基系统的概念模型：

$$S = F_\Omega\ (X,\ Y,\ Z)$$

式中，S 为水基系统；F 为水基系统变量的函数关系；X、Y、Z 分别为水变量组、水介质变量组以及涉水工程变量组；Ω 为条件函数：$\Omega = \Omega(D,\ K,\ T)$，$D$ 为水基系统的空间尺度，或域；K 为水基系统各变量的秩序关系，或熵；T 为时间尺度。水变量组、水介质变量组以及涉水工程变量组是水基系统的基本构成，每个变量组又可以进一步按照空间尺度和时间序列变化分解为一系列的单个变量（表1）。就水变量组而言，有限标定指标包括水位、流量、流速、含沙量、有机物含量、营养化程度、COD、总氮、总磷等；对水介质变量而言，其有限标定指标包括河道形态、岸线走向、底泥分布、河床属性、土壤类型、渗透能力、水力坡降、糙率等；就涉水工程而言，包括河道整治、堤防、闸坝、取水口、调水工程、蓄滞洪区、桥梁、输水管线、水处理工程、泵站等。引入评价水基系统的和谐度、稳定态、演进率等指标以及建立水基系统与外部的联系后，在"生相""空相""地相"等干扰变量共同作用下，水基系统的影响因素还包括生态、水生动物、水生植物、沼泽化、湿地面积、森林植被、大气环流、土壤水分蒸发、入渗以及人类活动影响、社会经济指标等。由此看来，解读水基系统涉及因素众多，关系复杂，解读这样的巨系统，进而实现水基系统的承载能力和运行状态的测评，稳固程度的研究和评价，以及可能出现的断裂和突变的预警和监测，需要多个学科和门类、多种方法和手段。

表1　水基系统变量及有限解读标定指标

水基变量		有限解读标定指标
水变量	水量	水位、流量、流速、含沙量、有机物含量、营养化程度、COD、总氮、总磷等
	水质	
水工程变量		河道整治、堤防、闸坝、取水口、调水工程、蓄滞洪区、桥梁、输水管线、水处理工程、泵站等
涉水介质变量		河道形态、岸线走向、底泥分布、河床属性、土壤类型、渗透能力、水利坡降、糙率等
干扰变量	生相	生态、水生动物、水生植物、沼泽化、湿地面积、森林植被、大气环流、土壤水分蒸发、入渗以及人类活动影响、社会经济指标等
	陆相	
	空相	

水文学是探讨与水有关的自然现象和基本规律的基础科学。长期以来，水文工作应涉水工作的发展需求在不断拓展创新。要解读研讨水基系统，并有利于水基系统的演进，水文工作也必然成为重要的手段和方法。基于这样的认识作者将水文服务领域

和方式划分为 3 个层次或阶段：第一个层次是对水量、水质分别的监测与分析评价，这一层次的明显特征是水量、水质相互分离，以量论量、以质论质，可称之为水文单一领域阶段；第二个层次是水量水质的综合分析与评价，量质并重，分析研究水量与水质的相互影响和耦合关系，建立两者间综合评价体系，可称之为水文双向耦合阶段；第三个层次则不仅要关注水量与水质，还要关注与此相关的其他涉水介质与水的相互作用与影响，响应生态环境要求和人与自然和谐理念，监测、描述和刻画更为广泛的要素与变量，更为注重研究各种变量间的关系，从系统论的角度来展开水文工作，可称之为系统水文工作阶段。第三层次的水文工作是水基系统解读的要求和需要。当前，我国的水文工作整体上处于注重水量与水质双向耦合的阶段。

3　解读水基系统水文学面临的挑战

20 世纪 80 年代以来，以信息技术、生物技术和新材料技术为中心的新技术革命浪潮席卷全球，引起经济、社会、文化、政治和军事等领域深刻的变革。高新技术在水利系统也获得了广泛应用，尤其是信息技术和"3S"技术等在水资源监控调度、洪水预报预警和调度决策支持、水旱灾害监测评估、水土保持、生态和水环境监测、大型水利工程规划设计与施工、大型灌区的灌溉用水计算机监控等领域的开发应用。自动化技术、核（同位素）技术等应用和水文气象学、城市水文学、资源水文学、环境水文学、生态水文学等新学科的渗入，水文学由自然科学领域和技术科学领域，融入了社会科学领域，已经成为一门综合性很强的学科。这些技术的进步和学科的发展，为解读水基系统提供了技术支撑和保障，但是仍然存在一些挑战，主要表现以下几个方面。

3.1　全球气候变化导致水文情势的演变

在全球变暖的大背景下，我国的气候特征和水文情势也发生了不同程度的变化。近百年来我国气候持续变暖，平均气温上升了 0.6℃ 左右，以冬季和西北、华北、东北最为明显，华北地区自 20 世纪 50 年代以后出现了明显的暖干化趋势；近 20 年来，中国气候出现北旱南涝的态势，北方大部分地区降水偏少，尤以海河、黄河中下游地区以及山东半岛最为明显，山东半岛减少达 16%；尽管全国水资源总量变化不大，但北方地区水资源减少显著，黄淮海和辽河区域降水减少 6%，其中海河区降水减少 10%，地表水减少 41%，总量减少 25%。

全球气候变暖是由自然的气候波动和人类活动共同引起的。面对气候变化，水文学需要研究全球气候变化对区域水循环规律有何影响？气圈—水圈—生物圈如何相互作用？如何认识和揭示水资源的演变及其规律？人类活动对水循环和水资源有哪些主要影响？如何量化这些影响？

3.2　江河、湖库、湿地变化的作用

由于人类活动的不断加剧，使江河、湖库、湿地等发生了许多重大变化，而这些变化对水文向水文学提出了新课题。一方面多泥沙河流的河床不断抬高，相同流量级

别洪水造成的洪水水位不断升高;另一方面由于围垦造田,使一些原本属于泄洪通道的湖泊、洼地蓄滞洪能力降低,影响河道水文情势的变化。湖泊面积萎缩、由于淤积、围垦等原因,长江中下游的湖泊面积 20 世纪 90 年代比 50 年代减少了 45.5%。我国湿地正不断退化减少,以松辽流域为例,中华人民共和国成立后 50 年间湿地面积减少了75%,约 8.6 万 km^2,平均每年减少 $1711km^2$。同时,部分天然湿地被道路、农田、渠系分割而破碎化,湿地功能退化。过度开采导致地下水资源量锐减和生态环境日趋恶化。截至 1993 年,全国共有地下水超采区 164 片,总面积 181 291km^2。90 年代以来地下水超采量呈上升趋势。许多地区都出现了地面沉降、地面塌陷、海水入侵以及荒漠化及沙化等现象,并造成全国 118 个城市中,64% 的城市地下水受到严重污染,33%的城市地下水轻度污染。

3.3 工程建设的影响

根据有关资料统计,全国受水利工程建设影响的水文站 1173 个,占基本水文站总数的 36.8%,其中受到严重影响导致水文资料连续性遭到破坏的有 25%,1998 年以后受到影响的水文站占全部受影响测站的 60.1%,截至 2003 年,受工程影响的水文站共有 1706 个。

各类涉水工程的建设,改变了流域下垫面情况,改变了流域水文特性,破坏了原有的水文测验条件,使原有的水文站网观测到的数据不是原始的数据值,造成水文观测值不闭合,影响了水文站网的稳定性及其水文资料的连续性和代表性,使区域水文特性长期规律和流域水文特征值需要重新分析计算。此外,导致地区水资源量分析计算平衡难度加大,进而对水文预测预报及系统的完整性产生很大的影响。

3.4 人与自然和谐的要求

生态与环境问题越来越得到世界范围的广泛关注。水是自然界的基本组成物质,研究生态与环境问题必然涉及水和水介质或物体共同构成的水基系统,而解读这一系统必然需要包括水文技术在内的各种集成技术的支持,对照这样的要求,目前水文学与水文技术还存在很多需要进一步探讨和研究的问题,例如,水旱灾害的监测和预报技术相对落后;大尺度以及环境变迁影响下的水文问题研究薄弱;区域性水文研究和关于不同水体的研究很不平衡;水文测报和服务技术手段落后,新技术新方法开发和推广应用比较缓慢,水文基础研究薄弱等。

4 基于水基系统的水文研究方向

(1) 解读水基系统,要求水文学研究要从单个孤立环节向多尺度、多系统耦合过程发展,除了要揭示水文循环本身的一般规律外,还要求侧重研究人类活动影响下水文过程及其要素的变化规律、水文循环中生态过程的变化规律、涉水介质或物体所构成的生境承载系统的演进变化规律等。另外还需要将基础理论转化为能够解决实际问题的定量化、指标化应用理论。这就要求水文服务领域的不断拓展、水文基础理论和应用技术的不断创新和发展。

（2）解读水基系统要求水文技术与监测系统的协调发展。随着信息化和高新技术的发展，信息采集的技术手段发展很快，如遥感、GPS 等，站网布设与监测内容、监测手段等需要充分考虑科技水平的发展，实现与监测技术的协调，实现与经济社会发展需求的协调。同时应用技术开发也要充分考虑监测系统的需求，以弥补监测系统的不足。

（3）解读水基系统，要求加强水文等基础理论研究和水文基础工作。尽管以往水文基础研究取得了一些进展，但仍然难以满足新的需要，还应该在如下几方面大力加强研究：水文分析计算、风险理论研究与应用、洪水演进及预报调度、无资料地区的水文模拟、水资源、水环境承载能力和气候变化、人类活动影响等方面。在水文基础工作方面，要加强站网优化完善、资料综合分析处理、暴雨洪水基本规律分析和分期设计洪水、动态汛限水位分析等方面的水文基础工作。做好这样的基础研究和基础工作需要以产业导向、成本分担、鼓励合作，促进技术推广等方式，加大水文科技投入，加快实现水文测报手段现代化、信息处理集成化、信息服务网络化。

第二节　泛　流　域

　　流域，是水理论中的单元，也是水管理的地理载体，狭义上是指河流的干流和支流所流过的整个区域；而广义上指一个水系的干流和支流所流过的整个地区。另一种说法是，流域是以分水岭为界限的一个由河流、湖泊或海洋等水系所覆盖的区域，以及由该水系构成的集水区。或者说，地面上以分水岭和水系界之区域称为流域。跨流域调水工程建设，联通了本来相互独立的单个流域，打破了自然分水岭的阻隔，实现了水资源的南北互济、东西贯通，在水资源配置上相对淡化了单个流域的概念，而体现出流域协同互济的泛流域特征。

　　刘宁从南水北调中线工程、引江济太、新疆水资源配置等工作中，敏锐发现了现代水管理正逐渐突破流域的地理限制和水资源约束，呈现出流域泛化的特征。

从新疆水利发展看泛流域的出现与研究

刘　宁

摘　要： 从整体上分析了新疆水利发展的特征，进而从流域演进观察的角度，认为泛流域的出现，对河流的形成和发展，河流的自然、社会功能需要再认识；泛流域概念下的自然、人工以及人工与自然复合河流、水域的分类研究和管理，关系着人与河流的和谐发展。

1　新疆水利发展的特点

1.1　跨越式发展

新疆维吾尔自治区成立 50 年来，特别是改革开放 20 多年来和国家实施西部大开发战略以来的几年，新疆经济社会等各方面的发展取得了辉煌成就，水利基础设施建设显著增强，水利事业取得了全面的进步和发展。到 2004 年，全自治区已建成水库 489 座，总库容达到 80.64 亿 m^3；总灌溉面积 440 万 hm^2；机电井 4.3 万眼，大中小型渠首 746 处，各类渠道总长 33.32 万 km，建成防洪堤坝 6012km。乌鲁木齐城市供水等跨流域调水工程，以及吉林台、下坂地等水利枢纽工程的建设与运用构建了新疆水利跨越式发展的工程基础。这一时期，是新疆历史上水利发展最快、投入资金最多、取得成果最为显著的时期。据统计，中华人民共和国成立以来至 1998 年底，新疆水利工程投入建设资金累计 161 亿元，在 1998～2004 年的 7 年中，新疆水利基建投资 210 多亿元，是全国水利投资最多的省（自治区），整个水利投资中，中央投资约占 70%；可以说新疆一些区域水利发展跨越了原始水利阶段、工程水利阶段和以可持续发展为主导的资源水利阶段，更广大的区域呈现出人类依水生存、依水发展农业、依水支撑工业的态势。新疆水利把握了历史机遇，注重水资源的合理开发、高效利用、科学配置和有效保护，扶助和保护流域脆弱的生态系统，取得了跨越式发展。

1.2　发展的紧平衡或不平衡状态将长期保持

紧平衡或是不平衡将是未来新疆水利发展的一种常态。新疆水利的发展一方面得益于在投资上、技术上以及人才上强有力的外援支持，另一方面也离不开地方自主、自强的努力促进，两者结合，缺一不可。但是，由于受欠发达地区经济和社会发展条件的限制，水利建设摊子大、历史欠账多、开发难度高，再者由于社会对水利发展的综合效益期望值大，以及供水生境系统脆弱等客观原因，使得新疆水利发展长期呈现

原载于：中国水利，2005，(19)：5-8。

紧平衡或不平衡状态。一是表现在资源配置上水资源与其他资源的失衡。新疆土地、石油、天然气及矿产资源相对丰富，但水资源极为缺乏，全疆人均占有水量低于平均水平的人口为 1200 万，占全疆人口的 73.2%；现有耕地面积占有水量低于平均水平的面积占全疆现有耕地面积的 72.9%；新疆水资源与耕地分布不相适应的矛盾十分突出。二是水资源在时空分布上极不均衡。新疆地表水资源年内季节分配相差悬殊，5~8 月径流占全年径流量的 60%~80%；在空间分布上，以天山为界，新疆北部面积仅占全疆的 27%，南部占 73%，但水资源量约各 50%。若将新疆北部、西部与南部、东部比较，南部和东部仅拥有全疆水资源量 7% 左右，北部和西部占到了 93%。伊犁河和额尔齐斯河两大流域拥有全疆水量的 32%，但利用率仅为 20%。新疆水资源时空分布表现出内陆河典型特征。三是水资源开发利用与需求的紧平衡。为了满足国民经济发展和人民生活的需要，新疆进行了大规模的水利建设，但水资源开发利用的程度相对于各地的需求来说呈现紧平衡状态，甚至有些地区还满足不了经济社会发展的要求，存在一定缺口。水资源少的地区，是目前水资源利用程度最高的地区。全疆水资源利用程度最高的乌鲁木齐河流域，水资源利用率达 153%，超过 100% 的还有吐鲁番和哈密诸小河流域；而额尔齐斯河、伊犁河、车尔臣河流域，水资源丰富，利用程度不高。四是水利科技贡献率需要提高，水利发展策略需要调整和创新。科技进步与创新对水利事业发展具有显著的影响，科技创新的频次和科技创新的带动力日益强化，今后水利发展将更为倚重科技的力量，进一步提高水利科技对新疆水利发展乃至经济社会发展的贡献率尤为重要。同样，在水利发展具有相当规模的今天，面对社会对水资源的需求，面对自然环境对水资源的依赖，水资源的不可或缺性愈来愈显现。以科学发展观为指导，进一步要探索结合内陆河流域水资源特点的，与国家提倡的节约型社会建设相适应的，人水和谐的水利持续发展新策略和新机制势在必行。

1.3 新疆水利发展整体上的泛流域化

新疆属内流河区，区内 570 条河流绝大部分为内陆河，唯有北部的额尔齐斯河流经哈萨克斯坦和俄罗斯，汇入鄂毕河，最终注入北冰洋；西南部喀喇昆仑山的奇普恰普河等流入印度河，最后注入印度洋。内陆河流域的显著特点是河流向盆地内部流动，构成向心水系，河流的归宿点是内陆盆地和山间封闭盆地的低洼部位，多表现为内陆湖泊，而非外流入海。新疆有乌伦古湖、艾比湖、玛纳斯湖、巴里坤湖、准噶尔盆地中部、艾丁湖、沙兰诺尔、塔里木、羌塘高原 9 个以湖泊为中心的内流区。其中，塔里木内陆河区是我国最大的内陆河区，塔里木河是我国最长的内陆河。这些内陆河之间，具有天然相似的很多特征，经过多年的建设以及各自流域内经济社会发展和生态演进，某一内陆河流域的经济发展与另一内陆河流域的经济发展也呈现出明显的相似性和同步性。围绕某一内陆河流域建设的绿洲社会，一方面由于本流域水资源的限制正逐渐向外拓展；另一方面，由于水利工程建设，也使得流域间渐次互连共通，呈现出经济社会依存竞争、人文环境相关演替、生态水利响应趋同的泛流域性态势。新疆内陆河流域间越来越密切的环境与生态、经济和社会的依存关联，越来越呈现出超乎水系地域，并不完全以分水岭划界，更加倚重水资源统一管理、强调人水和谐、经济社会持续发展要求的泛流域特征。因此，进一步的水利建设论证及其对经济社会持续发展的保障作用分析，都必须更加注重各流域共性问题的研究，流域间的协调发展；更加注重水利发展与流域自然、经济社会在大比尺空间地域上的和谐统筹。无疑这就要求水利工作不同以往，更以综合规划、一体化管理为突出表征，把各流域水利的研究、发展与管理泛流域化，从而推动全区水利事业的发展和改革。

新疆内陆河泛流域化除表现在整体性协调的同时，还表现在竞争性和一定程度的垄断性，这种竞争性和垄断性随着经济发展规模、水资源贡献率不同而有所不同。如果某一内陆河流域供需规模只是泛流域供需规模的一小部分，则应注重建设和培养本流域的水利发展，也就是提高它在整个泛流域中的作用，或称竞争力；如果所占份额较大，代表了流域的相当量，便会表现出一定的主导性，就应当注重采取必要的抑制限制措施，或举泛流域之力，使其自律性健康发展。

2　泛流域的出现及其启示

2.1　泛流域的出现

2.1.1　实施南水北调工程导引的泛流域特征

2002 年正式开工建设的南水北调工程，有东、中、西三条调水线路，与长江、黄河、淮河和海河四大流域相连，构成了我国"四横三纵"的水资源配置总体格局。到 2050 年调水总规模将达到 448 亿 m³，其中东线 148 亿 m³，中线 130 亿 m³，西线 170 亿 m³。工程建成后，对优化我国水土资源配置、解决北方地区的缺水问题、维持良好生态与环境以及经济社会持续发展都有至关重要的作用。跨流域调水工程建设，连通了本来相互独立的单个流域，打破了自然分水岭的阻隔，实现了水资源的南北互济、东西贯通，在水资源配置上相对淡化了单个流域的概念，而体现出四大流域协同互济的泛流域特征。

2.1.2　"引江济太"及河网地区的泛流域水资源共享

为改善太湖水体水质和流域河网地区水环境，提高水资源和水环境的承载能力，特别是为缓解太湖地区水污染问题，2002 年开始，太湖流域实施了引江济太调水工程。利用已建成的望虞河工程和沿长江其他闸站，将长江水引入河网和太湖，再通过东导流、太浦河、环太湖口门等工程将太湖水送到黄浦江上下游、浙江杭嘉湖地区、沿太湖周边地区。调水加快了太湖及河网水体流动，加快了太湖水向周边河网的扩散和辐射。"引江济太"调入的长江水水质为Ⅱ、Ⅲ类，对太湖水体和河网地区产生了显著的释污效果。太湖水质明显好转，Ⅱ、Ⅲ类水质的水面面积增加了 15%；湖泊富营养化得到减轻，浮游植物（如蓝藻）生长受到明显抑制，贡湖等湖湾标志水质好转的沉水植物开始出现。引江济太工程以增水为手段，通过流域之间的互联共通，实现水资源科学调配，提高了水资源的综合承载能力，其实质是响应太湖流域改善水质等目标需要，实施泛流域的资源管理，发挥水利工程在改善流域水环境方面的综合效益，实现由汛期调度向全年调度、由水量调度向水资源综合调度、由单一流域调度向泛流域调度的转变，最终达到"以动治静，以清释污，以丰补枯，改善水质"的目标。

随着人类对河流、水域的改造，必然会渐次沟通自然的流域，而在流域之间形成新的"水脉"连接。如战国时期，秦国于公元前246年开始修建的郑国渠，引泾河之水东下入洛水；秦王朝于公元前219年建设的灵渠，沟通了湘江与漓江，也就是连接了长江与珠江水系；春秋时期发端，隋朝公元605年始建，元代改建，至今仍在发挥效益的京杭运河，沟通了海河、黄河、淮河、长江、钱塘江水系。当这些"水脉"形成规模，并发挥越来越重要作用的时候，就会进一步促进自然流域的交融，出现泛流域的特征。经济与社会和生态与环境的良好的发展，要求流域间不能隔绝，也不能绝对融合，只有处于既独立又融合的状态时，流域的和谐发展才是最有生机的，这也正是被社会学和生物学极为看重的"交叉圆"原理在流域演进中的显现。

2.2　泛流域出现的启示

2.2.1　对河流的形成和发展，河流的自然、社会功能需要再认识

人类社会的进步与发展，水利工程的建设和运用，建立了不同河流之间的联系，形成了相互影响、相互作用的新的河流体系，已经改变了过去的河流和流域，衍生了新的河流和流域的发展规律，以及生态系统和社会响应。河流改变，泛流域出现，产生了"新生态"，这种新生态必然会成为未来的"原生态"，人类在高度关注"原生态"的同时，也必须注重"新生态"，人类对河流的改变，必然是其自然功能和原生态的失去或部分失去，而形成崭新的生境系统和与前不同的功能，这种功能与生态的转移和得失必须进行权衡，保护生态与环境，实际上也是人类对河流提出的一种需求。我们必须认识到这种改变的存在，引导其向和谐、可持续的方向发展。

2.2.2　河流需要分类研究，人与河流和谐发展

我国自然河流（水域）大体可分为三大类，第一类是东部季风区河流，第二类是西部内流区河流，第三类是国际或国界河流。泛流域的形成是以"人工河流"的出现为其明显标志的，这种人工河流包括运河，海河、淮河等流域的"减河"、"新河"，入海、入江水道，跨流域的调水工程，"引江济太"等。人工河流的形成，泛流域态势的发展，使得原河流自然功能失去或部分失去，发生了一定程度的河流自然功能社会化。因此，需要对泛流域内自然的、人工的以及人工与自然复合的河流、水域进行分类研究，综合评价，探求各类不同河流、水域所处的状态和其在泛流域中的演进态势，反过来调整和确定人类对河流和流域的需求，以期合理规划，合理确定泛流域经济社会发展和产业布局。泛流域的形成，较好地满足了人类社会发展的需要，但其自然影响力也非常之巨大，需要更为关注泛流域的滋生、延展，研究其发展规律和承载能力。在承载能力的范围以内，按照发展规律合理利用，并使其得到科学保护，泛流域就能生生不息，持续不断，生机无限。与此同时，人类必须"自律发展"，合理设定河流或流域的保护和开发的目标，形成顺应河流自然发展规律，人与河流和谐相处、和谐发展的良性态势。

2.2.3 泛流域需要以水基系统的视角展开评价

泛流域是河流向着人的意志方向改变的结果。在某种意义上，原生态的变化很好地标示着河流改变的程度。但是，这种标示也一定是不完全、非动态的。河流是否发生了细微渐次或不可逆转的变化，需要从河流系统或水基系统的概念去研究其和谐度、稳定态和演进率，以力求得知更多，但无论如何，人类对河流改变的认识注定会受到局限，永远是不完全的。

笔者认为泛流域可以表述为各连通流域水域的"交域"所对应的相关地域及其泛域。水域的"交域"在不同条件下可变。它是以水及水工程为基础和纽带，融通水系与地域，不单纯以分水岭划界，水资源输移互济、生态与自然响应趋同、水土资源等相互联系所形成的，具有新的流域发展规律和承载能力的多个子流域（水域）的关联体。更广泛的意义上，还包括自然流域与泛流域间经济社会的依存竞争，人文环境的相关演替，流域文明的融合与发展，以及经济社会与人类活动所体现的广泛联系。泛流域是开域，具有条件性、动态性和相关性等特征。

3　泛流域概念下的管理意之探析

泛流域概念下的管理更强调以下意义。

（1）整体性，即水资源的统一管理。泛流域更为注重维护多个流域之间的共同利益，强调从整体上考虑问题，克服单一流域的局限性，追求整体最优。在泛流域层面开展水利协作，拓展更为广泛的合作空间，制订统一的水管理政策，纳入新的发展动力和管理机制，促进不同流域间水利工作互动、优势互补、和谐演进，从而更好地为区域经济社会的协调、可持续发展提供水利支撑和保障。

（2）相关性，即节约型社会建设的推动。泛流域强调不同流域间具有的内在关联，自然相似或经济、生态、资源互补响应等特性，可在一定条件下，打破流域的地理界限，促进水资源与其他资源的匹配与融合，经济社会要素的渗透与交融。在长期的经济发展和生境演替过程中，不同流域之间，借助地缘关系、历史基础以及文化融合，形成各具特色、相得益彰的态势，呈现出规模大、领域广、互补性强、资源节约利用等特点。

（3）和谐性，即人与河流和谐发展。从单个流域出发，站在单一流域的立场去考虑问题，虽然能够做到本流域内的和谐，但却可能使本流域与外流域之间的和谐性受到挑战，泛流域则更加强调不同流域之间的相互作用与影响，突出和谐发展与安全保障，包括防洪安全、水资源供给安全和水生态与环境安全等。

建立并实施泛流域的统筹和谐的管理手段和措施等，可在整体协调各子流域关系的同时，抑制竞争性和垄断性，较为有力地避免以下问题。

（1）避免单个小流域的过度开发。单个流域往往具有相对的生态脆弱，实施泛流域管理，对供需规模相对较小的流域而言，应注重建设和培养本流域的水利发展，提高它在整个泛流域中的作用和竞争力；对所占份额较大、代表了流域的相当量的流域，就应当注重采取必要的抑制限制措施，举泛流域之力，使其自律性健康发展。

（2）避免捆绑式目标设定。原本只是为了一种目标需求的开发，出于建设资金筹集方便、项目容易上马、建设期效益再扩大的目的，以综合利用的名义，设定多项开发目标附着在主目标上，使水资源开发供给扩大化，河道生态受到极限挑战，水资源承载能力降低或发生破坏。

（3）避免排他性利用限制。这种情况主要是发生在为了最大可能支撑单一流域经济社会的发展，甚至可能是盲目的片面发展，而不顾及整个泛流域的水资源合理配置，影响或削减泛流域内经济社会整体效益最大化。

（4）避免规划或政策不对称。单一流域进行的水资源开发和保护规划及相关政策的确定，无疑会尽可能符合本流域客观状况，满足供需要求的实际，但这样就很有可能忽视泛流域水利发展的共同需求和同步和谐，这是由于规划和政策制定不对称导致的结果。

（5）避免"迎接开发"式的愿望与方案。相邻流域的水资源开发，拉动了那里的经济社会发展，而另一流域的保护便可能面对来自那一流域开发效益的挑衅压力，于是在制订该流域水利发展规划时，主观上很可能带着"迎接开发"的愿望，制订发展方案和工程布局，这样就会使该流域偏重开发，形成流域间水利建设不合理的互动。

（6）避免"监管乏力"甚或"监管俘获"现象。资源匹配是泛流域经济社会发展的重要条件。如果相对贫乏的水资源开发利用程度很高，而相对丰富的土地资源不加以匹配性限制开垦耕种，则一定会出现更为严峻的水资源短缺形势，导致生态与环境严重退化。这种监管乏力或说监管者本身就有愿望：扩大土地耕种面积，更多获得为数可观的经济效益，便会造成实际上的水资源开发与保护"监管俘获"现象。

因此，通过泛流域概念，将会更有利于下述两个方面的工作。

3.1　统筹水资源调控体系建设

对泛流域进行整体讨论，弱化流域间互成制约的条件和环境，激发有利于持续发展的因素，从更为宏观、更为系统的分析，对其进行更大尺度范畴的水利发展、改革探索，及其政策体制研究尤显重要。这样有利于克服基于单一流域水资源合理利用视点上的局限性，调整和理顺流域间的制约和关系，实现泛流域水资源整体上的优化配置、高效利用和有效保护，更好地处理生态修复和环境保护与经济社会发展的关系。从整个泛流域的角度来说，加强科学调度与管理，提高和强化人们的节水意识和人水和谐的治水理念，增加生态用水，使经济与社会、生态与环境向良性的方向持续发展都是十分重要的。

3.2　积极推进节水型社会建设

充分关注泛流域的特征，建设泛流域区的节水型社会，应该更加强调水权制度、水市场机制的建立，更加重视不同流域间的协调以及下游地区的生态与环境保护；要科学制订区域和流域的水资源规划，确定泛流域水资源宏观控制指标和流域内微观定额指标，并综合采用行政措施、工程措施、经济措施和科技措施，来保证用水控制指标的实现；要因地制宜地建立政府监管，市场调控、公众参与的节水型社会管理体制，鼓励社会公众广泛参与，成立用水户协会，管理和监督水价的制定。

4　几点认识

（1）泛流域的出现，给人们带来的启迪和思考超出了单就跨流域调水而进行的认识和分析，客观上，泛流域已在实际上影响和改变着流域所涉及范围内的生态与环境，经济与社会，我们应该给予关注并进行必要的研究。

（2）笔者对泛流域的阐述，其目的在于引起读者对泛流域及其相关流域的存在和发展态势进行探讨。文中的概念定义力求清晰、客观，并限定在水资源范畴内讨论，没有在生态与环境、经济与社会等更广阔的层面上研究，其中一个重要原因是笔者认为泛流域触及的领域之广阔与自然流域没有什么不同或更甚，因此需要更多感兴趣的学者去展开更大范围、更深层次的探讨和研究。

（3）由泛流域而导引出的管理层面意义上的讨论，应该也是粗浅的。笔者的目的在于强调泛流域概念对管理的作用和支持，注重的是其实际性和管理者需要面对或实际中已经面对的情况，期望能对流域的管理者在设定管理方式时，把泛流域化现象作为即时背景予以考虑。

（4）笔者认为，泛流域化已成为真实存在的实际现象。研究泛流域也需要对原有的自然流域进行再审视。无论如何，对自然、人工河流及自然与人工复合河流或水域进行分类研究，分析其在泛流域化中所起的作用都是至关重要的。因为这关系到人与河流、人与流域的和谐发展，关系着水资源的科学配置、节约和合理利用。

（5）泛流域是人类寻求发展，对水资源进行配置的结果，显然，这样的配置及其导致的发展已经悄然地改变了自然，这种改变，必然又会成为未来的自然。目前需要我们深入研究的是这种改变的正确性和结果的可持续性。泛流域实际上也是人类力图对水资源和水环境承载能力的扩张和延展。现在看，如果仅仅凭借经济的、技术的手段实施这样的扩张和延展，结果并非一定令人满意，甚或带来不可逆转的破坏。本文没有指出和讨论泛流域化的负面作用，并非回避，只是想在释解泛流域化现象、提出泛流域概念之初，不去过多涉及尚难以一蹴而就表达清楚的问题。笔者认为，已经客观存在的泛流域，对其影响与作用的认知不只是评价方式和方法问题，关键是如何推动、维持人与泛流域和谐发展，这实际上关乎着人类社会的节约发展、绿色发展、安全发展和持续发展。

提出并讨论泛流域的概念，目的是突出水利发展的整体性、相关性、和谐性，强调要以科学发展观为指导，做到流域保护与开发整体上的统筹、科学、有序、合理、可行，倡导水资源节约、高效、公平利用，谋求共同的可持续发展。

泛流域的出现及认识

刘 宁

摘 要：探讨了泛流域的出现及其启示，给出了泛流域的基本概念，讨论了泛流域水基系统的河流贡献率、流域和谐度、水资源获得率等评价策略，阐述了泛流域概念下的管理意义，提出了对河流的发展需要再认识、对河流需要进行分类研究、以及人与河流和谐发展、可持续发展等主张和建议。

1 泛流域的出现及其启示

1.1 泛流域的出现

1.1.1 实施南水北调工程导引的泛流域特征

2002 年正式开工建设的南水北调工程，有东、中、西三条调水线路，与长江、黄河、淮河和海河四大流域相连，构成了我国"四横三纵"的水资源配置总体格局。到 2050 年调水总规模将达到 448 亿 m³，其中东线 148 亿 m³，中线 130 亿 m³，西线 170 亿 m³。工程建成后，对优化我国水土资源配置、解决北方地区的缺水问题、维持良好生态与环境以及经济社会持续发展都有至关重要的作用。跨流域调水工程建设，联通了本来相互独立的单个流域，打破了自然分水岭的阻隔，实现了水资源的南北互济、东西贯通，在水资源配置上相对淡化了单个流域的概念，而体现出四大流域协同互济的泛流域特征。

1.1.2 新疆内陆河地区的泛流域化

新疆地域面积约 166 万 km²，远离海洋，是典型的内陆干旱区，具"三山夹两盆"的地貌特征。区内 570 条河流绝大部分为内陆河（唯有北部的额尔齐斯河流经哈萨克斯坦和俄罗斯，汇入鄂毕河，最终注入北冰洋；西南部喀喇昆仑山的奇普恰普河等流入印度河，最后注入印度洋）。内陆河流域的显著特点是河流向盆地内部流动，构成向心水系，河流的归宿点是内陆盆地和山间封闭盆地的低洼部位，多表现为内陆湖泊，而非外流入海。这些内陆河之间，具有天然相似的很多特征，经过多年的建设以及各自流域内经济社会发展和生态演进，各内陆河流域的经济发展呈现出明显的相似性和同步性。围绕某一内陆河流域建设的绿洲社会，一方面由于本流域水资源的限制正逐渐向外拓展；另一方面，由于水利工程建设，也使得流域间渐次互连共通，呈现出经

原载于：水科学进展，2005，(6)：810-816.

济社会依存竞争、人文环境相关演替、生态水利响应趋同的泛流域性态势。内陆河流域间越来越密切的环境与生态、经济和社会的依存关联，越来越呈现出超乎水系地域，更加倚重水资源统一管理、强调人水和谐、经济社会持续发展要求的泛流域特征。

1.1.3 "引江济太"及河网地区的泛流域水资源共享

为改善太湖水体水质和流域河网地区水环境，提高水资源和水环境的承载能力，特别是为缓解太湖地区水污染问题，2002 年开始，太湖流域实施了引江济太调水工程。利用已建成的望虞河工程和沿长江其他闸站，将长江水引入河网和太湖，再通过东导流、太浦河、环太湖口门等工程将太湖水送到黄浦江上、下游、浙江杭嘉湖地区、沿太湖周边地区。调水加快了太湖及河网水体流动，加快了太湖水向周边河网的扩散和辐射。"引江济太"调入的长江水水质为 Ⅱ、Ⅲ 类，对太湖水体和河网地区产生了显著的释污效果。太湖水质明显好转，Ⅱ、Ⅲ 类水质的水面面积增加了 15%；湖泊富营养化得到减轻，浮游植物（如蓝藻）生长受到明显抑制，贡湖等湖湾标志水质好转的沉水植物开始出现。引江济太工程以增水为手段，通过流域之间的互连共通，响应太湖流域改善水质等目标需要，发挥水利工程在改善流域水环境方面的综合效益，实现由汛期调度向全年调度、由水量调度向水资源综合调度、由单一流域调度向泛流域调度的转变，最终达到"以动治静，以清释污，以丰补枯，改善水质"的目标。

人类应该尊重水在自然中的天然位置，尽可能避免大规模的、特别是跨流域的水转移，保证物种对水的需求和水本身的保护。随着社会的发展，人类不可避免的（有时也会自然发生，特别是平原河流）会对河流、水域进行一定的改造，渐次沟通自然流域，在流域之间形成新的"水道"连接。例如战国时期，秦国于公元前 246 年开始修建的郑国渠，引泾河之水东下入洛水；秦王朝于公元前 219 年建设完成的灵渠，沟通了湘江与漓江，连接了长江与珠江水系；春秋时开始开凿，元代最后开通，连接六省市，至今仍在发挥效益的京杭大运河，沟通了海河、黄河、淮河、长江、钱塘江水系。当这些"水道"形成规模，并发挥越来越重要作用的时候，就会进一步促进自然流域的交融，出现泛流域的特征，更确切地说，当原有流域间的自然属性和社会属性通过流域间"水道"的紧密连接，发生了不可替代的交融，便形成了泛流域。实际上，由于种种自然条件的制约与变化，河流，特别是平原河流在演进中也会发生跨流域的水转移，形成新的"水道"沟通。比如，1194 ~ 1855 年的黄河夺淮，使得淮河、海河水系紊乱，下游河道淤塞。1949 年后，三次大规模治淮，开辟了入江、入海水道，修建了分淮入沂和苏北灌溉总工程，开挖了茨淮新河、怀洪新河，并且进行了导沂、导沭和东调南下工程。但是，这一因黄河泛滥形成的泛流域特征仍旧非常显然，为此，关于河、湖关系等一系列涉及流域或泛流域问题的研究一直没有停歇过。泛流域已真实地影响着自然与社会的演替和进步。经济与社会和生态与环境的良好发展和保护，也促使流域间不能隔绝，并不能绝对融合，而是处于既独立又融合的状态。笔者认为，这正是被社会学家和生物学家极为看重的"交叉圆"原理在流域演进中的显现，或许这一状态就是自然与社会交互演替的必然，用泛流域的观点去研究这一状态，将会更有利于发现其间和谐发展的生机。

1.2　泛流域出现的启示

1.2.1　对河流的形成和发展，河流的自然、社会功能需要进行再认识

人类社会的进步与发展，水利工程的建设和运用，建立了不同河流之间的联系，形成了相互影响、相互作用的新的河流体系，改变了曾经的河流和流域，衍生了新的河流和流域的发展规律，以及生态系统和社会响应。河流改变，泛流域出现，产生了"新生态"，这种新生态必然会成为未来的"原生态"，人类在高度关注"原生态"的同时，也必须注重"新生态"，人类对河流的改变，必然是其自然功能和原生态的丧失或部分失去，形成崭新的生境系统和与前不同的功能，这种功能与生态的转移和得失必须进行权衡，保护生态与环境，实际上也是人类对河流提出的一种需求。我们必须认识到这种改变的存在，引导其向和谐、可持续的方向发展。

1.2.2　河流需要分类研究，人与河流和谐发展

在气候和地貌的制约下，我国水系的地域分布很不平衡。在夏季风所能到达的湿润和半湿润地区，河网众多，水量丰富或比较丰富，绝大多数河流直接注入海洋，成为外流流域。不受或少受夏季风影响的区域，地表水贫乏，河网稀少，河川径流不能直接注入海洋，成为内陆流域。外流流域面积约占国土总面积64%，内陆流域为36%。内、外流域的分界线大致北起大兴安岭西麓，经阴山、贺兰山、祁连山、日月山、巴颜喀拉山、念青唐古拉山和冈底斯山至西端的国境线。这条分界线大致和年降水量400mm等值线相近。此线以东，除鄂尔多斯高原、松嫩平原及雅鲁藏布江南侧的羊卓雍湖等地区有小面积的封闭型的内陆流域外，河川径流均分别注入太平洋和印度洋，其中以太平洋水系为主。此线以西，除额尔齐斯河注入北冰洋的喀拉海，属北冰洋水系外，其他河流均不能注入海洋而注入就近盆地，或潴水成湖，或消失在沙漠之中。因此，我国自然河流大体可分为三大类进行研究，一是东部季风影响的外流区河流，二是西部的内流区河流，三是国际或国界河流。

泛流域的形成是以"人工河流"的出现为其明显标志，这种人工河流包括运河，海河、淮河等流域的"减河""新河"，入海、入江水道，跨流域的调水工程，"引江济太"等。人工河流的形成，泛流域态势的发展，使得原河流自然功能丧失或部分失去，发生了一定程度上的河流自然功能社会化。因此，需要对泛流域内自然的、人工的以及人工与自然复合的河流、水域进行分类研究，综合评价，探求各类不同河流、水域的功能、所处的状态和其在泛流域中的演进态势，反过来调整和确定人类对河流和流域的需求，以期合理规划，合理确定泛流域经济社会发展和产业布局。泛流域的形成，较好地满足了人类社会发展的需要，但其自然影响力也非常之巨，需要更为关注泛流域的滋生、延展，研究其发展规律和承载能力。在承载能力的范围以内，按照发展规律合理利用，并使其得到科学保护，泛流域就能生生不息，持续不断，生机无限。与此同时，人类必须"自律发展"，合理设定河流或流域的保护和开发的目标，形成顺应河流自然发展规律、人与河流和谐相处、和谐发展的良性态势。

1.2.3 泛流域需要以水基系统的视角展开评价

当人类已达到可在自然中自主发展的时候，更应别无选择地把自己放回自然，那种为了避免和防止起初在低层就被自然淘汰而曾经有过的、要成为自然的改造者和主宰者的想法和做法必须遏制和放弃。泛流域是河流向着人的意志方向改变的结果。在某种意义上，原生态的变化很好地标示着河流改变的程度。但是，这种标示也一定是不完全、非动态的。河流是否发生了细微渐次或不可逆转的变化，需要从河流系统或说水基系统的概念去研究其和谐度、稳定态和演进率，以力求得知更多，但无论如何，人类对河流改变的认识注定会受到局限，永远是不完全的。

2 泛流域的概念及其评价

2.1 泛流域的概念

泛流域是指各连通流域水域的"交域"所对应的相关地域及其泛域。水域的"交域"在不同条件下可变。它是以水及水工程为基础和纽带，融通水系与地域，不单纯以分水岭划界，水资源输移互济、生态与自然响应趋同、水土资源等相互联系所形成的，具有新的流域发展规律和承载能力的多个子流域（水域）的关联体。更广泛的意义上，还包括自然流域与泛流域间经济社会的依存竞争，人文环境的相关演替，流域文明的融合与发展，以及经济社会与人类活动所体现的广泛联系。泛流域是开域，具有条件性、动态性和相关性等特征。

根据以上定义，为描述泛流域的构成，将泛流域的概念用下式表述：

$$PV \sim A \ni \cap \ \{a_i\} \quad (i=1, 2, \cdots, n) \tag{1}$$

式中，PV 为泛流域（Pan-Valley）；A 为连通流域水域的交域所对应的地域；a_i 为连通流域的单一流域的水域；$\{a_i\}$ 为连通流域的各单一流域的相关水域集合；n 为连通流域的各单一流域的相关水域的个数；$\cap$ 表示广义相关，表示连通流域内水域集合的相关关系。$\sim$ 为需要在实际条件下进行讨论的域界状态。

泛流域内水及与其相关的涉水介质和涉水工程共同构成的基础生境承载系统，或说各水基向量组成的非奇异矩阵是泛流域水基系统的表征。

2.2 泛流域的研究与讨论

研究泛流域的出现与演替，需研究相关泛流域的其他流域的初始水基状态，在此基础上研究可能的水基变换规律、演进及退化条件。要开展这样的研究，必须确定初始非奇异变量和非基变量以及换入变量和换出变量，寻求建立一定目标条件下的约束方程和干扰函数以及松弛函数，从而求解泛流域相关流域以及泛流域对应的水基解、水基可行解和可行解，进而确定可行基以及泛流域；这一过程中要特别注重研究分析水资源承载力和水环境承载力等特征值的极限承载状态的合理而可行的变化。可行而充满生机的泛流域，一定是在欧式空间上表现为凸集，特征值合理，并存在水基可行解的可行域；有界还是无界，以及界的形态，需开展实际条件下的讨论；若有界，则一定能达到多目标最优，并且最优解在凸集的顶点上；若无界，则可能达到最优，也可能不能达到最优，若能达到最优，最优解也一定在凸集的某个顶点上得到；域界如果存在，其形态必然是多样的。

为了评价泛流域的发展状态，分析其演进、退化态势，本文给出下述评价策略和方法。需要注意的是，本文引入的判别指标，或称为评价指数是不完全的。

2.2.1　泛流域和谐度

用和谐度衡量泛流域内各类河流、水域之间相互关系以及与域外系统之间的和谐程度，即是反映泛流域的互通性、交融性和控制性等。定义泛流域和谐度函数为

$$M = V_1(X, Y, Z) \otimes V_2(X, Y, Z) \otimes, \cdots, V(X, Y, Z) \tag{2}$$

式中，M 为考虑域外系统干扰影响的泛流域和谐度；V 为与泛流域相关的单一流域与对其带来影响的变量的函数；X、Y、Z 分别是水变量组、水介质变量组以及涉水工程变量组；$\otimes$ 表示一定条件下的广义相乘。对于泛流域外的影响因素，其干扰函数从概念上可定义为

$$D = D_{pv}\{d_1, d_2, \cdots, d_p\} \tag{3}$$

式中，D 为干扰函数；d 为干扰变量，用以描述外部系统对泛流域的影响。对于泛流域而言，可以根据实际监测或数学方法得到泛流域的最低和谐度指标 M_L，从而对泛流域的和谐性进行恰当的评价和判断。

2.2.2　泛流域活动指数 $P_泛$

泛流域活动指数 $P_泛$ 是衡量泛流域工程建设持续性的指标，可以直观的表示为泛流域化建设投入资金量 $C_泛$ 与泛流域化持续效益 $B_泛$ 的比值。

$$P_泛 = C_泛 / B_泛 \tag{4}$$

2.2.3　泛流域河流贡献率

泛流域中的各河流、水域对泛流域的影响或损益，具有不同的"贡献"通过贡献率的研究，可分析在泛流域构成中各组成部分的作用。

在泛流域 PV 中，引入权重函数 $p = p(\xi)$，数量函数 $q = q(\xi)$，则贡献函数

$$E(\mathrm{PV}_i) = \int_a p(\xi) q(\xi) \mathrm{d}\xi \tag{5}$$

对 $E(\mathrm{PV})$ 进行一阶偏导，即

$$\frac{\partial E}{\partial a} = 0 \tag{6}$$

求解式（5），得到特征值 B^*，从而求出 $E(B^*)$，则河流贡献率 R_v

$$R_v = \frac{E(B^*)}{B^*} \tag{7}$$

泛流域河流贡献率可通过以下指标做进一步的描述。

（1）流域水资源获得率 $R_获$ 或供给率 $R'_获$　　流域水资源获得率 $R_获$，是指泛流域内的子流域（包括河流、水域等），能够从其他子流域获得的水量 QA_i 与其自身流域总水

量 $Q_{总}$ 的比值。这一指标反映的是泛流域内，某一子流域对其他相关子流域的依存程度。与其相对应，可定义流域水资源供给率 $R'_{获}$，即某个子流域可供给水量与该流域可利用水量的比值。

$$R_{获} = QA_i / Q_{总} \tag{8}$$

$$R'_{获} = QS_i / Q_{利} \tag{9}$$

式中，$R_{获}$ 为流域水资源获得率；QA_i 为从外流域获得的水量；$Q_{总}$ 为本流域总水量；$R'_{获}$ 为水资源供给率；QS_i 为可供给水量；$Q_{利}$ 为可利用总水量。

（2）流域水资源满足率 $R_{满}$ 或缺失率 $R'_{满}$　这两个指标是描述泛流域内子流域总水量与用水量的关系，可以分别表示为

$$R_{满} = 1 - Q_{缺} / Q_{总} \tag{10}$$

$$R'_{满} = Q_{缺} / QS_i \tag{11}$$

式中，$R_{满}$ 和 $R'_{满}$ 分别为水资源满足率及水资源缺失率；$Q_{总}$ 为子流域总水量；$Q_{缺}$ 为缺口水量，是生产缺水 $Q_{P缺}$、生活缺水 $Q_{l缺}$、生态缺水 $Q_{e缺}$ 之和，可以表达为：$Q_{缺} = \sum Q_{P缺} + Q_{l缺} + Q_{e缺}$；相应可定义生产水资源充足率 W_{pr}、生活用水充足率 W_{lr} 以及生态用水充足率 W_{er} 为

$$W_{pr} = Q_{P缺} / W_p \tag{12}$$

$$W_{lr} = Q_{l缺} / W_l \tag{13}$$

$$W_{er} = Q_{e缺} / W_e \tag{14}$$

式中，W_p 为生产需水量；W_l 为生活需水量；W_e 为生态需水量。

（3）流域水资源流动比率 $R_{流}$　水资源流动比率是衡量泛流域内各子流域水量供给利用相关程度的指标，可以用一定时间尺度下的子流域增加水量的余量 $Q_{增}$ 与该子流域缺口水量 $Q_{缺}$ 的余量的比值来表示。

$$R_{流} = Q_{增} / Q_{缺} \tag{15}$$

（4）流域水资源速动比率 $R_{速}$　水资源速动比率 $R_{速}$ 是衡量泛流域内子流域增加利用、废水治理及缺口水量相关关系的指标，可以用流域增加水量的年末余量 $Q_{增}$ 与废水处理后的废水年末余量 $Q_{废}$ 的差值除以泛流域缺口水量的年末余量来表示。

$$R_{速} = (Q_{增} - Q_{废}) / Q_{缺} \tag{16}$$

2.2.4　泛流域水资源获得态势 $S_{泛}$

泛流域水资源获得态势 $S_{泛}$ 是用以反映泛流域水资源量平衡程度的指标，定义为泛流域获得水量 $Q_{获}$ 除以泛流域失去 $Q_{失}$ 的绝对值。

$$Q_{泛} = Q_{获} / Q_{失} \tag{17}$$

上述设定的指数，是基于泛流域水资源变化特征的评价。若从生态与环境、经济与社会发展等方面对泛流域进行评价，还需要引入更多的评价指标和综合期望，由于篇幅和水平所限，本文未进行论述。

3　泛流域概念下的管理意义

3.1　泛流域概念下的管理更强调以下意义

（1）水资源的统一管理　更注重维护多个流域之间的共同利益，强调从整体上考虑问题，克服单一流域的局限性，追求整体最优。在泛流域层面开展水利协作，拓展更为广泛的合作空间，制订统一的水管理政策，纳入新的发展动力和管理机制，促进不同流域间水利工作互动、优势互补、和谐演进，从而更好地为区域经济社会的协调、可持续发展提供水利支撑和保障。

（2）节约型社会建设　更强调不同流域间具有的内在关联、自然相似或经济、生态、资源互补响应等特性，可在一定条件下，打破流域的地理界限，促进水资源与其他资源的匹配与融合，经济社会要素的渗透与交融。在长期的经济发展和生境演替过程中，不同流域之间，借助地缘关系、历史基础以及文化融合，形成各具特色、相得益彰的态势，呈现出规模大、领域广、互补性强、资源节约利用等特点。

（3）人与流域和谐发展　更注重不同流域之间的相互作用与影响，包括防洪安全、水资源供给安全和水生态与环境安全等，突出强调尽可能在自然条件允许的限度内人与河流和谐发展。如果通过开发和保护、遏制和修复单个流域河流（水域）系统，努力做到本流域内人水和谐，本流域与外流域之间的和谐性仍然可能受到挑战。

3.2　实施泛流域的统筹管理的手段和措施后可有力地避免以下问题

（1）单个流域的过度开发　单个流域往往具有相对的生态脆弱，实施泛流域管理，对供需规模相对较小的流域而言，应注重建设和培养本流域的水利发展，提高它在整个泛流域中的作用和竞争力；对所占份额较大，代表了流域的相当量的流域，就应当注重采取必要的抑制限制措施，举泛流域之力，使其自律性健康发展。

（2）捆绑式目标设定　原本只是为了一种目标需求的开发，出于建设资金筹集方便、项目容易上马、建设期效益再扩大的目的，以综合利用的名义，设定多项开发目标附着在主目标上，使水资源开发供给扩大化，河道生态受到极限挑战，水资源承载能力降低或发生破坏。

（3）排他性利用限制　这种情况主要是发生在为了最大可能支撑单一流域经济社会的发展，甚至可能是盲目的片面发展，而不顾及整个泛流域的水资源合理配置，影响或削减泛流域内经济社会整体效益最大化。

（4）规划或政策不对称　单一流域进行的水资源开发和保护规划及相关政策的确定，无疑会尽可能符合本流域客观状况，满足供需要求的实际，但这样就很有可能忽视泛流域水利发展的共同需求和同步和谐，这是由于规划和政策制定不对称导致的结果。

（5）"迎接开发"式的愿望与方案　相邻流域的水资源开发，拉动了那里的经济社会发展，而另一流域的保护便可能面对来自那一流域开发效益的挑衅压力，于是在制定该流域水利发展规划时，主观上很可能带着"迎接开发"的愿望，制订发展方案和工程布局，这样就会使该流域偏重开发，形成水利建设不合理的互动。

（6）"监管乏力"甚或"监管俘获"现象　资源匹配是泛流域经济社会发展的重要条件。如果相对贫乏的水资源开发利用程度很高，而相对丰富的土地资源不加以匹配性限制开垦耕种，则一定会出现更为严峻的水资源短缺形势，导致生态与环境严重退化。这种监管乏力或说监管者本身就有愿望：扩大土地耕种面积，更多获得为数可观的经济效益，便会造成实际上的水资源开发与保护"监管俘获"现象。

3.3　泛流域概念更有利于下述两方面

（1）统筹水资源调控体系建设　对泛流域进行整体讨论，弱化流域间互成制约的条件和环境，激发有利于持续发展的因素，以更为宏观、更为系统的分析，对其进行更大尺度范畴的水利发展、改革探索及其政策体制研究尤显重要。这样有利于克服基于单一流域水资源合理利用视点上的局限性，调整和理顺流域间的制约和关系，实现泛流域水资源整体上的优化配置、高效利用和有效保护，更好地处理生态环境保护与经济社会发展的关系。从整个泛流域的角度来说，加强科学调度与管理，提高和强化人们的节水意识和人水和谐的治水理念，增加生态用水，使经济与社会、生态与环境向良性的方向持续发展都是十分重要的。

（2）积极推进节水型社会建设　充分关注泛流域的特征，建设泛流域区的节水型社会，应该更加强调水权制度、水市场机制的建立，更加重视不同流域间的协调以及下游地区的生态与环境保护；要因时制宜地科学制订区域和流域的水资源规划，确定泛流域水资源宏观控制指标和流域内微观定额指标，并综合采用行政措施、工程措施、经济措施和科技措施，来保证用水控制指标的实现；要因地制宜地建立政府监管，市场调控、公众参与的节水型社会管理体制，鼓励社会公众广泛参与，成立用水户协会，管理和监督水价的制订。

4　认识与建议

（1）流域的出现，给人们带来的启迪和思考超出了单就跨流域调水而进行的认识和分析，客观上，泛流域已在实际上影响和改变着流域所及范围内的生态与环境，经济与社会，我们应该给予关注并进行必要的研究。

（2）文中力图对泛流域进行概念性的阐述，并在研究方式、评价指数上进行初步的探索，其目的在于引起读者对泛流域及其相关流域的存在和发展态势进行探讨。文中的概念定义力求清晰、客观，并把评价方法限定在水资源范畴内讨论，没有在生态与环境、经济与社会等更广阔的层面上研究，其中一个重要原因是作者认为泛流域触及的领域之广阔与自然流域没有什么不同或更甚，因此需要更多感兴趣的学者去以水基系统的概念展开更大范围、更深层次的探讨和研究。

（3）由泛流域而导引出的管理层面意义上的讨论，应该也是初步的。作者的目的在于强调泛流域概念对管理的作用和支持，注重的是其实际性和管理者需要面对或说实际中已经面对的情况，期望能对流域的管理者在设定管理方式时把泛流域化现象作为即时背景予以考虑和顾及，甚或以此为据。

（4）笔者认为，泛流域化已成为真实存在的实际现象。研究泛流域也需要对原有的自然流域进行再审视。无论如何，对自然、人工河流及自然与人工复合河流或水域进行分类研究，分析其功能、状况以及在泛流域中的作用都是至关重要的。因为这关系到人与河流、人与流域的和谐发展，关系着水资源的节约、保护和配置。

（5）泛流域是人类寻求发展，对水资源进行配置的结果，显然，这样的配置及其导致的发展已经悄然地改变了自然，这种改变，必然又会成为未来的自然。令我们需要深入研究的是这种改变的正确性和结果的可持续性。泛流域实际上也是人类力图对水资源和水环境承载能力的扩张和延展。现在看，如果仅仅凭借经济的、技术的手段实施这样的扩张和延展，结果并非一定令人满意，甚或带来不可逆转的破坏。本文没有指出和讨论泛流域化的副作用，并非回避，只是想在解释泛流域化现象、提出泛流域概念之初，不去过多涉及尚难以一蹴而就表达清楚的问题。笔者认为，已经客观存在的泛流域，对其影响与作用的认知不只是评价方式和方法问题，关键是如何推动、维持人与泛流域和谐发展，这实际上关乎着社会的节约发展、清洁发展、安全发展和实现可持续发展。

提出并讨论泛流域的概念，目的是突出强调水利发展的整体性、协调性，以科学发展观为指导，做到流域保护与开发整体上的统筹、科学、有序、合理、可行，倡导水资源节约、高效、公平利用，谋求人与河流（水域）的和谐发展、可持续发展。

Emergence, Concept, and Understanding of Pan-River-Basin(PRB)

Liu Ning

Abstract: In this study, the concept of Pan-River-Basin(PRB) for water resource management is proposed with a discussion on its emergence, concept, and application of PRB. The formation and application of PRB is also discussed, including perspectives on the river contribution rates, harmonious levels of watershed systems, and water resource availability in PRB system. Understanding PRB is helpful for reconsidering river development and categorizing river studies by the influences from human projects. The sustainable development of water resources and the harmonization between humans and rivers also requires PRB.

1　Emergence of Pan-River-Basin

A river basin(or watershed) is the area of land where surface water, including rain, melting snow, or ice, converges to a single point at a lower elevation, usually the exit of the basin. From the exit, the water joins another water body, such as a river, lake, reservoir, estuary, wetland, or the ocean. In hydrology, a drainage basin is a logical unit to study water movement within the hydrological cycle because the majority of water that discharges from the basin outlet originates from precipitation within the basin. The natural location of water resources should be respected, and large scale projects that require changing the natural system should be avoided. However, with the development of society, rivers have inevitably been affected by humans. Some altered rivers gradually connect with natural river basins and finally form new "water courses" that connect river basins.

For example, the Zhengguo Canal in China, built in 246 B. C. during the Qin Dynasty, transferred water from the Jing River to the Luoshui River. As another example, the Ling Canal(often called the Magic Canal), built in 219 B. C. also during Qin Dynasty, connected the Xiang River with the Li River and also connected two major river systems, the Yangtze River and Pearl River systems.

Another large water diversion project in China was the Grand Canal, which is also known as the Beijing-Hangzhou Grand Canal and is a UNESCO World Heritage Site. The Grand Canal, connecting the Yellow River with the Yangtze River, is the longest artificial

原载于: International Soil and Water Conservation Research, 2015, 4(3): 253-260.

river in the world and flows from Beijing to Hangzhou, Zhejiang Province.

"Water channels" played increasingly important roles when they formed at certain scales. As they can further facilitate the connection of natural river basins, the Pan-River-Basin (PRB) emerges. In other words, when the connections of basins with "artificial channels" extend and upgrade the natural and social properties of the original basins, the PRB is formed.

In fact, when plain rivers transfer water across river basins during evolution due to restrictions and changes in various natural conditions, new "water way" connections are also formed. For example, the divagation of the Yellow River occupied the watercourse of the Huai River during 1194 and 1855, which caused mixing of the Huai River and the Hai River water systems. Since 1949, during the 4 rounds of large-scale treatments of the Huai River, water ways guided the water into rivers and oceans. Water diversion projects, such as those from the Huai River to the Yi River, the New Cihuai River, and the New Huaihong River were excavated. The projects affected the PRB characteristics in a positive way. However, the PRB features that were caused by the flooding of the Yellow River were still obvious.

Studies on a series of river basins or PRB-related issues have never ceased, such as the relations of rivers and lakes. The PRB is physically affecting the succession and advancement of nature and society. With the development of society and the economy, environmental ecosystems prevent river basins from isolating or absolute blending. The author therefore believes that river basins are a reflection of the "crossing circle" principle, which has been proposed by sociologists and biologists. The evolution of river basins is likely a result of the mutual succession of nature and society. If the state of river basins is studied with a PRB viewpoint, identifying the strength of harmonious development will be more convenient.

2　Definition of Pan-River-Basin and Terms for Evaluation

PRB refers to broad, relevant areas corresponding to the "overlapping section" of interconnected river basins and waters. The "overlapping section" of waters may vary with different conditions. PRB has water and water projects as the bases and connections, blending water systems with territories, and does not separate boundaries only by dividing ridges. PRB is formed by mutual connections of mutual compensation through conveying and transferring water resources, ecology and nature responding and tending to the same water and land resources. PRB is also a correlated body of multiple sub-basins(waters) with new laws of river basin development and bearing capacity. In a broader sense, PRB also covers the interdependent competition between economy and society with natural river basins, related succession of human environment, blending and development of basin's civilization, and the broad connection reflected by the economic society and man's activities. PRB is open and has conditional, dynamic and interrelated features.

According to the definition of PRB, the following formula is adopted:

$$PV \sim A \ni \cap \{a_i\} \quad (i=1, 2, \cdots, n) \tag{1}$$

where PV is PRB; A refers to the range corresponding to the overlapping section that connects river basins and waters; a_i refers to waters of each individual river basin that connect the river basins; $\{a_i\}$ refers to the relevant water components of each individual river basin that connect to other river basins; n refers to the number of waters related to each individual river basin that connects the river basins; $\cap$ expresses the relevance in a general way, indicating the relevant relations of water components in the connected river basins; $\sim$ indicates the field status that needs to be discussed under actual conditions.

The basic ecological niche bearing system jointly formed by water in PRB with the associated water-related medium and water-related projects, or the non-singular matrix composed by the Aquatic Base vectors, are the tokens of PRB and the Aquatic Base System.

To study the emergence and succession of PRB, it is necessary to investigate the initial aquatic status of other river basins related to PRB, in addition to the possible changing law of the aquatic system and the evolution and degradation conditions. Therefore, the initial non-singular variables and non-base variables, as well the swap-in and swap-out variables, must be established. The constraint equation, interference and relaxation functions under certain goal conditions should be created. The water-based solution, water-based feasible solution and feasible solution corresponding to the related river basins of PRB and the PRB can be solved, as a result. Consequently, the feasible base and the PRB can be established. Special attention can be paid to rational and feasible changes of the ultimate. Bearing state eigenvalue of the water resource bearing capacity and the water environment bearing capacity. Feasible and dynamic PRB must exhibit convex sets in Euclidean space. The eigenvalue is reasonable, and feasible regions exist for the water-based feasible solution. A discussion of the physical conditions is necessary to determine whether the eigenvalue is within the boundaries and the forms of boundaries. If within the boundaries, multiple optimum objectives can be reached, the optimal solution will be at the peak of the convex set. If not, it is possible or impossible to reach the optimum. In such a case, if the optimum is reached, the optimal solution must be obtained at some peak of the convex set. If the region boundaries exist, the forms must be diversified.

To evaluate the development state of PRB, we analyzed its evolution and degradation situations, and the evaluation terms are presented as follows in Table 1.

Table 1   Terms for evaluating the PRB system

Terms and Denotes Definition		Description
Harmonious degree, M	$M = V_1(X, Y, Z) \otimes V_2(X, Y, Z) \otimes, \cdots, \otimes V_n(X, Y, Z)$ M is the harmonious degree of PRB considering interferences by the external system, V refers to the individual river basin related to PRB and the function of variables that are brought by it, X, Y, and Z represent, respectively, the water variable group, water medium variable group and water-related project variable group; $\otimes$ Refers to multiply in a broad sense under certain conditions.	The interrelations between various rivers and waters within a PRB and the harmonious degree of the PRB with external systems
Activity Index, PI_v	$PI_v = \dfrac{C_v}{B_v}$ C_v is the amount of investment in the construction for PRB B_v is the persistent benefit of PRB	An index to measure the constancy of construction of PRB projects, which can be visually represented as the ratio between the amount of investment in the construction for PRB and the persistent benefit of PRB
Contribution rate of rivers, R_v		Rivers and waters in a PRB have different "contributions" to impact or gain and loss of PRB
Gain rate, R_h	$R_h = \dfrac{QA_i}{Q_{sum}}$ QA_i refers to water quantities received out of river basins, Q_{sum} refers to the total volume of water in the river basin;	Refers to the gain rate of water resources in the river basin that reflects the dependence degree of one sub-river basin on other relevant sub-basins within a PRB
Supply rate, R'_m	$R'_m = \dfrac{QS_i}{Q_L}$ QS_i refers to water availabilities that can be supplied, Q_L refers to total volume of water available	Refers to supply rate of water resources
Satisfaction rate, R_m	$R_m = \dfrac{1-Q_n}{Q_{sum}}$ Q_{sum} is the total volume of water in the sub-river basin; Q_n is the deficient water quantity and is the total of deficiencies inproduction water, including Q_{p_n} in domestic water Q_{l_n} and in ecological water Q_{e_n} and $Q_n = \sum Q_{p_n} + Q_{l_n} + Q_{e_n}$	The satisfaction rate of water resources
Deficient rate, R'_m	$R'_m = \dfrac{Q_n}{QS_i}$	The deficient rate of water resources

continued

Terms and Denotes Definition		Description
Flow rate of water resource, R_b	$R_b = \dfrac{Q_z}{Q_n}$ Q_z the residue of increased water quantity in a sub-river basin, Q_n the residue of deficient water quantity in the same basin over a certain time scale	An index to measure the relevant degrees of water supply and water utilization in sub-river basins of a PRB
Speed ratio of water resources	$R_{sp} = \dfrac{(Q_z - Q_f)}{Q_n}$ Q_z the residue of increased water quantity in a river basin at the end of a year and that of sewage after treatment Q_f the residue of deficient water quantity at the end of a year in a PRB	An index to weigh the correlation among increased utilization of sub-basin, sewage treatment and deficient water quantity in a sub-river basin of a PRB

The indices set in Table 1 are based on evaluating the changing features of water resources in a PRB. If the evaluation were made from the viewpoint of ecology and environment, or economic and social development, more evaluation indices and comprehensive expectations should be introduced.

The harmonious degree of PRB is a reflection of the interoperability, blending and regulation of the PRB. For the influential factors outside PRB, the concept of interference function can be denoted as below:

$$D = D_{PV}\{d_1, d_2, \cdots, d_p\} \tag{2}$$

where D is the interference function and d is the interference variable, which are used to describe the impact of the external system on PRB. For PRB, the minimum index of harmonious degree for PRB can be derived by means of physical monitoring or mathematic methods and then appropriately evaluated and judged on the harmony of PRB.

The contribution rate of rivers in PRB is an important term to evaluate the PRB system. Rivers and waters in a PRB have different "contributions" to impact, which cause gains and losses of PRB. By studying the contribution rate, the role of each component that constitutes PRB can be analyzed. The contribution rate of rivers is defined below.

In a PRB, the weight function of $p = p(\xi)$ and quantum function of $q = q(\xi)$ are introduced, hence the contribution function shall be as follows:

$$E(PV_i) = \int_a p(\xi) q(\xi) d\xi \tag{3}$$

To make monovalent derivation of $E(PV)$

$$\frac{\partial E}{\partial a} = 0 \tag{4}$$

The eigenvalue B^* can be obtained by solving (3) and then finding $E(B^*)$. Finally, the river contribution rate R_v will be

$$R_v = \frac{E(B^*)}{B^*} \tag{5}$$

PRB river contribution rate can be further described by using the following indices: gain rate(R_h), supply rate, satisfaction rate (R_m), deficient rate (R'_m) flow ratio of water resources(R_b), and speed ratio of water resources(R_{sp}), as in Table 1.

We also define the sufficiency rate of production water resources(W_{pr}), the sufficiency rate of domestic water(W_{lr}) and the sufficiency rate of ecological water(W_{er}) as given below:

$$W_{pr} = \frac{Q_{p_n}}{W_p} \tag{6}$$

$$W_{lr} = \frac{Q_{l_n}}{W_l} \tag{7}$$

$$W_{er} = \frac{Q_{e_n}}{W_e} \tag{8}$$

where W_p is the water demand by production, W_l is the water demand by living, and We is the water demand by ecology.

3　Examples of PRB in China

3.1　PRB from the Implementation of the South-to-North Water Transfer Project

The South toNorth Water Transfer Project is one of the largest water transfer projects in the world. It seeks to promote economic growth in Northern China by relaxing water constraints in the regions facing severe water shortage. The Project was officially started in 2002 and has three routes: East Route, Middle Route, and West Route. The Project aims to link the four large river basins of the Yangtze River, the Yellow River, the Huai River, and the Hai River. Through this project, a general arrangement of water systems of "four transverse" and "three vertical" has been constituted. The water transfer capacity will reach 44.8billion m^3 in 2050, separated into 14.8billion m^3 from the East Route, 13billion m^3 from the Middle Route, and 17billion m^3 from the West Route. After the completion of the three routes, the project will play a crucial role in optimizing water and land resource distribution, solving the water shortage in northern China, protecting a good ecosystem and environment, and enhancing sustainable development of the economy and society as well. With the construction of water transfer projects across river basins, originally independent river basins become connected. The obstructions caused by natural ridges are broken, and mutual compensation of south and north and interpenetration between east and west occur. Consequently, the concept of the individual river basin is made relatively less important in water resource management, while the PRB features of coordination and compensation among the four large river basins are reflected.

3. 2 "Yangtze River-to-Tai Lake" and share of PRB water resources at river network areas

To improve water quality in the Tai Lake and the water environment of the river network nearby and to promote bearing capacity of water resources and the water environment especially to mitigate water pollution in the Tai Lake area, a water transfer project from the Yangtze River to the Tai Lake (to dilute the concentration of pollutants) has been implemented since 2002 at the Tai Lake basin. With the Wangyuhe Project and the other gate stations constructed along the Yangtze River, water from the Yangtze River was transferred to the river network and the Tai Lake. Through such projects as the East Diversion, Taipu River, and gates around the Tai Lake, water from the Tai Lake was transferred upstream to a location downstream of the Huangpu River, the Hangjia Lake region of Zhejiang, and the surrounding areas along the Tai Lake. The water transfer accelerated waterflow in the Tai Lake and nearby river network and also accelerated diffusion and radiation of the Tai Lake water to the surrounding river network. The quality of water transferred from Yangtze through the "Yangtze River-to-Tai Lake" project is Categories II-III, which diluted the pollution significantly in Tai Lake and river network areas. Therefore, the water quality in Tai Lake improved, and the surface water area of Categories II-III was increased by 15%. Eutrophication of the lake was mitigated as phytoplankton growth (i. e. , blue algae) was markedly restrained, and submerged plants that are indicative of improved water quality began to appear in the lake. By increasing water and through joint linkage and interconnection among the basins, the "Yangtze River- to- Tai Lake" project responded to goals to improve water quality in the Tai Lake basin. The project yields comprehensive benefits in improved basin water environment, expands regulations from only the flood season to the whole year and from water volume to comprehensive regulation of water resources and from a single river basin regulation to PRB regulations, and achieves the targets of "treating dead with motion, diluting polluted with clean, recharging dried with sufficiency, and improving water quality".

4　Challenges from the Pan-River-Basin

4. 1　Re-recognition of nature and social functions of rivers

Connections between different rivers have been developed through the construction and operation of water projects throughout the advancement of human society. Through this process, new river systems with mutual influences and mutual functions were formed. The original rivers and river basins have been changed. The law of development for new rivers and river basins is derived from the responses of ecological systems and society. With changing rivers and the appearance of PRBs, a "new ecology" emerged, but such a new ecology will surely become the "original ecology" in the future. Hence, when people pay significant attention to "original ecology", it is very important for us to be focused on "new ecology". Because we change rivers, loss or partial loss of the natural functions of rivers and their original ecology occurs. New ecological systems form and function differently than in the past. The transformation, gain and loss of functions and ecology must be balanced. Human beings demand the protection of ecosystem and environment for rivers. We have to be aware of the existence of such changes and guide them toward a harmonious and sustainable development.

4.2　Proper management for natural and man-made streams

Limited by climate and geography, the regional distribution of water systems in China is severely unbalanced. Natural rivers in China can be classified into three approximate categories. The first category refers to rivers in exoreic regions in the east affected by monsoons. The second is inland rivers in the west, and the third is international or trans-boundary rivers.

The formation of PRB is marked as the appearance of "artificial streams", such as artificial streams, canals, relief rivers and new rivers at the Hai River and the Huai River basins. With the formation of artificial streams, the development of the PRB trend caused the loss, or partial loss, of original natural river functions. The natural functions of rivers are socialized to a certain degree. Therefore, it is necessary to categorize and study natural and artificial rivers and waters, as well as rivers that combine artificial and natural functions within a PRB. This would promote comprehensive evaluations, and the exploration of functions and existing states of different rivers and waters of various categories, as well as the evolution of the state of the PRB. Adjusting and establishing human beings' demands of rivers and river basins may be necessary to ease rational planning and to establish economical society development and the arrangement of industries in the PRB. The formation of a PRB satisfies humans' needs for social development. However, its natural impact is also tremendous. The development and extension of PRB and the study of its law of development and bearing capacity merits more attention. Within the scope of the bearing capacity, a PRB should be sustained, uninterrupted, and the ecological niche would be unlimited if its law of development is followed in rational utilization and is scientifically protected. Meanwhile, we must establish "self-discipline for the development", which means goals should be rationally set for the protection and development of rivers or river basins and be well developed because, when the natural development law of rivers is followed, man and rivers are in perfect harmony. Both developments are harmonious.

4.3　Demand for Integrated Water Resource Management(IWRM)

Integrated Water Resource Management (IWRM) focuses primarily on sustaining the common interests of multiple river basins and emphasizes a panoramic approach to problem solving with the goal to address the limitations of single river basins and strive for an integrated and maximized benefit. Water resource cooperation should be carried out at the PRB level to expand cooperative space, formulate unified water resource management policy and incorporate new driving forces and mechanisms. By focusing at this level, the interaction, harmonization and complementarity of water resource work in different areas can be improved, which will further support and secure a harmonized regional economy and society, as well as promote sustainable development.

An individual river basin always has a relatively fragile ecosystem. To implement PRB management in river basins with a smaller demand and supply scale, we should focus on the development of water resource within the river basin and improve competitiveness and performance in the whole PRB. In larger river basins, a larger volume of water exists in the basin area. We should adopt necessary containing measures and use the power of PRB to ensure a self-disciplined and healthy development.

4.4　Construction of a resource-efficient society

PRB focuses on the internal linkages of different river basins and the natural similarities and complementarities of their economies, ecosystems and resources. Under certain conditions, geographical boundaries need to be disregarded to improve the distribution and integration of water resources and other resources and to promote the infiltration and emergence of social and economic factors. In the long-term process of economic and ecosystem development, different river basins should rely on their geo-relations, historical backgrounds and unified cultures to demonstrate features such as large scales, wide ranges, strong complementarity and efficient utilization of resources.

We should pay sufficient attention to the features of PRBs, constructing a water-saving society in the PRB, and more importantly, emphasizing the establishment of water rights and a water market system and highlighting the coordination of different river basins and the eco-environmental protection of downstream regions. We should formulate a scientific viewpoint for regional and river basin water resource planning according to the actual local conditions and establish the macro-benchmarks of water resources in the PRBs and the micro-water quota of the river basins. Administrative, structural, economic and scientific measures should be adopted to ensure the achievement of water-consumption limitation targets. We should introduce governmental supervision in line with local contexts, set up management systems of the water-saving society, including market regulation and public participation. The public is encouraged to participate in a broad sense and water-user associations will be established to regulate and supervise the determination of water tariffs.

新疆内陆河泛流域水利发展探析

刘 宁

摘 要：文中阐述了新疆水利发展的特点和现状，指出了新疆水利发展的泛流域化特征，从经济社会发展、生态与环境保护等角度分析了新疆水利发展的动因，探讨了新疆内陆河泛流域化的水利发展态势，提出了内陆河泛流域的水资源调控体系建设、节水型社会建设推进、水管理体系建立和完善以及国际河流开发等新疆水利发展战略。

新疆地域面积 166 万 km²，人口约 1963 万，是我国面积最大的省区。全区远离海洋，是典型的内陆干旱区，具"三山三盆"的地貌特征；新疆边境线长 5400km，共有国际河流 48 条，与除俄罗斯外的其他相邻七国均存在国际河流的关系，入境水量约 89.6 亿 m³，出境水量约 229 亿 m³；新疆土地、矿产资源丰富，积温多，无霜期长，日照数全年可达 2500~3500h，居全国之首；新疆有水则绿洲，无水则沙漠，在自治区政府与新疆生产建设兵团协力推动下，水利对新疆经济社会的发展、稳定和安全发挥着越来越重要的作用。

1 新疆水利发展的特点

1.1 跨越式发展

新疆维吾尔自治区成立 50 年来，特别是改革开放和国家实施西部大开发战略以来，新疆经济社会等各方面的发展取得了辉煌成就，水利基础设施建设显著增强，水利事业取得了全面的进步和发展。到 2004 年，全区已建成水库 489 座，总库容达到 80.64 亿 m³，总灌溉面积 6610 万亩；机电井 4.3 万眼，大中小型渠首 746 处，各类渠道总长 33.32 万 km，建成防洪堤坝 6012km。引额济乌等跨流域调水工程，吉林台、下坂地等水利枢纽工程的建设与运用构建了新疆水利跨越式发展的工程基础。这一时期，是新疆历史上水利发展最快、投入资金最多、取得成果最为显著的时期。据统计，中华人民共和国成立以来至 1998 年年底，新疆水利工程投入建设资金累计 161 亿元，在 1998~2004 年的 7 年中，新疆水利基建投资 210 多亿元，是全国水利投资最多的省（区），整个水利投资中，中央投资约占 70%；同时，在水利前期工作及水利发展策略方面，包括水资源综合规划、大型水利枢纽工程的设计建设等，自治区广纳博收，通过招投标等方式大力引进知名设计院等高新技术企业和高水平管理单位承担，确保了前期工作质量和工程建设管理水平。现今，可以说新疆一些区域水利发展跨越了原始

原载于：水利水电技术，2006，(1)：1-5。

水利阶段、工程水利阶段和以可持续发展为主导的资源水利阶段，更广大的区域呈现出人类依水生存、依水发展农业、依水支撑工业的态势。新疆水利把握了历史机遇，注重水资源的合理开发、高效利用、科学配置和有效保护，扶助和保护流域脆弱的生态系统，取得了跨越式发展。

1.2　发展的紧平衡或不平衡状态将长期保持

紧平衡或是不平衡将是未来新疆水利发展的一种常态。新疆水利的发展一方面得益于在投资上、技术上以及人才上强有力的外援支持，另一方面也离不开地方自主、自强的努力促进，两者结合，缺一不可。但是，由于受到欠发达地区经济和社会发展条件的限制，水利建设摊子大、历史欠账多、开发难度高，再者由于社会对水利发展的综合效益期望值大，以及依水生境系统脆弱等客观原因，使得新疆水利发展长期呈现紧平衡或不平衡状态。一是表现在资源配置上水资源与其他资源的失衡。新疆土地、石油、天然气及矿产资源相对丰富，但水资源极为缺乏，现有耕地亩均占有水量 $1224m^2$，因区内水资源条件差别较大，人均水资源占有量最多的额尔齐斯河为平均水平的 5 倍，最少的乌鲁木齐河流域仅为平均水平的 11.8%。全疆人均占有水量低于平均水平的人口为 1200 万，占全疆人口的 73.2%；现有耕地面积占有水量低于平均水平的面积占全疆现有耕地面积的 72.9%；新疆水资源与耕地分布不相适应的矛盾十分突出。二是水资源在时空分布上极不均衡。新疆地表水资源年内季节分配相差悬殊，5~8 月径流占全年径流量的 60%~80%，在空间分布上，以天山为界，新疆北部面积仅占全疆的 27%，南部占 73%，但水资源量约各占 50%。若将新疆北部、西部与南部、东部比较，南部和东部仅拥有全疆水资源量 7% 左右，北部和西部占到了 93%。伊犁河和额尔齐斯河两大流域拥有全疆水量的 32%，但利用率仅为 20%。新疆水资源时空分布表现出内陆河典型特征。三是水资源开发利用与需求的紧平衡。为了满足国民经济发展和人民生活的需要，新疆进行了大规模的水利建设，但水资源开发利用的程度相对于各地的需求来说呈现紧平衡状态，甚至有些地区还满足不了经济社会发展的要求，存在一定缺口。水资源少的地区，是目前水资源利用程度最高的地区。全疆水资源利用程度最高的乌鲁木齐河流域，水资源利用率达 153%，超过 100% 的还有吐鲁番和哈密诸小河流域；而额尔齐斯河和伊犁河、车尔臣河流域，水资源丰富，利用程度不高。四是水利科技贡献率、水利发展策略需要打破已有低位衡势。科技进步与创新对水利事业发展具有显著的影响，科技创新的频次和科技创新的带动力日益强化。今后水利发展将更为倚重科技的力量，进一步提高水利科技对新疆水利发展乃至经济社会发展的贡献率尤为重要。同样，在水利发展具有相当规模的今天，面对社会对水资源的需求，面对自然环境对水资源的依赖，水资源的不可或缺性愈来愈显现。以科学发展观为指导，进一步探索结合内陆河流域水资源特点的，与国家提倡的节约型社会建设相适应的，人水和谐的水利持续发展新策略和新机制势在必行。

1.3　水利发展整体上的泛流域化

新疆属内流河区，区内 570 条河流绝大部分为内陆河，唯有北部的额尔齐斯河流经哈萨克斯坦和俄罗斯，汇入鄂毕河，最终注入北冰洋；西南部喀喇昆仑山的奇普恰普河等流入印度河，最后注入印度洋。内陆河流域的显著特点是河流向盆地内部流动，构成向心水系，河流的归宿点是内陆盆地和山间封闭盆地的低洼部位，多表现为内陆湖泊，而非外流入海。新疆有乌伦古湖、艾比湖、玛纳斯湖、巴里坤湖、准噶尔盆地中部、艾丁湖、沙兰诺尔、塔里木、羌塘高原九个以湖泊为中心的内流区。其中，塔里木内陆河区是我国最大的内陆河区，塔里木河是我国最长的内陆河。这些内陆河之间，具有天然相似的很多特征，经过多年的建设以及各自流域内经济社会发展和生态演进，某一内陆河流域的经济发展与另一内陆河流域的经济发展也呈现出明显的相似性和同步性。围绕某一内陆河流域建设的绿洲社会，一方面由于本流域水资源的限制正逐渐向外拓展；另一方面，由于水利工程建设，也使得流域间渐次互连共通，呈现出经济社会依存竞争、人文环境相关演替、生态水利响应趋同的泛流域性态势。新疆内陆河流域间越来越密切的环境与生态、经济和社会的依存关联，越来越呈现出超乎水系地域，并不完全以分水岭划界，更加倚重水资源统一管理、强调人水和谐、经济社会持续发展要求的泛流域特征。因此，进一步的水利建设论证及其对经济社会持续发展的保障作用分析，都必须更加注重各流域共性问题的研究，流域间的协调发展；更加注重水利发展与流域自然、经济社会在大比尺空间地域上的和谐统筹。无疑这就要求水利工作不同以往，更以综合规划、一体化管理为突出表征，把各流域水利的研究、发展与管理泛流域化，从而推动全区水利事业系统发展和改革。强调泛流域的概念，目的是更加突出水利发展的整体性、协调性，要求全区水利工作，以科学发展观为指导，做到整体上的统一、统筹，科学、有序、合理、可行，促使水资源节约、高效、公平利用，谋求共同的可持续发展。

2　新疆水利发展的动因

分析新疆水利发展的驱动因素，主要有以下四个方面。

2.1　经济社会发展要求加强水利基础设施建设

近年来，新疆社会稳定，经济快速发展，产业结构不断优化和调整，建立了以农业为基础、以工业为主导的国民经济体系，初步形成了以天山北坡经济带为依托、以铁路和公路干线为骨架、以区域性和地区性经济中心城市为支点、辐射带动地区经济发展的区域经济格局。2004 年新疆生产总值 2200.15 亿元，比 1978 年增长 11.5 倍，年均递增 10.6%。经济社会的稳定发展，得益于水利的支撑和保障；反过来，经济社会的发展对水利发展也提出了全面要求。新疆水利基础设施薄弱，水资源保障能力不足，洪水调控能力差等问题，一度成为制约经济社会发展的瓶颈因素。全区水库总库容仅占全区地表总径流量的 8.9%，病险水库有 200 多座，防洪、蓄水能力不足；全疆每年春季缺水达 20 亿 m^3，农田受旱面积在 80 万 km^2 左右，乌鲁木齐市日缺水在 14 万 m^3 以上，哈密、库尔勒等城市也面临严重的生活用水问题。水及生态环境恶化日益严重，水土流失面积高达 103 万 km^2，占全国水土流失面积的 28.1%，每年洪水侵蚀冲毁耕地约 0.33 万 hm^2，每年土地沙化 350km^2 左右，近 2/3 的土地和 1200 多万人口遭受荒漠化危害，全疆约有 1/3 的耕地和 1/2 的宜农荒地受到盐碱侵害。在内陆干旱区，随着人类对水资源需求的不断增长，已使近乎所有的河流处在水资源过度利用状态，流域生态退化现象普遍。

在不利的环境条件和强劲的社会需求共同作用下，为保障经济社会发展，不断提高居民生活水平和质量，新疆根据"绿洲生态，灌溉农业"的特点，展开了大规模的水利建设，依靠全区能力办水利，走出了新疆水利发展的特色之路，不断加强和完善水利基础设施建设，保障了新疆经济健康和快速发展，为维护社会稳定、国家安全做出了积极贡献。

2.2　发展高效农业要求灌溉能力不断提高

新疆农业快速发展，农业增加值、棉花产量、牲畜存栏以及肉类等有了显著增长（表1），形成棉花、粮食、甜菜、林果和畜牧等优势主导产业，未来将成为我国最大的商品棉生产基地和重要的畜产品基地、糖料优质瓜果基地、粮食基地。面对降水量远小于蒸发量的自然条件，以有限的水资源满足快速发展的农业用水需求，必然要求进行大规模的农田水利基本建设，不断提高灌溉能力和效率。为此，新疆节水灌溉迅速发展，农田灌溉用水量从 1980 年的 380 亿 m³ 降低到 2000 年的 338.5 亿 m³，减少了10.4%；而农田有效灌溉面积从 3955 万亩增加到 4692 万亩，增加了 18.6%。近年来，新疆大力推行节水新工艺，渠道防渗、田间配套并举；管灌、渗灌、滴灌结合，有效提高了渠系水灌溉利用系数；实施总量控制、定额管理、用水户参与等一系列有效的管理措施，在农业水资源的配置利用上实现了可持续发展。

表1　新疆农业发展指标对比

农业发展指标	2004 年	与 1978 年对比
农业增加值	444.7 亿元	6.1 倍
棉花产量	175.25 万 t	
牲畜存栏	5206.3 万头	10.7 倍
肉类	128.1 万 t	12.3 倍

2.3　工业快速发展要求水资源持续支撑

20 世纪 80 年代以来，新疆工业迅速发展，工业增加值、原油产量、原煤产量、发电量等工业发展指标都成倍增长（表2）。而且，根据发展规划，新疆将建设成为我国西部重要的石油天然气化工基地和优质纱、优质布基地，国家有色金属后备基地；配合国家"稳定东部、发展西部"石油发展战略的实施，加快塔里木、准噶尔、吐哈三大盆地和其他盆地的油气资源勘探开发，充分利用新疆石油和进口原油资源，形成乌石化、独山子、克石化、库尔勒—库车四大石油化工布局。在这样的产业发展布局及其快速发展的带动下，新疆工业用水总量持续增加，1980～2000 年，新疆工业用水量从 1980 年的 3.73 亿 m³ 增加到 2000 年的 8.76 亿 m³，年均增加 4.36%。工业用水比例的提高，要求必须提高水资源的调控能力，优化水资源配置，提高用水的效率和效益，为工业发展提供持续支撑。为此，新疆实施了引额济克等调水工程，为工业发展起到了有利的支撑作用。

表 2　工业发展指标对比

工业发展指标	2004 年	与 1978 年对比
工业增加值	745 亿元	10.3 倍
原油产量	2227.7 万 t	5.3 倍
原煤产量	2219.6 万 t	1.1 倍
发电量	244.1 亿 kW·h	10.5 倍
用水量	9 亿 m^3	2.5 倍

2.4　保护生态与环境强调水资源的高效利用和有效保护

新疆生态与环境状况脆弱，对水资源的依存程度高，生态与环境保护对新疆经济社会发展具有十分重要的意义。目前新疆的现状生态耗水量 254 亿 m^3，生态用水严重不足。根据中国工程院 "西北水资源" 项目研究报告提出的结论："在西北内陆干旱区，生态环境与社会经济系统耗水量以各占 50% 为宜"。目前，新疆的塔里木河流域为 97%，天山北坡为 85%～90%，远远超出了这一界限，具体表现为人工绿洲扩大、沙漠面积扩大，沙漠和人工绿洲之间的天然绿洲缩小的趋势，局部地区这种趋势还在加速恶化，迫切要求加强水资源的优化配置和统一管理，为维护绿洲生态系统安全提供保障。为此，新疆实施了多项以保护生态与环境为主要目的水资源调配工程，比如为遏制塔里木河干流生态恶化趋势，从 2000 年 4 月开始，利用开都河来水偏丰，博斯腾湖持续高水位的有利时机，组织了六次向塔河下游生态应急输水，前五次从博斯腾湖共调出水量 22.2 亿 m^3，自大西海子水库泄洪闸向塔河下游输水 16.6 亿 m^3，三次将水输到台特玛湖。2003 年，加上车尔臣河来水，在塔里木河尾闾台特玛湖最大形成了 200 km^2 以上的湖面，结束了塔里木河下游河道断流近 30 年的历史。通过输水，下游地下水位逐步恢复，河道周边地下水位平均回升 3.07m。同时，地下水质有了明显改善，土壤含水量增加，天然植被逐步恢复，塔河两岸处处都可以看到枯木逢春的景象，谱写了一曲 "绿色的颂歌"。新疆生态与环境的保护，要求水资源的利用方式，必须在充分考虑承载能力的条件下，进行根本性调整，发挥河流生态系统的整体功能。

3　对新疆水利发展战略的认识与思考

3.1　内陆河泛流域化的水利发展态势

新疆内陆河泛流域化除表现在整体性协调的同时，还表现在竞争性和一定程度的垄断性，这种竞争性和垄断性随着经济发展规模、水资源贡献率不同而有所不同。如果某一内陆河流域供需规模只是泛流域供需规模的一小部分，则应注重建设和培养本流域的水利发展，也就是提高它在整个泛流域中的作用，或说竞争力；如果所占份额较大，代表了流域的相当量，便会表现出一定的主导性，就应当注重采取必要的抑制限制措施，或举泛流域之力，使其自律性健康发展。考虑泛流域水利的发展，从整体协调、全局最优、和谐统筹等方面的优势看，可较为有力地避免以下问题。

（1）避免单个小流域的过度开发。内陆河流域生态脆弱，一旦失去生态赖以生存的基础，生态便会发生大的变异，并且极难恢复。因此，开发中必须顾及绿洲生态的维持和保护。

（2）避免捆绑式目标设定。原本只是为了一种目标需求的开发，出于建设资金筹集方便、项目容易上马、建设期效益再扩大的目的，以综合利用的名义，设定多项开发目标附着在主目标上，使水资源开发供给扩大化，河道生态受到极限挑战，水资源承载能力降低或发生破坏。

（3）避免排他性利用限制。这种情况主要是发生在为了最大可能支撑单一流域经济社会的发展，甚至可能是盲目的片面发展，而不顾及整个泛流域的水资源合理配置，影响或削减泛流域内经济社会整体效益最大化。

（4）避免规划或政策不对称。单一流域进行的水资源开发和保护规划及相关政策的确定，无疑会尽可能符合本流域客观状况，满足供需要求的实际，但这样就很有可能忽视泛流域水利发展的共同需求和同步和谐，这是由于规划和政策制订不对称导致的结果。

（5）避免"迎接开发"式的愿望与方案。相邻流域的水资源开发，拉动了那里的经济社会发展，而另一流域的保护便可能面对来自那一流域开发效益的挑衅压力，于是在制订该流域水利发展规划时，主观上很可能带着"迎接开发"的愿望，制订发展方案和工程布局，这样就会使该流域偏重开发，形成流域间水利建设不合理的互动。

（6）避免"监管乏力"甚或"监管俘获"现象。水土资源的匹配，人工绿洲与天然绿洲的合理交融是内陆河流域经济社会发展的重要条件。如果相对贫乏的水资源开发利用程度很高，而相对丰富的土地资源不加以匹配性限制开垦耕种，则一定会出现更为严峻的水资源短缺形势，导致生态与环境严重退化。这种监管乏力或说监管者本身就有愿望：扩大土地耕种面积，更多获得为数可观的经济效益，便会造成实际上的水资源开发与保护"监管俘获"现象。监管工作中，监管人员必然睁一只眼闭一只眼，不会主动稽查用水户不断增加、用水户的用水量不断扩大的不合理现象，最终就可能发生生态危机或危害。

3.2　内陆河泛流域的水资源调控体系建设

把新疆全区作为内陆河泛流域，进行整体的讨论，弱化内陆河流域间互成制约的条件和环境，可以激发有利于持续发展的因素。因此，从更为宏观、更为系统的分析，对其进行更大尺度范畴的水利发展、改革探索，及其政策体制研究尤显重要。这样有利于克服基于单一流域水资源合理利用视点上的局限性，调整和理顺流域间的制约和关系，实现泛流域水资源整体上的优化配置、高效利用和有效保护，更好地处理全区生态环境保护与经济社会发展的关系，更好地协调人工绿洲与天然绿洲的建设与维护，防止荒漠化，改善生态屏障。这样可在流域内水资源优化高效利用的同时，更有利于探求为相邻干旱缺水区的生态环境保护和经济发展合理提供补充水源，实施基于生态环境保护的水资源配置战略，保证必要的生态用水。从整个泛流域的角度来说，废弃部分平原水库，兴建控制性水利工程，改善和加强流域开发方式和力度，实施必要的跨流域引水工程都是十分重要的；同时，继续推进塔里木河流域治理工程，开展艾比湖区域生态保护整治，通过节水、雨洪资源化等措施，加强科学调度与管理，提高和强化人们的节水意识和人水和谐的治水理念，增加生态用水，使生态与环境向良性的方向持续发展，使内陆河向"健康河流系统"发展都是十分必要的。

3.3 内陆河泛流域的节水型社会建设推进

新疆水资源短缺，建设节水型社会具有现实的可行性和紧迫性。在中央提出的建设资源节约型社会的战略统领下，把节水型社会建设作为先导，充分关注新疆所具有的典型内陆河流域特征，考虑水资源和环境资源的整体承载能力，切实调整经济结构和转变经济增长方式，大力发展循环经济，合理安排各流域的生活、生产、生态用水，实施水资源替代战略，提倡虚拟水贸易，建立具有新疆特色的发展模式和产业布局。内陆河泛流域的节水型社会建设，应该更加强调水权制度的建立，重视不同流域间的协调以及下游地区的生态与环境保护；制订区域和流域的水资源规划，确定泛流域水资源宏观控制指标和流域内微观定额指标，这些指标的确定要充分体现内陆河流域的特征；综合采用行政措施、工程措施、经济措施和科技措施，来保证用水控制指标的实现；建立政府监管，市场调控、公众参与的节水型社会管理体制；鼓励社会公众广泛参与，推广成立用水户协会，参与水权、水的分配，管理和监督水价的制定。

3.4 内陆河泛流域水管理体系的建立和完善

由于新疆管理体制的特殊性，在这一区域实施整体的流域模式管理方式，有机协调自治区与生产建设兵团之间的水利合作关系，协同开发和利用水资源，和谐治水，探求多河流水系管理的流域化方式尤为重要，有利于多学科、多部门开展流域层面的协作，推动科学决策、民主决策，寻求水利建设、经济发展和自然生态保护的平衡。需要大尺度的水利发展影响分析，开展多方案的开发利用情景分析，进行综合规划，使水资源在整个新疆区域内得到优化配置和高效利用。随着我国社会主义市场经济体系的不断完善，建立适合市场经济的，充分考虑水权水市场的水资源管理体系也是必然选择，逐步采用市场经济的配置手段和方法，建立和推广水资源产权体系，应用经济手段促进水资源的合理配置。同时，应深化水资源管理体制改革，建立符合自然规律和经济社会发展规律的水资源统一管理体制，实行统一规划、统一调度，统筹协调流域间、干支流、上下游、左右岸之间的关系，分配行政区域用水权。

3.5 国际河流开发在泛流域中的作用

新疆内陆河泛流域总体上水资源短缺，区域内用水指标普遍低于外流区，供需失衡、饮水安全问题突出。国际河流水资源相对丰富，是新疆水资源调控体系中必不可少的重要组成部分。要正确认识和处理好各内陆河流域与国际河流的关系，把保障区域内的人畜饮水安全作为首要任务，与周边国家一道，共同承担开发、利用和保护国际河流的权利和义务，有理、有序、友好地进行国际河流的开发和利用，为提高当地人民群众的生活质量和水平，加快边疆地区的经济发展，增强国际的相互了解和信任服务。面对区域内水资源短缺的形势，加强以保障饮水安全为主要目的、面向经济社会发展的额尔齐斯河和伊犁河水资源开发利用十分必要，要加强前期工作，按照国际通行的做法，确定汲水权，协调好相关关系，保障这一地区经济社会的正常发展。

第三节　水　文　化

　　水，作为自然界的精灵，生命的源泉，以它天然的联系，从一开始便与人类生活乃至文明的形成、发展、演替结下了一种不解之缘。纵观世界文明源流，水势滔滔的尼罗河泛滥形成了肥沃平原，孕育了灿烂的古埃及文明，幼发拉底河的消长荣枯见证了古巴比伦文明的盛衰兴亡，地中海气候滋润着古希腊、罗马文化，奔腾的恒河则记录着古印度文明的更替，从世界屋脊流淌而下的两条大河——黄河与长江，哺育了蕴藉深厚的中华文化。

　　搜寻典籍，几乎所有的史实文献都记载着人与水的故事，蕴涵着丰富的"水文化"内容，还有对"水"的描写、吟诵、歌咏。

文化视野中的中国水资源问题

刘　宁

水与文化关系密切。从文化的角度来研究水资源问题，已经受到世界各国的普遍重视，以至于联合国把第 14 个世界水日（2006 年 3 月 22 日）的主题确定为"水与文化"。深入研究水与文化的密切关系，制订相应的对策，对解决我国日益严重的水资源问题具有重要的理论和实践意义。

1　水的文化功能

水是生命之源，是人类赖以生存和发展的物质条件。虽然自然形态的水本身并不能产生文化，但是水作为一种载体，一旦与人类的物质活动和精神活动相结合，就会产生文化。自从人类社会形成以后，水与文化便须臾不可分离，具有强大的功能。

1.1　维系人类文明的生存和发展

人类文明的发祥和发展与水密不可分。尼罗河孕育了古埃及文明，幼发拉底河、底格里斯河诞生了古巴比伦文明，印度河催生了古印度文明，黄河与长江哺育了华夏文明。一些早期文明的衰落也与人类没有珍惜水、善待水有关。古巴比伦人对森林的破坏，导致河道和灌溉沟渠淤塞，致使美索不达米亚平原的地下水位不断上升，淤泥和土地的盐渍化终于使古巴比伦生态系统崩溃。高大的神庙和美丽的花园也随着马其顿征服者的重新建都和人们被迫离开家园而坍塌，如今在伊拉克境内的古巴比伦遗址已是满目荒凉。黄河流域是华夏文明的发祥地。先秦时期，黄河中上游地区气候温和，整个黄土高原森林覆盖率超过 50%。先民们在此逐水而居，繁衍生息，创造了辉煌的古代文明。自秦始皇统一中国之后，人们开始大兴土木，毁伐森林，人水争地。天灾加上人祸，致使黄河流域经济渐趋衰落。"安史之乱"后，昔日繁华的黄河流域，竟到了"居无尺椽，人无烟灶，萧条凄惨，兽游鬼哭"（《旧唐书·列传七十三》）的地步。历史的经验教训告诉我们，河流不是人类欲望的函数，而是人类赖以生存的母体。华夏文明的命运与长江、黄河的命运紧密交织在一起，与我们能否珍惜水、保护水密不可分。

1.2　维护人类的文化多样性

联合国教育、科学及文化组织在 2001 年发布的《文化多样性宣言》中指出，文化多样性是指文化在不同的时代和不同的地域具有各种不同的表现形式。河流是独特的

原载于：求是，2006，（23）：54-56.

人文地理单元，是上下游地区社会经济发展的纽带与文化传播的重要通道。流域内往往分散或聚集着不同的民族，他们既有共同的价值观，又保留了各自的文化认同和文化传承。例如，泼水节（傣族、阿昌族）、沐浴节（藏族）、春水节（白族）等民族习俗，放河灯、迎河神、龙王庙祭等宗教仪规，许多风俗离开了水将不复存在。同时，治水活动也提供了独特的景观文化、历史遗存。例如，都江堰工程的修建就是古代人民利用水流自然规律造福人类的实践，工程在 2000 多年的利用过程中形成了独特的都江堰文化。又如，京杭大运河不仅仅是水利与运输通道，南北不同的民族、语言、风俗习惯也通过运河而交汇、碰撞、融合，大运河对中华民族的融合起着不可估量的作用。再如，三峡工程的修建不仅改变了三峡地区既往的自然风光和文化风貌，还提供了新的文化景观，三峡工程本身也成为中华民族伟大复兴的重要标志之一。

1.3　启示、影响和塑造着人类的精神生活

自然形态的水是通过审美进入人类精神生活从而获得文化生命的。中国古代法律的公平意义起源于水。《说文解字》将"法"字解释为："平之如水，从水。""水"旁在"法"中的意义是"平之如水"的象征，这一解释高度凝聚了秦汉时期人们的传统认识，并影响着后人对法律的理解和实践。在追寻世界的本原时，古代中国和西方的哲学家都不约而同地想到了水。古希腊哲学家泰勒斯认为"万物的本原是水"。在我国最早的哲学文献《周易》中，坎卦为河水，兑卦为"泽"，也是水的一种。儒释道三家都从水中感悟人生，孔子说"知者乐水，仁者乐山"；老子认为"上善若水"、水"几于道"；佛家说"一水四见"，即同样是水，不同的用心就有不同的观照。在当代，"万众一心、众志成城、不怕困难、顽强拼搏、坚韧不拔、敢于胜利"的伟大抗洪精神，以及由"顾全大局的爱国精神，舍己为公的奉献精神，万众一心的协作精神，艰苦创业的拼搏精神"汇成的三峡移民精神，丰富和发展了中华民族的精神内涵。

2　当代中国水资源问题中的文化成因

我国水资源的主要特点，一是人均水资源占有量低，二是水资源时空分布不均。为此，我国政府采取了一系列有效措施，基本保障了人民生活和经济社会发展的用水需求。但是水资源短缺、洪涝灾害、水污染和水土流失仍是我国当代四大水问题，并呈现出三个明显特征：水资源短缺与用水浪费并存；防洪能力总体提高与洪水灾害不断加大并存；水生态和水环境局部好转，但整体形势严峻的状况依然没有改变。我国的水资源问题集中表现为"两个不适应"，即水利不适应经济社会可持续发展的需要，粗放的经济增长方式不适应水资源和水环境条件。这些问题的形成，既有人多水少、水资源时空分布不均等客观因素，也有用水意识、用水习惯以及不合理的开发活动等人为因素，主要表现为以下几方面。

人与水的关系不和谐。自古以来，华夏民族就有"天人合一"及"人定胜天"的思想，这两种思想长期左右着治水实践。人，无能力，便听天由命或祈天祭神；有能力，便战天斗地或改造山河。至今，我们仍然没有处理好人与自然的关系，人水争地没有得到根本转变，有时甚至还有所加重。例如，北方大多数河流的水资源开发利用

已超出其承载能力：淮河流域、西北部分内陆河流、辽河和黄河流域的水资源开发利用率均超过或接近 60%，海河流域已超过 100%。通过水资源的开发利用，人类改变了江河湖泊的关系，也改变了地表水、土壤水和地下水的转化路径。这种改变一旦超出一定的度，就会严重损害水的循环，甚至导致循环系统的崩溃。比如，上游无节制地引水，会导致下游河湖的干涸；无序和过度的河流开发，会损害河湖的连通性；大量超采地下水，会导致地面沉陷，损害地下水的补充和循环。

对水的文化属性重视不够。水既有自然属性，又有文化属性。然而，在水资源的开发利用过程中，人们往往更加关注水的自然属性，而忽视了它的文化属性。运河文化的衰落就是一个典型例子。京杭大运河一直是元、明、清三个朝代的重要漕运线，各类街巷商铺、特色民居、寺庙道观、地方会馆、皇家园林、官商庭院、名人遗迹等历史痕迹沉积在运河边，造就了运河两岸独特的文化带。中华人民共和国成立后，我们在大运河的恢复和治理上只是突出了河道的水运功能，而对运河传递的文化信息功能却重视不够，很多具有历史价值的遗迹已经消失，有些地段的运河成了排污河，污染严重。

水务的制度文明不完善。我国古代的一些水利工程之所以至今仍在发挥功能和效益，无不是重视管理制度、注重维修和养护的结果。唐代制定了我国历史上第一部比较完善的水利法规——《水部式》，一些原则至今还在沿用。宋朝的《农田水利约束》、明朝的《水规》以及清代的水利法规均极为严格。中华人民共和国成立以来，我国水利建设取得了辉煌的成就，但是水利管理仍比较滞后，长期存在着"重工程建设、轻制度建设"的倾向。目前我国已有的 402 处大型灌区的骨干建筑物损坏率近 40%，大型排灌泵站老化破坏率达 75% 左右。尽管我国灌区已建立 7000 多个农民用水户协会，但是与实际需要相比还远远不够，管理能力也有待提高。若水务的制度文明不能得到应有的完善，治水机制将难以适应日益复杂的治水需求。

3　文化视野中水资源问题的对策

解决我国日益严重的水资源问题，需要从文化的角度审视我们的目标和行动、政策和策略，重估水的文化功能，注重治水过程中的文化建设，按照构建社会主义和谐社会的要求，不断促进人与水的和谐相处。

3.1　牢固树立人与自然和谐相处的理念

人与自然和谐相处是构建社会主义和谐社会的内在要求，也是现代水利建设的核心理念。为此，水利工作者要把握好三方面的认识。一是要认识到人是自然的产物。水是人类生存和发展的基础，河流是人类文明的源头，是人类文化演变的载体。人类在发挥能动性的同时，必须充分尊重河流的演变规律及其与相关生态系统的关系。二是要认识到调整好人与自然的关系，必须相应地调整好人与人的关系。水资源作为公共资源，应当体现人们在发展权利上的平等、在资源享用权利上的平等。在开发利用水资源的过程中，必须统筹流域上下游、左右岸、干支流之间不同区域的利益需求，统筹经济发达地区和经济落后地区的需求，同时还必须遵循代际公平的原则，为子孙后代留下青山绿水。三是要协调好人类价值实现与自然价值利用的关系。河流的开发与保护，要立足于河流价值与人类需要之间的有机统一，既承认河流的自身价值，同时又要强调这种价值与人类需要的互动依托。一条健康的河流，既是生态良好的河流，也应是造福人类的河流。在资源与环境约束日益突出的情况下，我们的水资源开发利用一定要建立在对粗放和不理性行为自律约束的框架下，建立在对河流服务价值的尊重与保护的基础上。要以科学发展观为统领，坚持以人为本，坚持人与自然和谐相处，坚持全面规划、统筹兼顾、标本兼治、综合治理，坚持走资源节约、环境友好的路子，以水资源的可持续利用保障经济社会的可持续发展。

3.2　推动社会生产和消费方式的变革

一要把水资源的多种价值和开发利用所产生的外部性问题纳入国民经济核算体系。水资源是典型的公共资源，不仅具有经济价值，还具有精神价值、环境价值、生态价值等。同时，由于公共资源的非排他性，水资源的开发利用会产生外部效应（既有正的影响也有负的影响）。因此，从可持续发展的角度出发，应将上述多种价值以及外部效应（无论是正的还是负的）纳入水资源开发利用的成本和收益核算体系。二要根据水资源承载能力和水环境承载能力的约束，推动经济结构调整、经济增长方式转变。在水资源紧缺地区，产业结构和生产力布局要与上述两个承载能力相适应，严格限制高耗水、高污染项目。在洪水威胁严重的地区，城镇发展和产业布局必须符合防洪规划的要求，严禁盲目围垦、设障、侵占河滩及行洪通道，科学建设、合理运用分蓄洪区，给洪水以出路，规避洪水风险。在生态环境脆弱地区，实行保护优先、适度开发的方针，发挥大自然的自我修复能力，因地制宜发展特色产业，严禁不符合功能定位的开发活动。三要倡导文明合理的生产和消费方式。注重从生产过程的始端控制资源的消耗和污废物的产生，加强技术改造和工艺流程再造，尽可能提高水资源的利用效率和效益，发展绿色经济，严格排污权管理，提高再生水的重复利用率，减少污水排放。倡导和实践可持续的生产和消费方式，加强对水资源的节约和保护，确保防洪安全、供水安全和生态安全。

3.3　进一步加强水务制度建设

一是建立流域综合管理体制。水资源的自然属性、水资源的多功能性以及我国特定的国情，都要求实行流域综合管理。为此，要正确处理中央与地方、流域管理与行政区域管理、统一管理与分级管理，以及水资源管理与开发、利用、节约和保护的关系，明确各自事权分工，建立流域与区域、统一管理与分级管理的会商机制和信息交换制度，充分运用间接管理、动态管理和事后监督管理等手段，把流域管理提高到新的水平。二是建立健全法律法规体系。要将以水为载体的生态伦理道德规范上升为法律，维护河流的健康。要建立有中国特色的水权制度，通过制定和完善相关的政策法规，形成一整套机制，来调整水资源配置、再配置（包括开源、节流、保护）中的经济利益关系。同时，河流立法和流域立法必须反映和考虑河流的文化背景与文化特色。水利规划要与经济社会发展规划、国土资源规划、文化发展规划紧密地结合起来。三是推进节水型社会建设。要建立以水权、水市场理论为基础的水资源管理体制，形成以经济手段为主的节水机制，建立自律式发展的节水模式，不断提高水资源利用效率和效益，促进经济、资源、环境协调发展。

3.4　注重河流健康和水文化景观建设

河流的自然生命是其文化生命的基础。河流只有健康地存在，才能积极地启示、影响和塑造人类精神生活。维护河流健康，必须合理配置水资源，保证河流的生态，建立健全河流健康指标体系，并落实到流域或区域水资源综合规划中，落实到水资源开发利用和管理中。未来水利工作的重要内容之一就是努力营造清新优美的水环境，提高人居环境质量，为构建和谐社会提供重要支撑。水环境只有突出文化品位，才能满足人们的精神文化生活需要；水景观只有注入文化内涵，才能展示水的个性与魅力；水工程只有发挥审美效应，才能更生动、更和谐、更富有活力。我们要把水文化景观建设与建筑、旅游、交通、环保、绿化等有机结合起来，使水文化景观成为展示现代文明的一颗颗璀璨明珠。对历史上形成的水文化工程和水文化产品，要深入挖掘文化内涵，加强文化保护，让其在现代生活中继续发挥作用。对新建的水利工程，在实现其工程功能的同时，要能体现自然景观特色，反映历史文化渊源，让水利工程充分展示丰厚的水文化底蕴，展现独特的水环境风采。

从文化的视野认识水问题

刘 宁

华夏文明因水而生，随水而变。中国的治水历程同时也是一个文化过程，对形成中国基本的社会形态、组织形式、民族文化心理都产生了重要影响。树立人与自然和谐的"水与文化"观，注重水的文化功能，从文化角度重新认识人水关系，对水资源的合理开发、有效保护具有重要意义。

1 治水在当代中国的文化功能

水作为一种载体，一旦与人类的物质活动和精神活动相结合，就会产生文化。自从人类社会形成以后，水与文化便须臾不可分离。水维系人类文明的生存和发展，维护人类的文化多样性，启示、影响和塑造着人类的精神生活。在当代中国，水资源是经济社会发展的物质基础，是生物多样性和文化多样性的重要载体，水仍然承担着重要的文化功能。

1.1 治水是生产和生活方式变革的重要成因

治水促进了产业结构调整和经济增长方式的转变。我国干旱缺水、洪涝灾害、水污染和水土流失四大水问题十分突出，已经成为制约经济社会发展的突出因素。解决我国四大水问题，必然带来生产力布局的优化、经济结构的调整和经济增长方式的转变。

治水有效减轻了与水相关的疾病。我国一些地区的农村饮用水存在高氟、高砷、苦咸、污染等水质问题，对人民群众身体健康和生产、生活构成严重威胁。为使群众早日喝上干净水，党中央、国务院提出要把切实保障人民群众的生命安全和健康作为首要目标，"十五"期间要解决 1.6 亿人的饮水安全问题，使现存的农村饮水不安全人日减少 1/2。此外，党和政府开展了大规模的水利血防灭螺，结合江河综合治理、节水灌溉、人畜饮水和小流域综合治理等水利工程，改变钉螺生存环境，防止钉螺滋生扩散，从而达到减少人群感染血吸虫病概率的目的。

治水与妇女儿童事业密切相关。据中国妇女发展基金会调查统计，严重缺水地区的老百姓，他们每年有 64 个工作日都在用于取水，这个队伍当中很多都是妇女和儿童，对儿童的发育以及妇女的健康都会带来很大的影响。为此，国家在严重缺水地区实施了"母亲水窖"计划，这是解决妇女儿童缺水之苦、取水之劳最简便、最经济、最实用的办法。

原载于：绿叶，2007，(5)：16-19.

1.2　水资源管理对制度文化有重要贡献

制度是一个文化体中要求所有成员都必须共同遵守的规章或准则。相对于精神文化而言，制度文化更具有外观的凝聚性、结构的稳定性和时间的延续性。与资本、劳动力、技术等要素相比，人们过去把制度因素看成资源配置效率和资源使用效率的外生变量。现在，越来越多的人相信，制度也是稀缺要素，制度短缺或制度供给滞后同样会制约经济发展。同样的生产要素在不同国家经济绩效的差异，实质上就是一种制度上的差异。1998 年长江、松花江、嫩江大水以后，我国的治水思路发生了深刻变化，逐步形成了以人与自然和谐相处为核心理念的可持续发展水利思路，为我国的制度文化建设提供了可贵的借鉴。

一是水资源的统一管理促进了公共管理方式的改革。水以流域为单元，地表水和地下水相互转化，上下游、左右岸、干支流之间的开发利用相互影响，水量与水质相互依存，在水的开发利用中各环节紧密联系。因此，在治水中，必须坚持统一管理、统一规划、统一调度。2002 年《中华人民共和国水法》的修订，确立了流域机构的法律和行政地位，强化了流域水资源的统一管理。各地积极探索城乡水务一体化管理，约有 57% 的县级以上行政区实施了水务统一管理，为水资源的优化配置和高效利用提供了体制保障。水资源的统一管理对改善我国现行的行政管理体制，尤其是公共资源的管理模式，提供了成功的经验。

二是流域水资源配置中的民主协商为公共资源配置中的利益协调提供了新的思路。水资源像任何其他稀缺经济资源一样，分配的核心问题是如何协调利益分配。解决这一问题，既不能延续过去的行政指令性分配，也不能仅仅依靠市场的自我调节。水资源的配置方案不仅需要技术上、经济上的可行性，更重要的是制度上的可行性。近年来，黄河水利委员会、松辽水利委员会等流域机构探索了准市场的水资源配置模式，在黄河流域的宁夏、内蒙古等地和松辽流域的大凌河尝试开展了水权分配和水权转换，收到了较好效果。通过地区间与行业间的政治民主协商和利益补偿，引导水资源向高效率、高效益领域流动，同时保障农业等弱质产业和农民等弱势群体的用水需求。这一制度的重要意义在于，它为类似水资源这样的公共资源在配置过程中，如何处理不同地区、不同产业、不同社会阶层之间的利益关系，实现公平与效率的有机统一提供了新的思路。

三是用水户协会等民间自律组织为社会自治组织的建设提供了范例。我国的水资源归国家所有，政府是水资源公益的唯一代表，但是，有效的水资源管理必须处理好政府、社会与公众的关系。国家应该将水资源管理的一些职能交给公民社会，扩大公民、非政府组织等对涉水事务的参与，使他们在法律和政策的制订与实施过程中享有更多的发言权和负有更多的责任，并监督政府的管理。近年来，我国灌区已建立了7000 多个农民用水户协会，这些用水户协会实行民主选举、民主管理、民主监督，既充分发挥了用水户在水资源管理中的积极作用，又有效地减少了政府管理的成本，还避免了完全依靠市场机制的"市场失灵"，对我国非政府组织、民间自律组织以及社会中介机构的发育具有重要的示范和推动作用。

2　人与自然和谐的"水与文化"观

水既有自然属性，又有社会属性。前者是一种自然客体属性，后者是以前者为载体的人文属性，具有鲜明的文化特征。水的社会属性在水资源开发利用中具有重要地位和重大价值。人类在水资源治理开发利用过程中，关注的往往是其自然属性，最大限度地发挥其自然服务功能，而忽视了它的社会属性和文化功能。人类在经历对水的长期依存和占有的过程中，随着科技与经济能力的增强，逐渐形成了以人类自我为主宰的用水意识、用水习惯以及价值体系，片面强调人类的主观能动作用，忽略或否定水在自然界的主体地位，这是我国水资源问题的根本文化原因。解决我国日益严峻的水资源问题，必须从文化角度审视我们的观念和思维、目标和行动、政策和策略，重估水的文化功能，注重治水过程中的文化建设。近年来，我国按照科学发展观和构建社会主义和谐社会的要求，以及建设资源节约、环境友好创新型国家的目标，大力倡导人与自然和谐相处，不断丰富、发展和完善和谐的人水观念，形成了可持续发展水利的治水思路。从某种意义上说，这是水与文化观念的重建，是对以水为纽带的人类行为的矫正。为了寻求和谐的人水关系，我国各地积极开展了大量的实践探索，取得了初步成效，深圳河湾水污染水环境治理便是许多成功范例中的一例。

深圳河是深圳市境内最大的河流，也是深圳市与香港特别行政区的界河。深圳河、深圳湾（以下简称深圳河湾）严重的水污染问题，已经影响了人们的生活，与深圳的经济发展形成较大反差，成为建设"和谐深圳，效益深圳"的突出矛盾，引起了政府的高度重视和社会各界的强烈关注。

从文化的视野认识深圳的水资源水环境问题可以发现，在物质形态上，过去我们没有充分考虑深圳水资源的有限性和水资源承载能力的限制性以及水环境承载能力的有限性和纳污能力的限制性；从制度形态上，还没有正确建立和实现人水和谐的水资源管理制度、水的利用和消费制度等；从精神形态上，还没有充分认识水及其所支撑的生态系统的价值，没有充分认识到维持深圳河湾良好的生态系统所具有的重要价值。

在深圳河湾水污染水环境治理中，以实现人水和谐相处为目标，通过各种工程和非工程措施，实现水资源的可持续利用和生态与环境的有效保护，促进经济和社会的可持续发展。深圳河湾水污染水环境治理改变了"需水增加→扩大调水→排污增加→环境恶化→再提高治理能力"的粗放型用水模式和污染末端治理模式，把节水、防污与优化经济结构、转变经济增长方式、调整城市发展规模结合起来，通过完善水资源管理体制与管理制度，有针对性地消除导致经济增长方式粗放与不利于水资源节约和水环境保护的制度性根源，形成全社会自觉节水防污的机制，促使深圳市主动调整产业结构与布局、优化配置水资源，促使用水户主动转变用水方式，建设节水防污型社会，使水资源利用效率与效益得到提高，生态与环境得到改善，可持续发展能力得到增强，实现以水资源的可持续利用支撑深圳市经济社会的可持续发展。经过两年的建设，深圳河湾水污染水环境治理取得了显著成效。深圳市的污水处理能力显著增强，污水处理率逐年攀升，新增污水处理能力 95 万 t/d，新建改造市政污水管网 400 多公里，城市污水处理率从 52% 提高到 80% 以上。河流污染恶化趋势得到控制，部分河流水质明显好转，部分河流主要污染物指标下降20%以上，于2006年顺利通过了国家环境保护总局组织的"国家环境保护模范城"复查，受到市民的广泛赞扬。深圳市治污机制日臻完善，治污工作走上快速通道。

从深圳河湾水污染水环境治理工作及其成效来看，给予我们最大的启示是：一定要牢固树立科学发展观，坚持人与自然和谐相处的人水观念，其要求主要包括两个方面：其一，从人类对待自然的态度和行为来看，要坚持必然性和应然性的统一。所谓必然性，是指自然界发展过程中的由本质的、根本的因素所决定、确定不移的联系和唯一可能的趋势，即自然界发展过程中不以人的意志为转移的客观规律性。而应然性，则是人类实践应当如何，即对自然界发展的各种可能性按照自己的利益和需要进行评价和选择。马克思主义认为，必然性和应然性是对立统一的。人类的治水活动必须以遵循水的规律为前提，在认识规律、把握规律、利用规律为人类服务中实现必然性和应然性的统一，否则，人类就会招致大自然的报复，招致水的报复。恩格斯告诫我们，"我们不要过分陶醉于我们对自然界的胜利。对于每一次这样的胜利，自然界都报复了我们。每一次胜利，在第一步都确实取得了我们预期的结果，但是在第二步和第三步却有了完全不同的、出乎预料的影响，常常把第一个结果又取消了"。可见，人类对自然的改造和利用，不是使自然混乱或瓦解，最终要与自然进化规律相适应才能持续下去，从而真正有益于人类的长远利益。其二，从人与人之间的关系来看，要处理好代内公平与代际公平。水资源作为公共资源，应当体现人们在发展权利上的平等，在资源享用权利上的平等。这就要求我们在治水过程中，必须以流域为共同体，兼顾上下游、左右岸、干支流之间不同地区的利益关系，兼顾经济发达地区和经济落后地区的需求，兼顾一般阶层和弱势群体的用水权利，建立水资源开发利用的资源和生态补偿机制、中央财政转移支付制度、下游和发达地区支持上游和落后地区的制度等，共同维护代内公平。还要看到，人类不仅是一种同时性的整体，还是一种历时性的整体，"我们不应该把后代抽象地理解为'未来的人类'，而应该理解为通过'直系子孙'的'爱的纽带'"（帕斯莫尔《人对自然的责任》第153页）。我们必须在开发利用水资源的过程中遵循代际公平的原则，为子孙后代留下源远流长的河流，留下青山绿水。

提高水资源利用与保护的文化自觉

刘　宁

水是生命之源，是人类文明的摇篮。从文化角度来审视人类的治水历程，引导社会的治水实践，促进人与自然和谐相处，建设生态文明，是时代赋予我们的重要使命。

1　水资源利用与保护的文化观

从全球范围来看，现代水资源管理长期以来倾向于从技术的角度去解决世界日益严重的水问题。但迄今为止，并没有取得预想的效果。尽管科学技术对了解水循环和利用、保护水资源至关重要，但是社会和文化因素的影响也不容忽视。某种程度上说，水资源管理本身就体现着一种文化进程。

1.1　水资源利用与保护的系统观

从人与自然的关系来看，只有当人类充分认识到自己是人与自然大系统的一部分的时候，才可能真正实现与自然的协调发展。从水资源的形成和运动规律来看，水资源具有系统性，流域是具有层次结构和整体功能的复合系统，由社会经济系统、生态环境系统、水资源系统构成，并通过水量、水质与人类的开发、利用、保护形成了互动关系。从人类对水资源的开发利用和节约保护的实践来看，地表水与地下水相互转化，上下游、左右岸、干支流之间相互依存，开发利用的各个环节紧密联系，因而要加强流域和区域的水资源统一管理。

1.2　水资源利用与保护的自然观

水的最普遍的特性就是循环性。通过水资源的开发利用，人类改变了江河湖泊的关系，改变了地下水的环境状况，也改变了地表水、土壤水和地下水的转化路径。这种改变如果超出了一定的度，就会严重损害水的循环，甚至导致循环系统的崩溃。例如，上游无节制地引水，会导致下游河湖的干涸；过量的地表水利用，会损害地下水的补充。自然界的基本结构单元是多种多样的生态系统，各种生物的种类、数量和空间配置在一定时期均处于相对稳定的状态，并具有特定的能流和物流规律。只有遵循并利用这些规律来改造自然，人们才能持续取得丰富而又合乎要求的资源来发展生产，从而保持洁净、优美和宁静的生活环境。

1.3　水资源开发利用与保护的价值观

纵观古今中外，从价值的角度来认识人与自然的关系，不外乎三种观念：一是

原载于：求是，2008，(9)：57-59.

"极端的人类中心论"，即认为"人是万物之灵"，是自然的征服者、统治者，人对自然有着绝对的自由支配权，根本否认自然的价值、尊严和自然权利。二是"极端的自然中心论"，把自然的价值与人类需要的价值割裂开来，认为有独立于人类实践之外的自然价值，主张以生态为中心、一切顺应自然。三是"人与自然和谐相处论"，这是对上述两种观点的扬弃，也是马克思主义关于人与自然关系的基本观点。现代科学发展告诉我们，河流不仅具有供水、灌溉、发电、航运和旅游等直接的经济价值，还有水体自我净化、水分涵养与旱涝缓解、植物种子传播和养分循环等重要的生态价值，以及满足人们对于自然界的心理依赖和审美需求的美学价值等。这些功能价值往往是间接的，却又对人类社会经济产生深远的影响。

1.4　水资源利用与保护的历史观

历史地看待水利实践过程和当今水资源问题，需要从三个方面来把握：一是总结历史。在我国几千年的治水史上，既有顺势而为、造福黎民的成功经验，也有逆势而行、遗患百姓的惨痛教训。要认真总结我国历史上尤其是中华人民共和国成立以来治水的经验和教训，尊重自然规律，科学治水。二是分析现状。我国目前存在的干旱缺水、洪涝灾害、水污染和水土流失四大水问题，既是治理问题，也是经济社会问题。例如，水污染这一在发达国家工业化过程中几百年累积的问题，在我国经济社会高速发展的几十年间就集中暴露出来。我们要借鉴发达国家工业化过程中的经验教训，避免走先污染后治理的老路。三是面向未来。既要开发利用水资源，又要维护水生态平衡；既要满足当代人对水的需求，又要给子孙后代留下足够的生存和发展空间。

2　水资源利用与保护的文化效益

2.1　水资源利用与保护的文化产品多样性

一是物质文化产品。数千年来，我国古代治水实践创造了都江堰、大运河、坎儿井等举世闻名的水利工程，具有很高的文化价值。中华人民共和国成立以来，包括三峡、小浪底、南水北调等重点工程在内的一大批水利工程，不仅为经济社会发展奠定了坚实基础，而且赋予了新的时代文化特性。二是精神文化产品。例如都江堰的修建，本身就是古代人民利用水流自然规律造福人类的实践，工程在2200多年的利用过程中已经形成了独特的都江堰文化；京杭大运河的开挖，贯通南北，形成了丰富多彩的运河文化。三是制度文化产品。我国古代在水资源开发利用中创造了不少制度形态，例如上下游水资源利用的协商制度、灌渠自主管理制度等。近年来，水利部黄河水利委员会、松辽水利委员会等流域机构在宁夏、内蒙古等地和大凌河流域开展了水权转换和水权分配试点工作，通过地区间与行业间的民主协商和利益补偿，引导水资源向高效率、高效益领域流动。

2.2　水资源利用与保护对文化交融的推动

与欧洲水系比较，我国水系的内部统一性十分明显。西北的高山大漠与东南的汪洋大海，以及由此而来的江河汇东流、运河通南北，这一切均构成了我国独特而又相对封闭的山围海绕的地理环境。因此，自秦汉以来，我国逐步形成了大陆内聚型农业传统文化心理。治水则促进了文化的交融。例如，京杭大运河不仅仅是水利与运输通道，南北不同的民族、语言、风俗、习惯等，也通过运河而交汇、碰撞、融合。再如，三峡工程的修建，不仅改变了三峡地区的自然风光和文化风貌，还提供了新的文化景观，三峡工程本身也成为中华民族伟大复兴的重要标志。同时，百万三峡移民的成功安置，也加速了库区与外界的文化沟通，带来了生活方式和精神状态的巨大变化。

2.3　水资源利用与保护促进了人与自然的和谐

我国古代的都江堰水利工程，其工程布局和"深淘滩、低作堰"、"乘势利导、因时制宜"、"遇湾截角、逢正抽心"等治水方略，就以不破坏自然资源为前提，使人、地、水三者高度协调统一。近年来，我国水利工程建设从规划设计到施工运行，开始注意对生态环境的影响。例如，在长江流域开展的"平垸行洪、退田还湖"措施，平退圩垸 1461 个，还江还湖 2900km^2，增加蓄洪容积 130 亿 m^3。这是我国历史上自唐宋以来第一次从围湖造田、与水争地，自觉主动地转变为大规模的退田还湖、给洪水以出路。

2.4　水资源利用与保护为建设生态文明奠定了基础

水资源是生态环境的控制性要素，是建设生态文明的重要基础。近年来，党中央、国务院把水资源纳入重要的战略性资源，加快转变经济发展方式，促进形成有利于节约水资源和保护水生态环境的产业结构、增长方式和消费模式。在实践中，我们一方面加快推进节水防污型社会的制度体系建设，从源头上使城市建设和工农业布局充分考虑水资源条件和承载能力；另一方面，在 100 余个不同类型地区开展节水型社会建设试点，积极推广节水防污综合措施，提高用水效率，遏制水环境恶化趋势，减少对水体的污染。

3　水资源利用与保护的文化自觉

解决我国日益严重的水资源问题，必须从文化角度重新审视我们的观念和思维、目标和行动、政策和策略，注重治水过程中的文化建设，坚定不移地推进可持续发展水利。

3.1　科学制订水资源利用与保护方案

在流域层次上，按照在开发中落实保护、在保护中促进开发的原则，科学界定不同区域、不同河流、不同河段的功能定位，研究提出维护河流健康的标准体系。在区域层次上，根据水资源承载能力和水环境承载能力的约束，推动经济结构调整、经济增长方式转变。在水资源紧缺地区，产业结构和生产力布局要与两个承载能力相适应，严格限制高耗水、高污染项目；在洪水威胁严重的地区，城镇发展和产业布局必须符合防洪规划的要求，严禁盲目围垦、设障、侵占河滩及行洪通道；在生态环境脆弱地区，实行保护优先、适度开发的方针，严禁不符合功能定位的开发活动。在工程建设与调度管理层次上，科学确定开发利用和保护目标，优化工程布局，协调工程功能，采取综合手段改善水资源的时空分布和水环境质量。

3.2　依法规范水资源利用与保护行为

水资源利用和保护中出现的一些问题，表面看来似乎是技术问题，但究其实质则是利益主体之间的博弈，最根本的要靠制度来约束，靠加强社会管理来矫正。一要健全水法规体系。针对涉水事务社会管理与公共服务等方面存在的薄弱环节，突出资源配置、节约保护和流域管理等方面的制度建设，继续推进《水法》配套法规和规章制度建设。二要进一步落实水工程建设规划同意书、防洪影响评价、建设项目水资源论证、采砂许可、水土保持预防监督等相关制度，核定流域内各河流水功能区的纳污能力，建立健全水资源利用总量控制指标和微观用水定额体系。三要加强水资源统一管理。只有实行统一管理、统一规划、统一调度，才能有效地提高水资源的承载能力和水环境承载能力，提高水资源的配置效率。

3.3　民主协商水资源利用与保护建设

一要正确处理中央与地方、流域管理与行政区域管理、统一管理与分级管理的关系，明确各自权限分工，建立会商机制和信息交换制度，充分运用间接管理、动态管理和事后监督管理等手段，把流域管理提高到新的水平。二要统筹防洪、供水、发电、航运、渔业、旅游等各方面的目标，积极探索建立各方参与、民主协商、共同决策、分工负责的议事决策机制和权威高效的执行机制，着力构建统一协调、规范高效的水利突发公共事件的监测预警和应急处理机制。三要探索建立水资源开发利用的生态补偿机制。水资源开发利用中产生的外部损益，应当计入开发利用的成本或收益之中，建立相应的资源开发利用税费征收制度和生态补偿机制。通过政府转移支付、征收保护基金、移民等多种方式，将生态脆弱地区对河流开发的需求转向对河流保护的需求。

3.4　积极营造水资源利用与保护氛围

一要大力倡导人水和谐的生态文明观。运用多种教育手段和大众传媒工具，加深全社会对我国人多水少、水资源时空分布不均的基本水情认识，提高水忧患意识和节约保护水资源意识。二要建立健全水生态环境的信息公开制度。如定期发布水生态环境状况公报，公开有关决策与管理的信息和程序等，多层次地搭建政府与公众对话平台，尊重和支持公众水资源利用和保护的信息知情权。三要促进公众参与。制度安排如果不能得到公众的认可、支持和遵守，制度的有效性就要大打折扣。总体上看，我国治水实践中的民间自律组织和社会中介组织还很不发育，应鼓励和加强社会公众的参与，推进基层用水制度建设。

第四节　其　　他

从都江堰持续利用看水利工程科学管理

刘　宁

摘　要： 都江堰工程 2000 多年经久不衰，富有成效的工程管理发挥了不可替代的作用。都江堰历史上的三级管理体制、岁修制度、闸坝与河渠的管理修缮，保障了工程的完好性，为都江堰持续运用奠定了坚实基础。要推进我国水利工程管理的现代化建设，就要努力建设人水和谐、生态友好的绿色水工程，在水利工程管理中坚持科学发展观。

举世闻名的水利工程——都江堰，不仅是著名的世界文化遗产，而且以其功能效益的持续发挥和扩大而闻名遐迩。都江堰巧夺天工的鱼嘴、飞沙堰、宝瓶口三大工程，以及三大工程之间的相依相连、三位一体的运用，使天府之国"水旱从人""沃野千里"。"乘势利导、因时制宜"的引水、分洪、飞沙，使水资源得以持续永久的利用，造福人民；"顺天应人、以天工代人力"营造了成都平原的富饶和良好生态；"深淘滩、低作堰，排洪保灌"至今仍泽育着千万亩粮田。都江堰的建设与运用，成功跨越了人与自然的依存、开发、掠夺、和谐的各个阶段，与环境相得益彰，与自然和谐统一，与社会经济发展脉络相承。

都江堰之所以能持续利用，我认为可归结为四个主要方面的突出建树和经验。

（1）巧夺天工的工程建设。其一是工程布局乘势利导，因时制宜；其二是能够持续改造，效能可不断扩大。这不仅是原有的宝瓶口、飞沙堰和鱼嘴工程，还包括近期新建的闸坝引水工程。

（2）与社会发展和自然环境要求相顺应。都江堰工程的建设与运用，是人们的需要，是自然环境的组成，人水和谐，顺天应人。

（3）完善运用功能和不断扩大的社会经济效益。都江堰建造之初以防洪、航运为主要目的，后在汉景帝时代扩大了灌溉。中华人民共和国成立后，对都江堰进行了史无前例、规模宏大的建设和改造，使之成为全国第一个实灌面积突破 67 万 hm^2 的特大型灌区。

（4）有一套较为完整而又与时俱进的管理体系。持续而适应社会生产力发展水平的修缮维护，较好地解决了工程老化、工程配套等新问题。

1　都江堰是当今世界上仍在发挥巨大社会经济效益的最古老的水利工程

都江堰水利枢纽工程始建于公元前 256 年，截至 2004 年已有 2260 年的历史。世界上古老的大型水利工程很多，但是随着时光的流逝，或湮灭，或失效，唯有都江堰独

原载于：中国水利，2004，（18）：30-31。

树一帜，至今仍充满活力向前发展，成为世界水利史上的一大奇迹。

都江堰在岷江上游 340km 处建堰无坝引水，集雨面积 2.3 万 km^2，多年平均来水量 147 亿 m^3。中华人民共和国成立以来，都江堰灌区的发展经历了三个阶段。20 世纪 50 年代初~60 年代末，扩大成都平原及周边高地，灌溉面积达 45 万 hm^2；60 年代末~80 年代初，从南、中、北三路打通龙泉山，建成黑龙潭、三岔、鲁班等大中小型水库近 300 座，灌溉面积扩大到 57 万 hm^2，呈现出"长龙地上走，银河天际流，彩虹起深谷，高峡出平湖"的壮丽图景；1986~1993 年，进行了灌区改造，使灌溉面积进一步扩大，目前已达到 67 万 hm^2，灌区规模跃居全国首位，都江堰总引水量达 100 亿 m^3，完整而庞大的都江堰水利工程设施体系，已成为四川省经济发展和社会进步不可替代的基础设施。

2　都江堰古已有之、因地制宜、与时俱进的工程管理体系是工程持续利用的重要保障

都江堰工程之所以历 2260 年运用而经久不衰，富有成效的工程管理发挥了不可替代的重要作用。

2.1　"官堰"与"民堰"

都江堰在 2000 多年的实践中，逐步形成三级管理体制。省级政府部门管渠道工程，设置堰官，管理堰务，称为"官堰"。下一级政府部门按行政区划管理岷江干流的都江堰至新津河段的金马河、灌溉排洪兼用的蒲阳河、柏条河、青白江及中游的杨柳河等，并管理支渠或分干渠，统称为地方水利工程。在各河引水的支渠以下灌溉工程，由受益群众组织自建自管，称为"民堰"。

汉灵帝时（公元 168 年）设置了"都水掾"和"都水长"等水利官员，负责维修管理都江堰渠首工程。据《水经注·江水》载，三国蜀汉时，"诸葛亮北征，以此堰农本国之所资，以征丁千二百人主护之，有堰官"。自蜀汉后，晋、唐、宋等朝代，渠首所在地的县令兼办渠首工程。中华人民共和国成立后，建立了局、处、站三级专业管理机构和基层管理组织。

2.2　岁修

都江堰创建初期，以及秦汉时代主要是工程建设和开发时期。以后各朝代逐步扩大灌区，并加强了工程的管理和维护。宋代以后，形成每年冬春枯水季节又是农闲之时的断流岁修制度，制订了"旱则引灌，涝则疏导"等一整套管理制度和维修方法。2000 多年的治水经历，总结出了流传千古的治水经验。最为著名的有李冰的治堰准则"深淘滩、低作堰"，两者相辅相成，科学地解决了引水与泄洪排沙的关键问题；清同治十三年（1874 年），灌县知县胡圻所编治水"三字经"，以及后来的治河格言"遇弯截角，逢正抽心"和治水八字法则"乘势利导，因时制宜"等，这些成功法理，至今仍然对都江堰的维护管理起着指导作用。中华人民共和国成立后，在工程维护上坚持了"五年一大修"和"十年一特修"的制度，保持了工程的更新和稳固。

2.3　闸坝与河渠管理

都江堰建成以后，一直用竹、木、卵石等来修缮灌溉、防洪等工程。1952 年春以后，开始从渠首到灌区的干支渠进口，用钢筋混凝土陆续修建闸坝，干渠用钢闸门，支渠用木闸门并逐步改为钢闸门。又将人民渠进口拦河坝改为钢筋混凝土节制闸，将石堤堰府河与毗河分水的毗河水坝改为节制闸，将木马山进口引水工程的江安河拦河水坝改为橡胶坝等，随着引水流量不断扩大，都江堰渠首的工程格局也发生了很大变化，一系列的维修、改建、续建，保障了工程本身的完好性，为工程的持续运用奠定了坚实基础。

中华人民共和国成立后，随着灌区的扩大，都江堰灌区逐步形成了统一管理和分级管理、专业管理和群众管理相结合的管理体制。这种体制较好地适应了计划经济体制下的都江堰运作。随着社会主义市场经济的建立和完善，工程的权属、公有制的实现形式和修缮维护的投资渠道等方面暴露出了新问题，比如，水资源配置以行政手段为主，市场作用机制不明显，水管单位只对工程统一管理，无权或无足够职能对水资源进行统一调配，缺乏对灌区主要水源的控制能力，公益性支出得不到回报，供水价格低于供水成本，虽然都江堰的运用效益大，但水管单位的财务收益小，使工程维护配套经费严重不足。

近年来，在人水和谐的治水理念指导下，四川省水利厅、都江堰管理局抓住水利管理体制改革的有利时机，不断完善管理体制，探索水利工程管理的新思路，发挥管理效能，注重协调和把握工程管理、效益发挥、文物保护及人文景观等方面关系，创造、继承和完善了都江堰工程管理模式，使古老的都江堰水利工程不断焕发出新的生机和活力。

3　从都江堰持续利用看水利工程科学管理

都江堰的"健康长寿"，并非历史的偶然遗留，而是自然与社会发展的必然结果。为什么那么多远古的水利工程已遗迹全无？为什么那么多近代的水利工程成为病险工程，功能缺失，效益难以发挥？成都平原的人民依恋都江堰，天府之国的自然环境和经济社会发展离不开都江堰，都江堰的工程持续发挥效益，这都是展现在人们面前的不争事实。除此之外，事实还证明，都江堰的一整套随历史进步而不断调整的管理体制也起着至关重要的作用。

应该说，都江堰因简易低廉、适应社会生产力发展水平的修缮、维护而成就了其持续经久。都江堰的管理运用体现着科学发展观的内涵，是可持续发展的实践典范。都江堰的成功不仅限于工程建设和运用本身，还在于对它的精心管护和不断扩大的效能，以及符合水情、工情和各个历史发展时期经济社会发展需求的管理和运行机制。

随着我国社会主义市场经济体制的建立和完善，随着水利改革的不断深化，水利工程管理体制不顺、机制不活、经费短缺、人员富余、管理粗放和社会保障程度低等弊端日益明显地暴露出来，这些弊端严重影响着水利工程的安全运行和效益的充分发挥。

为解决上述问题，迅速建立起适应我国国情、水情、工情和社会主义市场经济要求的水利工程管理体制和运行机制是十分必要和紧迫的。

4　以科学发展观为指导，加强水利工程建设与运行管理

水利工程是国民经济的基础设施，担负着为全面建设小康社会提供支撑与保障的重要任务。今后我国水利工程管理将通过积极推进管理单位体制改革，建立适应社会主义市场经济要求的管理体制和运行机制，加快水利工程管理规范化、法制化、现代化建设，确保工程的安全运行和效益的持续发挥。

4.1　理顺水管体制，建立良性运行机制

通过改革，要力争在较短时期内，初步建立满足水利工程管理需要、适应我国社会主义市场经济要求、有利于水资源可持续利用的新型水管体制和运行机制。

4.2　继续开展病险水库除险加固，全面消除安全隐患

力争在 2010 年以前基本完成现有病险水库的除险加固。

4.3　加快水利工程管理规范化、法制化、现代化建设，全面提高管理水平

按照我国社会主义现代化和水利现代化建设的总体要求，积极开展水管现代化的研究，并以此为基础，积极推进我国水利工程管理的现代化建设，促进以水资源的可持续利用保障经济社会可持续发展目标的实现。

4.4　努力建设人水和谐、生态友好的绿色水工程

水工程的建设，特别是大型水工程的建设，关乎经济社会发展、生态环境改善以及人们生活和生存方式的变化。以往有的水工程建设，虽经过了前期工作"千锤百炼"的打造，但建成后仍旧是效益不高、环境影响突出、运行边际成本过大。现在看，这样一些水工程的修建，只是使既得利益者得益于一时，甚或只是得到了施工期的效益，而其后果却贻害多年，带来新的热点、难点问题，甚至造成了不可逆转的环境破坏。即便对这些工程进行毫不吝惜地投入、精心呵护，也难以运用长久，甚至用得越久，越是弊多利少。所以，一定要千方百计地建设人水和谐的绿色水工程，坚决从源头杜绝不良项目的上马建设，这就需要对拟建的水工程项目进行充分论证、认真比选、精心设计；坚持经济效益、社会效益与生态效益并重；坚持以科学发展观的要求，度量和把握工程目标实现的置信区间和偏差。

都江堰是中华民族科学智慧与文明的结晶，都江堰的建设和运用所体现出的深刻运管系统观，展示出的人水和谐、"天人合一"、共生共存的理念，以及人对自然尊重和自然与人融合的友好关系，是人类社会进步与持续发展的永久财富。

充分关注水质科学保障饮水安全

刘　宁

摘　要：从我国饮水安全的现状入手，分析城乡饮水安全存在的问题，强调保障饮水安全是构建和谐社会的必然要求和水利工作的切实要务。从加强监测、科学规划，加强关键技术研究及推广应用，保护水源地、修复水环境，建立合理的体制与机制四个方面提出了做好保障饮水安全工作的建议。

1　我国饮水安全现状

2004 年，水利部、卫生部联合发出了《关于印发农村饮用水安全卫生评价指标体系的通知》，提出了我国农村饮用水安全卫生评价指标体系，该指标体系设定水质、水量、方便程度和保证率 4 项指标，根据我国不同区域的特点确定了相应的参考数值。其中，水质以符合国家《生活饮用水卫生标准》要求为安全；水量以每人每天可获得的水量不低于 40 ~ 60L 为安全；在方便程度方面，以人力取水往返时间不超过 10 分钟为安全；在保证率方面，以供水保证率不低于 95% 为安全。4 项指标中有 1 项低于最低值，即为饮水不安全。按照这样的标准进行综合分析，初步匡算，我国目前有 3 亿多农村人口饮水不安全。

随着我国城市化、工业化进程的加快，城市供水安全问题逐步显现，特别在一些经济发达地区表现得非常突出。城市用水主要是城市居民生活用水、工业用水、环境与生态用水等，具有相对集中、相互竞争、水质影响剧烈等特征。目前全国 600 多座城市中，有 400 多座缺水，据估算，每年的缺水量为 300 亿 ~ 400 亿 m³。同时，城市水污染、水环境问题也变得越来越突出。城市供水已经成为当前保障用水安全的一项重要内容。

1.1　城市供水

据统计，全国 660 多座建制城市均已有自来水设施，大中型城市居民的自来水普及率达 99% 以上，小城市（30 万人口以下）居民的自来水普及率为 87%，总供水能力约 2.4 亿 m³/d。近年来，城市供水体现出四个明显的特点：一是缺水城市数量增多与缺水程度逐步加重并存。全国的建制城市中，有 2/3 存在缺水问题，北京、天津、济南、大连等城市缺水形势越来越严峻。二是城市水污染、水环境问题突出，城市水源地约 30% 存在不同程度的污染，氨氮、耗氧量等主要指标超标，长三角、珠三角等地城市群水污染相当严重，浙江的杭嘉湖地区、广东的深圳市等表现尤为典型。三是突

原载于：中国水利，2006（3）：5-8。

发性水污染事件对城市供水安全影响日趋严重。近年来频繁发生的重大突发水污染事件，造成一些城市供水中断，带来了严重损失和恶劣影响。2005 年 11 月 13 日，中石油吉林石化公司双苯厂发生爆炸事故，造成大量苯类污染物进入松花江水体，给松花江沿岸特别是大中城市人民群众生活和经济发展带来严重影响，哈尔滨市中断供水近 5 天。此外，2004 年发生的沱江污染事件也给两岸城乡居民生活、生产造成严重影响和损失。四是兴建调水工程成为很多地区解决城市缺水问题的重要措施，不仅北方地区的天津、沈阳、长春、西安、大连等地修建了调水工程，南方的很多城市也提出了兴建调水工程来解决城市用水的构想和计划，如广东已兴建的东深供水工程以及远期筹划的西江东调工程，浙江的北部与东部引水规划等。此外，沿海地区一些城市受咸潮上溯影响，也会造成淡水供应紧张局面。近几年珠江三角洲地区的澳门、深圳、东莞等一度出现供水紧张，人民群众生活用水受到严重威胁，2005 年 1 月 17 日，国家防汛抗旱总指挥部紧急实施了珠江口调水压咸补淡应急措施，从广西的天生桥、岩滩以及广东的飞来峡等水库调水，充分利用潮汐规律，实现了流域内大尺度的水资源优化调度，有效缓解了珠江三角洲地区及澳门淡水供应紧张的严峻局面。这一事例从一个侧面表明，城市供水问题越来越复杂，保障城市供水安全的难度也越来越大。

1.2　农村饮水

受自然、社会、经济等条件的制约，我国农村许多地方历史上就存在严重的饮水困难问题。党和各级政府高度重视农村居民的饮水问题，中华人民共和国成立以来，全国累计解决 2.73 亿农民的饮水困难。"十五"期间，国家共安排了国债资金 117 亿元，加上各级地方政府和群众自筹，总投入 220 多亿元，共建设各类饮水工程 120 多万处，可使 6700 多万农村人口告别饮水困难。这里讲的饮水困难主要是水量不足，也就是缺水问题。但保障饮水安全不仅需要在水量上能够保证，而且在水质方面也应满足要求。目前，我国农村饮水安全存在以下三个突出问题：一是因水致病的问题。据调查，目前全国农村有 5100 万人饮用氟含量超标的水源，289 万人饮用砷含量超标的水源，3800 多万人饮用苦咸水。长期饮用高氟水，轻者形成氟斑牙，重者造成骨质疏松、骨变形，甚至瘫痪，丧失劳动能力，因饮用高氟水而引起的这些病症一般使用药物治疗无明显效果。二是水处理能力不足的问题。据初步统计，全国 9 亿多村镇居民的自来水普及率约 40%，其中乡镇约 50%，村庄只有 29%，普遍缺乏必要的水处理设施，供水管理落后，水质状况堪忧。三是饮用水有害物质含量超标问题。随着工业废水、城乡生活污水的排放量和农药、化肥使用量的不断增加，许多农村饮用水水源受到污染，水中污染物含量严重超标。过去饮用水水质超标大多表现在感官、味觉和细菌指标方面，现在则是越来越趋于在化学甚至有毒有机物含量上超标。由于水质恶化、水处理能力不够，直接饮用地表水和浅层地下水的农村居民饮水质量和卫生状况难以保障。据调查，农村约有 2.26 亿人饮用水有害物质含量超标，容易导致疫病流行，有的地方暴发过伤寒、副伤寒以及霍乱等重大传染病，个别地区癌症发病率增多的趋势明显。

1.3　关于水质问题

根据前面提到的关于饮水安全的指标体系，虽然规定有四个方面的影响因素和评价标准，但是结合目前国家饮水安全状况，最应予以关注的应该是水质问题，特别是生活饮用水质问题。生活饮用水中有机污染物、藻类、病原菌或其他致病微生物、重金属、持久性有毒有机物以及硝酸盐、氟等化学物质超标是威胁人类健康的主要水质问题。生活饮用水水质主要受水源水质、水处理工艺和配水系统制约，需要有与水源水质相匹配的水处理工艺、卫生的供水系统（配水管网和调节构筑物）以及有效的检测手段才能保证饮用水水质。我国城市供水多数采用的是常规水处理工艺和液氯消毒，对污染物去除效果差，消毒副产物问题严重，而且许多城市的配水管网老化腐蚀问题突出。村镇供水普遍缺乏必要的水处理设施、消毒设施和水质检测设备，即使有水处理设施，多数也存在各种各样的问题；分散式供水、小规模集中式供水的村镇几乎无水处理设施，直接饮用水源水，细菌学指标、污染物、有害矿物成分超标问题严重。根据全国水资源综合规划调查评价价阶段的最新成果，我国水污染非常严重，饮用水水质不合格问题相当突出。据水利部门调查，全国城镇生活及工业废污水排放总量 738 亿 m^3，占城镇和工业用水量的 66%，废污水入河量 533 亿 m^3；29 万 km 评价河长中，Ⅳ类和劣于Ⅳ类河长比例 34%；平原区浅层地下水水质，劣于Ⅲ类水的面积占 60%；海河、淮河、松花江、辽河区和太湖水功能区达标比例均在 40% 以下，太湖仅 24%；地表水水源地水质，劣于Ⅲ类的占 25%，地下水水源地水质劣于Ⅲ类的占 35%，调查饮用水水源地底质断面 906 个，污染率 81%，其中 332 个重金属超标，超标率 37%；871 个总有机质检测断面中，轻度污染占 5%，重度污染占 10%。由此可见水污染的严重程度。更为值得关注的是，这种严重的形势目前还没有呈现出好转的趋势。

还有一个不容忽视的问题是，目前对水源地水质的检测往往只限于少数几项水质指标，对于含量较少但危害很大的重金属、有毒有机物等检测少；一般意义上说的水质，往往是一个检测断面的平均水质，难以代表断面上不同位置的水质状况；现场检测断面太少，而且布置在主要江河的干流，而我国很多人群，特别是农民主要是取用临近其居住地附近小河、小湖泊和小池塘中的水，其水质状况也令人十分担忧。

2　保障饮水安全是水利工程的切实要务

2.1　坚持以人为本，构建和谐社会必须保障饮水安全

经济社会的发展是一个动态渐进的过程，遵循螺旋式上升的发育模式，根据发展形势，我国提出了以人为本，坚持科学发展观，构建社会主义和谐社会的构想，对水利工作也提出了新的要求。现阶段，在全国有 3.2 亿人饮水不安全、400 多座城市缺水、近 1/3 饮用水水源水质不达标的情况下，还要面对在 2020 年国内生生产总值翻两番，2030 年左右中国人口超过 15 亿，达到高峰值，水资源如何满足社会需求已成为至关重要的问题。从经济社会的可持续发展以及构建社会主义和谐社会的要求看，当前保障饮水安全无疑是摆在水利工作者面前的十分艰巨而意义非同一般的任务。无论城市还是农村，其供水水质、水量、保证率、用水方便程度和水价都会对群众生活、工作、生产、社会发展产生直接影响，获得足量、卫生、负担得起的安全饮用水是人类获得生存权的象征之一，是保证人体健康和人类发展的重要条件，是以人为本、全面、

协调、可持续的发展观的具体贯彻与落实。世界卫生组织调查指出，人类疾病80%与水有关，长期饮用不清洁的水，对儿童的健康成长最为不利，直接影响人口质量。在我国农村，饮水型地方病严重，为此，各级卫生部门还专门成立"地病办"，据"地病办"统计，全国有饮水型氟斑牙患者2000多万人，氟骨症患者130多万人，砷中毒病近万人，克山病患者4万多人，大骨节病患者80多万人；由于长期饮用不清洁的水，出现了"矮子村""短命村""癌症村""无参军村"等；由于水源污染，导致传染疾病暴发的饮水事故屡有发生；缺水严重的农村，在缺水季节仍然没有摆脱拉水、买水的困境。在一些城市，由于水源污染严重，过量加氯处理，使群众不愿喝自来水，许多家庭都购置了家用净水器或买桶装水；一些城镇由于供水条件差，严重影响了招商投资环境。

随着农村经济社会的不断发展，农民对饮水质量的要求也越来越高，不仅要求有水喝，对饮用安全、方便的自来水的要求日益迫切。保障饮水安全是实现党的十六大提出的到2020年全面建成小康社会的重要支撑条件，更是体现以人为本，构建社会主义和谐社会的必然要求。

2.2 国际社会十分关注饮水安全问题

饮水安全在世界各国都受到广泛的重视。2000年《联合国千年宣言》明确提出，在2015年底前，使无法得到或负担不起安全饮用水的人口比例降低一半。2003年世界环境日的主题是"水——20亿人生命之所系"，这一主题强调了水对人类生存和可持续发展的核心作用。2004年召开了联合国千年发展目标国际会议，饮水安全也是主要议题。在2004年召开的联合国可持续发展委员会第13届年会上，通过《主席决定》，呼吁各国政府采取具体政策以落实水、卫生和人居领域的千年发展目标，确定2005～2015年为生命之水国际行动十年，各国应为本国居民提供基本供水服务，做好废水回收利用以及加强水资源的统一管理。2005年中国水周的主题是"保障饮水安全，维护健康生命"，充分体现了对这一问题的关注和重视。

2.3 水利部对保障饮水安全工作已经做出部署

汪恕诚部长多次强调，在不同经济发展阶段，经济社会发展对水利工作提出的要求是各不相同的，并将其概括为五个层次：第一个层次是饮水安全，第二个层次是防洪安全，第三个层次是粮食安全，第四个层次是城市用水安全，第五个层次是生态安全。2005年全国水利厅局长会议进一步明确要求把保障饮水安全作为当前水利工作的第一任务。水利部规划计划司、水资源司、农水司等提出了编制《全国城市饮用水水源地规划》《农村饮水安全规划》的大纲，农水司召开了保障农村饮水安全的会议，部署了农村饮水安全规划工作。2005年水利部对全国农村饮水安全现状进行调查评估，以县为单元，逐村调查完成了2674个县级单位（包括农场）的农村饮水现状调查报告，各省（自治区、直辖市）、地（市）分级进行了评估。国家组织水利、卫生、环境等方面专家160余人对各省上报的调查评估成果进行了复核评估，目前这一工作基本完成。

3　加强基础工作，科学饮水安全

3.1　加强监测，科学规划

摸清现状，找出问题及其成因，合理分类，才能有针对性地加以解决。多年来在饮水安全方面一直缺乏健全的调查统计体系，标准不统一，不同部门的统计口径和方法不一致，上报数据的真实性和代表性较差，影响了解决饮水安全问题的工作思路和决策。饮水安全问题受许多指标控制，影响因素很多，要充分考虑其广泛性、区域性、阶段性和复杂性以及调查难度大的特点，制订合理的饮水安全评价指标体系；要在全国水资源调查评价成果的基础上，深入开展饮水安全问题普查，着重摸清具有广泛性、区域性并严重影响群众健康、正常生活和经济社会发展的问题。

完善饮水安全监测体系，尤其要研究农村饮水安全监测体系建设，包括小规模集中供水和分散供水的水质监测。要落实机构、人员、任务、责任、仪器设备和经费，实现信息畅通、资料数据准确及时。

组织编制《全国城市饮用水水源地规划》《农村饮水安全规划》，应按照"先急后缓、先重后轻、突出重点、分步实施"的原则，科学规划，合理布局。对于农村地区，要摸清未达到饮水卫生标准的人口情况、饮用水质状况和地区分布，因地制宜地制订农村饮水安全工程建设实施方案；对于城市，要摸清城市主要饮用水水源地的水质状况，做好水资源优化配置和应急备用水源建设，明确水源地污染防治措施，加强重要水源水质监测网络建设。工程规划应重点做好水源地规划和区域供水规划，确保有限的水资源和优质水源优先满足生活用水，充分利用已建工程设施。

3.2　针对关键问题，加强技术研究和推广应用

饮水安全涉及的技术与工艺问题很多，应广泛开展研究。提高供水水质、供水可靠性、工程可持续性、投资效率，改善管理条件，降低能耗、药耗、漏耗及供水成本是今后城乡的主要技术进步和工艺改造方向。以往城市供水技术工艺研究较多，农村供水则相对较少，许多事关饮水安全和工程可持续利用的技术问题和工艺措施亟待围绕农村供水的特点开展科学研究，农村供水工程与城市供水工程相比，规模小、用户分散，建设条件、管理条件、供水方式、用水条件和用水习惯都有较大差异，有其自身特点，不能套用，也很难借用。根据我国的实际情况，我认为需要加强以下四个方面的研究工作。

一是要加强劣质水处理技术的研究，包括微污染水、高氟水、高砷水、苦咸水、高铁锰水等的水处理技术研究。在城市供水中重点研究微污染水处理技术；在农村供水中重点研发性能可靠、管理简便且价廉的良好地表水、微污染水、苦咸水、高氟水、高砷水处理设备。

二是要加强安全高效消毒技术的研究。供水规范规定，生活饮用水必须消毒。目前，城市水厂都有液氯消毒设施，村镇供水只有少数的镇级水厂有消毒设备，采用较多的是二氧化氯消毒，大部分小规模村镇水厂无消毒设备或措施，且液氯消毒在小规

模水厂中应用条件较差。污染水液氮消毒和二氧化氯消毒副产物均有致癌危害，因此，需要研究不同规模、不同水源、不同水处理工艺和管理条件下的消毒模式，包括消毒的方法、设备选用、安全投加量控制等。

三是要加强饮用水卫生标准制订工作，完善村镇供水标准体系，我国1985年制订的《生活饮用水卫生标准》[①]（GB 5749—1985）仍在执行，该标准有35项指标，指标数量以及一些指标值已与世界卫生组织或发达国家的现行标准有很大差距。2001年与卫生部制订了《生活饮用水卫生规范》，有96项指标，该规范仅限于卫生部门使用。2005年6月1日，建设部制订的《城市供水水质标准》正式实施，有101项指标；农村供水仍然执行1991年全国爱国卫生运动委员会和卫生部制订的《农村实施〈生活饮用水卫生标准〉准则》，只有20项指标。世界卫生组织规定的《饮用水水质准则》（2004年）中水质指标有144项，美国饮用水标准也有102项指标。鉴于依法保障饮用水安全的需要，尽快修改完善、统一我国饮用水卫生标准势在必行。值得注意的是，卫生部正在对《生活饮用水卫生标准》进行修订，拟于近期颁布实施，新标准中检测指标的数量将大大增加。

四是加强农村制水工艺的改造和研究。在污染源没有得到有效控制、水源水质难以保证的情况下，自来水厂是保障饮水水质安全的最后一道屏障。但是，我国村镇人口多，村镇供水工程建设起步晚，规模小，其建设和管理标准与城市供水标准有差别，标准体系很不完善，因此还需针对村镇供水工程建设和管理的特点制定供水标准，加强水质监测、保障体系。

村镇供水工程，建设和管理的主体是基层，技术力量相对薄弱，尤其缺乏水质卫生方面的知识，饮水安全意识薄弱，不利于饮水安全问题的解决，急待加强技术推广工作。可通过培训、建设示范工程等形式，提高基层技术人员和工程管理人员的技术水平。

3.3　保护水源地，修复水环境，加强对饮用水市场的管理

对饮用水水源地的保护首要的是控制污染物排放，使之达到相应的水功能区要求。要加强污水处理厂的建管、配套，污水管网截排，确保运行经费落实。严格达标排放并不限于满足达标排放，加强控制和削减排放总量，停止生产和使用有害有机物，发展代用品和清洁生产，提倡生态农业、绿色农业，采取各种生态措施、生态工程，治理农业和农村污染。注重消除江河湖库中存留的污染物，要开发高效低耗的新技术，应该把修复集中饮用水水源地的水质放在优先地位，防止用调水工程替代饮用水水源地水质修复的不良倾向。调水不是保障饮水安全的根本措施，调水应该"少取、补偿、高效"，节水优先、治污为本，改善和修复水源地水质才能根本解决问题。

目前值得注意的另一个问题是，城市饮用水市场活跃，这一方面有利于保障饮水水质，提高水商品的价值期望，但另一方面也必须清醒看到，有些违背商业道德的商品水在饮用后更有害人民群众的健康，因此必须加强市场监管，对商品水实施认证认可，确保人民能喝上放心水、洁净水、优质水。

[①]　2006年底，正式颁布了新版《生活饮用水卫生标准》（GB 5749—2006）

3.4　建立合理的体制机制，加强国内外交流与合作

要以保障饮水安全为目标，以提供优质供水服务为宗旨，建立适应社会主义市场经济体制要求、符合饮用水工程特点、产权归属明确、管理主体到位、责权利相统一、有利于调动各方面积极性、有利于工程可持续利用的管理体制、运行机制和社会化服务保障体系。

要建立合理的水价机制、用水户参与机制、水源保护机制和监督机制。解决饮水安全问题，需要政府公共财政给予强有力的扶持，受益户也要在力所能及的范围内承担部分责任。中央资金应重点支持不发达地区的饮水安全工程建设，对于发达地区主要依靠地方财政投入；贫困地区的饮水工程建设，应以政府补助为主，农民自筹为辅；对经济发达地区的饮水工程建设，所需资金由政府、受益群众、市场等多种途径筹集。政府应对饮水工程建设和运行中的用地、用电、税费等实行优惠政策。对于兼有向第二、三产业供水任务的饮水工程，可采用股份制等形式吸纳社会资金或利用贷款进行建设。

针对近年来频繁发生的突发性水污染事故影响城乡供水安全的问题，应研究建立供水应急保障机制，加强城乡供水水源地建设，保障发生突发事件影响正常供水时能够有充足的后备水源，制订应对突发事件的应急供水预案，建立环保、水利、卫生等相关部门的协调机制，特别是河流上下游、相邻行政区域的协调机制，严格制订事故情况报告和发布制度，明确污染应急监测原则和污染事故应急处理原则，明确污染事故的评估原则和指标体系等。

饮水安全工作，涉及水利、卫生、建设、环保、地矿等多个部门，既要明确责任，又要密切合作，共同努力，才能把这项工作做好。在技术上更要充分发挥各部门的优势，才能提高研究质量和工程技术含量。

许多发达国家和国际组织愿意同我国合作开发供水项目，加强国际合作不仅可引入国际资金，同时还可引入好的理念和技术，在该领域已经完成的中英合作项目（水利部）、世界银行贷款项目（卫生部）就是很成功的范例。

让每个人都能及时、方便地获得足量、卫生的饮用水是人类的共同愿望，保障饮水安全工作任重而道远。水利部门要切实承担起保障饮水安全的重任，加强沟通和协调，按照以人为本，全面、协调、可持续的发展观的要求，扎扎实实做好各项饮水安全保障工作。

对现代管理和决策方法的思考

刘 宁

自从有了人类社会，就有了管理。管理的核心是决策，以科学决策为核心内容的现代管理，是经济迅速发展和社会进步的主要因素。用以人为本、全面协调可持续的科学发展观指导管理实践是现代管理理论的精髓。随着经济社会的不断发展，现代管理也面临着新的挑战，探讨现代管理理论和科学的决策方法具有重要意义。

1 对现代管理的认识

当前，中国正在进入全面建设小康社会、加快推进社会主义现代化的新阶段，加入世贸组织、经济全球化、科技进步加快和西部大开发给社会经济快速发展带来新的契机，由此形成了社会经济成分和经济利益、社会生活方式、社会组织形式、就业岗位和就业方式日益多样化等方面的深刻变化，人们思想活动的独立性、选择性、多变性、差异性明显增加，贫富差距拉大、就业形势严峻、腐败等一系列社会问题逐渐显现，使经济社会管理面临前所未有的复杂情况。

一是经济发展过热。特别是 2003 年以来，我国经济运行中的一些矛盾和问题进一步显现，新开工项目多、在建规模大、一些行业和地区投资扩张加速，尤其是钢铁、电解铝、水泥、房地产开发等行业出现增长过热的趋势，引起信贷规模过大、煤电油运紧张、基础产品价格上涨等，银行不良贷款率处于高风险状态，特别是房地产价格扶摇直上，远远超出了普通群众的购买能力，群众不满情绪溢于言表。这种情况下，如果不及时采取有效的宏观调控措施，大好的发展形势就可能发生逆转。二是各种社会矛盾仍大量存在。我国当前正处在经济体制转轨、经济结构调整和增长方式转变的重要时期，国内将不断会有企业出现兼并或破产，农业、农产品市场面临国际市场的冲击，城乡居民就业形势更加严峻，社会管理难度将愈显突出。因征地、拆迁、工程移民、融资、资源纠纷、贫富差距拉大（基尼系数已经超过 0.4）以及腐败等带来的问题，将会引发更多、更复杂的矛盾。三是管理范围扩大，难度增加。随着金融、外贸、电信、旅游等各行业的不断发展，与其相适应的管理机制、内容、规范、措施尚待进一步完善，特别是要实现对一些"前沿"领域、行业的有效管理，难度更大，对管理人员的素质要求更高。复杂多变的国际、国内政治形势，东西方文化、观念等差异性的歧见，也都增加了管理的难度。四是风险管理面临更大挑战。科学技术和社会经济的发展使得风险的产生以及风险损失、风险收益都不断发生变化，并呈现出风险增长的特征，人类面临的风险危机越来越多样、越来越复杂。近年来发生的 SARS、禽流

原载于：观察与思考，2006，（14）：30-31.

感、重大突发污染事件等，都对公共风险管理提出了新的挑战，如何有效地预防危机、处理危机乃至管理危机成为迫切需要研究的重大课题。要解决这些问题，关键是要实施以科学发展观为核心理念的现代管理。

要推进现代管理，必须牢固树立和认真落实科学发展观，把科学发展观贯彻到管理实践中。在管理理念上，要坚持人民利益高于一切的原则，深入了解民情，充分反映民意，把权为民所用、情为民所系、利为民所谋的要求落实到经济社会发展的各项任务中去。在管理目标上，坚持一切从实际出发，坚持人与自然和谐相处，注重保护生态和环境，防止片面追求经济指标的错误倾向，推进经济社会全面、协调、可持续发展。在管理机制上，建立符合最广大人民根本利益的周密、高效的管理机制，抓好人才培养、选拔和使用以及管理过程的各个具体环节，精简管理机构和管理队伍，提高管理效率，建立健全有利于统筹兼顾、可持续发展的机制、体制和制度，以及结构合理、配置科学、程序严密、制约有效的权力运行机制。在管理手段上，采用市场和法律并举的管理手段，注重发挥政府宏观调控的职能。要加强法制建设，推进依法治国，按照政企分开、政事分开的原则，转变政府职能，加强宏观调控、市场监督、社会管理和公共服务，营造务实高效的服务环境。因此，必须按照现代管理的要求，做出符合国情和需求的战略部署，把经济社会发展转移到依靠科技进步和提高劳动者素质上，打破资源和环境等方面的瓶颈制约，努力扩展新的发展领域和空间，使我国走上科技主导、资源消耗低、环境污染少、人力资源优势得到充分发挥的可持续发展道路。以人为本，是科学发展观的重要理念，也与现代管理学所提倡的人本管理理念相吻合。今后管理改革的一个重要方向，就是从计划经济时代中注重人的道德品质并以此作为人的根本，转变为市场经济和知识经济条件下更注重人的素质、知识和能力并把知识和能力作为人的立身之本。

2 对决策方法的探讨

尽管我们的管理水平在不断提高，但是很多还是基于经验管理。管理不能凭个人意志，而是要根据科学；科学管理，最大的挑战和风险在于决策。决策科学是现代管理理论的重要组成部分。

决策科学是近代开始形成的。20世纪40年代以来，系统科学的出现和发展以及电子计算机的使用，为人类决策的科学化提供了有力的分析工具和手段，推动了决策的定量化进程。人们借助于数学，特别是运筹学的理论和方法，在系统学的指导之下，采用电子计算机等手段，对各种决策问题进行分析、研究、论证，以实现决策的科学化。在决策科学的分类上，按不同的标准，可将决策理论划分为程序化决策与非程序化决策，逻辑决策与直觉决策，单目标决策与多目标决策，确定性决策、风险性决策与非确定性决策等。在当今知识经济时代，群决策、多目标决策、风险决策、行政决策的重要性越来越突出，而确定性决策分析、目标规划分析、理想综合评价法、专家排序优序评价法、模糊综合评价法、层次分析决策法、折衷决策方法等决策分析方法在保障决策的科学性、合理性上将发挥更为重要的作用。

当前，以多目标决策理论和方法为主要内容的决策学，在管理科学中的地位和作用日益显露出来。多目标决策是20世纪70年代后期发展起来的一门新兴学科，它的基本问题是研究如何在多个存在着矛盾和冲突的决策目标下进行有效和科学决策的问题。从理论的角度来看，多目标决策吸取了行为科学、认识论科学等社会科学方面的成果，同时吸取了信息论、控制论、系统论等自然科学或新的交叉科学方面的成果，从而逐步形成了多目标决策学，进而逐步形成了决策学这门综合性的学科。事实上，人们在政治、经济、科技、文化和其他社会活动中所遇到的决策问题绝大多数是多目标的，兴建一项水利枢纽工程，不仅涉及工程目标、经济目标，而且涉及生态环境目标、社会目标等等。随着科学、经济和社会的发展，人们面临着越来越多的多目标决策问题，用多目标的观点来反映和描述决策问题更加符合实际，从而才能有效地解决决策问题。

3 管理者能力的提升与认同

除了政府要提高依法行政、科学行政和民主行政的能力外，管理者个人更要不断提升五方面的能力：一为综合分析能力，二为组织实施能力，三为沟通协调能力，四为决策应变能力，五为工作创新能力。这五方面的能力高低见仁见智，但我以为，这五方面能力要发挥好还需一个前提和一个先决条件：前提是品德，条件是机遇。

德才兼备，德为先。现在干部考核注重：德、能、勤、绩、廉。关于德的论述与要义非常多，我想从反方向说明：一个人做事犯错误是常有的事情。犯一次错，是经验少；犯两次以上错，是能力不高；但是有一种人，不管犯什么错误，只有一个目的，那就是为了自己的利益，就是德行缺失的问题，难以重用！

做人要以信达雅为本。信：一方面就是要讲信用，守信用，言必行，行必果，言行一致；另一方面无论任何时候都要保持本色，不失自我，诚信，才能履中踏对，这是古人修身的逻辑起点。达：一方面就是要到位，防止过或不及；另一方面就是要通达，有胸怀，有筋骨。"世事洞明皆学问，人情练达即文章"。雅：一方面就是要有境界，修身养性；另一方面就是要言行高尚，做有益而纯粹的人。实际上很多事情都是可以凭借高尚的境界加以圆满解决的。

工作要以清慎勤为本。处事则要以智仁勇为本。总之，在现代经济社会发展的进程中，管理和决策将面临更大的挑战。做好管理工作，管理者必须以科学发展观为指导，按照构建社会主义和谐社会的要求，坚持以人为本，进一步加强现代管理理论和决策方法的研究，推进现代管理和科学决策，支撑经济社会的可持续发展。

治水新思路是"十五"水利成就的重要构成

刘　宁

1　概述

"十五"时期是我国发展进程中不平凡的五年，也是水利工作与时俱进、开拓创新和成效显著的五年。五年里，水利工作深入贯彻落实科学发展观，落实新时期中央水利工作方针，实现了治水思路的深刻转变，各项水利工作全面推进，水利发展实现了新突破、新跨越，为经济社会发展提供了有力的支撑和保障。回顾"十五"实践治水新思路是"十五"水利工作的鲜明特征，治水新思路也是"十五"水利成就的重要构成。

治水新思路在推进可持续发展水利进程中，主要表现在以下几个方面。

一是治水新思路重在落实科学发展观，突出强调以人为本，把人民群众的根本利益作为水利工作的出发点和落脚点。"十五"期间，水利把防洪安全、饮水安全、粮食安全等关系人民群众切身利益的工作放在头等重要位置，作为工作的优先领域，通过切实有效的措施，不断提高人民群众的生活质量，改善生产条件，提高水安全保障程度。切实围绕全面小康社会建设开展了卓有成效的基础性、公益性和保障性工作。

二是治水新思路始终将人水和谐、人与自然和谐相处作为核心理念。在尊重自然规律的基础上，对人类不合理的水事活动进行约束，探索自律式发展，坚持给洪水以出路，重视洪水管理和洪水资源化，确定和建立水功能区划，强调对生态与环境的保护，注重大自然自我修复能力，充分发挥水利工程的生态功能。极大地推动了人与河流的和谐发展，有效地维护了河流生态与环境健康，使得水基系统向着或者说最大可能地向着良性方面演进。

三是治水新思路根据全面规划、统筹兼顾、标本兼治、综合治理的新时期中央水利工作基本方针，把支撑经济社会可持续发展和为构建社会主义和谐社会服务作为中心任务。"十五"期间，统筹解决干旱缺水、洪涝灾害、水污染和水土流失等不同领域的水问题，统筹考虑东中西部水利发展，统筹协调城乡水利发展，大大增强了供水能力和灌溉排涝能力。一大批水利规划编制完成并实施，一批法律法规和标准规范颁布并施行，诸如南水北调工程和三峡工程等一大批水利水电工程开工或加快建设，为国家城镇化建设、为社会主义新农村建设奠定了良好基础，有效地提升了整个社会的和谐度，充分彰显了中国特色社会主义的优越性。

四是治水新思路倡导水资源的可持续利用，把水资源的统一管理和优化配置、有效节约以及高效利用作为总体目标。"十五"期间，从保障经济社会可持续发展的高

原载于：观察与思考，2006，(14)：30~31.

度，把水资源可持续利用作为水利工作的切入点，着力提高对水资源的调控能力，大力推进节水型社会建设。推进了水资源的保护、利用和管理，用水总量基本得到控制，用水定额初步得到推行认可。

五是治水新思路按照依法行政、民主行政、科学行政的要求，将着力点放在全行业依法治水、科学治水能力和水平的提高。"十五"期间，努力健全水利政策法规体系、监督机制，推行水利政务公开，建立与市场经济体制相适应的水利工程投融资体制和水利工程管理体制，推进水务一体化改革，推进水权制度和水市场建设，在水利领域发挥政府职能的同时，更加注重发挥市场机制的作用。水利科技则紧密围绕水利改革与发展实践，将基础研究与应用研究、自主创新与技术引进、科学研究与转化推广有机结合起来，通过科研院所的改革，重点实验室和工程中心的建设，全面提高了水利工作的科技含量。水利行业队伍素质迅速提高，水利行政能力大幅度提升，水利工作的机制和体制得到改革和发展，一些领域和地区的现代水利模式框架已经或正在开始形成。

2　"十五"期间治水新思路的嬗进概览

思路是实践的升华，也是行动的先导。随着人口的持续增长和经济社会的不断发展，水资源问题的影响和制约作用更为突出，水利工作面临的矛盾和问题更加复杂；随着科学发展观的贯彻落实和构建社会主义和谐社会实践的不断深入，人们对水利的要求更高，水利的任务也更加繁重。传统的治水思路已不能适应形势发展，时代呼唤创新水利发展模式，历史推动传统水利向现代水利、可持续发展水利转变，适时将水利发展的重点放在水资源合理配置和提高水的利用效率和效益上，以水资源的可持续利用保障经济社会的可持续发展，成为新时期水利发展的必然选择。正是在这样的背景下，治水新思路在总结实践的基础上产生，在探索实践的基础上发展，在进一步指导实践的进程中丰富和完善，形成了我国治水理论一次大的跨越。

1998年长江、松花江、嫩江大水，反映出我国水利建设不适应经济社会发展，引起了全社会对水问题的普遍关注，调整传统治水思路和理念的呼声越来越高。党中央做出了灾后重建、整治江湖、兴修水利的重大决策。国务院提出了"封山育林，退耕还林，平垸行洪，退田还湖，加固堤防，疏浚河湖，以工代赈，移民建镇"的32字政策措施。这些重大战略决策体现了一个深刻的思想，就是必须正确认识和处理人与自然的关系，高度重视人类经济社会活动对水土资源、生态与环境的影响。水利部党组根据经济社会发展的新形势和水利工作的实际，1999年首次提出了"实现由工程水利到资源水利的转变"当时引起了社会上热烈而广泛的讨论。

2000年，我国北方大部分地区发生持续严重干旱，城乡供水形势十分严峻。党的十五届五中全会再次强调了水利基础设施建设的重要性，将水资源的可持续利用提高到保障经济社会发展的战略高度，推进水资源节约、保护和合理配置逐渐深入人心。这一年里，引黄济津应急调水，黄河、黑河、塔里木河"三河"调水成功实施；上海、呼和浩特、包头、承德等城市及一大批县（市）成立了水务局。随着水利发展形势的不断变化，从传统水利向现代水利、可持续发展水利转变逐渐形成共识，特别强调了水资源的配置、节约和保护。

2001年，国务院批复了《21世纪初期首都水资源可持续利用规划》《黑河流域近期治理规划》《塔里木河流域近期综合治理规划》，从嫩江向扎龙湿地应急补水工程正式启动。水权与水市场、水权管理、水环境承载能力分析与调控以及建立节水型社会等在水资源管理方面具有现实可操作性的思路相继提出，可持续发展水利的理论体系逐步深化，并启动了节水型社会建设试点。

2002年，《水法》修订并颁布施行，治水进程中的成功探索实践以法律形式固定下来，对水资源的管理、开发、利用、节约和保护等进行了明确规定，把节约用水和水资源保护放在突出位置，确立了水资源统一管理的体制和机制。在这一年，三峡工程导流明渠截流成功，南水北调工程正式开工建设，南四湖实施应急生态补水、引江济太正式启动，黄河首次实施调水调沙，国务院批复《水利工程管理体制改革实施意见》。随着理论探讨的深入和实践探索的推进，可持续发展水利的本质特征、理论基础和体制保障逐步明晰。维系良好生态系统，以水资源的可持续利用支持经济社会的可持续发展，水利要为全面建设小康社会提供有力保障的论断受到社会广泛认同，新时期的治水思路进一步丰富和发展。

2003年，我国成功抵御了淮河发生的1954年以来的最大洪水，三峡工程成功下闸蓄水，《水利工程供水价格管理办法》正式出台，节水型社会建设试点工作全面推进。对可持续发展水利思路进行系统总结已经显得十分必要。在治水中坚持人与自然的和谐相处，注重水资源的节约、保护和优化配置，逐步建立水权制度和水市场，建立与市场经济体制相适应的水利工程投融资体制和水利工程管理体制，建立水资源统一管理体制，以水利信息化带动水利现代化，上述表述进一步明确了可持续发展水利的目标和任务。

2004年，在中央人口资源环境工作座谈会上，胡锦涛总书记和温家宝总理强调指出，要全面推进节水型社会建设，大力提高水资源利用效率和效益。引岳济淀、引察济向生态应急补水相继启动，全国节水型社会建设取得新的进展，北京市水务局成立，表明我国的水务体制改革正在逐步走向深入。在理论探讨上，围绕怒江开发、三门峡水库运行方式等焦点问题，社会各界就"水电开发与生态保护"展开了热烈讨论。在中国水利学会年会上，汪恕诚部长指出，破解中国洪涝灾害、水资源短缺、水土流失、水污染四大水问题的核心理念是人与自然和谐相处。这四大水问题的解决要点是：给洪水以出路，建设节水型社会，依靠大自然的修复能力，发展绿色经济和加强排污权的管理。要求流域机构做河流生态的代言人，鼓励广大水利水电工作者担负起水利建设与生态保护两副重担。

2005年，党的十六届五中全会提出要以科学发展观统领经济社会发展全局，坚持以人为本，创新发展模式，切实把经济社会发展转入全面协调可持续发展的轨道。在中央人口资源环境工作座谈会上，胡锦涛总书记强调，"水利工作要把切实保护好饮用水源、让群众喝上放心水作为首要任务"，保障饮水安全被列为水利工作的首要任务。珠江压咸补淡应急调水成功实施，水利部采取积极措施应对松花江水污染事故等都是贯彻落实中央领导同志指示的具体行动。在节水型社会建设高层论坛上，汪恕诚部长提出我国经济社会发展要与资源承载力和环境承载力相适应、相协调，走自律式发展的道路（C模式），指出要用自律式发展来约束人类行为，通过建立和完善水权制度，增强全社会用水的自律意识，努力建立资源节约、环境友好型社会。

在 2006 年的水利厅局长会议上，水利发展思路的深刻转变被具体概括为体现在六个"坚持"上，即坚持水资源的可持续利用，坚持人与自然和谐相处，坚持以人为本，坚持发挥政府职能与市场机制相结合，坚持依法治水，坚持科学治水。

治水新思路的形成、丰富和发展，完全建立在水利实践的基础上，它来源于实践，并作用于实践，指导实践。治水新思路的嬗进充分发挥了民主机制，是集体智慧的结晶，是尊重群众、尊重实践、尊重科学的重要体现，随着客观条件的变化和水利实践的持续推进，可持续发展治水思路也必将进一步得到发展和完善。

3　对治水新思路的理解和认识

3.1　治水新思路是科学发展观在水利工作中的具体体现

十六届三中全会明确提出，科学发展观是指导发展的世界观和方法论的集中体现，概括地说，科学发展观就是以人为本，全面、协调、可持续的发展观。以人为本，是科学发展观的本质；全面、协调、可持续发展是科学发展观的基本内容。治水新思路很好地体现了科学发展观的内涵和精髓，"坚持水资源的可持续利用，注重水资源的节约、保护和优化配置"体现了可持续发展的内在要求；"坚持人与自然和谐相处"是协调发展、可持续发展的重要内容；"坚持统筹兼顾，统筹国民经济和水利发展，统筹流域、区域、城乡水利发展，统筹解决不同领域水利发展中的问题，因地制宜，注重实效"是全面发展、协调发展的具体体现；"坚持发挥政府职能与市场机制相结合，逐步建立水权制度和水市场，建立与市场经济体制相适应的水利工程投融资体制和水利工程管理体制，建立水资源统一管理体制"则反映了协调发展的内涵，是推进生产力和生产关系、经济基础和上层建筑相协调的重要环节；"坚持依法治水、科学治水，以水利信息化带动水利现代化"则是实现科学发展的重要保障。

3.2　治水新思路是对历史实践和经验的传承与发扬

我国治水历史悠久，上可追溯到四千年前。大禹治水"疏川导滞""弃堵从疏"的治水策略为诸子百家推崇备至；春秋战国时期兴建的都江堰工程，遵循河流、河道自然规律，以"天人合一"乘势利导，因时制宜"的治水原理，科学布置、建设和管护，历经两千余年，至今仍在持续为子孙后代造福。中华人民共和国成立后，水利工作得到了党和政府的高度重视，对治水规律的认识不断深化。时至今日，水利已不再仅仅是农业的命脉，更是国民经济和社会发展的基础设施，"水是人类生存的生命线，也是农业和整个经济建设的生命线"为整个社会所公认，国家要求把解决水的问题"作为我国跨世纪发展目标的一项重大战略措施来抓"。截至 2006 年，经过 50 多年的艰苦奋斗，几代水利人同走江河路，已使我国的水利面貌发生了翻天覆地的变化。新时期水利工作者提出并践行的治水新思路，是在总结我国历史上长期水利建设的成败得失和借鉴国外水利工作中的经验教训的基础上，按照落实科学发展观的要求，循序渐进、去伪存真，科学预见、实践检验形成的当代治水理论。它强调以人为本，将人水和谐、人与自然和谐相处作为其核心的理念和目标，力求传承历史精华，博纳前人心得，着眼当前实际，推进可持续发展。

3.3　治水新思路是对治水实践的科学凝练

治水新思路是在总结无数治水实践基础上，结合新时期经济社会发展对水利的需求而形成的。千百年来，人们把洪水与猛兽相提并论，为了自身的生存不断地与洪水斗争，积累了丰富的防洪经验。但 1998 年大水之后，特别是在抗御 2003 年淮河大水中，由与洪水全力抗争到主动科学防控、由控制洪水到实施洪水管理，在实践中得到充分的体现，探索了以人为本、人与自然和谐相处的治水新理念。在抗御 2002 ~ 2003年大旱的过程中，水利部门积极采取应急调水、统一调度、节水限水等措施，确保饮水安全和粮食安全，使人们更加认识到注重水资源的节约、保护和优化配置，建立水资源统一管理体制，实现水资源可持续利用的重要性。针对干旱和水资源无序开发利用而造成的水生态与环境问题，水利部门实施了黄河、黑河、塔里木河调水，南四湖补水、引岳济淀、引察济向等，挽救这些水生态实体的生态与环境，使得坚持人与自然和谐相处的理念更加深入人心，也进一步证实了这一治水新理念的实践性、科学性和正确性。此外，在建立水权制度和水市场、水利体制改革等方面也进行了积极而有益的探索。在科学发展观的指引下，正是在对现代水利以及经济社会发展和自然演进实践的长期观察、认识、总结和再实践、再认识的基础上，治水新思路得到了不断的凝练、检验、发展和完善。

3.4　治水新思路是历史发展到特定阶段的现实要求

在漫漫的历史长河中，不同的治水思路和理念体现着各个历史阶段的价值观念、思维方式和行为准则，体现了人类为适应自然环境、适应当时的生产力与生产关系发展而进行的兴利除害的要求。中华人民共和国成立后，许多大型水利工程陆续上马，对水的调控能力不断增强，这种水利发展方式有力支撑了当时我国大规模的经济建设和社会发展。随着我国经济社会快速发展，制约发展的资源、能源、环境瓶颈问题日渐显现，水资源短缺、水环境恶化、生态灾害成为我们面对的重要挑战。在我国发展的基本价值取向已经从过去追求经济增长转向经济社会全面、协调、可持续发展的背景下，针对经济社会发展对水利提出的新要求，治水思路也相应发生了重大变化，从"人定胜天"转变为"人与自然和谐相处"从单纯注重搞工程转变为实施"资源水利"战略、合理调配水资源、注重保护生态与环境。现阶段，水利发展正在努力为转变经济增长方式服务，为社会主义新农村建设服务。

"十一五"是我国全面建设小康社会、构建社会主义和谐社会的关键时期，也是贯彻落实科学发展观、践行治水新思路的关键时期。理论来源于实践，实践是认识的源泉，是检验理论的标准，是理论发展的动力和最终目的。毫无疑问，作为"十五"水利成就的重要构成，在未来推进可持续发展的进程中，治水新思路仍将得到进一步发展和完善，治水新思路也将进一步接受实践的检验。

区域水资源水环境保护治理的符点目标推定

刘　宁

摘　要： 探讨了基于水基系统概念的区域水资源水环境保护治理思路，定义了具有持续性、随律性和变化性的定尺度水基系统演进的符点目标，从水资源承载力和水环境承载力的角度建立了区域水资源水环境取排水控制关系，用 BP 人工神经网络智能方法提出了对水量水质耦合过程以及水价调节作用进行学习、训练的架构，从而为推求区域水资源水环境保护治理的符点目标进行了步骤与方法的探索。

近年来，随着我国经济社会的快速发展，水资源、水环境问题日益突出，给城乡居民生活和经济可持续发展带来严重影响。合理开发利用水资源，保护治理水环境，已经成为各方的共识。为此，研究探讨科学的方法，来推求基于水基系统概念的水资源水环境保护治理目标，并依此制订合理的治理方案，意义深远。

1　水资源水环境保护治理与水基系统符点目标

按照社会和经济的观点，人类开发利用水资源的活动其实质是人类处理人水关系的过程。在不同的人水关系观指导下，人类开发利用水资源的活动将体现不同的特点，也将对水资源本身产生不同的影响。在人水关系上，人类需要正确对待取水过程中的水资源承载能力以及排水过程中的水环境承载能力，只有不超过水资源和水环境的承载能力，才能实现人水和谐。因此，区域的经济社会发展模式以及生产力布局和城市建设应当与区域的水资源和水环境承载能力要求相适应。

近年来，深圳、桂林、武汉等市均已开始了水资源水环境保护治理的研究和试点工作，海河流域也率先制订了生态与环境恢复水资源保障规划，提出了可望实现的阶段目标。以深圳市为例，深圳河、深圳湾（以下简称深圳河湾）的水污染水环境问题严重制约了深圳市的可持续发展，问题的根本是有限的水资源承载能力和水环境承载能力无法支撑现有经济社会增长模式。因此，其保护治理工作必须立足深圳河湾和珠江口水域纳污能力，控制用水总量，确定深圳市排污总量控制指标，进而推求水资源水环境保护治理目标，制订不同阶段的治理措施和方案。在这种思路下，深圳河湾保护治理研究取得了一系列成果和结论，设定了深圳河湾保护治理的近期目标，为下一步保护治理工作明确了方向。但这些目标的推求很多是通过预先设定的模型或经验值获得的，缺乏一套相对合理和完善的理论体系来支撑，其合理性和科学性还有待商榷。

原载于：水科学进展，2006，（6）：859-864.

因此，必须思考和探索科学的基于水基系统概念的区域水资源水环境保护治理目标，并以此目标作为水生态恢复、河流健康和支撑水环境良性演进以及经济社会可持续发展的前导。

由于水基系统的演进很大程度上并不以人的意志为转移，因此其保护治理的目标也是复杂而动态变化的，或者说，我们通过推断能寻求到的也只能是区域水资源水环境保护治理的阶段性目标，在此笔者定义为符点目标：即在非确定条件下，给定尺度的水基系统遵循演替规律，按照自适应的演进率，映射于时间序列上，达到的相对和谐度与稳定态。符点目标具有持续性、随律性（指符点目标具有随着水基系统演替规律而变化的阶段特性）和变化性的特点。

2 符点目标推求

2.1 区域水基系统的承载能力

所谓区域尺度下水基系统，就是水基系统把尺度放在区域水资源水环境保护治理上进行讨论。宏观上说，水基系统对自然生境的演进有着重要的作用，而经济社会的发展又对水基系统产生至关重要的影响。因此，正确评价它的承载能力和运用状态，并预测、引导其演化趋势是至关重要的。在没有认识业已存在的水基系统的属性和承载能力及运行状态的情况下，进行侵入性改造和干预，其结果一定是对这一系统的割裂和对系统资源的掠夺，从而导致系统的变异，甚或发生超越可恢复状态的系统破坏。由于水基系统的复杂性，注重这一系统的研究，其目光不仅要落在水资源的水量和水质的研究上，也要将河道、湖盆、已修建的水工程乃至水的循环和动力作用及涉水介质等一并纳入研究，并只能是随着研究手段和方法的不断进步而力所能及的扩充研究尺度。

2.2 符点目标的推求思路与架构

在水基系统的概念下，研究承载能力问题，需要综合考虑两方面的因素，将水资源、水环境自身的承载能力与其支撑的水基系统所具有的水基力作为整体一并加以考虑，将会更为贴切而符合实际。由是，可以获得如下研究思路与架构（图1）。

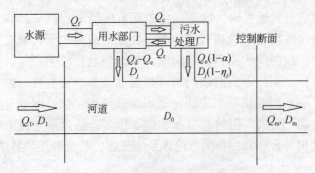

图1 区域水量水质模型计算示意图

2.2.1　控制断面径流量计算

从水量角度分析，在取水的过程中，可以建立以下关系：

$$Q_{ui} = Q_{fi} + Q_{ri} \tag{1}$$

$$Q_{fi} = Q_{ui} - Q_{ri} \tag{2}$$

$$Q_f = \sum_i Q_{fi} \leqslant Q \tag{3}$$

$$Q_r = \sum_i Q_{ri} \tag{4}$$

$$Q_m = Q_1 + Q_d - \beta(Q_1 + Q_d) \tag{5}$$

式(1)~式(5)中，i 为用水部门，如工业、农业、生活和生态，Q_{ui} 为第 i 部门的用水量，m^3；Q_{fi} 为第 i 部门的新鲜水取用量，m^3；Q_f 为各部门新鲜水取用量之和，m^3；Q_{ri} 为第 i 部门的回用水量，m^3；Q_r 为各部门各用水部门回用水量之和，m^3；Q 为区域水资源可利用量，也即水资源承载能力，m^3；Q_1 为河流上游来水量，m^3；Q_m 为控制断面径流量，m^3；Q_d 为用水部门的废污水产生量，m^3；β 为水体水量总消耗系数。

式(1)说明的是区域内各部门的用水量由新鲜水取用量和回用水量构成。式(2)显示的是部门新鲜水的取用水为部门用水量减去回用水量，说明在部门用水量一定的情况下，回用水量越大，部门的新鲜水取用量越少，也即可以提高水资源承载能力。式(3)显示，在可持续发展的情况下，区域的新鲜水取用量应小于等于区域的可利用水资源量。式(5)是根据水量平衡原理建立的控制断面径流量的表达式，显示水体在流动过程中存在自然损耗。

2.2.2　区域某污染物排放量计算

同样，从水质角度分析，在排水的过程中，可以建立以下关系：

$$W_{pj} = D_j Q_d \tag{6}$$

$$Q_c = \mu Q_d \tag{7}$$

$$W_{dj} = Q_c(1-\alpha) D_j(1-\eta_j) \tag{8}$$

$$W_{wj} = Q_c(1-\alpha) D_j(1-\eta_j) + (Q_d - Q_c) D_j$$

因 $Q_c = Q_d \cdot \mu$，所以区域某污染物排放总量可按下式计算：

$$W_{wj} = Q_d \cdot \mu(1-\alpha) D_j(1-\eta_j) + Q_d(1-\mu) D_j \tag{9}$$

在可持续开发利用的条件下，应该有以下关系：

$$W_{wj} \leqslant W_j \tag{10}$$

式(6)~式(10)中，j 为污染物类别，如 COD、氨氮等；W_{pj} 为用水部门第 j 类污染物的产生量，t；D_j 为用水部门排放的第 j 类污染物的浓度，mg/L；μ 为用水部门的废污水收集率，%；Q_c 为用水部门的收集的进污水处理厂处理的水量，m^3；α 为污水处理回用率，%；η_j 为用水部门第 j 种污染物经过处理后的污染物削减系数（为小于 1 的常数），一般不同的污水处理深度和不同的处理方式，各种污染物的削减系数不同；W_{dj} 为用水部门第 j 类污染物经过污水处理厂处理后剩余的污染物量，t；W_{wj} 为第 j 类污染物的向水体排放量，t；W_j 为第 j 类污染物的排放限量，t，也即是水域纳污能力，也可以理解为水环境承载能力在不同类别的污染物上的具体体现。W_j 是一个与河流水环境控制指

标 D_m 有关的参数。

式(6)说明的是,对于某一用水部门所产生的某一污染物量,为排放浓度和排放量的乘积。式(7)显示的污水收集系统收集的污水量与产生量的关系;式(8)显示的是污水处理厂的污染物削减量;式(9)显示,经过水处理厂的处理后,向水体排放的污染物为未收集的污水的污染物排放量和经过污水处理厂处理后剩余的污染物之和;式(10)显示,在可持续发展的情况下,区域的污染物排放量应小于受纳水体的纳污总量。

在以上水量和水质之间,在水量上存在一定的关系,一般有

$$Q_r = \alpha Q_c \tag{11}$$

式中, α 为污水处理回用率。该式显示的是污水处理量与污水处理后回用的关系。

$$Q_d = \varepsilon Q_f \tag{12}$$

式中, ε 为用水部门取水量和废污水排放量之间的关系系数,视部门而定,一般工业和生活为 0.7 左右。农业视作物而定,旱作作物可以为 0,水稻等水生作物视具体情况而定。该式说明的是取水量和废污水量之间的关系。

2.2.3　基于 BP 神经网络的水量水质耦合的符点目标推求

由于目前对水基系统内部各种因素相互作用和影响的认识还十分有限,完全应用物理过程推求水资源水环境的保护目标还存在许多问题,因此还需要研究其他方法或手段来推求。

人工神经网络是由大量简单元件相互连接而成的复杂网络,具有高度的非线性,能够进行复杂的逻辑操作和非线性关系实现。因此,用神经网络模型来表达水量水质模型中输入量与输出量之间的映射关系是非常适宜的。在对区域河流水量水质计算中,采用人工神经网络代替常规的水质模型,计算效率将大为提高。

区域河道的水量水质模型可以概化为这样的一个映射关系,可以用如下的函数表达式表示:

$$(W_m, E_m) = f/(W_1, E_1, W_d, E_d, L) \tag{13}$$

式中, W_1 某时段区域水资源特征值; E_1 某时段区域水环境特征值; W_d 某时段水生态标量(生物群落种属、数量); E_d 某时段用水总量及分布; L 某时段污染物排放总量及分布; W_m 推定的区域水资源状态(符点目标 A); E_m 推定的区域水环境状态(符点目标 B)。

采用 BP 神经网络建立水量水质模型输入量和输出量之间的映射关系的思路为:首先构造输入节点数为 n、输出节点数为 m 的 BP 网络。其中 n 为输入变量的个数, m 为输出变量个数。然后构造网络训练样本对网络进行训练,最后构造测试样本用于测试使用训练样本所训练的网络的预测能力,最终得到反映水量水质模型输入量和输出量之间映射关系的神经网络。

为了建立各输入变量和输出变量的映射关系,需要事先给定一定数量的样本对神经网络进行训练。由于不可能试验所有的输入输出状态,因此我们可以取历史的测量数据来构造样本,把河道上游的径流量、河道水质、污水排放总量、污染物浓度、污水排放点到控制断面的距离等参数作为输入,控制断面的径流量和污染物浓度作为输出,如表 1 所示。

通过训练的 BP 网络将具备模拟区域某时段水资源水环境特征值输入量和对应这一时段的符点目标输出量之间的一个映射关系的功能，这样我们在制定河道整治规划目标时，就无须再进行繁复的计算，也解决了常规水量水质模型计算中难以定出经验系数的问题，使得模拟的结果更加符合实际。

表 1　BP 网络学习训练样本

学习样本	年份	输入					输出	
		W_1	E_1	W_d	E_d	L	W_m	E_m
…	…	…	…	…	…	…	…	…
B_1	1950							
B_1	…							
C_1	1960							
C_1	…							
D_1	1970							
E_1	1980							
…	…	…	…	…	…	…	…	…
N_1	2030							

2.3　推求方法的合理性分析

水资源水环境保护治理的目标、标准如何制定，是一个值得探讨的问题。在以往水资源保护规划工作中，对水的资源功能强调得比较多，比如生活饮用水水质达到Ⅱ类或Ⅲ类标准，工业用水水质达到Ⅳ类标准，农业用水水质达到Ⅴ类标准，而往往对河流水系的生态功能和环境功能重视不够。因此本文提出合理确定区域水资源水环境保护治理的符点目标推断模型，如图 2 所示，模型的核心是 BP 神经网络，通过历史数据的训练，BP 神经网络对河道的模拟结果将更加贴近该河道的实际情况，使得我们制定的治理方案更加符合客观情况，有更好的可操作性。

图 2 中，D_s 为断面水质控制目标值，mg/L；Q_s 为断面水量控制最小目标值，m³。

水资源水环境保护治理的最终目标将是维系生态系统的良性循环，因此我们在控制目标设计时需要把河道控制断面处污染物浓度控制在一定的范围之内，使河道水量满足一定最低限度的生态用水的要求，当然随着区域河道水环境的改善，我们也可以适时提高控制目标。区域河道水环境治理方案确定主要包括以下几个步骤。

（1）收集详细的历史数据，为 BP 神经网络的训练提供样本，通过训练后的 BP 网络将能体现该河流水量水质变化的内在规律。

（2）做好实地的调研和监测工作，调查清楚上游的来水量以及水质情况，另外，结合社会经济发展预测未来若干年的污染物排放情况。用这些量作为输入量输入神经网络可预测出控制断面的水量和污染物浓度。

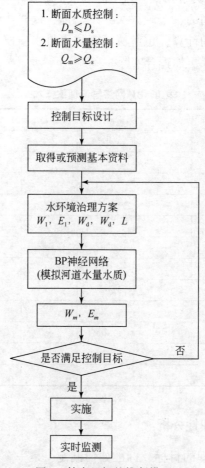

图 2　符点目标的推断模型

（3）如果控制断面水量和污染物浓度的预测值，不能满足我们的控制目标，这时就要考虑治理方案的调整，这些措施可能是加大区域外的调水量、提高区域内的污水处理能力、减少污染物排放等。将调整好的输入量再次输入神经网络，当预测值满足控制目标时，这样的输入量可认为是水环境治理的可行性措施，可作为一个合理的治理方案。

（4）有了合理的治理方案后，水环境治理也就有了方向。水环境治理部门可以根据这样的方案进行具体的部署，并进行实时的监测，使得区域河道水环境状况朝着我们设定的目标发展。

此外，在市场经济条件下，用水、污水处理及回用等行为受一些因素的影响，特别是价格。价格对用水的影响可以用如下的关系表示：

$$Q_{fi} = Q（P_i）= AQ_{0i}P_i^{\gamma_i} \tag{14}$$

$$Q_{ri} = Q（P_{ri}）= BQ_{ri0}P_{ri}^{\gamma_{ri}} \tag{15}$$

式中，Q_{0i} 为第 i 部门价格调整起始时的需水量，m^3；Q_{ri0} 为第 i 部门的价格调整起始时的污水处理回用量，t；P_i 为第 i 部门的用水价格，元/m^3，如工业用水价格、生活用水价格和农业用水价格等；γ_i 为第 i 部门的需水价格弹性系数；γ_{ri} 为第 i 部门的污水回用价格弹性系数；A、B 为常数。

式(14)显示的是用水价格变化对部门取水量的影响，式(15)显示的是污水处理回用价格的变化对污水处理回用行为的影响。如果需要限制新鲜水的取用量，就应该制订较高的用水价格；如果需要鼓励污水处理回用，就应该制订较低的污水处理回用价格。

综上可以看出，要实现区域水资源水环境保护治理的目标，必须大力提高水资源和水环境的承载能力。同时还要建立相对完善的市场机制，用价格杠杆调控用水和排污，为区域水资源水环境治理和保护提供经济支撑。

3　认识与建议

区域水资源水环境保护治理目标的合理确定是典型的模式分类问题。随着经济社会和水基系统的自然演变，水资源水环境保护治理的复杂性和动态性不断彰显，研究中需要考虑的因素和研究规模不断扩大，传统的研究方法，比如确定性方法（数学物理模型）和不确定性方法（随机过程、模糊理论、灰色系统等）均面临着许多困难和挑战，也就是说，基于显函数和线性假设的分析手段和数学模型很难真实模拟水基系统的动力特性、贡献特征和稳定、和谐、演进程度，以及非线性变化过程、甚或是突异性变化过程，而构建人工神经网络，通过其学习和训练能力的提高和贴近，给解决这类问题提供了新思想和新途径。

3.1　认识

当前区域水资源水环境保护治理重在突出以下 4 个方面。

（1）确定水域纳污能力和排污总量控制指标。超出纳污能力的污染物排放必然导致水域的污染，过度排污、无序排污是造成区域水环境严重污染的根源，区域水环境保护治理的关键就在于对污水排放进行有效控制。要在确定水域纳污能力的基础上，提出排污总量控制指标，严格控制进入该水域的污水总量。

（2）控制用水总量，实现水资源的优化配置。区域水资源水环境保护治理的另外一个重要方面就是要控制用水总量，大力推行节约用水，建立节水防污型社会。只有用水快速增长的势头被遏制住了，才能减轻开发和寻找水源的负担，才能从根本上减少污水的排放量。因此，必须结合区域的经济社会现状，预测分析未来用水需求，在摸清区域用水总量和用水结构的基础上，研究提出控制人口增长、调整产业结构、控制用水总量的措施和方案，积极开展节水防污型社会建设。

（3）加快混成治污技术的研究和应用，提高污水处理回用水平。提高污水处理的水平，强化污水的深度处理，加大污水回用力度，不仅可以减轻对水域的污染，减少污水排放的总量，还可以有效增加供水。因此应大力开展治污技术研究，吸收借鉴国外污水处理和回用的成功经验，加大成熟技术的应用力度，推广清洁生产，同时加强海水、雨水等非传统水资源的利用。

（4）建立高效的市场机制，用价格杠杆调控用水和排污。运用市场调节，用价格手段促进节水、限制排污区域水环境治理的重要手段。应按照建设节水防污型社会的要求，建立高效的市场调节机制，充分发挥市场在水资源配置中的导向作用，形成以经济手段为主的节水防污机制。加快制订完善污水处理费用征收和使用管理办法等政策法规，调整水价，用价格杠杆促进节约用水，限制排污。

3.2　建议

（1）大力推动水资源统一管理概念下的水务一体化制度。要提高水资源和水环境的承载能力，乃至水基力，必须变以前"多龙管水"为"一龙管水、多龙治水"，为提高水资源利用效率、实现区域和流域水资源可持续利用、有效治理和保护水环境提供制度保障。但是，水是一个多功能的资源，可以供人饮用，用来发电、灌溉、航运，现今这些关乎水资源的具体开发利用是由各个部门来负责的。水务一体化管理就是把涉及取用水的那一部分行政职能尽可能统一管理，这样可以摒除职能交叉、权责不清的弊病，实现水源、制水、供水、用水、节水、排水、污水处理及回用高效、无缝、一体化运作，减少消耗，提高效率，避免纠纷，为此有条件的地方应大力推动这方面制度的建立。

（2）大力推动节约型社会概念下的节水型社会建设。节约型社会倡导以节能、节水、节材、节地的理念，进行节约发展，是以最小的资源消耗实现经济的可持续增长，而不是狭义的资源节省，发展停滞，社会倒退。建设节水防污型社会，是贯彻科学发展观、坚持人与自然和谐观念、实现可持续发展的必然要求，是基于我国国情、水情的必然选择和必由之路，也是提高水资源和水环境承载能力、实现区域水资源水环境治理和保护的最根本、最有效的举措。通过建立节水防污型社会，构建自律式的节水防污模式，逐步建立政府调控、市场引导、公众参与的节水防污型社会管理体制，不断提高水资源的利用效率和效益，就可以达到区域水资源水环境治理和保护的目的。

（3）完善政策法规和规划，做好区域水资源水环境保护治理工作。区域水资源水环境保护治理涉及面广、难度大、协调困难，迫切需要法律法规和规章制度方面的支撑。目前虽然有了一些区域水资源水环境保护治理的法律依据，但还很不完善，特别是在水价政策、限污排污等方面，要加强研究，逐步完善。

水资源综合规划是实现水资源优化配置和高效利用的前提，是区域水资源水环境保护治理的重要支撑，做好水资源综合规划，可以为区域水资源水环境保护治理奠定扎实的规划基础。

《海堤工程设计规范》对提高抵御风暴潮灾害能力作用浅析

刘 宁

随着全球气候变化如全球变暖、海平面上升、不可预料及更频繁的暴雨、飓风和洪水，加上人类活动造成地面下沉等负面影响，海洋灾害更加频繁。在风暴潮、海浪、海冰、赤潮和海啸等海洋灾害中，对我国影响最大、发生频次最高、造成经济损失最严重的是风暴潮。2001~2007年，平均每年风暴潮灾害损失约161亿元，其中2005年和2007年经济损失总值分别达333亿元和298亿元。随着经济社会的发展和文明程度的提高，发展与安全的矛盾日益突出，风暴潮灾害正成为我国沿海对外开放和社会经济发展的一大制约因素。

海堤工程是防御风暴潮水的侵袭，减轻风暴潮水灾害的重要工程措施。目前，沿海地区已初步形成由江海堤防、水库、闸涵以及沿海防风林带组成的较完整的防风暴潮工程体系。海堤工程建设事关人民群众生命财产安全和经济社会稳定，是抵御风暴潮灾害的重要措施，是我国沿海地区民生水利的重要内容。随着国民经济的快速发展，人民生活水平的不断提高，对防洪防潮的需求日益提高，海堤工程建设将会引起沿海地区更加广泛的关注。《海堤工程设计规范》（以下简称《规范》）正式颁布，对于指导海堤工程建设，提高防御台风工程设施的质量，确保人民群众生命安全、生活和生产资料安全具有重要意义。通过对《规范》的宣传贯彻，使技术标准使用者正确理解标准条文的含义，了解有关指标确定的背景、条件和基础，对于提高《规范》的实施效果，是十分必要的，是一件十分有意义的事情。

1 我国风暴潮灾害损失统计

风暴潮灾害居海洋灾害之首位，世界上绝大多数因强风暴引起的特大海岸灾害都是由风暴潮造成的。我国是世界上两类风暴潮灾害都非常严重的少数国家之一。据统计，汉代至公元1946年的二千年间，我国沿海共发生特大潮灾576次，一次潮灾的死亡人数少则成百上千，多则上万及至十万之多。中华人民共和国成立以来，曾多次遭到风暴潮的袭击，也造成了巨大的经济损失和人员伤亡。随着滨海城乡工农业的发展和社会经济的不断繁荣、沿海基础设施的迅速增加，同等条件下，潮灾造成的损失越来越大，虽然通过相应工程、非工程措施等，死于潮灾的人数已明显减少，但每次风

原文标题：充分发挥《海堤工程设计规范》的作用提高抵御风暴潮灾害能力保障经济社会全面协调可持续发展，原载于：标准化，2009，（2）：1-2。

暴潮的直接和间接损失值却趋于增加。据统计，我国风暴潮的年均经济损失已由 20 世纪 50 年代的 1 亿元左右，增至 80 年代后期的平均每年约 20 亿元，90 年代前半期每年平均高达 76 亿元，1994 年达到 157.9 亿元。进入 21 世纪，灾害损失值进一步加大。

2　风暴潮灾害防治

2.1　国际上风暴潮灾害防治情况

最近几十年，随着沿海地区人口的增长、生活水平的提高及城市化和工业化的进程，基础设施与财产的价值不断增加。许多国家制订了新的计划与措施来解决和协调沿海地区防洪与地区发展问题。2005 年卡特里娜飓风造成的灾害促使各国相关部门重新考虑和研究防洪（潮）战略问题，调整风暴潮灾害防御政策。一是整体推进海岸防护工程的规划、设计和建设工作。二是完善风险区的土地管理政策，把风暴潮和洪水风险控制在一个可接受的水平。三是提高房屋建基面高程，降低风暴潮带来的损失，减少保险费用的支付。四是加强工程安全评价和除险加固工程建设，注意设计施工、配套设施及堤基处理等工程系统的连续性和一致性。五是健全灾害防救体系，强化应急管理系统，加强抢险救灾演练等各类非工程措施。六是强化基础研究，出台技术标准。

2.2　我国政府采取的政策和管理措施

党中央、国务院领导高度重视风暴潮防御工作，使得风暴潮防御综合能力不断提高。

（1）我国风暴潮防御综合能力不断提高。国家防汛抗旱总指挥部和水利部开展了预警预报系统以及防洪保险制度和有关政策的研究和制订。国家防汛抗旱总指挥部 2006 年上半年印发了《防御台风预案编制导则》；2007 年，又发布了《台风防御工作评估大纲》。

国家减灾委员会 2006 年修订了《国家"十一五"减灾规划》，从政府的管理层面提出了国家减灾目标，明确了原则指导思想，指出了为提高综合减灾能力要完成的具体任务。

为减轻风暴潮等海洋灾害损失，国家海洋局 2006 年 10 月颁布了《风暴潮、海浪、海啸和海冰灾害应急预案》。

国家气象局承担着气象预报预警的重要任务。天气预警预报作为防汛抗台工作的"千里眼""顺风耳"，通过及时主动提供气象监测预报成果，加大气象与水文信息共享力度，准确的气象预报和预警信息为各级指挥提供了决策技术支持。

（2）我国风暴潮防御措施及时有效。每次台风来临，国家防汛抗旱总指挥部都统一部署、精心安排，国务院有关部门反应迅速、密切配合，有关省（市）党委、政府广泛动员，防汛抗旱指挥部及时启动相关预案，强化措施、主动防范，广大干部群众奋起抗灾，有序有力开展各项防御工作，从而最大限度地减少了人员伤亡和灾害损失。

水利、气象、民政、国土资源、海洋、卫生、建设、信息产业、交通、电力、财政、公安、农业、教育等部门按照职责分工，通力合作，有效地提高了防御台风灾害的综合能力。

2.3　海堤工程措施

海堤工程是沿海地区防风暴潮体系中的重要而有效的工程措施。《全国防洪规划》及《中国沿海地区防风暴潮规划》对全国沿海地区的海堤工程现状进行了调查分析，提出了规划期内重点建设的海堤工程内容和数量。

按照规划，海堤建设的重点是加高加固城市段海堤和以受风暴潮威胁较严重的重要基础设施为保护对象的海堤，同时在黄渤海沿岸地区新建部分海堤。规划中要建设的重点海堤总长 8000 余公里，其中加高加固海堤长度占 80% 以上，新建海堤 1000 余公里；加固和新建涵闸 3000 余座。工程实施之后，在需要修建海堤的岸段上将使海堤工程连续起来，形成较为系统的防风暴潮工程体系。一般保护区的防潮标准提高到 20 年一遇左右，重点保护区达 50 年一遇；城市段海堤防风暴潮标准达到 50~100 年一遇；重要的技术经济开发区可达 200 年一遇或以上。

2.4　非工程措施建设

非工程措施建设主要包括生物防浪工程、预警预报系统以及防洪保险制度和有关政策的研究和制订，按照抗潮与避潮并重，防灾与减灾并举的原则，加强非工程措施建设，提高沿海保护区的抗风暴潮能力。防风暴潮体系中的非工程措施与工程措施在抗御风暴潮灾害时共同发挥作用，将风暴潮带来的损失降低到最小范围和最低程度。

3　充分发挥《规范》在海堤工程建设中的作用

随着沿海地区经济社会的发展，保护区内的经济总量越来越高，在区域经济发展中所发挥的作用越来越重要；随着全球气候变暖趋势的逐渐显现，海平面的抬升趋势对沿海地区的自然影响加剧，在全球范围内沿海国家和地区加强了对海洋灾害防治技术的研究和治理工程。水利部组织开展的有关水工程防洪（潮）标准、复杂断面海堤越浪量、深厚淤泥上水利工程基础处理等关键技术研究，取得了相应的成果；沿海有关省份也开展了相关的专题研究和调研工作，水利部有关单位和部门及沿海有关省调研、实地考察了大量的海堤工程，在这些工作的基础上，归纳总结提出了海堤工程设计等方面的主要技术问题，研究并编制完成《海堤工程设计规范》。2009 年 1 月水利部正式颁布，对海堤工程的设计、建设具有重要的指导意义。

在《规范》实施过程中，要充分重视"海堤的界定""海堤工程设防标准""允许部分越浪""软基及侵蚀性海岸的海堤建设""因地制宜、保护和改善生态环境"等几个方面的技术问题。

社会经济迅猛发展，社会财富不断积累，人民群众对改善和提高生活环境和生活质量的要求日益迫切，全社会对防洪防潮标准的要求不断提高，党中央、国务院对防灾减灾提出了新的更高的目标和要求。我们一定要以科学发展观为统领，把确保人民群众的生命安全放在第一位，以人为本，更加重视海堤工程建设和风暴潮灾害防治工作，更加重视技术标准的贯彻执行，不断提高全社会风险意识和管理水平，不断完善防灾工程体系和防台风预案体系，不断提升风暴潮预报预警能力和应急管理水平，推动海堤工程建设和风暴潮灾害防治工作登上新的台阶，为保障经济社会全面协调可持续发展做出应有的贡献。

后　记

　　在本书即将付梓之际，从祖国的西南和西北又分别传来消息：在云南的牛栏江上，刘宁 2014 年曾经参与处置排险，后又于 2015 年和 2016 年两次分赴现场关心指导的红石岩堰塞湖整治工程进展顺利，其右岸 620m 高边坡已完成整治；137m 超深混凝土防渗心墙难关已攻克；总装机 20.1 万 kW 的 3 台机组已完成安装及调试，计划于 2019 年年底投产发电，即将实现刘宁在 2014 年 8 月 12 日召开的新闻发布会上向公众宣布的"变废为宝、兴利除害"的整治目标。

　　在青藏高原的可可西里，近年来，由于降水增多，位于青藏铁路线西侧的卓乃湖水位上涨，湖水漫溢自西向东流经库赛湖、海丁诺尔湖，最终汇入下游盐湖。盐湖水位持续上升，存在漫溢风险，对下游的青藏公路、青藏铁路以及通信线路、油气管线、输电线路等重大基础设施构成严重威胁，也对该地区生态环境、野生动植物产生不利影响。刘宁到青海工作后不久，按照党中央、国务院的有关要求，邀请有关专家实地考察、共商对策。为获得第一手资料，随后他又深入现场考察，组织有关单位在综合考虑生态安全、基础设施安全、野生动植物保护等多方面因素的基础上编制了《青海省可可西里水患应急治理实施方案》，并担任应急工程建设协调指挥长。在刘宁的指挥协调下，应急治理工作进展顺利，2019 年 8 月 15 日应急疏导槽全线疏通、22 日具备通水条件、25 日正式通水。至今工程已平稳运行将近 1 个月，消除了盐湖自然漫溢可能导致的风险。

　　在西北特别是兰西城市群发展中，水是至关重要的因素。刘宁按照生态文明建设要求和青海发展定位，深入贯彻"节水优先、空间均衡、系统治理、两手发力"的治水方针，充分把握青海水资源分布及特点，以湟水生态经济带为抓手，统筹生活、生产、生态用水需求，坚持发展与生态相互促进，城乡建设与环境保护相互支撑，谋划了支撑兰西城市群经济社会发展的重大引调水工程——引黄济宁工程。该工程以强化节水为基础，合理分析经济发展速度、区域用水需求、山水田林湖草系统治理措施，计划 2030 年调水规模达 5.11 亿 m^3，2040 年调水规模达 7.9 亿 m^3，既是一项生态工程，也是一项民生工程。工程总体为"一线多支"，即从龙羊峡库区取水经 74km 引水隧洞穿越拉脊山自流输水至湟水河流域，自西向东经西宁、海东共布置 135km 供水管线，沿途布设 6 条总长 76km 的供水支管和 34 条总长 724km 的灌溉支渠。自 2018 年国务院西部开发领导小组第一次会议确定推进该工程以来，刘宁推动青海省委、省政府将其列为"坚持生态优先，推进高质量发展、创造高品质生活"的重大战略支撑工程，成立领导小组，积极向有关部委汇报沟通，统筹推进各项工作。目前，各项前期工作进展顺利。

　　在编者打算将这篇后记交稿之际，欣闻习近平总书记考察黄河并主持召开黄河流域生态保护和高质量发展座谈会，为黄河治理和黄河流域经济社会发展掌舵领航，提出让黄河成为造福人民的幸福河。对于长江、黄河、澜沧江的源头所在地青海，习近平总书记寄予厚望：青海生态地位重要而特殊，必须担负起保护三江源、保护"中华水塔"的重大责任，确保"一江清水向东流"。言语所及，意味深长。总书记的黄河情怀、治水理念激励着广大水利工作者更加热爱水利、奉献水利。

刘宁虽然不再从事水利行业工作，但他的水利情怀、水利人精神依旧，在新的工作岗位上，他仍然始终如一地按照党中央要求关心水利发展，关心如何保护好水。他竭尽所能邀请专家开展保护"三江源""中华水塔"等众多研究，倡导建设"国家公园示范省"，让"中华水塔"的生态水、幸福水更好地滋润神州大地。

面向未来，孕育了中华优秀传统文化、承载着经济社会发展、生态保护的水事业，也必将迎来更加广阔的发展前景。广大读者如果能够从本书中习得一些工程经验、汲取一些管理灵感，窥见一个时代的印记、偶拾人生感悟，甚或抓住历史的进程，在民族复兴的道路上有所作为，也是编者的一片初心。

本书编委会

2019 年 9 月 19 日